人类学

人类的挑战

（第 15 版）

ANTHROPOLOGY: THE HUMAN CHALLENGE（FIFTEENTH EDITION）

[美] 威廉・A. 哈维兰（William A.Haviland）
[美] 哈拉尔德・E. L. 普林斯（Harald E. L. Prins）
[美] 达纳・沃尔拉斯（Dana Walrath）
[美] 邦尼・麦克布莱德（Bunny McBride）
著

何小荣　周云水　黄　贻　译

電子工業出版社
Publishing House of Electronics Industry
北京・BEIJING

9781305583696
Cengage Learning Asia Pte. Ltd.
151 Lorong Chuan, #02-08 New Tech Park, Singapore 556741

版权贸易合同登记号　图字：01-2023-3480

图书在版编目（CIP）数据

人类学：人类的挑战：第15版/（美）威廉・A.哈维兰（William A. Haviland）等著；何小荣，周云水，黄贻译.
—北京：电子工业出版社，2023.11
书名原文：Anthropology: The Human Challenge, 15th Edition

ISBN 978-7-121-46356-3

Ⅰ.①人…　Ⅱ.①威…　②何…　③周…　④黄…　Ⅲ.①人类学　Ⅳ.① Q98

中国国家版本馆 CIP 数据核字（2023）第 175474 号

责任编辑：张　昭　　特约编辑：马　婧
印　　刷：北京利丰雅高长城印刷有限公司
装　　订：北京利丰雅高长城印刷有限公司
出版发行：电子工业出版社
　　　　　北京市海淀区万寿路 173 信箱　邮编：100036
开　　本：850×1168　1/16　印张：41.5　字数：1195.2 千字
版　　次：2018 年 8 月第 1 版（原著第 14 版）
　　　　　2023 年 11 月第 2 版（原著第 15 版）
印　　次：2023 年 11 月第 1 次印刷
定　　价：258.00 元

凡所购买电子工业出版社图书有缺损问题，请向购买书店调换。若书店售缺，请与本社发行部联系，联系及邮购电话：（010）88254888，88258888。
质量投诉请发邮件至 zlts@phei.com.cn，盗版侵权举报请发邮件至 dbqq@phei.com.cn。
本书咨询联系方式：（010）88254210，influence@phei.com.cn，微信号：yingxianglibook。

欣闻著名人类学家哈维兰等人最新修订的《人类学：人类的挑战（第15版）》即将出版，译者周云水博士来信求序，多年老友诚挚相邀，乃欣然提笔。恰好，自己多年来以教授此门课程为业，平时有些感受性的东西都凝结在了最近写的一篇文章《记住人类学——基于一种文化、个人与社会向度的新综合》，而这篇文章也是我在中国人民大学开设的本科课程“人类学概论”的一个观点性的摘要总结。因为一时也拿不出来更新的文字理解，就将此文的核心内容编订成一篇导读，作为这个新译本开篇的一份背景性的补充材料。希望此文的导读，会有助于那些对人类学有兴趣的年轻人，让他们在学习这门课程时有一种深入内心并激发自我创造性的自觉。

要知道，人类学是一门关注人类存在的整体性学科。在现代的文化语境中，对于在生态环境和心态情感之中活着的人或人群的关注，构成了全部人类学的核心。在这方面，人类学家扎实地从事田野工作，谦逊地了解世界各个不同区域的“地方性知识”，并最终以民族志的方式呈现他们各自对于文化、个人与社会的一种整合性理解。人们可以通过人类在诸多核心向度上的文化呈现，诸如自然与文化、亲属制度、财富或财产关系、互惠交换、宗教信仰、语言与书写、政治与法律等方面去记住人类学究竟是什么，而在其中，最应该记住的是当今世界人类的生活正面临着一种文化转型的向度，由此而去理解一种真正和真实发生的群体间的彼此性的关系而非一种纯粹的群体内部乃至于一个人内部的自我的关系，这种群际间的关系将会是人类未来如何保持其全部社会文化形态的根本所在，也是人类之所以能够长久生存下去的根基所在。

人类学是一门研究人的自我发展、生命演进、社会制约和文化表达诸过程等主题的学科。它基于对人所生存于其中并影响其存在的自然、社会和文化的种种不同语境的一种整体性研究，并且，它还重在对人的行为表现和文化价值有一种全面而又带有比较性的观察，由此借助于种种信息的媒介传递形式去描述人、呈现人和理解人。凡此种种，也便构成了人所存在于其中的不同语境或一般而言的场景，很显然，人无论如何都是在借助于一种文化的向度而试图去构造这些语境或场景，同时也被这些自己所构造出来的语境或场景再次塑造，形成了一个人的文化自我型构的圈环。而这些人造的语境或场景，几乎囊括了人类生活的各个方面，诸如家庭、政治、经济、语言、宗教、认知、组织和艺术，以及今天的互联网，甚至可以说，人的生活也便是这种人造世界在时空向度上的一种延展。所有这些，很多时候又都是通过一种文化的形态予以表现和表达的，这种文化的观念在人类学的分析中起到了最为关键的作用。

今日人类学之核心：一种生态与心态的综合之学

可以概要地说，凡是有人存在的地方，便会有文化的存在，同时便可以有一种人类学家对人的生活世界的关怀、观察和细致入微的田野研究。而且，在这里需要进一步提醒的是，人的活动显然是遍布于全球各处的，从因纽特人的北极，到今天诸多国家的南极科考，都体现了一种人的活动的范围，特别是在全球化来临的今天，情形似乎变得更加如此，甚至随着科技突飞猛进的发展，这个星球之外的外太空也将成为人在其中活动的更为广大的范围空间。在这一点上，由于这种空间存在范围的扩展，我们接受某种知识的孔道是多方面、多途径的，也可说是全方位的。

显然，对每个人而言，今天的信息或知识可谓无处不在。全球的地方化与地方的全球化的多样性存在状态，使得我们周遭的生活环境越来越处于一种“你中有我，我中有你”的相互不可分离的状态。就在我们的身边，或者说就在我们清晨起床、夜晚入眠的每一天里的每一个时刻的那一刹那，无疑就是信息传递的一瞬间。对于一个惯常使用网络之人，他在这一瞬间接触到了承载各种信息的媒介传播物，或者更确切地说，这就是一个全球互联网世界的没有传播上的跌宕延迟的瞬间。如此差异多样且相互并存的人类文化，已经不是那种万水千山阻隔下的空间上相互分离的存在，而是一切都在一个共同的平台上，大家的文化呈现、表达和再制造此起彼伏，交错并存。

这种状态也最为直接地影响了我们对于日常生活的种种感知、感受，以及随之而来的种种行为上的改变。因此，人类学在今天亦可谓一种真正有关于文化的全球化的学问，即多样性的文化在一个平台上得到全面的和抓人眼球的展现。同样地，全球不一样的文化生活也似乎因此而变得日益趋同。这样的一种基于全球意识的文化人类学，它更关注人类自身的诸多文化形态在全球不同区域中的差异性分布与表达，同时也关注从一种差异状态走向一种趋同状态的全球文化一致性的步伐，并会借助各种传播媒介，诸如文字、图片、数字技术、网络、微信、直播之类自媒体等，而使自身得到各种各样的呈现、发布和传播，它体现了在一个全新的网络时代中对于一种文化的写作、影像的生成和阅读交流之间相互作用的最为基本的模式。

由于有着人所存在于其中的自然环境，或者说人依赖于此自然环境而有其自身的存在或生存，因此，人类学首先便是一门基于一种自然生态学的学科。在此意义上，人去构造并受到了外在生态环境的影响，诸如气候、物产和人以外的各种动植物，另外还有住房、饮食和服饰等，在这些自然或者人为事物的背后，都可能会因为自然地理学意义上的生态环境存在差异或者形式不同，而表现出一种文化形态上的差异性。传统观念中的淮南和淮北的地理差异所造就出来的物产上的差异或许就是一例，它实际上也随之而被塑造成一种文化上的差异性存在，“橘生淮南则为橘，生于淮北则为枳”，便是暗喻此种水土之别而有的一种文化之别，与之有着千丝万缕关联的长江，则更具有一种自然生态意义上的文化的区分力，以长江为线而分出中国地理上的南北，由此也很自然地区分出来两种极为不同的地理气候。随之，所谓中国江南和江北的文化地理区域的区分，也就自然而然地被附着于其上了。

而在另一方面，因为人有一种理性思考和情感表达的能力，也就是人有着一种极为复杂的心理感知、判断和思考的心灵活动。因此，人类学不言而喻又是一门心态之学，即在人的行为的背后有一种心灵活动在发挥着特殊的影响力。这一点如果落实到社会中，便是一种人和人之间如何相处，甚至国与国之间如何相处的更大的文化间心态的问题，这些在费孝通看来是一个人的社会中“第一位的问题”。很显然，人和人如何相处的问题，既是心理学家所关注的领域，也是人类学家所关注的领域，二者对于人的社会性和文化性在理解上的差异最终形成了一种研究取向上的学科分野。简而言之，在心理学家眼中的人，往往是一种设计精良的实验室中的人，或者说是在各种已经人为设定好的条件刺激下去进行一种观察和记录被试行为反应的一门知识和学问的积累。而反过来，人类学家眼中的人，往往是自然存在状态下的人，是真实生活在一个社会和文化中的人，这样的人必然处在一种相互联系、彼此交往，并且能进行一种自由表达的文化存在的样态中。因此，人类学这门学科才会要求人类学家通过一种长时间的田野研究的方式，去观察在一个社会和文化中活着的，并且可以自由活动的人的行为、思想和社会关系。

在此意义上，围绕着人所存在的一种生态与心态的种种样貌，人类学也呈现了其自身存在的样貌，即人类学会关注一种生态环境和心态情感中活着的人和人群，人类学在此意义上成为一门真正关注人类存在的整体性学科，它并不认为某种单向度的有关人的理解对人这个复杂的存在而言是可以完全加以涵盖的。在这一点上，人的智慧是其他的动物无法比拟的。而一种谋求整体性的对人的理解，成为人类学研究的一项基本原则。评判人类学家工作的人类学的意义，从这一点入手，也是一个最为基本的衡量指标。

经典人类学的研究方法：田野工作与民族志书写

述及人类学，最为突出之处便在于其方法上的贡献，即一种田野研究与民族志书写的方法。实际上，对一位人类学家而言，田野研究与民族志这二者之间应该是互为表里才是真实的，彼此是难于真正分离开的。就田野研究本身而言，它又可称为“田野工作”，即英文所谓的Fieldwork，这个术语的含义重在一个研究者能够只身前往田野地点，并能够长时间居住和生活在当地人中间去做种种的观察、体验和书写的作为或工作，这就包括脚踏实地的旅行、访问、观察、描述和记录，以及解释之类，这些便构成了一位人类学家田野工作经验的全部，并贯穿于其学术研究的一生，而对一个田野地点的不断重访，则构成了人类学家学术研究的一个核心特色。比如，人类学家费孝通对于江村的重访，终其一生达28次之多，这便可谓一种重访研究的典范。在这方面，费孝通一生的学术便是基于其多次重访的田野工作而展开的，甚至可以用体现在田野工作中的行、访、实、知、觉这五个关键字予以代表，而这五个关键字的丰富内涵，亦可以用来描绘一位真正长期从事田野工作的人类学家的概貌。

而一种基于长期田野工作之上的“民族志”书写，往往又是人类学家在田野工作中的由一种旅行和观察而形成的感受和体验的文字凝结，由此构成了对于一个地方、场所、区域、通道、走廊、道路、流域等空间维度，以及对年度周期、生命历程、人生轨迹、成长意义上的婚丧嫁娶等时间维度的一种整体性把握与呈现。在此意义上，民族志很显然就是对一种人群的具体而微的时空坐标下的生活真实的描述和阐释，它蕴含着一种静态不变的结构和动态可变的过程。对于时间维度而言，这意味着一种从生到死、从无到有，或从有到无的一个完整的社会生命的演变历程；而对于一个空间维度而言，这实际意味着由村落而至区域、由区域而至流域的一种研究范围上的不断拓展，以及研究视野上的不断打开。一个人长时间在一个地方行走和体悟，对那个地方的自然环境、社会生活和文化观念渐渐融汇成一种整体的认识和理解。它基于一种格式塔心理学的由片段、局部和不完整而在某一瞬间升华为一种自我整体感受意义上的认知综合和觉悟，是由世界样态的“多”而达至“一”的一种统合性再认识或文化自觉。此种格式塔认知模式，成为民族志书写的认识论基础，并成为一种费孝通所言的“从实求知”的知识来源，同样也成为一种可能的新知生产的来源。

因此，田野工作与民族志书写二者之间互为表里，缺少带有真正感受性田野工作的民族志显然是一种空虚和抽象，而没有民族志书写的田野工作，也只可能是一堆未曾加工过的原始素材而已，是一种没有经由格式塔整体升华的碎片化的生活记忆，以及死寂一般的文化遗留或遗存，难以真正形成一套知识上的完整系统而为人所清晰地把握。很显然，田野工作本身从来都是碎片化的，这不仅是因为田野工作者自己进入田野时所遇见的都是一些家长里短的、碎片化的和时时刻刻在发生的生活片段，还因为生活的真实往往同样是以一种碎片化或者“眼见为实”的不完整性的形式存在的。如果回顾我们一天的生活，它会被各种的事件、行动和信息所打破、切分，甚至撕扯，这便足以说明这一点了。尽管自然的环境会有自然的规律存在，比如太阳必然会从一个村落的东端升起，并在西端落下，河流也总会从高处向低处流淌，但是就人的生活本身而言则是缺少这种规律性的，它往往是由各种偶然性事件的发生而碎片化地使之相互组合从而构成一个人认识的整体。这是基于人的主观能动的主体性发生的，即人首先是一种活着的存在，也是一种为了活着的存在，人必然会有一种主体性的自我认知，因此，人既会受到外部环境的作用，也自然会直接地对环境产生一种影响，由此人才成其为人而非其他。

比如，我们从一篇专门的报道中知道某家餐馆的菜品味道很好，报道人则完全是基于一种个人的体验而获得味道好坏评价的，他实际上并没有可能将所有餐馆的菜品都品尝过一遍后，再去做出一种综合性、全面性的评价或报道，这种评价或报道的现实紧迫性不可能让他细密地翻检，以确保万无一失。但是，假设这个人是一家很有名的报社的记者，那经他之笔而写出并传播开来的报道，便会实际左右公众对于这家餐馆的认识。大众趋之若鹜地跑去品尝，味道可能也确实不错。但对于读者而言，仍旧没有真正的比较性，结果，久而久之，这家餐馆的评价也就从某一个关键人物的感受进而扩展成为一种公众或大众的感受，这种转化从来都是带有一种不确定性、偶然性和随机性的，需要多种的社会要素、人的认知加工方式，以及自然环境变量之间相互作用和影响才能恰巧体现出来。

而人类学家所要从事的实地的田野工作，其核心就是要求有这种对于一种不确定的事件过程的追溯和把握，以形成整体性民族志意义上的对于文化、个人和社会的复杂性、不确定性，以及自我行为异动性的过程性理解和结构性把握。简而言之，因为有了长时间的田野工作，人类学家基于民族志书写下来的人，或者说人类学家眼中的人并非一种头脑简单，凡事都被所谓规律、规则和规范所决定了的简单之人、单向度之人。在这一点上，人类学家很清楚地知道：人一定不是机器，人更不是某种机器人。

人类学理解上的向度综合：文化、个人和社会

从整体上而言，人类学家的研究就是基于对田野地点的一种长期考察而撰写出来的民族志，以此形成了一种对于人类存在状况的总体性理解和知识的积累。在此意义上，人类学必然会去关注这样三个方面的概念及其内涵，即文化（Culture）、个人（Person）和社会（Society），我们可以简称为CPS模型，其中C所代表的是人的文化这一向度的概念，P所代表的是个人这一向度的概念，而S所代表的是人的社会这一向度的概念。这三个向度之间显然是相互依赖并相互影响的（参见图1）。

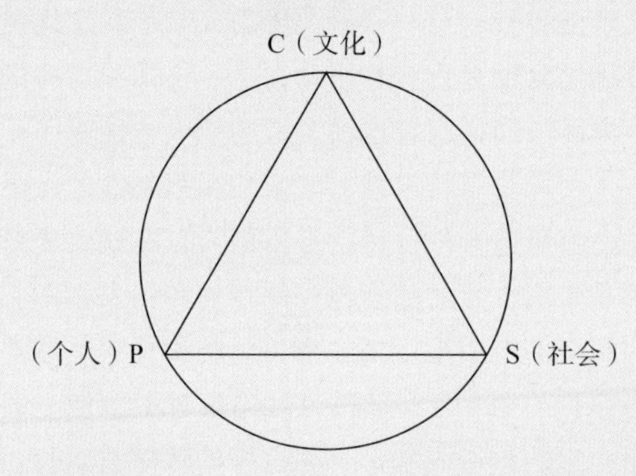

图1 CPS模型

对人类学而言，或者对于一般的社会科学而言，最为首要的便是个人的存在，这种存在是基础性的或者是根基性的，所有的研究最后都要归结到人的这一概念向度的研究上来。没有了人的存在，也便无所谓其他的存在，或者说也就没有了文化和社会概念向度的存在。而且，从最为基本的含义而言，文化和社会这两者也是由人通过种种的实践活动所制造或再生产出来的，同时又会反过来影响和改变人自身，形成人的各种有关社会和文化的秩序与价值观念。这种文化、个人和社会之间的相互作用乃是人类学田野工作的基础，也是一种基于“深描”的民族志撰写的基础。因此，我们基于文化、个人和社会三个向度在真实时空中的延展变形，以及从这三个向度不同的组合中，真正体会到了人的复杂性和一种真实生活场景中带有厚重文化的社会存在。

若从一种心理学的角度而言，人的心理是由知、情、意这三方面要素所构成的。一个完整的人也便是在知、情、意三方面都能够表现完善而具足之人，缺少其中任何一方面，都不可能称为一个有着完整人格之人。但这里有一点是值得强调的，每个人在这些向度上的表现或表达也都不会是完全一样的，各有特色往往是人的个体性的存在基础，它要比归类性的人格或性格的概念还要复杂以及具有多样化的特征。因此，人类学所理解的人要从一种完整性上去理解，同时会特别注重在不同的文化语境中将人的完整性中的个体差异性表现出来。

对人所具有的知、情、意三方面而言，这里所谓的“知”，实际上是指一种人的“认知”的能力。如见到一张脸，我们自然可以清晰地辨识出来对方究竟是家人、亲人、熟人，还是同事、客人、陌生人，这样的面部识别能力在人的婴儿时期就已经逐渐培养起来了。而某些人没有这种认知能力，比如大脑受到过伤害或损伤的人，又或者有某种脑组织萎缩性病变的人。这样一种正常人所拥有的常态化的认知能力就逐

渐地丧失掉了，由此而出现的在人脸辨识行为上的张冠李戴、“指鹿为马”的事情就可能会在这个人的身上发生。此外，最为有名的就是脑功能布洛卡区受到损伤的那些病人，对于这些病人而言，看书阅读可能并不会成为问题，但说话能力就会受到影响。布洛卡区是人脑运动语言加工的中枢，它的损伤会直接影响人的语言认知加工的能力。

关于“情”的这一方面，则大略是指人的情绪或情感，这方面似乎动物和人是兼而有之的，但人的情感表达似乎更为丰富和隐蔽一些，人的情绪或情感，更多时候不是直接无遮掩地表露出来的。人是在依靠着情绪或情感来表达自我的存在状况，并以情感的表达来维系人与人之间彼此既定的以及新被赋予的关系结构。一种体现友好和友善的情绪或情感，比如体现在人的面部的微笑，一般都表示与对方继续来往以及维持彼此关系的愿望，而一种恼羞成怒的情绪状态，则可能表示出一种对他者的厌恶之情和断绝彼此之间往来的意愿。当然，也有很多时候，基于人的复杂性这一点，情感的表露和表达与真实的想法之间也不是一一对应的，有伪装起来的情感，也有伪君子一般的阳奉阴违，有一些格尔兹所说的那种虚情假意的“眨眼”，也是很正常的。但有一点是明确的，那就是情感的表达是人所共同具有的一种能力。在人际交往中，这种情绪或情感的表达会无处不在，依赖于彼此之间的感知以及大脑的认知加工能力而发挥其作用，它使得人由此而对他人或者外在存在的自我感受性体验有一种明确的以及自我能够判断和把握的觉知。

而所谓的“意”则是指人的意志力，即启动或者激发出一种行动力的前提条件。去做、去想、去行动，所有这些意愿，都是依靠着一种人乐于去行动的意志力的支撑而实现的。因此，意志力就是人能够掌握，并使之付诸于某种行动的一种持续性作为的能力。德国哲学家尼采则将其归诸于一种权力的占有，进而成为一种权力意志的获得。对现代人而言，上帝观念的神力以及对于这种神力的崇拜被从人的身上拿掉之后，取而代之的则是人自身所拥有的意志力，即一种以自我为基础的权力意志的获得和拥有，由此而使之变成一种控制性的行动。人本身在这个意义上则变成控制及其受控制的力量的来源之所。而这一切归诸到人身体上的结果便是，人自身的控制能力以及所受到的控制的加强和提升。很显然，一切现代世界的发明和创造，都是不可能离开这一前提而存在的。

对于人类学的整体论理解而言，另外一个重要的构成项便是社会这一向度。恐怕人和动物之间最大的分别之处便是人有着一种自觉、自知和自省的意识，由此与同样有着这种意识的他人构建起了一种人与人之间带有约束性、固定性和强制性的社会制度。之前所谓一种自然状态下的人，在这些关系之外都是带有一定的随意性、偶然性和自发性的。而这些制度的发明是用来约束、限制和规定这些对人自身而言的随意性、偶然性和自发性的，使之能够按照一定的轨道或基于一种良好的秩序去运行。因此，人和制度之间从来都是一种相互性的建构，人所寻求的自由自在，总是会或多或少地为一种社会的规则所限定，不同的人和规则之间的平衡形态，也同时决定着不同的社会秩序发生的形态。人类对于社会约束性规则的选择，映射出了人类自身的一种文化价值的偏好，它也自然会随着一种地域、人群和时代的不同而体现出种种的差异。

很显然，从传统部落时代的亲属称谓制度到现代国家的政治、法律和宗教制度，这其中每一项都是一种社会的产物，并且是由社会本身强力改造过的。因此，社会的历史，也就是这种改造发生过程的历史，是一种有着形态变化和转变的历史。但就社会本身而言，它的基础必然建立在一种规则制约下所构建出来的秩序之上。但秩序绝不可以凭空产生，而是要求有能够提供秩序规则的那个权威本身的存在。这往往是一种人为的或者人造的秩序。它要求有一种共同的认可、承认和服从。而此规则由来之处，也便成为某种权威的来源之所。它可能来自未曾改变的传统本身，或者来自显示某种神迹发生的神圣中心，还有可能来自特殊的性状、功能、形态以及无与伦比的影响效果，即非一般人力所能抗拒和比拟的力量或效力。总之，由于此种基于对人发生作用的力量或效力的独特权威的存在，人为之吸引、为之震慑，并因此而可能受到了一种操控，最后便经常性地并且是不由自主地臣服于它。因而，在构建一种社会秩序上，各个不同的社会之间并无一定的共同路径可以去追寻，但一种秩序的规则一旦受到了认可、传承和实践，那秩序的建构而非破坏便成为一种主流维持和维护的姿态，并且支配着现在活在其中的人的生活形态。

对社会这一构成要素而言，由于其基础在于秩序的建构，故“结构”便成为理解社会究竟是什么的一个最为重要的概念，向来都为涂尔干以来的社会学家所特别珍视，所有社会分析的前提，或者最开始的一步都是从一种结构分析开始的。在此意义上，常态的社会必然会反对或者抗拒社会革命的发生，造成秩序混乱的革命从来都不是社会的一种常态，因为既有的结构性的约束机制和自我调适，在保证着这样的革命不会发生，结构或社会结构的概念自然也就成为社会学家要去守护的核心。很显然，没有一位社会学家可以避开这一概念的讨论而形成某种对于社会的表达。但要铭记于心的是，社会的结构绝不同于建筑学上的结构，社会的结构也并非一种实质性的存在，它实际上带有比喻性、类比性和关系性，它需要有一种人的理解、说明和解释附着于其上，这样结构才具有真实的意义，也因此才有所谓功能论、结构论、冲突论以及互动论等种种对于社会结构究竟是什么的理论充斥于各类社会学的教科书中，为后学之人所分析、体会和选择。这些不同的视角，显然也构成了有关社会学思想传统的不同理论和流派。人类学，特别是社会人类学的传统，与社会学在这一点上共享了此种结构概念的内涵，二者之间有着共同的理解，但人类学家对于社会的理解，相对于社会学家而言，则更注重差异性结构的存在以及在时间和事件发生过程中的结构扭曲、象征替代，乃至因此而有的结构性倒置或结构性转型。

换言之，人类学的结构实际内含了自身结构的动态转变而非恒定不变。很显然，结构是由人所创造的，也是为人所操控的，自然也会为人所改变，一成不变的结构几乎就是一种理想或观念中的类型。基于田野研究的人类学家，他们会看到不同时间段在某种社会结构上的改变或者转换。这成为人类学家田野旅行踪迹中对一直在发生的社会与文化特征的变化不断追溯而有的知识上的积累、发现和领悟。因此，一种重访研究在此意义上成为人类学家的又一重要的方法而被人所接受，这种方法在特定的意义上克服了社会结构理解上的对于时间延展线索的一种忽略。而人类学的对一个地方的重访研究则可以借此时间向度上的不断追溯而去做一种真正的对一个具体时空坐标下的场所在社会结构性上所发生改变的观察。

人类学的第三个构成要素文化，相对于社会与个人而言更具统合的性质。当然，对于文化的理解可谓多种多样，从来没有一个完全可以被所有人接受的最为精准的文化定义。大略而言，人们并不否认作为人类学奠基人的爱德华•泰勒（Edward Tylor）在1871年所出版的《原始文化》（*Primitive Culture*）一书中有关文化的那个更具包容性的界定。泰勒是英国人，擅长博物馆式的文化理解，由此他在界定文化时便很自然地是那种博物馆收藏一般的包罗万象，因此在他眼中，凡是人类创造物的整体都可以称为文化。他为此专门写道："文化……是一个复合的整体，它包括知识、信仰、艺术、道德、风俗以及作为社会成员的人所习得的其他任何能力和习惯。"作为强调一种人类存在整体性的人类学家，泰勒显然不会特别排斥这种对人类事物一网打尽式的文化概念，但今天的人类学家会从文化表达的种种意义上去理解文化，文化因此是一种个人或者集体性的价值选择、意义的获取和呈现、权力的各种伪装技术、彼此之间的符号或者象征意义的交流，以及文化间的互动与传播。文化在此意义上也就自然是指人的行动轨迹中所发生的一切，并且这一切又紧紧地附着于特定的语境或情境中，抽象的文化已经不再是一种文化的本真，文化活在其所依附的场景中。

有了这样一种文化表达的文化理解，文化便不再是某种实质性的存在，而是属于表现性和表达性的，是跟灵魂的东西联系在一起的。因此，正如斯宾格勒在《西方的没落》一书中所认为的，它体现了一种历史中的"观念"。由此在一个时空特定节点上的文化，便获得了其特有的存在形式以及内容意涵。换言之，文化既是一种个人的建构，它是基于人的观念的，也是一种社会的建构，它是基于一种时间性的历史的。反过来，文化还同时建构了个人和社会本身，它是更为总体性、统合性的观念，使得个人和社会同时具有了一种灵性或者灵魂，也就是某种文化精神的存在。并且，文化、个人和社会三者之间，同样是一种相互构造、互为表里、难分彼此的。

在这一点上，仍以饮食为例，因为饮食从来都是人类学家最感兴趣的一个研究领域，从人的饮食当中我们可以见到文化，同样也可以见到社会。我们每到一个具体的地方，总会有各自地方性的独具特色的饮品美食呈现出来，这些食物总会在一定方面体现出人对于文化和社会意义的自我诠释，就像人们心目中有好人与坏人之别一样，也自然有好吃与不好吃之别；有单独自己可以吃的，也有大家在一起吃的；有特殊日子吃的，也有平常吃的。但在种类繁多、令人震撼的吃品美食背后又会有一种共同之处，那就是所有这些必然都是由人所制造出来的，并非一种纯粹的自然供应。各个地方的人，因为文化观念上的差异以及地理环境和物产上的不同而制造出了各种不同的食物，这些食物在满足人的生理需求的同时，更为重要的则是满足人的社会与文化意义上的需求。文化的存在使得人不仅有一种纯粹的在生物有机体意义上的生理性满足，还有一种更为重要的在社会秩序安排与文化修饰、装扮上的满足。换言之，人从中获得了意义，体验到了意义，并实践了意义，在意义的获得、体验和实践的过程当中得到了其存在的一种意义和价值的满足感、愉悦感和安全感。

而由此种人类学的文化观念引申出来一种文化分析的方法，就是要去关注人在当下文化创造中所自然发生的各种文化能力的转化或文化价值、观念的转型。在这一点上，人不是纯粹的自然人或生物人，而是生活在某种社会与文化中的人，而这种社会与文化，反过来必然对人的行为塑造产生一种最为直接的影响。但社会与文化显然也不是在真空中形成的，最初必然是从某种自然之中演化而来的，是对自然存在的种种差异性客观的符号与表征意义的自我认知转化之后的结果或表达。很显然，自然生长在树上的桃子，它到了成熟或采摘的季节，肥硕诱人，这可以说是一种自然出产之物，并无真正的文化意义可言，它就是桃树自然成长的结果。一旦它成为给老年人祝寿的寿桃，便有了一种长寿的观念和桃在表征上的联系，这就是一种社会与文化意义上的转化，含义也就从“自然之桃”（桃子），转化成为一种“社会之桃”（敬老），进而又是“文化之桃”（寿桃）了。在中国传统文化里，受到儒家长幼有序的礼仪观念影响的社会关系结构中的那种对于年长一辈的尊敬，使得人们能够适时依据不同的场景而安排出来上下之间的结构性关系，并按照这种关系结构去开展一系列实际行动。在这种关系结构中，老人或者长者位于此结构的上位，身处下位之人通过呈送礼物的方式实践着此种上下之间差等性或分出高低等级的社会关系。一种自然出产的桃子，由此被象征性地转化成为具有尊敬老人、富有祝寿意义的寿桃，而其图像意义的一般性的敬老文化的味道，也便因此而突显出来。从一种自然存在的桃子向着社会与文化存在的“寿桃”的意义去转化，它体现了一种社会性的身份和等级秩序，也体现了一种价值文化的意义。借由一种自然属性的果品桃子向着跟年长的前辈、老人有关系的寿桃的寓意性转变，一种尊敬和彰显结构关系的隐喻性表达的转化便告完成，而文化的意义也便由此而得到了表达。

很显然，由这样的个人、社会和文化所构造出来的对于人类学理解空间的描述，着实有助于我们对人类自身存在的多样性、多维性和多义性给出一种整体性、整全性和整合性的理解。而在这里，应该特别要清楚的一点便是，人类全部的文明创造，绝非一种纯粹意义上的结构或非结构，它往往是一种似是而非的“居于其间”的状态，也就是带有一定结构模糊性的特征，也正是因为有这种模糊性的存在，我们才能够理解自身存在的多样性，也才能使一种文明的发展真正有助于人类的整体和未来，而非使之成为人类自身发展上的一种障碍和负担。尽管这种倾向性在人类地理大发现之后日益突出地显露出来，但一种世界范围内的文化转向或者文化转型，则可以使之有所收敛。认识到自身的限度，认识到发展的幻象，使之受到一些阻挡，因此而有所自觉，进而有所停止，不至于由此一而再再而三地滑向过度或极端发展的深渊之中。在这一点上，人类终究不想自掘坟墓，迈向一种自造、自为和自演的生存绝地之中。

记住人类学：人类诸多核心向度的文化呈现

很显然，人类学并不是一门普通或平常的学问，不是用机械的原理就能理解的，因此也难以用一种纯粹自然与社会科学这样的分类概念去进行一种所谓的学科划分，它真正可以说是一门关注人类自身存在的学问。

在这里，要清楚的第一点便是，人类学在一定意义上真可谓一门自我救赎的学问，它通过人类学家在精神和体力上的自我付出，而获得了一种对于世界理解上的超越或解脱。从对各种不一样的人群彼此关系和差异行为方式的观察中，从各种文明因为仇恨、敌对乃至战争而留存下来的沧桑废墟中，从人们向往美好未来的种种欣欣向荣的建筑、居室和景观构造中，人似乎在“偷窥”并展现着自己文明的前世今生。人类学家充其量也不过就是人类有史以来所构造出来的庞大博物馆中的一个编外讲解员，甚至他只是一个旁观者，在为某种文化的访客讲解人类辉煌历史的讲解员一侧静默而立，不时地去提示、诱导乃至于邀请充满另一种好奇心的人们能够注意到那些躲藏在角落里的，或者是隐身于地下室中的显然并非那么单调、无聊、沉闷和灰色调的人类演进史。人类学家在把一种正式的文化讲解所过滤掉的那些东西再一次地收集在了一起，给人以另外一种景象或图景的描摹，以一种“地方性知识”的姿态去谦逊地了解当地人的文化本身，而非动辄将别人的文化标定为异己。它并非能够有如抽象派画家笔下的某几根线条、某几块颜色以及某几种造型那样的为了能够突显事物结构而勾勒出来的简化到了一种极致的画面构成，它甚至可能丰富到了不能单凭一种现代人的视觉感受来感知，还必须运用上越来越不为现代人所习惯使用的那种手的感受、脚的感受、耳的感受、鼻的感受以及心的感受来真切地感知。比如，手工活儿、寻求自然供给的狩猎采集以及别样的婚姻形态，总之是要去寻求一种曾经为人所熟悉但现在似乎被人渐渐遗忘了的或者因为人的异化而被抽离掉了的身心整体性的感受，由此才似乎能够为人自己何以会如此存在而找寻到一种最为有趣的解说和理解。如果是人，即活在真正的社会与文化中的人，那人不仅活在了一种日常的生活之中，还活在种种的自我趣味之中、丰富的情感之中，以及多得不可胜数的思想或知识的创造之中，而非单一的机械化的劳动之后，才有由此衍生和积累起来的所谓人的文化乃至文明。

还有，对一种范围广大的通论人类学的书写而言，它首当其冲要去追问的便是人群之间何以会有一种文野之别的存在。在这方面，其最为核心的含义是要去强调一整套的礼仪秩序与那种恣意妄为的野蛮、粗暴之间有最为根本性的分别。这种分别，被看成是人类群体价值中第一位的，这可谓人类文明自身内部的一种分别。这里所要记住的是，在古希腊时期，所谓的有思想和有智慧的“哲人”，那便是指一种“我辨味”或者“辨味的人”，这是指人在辨别力上的一种敏锐性的存在。因此，文化上的一种分别，便成为人类智慧的基础，由此才有了人对于“何以为人”的一种自我觉知。以此为基础，才有一种整体性秩序建构的可能。对有着理性能力的个人而言，一种文野间的辨别之心，显然是人在界定自身时最为根本的，各种不同的文化也自然会有这种基于文野之别的人的界定，尽管含义和内容构成会大为不同。就这方面而言，在每个个人之间，相互在一种智力感受性上都可能会存在某种形式上的差别，但都会有一种借一己之心去做一种分辨或分别的识别力，从而使得事物借此可以分为高低上下、前后左右、好坏美丑以及明暗远近之类别，这属于人的一种最为基本的类别划分的能力，从原始时期到今天的文明社会，对人类而言，这一直都是存在着的。也许，人之外的动物亦有此分别、分类之心，但人所不同于这些动物的是，人可以通过某种文化的表达而使之成为一种固化的存在，诸如语言、符号、象征以及绘画、书写之类，另外还有衣、食、住、行等的各种表达途径，而使之固定或固化下来，成为文化的一部分。凡是不能有此固化作用的，便会被归类到一种不可归类的“野”或“野蛮”的范畴上去，诸如难于描摹的丛林、精怪以及原野等，不论人还是动物，这种区分、辨别和固化的能力，都属于文野之别的大分类中的一种。

应该清楚的第二点是，自然与文化之间存在一种相互依赖却又相互转化的机制，并由人自身的参与行动来完成。这种转化内涵于人的心智结构之中，影响到了人对这个世界秩序的感知、感受和理解。显然，没有什么东西不是一种自然的存在，但到头来，却又没有一种东西，它在人的眼中，或经由人的这一道感知的程序后，不是通过文化的路径而得以表现和表达的。很显然，作为一种观念性的文化，它决定着自然差异性存在的井然有序，或者从一种无序到有序的文化生产和再生产。在这方面，人有着一种独特的沟通和转化能力，不论城市还是乡村，也不论陆地还是海洋，只要有人的存在之所，这种自然的存在向文化的存在的转化便会借助于一种人的行动力而持续地发生。文化因此在这一点上是不断地涌动着的，它因此不会是特别安分守己的，即它不断地在改变着自己的形貌或表达的结构。显而易见地，没有哪一种文化是可以外在于大自然的供给而存在的，自然在这方面是可以在时空上做无限延展可能的存在，是自然地理学意义上的山川、河流、湖泊乃至于海洋，但它们都会因为某种原因而成为人们心目中的“神圣之山”“母亲之河”“知识海洋”这样的隐喻性类比，这些表达，又都不过是一种人才会具有的文化的意义构造和表达，是建立在人对自然和文化的种种沟通属性和能力之上的。很显然，人便活在了此种意义和表达之中，无一人可以真正从中逃脱出去，也无一人不受此文化表达的恩惠、庇护和福泽，由此才能真正使人在心灵上获得一种滋润和成长。人因此而有了一种自信或心安，反过来这种自信或心安的欲求又主导着人看待周围自然的方向和方式。

第三是人类学家的田野工作，这成为现代人类学发展的一个带有标志性的方法论符号。对于人类学家而言，田野工作就是远离自己的“在那里”，而不是不远离自己的“在这里”。所谓的田野工作，就是人类学家在那里，而不是在这里。“在那里”意味着旅行之人碰到的一种差异性的文化存在，而对于“在这里”的人而言，则更多意味着一种浸润其中的文化实践，它的结局只能是走向一种趋同。而对一个有文化差异的访客而言，人类学家最为首要的工作显然不是“在这里”而是“在那里”。因此，不论你喜欢与否，人类学注定是一门需要走出自我，但最终又必须回到自我的学问，它必然是与远行、陌生、孤独以及新奇相互联系在一起的，由此而让我们看到了新的问题，萌生出一种描述、对比和超越的文化意识。这方面，我们在原地踏步，就会什么都看不到，只有走动留下的诸多痕迹，才是我们真正能够关注自我存在的根本。这些痕迹是我们实实在在地去接触大地，接触那里的一山一水、一草一木以及一家一户而出现的。一方面要了解一种差异性的自然存在，另一方面又要体会到不同人群所创造出来的不一样的生活。在无尽的观看、追溯和察觉中，人类学家看到了作为他者的异文化的生活及其存在的意义和价值，在不经意间，一个人的自我似乎顿然显现，也即刻就明白了自己的存在价值和意义，并牢牢地把握住它们，用手中的笔或者镜头捕捉这一瞬间。在此意义上，人类学是一门既能看到他者之存在，又能启蒙自身之未来生活的实用之学，被当年的康德称为“实用人类学”，今天看来，这个名称依旧可以涵盖人类学在今天所具有的独特属性。

第四是关于亲属制度的，它是基于一种对血缘的认同和对非血缘的排斥而构建或构筑起的一种社会关系和文化秩序，它的基础是一种社会强制性的外婚制的交换关系，由此而有了基于一种亲属称谓的差异性亲属制度的文化表达。当最初的人类尝试用自己家庭中的一个女人或男人，大部分情况下是女人，去与不属于自己血缘认同家庭里的异性进行某种婚姻交换时，人类超乎家庭之上的那个更为广大的社群及其谱系，或称家族或宗族，便逐渐地成型，并随着交通、通信和往来互动关系的发达而日益扩大了交换发生的范围和人群数目，形成了一个更大的社会组织以及极为复杂的相互嵌套的社会关系。而当人们开始学会远离此种带有非主体自愿的社会强制性交换的形式时，各种不再以延续社会存在为目的的婚姻形式，便会因此可能有一种井喷式的“野蛮生长”，甚至还会影响到延续数千年的男与女两个性别群体婚配的模式以及亲属之间的相互称谓，并难以真正回归到一种基于血缘关系认同和固化的两性文化的原位。而这便是跟梅因在《古代法》中所说的从身份到契约的巨变联系在一起的，同时又跟现代生殖技术的发展以及种种新婚姻形式的冒险之旅是密切相关的。前者带来的往往是一种社会结构的转变，后者则是一种个体性意识和实践走向极端的必然后果。

第五是人类的财富或财产关系，这是人类可以成为一种能够稳定生活和有持续性生活保障的地位与尊严的社会存在的前提和基础。在这一点上，财富或财产同时也是一套社会关系的表达，或者说因为有了一套社会关系的存在，财富或财产的存在才变成有意义的一件事，而不是相反。因此，不论社会中财富是给予还是占有，也不论财产是累积还是让渡，这都意味着一种彼此之间可能发生并一直存在着的支配与被支配关系的表达。对人类学家而言，一种作为财产关系的财富观念，它必然是深嵌在一种社会关系中的，它往往会以一种文化的形式表现出来，落实在了所谓动产与不动产这类符号与象征体系的社会营造与文化记忆之中。究竟何为真正的财富拥有与财产获得的观念，它的意义和内涵也会随着时代的改变而发生改变。古代冷兵器时代的支配者真正要去控制的是盐与铁这样的会直接影响到社会稳定的实在之物，还有作为货币的稀有金属金银的存储、使用和转让。在当下

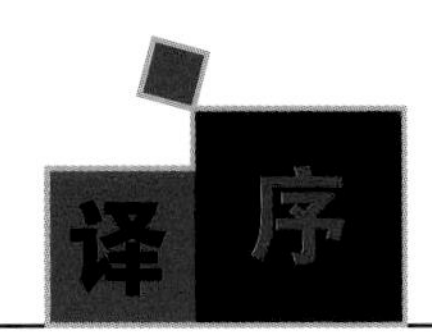

这样一个互联网时代里，这种社会强力性对于一种实物的控制，会逐渐转变成对一种虚拟但实际发生影响的互联网媒介的控制。媒介即信息，信息即权力，在光怪陆离的信息、图像和影像的世界中，信息、图像和影像等的虚拟存在都直接地跟一种财富积累联系在一起，它们也很自然地凝缩并成为一种具有支配性力量的意识形态。在这方面，互联网替代了盐、铁、金银乃至一般等价物的货币，作为社会与文化第一重要性的“虚拟帝国”的构建，转换到一种全球背景下的民族国家对于互联网符号、交流与象征意义的构建上来。在此意义上，互联网不仅是社会的一种财富或财产，更为重要的是，它还是社会要强力去真正予以控制和掌握，并使之成为一种权力的来源而加以重新分配的对象，一场基于网络的权力的再平衡与再调适也就变得刻不容缓了。

第六是一种所谓的互惠交换的存在，它成为一项社会之间的联系由一种个体性存在的不可能转变成一种群体性存在可能的必备的前提条件。对人而言，相互间的交换是一种很基本的行动能力，它所带来的结果便是一种社会捆绑连接意义上的互惠关联，进而形成一种文化意义上彼此共同存在的，并且相互“捆绑”的没有分离的“在一起”观念，不论婚姻上的、日常礼物上的，还是一般商品意义上的。尽管它们总体上对人而言实际上是极为负面的，是人所不愿去遭遇和想象的，但无疑地，所有的这些人群之间的彼此的交换行为，包括正向的和负向的，在人类社会中和人与人之间又都是很基本的构成要件。一种互惠关系必然是此种交换达至一种成功的结果，至于究竟是正向的还是负向的，那就要看人们究竟是从哪一个角度去观察了。交换使得一个人的世界得到扩展，人所生存的意义得到丰富，同时也使得人与人之间联系的范围得到扩大，人变成一种更具社会性的存在。不论怎样的一种交换形式，对人类而言，交换都是不可或缺的。而彼此间的基于一种彼此熟悉的往来互惠更是交换发生的根本目的所在，尽管互惠的形式是多种多样的。而且利益是次要的，彼此融洽关系的巩固，很多时候可能比利益本身更为重要。

第七是关于宗教信仰的，对人类而言，它几乎以一种“假戏真唱”的方式试图以不同文化下的对神的理解来共同性地去帮助人们缓解因为死亡和疾病所带来的种种不适应性的焦虑。在这方面，人的觉醒之一就是从他人身上见证了自己必死的一种真相，人却又不肯承认这样的基于死亡的虚无之上的虚假人生的悲剧意识，而宁愿使之升华，使一种生命的意识变得崇高和富有道德上的理想性。宗教在此意义上真正是在塑造一种人的神圣性的存在，并以各种信仰和仪式来使得这种神圣性得以某种彰显。很显然，此种神圣性可以使人在一瞬间产生出高大、雄伟、挺拔、不可撼动以及纯粹之类的联想乃至幻想，为此而做出一种发自内心的虔诚的屈服、顺从以及皈依的姿态，人因此而被确认为是一种真正有着道德追求而非沉浸于一种混乱、困顿中的世俗性的存在。在排斥一种世俗存在的过程中，信仰得以产生，仪式活动得以展开，超越性的体验得到了一种分享，还有基于人类通感的共同性价值得以交流和丰富。在这方面，人人心中似乎都有一种向往神圣性的冲动，在那里去寻求甚至刻意借助于一种修行的实践而使得世俗生命有一种自我的升华。接近于原始一端的宗教会使之有一种高度的神秘化，而接近现代世界一端的宗教，会更趋理性地去对它加以过度的解释，以此来消解其自身真实的影响力。由此，人群中的种种宗教体验，会在神圣与世俗这两者之间寻求一种可以使其自身得到定位，并且能够确认这种定位的仪式化表达的方式和途径。人因此是在为一种心安理得的价值和生活的获得而活着的，宗教和信仰无疑是最容易获得的方便法门。

第八是语言书写，很显然它是人所独有的，也是理解文化之所以能够相互传递和理解的媒介基础。语言让人真正有了一种借助其所创造出来的媒介物而得以表达和交流的能力，人借此可以使自我得以在时空中不断地延伸，即有着一种借助于语言来代表自我存在的分身表达之术，也就是以语言作媒介来代表或者表征本体自我的存在。因此，我们常会有“听到谁说的话”“读到谁的著作”“看到谁的微信或微博”之类的对于所谓作者崇拜的表达。我们因此而有孔子之言、孟子之言、柏拉图之言以及韦伯之言的种种作者之说，通过在我们头脑中形成一种观念表征，而在有意或不经意间影响着我们对于生活的种种判断。在此意义上，语言便可谓人的心灵的一种载体，人借此可以有一种内心活动的外在呈现，更为重要的是，彼此之间的意义能够借此而得到一种实际的交流。这成为人使用并发展语言的最为急迫的现实性需要。而一种书写的过程，则使得这种表达和交流凝固下来，超越时间的限制，也超越了空间的种种阻隔。显然，人不可能在一瞬间就记住自己说过的全部的话和写过的全部的文字，但人可以通过书写的方式而使自己的所说、所想和所做的事情固化下来，使之得以存储，进而形成一种离开了自己身体的难忘的影响力。因此，在中国人的传统观念里，有所谓“立功、立德、立言”三立之说，其核心或者根本还是在于“立言”这一点上，这里的“言”无疑是指一种真正可以流传下来的书写。因为对于人终有一死的悲剧而言，立言可谓在文化连续性的喜剧意义的对于生死限度的一种真正的自我超越。

第九是政治法律这一项，它关注的是秩序，也是人类社会的基础。在这方面，社会的根本就在于政治法律这一向度，有时它是外显出来的，但大多数时候则是内隐不显的。很显然，对于今天人的认识而言，政治、法律是和人所施予的权力的观念密切联系在一起的，但人类学家眼中所看到的权力，更多是一种借由文化的媒介包裹或伪装起来的一种权力，而非一种赤裸的权力，乃至于暴力。伪装起来的权力，这根本上属于一种政治文化的表达，它带有人类社会中的秩序构建的普遍性和差异性的特征，普遍性在于权力的运行全部要经由一种伪装的途径，而差异性则在于伪装的程度以及表现的方式会有所不同。而法律则可谓此种权力的伪装性表达的进一步延伸，其形态自然也是多样性的。在一种权力被武力乃至暴力所取代的那个特别久远的时代，或者在类似被这样的一种暴力所取代的今天世界的某一个地方，就无所谓真正有文化意义上的权力的伪装了，甚至也就更无所谓一种真正柔性化了的权力的文化表达。在遥远的那时以及在那里，权力的统治关系彻底转换成为一种血腥的依靠战争维持的暴力，它同样也是带有人类普遍性的，只是它从来都不会成为人类社会的一种常态而存在。因此，理解人类社会的政治与法律，根本的是要不以其为政治规则与法律裁决的那些条文和教条做一种字面的理解，而

是要真正透过这种字面的含义，看到隐藏在其背后并非一种政治与法律的那个真正支配政治与法律的“精灵”，而权力无疑就是众多的此类精灵之一。在这里，如果想一想在霍布斯笔下的那个可怖的“利维坦”，这一点也就没有什么好怀疑的了。

第十是文化认知，它曾经属于心理人类学的领域，如今更关注在文化向度上所展开来的人的认知与理解的文化形貌。由此，人的认知能力使得一种文化的意义能够为个人所领会和把握，并且在某个人群范围内得以传播，形成一种共同意识，实现文化意义上的价值共享。人的认知并非仅属于个人大脑内部的一种属性，它可以经由文化意义上的心理表征而向外在、外显的公共表征做一种转化或传递，从而实现个体认知能力的外在化。在社会的结构化、文化的意义化和生活的理想化的过程中，人作为主体性的存在仍旧为此而付出了自己的心智加工的能力。一方面，文化离开了人的认知可能只是一堆物化了的无意义的存在，另一方面，人若没有了文化，其独有的认知能力，也就只能退化成为一种动物性的应激反应，毫无真正的群体性的实践、理性和逻辑可言。

最后，或许对人类学的知识而言，所谓的“记住人类学”，实际上最应该记住的便是文化转型这一向度，也就是时刻要注意“文化在变”的这一势在必行的大趋势。全球范围内伴随着一种新技术革命而出现的信息革命，它真正带动了全球意义上的文化转型。文化在改变着其原有的样貌而适应性地转化成为另外的一些样貌，这中间包含着一种价值观念上的变革，特别是基于互联网技术及其在世界范围内的蔓延，贝尔所说的以技术为轴心运转的“技术轴心时代”显然已经到来。由此而来的是一种基于技术、发明创造与应用的线上生活对线下生活的逐步替代，或者说虚拟生活对真实生活的逐步替代，再或者说智能化生活对手工机械生活的逐步替代。凡此种种的令人眼花缭乱的技术与生活样式的转变，真正带动了一种文化表达形态上的大转型。文化将如何去适应越来越多的跨越国界、学界与思想界的交锋而有的一种新的改变，如何从冲突、矛盾和纷乱中发展出来一种新的真正可以容纳差异性的和而不同的文化，都将会是未来人类学的文化研究所真正需要去面对的新问题和对其既有田野工作方法的新考验。毋庸置疑，这种文化转型同时也带来了向来对文化怀有浓郁兴趣的人类学家自身研究领域的一种新拓展，这也使得一种互联网人类学呼之欲出，而“微信民族志”的书写成为这种人类学的先导。在当下人类学家的周遭，人们似乎越来越多地碰到各种形式的新新人类及其故事的发生，而人类学这门学科，其自身也在日益迈向一种对新新人类研究的新的人类学表述。

毋庸置疑，在21世纪的新时代中，人类自身发展的问题和困境在技术突飞猛进的引领下变得日益突出或突显，人们发自其内心世界的一种如何去认识自己的意识自觉，变成一股强势的个体意识，在深度影响并左右着人们的实际生活和交往。显而易见，当下世界的人们更关心并特别在意自己的感受、自己的健康，以及自己的价值存在。人自身也在这种关心和在意中再一次发现了人的自我存在的真实，而且它显然并不是纯粹个体性的，而是有着一种社会与文化向度上的强力关联。人们寻求和谐相处之道而非相互冲突之道，人们试图寻求在一种全球框架下的彼此共存而

不是要化万有为单一。因为人们清楚地知道，恰恰是一种多样性的文化园圃让世界真正成为包容性的一体而非相反。在这方面，人类学不再是一个以他者为客观研究对象的自我和他者的对立性关系。人类学日益转向在一种理解文化的前提下去解释文化各自的生存之道、各自的生存智慧，以及各自的生存价值的表达，在一种坚实和可持续的文化互惠中实现文化间的交流。一种单一的只见到自己文化的优势所在，而无法睁开眼见到别样文化的丰富多彩的价值的世界观，在今天的世界中已经变得不太可能了。我们需要记住人类学的最为重要的一点便是一种真正和真实发生的彼此的关系而非一种纯粹自我的关系，这才是人类全部社会文化形态的根本所在，也是人类之所以能够长久存在的根底或根基所在。如果忘记了这一点，也就忘记了人类学最初的学术追求之本。

赵旭东[1]

二〇二一年三月二十八日

于京南书房

1　中国人民大学人类学研究所所长、教授，博士生导师。

对于本书最新版本，我们做了严肃的“内务清理”工作——将资料分门别类乃至正本清源，决定哪些该保留或舍弃，以便在有限的空间里为更多新事物腾挪出地方。哈维兰在世纪之交成为本书合作伙伴以来，我们试图将书稿进行更加彻底的修改。首先，对于第15版的《人类学：人类的挑战》，我们继续削减篇幅，减少了10%的文字叙述，以便留出更多的空间，用以增强视觉和其他教学效果。其次，持续的研究工作点燃了我们的热情，这与使用及评价过之前版本的学生和人类学教授一样至关重要。最后，我们仔细审核了这个学科的经典案例，并将这些案例与当下其他学科的最新创造性研究进行比较权衡，包括研究方法论上的创新、考古发掘、遗传学及其他生物学上的发现、语言学的洞察、民族志材料、理论上的启示，以及应用人类学中有意义的例子。

本书的任务

大部分学生在上文化人类学导论课时，总是会被那些概括性的主题吸引，但对于各个主题背后的实际内容却知之甚少。因此，本书的第一个最明显的任务是对该学科提供全面的介绍——作为一个知识领域的基础，以及它对于人类这一文化创造者丰富多样性的主要见解。考虑到新招收学生进入入门级人类学课程时各种不同的情形，我们以一种令人着迷的直观方式覆盖学科的基本知识——出版一本教科书以建立一个宽阔的平台，让教师可以用多种方式拓展概念，这对他们及其学生都很有意义。

在做这件事的时候，我们挑选了一系列具有人类学式思考传统的研究与理念，让学生浸润在不同的理论视角与方法之中。这种包容性折射出我们的信念——不同的研究路径为理解人体生物学、行为和信念提供了十分重要的视角。

如果大部分学生一开始只是模糊地知道人类学是什么，那么他们就不会清楚地界定——而且可能会很有问题——去理解更大世界内自身物种与文化的优势。因此，本书的第二个任务是鼓励学生领会人类多样性的丰富与复杂。这个任务的最终目的是帮助他们理解人类在过去和现在，为何会存在如此多的差异和共性。

关于全球化与发展概念的争论、父母和小孩构成的核心家庭的“自然性”、新的基因技术、性别角色与生物变异的关联，我们都能够通过宽泛的整体视角，从新奇与迷人的人类学洞察中受益良多。人类学学科这种深入挖掘的特质，或许是我们能够传递给学习这门课程学生的最珍贵的礼物。作为老师（以及教科书的作者），如果能够做好我们的工作，学生将会对这个世界有一个更加包容和开放的态度，以一种批判但又具有建设性的视角，理解人类起源以及他们自身承载的生物性与文化特质。借用著名诗人艾略特（T. S. Eliot）最为喜爱的一行诗：“我们一切探索的终点，将是到达我们出发的地方，并且是生平第一次知道这个地方。”

这本书在很大程度上是要帮助学生理解我们日益复杂的世界，不管采取何种专业路径，他们都能够运用习得的知识和技术，并通过找到生物与文化网络之间的关联性驾驭自如。我们将本书视作一本困惑甚至迷失于21世纪世界交叉路口的人类的指南。

独特的方法

本书区别于其他人类学导论类教材的两个主要因素，其一是综合呈现人类学的四个分支学科，其二是将本书内容统一在一起的三个主题。

其一，四分支的整合。

不同于传统教科书对人类学四个分支的呈现——生物或体质人类学、考古学、语言人类学、文化或社会文化人类学——给人感觉是被分割或独立的，本书给出了一种整合的视角。这反映出学科的整体特质，即被研究的人类成员是总体中的一员——正如社会生物在进化过程中，通过交流与传承，学习和共享文化的能力。这种方法也反映出人类学家在实践过程中的集体经验，承认我们无法完全理解人性这个令人迷惑的复杂体，除非我们在过去和现在都能看清楚环境、生理、物质、社会、思想、精神和象征方面的互动。

然而，从分析的目的而言，我们讨论的生物人类学不同于考古学、语言人类学和文化人类学。因此，对于每个分支学科，本书都有单独的章节予以关注，但对于它们之间的联系则会反复提到。在第十一章的综合方法中给出了很多实例，比如，“现代人类多样性——种族与种族主义”讨论种族的社会背景，以及近期影响人类基因组的文化实践。此外，几乎每一章都包含生物文化关联专题，进一步阐述生物和文化过程在形成人类经验中的相互作用。

其二，统一的主题。

从我们的教学经验里我们意识到，规划出统一的主题能够帮助学生在掌握大量关于人类研究材料的同时不失去宏观的视野。在本书中，我们主要使用三个主题：

一是系统性适应。我们强调过去和现在的每种文化，都像人类种群本身那样，是一个整合和动态适应的系统，可以对内外因素的结合体做出反应，包括对环境的影响。

二是生物文化的联系。在面对生存挑战时，人类采取了一系列措施，其中我们特别强调人类文化与生物特性的调和。生物文化关联专题作为论述的主线贯穿整本书——几乎在每个章节的特色专题中都运用具体案例强调这种关联性。

三是全球化。我们追踪全球化的出现及其不均衡性对世界不同民族与文化的影响。欧洲殖民主义作为一种全球性暴力已存在数世纪，受影响的种族遍布亚洲、非洲和美洲，这些地方都留有殖民主义，常常是具有毁灭性意义的印迹。诞生于200年前的去殖民主义（Decolonization），在20世纪中期成为一股世界潮流。然而从20世纪60年代开始，政治经济霸权呈现出全新的快节奏的模式——全球化（以多种方式扩展或建立全球化的过程）。对这类具有全球控制形式——殖民主义与全球化——的关注贯穿全书，在这本书的最后一章，我们将硬实力与软实力结合，并结合结构性权力和暴力概念来理解全球化。

教法

本书的特色是提供了一系列学习援助，增加到之前描述的三个统一主题中。这一系列援助都能在学习过程中发挥重要作用——净化和活化材料，以便揭示

关联性并帮助记忆。

便于理解的语言和跨文化的声音

在写作本书时，我们有意识地削减了一些术语，以便对学生直接地说明。初稿审定者已经认识到这一点，提出对于大学一、二年级的学生，即使最困难的概念也要以简单明了的方式呈现。

为使叙述更加贴近学生，我们以可反复品味的短文呈现。大量小标题提供了可视化的线索，帮助学生追踪那些已经阅读和将要读到的知识。

无障碍环境不仅涉及通过可视化线索提供的清晰内容，而且包含令人着迷的声音或风格。在本学科入门教材中，本书发出的声音颇为独特，因为它采取了跨文化的视角。为了让西方和非西方的学生与教授对书中内容有共鸣，我们避开了西方“我们/他们”的话语，采取了更为包容的方式。另外，我们突出全球各地人类学家的工作和理论。最后，我们从工业与后工业社会及非工业社会中提取了文化实例，并将其编入书中。

引人注目的视觉资料

由哈维兰等人编写的教材深受学生及教授的赞许，因为它有大量的图片，包括照片和图表。这很重要，因为人类——和所有灵长类动物一样——是视觉导向型生物，而精挑细选的图片在学生脑海中会固定关键的信息。不同于那些内容与图片相互抵触的教科书，我们的图形部分都标上了颜色，以便提高吸引力和影响力。

照片

本书的特色是那些辛苦搜集而得到的内容丰富和引人注目的照片集。其中很多都配备了大量的插图说明，以帮助学生深度理解照片。每章都含有十几张照片，包括当前受欢迎的视觉对比——将两幅图片放在一起，可以有效地比较出生物和文化的特点。

挑战话题

每章都有“挑战话题”及相应的图片，将全书的主题串在一起，以回应特定章节内出现的人类生存面临的挑战。

学习目标与知识技能

本书新的特点之一是每章开篇提出的学习目标，英文原版将其放置在“挑战话题”和相应的图片之后。这些学习目标让学生关注主要知识点，区分他们在每个章节想要掌握的知识技能。

启人深思的问题

每章结尾都有四道思考题，其中有一个涉及开篇的“挑战话题”。这些问题放在每章主要内容之后，要求学生应用他们学到的概念，分析和评价问题中设定的情境。这些问题旨在激发学生深思并引起班级讨论，并让学生把材料与自己的生活关联起来。

另外，每章的“生物文化关联”专题在结尾处都有一个问题，帮助学生掌握并牢记生物与文化之间的关联性。此外，“全球视野”专题以一个全球难题结尾，要求学生对文章中提出的问题进行更深入的思考。

综合方法：深入研究人类学

本书第15版的创新在于“深入研究人类学”专题，它被设置在章节结尾思考题的后面。这些动手操作的任务给学生提供了深入研究每一章内容的机会，可以通过进行小型田野项目来实现，它们整合了贯穿全书的方法论。这些任务还鼓励学生在自己的文化中探索相关的主题。

综合理论：文化的柱状模型

不管过去还是现在，每种文化都是整合的动态系统，以响应内外因素的结合。这在我们的教学策略中被称为文化的柱状模型。这个模型呈现为一幅简单但生动的图形（图13.5），表明文化系统内社会、意识形态和经济的因素及其外部环境、气候和其他的社会因素。整本书的案例都紧扣这个观点和图形。

全方位的性别覆盖

不同于许多导论类教科书，本书对性别采用了整合的视角。因此，与性别问题有关的素材被纳入每一个章节。这样的处理方式给予本书大量有关性别的材料，其内容远远超出大部分导论类教科书单独一章的容量。

我们将这些材料整合在一起，是因为围绕性别的概念和问题通常过于复杂，以至于无法从上下文中去掉。在所有篇章中安排这些材料有其教学的目的，强调对性别的看法如何成为人们所做事情的一部分。与性别相关的材料包括对人类进化过程中性别角色的讨论、类人猿的研究、雌雄同性、同性恋认同与婚姻、女性的割阴，等等。通过这种有稳定节奏的叙述，本书避免将性别问题集中于前后无呼应的单独章节之内。

特别专题

本书包含5个有特色的专题。几乎每一章都有“生物文化关联”专题，以及以下3个专题中的两个：“原著学习”、“应用人类学”和“人类学家札记”。另外，大约一半的篇章有“全球视野”专题。这些特色专题经过仔细安排，并且以叙事的方式引入，旨在让学生注意它们的重要性和相关性。在详细的目录表中，这些特色专题都被完整地列出。

1. 生物文化关联

在哈维兰等人编撰的教材中，这个独具特色的专题几乎出现在每一章，它阐述文化和生物过程如何相互影响，以形成人类这样的生物、信仰和行为。它体现了当今人类学领域的核心是将生物文化整合在一起的研究方法。每个专题包括一个批判性思考的问题。相关专题可以在目录页中进行查阅。

2. 原著学习

本书专门写作或从人类学家的经典著作及民族志中节选出来的专题，其所呈现的具体研究案例将特定的概念带进生活，并表达出作者的热情。每个“原著学习”专题对该章出现的重要人类学概念或主题做补充说明。值得注意的是，这些内容与本书的叙述合成一体，并非不必要，也不是补遗。在18个“原著学习”专题中，它们各自的标题清楚地表示了其所覆盖的广泛主题。相关专题可以在目录页中进行查阅。

3. 应用人类学

在16个章节中，这些简洁而富有吸引力的人类学家个人档案，涉及当今世界这个领域内广泛的关联性，让学生可以一睹大量人类学家的职业生涯。相关专题可以在目录页中进行查阅。

4. 人类学家札记

这个专题描述当代全球各个角落里具有开创性的人类学家，将他们的工作放在历史的场域内，以便在主题与实践方式上引起人们重视这个学科的国际特征。新修订的版本从四个分支学科选出了超过18位与众不同的人类学家。相关专题可以在目录页中进行查阅。

5. 全球视野

这个专题出现在本书14个章节中，涵盖人口流动、商品和服务，以及污染与病原体等主题。借助故事和图片，激发学生的兴趣，让他们明白世界如何通过人类的活动关联在一起。每个专题结尾都有全球难题——提出一个问题让学生对全球化进行批判性思考。相关专题可以在目录页中进行查阅。

第15版的亮点

在这个版本中，我们对篇幅进行了彻底的更新。一是对关键术语进行了删减。二是增加了许多新的图片及民族志案例。三是每章开篇都有一幅图片和相应的“挑战话题”。四是每章的思考题至少包括一个新问题。在这些思考题之后，我们增加了一个全新的“深入研究人类学”专题，通过与每一章内容相关的小项目来促进更深层次的研究。

在更早版本的基础上，我们进一步精雕细刻，让每章的内容更加清晰、活泼、富有吸引力且简洁。每章的叙述内容平均删除了十分之一。统计数据和示例在叙述、说明和数字方面都得到了更新。除了对一些专题的修订，有一些专题的内容是全新的。

除了这些较明显的改变，每个章节也有变化。

第一章：人类学要义

本章强调人类学的当代相关性，为学生介绍了贯穿人类学四个领域的整体观、哲学视角和方法论。学生将逐渐了解人类学与其他学科的关系，并且知道人类学不受限于文化观念的影响，是一个可以测试假说的实验室。一个新的“挑战话题”——将免费的抗疟蚊帐重新用作渔网——显示了我们当今世界的相互关联性，因为个人必须在预防疾病和增加捕捞带来的健康益处之间做出选择。

我们关于人类学和全球化的讨论能让学生了解当前的全球难民危机，其中有关于民族与国家间区别的新材料和关于罗兴亚难民困境的新“全球视野”——安全港。同样，食品和农药的全球流动随着“生物文化关联”专题的图示“杀虫剂”而凸显出来。

人类学家的多样性以及他们所从事工作的主题和形式将吸引学生的关注：考古学家安妮·詹森在北极的工作中显现的当代人类学研究的合作性质；人类学家吉娜·阿西娜·乌利塞工作中的创新民族图式；人类学家菲利普·布儒瓦在无家可归的吸毒者中进行的田野调查；“应用人类学”专题中（“法医人类学：来自死者的声音”）法医人类学家梅赛德斯·德雷蒂在遗传学工作中使用的尖端技术；甚至还有考古学家与微型啤酒厂之间的合作，以及生物分子考古学家帕特·麦戈文的工作。

新增加的关于考古学和垃圾的“深入研究人类学”专题“会说话的垃圾：藏在垃圾箱里”为学生提

供了通过实践经验学习考古学概念的机会。这一专题更新了威廉·拉什杰的垃圾计划，重点介绍了大城市垃圾的生产和处理。

第二章：生物学、遗传学与进化论

这一章与生物学、遗传学和进化有关，我们从开篇的“挑战话题”就开始强调文化与科学之间的关系，以及21世纪生物技术对身份和安全至关重要的方面。为帮助学生跟上遗传学的技术发展及其在世界上的应用（在他们可以接受的水平上），关于DNA复制和蛋白质合成细节的说明已经得到了显著的改进和简化。

令人信服的照片与内容丰富的说明对有毒诱变剂等基本概念进行了说明，并对本章内容的历史背景做了补充。图片的变化包括更新的细胞分裂艺术、新的同源异型盒基因照片、达达布难民营的定位图，还有一幅18世纪的黑猩猩插图。对遗传和群体遗传学的讨论进行了重要的精简和澄清。“深入研究人类学”专题中的“创造模因的意义”要求学生应用遗传学原理、遗传特征以及在追溯模因的出现、传播和变异的过程中关注社交媒体的进化。

第三章：现存的灵长目动物

这一章图片丰富，向学生们介绍了我们在动物世界中的近亲——其他灵长目动物——以及我们对近亲造成的影响。它以讨论全球化对当今世界现存灵长目动物种群的影响作为开始，通过一个新的“挑战话题”描述了懒猴的捕获和全球贸易，懒猴是灵长目动物中的一种，在一些社会中被视为珍贵的宠物。更新后的濒危灵长目动物地图进一步推动了灵长目动物保护的紧迫性。通过探索所有活着的灵长目动物的基本生物学，这一章强调了人类在灵长目动物群体中的地位，以及与爬行类相比，哺乳类灵长目动物的基本适应能力。它涉及生物学概念，如恒温性与变温性，K-选择与R-选择，祖先特征和衍生特征、趋同演化，以及预适应、适应辐射和生态位等。关于垂直依附、跳跃和悬垂的新图片有助于说明这些概念。考虑到大猩猩基因组的新数据，我们更新了灵长目动物之间的亲缘关系图。

“生物文化关联”专题中的新内容“长臂猿和女高音都需要被倾听”，通过研究长臂猿与女高音发声的相似性，证明了人类与灵长目动物亲缘关系的密切程度。我们对“应用人类学”专题“拯救我们的猿类兄弟：灵长目动物学家、社区行动和非洲野生动物基金会”进行了更新，讲述了非洲大陆正在进行的灵长目动物保护工作。“深入研究人类学”专题中的“找到或失去你内心的猿”探讨了灵长目动物学家大胆且创新的方法。在这里，学生面临的挑战是将日常生活体验与灵长目动物特质联系在一起，它们在区分人类行为、非人类行为和生物学方面，或是推进，或是限制。

第四章：灵长目动物的行为

这一章有许多关于灵长目动物行为的前沿发现和理论，它是以一个新的“挑战话题”开始的，即著名灵长目动物学家弗兰斯·德·瓦尔关于道德的研究——以前被认为是独一无二的人类属性——在我们的灵长目近亲中。我们向学生介绍灵长目动物学家的研究和活动，如简·古道尔的研究，并探讨灵长目文化的概念，比如灵长目动物的沟通能力、独特的群体文化，以及灵长目动物掌握复杂任务的能力，比如制造工具。

"生物文化关联"专题的新内容与倭黑猩猩坎兹的语言能力有关，并探讨了灵长目动物学家苏·萨维基-蓝保有趣的观点——坎兹的生活使其处于双文化环境中。"深入研究人类学"专题要求学生通过观察自己在日常生活中使用表情符号的情况，来理解坎兹的图画文字。简·古道尔和她的研究是"人类学家札记"专题的焦点（以及灵长目动物学家金西锦司），也是更新和扩展后的应用人类学专题的焦点——包括她呼吁保护猿类权利、不在生物医学研究中使用黑猩猩，后来，美国国立卫生研究院（NIH）决定完全终止这种做法。"全球视野"专题聚焦大猩猩手骨烟灰缸和迪安·福西保护大猩猩及他们在卢旺达、乌干达和刚果民主共和国栖息地的工作。

第五章：考古学和古人类学中的田野方法

本章详细介绍了古人类学家和考古学家在田野研究中使用的方法，并将这些方法置于当代社会政治背景中。它以一个悲惨的例子开始，启示我们要找到保护我们共同文化遗产的方法。我们如何才能保护考古遗址免受破坏性行为的破坏——例如ISIS对帕尔米拉古城的破坏和对一位试图保护文物的考古学家的杀戮。我们还探讨了考古遗址面临的其他威胁——以盈利为目的的掠夺者，破坏遗址的正常活动，以及当科学家和原住民以不同的世界观对待古代遗迹时的差异。

本章探讨了挖掘后在实验室开展研究的重要性。"生物文化关联"专题的内容与肯纳威克人有关，展示了基因研究的最新结果和一张新照片。新增的应用人类学专题"雅达利墓地"说明了对于最近被掩埋的文物，挖掘方法是如何起作用的。"原著学习"专题中，安娜贝尔·福特对关于伯利兹皮拉尔发掘的内容进行了重新定位和重大更新。本章增加了新的图片和丰富的说明，包括约翰·斯沃格的考古漫画，这一章被大大压缩，以提供对现场方法更直接的概述。"深入研究人类学"专题的实践操作让学生使用本章详细介绍的田野研究方法，感受他们手中的泥土。

第六章：从最早的灵长目动物到两足动物

本章是与人类进化有关章节中的第一章，我们首先介绍了古人类学，它是一门发现的科学：每有新的发现，这门学科就会重塑对过去的理解。"挑战话题"通过2015年10月发布的令人震惊的新物种——纳勒迪人，来说明古人类学在新闻和我们今天的集体想象中的地位。但是，这一章的开篇也阐述了在观察新发现和将其置于第一批灵长目动物、两足动物和人类的进化过程中所涉及的挑战。我们考虑了古人类学家关于如何将某些物种确定为独特物种的争论、古人类学解释中确定年代的作用，以及人属何时出现的问题。

这一章进行了大量的修订，以求清晰、简洁和准确。我们重新编排了标题，以反映这些修订，同时保留了化石记录中最早的两足动物与人类、黑猩猩之间的比较。一些早期化石的新照片——包括小脚、艾达、拉密达地猿——以及更新的数据表明了新的"上新世—更新世"的分裂和更精确的大猩猩进化分支。这一章中关于人类诞生的"生物文化关联"证明了古人类学理论与当代医学实践的相关性。新的"人类学家札记"考察了古人类学家路易斯·李基和玛丽·李基及他们几代家庭成员留下的遗产，他们对古人类学做出了重大贡献。新的"深入研究人类学"专题"愚弄你的祖先"要求学生通过想象一个具有可信度的虚假的发现来理解臭名昭著的皮尔当骗局，因为它使普遍的信念具体化了。

第七章：人属的起源

对人属起源的探索带来了挑战，即思考究竟是什么让我们成为人类。通过使用火的例子，我们介绍了贯穿这一章的主题：化石记录中保存的生物变化与考古记录中保存的文化证据之间的关系是什么？我们对这一章进行了重组，避免冗余，使衔接自然，并关注中心要点，对当今该领域的主要理论给予了关注。第七章让学生准备好接触下一章有关于现代人类起源的理论。

这一章保留了对女性古人类学家的介绍，对化石记录的性别化解释的讨论，以及古艺术家们详细描绘我们祖先骨骼的工作。本章还包括最近的重大发现，如上一章提到的纳勒迪人化石、2015年发现的比奥尔德沃工具早70万年的洛迈奎石器，还有一项关于尼安德特人舌骨的新研究，这影响了对他们语言能力的解读。本章结尾的深入研究人类学专题与语言和交流有关。

第八章：智人及其技术的全球化扩张

本章对现代人类起源的理论和智人在全球的传播进行了全面的讨论。要求学生在更接近现在的时候，知晓生物变化和文化变化之间关系的本质。在我们的进化史上，把行为和外表联系起来是不是变得站不住脚了？就像今天研究活着的人一样？这一章的开篇通过将我们的焦点从印度尼西亚旧石器时代艺术转移到欧洲旧石器时代的艺术和手工艺品，探索了欧洲艺术和文物中所包含的欧洲中心主义。这也让学生们思考：艺术的创造是否与一种新的、改良的物种在全球的传播有关？本章通过展示遗传、文化和形态学数据以及将这些类型的数据彼此关联所固有的挑战，来磨炼学生的批判性思维能力。

本章详细讨论了遗传研究在绘制智人分布地图中的地位，研究了丹尼索瓦人和尼安德特人基因组的新材料，并提供了关于美洲人口增长的最新基因研究。“人类学家札记”专题向学生介绍了古遗传学家斯万特·帕博的工作，关于联合国教科文组织世界遗产的“全球视野”专题中的内容也已经更新，以反映目前的濒危遗址名单。新增的“深入研究人类学”专题通过要求学生研究旧石器时代的饮食——这在一些当代社会中已经得到了普及，与本章最新的“生物文化关联”相结合。

第九章：新石器时代革命：动植物的驯化

这一章全面论述了新石器时代的演变，包括一系列表明古代动植物驯化与现代生活相关性的特征。它以一个新的“挑战话题”开始，探讨最近全球对藜麦的喜爱，藜麦是南美安第斯人的一种古老食物。但是，全球对藜麦的需求已经破坏了该地区的生活方式，而这种作物最初是在该地区被驯化的。新石器时代启动了一种争夺资源的模式，这种模式现在出现在全球范围内。

关于爱尔兰马铃薯饥荒的新内容说明了英国政策对爱尔兰人的影响，揭示了造成悲剧性后果的政治、经济和农业因素。这一章提供了新的内容丰富的说明——一张照片是达图加妇女用来携带和储存液体的葫芦，另一张照片是亚美尼亚阿瑞尼洞穴群中的古老酿酒厂和陶器——展示了遗传学在考古学中的作用。我们重置了亚马孙前哥伦布养鱼业这一“应用人类学”专题，以更自然地加入资源竞争的主题。

我们用新的笔触记录了新石器时代的生物性后果，包括对骨骼生长和哈里斯线的说明。2015年禽流感暴发和随后的大规模家禽屠宰已被纳入本章的“全球视野”，并和被驯化动物带来的疾病结合起来。新增的“深入研究人类学”专题“今天的驯化”要求学生研究他们自己的宠物，以了解驯化动物的动因。

第十章：城市和国家的出现

世界上70多亿居民中的大多数生活在城市中，本章讲述了国家和城市的兴起，展示了考古学在解决占主导地位的社会组织所带来的问题时发挥的重要作用。开篇的“挑战话题”探讨了集权与战争的关系，以叙利亚内战期间考古宝藏的破坏为例。这一章新的“全球视野”专题“非法文物”与掠夺有关，里面包括一些令人惊讶的奸商和伟大的考古学家。

为了使文本更加清晰和简洁，我们重新组织了本章，特别是在“国家的形成”一节。我们更新了关于城市相互依存的部分，包括2011年日本海啸；更详细地讨论了叙利亚内战、埃博拉病毒、社交媒体的作用和通过网络空间和空域的全球互联。本章对蒂卡尔的案例研究展示了在复杂遗址的勘探中使用的考古学方法的范围。我们还丰富了本章的“原著学习”专题“阿尼：丝绸之路城市内外的身份认同与冲突”（格雷戈里·阿雷什安），将全球政治的过去和现在与考古学联系起来。

本章还深入探讨了社会分层问题——这是城市和国家的产物，对当今人类产生了深远的影响。通过资料和动手活动，让学生看到随着埃及开罗人口的增加，精致的墓地变成了住房。新的“深入研究人类学”专题“绘图课”，要求学生在绘制地图时注意当地社区的社会分层，并注意不同特征的差异——例如建筑密度和材料、交通和获得服务的机会。

第十一章：现代人类多样性：种族与种族主义

随着种族主义和种族间暴力在全球的兴起，从人类学的角度看待人类多样性越来越重要。我们对这一章进行了大篇幅修订，以反映全球针对少数群体的结构性暴力和人身暴力以及对此的具体应对措施。在本章中我们将通过当今的例子介绍种族和种族主义，用这些发人深省的概念的现代迭代来吸引学生。新的“挑战话题”描述了2015年6月在美国南卡罗来纳州查尔斯顿市伊曼纽尔非裔卫理圣公会教堂发生的谋杀案，它是种族主义在我们世界中继续产生影响的一个可怕的例子。我们在本章中探索种族的社会和政治现实，并强调生物上不同种族的缺失。

根据更新了的教育学，我们彻底修改和精简了关于种族和智力的讨论，在新增的“深入研究人类学”专题中，我们让学生们寻找标准化考试和他们经历过的大学入学考试间的偏差。我们提供了讨论种族和种族主义的其他当代例子，包括2015年巴尔的摩警察暴力抗议，通过雷切尔·多尔扎尔的故事和回应种族暴力的“黑人的命也是命”运动来证明种族身份。在本章新的“原著学习”专题“对作为社会死亡象征空间的美国人类学协会上拟死示威的反思”中，法耶·哈里森将“黑人的命也是命”运动带进了国家人类学协会会议。新的“全球视野”专题“找到家了？”探讨了韩裔青少年的运动，他们回到韩国后，回应了他们在美国所感受到的种族主义和分裂。这一章的“生物文化关联”专题“美丽、固执和受术者的内眦皮眼褶”，更新了有关全球双眼皮整形手术的统计数据。

我们扩大了本章对种族灭绝及其与种族主义的内在联系的描写，其中包括格雷戈里·斯坦顿的种族灭绝和预防的八个阶段，以及罗兴亚穆斯林目前面临的种族灭绝风险。“种族灭绝”这一术语已被添加进专业术语表中。这一章提供了研究人类多样性的适当方法，避免了错误的种族分类。它通过肤色、乳糖消化、血型等来探讨人类的变异，同时揭示了特定种族药物的概念。

第十二章：人类适应变化的世界

这一章的重点是人类适应性生物学以及文化对人类生物学各个方面的深远影响。这一版的更新整合了最近的全球发展及其对人类适应性的影响。新的挑战话题与太平洋垃圾带有关，它表明，随着大规模的污染，人类活动正在改变地球的可居住性，因为大规模的污染会干扰全球的食物网。这一章通过使用演化的、生态的、批判的和生物文化的媒介人类学方法，讨论疾病和健康领域的人类适应性。我们已经更新了引发库鲁病的朊病毒的案例研究，以显示新发现的对朊病毒病的生物反应，而朊病毒病可能是对漫长人类肉食历史的反应。

我们增加了新的术语“表观遗传学”和“抗性品系”作为人类适应性讨论的一部分。在关于创伤代际传递新研究的更新部分，我们进一步探讨了表观遗传学。新的“生物文化关联”专题探讨了疫苗接种这一有争议的话题，同时考虑了疫苗接种对人类适应性的影响。在“挑战话题”的基础上，“深入研究人类学”专题要求学生在自己的社区中探索废物管理系统的运作，至此本章结束。

第十三章：文化的特性

本章讨论人类学的核心概念“文化”，探索这个术语及其对个人和社会的意义。本章以一张充满活力的“挑战话题”照片开篇，照片突出了阿富汗的库奇游牧民，我们可以通过他们独特的服饰和骆驼认出他们。其他5张新照片是本章内容修订的一部分，其中包括一幅卫星图像，展示了广袤的阿拉伯沙漠变成肥沃的农田的过程，这里的农田完全依赖于从沙漠深处抽取的水，它属于一种不可再生的资源。

主要的叙述从文化和适应一节开始，这为讨论文化及其特征奠定了基础。我们重新着色的插图“柱状模型”展示了文化的整体性和动态性，并引入文化基础设施、社会结构和上层结构整合在一起的关键概念。我们通过对新几内亚西部山民卡保库巴布亚人生活的描写，来说明作为一种综合系统的文化，并通过对北美阿米什人的最新观察，来探讨多元社会和亚文化。

本章包括对文化、社会、个人、种族中心主义、文化相对主义和全球化时代文化变革的讨论。专题有：“生物文化关联”专题“塑造人体”，内容包括一张更新了的插图；“人类学家札记”专题“布罗尼斯拉夫·马林诺夫斯基”；“应用人类学”专题“阿帕切印第安人的新房屋”，作者乔治·埃斯伯描述了自己在为一个美国原住民社区设计符合文化习俗的住宅时所扮演的角色。新增的“深入研究人类学”专题“家乡地图”要求学生使用柱状模型来绘制他们社区各个方面的图形。

第十四章：民族志研究：历史、方法与理论

本章以关于田野调查的“挑战话题”开篇，配图中，在巴拉圭，一位年轻的人类学家和阿约雷奥印第安人在成功狩猎乌龟后返回村庄。这一章关于民族志研究方法的讨论路径别具匠心。首先，从历史的角度回顾了一些主题——从殖民时代的民族志到文化适应性研究、倡导性人类学，以及全球化背景下所提出的多点民族志。在讲述故事的同时，我们也接触到了过去和现在无数人类学家的工作。

本章接着详细讨论了民族志的研究方法——梳理了在选择研究问题和田野点时的注意事项，如何做好研究的准备工作和如何参与观察。记载了民族志学者收集定性和定量数据的方法，描述了田野工作的挑战以及民族志创作形式的创新，涵盖了写作、电影和其他数字形式。读者会发现本章对人类学理论观点进行了评述，同时讨论了比较法与人类关系区域档案、人类学研究的道德两难处境及伦理责任。

本章的专题包括与特罗布里恩岛野外工作有关的“原著学习”，探讨影响对猪的态度的环境和经济条件的“生物文化关联”，还有着重介绍玛格丽特·米德与格雷戈里·贝特森在巴布亚新几内亚合作做研究的“人类学家札记”。新的“深入研究人类学”专题要求学生与他们社交网络中的6个人一起进行一些多点研究：选择与自己住在一起的两个人为第一组，在学校、工作场合或休闲时认识的两个人为第二组，通过社交媒体交流但是没有私下见过面的两个人为第三组。

第十五章：语言与交流

本章以一张具有动感的泰国首都曼谷繁华的唐人街照片开篇，那里的商店标志以多种语言出现。接着，本章探讨了语言的本质和语言人类学的三个分支——描写语言学、历史语言学和结合社会文化背景的语言学研究（民族语言学与社会语言学）。同样关注到的还有副语言、音调语言以及对传声鼓与口哨言语的有趣探索。社会语言学和民族语言学的部分包括语言和社会性别、社会方言、语码转换和语言的相对性，并列举了一系列例子，从美国南达科他州拉科塔印第安人到玻利维亚艾马拉印第安人和美国亚利桑那州的霍皮印第安人。

我们讨论了语言的流失与复活问题，还粗略浏览了语言人类学家在田野调研中使用的新技术，例如南非濒危语言科伊桑语的“打击”音。这部分也包括有关数据鸿沟的最新数据以及它对少数族群语言的影响，附有一个网络语言使用情况的表格。从传统演讲行为和记忆存储到埃及象形文字，再到字母表的概念与传播，我们给读者呈现了一个历史框架。最后一节与读写能力和现代通信技术有关，探讨了全球化世界中的语言问题。

新的照片包括不同文化的社会空间的对比图像。本章专题特色包括S. 内欧赛特·格里莫宁有关语言复兴的“应用人类学”文章，“原著学习”专题是林·怀特·米尔斯与猩猩钱特克的研究，以及“生物文化关联”专题对人类语言的生物学研究。一个新的“深入研究人类学”专题“肢体语言”，要求学生研究6个来自不同文化背景的人的身势语，并改变自己的肢体语言，以此来探讨语言与文化的关系。

第十六章：社会认同、人格与性别

在这一章中，我们讨论了如何在社会文化语境中考察个体的身份认同，主要包括自我、濡化与行为环境概念，源自个人命名的社会认同、人格的发展、集体与众数人格概念、国民性理论。开篇“挑战话题”

的配图是西伯利亚汉特驯鹿放牧家庭的冬季营地，母亲和穿着毛皮衣服的孩子们坐在便携式生皮屋前的驯鹿雪橇上——这是本章的新照片之一。

文化与人格部分包括玛格丽特·米德对性别与人格的经典研究，接着是一篇与鲁思·本尼迪克特有关的“人类学家札记”文章。本章还介绍了关于传统和非传统朱瓦西部落中的儿童养育和性别问题的案例研究，以及修订后的三种儿童教育模式，包括西非奔人的互相依赖训练。群体人格部分描述了关于亚诺玛米印第安人的理想男子气质，随后讨论了国民性和核心价值观。

我们对另类性别模型的探索包括对两性关系的高度个人化的“原著学习”。有关变性的人种学例子包括印度尼西亚的武吉斯人，他们承认五种性别。“性别认同的社会背景”部分提供了关于国家支持的反同性恋的新的全球统计数据。紧随其后的是广泛的“社会背景里的正常人格和反常人格”部分，此部分介绍了印度极端的苦行僧传统，然后讨论了不同时间和文化中的精神错乱和“正常”的概念。“生物文化关联”专题提供了心理健康和身心失调的跨文化视角，而最后一节“全球化社会中的自我认同与精神健康”讨论了在21世纪的世界，我们需要适合人类的多元化医疗模式。本章“深入研究人类学”专题的任务“跨代性别”，让学生就女性特质和男性特质的概念进行跨代访谈，以了解性别差异。

第十七章：生计模式

在这一章，我们考察了人类为满足生存需求所运用的多种生存方式，以及社会如何通过调适文化来适应环境。开篇是一张引人注目的新照片，一位农民在中国广西省陡峭的山坡上种植水稻——这是本章新图片中的一张。这一章的叙述经过了重大修改，增加了几个新的标题，先是对适应进行了一般性的讨论。然后是新的一节，标题为“适应、环境和生态系统”，其中包括对巴布亚新几内亚养猪的策姆巴加人的案例研究。紧随其后的是关于适应和文化区的简短章节。其次是生计模式及其特点。从觅食开始——包括一个记录技术对觅食者影响的章节，姆布蒂俾格米人提供了一个人种史学案例。接下来，我们将讨论畜牧业、作物种植和工业化的食物生产，包括对伊朗巴赫蒂亚里牧民的案例研究，关于农民身份的讨论，以及价值550亿美元的美国禽肉业务。

关于适应和文化进化的一节涉及进步的概念，通过民族志研究项目探讨趋同演化和平行演化，介绍了关于拉帕努伊岛（常说的复活节岛）生态系统崩溃的最新民族志研究。一项新的结论着眼于人口增长和进步的极限。

这一章的专题包括讨论巴西亚马孙流域刀耕火种农业的“原著学习”，“应用人类学”专题讨论人类学在秘鲁传统农业复兴的发展实践中的运用案例，“全球视野”专题讨论国际家禽业。这一章的“深入研究人类学”专题提出的“全球餐饮”任务，旨在给学生一个机会，让他们通过在地图上找到食品杂货的来源，来看看他们自己是如何“体现”全球化的。

第十八章：经济制度

本章以一个新的“挑战话题”开篇，呈现了危地马拉高地开放市场上的一幅图片。这一重新制作的章节中包含了8张新的照片和相应的说明文字，包括关于采摘和出口茶叶的新的对比图。在对经济人类学进行简要概述之后，以特罗布里恩岛文化中的甘薯复合体为例，我们讨论了生产和资源（自然、技术、人力）。考虑到劳动力资源和模式，我们着眼于性别、年龄、合作和技艺专门化，借鉴了埃塞俄比亚采盐的专业化工作等人种学实例。

关于分配和交换的一节解释了各种形式的互惠（包括对库拉环的插图描述）、贸易和实物交换、再分配（简要叙述了印加帝国和美国西北部印第安人的夸富宴）以及市场交易。在有关调整机制的讨论中加入了一张阿拉斯加锡特卡办夸富宴的盛景照片。在概述了货币作为交换手段的历史之后，我们以一节关于地方经济与全球资本主义的内容结束，其中讨论了非正规经济和转基因种子的开发和销售。

本章特色专题包括“应用人类学”的“全球生态旅游业和玻利维亚的本土文化”，关于巧克力的最新生物文化关联，和“人类学家札记”中特林吉特人类学家罗斯塔·沃尔在西阿拉斯加（销售木材产品和其他商品的原住民合作社）的工作。新增的“深入研究人类学”专题“奢侈食品和饥饿工资”要求学生追踪一种奢侈食品或饮料的来源、收获它的人的种族和工资，以及销售它的公司的利润率。

第十九章：性、婚姻和家庭

本章探索有性生殖、婚姻、家庭和家户之间的紧密联系，开篇是一张穆斯林新娘及其亲友在一起的华丽照片，正在展示其用传统图案装饰的指甲。本章具体陈述了包括乱伦禁忌、内婚制与外婚制、嫁妆与聘礼、表亲婚姻、同性婚姻、离婚、居住模式、非家庭家户。对婚姻、家庭、核心家庭、扩大家庭的重新定义，涵盖了当下世界各地的现实生活情境。本章包括6张新照片。

本章中不同的民族志例子来自世界的许多角落。关于特罗布里恩岛年轻人传统性自由的描述，引发了关于跨文化性关系控制的讨论。有“婚姻与性关系的规则”一节。此外，还有一个关于印度纳亚尔人的性及婚姻实践的简短案例研究，其中描述了血亲和近亲关系。

关于内婚制和外婚制的讨论包括重新审视巴基斯坦移民在英国的近亲婚姻。“婚姻的形式”一节也涉及移民问题，其中指出移民对欧洲和美国一夫多妻制统计数据的影响，即使这种做法在撒哈拉以南非洲地区有所减少。其他民族志方面的例子涉及肯尼亚南迪人的女—女婚姻、吉尔吉斯斯坦共和国的嫁妆、巴西亚马孙雨林蒙杜鲁库印第安人中全是男性的家庭，以及传统的霍皮族印第安人的母系居住地。

最后一节概述了全球资本主义、电子通信和跨民族主义对爱情关系的影响。它包括关于收养、新的生殖技术和移民劳动力的修订章节。专题部分有关于印度包办婚姻的“原著学习”，关于美国婚姻禁令的“生物文化关联”，以及关于克洛德·列维-斯特劳斯的“人类学家札记”。“深入研究人类学”专题“性规则？”中，要求学生列出6组不同的性关系，分析哪些是社会认可的，哪些是法律或信仰所禁止的，对那些无视或违反规则的人有什么惩罚。后半部分是比较和分析。

第二十章：亲属和继嗣

本章开篇的图片介绍了苏格兰部落游行的开幕式，指出了继嗣群体的不同形式以及继嗣在一个文化系统中所扮演的不可缺少的角色。本章呈现了关于世

系群、氏族、胞族、半偶族的细节和案例，特别介绍了霍皮印第安人的母系氏族和苏格兰高地人。随后是一系列具有代表性的亲属关系系统及其术语的说明事例。

本章不仅包括一系列新的、修订过的视觉资料，还有对当下全球化世界中离散社群的考察，以及中国汉族、新西兰毛利人和巴西卡内拉印第安人的民族志案例。新的部分“制造亲属”又分为两个部分：其一是关于虚拟亲属关系和仪式性收养，说明了在不同文化中人们如何发展出关于某人怎样成为“自己人”的观念；其二讨论了亲属关系与新兴生殖技术，涉及令人难以置信的各种生殖可能，以及其如何影响人类关于生物性联系意味着什么的观念。

本章特色专题部分包含了一个关于解决美洲原住民部落成员身份纷争的“应用人类学”专题，一篇发人深省的关于存在于荷兰土耳其移民当中的荣誉谋杀的“原著学习”，以及一个关于古代毛利人神秘传统如今被基因研究所支持的“生物文化关联”专题。“深入研究人类学”专题“名字里有什么？”要求学生通过采访某人（“自我”）来了解亲属称谓的重要性，并绘制自己的亲属群体图。

第二十一章：以性别、年龄、共同利益和社会地位划分的群体

这一章以一幅色彩鲜明的阿富汗骑士图片开篇，他们正在举行背叼羊的活动，这是他们国家的一种非常激烈的全国性竞技体育。本章包括关于根据性别、年龄、共同利益和社会地位所进行团体划分的讨论。

年龄分组的这一部分以来自巴西蒙杜鲁库人和东非蒂里基人、马赛人的民族志材料为特色。共同利益团体这一部分举了许多例子，当中包括印度的“粉红帮”，散落在美国的非洲犹太人等。在“数字化时代的社团”一节提供了全球社交网络平台快速而广泛变化的新数据。修订后的社会地位分组部分探讨了社会阶层和种姓制度。我们特别关注传统的印度种姓制度，并涉及习惯上封闭的欧盟国家的社会阶层，即所谓的等级制度，以及南非和美国的种族隔离历史。接着讨论了社会阶层的指示器、社会流动和维持阶级的各种手段。

本章的专题部分包括更新的“全球视野”，内容是足球对科特迪瓦种族冲突的影响，关于美国人墓地规划的“生物文化关联”，关于开戒区域犹太人的“原著学习”，以及在政策研究中揭示制度化不平等的“应用人类学”专题。新的“深入研究人类学”专题旨在帮助学生思考他们在社交媒体上的自我与面对面的自我有何不同。

第二十二章：政治、权力、战争与和平

这一章以一个新的“挑战话题”和照片开始，在照片中，被叙利亚内战围困的大量人群正试图逃离叙利亚首都大马士革郊外的亚尔穆克营地。正文部分从定义权力和政治开始，接着对非中央集权和中央集权政治制度及其特点进行了描述——从队群、部落到酋邦和国家。民族志的例子包括朱瓦西布须曼人、巴布亚卡宝库人、阿富汗和巴基斯坦的普什图人以及利比里亚的科佩尔人。我们解释了国家和民族之间的区别，强调了库尔德人为独立而战。在讨论了权威和合法性的概念之后，探讨了政治与宗教和性别之间的联系——触及了宗教在政治秩序合法化过程中可能扮演的角色，并从历史的、跨文化的角度来看女性领导的

音乐艺术

人类演奏音乐的证据可以追溯到很久以前。考古学家发现了4.2万年前用猛犸象和鸟类的骨头制作的笛子和口哨（类似于今天的笛子）(Higham et al., 2012）。历史上著名的狩猎采集人群并非没有音乐。例如，生活在卡拉哈里沙漠的朱瓦西猎人会用他的弓演奏曲调，仅仅是为了打发时间。(在还没有人想到铸箭为犁之前，一些天才就发现弓不仅可以用来杀伐，还可以用来弹奏音乐。）在新英格兰北部，阿贝内基萨满用雪松木制成的笛子召唤猎物、引诱敌人、吸引女性。另外，萨满还会用鼓和精神世界沟通，鼓上有两个绷紧的皮绳可以发出嗡嗡声，代表着歌声。

研究特定文化中的音乐的学科被称为音乐民族学，音乐民族学起始于19世纪的民歌收集，它现在已经发展成为人类学的一个专门分支学科。音乐民族学家将音乐放在它的文化语境中进行考察，并且从比较的和相对的视角对其进行观察（Nettl，2005)。早期的音乐民族学家主要研究非西方部落社会的音乐传统。今天，有一些音乐民族学家研究民间音乐或工业社会中的不同族群共同体所演奏和欣赏的音乐。

音乐是一种包含非语言成分的交流方式，它传达的信息是抽象的、情感的，而非具体的、客观的，不同的听众会有非常不同的感受。因为这些因素，很难构建一个令人满意的跨文化定义。音乐可以被定义为依靠声音和沉默传达的一种艺术形式；一种依靠音调、节奏、音高、音色等非语言因素进行交流的艺术。

一般来说，人类的音乐与自然的声音是有区别的，例如鸟、狼和鲸鱼的叫声。音乐具有固定的、有规律的音调变化，或者说有音阶变化。音阶体系及其变化构成了音乐中的所谓音调。它们在不同文化中有着非常大的区别，也就无怪乎对一个群体来说是音乐的东西，在一些人听起来则完全是噪音。

人类依据一种曲调和从第一个泛音到共鸣（其振动次数恰好是基本音调的两倍）的距离，将一系列无规则的可能声响划分成一系列设定好的音阶。在西方或欧洲系统中，基调到第一个泛音的距离被称为八度。八度包括7个音——5个全音和2个半音。全音又可以被进一步分为两个半音，合起来就是一个有着12个音的音阶。有趣的是，一些鸟的鸣叫与西方的音乐有着相同的音阶（Gray et al.，2001)，也许人们发明音阶是受了这些鸟儿的启发。

半音系统最常见的替代是五音阶系统，五音阶将八度分为5个几乎等距的音调。世界各地都有五音阶，包括欧洲的民间音乐。阿拉伯和波斯音乐有着相似的单位，属于第三种，一个八度中有17个音调，24个音。南亚、北非和中东的大部分地区甚至还使用四分之一音阶，大多数西方人几乎察觉不到其中的微妙变化。因此，在这些系统中，西方人听起来似乎一样的旋律和节奏，大多数整体效果是很特别的，或是“走调的”。

音高是由震动频率决定的另一个声音特质，简而言之，就是音调的高和低。音质是音乐的另一个元素，它是由发出声音的特定乐器或声音的特质决定的，也被称为音色。音色将一个个声音区别开来，尽管它们有着相同的音高和音量。例如，小提琴和笛子可以演奏同样响亮的音符，但它们有着非常不同的音色。

音乐的另一个组织因素是节奏，包括拍子、轻重和有规律的重复，它也许比音调更重要。其中一个可能原因是，我们常常暴露在自然的脉动中，比如我们的心跳、呼吸和行走的节拍。甚至在我们还没出生之前，就已经接触了母亲的心跳和她移动的规律。作为婴儿，我们能感受到有韵律的触摸、拍打、抚摸和摇摆（Dissanayake，2000)。

传统欧洲音乐的节奏经常被测定为二、三、四拍的模式，并通过节拍的强弱做出区分，形成风格。非欧洲的音乐可能会用五、七拍，甚至十一拍，节奏之间有着复杂的安排，有时甚至是多重旋律的：例如，一个乐器或歌手用三拍的模式，其他则用五拍或七拍的模式。多旋律经常被运用在西非的击鼓音乐中，西非的鼓乐展示了精密的多重韵律线的重叠（图23.8）。非欧洲的音乐常常会变换韵律，例如，一个三拍的小节后是一个两拍或五拍的小节，很少或者不再重复任何一个小节，尽管这些节奏是固定的，可以被识别为一个单位。

旋律包括音调和节奏。它是由独特连续的小节组织起来的一种有节奏的音调序列。节奏、旋律、诗歌、押韵歌词和语言之间的区别并不总是明确的。例如，说唱（吟唱或形成节拍的口头诗歌）就是如此。此外，虽然乐器通常伴随发声，但它们也可能被模仿，如口技（用嘴、声音、舌头和嘴唇模仿鼓、咔嗒声、口哨声等）。说唱和口技都是与嘻哈文化相关联的流行音乐形式，现在通过互联网传播到了世界各地。

图23.8　塞内加尔音乐家扎莱·塞克（Zale Seck）

和许多其他的文化元素一样，乐器和演奏风格以及唱法在全球范围内传播，相关的音乐家也广为人知。西非的音乐家扎莱·塞克就是一个例子，他以“节奏强的交叉旋律”著称。扎莱是Lébou部落的成员，他出生于一个以捕鱼为生的小镇Yoff，这个小镇位于塞内加尔首都达喀尔的北部。他用传统的非洲手鼓和沙巴（用一只手和一个棍子演奏）演奏沃洛夫人的打击乐。他出身于格里奥特家族，将民族的记忆以爱和仁慈的歌词唱了出来。扎莱能说一口流利的法语（他的国家曾经是法国的殖民地），他在欧洲巡回演出，并在法国的电视和广播中演奏音乐。最近，扎莱迁居到了说法语的加拿大城市魁北克，进一步追寻他的音乐事业。

艺术的功能

除了为日常生活增添美感、提供娱乐，以各种形式呈现的艺术还有着不计其数的功能，从社会、经济、政治到情感、宗教和心理等方面。人类学家和其他想要了解本民族之外其他文化的人，可以从艺术中洞见一种文化的世界观，艺术还能为性别、亲属关系、宗教信仰、政治观念、历史记忆等各个方面提供线索。

对于社会中的人来说，艺术能够显示出财富、社会地位、宗教信仰和政治权力。北美西北海岸印第安人的图腾柱就是一个例子。图腾柱由高大的雪松树雕刻而成，上面有动物和人的脸或身体，象征着一个家庭或氏族的威望和社会地位。同样，艺术还可以被用于标明亲属关系，苏格兰的格子呢花纹就被用于标明氏族归属关系。它还可以加强超越地方或亲属关系群体的团结感和认同感，如体育比赛中的吉祥物。同样，艺术也描绘了国家的政治象征，例如，秃鹰（美国）、枫叶（加拿大）、新月（土耳其）、雪松（黎巴嫩），这些图案还常常会出现在硬币、国旗和政府建筑物上。

劳动号子在体力劳动中发挥着重要作用，能够使人们在做沉重或危险的工作时协调一致（例如在船上起锚或收帆时），使锤子和斧子的节奏同步，打发时间，减轻疲乏等（图23.9）。另外，音乐、舞蹈和其他艺术可以像巫术一样被运用，以它独特的情感或心理性特质“迷惑”个人或群体，以符合施蛊者利益的方式感知现实。实际上，艺术还可以被用来操纵一系列

图23.9 **西非马里随着鼓点劳动的劳工**

击鼓可以协调劳动的节奏、统一动作、缓解疲倦。

看似无穷无尽的人类情感，包括喜悦、悲伤、愤怒、感激、骄傲、嫉妒、爱、激情和欲望。营销专家对这些很了解，他们通常会在广告中运用特定的音乐和图像——就像政治的、意识形态的、慈善的或其他事业的支持者一样。

艺术作为一种有益于社会福祉、帮助形塑和影响社会生活的活动或行为，通常与宗教精神生活交织在一起。事实上，在包括装饰品、面具、歌曲、舞蹈、雕像在内的精美仪式典礼中，很难准确地说出哪些是艺术，哪些是宗教。艺术创作通常是为了尊敬神、圣徒或守护者灵魂，或为了祈求他们（如天使、祖先或动物助手）的帮助。萨满打鼓可以通过创造一种意识恍惚状态，使自己进入精神世界；僧侣通过诵经进入冥想；基督徒则唱赞美诗来歌颂主。同样，从远古时代起，关于死亡的仪式和象征符号就充满着艺术性，从葬礼仪式上演奏的音乐到古埃及和木乃伊一起埋葬的精美神圣物。今天，在一些地区，艺术家制作的棺材非常有创意，甚至还被当作艺术品收藏在博物馆中（见“全球视野”专题）。

有时，艺术被用来传达具有文化意义的思想，世界的起源或奥秘、古代的斗争和胜利，或者杰出的祖先，就像世代相传的史诗一样。神话是一种语言艺术形式，可以提供关于世界的基本解释，并为正确的行为设定文化标准。有的时候，艺术被用来表达政治抗议和政治影响事件，比如在建筑物上张贴海报或涂鸦，在大规模示威游行中唱游行歌曲，以及其他一些公共表演。

用自己的艺术吸引人们关注社会不公、种族主义、政治压迫或环境威胁的歌手，可能会在某些圈子里获得追随者。他们也可能招致商业抵制、人身威

棺材可以飞吗?

在加纳Nugua的工作坊里，大木匠帕·乔（Paa Joe）为加纳和其他地区的顾客制作带有独特彩绘的木棺材。有些棺材特别壮观，有像彩色热带鱼的，有像奔驰等奢华跑车的。为了纪念亡者一生的成就，这些精心设计的棺材展示着家族的显赫地位和财富。

作为一种对于死后世界的共享的集体表达，加纳的葬礼强调哀悼的重要意义在于体现逝者的精神。在送亡者前往来世时，悼念者会赞扬死者，有些人甚至还会把松子酒洒在棺材上。之后，死者会作为祖先仪式性地被后代供奉。

图中展示的这个747大型喷气式客机棺材，能够为死者提供神秘的空中旅行。它蓝白相间，蓝白是荷兰皇家航空公司的代表色，这家公司长期提供往返于西非国家和世界其他地区的航班。这个飞机棺材的创造者帕·乔15岁时就开始为他的表哥凯恩·夸耶（Kane Quaye）工作，后者是一个以设计棺材闻名的木匠。后来，乔自己开了店铺，开始接受世界各地的订单，不仅有私人的，还有博物馆的订单。1997年，乔使用木材、搪瓷颜料、绸缎和圣诞包装纸为位于华盛顿的史密森国家博物馆制作了这架荷兰航空飞机棺材。现在，来自世界各地的参观者都可以在那里欣赏这件加纳葬礼中的仪式物品。

全球难题

当史密森博物馆为了公共展出而购买了帕·乔的特色棺材时，这件西非的葬礼物品是否变成了一件艺术品?

胁，甚至被监禁。世界上有很多这样的例子。其中一个来自俄罗斯，女性朋克摇滚抗议团体Pussy Riot从2011年开始上演挑衅性表演，以女权主义、女同性恋以及其他抒情主题挑战该国男性主导的政治体制。她们的节目被编辑成音乐视频上传到互联网上，这激起了当局的不满，并促使教会领袖谴责她们是魔鬼的女仆。2012年，该乐队的三名成员被捕，因“出于宗教仇恨”而被判有罪，并入狱。由于害怕遭受同样的命运，另外两人离开了这个国家。

很多边缘群体用音乐表达自我认同，将音乐作为增强群体凝聚力、区分主流文化的手段，有时还会将其作为直接社会政治评论的途径。音乐用吸引人的、令人难忘的旋律和节奏赋予人类思想以具体的形式。无论歌曲的内容是说教的、讽刺的、鼓舞人心的，还是宗教的、政治的或激进的，很难用语言表达的经历和情感会以象征性的方式被交流，它可以被反复表演和共享。它反过来又形塑着共同体，并赋予其意义。

美国有无数社会边缘化和族群边缘化的例子，人们通过歌曲分享他们的集体情感，表达自己的骄傲、抗议或希望。最突出的例子是非裔美国人，他们的祖先被俘获，并被带过大西洋贩卖为奴隶。他们的经历塑造出的精神生活最终转换成了赞美诗、爵士、蓝调、摇滚乐、嘻哈和饶舌音乐。这些音乐形式被美国主流文化接受，并传播到世界其他地区。

世界各地都能找到音乐家为社会问题发声的例子。在澳大利亚，原住民的某些仪式歌曲有了新的法律功能，它们被引入法庭，作为原住民土地所有权的证明。这些歌曲描述了神话中远古祖先的英雄事迹，他们居住在“梦幻时代”，创造了水洼、高山、山谷，以及其他显著的地形。祖先的踪迹被称为史“歌”，一代代原住民一直在“歌颂国家”，传递着神圣的生态知识。这一口述传统帮助原住民主张对广袤土地的所有权，使他们能够拥有更多的权利去使用土地并协商从销售自然资源中获益（Koch，2013）。

艺术、全球化和文化延续

作为具有高度创造力的物种，人类在数千年的过程中发展并分享了多种艺术形式，表达了个人或集体的情感、想法、记忆、希望及其他重要或具有娱乐性的东西。在这一章中，我们调查了不同时代和文化的艺术传统，展现了创造性表达的广阔范围。几千年来，艺术风格可能发生了变化，但古代艺术与现代艺术之间有着显著的关联。在公共空间创作的艺术是无数的例子之一，如在中国河道两侧的巨大悬崖上绘制的2000年前的岩画，以及在全球城市中心街道两侧高耸的建筑物上绘制的当代涂鸦（图23.10）。

今天，现代电信技术促进了艺术形式在全球的迅速传播，为全球艺术合作打开了大门，并使人们能够以前所未有的方式跨越时空分享艺术。在这个全球化的时代，世界偏远角落的原住民可以在网上推销他们的艺术作品，互联网巨头可以创建一个国际交响乐团：在YouTube举办的公开海选中，来自世界各地的音乐家发布了自己演奏中国作曲家谭盾谱写的《第一交响曲》（Eroica）的视频。获奖者前往纽约市参加了卡内基音乐厅的演出，演出内容包括现场短片和试镜视频。

很明显，艺术的目的并不仅仅在于满足眼睛和耳朵（更不用说鼻子和舌头，思考一下燃烧熏香或烟草如何成了神圣仪式的一部分，想象一下跨文化烹饪艺术中的气味和口味）。事实上，艺术是文化中非常重要的一部分，因此，在世界范围内，那些首先受到殖民威胁，后来又受到全球化影响的原住民群体，正将美学表达作为文化复兴策略的一部分（见“人类学应用”专题）。

然而，全球化也给传统艺术带来了一些威胁。例如，正如“语言与交流”一章所讨论的那样，全球化加快了语言的消失。随着语言的消失，它们所承载的特定神话和传说不再被讲述，它们所承载的歌曲也不

图23.10　古代岩画与现代涂鸦

人类创造性地改变了他们的视觉空间——通过绘画、雕刻或抓取各种各样的传达了各种信息的图像，但并不是所有的信息都能够被认可或理解。这些图片或字母是什么意思？我们需要了解一些文化，在这种文化中，符号表征产生于解码的意义和信息。涂鸦也是如此。涂鸦是意大利语中用来表示抓痕或潦草的画的词。几千年来，人们在公共场所的墙壁上——如洞穴墙壁、悬崖墙壁、房屋墙壁和几乎任何其他平面上——刮擦或绘制图画和铭文。涂鸦会被用来恐吓或表达愤怒或仇恨（如敌对帮派之间）。文字和图像也可以表达美、分享快乐和美好的感情。在左边，我们可以看到一幅壁画，一只巨蜥爬上了葡萄牙里斯本市中心一座废弃建筑的墙，这是瑞典视觉人类学家克里斯特·林德伯格（Christer Lindberg）拍摄的，他对城市景观中的街头艺术感兴趣。右侧是2000多年前人们在左江上方的花山山顶上刻成的中国古代岩画。这些花山岩画位于广西的左江流域，上面约有1600个人物和动物，还有圆形符号、鼓、剑和船。

再被传唱。还有一种风险是，当传统上植根于文化中的艺术形式被商品化时，它们就失去了深层意义。此外，随着混搭等新艺术形式在世界范围内迅速传播，传统歌舞可能会失去吸引力并被遗忘。事实上，在全世界，成千上万个社区的文化遗产仍然处于危险之中，大量传统艺术——故事、歌曲、舞蹈、服装、绘画、雕塑等都已经消失，而且往往不留痕迹。

应用人类学

回到过去

詹妮弗·尼普顿

在20世纪初，一名年轻的佩诺布斯科特（Penobscot）女性坐下来照了一张照片，她戴着非常古老的精致的穿着珠饰的首领在典礼上佩戴的项圈。她是约瑟夫·尼古拉（Joseph Nicola）和伊丽莎白·尼古拉（Elizabeth Nicola）的女儿，是有着悠久血统的部落首领的后代。她的名字是佛洛伦斯·尼古拉（Florence Nicola），她度过了漫长的一生，嫁给了利奥·谢伊（Leo Shay），组建了家庭，作为一名编篮子的高手被人们铭记在心，她致力于谋求整个部落的利益。她所做的努力带来了更多的教育机会、缅因州原住民在国家和地方选举中的权利，以及佩诺布斯科特河上连接印第安岛屿上的一个小村庄与大陆的第一座桥梁。

佩诺布斯科特的艺术家、文化人类学家詹妮弗·尼普顿将部落老人查尔斯·谢伊委托自己制作的传统项圈交给他后拥抱了他。这个项圈的原件现在保存在史密森学会的美洲印第安人博物馆中，而尼普顿花了300多个小时来制作它。

现在，100多年过去了，这张照片重新出现，并回到了她的儿子查尔斯·谢伊（Charles Shay）的手中。查尔斯将母亲的照片带给了我们部落的历史学家，他发现自己曾在弗兰克·G.斯派克（Frank G. Speck）写的《佩诺布斯科特人》一书中看到过这个项圈，追踪到这件物品现在收藏在史密森学会的美洲印第安人博物馆中。

在19世纪晚期，“正在消失的印第安人”这一观念在人类学中占据主导地位，并产生了一个被称为“野蛮人类学”的专门领域，它的目的是为了抢救传统知识、生活方式和物质文化。收集物质文化的例证，并将其卖给博物馆，对一些人来说变成了一门生意，这也就是为什么照片中佛洛伦斯戴的项圈会在1905年之前的某个时间被乔治·海耶（George Heye）买走，然后被收进博物馆的藏品中。我一直觉得讽刺的是，我们作为一个民族和文化并没有消失，反倒是在这个过程中，我们部落的许多最珍贵的物品却消失了。

青年时期，我花了大量时间在缅因大学的图书馆中寻找关于佩诺布斯科特人的串珠饰品、贴布作品、篮子、雕刻作品的照片，它们现在出现在世界各地的博物馆中。我梦想着能够去参观这些物品，仔细地研究它们，并能够将它们带回我们的世界。正是出于这个原因，我读了人类学，学习如何研究和书写我自己的文化。我开始试着复制古老的串珠工艺，学习编篮子，参观博物馆的展览，出售自己的艺术作品，与缅因印第安编篮者联盟合作，以推广缅因州四个部落的编篮工和艺术家的作品。

2006年春天，查尔斯向我展示了他母亲的照片，并问我是否可以为他复制一个项圈。

在我制作项圈的过程中，我惊讶于18世纪晚期殖民者到来之后所发生的巨大变化。那时，它的制作者需要用到的羊毛、绸缎、小珠依据协定被船、马和劳工运过来，我的材料是在网上订购后，由UPS（美国联合包裹）和联邦快递送来的。她在日光下和火堆边工作，我主要在晚上靠电灯工作。在她的世界里，北部的森林还没有被砍伐，里面满是驯鹿和狼；我的世界则有飞机、汽车和摩托艇。

当我完成了一部分后，我开始思考什么是没有改变的。我们都生活在我们祖先已经生活了7000多年的小岛上，看着日出日落。我幻想，我们是否曾为我们的工作做过同样的祈祷；一天的工作结束时，我们是否用同样的草药去减轻手部的疼痛和肩部的酸痛。

当我将完工的项圈交到查尔斯手中，并在他、他的家庭和我们部落历史的部分回归中发挥了作用

时，没有语言可以形容我是多么的高兴。

100年前这个项圈离开我们的社区时，人类学似乎只是把物品、故事和信息带走了。作为一个人类学者和一个艺术家，我相信我有义务用自己的所学回报自己的社区。我很幸运曾经花时间参观了博物馆中的藏品，而我的民族中的很多人可能永远不会有机会看到它们。我从这个项圈中学到了：过去留下的物品与今天的我们仍有着联系，它们是有故事要说的，它们在静静地等待人们去聆听。

思考题

1. 在这一章的开篇图片中可以看到：绘着彩绘，戴着羽毛头饰的原住民激进分子，正在进行一场重要的抗议集合。如果你的生活受到严重威胁，而你又想避免暴力对抗，你是否会考虑将行为艺术作为一种政治行动的手段？如果是，你又会采取何种的艺术形式？

2. 在新西兰的毛利人中，文身是一种传统的身体修饰艺术，文身的图案通常来自社区成员都能理解的文化符号。在你所在的文化中，文身图案是否是基于具有共同象征意义的传统图案？

3. 由于亲属关系在小的传统社会中非常重要，它通常会象征性地表现在艺术设计和主题中。你所在社会的主要关注点是什么，这些关注点是否被表现在艺术形式中？

4. 欧洲和北美的很多博物馆和私人收藏家都对所谓的部落艺术感兴趣。例如非洲的木雕、美洲印第安人在神圣仪式中用到的面具。你所在的文化中，画像、雕刻品这些圣物是否被当作艺术品收藏、购买或贩卖？

深入研究人类学

热爱艺术的心

在世界各地，人们创造性地表达思想和情感，包括喜与怒、希望与绝望、梦想与恐惧。他们通过故事、歌曲、戏剧、绘画、舞蹈和其他艺术形式来实现这一点。记住本章开篇所描绘的卡雅布印第安人的表演艺术，选择一种在你所在社区中公开表演的艺术形式。对其进行描述，并注明表演的地点、时间和原因。选择其中一个表演者（或与之密切相关的人），了解其创作来源、指导思想、目的或其他信息。接下来，联系至少四个人（性别、年龄、种族、宗教或阶级不同的人），询问他们认为这门艺术代表着什么。询问他们认为这对公众意味着什么，是谁下令、允许、支付或以其他方式使这一演出在公共场所上演。收集和整理好这些信息后，就公共艺术在你的社区中发挥的作用这一主题，发表你的观察结果和意见。

挑战话题

环境、人口、科技，以及其他方面的变化要求文化以前所未有的速度适应调整。有些人主动迎接改变，拥抱新的观念、产品和实践，并将它当作一种改进。然而，通常情况下，变化是由局外人带来的。这些人可能是得到银行支持、渴望利用经济机遇的商人，也可能是努力提高生活水平、增加税收的政府。例如，19世纪中期，外国资本家在印度引进铁路，而英国统治、利用这个幅员辽阔的国家，并将其作为生产棉花的殖民地。这发生在工业革命的鼎盛时期，工业革命始于蒸汽机的发明。蒸汽动力首先被用来驱动纺织机械。此后不久，蒸汽船和火车头的发明彻底改变了运输方式，并从根本上降低了原材料和商品的运输成本。铁路也提供客运服务，提高了劳动力的流动性。今天，印度拥有世界上最大的铁路网之一，长约6.6万千米（约4.1万英里），每年运送80多亿名乘客和10多亿吨货物。然而，平稳运行这一大众运输网络是一个日常挑战，它经常会出现故障和延误。图中，我们可以看到旅客被困在了印度北部的阿拉哈巴德站，他们正在等待晚点的火车。今天，几乎每个人都知道，当我们所依赖的现代技术出现故障时，我们会多么束手无策——不管它是像火车这样大的东西，还是小到可以放在我们手中的东西。

第二十四章　文化变迁的过程

学习目标

1. 分析文化系统变化的原因和方式。
2. 确定文化变迁的主要机制，并举出例子。
3. 解释文化接触中的权力不平等所造成的影响。
4. 对比定向和非定向的变迁。
5. 识别并讨论对于压制变迁的回应。
6. 评估自决在成功的文化变迁中的作用。
7. 将现代化的思想与国际资源开发和全球市场相联系。

人类学家不仅对描述文化和解释文化如何构成适应系统感兴趣，他们也对理解文化为何及如何变迁感兴趣。因为系统一般倾向于保持稳定，所以文化通常非常稳固，并且会保持原样，除非有一个或多个重要的因素，如技术、人口、市场、自然环境，或人们对依存条件的看法发生重大变化，文化才会发生变迁。

考古研究揭示了一种文化的元素是如何长期存在的。例如，在澳大利亚，原住民的文化在数千年的时间里保持相对不变，因为它很好地适应了社会条件和自然环境的相对小幅度的变动，并随着时间推移，在工具、器具和其他物质资源上做出变动。

尽管稳固性是许多传统文化的一个显著特征，但所有文化都能适应不断变化的气候、经济、政治或意识形态条件。然而，并不是所有变化都是积极的、具有适应性的；也并不是所有文化都具备及时做出必要调整的能力。在一个稳定的社会里，变迁可能是缓慢而渐进的，不会从根本上改变文化的基本结构。不过，有时变迁的步伐会急剧加速。始于英国的工业革命就是如此，从18世纪70年代开始，在短短几代人的时间里，英国就从以农业为基础的社会转变为了以机器制造业为主的社会。这样的变化可能会造成社会混乱，甚至破坏文化系统。现代世界充斥着这样的急速变迁，从苏联的政治经济解体到中国的市场转型，以及全球公司对从寒冷北极冻原到炎热亚马孙丛林这一广大区域的原住民栖居地的破坏。

文化变迁和进步的相对性

文化变迁所涉及的动态过程是多方面的，包括意外的发现、有意的发明，借鉴那些介绍或强制推行新的商品、技术、实践的人的经验。在文化接触加剧了社会权力不平等的今天，由一个群体强加给另一个群体的变迁在当今世界随处可见。对于那些能够依他们的喜好来推动或引导社会变迁的人来说，变迁常常是“进步”的，字面意思就是“向前”的，也就是向着一个积极的方向前进。但进步是一个相对概念，因为并不是每个人都能从变迁中受益。事实上，无数人（包括世界许多地区的传统采集、放牧、农民社区）已经成为国家资助或外国强制推行的经济发展计划的受害者，他们的社区遭到了严重的破坏。

近几十年来，越来越多的人类学家关注国际市场扩张对全球农村和城镇社区的历史影响，这从根本上挑战、改变甚至毁坏了他们的传统文化。埃里克·沃尔夫（Eric Wolf）是其中最有名的一位先驱学者，他是一名在奥地利出生的美国人类学家，亲身经历了20世纪的全球浩劫和剧变（见“人类学家札记”专题）。

变迁的机制

一些主要的文化变迁机制包括创新、传播和文化遗失。这些类型的变迁通常是自愿的，没有外来的强制力量。

创新

创新是文化变迁的一个主要因素，指的是所有被社会广泛传播和接受的新观念、新方法和新装置。初级创新是创造、发明或偶然发现一个全新的观念、方法或装置。次级创新是对现有的观念、方法或装置进行有意的应用或改进。

是什么促使人们想出并接受创新的？一个最明显的动因隐藏在古老的谚语“需要是发明之母”中。我们可以在史前时期的一项原始发明——投矛器（阿兹特克印第安人将它称为atlatl）中看到这一点。投矛器至少在1.5万年前被狩猎者发明出来，大型捕猎需要更有效的技术来确保安全和成功，这个装置可以以更大的推力发射飞镖或标枪。它可以增加100%甚至更多的射程，并能增大效力。有了这项技术，猎人可以扩大射杀范围，获得相对优势。之后，初级创新的例子包括：弓箭、轮子、字母体系、零的概念、望远镜和蒸汽机（18世纪引发工业革命的一项发明），这里提到的只是一些主要的发明。

尽管很多创新源于创造性的设计和经验，还有一些源于意外的发现。这些创新可能会获得广泛的接受度，并在独特的文化语境中产生出其他的创新。创新必须与社会的需求、价值、目标相一致，才能被接受。以轮轴技术的发明为例，约1500年前，中美洲的原住民提出了这个概念。但是，他们并没有发明用驯化的狗或其他动物拉动的车辆，而是创造了大量有轮子的动物肖像，最具代表性的是狗，还有美洲虎、猴子和其他哺乳类动物，然后就止步于此了。在大西洋的另一端，这一技术的发明时间要早几千年，它还导致了次级创新的产生，引起了交通运输技术的一系列巨大文化变革，最终导致了火车、汽车、飞机等机动运输工具的出现。

一种文化内部的动力可能会鼓励某些特定的创新，尽管它们可能压制或阻碍着其他的创新。习惯这一力量往往会阻碍人们对新的或不熟悉的事物的接受，因为人们常常会依赖他们已经熟悉的事物，而不愿意去适应那些需要他们做出调整的事物。

阻碍变革的意识形态常常根植于宗教传统。例如，人们对于地球在宇宙中的位置的科学见解。波兰的数学家、天文学家尼古拉·哥白尼（Nicolaus Copernicus）发现地球围绕太阳旋转，并于1534年去世前发表了日心说理论。17世纪早期，意大利物理学家、数学家伽利略·伽利雷（Galileo Galilei），用改良过的望远镜证实了这一富有争议的理论。1633年，在他公布自己的发现后不久，他就因天文观测与罗马教廷的教义相矛盾而被斥为异端。罗马教廷的教义完全建立在宗教文本所提的地心说世界观之上。面对死亡判决，伽利略宣布放弃日心说，并被判终身监禁。1758年，后继的科学突破挑战了天主教教义，日心说的书籍也被从这一强有力的国际机构的禁书名单中去除。

人类学家札记

埃里克·沃尔夫（1923—1999）

埃里克·沃尔夫出生于奥地利，他是一名美国人类学家，以对农民社会的开创性研究而闻名。

就像他笔下的数百万农民一样，埃里克·沃尔夫的个人经历也因为外部的政治力量而充满曲折。少年时期，他在纳粹占领的欧洲战场和大屠杀中幸存下来。由于在二战中亲眼见证了不公和暴行，他转向人类学，研究权力问题。沃尔夫将人类学视作最科学的人文学科和最具人道关怀的科学，并以对农民、权力，以及资本主义对传统国家的转变影响的历史比较研究而闻名。

沃尔夫出生于一战后的奥地利，在那场残酷的战争中，他的奥地利籍父亲在西伯利亚被俘，并在那里遇见了他的母亲——一名俄罗斯流亡者。和平时期到来后，他们在维也纳结婚并定居下来。1923年，埃里克出生了，他在奥地利的首都长大，然后移居到（因为父亲的工作原因）苏台德区，也就是现在的捷克共和国。年轻的埃里克享受了一段相对安逸的生活，他在阿尔卑斯山与穿着异装的当地农民一起度过夏季，沉醉于母亲讲的父亲与西伯利亚流亡者一起冒险的故事。

1938年，埃里克的生活发生了变化，当时，阿道夫·希特勒在德国掌权，吞并了奥地利和苏台德区，威胁着像沃尔夫这样的犹太人。为了保护15岁的儿子，父母将埃里克送到了英国的高中读书。1940年，也就是二战爆发一年后，英国当局认为入侵迫在眉睫，要求包括埃里克在内的外国人进入俘虏收容所。在那里，他见到了很多从纳粹占领的欧洲逃难过来的难民，并第一次接触到了马克思主义理论。很快，他离开英国前往纽约，并进入皇后学院学习。在那里，霍顿斯·鲍德梅克（Hortense Powdermaker）教授——马林诺夫斯基的一个学生，向他介绍了人类学。

1943年，这位20岁的难民应征加入美国陆军第10山地师，在意大利托斯卡纳的山地作战。他因作战英勇获得了银质勋章。战争结束后，沃尔夫回到纽约，并在哥伦比亚大学的朱丽安·斯图尔德（Julian Steward）和鲁思·本尼迪克特门下学习人类学。1951年，他通过波多黎各的田野调查拿到了博士学位，并开始对墨西哥农民进行深入研究。

他于1961年成为密歇根大学的教授。作为一名多产的作家，沃尔夫因他的第四本书《20世纪的农民战争》获得广泛认可，这本书在越战的高潮时期首次出版。为了反对越战，他牵头组建了美国人类学学会的民族委员会，揭露了人类学研究在镇压东南亚暴动方面发挥的作用。

从1971年起，沃尔夫就在纽约州立大学的雷曼学院担任教授，他的班级里有许多拥有不同族群背景的工人阶层的学生，其中许多人还选修了他用西班牙语教授的人类学课程。同时，沃尔夫还在纽约市区州立大学的研究生院任教。他的众多出版物中包括《欧洲与没有历史的人》（1982年）这一获奖作品。1990年，沃尔夫获得了麦克阿瑟“天才奖”。在最新出版的书中，他探讨了思想和权力是如何通过文化媒介联系在一起的。

传播

特定观念、习俗、实践从一种文化传到另一种文化的过程被称为传播。文化采借是如此普遍，以至于美国人类学家拉尔夫·林顿（Ralph Linton）认为，任一文化中的采借可能都会多达90%。

但是，从多种多样的可能性和资源中进行选择的过程仍然是非常具有创造性的。通常，他们的选择仅限于那些可以与已有文化兼容的部分。其中一个例子是不丹皇家军乐队对风笛的引用。传统上，在苏格兰高地行军和在参加战斗及正式仪式时会演奏这一乐器，它包括一个用手指按压的双簧笛管和另外三个笛管。所有笛管的声音都是从由演奏者左臂控制的气囊中发出的。风笛低沉的声音很像不丹传统的神圣喇叭的声音，这种喇叭是这个喜马拉雅小王国在古代佛教典礼上演奏的一种乐器（图24.1）。

文化采借的范围是非常惊人的，例如，纸、罗盘和火药的传播。早在欧洲人意识到这三项发明之前的700年前，它们就在中国被发明出来了。接受这些外来工艺的欧洲人和其他国家的人，根据自己的需要分析和改进了这些发明。例如，中国人用硫黄、木炭、钾硝酸盐的混合物制造了鞭炮和便携式手炮。随后，欧洲人、韩国人、阿拉伯人学会了这项技术，并改造了最初的火炮和枪炮，引发了14世纪以后的传统战争中的变革。两个世纪后，欧洲人将火器带到了美洲。几十年后，生活在缅因州海湾地区的原住民群体将它用于突袭，改变了他们数代人熟知的战争。

美洲的原住民不但采用了武器和其他外国贸易货物，还分享了他们的祖先在数世纪以来的发明和发现。特别值得注意的是，印第安人培育（“发明”）的本土植物——马铃薯、豆角、西红柿、花生、鳄梨、

图24.1　不丹皇家军乐队的风笛手

不像临近的印度，不丹不受英国殖民统治的影响。这个喜马拉雅小国被不丹人称为“雷龙之域”（Drukyul），它通常反对外来文化的影响。然而，龙的子民（Drukpa）也选择性地接受了一些创新，包括在印度殖民时期传播过来的风笛。不丹皇家军乐队的风笛手穿着传统长袍演奏着外来传入的风笛，它的声音与这一地区佛教僧侣演奏的神圣喇叭的声音很像。风笛手和其他的不丹音乐家共同演奏国家的圣歌“雷龙之国”（Druk Tsendhen），以纪念第五代传统的“龙国王”（Druk Gyalpo），他是这个佛教国家的首领。

木薯、辣椒、南瓜、巧克力、甘薯、玉米等——如今是世界粮食供应的主要部分。实际上，美洲印第安人被认为是世界上各种美食的主要贡献者，并因开发出了最丰富的营养食物而受到赞誉（Weatherford，1988）。

世界主要粮食作物的传播：玉米

从美洲传播出去的驯化作物中，特别重要的一种是玉米，也被称为maize（源于加勒比印第安词汇maíz）。英国人最初把这种印第安本土谷物称为“印第安玉米”。在7000年前，它由墨西哥高地的原住民首先培植起来，并在接下来的几千年内传播到了北美、中美、南美的大部分地区。1493年，探险家哥伦布从美洲回到西班牙，并带回了一些玉米样品。玉米从西班牙扩散到了南欧的意大利（图24.2）。葡萄牙商人随后将玉米引入了西非和南亚，16世纪中期，它又从南亚传到了中国。

传播到世界各地后，玉米已经成为一种主要的粮食作物，并以不同的名字融入当地文化。如今，每年玉米的产量多达8亿吨，其中超过一半的产量来自美国和中国，玉米的产量远远大于大米、小麦和其他谷物的产量。

图24.2　在意大利制作玉米粥

玉米从墨西哥高原传播到北美和南美的大部分地区，在意大利探险家克里斯托弗·哥伦布（Christopher Columbus）1492年横跨大西洋后，它迅速传播到了世界其他地区。一道长久以来深受人们喜爱的意大利菜就是波伦塔（一种用玉米粉制作的浓粥）。我们在图中可以看到它的传统制作方法：在热煤火烧的铜锅里将其煮好，然后在木板或石板上冷却。最近几年，波伦塔已经成为很多美国精致餐厅中最受欢迎的一道菜品。

目前，大量玉米被用作生物燃料，例如被作为不可再生的化石燃料替代品的乙醇。此外，（使用了除草剂或抗旱基因的）转基因玉米的产量大幅度提高，特别是在美国和许多发展中国家，但是这项实践却遭到了欧洲农民和消费者的抵制。

全球度量体系的传播：公制

另一个突破多种语言限制和长期的地方传统进行传播的典型例子是公制，它被用来测量长度、重量、容量、货币流速和温度。这种合理的计量系统用标准的度量单位乘以或除以10，以得到更大或更小的单位，大大简化了运算。

一个荷兰的工程师首先提出用十进制来进行日常生活中的测量、称重和货币流速计算。三个世纪后的1795年，法国政府将公制作为正式的度量系统。很快，这项创新被引入邻国，将欧洲大陆上各区域和地方的度量系统标准化。这套体系继续传播，尽管在一些国家遭到了抵抗，例如英国。自20世纪70年代早期以来，英国和它的大多数前殖民地已经完全过渡到了公制。今天，至少在官方层面，公制是通用的，除了缅甸、利比里亚和美国（Cardarelli，2003；Vera，2011）。

文化遗失

人们通常会将文化变迁看成创新的积累。然而，通常情况下，接受新事物往往会招致文化的遗失，即放弃已有的实践或特征。例如，在古代，战车和手推车曾在北非和西南亚被广泛应用，但是1500年前有轮子的交通工具在从摩洛哥到阿富汗的地区消失了。骆驼取代了它们，不是因为要回到以前，而是因为骆驼更适合于驮运东西。古罗马的道路已经破败不堪，而这些健壮的动物可以在有路或没有路的地方行进。驮运骆驼的耐力、寿命、跨越浅滩和穿过粗粝路面的能力，使得它们能够更好地适应该地区。另外，它们也能够节约劳动力：一辆货车需要一个驾驶者和两只动物，但是一个人就能管六头骆驼。时至今日，在许多偏远、炎热的沙漠地区，骆驼仍然是许多游客喜爱的、最可靠的交通工具（图24.3）。

受到压制的变迁

创新、传播和文化遗失都会发生在那些能够自己决定改变什么、不改变什么的人群中。然而，人们有时被迫做出并非自己所愿的改变，这通常发生在征服和殖民的过程中。很多时候，文化变迁是受到压制的，这被人类学家称为同化，最激进的受到压制的变迁形式是种族灭绝。

文化适应和种族灭绝

文化适应是一个社会与另一个更强大的社会密切接触后，该社会中发生的大规模的急剧变迁。它总是包含武力因素，要么是直接的，如征服，要么是间接的，如含蓄或明确的威胁，如果人们拒绝做出被要求的改变，就会动用武力（图24.4）。

在文化接触的过程中可能会发生很多事情。当两

图24.3　骆驼流动图书馆

肯尼亚国家图书馆协会向生活在偏远的加里萨和位于其东北部的瓦吉尔地区的说索马里语的游牧民提供书籍和其他阅读材料，想要改变这一地区高达85%的文盲率。这项计划由三支队伍组成，每队有三头骆驼，它们能够到达四轮交通工具不能到达的地方。其中一头骆驼驮运两个箱子，箱子里装了两百本书，一头驮运图书馆的帐篷，另一头则运输该项目所需的各式各样的其他物资。

图24.4　抗议同化

直到几十年前，这些阿切（Aché）印第安人仍以传统猎人和采集者的身份，生活在巴拉圭东部的热带雨林深处。与非洲南部的朱瓦西印第安人不同，他们是小规模的迁移队群，很少与外界接触。他们用矛和弓箭守卫自己的家园，但难以抵抗大批拥有链锯、推土机和枪炮的外来入侵者。杀戮和外来疾病，以及对他们作为狩猎领地的大规模砍伐，使得这些印第安人在20世纪五六十年代几近灭绝。从那时开始，他们被迫进行文化适应。图中可以看到一个位于巴拉圭首都亚松森的阿切人营地正在被毁坏，他们曾在这里居住数周以抗议政府的政策。

个文化失去了各自的特性而形成单一文化时，融合或合并就发生了，正如历史上说英语的欧洲裔美国人文化大熔炉思想所表现的那样。有时，尽管其中一种文化丧失了自主性，仍以亚文化的形式保持着自己的认同，以阶层、阶级或族群的形式存在。这在被征服者和奴隶中很常见。

文化适应也可以是军事征服、政治经济扩张，或对自己试图控制的人的传统信仰和习俗知之甚少或根本不关心的占主导地位的新来者的大规模入侵，以及文化结构被破坏的结果。在强势外来力量的冲击下，从属群体无法有效抵抗强制的变迁，并在进行自己的社会、宗教、经济活动时受到阻碍，他们被迫采取新的社会和文化习俗，这些习俗往往会孤立个人，并破坏其传统社区的完整性。事实上，世界各地的人们都面临着被迫搬离传统家园的悲剧，因为整个社区都会被连根铲除，为水电项目、牧场、采矿作业或公路建设让路。

种族灭绝指的是用武力消除一个族群作为一个特殊群体的集体文化认同，它发生在当一个主流社会蓄意破坏另一个社会的文化遗产时。当强国武力扩张领土，控制邻国的人口和土地，试图将其征服的群体合并为臣民时，这种“文化死亡”就可能会出现。文化灭绝的政策通常包括：禁止说从属国以前的语言、将他们的传统风俗定为违法、禁毁他们的宗教、破坏神圣场所和习俗、瓦解他们的社会组织、将幸存者从他们的故土驱逐出去——本质上是从物质上根除一种文化，并去除它作为一种独特文化的所有痕迹。

种族灭绝也可能发生在一种文化的传承者去世后，那些作为难民生活在不同文化中的幸存者中。这样的例子在当今世界随处可见。

亚马孙的种族灭绝：亚诺玛米人

在过去的几个世纪里，北美和南美的许多原住民社区都面临着种族灭绝。即使那些生活在偏远的亚马孙河流域广阔热带雨林地区的人，也面临着生存的危险，因为他们的领地离木材、金矿和石油钻探公司很近。

亚马孙河流域的森林正在遭到破坏，仅是巴西每年的平均损失就多达1.8万平方千米（约7000平方英里）。由于国际上对豪华家具、门、平台木板和地板的需求日益增长，为了收获珍贵且价格高昂的硬木，如桃花心木、巴西胡桃木和巴西樱桃木，许多道路被推平。由于腐败和监督的缺失，许多珍贵的木材被非法采伐和大规模非法转移。企业家为了将利润最大化不惜破坏生态，将他们的劳工队伍推向森林深处，在那里，他们遇到了原住民群体，如卡雅布人（在前一章中提到过）。开发者雇来的杀手用砒霜、炸药和轻型飞机上的机关枪，清除了几个印第安群体。

亚马孙地区种族灭绝的例子中，有着特别完整的档案记录的是生活在巴西和委内瑞拉边境地区的亚诺玛米印第安人。他们目前的人口数是2.4万人，这些猎人和园艺种植者拥有18万平方千米（约7万平方英里）的土地。他们居住在125个自治村中，每个村庄居住着30到300个人不等，人们集体居住在被称为萨博诺（Shabonos）的特殊大屋子中。直到两代人之前，他们还几乎完全与世隔绝，当与外来商人和传教士第一次接触后，亚诺玛米人的确经历了有限的文化变迁。证据可以在他们的园艺中找到，他们种植着非本土的粮食作物——车前草和香蕉，两者都发源于非洲——它们是传播而来的。这种应用增加了园地的产量，带动了人口的增加，同时也带来了更多的突袭和村庄间的冲突。

通过贸易和突袭，亚诺玛米人还获得了铁制工具，尤其是砍刀和斧子。尽管他们有着凶悍的名声，但亚诺玛米人很快就成为金矿主、大牧场经营者和其他试图将当地自然资源资本化的人的攻击对象。20世纪60年代后期，麻疹在当地流行，使得数百名亚诺玛米人死亡。到20世纪80年代，威胁亚诺玛米人生存的因素开始多样化。当时，数千名巴西伐木工和金矿工入侵他们的领地，攻击保卫自己领土的村民（Tuner，1991）。矿工们还非法越境到委内瑞拉，扩大暴力活动范围。巴西政府考虑将原住民领地内的大规模伐木和采矿合法化，并加强了对边境地区的军事控制，派遣军队、修建军营，甚至在亚诺玛米人的中心腹地扩建了简易的机场。大量的雨林被烧毁后用来建造矿工的营地，每天数十架飞机都有起飞，运送人员、设备和燃料。

矿工、伐木工和士兵用商品引诱亚诺玛米妇女，将性病传播给了她们，这些疾病迅速扩散到原住民社区。除了卖淫，入侵者还将酒引入当地。在加工矿石的过程中，矿工用的水银污染了河流，毒害了鱼类和其他生物，也包括亚诺玛米人。在数十年间，20%的亚诺玛米人死亡，他们在巴西境内70%的土地也被非法征用。

为了反对这种种族灭绝，由亚诺玛米公园创建委员会和国际生存组织发起的抵抗运动迫使巴西政府保护原住民领地、驱逐矿工。但是破坏仍在继续，因为金矿主跨越边境到达委内瑞拉后，在那里继续屠杀亚诺玛米男性、妇女、儿童。

到20世纪90年代中期，迫于泛美洲人权委员会的压力，委内瑞拉政府最终同意保护处于边境的亚诺玛米人，给他们提供基本的医疗卫生，以降低惊人的死亡率。直到今天，亚诺玛米人这样的亚马孙印第安人还是被迫生活在担惊受怕的状态中，他们受到武力威胁，还会被偶然杀害，而糟糕的医疗状况、较低的预期寿命和歧视更是加剧了目前的状况，挑战着原住民的生存。

在这样的艰难时期，精神领袖尤为重要。来自亚诺玛米瓦托利卡里（Watoriketheri）村庄的萨满——大卫・科皮纳瓦（Davi Kopenawa）就是其中一个

（图24.5）。他和其他萨满，传统上与邪恶精灵接触，以治愈疾病，或向敌人复仇，现在却要面对文化灭绝和种族灭绝的致命力量。作为巴西地区亚诺玛米人的代言人，科皮纳瓦还是一位有着国际知名度的政治活动家。他用他非凡的能力捍卫着亚马孙的家园。与强权的外雇组织、公司和非政府组织协商谈判，英勇地阻止对巴西印第安人和他们文化、环境的无情破坏。

定向变迁

尽管文化适应的过程通常在没有计划的情况下展开，有权力的精英有时会设计和强制推行文化变迁的计划，引导移民或从属群体学习、接受主流社会的文化信仰和实践。在前几章讨论过的生活在非洲南部的朱瓦西人就是这样。这些朱瓦西人在20世纪60年代被政府官员集中起来，限制在纳米比亚特桑克威的一个保护区，在那里，他们并不能够自给自足。政府为他们提供配给，但是并不足以满足基本的生存所需。

由于健康状况不佳，并被限制开展有意义的传统活动，朱瓦西人感到非常难受和压抑，他们的死亡率超过了出生率。然而，在接下来的几年里，幸存下来的朱瓦西人开始自己掌握主动权。他们返回了以前居住的水洼地区，在人类学家和关心他们利益的其他人的帮助下，开始养殖牲畜以维持生存。这是否能够成功还未可知，因为仍有很多阻碍需要克服。

殖民当局处理原住民事务的一个副产品是应用人类学的发展。它最初是为了向政府指导的变迁提供建议，并用人类学的知识和技能解决实际问题。今天，应用人类学家在国际发展领域中的需求越来越大，因为他们拥有关于社会结构、价值体系和文化发展目标间相互关系与作用的专业知识。

他们也面临着特殊的挑战：作为人类学家，他们要尊重其他民族的尊严和文化整体性，然而他们又被要求就改变文化的某一方面提供建议。如果当地人要求这种变革，那当然没有什么困难，但通常情况下，变化是由外来者要求的。被提议的变化可能会对目标人群有利，然而，该社区的居民并不总是这样认为。

图24.5　身兼亚诺玛米萨满和政治活动家的大卫·科皮纳瓦

传统上，亚诺玛米萨满通过与精灵世界沟通来治愈疾病，如图中站在萨博诺前面的、被妇女和儿童包围起来的大卫·科皮纳瓦。他们被称为shabori，用自己的能力与超自然的邪恶精灵（Hekura）所实施的非凡挑战进行协商。今天，这些挑战还包括种族灭绝和生态灭绝。亚诺玛米人仰赖科皮纳瓦这样的萨满，他们用非凡的能力与代表着强大的外国机构、公司和非政府组织的陌生人进行协商，试图阻止对他们社区的进一步伤害。

应用人类学应该在多大程度上向外来者提供建议，告诉他们如何才能让人们接受改变——这仍然是一个严肃的道德问题，尤其是当它涉及那些没有能力反抗的人们时。

为了回应这些关于人类学研究的应用和益处等关键性问题，应用人类学的另一种类型在20世纪后半叶出现了，并有着各种各样的名字，如行动人类学和守承诺的、有担当的、卷入的、辩护的人类学。它涉及基于社区的研究和与原住民社会、少数族群和其他被压制群体的联合行动。

我们可以保持乐观，但是，国家和其他权力结构会直接干预不同族群和其他社会的事务，并不从拥有相关跨文化研究经验和更深刻洞见的人类学家那里寻求专业建议。在生存受到威胁、文化遗产濒临灭绝的人们所居住的地区，这样的失误会在政策制定和实施过程中带来一系列本可避免的错误。总之，人类学的实践应用不仅是必要的，而且对于许多受威胁群体的生存来说至关重要。

对变迁的回应

原住民对于外界强加给他们的变化做出的反应非常多样。有些人选择搬到更偏远的地方，但由于采矿业、森林砍伐和农业经营的不断发展，他们已经没有了地理选择。另一些人选择武力反抗，但是最终还是被迫交出了祖先的大量土地，在这之后，他们在自己的领土上沦为了贫穷的下层阶级，或被迫迁移到经济价值较低的地区。今天，他们继续以非暴力的方式进行抗争，试图保持他们作为独特人群的民族认同，恢复对自然资源的控制权。

为了抵制同化——主流社会吸收少数民族文化的过程——人们常常会在传统中寻找精神慰藉。代代相传的传统观念和实践，在现代社会可能会阻碍新的做事方式。传统在被称为文化适应的过程中扮演着重要角色。在人类学中，这指的是一个适应过程，在这一过程中，人们调整其传统文化，以回应主流社会带来的压力，并保持独特的民族认同、反对同化（Prins，1996）。为了达成这样的适应策略，族群会通过保留传统的语言、仪式庆典、民族服装、仪式歌舞、独特的食品等来保持文化边界，以维持他们的独特认同。随后，我们将会讨论两个文化适应的民族志案例。

融合

当人们能够在强有力的外界力量面前保持自己的某些传统时，融合就产生了，融合在前面的章节被定义为创造性地将本土的和外来的信仰、实践混合成新的文化形式。与动物或植物的杂交不同，这些新的形式是在文化适应的动态过程中产生的，在这个过程中，群体逐渐在自己的社会环境中达成对于新挑战的共同回应。前面章节中描述的海地的伏都教，就是宗教融合的一个例子。但是融合也会发生在文化的其他领域，包括艺术、时尚、建筑、婚礼、战争，甚至体育。

对于这种现象的一个有趣例证是南太平洋特罗布里恩的岛民，他们的文化实践我们在前面的章节中也有介绍。甘薯是他们主要的生活物资、经济财富，也是他们文化的核心。这些可食用的块茎被收获后，人们会开始庆祝。在七八月份举行的传统丰收节上，最重要的活动是卡亚萨（Kayasa），它是一个仪式性的比赛，在比赛中，双方村落的酋长要展示他们的kuvi，kuvi是长度超过3.5米的巨大甘薯。以甘薯为中心，卡亚萨仪式还包括临近村庄间的舞蹈和仪式性争斗，举办活动的酋长会宣布获胜者。

特罗布里恩岛民受到殖民统治时，英国的行政人员和新教传教士以及牧师注意到了卡亚萨仪式。他们发现典礼上“狂野的”舞蹈是可耻的，过程中伴有念咒和大喊大叫，还有对性交和人体部位的暗示。一个卫理公会的传教士决心要在教会学校教这些热带岛民打板球，以此将他们“文明化”。他希望这项绅士的运动可以取代特罗布里恩岛上的对抗和争斗，鼓励衣

着、运动精神，甚至是宗教上的改变。

但是事情并不是这样的。虽然特罗布里恩岛民接受了这项运动，但是他们将英国的规则当“垃圾”。他们把板球变成了自己的游戏，穿着传统的服装打球，并将战斗巫术和性爱舞蹈融入其中。他们改变了英国人的投球方式，将特罗布里恩岛民掷矛的动作融入其中。比赛结束后，他们还会举办宴会，他们会展示财富以提高声望（图24.6）。

改造过的板球服务于传统的声望和交换体系。参与运动的每个人都可以展示健康和自豪，选手们非常关心得分，也非常关心自己是谁。从比赛的服装，到念着充满性爱隐喻的咒语和比赛间隙的充满性爱隐喻的舞蹈，很明显，每个参与者都在为了显示自己的重要性、为了队伍的名誉、为了观看盛景的数百人而进行比赛。

复兴运动

不同于人们自发引起的文化变迁，那些被强迫的文化变迁可能会被反抗或拒绝。这些回应会引起改革运动或者更极端的复兴运动。如宗教和精神生活一章所述，这些激进运动是为了应对迅速扩大的社会混乱和集体焦虑、绝望而出现的。它们旨在重新点燃火焰，恢复活力，恢复丢失的或被遗弃的文化习俗，它们常常，但并不总是，基于宗教或精神。有时，一些复兴运动会演变成武装革命。

人类学家总结出了复兴过程的几个共同顺序。首先是正常的社会状况，在这种情况下，压力不大，有充足的文化途径去满足所需。接下来是外来入侵、被控制和攫取资源带来的文化剧变阶段，这导致挫败感和压力急剧增多。第三个阶段是危机进一步加剧，用正常手段解决社会和精神压力是不充足的或失败的。这样的衰退会引发激烈的反应，即共同恢复或复兴文化。在这一阶段，被超自然力量启示或指引的先知和其他精神领袖会出现，并吸引一些追随者，带来一种狂热的崇拜，有时还会发展成宗教运动（Wallace，1970）。

船货崇拜

历史上特别有名的复兴运动的例子是船货崇拜——一种为了回应西方资本主义带来的破坏而被发

图24.6　融合：特罗布里恩岛的板球

原住民以多种多样的方式回应殖民主义。当英国传教士试图强行以“文明”的板球运动取代美拉尼西亚特罗布里恩岛民在庆祝甘薯丰收的传统节日上展示的“狂野”的性爱舞蹈时，特罗布里恩岛民将这项沉闷的英国运动变成了在中场休息时表演的暗示着性爱的舞蹈和歌曲。这是融合的一个例子，融合指的是创造性地将本土的和外来的信仰和实践混合成新的文化形式。

起的精神运动（在太平洋西南部的美拉尼西亚特别有名），船货崇拜许诺已故的亲属将会复活，白皮肤的外国人将沦为奴隶或遭到毁灭，乌托邦的财富将会以魔法的形式到来。

美拉尼西亚的原住民将白人的财富称为"船货"（洋泾浜英语，指用船或飞机运输的欧洲货物）。在有着巨大社会压力的时期，本土先知出现，并预言现在所受的苦难将会结束，一个新的人间天堂即将到来。已故的祖先将会复活，富有的白人将会神奇消失——被地震吞噬或被巨浪卷走。然而，这些有价值的西方货物将会被留给先知和他的信徒们，他们会举行仪式加速这种超自然力量对于财富的重新分配（Lindstrom，1993；Worsley，1957）。

当代的原住民复兴运动：科利亚苏尤

与美拉尼西亚短暂却强烈的船货崇拜不同，复兴运动也可能会获得政权国家的支持，并改变一个社会的文化制度。一个这样的例子现在正出现在玻利维亚。在这个多元的南美国家，大多数居民有着原住民血统，仍然说着传统的地方方言，而不是西班牙语。最常用的两种语言是艾马拉语和克丘亚语，说这两种语言的是世代居住在科利亚苏尤（Qullasuyu）地区的原住民。科利亚苏尤（Qullasuyu）坐落在塔尤苏万廷（Tawantinsuyu）（在克丘亚语中，意为"四个地区的联合"）的东南部地区，是古印加帝国的原住民名字。

在2005年12月当选的总统埃沃·莫拉莱斯（Evo Morales）的指导下，玻利维亚的原住民复兴运动得到了政府的支持。莫拉莱斯的父亲是艾马拉人，母亲是克丘亚人，这个社会主义领袖以前是一个激进的农民领袖，代表着在亚热带低地种古柯的众多迁移农民的利益。在20世纪80年代，他作为一个维护本土农民权益的耕地贸易联合会的领袖而声名鹊起。在2006年1月举行总统就职典礼的前一天，他以这个国家第一个原住民总统的特殊身份，在著名的考古遗迹蒂瓦纳科（Tiwanaku）举行的特殊典礼上得到公众认可。莫拉莱斯站在那里，侧面是amautas（精神领袖），被授予科利亚苏尤的apu mallku（鹰王）荣誉头衔。类似的场景也发生在他的第二届和第三届总统就职典礼上。

蒂瓦纳科坐落在拉巴斯和的的喀喀（Titicaca）湖之间，作为玻利维亚本土复兴运动的仪式中心，它有着特别的文化意义。蒂瓦纳科曾经是一个古老文明的首都，它的巨大庙宇和阿卡帕纳（Akapana）金字塔长久被遗忘，那个古老文明延续了数个世纪，在1000年前神秘地消失。其原住民没有文字记录，他们的语言也是未知的，这也就意味着艾马拉人和克丘亚人可以共享这个象征他们引以为傲的文化遗产的考古遗迹。他们将这些废墟视作神圣的纪念碑，赋予其政治和精神意义，这鼓舞其恢复本土自治，拒绝近500年的殖民统治和资本掠夺强加给他们的外来文化。

2007年，为了推行自己的复兴议程，莫拉莱斯总统选择在蒂瓦纳科举行官方活动庆典，以庆祝《联合国原住民权利宣言》的正式通过。两年后，代表着科利亚苏尤的七色wiphala旗成为玻利维亚的官方旗帜。它现在飘扬在这个国家长期存在的红色、黄色、绿色国旗旁边（Van Cott，2008；Yates，2011）。

除了恢复、保存和保护原住民文化遗迹、风俗等，玻利维亚的复兴运动还包括重新利用前殖民时代的神圣仪式，例如崇拜本土的大地之神和天空之神，特别是太阳和月亮（图24.7）。受万物有灵世界观的影响，复兴运动试图恢复人类、动物、植物，以及其他自然环境间的和谐关系，它认为所有事物都是大的生态系统的一部分，存在一个传统上被称为帕查玛玛（Pachamama）的"大地母亲"。为了将之正式固定下来，2010年，玻利维亚的多民族立法委员会通过了《大地母亲权益法》（*Ley de Derechos de la Madre Tierra*），赋予所有生物与人类平等的权利（Estado Pluri-nacional de Bolivia，2010）。

图24.7 庆祝玻利维亚的印第安新年

玻利维亚印第安人会参与科利亚苏尤的复兴运动，包括恢复前殖民时代的信仰和实践，例如对于最高天神太阳的崇拜。在玻利维亚的安第斯高地，许多印第安人通过参加一种新传统的日出仪式来庆祝新年，这种仪式在克丘亚语中被称为Inti Raymi（“太阳盛宴”）。图中，我们可以看到一群正位于因卡瓦西岛的克丘亚人和艾马拉印第安人，因卡瓦西岛上有海拔3656米（约11995英尺）的乌尤尼盐沼（世界上最大的盐沼）。他们在6月中旬黎明时分聚集在那里，迎接北至日，接受塔塔印提（“太阳之父”）的第一缕阳光。

暴动和革命

当一个社会的不满程度达到一个临界水平时，很有可能就会引发暴力性质的回应，例如暴动或由一伙暴动分子组织的对一个已建立的政府或当局的武装反抗。例如，在历史进程中，世界各地发生了很多农民暴动。历史上，这些暴动是由集权政府引发的，它们试图在已经挣扎为生的农民身上征收新税，这使得人们在被盘剥状态下很难养活自己的家人（Wolf，1999b）。

一个最近发生的例子是墨西哥南部玛雅印第安人的萨帕塔运动，它起于90年代中期，直到现在也没有平息。这场暴动涉及数千贫穷的印第安农民，强加于他们身上的破坏性变迁已经威胁到了他们的生计。他们根据墨西哥宪法享有的人权从未得到充分落实（图24.8）。

与目的有限的暴动相比，革命是一种更剧烈的社会或文化变革。革命发生在一个社会的不满程度非常高的时候。在政治舞台上，革命还包括武力推翻现有政府，并建立一个全新的政权。

革命为什么会爆发，为什么常常达不到发动革命的人民的期望？这些问题的答案是不确定的。但是显而易见的是，英国、法国、西班牙、葡萄牙和美国于19世纪和20世纪早期在世界范围内建立的殖民统治，使得革命几乎是不可避免的。尽管二战后大多数殖民地都取得了政治独立，但强权国家继续剥削着这些“不发达”国家的自然资源和廉价劳动力，导致人们对于依附外国势力的统治者更加不满。而新独立国家的政府精英试图控制生活在领土内的人们的生活时，进一步引发了不满。由于拥有共同的祖先、享有独特的文化、有着对于领土的所有权和自决的传统，殖民者和政府精英想要控制的人将自己认定为一个独特的民族，拒绝承认他们所认为的外国政府的合法性。

因此，在许多前殖民地，很多人拿起武器反抗被其他民族控制的政府，政府试图将他们吞并或吸收进国家统治中。当他们试图将多民族政权组建成一个统一的国家时，一个民族的统治精英会剥夺其他民族的土地、资源，特别是文化认同。

我们这个时代的一个重要事实是，世界上大多数

图24.8　萨帕塔主义运动

1994年元旦，北美自由贸易协定生效，3000名萨帕塔主义运动的武装农民进入了墨西哥南部的小镇。其中大多数是玛雅印第安人，他们向墨西哥政府宣战，声称全球化正在毁坏他们的村庄。强大的互联网帮助他们建立了一个国际政治支持网络。他们现在以非暴力的形式反抗墨西哥政府的控制，萨帕塔主义者已经创建了32个自治市，它们组成了5个被称为caracoles（海螺壳）的宗教区域，caracoles在玛雅的神圣宇宙观中被认为是支撑天空的支柱。图中，我们看到萨帕塔民族解放军的指挥官正在参加原住民大会的闭幕式。他们身后是一面旗帜，致敬的是萨帕塔主义者中鼓舞人心的人物——墨西哥最著名的农民革命者之一埃米利亚诺·萨帕塔（Emiliano Zapata）。

的独特民族从未同意由他们所生活的国家的政府来进行统治（Nietschmann，1987）。在很多新兴国家中，这些人发现自己除了拿起武器反抗和战斗，并没有其他选择。

除了法国和俄罗斯发生的反抗权威统治的革命，现代的很多暴动是为了对抗外国的权力统治。这样的反抗常常以民族独立运动的形式出现，发动反对殖民统治或帝国统治的武装斗争。19世纪初墨西哥发动的反对西班牙的自由战争，20世纪50年代阿尔及利亚争取摆脱法国统治的独立运动就是相关的例子。

当今世界上的数百场武装斗争，几乎都发生在非洲、亚洲、拉丁美洲的经济贫困的国家，其中很多国家曾经是欧洲的殖民地。这些战争中的大多数是政府与疆域内一个或多个民族或族群间的战争。这些群体面对着外来强权的压制和征服，想要寻求保持或恢复对于个人生计、社区、土地和资源的控制权的方法。

革命是一个相对较新的现象，只发生在过去的5000年中，原因是革命的对象需要是一个集权的政治权威，而国家在5000前是不存在的。依亲属关系组织起来的部落和队群中没有集权政府，也就不会有暴动和政治革命。

现代化

最常被用来描述社会和文化变迁的词汇之一是现代化。现代化被界定为包含所有方面的全球化的政治、社会经济变化过程，在现代化进程中，发展中国家获得了一些西方工业社会的普遍的文化特征。

现代化这个词汇源于拉丁语modo（现在）一词，其字面意思是“处于现在”。这个词背后的主导观念是“变得现代”，即变得与欧洲、北美和其他富裕工业社会、后工业社会一样，这清晰地暗示着如果不这样做，就会陷在落后的、低等级的、有待改进的过去中。不幸的是，现代化一词继续被广泛应用，我们需要意识到它的片面性，即使我们继续使用这个概念。

现代化的过程可以被理解为由5个亚过程组成，它们相互关联，没有固定的出现顺序。

科技发展：在现代化的过程中，传统知识和科技让步于从西方工业社会传来的科学知识和技术。

农业发展：重点表现为由自给农业转向商品农业。人们不再为了家户的需要种植庄稼、饲养牲畜，而是转向种植经济作物，越来越依赖现金经济和出售农产品、购买商品的全球市场。

城市化：城市化的突出特征是大量人口从农村定居点转移到城市。

工业化：人力和畜力变得不那么重要，更加依赖物质能源——尤其是化石燃料，驱动机器。

远程通信的发展：第五个也是最近的亚过程，涉及电子和数字传媒的发展，以及信息、商品价格、时尚、娱乐、政治和宗教观点的共享。信息可以跨越国界被广泛传播。

随着现代化进程的推进，其他的变化也会随之而来。在政治领域，政党和选举制度出现，行政官僚制度随之发展。在正规教育领域，制度性学习机会增多，识字率提高，本国受过教育的精英群体得到发展。与亲属关系有关的许多长期享有的权利和义务，即使没有被消除，也会被改变，特别是在涉及远亲的情况下。如果社会分层是一个因素的话，社会流动增多，先赋地位变得不那么重要，个人的成就变得更加重要。

最终，因为传统信仰和实践被破坏，形式化的宗教在很多思想和行为领域变得不再重要。正如在宗教一章中所讨论的，人们开始忽视、拒绝制度化的信仰和仪式，转向非宗教世界观。这个过程被称为世俗化，在像德国这样高度组织化的资本主义国家尤其显著，数世纪以来，在德国占主导的是路德教和罗马天主教。现在，有40%的德国人认为自己是无宗教信仰的人，这个数字在40年前还不到4%。

世俗化也发生在其他西欧国家和世界其他地区。然而，在那些国家衰微和不受管制的地区，资本主义极大增加了被剥削的贫穷大众的不安定感，这可能会导致一种倾向于精神或宗教世界观的趋势。在很多东欧、亚洲、非洲国家中可以看到这种情况，在前面关于宗教的章节中对其有所讨论。

本土对于现代化的适应

仔细检视受到现代化影响的传统文化，将有助于我们分析这些文化所遇到的一些问题。在本章的前半部分，我们提到，无法抵制变迁、又不愿意丢弃自己独特的文化遗产和认同的族群，会采取文化适应策略。很多族群这样做了，但成功率参差不齐。接下来，我们将会介绍生活在俄罗斯西北部和斯堪的纳维亚半岛的北极、亚北极苔原地带的萨米人，以及生活在厄瓜多尔的舒阿尔印第安人。

萨米牧民：机动雪橇革命及其意想不到的后果

直到约半个世纪前，生活在斯堪的纳维亚半岛北极苔原的萨米驯鹿牧民还保留着传统的生活方式，并以此谋生。然而，在20世纪60年代，他们购买了机动雪橇，期望机动运输工具可以让放牧变得更加便利，带来更多的经济优势，但事实并非如此。

由于购买机器、燃料，对其进行保养的成本高昂，萨米牧民对金钱的需求急剧上升。为了获得现金，男人开始走出社区做劳工，而不像以前那样只是偶尔出去。此外，自从机动雪橇被引入后，牧民和牲畜之间长期维持而来的和平关系变得乱糟糟，并且充满创伤。驯鹿遇到的人类骑着嘈杂、散发着汽油味的机器从树林里疾驰而出，它们总是在追赶驯鹿，并且往往会坚持很长一段路程。这些人并没有为驯鹿寻找过冬的食物、帮助它们照顾幼崽、保护它们不被食肉动物捕获，他们只是定期出现——不是去屠杀驯鹿，就是去阉割驯鹿（图24.9）。

驯鹿开始变得很警惕人类，变得很难驯化，四散分开逃到很难被追到的地方。另外，机动雪橇的噪声似乎干扰了幼崽的出生和存活。例如，在10年间，芬兰萨米人的平均家畜数量从50头降到了12头，这很难发生率。在我们提出的民族志例子中，有尼日利亚伊格博人的双性统治。

“维持秩序的文化控制”一节研究了内在化的控制（如自我控制）和外在化的控制（如制裁）以及巫术。关于巫术的讨论中出现了关于现代猎巫的新材料，其中包括一张受害妇女的照片。“举行审判、平息争议与惩罚犯罪”一节中，我们对比了传统的亲属基础之上社会中的方式与政治集权社会中的方式，其中包括描述加拿大北部的因纽特人的歌曲决斗和西非利比里亚的科佩尔审判，以及对恢复性司法的讨论。

关于暴力冲突的一节概述了战争的演变和技术的影响，包括无人机。它展示了自称伊斯兰国及其圣战组织的一个简短的新概况（附照片）。“侵略的意识形态”部分记载了乌干达的基督教争端。在讨论了种族灭绝和当代武装冲突之后，说明了缔造和平的方法——外交、缔结条约及非暴力抵制的政治，包括印度的甘地和缅甸的昂山素季所领导的运动的简要概述。更新后的与争议处理有关的“应用人类学”专题已移至本节。这一章的其他专题包括与性、性别和人类暴力有关的“生物文化关联”，关于索马里海盗的更新后的“全球视野”。“深入研究人类学”专题“政治和钱包”，带领学生寻找金钱和权力之间的联系。

第二十三章：艺术

本章以一个关于通过各种艺术形式如何激发阐述思想和情绪的“挑战话题”作为开篇，其插图是一幅引人注目的新图片，所描绘的是卡雅布印第安人群体身涂彩绘并着盛装举行政治抗议。这一章详细探讨了3种关键的艺术分类——视觉、口头和音乐。本章有8张新图片，包括古代岩画与现代涂鸦的对比图。

我们描述了把人类学家带到艺术研究中去的清晰完整的人类学研究取向，值得注意的是艺术所能揭示的各种各样的文化洞见——包括亲属结构、社会价值、宗教信仰和政治观念等。我们同样还揭示了分析艺术的各种各样的方法与取向（比如美学的和阐释性的），并且我们还将其应用到了南非的摇滚艺术分析和《圣经》中对最后的晚餐的跨文化描述中去。在口头艺术的部分，我们提供了几个民族志案例，包括阿贝内基人创造神话、广泛传播的“父亲、儿子和驴”的故事。

在音乐的部分，我们以4.2万年前制造的骨笛作为开端，然后探讨了传统的和新时代的萨满通过击鼓来致幻以达到恍惚状态、撒哈拉边缘地区的劳工在击鼓声中进行劳作，以及西非的流浪艺人通过打击乐和歌词来讲述他们的历史。除了这些案例，本章还讨论了音乐的要素，包括音调、节奏和旋律等，并通过音乐探讨艺术的功能。在“生物文化关联”专题中，我们讲述了维乔人艺术当中仙人掌的作用，在“原著学习”专题当中，马戈·德末罗研究了现代文身团体。并且，在“全球视野”专题当中，我们为大家展示了在博物馆中陈列出来的巧妙的西非棺材。“应用人类学研究”专题描述了濒临消失的原住民群体如何运用美学传统作为他们文化和经济生存策略的一部分。“深入研究人类学”专题“热爱艺术的心”要求学生研究他们自己社区的公开表演，并将其与本章开篇的挑战话题和相应图片中卡雅布印第安人巧妙的政治抗议进行比较。

第二十四章：文化变迁的过程

本章开篇照片显示，一群人被滞留在印度的一列晚点的火车上，这表明蒸汽机发明以来，人类对重大技术进步的依赖所带来的挑战。有关全球化的主题和术语席卷了这一整章，其中包括一些定义，这些定义将发展从现代化中区分出来、把反叛从革命中区分出来。我们讨论了变迁的机制——创新、传播、文化丧失，以及镇压性变迁——强调了梭镖投射器及轮轴技术，还有一个关于动力学的讨论，它鼓励或阻碍了创新的趋势。传播方面的讨论包括不丹风笛、玉米和十进制系统的传播。

我们关于文化变迁与文化丧失的探索覆盖了文化濡化与种族灭绝——包括亚诺玛米种族灭绝的部分。在讨论了定向变迁之后，我们按时间顺序记录对变迁的反应——通过特罗布里恩板球转变成英国板球运动的故事和对复兴运动的详细阐述，包括美拉尼西亚的船货崇拜、复兴神圣的前殖民仪式，如玻利维亚的太阳崇拜来解释融合。我们用两个对比鲜明的例子来说明原住民的自决：生活在北极地区和俄罗斯西北部及斯堪的纳维亚半岛亚北极地区苔原的萨米驯鹿牧人和厄瓜多尔的舒阿尔印第安人。

专题部分的内容包括一个关于新型疾病浮现的“生物文化关联”、一个对埃里克·R. 沃尔夫所做的“人类学家札记”，以及一个关于发展人类学和水坝的“应用人类学”研究，这一部分提供了一幅中国三峡大坝的迷人卫星图像。“深入研究人类学”专题“没有进口的生活”要求学生分析：如果他们面临一场禁止消费外国商品和信息的政治革命，他们的文化将会发生怎样的变化。

第二十五章：全球挑战、地方回应和人类学的角色

最后一章的开篇图片所选取的是中国一家网吧的照片，再加上一个修改过的关于文化适应的“挑战话题”，增加了人口增长和全球化的内容。正文部分以一个描述当今数字通信技术令人震惊的全球化效应的新段落开始，其特点是关于围绕地球运行的卫星的新说明，并提出了我们的物种是否能成功地适应地球动态生态系统的问题，这被称为人类世。“文化变革：从未知之地到谷歌地球”一节提供了技术发明500多年的历史概览，这段历史改变了人们生活的方式以及我们对在宇宙上关于自己位置和命运的理解与认识。这一部分的结尾，一些人推测同质化的全球文化正在形成。

“全球一体化进程”一节突出了国际组织的出现。然后，我们考虑了多元社会、多元文化和分裂，阐释了当今世界推与拉的各个方面。全球移民的部分对内部和外部移徙者的人群进行了分类，包括在某个国家进行跨国工作但却依然保留着另一个国家公民身份的跨国公民，加上被迫流浪在他们国家之外的成千上万的难民。为了突出移民所面临的挑战，我们还引介了一个新增的部分“移民和排外心理”，之后是“移民、城市化和贫民窟”，这两个部分所报告的是世界上如今还生活在贫民窟中的10亿多人的状况。

接下来是这一章中最重要的部分“全球化时代的结构暴力”，在这部分之下还设置了“硬实力”（经济和军事）与“软实力”（媒体）两个小部分，包括更新和新设计的图表。紧随其后的是对结构暴力问题的修订概述——从贫穷和收入不平等到饥饿、肥胖与营养不良以及污染与全球变暖。在讨论对全球化的回应时，我们谈到穆斯林和基督徒的宗教问题，以及少数民族和原住民的人权斗争。本章最后令人鼓舞地审视

了人类学在应对不平等和遭遇其他全球化挑战时的角色。

本章的专题部分包括关于外部污染物威胁北极圈文化的“生物文化关联”，关于在贫穷国家倾倒有毒废物的最新“全球视野”，以及阐述安·邓纳姆（奥巴马的母亲）的“应用人类学研究”，她是一位在小额信贷领域研究人类学的先锋。还有一个令人振奋的“人类学家札记”，这一部分主要介绍了保罗·法默的生平简介以及他在健康研究领域的全球搭档。新的“深入研究人类学”专题“你是怎么接线的？”要求学生分析他们对电信设备是如何使用的。

作者简介

作者合影（从左到右依次是麦克布莱德、沃尔拉斯、普林斯、哈维兰）

本书的四个作者在研究兴趣上有所重叠，而且对人类学是什么（及应该是什么）的问题有着相似的观点。例如，他们都相信人类学的四分支，并且对应用工作有所涉猎。

1. 威廉·A.哈维兰（William A. Haviland）是佛蒙特大学荣休教授，该校人类学系创始人，执教达32年之久。获宾夕法尼亚大学人类学博士学位。

本书是他诸多国内和国际著作及期刊出版物的基础，也是面向一般大众媒体的出发点。他最初于危地马拉共和国和美国佛蒙特州从事独创性的考古研究，而后在缅因州、佛蒙特州做民族志，并在危地马拉研究生物人类学。他的著作包括与玛乔莉（Marjorie Power）合著的《佛蒙特初民》（*The Original Vermonters*）和一本关于古代玛雅部落的技术性专著。他还担任获奖电视课程“多面文化”（Faces of Culture）的顾问，以及由宾夕法尼亚大学考古学人类学博物馆出版的《蒂卡尔报告》系列的主编。

除了教学和写作，哈维兰博士还在加拿大、墨西哥、莱索托、南非、西班牙以及美国面向众多专业和非专业观众举办讲座。他作为专家亲眼见证了佛蒙特州原住民密西奎伊阿贝内基人（Missisquoi Abenaki）渔业的重要诉讼案件。

他于1990年获佛蒙特大学研究生院“大学学者”称号，于1996年获密西奎伊阿贝内基主权共和国圣弗朗西斯颁发的感谢状，于2006年获佛蒙特州研究中心终身成就奖。现在，他从教学一线退休后继续从事研究工作和写作，并在缅因州等地演讲。作为巴尔港阿贝（Abbe）博物馆的托管人，他关注缅因州美洲原住民的历史、文化、艺术和考古。他最新的著作是《虾蟹之地》（*At the Place of the Lobsters and Crabs*，2009）、《东缅因州印第安人的独木舟》（*Canoe Indians of Down East Maine*，2012）和《蒂卡尔保护区的发掘》（*Excavations in Residential Areas of Tikal*，2015）。

2. 哈拉尔德·E.L.普林斯（Harald E. L. Prins）是堪萨斯州立大学文化人类学的杰出教授。他在荷兰和美国的六所大学接受过专业训练，并先后在荷兰内梅亨大学、缅因州鲍登大学、科尔比学院从事过教学工作，在瑞典隆德大学做过访问教授。作为美国杰出教学研究者，他因为突出的专业教学获得了很多荣誉，包括1993年的优秀本科教学奖、1999年的总统奖、2004年的科夫曼优秀学者奖、2006年堪萨斯年度卡内基教授奖、2010年牛津大学出版社人类学本科教学3A奖。

他的研究领域集中在西半球的原住民族群研究，他长期为原住民的权利呼吁和奔走。在能力范围内，他作为专家在美国参议院和加拿大法庭作证。他为40家学术图书出版社和期刊担任过审稿人。他的很多专业出版物以9种文字发表，著作有《米克马克：抵抗、和解与文化生存》(*The Mi'kmaq: Resistance, Accomodation, and Cultural Survival*)(米德奖入围作品)。

他接受过电影制作的专业训练，并担任过视觉人类学学会主席，还合作拍摄过获奖纪录片。他还担任过《美国人类学家》期刊的视觉人类学编辑、美国国家公园管理局的调研员、巴拉圭总统选举的国际观察员，以及史密森学会国家自然博物馆的研究助理。

3. 达纳·沃尔拉斯(Dana Walrath)是佛蒙特大学医学院的教员，也是一位获奖作家、艺术家和人类学家。她在宾夕法尼亚大学获得医学和生物人类学博士学位后，曾执教于宾夕法尼亚大学和天普大学。沃尔拉斯博士通过她对人类生育进化的研究，在古人类学方面开辟了新的领域。她撰写了大量的专题，涉及古人类学、疾病与健康的社会生产、性别差异、遗传学和演化医学。她的研究成果发表在论文集和重要期刊上，比如《当代人类学》《美国人类学家》《美国体质人类学期刊》《今日人类学》等。她的作品包括《爱丽丝海默氏》(*Aliceheimer's*)——一本图文回忆录，以及《石头上的水》(*Like Water on Stone*)——一本诗体小说。

在佛特蒙大学医学院执教医学教育时，她开设了一些新的课程，将人文精神、人类学理论和实践、叙事医学和职业技能带给一年级的医学院新生。沃尔拉斯博士也曾以创意写生在佛蒙特大学艺术学院获得过硕士学位，而且她的艺术作品在北美和欧洲进行了展出。她最近在图形医学领域的工作结合了人类学、回忆录和视觉艺术。由于跨越多个学科，她的研究得到了很多机构的资助，比如美国国家艺术科学基金会、美国疾病控制中心、美国卫生资源和服务部、佛蒙特艺术中心、美国全国艺术基金会等。2012—2013年，她在亚美尼亚美利坚大学和美国国家科学院民族与考古研究所担任富布莱特访问学者，她正在创作第二本图文回忆录，将《爱丽丝海默氏》与她在亚美尼亚关于衰老和记忆的田野调查以及一本关于精神疾病基因的图文小说结合起来。

4. 邦尼·麦克布莱德(Bunny McBride)是一位备受赞誉的作家，专攻文化人类学、原住民族、国际旅游和自然保护问题。她在国内外纸质媒介发表了大量作品，从非洲、欧洲、亚洲和印度洋各地发回报道。在哥伦比亚大学获取硕士学位期间，她在教学上受到高度评价，并在索特纪录片研究学院和普林西庇亚学院纪录田野研究所担任人类学访问教职。1996年以来，她在堪萨斯州立大学担任人类学兼职教授。

她有许多出版作品，包括《黎明的女人》(*Women of the Dawn*)、《斑点麋鹿毛莉：佩诺布斯科特人在巴黎》(*Molly Spotted Elk: A Penobscot in Paris*)、《我们的生命掌握在我们手中：米克马克印第安人的编筐文化》(*Our Lives in Our Hands: Micmac Indian Basketmakers*)。她还与人合著了几本书，包括《伊

作者简介

甸园中的印第安人》(*Indians in Eden*)和《非洲野生动物奥杜邦田野工作指南》(*The Audubon Field Guide to African Wildlife*),其中很多章节由她执笔撰写。1981年以来,她与缅因州印地安部落一起处理了一系列问题和项目,鉴于她对原住民妇女历史研究的巨大贡献,缅因州州议会为她颁发了特别纪念奖。波士顿环球杂志对她进行了长篇报道,缅因州公共电视台制作了一部纪录片,记录了她对斑点麋鹿毛莉的研究和写作。

近年来,她担任美国国家公园服务处的调研员,策划了许多博物馆展览,包括缅因州巴尔港镇修道院博物馆的展览。最新的展览是“一路向西:大卫和洛克菲勒美洲印第安人艺术展”。2012年,她策划的展览“印第安人与乡下人”获得了美国国家与地方历史协会颁发的历史领导者奖章。麦克布莱德在总部位于瑞士日内瓦的妇女世界峰会基金会担任董事会成员10年、担任主席3年后,于2016年,成为该组织顾问小组的一员。

目录

第一章　人类学要义

人类学的视角…… 2
人类学及其研究领域…… 4
生物文化关联…… 6
人类学、科学和人文学科…… 13
人类学家札记…… 14
应用人类学…… 15
人类学的田野工作…… 17
研究的伦理问题…… 18
原著学习…… 19
人类学和全球化…… 22
全球视野…… 24
思考题…… 25
深入研究人类学…… 25

第二章　生物学、遗传学与进化论

进化论与神创论…… 27
生物分类…… 28
进化论的发现…… 29
遗传…… 31
生物文化关联…… 36
演化动力和群体…… 40
镰状细胞性贫血案例…… 44
适应和体质变化…… 46
宏观演化和物种形成过程…… 46
思考题…… 48
深入研究人类学…… 49

第三章　现存的灵长目动物

灵长目动物学的研究方法与伦理规范…… 51
原著学习…… 52
作为哺乳动物的灵长目…… 54
灵长目动物的分类…… 56
灵长目动物的特征…… 59
现存的灵长目动物…… 64
生物文化关联…… 69
灵长目动物的保护…… 71
应用人类学…… 72
思考题…… 75
深入研究人类学…… 75

第四章　灵长目动物的行为

作为人类进化模型的灵长目动物…… 77
灵长目动物的社会组织…… 79
人类学家札记…… 81
交流和学习…… 88
生物文化关联…… 91
文化的问题…… 95
应用人类学…… 96
全球视野…… 97
思考题…… 98
深入研究人类学…… 98

第五章　考古学和古人类学中的田野方法

恢复文化和生物遗迹…… 100
寻找古器物和化石…… 104
原著学习…… 105
整理证据…… 113
追溯过去…… 115
生物文化关联…… 116
最遥远过去的概念和方法…… 122

目录

应用人类学……123
发现的科学……125
思考题……126
深入研究人类学……126

第六章　从最早的灵长目动物到两足动物

灵长目动物的起源……128
中新世时期的猿类与人类的起源……132
人类学家札记……132
两足动物的解剖学特征……136
地猿……138
南方古猿……140
上新世的环境及古人类的多样性……141
原著学习……145
更新世早期的古人类……148
环境、饮食和人类进化线路的起源……152
依靠自身双脚站立的人类……154
生物文化关联……156
人属的早期代表……158
思考题……161
深入研究人类学……161

第七章　人属的起源

第一个石器制造者的发明……164
性、性别和早期人种的行为……165
生物文化关联……167
原著学习……168
直立人……171
直立人、智人及其他化石群体之间的关系……172
直立人的文化……176
语言的问题……179
古老的智人和现代大脑尺寸的出现……180
尼安德特人……182
爪哇、非洲和中国古代的智人……185
旧石器时代中期文化……186
应用人类学……188
文化、头骨和现代人类起源……191
思考题……192
深入研究人类学……192

第八章　智人及其技术的全球化扩张

旧石器时代晚期的人：首批现代人……195
人类起源的争论……196
证据小结……197
人类学家札记……198
种族和人类进化……203
旧石器时代晚期技术……203
旧石器时代晚期艺术……206
原著学习……211
旧石器时代文化的其他方面……213
旧石器时代晚期的人口扩散……213
全球视野……216
旧石器时代的大趋势……219
生物文化关联……220
思考题……221
深入研究人类学……221

第九章　新石器时代革命：动植物的驯化

中石器时代农业和畜牧业的起源……223
新石器时代革命……224
人类为何成了食物生产者……226
生物文化关联……229

目录

食物生产和人口规模……232
食物生产的传播……234
新石器时代的定居文化……235
美洲新石器时代的文化……238
新石器时代和人类生物学……238
应用人类学……239
新石器时代和进步的观念……241
全球视野……242
思考题……243
深入研究人类学……243

第十章　城市和国家的出现

定义文明……246
蒂卡尔：个案研究……248
城市和文化变迁……250
国家的形成……257
原著学习……257
文明及其不足之处……260
全球视野……261
人类学和未来的城市……263
生物文化关联……264
思考题……266
深入研究人类学……267

第十一章　现代人类多样性：种族和种族主义

人类分类的历史……269
作为一个生物性概念的种族……271
全球视野……273
种族在生物与文化范畴内的混杂……274
种族的社会意义：种族主义……276
原著学习……277
人类生物多样性研究……280
生物文化关联……281
种族和人类进化……285
思考题……286
深入研究人类学……287

第十二章　人类适应变化的世界

人类对自然环境压力源的适应……290
人类学家札记……294
变化世界中人为的压力源……298
全球视野……300
演化医学……301
原著学习……302
疾病的政治生态学……306
生物文化关联……307
全球化、健康和结构暴力……308
智人的未来……312
思考题……313
深入研究人类学……313

第十三章　文化的特性

文化与适应……315
文化的概念与特征……318
应用人类学……322
文化的功能……325
人类学家札记……326
文化、社会和个体……327
文化与变迁……327
生物文化关联……328
种族中心主义、文化相对主义和文化评价……329
思考题……332

目录

深入研究人类学……332

第十四章　民族志研究：历史、方法及理论

田野研究的历史和作用……334
田野研究方法……342
人类学家札记……348
田野研究的挑战……348
原著学习……352
完成民族志……353
人类学理论概述……355
生物文化关联……357
人类学研究的伦理责任……358
思考题……359
深入研究人类学……359

第十五章　语言与交流

原著学习……362
语言学研究以及语言的性质……364
描写语言学……364
历史语言学……366
语言的社会文化背景……369
应用人类学……370
语言的多种用途……374
难以言表：姿势-呼叫系统……374
声调语言……377
对话鼓和口哨式谈话……377
语言的起源……378
从说话到书写……379
生物文化关联……380
读写能力和现代通信技术……381
思考题……383
深入研究人类学……383

第十六章　社会认同、人格与性别

濡化：人类自我与社会认同……385
文化与人格……390
人类学家札记……392
另类性别模型……397
原著学习……398
社会背景里的正常人格和反常人格……402
生物文化关联……404
全球化社会中的自我认同与精神健康……405
思考题……406
深入研究人类学……406

第十七章　生计模式

适应……408
生物文化关联……410
生计模式……411
觅食社会……411
生产食物的社会……415
原著学习……417
应用人类学……420
文化进化中的适应……425
全球视野……426
人口增长与进步的极限……429
思考题……430
深入研究人类学……430

第十八章　经济制度

经济人类学……432
个案研究：特罗布里恩岛文化中的甘薯情结……432
生产及其资源……434
分配与交换……439

应用人类学…… 441
地方经济与全球资本主义…… 448
生物文化关联…… 449
非正规经济以及逃离官僚政府…… 450
人类学家札记…… 451
全球视野…… 453
思考题…… 454
深入研究人类学…… 454

第十九章　性、婚姻和家庭

性关系的控制…… 456
婚姻与性关系的规则…… 457
婚姻：作为一种普遍制度…… 458
生物文化关联…… 462
人类学家札记…… 463
婚姻的形式…… 464
原著学习…… 468
配偶的选择…… 470
婚姻和经济交换…… 472
离婚…… 474
家庭和家户…… 474
居处模式…… 479
全球化与技术世界中的婚姻、家庭和家户…… 479
全球视野…… 481
思考题…… 482
深入研究人类学…… 483

第二十章　亲属和继嗣

继嗣群体…… 485
生物文化关联…… 486
更大文化系统中的继嗣…… 492
原著学习…… 493
应用人类学…… 495
双边亲属关系和亲类…… 499
亲属称谓和亲属群体…… 501
制造亲属…… 504
思考题…… 506
深入研究人类学…… 506

第二十一章　以性别、年龄、共同利益和社会地位划分的群体

以性别为基础的群体…… 508
年龄分组…… 509
共同利益团体…… 511
原著学习…… 513
应用人类学…… 516
在等级社会中依据社会地位划分的群体…… 516
生物文化关联…… 521
全球视野…… 523
思考题…… 524
深入研究人类学…… 524

第二十二章　政治、权力、战争与和平

政治组织的体系…… 526
政治体制和权威问题…… 533
政治与宗教…… 534
政治与性别…… 534
人类学家札记…… 535
维持秩序的文化控制…… 537
举行审判、平息争议与惩罚犯罪…… 539
暴力冲突与战争…… 540
全球视野…… 541
生物文化关联…… 543
缔造和平…… 547

应用人类学……549
思考题……550
深入研究人类学……550

第二十三章　艺术

艺术的人类学研究……554
原著学习……556
生物文化关联……560
艺术的功能……566
全球视野……568
艺术、全球化和文化延续……569
应用人类学……571
思考题……572
深入研究人类学……572

第二十四章　文化变迁的过程

文化变迁和进步的相对性……574
变迁的机制……575
人类学家札记……576
受到压制的变迁……579
对变迁的回应……583
暴动和革命……586
现代化……587
应用人类学……591
生物文化关联……592
思考题……592
深入研究人类学……593

第二十五章　全球挑战、地方回应与人类学的角色

文化变革：从未知之地到谷歌地球……595
多元社会和多元文化主义……599
全球化时代的结构性权力……604
结构性暴力问题……607
应用人类学……608
对全球化的回应……612
少数民族和原住民的人权斗争……612
生物文化关联……613
全球视野……614
人类学在应对全球化挑战中扮演的角色……615
思考题……616
人类学家札记……617
深入研究人类学……618

译后记……619

挑战话题

我们如何理解这个世界？我们是谁，我们如何同此图片中的人接触？为什么我们看起来和这个人不同，并说着不同的语言？人类学家从整体的角度来看待这些问题，把它们放在一个考虑到人类文化和生物学的广泛、综合的背景中来考虑。所有的时间和地点，不可分割地交织在一起。图中，大卫·厄邦戈·欧韦奇（David Abongo Owich）正在肯尼亚的维多利亚湖捕捞小鲶鱼，而他使用的捕捞工具是世界卫生组织提供的蚊帐。世界卫生组织向疟疾高发地区发放了蚊帐，因为这种疾病正是由蚊子传播的。然而，用来抵抗疟疾的免费蚊帐对诱捕鱼类很有用，所以一些人选择使用它来改善他们的饮食，而不是来保护自己免受疟疾的侵害。这不仅导致了疾病的持续传播，还导致了过度捕捞和使用杀虫剂造成的水污染。从历史上看，针对具体疾病的干预措施，往往忽视了特定人类社会群体的需求和价值。人类学的视角使我们有能力在当今相互关联的全球化世界中进行谈判，使我们能够提出解决当代生活实际问题的办法。

第一章　人类学要义

学习目标

1. 描述人类学学科，并将它的四大分支联系起来。
2. 将人类学与科学和人文学科进行比较。
3. 认识人类学田野方法的特征和人类学研究的伦理特征。
4. 从全球化的角度来解释人类学的效用。

人类学的视角

人类学是对所有时空范围内的人类所进行的研究。当然，许多其他的学科也以这样或那样的方式关注着人类。譬如，解剖学和生理学从生物有机体的角度来研究作为物种的人类。人类学关注的是在所有时空范围之内（包括所有地方和人类经历的所有历史），人类经验的所有相互联系和互相依赖的方面。这种独特、宽广的整体论视角把人类学家武装起来，去探寻那种我们称为人类本性的让人难以捉摸的事物。

人类学家喜欢采纳其他学科研究者的贡献，并且乐于把自己的研究成果提供给这些不同的学科。一个人类学家也许不会比一个解剖学家更了解人类眼睛的构造，也不会比一个心理学家更了解人类对颜色的感知。然而，作为一个综合研究者，人类学家会去探寻解剖学和心理学如何与不同社会中人们的"颜色命名"实践相联系起来。由于他们试图寻求人类观念和实践的广泛基础，而不是将自己局限在任何单独的社会或生理方面，所以人类学家总是能够获得一个相当宽广和包罗万象的解释。

持有一个整体论的视角同时也能够避免人类学家自己的文化观念和价值取向歪曲他们的研究。正如老话所说：人们通常看到的是他们的信仰，而不是出现在他们眼前的东西。通过对自己在人性方面的假设保持一个批判的态度——反复检查他们自身的信仰和行为可能会塑造他们研究的各种途径——人类学家才能努力获取关于人类的客观知识。这一点说的正是人类学家的研究旨在避免民族中心主义的误区，而民族中心主义的信仰强调的是只有自己的文化方式才是唯一正当的文化方式。因此，人类学家的研究扩展了我们对人类思想、生理习性和行为多样性的理解，也扩展了我们对人类许多共同之处的理解。

人类学家来自不同的背景，并且实践这一学科的个体在个人的、国家的、民族的、政治的和宗教的信仰上各不相同（图1.1）。与此同时，他们从正在被研究的文化的角度运用一套非常严谨的方法论来进行文化实践的研究——这一方法论要求

图1.1　人类学家吉娜·阿西娜·乌利塞

人类学家来自世界各地，以各种方式为这一领域做出贡献。图片中的吉娜·阿西娜·乌利塞博士出生于海地的佩蒂翁维尔（Pétion-Ville），十几岁时随家人移民到了美国。如今她是卫斯理大学（Wesleyan University）的人类学副教授，同时也是一位作家和口语艺术家。她的作品探索了海地人的历史、身份、灵性以及殖民主义导致的挥之不去的、非人化的影响。她的表演结合了口语和伏都教圣歌，打破了人类学和艺术之间的界限。她最近佩戴着国际和平腰带（International Peace Belt）回到了海地。在欧元取代了以前欧洲国家的大多数货币后，退出流通的硬币便被打造成了国际和平腰带。如今全球196个国家中有115个国家的硬币，都在腰带上得到了体现。作为“不同文化的生动纽带和所有国家和平与团结的象征”（Artist for World Peace，2015），这条腰带已经游历了五大洲的25个国家。

他们检验自身的偏见所造成的影响。无论是分析全球银行业的人类学家，还是研究热带食物种植园或传统疗愈仪式的人类学家，都是如此。我们可能会说，人类学是一门对人类多样化的系统（包括自身所处的系统）进行公正评价的学科。

其他的社会科学主要研究当今生活在北美和欧洲（西方）社会中的人，而与之不同，人类学家历来集中关注非西方的人和文化。人类学家对他们的工作是这样理解的：要充分利用人类观念、行为和生理的复杂性来研究所有人类——不管他在哪儿也不管在何时，都必须被研究。一个跨文化的和长期演化的视角，把人类学和其他社会科学区分开来。这一方法防范和反对那种基于自身文化研究而对世界和现实进行假设的具有文化局限性的理论。

这里我们可以举一个相关的例子，在美国十分典型的婴儿与他们的父母分床睡的这一事实。这对于那些习惯了多个卧室的房子、婴儿床和汽车座位的人来说似乎很正常，但是跨文化研究显示，婴儿与父母同睡，尤其是与母亲同睡的现象更为普遍（图1.2）。更进一步来说，美国当今推崇的分床睡的教育习惯往前追溯也不过才200年的历史而已。文化规范既不是普遍的，也不是永恒的。

再来看看关于器官移植的医疗实践，自1954年波士顿的第一例双胞胎兄弟之间的器官移植手术后，器官移植已经变得非常普遍。今天，非血缘的个人之间的器官移植是很常见的，以至于器官在各大洲穷人和富人之间被非法贩运。器官移植只有在符合关于死亡和人体的文化信仰时才能进行。在北美和欧洲占主导地位的观点——身体是一台可以像汽车一样修复的机器——使得器官移植得以被人们接受。然而，在日本，脑死亡的概念（当一个人的大脑不再起作用时，这个人就“死了”，尽管他的心脏仍在跳动）是有争议的。他们的人格观念并不包含“身心分裂”，因此，日本人无法接受器官从曾经温暖的身体中被取出。此外，将器官作为匿名“礼物”的想法不符合日本互惠交换的社会模式。因此，日本很少进行器官移植（Lock，2001）。

人类学家的发现经常挑战社会学家、心理学家和经济学家的观点。同时，人类学对其他学科的人来说也是不可或缺的，因为它提供了唯一一致的检验，以反对受文化束缚的主张。从某种意义上说，人类学对于这些学科来说就像是物理学和化学的实验室：是对它们理论进行测验的一个重要场所。

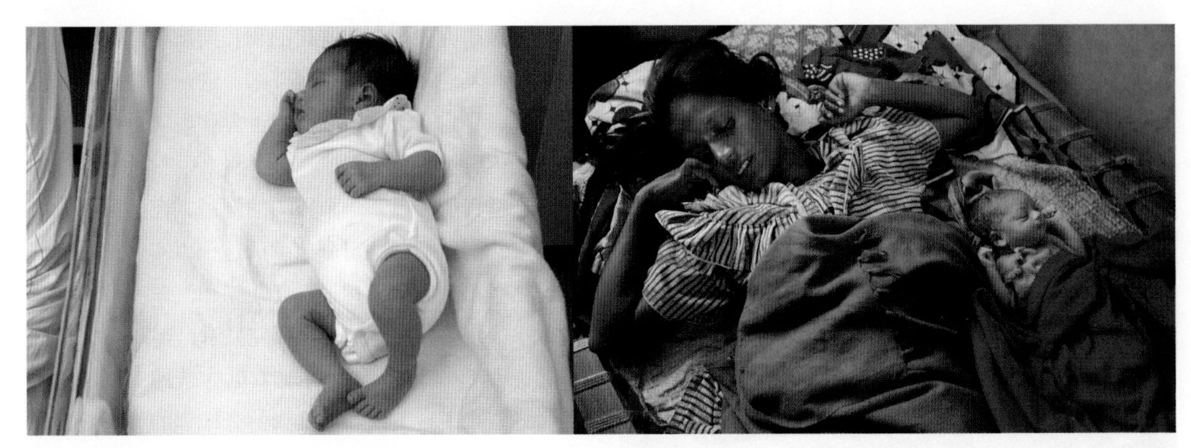

图1.2　跨文化的睡眠习惯

图中，左边为美国一名新生婴儿独自躺在医院的摇篮里。右边为印度恰克拉达尔普尔（Chakradharpur）的新生婴儿依偎在母亲身边睡觉。在生命的最初几个小时里设定的模式在接下来的几周、几个月和几年里不断重复。美国模式强化了生命周期各个阶段，8小时独立、不间断夜间睡眠的文化规范。跨文化研究表明，父母与孩子同床而睡，夜间周期性的觉醒状态才是更为普遍的。美国婴儿独自睡在婴儿床上，其后果可能不堪设想。他们无法从睡在近旁的人所提供的母乳喂养中受益，所以他们更易患婴儿猝死综合征（SIDS）。这是一种婴儿（通常在4至6个月大时）在睡眠中停止呼吸并死亡的现象。美国婴儿猝死综合征的发病率最高（McKenna, Ball, & Gettler, 2007）。美国有5000万到7000万名成年人患有睡眠障碍，也可能是这种文化模式导致的（Institute of Medicine, 2006）。

人类学及其研究领域

个体的人类学家倾向于专攻人类学四大分支（或研究领域）中的一个：文化人类学、语言人类学、考古学和生物人类学（图1.3）。一些人类学家认为考古学和语言人类学是更广泛意义上的人类文化研究的一部分，但是考古学和语言人类学又与生物人类学有着紧密联系。例如，当语言人类学家关注语言的文化层面的时候，它其实又与人类语言的演化和生物人类学所研究的语言和言语的生理基础有着深厚的渊源。

人类学任一分支的研究者都会通过搜集和分析数据，来探索跨时空的人类之间的相似与差异。此外，四大分支中任一分支的个体都会践行“应用人类学”，它指的是运用人类学的知识和方法去解决现实问题。大多数应用人类学家会与他们工作所在的那些社区的成员通力合作——设定目标、解决问题和一起从事研究。在本书中，人类学应用的特征主要关注的是人类学如何去面对和解决一系列广泛的挑战。

兴起于20世纪20年代的国际公共健康运动，是利用应用人类学的知识来解决现实问题的一个早期例子。这标志着医学人类学——从文化和生物人类学获

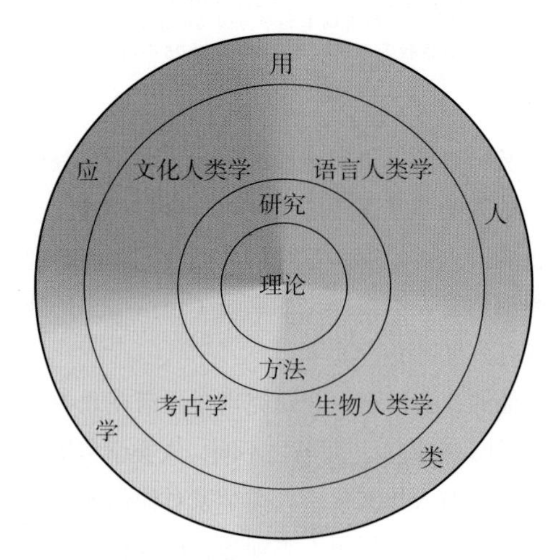

图1.3　人类学的四大分支

注意，这几大分支间的界限并不明显且多有重叠。同样也要注意的是，这四大分支都包括应用人类学的实践。

取理论和应用方法来研究人类健康和疾病的一门专业——的诞生。医学人类学家揭示了不管在地方还是在全球范围内人类健康和政治、经济力量之间的关系。这一专业的部分例子在本书的“生物文化关联”专题部分以一些极富特点的形式表现出来，当然也包括接下来即将读到的“图示杀虫剂”。

文化人类学

文化人类学（也被称为社会文化人类学）是对人类行为、思维和情感模式所进行的研究。它关注的是人类作为文化生产和文化再生产的生物。为了理解文化人类学家的工作，我们必须弄清文化的含义。文化被认为是一个社会共享的和在社会上流通的观念、价值、情感和认知的总称，它被用来为社会经验和经验中的行为与反行为赋予意义。这些就是社会——有组织的一群人——（通常是无意识地）运转的标准。这些标准是在社会上被习得的，而不是通过生物遗传来获得的。文化的表现形式可能在地区之间存在极大差异，但是在人类学的意义上，并不存在某些人比其他人“更有文化”。

文化这一概念是所有人类学领域不可或缺的组成部分，可被视为人类学的显著特征。毕竟，生物人类学家不同于生物学家的主要原因在于他们把文化考虑了进去。文化人类学家可能会研究一个特定社会的法律、医疗、经济、政治或宗教体系，因为他们知道文化的所有方面都是一个统一整体中相互关联的一部分。他们也可能会关注一个社会当中的划分标准，比如性别、年龄和等级等，这一内容我们会在这本书的后面部分详细讨论。同样值得注意的是这些相同的类别在人类学各个领域中的重要性，对于考古学家来说，他们通过物质遗存来研究社会；对于语言人类学家来说，他们调查研究古老的和现代的语言；而对于生物人类学家来说，他们从生理上调查人类的身体。

文化人类学有两个主要组成部分：民族志（文化描述学）和民族学（文化比较学）。民族志主要是在田野调查的基础上对某个特定的文化进行深入详细的描述，这一术语被所有人类学家用作现场研究的代名词。由于民族志田野工作的显著特征，就是在被研究群体中结合社会参与和个人观察的方法，并对某个群体的成员进行访谈和讨论，所以民族志研究方法也被普遍看作“参与观察”（图1.4）。民族志提供的信息被用于在世界上所有的文化研究当中进行系统比较，也就形成了民族学。民族学这种跨文化的研究，使得人类学家能够发展出一些理论，去解释某些发生在群体之间的特定的、重要的差异性或相似性。

民族志

通过参与观察——与被研究者同吃同住、学习当地的语言和行为规范，并亲自体验他们的习惯和风俗——民族志学者尽可能地寻求对某一特定生活方式的最准确的理解。成为一个参与观察者并不意味着人

图1.4 对城市吸毒者的田野调查

十多年来，人类学家菲利普·布儒瓦（Philippe Bourgois）和摄影师、民族志学者杰夫·勋伯格（Jeff Schonberg）与旧金山街头的海洛因和可卡因吸食者在一起生活了一段时间。他们的研究——包括照片、现场笔记和音频记录——通过审视无家可归、吸毒成瘾和边缘化的群体获取经验。他们的著作《正义的瘾君子：美国城市中的无家可归、吸毒成瘾和贫困者》（*Righteous Dopefiend: Homelessness, Addiction, and Poverty in Urban America*）以及与之相伴的巡回展览都基于他们的观察。

生物文化关联

图示杀虫剂

杀虫剂的毒性早已为人所知。毕竟，这些化合物是用来杀死虫子的。然而，记录杀虫剂毒性对人类的影响并不那么简单，因为这些影响可能需要数年才能显现出来。

人类学家伊丽莎白·吉耶特（Elizabeth Guillette）在墨西哥雅基族印第安人社区工作，她结合民族志观察，监测生物血液中的杀虫剂水平，以及神经行为测试，记录杀虫剂对儿童发育的损害。吉耶特和来自墨西哥奥夫雷贡城（Obregón）索诺拉州理工学院（Technology Institute of Sonora）的同事一起工作，比较了两个雅基族社区的儿童和家庭：一座山谷农场，其居民暴露在大剂量的杀虫剂环境中；一座位于附近山麓丘陵的牧场村庄。

吉耶特发现，雅基族人使用杀虫剂的频率为每季农作物45次，每年收获两季农作物。在山谷农场中，她还注意到，这里的家庭倾向于每天使用家用喷雾杀虫剂，这增加了他们与有毒杀虫剂的接触。而在山麓牧场，吉耶特发现，这里的雅基族人唯一接触到的杀虫剂是政府为控制疟疾而喷洒的DDT，在这些社区中，室内昆虫只会被拍死或被容忍。

杀虫剂接触通过两种方式被发现与儿童健康和发育相关联。首先，山谷儿童在出生时和整个童年时期血液中的杀虫剂含量都能被检测到，且检测结果显示的数字远高于山麓儿童血液中的含量。此外，吉耶特发现山谷农场里母亲的乳汁中也包含杀虫剂。

其次，两个社区的儿童被要求进行各种正常的童年活动，如跳跃、记忆游戏、玩接球、画画。相比山麓儿童，暴露于大剂量杀虫剂的山谷儿童在耐力、眼手协调、大运动协调和绘画能力方面表现较差。值得注意的是，尽管山谷里的孩子们没有表现出明显的杀虫剂中毒症状，但他们的神经行为能力的延迟和损伤却是不可逆的。

尽管吉耶特的研究只深入一个民族志社群中，但她强调雅基族农民暴露在杀虫剂环境中的现实是全球农业社群的典型特征，对于改变人类滥用杀虫剂的做法具有重要意义。

生物文化问题

考虑到这些杀虫剂对儿童发育造成的损害，是否应该在全球范围内限制它们的销售和使用？你的社区中是否正在使用可能有害的毒性物质？

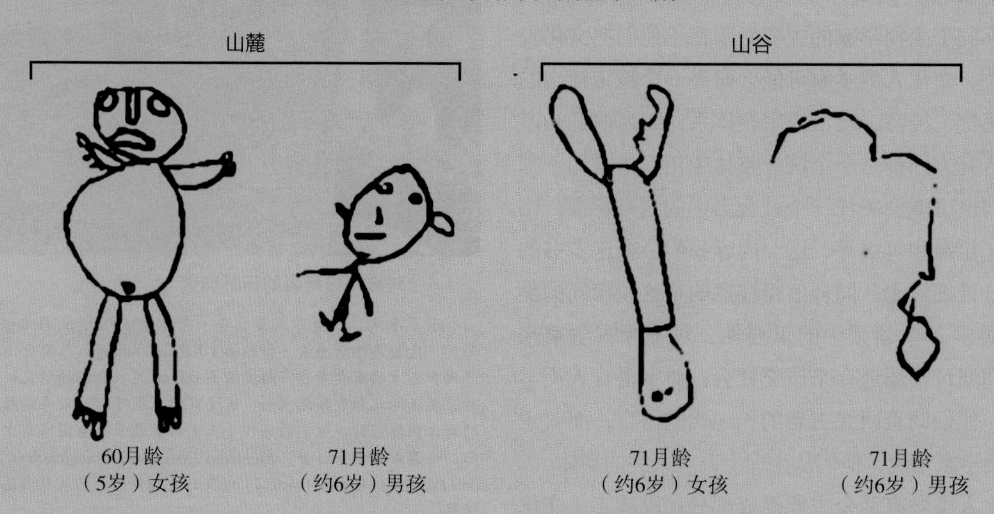

将经常接触杀虫剂的雅基儿童的绘画（山谷）与生活在附近地区相对没有接触杀虫剂的雅基儿童的绘画（山麓）比较。

类学家必须在一个战火纷飞的地方投入战争中去研究该地方的文化，而是要与战争中的人们生活在一块儿，并试图去理解战争是如何与整体的文化系统相适应的。

民族志学者必须仔细观察以获得某种文化的全局式概况，而不是过于强调某一文化特征而牺牲了其他文化特征。只有通过发现某一文化的所有部分——它的社会的、政治的、经济的和宗教的实践和制度——是如何互相联系的，民族志学者才能真正理解这个文化系统。民族志学者工作的基本工具包括笔记本、钢笔/铅笔、相机、录音设备、手提电脑、智能手机。更重要的是，他们需要具备灵活的社交技能。

民族志的田野工作在大众眼里的一个普遍印象就是，它发生在那些居住在遥远的、与外界隔离的地区的狩猎者、采集者、捕猎者或耕种者中间。的确，许多的民族志田野工作都是在亚洲、非洲、拉丁美洲、太平洋群岛、澳大利亚大沙漠等地区的遥远村落中进行的。但是，随着20世纪中期以后殖民主义的逐渐消亡，这门学科也得到了较大发展，如今，工业社会和现代城市的生活社区同样成为人类学研究的重要关注点。

民族志的田野工作方法已经从过去西方的人类学家独自在“他者”地区的研究方式，转变为来自世界上各地的人类学家和他们所研究地区的广大公众共同协作的方式。如今，来自世界各地的人类学家运用曾经被用来研究非西方社会的技术，又去探索西方文化中类似于宗教运动 、街头黑帮、难民安置、土地权利、公司官僚机构和卫生保健系统等多种多样的主题。

民族学

民族志中大量内容充实的描述，为民族学的比较分析研究提供了必不可少的原始数据。民族学是文化人类学的一个分支，它涉及跨文化的比较和用于解释群体间差异性与相似性的理论。某个人关于自身信仰和实践的一些有趣见解可能就来自跨文化的比较。例如，想象一下工业社会的人们和传统狩猎采集社会的人们——这些依靠野生植物和动物资源谋生的人——在家庭杂务上花费的时间总量。人类学的研究表明，生活在美国且没有在外工作的城市妇女即便使用了像洗碗机、洗衣机、真空吸尘器和微波炉等“节省劳力”的电器设备，她们每周还是要花大约55个小时在她们的家务上。相比之下，澳大利亚的原住民妇女每周却只需投入约20个小时到她们的家务上（Bodley，2008，p.106）。尽管如此，由于美国人广泛相信家用电器可以减少家务时间从而增加娱乐时间，所以家用电器在美国成为高生活水平的一个重要标志。系统的比较让民族学家得以对所有时空范围内的文化特征和社会实践进行科学的解释。

应用文化人类学

如今，文化人类学家不断将文化人类学的知识广泛运用于各个领域中，包括商业、教育、医疗保健、政府干预和人道主义援助等。例如，人类学家南希·舍佩尔-休斯（Nancy Scheper-Hughes）就曾调查过非法贩卖器官这一全球难题，并利用该研究成果帮助创建了一个致力于解决这一人权问题的组织——“器官观察组织”。

语言人类学

也许人类作为一个物种最为独特出众的特征就是语言。尽管其他动物（尤其是猿类）也能发出与人类语言功能相匹敌的声音和手势，但是没有任何一类动物能像人类这样发展出一套复杂完备的符号交流系统。人们可以利用语言创造、保存和传播他们文化中的无数详细信息，并使其文化得以世代相传。

语言人类学是人类学专门研究人类语言的一个分支，它致力于调查语言的结构、历史，及其与社会和文化背景的关联等。虽然它与更普遍意义上的语言学学科共享一些数据、理论和方法，但它与语言学的区别在于，它有非常明确的人类学问题意识。例如，语言是如何影响或反映文化的？在社会的不同成员之间语言的使用有何不同？

语言人类学在其发展的早期，强调的是在民族志研究背景之下，对某些文化的语言的记录——尤其是对那些受到殖民统治、强制同化、人口屠杀、资本主义扩张，或其他破坏性力量威胁而前途危亡的语言的记录。在大约500年前第一批欧洲人开始殖民世界的时候，世界上存在着大约12000种不同的语言。到了20世纪早期——当时人类学的研究刚刚展开——许多语言和民族已经消失或趋于灭绝（图1.5）。某些预言遗憾地预示，如果这一趋势得以延续，世界上现存的6000种语言中将有近一半会在接下来的100年内趋于灭绝（Crystal，2002；Knight，Studdert-Kennedy，& Hurford，2000）。

语言人类学有三大主要分支：描述语言学、历史语言学，以及社会和文化背景中的语言。这三个分支都提供了关于人们如何交流，以及他们如何理解其周遭世界的有价值的信息。

描述语言学

语言人类学的这一分支常常通过记录、描绘和分析所有语言特征来解剖一门语言，这是非常辛苦的工作。这些工作使得我们能够更深入地了解一门语言——它的结构（包括语法和句法）、它与众不同的语言功能（修辞手法、词语变体等），以及它与其他语言的联系等。

历史语言学

语言和文化一样，是有生命的、有可塑性的、不断变化的。如城市词典这样的在线工具记录的北美俚语和传统词汇每年都在发生变化，包括新词和新用法。历史语言学家通过追踪这些变化来解释人类历史。通过研究语言之间的关联和检测这些语言的空间

图1.5　保护濒危语言

语言人类学家格雷格·安德森（Greg Anderson，图中右一）毕生致力于记录和保护原住民语言。他牵头建立了“濒危语言复兴协会”，并以此为基础在全球范围内开展保护各种原住民语言的工作。这些原住民语言消失的速度令人震惊，达到了每两周消失一种。图中展示的是他第一次对科罗语（Koro）进行录音的过程。当时使用这门语言的人只有1000人左右，他们生活在印度阿鲁纳恰尔邦（Arunachal Pradesh）偏远的东北部地区，这一地区为语言研究提供了丰富的资源。

分布，历史语言学家能够估算出使用这些语言的人在某个地方生活了多久。通过识别这些源自同一原始祖语的相关语言中的单词，历史语言学家不仅能够推算出使用这一遗传语言的人生活在哪些地区，还能推算出他们在该地区是如何生活的。例如，这些工作已阐明班图语是如何将语言从西非（今天的尼日利亚和喀麦隆地区）传到非洲大陆的大部分地区的。几千年来，说班图语的人遍布撒哈拉以南非洲的大部分地区，他们不仅带去了班图语，还带去了农业技术和他们其他方面的文化。

社会和文化背景中的语言

一些语言人类学家研究某种语言的社会和文化背景。20世纪初，随着欧美学者开始掌握语法结构差异巨大的外语，语言相对论开始产生。语言相对论是说语言的多样性不仅反映在语音和语法的差异上，还反映在感知世界方式的差异上。例如，我们观察到美国西南部的霍皮族印第安人没有表达过去、现在和未来概念的词汇，这使得早期的语言相对论支持者认为霍皮族人有着独特的时间概念（Whorf，1946）。

与一种文化的生存密不可分的复杂观念和实践也可以反映在语言中。例如，努尔人（Nuer）是游牧民族，他们在南苏丹各地带着牲畜游牧。在他们的观念里，出生时有明显畸形的婴儿不被视作人类婴儿。相反，畸形婴儿被称为“婴儿河马”，这个称呼可以让人们心安理得地将这些“婴儿河马”送回它所属于的河流中。这样的婴儿无法在努尔人的社会中存活，因此，努尔人的语言实践与努尔人所谓的富有同情心的选择是一致的。

一些理论家对语言相对论提出了质疑，他们认为生物共性是人类语言和思维能力的基础。认知科学家史蒂芬·平克（Steven Pinker）甚至提出，在生物学层面上，思维是非语言的（Pinker，1994）。不管情况如何，整体人类学方法认为语言既依赖于共同的生物学基础，又依赖于特定的文化模式。

针对具体的言语活动，一些语言人类学家可能会研究类似于年龄、性别、种族、阶级、宗教、职业和经济地位等因素是如何影响言语的（Hymes，1974）。由于任意一种文化中都有多种可供选择的语域和语调，某些人（通常是无意识地）选择使用某种专门的言语形式，其实表达了一些特定的社会文化意义。例如，语言人类学家可能会研究美国女性是否倾向于以向上的语调结束陈述，就好像这些陈述是疑问句一样，这反映了男性主导社会的模式。

语言人类学家也关注个体成为文化一部分的社会化过程。社会化是儿童在成长过程中要完成的基本任务，但在成年人身上也可以看到。成年人可能因为地理迁移或新的职业身份而需要被同化。例如，一个一年级的医学生要积累6000多个医学术语和一系列的医学语言习惯，才可以真正扮演起一个医生的角色。

应用语言人类学

语言人类学家将他们的研究成果运用到了许多社会环境中。例如，某些语言人类学家会与他们最近接触的一些文化团体、小国家（或部落）、少数民族等进行合作，去保护或复兴那些被某些统治阶层压迫而遭到抑制或丧失的语言。他们的工作包括帮助当地人，将他们之前只以口头形式存在的语言，创建为书面形式。语言人类学在这一方面表现出了互利合作的趋势，这一趋势也是当今许多人类学研究的一大特色。

考古学

考古学是人类学中通过发掘和分析物质遗存及环境数据来研究人类文化的一大分支学科。这些物质产品包括手工工具、陶器、灶台和过去的文化实践遗留下来的建筑痕迹等，当然也包括人类、植物和矿物遗迹，它们中有的甚至可以追溯到大约250万年前。这些踪迹的排布位置，甚至这些踪迹本身，反映了人们特定的观念和行为。例如，浅处紧密聚集的木炭（包括氧化的土壤、骨骼碎片、烧焦的植物痕迹）散布在被火灼过的岩石、陶器和处理食物的工具附近，展现了烹饪和处置食物的整个过程。这些遗迹还能揭示更多关于人的饮食和生计实践方面的信息。

除了关注某个特定时空下的单一群体，考古学家还会运用物质遗存去调查一些更广泛的问题，包括广阔区域内人们的定居和迁徙模式，比如到达美洲的人和非洲最早的人类的迁徙。骨骼遗骸和物质遗存一起帮助考古学家重建过去人们生活方式和模式的生物文化背景。考古学家组织这些物质，并利用它们去解释文化的变异性和文化随着时间的变迁。尽管考古学家倾向于专攻某些特定的地区或时期，但是许多精细的分科也同样存在。

历史考古学

与依赖于文字记录的历史学家相比，考古学家可以追溯到更久远的年代，去获取人类行为的线索。所谓“史前社会”，并不意味着这些社会的人对他们的历史毫无兴趣，或者说他们没有用以记录和传播历史的方式。它仅仅意味着那段时期没有文字记录存在。

考古学家的研究并不只是局限于无文字记录的社会。他们也会研究有文献记载的社会，这些历史文献就成了物质遗存的补充说明。历史考古学——对有文字记载存在的地区的考古研究——通常能够提供与历史记载非常不一样的数据。在大多有文字的社会当中，书面记载只属于统治精英，而与农民、捕猎者、劳工或奴隶无关，因此这些书面记载也就包含了统治阶级的偏见。事实上，在许多历史语境中，“物质文化可能是我们所能获得的信息资源当中最为客观的”（Deetz，1977，p. 160）。

生物考古学

许多考古学专业致力于研究生物遗迹中的史前文化习俗。生物考古学是通过研究人类遗骸——骨骼、头盖骨、牙齿，有时候还包括头发、干燥的皮肤或其他组织等——来强调保护存在于骨骸中的文化和社会进程。例如，从南美洲安第斯山脉发掘的木乃伊骨架残骸不仅反映了当地的墓葬习俗，还为一些有记录的最早的脑部手术提供了证据。此外，这些生物考古学的遗迹所展示的头骨变形技术，还可用于区分贵族和其他社会成员。

其他专业考古学家包括专攻人类植物学的学者，他们研究某一特定文化中的人们是如何利用当地植物的；专攻生物分子考古学的学者，他们分析物质遗骸中的活的生物体（图1.6）；专攻动物考古学的学者，他们追踪分析在考古发掘中出土的动物遗骸；以及海

图1.6　古代饮料的生物分子考古学

生物分子考古学家帕特里克·麦戈文（Patrick McGovern）博士被誉为古代饮料界的印第安纳·琼斯（Indiana Jones）。通过对古代容器中的残留物进行化学分析、复制制作流程，“帕特博士”及其团队在费城宾夕法尼亚大学（University of Pennsylvania）的考古与人类学博物馆（Museum of Archaeology and Anthropology）重现了很久以前的饮料，包括土耳其迈达斯国王（King Midas）具有2700年历史的坟墓中的蜂蜜–葡萄–藏红花啤酒，以及在洪都拉斯发现的3400年前的陶器碎片上的辣椒–巧克力混合物。通过与工艺酿酒厂（Dogfish Head）的合作，这些曾经取悦古代人舌头的饮料如今得以为今天的鉴赏家所饮用。

洋考古学家，他们研究水下遗址或在几百年前甚至几千年前沉入海、湖或河底的古老帆船。

当代考古学

尽管大多数考古学家关注的是过去，但还有一些考古学家研究的是当代背景下的物质实体，包括垃圾场等。正如一个坐落在南美洲大陆南岸的有约3000年历史的贝壳堆，为解释史前社会以贝类、蚌类、鱼类和其他自然资源为生活资料来源提供了重要线索，现代的垃圾场也为当今社会的日常生活方式提供了证据。对于像纽约那样的大城市来说，日常垃圾的累积速度是惊人的。在短短的几个世纪，数百万的居民倾倒了如此多的垃圾，以致整个纽约城地表上升了6到30英尺（Rathje & Murphy，2001）。

最早的针对现代垃圾的人类学研究之一——亚利桑那大学的垃圾计划——始于1973年对图森地区居民家庭垃圾的研究。当通过问卷进行调查时，只有约15%的家庭报告消费了啤酒，并且没有一个家庭报告其在一周内饮用了8罐以上的啤酒。而对同一地区垃圾的分析显示，有80%以上的家庭消费了啤酒，并且有50%左右的家庭每周丢弃的啤酒罐不少于8个（Rathje & Murphy，2001）。因此，“垃圾计划”检验了调查研究技术的效果，基于此，这一技术也为社会学家、经济学家、其他社会科学家和政策制定者所高度依赖。研究结果显示，人们所描述的行为和垃圾分析所展现的实际行为之间存在着显著的差异。

应用考古学

“垃圾计划”同样也为我们应用考古学提供了一个很好的例子。这一计划中挖掘垃圾填埋场的项目最初于1987年发起，这产生了第一批值得信赖的数据资料，这一数据资料主要是关于哪些东西会被填入垃圾场以及在它们被填入过程中发生了什么的。再次证明，大众的普遍观念与实际情况是不一致的。例如，在被填入垃圾填埋场之后，像报纸这样可分解的物质腐烂所需要的时间比人们想象的都要长。“垃圾计划”中填埋场项目对有害废弃物堆和各种物质腐烂速度进行研究后所收集到的数据，为我们监管和控制当今的垃圾填埋场提供了非常有价值的信息（Rathje & Murphy，2001）。

文化资源管理

尽管一提到考古学，大多数人会在脑海中浮现出古埃及金字塔和庙宇的图像，但是考古学的大多数田野工作是文化资源管理。这一工作与传统考古学研究的区别在于，它是保护一个国家史前和历史的遗迹免遭威胁的一项合法且必需的活动。许多国家，从智利到中国，会借助考古学家来保护和管理他们国家的文化遗产。

例如，在美国，如果一个建筑公司计划更换一座高速公路大桥，那么它首先必须与考古学家签订协议，以辨别和保护任何可能会受到这一新建筑影响的重要的史前和历史资源。当文化资源管理工作或其他考古调查发掘原住民文化项目或人类遗骸的时候，联邦法律就会介入。《美国原住民墓葬保护与遣返法案》在1990年通过，根据这一法案，这些物质遗存尤其是人类骨头和殉葬品（如铜首饰、武器和陶瓷碗等）必须归还给他们的直系后裔、印第安部落的文化附属机构和夏威夷原住民组织等。

除了从事我们之前提到过的所有这些工作，考古学家们还会为工程公司提供咨询并帮助他们准备环境影响评估报告书。这些考古学家，有的是在大学或学院的工作之余从事这些工作，有的则是独立咨询公司的职员。由州立法委员会发起的任何与考古有关的工作，指的就是作为合同形式的考古。

生物人类学

生物人类学，又叫体质人类学，关注的是作为生物有机体的人类。传统上来讲，生物人类学主要集中于研究人类进化、灵长目动物学、人类成长与发展、人类的适应性和法医学等方面。如今，分子人类学——关于基因和基因关系的人类学研究，在很大程度上能够帮助我们理解人类的进化、适应性和多样性。通过比较受时间、地理或某个特定基因频率所阻隔的群体，我们能够揭示出人类的适应方式和迁徙过程。正如人体骨骼和组织方面的解剖专家所说，生物人类学关于身体的知识可以应用到诸如人体解剖学实验室、公共医疗卫生和刑事侦查等领域中去。

图 1.7　**灵长目动物学家简・古道尔**

大约55年前，简・古道尔就开始通过研究黑猩猩来阐释我们遥远祖先的行为。她积累的知识揭示出黑猩猩与我们人类有着惊人的相似性。古道尔把她生涯的大部分精力都用在了保护我们这些近亲（灵长目动物）的权益上。

古人类学

古人类学研究的是人类的起源、祖先和早期人类，与其他人类学分支相比，它处理的是更长时间跨度的事情。古人类学家通过关注长时间的生物变迁（演化）试图去理解人类如何、何时以及为什么会变成我们现在这个样子。在生物学的术语中，我们人类被称为“智人”（Homo sapiens），是灵长目中规模庞大的种类，也是众多哺乳动物中的一种。由于我们与其他的灵长目动物（猴子和猿类）拥有共同的祖先，所以古人类学家把目光放到了最早期的灵长目动物身上，或者追溯到最早期的哺乳动物身上，试图据此来重建人类进化的复杂路径。不同于其他的进化论研究，古人类学家会采取一种生物文化的研究取向，来关注生物和文化的相互作用。

古人类学家把我们祖先的骨骼化石与其他化石，以及与我们活着的人类的骨骼进行比较。他们将这些知识与生物化学和遗传学证据进行结合，力求科学地建构人类进化历史的繁复过程。每发现一块新化石，古人类学家加入拼图中的碎片便又增加一块。

灵长目动物学

研究其他灵长目动物的解剖结构和行为特征能够帮助我们更好地了解我们与“近亲”之间有哪些地方是相同的，以及是哪些东西让我们变得与众不同。因此，灵长目动物学——对目前存活着的灵长目动物或者灵长目动物化石进行研究，是生物人类学一个至关重要的部分。从生物学上来讲，人类就是猿类大家庭中的一员。对猿类在野外行为的详细研究表明，分享所习得的行为是它们社会生活中很重要的一部分。渐渐地，灵长目动物学家把非人猿类这种共享的、习得的行为也定义为文化。对灵长目动物的研究为我们更科学地看待我们祖先的行为提供了依据。随着人类活动侵入世界上的各个角落，许多灵长目动物种类濒临灭绝。像简・古道尔（Jane Goodall）这样的灵长目动物学家（图 1.7）极力主张捍卫这些动物的权力，以及保护灵长目动物的生存环境。

人类的成长、适应与变异

一些生物人类学家专门研究人类的成长和发展。他们探究人类成长的生物机制，以及环境对人类成长过程的影响。例如，弗朗兹・博厄斯（Franz Boas）

是20世纪早期美国人类学的一个先驱（见“人类学家札记”专题），他把在“旧世界”（欧洲）度过童年的一群美国移民的身高与成长在美国的孩子的身高进行比较，结果发现后者比前者增长了不少。如今，生物人类学家通常研究的是贫困、污染和疾病对人类成长的影响。比较人类和非人类的灵长目动物之间的成长模式，可以为我们了解人类的演化历史提供线索。关于人类健康成长的激素、基因和生理基础的详细人类学研究，也会有助于当今儿童的健康成长。

关于人类适应性的研究则主要集中在人们从生物和文化方面适应和调整他们所处的物质环境的能力。生物人类学的这一分支，对当今生活在各种各样环境中的人类，采取了一种比较研究的方法。人类是唯一一种栖居在地球各处的灵长目动物。文化的适应性使人们有可能生活在一些具有挑战性的环境中，生物适应性也有助于我们在极端危险地区（极冷、极热或高海拔地区）生存。

有些生物的适应性成为人类遗传组成的部分。人类长期的成长和发展，为环境塑造人的身体提供了充分的机会。发展的适应性对人类的某些变异特征负有责任，例如，生活在南美洲西部边缘安第斯山脉地带的克丘亚印第安人（Quechua Indians），他们的右心房就比一般人的要大，因为他们生活在安第斯山脉最宽广地区的一片广阔的高原（阿尔蒂普拉诺高原）。人类还具备生理适应性，为了应对某种特定环境刺激的一种短期变化。例如，通常一个生活在海边的妇女如果来到玻利维亚的拉巴斯（La Paz）——海拔3660米的一个大城市——她的身体将增加携带氧气的红细胞的产量。这些生物适应性有助于当代人类的变异。

基于基因的人类差异包括一些可见的特征，比如身高、体格和肤色等，同样也包括一些生物化学的特征，比如血型和特定疾病的易感性等。然而，即便存在这些差异，我们依然是同一物种的成员。生物人类学应用现代生物学的所有技术手段，来获取对人类变异及其与不同生活环境的关系等方面的全面理解。生物人类学家对人类变异的研究，暴露了人们从生物上定义种族的错误观念，这种观念是在对人类变异存在着广泛误解的基础上形成的。

法医人类学

生物人类学在法律环境中的应用就是法医人类学。除了帮助执法部门鉴定谋杀案的受害者和行凶者，法医人类学还会调查侵犯人权的行为，比如种族灭绝、恐怖主义和战争罪等。这些专家运用遗传信息和骨骼解剖细节来确定死者的年龄、性别、种群关系和身份声望等。法医人类学家还能确定一个人究竟是左撇子还是右撇子，有没有显现任何的身体异常，是否经历过创伤等。（见本章“应用人类学”专题，阅读了解多位法医人类学家和法医考古学家的工作特征。）

人类学、科学和人文学科

人类学被称为科学里面最具人文性的和人文学科里面最具科学性的学科——这是大多数人类学家所引以为傲的说法。基于对所有时空中的人的强烈兴趣，人类学家收集了关于人类失败和成功、软弱和强大的大量信息——这些实际上都是人文学科的东西。人类学家依然坚定认为单靠观察是无法完全理解另一种文化的，你必须参与进来。对实地调查和系统性收集资料的恪守，也展现了人类学科学性的一面。人类学是一门经验主义的社会科学，因为它是以观察或通过感官收集且经过他人证实的信息为根据的，这些信息并不是仅凭直觉或信念就能得出的。但是人类学与其他科学不同的地方在于，它有多种多样的进行科学研究的方式。

科学是一种精细化生产知识的方式，其目的在于揭示和阐释让这个世界运转起来的潜在逻辑和结构化过程。创造性的科学努力探寻对所观察到现象的可验证性解释，理想地说，这些解释应当是一些潜在运

人类学家札记

弗朗兹·博厄斯（1858—1942）与玛蒂尔达·考克斯·史蒂文森（1849—1915）

博厄斯1925年在一艘帆船上

弗朗兹·博厄斯并不是美国历史上第一个教授人类学的教师，但正是严格坚守并遵循科学规范的博厄斯和他的学生们，使得人类学课程在美国各大学和学院的课程系统中变得普遍起来。博厄斯出生并成长于德国，在德国学习了物理、数学和地理。博厄斯的第一次民族志调查发生在1883年至1884年间，当时他对生活在加拿大北极圈内的因纽特人（爱斯基摩人）进行了研究。在柏林度过了一段短暂的学术生涯之后，博厄斯来到了美国。初到美国时，他在一个博物馆工作，工作之余还会对生活在加拿大太平洋附近的夸扣特尔印第安人（Kwakiutl Indians）进行民族志研究。1896年，他成为纽约哥伦比亚大学的一名教授。此后，他出版了大量书籍，并创办了一些专业组织和期刊。此外，他还培养出了两代伟大的人类学家，其中包括大量女性和少数民族学者。

作为犹太移民，博厄斯认识到种族中心主义尤其是民族主义的危害。通过一系列民族志田野工作和比较分析，他证明了白人至上的理论和其他一些试图把非欧裔的民族列为低等种族的计划都是偏见，这些偏见都是没有根据且不科学的。在漫长且杰出的学术生涯中，博厄斯不仅推动了人类学作为一门人文科学的发展，还将人类学变成了与世界范围内的种族主义和偏见进行斗争的工具。

在北美人类学的奠基者中有许多女性，其中就包括玛蒂尔达·考克斯·史蒂文森（Matilda Coxe Stevenson）。她曾在亚利桑那州的祖尼印第安人（Zuni Indians）中进行田野调查。1885年，史蒂文森在华盛顿创建了第一个女性科学家专业学会——妇女人类学协会（Women's Anthropological Society）。三年后，她被史密斯森学会的美国民族学办事处正式雇用，因而成为世界上第一位获得全职的官方科学研究职位的女性。与其他几位北美先锋女性人类学家一起，她们深深影响了19世纪晚期所提倡的女权运动。在人类学领域女性开创事业的这一传统得到了延续。事实上，第二次世界大战以来，拥有约10000名会员的美国人类学会，有一半以上的会员是女性。

史蒂文森和博厄斯还是影视人类学的先锋，他们通过影片来记录观察结果，就像在笔记本中记录观察结果那样。史蒂文森使用一部早期盒式照相机记录了普埃布洛印第安人（Pueblo Indian）的宗教仪式和物质文化，而博厄斯则拍摄下了1890年以来因纽特人和夸扣特尔印第安人的照片，作为文化和生物人类学的重要文献记录。如今，他们拍摄的照片不仅对人类学家和历史学家来说有着重大的价值，而且对于原住民本身来说也意义非凡。

1900年玛蒂尔达·考克斯·史蒂文森在新墨西哥州

应用人类学

法医人类学：来自死者的声音

克莱德·C.思诺、梅赛德斯·德雷蒂和迈克尔·布莱基的事业

法医人类学是为了法律的目的来分析骨骼残骸的一门学科。执法部门邀请法医人类学家运用骨骼的残骸来鉴别被谋杀的受害者、失踪者，或者那些死于灾难（如空难）的人。同时，法医人类学也非常有助于调查世界范围内的人权侵害事件，他们通常通过鉴定受害者和记录他们的死亡原因来达到这一目的。

克莱德·C.思诺（Clyde C. Snow）是最负盛名的法医人类学家之一。他曾研究卡斯特（Custer）将军和他的军队在1876年大小角（Little Big Horn）战争中的遗骸，他还去巴西鉴别了著名的纳粹战犯约瑟夫·蒙哥利（Josef Mengele）的遗骸。1984年，思诺协助建立了第一个致力于记录世界范围内人权侵害案件的法医团队：阿根廷法医人类学家小组（Argentine Forensic Anthroplogy，西班牙语简称EAAF），当时新当选的国民政府邀请他的团队来到阿根廷，帮助识别那些失踪者的遗骸。在阿根廷7年的军事统治期间，至少有9000人人间蒸发。除了向受害者亲属如实描述受害者的厄运，驳斥修正主义者所谓某些大屠杀从未发生过的言论，思诺和他阿根廷的同事们还在宣判某些军事领导人犯有绑架、虐待和谋杀等罪过方面，起了至关重要的作用。

由于思诺的开创性工作，法医人类学家越来越多地参与到了全球的人权侵害案件的调查工作中。从智利到危地马拉、海地、菲律宾、卢旺达、伊拉克、波斯及亚和科索沃，他们的身影出现在了世界各地。他们还继续为更多的客户做着重要的工作。在美国，这些客户包括美国联邦调查局和市、州及美国国家的医疗检测机构。

专长于骨骼残骸鉴定的法医人类学家一般与法医考古学家紧密合作。他们之间的关系很像法医病理学者（通过检测尸体来确定死亡的时间和死亡的方式）与犯罪现场调查员（为了线索搜寻犯罪现场）之间的关系。法医人类学家处理人体残骸——通常是骨骼和牙齿；法医考古学家则是控制现场，记录相关发现的位置和恢复与残骸有关的任何线索。

法医人类学证据

由费尔南多·莫斯科索·莫勒（Fernando Moscoso Moller）主管的危地马拉法医人类学基金会对万人坑的挖掘，证实了危地马拉血腥内战期间所犯下的侵犯人权的罪行，这场内战致使大约20万人死亡和约4万人失踪。2009年，在基切（Quiche）地区的一个万人坑中，迪戈·勒克斯·特兹纽斯（Diego Lux Tzunux）用他的手机拍下了他认为属于他哥哥曼纽尔（Manuel）的骨骼残骸，曼纽尔是在1980年失踪的。法医人类学家可以运用基因分析等手段确定死者的身份，并使家属知晓他们所爱之人的命运。骨骼残骸的分析也能为这些死者身体所受的折磨和屠杀的存在提供证据。

例如，1995年，联合国委托一支队伍去调查卢旺达的大屠杀事件，队伍中就包含了来自美国国家公园管理局西部考古中心的考古学家。他们执行着标准的考古程序，包括绘制现场地图、确立边界、拍照和记录所有地面发现，以及在乱葬岗中挖掘、拍摄和记录那些被埋的骨骼和相关物品等。

1991年，在世界的另一端，纽约城的一帮建筑工人发现了一个大约建于17世纪—18世纪的非洲人墓地。在迈克尔·布莱基（Michael Blakey）领导下，这个“非洲墓地项目”的研究者没有用严格的法医学方法，而是用了一种生物考古学方法来检测这个墓地完整的文化和历史背景，以及被埋在这个墓地中所有人的生活方式。墓地中的死亡人数超过400人，其中还有很多儿童，他们曾忍受着超负荷的工作，以致他们的脊柱都已经断裂。这为北美纽约北部港口所存在过的恐怖奴隶制，提供了无可辩驳的证据。

因此，各种人类学家为了各种不同的目的来鉴定人类的遗骸。他们的工作致力于记录以及纠正人们在过去和现在所犯下的暴行。借助于此，他们塑造了更加公正的未来。

行但又不可更改的规则或法则。对此来说，科学需要两个必不可少的基本要素：想象力和怀疑主义。尽管想象力有可能会使我们误入歧途，但是它也能够帮助我们认识那些以意想不到的方式组织起来的现象，以及帮助我们以新的方式思考旧的事物等。没有想象力也就没有科学。而怀疑主义则能使我们将事实（由他人证实的观察结果）与想象区分开来，验证我们的猜测，以及防止过度想象等。科学家在寻求解释的时候并没有假定事物总是流于表面现象。毕竟，还有什么比地球静止不动而太阳每天绕着地球旋转，更显而易见呢？

与其他科学家一样，人类学家通常也是从假设（试探性的解释或预测）开始展开研究的。这些假设通常是对所观察到的特定事实或事件之间可能关系的一种假定或猜测。为了用证据支撑这些假设，人类学家要收集多种多样的数据，并由此提出一个有可靠的数据实体来支持的理论或解释。理论能够引导我们探索并可能会促进新的知识产生。在人类学家试图努力证明已知的事实或事件之间有联系的过程中，他们也可能会发现一些未曾预料到的事实、事件或联系。新发现的事实也可能能够提供证据证明某些特定的解释是没有根据的，不管这些解释曾经多么流行或被多少人深信不疑。缺乏证据支持的假设必须舍弃。换句话说，人类学依赖的是经验证据。

还有非常重要的一点是，要区分科学理论与教义之间的关系。科学理论通常是可以被公开挑战的，并由此可以产生一些新的证据或见解。而教义，又称教条，指的是不可辩驳的观点，或者说是由权威正式宣布的一些信条和真理。那些在人类起源问题上接受神创论的人，所遵循的是在宗教权威基础上对神圣文本和神话的解释，他们也承认这些观点可能与遗传的、地质的、生物的或其他的解释相悖。这些教义无法以这样或那样的方式被检测或证明：它们被视为信仰问题。

看似简单的科学方法，操作起来也并不总是那么容易。例如，一个人在提出一个假设以后，就会强烈渴望去证明它，而这又可能会导致他无意识地忽略掉相反方面的证据。科学家可能看不出他们的假设或解释是受文化制约的。但是，通过使用“文化塑造我们的思想”这一思维逻辑原理，科学家可以跳出“文化枷锁”进行思考，不带偏见地构建他们的假设和解释。通过人文与科学的融合，人类学学科能以其内在的多样性打破文化对科学探究的限制。

人类学的田野工作

人类学家敏锐地意识到他们的个人身份和文化背景可能会形塑他们的研究问题，影响他们的实际观察，所以他们在很大程度上依赖于一种在其他学科上已经取得成功的经验：尽最大的可能把自己沉浸到数据中去。在这个过程中，人类学家对最小的细节也很上心，他们开始认识到可能被忽视的潜在模式。这使得人类学家能够构建有意义的假设，然后可以在现场进行进一步的测试或验证。

尽管本章前面讲述过与文化人类学有关的田野工作，但实际上它是人类学所有分支学科的一大特色。考古学家和古人类学家会在田野中挖掘考古点。对全球化对营养和生长的影响感兴趣的生物人类学家，会通过与研究对象共同生活来研究这个问题。灵长目人类学家可能会与一群黑猩猩或狒狒生活在一起，就像语言学家会通过与某个群体生活在一起来研究这个群体的语言一样。这样的沉浸要求人类学家不断意识到文化因素影响研究问题的方式。人类学研究者在工作中通过不断审视自己的偏见和假设来进行自省；他们将这些自我反思与他们的观察一起呈现，这也就是一种被称为反省性的实践。

与许多其他社会科学家不同，人类学家通常不会带着事先设计好的问卷进入这一领域。尽管已经完成了背景研究并提出了初步假设，人类学家仍认识到，保持开放的心态可以带来最好的发现。随着田野调查的进行，人类学家整理出他们的观察结果，有时通过制定和测试有限的或低水平的假设，有时通过直觉。人类学家与社群密切合作，使研究过程成为一种协作努力。如果研究结果不能以一致的方式组合在一起，研究人员就会知道他们必须做进一步调查。人类学家通过其他研究人员的重复观察和/或实验，确立研究结论的有效性或可靠性。如果这个人的同事也证明是对的，答案就很明显了。

在人类学中，让别人验证自己的工作可能是一种挑战。进入某一研究地点可能会因旅行困难、获得许可困难、资金不足，以及社会、政治和经济动荡面临一系列的挑战。同样，地点、人员和文化也会随着时间的推移而改变。由于这些原因，一个研究人员无法轻易地确认另一个人的叙述的可靠性或完整性。因此，人类学家对准确报道负有特殊责任。他们必须清楚地解释研究的细节：为什么选择特定地点作为研究地点？研究目标是什么？在田野工作期间，当地的情况如何？哪些当地人员提供了关键信息和见解？他们是如何收集和记录数据的？研究人员如何检查自己的偏见？如果没有这些信息，其他人就很难判断叙述的有效性和研究人员结论的可靠性。

在个人层面上，田野工作要求研究者走出他们的文化舒适区，进入一个完全陌生甚至令人感觉不安的世界。在这类田野工作中的人类学家很可能会面对一系列的挑战——身体的、社会的、精神的、政治的和伦理的等。他们通常必须尽快处理好由食物、气候和卫生条件等带来的身体不适。田野工作中的人类学家通常还会为了一些情绪和心理上的不适应而挣扎，例如孤独、感觉永远都是个局外人、在新的文化背景下身份极其尴尬，以及不得不夜以继日地保持警惕，因为任何正在发生的事或者听到的话对他们的研究来说都可能是非常重要的。政治上的挑战包括可能不知不觉被社区的派系利用了，以及会被政府权威猜疑，他们可能会把人类学家当成间谍。此外还有一些伦理上的困境：如果面对一个类似于女性割礼这样令人不安的文化实践，人类学家该怎么做？人类学家如何处理当地人对食品或药品供应的需求？通过欺骗来获取重要信息是否可以被接受？

同时，田野工作通常总是能导致一些实际的和有意义的个人、职业和社会回报。因为在田野工作中，人类学家不光有可能获得持久的友谊，还有可能获得关于人类状况的知识和洞见。在接下来的“原著学习”专题中，考古学家安妮·詹森（Anne Jensen）和阿拉斯加巴罗的伊努皮亚特（Inupiat）因纽特人社群，向我们传达了在相互合作和尊重的背景下，人类学研究的一些意义和影响。

研究的伦理问题

人类学家所处理的是一些私密的和敏感的事情，包括那些个人不愿意让别人知道的信息。在这门学科的早期，许多人类学家记录了很多传统文化。他们认为这些传统文化会由于疾病、战争、殖民主义带来的改变和日益增长的国家权力，以及国际市场扩张等因素而趋于消亡。一些人类学家担任政府管理人员或咨询顾问，会收集相关资料用于制定专门针对原住民的政策。还有其他一些学者会帮助预测战争期间敌人的行为方式。

那么，人类学家对于一些重要且敏感的问题该如何书写，同时又该如何保护那些分享了自己故事的人的隐私呢？人类学家所展开的各种研究以及工作环境，引发了一个非常重要的关于知识的潜在使用和滥用的道德问题。谁将会使用我们的研究发现？他们是出于什么目的使用的？谁决定了研究问题的提出？谁将会从这项研究中获益？例如，在一项对某个民族或某个宗教少数派团体的研究案例中，由于被研究者的价值观与主流社会格格不入，政府机构和工业企业是否会运用人类学的知识来压制这些群体呢？对于社区的发展，谁来决定是否做出哪些改革呢？又是谁来定义“发展”——是社区、国家政府，还是像世界银行那样的国际机构？

在20世纪60年代，殖民主义走向终结后，为了应对一些在暴力冲突地区或附近从事研究所带来的争议，人类学家制定了伦理准则来确保他们的研究不会伤害到被研究群体。该准则概述了一系列道德责任和义务。它包括了以下核心原则：人类学研究者必须尽一切力量来确保他们的研究不会损害与他们一起工作、开展调研，以及执行其他专业活动可能会涉及的人们的安全、尊严和隐私。

近来，关于这一准则的争论主要集中在：如果人类学家为企业工作或者从事军事方面的机密工作，那他们可能会存在潜在地违背伦理的行为。虽然美国人类学协会没有法律权威，但是当这些伦理问题出现的时候，它还是能够发布一些政策声明的。例如，美国人类学协会建议来自医疗场所的研究笔记应该受到保护，不受制于法院的传唤。这样的做法就尊崇了道德义务，来保护那些与人类学家分享了他们故事和健康问题的人的隐私。

新兴技术隐含的伦理问题可能会影响人类学的调查。对特定基因进行排序和赋予专利权的能力，引发了关于谁能真正持有专利权的争论——是被提取了特定基因的那些个体，还是研究基因的那些研究者？同样地，远古遗存究竟是属于科学家，还是属于居住在科学调查区域内的人们，又或者是属于那些偶然占有它们的人？全球市场促使这些遗存成为昂贵的收藏品，于是这又导致了对考古和化石遗址的系统化劫掠。

在对这些问题寻求答案的时候，人类学家意识到他们对三类人负有责任和义务：他们研究的对象、资助他们进行研究的那些人，以及那些在行业中依靠发表研究成果来增进集体知识的人。由于田野工作需

冰上的低语

雪莉·辛普森

夏日的暴雨柔软了名为乌库斯（Ukkuqsi）的峭壁，巨大的土块脱落下来，里面包含了历史和史前房屋的遗迹，部分古老的村庄先于现代的巴罗（Barrow）社群而存在；人们也变得兴奋起来。左边斜坡伸出的是一颗人的头颅。这具尸体暴露出来时，考古学家安妮·詹森恰巧在巴罗购买捆扎带。她的公司，SJS考古服务公司（SJS Archaeological Services, Inc），正要结束在附近普安·富兰克林（Point Franklin）的一次野外考察，詹森帮助这支团队完成了考古工作，在尸体完全腐烂前将其移走。

北坡自治市（North Slope Borough）聘用詹森和格伦·希恩（Glenn Sheehan）连同宾夕法尼亚的布林茅尔学院（Bryn Mawr College）的专家来指导工作。国家科学基金会（National Science Foundation）资助了为期三年的普安·富兰克林项目，这个项目支持尸体解剖和随后对尸体和文物的研究。乌库斯的发掘活动迅速成为社群事件。在非常晴朗、平静的天气里，研究者在解冻的土壤中挖掘，发现了贸易珠子、动物骨头和其他物品。有人在海滩上发现了两件古老的羽毛大衣，这是乌库斯峭壁被侵蚀后，掉落下来的文物。乔治·莱维特（George Leavitt）居住在峭壁上的房子中，他提议用洒水的方法来解冻土壤，这样做不会冲走有价值的文物。旅游团也加入到了发掘活动中。

“这里的社群对考古学有着浓厚的兴趣，因为考古学的内容与他们的生活经验极其亲近。”口述历史学家凯伦·布鲁斯特（Karen Brewster）说道。凯伦是一位高大的年轻女性，在北坡自治市的伊努皮亚特历史、语言和文化部门做采访长者的工作。“这个地方就在城里，每个人都被它迷住了。”

逐渐地，随着研究者的刮擦和铲挖，土地交出了它积聚的历史宝藏：精雕细琢的木制碗、长柄勺，以及用北极熊皮做成的连指手套、羽毛大衣和翻毛靴等服饰。这些物品横跨史前时期，直到1826年探险者第一次到达巴罗。

接受凯伦采访的长者回忆起了他们或他们的父母住在传统的草房里，完全依赖土地和海洋来维持生计的日子。有些人记起他们还是孩子时曾经从山坡上滑下，那时海洋尚未侵蚀峭壁。还有人说，这个地方是用来观察鲸鱼或船只的。对于考古学家来说，让长者站在身边，辨认物品和历史背景，就像过往在自己耳边低语。对于考古学家提出的关于物品是如何使用或制作的问题，长者们往往从经验或故事中就能获知答案。考古学家希恩开玩笑说：“在这种情况下，通常感到困惑的都是考古学家。”

巴罗是一座拥有4000多人的现代城镇，它存在于一个文化共同体中，在这里，历史并不是孤立的，也不是遥远的，仍在当代生活中跳动。人们在祖先生活、狩猎和捕鱼的地方生活，但他们也可以在商店购买新鲜蔬菜，乘飞机去其他地方。小学课程包括计算机和伊努皮亚特语言学习。在装有电视天线的住宅外，最新型号的汽车旁挂着被鲜血染红的驯鹿皮和黑雁尸体。一名男子使用电动工具在他的捕鲸船上工作。“我们并非冻结在时间里的民族。”让娜·哈却瑞克（Jana Harcharek）说道。让娜是伊努皮亚特因纽特人，她在年轻人中间教授伊努皮亚特语，培育他们的文化。“我们同祖先之间始终存在联系。他们并非孤立的存在物。”她说。

当考古学家靠近挖掘出的尸体时，往事离他们更近了。经过几天对解冻土壤的挖掘，他们用当地消防站的水罐车提供的水融化永冻层，直至接近那些距离地面约3英尺的遗存物。一层透明的冰壳包裹着尸体，尸体躺着的地方看起来像是以前的肉窖。随着水罐车里的低压水流流出，从冻土中取出的冰冷棺材中露出了一只小小的脚。直到那时考古学家才意识到，他们发现了一个孩子。考古学家詹森说：“这有点令人伤心，因为她的个头和我女儿差不多。”

这名女孩蜷缩在一架鲸须雪橇和一块覆盖物下，伊努皮亚特长老伯莎·莱维特（Bertha Leavitt）通过缝合针脚确定这块覆盖物是因纽特人皮划艇上的兽皮。这个看起来只有五六岁的孩子，在经历了漫长的黑暗岁月后，仍然完好无损。她的脸被一种材料遮盖着，这让一些旁观者感到困惑。它看起来不像人的头发，甚至不像毛皮，而是有羽毛般的残留物。最后，他们得出结论，这是一顶由羽毛制成的帽子。她身体的其余部分是被冻干成深砖红色的肌肉。她的手放在膝盖上，膝盖距离下巴很近。冰冻的颗粒覆盖在她弯曲的胳膊和腿上。

“我们决定先去和长辈们谈谈，听听他们的想法，大致了解一下他们是想要立刻埋葬女孩，还是准许我们进行一些态度恭敬的研究——这些研究会对北坡居民有所帮助。”詹森说道。与社区长者合作对詹森或希恩来说并不是激进的想法，他们在北坡出色的工作赢得了当地官员的高度赞赏，官员们欣赏他们的敏感性。研究者不仅感到有义务遵循社区的意愿，还邀请镇民到遗址参观，并通过公开演说来分享所有信息。事实上，在镇民听闻调查结果前，詹森不愿意与媒体讨论这个问题。

“这看似只是个一般礼节问题。”詹森说道。她指出，这种考虑只会对研究人员有所帮助。“如果人们和你合不来，他们就不会和你说话，还可能将你拒之门外。”过去，考古学家对这样的问题不够敏感，往往只关心人类遗骸以及文物本身——有时也会是活着的原住民。过去，这名女孩的遗体会被运到某个大学或博物馆的墓室中，而遗物则会消失在陈列抽屉里。希恩称此为“肇事逃逸考古学”。

“盗墓贼”是伊努皮亚特人让娜·哈却瑞克对早期北极圈研究者的称呼方式。“他们移走人类遗骸以及陪葬品。这极为令人憎恶。不过，他们当时自然觉得自己是在为科学研究做重大贡献。谢天谢地，这种态度改变了。”

如今，本地人从苔原上的传统墓葬地点发现骸骨后，或有尸体出现在家族坟堆上面时，不只是考古学家，连市政官员都会与巴罗长老理事会（Barrow Elders Council）协商。塞缪尔·西蒙兹（Samuel Simmonds）表示，长老们欣赏这样的磋商。塞缪尔是退休的长老会牧师，高大威严，以雕刻技艺闻名。他主持了著名的“冰冻家族”的葬礼，这个家族的成员是1982年在巴罗发现的古代伊努皮亚特人。“他们是我们的一部分，我们知道这一点。”塞缪尔淡然说道，仿佛古老的骨头和身体与活着的亲人之间的联系是不言而喻的。他表示，在此次新发现的尸体中，“我们关切的是能够被以恭敬的方式埋葬。他们很友好地过来询问了我们的意见。”

伊努皮亚特人

图片中，两名伊努皮亚特人站在一位被埋葬的祖先上方，这位祖先被称作大脚叔叔（Uncle Foot）。他随着被侵蚀的巴罗海堤一同浮现。因为太过靠近海岸线，他的遗体最终消失在了海水中。

长老们还想限制媒体的关注，并禁止拍摄尸体的照片，除了少数显示她在现场姿态的照片。他们批准了限定范围的解剖手术，以帮助解答有关尸体性别、年龄和健康状况的问题。她被装入一个橙色的塑料尸体袋中，然后被放置在一个不锈钢陈尸柜里，温度被调到零度以下。

在印第安卫生服务医院（Indian Health Service Hospital）工作人员的帮助下，詹森将女孩仍处于冷冻状态的尸体送往安克雷奇（Anchorage）的普罗维登斯医院（Anchorage's Providence Hospital）。在那里，詹森协助纽约市西奈山医院（Mount Sinai Hospital）的迈克尔·齐默尔曼（Michael

Zimmerman）医生进行了尸检。齐默尔曼是研究史前冰冻人尸体的专家，他在1982年解剖了巴罗的冰冻人家族，当时他正在研究不久前在阿尔卑斯山发现的史前人类。

解剖结果显示，这个女孩的生活非常艰难。她最终死于饥饿，同时也因一种罕见的先天性疾病而患有肺气肿——这种疾病导致了用于保护肺的酶的缺乏。她很可能体弱多病，短暂的一生始终需要额外的照顾。尸检时，他们还在她的肺里发现了家庭使用海洋哺乳动物油灯产生的烟灰。女孩还患有骨质疏松症，这是由于只吃海洋哺乳动物的肉造成的。女孩的胃是空的，但她的肠道里有泥土和动物的皮毛。这仍然是一个谜，并且引发了关于家庭其他成员状况的问题。“其余人全都能吃饱，而她独自挨饿的情况似乎不太可能发生。”詹森说道。

女孩似乎是被故意放在地窖里的，这进一步引发了当地人与外地文化接触前埋葬习俗的更多问题。研究人员希望巴罗的长老们能够帮助解答这个问题。根据历史记载，死者通常被裹在兽皮里，然后被弃置在苔原的木质平台上，而非埋葬在冻土里。但詹森推测，也许全家人都在挨饿，身体虚弱，无法将死去的女孩从家中移出，“我们可能永远都无法说，‘事情就是如此’。”她补充说，“为了弄清真相，你需要有台时间机器。”

考古学家团队向长老们报告说，放射性碳测定法将女孩的死亡时间定在1200年左右。倘若日期属实——在北极圈，使用碳测定技术非常棘手——女孩的生活时间先于她的族人在此设立捕鲸村庄100年。

在尸体被运回巴罗之后，长老们的最后一个请求得到了满足。小女孩裹着她的羽毛大衣，被放进一个棺材里，在简单的基督教仪式下被埋葬在其他史前尸体的坟墓旁边。一名伊努皮亚特女孩，在她去世数百年后，被迎回了她的社群之中。

从时间和自然的原始力量中“拯救”小女孩的遗体，意味着研究人员和伊努皮亚特人将继续了解更多该地区的文化。1994年冬天，希恩和詹森回到巴罗镇，向镇民解释他们的发现。“我们期待从他们身上学到同样多的东西。”希恩在出发前说。北坡文化中心（North Slope Cultural Center）……将会收藏和展览从发掘遗址寻得的文物。

实验室测试和分析也能提供信息。考古学家希望将对女孩体内重金属含量的测定结果，与现代污染海洋哺乳动物的污染物情况进行对比。她肺部的烟灰损伤可能会给依赖油灯、粪火和木炭取暖及照明的第三世界人民带来健康隐患方面的信息。基因测试可以阐明伊努皮亚特人的早期人口流动。

该项目也是考古学家与当地人民建立良好关系的典范。希恩说：“这项工作传递出的更广泛内涵是，考古学家和社群没有必要产生分歧。事实上，我们都有共同的利益。考古学家对社区有义务。若更多的考古学家意识到这一点，更多的社区让考古学家遵守这些标准，那么每个人都会更快乐些。”

要研究者与他们所研究的社群之间建立信任关系，所以他们的首要任务显然是对那些分享了故事的人及其所在社群的人负责。研究者必须采取一切可能措施来保护他们身体上、社会上和心理上的安宁，并且维护他们的尊严和隐私。这个看似简单的任务其实非常复杂。例如，选择把一个人的故事讲出来，既可能会为想要帮助他们的救援机构提供信息，同时也可能会为那些想要利用他们的人提供信息。

捍卫自身的文化是国际公认的基本人权，而与外界的联系则可能会暴露甚至危及被研究社群的文化完整性。为了克服其中的一些伦理挑战，人类学家通常会选择与他们的研究对象进行合作，为他们所在的社群做贡献，邀请被研究者来决定是否讲述他们的故事以及以何种方式讲述。在有关远古人类遗存的研究中，与当地人的合作不仅能保护这些遗存免受市场力量的侵扰，而且尊重了当地人与所研究的遗存之间的关联。

人类学和全球化

以整体论视角和长期致力于理解人类物种等作为武装的人类学家，能够设法应对我们每个人都面临着的至关重要的挑战：全球化。这个概念指的是全球范围内的互相连接，体现在自然资源、贸易商品、人力资源、金融资本、信息和传染病等在全球范围内的高速运动（图1.8）。尽管世界范围内的旅游、贸易关系和信息流动已经存在几个世纪了，但是长距离交流的速度和幅度在近几十年急剧增长。尤其是互联网极大地拓展了信息交换的能力。

驱动全球化的强大力量是技术创新、国家之间的成本差异、更快的知识传输，以及日益增长的国家之间的贸易和金融一体化等。全球化触及了这个星球上几乎所有人的生活，既涉及经济，也涉及政治。此

图1.8 刚果（金）钶钽铁矿工

这是一双钶钽铁矿工的手，他手上捧着一颗在刚果（金）东部挖掘出来的焦油状矿石。精炼后，钶钽铁矿可以转变为一种存储能量的抗热粉末。作为制作微小电子设备的电容器的一种重要材料，它在国际市场上叫价颇高。钶钽铁矿导致刚果（金）的各个派系试图通过交战来控制它们。同时，钶钽铁矿也是成千上万名在那挖矿的刚果（金）人（包括儿童）的地狱。经过购买、运输及一系列外国商人和企业的加工处理，这小小的矿物最终出现在了世界范围内的手机和笔记本电脑上。

外，它改变了人们的关系、思想，以及自然环境。甚至在地理上非常偏远的社区，也融入了全球化的进程，不过它们通常显得非常脆弱。

人类学家在世界上的各个角落见证了全球化对当地社群的深刻影响。他们试图去解释那些个体和组织如何去应对所面临的巨大变化。全球化是把双刃剑，它可能会促进经济的增长和繁荣，但也可能削弱有史以来形成的制度。一般来说，全球化为富裕国家受过教育的群体带来了显著的收益，但同时它也削弱了传统文化。

通过这样的激变和破坏，全球化导致了世界范围内种族和宗教冲突的升级。人类学对通常被误解的“民族”和“国家”这两个术语的重要区分，有助于澄清这场政治动荡的根源。民族是由具有共同起源、语言和文化遗产的人组成的社会群体。而国家则是有政治组织的领土，其得到国际承认。与民族不同，大多数现代国家是最近才出现的，它们的边界是由殖民主义大国或其他当局划定的。正因为如此，国家和民族很少重合——民族分裂自不同的国家。国家通常由一个民族的成员控制。占统治地位的民族利用其控制权来获取土地、资源和国家内部其他民族的劳动力。

今天的大多数武装冲突和侵犯人权行为都根源于这种民族和国家的区别。少数民族罗兴亚人（Rohingya）就是一个很好的例子。他们是个独特的民族，大约有100万到150万名罗兴亚人生活在缅甸，另有数十万人逃往邻国。2012年，缅甸境内成千上万的罗兴亚人，甚至没有被政府承认为公民。请参阅“全球视野”专题，进一步了解这一民族问题的持续影响。

由于我们所有人目前都居住在地球村中，所以我们再也不能忽视我们的邻居了，不管他们看起来有多遥远。在这个全球化的时代，人类学不仅要用它关于多样性的深刻洞见来为我们提供人文知识，还能帮助我们避免或克服这种多样性带来的系列问题。在不计其数的社会领域中，从学校到企业到医院再到急救中心，人类学家做了一系列的跨文化研究，这使得教育者、商人、医生和人道主义者能够更加有效率地进行工作。

本书列举了许多例子来说明，关于其他社会、信仰和习俗的无知及种族中心主义的（错误）信息，会引起或激起全世界范围内的严重问题。这在全球信息交换和交通工具进步已经改变了人们之间相互作用和相互依赖方式的时代，是毋庸置疑的。我们与地球上任何其他人之间只有六度区隔（图1.9）。人类学提供了一种看待和理解世界的方式——这些见解的重要性不亚于在这个全球化时代生存所需的基本技能。

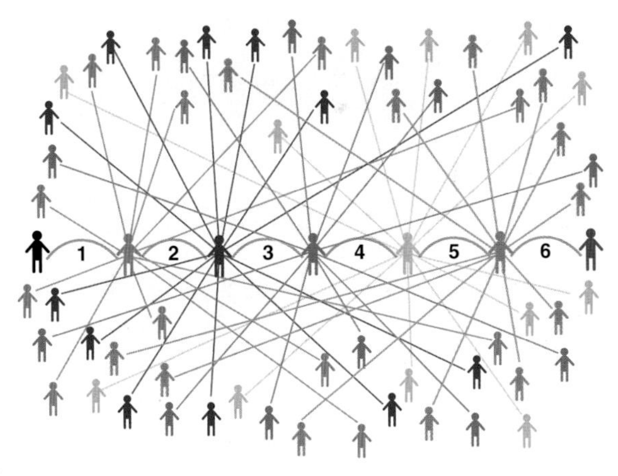

图1.9　六度区隔

图中的“六度区隔”阐述的是这么一种观点：通过正式介绍，地球上的每个人与任意其他人之间平均只有接近于6步的距离。也就是说，一连串“朋友的朋友”这样的语句用不到6步就能联系起世界上的任意两个人。最初，匈牙利作家弗里杰什·考琳蒂（Frigyes Karinthy）在他1929年的短篇小说《链》（*Chains*）中表达了这一观点，而到了1993年，美国剧作家约翰·格尔（John Guare）的电影《六度区隔》（*Six Degree of Separation*）上映，使得这一观点流行起来。在4个大学生发明了一款名为“凯文·培根的六度区隔”的游戏后，它变得更加流行起来。这款游戏的目的就是用不超过6部电影就把任何一个演员与影星凯文·培根（Kevin Bacon）联系起来。

安全港?

2015年5月，一艘破旧的木船载着乘客停靠在泰国海岸。船上的人衣衫褴褛，筋疲力尽，泪流不止。他们向泰国官员求救——他们已经在海上待了几个月，船长和船员抢劫并遗弃了他们。他们正在挨饿。有些人已经死了，尸体被抛入波光粼粼的安达曼海（Andaman Sea）。幸存者们寻找港湾、避难所、食物和水。泰国军方向船只附近的水中投放了物资，但不允许难民登陆进入国境。泰国军方陪同难民再次回到海上。

根据联合国难民署（United Nations High Commissioner for Refugees）的统计，缅甸拥有81万名无国籍居民，他们没有公民的基本权利；此外，缅甸境内还有将近60万名难民。经历了2012年残酷的大屠杀行动后，数万名无国籍的罗兴亚人逃离缅甸进入孟加拉国，绝望地想要逃离家乡的制度歧视和恶劣的生活条件。许多其他罗兴亚人蜷缩在孟加拉国肮脏的难民营里，在那里，他们成为奸商的“摇钱树”，后者答应帮助他们安全通过泰国，进入马来西亚工作，以挣取大笔金钱。通常而言，在他们的旅程结束前，费用会不断增加，就业前景也消失了。许多人未能过上承诺里的美好生活。

当泰国政府开始打击这些奸商的走私路线时，缅甸的邻国突然发现数千名移民登陆了他们的海岸。尽管这些国家多年来一直在悄悄接收罗兴亚难民，但他们开始关闭国门，使得成千上万的移民在海上滞留。在这场危机最严重的时候，沙特阿拉伯这个以伊斯兰教为国教的遥远国家，向难民提供了保护和免费居住许可。但除此之外，由于没有国家公民身份，罗兴亚难民没有政府可以求助，没有大使馆可以请愿，他们无处可去，只能在海上继续漂泊，全世界都在关注着他们会变成什么样子。

全球难题

如何在包含多个不同族群的国家内保护像罗兴亚人这样的少数民族？就沙特阿拉伯而言，宗教团结是为罗兴亚难民提供国家保护的动机，这会是划定国家边界的好方法吗？你的国家是否平等对待它所包含的所有民族？

思考题

1. 在本章开篇的挑战话题中，我们了解到旨在防治疟疾的蚊帐被再利用。你会支持分发这些蚊帐吗？如果必须在充足的食物和预防疟疾之间做出选择，你会怎么做？你在自己的生活中有没有做过类似的选择？

2. 人类学以整体论的视角去解释人类信仰、行为和生物学的所有方面。人类学在“我们是从哪里来的？我们为什么要以特定的方式行动？是什么造就了我们现在的样子？”这些问题上是如何挑战你的看法的？

3. 全球化是一把双刃剑。它是如何在促进增长的同时又导致破坏的？

4. 本章包含了几个应用人类学的例子。你能想到其他从人类学的知识和方法中受益的当今世界的实际问题吗？

深入研究人类学

会说话的垃圾：藏在垃圾箱里

长期以来，考古学家一直关注着考古遗址中的垃圾处理区。古人留下的垃圾为他们的生活方式提供了许多线索。他们吃了什么？他们使用了什么样的工具？他们做了什么样的工作？他们做了什么有趣的事？现代垃圾也一样有趣。更重要的是，我们可以将从回收的垃圾中收集的信息与从其他来源产生的理论相结合。例如，一个人厨房里的垃圾与他的饮食相比是怎样的？那些赞成循环利用的人，在实践中真正遵循循环利用的理念了吗？

检查你自己的垃圾，并由此思考你可能会问别人的问题。然后在两个截然不同的住宅环境中找到垃圾桶，询问它们的主人你是否可以检查它们。在调查之前，请他们回答你设计的问题。比较和分析你所发现的。记得带上塑料手套和装垃圾的大号垃圾袋！

挑战话题

在21世纪，人类生物学和技术已经错综复杂地交织在了一起。由于生物特征被认为是个人身份的可靠标志，因此现在的一些安全设备依赖于生物学，如指纹扫描仪和手掌静脉阅读器。DNA可能是这一进程的终点。现在，许多人在自我认识的过程中，会寻求个人谱系报告和DNA测序。遗传学对关于人类的过去和现在的人类学理解有很大的贡献。但是，DNA是我们的本质吗？由于DNA的功能类似于计算机处理和运行程序的方式，一些研究人员正在尝试将DNA用作数字信息的长期存储设备。生物学和技术之间的共同点解释了工业和学术在融合这两个领域方面的成功，同时也表明，将我们自己解释为机械物体存在着固有的危险。我们以编程的方式理解自己的倾向怎么会落空呢？将自己视为由DNA或生物学的其他方面决定的有机体时，会产生怎样的社会后果？

生物学、遗传学与进化论

第二章

学习目标

1. 比较进化论与神创论。
2. 认识人类在生物分类中的位置。
3. 解释演化的分子基础和四种演化过程：突变、基因流动、遗传漂变和适应。
4. 描述一下演化过程是如何被用来解释地球上生命的多样性的。
5. 对比演化过程是如何在个体和人类整体层面上起作用的。
6. 解释人类如何适应他们所处的环境。
7. 认识新物种是如何形成的。

进化论与神创论

许多文化中都有一个神话故事，来解释人是如何出现在地球之上的，例如，《圣经》中所记录的。内兹佩尔塞人（The Nez Perce）——美国俄勒冈州和爱达荷州东部的一个印第安原住民部落——为我们提供了极不一样的例子。内兹佩尔塞人认为，人类是由“丛林狼”（Coyote）创造的，他是一个魔法转换者。当时，追逐巨型海兽——“海狸”（Wishpoosh）的路径形成了如今的哥伦比亚河。当“丛林狼”擒住“海狸”的时候，他疯狂撕咬“海狸”直至其死亡，然后把“海狸”的尸体拖到河岸旁并撕成碎片。于是，“海狸”身体的各个部分就转变成了如今这一地区的各个部族。内兹佩尔塞人是“海狸”的头部转变成的，这也赋予了这个部族非凡的智慧和精湛的骑术（Clark，1966）。

神创故事描绘了人类与自然界其他事物之间的联系，有时候还反映了人类与地球上其他动物之间的紧密关联。在传统的内兹佩尔塞人的神创故事中，部族起源于特殊的身体部位——每一个部位都拥有一项特殊的技能并反映了与某种特殊动物之间的关系。相比之下，《圣经》中的神创故事——为犹太人、基督徒和穆斯林所共享，强调的则是人类的唯一性和时间的概念。上帝在过去的六天里采取了一系列的创世举动。而上帝创世的最终行为是到第七天休息之前以他自己的形象为标本创造了第一个人。

与神创论一样，进化论——最主要的生物科学组织原则——也解释了地球上生命的多样性。进化论对于从古至今各种各样的生物有机体是如何形成的这一问题，提供了变迁的机制及其解释。然而，与神创论不同，进化论是在系统的科学化语言里，运用一些可测的假说来解释生命的多样性的。通过研究，科学家已经破译出了不断演化的分子基础以及多种有机体演化的机制。与此同时，科学思想并不是凭空想象，历史的和文化的进程对于科学的想象大有裨益。

生物分类

伴随着欧洲探险家在国外的开疆扩土，他们对待自然世界的方式也发生了改变。新生命形式的发现颠覆了他们之前持有的地球上只有固定不变的生命形式的观念。此外，新器械的发明也导致他们对生命形式多样性产生了新认识，例如显微镜的发明，使得细胞内部也成为研究的对象。因此，在18世纪，瑞典科学家卡洛勒斯·林奈（Carolus Linnaeus，又名卡尔·冯·林奈，Carl von Linné）发展出了他的“自然系统”。“自然系统”是林奈根据欧洲通过船只搜集和带回的全球范围内的各种生物所进行的分类。林奈根据内部和外部的视觉相似性，用一个被称为分类学的分层系统将生物进行了划分。

林奈注意到人类、猴类和猿类的相似性，并且把他们划分为灵长目（图2.1），他们是哺乳纲内诸多种类当中的一种。哺乳纲指的是身上带有毛发，会给幼体哺乳或照顾幼体的动物。种，作为这个生物分类系统当中最小的工作单位，指的是独立生殖的群体，或者能够通过杂交而繁殖后代的群体。种是更大更广阔的群体——属——之下的一个类别。例如，人类被分类为人属和智人种。

林奈的分类系统主要基于以下准则：

1. 身体结构：格恩西岛牛与荷斯坦牛属于同一个种，由于它们具有相同的身体结构。牛和马的身体结构不同，就无法被划分为同一个种。

2. 身体功能：牛和马都能够生产幼体。尽管它们属于不同的种，但是它们之间比起它们与鸡鸭之间更具有相似性，因为鸡鸭会产卵且没有乳腺器官。

3. 身体生长的过程：在出生之初——或刚从蛋中孵出之际——幼小的牛和鸡基本拥有它们的父母都有的身体器官。因此，牛和鸡比起它们与青蛙之间的差别就显得又少了一些，而青蛙的幼体（蝌蚪）要经过一系列的身体变化才能长成它父母的模样。

现代动植物分类学或分类科学（希腊语称为“命名划分”）尽管保留了林奈自然系统的基本结构，但也会考虑到遗传学以及身体结构、功能和生长，并以此来构建生物之间的关系。分子比较用于寄生虫、细菌和病毒，科学家试图借此追踪某种特定疾病的起源，比如甲型流感病毒、埃博拉病毒和HIV（人体免疫缺陷病毒）。对遗传学的强调导致了人科的重新分类与划分，如表2.1所述。

图2.1　**是黑猩猩还是人类？**

这幅18世纪的图像中，黑猩猩被描绘成手持手杖的两足动物形象，这反映了早期欧洲对类人猿进行分类、识别，以及权衡其与人类异同的科学斗争。

表2.1 人的分类

分类学目录	人类所归属的目录	用来定义并将人类放置进这一目录中的生物性特征
界	动物界	人类是动物，不能像植物那样自己为自己创造食物，必须依赖于获取一些合适的食物来维持生命
门	脊索动物门	人类是脊索动物。我们拥有一根脊索（一根棒状结构的软骨）和沿着身体背部分布的神经元（背神经管），在生命周期开始的时候会有鳃裂
亚门*	脊椎动物亚门	人类是脊椎动物，因为在人体内部有一根背骨。这根背骨就是分段的脊柱
纲	哺乳纲	人类是哺乳动物。所谓哺乳动物就是覆盖着毛发的恒温动物，并且拥有哺乳器官，用于在其后代出生后为他们提供营养
目	灵长目	人类是灵长目动物，我们拥有一个相对较大的头脑和可以用于抓握的双手和双脚
亚目	类人猿亚目	人类是类人猿亚目，也就是社会性的、日间活动的灵长目动物
超科	人猿超科	人类是拥有宽大、灵活的肩膀，并且没有尾巴的人猿超科动物。黑猩猩、倭黑猩猩、大猩猩、猩猩、长臂猿和合趾猿都属于人猿超科动物
科 亚科	人科 人亚科	人类属于人科。我们都是来自非洲的人猿超科，但是比起来自亚洲的人猿超科，我们与黑猩猩、倭黑猩猩和大猩猿在基因上的联系更为紧密。某些科学家仅仅用“人科”这一分类来指代人类及其祖先。但其他科学家则会在这一类别之下加入黑猩猩和大猩猩，而运用“人亚科”这个类别来将人类及其祖先与黑猩猩、大猩猩及其祖先区分开来。这两种分类学方法的差异在于对基因和形态相似性这两个分类方向的不同强调
属种	人属 智人种	人类是拥有大型脑部并依赖于文化适应而生存下来的动物

* 大多数类别通过增加类似于“超”或“亚”这样的前缀而相应地扩大或缩小范围。由此，一个科就有可能从属于一个超科，但又包含两个或两个以上的亚科。

跨物种的比较能够鉴别出具有功能相似性的解剖学特征，而解剖学特征又是从一个更普遍的被称为“同源”的祖先特征那里发展而来的（图2.2）。例如，人类的手和手臂与蝙蝠的翅膀都是从共同祖先的前肢那里进化而来的，尽管后来获得了不同的功能，但它们是同源的结构。在他们胚胎发育的早期，同源结构是以一个相似的形态出现的，并且，在有明显区别之前经历了相似的发展阶段。鸟类和蝴蝶的翅膀看起来相似并且拥有相似的功能（飞行）：这就是相似结构，因为它们并没有经历相同的发展序列。

当建构演化关系的时候，只能考虑同源性问题。通过细心地比较和分析生物有机体，科学家把“种”归到了“属”和更大的单位群体之下，比如“科”“目”“纲”“门”和“界”。在所定义的每一个分类级别之下的生物都享有一些共同的特征。

进化论的发现

正如航海和开疆扩土为欧洲人带来了对全球范围内生物多样性的认识一样，欧洲的工业化为他们带来了一种关于生命形式会随着时间而变化的意识。当工人们为了铺设火车铁轨而挖出泥土，为了建筑而采挖石灰石时，他们发现了化石，这将彻底改变人们的思想。

最初，大象和巨型剑齿虎的化石遗骸在欧洲是根据宗教教义进行阐释的。例如，19世纪早期由法国古生物学家和解剖学家乔治·居维叶（George Cuvier）所拥护的“劫数难逃论”，所援引的是《圣经》中所描述的“大洪水”等自然事件来解释欧洲土地上这些物种的消亡。

另一个法国科学家，杰-巴普蒂斯特·拉马克

图2.2　同源与相似

蝙蝠和蝴蝶都用翅膀飞行，但是昆虫翅膀与鸟类或哺乳动物的类似结构的任何相似之处都仅仅来源于它们的相似功能。昆虫翅膀的发育过程及其结构与蝙蝠的不同，但是如果将自己的手和蝙蝠的翅膀比较一下，你就会发现一个很好的同源性例子。仔细观察它支撑翅膀的骨头，你会发现，它们与人类手臂和手上的骨骼是一样的。同源结构具有相同的胚胎起源，但最终承担不同的功能。尽管人类只能梦想着用手臂和手骨来飞行，但也正是这双紧握着的手造就了我们。

（Jean-Baptiste Lamarck）是当时最早一批强调抛弃《圣经》而采用一种机制来解释生物物种多样性的学者之一。他的“获得性遗传理论”认为是行为引起了有机体形式的改变。一个著名的例子就是，最早的长颈鹿为了吃到树梢最顶端的叶子而获得了长长的脖子，随后便把这一获得性的长颈遗传给了它的后代。拉马克是第一个将生物有机体与它们栖居的环境之间建立联系的人。虽然拉马克提出的随时间变化的机制很好地解释了通过文化遗传的品质，但它不足以解释基本的生物遗传。尽管如此，关于外部环境因素如何打开和关闭基因的研究，也就是表观遗传学，证明了拉马克理论在生物遗传中的地位。

几乎在同一时间，英国地质学家查尔斯·莱尔爵士（Sir Charles Lyell）提出了一种用于解释地球表面变化的非宗教理论。他的“均变说”认为，如果侵蚀和其他自然过程在很长一段时间内发生，那么地球表面由于侵蚀和其他自然过程而发生的变化可以立即得到解释。莱尔的理论与宗教的神创说是不相容的，因为均变所需要的时间远远超出了《圣经》所记载的地球只存在了6000年这个时间。19世纪初，许多自然主义者开始接受生命演化——地球变得古老，生命已经进化了的观点，即便他们确实无法弄清楚这究竟是怎么一回事。直到查尔斯·达尔文（Charles Darwin）提出了一个经得住时间考验的理论。

达尔文最早在苏格拉的爱丁堡大学从事医学研究。在发现自己其实并不适合这一职业之后，达尔文去了剑桥神学院研究神学。随后，他离开了剑桥，在英国皇家海军舰队“小猎犬号”船长罗伯特·费兹罗伊（Robert FitzRoy）身旁谋得了一个职位，并开始着手探险世界地图上没有详细画出的广大地区。这次航行持续了5年多，军舰载着达尔文沿着南美洲的海岸去到了加拉帕戈斯群岛，穿越太平洋到达了澳大利亚，随后在1836年返回英国前又穿越了印度洋和大西洋回到了南美洲。

在看过众多令人惊叹的多种多样的生物和令人惊骇的灭绝动物化石之后，达尔文开始注意到物种是根据栖居的环境而发生变化的。他在这次航行中的观察、对莱尔的《地质学原理》的阅读，以及他与费兹罗伊船长的争论，都为他后来闻名世界的一本书——《物种起源》的出版做出了贡献。这本书出版于1859年，彼时距离航程结束已有20年的时间。达尔文在这本书中用纯粹的自然主义术语描述了解释物种内部变化和新物种起源的进化理论。

对于在“小猎犬号”上发展出来的初步观点，达尔文增加了一些他对英国农业生活的观察和理性思考。他特别关注驯养动物和农民的“人为选择”——根据某些具体特征来对牲口进行人工选种。达尔文的理论背景来自著名经济学家托马斯·马尔萨斯（Thomas Malthus）的一篇论文。在这篇论文当中，马尔萨斯警示了人口增长（尤其是贫困人口增长）的潜在后果。马尔萨斯认为，动物与人不一样，它们的数量能保持稳定，虽然每次都会生出大量的幼体，但是最终存活下来的并不多。

达尔文把他的观察融入他的自然选择理论当中：所有的物种都呈现出一系列的变体，所有变体都有能力利用它们的生存手段进行扩张。由此断定，在“生存斗争”当中，拥有某些可以帮助自己在特定环境中生存的变体生物，将会得到充分的繁殖，而那些没有这类变体的生物则不会。因此，随着时间的推移，最受益的变体会越来越多，物种则不断进化。回望过去，这个观点看起来是多么的显而易见，以至于当时最有名的科学家之一托马斯·亨利·赫胥黎（Thomas Henry Huxley）都自责道：“我真是愚蠢至极，竟没有想到这个！”（Durant，2000，p11）。

不管进化论的自然选择说是以多么简单直白的方式呈现出来的，这一理论还是成为（并将继续成为）一个重大争论的根源。在达尔文的职业生涯中，有两个问题一直困扰着他：其一，最初的变体是如何出现的？其二，可变特性得以代代相传的遗传机制是什么？

遗传

具有讽刺意味的是，达尔文需要的一些信息在1866年出现了。格雷戈尔·孟德尔（Gregor Mendel，1822—1884），一个罗马天主教修道士，在布尔诺（当今捷克共和国的一个城市）的一家修道院工作时，发现了遗传的基本法则。在农场中长大的孟德尔拥有两项特殊的才能：数学方面的天赋和对园艺的激情。与当时所有的农民一样，孟德尔对生物学上的遗传有一个直觉上的理解。在此基础上他还往前跨了一步，因为他意识到需要理论化的解释。34岁的时候，他开始在修道院中小心地开展育种实验，最初是从豌豆作物开始的。

8年的时间里，孟德尔种植了3万多株植物，并控制它们授粉，观察结果，计算这背后的数学原理。他的这些实践使得他解开了遗传的基本法则。1866年，他在《布里尔姆自然历史学会学报》（*Proceedings of the Natural History Society of Brünn*）上发表了他的发现。然而，由于这本德语出版物没有被广泛阅读，直到几十年后其他地方的科学家才认识到孟德尔的发现具有重要意义。

1900年，细胞生物学得到了极大的发展，这也使得孟德尔定律的重新发现变得不可回避。在这一年，3个欧洲植物学家独立工作，所发现的不仅是这一定律，还包括孟德尔的原作。随着这一重新发现，科学的遗传学开始逐步发展起来。如今，对遗传、分子遗传学和群体遗传学全面综合的理解，支撑起了达尔文的进化论。

基因传递

我们将基因定义为DNA分子的一部分，DNA是编码了某个特定蛋白质的碱基对序列。然而，当生物学家于20世纪初以希腊语为基础创造出“出生”（birth）一词的时候，距离基因的分子基础被发现还有50多年。孟德尔发现遗传物是微粒状的物质，而不是混合物，因此他意识到了基因的存在和活动。换句话说，控制可见性状表达的单位成对出现，两个亲本各提供一个，并在世代中保持各自的分离特性，而不是在后代中混合成双亲性状的组合，这是孟德尔定律的基础。另外一个发现——孟德尔的自由组合定律——所阐述的不同的特征（在不同基因的控制之下）是随机且彼此独立地遗传的。

孟德尔定律基于他所观测到的特征的统计频率，比如几代植物的颜色和纹理。当染色体，这种包含遗传信息的细胞结构，在20世纪初被发现的时候，它们为孟德尔定律所提出的特征传递提供了一个可见载体。

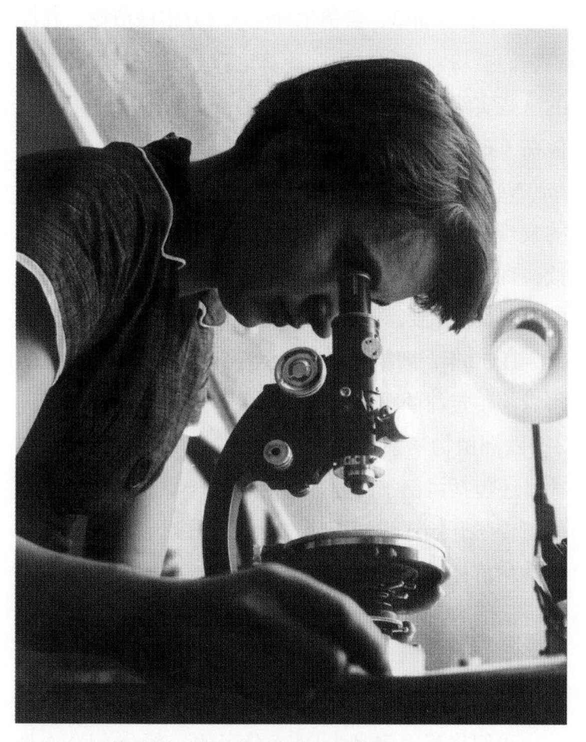

图2.3　罗莎琳德·富兰克林和DNA结构

英国科学家罗莎琳德·富兰克林（Rosalind Franklin）在X射线晶体摄影方面的先锋工作，对于1953年遗传密码的解密具有至关重要的作用。在没有得到她允许的情况下，富兰克林的同事莫里斯·威尔金斯（Maurice Wilkins）把她照下的一些影像展示给了詹姆斯·沃森。在《双螺旋结构》（1968年）这本书中，沃森写道："在看到图片的那一瞬间，我的嘴巴不由自主地张得巨大，并且脉搏狂跳。"虽然她的研究在1953年与詹姆斯·沃森、弗朗西斯·克里克和莫里斯·威尔金斯同时发表在了享誉世界的《自然》杂志上，但是她过早死于了癌症，从而错失了诺贝尔奖。

随后，到了1953年，詹姆斯·沃森（James Watson）和弗朗西斯·克里克（Francis Crick）发现了遗传机制取决于DNA（脱氧核糖核酸）结构——形成染色体的长链（图2.3所示，罗莎琳德·富兰克林就是这一惊人突破的一位不太为人所知的贡献者）。DNA是一个复杂分子，具有不同寻常的双螺旋结构，就像两条相互缠绕的绳带，而这两条绳带之间有着一条条的横杠连成的梯状物（图2.4）。交互的糖分子和磷酸分子形成了这些带状物的骨干，它们由四个碱基对彼此相连：腺嘌呤、胸腺嘧啶、鸟嘌呤和胞嘧啶（通常分别写作A、T、G和C）。带与带之间的连接发生在所谓的两对互补碱基（A=T，G=C）之间。这种排列赋予

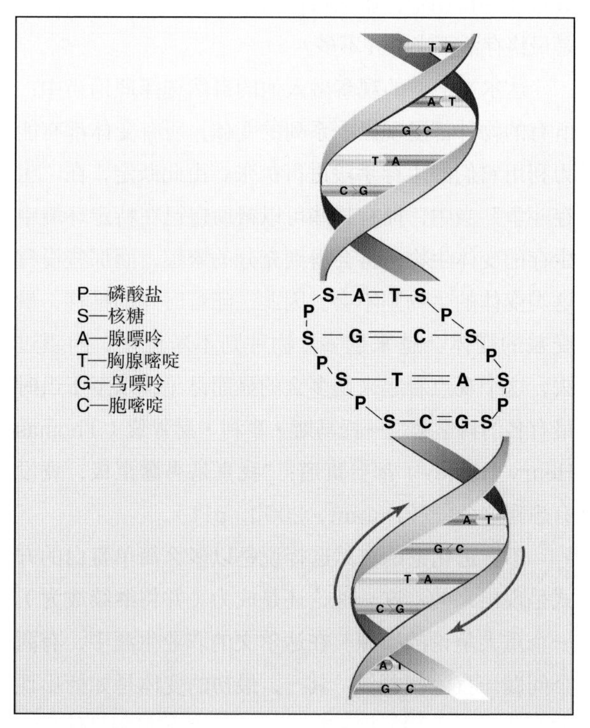

图2.4　DNA结构

图中所展现的DNA的一部分表现了它们相互缠绕的带状结构。交互的糖分子和磷酸分子群，形成了"梯子"两旁交互的带状主体结构。用于连接的"梯子"则由互补碱基配对形成——腺嘌呤配胸腺嘧啶，鸟嘌呤配胞嘧啶。

了基因复制的独特性——能够精确复制自己的副本。

基因和等位基因

一个DNA分子（一个基因）的系列化学碱基组成了制造蛋白质的基本配方。正如科学作家麦特·瑞德里（Matt Ridley）所说："蛋白质……在体内做了几乎所有化合、构造和调控的事情：它们产生能量、抵抗感染、消化食物、形成毛发、携带氧气等。"（Ridley，1999，p. 40）体内几乎所有物质都是通过或者由蛋白质构成的，这使得负责这些蛋白质的基因变得更加重要。

任何特定基因的另一种形式被称为等位基因，而"基因"一词仅指代染色体上编码特定蛋白质的位置。例如，A-B-O系统中的人体血型基因是指9号染色体上DNA分子的特定部分，它有1062个碱基（是一个中型基因）。这个基因指挥酶的生产，而酶是指一种能够开展和指挥化学反应的蛋白质。这种酶以两种形式出现（A型和B型等位基因），使参与免疫反应的特定分子附着在红细胞表面。等位基因对应于特定的血型。图2.5展示了一组核型，即一个体细胞内部所有

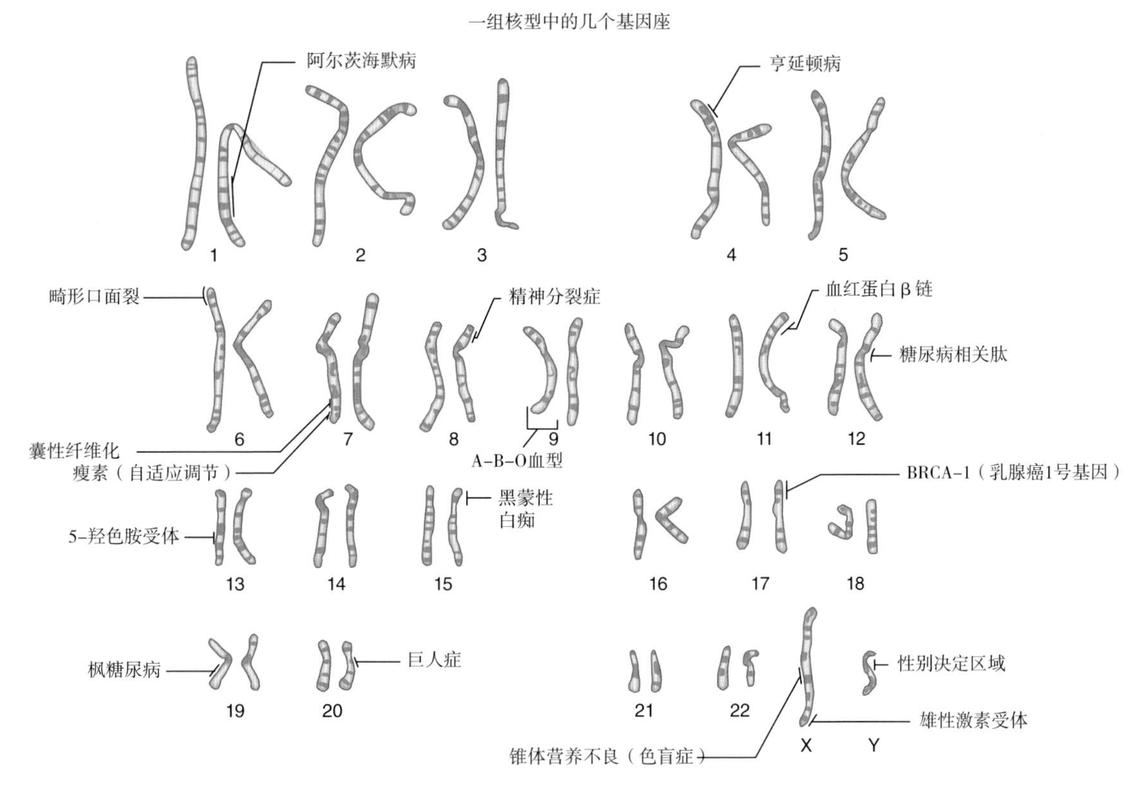

图2.5 一组人体核型

一个体细胞核内所有染色体的排布图像就被称为核型。人体的23对染色体中包括22对常染色体和1对性染色体，总共有46条染色体。在本图中你可以看到每条染色体的形状、特征和相对大小。特定基因的位置与各种各样的疾病和状况相关联，这已经被"人类基因组计划"鉴别并标记出来。对核型的整体概览能很快告诉我们此人有正常的染色体数量并且基因显示是个男性。女性基因显型由两条X染色体确定。后代从他们的母亲那里继承一条X染色体，而从父亲那获得另一条，它可能是X染色体也可能是Y染色体，这就致使随后几代中男性和女性出生的概率都是一样的，故数量也基本持平。尽管Y染色体对于区分男性基因显型至关重要，但是与其他基因相比，它极其微小并且携带了极少的遗传信息。

同源染色体的排布。这些基因提供了许多蛋白质的配方，来维持我们的生命和健康。

人类基因组——个体体内完整的DNA序列——包含约30亿个化学碱基和2万个基因。这个数量与在大多数哺乳动物种中所发现的数目非常接近。在这30亿个化学碱基中，人类和老鼠有将近90%都是相同的。这两个物种的基因数量都比果蝇高出了3倍多，但奇怪的是，人类和老鼠的基因数量都只有水稻的一半。此外，人体内的这2万个基因，在数量上只占所有全部基因组的一小部分。这就表明，关于基因如何运作科学家们还有很多需要研究的地方。基因常常自身从一大段DNA中分离出来，而这段DNA不是已知蛋白质编码的一部分。例如，A-B-O血型基因中的1062个碱基就会被5个这样的DNA段所扰乱。可以形象地说在蛋白质生产的过程当中，这些DNA段被剪断且散落在了切割室的地板上。

那么DNA配方是如何转化成蛋白质的呢？通过一系列干预措施，每个三垒基因序列——称为一个遗传密码子——指挥一个特定氨基酸的生产，而这些氨基酸串就能构建蛋白质。由于DNA无法离开细胞核（图2.6），所以DNA首先要转换成RNA（核糖核酸），这个过程被称为转录。RNA与DNA在结构上不同，RNA是单链的，与DNA的不同之处在于它糖-磷酸盐主链的结构，而且它是在尿嘧啶（U）而不是胸腺嘧啶中出现。然后，RNA到达核糖体，在这里，发生了密码子的转换，产生了蛋白质（图2.7）。

总共有约20种氨基酸，它们串连成不同的数量和序列来生成无数不同的蛋白质。这就是所谓的遗传密码，并且这对于所有的生物都通用，无论是一条蠕虫、一棵植物，还是一个人。除了存储在细胞核染色体中的遗传信息，复杂的生物体还拥有被称为线粒体的细胞结构，每个线粒体都有一条单一的环形染色体。在频谱的另一端，没有细胞核的简单生物只能以RNA的形式保存它们的遗传信息，例如可以引发AIDS的逆转录酶病毒。

复制过程中可能会发生错误，增加或减少四种碱

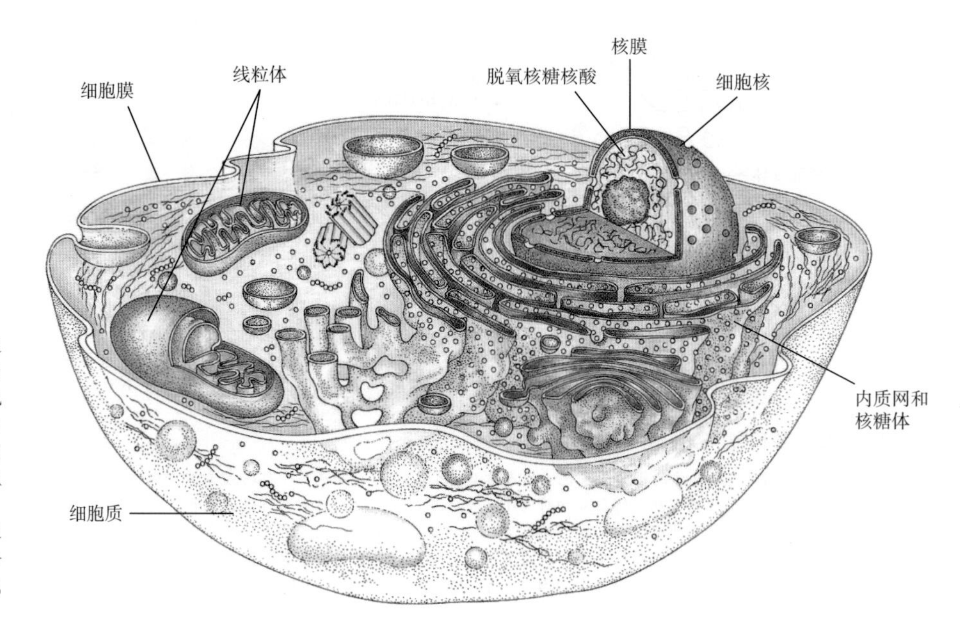

图2.6 真核细胞

图片所展示的是一个通用真核（或称有核）细胞的三维结构。DNA位于细胞核当中。由于DNA不能离开细胞核，所以基因就必须首先转录成为RNA。RNA会携带遗传信息给核糖体，在核糖体中合成蛋白质。还要注意一下线粒体，它包含它们自身的圆形染色体和线粒体DNA。

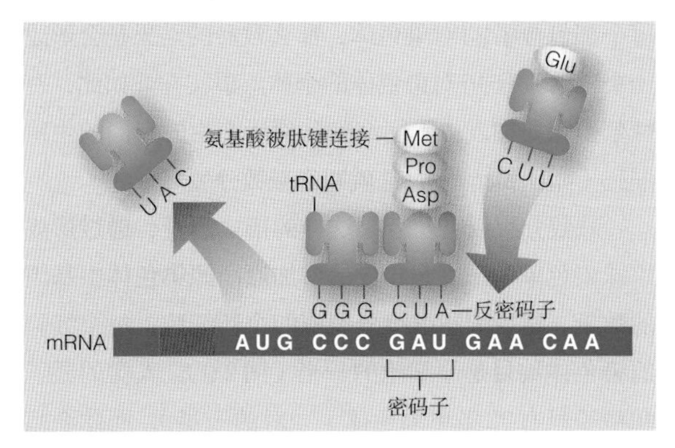

图2.7　DNA的转录与合成蛋白质

DNA的密码子（三垒基因序列）为了离开细胞核需要转录成为一种与RNA互补的密码子，又称为信使RNA。在核糖体中，这些密码子通过转移RNA（tRNA）转变成了蛋白质，而tRNA的主要功能是把氨基酸连成肽链。你能想到DNA中将会被发现的碱基对应的是图中mRNA的哪个部分吗？

基的重复：A、C、G和T。这种错误的复制过程有一定的发生频率，但频率随着个体的不同而不同。当这些“错误”随着时间积累后，每个人都会发展出独特的DNA指纹。

细胞分裂

为了生长和保持良好的健康状况，生物体的体细胞必须分裂和生产新的细胞。当同源染色体进行复制的时候，每条染色体成为姐妹染色单体，细胞分裂就开始了，原始染色体的两个副本结合在一起呈X形。要想做到这一点，DNA要在碱基对之间“解压”——从胸腺嘧啶中解压出腺嘌呤以及从胞嘧啶中解压出鸟嘌呤——然后在独立的各个碱基之上吸引它的互补碱基，从而构成双螺旋的后半部分。在它们分离之后，新的细胞膜包裹住新的染色体对，并形成一个在新细胞中指挥活动的细胞核。这种细胞分裂形式就叫作有丝分裂。撇开这一复制过程当中的错误，细胞的有丝分裂可以形成子细胞，而子细胞又是从母细胞中精确复制而来的。

和大多数动物一样，人类也是有性繁殖的。从进化论的视角来看，有性繁殖的“普遍性”来源于它提供的遗传变异。所有动物的每条染色体都有两个版本，这两个版本分别从父亲和母亲那里遗传而来。人体内有23对染色体。有性繁殖可以将有利的等位基因联系在一起，清除有害的基因组，还可以使有利的等位基因不受其他不利变异基因的阻碍而得到传播。

尽管人类社会总是以各种各样的方式来控制有性繁殖，遗传学还是对社会方面的繁殖造成了巨大的影响。在准父母群体中，产前基因检测开始变得越来越普遍。这些检测旨在消除社会所认为不利的状况。例如，在极度重男轻女的印度，产前基因检测导致人们选择对女性胎儿进行堕胎（图2.8）（Arnold，Kishor，& Roy，2002）。

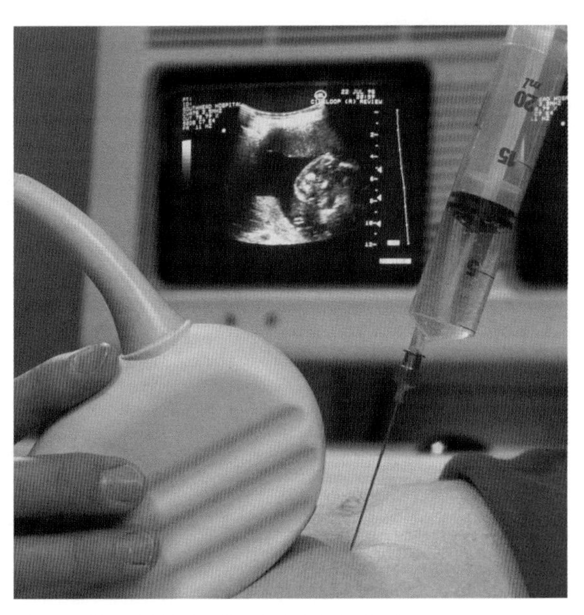

图2.8　通过羊膜穿刺术进行产前基因检测

产前基因检测大多是通过羊膜穿刺术来进行的，这种技术始于20世纪60年代，医护人员从怀孕妇女的子宫中抽取一些液体，这些液体带有发育中胚胎的细胞。然后，实验室技术人员分析染色体和特定基因是否存在异常。文化人类学家表示，一个生物学上的事实（比如一条额外的21号染色体或唐氏综合征）向各种各样的解释敞开，并可能影响到“准父母”的生育决策（Rapp，1999）。这种技术具有深远的社会影响。基因检测可能导致某些特定的人被贴上了不良标签，使得妇女的生育权与残疾人的权利发生对抗。

人类的生殖或基因并不仅仅是生物学方面的现象。社会和政治的进程影响了对于基因技术的阐释和应用。这些技术反过来也形塑了社会对于家庭、身份和所推崇公民类型的定义。这里可以参见本章的“生物文化关联”，这当中讲到了DNA检测是如何进入非洲难民的生活，并帮助他们与他们在美国的家庭重新团聚的。

有性繁殖增加了基因的多样性，这反过来也有助于大量有性繁殖物种之间的整体适应性。有性繁殖牵扯到两个分别来自父母的细胞的结合，由此来形成一个新的个体。如果两个常规的体细胞进行结合，它们每个都包含了23对染色体，那么致命的结果是会形成一个新的带有46对染色体的个体。事实并非如此，有性繁殖需要加入由不同细胞分裂所产生的专门的生殖细胞（卵子和精子），这就叫作减数分裂。

减数分裂以有丝分裂这样的形式展开，通过形成姐妹染色单体来复制和成倍增加原同源染色体中基因的数量。然后细胞继续分裂成四个新细胞，每个细胞的染色体数目是原细胞的一半（图2.9）。人类的卵子和精子只有23条单染色体（一对的一半），而体细胞有23对，即46条染色体。

减数分裂对于遗传学有重要意义。由于成对染色

生物文化关联

超血缘的纽带：DNA鉴定与难民家庭的重聚

杰森·西尔弗斯坦

2008年2月，对于那些来自非洲并试图与已经在美国的家人重聚的难民，美国政府开始将DNA鉴定结果作为评估的文件证据，来确定这些人之间的家庭关系。初步研究首先在肯尼亚首都内罗毕城内达达布难民营中的500个居民当中展开。在那里，将近46.5万名难民居住在一个为9万人设计的空间当中。随后，DNA测试扩展到了包括埃塞俄比亚、乌干达、加纳、几内亚和科特迪瓦等多个国家的3000多个难民身上。

达达布难民营在肯尼亚东北部覆盖了方圆50平方千米的地区，是当今世界上最大的难民营。它最初是在1991年为9万个难民设计的，但是目前这个难民营中的人数已经涨到40多万。每天都有将近1300个受到政治迫害、干旱和内战导致的饥荒而前来寻求庇护的难民。图中所示是索马里难民在开斋节期间的祈祷，它意味着穆斯林斋月的结束。

试点计划是在“证明其家族之前都认定为有罪”这个假设前提之下开展的。除了能够证明他们关系的DNA证据，其他的都被记录为欺诈。拒绝做DNA鉴定也被记录为欺诈。在一份请愿书上所有家庭成员的名单里，只要有一个拒绝、没有出现，或鉴定失败，那么整份请愿书上的人都被记录为欺诈。令人震惊的是，“依靠者”（申请人员想要去投靠和重聚的人）却并不需要鉴定。只有请愿书当中成员之间的关系需要鉴定。在试点计划结束的时候，这些政策致使申请重聚的家庭当中有80%的家庭是欺诈性的。于是美国政府把这个重聚项目

体的分离，子细胞将各不相同。四个新细胞中的两个将会拥有每对同源染色体的一半，而另外两个则会获得相应原同源染色体对中的另一半。此外，一条染色体的相应部分可能会与另外一个“交叉”，与原同源染色体相比，它携带的遗传物质会稍微显得有些混乱。

有时，原染色体对是同型结合的，一个特定的基因拥有相同的等位基因。例如，如果A-B-O血型基因的所有同源染色体都是通过A血型的等位基因来表现的话，那么所有新细胞都将拥有A血型等位基因。但是如果原同源染色体对是杂合的，一条染色体中带有A血型的等位基因和B血型中的其他等位基因，那么有一半的新细胞就会只包含B血型的等位基因，它的后代获取任一等位基因的概率都是50%。

当一个孩子从他的一个家长身上继承了O血型等位基因，而从另一位家长身上继承了A血型等位基因时，会发生什么？这个孩子会得到A血型？O血型？还是两者的混合？图2.10解释了这种情况的一些可能结果。许多此类问题可以在孟德尔最初的实验中寻得答案。

孟德尔发现某些特定的等位基因能够掩盖其他等位基因的出现，一个等位基因是显性基因，那么其他的就是隐性基因。事实上，显性或隐性的特征并不是

暂时搁置了下来。随着DNA鉴定逐渐成为边境安全机构调查亲属申请的首要标准，家庭的合法化问题就只能由被接收社区的社会惯例来决定。

定义跨越国境的家庭并不容易。难民们被迫遵守接收社区的社会规范强加给他们的关于他们家庭成员资格的界定。我们绝不否认DNA作为一种遗传物质的客观中立性，以及收集、处理和解释DNA的工作人员的客观中立性。与技术上的价值中立不同，对于重聚家庭的DNA鉴定解释的不过是一种对某个特定社会世界的忠诚，而且它通常还会揭露出难民的真实生活经历。

一位难民案件管理者提供了这方面的一个清晰的例子，他注意到那些多偶制家庭（一夫多妻或一妻多夫制家庭）将永远得不到安顿（换句话说，就是永远无法通过家庭关系的DNA鉴定）。考虑到试点计划的鉴定标准（只鉴定申请者之间的基因关系而不鉴定申请者与“依靠者”之间的关系），我们很容易就可以想到，作为主要申请人的母亲可能与她的孩子之间并不共享DNA。

家庭并不单单由基因或社会所规定，它同样还存在逐渐演化的情形，对于那些常年生活在难民营中的难民来说更是如此。一位记者和联合国难民事务所的一名官员采访到了一个相关的故事：父母并不想把他们亲生的孩子与他们收养的孩子（通常是战争孤儿）区分开来。鉴于认证是在孩子的面前进行的，避免这种区别与安全官员所谓的欺诈或虐待没有多大关系。正如一位管理者所尖锐指出的那样，DNA鉴定方法忽略了一个事实，即那些存活下来的人不可能是未受损害就存活下来的。

生物文化问题

当DNA检测被国家用于鉴定目标时，某个人生命的真实与从他血液中提出的东西之间，又开出了一道什么样的裂缝？当我们想要了解一个人的真实面目时，我们需要做些什么？

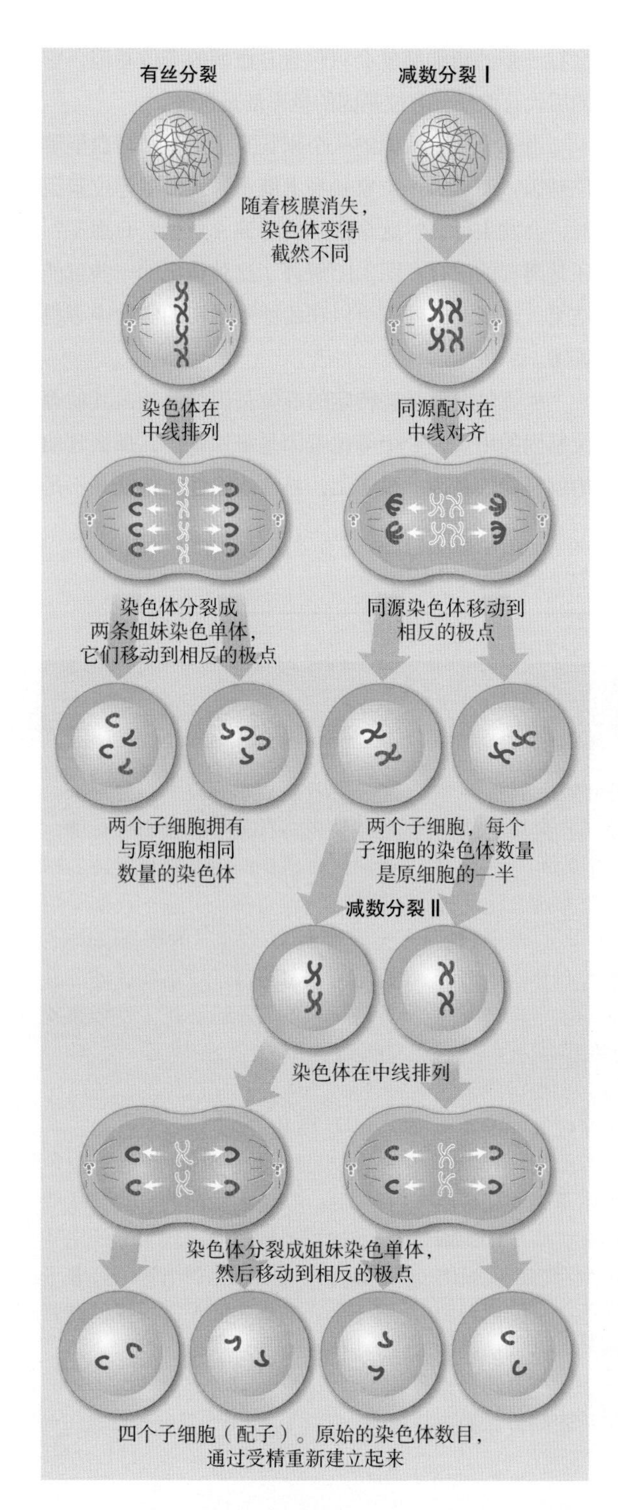

图2.9　细胞分裂：有丝分裂和减数分裂

每一条染色体都包含两条姐妹染色单体，它们是精确的复本。在有丝分裂期间，这些姐妹染色单体分离成两个相同的子细胞。而在减数分裂当中，细胞分裂负责配子的形成，第一次分裂后染色体数目减半。第二次减数分裂基本上是有丝分裂并涉及姐妹染色单体的分离。图中所示红色的染色体来自一位家长，蓝色的染色体来自另一位家长。减数分裂最终形成了四个各不相同的子细胞。

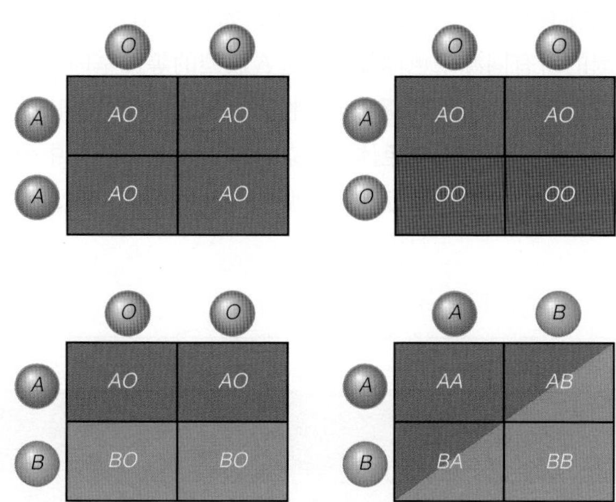

图2.10　旁氏表（Punnett Squares）、表型和基因型

这四个旁氏表（命名自英国遗传学家雷金纳德·庞尼特，Reginald Punnett）阐述了A-B-O系统内后代的一些可能的表型和基因型。家长当中一方的等位基因列于表格左边，而另一方的等位基因则列于表格顶部。后代的潜在基因型用有颜色的字母列于表格当中。后代的表型由颜色来指示：蓝色表示A型表型；橙色表示B型表型。带有一个A型和一个B型的等位基因的就是AB型表型，并产生两种血液抗原，即红细胞表面的一种蛋白质。而带有O型表型（红色）的个体则拥有两个O型等位基因。

等位基因本身，我们区分显性和隐性等位基因是为了方便。因此，我们可以说A血型等位基因对于O血型来说呈显性。血型基因是杂合的个体，可能有一个A血型等位基因和一个O血型等位基因，但获得的却是A血型。杂合个体（AO）与纯合个体（AA）具有完全相同的生理特征或表型，即使两者具有不同的遗传组成或基因型。只有同型结合的隐性基因型（OO）才会呈现出O血型的表型。

一个显性的等位基因并不意味着某个隐性等位基

因消失了或以某种方式混合了。一个A血型杂合的家长（AO）将会产生既包含A血型等位基因也包含O血型等位基因的生殖细胞（这是孟德尔定律的一个例子，等位基因依然保持它们独立的身份）。在有性繁殖过程中，某个隐性等位基因在与另一个隐性等位基因配对之前，会一代一代地传下来并出现在表型当中。显性等位基因的出现仅仅掩盖了隐性等位基因的表达。

由于孟德尔用豌豆研究过的所有特征都表现了“显性—隐性”之间的关系，所以多年来人们一直认为这是唯一可能的关系。然而，后来的研究却表明，两个等位基因都不是显性的，或者在有的例子当中，两个是共显性的。人类遗传中共显性的例子也可以在A型和B型血型的继承当中找到。一个杂合的个体会拥有AB型血型，因为两个等位基因共显。

血型说明了另一种复杂的遗传。虽然我们每个人在任何给定的基因上最多有两个等位基因——每个同源染色体上只能出现一个等位基因——但在一些人中发现的该基因可能的等位基因不止两个。例如，血红蛋白有100多个等位基因，它是携带氧气的血液蛋白质。

多基因遗传

到目前为止，我们讨论了只被一个基因决定的生物体特征。然而，事实上，多重基因控制着大多数的体质特征，比如体格、肤色，或者对疾病的易感性等。这些例子就被称为多基因遗传。在多基因遗传中，两个或两个以上基因各自的等位基因影响着表型。例如，几个人可能拥有完全相同的身高，但是由于没有单独的身高基因来决定一个人的具体身高，所以我们不可能熟练地揭示160厘米（约5.3英尺）高所隐含的遗传学基础。服从多基因遗传的一系列特征展现了在基因表型表达过程中的一系列变异，这并不符合简单的孟德尔定律。正如生物人类学家乔纳森・马克斯（Jonathan Marks）在下面的“原著学习”中所证明的那样，遗传学和连续特征之间的关系仍然被误解。

98% 的相似：我们与猿类的相似性对于我们理解遗传学有什么帮助?

乔纳森・马克斯

把简・古道尔（Jane Goodall）与一只黑猩猩区分开来并不困难。古道尔拥有长腿短臂、突出前额，并且眼睛中带有眼白。她只在头部长有明显的大量毛发，而不是覆盖全身。她还会走路、说话和穿戴衣服首饰。

然而，几十年以前，人们在新兴的分子遗传学领域意识到了一个明显的矛盾：尽管我们非常轻松地就能从外貌特征上把简・古道尔与一只黑猩猩区分开来，但是想要从他们的基因方面把他们区分开来却显得相当的困难。

时间稍稍拉近一些，遗传学家能够精确地确定人类和大猩猩之间在基因方面有将近98%是相同的，并且这一数字已经在科学文献中成为最著名的仿真陈述之一。它引发人们去争论我们究竟是不是常见的黑猩猩和稀缺的倭黑猩猩以外的第三种黑猩猩，它也引发人们开始为非人类的猿类争取人权，引发人们试图去解释男性侵略的根源。

然而，在这些途径内对这个数字的使用，忽略了使其有意义的必要的背景。事实上，我们与黑猩猩在基因上惊人的相似性是一个科学事实，这个科学事实建立在两个更平凡的事实之上：我们对猿类的熟悉，以及我们对基因比较的不熟练。

首先，把人类和猿类之间在身体上的差异与两者在基因上的差异并列起来是不公平的。毕竟，我们在人类和黑猩猩的身体特征方面已经比较了300多年，而在两者之间的DNA序列方面的比较不超过35年。

现在我们已经对黑猩猩非常熟悉，所以很快就能看出它们有什么地方与我们不同。但是在18世纪，黑猩猩还是一个新事物，学者对于人类和猿类在身体上有如此高度的相似性而感到极其震惊。为什么呢？骨骼对骨骼，肌肉对肌肉，器官对器官，人类的身体与猿类的身体只存在很微小的差异。然而，说出两者究竟有多相似是不可能的。40%？ 60%？还是98%？开发了他们一生的三维生物并不会屈从于小规模内的相似性。

遗传学为这个比较带来了一些不同的东西。一个DNA序列是一个一维实体，它包括一系列A、G、C、和T等次级单位。联合来自不同物种的两个序列就可以很简单地通过表格把他们之间的相似性表现出来。而如果在100次当中，这些基因有98次都能拟合，那么这两个物种在基因上就有98%是相同的。

但是这会或多或少地与他们的身体相匹配吗？对于“人与黑猩猩究竟有多相似？”这个问题，我们并没有简便的方式用于回答，因为要使这个问题变得有意义，我们需要一个标准框架来参照。换句话说，我们应该以这样的方式来提这个问题：“人与黑猩猩有多相似，是与什么相比较的呢？”让我们试着来回答一下这个问题。比如，跟海胆相比，人类与黑猩猩有多相似呢？人和黑猩猩都有四肢、骨骼、中枢神经系统，并且都是两侧对称的，二者都有相匹配的骨架、肌肉和器官。对于所有这方面的意图和目的来说，人类和黑猩猩并不是具有98%的相同性，而是100%的相同。

另一方面，当我们比较人类和黑猩猩的DNA时，相似性的百分比究竟指的是什么？我们把它概念化到一个线性范围以内，在这个范围内，100%指的是完全相同，而0%指的是完全不同。但是DNA的结构给了这个范围一个统计上的特质。

由于DNA是四个碱基的一个线性排列——A、G、C和T，所以在一个DNA序列当中，任何一点都只有4种可能性。偶然性法则告诉我们，没有共同祖先的物种的两个随机序列，每四个点中将只可能匹配到一个。

而且，基因的比较是具有误导性的，因为它忽略了整套基因排列在性质上的差异。基因演化所涉及的并不仅仅是一个碱基取代另一个碱基。这样，即便是在人类和黑猩猩这样的近亲之间，我们也会发现黑猩猩的基因组大约要比人类的基因组大10%左右，而人类每条染色体包含了相互融合的两条黑猩猩染色体。并且，黑猩猩每条染色体的顶端都有一个DNA序列，这在人体当中也是没有的。

也就是说，我们所遇到的这个基因上的问题，事实上很像我们之前遇到过的解剖学上的相似性与“同源性”的问题。尽管98%这个数字可能会给我们很大震撼，但是人类与黑猩猩之间还是有明显不同的，当然也有很多明显的相同之处。这个显著的矛盾仅仅是对猿类是如何变得平凡的以及DNA的奇特是如何表现的这类问题的一个总结。

演化动力和群体

在个体层面，遗传特征是从父母身上传到子女身上的，这使得对特定个体将有多大概率展现某些表型特征的预测成为可能。在群体层面，遗传学的研究有额外的意义，即能够揭示出演化过程是如何解释地球上生物的多样性的。

遗传学中的一个关键概念就是群体，或者说生殖区域内的一群个体。基因库指的是一个群体的成员所拥有的所有基因变体。在代际之间，一个群体内相对比例的等位基因会根据这个群体内个体不同的生殖成功而发生改变（生物演化）。换句话说，在群体基因层面，演化可以被定义为群体内等位基因频率的变化。四种演化动力——突变、遗传漂变、基因流动和自然选择——创造、模式化了生物多样性。这也被称为微演化。

突变

突变经常会引入新的基因变体，而它也是演化的最终来源。突变是随机发生的。一些突变可能会对个体有利或有害，但是大多数突变都是中性的。然而，在演化的意义上，随机突变在本质上却是积极的：它提供了其他演化动力得以运行的变种。新的身体规划——比如我们的近亲黑猩猩和大猩猩用关节走路，而我们用双腿行走——最终依赖的就是一系列的基因突变。一次随机突变可能会创造一个改变蛋白质的新等位基因，这使得一项崭新的生物任务成为可能。没有随机突变所带来的变异，群体将无法为了应对随时间不断变化的环境而改变自身。

突变可能出现在细胞分裂过程中发生的任一复制错误当中。它可能牵涉到一个DNA序列中单个碱基的变化，当然它也可能是对包括全部染色体在内的一大段DNA的重新配置。正如你在这一部分会读到的，身体内每个细胞的DNA都正在遭到破坏（Culotta & Koshland，1994）。所幸的是，DNA修复酶不断地在扫描DNA的错误信息、切断受损DNA段和修复一些漏洞。而且，对于像人类这样的有性繁殖物种来说，所有演化结果的唯一突变就发生在生殖细胞（性细胞）当中，因为是这些细胞形成了后代。

由于没有任何物种拥有完美的DNA修复能力，所以新的突变会不断发生。与环境有关的因素可能会增加突变的发生率（图2.11）。这些因素包括某些

图2.11　污染与突变

图中这8个儿童，每人少了一只手，他们是在俄罗斯莫斯科出生的90个单臂儿童中的一部分。他们的家都位于城市中被工业化污染了的区域，失去一只手的原因是他们的父母产前曾暴露于毒素当中。由于这一身体缺陷，他们和他们的家庭面临着许许多多的障碍。然而，从进化论的视角来看，导致肢体丧失的这些突变基因并不会有什么遗传上的影响，除非它们出现在生殖细胞当中并传输给下一代。

染料、抗生素和用于食品保鲜的化学制剂等。辐射也是突变发生的另外一个重要原因，不管是工业辐射还是太阳辐射。甚至压力也会使突变的发生率上升（Chicurel，2001）。最终，突变赋予了群体生存水平的多样性，使得进化中的物种能够更快地适应环境变化。但是请记住，突变是随机发生的，它并不是因某种新的适应需要而产生的。

遗传漂变

遗传漂变指的是在群体基因库中等位基因频率的随机波动。群体生存水平的变化源于个体生存水平发生变化的随机事件。例如，一只健康状况良好并且拥有大量有利特征的松鼠，可能在一次偶然的森林火灾中死掉了，而附近另一只适应性较差的松鼠则可能会从灾难中逃脱并繁殖。在大群体中，这些自然事故所带来的后果并不严重。保护个体特定等位基因的事故将会与那些损坏它们的事故达成平衡。然而，在小群体当中，这样的平衡也许就不大可能了。

由于如今的人类是一个大型群体，所以我们可能会猜想人类不会受到遗传漂变的影响。但是，在1000人口的小镇中，一次类似于岩滑的偶然事件使得5人丧命，可能就会使当地基因库中的等位基因频率发生较大的改变。无论是在遥远的过去还是现在，每当观察到生物变异时，总是可能会有引起遗传漂变的偶然事件的一份功劳。

“奠基者效应”是一种特殊的遗传漂变，当一个群体分裂成两个或多个新群体时，尤其是当数量特别少的个体创立一个新群体的时候，就会发生这种漂变。在这样的情况当中，较小群体的基因频率往往无法包含较大群体内所能呈现的全方位变异。西太平洋密克罗尼西亚群岛中的平吉拉普岛上，有一个有趣的例子，那个岛上有5%的人是全色盲。全色盲与我们通常所说的在大多数人中影响了8%到20%男性的“红绿色盲”不一样，它是指一种完全看不到颜色的现象。平吉拉普岛高发的全色盲现象，其实是在1775年前后一次台风过后才开始出现的，那次横扫了全岛的台风使得平吉拉普岛仅剩20个人。而在幸存者当中就有一个全色盲患者。于是，在几代之后，这一基因就被完全嵌入所扩张的人口当中。如今，平吉拉普岛有30%的栖居者携带了这种色盲基因，与之相比，美国仅有0.003%的人口带有这一基因（Sacks，1998）。

基因流动

基因流动——从相邻群体当中引入新的等位基因——能够为群体带来新的遗传变异：杂种繁殖能够使得“路测”基因流入或者流出群体。个体或群体迁移到其他群体的领地当中可能会导致基因流动。地理因素同样也会影响基因流动。例如，如果一条河流隔离开了两群小型哺乳动物，阻止它们杂种繁殖，那么这些群体将会由于地理上的区隔而开始积累随机遗传差异（遗传漂变）。而如果河流改道，两个群体又能再次自由交配繁殖，那么由于基因流动，原来只在一个群体当中显现的新型等位基因可能就会出现在另一个群体当中。

在人类当中，社会因素也会影响基因流动，比如交配规则、群体冲突和远距离移动的能力等。例如，最近500多年来，等位基因从西班牙殖民者和欧洲人运来的非洲黑人身上，引入美国中部和南部的人口当中。最近来自东亚的移民也增加了这种混杂性。通观人类在地球上的整个生活史，基因流动阻止了人类发展成为其他独立的物种。

自然选择

尽管基因流动和遗传漂变可能会导致一个群体的等位基因频率产生变化，但是这些变化未必会使这一群体更好地适应生理和社会的环境。自然选择——达尔文所描述的演化动力——所阐述的就是适应，即对特定环境的一系列有利调整。正如我们将会在这整本书中探索的那样，人类能够通过文化和生理来适应自己所处的环境。当生物性适应发生在遗传层面的时候，自然选择就起作用了。在这个过程中，群体中有害或非适应性性状的遗传变异频率降低，而适应性性状的遗传变异频率增加。随着时间的推移，种群遗传结构的变化会导致新物种的形成。

通俗性作品通常会把自然选择简化为“适者生存”这个理念，“适者生存”这个短语是由19世纪英国的哲学家赫伯特·斯宾塞（Herbert Spencer）创造的。这一短语意指疾病、掠夺和饥荒会把生理上的弱者从群体当中淘汰掉。显然，适者生存会对自然选择有一些影响。但是，有时候“不适者”存活下来了，甚至活得很好，只是没法生殖。他们可能没有能力吸引异性，或者不孕不育，又或者他们生育的孩子没法存活下来。尽管他们能够存活到相对较高的年龄，但却没法把自己的基因成功地传递给下一代。

归根结底，所有的自然选择都是根据繁殖的成功来进行测量的——能够交配并且生育出可以生存下来的后代，他们反过来也会把继承来的基因传递下去。在某些人类社会，妇女的社会价值就体现在生育能力上，也就是说她是否有能力生儿育女。在这些社会当中，不孕成了一个人权问题。

尽管适应和自然选择在塑造生命有机体的过程当中非常重要，但是许多特征却没有适应性的功能。例如，所有的雄性哺乳动物都拥有乳头，即便它们没有任何用处。然而，对于雌性来说，乳头对于生育的成功至关重要。这两种性别并不是独立的实体，是在胚胎发育过程中形成的，由自然选择所独立形塑的，是单个身体规划上的一些变体。

自然选择通常会促进稳定，而不是改变。稳定的选择发生在已经很好地适应了环境的人群中，或者发生在那些改变反而会导致不利的地方（图2.12）。在变化会导致不利的情况下，自然选择将会或多或少地保存等位基因频率本来的样子。在长时期的历史阶段当中，演化往往不是作为一个稳定、庄严的过程来加以推进的。相反，大多数物种的生命历史都由相对的稳

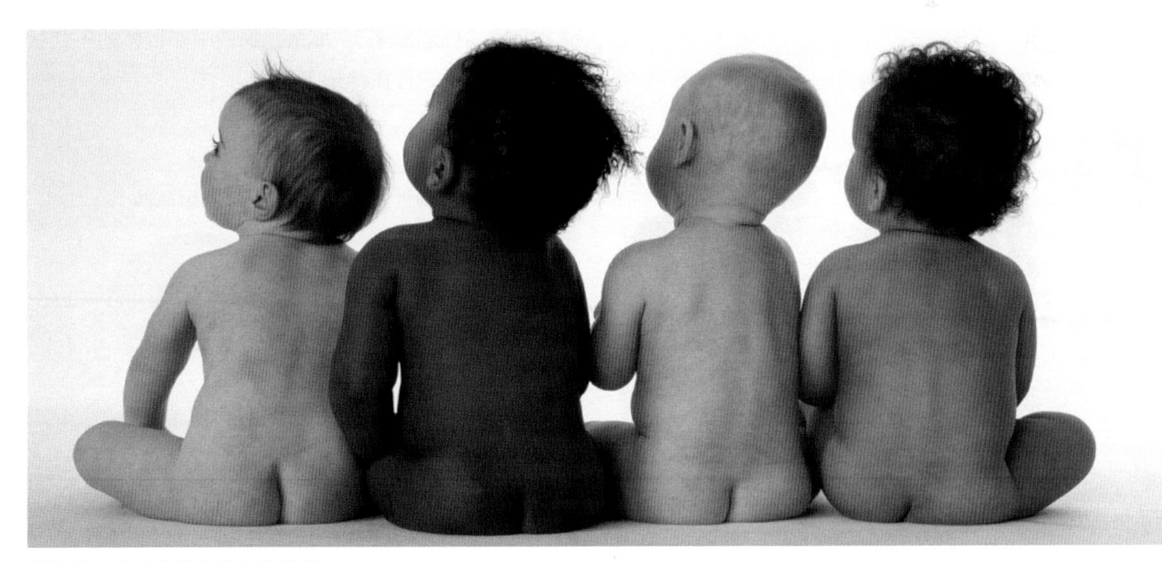

图2.12　出生体重与稳定化选择

在全球范围内，新生儿的体重平均都是在5磅到8磅之间。稳定化选择似乎在这里起了作用，它使得新生儿保持在一个适度的大小来匹配人类可以顺产的产道的大小。自然选择既可以促进稳定也可以促成变化。

定性或由短期的快速变化（或灭绝）所导致的渐变组成的，而此时，改变条件就需要新的适应性或一个新的突变产生了一个适应其他可能环境的机会。确定一个种群何时以及是否积累了足够多的变化来构成一个独特的物种，这是一个经典的生物学和哲学问题。

更进一步来说，那些目前看起来没有适应性功能的特征可能会成为后来使用的补选，并且由于在生长和发展模式中那些无关的改变，某些适应的特征可能就会显现出来。例如，一个异常巨大的几维鸟蛋增强了几维鸟存活的概率，当孵出来的时候，这些几维鸟显得特别大且有能耐（图2.13）。尽管如此，几维鸟的巨型鸟蛋可能无法演化，因为这个尺寸是适应性的。相反，几维鸟是从像鸵鸟那样巨大身型的鸟类演化过来的，在鸟类当中，几维鸟蛋的尺寸与身体的尺寸相比减少得要更慢一些。因此，几维鸟的巨型鸟蛋似乎仅仅是几维鸟身型减小的一个演化副产品（Gould，1991a）。

自然选择与设计的概念不同，因为自然选择只能运用现存的基因变种进行工作，它不能创造出某些全新的东西。变种能够防止群体随着环境的变化而逐渐衰减或灭绝。演化是一个修补的过程。通常，修补性的演化在一个特定的环境当中，能够均衡某种特定等位基因中有益和有害的方面，这在下面“镰状细胞性贫血”的案例中会有详细的阐释。

图2.13 不成比例的特性

这张X射线图所展现的是几维鸟异乎寻常的大鸟蛋。这说明演化并不是以预先设计的进路来继续的，而是一个修补现有身体形式的过程。与此类似，飞虫的翅膀是由原先用来在水中划水的结构发展而来的，后来随着它们体型相对变大而被重新利用。

镰状细胞性贫血案例

镰状细胞性贫血是一种残酷的疾病，它能使人体内携带氧气的血红细胞改变形状（镰刀状），并且阻塞血液循环系统最精细的部分（图2.14）。20世纪初，芝加哥的一位遗传学家发现这一疾病对于非裔美国人的影响是不成比例的。进一步的调查发现，居住在横穿中非的一个明确界定地区的居民中，镰状细胞等位基因的频率高得惊人。于是，遗传学家非常好奇，他们想知道为什么这种有害的遗传性残疾会存在于这些人群中。根据自然选择理论，由于那些同型结合的异常性个体在生殖之前就会去世，这使得任何有害的等位基因都将从群体中消失，因为那些个体通常会在繁殖之前被“挑选出来”。那么，那些中非群体的不利状况为什么似乎一直在持续呢？

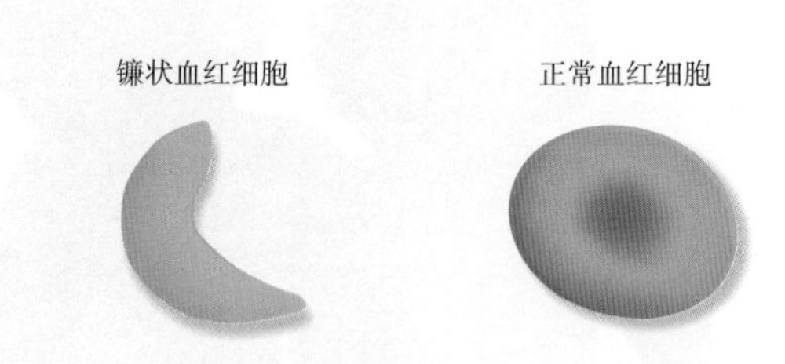

图2.14 镰状血红细胞和正常的血红细胞

镰状细胞性贫血是由血红蛋白基因中单个碱基的一次基因突变所引起的，它导致了一种异常的血红蛋白，称之为镰刀细胞血红蛋白（或Hb^S）。（正常的血红蛋白等位基因叫作Hb^A，注意不要与A血型等位基因相混淆。）那些被疾病折磨的人都是对Hb^S等位基因进行了同型结合，而致使他们所有的血红细胞都变成了“镰刀状”。镰状细胞和正常细胞等位基因的共显性是可以观测到的。杂合（基因型Hb^A Hb^S）使得体内有50%正常的血红蛋白和50%镰状血红蛋白。图中所示的就是一个镰状血红细胞与一个正常血红细胞的对比。

在镰状细胞性贫血高发的这一地区流行着一种特别致命的恶性疟疾（热带疟），当研究者发现这一现象的时候，以上所提谜团的答案就开始逐渐浮出水面了。这种恶性的疟疾导致很多人死亡，而在那些存活下来的人当中，高烧明显地干扰了他们的生殖能力。此外，研究者还在阿拉伯半岛、希腊、阿尔及利亚、叙利亚和印度等部分地区发现了血红蛋白异常的情况，而所有这些地区都是（或曾经是）疟疾高发地区。事实上，自然选择偏向于带有正常血红蛋白和镰状血红蛋白杂合的个体。镰状细胞贫血死亡引起的异常血红蛋白等位基因的丢失和正常血红蛋白的等位基因的丢失相抵消，因为正常血红蛋白的纯合子更有可能死于疟疾。

血红蛋白变成镰状的这一突变是由DNA中一个碱基的改变而引起的，所以它可以很容易地偶然发生（图2.15）。由一种氨基酸产生的突变异种的等位基因码在血红蛋白的β链中发生替换，这使得血红细胞获得了镰刀状的特征。在带有两个镰状血红蛋白等位基因的同型结合个体当中，异常血红蛋白的崩塌和累积阻塞了毛细血管并造成了组织损伤。受这一疾病所折磨的个体往往在成年以前就会死去。除了在低氧或者在其他有压力的条件下，杂合的个体并不会受到任何病症的影响。在疟疾肆虐的地区，杂合事实上能够促使个体更好地抵御疟疾。所以在那些地区，相对于“正常”同型结合的条件，杂合才算是生殖上的成功。

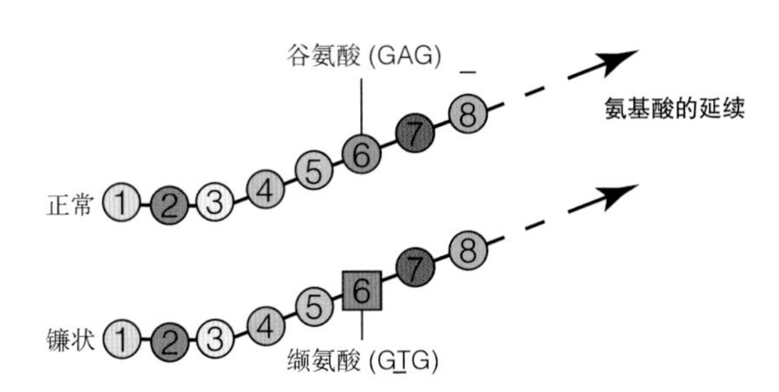

图2.15　简单的突变所引发的剧烈后果

DNA中单个碱基的突变会产生一个截然不同的蛋白质。图示是血红蛋白β链中1到8的密码子，血红蛋白是血红细胞中携带氧气的蛋白质，它由这些密码子所指定的氨基酸组成。正常等位基因（图中上排）和镰状细胞等位基因（图中下排）的区别仅在于第6位密码子中的腺嘌呤被碱基胸腺嘧啶取代，而腺嘌呤又取代了谷氨酸。这种简单的突变使红细胞弯曲成镰刀状，堵塞毛细血管床并引起巨大疼痛，镰状细胞贫血就是这种情况。镰状之所以发生，是因为与正常等位基因中的谷氨酸相比，缬氨酸赋予血红蛋白分子不同的性质。β链有146个氨基酸长，一个简单的突变就可能产生戏剧性的悲惨后果。

这个例子同样也指出了，适应是如何走向具体的。异常血红蛋白仅仅在疟疾寄生虫肆虐的地区才具有适应性。当在疟疾流行地区适应了的个体来到了相对没有疟疾的地区，那么异常血红蛋白就变得相对不利了。尽管非裔美国人中带有镰状细胞的人所占比例依然相对较高——大约有8%的非裔美国人带有镰状细胞，但是这与当时被运送到美国来的第一批非洲黑奴相比，已经有了非常显著的下降，当时的比例为22%。当然，如果在疟疾流行地区，疟疾这种致命的疾病在过去的几代人当中得到了控制的话，镰状细胞等位基因相应地也会下降。

这个例子还说明了文化在生物适应性中的重要作用。在非洲，严重的疟疾曾经并不是一个重要的问题，直到几千年前，人们放弃狩猎采集而转向了农业活动。为了务农，人们不得不在自然森林的覆盖区域中清出土地用来劳作。在森林当中，地面上腐烂的植被赋予了土地超强的吸收力，它能使得暴雨所带来的强降水迅速地被吸进土壤当中。但是，一旦清除了这些自然植被，土壤也就失去了这种效力。此外，如果没有森林的树冠来缓冲暴雨坠落时的冲击力，那么连续的暴雨将会进一步把土壤压实。雨后形成的无法被泥土所吸收的水坑就成了蚊子滋生的绝佳环境，这当然也就成了疟疾寄生虫肆虐的天堂。这些蚊子随后就开始把滋生出来的疟疾寄生虫传染到人身体上。

这样，人们在不知不觉中就为自己创造了一个不利的生存环境，在这个环境中，与镰状细胞性贫血紧密关联的异常血红蛋白反倒成了适应这个不利环境的有利特征。当生物的进化过程在解释镰状细胞等位基因的频率时，文化过程也在形塑人们所适应的环境。

适应和体质变化

人类学家根据生态群来研究生物的多样性，或者说根据某个特征的形式或频率在空间上的连续渐变来研究生物的多样性。镰状细胞等位基因的空间分布或生态群，使得人类学家得以认识到这一基因在疟疾流行环境中的适应性功能。对某一连续性特征如体形——它由一系列基因控制——的生态群分析，使得人类学家能够阐明体格作为对气候的一种适应在全球范围内的变化。

一般来说，长期生活在寒冷地区的人会比长期生活在炎热地区的人拥有更庞大的体形（并不等同于肥胖），而那些生活在炎热地区的人通常看起来比较高瘦。在炎热、开阔的乡村，得益于高瘦的身体，人们能迅速排除多余的热量。由于表面积与体积比相对较大，细长的身体也能促进热损失。一个体型较大、四肢相对较短的人可能更容易受到夏季高温的影响，但此人在寒冷条件下会保存所需的体热，因为其身体的表面积相对体积较小。

气候还能通过它在人类生长和发展过程中的作用来影响人类体质上的变化。例如，人体内用于对抗寒冷和驱散炎热的生物机制，已经被证明是依赖于个体在其儿时对气候的体验和经历的。那些在非常寒冷的气候条件下度过童年的个体会发展出一个修正循环系统，使得他们能够在寒冷的气候中，仍然保持一个舒适的状态，这是那些在稍微炎热地区成长起来的孩子所无法忍受的。与此类似，炎热气候会促进更高密度汗腺的发展，这创造了一个更高效率的汗腺系统来使身体保持凉爽。

文化过程使得对气候的生物性适应的研究变得更加复杂化。例如，儿童时期的不良饮食习惯会影响个体的生长过程并最终影响到成年后的体形和体格。衣物同样也会使这个问题复杂化。实际上，文化更多地解释了人们对于寒冷的适应方式而不是生物学。例如，为了应对极端恶劣的北极气候，加拿大北部的因纽特人在他们的衣物内部为自身创造了一个温暖的环境。这些文化的适应使得人类可以在全球范围内栖居。

宏观演化和物种形成过程

微观演化指的是群体在等位基因频率方面的变化，而宏观演化所关注的却是物种、新物种的形成，以及物种群体之间的演化关系。突变、遗传漂变、基因流动和自然选择等微观演化动力会随着物种的分裂而导致宏观演化的变化。

正如本章前面部分所定义的，物种——作为一个可以异种交配并繁殖后代的群体——在生殖上是相对隔离的。在某个池塘中的牛蛙与在隔壁池塘中的牛蛙是相同的物种，即便这两个群体可能从来都没有互相交配过。在理论上，如果把它们放在一起的话它们是可以互相交配的。但是隔离的群体却可能会在演化的过程当中变成不同的物种，很难确切地判断它们是从何时变得不同的。

特定因素（被称为“隔离机制”）能够分离物种群体并导致新物种的出现。由于隔离阻断了基因流动，影响了某一群体基因库的变化不能被引入其他群体的基因库当中。随机突变可能在某个隔离群体当中引进新的等位基因而不会在其他群体中再引进。而遗传漂变和自然选择则可能以不同的方式影响着两个群体。随着时间的推移，这两个群体之间的差异继续扩大，在一个分支形式中新的物种形成了，这就被称为“分支演化”。当某个独立的群体随着时间推移而积累了足够多的新突变，而被认为是一个独立的物种之时，“物种形成”还可能不在“分支”当中发生。这个过程就被称为“前进演化”（图2.16）。前进演化是在化石记录当中被推断出来的，有许多化石都记录着一群生物随着时间的推移而呈现出了不同的外观。

物种形成可以以各种各样的速率发生。学者普遍

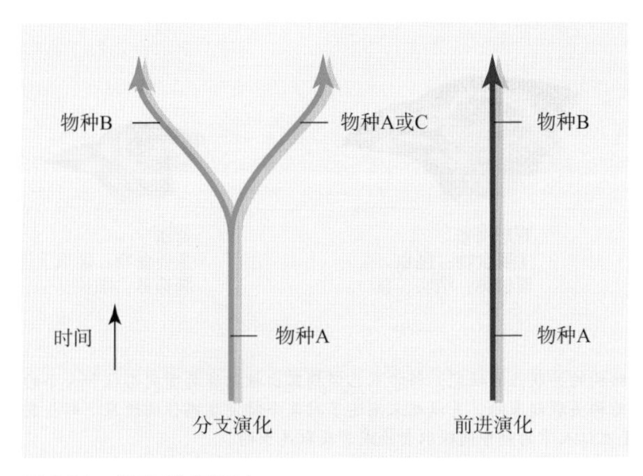

图2.16　物种形成机制

分支演化是随着同一祖先物种的不同群体变得在生殖上分离而发生的。通过遗传漂变和不同的选择，后代物种的数量也增加了。相比之下，前进演化能够通过一个变化性改变的过程而发生，这个过程是随着某些微小特征的差异（碰巧）有利于一个特定的环境并逐渐积累起一个物种的基因库而发生的。随着时间的推移，这个过程可能会产生足够多的改变并使得一个旧的物种转变成为一个新物种。遗传漂变也能解释前进演化。

认为通过自然选择形成物种的速度是缓慢的，因为生物有机体变得越来越适应它们的环境。然而，有时候，物种形成也可能非常迅速。例如，一个涉及某个关键的控制基因的突变，这个基因能够开启或关闭其他的基因，并导致一个新的身体规划的形成。这种基因事故可能涉及某些能够中断、替换或转移染色体的物质。

控制某一生物有机体生长和发展的基因可能对其成年形态有着最为主要的影响。科学家发现一些被称为同源异型盒基因的特殊关键基因，对生物有机体的生长和发展有着大规模和极为关键性的影响（图2.17）。如果某个新的身体规划偶然具有了适应性，那么自然选择就将会在较长时期内保持这种新的身体规划而不是去改变它。

古生物学家斯蒂芬•杰伊•古尔德（Stephen Jay Gould）和奈尔斯•埃尔德雷奇（Niles Eldredge）曾经提出，物种形成发生在一个间断平衡模型当中，或者可以说发生在快速物种形成时期与稳定时期交替时。通常这种演化变迁模型通过适应性与物种形成进行对比，有时被称为“达尔文渐进主义”。而通过对基因和化石记录的细心观察和仔细比对，可以发现演化变迁，其实在两种机制下都是可以进行的。不管是快速的还是渐进的变迁，其背后一定都暗含了基因的机制，因为突变可以有小的影响也可以有大的作用。

而探索分子遗传学如何支撑达尔文的进化论变迁显然是一个非常有趣的问题。例如，达尔文自然选择学说当中举到过太平洋西部厄瓜多尔的加拉帕戈斯群

图2.17　同源异型盒基因和新的身体规划

有时候单个基因的突变会导致某个生命有机体身体规划的重组。被称为“幼形触角”的同源异型盒基因导致果蝇的肢体在其触角处进行发育和生长，而另一种“幼形触角”同源异型盒基因使果蝇头部触角的位置长出了腿。

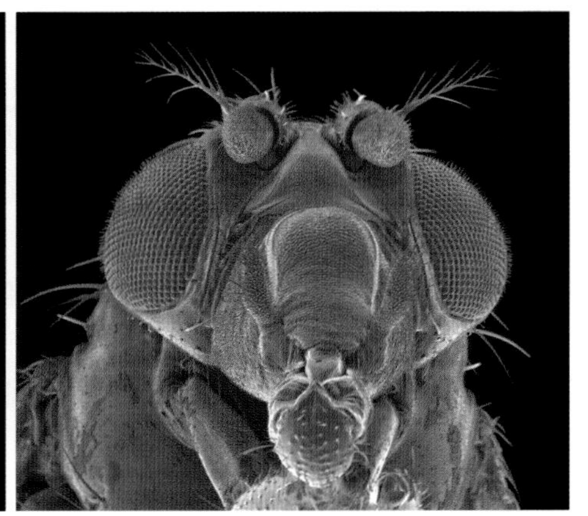

图2.18　适应性与达尔文的雀类研究

对于达尔文在加拉帕戈斯群岛中对于雀类嘴尖大小和形状与它们饮食结构的关联性的研究，科学家已经揭露出控制雀类嘴尖形状和大小的遗传学机制了。达尔文注意到了嘴尖大小与形状是如何与每个物种的饮食结构关联起来的，并以此来阐述了对某个特定生态位的适应。那些拥有利于碎裂的钝喙的雀类是食籽雀，而有着利于探取的长尖喙的雀类可能是在仙人掌的刺中间探取食物或者获取昆虫的。

岛的一个经典例子，他研究了雀类之间的嘴尖形状与大小是如何与其日常饮食结构相关联的（图2.18）。科学家识别出了两种蛋白质和控制雀类嘴尖形状和大小的潜在基因（Lamichhaney et al.，2015）。但更令人印象深刻的是，达尔文可以在没有分子遗传学帮助的情况下做出关于自然选择理论的推论。

从生物学的角度来看，演化解释了人类之间所有共享的东西以及人类多样性所展现出来的广泛差异。演化同样也是新的物种随着时间的推移被创造出来的原因。灵长目动物学家弗兰斯·德·瓦尔（Frans de Waal）曾经提出“进化论是一个非常宏伟的观念，它几乎赢得了愿意去倾听科学论点的所有人的关注”（de Waal，2001，p. 77）。在接下来的几章里，我们将回到人类进化的论题上来，不过首先我们得了解一下现存的其他灵长目的动物，包括它们究竟在哪些方面与人类是相同的，以及是什么在灵长目动物当中区分出了那么多种形式。

思考题

1. 遗传学和DNA是否成了你日常生活中的一部分？如果是，那又是怎么体现的呢？遗传学是如何挑战你对人之所以为人的认识的呢？你的生活或你周围人的生活是如何被DNA结构决定的呢？

2. 科学事实和理论能够挑战其他的信仰体系。那么关于人类进化的科学模型是否能够与神创论的宗教信仰共存呢？你个人是如何调解科学与宗教的关系问题的？

3. 突变、遗传漂变、基因流动和自然选择这四种演化动力都能影响生物学上的变异。有些是在个体层面上起作用的，而有些则是在群体层面上起作用的。比较和分析这些演化动力并概述它们对生物性变异所做出的贡献。

4. 群体中的镰状血红细胞等位基因的频率为基因层面上的适应提供了一个经典的案例。描述一下这种致命等位基因的好处，突变究竟是好事还是坏事？

深入研究人类学

模因的意义

在互联网上传播的模因似乎与生物学和遗传学没有什么联系。但它们有共同的祖先。进化生物学家理查德·道金斯（Richard Dawkins）创造了“模因”一词，它指的是文化传播的抽象单位，类似于基因在生物学中的作用（Dawkins，1976）。道金斯认为，文化信息与生物属性一样，受到许多进化力量的影响，他的想法催生了模因论，吸引了不同学科的学者。模因实际上可以是任何能够自我复制的东西（在人与人之间传播），包括短语、歌曲、手势、时尚趋势、病毒视频、仪式、宗教传统、烹饪、技术等。

请选择一个当代的模因，研究它的遗传史，思考本章所讨论的演化力量是如何影响其文化途径的，以及它是何时、如何变异的？它与哪些模因“等位基因”在繁殖成功方面展开了竞争？它如何适应不同的文化环境？另一方面，模因为什么不符合基因遗传过程？

挑战话题

几代以来，大眼睛、长相甜美的懒猴一直是东南亚民族传统神话和医学的一部分。传统的猎人会用叉状的棍子诱捕在夜间活跃的懒猴，并用它身体的各个部分来治疗骨折、哮喘和性传播疾病。今天，这个可爱的灵长目动物的网络视频获得了数百万的点击量，使得懒猴神话在全世界传播。这种名声是具有毁灭性的，因为这使许多人想养懒猴，并且增加了相关旅游景点对其的需求。现在，这种独特的灵长目动物的所有物种都濒临着灭绝。懒猴有着锋利的牙齿，其臂腺能分泌一种与唾液混合的恶臭液体，这使某些人给它们贴上了有毒的标签。为了让它们能像宠物一样安全地与人类互动，人们会拔掉它们的牙齿。很多懒猴接受手术、遭到囚禁后，是无法存活下来的。尽管国际保护组织将懒猴贸易定为了非法，但90%的懒猴已经灭绝（Nekaris et al., 2010）。并不只是懒猴，其他许多灵长目动物——包括我们的近亲，类人猿——也濒临灭绝，这主要是由人类的行为所导致的。如果我们的这些灵长目近亲与我们之间的差异仅仅是我们拥有更出众的智力与更复杂的语言，那么现在是时候运用这些才能去保护它们了！我们人类当今面临的挑战是，勇于发声，并参与到确保其他灵长目动物不会灭绝的行动中去。

现存的灵长目动物

第三章

学习目标

1. 认识灵长目动物学家的主要研究方法以及他们所维护的伦理规范。

2. 定位灵长目动物在动物界中的位置，并且将它们与其他哺乳动物和爬行动物进行对比。

3. 构建灵长目动物之间的演化关系。

4. 认识灵长目动物解剖学以及灵长目动物行为的基本特征。

5. 区分灵长目动物五个自然群体的基本特征。

6. 认识保护灵长目动物的关键问题及其方法。

1960年10月，年轻的简・古道尔给她的导师——古人类学家路易斯・李基（Louis Leakey）——发回消息说，她观察到了两只黑猩猩用木棍作为工具在它们巢穴外面的土丘上钓食白蚁。李基的回应是，“目前我们必须重新定义‘工具’与‘人类’，或者承认黑猩猩是人类”（Jane Goodall Institute，2015）。

西方科学家在对灵长目动物进行田野研究时总是持有一定程度的人类中心主义，并且始终关注的是这些非人类的灵长目动物能够告诉我们关于我们自身的一些什么东西。事实上，这就是本章的目的。通过研究灵长目动物的生理和行为，我们对于人类与它们之间的关系有了一个更加深入的理解，包括我们在哪些方面是与它们共享、共有的，又是哪些方面把人类与它们区分开来的。如今在我们这些灵长目近亲当中所做的交流和工具使用方面的研究，能帮助阐明一个古老的“本性—教养”的问题：人类行为当中有多少是生物和生理所决定的？又有多少是来源于文化的？

如今，人类是唯一能够在全球范围内栖居的灵长目物种。随着人口规模蹿升到一个不可持续的水平，许多灵长目群体则悬停在了濒临灭绝的边缘。就此而言，本章的学习目的并不只是更好地认识我们自己，也包括学习如何去保护这颗星球上与我们共存的这些灵长目近亲。

灵长目动物学的研究方法与伦理规范

正如人类学家运用多种多样的方法来研究人类一样，灵长目动物学家也运用大量的研究方法，来研究这些现存的灵长目近亲的生理、行为和演化历程。某些灵长目动物学家关注的是古代骨骼的比较解剖学，而其他一些灵长类动物学家则研究现存物种之间的比较生理学和遗传学，并以此来追踪这些物种之间的演化关系。灵长目动物学家对灵长目动物生理和行为的研究并不仅仅是在其自然栖居地进行，还包括动物园、灵长目动物研究专业基地和学习实验室等。

众所周知的灵长目动物学家简·古道尔，是一位世界闻名的英国研究者。她一生都在黑猩猩的栖居地对它们做深入的观察和研究。除了记录下黑猩猩行为的范围和细微的差别，她同样也致力于捍卫灵长目动物的栖居地，为圈养的灵长目动物争取人道待遇。

保存和维护的理念进一步带来了研究方法的创新。灵长目动物学家发展出了许多非侵害性的研究方法，这些方法使得他们在田野中研究灵长目动物的生理和行为时，能够把对它们的生理侵害降到最低。灵长目动物学家会在其田野工作中搜集灵长目动物所遗留的毛发、粪便和身体分泌物等，以用于后期的实验室分析。这些分析提供了许多非常珍贵的信息，比如它们的饮食习惯或遗传关联等特征。

对圈养动物的研究使得灵长目动物学家可以记录下我们这些近亲的人性和它们令人讶异的语言和概念能力。有的人类学家会把其毕生都投入通过电脑屏幕上的图片和美国标准手语教灵长目动物交流中去。当然，即便是富有同情心的囚禁也会给灵长目动物带去压力。然而，通过这些研究所获得的知识最终将会用于保护灵长目动物的生存。

乍一看，我们似乎会觉得在野外研究这些动物会比在囚笼中研究它们显得更加人道。但即便是野外的研究也会引发很多重要的伦理问题。灵长目动物学家必须保有一个意识，即他们的出现会如何影响这些群体的行为。例如，对人类观察者的宽容是否会让这些灵长目动物变得更加脆弱？习惯了人类的灵长目动物生活在野外自然保护区之外，并与其他人类密切接触，这些人类比起观察可能对狩猎更感兴趣。人类与灵长目动物的接触同样也会使濒危的灵长目动物暴露在人类所携带的感染性疾病当中。

不管是在囚笼中与灵长目动物相处还是在野外观察灵长目动物，灵长目动物学家都必须严肃考虑他们所研究的灵长目动物的福祉。美国灵长目动物学家米歇尔·戈德史密斯（Michele Goldsmith）在“原著学习”这一部分就深入探讨了这个问题。

大猩猩生态旅游：保护的伦理考量

米歇尔·戈德史密斯

在过去的20年中，我一直在研究和写作关于乌干达布温迪密林国家公园（Bwindi Impenetrable National Park）中生态旅游对山地大猩猩的影响。作为一个生物人类学家和自然保护主义者，我重点关注的是习惯性——这是生态旅游业发展的必要前提条件——以及它是如何影响大猩猩的行为和福祉的。所谓习惯性指的是野生动物对人类观察者的接受并把他当作自己所处环境中的一个中立元素。尽管来自习惯了人类的灵长目动物的信息，能够为研究和保护提供大量信息，但是很少有人会意识到这些灵长目动物消除了对人类的恐惧后所要承担的代价。

习惯性的影响首先发生在适应环境的过程当中。观察者远远跟在这些动物后面，随着时间的推移而离得越来越近。许多因素都有利于这一过程的加速与成功，比如地形（开阔地带与茂密的森林）、提前暴露于人类面前、狩猎压力等。这个过程不仅对大猩猩来说充满压力，甚至对观察者来说也充满危险。在这一习惯的过程当中，一群西部低地大猩猩可能会对观察者的声音表现出害怕，这就增加了它们攻击的行为，并且这也会改变它们的日常生活模式。这种恐惧和压

灵长目动物学家米歇尔·戈德史密斯正在野外观察大猩猩。

力能使这些大猩猩丧失生殖能力并削弱它们的免疫系统。攻击性的行为会使观察者被雄性银背大猩猩围困，并可能导致一些人被击打和撕咬。

一旦完全习惯，大猩猩可能就会要承担一些难以预见的后果。例如，消除了对人类恐惧的大猩猩会变得特别容易被捕。曾经有五只习惯了观察者的布温迪大猩猩被偷猎者击杀，而偷猎者只是想通过击杀它们来获得一只幼猩猩。此外，人类还会将许多不稳定性和战争冲突带进大猩猩生存的地带。研究点和旅游点的突然撤离使得习惯了人类的大猩猩被遗留了下来，而此时，大猩猩就更容易成为捕猎者的枪下之靶。

关于生态和行为的长期改变，我的研究还指出，已经习惯了人类的大猩猩群体的饮食、巢穴和日常生活模式都与同一研究地区其他的“野生”大猩猩非常不同。1998年为了发展旅游业，习惯了人类的那夸林戈群体（The Nkuringo group）从2004年开始就生活在布温迪密林国家公园保护区的边缘地带了。这些大猩猩有90%的时间都是在公园之外的地方度过的，它们会去人类栖居的地区和农场及其周围。这些行为方式的改变使得大猩猩付出了巨大的代价，比如与人类及人类排泄物的接触增加，与农民发生冲突并可能受伤，由于这些地区大多是开放的被狩捕的可能性增加，感染疾病的可能性也会增大。

另外一个对大猩猩行为的影响可能就是人工增加其群体的规模。例如，目前有一群拥有44个成员的大猩猩群体生活在维龙加斯，而当地这类群体的平均规模是10个左右。此外，人们认为，由于对人类的恐惧，“野生”成年雄性大猩猩将会挑战另外一只主导性的雄性，但是它们要么会被阻止发起这场挑战，要么就会输给已经习惯了人群的那只大猩猩。

对类人猿之类的动物来说，也许习惯人类以后最大的一个威胁就是疾病。目前已知有19种病毒和18种寄生虫能够同时感染类人猿和人类。这些疾病曾经导致维龙加斯、布温迪、马哈尔、泰国和贡贝有63到87只习惯了人类（研究者和旅游者）的类人猿死亡。就拿生活在布温迪的大猩猩来说，研究显示，诸如隐孢子虫和鞭毛虫这类的寄生虫，在公园保护区边缘已经习惯了人类的大猩猩群体中是非常普遍的。

大猩猩旅游业是可持续发展的吗？20世纪80年代早期，大猩猩旅游业是以拯救的姿态出现的，因为它能帮助阻止捕杀并且为那些濒危的存活动物提供价值。然而，当今这一天平似乎已经倾斜。就拿2011年来说，61%的山地大猩猩都已经习惯化了，这其中有17%是为了研究的需要，而有44%则是为了旅游业发展的需要。我们知道，习惯化了的大猩猩会更容易受到压力，还会改变自己的行为方式，并且在人类的疾病面前变得更加脆弱。令人感到恐惧的是，致命的、传染性很强的疾病将会迅速影响到整个被孤立的群体并且最终导致只剩下几只幸存者。最为重要的不是要使更多的群体习惯化，而是要去更好地管理那些已经习惯化了的群体。当我们继续把大猩猩群体置身于危险当中的时候，伦理上的考量是至关重要的。习惯化，尤其是为了旅游业的习惯化，根本拯救不了大猩猩。

作为哺乳动物的灵长目

灵长目，包括人类，是哺乳动物纲中几种类别中的一种，而哺乳动物纲中还包括啮齿目、食肉目和有蹄目（有蹄类哺乳动物）等。其他的灵长目动物还包括狐猴、懒猴、眼镜猴、猴类和猿类等。人类——与黑猩猩、倭黑猩猩、大猩猩、猩猩、长臂猿和合趾猿一起——形成了人猿超科，通常称之为类人猿，它是灵长目中的一个超科。从生物学上来讲，人类属于人猿超科，所以人类也是猿。

灵长目与其他哺乳动物一样聪明，但与其他哺乳动物和脊椎动物相比，灵长目拥有更大容量的大脑。发达的脑力、哺乳的生长和发育模式形成了哺乳动物特有的灵活行为的生物学基础。

大多数物种的幼体生下来就能生存，卵子在母体的子宫中被孕育，直到胎儿发育到高级的生长阶段。幼体一出生就能够从母亲的乳腺当中获得乳汁，而这一生理性特征也正是哺乳动物得其名的原因所在（图3.1）。在这段婴儿依赖期内，哺乳动物的幼体需要学会很多成年阶段用得到的东西。一般来说，灵长目，尤其是类人猿，有一段很长的婴儿期和儿童依赖期，在这段时期内，幼体学会了在它们社群当中生存的方式。

图 3.1　护理黑猩猩

只要看一眼这只雌性黑猩猩和她的幼崽，就能证明我们与我们最亲近的亲属之间的所有共同点。它们的身体和我们的身体有着相同的基本形式。我们可以读懂它们的肢体语言和面部表情，也许仅仅是看着它们就能回想起我们自己的经历。护理婴幼儿是大多数哺乳动物的一项重要工作，猿类的母亲需要看护它们的幼儿4～5年。北美和欧洲所盛行的用奶罐喂养婴儿是对猿类行为模式很大程度上的脱离。尽管已经证明母乳喂养对母亲和孩子都有好处（母亲可以降低乳腺癌的发病率，婴儿可以增强免疫系统），但是有些文化规范还是会阻止母乳喂养。比如在美国，只有27%的母亲用母乳喂养她们一岁或12个月大的婴儿。相比之下，全球范围内女性看护幼儿的年限基本都是3年左右。

最早的哺乳动物是在大约2亿年前从爬行动物演化而来的，当时它们是较小的、夜行的（在夜间活动）的生物。随着许多爬行动物，包括大约6500万年前的恐龙的大规模灭绝，许多生态位（或者说它们生境中的功能性位置）对哺乳动物来说都变得可行了。一个物种的生态位合并了诸如饮食、活动、领地、植物、捕食者、猎物和气候等因素。随着地球冷却下来，新的生态位开放了出来，并使得哺乳动物得以填充进去。这导致了哺乳动物的适应性辐射，即随着环境的变化，演化群体也迅速变得多样化。

通过偶然的机会，哺乳动物已经预先适应了——通过所持有的生物性配置来利用大规模灭绝和气候变化给它们带来的新机会。作为恒温动物，哺乳动物有能力恒定自己的体温。这样哺乳动物就能在各种环境温度中保持活力，而爬行动物作为变温动物，则需要从其周围的环境当中获取温度，当其周围环境温度下降时它们也就逐渐变得迟钝起来。

然而，哺乳动物需要高热量的饮食来维持它们体温的恒定。为了满足这种需要，哺乳动物发展出了比爬行动物更加优越的嗅觉和听觉系统。哺乳动物与爬行动物照顾幼体的方式也不一样。哺乳动物是“K-选择”型物种（来自德语Kapazität，能力的意思），这就意味着它们每次生育的后代相对较少，并对这些后代给予大量来自父母的关怀。相反，爬行动物是“R-选择”（来自Rate）型的，也就是说它们一次会生育出大量的幼体，但是在这些幼体出生后父母对它们投入极少的关怀和照料。

尽管在哺乳动物当中，有的物种相对来说更倾向于“K-选择”型，而有的物种则更倾向于“R-选择”型，但是哺乳动物比爬行动物需要更多的营养，这些营养大多来自父母的投入并用于其体温的恒定过程当中。哺乳动物与动物界的其他成员相比显得更加活跃。它们高水平的活跃能力依赖于相对恒定的体温、口鼻间隔开（使得它们在饮食的时候还能呼吸）的有效呼吸系统、协助呼气和吸气的横膈膜，以及能够阻止有氧血和缺氧血混合的高效的四腔心脏。

哺乳动物的四肢位于身体下方而不是身体外侧。这种配置使得哺乳动物可以直接支撑并可以简单而灵活地运动。关节的构造使得幼体在成长的同时能够提供一个强壮且坚硬的关节表面，这就使得哺乳动物可以经受得起持久活动所带来的压力。哺乳动物在达到成年阶段时就停止生长了，而爬行动物一生都在生长。

哺乳动物和爬行动物的牙齿也不一样。爬行动物的牙齿都是非常尖锐的钉状齿，并且形状基本相同。而哺乳动物的牙齿种类较多且基本上是各司其职的：门牙负责啃咬和切割；犬牙负责撕扯、捕杀和战斗；前磨牙要么负责切割或撕扯，要么负责粉碎和碾压（根据不同种类的动物而有不同）；而臼齿则是负责粉碎和碾压（图3.2）。这使得哺乳动物能够食用各种各

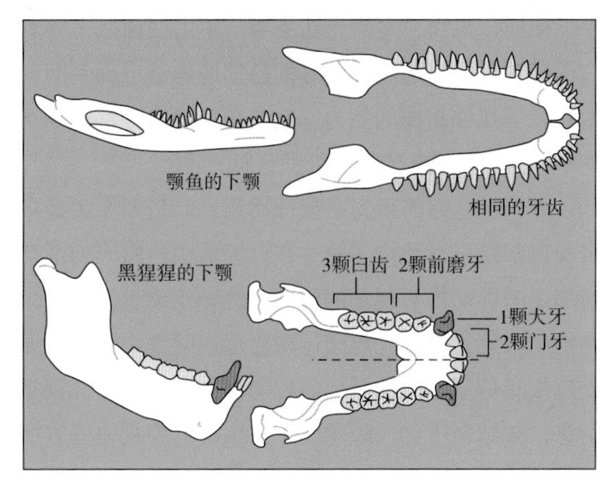

图3.2 爬行动物和哺乳动物牙齿的比较

鳄鱼的下颚跟其他爬行动物的下颚一样，包含了一系列几乎相同的牙齿。如果一颗牙齿碎裂或掉了出来，那么在同一个地方新的牙齿就会长出来。与之相比，哺乳动物某类特定牙齿的数量都是极其精确的，并且随着群体的不同牙齿形状也相应会有所不同，就拿黑猩猩的下颚来说：图中在这个下颚前面部分用蓝色标出来的是它的门牙；随后用红色标示出来的是它的犬牙；紧接着用黄色标出来的是它的2颗前磨牙和3颗臼齿（最后一颗在人类身上指的是智齿）。

样的食物——这是它们的一大优势，因为它们需要比爬行动物获取更多的食物来保持它们高水平的活力。哺乳动物牙齿的专门化使得科学家可以通过比较牙齿来鉴别物种和演化关系。但是哺乳动物也会因为它们专门化的牙齿分布而付出一些代价：爬行动物在其生命周期以内可以反复更替牙齿，而哺乳动物则只能更替两组。第一组牙齿的更替发生在不成熟的动物身上，随后被恒牙所替代。

当全球大部分地区有利于热带森林和亚热带森林生长的温暖气候返回来的时候，最早的类灵长目生物开始出现了。哺乳动物的适应性辐射包括树栖（生活在树上的）哺乳动物的演化发展，而灵长目是从树栖哺乳动物演化而来的。灵长目动物的祖先身材较小，这使得它们可以利用树枝来逃避更大的竞争对手和捕猎者的追杀。栖树生活为它们打开了一个丰富的食物供应链。这些灵长目动物可以直接上树采集树叶、花

朵、果实、昆虫、鸟蛋和幼鸟等，不用在树底下等着它们落地。自然选择所偏好的是那些能够准确判断高度和紧紧抓住树枝的能力。这些在森林当中存活下来的个体把它们的基因传递给了它们的后代。

灵长目动物的祖先是夜行动物，但是如今大多数灵长目都是日行动物了——在白天活动。白天的活动增加了哺乳动物对视觉的依赖，这导致灵长目动物大脑的学习能力更强。与爬行动物用视网膜中的神经元处理视觉信息不同的是，哺乳动物在大脑中处理视觉信息，并结合听觉、触觉、味觉和嗅觉等其他感官所接收的信息。从夜行到日行的这一转变牵涉到了非常重要的生物性调整，而这又形塑了当今人类的生理和行为。

灵长目动物的分类

分类学所反映的是科学家对于自然世界的理解。由于现存生物之间演化关系的科学知识随着时间推移而不断发生变化，所以这些分类系统也是在不断地重构的。随着新的科学发现的出现，分类的类别必须重新进行划定，这可能会引起科学家的分歧，因为新的分类反映了演化关系新的观点。

当创建一个分类学上的类别时，科学家会特别关注在演化史上近期才出现的一些特征，而这些特征又与其他类别的不同，于是科学家把这些特征称为突生特征。相反，祖传特征则不仅出现在当代物种中，也出现在古代物种中。例如，双侧对称的身体规划——身体的左边部分与身体的右边部分是完全对称的——就是人类的一种祖传特征。由于双侧对称是所有脊椎动物的特征，包括鱼、爬行动物、鸟和哺乳动物等，所以根本无法用它来重构灵长目动物之间的演化关系。相反，科学家特别关注最近演化出来的突生特征，并想要以此来建构演化关系。

趋同演化——拥有不同祖先的两种生物形式由于某些相似的功能发展出了一些相似性——使得分类学上的分析变得更加复杂。典型的趋同演化案例我们在第二章讨论过，比如鸟的翅膀与蝴蝶的翅膀，它们非常相似，因为它们服务于非常类似的功能。当某个环境对没什么关联的生物有机体施加了相似的压力并导致它们彼此相似的时候，趋同演化就发生了。想要把那些由趋同演化所带来的身体上的相似性与那些源自共同祖先的身体上的相似性区分开来似乎是非常困难的。

在那些彼此之间联系较为紧密的群体之间，同源结构的趋同演化也会发生，比如当一个相同的结构出现在几个不同的远亲物种中时，呈现出相似的形式。狐猴（在非洲海岸之外一个大型孤立海岛马达加斯加岛上发现的一种灵长目动物）和人类都是后腿主导型的。大多数灵长目动物的后肢要么是比前肢短，要么是与前肢等长。尽管人类和狐猴是远亲物种，但两者的运动模式都依赖于较长的后腿。人类用两条腿行走，而狐猴是运用它们长长的后腿来推进自己在树与树之间的运动和攀爬。后腿主导在这两个群体当中是独立出现的，这无法表现出紧密的演化关系。只有共享的突生特征才能被用于建立物种群体之间的演化关系。

对灵长目类别分类有两种观点：一种是把灵长目动物从目级的层面上划分出两个亚目，而另一种则是在人科的层面上分为人科和人亚科。在这两种情况中，追溯到林奈时期的旧的分类系统都是来源于共享的、可见的身体特征之上的。相反，新的分类系统依赖的则是基因分析。尽管分子证据已经证实了人类与其他灵长目动物之间的紧密关系，这些基因也挑战了那些从身体特征当中推断出来的演化关系。基因比较的实验室方法包括扫描物种的整个基因组，以及比较DNA、RNA或蛋白质中氨基酸的碱基精确排布序列。

研究分类学的科学家使用的数据来自遗传学和形态学（身体形式和结构）。他们参考分类群体中身体规划的整体相似性来作为一个分类级别。对DNA和

RNA共享序列的考察则使得研究者可以建立起一个分化枝，而一个分类群体就包含了一个共同的祖先及其所有的后代。基因分析使分类过程得以精确地量化，但是这些数字的含义却并不总是很清楚（回忆一下第二章的“原著学习”——98%的相似：我们与猿类的相似性对于我们理解遗传学有什么帮助）。

林奈的分类系统把灵长目动物划分为两个亚目：原猴亚目（来自拉丁文Prosimii，指的是“猴子之前”），它包括狐猴、懒猴和眼镜猴；类人猿亚目（来自希腊语Anthropoidea，指的是“与人相似”），它包括猴类、猿类和人类。有的人会把原猴亚目动物称为“低级的灵长目动物”，因为它们与最早的灵长目动物化石很像。尽管过去有些原猴亚目的动物身形比较大，但大多数原猴亚目动物的身形都如猫般大小，甚至更小。原猴亚目同样保留着某些在非灵长目哺乳动物中比较常见的祖先特征，比如爪子和鼻子上湿润且裸露的皮肤等，但类人猿亚目的动物早就随着时间的推进而摆脱掉了这些特征。

在亚洲和非洲，所有原猴亚目的动物都是夜行且栖树的生物——这点同样也与灵长目动物很像。然而，大量日行且地栖的原猴亚目动物生活在马达加斯加岛上。在世界上其他地方，只有类人猿是日行动物。这个群体有时候又被称为“高级灵长目动物”，因为它们出现在演化历史的晚期以及有这样一个挥之不去的信念：包括人在内的群体一定是“更进化”的。从现代生物学的视角来看，没有物种比其他物种“更进化”。

分子证据使得一个新的灵长目动物分类的建议被提了出来（表3.1）。研究者在眼镜猴（与狐猴和懒猴很像的夜行动物）、猴类和猿类之间发现了一个紧密的基因关系（Goodman et al.，1994）。这一分类方案反映了狐猴和懒猴的基因联系并把它们置于湿鼻亚目当中（来源于希腊语的Strepsirrhini，指的是“翻转的鼻子”）。反过来，简鼻亚目（来自希腊语Haplorrhini，指的是“简单的鼻子”）则包括眼镜猴、猴类和猿类。这一分类方案又将眼镜猴与猴类、猿类分开置于一个次目当中。尽管新的分类方案准确地反映了基因联系、级别之间的比较和组织的整体水平，但是原猴亚目和类人猿亚目的划分在调查形态学和生活方式的时候显得更有意义。

在旧的分类方案当中，类人猿亚目被划分为了两个次目：阔鼻次目（来自希腊语“Platyrrhini”，指的是“扁平的鼻子”）或新世界猴和狭鼻次目（来自希腊语“Catarrhini”，指的是“低垂的鼻子”），这两个

表3.1　灵长目动物的两种替代性分类方法：眼镜猴的不同位置

亚目	次目	超科（科）	定居点
1. 原猴亚目（低级的灵长目动物）	狐猴次目 懒猴次目	狐猴超科（狐猴、光面狐猴和指猴） 懒猴超科（懒猴） 跗猴超科（眼镜猴）	马达加斯加 亚洲和非洲 亚洲
类人猿亚目（高级的灵长目动物）	阔鼻次目（新世界猴类） 狭鼻次目	悬猴超科 猕猴超科（旧世界猴类） 人猿超科（人类和猿类）	热带美洲 亚洲和非洲 亚洲和非洲（人类遍布全世界）
2. 湿鼻亚目	狐猴次目 懒猴次目	狐猴超科（狐猴、光面狐猴和指猴） 懒猴超科（懒猴）	马达加斯加 亚洲和非洲
简鼻亚目	跗猴次目 阔鼻次目（新世界猴类） 狭鼻次目	跗猴超科（眼镜猴） 悬猴超科 猕猴超科（旧世界猴类） 人猿超科（人类和猿类）	亚洲 热带美洲 亚洲和非洲 亚洲和非洲（人类遍布全世界）

次目之下又包括猕猴超科（旧世界猴类）和人猿超科（猿类）。尽管新世界和旧世界这两个术语反映了欧洲中心主义历史观（美洲仅仅对欧洲人来说是新世界，对生活在美洲的原住民来说并不是新世界），但是这些术语对于灵长目动物来说有着演化和地质上的关联，我们将会在后面章节进行探讨。非洲旧世界猴类和猿类，包括人类，有着将近4000万年的共享的演化历史，而这与美洲热带的类人猿灵长目动物演化的阶段不一样。“旧世界”在这个背景之下所表示的是类人猿灵长目的起源。

就人类的演化而言，大多数的分类争议都源自由类人猿之间的分子证据所建构出来的关系。类人猿或猿类超科的成员——长臂猿、合趾猿、猩猩、大猩猩、黑猩猩、倭黑猩猩和人类——都有相同的身体特征，比如宽阔的肩膀、消失的尾巴。人类的二足性（用两条腿走路）和文化使得科学家认为，猿类与人类之间关系的紧密程度远不如这些猿类之间关系的紧密程度。这样，人类及其祖先就被分到了人科之下，与其他猿类区分开来。

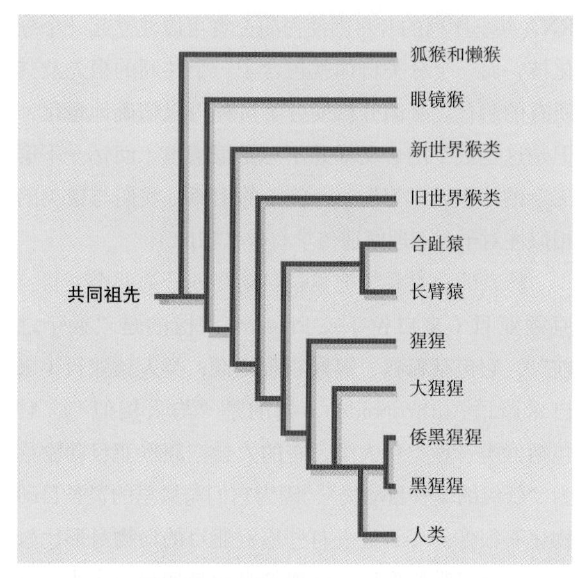

图3.3　灵长目动物之间的关系

分子证据在多样的灵长目动物群体之间构建了这些关系。这些证据显示眼镜猴与猴类和猿类之间的关系比它们与狐猴和懒猴的关系更加亲密，即便它们与后者在身体上更为相似。目前所思考的是，人类和非洲猿类的演化线路是在大约500万至800万年之间开始出现分歧的。

血液蛋白质分子分析和DNA分子分析技术的发展后来证明了，人类与亚洲猿的关系（猩猩和更小的合趾猿和长臂猿）远不像与非洲猿的关系那么亲密（非洲猿又包括黑猩猩、倭黑猩猩和大猩猩）。这样，一些科学家又提出应当把非洲猿类放在人科当中，而把人类及其祖先在亚科的层面上与非洲猿类区分出来，即确立人亚科（图3.3）。

当今所有的科学家都同意人类与黑猩猩、倭黑猩猩与大猩猩之间的紧密关系，但是他们的区别在于是否运用人科或人亚科描述人类与人类祖先所划归的分类类别。博物馆的陈列中心和大多数通俗读物都倾向于保留“人科”这个旧的术语，以此来强调人类与其他非洲猿类之间显而易见的差别。科学家和一些出版机构（比如美国《国家地理》杂志）则运用“人亚科”这个概念来强调遗传学在建立物种间关系方面的重要性。除了文字游戏，这些词语的选择还反映了关系紧密的物种在理论上的联系。

虽然人类和非洲猿类之间的DNA序列有着98%的相同性，但是人类和其他猿类的DNA组成却不一样。与大猩猩和猩猩一样，倭黑猩猩和黑猩猩比人类多一对染色体，它们体内有两条中型染色体相互融合形成了染色体2。染色体是根据它们在显微镜下的大小来编码的，所以染色体2是人体内第二大的染色体（回忆一下图2.6）。人类和非洲猿类之间有18对染色体几乎是相同的，但是剩下的染色体对就都不一样了。

总的来说，与在长臂猿（22对染色体）和合趾猿（25对染色体）中发现的染色体相比，人类和其他的非洲猿类还是非常相似的。这两种紧密关联的物种在囚笼中产生了杂交的混血后代。大多数的研究表明，黑猩猩属（黑猩猩与倭黑猩猩）中的两个物种与人类之间的关系比它们任何一个与大猩猩之间的关系都要更亲近。对西部低地大猩猩进行的完整DNA测序表明，这一物种在近1000万年前从黑猩猩和人类中分离出来（Scally et al.，2012）。当然，黑猩猩与倭黑猩猩之间的关系倒肯定是比它们每一个与大猩猩和人类的关系要更加紧密。

灵长目动物的特征

现存的灵长目动物，包括人类，共享很多特征。例如，在棒球比赛中，投手能够向外用力猛击，这就归功于灵长目动物拥有可以紧握、投掷和三维透视等的体质特征。许多灵长目动物的特征都从它们栖树的生态位中发展而来。对于要从乔木和灌木的果实和花朵中捕食昆虫的动物来说，灵巧的双手和敏锐的视觉是这种环境中的适应性特征。

灵长目动物的牙齿

灵长目动物的食物有嫩枝、树叶、昆虫和果实等，这些使得它们并没有像其他哺乳动物那样获得专门化的牙齿。在大多数的灵长目动物（当然也包括人类）的上颚和下颚前面都会有4颗直边的凿状宽齿，它们被称为门牙（图3.4）。在门牙的两边各分布了一颗较大的、尖尖的犬牙。这些犬牙通常被用来防御以及撕裂和切割食物等。犬牙后面的前磨牙和臼齿（又叫作“后牙”）被用来碾磨和咀嚼食物。从牙龈中长出来的臼齿表征了年轻灵长目动物生长和发展的各个阶段（6年臼齿、12年臼齿和人类的智齿）。这样，衔抓、切割和碾磨的功能就分别由不同种类的牙齿来发挥了。前磨牙和臼齿的确切数量，以及个体牙齿的形状，在不同的灵长目动物当中会表现出很大的不同（表3.2）。

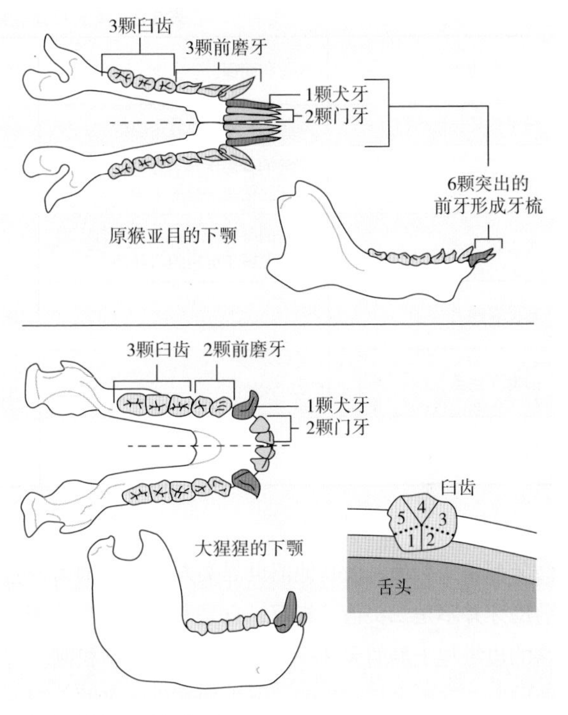

图3.4　灵长目动物齿列

由于灵长目动物各群体之间牙齿的确切数目和形状会有不同，所以牙齿通常也就被用来区分演化关系和群体成员。原猴亚目（图片顶端）的牙式是2-1-3-3，也就是在上下颚每侧各有两颗门牙、一颗犬牙、三颗前磨牙和三颗臼齿。同样，图中所示的下颚的门牙犬牙向前生长，就形成了一个“牙梳”，这个可以用来梳理毛发。旧世界猴类和猿类的牙式是2-1-2-3，图中下面部分所示的是大猩猩下颚的牙式。注意那两颗大大的突出的犬牙。图中右下角是臼齿中的一颗，它的尖端被用来说明在人猿超科动物当中发现的Y5模式。

灵长目动物的演化过程呈现其牙齿的数目和尺寸逐步缩小的趋势。祖先的牙式，或者哺乳动物牙齿类型和数量的模式，其上颚和下颚左右两侧各分布的三颗门牙、一颗犬牙、五颗前磨牙和三颗臼齿（表达为3-1-5-3），共48颗牙齿。在灵长目动物进化的早期阶段，上颚和下颚两边各有一颗门牙和一颗前磨牙消失了，其牙式为2-1-4-3。这一改变使得灵长目动物与其他哺乳动物变得不同了。

在几千年的演化时间当中，随着第一颗和第二颗前磨牙逐渐变小并最终消失，第三颗和第四颗前磨牙变得越来越大，其上面还增加了一个尖端（或称尖头），这就使得它们变成了“二头齿”。人类的八颗前

表3.2　灵长目动物解剖学上的变异与专门化

灵长目动物群体	头骨和面部	齿列与专门化	移动模式与身体形态	尾巴与其他骨骼方面的专门化
最早的灵长目动物化石	眼睛没有完全被骨头围绕	2-1-4-3		
原猴亚目	完整的骨圈围绕着眼睛，大鼻子和牙龈粘在一起的上唇	2-1-3-3 用于整理毛发的牙梳	后腿主导垂直攀爬和跳跃	有尾巴显现
类人猿	朝前的眼睛完全被骨骼封住，自由的上唇和更短的口鼻部			
新世界猴类		2-1-3-3	四足行走	有些动物的尾巴具有抓握力
旧世界猴类		2-1-2-3 有四个尖的臼齿	四足行走	有尾巴显现
猿类		2-1-2-3 下颚 Y5 模式臼齿	悬挂机制	没有尾巴

磨牙都是二头齿，但其他旧世界类人猿下颚的第一颗前磨牙并不是二头齿。相反，它是专门化的尖头牙，它的边缘与上颚的犬牙一起形成了一个裁剪机制。与此同时，臼齿也从原先的三个尖端演化成了四个到五个尖端。下颚臼齿的五尖端模式是现存的和灭绝的人科动物的典型特征。由于在人科动物下臼齿当中分离五个尖端的槽很像字母“Y”，所以人科动物下臼齿又被称为 Y5 模式。随着其牙齿和颚变小人类已经有点偏离 Y5 模式了，他们第二和第三颗臼齿通常只有四个尖端。四端和五端臼齿使牙齿很好地结合了衔抓、切割和碾磨等多种功能。

人类牙齿的演化趋势通常是朝更经济的，拥有更小、更少和更高效办事的牙齿排布方向发展。我们拥有 32 颗牙齿（与旧世界猴类和猿类共享 2-1-2-3 牙式），这比许多灵长目动物的牙齿都要少。当然，这一演化趋势并不意味着拥有较多牙齿的物种就比较“不进化”。这只能表明，它们的演化所遵循的是一条不同的路径。

大多数灵长目动物的犬牙都发展成了一些长长的、匕首状牙齿，这使得它们可以撬开坚硬的果壳和其他的食物（图3.5）。在许多物种当中，雄性比雌性

图3.5　**强大的犬牙**

尽管巨大的犬牙可以被某些雄性灵长目动物当作强有力的武器，但是它们通常更多是用来交流而不是吸血的。通过抬高它的嘴唇并露出闪亮的犬牙，这只山魈会马上获得它所在群体中年轻成员的臣服。在人类的演化过程当中，犬牙的尺寸整体上变小了，并且犬牙的大小在男性和女性身上也会有一定的不同。

拥有更大的犬牙。这一性别差异是两性异形的一个例子，两性异形指的是在某一特征的形状和大小上存在着性别的差异。成年雄性通常会把大型犬牙用于社交。如果一只成年雄性的大猩猩、狒狒或山魈张开嘴并露出了硕大尖锐的犬牙，那么群体中年轻的成员便会臣服于它。更小的人类犬齿过大的根部表明我们的祖先有较大的犬齿。

灵长目动物的感觉器官

灵长目动物对栖树生活的适应同样还改变了它们的感觉器官。对于最早的地栖、夜行哺乳动物来说，嗅觉是至关重要的。这使得它们可以在夜间行动、发现食物，并且侦查潜在的捕食者。然而，对于日间活跃在树上的生物而言，好的视觉能够帮助判断下一条树枝或美味食物的具体位置。因此，灵长目动物的嗅觉明显地退化了，但是视觉却得到了高度发展。

在树与树之间游荡需要对高度、方向、距离和空中悬挂物，如藤蔓或树枝的关系做出准确的判断。猴类、猿类和人类通过双目立体视觉来判断这些（图3.6），这一能力使得他们能够用一个包括高度、广度和深度的三维视角来审视这个世界。双目视觉（两眼必须坐落在同一水平线上来保证视域的重叠）和从眼睛到脑袋的神经连接，赋予其完整的三维视觉或立体视觉。这一配置使得神经细胞可以整合来自每只眼睛的图像。灵长目动物在视觉领域增长的脑容量和更复杂的神经连接系统都有助于它们的立体颜色视觉。

在灵长目动物各个物种之间，颜色和空间感知方面的视觉灵敏度变化多端。原猴亚目中的大多数动物都是夜行的（如本章开篇提到的懒猴），所以缺乏颜色视觉。狐猴和懒猴的眼睛（但是不包括眼镜猴）有能力反射视网膜之外的光线，它们眼睛后面神经纤维聚成图像的表面可以增强夜晚森林中有限的光线。此外，原猴亚目动物的视觉是双目而非立体的。它们的眼睛是从口鼻两侧的任意一边看出去的。虽然这也可

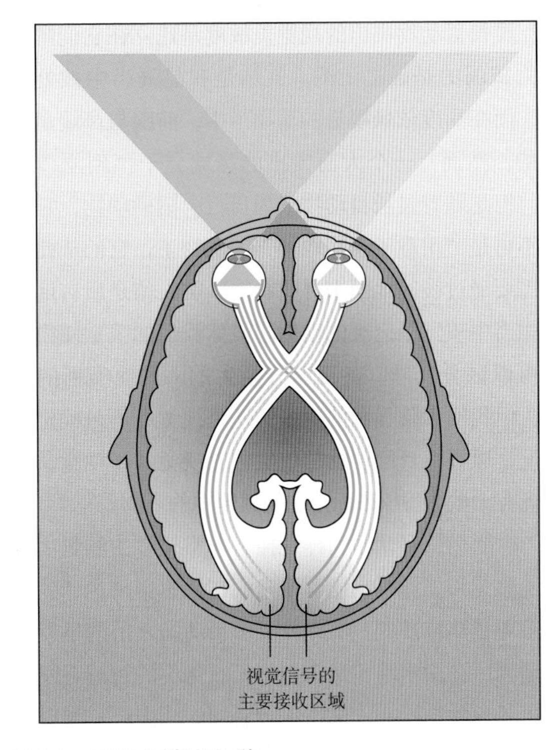

图3.6 灵长目动物的视觉

猴类、猿类和人类拥有双目立体视觉。双目视觉指的是朝前的双眼所造成的重叠视域。三维或立体视觉来源于双目视觉并且包括从双眼到各边脑部的信息的传输。

能会导致视域的重叠，但是它们的神经纤维不会穿越两边的眼睛而到达大脑两侧。

与之相比，猴类、猿类和人类就既拥有颜色视觉，也拥有立体视觉。区分颜色的能力使得类人猿灵长目动物可以挑选出成熟的红色的果实或绿色的鲜嫩多汁的叶子。与其他大多数哺乳动物相比，这显著地改善了它们的饮食。除了颜色视觉，类人猿灵长目动物在每只眼睛的视网膜当中还拥有一个被称为“中央坑”或“中央凹”的特殊结构。就像照相机镜头一样，这一特征使得它们能够聚焦到一个特定事物之上来清楚精确地感知它，在这一过程当中还不用牺牲与这个聚焦物体周围事物的视觉联系。

灵长目动物突出的视觉灵敏度是建立在它们嗅觉能力减弱的基础之上的。气味是在前脑当中被处理的，而在高度依赖嗅觉的动物当中，前脑与鼻端是相通的。然而，一个大而突出的鼻端会干预到立体视觉。但是随着灵长目动物成为日行、树栖动物，它们便不再是“用鼻子嗅闻地面”的生物了，它们从此便不需要通过嗅闻地面来寻找食物。类人猿是所有地栖动物当中嗅觉最迟缓的动物。虽然我们的嗅觉使得我们可以区分气味，甚至区分陌生的、其他类别的成员，但我们大脑强调的更多的还是视觉而不是嗅觉。相反，原猴亚目的动物却依然依赖嗅觉多于视觉，它们拥有大量的香腺来标记它们领地中的事物。

树栖灵长目动物同样还拥有非常灵敏的触觉。有效的感觉和抓握机制能够使它们在快速穿越丛林的时候避免坠落或摔倒。演化成灵长目动物之前的早期哺乳动物，在指末端和足末端处长有微小的触感毛发。而灵长目动物指头末端指甲背后的敏感肉垫和脚趾头取代了这些毛发。

灵长目动物的大脑

灵长目动物感觉器官上的这些变化相应地也引起了它们大脑的改变。大脑尺寸的增加，尤其是大脑半球的增加——负责意识和思想的区域——是发生在灵长目演化的过程中的。猴类、猿类和人类的大脑半球完全覆盖了小脑，而小脑是脑袋中用于协调肌肉和维持身体平衡的部分。

这一发展使得灵长目动物的行为变得更加灵活。灵长目动物并不是依赖由小脑控制的反射映像，而是不断对环境中各种各样的特征做出反应。来自手脚、眼耳的信息，以及来自平衡、运动、热觉、触觉和痛觉传感器的信息要同时传送到大脑皮质。为了接受、分析和协调这些印象并把合适的反应传回给运动神经，大脑皮质必须经过相当程度的演化。这种放大了的、应答性的大脑皮质提供给所有灵长目动物（包括人类）灵活的行为模式以生物性的基础。

如果视觉灵敏度的演化带来了更大的脑容量，那么灵长目动物在夜间环境下的捕食昆虫能力也很可能在脑容量扩大的过程当中扮演了一个非常重要的角色。捕食昆虫要求捕食者具有非常敏捷的行动能力以及肌肉上的平衡，而这非常有利于大脑中枢的发展。有趣的是，许多更高级的智力就是在大脑的运动中枢旁边发展起来的。另外一个用于解释灵长目动物脑容量增大的假设是：双手作为触觉工具替代了颚齿或鼻口，并承担了颚齿部分抓握、撕扯和切割等功能，而这再次要求大脑中枢发展出更加完整的协调系统。

灵长目动物的骨骼

骨骼系统为动物提供了内在的中轴骨（或脊椎），而这些中轴骨塑造了它们的基本形状、支撑了它们体内的软组织，并帮助保护了它们的内在器官（图 3.7）。例如，灵长目动物的头骨保护了它们的大脑和眼睛。与其他大多数哺乳动物相比，灵长目动物的头骨形状受到许多因素的影响：齿系的变化、视觉和嗅觉器官的变化，以及大脑尺寸增大等。

灵长目动物的颅骨（脑壳）比较高，并且是拱形圆顶的。类人猿灵长目动物在眼睛和太阳穴之间有一个坚实的分区，这能够最大限度地减少咀嚼肌的收缩对眼睛造成的损害，因为咀嚼肌与眼睛间隔非常近。枕骨大孔（拉丁语中的“大开口”）是头骨中的一个大开口，通过这个开口脊髓得以通过并且与大脑相连接。枕骨大孔为解释演化关系提供了重要的线索。在大多数哺乳动物体内，如狗和马的体内，这个开口是随着头骨沿着脊柱前突而直接向后开放的。相反，在人体内，脊柱是直接接入头骨的中心的，这样就使得头骨被放置在了一个平衡的位置上。对于习惯了直立行走的人来说，这是必需的。尽管其他的灵长目动物也经常栖息、就座，甚至常常直立身子，但是它们没法像人类那样完全直立起来，所以它们的枕骨大孔也

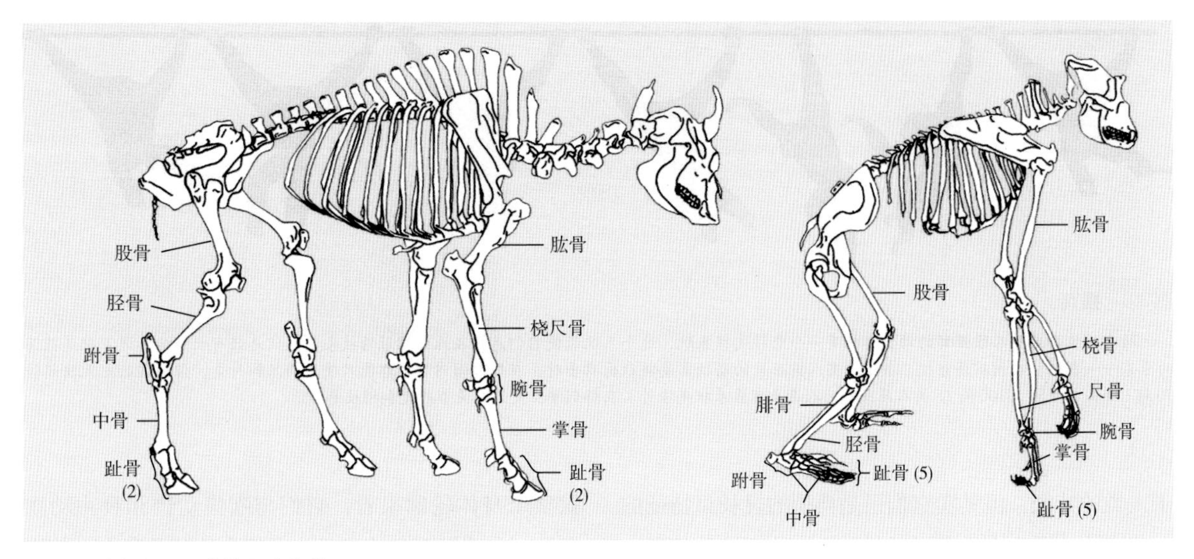

图3.7　**大猩猩和野牛的骨骼比较**

所有的灵长目动物都拥有与爬行动物和两栖动物一样的祖传的脊椎肢体模式，包括一根在上面的大长骨、两根在下面的长骨，以及五个发散式的指/趾骨（手指和脚趾）等，正如图中右边大猩猩的骨骼所示。其他的哺乳动物（如左图的野牛）拥有的则是这个模式的修订版。在演化的过程当中，除了两个指骨，野牛几乎丢失掉了其之前所有的骨骼系统，而这两个指骨就形成了它们的蹄子。它们肢体下端的第二根长骨缩小了。同样要注意的是这两幅骨骼中头骨和脊柱的连接。在野牛当中（其他大多数哺乳动物也是这样），头骨沿着脊柱向前延伸，但是在半站立的大猩猩身上，脊柱是比头骨要更低一些的。

就更加靠后。

由于类人猿灵长目动物变得更依赖视觉，它们头骨中的口鼻部分也相应地缩小了。更小的口鼻对立体视觉所造成的干扰也就更少，此外，它还能使眼睛占据一个正面的位置。所以，灵长目动物也就拥有了比其他哺乳动物更平的脸蛋。

灵长目动物的头骨和颈骨之下便是锁骨，锁骨是在哺乳动物祖先体内发现的骨骼，尽管有些哺乳动物，如猫，已经丧失掉这种骨骼了。锁骨的大小在不同灵长目动物身上是不一样的，主要受它们运动模式的影响。有着狭窄、强健身体的四足灵长目动物（如猴类）拥有较小的锁骨。相反，猿类则拥有较大的锁骨，这些锁骨使得猿类可以将手臂置于身体的两侧而不是身体的前面，这就形成了这类群体的悬挂支撑系统（见表3.2）。锁骨同样支撑了肩胛骨和促使臂膀灵活有力运动的肌肉——这使得高大的猿类可以悬挂在树枝下面并且在树与树之间行动与游走（图3.8）。

灵长目动物骨骼系统的肢体部分所遵循的也是最早脊椎动物祖传的基本身体规划。其他动物的肢翼专门用来完善其运动轨迹。灵长目动物的任何一条手臂或腿的上面部分是一根单独的长骨，而下面部分是两根长骨，接着是有五个发散式指（趾）骨的手或脚。灵长目动物手脚的结构特征使它们能够利用抓握机制在树枝间移动。指（趾）骨的极端灵活性使得灵长目动物（人类及其直系祖先除外）的大脚趾与其他脚趾是完全分离开的，而其大拇指与其他手指是不同程度上分离开的。

灵长目动物灵活的脊椎动物肢体模式对进化中的人类来说是一笔宝贵的资产。例如，可以抓握的双手使得我们的祖先可以制造和使用工具，这使得通过文化来适应环境的革命性道路被开辟出来。人类与其他灵长目动物的比较揭示出了许多我们之前认为是只属

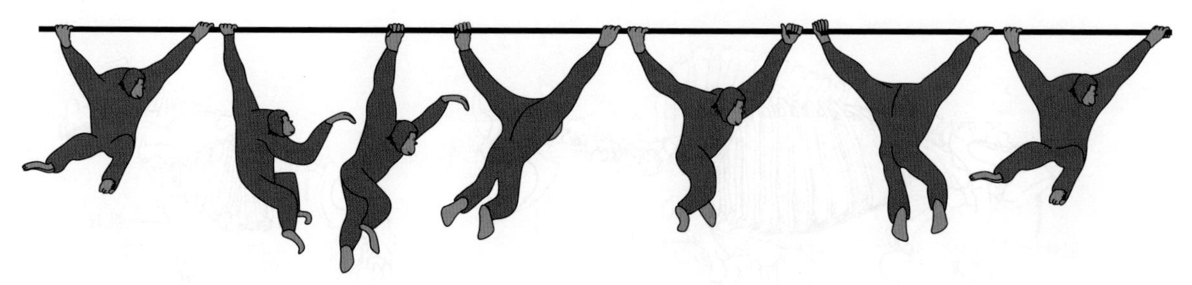

图3.8 **摆荡**

所有的猿类或类人猿亚目的动物都拥有一个悬挂支撑系统，这个系统能使它们悬挂在森林树冠的枝条上。但是只有长臂猿和暹罗猴是摆荡的专家——在树枝之间摇荡穿梭。当这些类人猿亚目的动物需要解放出双手时，在短时间内它们都能只使用两只脚行走，但通常行走无法超过50到100米（约50至100码）。类人猿亚目（人类及其直系祖先除外）在解剖学上更适应关节行走和树枝悬挂。

于人类的特征，但其实它们只是典型的灵长目特征的一些变体。因为人类是灵长目动物，才有这些特征。人类与其他灵长目的近亲——尤其是猿类——之间的差异更多的是程度上的差异，而不是种类上的差异。

现存的灵长目动物

除了一些居住在温带地区的旧世界猴类和栖居在整个地球上的人类，现存的灵长目动物大多栖居在地球上温暖的地区。接下来我们将会简要探讨一下现存灵长目动物当中五种自然分组的差异性：狐猴与懒猴、眼镜猴、新世界猴类、旧世界猴类和猿类。对其中的每个群体，我们都将从它们独特的栖居地、生理特征和行为等方面来进行讨论。

狐猴与懒猴

尽管狐猴的自然栖息地仅限于（非洲东海岸的）马达加斯加岛这个大岛之上，但是懒猴的生活范围却从非洲一直延伸到了南亚和东亚。人类抵达前，马达加斯加的狐猴没有遇到过来自类人猿的竞争，它们都是日行动物（在白天活动），在某些情况下是栖居地面的（图3.9）。相反，懒猴都是夜行栖树的动物，就像本章开篇提到的那样。

这些动物都是小型的，甚至不会比大型狗更大。就整个身体轮廓来看，它们与啮齿动物和食虫动物很像，有着短而尖的鼻子、大而尖的耳朵和大大的眼睛。狐猴和懒猴与非灵长目动物很像，它们的上唇被绑定到了牙龈上，这也就限制了它们的面部表情。围着鼻孔的那块分裂、潮湿且裸露的皮肤使它们拥有了敏锐的嗅觉。大多数环尾狐猴还有着长长的尾巴，这使得它们看起来有点像小浣熊。

狐猴和懒猴有着典型的灵长目动物的“双手”，但是它们只能同时使用双手而不能单独使用某一只

图3.9 **狐猴**

在进化史中，灵长目动物更依赖视觉而不是嗅觉。原猴（Prosimians）是最早出现的灵长目动物，它们主要依靠嗅觉。在马达加斯加岛上，有许多种白天活动的地栖狐猴，如图中的环尾狐猴，原猴亚目动物通过它们手腕上腺体喷射的液体来标记它们的行踪，并进行交流。

图3.10　**垂直依附和跳跃**

一些灵长目动物，包括狐猴和眼镜猴，使用一种被称为垂直依附和跳跃的树栖运动模式。这些灵长目动物用它们细长的后腿推动自己前进，从一个垂直的树枝移动到另一个垂直的树枝上。它们会在空中做一个“180°”旋转，面对着垂直的树枝或支撑物降落。这使得灵长目动物能够在保持身体直立的同时快速穿越森林。

手。它们的手指和脚趾有着特别敏感的肉垫，并且末端被扁平的指甲覆盖着。它们保留了第二个脚趾上的爪子，有时候这被叫作梳毛爪，它们用这个爪来搔抓和清洁。狐猴和懒猴还有着另外一个独特的梳毛结构——由下门牙和犬牙组成的牙梳，它们沿着下颚向前突出，可以被用来梳理毛发。狐猴和懒猴的门牙和犬牙后面各有三颗前磨牙和臼齿，这就导致了2-1-3-3牙式的形成。

狐猴和懒猴在小臂下端腕关节处（有时候是在肛门周围）长有香腺，它们以此来进行交流。个体通过把香腺气味涂抹在特定环境下的树枝或一些其他的固定物上来为另一个个体留下嗅觉信息。通过这种嗅觉线索，狐猴和懒猴能够识别出它们群体当中的不同个体，以及精准确定它们的地理位置和身体状况。它们同样也能运用气味来标示它们的领地，这样就能与其他的群体进行交流和沟通了。以本章开头的懒猴为例，当气味腺产生的液体与唾液混合时，可能会引起捕食者的过敏反应。这究竟是一种防御机制、一种威慑力量，还是懒猴气味交流的副产品，目前仍在研究之中。

狐猴和懒猴的后腿比前腿要长，所以当它们用四肢往前移动的时候，会保持前肢的掌心向下。某些物种同样也能够通过垂直依附和跳跃（图3.10）在树与树之间移动。拥有独特混合特征的狐猴和懒猴，似乎位于类人猿灵长目动物和食虫动物之间，食虫动物是哺乳动物的一目，包括鼹鼠和鼩鼱。

眼镜猴

外观上，眼镜猴与狐猴和懒猴很相似（图3.11）。然而，分子证据却表明，眼镜猴与猴类、猿类和人类的

图3.11　**眼镜猴**

拥有超大双眼的眼镜猴非常适应夜行的生活。如果人类眼睛所占脸部比例与眼镜猴的一样，那么我们的双眼将接近橙子那么大。与人类相比，这些小型灵长目动物似乎十分安静，但科学家发现，眼镜猴会使用我们听不到的纯超声波进行交流。它们的听觉范围与蝙蝠的相似，远远超过其他所有灵长目动物。就夜行习性和整体的外貌来说，眼镜猴的确很像狐猴和懒猴。然而，整体来说，它们还是与猴类和猿类有着更紧密的关联，这导致科学家重新切分了灵长目之下的亚目，以此来反映它们之间的演化关系。

关系更加亲近。眼镜猴鼻子和嘴唇的结构，以及大脑中控制视觉的部分，与猴类最为相似。脑袋、眼睛和耳朵占了这种猫样大小的树栖动物身体的很大比例。它们拥有把脑袋旋转180度的非凡能力，所以能够看到那些已经走过以及正要去的地方。它们的手指和脚趾末端黏附了一些层状的圆片。

眼镜猴大多是夜行食虫动物，所以它们所占有的生态位与最早的灵长目动物祖先所占有的生态位非常相似。眼镜猴的学名“跗猴”就是因其细长的跗骨或者说脚骨而得名的，这为它们提供了一个杠杆，使得它们能够跳6英尺甚至更远。像一些狐猴一样，眼镜猴的后肢比前肢长，它们用前肢来实现垂直依附和跳跃。

图3.12　新世界蜘蛛猴

有抓握力的双手和三维立体的视觉，使得灵长目动物能够像这只南美蜘蛛猴一样在树丛中灵活地生活。在一些新世界猴类物种当中，有抓握力的尾巴使得树栖生活更加简单。它们尾部背面裸露的皮肤很像我们手指末端的敏感皮肤，并且，它们尾巴上那些裸露的皮肤也有着像指纹那样的螺旋纹。这种敏感皮肤使得新世界猴类能够把它们的尾巴当作第五肢使用。

新世界猴类

新世界猴类居住在墨西哥南部到阿根廷北部的热带森林中。就其外部身体规划来看，它们与旧世界猴类很像（稍后讨论），但是新世界猴类拥有一个独特的扁平鼻子，这个鼻子带有宽阔、孤立且向外张开的鼻孔。它们的次目名称“阔鼻猴”（来自希腊语，指的是扁平的鼻子）就来自这一特征。

新世界猴类拥有五个不同的科，这五个不同的科在大小方面从1磅到30磅之间不等。新世界猴类有长长的尾巴。蜘蛛猴科的所有成员都拥有能抓握的尾巴，它们把尾巴当成第五肢（图3.12）。它们尾部背面裸露的皮肤很像我们手指末端的敏感皮肤，并且也有着像指纹那样的螺旋纹。

由于灵长目动物学对人类起源的强调，研究者更偏向于对旧世界灵长目物种进行研究，而不是新世界物种。新世界猴类夜行栖树的习性使得研究者观察它们的难度变得更大。然而，最近几十年来，灵长目动物学家对许许多多灵长目物种进行了大量长期的田野研究。

例如，人类学家凯伦·斯特里尔（Karen Strier）就在巴西的米纳斯吉拉斯州对绒毛蛛猴研究了三十多年。她的田野研究从绒毛蛛猴的饮食、社会结构和群体信息（指的是各年龄个体数量和性别之类的群体特征），开始逐步推进到这种大型温顺森林栖居者的生死周期、健康状况等方面。她开辟了一种非侵害的方式用来测量生殖激素水平和寄生虫的数量，即对个体动物的粪便进行分析——在粪便从树上落下的时候就立即（用戴手套的手）把它们收集起来或者迅速从地上把它们找出来。通过分析这些样本，斯特里尔得以记录下它们饮食和生殖上的相关性。

斯特里尔还记录下了食用了特定植物的绒毛蛛猴

体内寄生虫量的减少——这些植物显然具有药用和治疗价值。亚马孙河流域的人们也因为同样的原因而使用这些植物。由于全球化和现代化这些人类群体越来越远离传统的生活方式。绒毛蛛猴在认识森林方面仍然是一种宝贵的资源。据斯特里尔所说，“尽管传统的亚马孙河流域的人们已经生活了足够长的时间，来传递他们所获得的一些关于森林植物的知识，但是大西洋沿岸森林中的原住民社会却早已消失了。对于森林的药用价值，绒毛蛛猴和其他猴类可能能够为人类提供最好的指导”（Strier, 1993, p. 42）。像斯特里尔所做的这样的田野研究不仅能够帮助我们理解新世界猴类的行为和生理特征，在挽救大量濒临灭绝的物种方面，也起了一个主要的作用。

新世界猴类——不同于旧世界猴类、猿类和人类——拥有一个2-1-3-3的牙式（在下颚的两边有三颗前磨牙，而不是两颗）。与其说这是功能上的差异，不如说这是演化路径上的差异。旧世界类人猿和新世界类人猿共同的祖先拥有的是这种2-1-3-3的牙式。在新世界物种当中，这一模式保留了下来，而在旧世界物种的演化过程当中，它们的一个臼齿消失掉了。

阔鼻猴类是四肢并用、掌心朝下行走的，它们在树枝之间蹦跃着找寻果实并且在树枝上坐着享用。新世界猴类在树上耗费了大量的时间，但是它们很少悬挂在树枝下面或者运用臂膀在树枝之间摆荡，而且它们也没有发展出像猿类那样非常长的前肢和宽阔的肩膀。

旧世界猴类

旧世界猴类在超科的分类级别上与猿类分开，它们可能生活在地面或树上，使用四足在地面移动或手掌朝下蹲在树上。旧世界猴类或狭鼻次目（来自希腊语，指的是“低垂的鼻子”）灵长目动物在基本的身体规划上与新世界猴类很相像，但是它们的鼻子很有特色，有着紧密相依又彼此分开的向下开放的鼻孔。两个亚科，猕猴亚科和疣猴亚科分别包含11种和10种物种类型。与只栖居在热带森林当中的新世界猴类相比，旧世界猴类的栖居地范围要广阔得多。

某些旧世界猴类如山魈（图3.5）有着色彩鲜艳的脸部和生殖器。而其他的旧世界猴类，如长鼻猴（图3.13）则有着长长的、下垂的鼻子。所有的旧世界猴类都拥有2-1-2-3的牙式（下颚两边各有两颗前磨牙，而不是三颗）和没有抓握力的尾巴。它们要么是树栖动物，要么是地栖动物，在地上时它们使用四足运动的模式，在树上的时候采用的则是掌心向下的姿势。它们有着狭小的身体及等长的前后肢、简化的锁

图3.13　**长鼻猴**

尽管所有旧世界猴类都共享某些特定的特征，如狭小的身体规划、没有抓握力的尾巴和2-1-2-3的牙式等，但是我们也能在旧世界猴类当中看到一些非同寻常的特征。在婆罗洲红树林沼泽中发现的长鼻猴就是以其非同寻常的突出鼻子而闻名的，它的鼻子为发声提供了一个额外的共振空间。当一只猴子受到惊吓后，它的鼻子会充血，这使会使它们的共鸣腔变得更大。

骨和相对固定而结实的肩膀、手肘和手腕关节。

旧世界猴类中的树栖种包括东黑白疣猴，这是一个被黑猩猩捕杀的物种。其他的旧世界猴类既能够在树上安家也能够在地上栖息。这就包括猕猴属类——这个属拥有19个物种，栖居地范围从热带非洲和亚洲一直延伸到了西班牙南部海岸的直布罗陀和日本。它们栖居地范围的最北部是温带而不是严格的热带环境。

狒狒是一种旧世界猴类，它们曾经引起了古人类学家特殊的兴趣，因为它们生活的环境可能跟人类起源之时我们祖先生活的环境非常相似。狒狒主要是陆生动物，它们抛弃了树木（睡眠和避难除外）并且居住在非洲大草原、荒漠和高原之上。它们长得有点像狗，有着长长的口鼻，看起来很凶猛。狒狒的日常饮食以树叶、虫子、昆虫、蜥蜴和一些小的哺乳动物为主。它们通常生活在一个大的、有组织的群体当中，这个群体由一些有亲属关系的雌性和一些从其他群体中转移过来的成年雄性组成。

当然，其他一些旧世界猴类的物种也有很多可以告诉我们的信息。例如，在过去的几十年里，灵长目动物学家在日本猕猴聚居区内，记录了灵长目动物的社会习得和创新能力。与之相似，在东非和南非对长尾黑颚猴的田野调查，也揭示出了旧世界猴类拥有复杂精密的交流能力。世界各地灵长目动物学家的迷人发现，不仅有助于灵长目动物学、演化生物学和生态学等学科的发展，还有助于我们对自身的深刻理解。第四章主要讨论了狒狒的行为，以及大量旧世界猴类物种，尤其是猿类的行为。

猿类

猿类（长臂猿、合趾猿、红毛猩猩、大猩猩、倭黑猩猩和黑猩猩）是我们在动物界当中最亲密的近亲，它们与我们一样都是大型、宽体、无尾的灵长目动物。作为人猿超科的成员，猿类和人类都拥有一个在解剖学上专门用于悬挂在树枝下面的肩膀。尽管在猿类当中只有小巧、柔软的长臂猿和合趾猿才能以摆荡的模式在树枝之间穿梭。与此相比，另一个极端是大猩猩，它们爬树时会用有抓握力的双手和双脚紧紧抓住树干和树枝。有些小的大猩猩也许可以在树枝之间摆荡，但是大型的个体会限制自身的摆荡，它们只是从树枝上向外倾斜去够果实。而且，大猩猩多数时间是在陆地上度过的。所有猿类，除了人类及其直系祖先，都拥有一双长过双腿的臂膀。

在地面上移动时，非洲猿类"关节行走"的方式使它们的体重都被搁置到了手指的中间关节处。当想要摘取食物或者想要越过高高的草丛向外看时，它们就会站立起来。半站立的姿势是它们在地面上生活之后的自然天性，因为它们弯曲的脊柱会使它们调整重心，而重心通常位于它们体内较高处，髋关节之前。因此，它们都是头重脚轻的动物。虽然猿类在短距离的范围内可以用两只脚直接行走（二足性），但是它们通常支撑不了几分钟。

长臂猿和合趾猿是居住在东南亚的小型猿类，它们拥有紧凑、苗条的身材，站立起来大约1米（约39英寸）高。它们的手臂比腿长得多。它们是摆荡大师，直立奔跑时会向外举起双臂来保持平衡。长臂猿和合趾猿的雄性和雌性体型相当，都居住在包括两位家长及其后代的社会群体当中。虽然人类和长臂猿是远亲，但他们都有一些令人惊讶的发声能力。正如本章的生物文化关联中所讨论的。

在婆罗洲和苏门答腊岛发现的猩猩被分为了两个完全不同的物种。猩猩比长臂猿和合趾猿更高更重，它们拥有大型猿类的大部分特征。它们双眼长得非常接近并且有着突出的面部，这又与人类非常相似。苏门答腊岛的人们把这些猩猩称为"森林人"，而在马来西亚语中它们的名字是"orang"，其意思也是"人"。在地面上时，它们通常是以前肢握拳或掌心向下的姿势行走的。然而，与非洲猿类相比，它们更愿意生活在树上（图3.14）。

生物文化关联

长臂猿和女高音都需要被倾听

这只白掌长臂猿和歌剧演员有什么共同之处？当然，他们都是灵长目动物，可能他们都有点浮夸。但更重要的是，他们有时会以类似的方式发出声音。直到最近，科学家还认为是人类独特的声带结构使我们拥有了说话这个能力。但是，日本京都大学灵长目动物研究中心的西村武史（Takeshi Nishimura）和他的同事发现，他们所研究的长臂猿使用的发声技巧与歌剧演员所使用的发声技巧非常相似，特别是女高音歌唱家。这表明，不仅是声带结构，长臂猿的发声方法也影响了它的共鸣叫声。长臂猿和歌手发出的声音都可以在很远的距离或在其他声音之上被听到，而他们都利用了谐波来做到这一点。

长臂猿和歌剧演唱者以类似的方式使用声道，以便利用很小的压力有效地将声音投射很远的距离。

当我们听音乐或其他声音时，我们所听到的“音符”实际上是由不同的谐波组成的，其中最强的——音高——是基频。其他的谐波听起来是怎样的呢？最容易听到它们的方法，也许是钟声——越大越好——尝试分辨出钟声发出的主音周围的细微声音。长臂猿和女高音都可以利用声道和身体的其他部位来操纵其他谐波，从而创造出一种声音，这种声音既可以传递给丛林另一边的朋友，也可以传递给充满活力的管弦乐队，而不需要人为进行放大。

科学家已经知道长臂猿和人类有着相似的发声生理机能，但令西村和他的同事们感到惊讶的是：长臂猿和歌手操纵声音的方式是相似的。就这两种灵长目动物而言，气流振动他们喉部（音箱）的声襞，发出声音。当声音传向口腔时，有多种方式可以对其进行微调。研究人员发现，长臂猿和女高音之间最重要的相似之处在于他们塑造声道（连接嘴和肺的通道）的方式。当声道的形状与声带发出的音高相匹配时，声音会变得更强、更洪亮。这与我们所认为的大喊大叫非常不同，因为它非常高效，而且不会让人觉得累。

试着发出洪亮的声音，想想当你哭的时候，你的喉咙和肺是什么状态。你的喉咙后部（软腭）伸展开了吗？你发出的“嘘”声是否响亮清晰，让你的鼻子或脸颊发麻？这就是你所感受到的共鸣，这意味着当你哭泣时，你的身体想让别人知道。难怪长臂猿和歌剧演员都能以其惊人的声乐技巧赢得关注。

生物文化问题

哪些生物因素可能影响到我们对自己声音的使用？其中有文化因素吗？我们可能与长臂猿或其他灵长目动物共享这些因素中的哪些？

图3.14　捕鱼

这只雄性猩猩的照片摄于婆罗洲红河中游的卡贯岛上。这只猩猩原本是一个自然保护区内的居民，但是那个自然保护区的动物后来全都放归野外了。它看到人们在同一条河上叉鱼之后，模仿了这一捕猎行为。到目前为止这只猩猩还没有捕到鱼，但是它的意图是非常明显的。这张照片是从一本名叫《丛林中的思想者》的书中摘取出来的，这本书的作者是盖尔德·舒斯特（Gerd Schuster）和威利·斯米茨（Willie Smits），照片作者是杰伊·乌拉尔（Jay Ullal）。

尽管有着社交的天性，但是婆罗洲的猩猩大部分时间喜欢独处（除了雌性必须得照料后代的时候），因为它们必须在大范围的区域中采集和捕猎动植物来保证获得充足的食物。与之相比，苏门答腊岛的湿地当中有充足的果实和昆虫，这就能维持一群成年猩猩的生活并使得它们可以一同出行。因此，栖居地塑造了它们的社会生活。

在赤道附近的非洲发现的大猩猩是现存最大的猿类。一只成年雄性的体重能够达到450英镑，而雌性的体重却只有雄性的一半（图3.15）。科学家区分出了两个大猩猩物种：低地种（西）和高山种（东）。厚重有光泽的黑色皮毛覆盖了大猩猩的躯体，成熟的雄性大猩猩背部上端还会有银灰色的色泽。大猩猩拥有一张与人类非常相似的脸，并且与人类一样，在视物之时，它们也是通过转动眼珠对准所看物品而不是通过转动头部来对焦的。

图3.15　大猩猩与两性异形

灵长目动物和许多其他物种都表现出两性异形，即雄性和雌性之间的差异，这些差异与生殖没有直接关系。比较这些成年大猩猩——雄性（右）和两只雌性（左）。雄性大猩猩的体形几乎是雌性大猩猩的两倍，而且它们的面部形状也有不同。可以发现雌性大猩猩的脸与照片前面的小猩猩的脸更为相像。从最早的胚胎阶段到青春期，雄性和雌性的性激素都控制着它们的生长和发育过程，这也就使得成年雄性和雌性的表型在许多方面都不一样。科学家提出，在雄性间竞争力激烈的灵长目群体当中，两性异形的程度也相应更高。

大多数大猩猩是栖居在地面上的，但是体重较轻的雌性和幼儿可能会栖居在树上精心搭制的巢穴中。由于成年雄性较重，它们较少上树，但是在搜寻果实的时候，它们也会通过提高和降低自己的身躯而穿梭在树枝之间。大猩猩是用关节行走的，在行走的时候，它们四肢并用并且将手弯曲着用手关节而不是手掌触地。它们在采摘果实和远眺的时候会站立起来，当感知到危险的时候，它们会站起来用它们标志性的捶胸动作发出警告。尽管它们以这个捶胸动作闻名（通过这个动作来保护群体中的其他成员），但是成年雄性银背大猩猩是森林中比较温顺的巨型动物。大猩猩温文尔雅、忍气吞声，它们会做出虚张声势的攻击行为。作为素食主义者，大猩猩每天都要花大把时间吃大量的植物来维持生命。

在过去，黑猩猩（图3.1）和倭黑猩猩（图3.16）这两种密切相关的物种被认为是同一个物种。倭黑猩猩只分布在刚果民主共和国的雨林当中。相反，常见的黑猩猩则广泛栖居在撒哈拉以南非洲的森林中。黑猩猩和倭黑猩猩也许是最著名的猿类，所以它们很招动物园和马戏团的喜爱。当倭黑猩猩在1929年被识别成另外一个物种的时候，它们通常会被叫作“矮黑猩猩”。倭黑猩猩之所以会被识别为另外一个物种，不仅是因为它们在体形上与黑猩猩存在差异，还包括我们在下一章要讲的，它们与黑猩猩在行为上有着非常显著的差异。

虽然与猩猩和大猩猩相比，人们认为黑猩猩和倭黑猩猩更加敏捷且聪明，但是这四种猿类的智力水平是相同的，只是在认知方式上可能会存在一些差异。比大猩猩更爱树栖但是又比不上猩猩的黑猩猩与倭黑猩猩大多数时间是在地面上采集食物，它们也像大猩猩那样用关节行走。而到了日落时分，它们则会返回到它们在树上搭建的巢穴当中去。

图3.16　一只倭黑猩猩

在刚果民主共和国10年内战期间，倭黑猩猩的自然栖居地遭到邻国卢旺达种族灭绝暴乱的余波影响，强烈威胁到了以和谐社会生活闻名的倭黑猩猩的生存。在这些暴乱时期，大量倭黑猩猩被捕去当作饥饿人们的桌上美食，它们的幼儿则被抓去当成宠物把玩。灵长目动物学家和当地的自然资源保护主义者也从观察式的田野工作转向了经济发展项目，他们旨在恢复这一地区的稳定。因为这种稳定对倭黑猩猩和山地大猩猩的持续生存至关重要。

灵长目动物的保护

对现存灵长目动物的调查阐明了我们这些近亲的多样性。为了确保它们可以继续与我们共享这个星球，对灵长目动物的保护就成为一个至关重要的问题。在已知的灵长目动物中将近50%的物种和亚种都面临着灭绝。

灵长目动物所面临的威胁

亚洲的统计数据令人震惊，因为有超过70%的物种面临威胁，而在印度尼西亚和越南，有至少80%的物种处境危险。这当中还包括所有大型猿类，以及一些像恒河猴那样之前广泛分布并且适应性强的物种。这些野生动物的危险处境是由经济发展（务农、伐木、牧牛和橡胶种植等）所导致的栖居地被破坏造成的，当然也包括捕猎者和狩猎者的追捕，这些人把它们当作食物、战利品、研究对象和奇异宠物等。

灵长目动物学家很早就预料到了刀耕火种的传统农业实践对栖居地的破坏性影响。然而，灵长目动物栖居地受到的破坏性影响更多来自当代的危险源。战争会给灵长目动物的栖居地带去相当大的冲击，并且战后的余波久久难以消散。狩猎者也许会将人类冲突所遗落下来的自动化武器用来追捕野兽（野味）。同样，由于猴类和猿类与人类密切相关，一些科学家将它们视为生物医学研究的重要对象。尽管人工养殖为实验室提供了大量的灵长目动物，但是灵长目动物贸易的活跃还是威胁到了它们的生存。全球化同样也对当地条件施加了非常深远的影响。正如本章开篇中所提到的，由于互联网明星这一身份，懒猴“宠物”很受人们欢迎。

应用人类学

拯救我们的猿类兄弟：灵长目动物学家、社区行动和非洲野生动物基金会

非洲野生动物基金会（African Wildlife Foundation）成立于1961年，其使命是保护非洲的野生动物及其栖居地。21世纪初，在比利时灵长目动物学家杰夫·迪潘（Jef Dupain）的领导下，非洲野生动物基金会发起了一系列项目来解决刚果民主共和国（DRC）境内的倭黑猩猩和山地大猩猩的继续生存问题，同时帮助受到十年内战影响的当地人，邻国卢旺达涌入的大量难民也对他们产生了不利的影响。灵长目动物学的田野工作在20世纪70年代非常繁荣，到了20年代90年代中期，战争和种族大屠杀导致灵长目动物学家不得不从研究点撤离。许多研究者在那个时候撤离了出去，但是迪潘留了下来并在金沙萨监视市场中的兽肉买卖。

当时饥饿的人们不惜铤而走险，偷猎者也装备上了自动化武器，公园管理者寡不敌众，最终导致了很多灵长目动物的死亡。这一地区在2003年取得了一段脆弱的和平时期，非洲野生动物基金会的计划得以重建，其中包括动员当地社区成员参与农业实践以保护刚果河及其支流，以及保护珍稀动物群体。

非洲野生动物基金会的一个项目——非洲学校保护项目

世界上四分之一的山地大猩猩（约210只）生活在维龙加国家公园。国际大猩猩保护项目是非洲野生动物基金会、世界野生动物基金会和动植物国际组织之间的合作项目，这支持着山地大猩猩的生存。拯救因偷猎或贩运而失去父母的孤儿大猩猩对这些努力至关重要。图中是维龙加的护林员帕特里克·卡拉巴兰加（Patrick Karabaranga）正在和一只孤儿大猩猩玩耍。

保护策略

灵长目动物非常容易受到攻击，所以对它们的保护工作刻不容缓。传统的保护工作主要强调的是对它们栖居地的保存与维护，但是灵长目动物学家扩展了他们的保护计划，包括教育当地社区中的人们，以及劝阻那些妄图猎取灵长目动物为食或为药的狩猎者。一些灵长目动物学家甚至帮助当地人实施替代性的经济策略，来保障人类和灵长目动物回归到原先成功共存的状态中去。在殖民主义和全球化摧毁传统家园之前，这种共存的状态是非常普遍的。本章“应用人类学”部分所探讨的就是刚果民主共和国所做的一些发展经济的努力。

灵长目动物学家也会从事一些直接性的保护工作来维持野外灵长目动物的数量，这些工作包括在动物

（African Conservation Schools Program）——翻新或重建当地学校，旨在鼓励社区重视环境保护。例如，位于刚果民主共和国倭黑猩猩领地中心的利马学校，所在社区现在致力于环境教育和保护。另一个例子是坦桑尼亚的老马尼亚拉牧场小学，它位于一条活跃的野生动物走廊的中央。学校的新址避免了动物和学生相互干扰对方的活动。

非洲野生动物基金会的倡议还包括在野生动物保护区周边的社区当中鼓励各种各样的替代性的经济实践。例如，在维龙加国家公园（它既是联合国教科文组织世界遗产，也是濒危的山地大猩猩的栖居地）附近，刚果民主共和国的企业官员韦拉德·马坎博(Wellard Makambo)负责监控一个由妇女经营的蘑菇养殖集体农场。他还建议创立一支冲突解决队专门处理离开自然保护区来袭击人类庄稼的大猩猩。当地社区需要保障和补偿，而大猩猩需要被安全地送回园区。

今天，非洲的类人猿和其他野生生物继续受到人类活动的破坏，包括兽肉交易和非法贩运。2014年，在喀麦隆的黑猩猩和西部低地大猩猩的家园——德贾动物保护区（Dja Faunal Reserve），非洲野生动物基金会发现，偷猎行为大大超过了可持续发展的水平。每年大约有3000只非洲大猩猩因贩运而消失——它们被当作珍奇宠物进行出售或被用于娱乐。在市场上，幼猿的需求很大，所以贩卖者可能会为了一只幼猿，杀死一整群黑猩猩，也许有10只。

2013年，非洲野生动物基金会设立了由迪潘领导的非洲类人猿计划。该计划旨在通过关注那些最濒危的栖居地来保护非洲类人猿的种群。在刚果民主共和国，富饶的刚果河支流沿岸丰富的雨林是倭黑猩猩唯一的自然栖居地，迪潘和非洲野生动物基金会帮助建立了洛马克—约克卡拉（Lomako-Yokokala）动物物种保护区。非洲野生动物基金会对联合国教科文组织世界遗产——塞内加尔的尼奥科罗-科巴国家公园（Niokolo-Koba National Park）和德贾动物保护区的护林员进行培训并为他们提供装备，护林员通过手持电脑上名为CyberTracker的软件来记录和跟踪野生动物和偷猎者。2014年，在德贾动物保护区中，护林员逮捕了35名偷猎者，摧毁了200个狩猎营地，在这个过程中，他们面临着偷猎者的枪支和弯刀的威胁。

虽然战斗仍在进行，但非洲野生动物基金会通过其反偷猎措施和经济发展项目，已经对山地大猩猩种群施加了可衡量的积极影响。非洲野生动物基金会不断扩大其项目的范围和方法，在为非洲所有大型类人猿持续生存而进行的斗争中发挥着至关重要的作用。

已经占领的地区采取保护措施，以及把一些动物群体迁至更适合它们的栖居地中去。这些方法需要不断地检测、追踪与管理，以确保这些遗存下来的灵长目动物有充足的空间与资源。随着人类对灵长目动物栖居地的侵占，把灵长目动物迁至保护区内，对灵长目动物的保护工作来说是一个可行的策略，而灵长目动物学家为这种迁移提供了许多非常珍贵的田野研究资料。

例如，灵长目动物学家雪莉·斯特鲁姆（Shirley Strum）的工作就是一个例子，她在肯尼亚研究了十几年自由散养的狒狒群体。当狒狒开始闯入新农场，并破坏庄稼、翻找垃圾之时，她成功让这个群体和其他两个当地群体——总共130只动物——迁移到了150英里以外的一个人烟更加稀少的区域。得益于对它们习性的了解，斯特鲁姆得以在保存狒狒重要的社会关系的基础上圈住它们，使它们镇静并且把它们运输到新家中。斯特鲁姆细心的工作使得这次转移非常顺利。由于它们的社会关系完好无缺，狒狒并没有抛弃它们的新家，也没有拒绝接受来自其他群体的雄性成员以及它们带来的与当地资源相关的重要知识。她这项工作的成功（之前从没有对狒狒做过类似的转移工作）证明了移位是一种可以拯救濒危灵长目物种的现实技术。然而，这一项保护措施首先依赖的就是可用的土地，并在那里建立保护区，为濒危灵长目动物提供栖居地。

第二种策略目的是保护那些被非法套捕的灵长目动物，它们被当作宠物出售或被用于生物医学研究。这一策略的目标是让这些受害的动物回归到它们的自然栖居地当中。研究者还建立了一些孤儿院，在这些孤儿院里，幼小的灵长目动物会被安排到一个受过特训的人类替代母亲那里，这个替代母亲会帮助它们掌握它们物种内部的一些社交技能与生活技巧。

第三种防止灵长目动物灭绝的策略就是在囚笼中哺养这些群体，并保障它们的身心健康与生殖成功。当动物园和实验室中的灵长目动物被剥夺了攀爬机会、筑巢材料、社交对象和隐私空间后，它们就无法成功生育。虽然这些特征有利于囚笼哺养的成功，但是确保我们这些灵长目近亲可以在舒适的自然栖居地中生存，是人类未来几年必须面对的一个更大的挑战。

紧张激烈的灵长目动物保护工作开始有了一些成效。例如，刚果民主共和国的政治非常混乱，但是山地大猩猩群体的数量却有了较大提升。西部低地大猩猩的数量同样也在上涨。与此类似，巴西绢毛猴（图3.17）的数量也趋于稳定，它们在30多年前也处于灭绝的边缘，这也就表明灵长目动物的保护工作落到了实处。正如灵长目动物学家西尔维娅·阿塔萨丽丝（Sylvia Atsalis）所说的，“科学家的存在可以保护灵长目动物这一点已经被证实，对于破坏栖居地和狩猎等行为，他们的存在可以起到威慑作用……我们发动的人越多，我们所能够保护的濒危灵长目动物也就越多”（Kaplan，2008）。

图3.17　金狮绢毛猴

由于外表十分漂亮，金狮绢毛猴（又称金丝狨猴）从殖民时期开始就被当作宠物饲养。最近，它们同样也遭受到了发展的威胁，因为它们居住在巴西里约热内卢旅游胜地周围的热带森林当中。拯救这些猴子的一项主要保护工作于20世纪80年代开始展开，包括种植野生植物走廊来连接遗留森林斑块，并把在囚笼中哺养的动物释放到这些新创建的环境当中去。如今，金狮绢毛猴的活胎数量稳步增长，金狮绢毛猴种群正在逐渐摆脱灭绝这一威胁。

思考题

1. 从懒猴到黑猩猩再到大猩猩，我们和灵长目动物之间存在着许多相似之处，了解了这些之后，你个人是否受到了激励，去面对灵长目动物灭绝这一挑战呢？有哪些人为的因素可能会导致灵长目动物的灭绝？政府和组织该如何努力去阻止它们的灭绝？个人又该如何去阻止它们的灭绝呢？

2. 哺乳动物和爬行动物的主要区别是什么？我们与爬行动物有没有共享一些祖传的特征呢？在你自己或你认识的人身上，你看到了哺乳动物灵长目生物学的哪些方面？

3. 思考一下灵长目动物演化的趋势，比如脑容量的增大和牙齿的变少等。想一想为什么说某些灵长目动物与其他灵长目动物相比"欠进化"这种说法是错误的？当我们陈述人类比黑猩猩更进化的时候，我们错在了哪里？

4. 由于难以对眼镜猴进行分类，所以目前存在两种划分体系可以将灵长目分为亚目。那么，分类体系究竟是应该依据基因关系还是依据等级的生物学概念呢？继续使用旧术语这一行为是否彰显了我们不愿改变的想法，或是新旧术语在哲学上的差异？眼镜猴划分的这个问题是如何转移到人科动物的划分上去的？

深入研究人类学

找到或失去你内心的猿

灵长目动物学家多年前就已经知道黑猩猩睡在树顶上的巢穴里，它们每天都会用树枝加固巢穴。但为了真正理解这些巢穴的目的和内部运作，生物人类学家菲奥娜·斯图尔特（Fiona Stewart）将她的参与观察带到了树上。她在坦桑尼亚西部一个野外的黑猩猩巢穴里睡了六个晚上（Stewart & Pruetz，2013）。通过模仿黑猩猩的行为，她能够收集数据，并对捕食者的威胁、睡眠障碍、虫咬和温度等因素进行观察。

从她的方法中获得灵感，将类人猿生物学行为的一个基本方面带入"田野"，并观察它在实践中是如何起作用或不起作用的。例如，如果你在洗澡前把拇指黏住会怎么样？这模拟了类人猿的情况。如果你不再会说话，但你想与你爱的人交流，该怎么办？那么你可能会依赖猿类擅长的语言的其他方面。在你走向世界的时候，你可能选择了失去猿类能力，或是依赖猿类能力。将你的观察记录下来。

挑战话题

不久前，科学家还认为只有人类才会使用工具、才会有自我意识，才会发展文化——但是现在我们在其他物种身上也观察到了这些特点。许多历史上被认为是人类独有的特征越来越多地出现在我们的灵长目远亲身上并以不同程度再现，尤其是猿类。以道德问题为例，荷兰灵长目动物学家弗兰斯·德·瓦尔（Frans de Waal）花了几十年时间观察并记录了黑猩猩和倭黑猩猩的道德基石——同情心、公平感和利他主义。一些灵长目动物学家记录了黑猩猩和其他灵长目动物的暴力行为，但德·瓦尔对这一“外表理论”提出了挑战——包括人类道德在内，灵长目动物的道德只是覆在野蛮本性上的一层薄薄的虚饰。特别是倭黑猩猩，人们发现它们经常通过拥抱、抚摸和性接触等行为来安慰失去家庭成员或遭受其他困难的同伴。即使是非常年幼的，被认为缺乏必要的复杂推理来使自己“站在别人的立场上”的倭黑猩猩，也会安慰受伤的同伴，德·瓦尔认为，它们的反应基于它们的感受（Davies，2013）。猿类甚至会表现出罪恶感，就像倭黑猩猩洛迪一样。在无意中咬掉一名兽医的手指后，洛迪羞愧地低下头抱住了自己——15年后，它还记得这件事，还跑到兽医那里查看她残缺的手（Dye，2013）。德·瓦尔等灵长目动物学家越来越多地发现，道德和其他“人类”特征并不是人类这个物种所独有的。

灵长目动物的行为

第四章

学习目标

1. 找出灵长目动物行为的变化范围并解释相关理论。

2. 区分灵长目动物社会组织的不同形式。

3. 考察灵长目动物行为的生物学基础，特别要注重灵长目动物的生命周期、社会学习和环境。

4. 探索文化对灵长目动物行为理论的影响。

5. 区分我们的近亲——猩猩、大猩猩、黑猩猩和倭黑猩猩——的不同行为模式，特别要注重性行为、合作、狩猎和工具使用。

6. 描述猿类的语言能力。

7. 以人类进化为背景定义灵长目文化。

8. 探讨在生物医学研究中使用黑猩猩的道德问题。

对灵长目动物行为的研究一再展现了人类现存的近亲拥有非常复杂的行为。它们就像人类一样，会使用工具、学习，还会撒谎。尽管年轻的简·古道尔因为给她所研究的黑猩猩取名而受到了批评，但社会互动，尤其是猿类间的社会互动，证明了这些黑猩猩会将彼此视为独立的个体，并相应地调整自己的行为。（许多其他长寿的群居哺乳动物也是如此，如大象和海豚。）当然，生物学在这些灵长目动物的行为中发挥了作用，但通常，就像人类那样，这些群体的社会传统也会决定它们的行为。尽管如此，一些广泛的生物因素构成了灵长目动物社会传统的基础。

与大多数哺乳动物相比，灵长目动物需要花费更多的时间才能真正成年。在这段漫长的成长和发展时期内，灵长目动物习得了它们社会群体中的行为。过去几十年间，在灵长目动物自然栖居地中对它们的观察显示，我们这些灵长目近亲的社会互动、组织、学习、生殖、养育和交流行为与人类的相关行为非常相似。我们通过研究灵长目动物的行为来了解我们自身，了解“我们作为一个物种在今天是什么样的？”和“我们是如何到达今天这个地步的？”很显然，我们与灵长目动物间的许多差异所反映的仅仅是共享特征表现出来的程度不同而已。

作为人类进化模型的灵长目动物

正如我们将在人类进化章节中探讨的那样，人类的演化线路是从我们与非洲猿类所共享的祖先当中分裂出来的。尽管这一分裂发生在距今数百万年前，但20世纪中期的古人类学家都满怀希望地认为，对现存猿类的观察，可以揭示他们所发掘的化石物种的生活方式。路易斯·李基就因为这个原因，而派遣简·古道尔（Jane

Goodall）到坦桑尼亚塔干伊克湖东岸的“贡贝河流域黑猩猩自然保护区”（现在是一个国家公园）去研究黑猩猩。路易斯·李基还特别支持另外两位灵长目动物学者的田野工作：美国灵长目动物学家迪安·福西（Dian Fossey），研究卢旺达的山地大猩猩；德国灵长目动物学家蓓鲁特·加尔迪卡斯（Biruté Galdikas），在婆罗洲研究猩猩。

但是，每一个猿类物种都是森林栖居者，它们生活的环境明显与人类祖先早期所生活的草原大相径庭。于是，古人类学家转而把目光放到了狒狒身上：狒狒是一种栖居在东非大草原的旧世界猴类，而那里正是发掘我们人类祖先化石证据最多的地方。

狒狒与我们用两条腿直立行走的祖先有着明显差异，但是它们的生存策略能够为我们提供很多线索去了解早期人类是如何适应大草原的。狒狒属的狒狒是最大的旧世界猴类，它们是完全陆生的动物。狒狒群体会在干燥的大草原上围坐着取食球茎（某些植物埋藏在地下的粗大的、有营养的部分）。它们在取食的时候对捕食者也保持着高度的警觉性。一旦察觉到有危险，群体中的成员就会发出警报，让其他成员撤退到安全的区域中。

狒狒生活在非常庞大的群体当中，这些群体中个体的数目从10只到数百只不等。在某些物种的群体中会包含多个雄性和多个雌性；但是其他的物种是由一系列“一夫多妻”——一个雄性和它支配的多个雌性在一起——的群体组成（图4.1）。狒狒的两性异形——雄性和雌性在解剖学上的差异性——非常明显，由此雄性利用它们身体上的优势很容易就能压制住雌性。但是雄性压制雌性的程度在群体之间是存在差异的。

在构建理论时，古人类学家并没有预测我们的祖先会拥有尾巴或臀疣——能使狒狒长时间静坐的坚硬的臀部肉垫。严格来说，尾巴是猴子的特征，而不是猿类的特征。在所有人猿超科动物当中，只有长臂猿和合趾猿拥有臀疣。相反，古人类学家在寻找“汇集点”——那些在大草原栖居的、雄雌混杂的大体型和二态性灵长目动物群体所共有的行为。古人类学家的“狒狒假设”引发了许多以狒狒为对象的长时间的田野

图 4.1　狒狒的社会习得

狒狒是旧世界猴类的一种，它们的行为已经被深入地研究过了。它们分为好几个不同的种类，每个种类都有其自身的社会规则。图中所示的这种古埃及稀有狒狒——阿拉伯狒狒——群体就由一系列更小的群体组成。这些群体中通常包括一只雄性和被它支配的好几只雌性。如果雌性阿拉伯狒狒被运送到一个没有臣服和压迫的东非狒狒群体中去，它还是会保持在原来群体中习得的消极行为。但是如果一只雌性东非狒狒被放置在阿拉伯狒狒群体中的话，为了生存，它立刻就能学会臣服和顺从的行为。

研究。这些田野研究产生了许许多多非常有吸引力的资料和数据，其中包括它们的社会组织、杂食性的饮食习惯、交流、交配方式与生殖策略等。灵长目动物行为的丰富性与多样性占据了大多数灵长目动物研究的中心位置，演化问题则成了背景性的东西。

虽然非洲大草原的环境对人类的演化非常重要，但是最近的化石发现和分析导致古人类学家又回到了对森林的关注上，因为我们最早用两条腿行走的祖先就生活在森林中。研究人员现在不仅关注人类的起源，还关注森林到大草原这一转变。本章所探索的近期对于黑猩猩的田野研究，大多都是在类似大草原的环境中进行的，这也产生了许多非常有吸引力的结论。

灵长目动物的社会组织

灵长目动物都是群居动物，它们所生活的群体在规模和组织构成方面随着物种的变化而有所改变。不同的环境和生物性因素与群体规模的大小紧密相关，不同的灵长目物种拥有不同的组织形式（图4.2）。例如，长臂猿生活在由一对成年父母与其后代所组成的

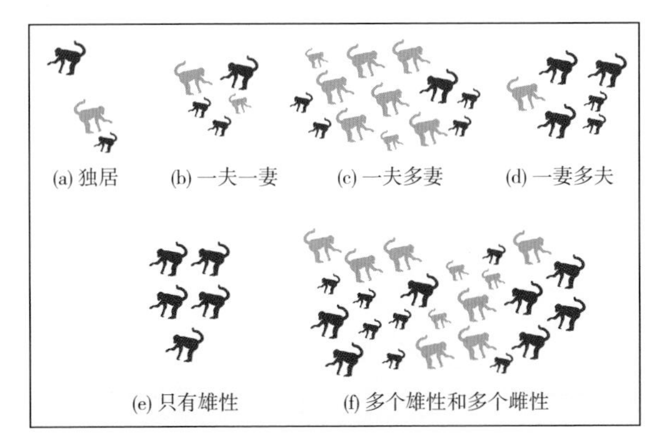

图4.2 灵长目动物的社会组织

灵长目动物的社会组织形式很多样，有（a）独居的、（b）一夫一妻制的、（c）一夫多妻制（一只雄性与多只雌性及其后代）的，也有比较稀少的（d）一妻多夫制的（一只雌性与多只雄性及其后代）、（e）都是雄性的，（f）多只雄性和多只雌性的群体（其规模和年龄结构多种多样）。在本图中，雌性是铁锈色，雄性是深棕色。

小家庭之中，而猩猩倾向于选择孤独的生活形式，雌性与雄性猩猩只会为了交配而在一起。幼猩猩在成年以前会一直与它们的母亲生活在一起。巴西的北绒毛蛛猴生活在一个和平、平等、没有等级制度的社会中（Strier，2015）。

与某些狒狒物种的一夫多妻制不同，极少数的新世界物种生活在由一只雌性、多只雄性及其后代所组成的一妻多夫制的群体中。在这些物种当中，双胞胎非常普遍，并且所有的雄性会帮着照看幼崽。

黑猩猩和倭黑猩猩生活在大型的雄性与雌性多元杂居的群体当中。其中，灵长目动物中最大的社会组织单位是群落。一个群落通常由共同栖居在同一大型地理区域内的50只及以上的个体组成。然而，这些动物很少聚集到一块儿。相反，它们通常独自行动，或在一个小型的亚群内生活。在它们移动的过程当中，这些零散的亚群体会一起觅食，但是它们迟早会再次分裂为较小的活动单位。通常，当某些个体分离出去的时候又会有其他的个体加入进来，所以亚群体的组成成员也会经常发生变化。

大猩猩群体由一只成熟的银背雄性大猩猩领导5到30只个体组成，它们形成了一个“家族”，这个“家族”包括比较年轻的（黑背）雄性大猩猩、雌性大猩猩和幼崽。田野研究也揭露了典型模式的变体——乌干达和卢旺达的一些大猩猩群体当中有许多银背雄性大猩猩。尽管如此，在卢旺达所研究的这些包含多只雄性大猩猩的群体中，有一个群体的统领雄性大猩猩是群体内10只青年大猩猩当中9只的父亲（Gibbons，2001b）。

占统领地位的雄性大猩猩通常会阻止它的附属雄性与自己群体的雌性交配。这样，年轻的、呈现出银背的性成熟的雄性大猩猩（大概11到13岁的时候）通常会被占统领地位的银背大猩猩驱逐出它们的诞生群体——它们所出生和成长的群落。独自闯荡森林一段时间后，年轻的银背大猩猩将会通过征服一只群体

外的雌性来创建它自己的社会群体。有的时候，这些独身的雄性也可能会形成一个全是雄性的群体。如果诞生群体中占统领地位的雄性随着年龄增长而日趋衰弱，那么它的一个雄性后代就会留在这个群体内以继承它的地位。有时，有可能会由一只外来的雄性银背大猩猩接管这一群体。随着占统领地位的雄性渐渐控制了这个群体，大猩猩便不再经常为食物、领地或者性而进行斗争，相反，它们会为了这个群体而殊死搏斗。

在许多灵长目物种当中，包括人类，青春期所标示的就是个体改变与所出生群体关系的时期。这一改变通常采取迁移到新社会群体中这一形式。在许多物种当中，雌性构成了整个社会系统的核心。例如，后代更倾向于留在它们母亲（而不是它们的父亲）所归属的群体当中。在大猩猩生活的群体内，处于青春期的雄性比雌性更倾向于离开它们所诞生的原群体。相反，处于青春期的雌性黑猩猩和倭黑猩猩通常会向外迁徙。

在学者所研究过的坦桑尼亚黑猩猩群落中，大约有一半的雌性会离开它们从小生活的群落并加入其他的群体中去（Moore，1998）。其他的雌性也可能会暂时离开它们所生活的群体并与其他群体的雄性交配。在倭黑猩猩群体当中，处于青春期的雌性似乎总是会转移到其他群体当中去，并且它们很快就会与新群体当中的雌性建立关系。尽管荷尔蒙这样的生物性因素会影响性的成熟，从而在青壮年的迁徙当中发挥作用，跨物种和黑猩猩内部的变异表明，差异也可能来源于我们所知的群体的社会传统。

家庭范围

灵长目动物通常在限定区域或家庭范围内进行移动，这个范围的大小取决于群体和生态因素，如食物供应等。群体移动的范围通常随着季节而改变，并且每个群体每天所迁移的距离也是不同的。某些核心区域与其他区域相比被使用得更多。核心区域通常会有水源、食物、休息地和可以夜间栖居的树林。不同群体的活动区域有可能会重叠，比如在倭黑猩猩当中，某个群落活动区域的65%会与其他群落的活动区域重叠。相反，黑猩猩的领地，至少在某个特定区域内，是绝对排外的，会被保护起来免遭侵占（图4.3）。

当大猩猩群体受到威胁时，它们会联手抵御，但是它们并不会保护家庭活动区域免遭同类群体的侵袭。在中非低地，常常可以看到一些家庭非常亲密地互相投食。当与其他群落相遇时，倭黑猩猩会通过发声和捶胸来防卫它们的直接活动空间，但很少与其争斗。通常它们会安定下来，并且互相喂食，时不时地梳理毛发、嬉戏，也会参与到群体之间的性活动中去。雌性倭黑猩猩甚至会阻止与邻近群体发生争斗，冲在雄性的前面，以狂欢而不是暴力来迎接敌人（de Waal，2014）。

相反，黑猩猩则会巡查它们的领地并击退潜在的越境者。此外，简·古道尔（见人类学家札记）曾记录过某个黑猩猩群落由于受到其他群落的入侵而遭到毁灭的事件。这种致命的群落之间的相互关系从来没有在倭黑猩猩的群落中被观察到过。有人把这种捍卫领地的行为解读为黑猩猩暴力本性的表达。然而其他

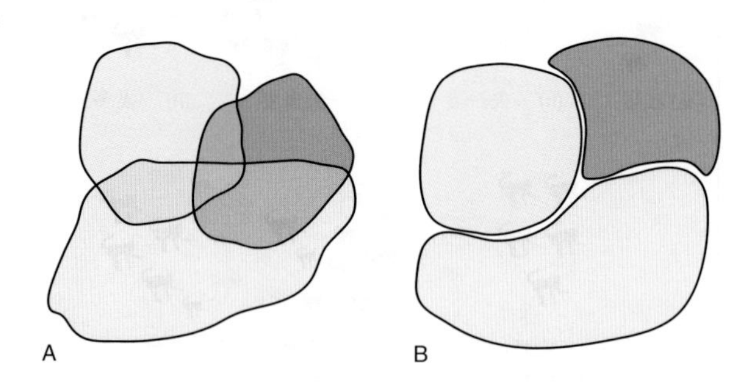

图4.3　家庭活动区域和领地

正如A图所展示的，家庭活动区域是可以有所重叠的。当某个物种的成员，在共同的家庭活动区域范围内，碰到同一物种的其他成员时，它们可能会发生冲突，也可能会顺从彼此或和平共处。某些群体会维持它们清晰的领地界限（B），也会联合起来共同抵制侵占它们领地的行为。

人类学家札记

简·古道尔（出生于1934年）和金西锦司（1902—1992）

简·古道尔在贡贝与黑猩猩在一起。

1960年7月，简·古道尔与其母亲一道抵达了位于东非坦桑尼亚塔干伊克湖沿岸的贡贝黑猩猩自然保护区。古道尔是被肯尼亚人类学家路易斯·李基派遣到野外研究猿类的三位女人类学家当中最早的一位（其他两位分别是迪安·福西和蓓鲁特·加尔迪卡斯，她们分别研究大猩猩和猩猩）；她的任务便是开始对黑猩猩进行一段长时间的研究。她当时并没有意识到，55年后，她还在贡贝继续从事着这项工作。

古道尔出生于伦敦，在英国的伯恩茅斯长大并接受教育。年少时，她曾梦想着要去非洲生活，所以当收到一封来自肯尼亚朋友的邀请函时，她毫不犹豫欣然接受。正是在肯尼亚的那段时间，她遇到了李基，而李基后来则提供了一个助理秘书的职位给她。不久以后，她便启程去了贡贝。她去到贡贝不到一年，外部世界就开始听到与这位先锋女性及其研究有关的离奇的事件：会制造工具的猿类、合作狩猎的黑猩猩，很有异域情调的黑猩猩祈雨舞。20世纪60年代中期，她凭着卓越的田野工作获得了剑桥大学的博士学位，贡贝也因此变成了世界范围内研究动物行为最活跃的田野调查点之一。

尽管古道尔依然与黑猩猩有着密切的联系，但她现如今已经把主要时间和精力都投入演讲、著述和监督其他研究者的工作中去了。她致力于灵长目动物的保护工作，奋力阻止非法贩卖黑猩猩的活动，并且一直在为被圈养的黑猩猩争取人道主义对待的权利。2015年，接受《环球邮报》（*The Globe and Mail*）记者伊万·塞梅纽克（Ivan Semeniuk）的采访时，一年中有300天都在旅行的古道尔说，自己还有很多事情要做。现在她已经80多岁了，必须加快速度而不是放慢速度。古道尔总是向前看，她说："如果不培养出更有责任感的新一代，我所有的努力都将是徒劳的，所有人为了保护而做出的努力都将白费。"

在路易斯·李基派遣第一位西方灵长目动物学家去做田野研究之前，金西锦司——自然主义者、探险

金西锦司在20世纪40年代开始了关于倭黑猩猩的最早的田野研究。他的方法很有影响力，但如今，他爱吸的香烟不会被人提及。

者和登山运动员——就深深地影响了日本乃至全球的灵长目动物学。当时，他已全面认识了西方的理论和研究方法，但是他还是发展出了一种完全不同的研究方法来对自然世界进行科学研究。金西把他的转变追溯到他在年轻时候与一只蚱蜢的偶遇：当时我正漫步于山谷当中的一条青葱小径，突然发现有一只蚱蜢驻足在灌木丛中的一片叶子上。在那一刻之前我都是欣然抓捕昆虫，用氯仿毒杀死它们，用针将其钉住，并查找它们的名字。但是，我突然意识到对于蚱蜢如何在野外生存我一无所知。

在他出版于1941年的最为重要的著作——《生物的世界》一书中，金西植根于日本人的文化信仰和实践，发展出了一种关于自然世界的综合性理论。金西的研究在好几个方面都挑战了西方的演化理论。金西采用了一种整体的方法，他建议自然主义者把个体所归属的“物群”（某个物种的群体）作为分析单位，而不是单单关注个体有机体的生物性。另外，比起时间，他在对自然世界的研究中还更加强调空间，并注意到在一个固定的社会秩序中，每个生物所占据的空间是如何与它周围的其他生物联系起来的。他强调所有生物的和谐性，而不是某物种个体之间的冲突和竞争。

金西锦司的研究技巧（如今已成了全球标准）直接发展出了他的理论：在灵长目动物所生活的自然社会中，运用民族志的研究方法对灵长目动物进行长时间的田野研究。金西与他的学生一起开创了非洲猿类、日本猕猴和藏猕猴田野研究的先河。日本的灵长目动物学家也是最早记录灵长目动物亲属关系的重要性、社会的复杂性、社会习得的模式和每种灵长目动物社会群体独特特征的学者。正是由于金西锦司和他学生的工作，我们如今才能思考灵长目动物社会的独特文化。

人则认为，古道尔所目睹的暴力行为事实上是黑猩猩对于由人类活动所导致的过度拥挤所做出的回应。

社会等级

在过去，灵长目动物学家认为雄性主导的等级体系，形成了灵长目动物社会结构的基础。在这种等级体系当中，某些动物在等级上高于并统领着其他的动物。他们注意到，身体的强壮程度和体形在决定等级时起着重要作用。通过这种衡量方式，雄性通常会在等级上高于雌性。然而，灵长目动物学家早期的雄性偏见文化对于形成这一理论观点做出了贡献，这种文化强调通过优越的体形和体力达到统治地位。这些早期的研究者似乎认为雄性占统领地位的等级体系是非常“自然”的。

50多年来详细的田野调查，包括由像古道尔这样的女性灵长目动物学家开创的尖端研究，阐明了灵长目动物社会行为的细微差别、灵长目动物相对和谐的社会生活和雌性灵长目动物的重要性。高等级的雌性黑猩猩也可能会统领低等级的雄性黑猩猩。并且，在倭黑猩猩群体中，雌性地位对于社会秩序的决定性远高于雄性。尽管力量和体形确实会影响倭黑猩猩的社会地位，但是某些其他的因素同样也会影响社会地位的获得。这当中就包括倭黑猩猩母亲的等级——这一因素很大程度上取决于它协作性的社会行为，以及个体如何与其他个体创建联盟等。

对雄性来说，想要获得更高地位的驱动力或积极性同样也会影响等级。例如，在古道尔所研究的贡贝群落中，一只雄性黑猩猩想到了一个点子——将发出噪声的煤油罐和捶胸动作结合在一起，由此威胁到了其他所有的雄性。最后，它从相对较低的等级一跃成了统领。

总体来说，与雌性黑猩猩相比，雌性倭黑猩猩会与其他的成员建立更牢靠的纽带关系。而且，母子纽带关系的强度会干扰雄性之间的纽带关系。在进食的时候，雄性倭黑猩猩会尊重雌性倭黑猩猩，且居于统领地位的雌性曾被观察到追击居于统领地位的雄性；这样的雄性甚至可能会屈服于地位较低的雌性，尤其是当一群雌性结成联盟的时候。此外，结成联盟的雌性甚至会联合起来将一只好斗的雄性驱逐出它们的群落。即便这些雌性倭黑猩猩在基因上并不互相关联，它们也会合作。这样，与雄性主导的黑猩猩群落不同，倭黑猩猩群落中雌性统领的情况非常普遍。

西方灵长目动物学家对社会等级和攻击行为的关注可能是个人主义和社会竞争特性的遗留物，而演化理论就是在竞争性社会当中形成的。这些文化往往集中于自然选择的斗争与竞争，而不是某个固定社会秩序当中的和平共存。与之相对，著名的日本灵长目动物学家金西锦司（Kinji Imanishi）发展出了一个基于整体生态系统的演化理论，并且对倭黑猩猩进行了长期的田野研究，据此他证明了协作而不是竞争的重要性。在群居的物种当中，合作、互相依赖及和解——发生冲突不久后重新进行友好的联合——比之前的斗争更具演化意义（Aureli & de Waal，2000；de Waal，2000）。

和解的形式多种多样。雌性倭黑猩猩通过摩擦阴蒂和肿大的外生殖器而达成和解（图4.4）。黑猩猩通常通过一个拥抱和嘴对嘴的接吻而达成和解。其他灵长目动物和哺乳类物种的和解方式也相当多样，其中就包括在野外观察到的土狼的和解方式和海豚的和解方式。一些人只是把和解行为归因于生物性，但是

图4.4　G-G摩擦

图中的两只雌性倭黑猩猩正在摩擦生殖器（G-G摩擦）。这是倭黑猩猩用来缓解紧张和解决社会冲突的性行为之一。灵长目动物学家观察到，在倭黑猩猩群体中，不同年龄、不同性别的倭黑猩猩都参与了一系列引人注目的性活动，这些性活动远远超出了以繁殖为目的的雌雄交配。

德·瓦尔却进行了一系列的实验来证明灵长目动物是后天习得这些社会技能的（de Waal，2001a）。他选用了两种旧世界猴类物种——具有侵略性的短尾恒河猴和柔和的断尾猴，并让它们共住5个月。在实验阶段的尾期，向断尾猴习得了和解方式的短尾恒河猴在被放归到短尾恒河猴群体之后，还在继续践行着这种行为。

正如德·瓦尔所观察到的，黑猩猩把和解又往前推进了一步：某些个体，通常是某只年长的雌性，承担起了调解者的角色。当它意识到群体中的两只个体发生了争执后（例如，两只比邻而坐的黑猩猩回避对方的眼神），这个调解者就会梳理其中一只黑猩猩的毛发。当它起来去梳理另一只黑猩猩的毛发时，之前的那只黑猩猩就会跟在调解者后面并帮它梳理毛发。最后，它会留下两只之前相互争斗的黑猩猩互相梳理毛发。

个体的互动与亲密关系

梳理毛发——仪式性地清理和梳理另一只动物的

皮肤和毛发以消除寄生虫和其他物质——具有社会效益和实用性（图4.5）。梳理毛发的动物巧妙地拨开另一只动物的毛发取出异物并会吃掉它们。除卫生外，梳理毛发也能展示友谊、亲密关系，用于缓和关系、和解，甚至表示臣服等。倭黑猩猩和黑猩猩都有自己最喜欢的梳理毛发的搭档。

有趣的是，不同的黑猩猩群落会有不同的梳理毛发的方式。例如，在某个东非黑猩猩群体中，两只黑猩猩是面对面互相梳理毛发的，它们只用一只手梳理毛发，另一只手则会紧紧相握。与之相比，距其90英里远的另一个群体则不会握手。东非所有的黑猩猩群落在梳理毛发时，会把叶子清理掉，而西非的黑猩猩群落则不会。

除了梳理毛发，其他行为也能展现出群体的社交性。例如，灵长目动物学家曾目睹过通过拥抱、触摸热情欢迎群体其他成员的行为。这些重要的行为特征毫无疑问也存在于人类的祖先当中。

尽管大猩猩很宽容、温顺，但它们都倾向于疏远群体而独立生活。成年大猩猩之间的互动有着约束性的特征，而友好和亲密仅仅存在于成年大猩猩和幼儿之间。在倭黑猩猩、黑猩猩、大猩猩和猩猩群体中，正如在大多数其他的灵长目动物中，母子关系是最牢固也是最持久的亲密关系。它可能会持续许多年——对于母亲来说通常是一生。大猩猩幼儿与它们的母亲共用一个巢穴，但有的幼儿也会与没有孩子的成年雌性大猩猩住在一起。雄性的倭黑猩猩、黑猩猩和大猩猩会经常留意它们的幼儿，由此帮助它们适应社会生活。雄性倭黑猩猩甚至偶尔会带着幼儿社交。雄性倭黑猩猩对幼儿的兴趣不会使母亲感到紧张，但是雌性黑猩猩会感到紧张；雌性黑猩猩可能会对雄性黑猩猩偶然的杀婴行为做出反应，但这一行为在倭黑猩猩群体中从未出现过。

性行为

大多数哺乳类动物在每年一到两个特定的发情育种季节才会交配。某些灵长目动物有固定的繁殖季

图4.5　灵长目动物的毛发梳理

梳理毛发是所有旧世界猴类和猿类的一项重要活动，正如本图所示，一个群体内的黑猩猩以多米诺骨牌的模式相互梳理着毛发。这种活动对于加强群体当中各个成员之间的纽带关系至关重要。

节，这与体脂的增加或食用某些特定植物有关，但是许多灵长目物种几乎全年都能繁殖。非洲猿类和人类一样，并没有固定的繁殖季节（图4.6）。黑猩猩在发情期会频繁地发生性行为——要么是由雄性引发的要么是由雌性引发的。在这段时期，雌性黑猩猩易受孕。发情期黑猩猩的外生殖器周围的皮肤会肿胀起来，这是对潜在性伴侣所发出的一个信号。相反，雌性倭黑猩猩由于外阴时常肿胀并且乐于性事，它们在所有时刻都是可以繁殖的。与黑猩猩或倭黑猩猩相比，大猩猩倒是对性事不那么感兴趣。

当处于发情期的时候，一只雌性黑猩猩会参与许

图4.6　狮尾狒发情

作为旧世界猴的一个物种，狮尾狒蹲坐的时间多于直立，所以将外生殖器的肿大作为排卵的信号对它们来说显得有点不切实际。相反，它们会以胸前一块无毛皮肤的红化来作为排卵和交配的信号。这就使得狮尾狒群体内的成员更容易发现对方的繁殖需求，即便它们当时正在觅食。

许多多的性活动，有时会在一天内与十几个不同的性伴侣交配50多次。在大多数情况下，雌性都是与它们所在的群体内的雄性交配。占统领地位的雄性经常会试图在整个发情期内独占与雌性之间的交配机会，虽然这可能会因为缺少与其合作的雌性而宣告失败。此外，雌性个体与地位较低的雄性个体有时会暂时联系在一起，它们会在雌性的繁殖期间离开群体过一段"隐私"生活。有趣的是，生殖成功与社会等级之间的关系在雄性与雌性之间有不同的表现。在古道尔所研究的黑猩猩群落中，处于低等级或中间等级的雄性繁殖出了一半的幼儿。尽管对雌性来说，高等级与成功的繁殖紧密相关，但雄性的社会成功——获得统领地位——并没有巧妙地转化成生殖成功的演化进路。

倭黑猩猩（与人类一样）不只在雌性繁殖期间发生性行为。事实上，倭黑猩猩常年肿大的外生殖器遮蔽了雌性的排卵，或者说遮蔽了卵子释放到子宫中受精的那个时刻。即便人类的外生殖器并没有一直肿大，但是人类的排卵也是隐蔽的。人类和倭黑猩猩的隐蔽排卵在分离因社会原因和追求愉悦而发生性的活动，与因生物性繁殖任务而发生的性活动方面发挥着作用。事实上，在倭黑猩猩群体中（正如在人类当中一样），性事不仅仅是雌性与雄性以生物性繁殖为目的的交配。

在倭黑猩猩中，灵长目动物学家几乎观察到了所有不同年龄和性别的个体相结合所参与的大量的性活动，包括口交、舌吻和摩擦生殖器等（de Waal, 2001a）。雄性倭黑猩猩可能会攀爬在对方身上，或者用其阴囊与另一只倭黑猩猩的阴囊相摩擦。研究者还曾观察到倭黑猩猩之间的"阴茎剑法"——面对面悬挂在一根树枝下，摩擦它们勃起的阴茎，就好像在击剑一样。在雌性之间，摩擦外生殖器这一行为也是相当普遍的。大多数性行为都可以起到消除紧张和解决社会冲突的作用。倭黑猩猩的性活动虽然非常频繁，但也非常短暂，只持续8到10秒。

灵长目动物学家在研究过程当中也记录了大量其他物种之间的性行为。例如，一些雄性猩猩虽然性成熟，但保留了青春期的外貌（图 4.7）。科学家们最初将这种停滞的发展解释为压力的迹象。然而，灵长目动物学家表示，这是一种繁殖策略，可以让这些雄性成为后代的父亲，而不对附近拥有第二性征的雄性造成威胁（Maggioncalda & Sapolsky，2009）。但成年雌性往往不会和这些发育不全的雄性发生性行为。因此，发育不全的雄性往往会强行与雌性交配，以传递它们的基因。有趣的是，如果占主导地位的雄性死亡或离开，其他的雄性就会在生理上成熟并转变它们的行为模式。

猩猩的强迫交配是否等同于人类之间的强奸？或者说，这种行为是猩猩自然性行为的一部分，不应该适用于人类标准？同样，对人类的性多样性感到不舒服的个体，也可能会把倭黑猩猩的性行为看作异常行为。当我们研究灵长目动物性行为的时候，必须特别留意是否可能会把我们文化概念中的东西强加到我们这些灵长目近亲的行为当中去。

例如，想想看，本书之前的版本是如何根据雄性支配来对大猩猩性行为进行解释的。灵长目动物学家称：占统领地位的银背大猩猩具有与雌性的独家交配权；有时候银背大猩猩可能会容忍一只年轻成年雄性的出现，并允许它与一只地位较低的雌性偶尔发生性关系。如今我们能够从雌性大猩猩的视角中来看待这种情况，并且可以说明为什么雄性会在变成银背的时候离开它们的家族群体。年轻的雄性会引诱性伴侣逃离它们的原生群体而去追逐生殖上的成功。而雌性在年轻银背身上意识到了未来的潜力和形成一个新群体的可能性，因此才会与这些年轻的成年雄性交配。如今科学家意识到了雌性选择对于生殖的重要性。

绝大多数的灵长目物种不是一夫一妻制——在灵长目动物学中，这个术语的意思是只与一个性伴侣结合，但是许多较小的新世界猴类、一些居住在岛上的

图 4.7　成年的和看起来像青少年的猩猩

左边的猩猩已经发展出了其物种中成年雄性的体形和第二性征。而右图这只雄性猩猩的第一性征已经完全成熟，并已经能够繁衍后代，但是它仍然保持着青少年时期的体形。令人惊讶的是，它们的年龄非常接近。

食叶旧世界猴类群体和所有的较小猿类（长臂猿和合趾猿），似乎一生只与某只特定的异性交配。与我们的灵长目近亲（大型猿类）或人类古老的祖先相比，这些一夫一妻制的物种具有较低程度的性二态性。

查尔斯·达尔文以来的演化生物学家曾经提出过性二态性（例如，雄性猿类更大的体形，雄性孔雀的美丽羽毛等）与雄性争夺雌性的竞争紧密相关。在这些例子中，雄性发生了重大的演化，而雌性仅仅是以加拿大灵长目动物学家琳达·费迪甘（Linda Fedigan）所说的“毛尾理论”进行演化（Fedigan，1992）。她指出，关于性二态性和繁殖行为的演化理论特别容易被“性别化”。这就是说，科学家所遵循的性别规范，很容易就（潜意识地）渗入他们所创造的理论当中。尽管受到维多利亚女皇的统治，达尔文的时代毫无疑问是男性家长制的时代，而在英国社会中，男性与男性之间的竞争非常普遍。达尔文时代及他那个阶级的女性被剥夺了许多基本权利，比如投票选举的权利。继承法偏好长子继承。费迪甘的女性主义分析对灵长目动物学学科的发展是大有裨益的。

灵长目动物的田野研究揭示出，雄性之间的竞争只是影响灵长目动物生殖的众多因素之一。雄性之间的竞争会因发育停滞而减少，就像猩猩群体中的类似情况。在狒狒这种性二态性突出的物种中，雌性选择交配对象的时候会通过雄性之间的竞争结果来决定。雌性经常会选择与那些较低等级但却对雌性表现出较强亲和力（倾向于促进社会融合）及表现出良好的父亲职能行为的雄性进行交配（Sapolsky，2002）。

在狒狒群体中，父亲的参与对后代的成长来说是极其有利的，狒狒幼儿在接收到父亲的关爱后会成长得更加迅速。此外，当幼儿卷入斗争当中的时候，成年雄性也会替它的后代说情。总之，基于亲和性品质来选择一个好的性伴侣，能够提高雌性狒狒的繁殖成功率。

生殖与哺育后代

基本上雌性猴类或猿类在其成年后会将大部分时间花在孕育或抚育后代上。猿类一般会抚育每只幼儿4到5年时间，幼儿断奶后，它们会再次进入发情期，直到再次怀孕为止。

灵长目动物的雌性与某些其他哺乳动物的雌性一样，每次只能生育一个幼儿。在树栖的灵长目动物当中，自然选择可能偏好于一次一胎，因为拥有高度发达的抓握能力的灵长目幼儿（包括人类）必须由其母亲进行运送与转移。超过一个幼儿则会干扰到母亲在树丛当中的穿梭。只有那些较小的、最接近祖先状况的夜行原猴亚目灵长目物种才会一次生好几个幼儿。在类人猿亚目当中，只有一种新世界猴类的小猿会经常有孪生现象。其他物种（如人类）只是偶尔才会有孪生现象。在小猿群体中，父母会共同承担照料幼儿的职责，而运输的任务大多都交给了父亲。小猿当中也有一妻多夫的配偶制，这也许是为了满足运输多个幼儿的需要。

灵长目动物生育较少的后代，但是会对每一个幼儿都投入大量的时间和精力。与其他的哺乳动物相比，灵长目动物需要耗费大量的时间才能成年，而老鼠这样的哺乳动物只需几周时间就能从刚出生长至成年。通常来说，与人类越接近，这一物种的婴幼儿依赖期就越长（图4.8）。例如，狐猴在出生后只需依赖其母亲几个月，但是猿却需要4到5年。一只黑猩猩，如果在未达到4岁之前就丧母，那么它也无法存活下来。在青少年时期，更大的社会群体，抚养和维持着幼年灵长目动物的生长，而不是母亲一人。幼年灵长目动物则会利用这段时期来学习和改进各种行为。如果一只处于青少年时期的灵长目动物的母亲去世了，那么社会群体中一只更为年长的雄性或雌性成员就会收养这只幼儿。在倭黑猩猩群体中，一只失去母亲的青少年倭黑猩猩几乎是没有社会地位的。

长时间的间隔生育会导致群体规模的缩小，这尤

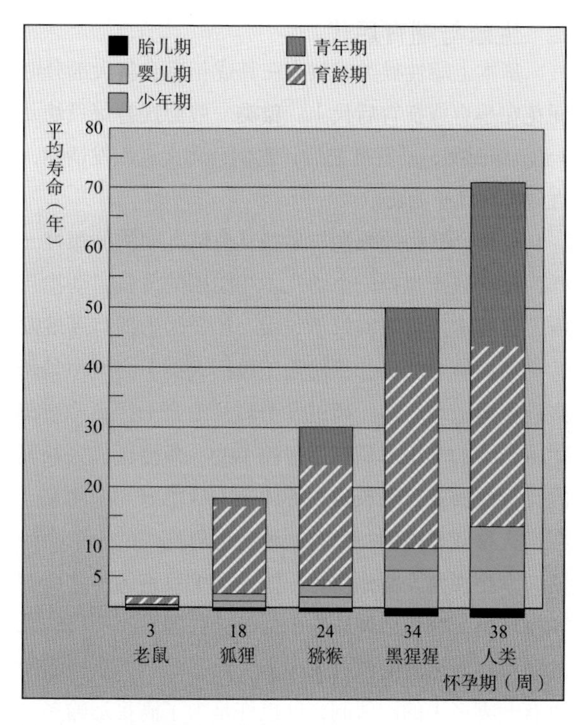

图 4.8　**灵长目动物的生命周期**

在灵长目动物的生命周期当中，包括很长一段的儿童依赖期，这是灵长目动物的一大特征。用生物学术语来说的话，婴儿期结束的标志是断奶，而成年的标志是性成熟。许多物种，譬如老鼠，断奶之后很快就会变得性成熟。在灵长目动物当中，在婴儿期结束成年期到来以前，会有较长一段青少年时期用来进行社会习得。在人类当中，婴儿期和成年期的生物学定义是根据文化规范而调整的。

其表现在猿类当中。例如，雌性黑猩猩至少要到10岁才能达到性成熟的阶段，并且一旦它产下第一个婴儿，那么至少要过5到6年才能再次生育。这样，假设它生育的所有后代都没有在成年以前死亡，那么这只雌性黑猩猩也必须生存至少20到21年的时间才能勉强维持它所在的黑猩猩群体的数量。事实上，黑猩猩在其婴儿与少年时期时不时会发生暴毙的状况，并且也不是所有的雌性都能够活过生殖阶段。这也就解释了为什么猿类群体的规模比猴类群体小。同样，较短的间隔生育期也就解释了人口规模的不断增长。

尽管对群体规模有影响，一段长期缓慢的成长和发展时期同样也会提供一些机遇，尤其是在人科动物当中。幼年猴类或猿类不是生来就知道如何应对复杂情况。与人类一样，它们需要习得一些策略性地与他者互动，甚至为了其自身利益而操纵他人的方法——这些方法是在反复试验、观察、模仿和实践中获得的。年幼的灵长目动物需要学习如何根据群体内其他成员的反应来调整自己的行为。群体当中每个成员都有其独特的外表和个性。幼小的动物需要学习根据每一个个体的社会地位和脾气秉性来匹配相应的互动行为。所有猴类和猿类在解剖学方面的特征是相同的，例如一个自由的上唇（不同于狐猴和猫），这使得它们可以做出各种各样的面部表情。许多的学习就是在玩乐的过程当中进行的。

对于灵长目动物幼儿与青少年来说，玩乐远不是消磨时光那么简单。年幼的灵长目动物通过玩乐来认识它们的环境、学习社会技能，以及试验各种各样的行为。黑猩猩幼儿会模仿成年黑猩猩的食物猎取活动，“袭击”瞌睡中的成年黑猩猩，并且“骚扰”青少年黑猩猩。观测者曾看到年轻的大猩猩还会翻筋斗、摔跤，以及开展各种各样的组织性活动，譬如，它们在一个山腰顶端相互推撞，或者跟踪和模仿一只幼年大猩猩等。有一只处于青少年阶段的大猩猩由于受不了一只幼儿的反复骚扰而怒火中烧，于是它抓起幼儿攀上高枝并将其置于一根幼儿自身无法下来的树枝上。最终，幼儿的母亲前来解救了它。

交流和学习

灵长目动物与许多其他动物一样也会发声。它们可以发出各种各样的呼叫，这些呼叫连同它们面部的表情和身体的移动一起来传达信息。通过研究动物听到叫声后的反应，灵长目动物学家区分出了一些特定的叫声，比如警告性的呼喊、威胁性的叫声、防御性的呼喊，以及集结性的口号等。黑猩猩用不同的叫声来告知某些个体的来临，或用叫声来询问。大多数

图4.9 **人科动物的普遍表达**

许多猿类的非语言交流很容易就能够被人类识别出来，因为我们也会运用这些手势或姿势进行表达。这一能力也使得我们能够进行跨文化甚至跨物种的交流。在人类群体中，这一能力同样也很可能会造成信息的错误传达，尤其是在视觉信号缺失或随附话语不匹配的情况下。

的发声，如面部表情、手势和姿势，所表达的是一种情绪状态，如痛苦、恐惧和兴奋，而不是信息（图4.9）。例如，黑猩猩会通过咂巴嘴唇或用牙齿发出咔嗒声，表达在社交时与对方进行身体接触后的欢愉。所有这些在整体上都有助于保护群体、协调群体行动，以及促进社会互动等。

那么，这些多样化的交流形式在多大程度上是通用的？这些交流形式又在多大程度上专属于某个特定群体呢？在群体特殊性方面，灵长目动物学家最近记录了物种内部的方言，这些方言出现在生存环境与其他群体相隔绝的群体当中。社会因素、基因漂变和栖居地的传声效果，都会导致这些独特方言的出现（de la Torre & Snowden，2009）。

微笑和拥抱在很久以前就被认为是人类与灵长目动物近亲之间的普遍交流法则。但是，最近有一些其他的普遍法则也被记录了下来。失明的运动员与没有失明的运动员在比赛结束的时候，会用相同的姿势来表达屈服或胜利（图4.10），尽管他们自身从来没有看到过这些姿势（Tracy & Matsumoto，2008）。这就引出了一些很有趣的问题，即灵长目动物的交流究竟是天生的还是后天习得的。

视觉交流也可以通过物体来进行，如倭黑猩猩通过跟踪标记来交流。在觅食的时候，整个大群体会分裂成为一个个较小的群体，那些领头的群体在道路的交叉口或被倒下的大树模糊了道路痕迹的地方，会细心地用脚踏下植被，或用手扒开落木并仔细地放置它们来标示方向。这样，它们所有的群体在一天要结束的时候都能知道要去哪里集合（Recer，1998）。

灵长目动物还能够通过它们的呼叫声来传达特殊的恐吓。例如，研究者曾经记录了草原猴类的警告性呼叫如何传达不同层次的信息，从而引起群体中其他成员的特定反应（Seyfarth，Cheney & Marler，1980）。这些呼叫声指定了捕猎者的种类（食肉鸟、大型猫类、蛇类等）以及可能存在威胁的地方。此外，他们还记录了幼年草原猴习得这些呼叫的过程。如果年轻个体发出了正确的呼叫，成年个体则会回

图4.10 **盲人的姿势**

从出生就失明的盲人运动员会用与没有失明的运动员相同的身体姿势来表达胜利或失败。他们在没有看到过“结束区”庆贺的情况下做出这些姿势，这也就意味着这些身体姿势是人类天生的，并且被认为是从我们的灵长目动物祖先那里继承而来的。

应，随之而来的是相应的逃跑行为（爬上大树来远离猫科动物或者钻进灌木丛中以逃脱雄鹰的追捕）。但是如果一只幼儿发出了一声对于雄鹰的警告性呼叫，随之而来的却是一片从天而降的树叶或者是一只没有威胁的鸟类，那么成年草原猴便不会跟着发出呼叫。

从演化的视角来看，科学家曾经困惑于草原猴发出警报这样的行为。生物学家认为自然选择的力量会对行为特征产生作用，就像其会对遗传特征产生作用一样。在草原猴群体当中，拥有警告捕猎者出现的能力的个体，将会比没有这种能力的个体有着更为显著的生存优势，这似乎是非常合理的。但是，演化生物学家所预期的是动物出于它们自身利益的考量而做出的行为，它们自身的生存是至高无上的。通过发出警示性的呼叫，个体会引起捕猎者的注意，并由此成为捕猎者的一个非常明显的攻击目标。那么，利他主义（考量的是他人的利益）是如何得以演化成这种形态，使得个体出于群体利益的考量，而将自己置于危险当中的呢？生物学家认为净收益很重要。想一想这种情况，要么你能够获得10美元并占有全部这10美元，要么在你获得1000万美元之后给你的邻居600万美元。虽然得到1000万美元，你只净赚400万美元会让你的邻居得到更大的好处，但这最终是一种自私的行为（Nunney，1998）。

具有有利社会特征的自然选择可能会对人类进化产生重要的影响，因为在灵长目动物当中，某些程度的合作性社会行为对于获得食物、防御和吸引配偶来说是非常重要的。事实上，美国人类学家克里斯托弗·贝姆（Christopher Boehm）认为，“如果人的本性仅仅是自私，那么对离经叛道者的警惕性处罚便是可以预期的，而有利于利他主义的、忠实于社会道德准则的行为则只会以令人意外的形式得以出现”（Boehm，2000，p.7）。

灵长目动物的生存高度依赖于社会性的合作，演化的力量则偏好于强大的交流技能的发展。几十年间，利用圈养的猿类所进行的实验揭示出它们有着非凡的交流能力。在这类实验当中，倭黑猩猩和黑猩猩甚至被教会了使用象征符号，例如，一只名叫坎兹的倭黑猩猩就会使用视觉性的软键盘（见本章的生物文化关联）。而其他的黑猩猩、大猩猩和猩猩则被教会了使用美国标准手语。

总是会有一些争议围绕着这类研究，因为它们挑战了人类的独特性。但无论如何，类人猿能够很好地理解人类的语言，甚至能够运用一些基本的语法。它们生成了最原始的话语并能够提出问题，它们还能区分命名和要求、发展出了原始的说谎方式、协调它们的动作，以及还能自然而然地把语言教授给其他伙伴。尽管它们不能真正地“说话”，但显而易见的是，目前所有的类人猿物种都能发展出相当于两到三岁人类儿童水平的语言技能（Lestel，1998；Miles，1993）。有趣的是，黑猩猩在一款基于电脑的记忆游戏当中能够超越大学学生（Inoue & Matsuzawa，2007）。在进化的过程中，人类的大脑已经失去了一些掌控这类游戏所需要的空间技能。

观测者在猴类和猿类当中观察到了大量它们通过模仿，将某行为传授给群体成员的创新性行为。日本宫崎县幸岛中的雪猴和猕猴因此而闻名。在20世纪50年代和60年代早期，一只名叫伊莫（日本灵长目动物学家认为给每只动物取名是比较恰当的）的特别年轻聪慧的雌性猕猴，在它所在的群体中开展了一些创新性的行为。它发现把沙子和谷物一同放入水中就能区分出哪些是沙子哪些是谷物。在水中，沙子会沉下去，而谷物则会浮上来并且变得更加干净，也变得更加容易食用。此外，它还开始清洗灵长目动物学家提供的甘薯——起初是用清水清洗，后来是在海水中清洗，也许是因为盐水会让甘薯变得更加可口。在这些情形中，只有年轻的动物才会模仿这些创新行为，而伊莫的母亲是唯一一只能够迅速接受它们这些行为的年长的猕猴。与此类似，在长野山的一个田野研究点

生物文化关联

人类与倭黑猩猩：双文化对话

语言学家一直认为，人类是唯一有能力使用语言的动物。然而，美国灵长目动物学家苏・萨维基-蓝保（Sue Savage-Rumbaugh）和她的同事始于20世纪70年代的研究对这一观点提出了挑战。

有一只名叫坎兹的倭黑猩猩，它在婴儿时期和母亲玛塔塔一起上语言课，学习的内容包括一种视觉性的软键盘。虽然坎兹对课程不感兴趣，但后来也开始自发地使用视觉性的软键盘。苏・萨维基-蓝保决定采用一种更有机的方法，鼓励它根据自己的社会和物理环境来表达自己，而不是教它学校式的课程。她和坎兹建立了家庭关系，和它一起生活，一起去远足，一起玩游戏。坎兹似乎非常重视这种关系，玛塔塔离开后的第一天，它使用了300多次视觉性软键盘，请求苏・萨维基-蓝保给予安慰，并帮助它寻找母亲。

最终，坎兹使用了数以百计的符号——代表物体、活动，甚至是像现在这样的抽象概念。苏・萨维基-蓝保还声称坎兹能理解近3000个英语单词，她反复验证了这一说法，她给了坎兹明确而不同寻常的指示，比如把松针放进冰箱里。她一动不动地坐着，脸上戴着面具，使坎兹无法理解她的面部表情或手势。

除了能够与它们的人类家庭成员交流，苏・萨维基-蓝保声称，坎兹和潘班尼莎（Panbanisha）是双文化的——它们看待世界的方式不仅与玛塔塔这样不使用语言的倭黑猩猩相似，还和人类相似。潘班尼莎的儿子Nyota和坎兹的儿子Teco——猿和人类饲养的有语言能力的猿的后代——为苏・萨

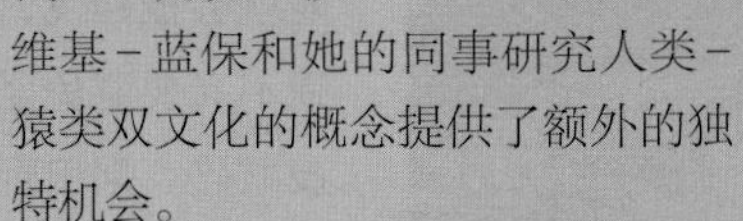
维基-蓝保和她的同事研究人类-猿类双文化的概念提供了额外的独特机会。

在艾奥瓦州类人猿信托基金会，倭黑猩猩坎兹利用视觉性软键盘与灵长目动物学家苏・萨维基-蓝保交流。

例如，猩猩幼崽Teco，像一个人类婴儿，不使用脚抓握。它还表现出更强的有意识控制舌头和呼吸的能力。苏・萨维基-蓝保认为这是神经变化先于身体变化的证据，部分原因是更好地沟通所带来的共享文化。2012年，苏・萨维基-蓝保接受《哈泼斯》（*Harper's*）杂志采访时，描述了她的发现：

> 如果一个人想要确定自己是如何成为人类的，必须看看文化的转变，例如，从四足到两足，从依附到不依附，从觅食到携带食物和储存，从只居住在温暖的气候中到可以居住在所有的气候环境中，从害怕火到控制火，等等。我们做这些事情并不是因为我们是人类，而是因为我们的文化将它们定义为富有成效的生活方式。

像苏・萨维基-蓝保进行的这类研究——以及像坎兹这样的倭黑猩猩——提醒我们，人类和猿类必须相互学习。

生物文化问题

比较一下坎兹和潘班尼莎获得语言的方式和人类儿童学习语言的方式。你同意苏・萨维基-蓝保所说的这些倭黑猩猩是双文化的吗？你有双文化的一面吗？这反映在你的语言中了吗？

中，一只名叫莫比利的雌性猕猴首先开展了泡温泉的行为，而这一行为很快被它所在群体中的其他成员欣然接受（图4.11）。

另外一个有关食物食用方法创新的例子，在西班牙马德里动物园的黑猩猩保护区被发现。这一创新行为首先发生在一只5岁的雌性黑猩猩身上，当时它把苹果放在混凝土墙壁上凸出的区域进行摩擦，为的就是舔食碾碎后遗留在墙壁上的苹果碎末和果汁。很快，这一“摩擦涂抹”食用苹果的方法就从这个年轻黑猩猩身上传播到了它的同辈群体中去，并在5年内，这个群体当中的所有成员都开始频繁地使用这一方法来食用水果。这一创新已经变得标准化了，并且具有持久性，已经在这个群体的两代以上的个体中传播（Fernández-Carriba & Loeches，2001）。

图4.11　猕猴的社会习得

与年轻的伊莫让它所在的群体其他成员跟它一起在盐水中清洗甘薯一样，在京都大学灵长目动物研究所的宫崎县幸岛上的田野研究点中，一只年轻的雌性猕猴最近开始教授它所在的群体其他成员去泡温泉。在日本的长野山区，这只名叫莫比利的猕猴首先开始在温泉当中泡澡。随后，其他成员也开始模仿它的行为。现在这个群体内的所有成员都开始践行这一活动。

在西非自由生活的黑猩猩提供了另一个引人注目的关于它们社会习得的例子，它们所习得的是打开有硬壳的油棕榈坚果——世界上最硬的坚果——的办法。在这一行为当中它们使用了工具：寻找一块像砧板一样一面水平的石块用于放置坚果，并用一块大小刚好的锤子一样的石头去砸开坚果。在处理过程当中，并不是任何石块都有用。必须找到形状合适和重量合适的石块，用作砧板的石块必须保持水平，所以有时候需要在这个石块的底下边缘部分垫置一些小碎石。此外也不能随意敲打，必须以恰当的速度和恰当的轨迹敲击放置在砧板石块上的坚果，否则坚果很可能就会被敲飞，其碎末会洒落在森林中。最后，黑猩猩不光要避免坚果被砸得过碎，还要避免自己的手指被敲碎。据田野工作者所说，黑猩猩的这一专业技术超越了世界上任何一个想要徒手敲碎这些坚不可摧的坚果的人。

晚辈通常是通过待在分裂坚果的成年黑猩猩的身边而学会这一技能的，它们的母亲还会分食这些食物给晚辈。这个过程所教授的不是如何获得食物，而是在获得食物后如何处理食物并辨别食物的可食用部分。晚辈通过观察和“模仿”成年动物的行为而习得这些技能。起初它们只是单独玩弄坚果或石头，随后开始随机结合使用这些物件。它们很快就习得把坚果放置在砧板石块上，并用不知道从哪里找来的石头敲击这些坚果。

只有在经过3年的无用功以后它们才开始慢慢协调这些行为与物件。即便如此，它们必须经过大量的练习和实践，一直到大约六七岁的时候，才会变得精通此项任务。到那时，它们践行这一技能已经有1000

多天了。显然，社会动力解释了它们在3年失败之后没有任何奖励来强化它们的努力却依然不屈不挠的原因。起初，一种想要像母亲一样行动的欲望刺激了它们，这一欲望后来被进食可口的坚果果肉的欲望所代替（de Waal，2001a）。

使用物件作为工具

年轻的灵长目动物从群体中的成年动物那里学习如何制作和使用工具。工具可以定义为是用来帮助与促进某些任务或活动的物件。我们刚刚所讨论的分裂坚果的例子——包括双手的使用、两种工具以及精确的协调性——是研究者在野外观察到的最为复杂的工具使用案例，其他野外的猿类群体使用工具的例子也非常丰富。黑猩猩、倭黑猩猩和大猩猩都会制造和使用工具。

使用工具和制造工具的能力有所不同。使用工具，正如使用一块恰当的石头猛击某个东西一样，与制造工具相比需要较少的敏锐度。制造工具需要根据工具的使用目的来精确地调整和修饰这些各种各样的物件。这样，使用未经修饰和处理的石头来分裂蚌蛤的水獭就只能算作工具的使用者，而不能算作工具的制造者。黑猩猩不仅会为了适用于某些特殊目的而修整与处理这些物件，还会把这些物件修整得非常平整并设定特定的样式。它们在某些其他地方行动的时候也会捡拾，甚至为以后的使用刻意准备一些物件，并且能够把这些物件用作工具来解决一些新的问题。

黑猩猩曾经被观察到使用草茎、剥去树叶的嫩枝，并且甚至会保留3英尺（约0.9米）的平滑部分用来“钓”白蚁（图4.12）。它们把经过修整后的小枝插入白蚁的巢穴，并于几分钟后把小枝拔出来吃掉黏附在上面的白蚁，这一过程需要相当大的灵活性。黑猩猩同样在建造自己的巢穴时会进行深思熟虑。它们会测试筑巢所需要的藤枝以确保可用性。如果那些藤枝不可用，它们便会转移到另外一个地方。

图4.12 **钓白蚁**

黑猩猩在野外会使用各种各样的工具。图中所示就是一只黑猩猩正在使用一根下侧被剥光的枝条钓食白蚁——这也是简·古道尔在20世纪60年代第一次所描述的使用工具的黑猩猩。黑猩猩会在距离白蚁堆很远的地方开始选取枝条，并且在去往那个零食点的途中修整所拣的枝条。

另外一些黑猩猩使用工具的例子是利用树叶。它们把树叶当作抹布或海绵，用来从洞穴当中取水饮用。大型的枝条和石头在攻击或防御的捶胸动作中还会被当作棍棒或投掷“导弹”（可能与石头一样）。黑猩猩会使用一些小的枝条当作牙签清洁牙齿，同样也会在乳牙松动的时候将其用于拔牙。它们不仅在自己身上使用这些用于牙齿的工具，有时候也会在其他个体身上使用这些工具（McGrew，2000）。

在野外，倭黑猩猩并没有被观测到像黑猩猩那样使用和制造工具。然而，它们跟踪标记的行为也能被认为是一种使用工具的形式。此外，一只被圈养着的倭黑猩猩想出了如何制造石头工具，这与我们最早的祖先所制造出来的石头工具相当类似。这也就提供了进一步的证据证明它们的工具制造能力。

黑猩猩还会出于医疗目的使用植物，这表明了它们具有选择原始材料的能力，而这种能力又是制造工具所必不可少的。生病的黑猩猩被观测到会去寻找一种叫阿斯匹利亚（Aspilia）的特殊植物。它们把这种植物的叶子一片一片吃进去，但是不咀嚼，而是在吞咽之前让叶子在嘴巴里面放很长时间直至软化。灵长目动物学家发现，这些叶子通过黑猩猩的消化系统并相对保持完整。在这个过程当中，叶子把附着在肠壁上的寄生虫刮下并带出体外。

尽管大猩猩（如倭黑猩猩和黑猩猩一样）会筑巢，但是它们并没有被观测到制造或使用了野外中的工具。这可能是因为它们很容易就能得到所食用的叶子和荨麻，使得工具没有了用武之地。

捕猎

在20世纪80年代以前，大多数灵长目动物被认为是素食主义者，只有人类被认为是肉食性的捕猎者。从那时起，详细的田野研究表明，许多灵长目动物实际上都是杂食性动物，食用的食物类型非常广泛。尽管某些灵长目动物确实拥有专门化的适应性——比如一个复杂的胃器官和帮助消化叶子的剪齿，或者具有一副额外加长的小肠用于减缓果汁的流通时间以使它们得以更好地被吸收——猴类和猿类的饮食类型极其多样。古道尔在贡贝黑猩猩自然栖居地的田野研究表明，猿类在食用果实和其他植物性食物作为初级食物的同时，还会增补一些昆虫和肉类食物。更令人惊讶的是，她发现黑猩猩还会猎杀小的无脊椎动物作为食物，甚至还会捕猎和食用猴类。古道尔还观察到黑猩猩抓捕成年红疣猴并把它们敲击至死。自从有了她的先锋性工作，其他的灵长目动物学家也在大猩猩和卷尾猴群体中记录了不少它们捕猎其他动物的行为。

雌性黑猩猩有时候也会参与捕猎活动，但是雄性捕猎的次数远比雌性频繁。它们捕猎前，会花费好几个小时去观察、跟踪和追捕目标猎物。此外，与通常意义上的灵长目动物各寻其食相比，捕猎经常需要团队合作来套捕和猎杀猎物，尤其是在搜寻狒狒的时候。一旦有一只潜在的被捕食动物脱离了它的群体而落单，那么三只或更多的成年黑猩猩就会马上进行分工来封锁它的逃跑路线，并由一只黑猩猩去追捕猎物。杀死猎物后，参与捕猎的大多数成员都会分得一份所猎之肉，要么是通过趁机夺取的方式，要么就只能乞求他者分得一份。

黑猩猩通常会猎杀重达 25 磅的动物，并且会比我们之前想象的食用更多的肉类。它们喜欢捕猎与它们共享一块森林栖居地的红疣猴。黑猩猩每年在贡贝举行的狩猎聚会中会猎杀20%这种猴类，这当中有许多是红疣猴幼儿，它们通常会通过摇晃树枝来获取藏在30英尺（约9米）高的树顶端的小红疣猴。在一次突然袭击当中，它们至少能抓捕和猎杀7只红疣猴。它们通常会在干燥的季节捕猎，那时候植物性的食物比较难获得。贡贝的黑猩猩在干燥季节平均每天要食用四分之一磅重的肉类。对雌性黑猩猩来说，摄入足够丰富的蛋白质食品，能够支撑它们日益增长的由怀孕和哺乳所带来的营养需求。

研究者在西非所观察到的黑猩猩猎捕行为稍稍有所不同。例如在科特迪瓦的泰国家公园，黑猩猩组成高度协调的队伍，奋力去追逐隐藏在茂密的热带森林树木顶端的猴子。那些在成功的捕猎过程当中表现特别突出的个体，将会在最后的分食活动中获得更多的肉类。

倭黑猩猩也用猎捕所得的肉类来增补和调节它们的饮食，在倭黑猩猩群体中，主要是由雌性来狩猎的。同样，雌性狩猎者通常是与其他的雌性来分享狩猎成果而很少与雄性一同分享。甚至当附近地区的雄性倭黑猩猩统领暴怒发脾气的时候，它依然会被排除在肉食分享的行列之外。雌性倭黑猩猩在分享其他食物（比如水果）的时候也会采取相同的方式。

长期以来我们都认为雄性黑猩猩是主要的狩猎者，但灵长目动物学家吉尔·普吕茨（Jill Pruetz）和她的同事在塞内加尔丰戈利的研究却发现，年轻的雌性和雄性群体也会习惯性地利用长矛来进行狩猎。黑猩猩会带上它们事先准备好的顶部削尖的长矛，并且用这些长矛迅速地猛刺树干中的洞穴部分，因为这些地方往往会是小动物包括灵长目动物的藏身之处。尽管丰戈利的雄性黑猩猩仍然是主要的捕杀者，研究人员发现，大部分的工具辅助狩猎都是由雌性完成的（Pruetz et al.，2015）。

大多时候研究者所观察到的用长矛捕猎的年轻黑猩猩（尤其还是一只青少年雌性黑猩猩）表明，群体中的这一创新性行为是近期才出现的。就像我们之前提到过的日本雌性猕猴所引起的创新行为一样，这个年轻的雌性黑猩猩似乎引导了塞内加尔黑猩猩群体内的这一捕猎行为。此外，如果根据人类的演化研究来看的话，研究者在丰戈利的大草原所做的这些观察显得非常有趣：古人类学家提出我们那些生活在非洲大草原的祖先当中，往往是雄性狩猎、雌性采集，但是这一理论却遭到了丰戈利观察结果的暗中破坏。

文化的问题

对于我们最亲密的灵长目动物近亲的行为，我们了解得越多，就越会意识到这些生物学习到的社会共享实践和相关知识。那么，黑猩猩、倭黑猩猩和其他猿类有文化吗？答案似乎是肯定的。对猿类行为的详细研究已经揭示出，使用工具的多样性和社会约定模式的多样性似乎是来源于特定群体的传统，而不是某个生物决定性的脚本。年轻个体学习社会群体复杂、灵活行为模式的能力是其他猿类与人类共有的。

如果我们承认其他的灵长目动物也拥有文化，那是不是意味着人类也需要重新认识与定位它们的存在呢？比如，是不是要停止在生物医学研究当中使用猴类和猿类以及终止动物贩运呢？简·古道尔热切地要求这种改变。她强调文化过程决定了生物医学研究当中动物的地位，并且倡导消除人类与灵长目近亲之间的文化差异。（有关古道尔倡导工作的更多信息，请参阅本章的“应用人类学”专题。）许多政府也开始回应她的号召，比如2008 年西班牙国会就通过了《类人猿宣言》。宣言赋予了大猩猩、黑猩猩、倭黑猩猩和猩猩一些人权（O’Carroll，2008）。2015年，纽约的两只实验室黑猩猩被短暂地授予了人身保护令，这似乎在法律上赋予了它们人格。法官后来修改了法庭命令，删除了这句话，但这起高调的案件引起了公众的广泛关注（Grimm，2015）。

在2010年12月，美国国立卫生研究院（NIH）委托医学研究机构，去研究在生物医学和行为研究当中是否有必要使用黑猩猩。答案非常明显是否定的。于是美国国立卫生研究院将不再资助任何有关黑猩猩研究的新项目，还决定重新审核现有的研究并解除任何不严格遵从医药学报告所列纲领标准的研究项目。到2012年，美国国立卫生研究院决定将大部分政府所有的黑猩猩送到保护区。2015年，利用黑猩猩的研究完全停止了。

尽管有所进步，但是强大的社会障碍依然不利于我们这些灵长目动物近亲的幸福生活。在西方社会当中确立了一种非常不幸的趋势，也就是古生物学家史蒂芬·杰伊·古尔德（Stephen Jay Could）所说的“黄金障碍”。它把人类从整个动物王国中分离了出来（de Waal，2001a）。令人悲伤的是，这种态度蒙蔽了我们去发现一个事实，就是我们（人类）与它们（动物）之间是存在着连续性的。这反过来可能会让我们更容易地为灵长目动物贩运和相关残忍行为辩护（见本章的“全球视野”）。我们已经看到，人类与猿类在身体方面的差异主要是程度上的差异，而不

应用人类学

生物医学研究中的黑猩猩：简·古道尔和终结实践的斗争

人类、猿类和旧世界猴类在生物学上存在相似性，这导致大量的非人类灵长目物种被运用到生物医学研究中去，试图以此来预防和治疗人类当中的疾病。某些生物医学研究试图在最低程度上侵扰这些动物。例如，DNA 可以从自然覆盖在灵长目动物活体身上的毛发中提取出来，这也就使得研究者能对疾病基因做出跨物种的比较。但是，其他的生物研究却在很大程度上侵害了灵长目动物个体。例如，为了记录与疯牛病紧密联系的感染性的库鲁病性状，研究者把从病人脑部当中提取出来的物质注入活着的黑猩猩脑中。随后，黑猩猩开始发病，表现出库鲁病的典型特征——不可控的痉挛状态、抽搐、痴呆并最终死亡。

这些利用动物进行的研究过程如果放在人类的身上就会牵涉到道德问题。简·古道尔为结束这种做法提出了一个令人信服的理由：

> 人类主要是由于高度发达的智力才与其他动物不一样。有了智力我们就有了更大的能力来理解和同情，所以人类也必须承担一些道德上的责任，来确保医疗过程慢慢地把非人动物从痛苦和绝望中解脱出来。尤其是当这个过程还牵涉到我们灵长目动物近亲的时候。

图中所示这只名叫麦基的黑猩猩就是被投入研究当中的成千上万只黑猩猩中的一只，它数十年如一日地被关押在由钢筋和水泥筑成的无窗的牢笼当中，被囚禁在新墨西哥一个由弗雷德里克·科尔斯顿（Fredenck Coulston）所经营的私人研究机构当中。在经过多年对麦基这样的黑猩猩进行各种各样的反应测试（包括传染疾病、化妆品、药物和杀虫剂等）之后，科尔斯顿实验室最终于2002年被关闭，当时由于他们一再违反动物福利法案而致使政府研究基金撤出他们的实验室。但是在经受了多年的虐待和忽视以后，被用于研究的黑猩猩已经明显缺乏参与黑猩猩社会生活的基本技能。而且，被用于研究的动物通常还会被感染HIV 和肝炎病毒这类致死的疾病，这也就使它们无法被放归野外。所幸的是，麦基和其他那些被用于研究的黑猩猩被送到了由“拯救黑猩猩”组织所操办的避难所当中，“拯救黑猩猩”是营救被用于研究的动物的组织之一。

在科尔斯顿实验室中悲惨生活着的麦基最终被“拯救黑猩猩”组织所营救。

联合国和平使者古道尔在其职业生涯中一直对这一问题直言不讳。2011 年，200 多只政府拥有的黑猩猩被送往得克萨斯州的西南国家灵长目动物研究中心用于侵入性研究，古道尔与1000名科学家和医生致信美国国立卫生研究院（NIH）院长，要求结束这种做法。2013年，美国国立卫生研究院决定让除50只黑猩猩以外的所有黑猩猩退休。古道尔在一份既欣慰又沉痛的声明中赞扬了这一决定，同时呼吁全国人民记住留下来的50只黑猩猩。

人类和其他灵长目动物的生物相似性导致了这样的研究，这源于一个漫长的、共同的演化史。相比之下，允许我们的近亲成为生物医学研究对象的文化规则是相对较新的。2015年11月，人们听到了古道尔博士的呼吁：美国国立卫生研究院院长宣布，留下的用于潜在研究的50只黑猩猩将全部有资格退休。

全球视野

大猩猩手骨烟灰缸

来自得克萨斯州奥斯汀的20岁的阿什利（Ashley）曾在推特上写道："派对上有人在谈论大猩猩手骨烟灰缸！"这个不知名的家伙说的是野生大猩猩面临的众多威胁之一。大猩猩没有天敌，所以卢旺达、乌干达和刚果民主共和国的大猩猩自然栖居地中大猩猩数量的不断减少，完全是由人类造成的。尽管已故的灵长类动物学家迪安•福西（Dian Fossey）在20世纪70年代就开始了大猩猩的保护工作，但用大猩猩的手和头制作的烟灰缸仍然是令人垂涎的纪念品。偷猎者可以卖掉剩余的部分，赚取可观的利润。

现在，伐木和采矿破坏了大猩猩栖居地的森林，而且新修的道路使偷猎者更容易接近大猩猩。卢旺达和乌干达政府与福西基金（Fossey Fund）和野味项目（Bush Meat Project）合作，组织了偷猎巡逻队，建立了社区伙伴关系，来保护濒危的大猩猩。在千里之外，阿什利和他的朋友们也可以通过回收手机来提供帮助。钶钽铁矿石（见第一章图1.8），这种在手机中发现的物质，主要是从刚果民主共和国的大猩猩栖居地开采出来的。如图所示，密歇根州手机回收工厂将减少所需的新钶钽铁矿石的数量。

全球难题

鼓励回收手机和阻止偷猎都将有助于保护大猩猩种群。你将如何说服普通手机用户或偷猎者改变他们的生活习惯或谋生方式，以保护濒危的大猩猩？

是种类上的差异。现在看来，在行为方面也是如此。正如英国灵长目动物学家理查德·兰厄姆（Richard Wrangham）所说：与人类一样，黑猩猩也会笑、吵闹之后会和解、在困难时期会相互支持、会用化学疗法和物理疗法来自我治疗、会阻止他者食用有毒的食物、在捕猎中会合作、会互相帮助越过障碍、会突然袭击相邻的群体、会发脾气、在天气好时会莫名兴奋、会想方设法炫耀、拥有家庭和群体的传统、会制造工具、设计计划、会欺骗、会捉弄、会悲伤、会残忍，也会宽容和仁慈等（Mydans，2001，p.5）。

这并不"仅仅"是说我们是另一种猿类，显然，程度造就了差异。尽管如此，我们的灵长目动物近亲与我们之间的连续性反映了共同的演化进路，这也告诉我们现在必须帮助和保护我们的这些近亲。其他灵长目动物的生物性与行为就像当今所研究的基因一样，提供了有价值的视角来用于理解人类的起源。科学家直接从化石骨骸和保存下来的文化遗存当中恢复数据来研究人类的过去，便是下一章所谈论的主题。

思考题

1. 人类的道德观是否与某些类人猿的道德观有所不同？你觉得自己与生俱来的道德观有哪些？又有哪些是学到的？

2. 你在灵长目动物中观察到了哪种交流系统？这些与人类的语言有何不同？又有哪些方面相同？

3. 鉴于黑猩猩、倭黑猩猩和大猩猩群体在特定行为上的差异，是否可以说这些灵长目动物拥有文化？

4. 由于人类的活动，许多灵长目物种如今濒临灭绝。猿类生物学的哪些特征导致了猿类有限种群规模的形成？这些生物学限制是否适用于人类？为什么适用或为什么不适用？

深入研究人类学

想象一下

倭黑猩猩坎兹使用图画文字进行交流。人类也使用图画进行交流——从史前绘画到古代和现代的象形文字，再到当今社会使用的复杂的基于文本的书面语言。例如，一个人的通用图形可以表示洗手间。有斜线穿过的红圈表示某事是被禁止的。如今，许多人还将表情符号融入他们的日常短信和其他书面交流中。事实上，哥伦比亚大学的语言学家约翰·麦克沃特（John McWhorter）称，表情符号是一种富有表现力的人类的交流方式，它们甚至可以在不支持使用太多词汇的媒介中传达语气（Haber，2015）。

通过图片进行的交流对你的生活有多大影响？你有没有在手机或网络上进行过只看图片的对话？你能只通过图片与别人交流吗？记下某一天中你用到图片进行交流沟通的例子，街道标志、食品图标、服装标签、电脑图标、表情符号。得出的结果会让你惊讶吗？

挑战话题

即使在理想的情况下，对于古人类学和考古学田野工作的要求也是很高的，它要求做到很细致的地步。如果当地团体争夺对古代遗骸的所有权，科学工作可能会变得更加复杂。有这样一个极端的例子，2015年5月，ISIL（伊拉克和黎凡特伊斯兰国）或者说ISIS（伊拉克和叙利亚伊斯兰国）的武装分子占领了帕尔米拉古城，它位于当今叙利亚的中心。作为帕尔米伦帝国（在3世纪从今天的土耳其延伸到埃及）的中心，这座城市以其融合了希腊罗马和波斯风格的艺术和建筑而闻名。2012年以来持续不断的叙利亚内战使得该遗址已经遭到了大规模的洗劫和破坏。但ISIL的占领，标志着这座城市的命运变得严峻且不可扭转。ISIL宣布将摧毁为古代神灵建造的雕像和神殿，如图所示，这被好战的宗教激进主义者认为是亵渎。更悲惨的是，2015年8月，叙利亚考古学家哈立德·阿萨德（Khaled al-Asaad）因拒绝帮助ISIL找出古代珍宝——他们想要出售并为他们的活动提供资金——遭到了处决。阿萨德帮助组织了重新安置许多文物的工作，他还是联合国教科文组织世界遗产保护遗址的终身学者。对于古代遗迹的调查和保护工作迫使我们不得不集中解决一些复杂的问题，比如过去是属于谁的？以及我们该如何保护这些珍贵的古迹？考古学的观点认为，为了当地人民和整个国际社会的集体利益着想，这些问题的回答必须基于一个长期保护、合作和和平的眼光。

第五章 考古学和古人类学中的田野方法

学习目标

1. 定义考古学家和古人类学家对遗址鉴定与挖掘的方法。

2. 描述一下最佳的发掘实践，尤其要强调各种各样的科学家与社区群众之间的合作。

3. 解释一下考古学家和古人类学家是如何在挖掘结束以后，把各种各样的实验室技术运用在他们的调查当中的。

4. 区分各种各样绝对的和相对的追溯方法。

5. 描述地质时代、大陆板块漂移假说和分子钟，以及它们在重建过去中的作用。

古人类学家和考古学家运用一系列尖端卓绝的技术来重建与修复人类及其祖先的生物性与行为方式。他们共同关注的是史前史这一段时期，这一历史时期是指文字书写记录出现前的那段漫长的时期。对一些人来说，史前这一词汇可能会唤起一些有关“原始的”穴居男性或女性的想象。但是史前这一词汇本身并不含有缺乏历史或低劣的意思——它指的仅仅是一个缺乏成文史的时代。本书接下来的几章将会关注过去，而本章所探讨的是考古学家和古人类学家用来研究过去的方法，以此来为我们的探索做准备。

我们当中的大多数人会对某类考古材料非常熟悉：要么是从地底挖掘出的一枚硬币，要么是一个古代陶罐的碎片，又或者是古代猎人所使用过的一个矛头等。考古学所包含的远不止对这些文化珍宝的发掘和分类。相反，考古学家会利用物质的和生态的遗迹来重建过去人类社会中的文化和世界观。考古学家会仔细考察来自过去社会中的每一个可以修复的细节，包括各种结构：寺庙、灶台、垃圾堆、骨骼，以及植物遗迹等。尽管看起来考古学家是在挖掘一些物件，但事实上他们所挖掘的是人类的生物性、行为方式和信仰习惯等。

与之相似，研究人类祖先及其他灵长目动物祖先身体遗骸的古人类学家，所做的也远不止是对旧的骨骸进行发掘和分类。他们恢复、描述和组织这些遗骸，以此来探究人类的生物性演化历程。

恢复文化和生物遗迹

考古学家和古人类学家面临着一个困境。了解我们的过去的唯一方法是挖掘包含生物和文化遗迹的遗址，但这同时会对遗址造成破坏。因此，研究者在进行挖掘的时候，会精确地记录下所有东西的位置和背景，不管它有多小。如果没有这些记录，那些能够从物质和文化遗迹中追溯出来的知识就会急剧减少。正如人类学家布莱恩·费根（Brian Fagan）所言："挖掘的基本前提就是所有的挖掘都是破坏性的，即便这些挖掘工作是由专家开展的。因此，考古学家的首要责任就是在挖掘之后为后代留下关于挖掘现场的翔实记录，因为没有第二次机会"（Fagan，1995，p.19）。

考古学家通过挖掘来恢复古器物，即任何过时的或被人类所替换掉的器具，包括火石刮刀、篮子、斧头，以及房屋或其墙壁的遗迹等。每个古器物都表达了人类文化的一个方面。作为人类行为和信仰的产物或代表，古器物能够帮助考古学家定义物质文化，或者文化的持久方法，比如工具、建筑物和艺术。考古学家还整合了一些生态因素，即在考古记录中发现的植物和动物的自然遗迹，来帮助他们解释更多相关的古器物。考古学家还会进一步区分这些类别和特征，例如一些不可移植的人类活动的元素，比如灶台、沟渠，或者墙壁这样的建筑元素等。考古学家还会考虑古器物和物质遗存是以何种方式进入地下的。人们如何使用他们制造出来的这些物件、如何处置它们，以及它们如何失去了反映人类文化的重要方面等。

文化与物质遗迹所体现的是不同种类的资料，但如果想对人类过去做出全面的解释需要整合古代人类的生物性与文化。通常，古人类学家与考古学家会一起系统地挖掘和分析碎片化的遗迹、一起将骨骼残骸、陶瓷碎片和分散的营地放到广阔的解释语境中去。

化石的特质

一些最古老的生物遗骸在石化过程中幸存了下来。从广泛意义上来说，化石是指保存在早期地质时期地壳中矿化了的生物有机体痕迹或印迹。石化通常牵涉到有机体中的坚硬部分，如骨骼、牙齿、贝壳、角和植物的木质组织。生物有机体的某些柔软部分很少会变成化石，但是带有脚印、头部甚至全身痕迹的化石有时候也会被发现。由于死去的动物很快就会吸引食腐动物和引发分解的细菌，它们几乎没有充足的时间来变成化石。完全保存下来的化石骨架可以追溯到大约10万年前，埋葬这一文化习俗出现之前，这是非常罕见的（图5.1）。

一个有机体想要变成化石必须在死后立即被覆盖上一些保护性的物质。保存一个生物有机体或者某个生物有机体中一部分的方式有很多种，并不必然要使其石化。整个动物可能会被冻在冰块当中（图5.2），像在西伯利亚发现的著名的猛犸一样，从而可以抵御捕猎者、风化与细菌。常绿树木中渗出来的自然树脂也可能会封存一个有机体，使其变硬并变成像琥珀——金黄色的半透明物质，那样的化石。几百年前的蜘蛛和昆虫标本被保存在东北欧的波罗的海地区，那里盛产树脂丰富的常绿树木，比如松树、云杉和冷杉等。

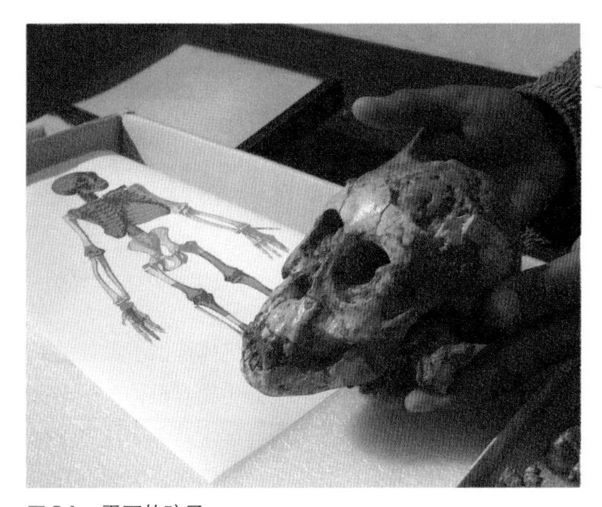

图5.1 **露西的孩子**

2006年9月，研究人员宣布发现了一件令人惊叹的新化石——一具330万年前的幼儿骨骼。该化石于2000年在埃塞俄比亚北部的迪基卡地区被首次发现。自那以后，研究人员对化石遗骸进行了仔细的复原和分析，因此当2006年宣布这一消息时，我们已经知道了很多这个标本的信息。他们的分析已经确定这个孩子是一个3岁左右的小女孩，她可能死于一场山洪，与著名的露西标本（见第6章）属于同一物种。基于这一重大发现，科学家把这个孩子称为"露西的孩子"，尽管这个孩子所生活的时代要比露西生活的时代还要早大约15万年。

图5.2　冰人奥兹

在某些环境中，人体也能得以完好地保存甚至可能会被误认为是最近的尸体。比如奥兹，这个5200年前的冰人于1991年在阿尔卑斯山的提洛尔人地区被发现，当时正好是阿尔卑斯山冰川的融化期。当时意大利政府和奥地利政府都认为他们对这一稀有发现具有合法的处置权，并且对于储存这一尸体展开了法律上、地理学上和埋葬学上的争论。这些争论直到这个从冰块中取出的标本开始融化之时还在继续。

湖底和海底盆地对于保存有机体提供了最佳的条件，因为沉淀物能够迅速地覆盖生物有机体。一个完整的生物有机体同样也有可能会被木乃伊化或者被保存在焦油坑、泥煤、石油或沥青沼泽中，因为这样的化学环境能够阻止产生腐烂物质的细菌的滋生。

然而，化石通常包括分散了的牙齿和嵌入在岩石沉积物中的骨骼碎片。它们大多数在变成化石的过程当中或多或少地发生了改变。埋葬学（源自希腊语，意为坟墓），是研究骨骸与其他物质如何被埋入地下而成为化石被保存下来的一门学科，为石化的过程提供了系统的理解，这对化石本身进行科学化的解释至关重要。

化石化频繁发生在海生动物和其他近水生存的动物当中。当生物有机体的某些部分在浅海、河流或湖泊的底部堆积时，会慢慢被沉淀物、淤泥或沙子覆盖，最终它们会变硬并成为页岩或石灰石，在生物有机体的骨骼周围形成一层保护壳。骨骼或牙齿的内部空穴以及骨骼中的其他部分会被矿石沉积物填满并在标本周围团积起来。骨骼的外壁会腐烂并被碳酸钙或二氧化硅所取代。

除非以某种方式进行保护，否则陆生动物的骨骼通常都会在恶劣天气、捕食者和食腐动物等因素的影响下分散并暴露出来。偶尔也会有居住在湖泊或河流附近的陆生动物变成化石，如果它们正好死于水边。当然如果一只陆生动物正好死于岩洞之中（图5.3），或者如果某些其他的肉食动物将其遗骸拖至可以防止侵蚀和腐坏的某个地点，那么它也有可能会变成化石。岩洞通常非常有利于化石的形成，因为从岩洞顶部滴下来的含有矿物质的水可能会使遗留在岩洞地上的骨骼硬化。

安葬死者

从大约10万年前开始的埋葬文化实践逐渐增加了对整个化石骨骸的保存。在这之前的人类化石记录大多都是碎片化的遗骸和偶然发现的完整骨架。其他灵长目动物的化石记录更是少得可怜，因为它们通常都是居住在热带森林当中，而在那里有机物腐烂得非常快。生活在草地平原或非洲大草原环境当中的灵长目动物（例如演化中的人类祖先）的相关记录要更加完备，因为那里的条件更加有利于化石形成。在东非埃塞俄比亚、肯尼亚和坦桑尼亚靠近古代湖泊和河流的

图5.3　白骨之坑

为了挖掘古石器时代遗址Sima de los Huesos（SH）或称“白骨之坑”，西班牙古人类学家胡安·路易斯·阿苏瓦加（Juan Luis Arsuaga）及其团队每天都要花费将近一个小时，穿过一条狭小的通道去到地底下一个狭小封闭的空间里工作，那里有丰富的人类遗骸。在本图中，这些遗骸化石被小心翼翼地挖掘出来之后送到实验室中。截至那时，漫长的解释与分析工作才刚刚开始。阿苏瓦加的团队曾提出，仅从这一个洞穴中就发现数目众多的个体遗骸，这暗示了某种死亡仪式——当地举行的也许不是葬礼而是将尸骸置于骨穴之中。如果这是真实的，那么这一追溯到35万年前至60万年前之间的遗址，将会给我们提供最早的在死亡仪式方面的证据。

几个地区，研究者发现了夹带其中的火山灰地质层，其中产生了大量的化石，而这些化石对于理解人类的演化过程非常重要。

寻找古器物和化石

古器物和化石是从哪里找到的呢？当然是从一些被称为遗址的地方，这些地方包含许多先人活动后所遗留下来的考古遗迹。遗址分为很多种，并且有时候很难去界定它们的边界，因为遗迹可能会散落在一个较大的区域内。甚至有的遗址还会在水底（图5.4）。考古学家和古人类学家鉴定出来一些遗址是狩猎营地，也就是猎人们外出狩猎的地方；还有猎杀遗址，在这些地方猎物会被屠杀并瓜分；还有村庄遗址，也就是家庭活动得以发生的地方；当然还有墓地，也就是死者（有时候还有陪葬品）下葬的地方。

当我们回溯到遥远的过去的时候，骨骼和文化遗迹的结合就变得不大可能了。迄今没有发现超过260万年的文化遗迹，这或许是因为我们祖先最早使用过的工具很可能是由有机材料制成的（比如黑猩猩所使用的白蚁钓竿），而这些工具被保存下来的可能性很小。

图5.4　水底考古学

图中所示是一位潜水员在土耳其卡斯村附近地中海里的一个海难遗址中，发现了古老的双耳细颈瓶（运输葡萄酒、橄榄、橄榄油、谷物和其他商品的传统容器）。这艘遇难船残骸可以追溯到特洛伊战争时期（大约3000年前）。这支水底考古学家探险团队是由乔治·巴丝（George Bass）所带领的，他来自得州农工大学的海上考古研究所，与他一起合作的是土耳其伊斯坦布尔的博德鲁姆水下考古博物馆。他们根据此次水底考古的残骸一起重建了过去历史的一些方面，包括古代贸易航线和船只建造技术等。

遗址鉴定

虽然考古学家仍有可能偶然发现可供勘探的地点，但现代的勘测技术使研究人员可以在考古现场进行调查、测绘并标出一个大的地理区域进行挖掘。可以直接在地面上进行调查，但今天普遍使用遥感技术。20世纪20年代以来，古生物学家一直使用航空照片来寻找遗址。这些照片结合了地理和地质科学的各种创新成果，如地理信息系统（GIS）、地面穿刺雷达（GPR）和无人机（UAVs），至今仍在被广泛使用。

高分辨率的航空照片，包括卫星图，发现了一条约500英里的史前道路。这一发现非常令人震惊，因为它把美国四角地区（亚利桑那州、新墨西哥州、科罗拉多州和犹他州的接合处）的遗址与其他遗址连接了起来。这一发现也引发了对史前普韦布洛印第安人经济、社会和政治组织的崭新的理解。显然，这一区域的大中心统治着大量较小的卫星社区，大中心动员劳动力来建设大型公共工程，并且允许货物进行大量远距离的分配。

在开放性的国家中，考古学家能够很容易地就鉴定出比较明显的遗址，比如中东那些从地面上鼓胀出来的人造土墩或坟墓。最近耕种过的土地中显现出来的土壤表面的痕迹或污迹也可能会指示出某个潜在的遗址。土壤痕迹使考古学家在英国的赫特福德郡和剑桥郡发现了许多青铜时代的墓葬堆。这些墓葬堆几乎都没有凸出地面，但是每一块被圈住的核心中都有一些像白垩那样的土壤污迹。在森林当中，植被的变化也可能会显示出一个潜在的遗址。例如，表层土有机质含量丰富的区域周围通常覆盖着一些古代遗存和垃圾坑，并且这些地方会长出与众不同的植被。在蒂卡尔（危地马拉的一个玛雅遗址），桑科树就生长在古代建筑遗址附近，它们会引导考古学家到这些地点进行探索。

考古学家同样也会运用文献记载、地图和民间传说来寻找遗址。例如，荷马的古希腊史诗《伊利亚特》就促使海因里奇·希利曼（Heinrich Schliemann，一位19世纪著名的且受争议的德国考古学家）发现了特洛伊（希利曼的挖掘方法毁坏了许多遗迹，但这些方法在当时也是典型的方法）。地名和当地传说经常会暗示某个区域存在一个考古遗址。因此，考古学家常常仰赖于熟悉土地历史的当地人，或与所研究的物质和文化遗迹有祖传联系的人合作，如本章的“原著学习”所述。

有时候自然过程（比如土壤侵蚀或干旱）也会把遗址暴露出来（图5.5）。例如，在北美东部，海岸线与河流沿岸的土壤侵蚀暴露出了被称为“贝冢”的史前垃圾堆。有时候与考古调查无关的人类行动也能揭开一些物质和文化遗迹。例如，20世纪初，在南非的不同地点开采石灰石时，发现了几百万年前的最早的人样化石（见第六章）。对土地小规模的干预，比如耕作等，有时候会捣腾出一些骨头、陶罐碎片，以及一些其他的考古物件。

行动考古学和皮拉尔社区

安娜贝尔·福特

资源的管理和保存是 21 世纪的重要主题。在此问题上没有任何地方比热带地区更急切，热带似乎是我们最后的陆地边界。玛雅雨林是世界上最具生物多样性的区域之一，它正经历着快速的变化。接下来的几十年里，该地区的人口将翻一番，这会威胁到热带生态系统的完整性，因为当代的发展策略与该区域丰富的生物多样性相违背。

在过去，玛雅雨林是一个重要文明的发源地，其人口至少是现今该地区人口的3到9倍。古典玛雅文明的繁荣曾经因独特象形文字显著的特质，石头、陶器和石膏上的优美艺术，以及数学和天文学的精确性而广受追捧。玛雅文明保存和繁荣的秘诀究竟是什么？考古学如何阐明面向未来的文明保存的可能性？这些是我在皮拉尔进行研究时提出的问题。

1972年，我作为一个考古学家在玛雅雨林开始了我的研究。我避开了那些吸引游客和学者的重要市中心，想通过对他们文化生态学——人类和他们生活的环境之间多层面的关系——的研究了解他们的日常生活。当然，富有魅力的玛雅文明考古中心激起了我的兴趣，它们证明了玛雅文明的发达。然而，我认为，理解古代玛雅景观，可以告诉我们更多关于玛雅人和他们的雨林之间的关系，而非与寺庙之间的关系。毕竟，玛雅文明是农业文明。

古代玛雅的农业制度对于他们的发展和进步一定

皮拉尔团队成员

（从左至右）考古学家克拉克·韦内基（Clarke Wernecke）、安娜贝尔·福特（Anabel Ford）、鲁迪·拉里奥斯（Rudy Larios），主要的森林园丁卡门·克鲁兹（Carmen Cruz）和主要的故事讲述者泰奥·威廉姆斯（Teo Williams）。

或家畜。如今，我们使用的欧洲术语在许多方面都不适合用来描述传统的农业土地。“可耕的土地”一词具体意思是“宜于开垦的土地”，来源于拉丁单词arare意为“犁地”。在通常的用法中，可耕地等同于耕地，联合国食品和农业组织认为可耕地等同于能耕种的土地，爱德华·威尔逊（E.O.Wilson）在他的论著《生命的未来》中也是这样认为的。以此消除了对环境有微妙影响的土地使用和管理实践。休耕被不严谨地用来表示抛弃的田地，但是真正的休耕意味着“未播种过的耕田”。

是至关重要的。通过一个多世纪间对这些寺庙中心的探测，我们知道了市中心是统治精英举行仪式的地方，寺庙里保存着皇室的坟墓，也收藏着古代的一些最令人惊叹的艺术品。同样，市中心矗立着用象形文字书写帝王成就的纪念性石碑，这些象形文字现在持续地被编纂为可以理解的玛雅语言。有关玛雅的这些事实表明了他们土地使用策略的成功发展，该策略支撑了不断增长的人口，养活了富裕的精英阶层，并且允许在2000多年的时间里可以不断建造和维护主要的市中心。玛雅农民处于这一令人惊叹的文明底层，而我认为这将成为一个有真正发现的地方。

农民在前工业型的农业社会中占据非常重要的位置，因此，我们可能推测大部分居民都是农民。但是我们如何能够了解其农业技能和策略？我们对于传统农业土地使用策略的欣赏，已经被技术和欧洲生态帝国主义所推翻，该主义抵制任何对于其他土地使用制度的全面理解。

在对玛雅地区的征服过程中，西班牙人感觉雨林中没有东西可吃，面对着那些能够喂饱侍从的惊人的蔬果宝藏，他们竟然宣称自己很饥饿，因为没有谷物

在欧洲人看来，犁地等同于栽培；但是在新大陆，栽培靠人工完成，并依靠自然降雨。因此，栽培包含了更广泛的含义，包括选定的农田作物、树木演替、多样化的家庭园地和果园、受到管控的雨林。实际上，它意味着整个景观格局。

不要忘记了，玛雅人和其他美洲原住民一样，在500年前的混乱征伐之前生活在石器时代，他们的土地管理不需要金属工具，他们也不需要驯化动物。这并不是一个障碍，正如现在看来的那样，这事实上导致了土地的集中使用和其他领域的强化。农民需要利用他们的地方性技能和知识来满足日常所需。与所有美洲原住民一样，该技能涉及景观，尤其是植物及其与动物栖居地的关系。

中美洲田地玉米和谷物产出的报道表明，它们的产量比16世纪征服时期，巴黎塞纳河附近的肥沃田地的产量还要高出2至3倍。玛雅农业与自然环境保持和谐关系。就像日本的稻农福冈正信（Masanobu Fukuoka）在他的书《一场稻草革命》中所描述的那样，玛雅农民如今运用他们所知道的关于昆虫的知识来授粉，利用对动物的理解来提高繁殖，通过鉴识水

源来决定耕种，并通过对变化和细微差别的观察来提升产量。这不同于当今的农业发展模式，如今依赖复杂的技术来提高产量，完全不考虑大自然。

对于古代玛雅人定居模式的关注，引导我找到了重要答案来回答玛雅人是如何获得成功的这一问题。答案在于寻找到玛雅人日常居住的地方，他们住在那里的时间以及在那里做了什么。尽管流行观念会让你认为玛雅人热衷于建造城市来替代雨林，我已经发现的景观模式出现于古典玛雅文明的鼎盛时期（公元600年至900年），当时，玛雅人所占用的景观不到其全部数目的三分之二。超过80%的居民集中在不超过40%的区域里，与此同时另外40%的地区大部分无人居住。土地集约利用的多样性创造了一个东拼西凑的阶段，传统农民将其看作一个循环：从雨林到田地，从田地到果园，再从果园回到雨林。玛雅雨林园艺业的发展结果生成了一个经济景观，该景观支撑了古代玛雅帝国，用木材为殖民主义和独立时代注入财富，并且用天然树胶维持了资本主义的发展。如今，该雨林中90%以上的主要树木具备经济价值。玛雅人耗费了1000年来建造这一宝贵的雨林。

尽管我对雨林中玛雅人的日常生活感兴趣，但是纪念性的建筑也成为我工作的一部分。在一次对雨林中的定居点进行勘探时，我发现了皮拉尔——古代玛雅人的一个主要城市中心，拥有巨大的超过22米的高耸寺庙、比足球场还大的广场——并为其绘制了地图。整个中心公共建筑的面积超过50公顷。皮拉尔是伯利兹河流域最大的中心，坐落在距蒂卡尔仅仅47千米的地方，蒂卡尔已经成为一个旅游胜地，皮拉尔为探索讲述玛雅故事的新方式提供了新机遇。我观察到古代玛雅帝国在中美洲的热带雨林中逐步形成了可持续发展的经济，而这一发现指导着我开发皮拉尔的方法。

跨在分割伯利兹与危地马拉边界线上的皮拉尔，作为位于长期争议性边境上的一个国际性和平公园，已经成为突显生态保护设计的焦点。对于皮拉尔的设想是基于自然环境背景下文化遗产的保存。在由当地村民、政府官员和各国科学家结成的一个合作性、跨学科团队的支持下，我们建立了皮拉尔玛雅动植物考古学自然保护区。1993年开始，皮拉尔项目已经为创新策略的测验奠定了新的基础，这些策略引导着社区参与到皮拉尔考古学自然保护区的保护和发展中。该项目涉及具有全球价值的重大管理性主题：旅游业、自然资源、外国事务、农业、乡村发展和教育。该项目还与传统雨林园艺劳动者一道影响了农业、乡村事业和能力建设的发展。在该项目的席卷之下，仅有很少领域未受影响，并且有更多的舞台能够促进其发展。

在皮拉尔，我践行着我所称的“行动考古学”，一个先驱生态保护模型，它吸取从遥远过去中所学习到的经验教训来为当代人谋福祉。例如，玛雅社会和自然的共同发展提供了关于这片区域如今如何可持续发展的线索。在皮拉尔，我们使用先进的程序将玛雅森林园艺业模拟为传统资源的替代物，以减少犁地—放牧的农业方式。我们与传统农民一道建立了园艺模型。这些模型有助于将知识传递给年轻一代，并可以使重要的生态保护策略继续存在。这片雨林继续存活着，并向我们展示了对人类扩张所带来影响的适应力。古代玛雅人1000年间一直居住在这片雨林里，皮拉尔项目证明我们可以从过去中学习到一些经验和教训。

皮拉尔项目承认它在建立一个创新的社区参与过程，在创建一种独特的管理规划设计，在开发一处全新的旅游胜地上所享受到的特权。皮拉尔区域范围的成功扩大这一事实，可以从社区组织如“皮拉尔雨林园艺业网络”和“皮拉尔的朋友”中最明显地感受到。在来自伯利兹和危地马拉的团队成员的共同努力下，皮拉尔项目得以在社区和保护区之间建立包容性的关系，这对双方都有益处。这一动态性关系的发展是皮拉尔哲学的核心——具有适应力，并具备教育社区、重塑地方自然管理和提供有关玛雅雨林生态保护设计信息的潜力。

图 5.5　**斯卡拉布雷村**

在苏格兰奥克尼群岛（Orkney Islands）的斯卡拉布雷（Skara Brae），风雨逐渐将沙子带走，最终使埋在地下的石屋显现出来。这些建筑在约 5000 年前被使用过，它们是这个时代保存最完好的遗迹之一。

文化资源管理

由于建筑项目经常会揭露一些考古遗迹，包括美国在内的许多国家，这类项目需要得到政府的批准以确保考古发现的鉴定与保护（图 5.6）。第一章中已经介绍了文化资源管理，在美国或欧洲，由联邦政府资助或许可的环境评估过程通常包括文化资源管理。例如，在美国，如果某个州政府的交通运输主管部门想要重置一个高速公路桥，那么州政府必须先要与考古学家签订合同，以确保和保护在建筑施工过程中任何可能会被影响到的重要文化资源。

自从 1966 年的《文物保护法》、1969 年的《国家环境政策法》、1974 年的《考古和历史保护法》和 1979 年的《考古资源保护法》通过以来，所有建筑项目需要的文化资源管理都部分地受到美国政府的资助或许可。由此，文化资源管理领域繁荣了起来。美国政府机构如陆军工程兵团、国家公园管理局、森林管理局和自然资源保护局都雇用了许多考古学家，他们协助保护、恢复和抢救考古资源。加拿大与英国也有着跟美国非常相似的程序。从智利到中国，几乎各个国家的政府都雇用考古专家来管理他们的文化遗产。

当文化资源管理工作或其他考古调查发掘出原住民文化项目或人类遗骸的时候，联邦法律就再次

图5.6　非洲人墓地

1991年，建筑工人在纽约曼哈顿下城——规划建成34层、耗费2760万美元的联邦官方大楼的位置发现了骸骨。它使美国殖民时期最重要的考古遗迹之一——一块占地约6英亩的巨大非洲人墓地得以被发现。社会活动家、政治家和人类学家联合起来保护并最终挖掘了这一遗址。调查记录了这些最早的美国奴隶所遭受的极端身体折磨、非洲男性女性和孩子们对殖民时期的美洲经济和文化发展所做出的重大贡献，以及这些个体是如何在逆境中与他们的非洲祖国保持文化一致性的。在分析完埋葬在这里的约两万人中的将近400块骸骨之后，这些遗骸又以一个纪念性仪式的形式被尊敬地放归土中。这个仪式被称为"祖先回归仪式"。如今，遗址处并没有建设办公高楼，而成为一个纪念性和历史性的展示地标。

被牵扯进来。《美国原住民坟墓保护和遣返法案》（NAGPRA）在1990年被美国国会通过。根据这一法案，这些物质遗存必须归还给直系后裔、印第安部落的文化附属机构和夏威夷原住民组织等。该法案成为那些研究古印第安人文化和近期印第安人文化的美国人类学家的工作中心。

除了我们之前提到过的所有这些，考古学家还会为工程公司提供咨询并帮助他们准备环境影响评估报告书。这些考古学家，有的是在博物馆大学或学院的工作之余从事这些工作，有的则是独立咨询公司的职员。当州立法委员会发起任何与考古有关的工作时，指的就是作为合同或协议形式的考古。

挖掘

一旦确定了一个合适的遗址，研究人员就会计划如何挖掘，以满足研究目标。开始挖掘前，挖掘团队首先要清理地面并将遗址标示得像网格系统一样（图5.7），将遗址表面切分为相同大小的小方块，然后给每个方块编号并用木桩加以标示。随后被发现的每一个物件都会被精确地放置在它被挖出来的那个方块当中。记住，背景决定一切！

一个网格系统的起点可能是一块大岩石、一个石墙的边缘，或者是沉入地底的一根铁棍。这个点通常也被称为参照点或基准点。在覆盖好几平方英里的某个大型遗址中，考古学家会标示个体的结构，并根据它们在一个大型网格系统中某个特定方块中的位置进行编码。考古学家会小心翼翼地对网格系统中的每个小方块进行挖掘，他们用泥刀刮开土壤，并仔细筛查松散开的土壤以便能够发现即便是最小的古器物，比如打火石块或玻璃珠等。另一种被称为浮选法的技术是将土壤沉入水底，使其中的颗粒分离。在使用浮选法时，某些物质会浮在水面，而其他物质则会沉入水底，这样就可以很容易地筛选出细小的物体，如鱼鳞或非常小的骨头。

如果遗址是分层的——也就是说遗迹是一层一层叠加的，考古学家就会一层一层地分开进行挖掘。每一层都代表了一段特定的时间跨度和沉降周期。这样，它们所包含的古器物就是同一个时期的并且归属

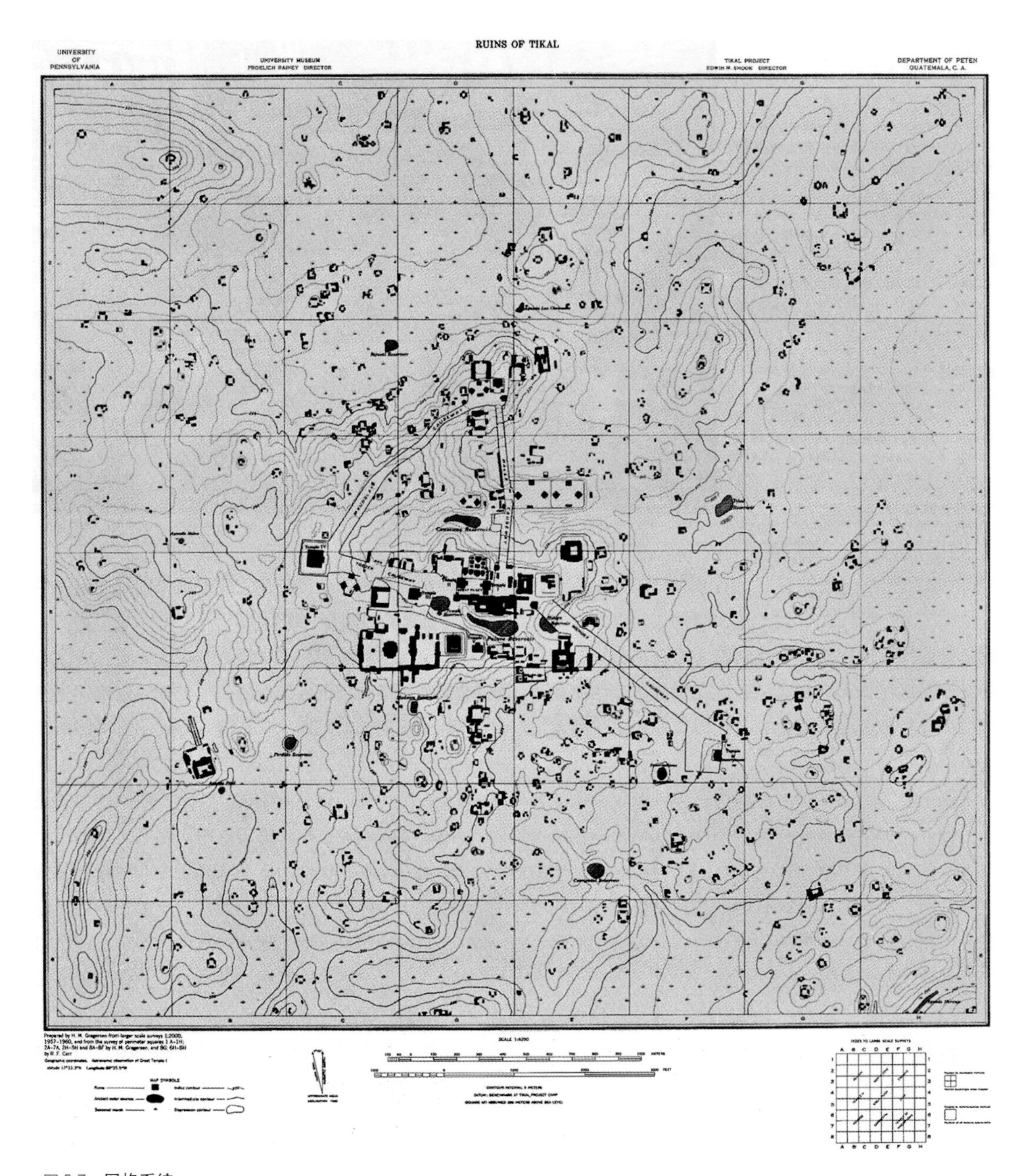

图 5.7　网格系统

在覆盖好几平方英里的大型遗址中，考古学家会构建一个巨大的网格，正如图片中地图中心位置所展示的古玛雅城市蒂卡尔。网格中的每一个小方块都是0.25平方英里，挖掘者会在小方块被发现的地方依次对每个方块的结构进行编号。

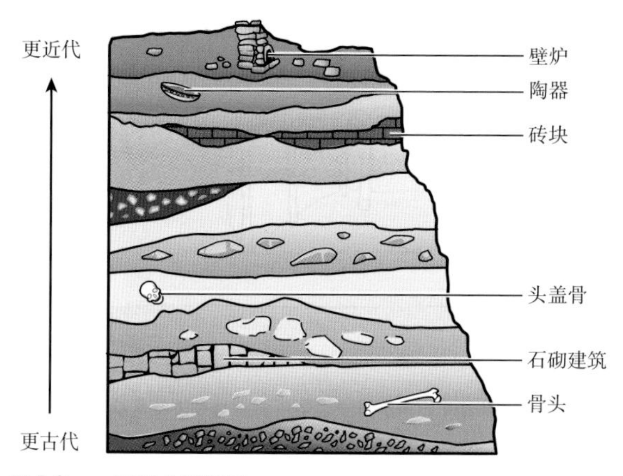

图5.8 一幅考古侧面图

考古学家通常会为他们所挖掘的遗址创建一张侧面图或垂直表征图。在分层的遗址当中，历史遗物是按堆积层分布的，越古老埋藏得越深，而相对较晚近的则覆盖在其上。侧面图就是提供这类信息的简图。地质过程会导致不同地区地层深度的分布不同。对遗址的解释依赖于运用网格系统对每个地层进行测绘。

于相同的文化（图5.8）。还可以根据古器物的沉淀顺序来追踪文化的变迁，通常更深的地层所夹带的是更古老的古器物。如果没有地层法，那么考古学家就会任意采挖所有层次。每一个方块都必须被开挖以使它的边缘和侧面保持笔直，而方块之间的墙体则通常会被保留下来以作为网格系统的可见坐标。

在古遗址上工作的古人类学家在没有考古层时，必须运用地质学的专门技术，因为对某个化石的解释完全依赖于它在岩石序列中的位置。地质学背景提供了将标本置于人类进化系列中的日期。越是近期的考古遗址可以得出越可靠的追踪信息。如今，古人类学的探险队通常会由除体质人类学以外的其他各个领域的专家所组成，这样，各种各样的专家也就可以各显所能。

骨骸挖掘

想要毫发无损地将一块化石从它的埋葬地挖掘出来需要高超的技艺和极度的谨慎。为了挖掘出新发现的骨骸，古人类学家和考古学家必须先用镐和铲做初步的探测性挖掘，然后用驼毛刷和牙签清除骨骸四周松散的、容易分离的碎屑。一旦研究者揭露出整个标品（这个过程可能需要好几天的耐心工作直至精疲力竭），他们会用虫漆和棉纸将骨骸套好，以免在进一步的挖掘和操作过程中对其造成分裂与破坏。

在其周围，挖掘团队准备了石膏和泥土，或者杂基，用来将其整块取出。他们从泥土中切出骨骸和杂基，但并不移动它们。下一步他们会用更多的虫漆来涂满整块骨骸来将其加固，并用浸过石膏的粗麻布绷带裹住骨骸。随后他们用更多的石膏和粗麻布绷带封住一整块，也许还会用树枝当作夹板，并将其晾晒一夜直至干燥。在它变硬了之后，研究者会小心翼翼地将其从地下取出并打包运往某个实验室。在离开发掘现场前，调查者还要制作一份这一地区完整的地图，并精确定位这些骨骸的发掘点，用来辅助未来的调查研究。

考古和化石证据的保存状况

挖掘的结果在很大程度上依赖于遗迹的保存状况。石头和金属这样的无机材料要比木头和骨骼这样的有机材料更耐腐。有时候考古学家会发现一个古迹群——有一批古器物——由耐用的无机材料所组成，比如石器工具和早已腐烂的有机体痕迹，如木制品（图5.9）、纺织品或食品等。

气候、当地的地质条件和文化实践同样对遗迹的保存状况有着较大的影响。例如，我们对古埃及人的许多认识源于他们的信仰，即古埃及人相信只有死后与他们的财产埋葬在一起才会在来世获得永生。因此，古埃及王朝统治者的坟墓当中经常会包含木质家具、纺织品、花朵和由纸莎草芦苇所制成的纸质卷轴等，甚至还包括奴隶的遗骸。当然，古埃及的墓葬实践会有选择性地把一些社会精英成员的更多信息保存下来，不是每个人都能有此待遇。最早的埃及坟墓，

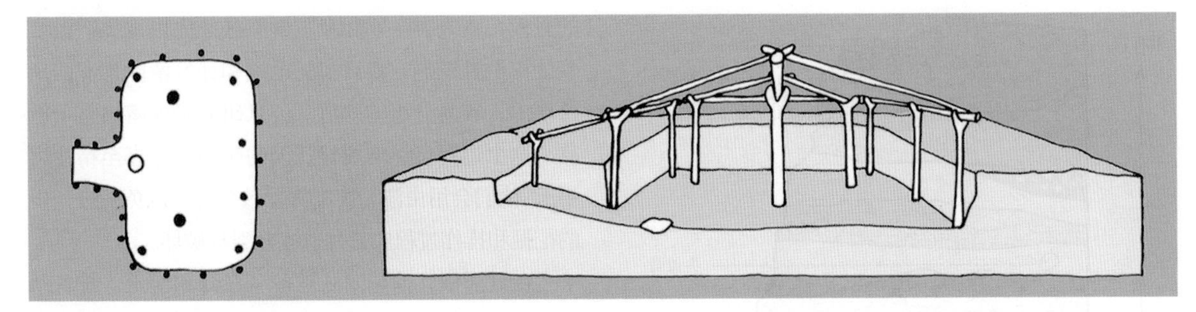

图 5.9　有机遗物痕迹的修复

尽管房屋的木桩用不了多久就会腐烂，但是它们的位置依然会以使泥土变色的方式被标示出来。图中左边所展示的平面图是亚利桑那州斯奈克镇的一个早已被腐蚀掉的柱孔模式建筑物，而右图则是假想的重建的房屋。

包括以前掩埋尸体的浅坑中，都经常会出土一些保存较好的尸体，因为炎热的沙漠气候能够使其快速完全干燥（图 5.10）。

某些干燥的岩洞也有利于粪化石（源自希腊语中的“粪便”）的保存。粪化石是用来表示形成了化石的人类或动物排泄物的科学术语。粪化石会反映史前人类或动物的饮食和健康状况。通过分析粪化石当中含有的一些元素——如种子、昆虫骨骼、鱼或两栖动物的小骨头——考古学家和古人类学家能够直接测定古代的饮食状况。这些信息反过来也能阐明当时人类的整体健康状况。粪化石也让科学家有难得的机会来研究古人类祖先的遗传物质。

当然，特定的气候也能抹去有机体遗留物的所有痕迹。在中美洲的热带雨林区（包括墨西哥中部和南部及中美洲北部地区）发现的玛雅废墟中，几乎所有木制品、纺织品或编织物的痕迹都被连绵不断的雨水和湿气快速摧毁了。所幸的是，这些器物的印迹有时候能以石膏的形式保存下来（图 5.11），而石雕品和陶器雕像可能会描绘一些木制品或植物纤维制品的具体样貌。这样，即便是在面对有机物品大量腐蚀的情况时，考古学家依然能够从这些遗迹中获取很多的知识和信息。

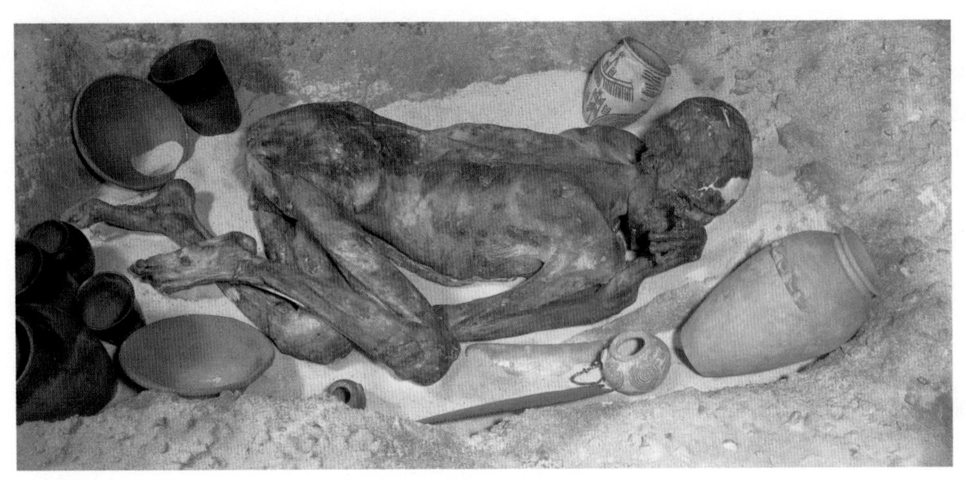

图 5.10　环境与防护

古遗迹的防护依赖于环境。在木乃伊技术发明以前，埃及就有一些保存得很好的墓葬尸体。这是因为埃及极端干燥的环境会迅速将这些尸体烘干。同样地，与这些遗骸一起出现的文物可能几乎没有受到时间的影响，看起来和 5000 多年前被存放进墓穴时一样。

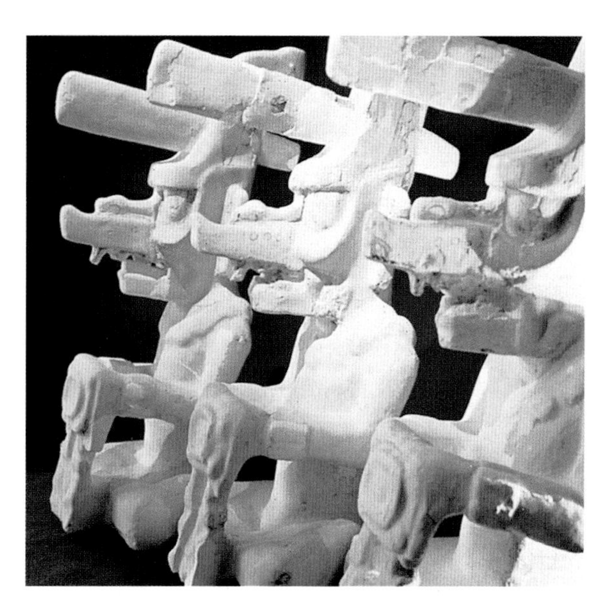

图5.11　恢复被腐蚀了的木雕

在古玛雅城市蒂卡尔遗址，这些雕刻复杂的图像原本是由木头制成的。在一个国王的坟冢当中发现它们的时候就只剩下蛀洞了，于是研究者把石膏灌入原来的有机材料腐蚀后留下的蛀洞中，将其复制了出来。

整理证据

挖掘记录包括一幅包含所有特征的成比例的地图，对每个挖掘方块的分层，对地底每一个古器物或骨骸的精确位置、深度的描述，以及一些照片和这些物件的模型图片等。这些详细的记录使得研究者能够把考古学和生物学的证据进行拼合，对某种文化进行仿真式的重建。尽管研究者挖掘的时候仅仅把目光集中在某些特定种类的遗迹上，但他们必须记录下这个遗址中的每个方面。因为未来的研究者可能需要一些信息来回答一个在最初调查的时候没有人曾想到过的问题。换句话说，考古遗址是不可再生的资源。即便是最为缜密精细的挖掘，最后都会对古器物的排布造成永久性的扰乱。

有时候遗址可能会被非法劫掠，这不仅会造成古器物本身的损失，还会造成遗址本身的损失（图5.12）。尽管劫掠长期以来都被视为考古记录的一大威胁，但如今这个威胁是高科技。狂热的搜集者与考古遗迹爱

图5.12　劫掠

当劫掠者为了在黑市上进行交易而获取古器物的时候，他们仅仅是把这些器物从地底或空中拔出来。就像2012年在柬埔寨贡开（Koh Ker）被掠夺的有1000年历史的高棉战士雕像一样，只有脚和基座被留下，而其余部分被偷运出国，最终被自愿送回柬埔寨。这些劫掠者所盗取的已经远远超过器件本身：他们所盗取的还有正规的发掘能够收集到的所有详尽的相关信息。即便警察最终从劫掠者手中或从买下器件的收集者手中收复了这些器件，但由于缺乏背景和这些器件的精确位置等各种详细信息，这会严重影响对古代人们生活方式的重构。此外，劫掠者通常还会完全毁掉他们所劫盗的遗址以清除他们的犯罪证据，这也就完全清除掉了考古学家可能可以抢救的所有细节。

好者们会把遗址和器物位置等信息共享在网络上，这也就无意中援助了不法分子对遗址的劫掠，当然这同样也为古器物提供了一个市场。

缜密细致的呵护并没有在挖掘结束后就停止。一旦从发掘地挖掘出器件或化石，考古学家和古人类学家就会运用一系列实验室方法来研究它们。通常来说，考古学家和古人类学家会对每个小时的田野工作进行至少三个小时的实验室检查与作业。

在实验室中，考古学家在开始分析之前首先要清洁所有器件并对它们进行编目。从器件的形状以及器件的制作与磨损痕迹中，考古学家通常能确定它们的功能。例如，俄国考古学家西森诺夫（S.A.Semenov）投入了大量时间来研究史前技术，并描述了一种用作刮刀的燧石工具。他通过在显微镜下检测它的磨损模式，才得以确定史前人类使用它时会改变刮擦的方向，来避免过度拉扯手部肌肉。从西森诺夫和其他人的工作中，我们知道了在考古记录中保存下来的大多数石器工具都是右撇子制造的，这一事实也暗示了大脑的结构。通过物质遗存同样也能看出种群之间的关系（图5.13）。

古人类学家、生物考古学家和法医人类学家会运用一系列调查技术来检验骨骼与牙齿。例如，用显微镜检测牙齿标本可能会揭露出牙齿上的痕迹，这能提供与饮食相关的线索。古人类学家通常会在头骨内部刻上标记或制造一些颅腔模型，来确定古人类大脑的尺寸和形状。

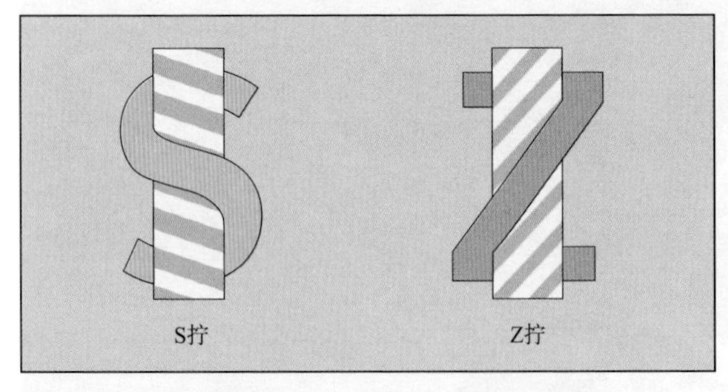

图5.13 运动模式在物件上的体现

在新英格兰北部，史前陶器的装饰通常是用一个缠绕着绳子的木棒刻印在潮湿的陶土上的。通过考察绳子的印迹可以知道，沿海的人们通过向左缠绕纤维（Z拧）来织造绳索，而生活在内陆的人们则刚好相反（S拧）。这个没有功用差异的区别深刻反映了根深蒂固的运动习惯，这对于绳索制造者来说是完全自然的。于此，我们就可以推断出两种截然不同的人群。

就像DNA指纹识别会被运用在法医人类学当中一样，古人类学家也会运用先进的基因技术来研究古人类的遗骸。通过从遗骸中提取出的遗传物质，研究者能够在标本、其他化石和活着的人类之间进行DNA比较。可以运用聚合酶链反应（PCR）技术来放大或反复复制DNA的小片段，这样就能够为进行这些分析提供足够多的材料。然而，除非DNA是被保存在琥珀等稳定的物质中，否则它会随着时间的推移而衰腐。因此，如果标本的年限已经超过了5万年，那么DNA分析结果就会变得越来越不可靠，因为DNA已经随着时间衰腐了。

生物考古学家会将生物人类学家在骨骼生物学方面的专门知识与考古学结合来重建人类文化。对人类骨骼物质进行检测会为古人类饮食、性别角色、社会地位和运动模式方面的研究提供非常重要的洞见。例如，对人体骨骼的分析显示，社会当中的精英成员能够获得更有营养的食物，而营养较差的下层阶级则无法充分发挥生长潜力。在完全保存下来的成人骨骼中，死者的性别能够被高度精确地加以确定，并且可以对男性与女性的生命周期、死亡率和健康状况做出比较（图5.14）。这些分析有助于确立男性和女性在过去社会中的社会角色。

新的生物医学技术在过去和现在的遗存调查中都起着非常重要的作用。例如，CT（计算机化断层显现）扫描会为法医学、生物考古学和古人类学的调查提供新的信息。近期的和古代的遗存如今都会被扫描，从而得出大量关于骨骼结构细节的信息。尽管CT扫描没法代替法医尸检，但它可能有助于现场识别，如大型灾难。此外，它还能提供过去创伤的证据，而这些

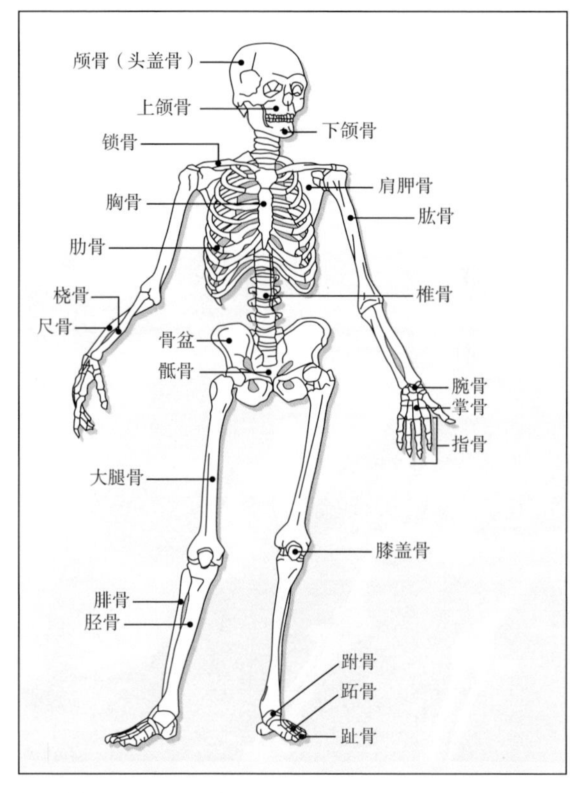

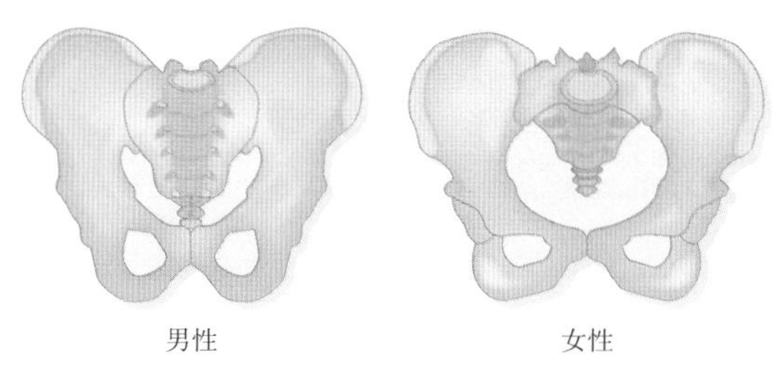

图5.14　人体骨骼

习得基本的骨骼知识将在接下来的几章中对我们追溯人类的演化历史非常有用。此外，要记住，完整的男性与女性骨骼基本上都存在某些一致性方面的差异，这也就使得骨骼生物学家能够识别死者的性别。这些差异当中有的会联系到一个事实，就是男性体型通常大于女性。但是女性盆骨对分娩的成功适应使得其成为人体内最具性二态性的骨骼，并且它也成了研究者确定骨骸性别的最佳方式。注意，女性盆骨中间更为张开的空洞与产道是一致的。而男性的骨骼直接连接到了这块空间当中。

证据可能会在确定其直接死亡原因的调查当中潜藏起来（Leth，2007）。

在考古学中，CT技术在确定遗迹的损坏是发生于挖掘过程中，还是产生于死亡之前等这些问题时变得尤其有用。例如，扫描了埃及涂特国王的遗骸后，科学家一致同意这位年轻的国王并不是死于之前所猜测的脑部受伤；而某些科学家则提出股骨骨折可能是他大约3300年前死亡的原因（Handwerk，2005）。为了尽力减少对骨骸的操作，科学家对这些珍贵的标本进行了一次扫描，这就能够为未来的研究者提供这个标本的数码图像，而不用直接对遗骸下手。

数字技术能够帮助解决涉及遗骸权利的冲突，因为这使得科学家在把标本送回社区后仍可以对标本成像进行分析。尽管如此，许多原住民群体都会质询没有经过他们允许就对遗骸进行数字化拍照的行为。例如，奥地利的维也纳大学就曾因为陈列了非洲南部朱瓦西人（Ju/'hoansi）的遗骸图像而遭受了质询，因为奥地利民族学博物馆中所持有的这些遗骸并不是当地人所捐献的，而是20世纪早期奥地利医学博士、人类学家鲁道夫·波奇（Rudolf Pöch）带回来的。这种行为在那个时代是非常普遍的。非洲南部朱瓦西人的法律顾问陈述了他们的立场："我们没有收到过任何咨询，并且也不会支持任何对我们祖先遗骸进行图像存档的行为——我们反对这种行为！"（Scully，2008，p.1155）。

按照1990年通过的《美国原住民坟墓保护和遣返法案》（NAGPRA）的标准，朱瓦西人对于这些遗骸具有合法的决策权，但是与NAGPRA相同的法案还尚未被编撰成国际性的法案。即使在拥有NAGPRA的美国，科学家和当地居民对遗骸的处理方式也完全不同。正如在肯纳威克人（Kennewick）——1996年在华盛顿州哥伦比亚河流域出土的一副有8000～9000年历史的骨骼——案例中看到的那样，见本章"生物文化关联"。

追溯过去

运用手中持有的这些精确而详细的挖掘记录，考

生物文化关联

肯纳威克人

“远古人”和“肯纳威克人”指的都是那具已经有8000～9000年历史的骨骼遗骸。这具遗骸是1996年，在华盛顿州肯纳威克的哥伦比亚河流域中的瓦卢拉湖湖面之下被发现的。这一发现从一开始就引起了持续不断的争论：谁拥有这具人体遗骸？谁能决定如何处置它？这具遗骸所保留的生物性特征对确定它们的命运如何起作用？

由于这具骨骼是在美国陆军工程兵团所负责的驻地内被发现的，这一联邦机构首先就占有了这具遗骸。起初，肯纳威克人被认为是19世纪欧洲血统的标本，但在遗骸的碳年代被测定到了更早的时期后，附近的五个美国印第安群体根据《美国原住民坟墓保护和遣返法案》（NAGPRA），也要求取得这具遗骸。他们主张“肯纳威克人”是在他们的祖先领地中被发现的，所以他们认为自己是那个被称为“远古人”的“文化附属”。他们把这具人体骨骸看成是他们的祖先，所以他们希望这具骨骸能够以一个尊

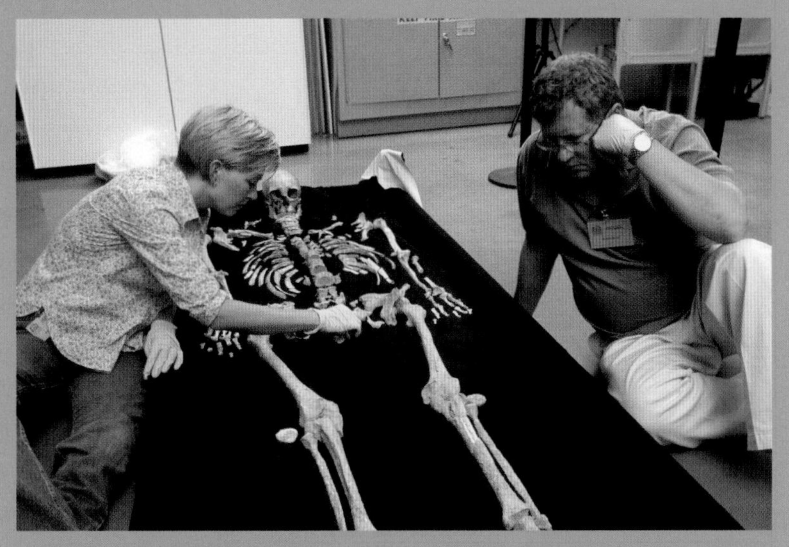

史前骨骼遗骸研究团队

这一史前骨骼遗骸的名称——“远古人”和“肯纳威克人”，印证了美国印第安人与科学家的争论。对于研究人员来说，骨骼遗骸是研究的标本，但对美洲原住民来说，它是家庭的一员。道格·奥斯利（Doug Owsley）（右）是史密森学会的法医人类学家，他一直领导着包括法医人类学家卡里·布鲁韦尔海德（Kari Bruwelheide）（左）在内的研究团队。

古学家和古人类学家得以对一个至关重要的研究问题展开调查：年代问题。正如我们所看到的，对物质的和文化的遗迹进行分析和阐释，依赖于对这些古器物或标本的年代进行的精确计算。那么，科学家又该如何可靠地对所发掘出的物质进行追溯呢？

科学家能够通过它们在地层中的位置来追溯它们的年代，也能通过测算化石骨骼所含有的化学物质数量来追溯年代。此外，还可以通过联系其他植物、动物或文化遗迹来追溯和推断年代。这些被认为是相对年代确定技术，因为它们并没有确立遗骸的精确年代，而只是通过逻辑原则将遗骸按时间顺序排列，从而确立了它们与其他一系列遗骸之间的关系。绝对年代测定或精密年代计算（源自拉丁语的“测算时间”）的方法提供了“在现在之前”具体年代的实际日期。这些方法依赖于物理和化学的进步，比如放射性元素衰变的比率，它可能会呈现在遗迹本身或其周围的泥土当中。通过比较不同地点的遗迹，人类学家可以建立重大事件的时间线，比如进化适应、移民和技术的发展。

每一种相对的和绝对的年代测定方法都有一定的

重的葬礼形式被再次送回到地里。

由于害怕失去独特的科学标本，科学家在联邦法院提起控诉，以阻止在对遗骸进行研究和分析前对其再次掩埋。他们的法律挑战是基于这样一个观念：当涉及古人体遗骸的时候“文化附属”是一个非常困难的概念，而且这是迄今为止在西半球发现的最古老的遗骸之一。科学家所关注的是，该地区的美洲原住民无法证明他们是直系后裔。他们进一步列举了遗骸与现代原住民之间在解剖学上的差异，这表明肯纳威克人可能与波利尼西亚人或东亚人的关系更为密切。

2004 年，联邦法庭裁定允许科学家进行初步的科学调查。正当这些调查在 2005 年 7 月得以完成的时候，参议院印第安事务委员会听取了亚利桑那州参议员约翰·麦凯恩（John McCain）关于扩大《美国原住民坟墓保护和遣返法案》（NAGPRA）法律效力的提案，该提案首先禁止再次进行此类研究。但是国会阻止了这一议案成为法律，而使得遗骸自此能够继续被研究。

最后，2015年7月，一个丹麦团队在《自然》杂志上报告了对遗骸进行详细DNA分析后的首批结果。这些发现证实：实际上，肯纳威克人与太平洋西北部的印第安部落的关系比与任何其他现代人的关系都更密切。这项研究根据基因组中共享等位基因的频率来确定亲缘关系，也揭示了肯纳威克人与中美洲和南美洲原住民之间的联系。这一发现表明，太平洋西北部的印第安部落代表着一个从最终迁移到南方大陆的人中分离出来的血统。

具有讽刺意味的是，美洲原住民最初的主张需要科学来验证——这一主张将阻止研究的开展。自宣布以来，印第安群体便加倍努力要求遣返。虽然科学家有机会更多地了解肯纳威克人，但印第安群体更愿意让他离开。

虽然基于颅骨测量数据的最初假设未能充分识别这具骨骼遗骸，早期也尝试过基因测试，但没有成功。一些研究人员想知道，如果有更多的时间和更先进的技术，我们还能从这具遗骸中发现多少东西。

生物文化问题

如果你祖先的骨骼遗骸成为科学研究的对象，你会做何反应？权利应该被追溯到什么时期呢，比如NAGPRA所授予的权利？

误差幅度。理想来说，考古学家和古人类学家会使用尽可能多的适当的方法，当中会考虑到材料的可用性和可用的基金的多少。通过这么做，他们能够显著降低误差。几种最常用的年代追溯方法被列在了表5.1中。

相对年代测定

地层法可能是最为可靠的一种相对年代测定方法（见图5.8）。这一方法基于一个非常简单的原理，就是越老的地层是越早沉淀的（它也是越深的），而越新的地层则是越晚近沉淀的（在不受干扰的情况下，它通常位于顶端）。对此，地层法在每一个特定的遗址中都建立了一个可靠的地层年代序列。因此，即使没有精确的日期，人们也知道一个地层中的物体与其他地层中物体的相对年代。然而，地质活动会使给定场地的地层划分变得复杂。如图5.15所示，地震或人类活动改变了地层之间的位置。

考古学家也会使用氟测算这种相对年代测定方法。这一方法基于一个事实，就是沉淀在骨骼遗骸中氟的含量，成比例地对应于它们存在在这个世界上的年限。年代最为久远的骨骼遗骸所包含的氟的含量最

表5.1　考古学家和古人类学家们使用的绝对和相对年代追溯法

测定方法	时间区间	测定过程和使用方法	主要缺陷
地层法	只能测定相对年代	这一方法基于一个非常简单的原理，就是越老的地层是越早沉淀的。由此可以根据发现的地层来确定生物和文化遗骸的相对年代	只能适用于特殊遗址；地震这样的自然力量，以及埋葬这样的人类活动，都会影响地层法的关联测定
氟测算法	只能测定相对年代	比较遗骸从周围土壤中吸收氟的数量；越古老的遗骸吸收的氟越多	只适用于特殊遗址
动物区系和植物序列法	只能测定相对年代	基于另一个已经得到绝对年代测定而确定了的地区遗迹的演化顺序，并以此确定待测遗迹的相对时间；孢粉学测年法可以用来测定带有花粉的植被	需要依赖于某些相关的并且已经确定了绝对年代的地区
顺次排列法	只能测定相对年代	基于样式和形态等特征来确定遗址内文化遗迹的相对的时间顺序	需要依赖于某些相关的并且已经确定了绝对年代的地区
树木年代测定法	最多距今大约3000年前	将保存下来的木质器物所用木材的年轮与某棵已知年龄树木的年轮进行比较	需要一些已经知道确切年龄的古树
放射性碳测定法	精确测定小于5万年的年代	在5730年的一个半衰期内，比较有机遗骸中放射性碳14与稳定的碳12之间的比率；在有机体死后，只有碳14会衰变（每5730年衰变一半），所以碳14和碳12的比率决定了其死后的实际年代	当要测定的遗迹超过5万年，那么放射性碳的测定就会变得不可靠了，并且越往前越不可靠
钾氩年代测定法	距今大于20万年	运用火山灰，以12.5亿年为一个半衰期，比较放射性的钾与稳定的氩之间的比率	需要火山灰；由于受到来自大气中氩的污染，需要进行交叉核验
氨基酸外消旋年代测定法	距今4万年前到18万年前之间	在一个三维结构中，比较左转和右转蛋白质之间的比率；死后的腐蚀会导致这些蛋白质发生变化	土壤里的湿气和酸性物质会洗出骨骼这类物质当中的氨基酸，从而导致一系列原始资料的错误
热发光测定法	也许能够到达距今20万年	测算当标本加热到高温状态时所发出的光的数量	只能用于一些最近的物质，比如希腊的陶器等；对于更古老的遗骸没有可靠的精确性
电子自旋共振法	能到距今大约20万年前	测算被困电子在磁场中的共振	只能作用于牙齿中的瓷釉质，还没有发展到骨骼中；精确性方面存在问题
裂变径迹测定法	应用于广泛的时间测定中	测量铀衰变时在晶体中留下的轨迹，以交叉检验钾氩年代测定法	仅适用于测定晶体年代
古地磁倒转测定法	应用于广泛的时间测定中	测定石头中磁极的方向，并且将其在它们形成的年代中是否发生磁极的倒转联系起来	大量正常的时期或者地磁倒转的方向需要用其他方法进行测定；某些已知的更小的事件将会扰乱这一顺序
铀连续测定法	距今4万年前到18万年前之间	在岩洞遗址中测定铀元素的腐蚀数量	较大的错误范围

大，反之最小。氟测算能够帮助对没法确定所在地层的骨骼遗骸进行测定。天然氟数量在地区之间的变化限制了这一方法对跨遗址之间氟含量进行比较的有效性。氟测算对于揭露英国臭名昭著的“皮尔当骗局”至关重要。在这个骗局中，人类的颅骨与猩猩的下颌被一起置于地下，并被作为人类早期祖先遗骸的一个虚假证据（见第六章）。

相对年代测定同样也能通过顺次排列法来做到。

图5.15　公之于众

考古学家约翰·斯沃格（John Swogger）已经开始使用漫画来让公众了解考古学及其方法和结果，图中所示的是他最近一次到太平洋帕劳岛探险的记录。你如何解释啤酒罐出现在较低的地层？在这次挖掘中使用了怎样的年代测定技术？

顺次排列法是对植物、动物或文化遗迹建立次序的一种方法。运用顺次排列法得到的一系列植物、动物或器件的出现顺序又提供了一个遗址的相对年代。这是基于一系列其他已经确定地区的顺次排列。史学家所使用的“石器—青铜—铁器时代”系列就是一个基于文化器物的顺次排列例子。在一个特定地区内，包含铁制器物的遗址，通常要比只包含石器工具的遗址要晚近得多。在被充分研究过的某些文化地区，考古学家开发出了一系列风格特别的陶瓷。

科学家还会运用动物或动物区系来做一些类似的推断。例如，在非常早期的北美印第安遗址中曾出土过乳齿象和猛犸的遗骸——它们现在都已经灭绝了。而这些遗骸使得科学家将这个遗址追溯到了这些动物灭绝前的一个时期——大约一万年以前。为了确定人类进化当中一些最早期的非洲化石的年代，古人类学家在可以确定准确年代的地区发展出了动物区系，随后他们会运用这些系列在其他地区建立相对序列。相似的序列同样也能够在植物当中建立，尤其是运用花粉粒。通过这种被称为孢粉学测年法的方法，在地质层中发现的花粉种类可以表明地层沉淀时所存有的植被类型。因此，孢粉学测年法还有助于重建史前人们所居住的环境。

图5.16 玛雅历法象形文字

某些古代社会发明出了用于计算日期的精确方式，这就使得考古学家可以将其与我们自身的历法进行关联。图中所示的是古玛雅城市蒂卡尔一位非常重要的统治者的坟墓，这位统治者就是Siyaj Chan K’awil二世。绘制在墙壁上的象形文字给出了这个葬礼在玛雅历法中的确切日期，即格里高利历法中的公元457年3月18日。

绝对年代测定

某些考古遗址可能会出土一些书面记录，这些书面记录会提供给考古学家一些非常精彩的关于年代和时期的阐释（图5.16）。但是通常精确的年代来源于一系列绝对年代测定方法。这些技术运用化学和物理方法来计算物质和文化遗迹的年代，尽管每一种方法都被限制在特定的时间跨度内，并有一定的误差。

在绝对年代测定方法中最为广泛使用的是放射性碳测定法。这种方法的使用是基于这么一个事实：所有的生物有机体在活着的时候，都要吸收放射性碳（被称为碳14，或^{14}C）以及普通的碳12（^{12}C），这些与在大气中发现的碳在比例上是相同的。生物有机体会在死亡的时候停止对碳14的吸收，并且两种碳的形式之间的比率会随着不稳定的放射性元素碳14的“衰变”而开始发生改变。每一个放射性元素都以一个特定的比率衰变或转换成一个稳定的非放射性元素。物质从开始衰变到衰变了将近一半时所耗费的这段时间被称为“半衰期”。如碳14，它需要5730年才能让给足数量的碳14的一半衰变成稳定的氮14。而再过5730年（总共是11460年），剩下的那一半碳14中又会有一半衰变成为稳定的氮14，这样到最后就只会有约四分之一的碳14留下并呈现出来。所以，对有机体物质（如木炭、木材、贝壳或骨骼）的年代测定，可以通过计算碳14相对于稳定数量的碳12的变化比例来进行。

尽管科学家可以从最近发现的某个标本中测量出有机物质里残留着的几毫克的放射性碳，但远古时期遗留下来的微量碳14限制了精确的检测。放射性碳测定的方法完全能够将有机体物质的年代追踪至大约5万年前，但如果是更为古老的物质，那么测算的结果就不会那么可靠了。

由于总是会存在一定程度的误差，所以放射性碳测定法（与其他绝对年代测定方法一样）并不是想象的那么绝对。这也就是为什么所有指定的年代总是会有一个正负（±）的偏差范围，也就是在平均值上下的一个标准偏差。例如，所追溯到的5200±120年前，所意味的就是确切的年代还有大约三分之二的概率（或67%的可能性）会落在5080至5320碳年前之间。碳年和日历年并不是精确对应的。

树木年代测定法（源于希腊语单词dendron，意为“树”）是一种更精确但更有限的绝对年代测定方法。这一方法最初是为了测定北美西南部的普埃布洛印第安人遗址的具体年代而被发明出来的。它基于一个事实：在合适的环境下，树木的树干上每年会新增一圈年轮（而且是每年只增一圈）。年轮的层次厚度不一样，这取决于每年的降雨量，所以树木的年轮又有记录当地气候的功能。通过采集木材样本，譬如从普埃布洛印第安人的房屋中取下一根横梁，并将它的年轮与一棵已知年龄树木的年轮进行比较，考古学家就能追溯出这些古器物的确切年代。

树木年代测定法只能应用在木质物件之上。此外，它也只能在有高龄树木所在（如巨杉和狐尾松）的区域起作用。在用树木年代测定法追溯狐尾松木材后，再使用放射性碳测定法对其进行追溯，这样可以让科学家矫正所追溯到的碳14的年代，并使其符合日历年代。

钾氩年代测定法是绝对年代测定方法中又一种比较常用的方法。它所使用的技术与放射性碳分析所使用的技术非常相似。在强烈的加热之后，如火山爆发，放射性的钾会以一个已知的比率衰变成氩，而之前存在的氩都将被熔岩散发出的热气所释放。放射性钾的半衰期是13亿年。测定某块特定火山岩中钾转换成氩的比率，能够精确地将沉积物追溯回几百万年以前。

钾氩分析可以显示出夹在火山灰层之间的化石和古器物的年代（如东非的奥杜瓦伊和其他遗址）。和放射性碳测定法一样，钾氩年代测定法也总是会有正负误差。此外，在对年代小于20万年的物质进行测定的时候，钾氩年代测定法会丧失其精确性。

放射性碳测定法和钾氩年代测定法都不能很好地测定 5万年前至 20万年前这段时期。由于这一时期在人类进化的历史上相当重要，科学家不得不发明一系列其他的方法来对这一关键时期进行精确测定。

在这些方法当中，有一种方法叫作氨基酸外消旋年代测定法。这种方法基于一个事实：有机物质中的氨基酸在其死后会逐渐地发生转变，或者说外消旋，也就是会从向左偏转的形式转换成向右偏转的形式。因此，这种由左至右偏转形式的比例就会指示出标本的年代。不幸的是，土壤里的湿气和酸性物质会洗出骨骼这类物质当中的氨基酸，从而导致一系列错误。然而，鸵鸟蛋壳被证明不受这个问题的影响，其氨基酸能够被很有效地锁在一个紧实的矿物母体当中从而保存好几千年。在非洲和东非地区鸵鸟蛋被广泛地食用，而其蛋壳则被用作容器，所以它们提供了一个有力的方式来测定旧石器时代晚期部分遗址的年代。这段时期大约是4万年前至18万年前。

电子自旋共振法是测算骨骼中带有的电子数目的一种方法，而热发光法所测试的是当标本加热到高温状态时所发出的光的数量的一种方法。这两种方法都是用来填补史前那段年代鸿沟的方法。用这两种方法得到的数据对重构人类起源至关重要。

其他的一些绝对年代测定方法依赖于铀元素。例如，裂变径迹测定法就是计算矿物晶体上的辐射损伤径迹。与氨基酸外消旋年代测定法一样，所有这些方法都存在问题：它们极其复杂、成本昂贵，其中许多方法只针对特定种类的矿物质，并且这些方法中有许多都很新，以至于科学家都还尚未明确它们的可靠性。正是出于这些原因，它们也就还没有像放射性碳测定法和钾氩年代测定法那样被广泛地应用到绝对年代测定中去。

古地磁倒转这种通过提供交叉检验的年代测定方法，贡献出了绝对年代测定当中另外一个非常有趣的维度（图5.17）。这种方法基于地球磁极的转变——正是这股力量控制了指南针的方向。

如今指南针所指向的是北，因为我们如今所处的是“正常的”地磁时期。过去几百万年间，在很长一段时期内地球的磁场被拉向了南极。于是地质学家将这些地磁反常的时期称为“地磁倒转”。石头中铁粒子的方向是由它形成那段时期的主导地磁磁极所决定的，这就使得科学家能够获得它们所处年代的一个大致范围。人类进化历史所包含的地磁倒转时期大约是从520万年前开始而止于340万年前，紧接着一直到240万年前都是正常的时期，随后第二次倒转又开始了，这次倒转持续到了大约70万年前，这之后便又是正常的时期。这个古地磁序列可以被用来测定遗址的年代究竟是正常的年代还是倒转的年代，并且它能够与其他一系列测定方法相结合用来交叉检验年代测定结果的精确性。

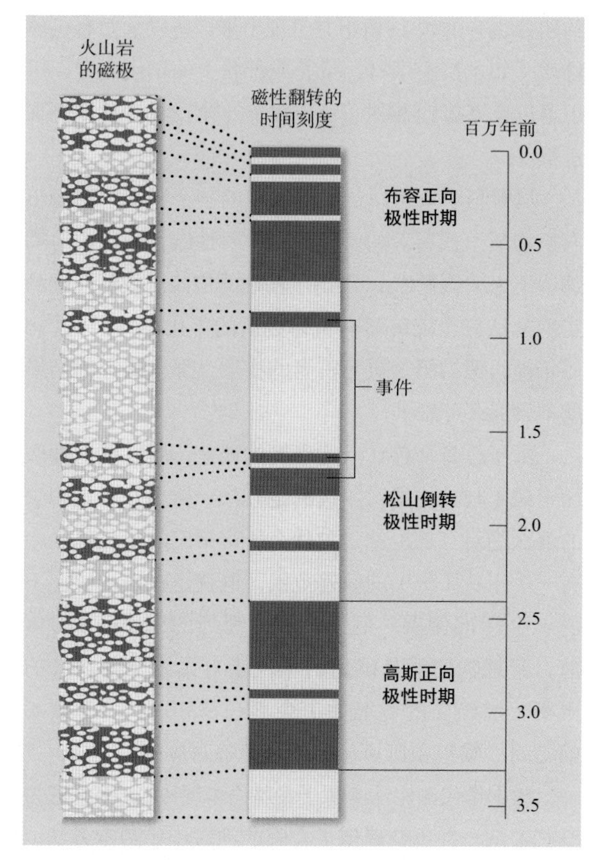

图5.17　**古地磁倒转**

科学家曾经记录了一个地磁磁极的时间量表，这个量表所反映的就是被校准了的地球磁场力的转变——向北或向南。这个磁极时间量表为科学家提供了一些机会来交叉检验其他的年代测定方法。

最遥远过去的概念和方法

正如本章的“应用人类学”中所说明的，考古学的专业知识对于恢复非常近期的遗迹仍然是有价值的，其中年代测定并不重要。但是背景和年代对阐释化石和文化遗迹至关重要。由于哺乳灵长目动物的进化史非常漫长，古人类学家结合了46亿年以来地球的地质历史信息，重建了人类进化史。

大陆板块漂移和地质时期

也许大家对于地质时期的时间刻度非常陌生，因为很少有人会处理数以亿计的东西，更不用说数亿年前的事物。为了理解这种刻度类型，美国天文学家卡尔·萨根（Carl Sagan）将地球历史上地质时期的刻度与一个日历年关联起来。在这种“宇宙日历”中，

应用人类学

雅达利墓地

许多考古探险都是由神话或传说引起的。这样的故事通常可以追溯到20世纪80年代以前，但对于已经倒闭的电子游戏制造商雅达利（Atari）来说，过度狂热的商业行为、狂热的追随者及一些扎实的侦探工作引发了近代最奇特的发掘之一。自认为是“朋克考古学家”的William Caraher、Raiford Guins、Andrew Reinhard、Richard Rothaus和Bret Weber领导了雅达利墓地的挖掘工作，他们认为这次挖掘既是一场奇观，也是为垃圾场所在的城镇提供的公共服务。对他们来说，这也是在恢复和研究近代历史的同时，对考古实践和流行文化的交集进行思考的一种方式。

在70年代和80年代初，雅达利一直是电子游戏界无可争议的王者，这要归功于受到欢迎的家用和街机游戏，如*Pong*和《亚尔斯的复仇》(*Yars' Revenge*)。随着1982年电影《E.T.》的成功，雅达利公司抓住了这个机会，制作了一部关于电影的游戏广告。雅达利花了一大笔钱购买了这款游戏的版权，为了在假期前生产大量适用于控制台的游戏卡带，他们匆忙设计了游戏。《E.T》是有史以来最卖座的电影之一，因此，雅达利公司最初生产了大约400万个游戏卡带，期望同样获得成功。

人们对此款游戏的期望值很高，但玩家们很快就发现这是一款缓慢且令人沮丧的游戏，远远没有达到期望值。结果许多产品被退回，零售商也取消了订单，这导致雅达利仓库积压了约300万个游戏卡带。雅达利与其他供应商间的竞争激烈，且公司其他产品在市场上也已饱和，在这些因素的影响下，1983年，雅达利宣告亏损5.83亿美元，并在第二年被解散和出售。

新墨西哥州阿拉莫戈多的雅达利电子游戏

在新墨西哥州阿拉莫戈多的垃圾填埋场发现的雅达利电子游戏中的一款，它反映了美国文化史上的一个时刻：1982—1985年的游戏崩溃，被史密森学会收藏。

据报道，1983年秋天，一卡车的雅达利设备被埋在新墨西哥州阿拉莫戈多的一个垃圾填埋场里。虽然雅达利声称那些都是破损和无法使用的材料，最近令人失望的《E.T.》游戏引发了谣言：雅达利公司因为羞愧正在掩埋数百万份该游戏产品。在接下来的几年里,《E.T.》经常被批评为“史上最烂的游戏”，导致了整个游戏产业的短暂内爆。

《E.T.》的神话地位是电子游戏行业中傲慢自大的警示故事，这引发了人们对挖掘垃圾填埋场的兴趣。2013年，为了发现这款备受诟病游戏的真正命运。加拿大电影制片人在获得许可后，将垃圾挖出来，并以此为主题制作了一部纪录片。在朋克考古学家和电子游戏历史学家的帮助下，他们发现了包括《E.T.》在内的一千多个雅达利游戏卡带。前雅达利管理人员后来透露，阿拉莫戈多埋有70多万个游戏卡带，许多其他的雅达利游戏在数量上占更大的比例。目前还没有“送《E.T.》回家”的具体措施。

考古学家记录并编目了他们的发现，供新墨西哥州空间史博物馆(New Mexico Museum of Space History)代表阿拉莫戈多市进行展示和拍卖，阿拉莫戈多市保留所挖掘材料的所有权。甚至史密森学会也保留了一个《E.T.》游戏的复刻卡带，并称其标志着“电子游戏制造时代的终结”。

地球诞生于1月1日，而第一群生物有机体出现在近9个月后的9月25日，随后就是最早的脊椎动物，大约出现在12月20日，哺乳动物出现在12月25日，灵长目动物出现在12月29日，类人猿出现在12月31日早上10点15分，直立人出现在下午9点30分，而我们人类的最早祖先出现在午夜前的最后一分钟。人类进化历史始于12月25日中生代时期哺乳动物的出现，也就是大约2.45亿年前。图5.18绘制出了哺乳灵长目动物演化历史的时间表，也就是在萨根宇宙年中的最后一周所发生的事情。

大约1.9亿年前——地质学家称为三叠纪的终结期——真正的哺乳动物出现了。三叠纪、侏罗纪（1.35亿至 1.9亿年前）和白垩纪（0.65亿至1.35亿年前）的哺乳动物有着大量的化石证据，尤其是牙齿和下颌部分的化石。牙齿是骨骼中最为坚硬、最为经久不腐的部分，所以它们通常要比动物骨骼的其他部分保存得更久。所幸的是，研究员能够从地底发掘出的小部分牙齿化石推断出关于这种动物的大量信息。

在漫长的时间里，地球本身也有着相当大的改变。在过去的2亿年间，大陆的位置经过了一个被称为板块漂移的过程而发生了移动，也就是板块结构理论解释的邻近大陆之间的重新调整。根据这一理论，大陆板块嵌在层状的地球中，并随着覆盖其下的板块边缘的形成或破坏而移动位置。板块移动同样也是地震、火山爆发和山脉形成等地质现象产生的原因。板块漂移影响了灵长目动物化石的分布，并在人类进化历史的最早阶段发挥了作用。

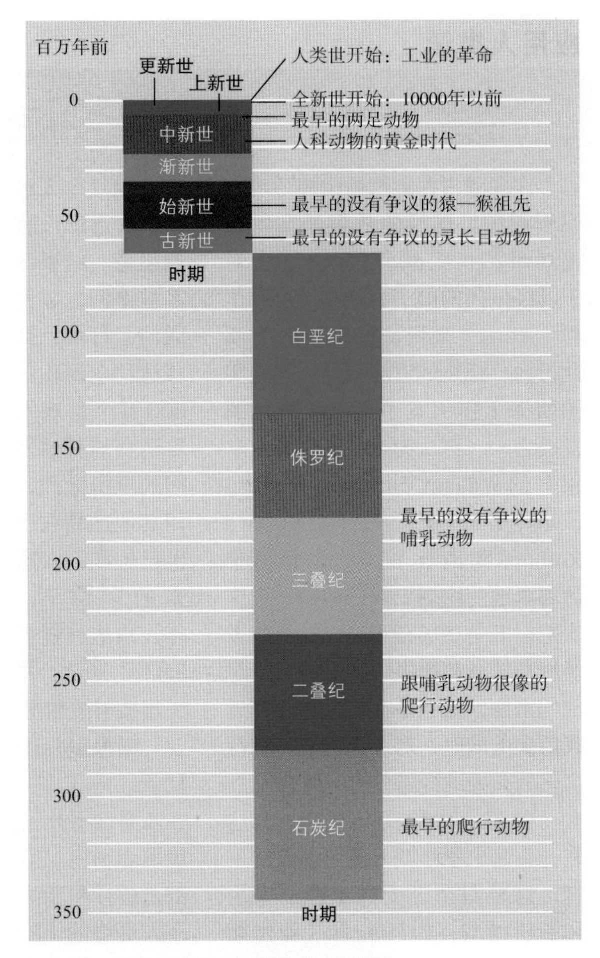

图5.18 哺乳灵长目动物的演化里程碑

这个时间表突出了哺乳灵长目动物演化过程中的一些主要的里程碑事件，它们最终导致了人类及其祖先的诞生。第三纪地质时期有一些主要阶段，包括古新世、始新世、渐新世和中新世。而第四纪地质时期始于更新世并延续至今，它包括始于大约1.2万年前的上个冰河世纪末期的全新世。2000年，诺贝尔化学奖获得者保罗·克鲁岑（Paul Crutzen）创造了“人类世”这个新词来描述工业革命以来的世界，因为工业革命以来人类对地球施加的活动对地质改变造成了深刻的影响。如今各种地质协会正在争论“人类世”是否能够成为一个正式的地质单位。

分子钟

在20世纪60年代，一位来自新西兰名叫艾伦·威尔逊（Ailan Wilson）的分子生物学家，与他美国的研究生文斯·萨里奇（Wince Sarich）（图5.19）发展出了一个名叫分子钟的革命性概念。虽然它本身并不是一个测定年代的方法，但是这个分子钟能够用来帮助探测来自同一祖先的不同分支物种在遥远的过去是何时产生的。它们能够在紧密相关的物种之间建立一系列联系，随后便能加强某个特定化石遗址的绝对或相对的年代测定。然而，由于分子钟依赖于物种间不

图5.19　**威尔逊和萨里奇**

艾伦·威尔逊（Ailan Wilson）（右）和他的研究生文斯·萨里奇（Wince Sarich）（左）发明了分子钟这一概念，并于1967年在《科学》杂志发表了开创性的论文《人体进化的免疫时间尺度》。分子钟提出人类和猿类之间的分裂等进化事件的时间确定可以通过测试突变基因的数量进行，这是自两个物种从一个共同的祖先分化出来时开始积累的。作为一名训练有素的生化学家，威尔逊的“混合科学”在人类学领域既具有创新性，又具有争议性。

同的突变率，随着更多的数据被发现，科学家正在不断对其进行完善。

对于第一个分子钟，萨里奇和威尔逊使用了一种自20世纪初就存在的技术：比较活着的群体中的血液蛋白质（Sarich & Wilson，1967）。如今这一技术已经被扩大延伸了，包括比较DNA碱基。在威尔逊的指导下，萨里奇针对人血白蛋白展开工作，这种蛋白质来自血液中的流体部分（就像形成蛋清的白蛋白）能够沉淀在溶液当中。沉淀指的是溶解在水中的物质回到其固态形式的化学转变。导致这种沉淀的力量一个就是蛋白质与针对它的抗体的接触。抗体是由生物有机体产生出来的一种蛋白质，它是对感染的免疫反应的一部分。这项技术所依赖的观念是，蛋白质与抗体之间的生物化学反应越强（产生越多的沉淀物），它们之间的演化关系就越近。近缘物种之间抗体与蛋白质的相似性，要远远大于远缘物种之间抗体与蛋白质的相似性。

萨里奇做了大量物种之间的免疫学比较，并提出他能够通过计算分子随时间变化的速率来确立演化事件的年代。通过假定每个物种的蛋白质都是以恒定速率进行改变的，萨里奇运用这些结论来预测相关群体之间裂变的时间。每个分子钟都需要通过与一个已知事件的年代联系起来而被设置或被校准，比如原猴亚目与类人猿灵长目动物之间的分裂或者大陆板块的一个重大变化等，它们都是通过绝对年代测定法确定的。

运用这一技术，萨里奇提出了现存类人猿动物之间的一个分离序列，展现出了大约500万年前人类、黑猩猩和大猩猩的演化线路的分裂。他大胆地陈述道：在700万年以前是绝对不可能有一条独立的人类的演化线路的“不管它是怎样的”。在这项工作之前，人类学家曾设想过大型猿类——黑猩猩、倭黑猩猩、大猩猩和猩猩——之间的亲密程度要远远大于它们当中任何一个与人类的亲密程度。这项工作首次提供证据证明了人类确实起源于非洲，并且人类、黑猩猩、倭黑猩猩和大猩猩互相之间的亲密程度，要远远大于它们当中任何一个物种与猩猩的亲密程度。分子钟这种实验室中的发现，能够彻底改变化石证据的阐释。

发现的科学

之前的讨论证明了：人类学家所参与的是一种不同寻常的科学。古人类学和考古学都是有关发现的科学。随着新化石的发现和古器物的重现天日，对过去的阐释不可避免地会发生改变，这也使得人们能够更好地理解人类的演化过程与文化史。如今，似乎在实验室中和在遗址发掘地上一样可以有所发现。分子钟的研究提供了新的证据，就像化石、陶俑出土时提供新数据一样。正如调查中的侦探一样，科学家也会用一个又一个新的发现来重新改进我们对过去的集体认识。

考古和化石记录也是有缺陷的。储存环境的变化，决定了哪些东西能够以及哪些东西不能够在时间的洪流当中存留下来。这样，科学家对我们祖先在生物和文化方面的重构所基于的是片段化的证据，这些证据有时并不能作为物质和文化遗存的代表性样本。史前遗迹的发现也深受各种变化的影响。遗迹的重现可能受到很多因素的影响，比如海平面的变化或是地方政府关于修建高速公路的决策等。

古代文化进程也会影响到考古和化石记录的形成。由于古代人们对葬礼仪式的精心布置，我们得以了解关于过去的更多的信息。当然我们对于过去社会的理解也更多地集中在了精英身上，因为他们在去世后留下了更多的物质文化遗迹。然而，随着考古学家把关注点从收集珍宝转向了重建人类行为，他们获得了关于古代社会的一幅更为完整的图像。同样，古人类学家也不再仅仅对发掘出来的化石进行编目，他们开始对有关我们祖先的资料进行阐释，以重构出人发展到今天所经历的生物过程。人类学家在地底、现存的人身上，以及实验室中发现证据后，对人类起源有了新的认识，重建过去的挑战也就面临着持续不断的检查与修正。

思考题

1. 谁拥有过去？政治因素对这个问题的答案有多大影响？当声称拥有文化遗产的团体打算破坏文化遗产时，考古学家应该怎么做？

2. 埋葬死者的文化实践改变了化石记录，并且为我们理解过去文化的信仰和实践提供了非常有价值的洞见，现在也是如此。在你所处的文化当中，对待死者的传统反映了怎样的信仰？

3. 自从肯纳威克人于1996年在华盛顿的哥伦比亚河岸上被发现，围绕着他的争议就从来没有停止过。科学家可以不顾美国印第安人的想法来研究这些遗骸吗？下一步该怎么办？

4. 对物质或文化遗存的解释如何根据遗存的年代发生改变？为什么会在地质时期的背景下使用隐喻？

深入研究人类学

挖掘人类学

本章讲的是古人类学家和考古学家进行的实际挖掘，所以现在是你自己动手挖掘的时候了！组建一个团队，并尽可能地按照所描述的流程进行。首先是挖掘地点的选定：找到一个值得挖掘的地方，比如后院、海滩或河岸，并在必要时获得许可。制作该区域的地图，选择基准点并绘制网格。然后就可以准备工具：一把铲子就足够了。你可能还会需要一些其他的考古工具，比如筛网、铲子或刷子，这取决于条件和可用性。一旦发现了人类活动的残留物，记录下来，保护它，并把它带回你的实验室进行清理、编目和分析。看看你能不能用地层学这样的技术来确定物件的年代。

挑战话题

是什么让我们成为人类？我们的始祖是何时何地出现的？古人类学家通过研究我们的灵长目近亲、化石记录和地质学来回答这些问题。他们利用这些零碎不全的证据来重建一条连贯的人类进化历史轨迹。每一项新发现都会影响这一叙述，并常常会引发争议。例如，2015年9月南非豪登省人类摇篮遗址游客中心发布了一则公告，称在附近的“明日之星”洞穴发现了人属的一个部落成员。大学副校长亚当·哈比卜（Adam Habib）、南非副总统西里尔·拉马福萨（Cyril Ramaphosa）和李·博格（Lee Berger）教授对此表现出了极大的兴趣，这从他们将新发现的人种称为“纳莱迪人”这一点中可以看出。博格和他的团队认为，这些看起来像是被故意掩埋的化石至少属于15个不同的个体，它们显示出了人类的特征。然而，其他人不同意，他们认为挖掘和实验室工作过于仓促，以致年代推定并不准确。还有一些人认为，这些化石属于已经被确认的物种，甚至认为它们更接近早期的两足动物。古人类学家对于每一项新发现都会争论不休，并不断更新他们对人类进化史的解释。

第六章 从最早的灵长目动物到两足动物

学习目标

1. 确定灵长目动物的演化过程及其主要的地质事件。

2. 认识二足性的解剖学特征，并解释古人类学家是如何从化石记载中鉴定出古人类和其他不同物种的。

3. 讨论文化偏见是如何干扰人类非洲起源说这一科学认识的。

4. 描述行动中的古人类学：古人类学家是如何通过零碎的遗存来建构人类的演化轨迹的。

5. 比较最早的两足动物之间的差异，以及它们与黑猩猩和人类的差异。

6. 识别南方古猿的两个种类：纤细种与粗壮种。

7. 描述化石记载中最早的人属。

从地质学的角度来说，人类是最近才出现在这个世界上的生物，尽管后来还出现了一些更新的细菌种类。与其他生物有机体一样，人类这种生物形态是过去一连串偶然事件引发的结果。任何一个物种的历史都是许多这类偶然事件的结果。本章首先把关注点放在了人类起源这个问题上，并从我们最早的灵长目动物祖先开始入手探究。作为一种受到文化影响的生物有机体，我们的生物性有很大一部分都源自我们哺乳类灵长目动物的遗传。

灵长目动物的起源

早期的灵长目动物出现在距今6500万年前的古新世时期开端，那段时期地球发生了巨大变化。有证据显示，当时有流星或某些其他的外星星体撞击地球，其撞击地大致位于如今的墨西哥尤卡坦半岛。随后急剧降低的全球气温导致了恐龙（以及其他一些物种）的灭绝。恐龙曾生活在适合脊椎动物生存的大部分陆生环境中，并在将近一亿年间占据了统治地位，如果当时没有发生如此剧烈的气候变化，它们还将继续统治下去。哺乳动物与爬行动物几乎同时出现，但哺乳动物当时是以小的、不容易被察觉的生物形式生存下来的。随着恐龙的灭绝，地球上出现了新的生存机遇，这使得哺乳动物开始将其强大的适应性辐射到了各种各样的物种中，其中就包括我们的祖先——最早的灵长目动物（图6.1）。

在这一时期，新演化出来的草本植物、灌木和其他开花的植被都繁殖得非常快。这种多元性的植被与温和的气候促进了地球上热带和亚热带苍繁茂密的森林的蔓延。大型森林地带的广泛散布使得某些哺乳动物开始移动到了树上。森林为我们早期的祖先提供了一个合适的生态位，在那个生态位里他们得以繁荣发展。图6.2展

图 6.1 **恐龙的灭绝**

尽管大众媒体描绘过人类与恐龙共生的蓝图，但事实上，恐龙早在约6500万年前就已经灭绝，而最早的两足行走的人类祖先在500万至800万年前才出现。开始于6500万年前的气候变化使得哺乳动物慢慢有了适应性，植被生命也开始趋于多元化。真正的种子植物（或者说被子植物）的出现不仅为哺乳动物提供了具有较高营养的果实、种子和花朵，还为大量可食用的昆虫和蠕虫提供了栖居地，而这些虫类又是高新陈代谢的哺乳动物必不可少的食物种类。如果哺乳动物这样的物种想要继续生存下来的话，大量的植物、昆虫，甚至单细胞生物都是必不可少的。在生态系统当中，这些生物有机体是互相依存的。

示了灵长目动物演化的完整时间线。

有关灵长目动物演化的一个理论——栖树假说——提出，灵长目动物在树上的生活有助于加强它们视觉的灵敏性与手的灵巧性。那些不适应栖树生活的个体则会因错误估计或协调不当而从树上坠落，导致受伤或者死亡。自然选择偏向于那些能够准确判断高度并能强有力地抓握住树枝的个体。生活在树上的早期灵长目动物可能有某种程度的预适应性特征，比如比其他同时代的动物有着更为灵活的行为能力、更好的视力以及更灵巧的手指等。

灵长目动物学家麦特·卡特米尔（Matt Cartmill）的视觉掠食假说认为，灵长目动物的视觉和抓握能力同样也能够通过裸眼猎捕昆虫这一活动得到提升（Cartmill，1974）。早期灵长目动物相对较小的体形使得它们能够很好地利用较小的树枝，也使得那些更大、更重的竞争者及天敌无法追捕它们。此外，可以在较小的树枝上活动的这一能力也使得它们能够获得大量的食物。灵长目动物可以直接抓捕昆虫、采集树叶、花朵和果实等，不用等到它们落到地上再去收集。

最早一批完好保存下来的“真正的”灵长目动物

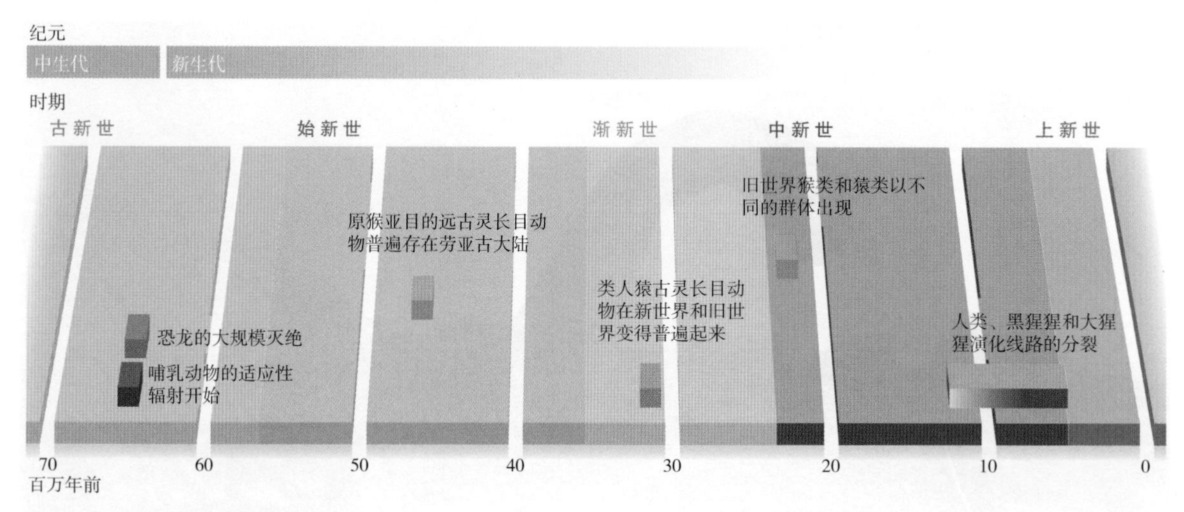

图 6.2　灵长目动物演化时间线

这个时间线描绘出了灵长目动物演化过程当中的一些主要事件。

出现在大约5500万年前，也就是始新世的开端时期。在这段时期内，突然变暖的趋势导致了许多古老的哺乳动物物种的灭绝，它们被一批当今可以辨别出特征的哺乳动物所替代，其中就包括原猴亚目的动物。50多个原猴亚目化石种类在非洲、北美、欧洲和亚洲被发现，始新世时期，这些地区温暖湿润的环境维持了大量雨林的生长（图6.3）。相较于类灵长目哺乳动物祖先，这些早期的灵长目动物家族拥有扩大了的脑壳、缩小了的口鼻部和稍微向前凸出的眼眶。尽管眼眶没有完全被围住，但它被一个完整的骨圈环绕住了，这个骨圈被称为眶下条（图6.4）。

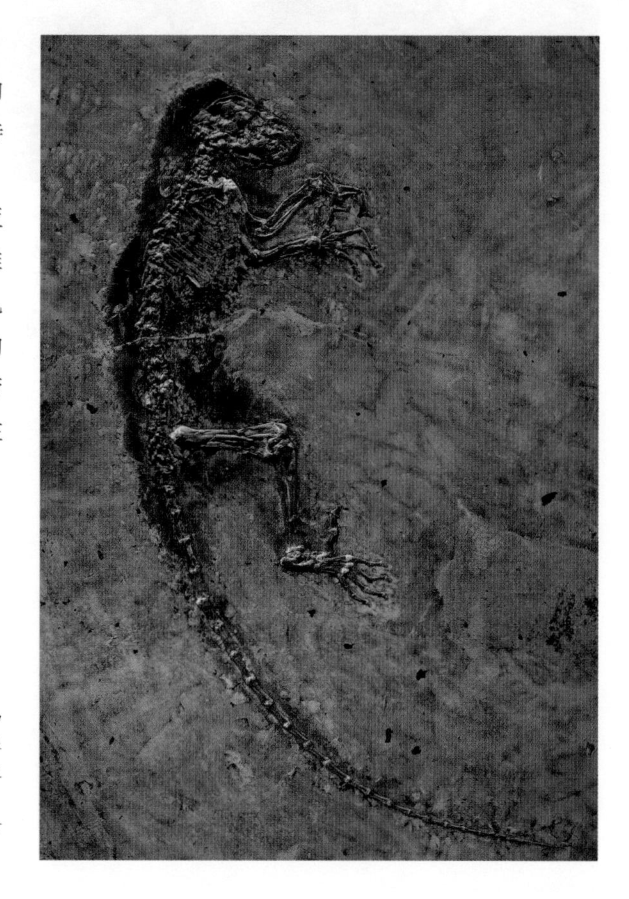

图 6.3　艾达（Ida）

化石记录表明，始新世的灵长目动物，也就是今天的原猴亚目和类人猿的祖先，数量丰富、种类多样、分布广泛。其中一块化石是保存完好的4700万年前的标本——艾达，2009年，她的两部分遗骸在被分别收藏了近30年后重新被收集到了一起，引起了媒体的广泛关注。然而，科学家仍在争论艾达是否是一个真正的类人猿，这种区分将会使她与人类联系在一起。

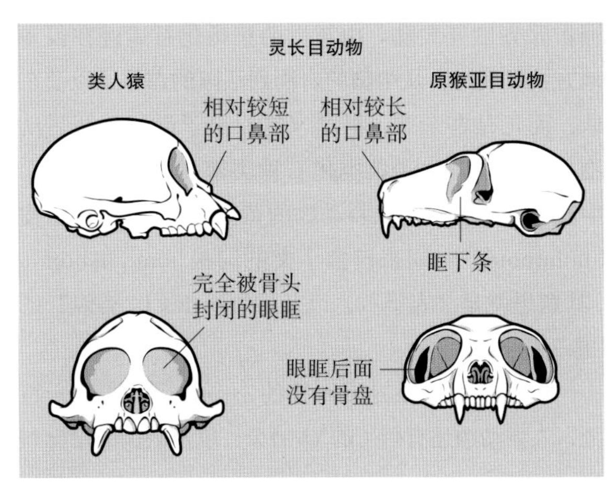

图 6.4　原猴亚目与类人猿的头骨

始新世和渐新世的灵长目动物祖先群体的特征，在当今的原猴亚目当中也可以看到。与现代的狐猴一样，这些古老的原猴亚目动物也有眶下条，也就是眼窝周围一条向后张开的骨圈。类人猿灵长目动物的眼圈是完全封闭在骨骼当中的。同样也要注意这两个群体的口鼻部分相对大小的差异。古人类学家在重构人类进化历史的过程中做出了这些比较。

接近始新世末期的时候，气温突然开始骤降，这使得原先被丛林覆盖的南极洲形成了冰盖。这明显缩小了灵长目动物适宜生存环境的范围。与此同时，冰盖的形成又会导致海平面的降低，也许这又改变了灵长目动物迁徙的机会。在如今与欧亚大陆绝对隔离的北美洲，灵长目动物趋于灭绝。并且，灵长目动物在其他地方的分布规模似乎也在很大程度上缩减了。

渐新世时期的类人猿

在渐新世时期（大约2300万至3400万年前），类人猿灵长目动物变得非常丰富多样且不断在扩大它们的活动范围。我们已经拥有了在埃及法尤姆、阿尔及利亚（北非）和阿曼（阿拉伯半岛）发现的至少两个科别、60个属别的化石证据。四足动物中，有些物种拥有祖传的齿列（2-1-3-3）如新世界猴类和原猴亚目，而其他一些物种则有着与旧世界猴类和猿类相同的齿列：两边的上颚或下颚当中都有两颗门牙、一颗犬牙、两颗前磨牙和三颗臼齿（2-1-2-3）。被完全围住的较小眼眶是类人猿灵长目动物的一大特征（这表明它们是昼行性的）。

许多渐新世物种都拥有猴类和猿类的混合特征。尤为有趣的是，埃及古猿属（Aegyptopithecus）（发音为e-GYPT-o-PITH-ee-kus），一种渐新世的类人猿，它们有时候会被称作拥有猿类牙齿的猴子。猿的下磨牙有五个尖端，而猴类和猿类的上犬牙和下面的第一颗前臼齿都有剪切面。它的头骨有一个朝前开口的眼窝，这个眼窝完全被骨墙围住了。这个头骨的颅腔模型显示，与原猴亚目相比，它有一个更大的大脑视觉皮质。相较于体形，埃及古猿的大脑要比近代以来的类人猿更小。当然，这一灵长目物种似乎比古往今来所有的原猴亚目动物都拥有更大的大脑。由于埃及古猿拥有一个与猴子一样的头骨和身体，并且手指和脚趾都能够做出非常有力的抓握动作，它移动的方式也不可避免地与四足行走的猴子一样。

尽管埃及古猿并没有比现代的家猫更大，它依然是渐新世灵长目动物中较大的物种。灵长目动物学家认为在埃及古猿的化石当中体形更大的是雄性，并注意到，与雌性相比雄性拥有更可怕的犬牙和更深的下颌骨（更低的下颚）。在现代类人猿当中，这种性二态性与雄性之间高度竞争的社会系统有关。

新世界猴类

中美洲和南美洲最早的灵长目动物化石可以追溯到渐新世时期。科学家推测某些非洲类人猿利用巨型的植被浮块从非洲漂浮到了当时没有与任何大陆接壤的南美洲，甚至如今都还能在西非和中非的大河流当中找到这种巨型浮块。在渐新世时期，两个洲之间的距离尽管很远，也远比不上今天。有利的风向和气流能够将登上巨型植被浮块的新世界猴类祖先，以足够快的速度带到南美洲，使得它们不至于在半途饿死。

中新世时期的猿类与人类的起源

化石记载中的真正的猿类最早出现在中新世时期，大约距今500万至2300万年前，也正是在这一时期，非洲和欧洲大陆开始相连。在1亿年以前的大部分时候，古地中海都是非洲和欧亚大陆间迁徙的障碍，当时的古地中海有着连绵不断的海水，注入如今的地中海和黑海并流入印度洋中。一旦两地通过如今的中东和直布罗陀海峡地区连接起来，许多旧世界的灵长目动物（比如猿类）就能够将其活动范围从非洲扩张到欧亚大陆。中新世的猿类化石遗迹在很多地方被发现过，从中国的岩洞到法国的森林，以及东非，而正是在东非，科学家复原出了最早的两足动物化石遗骸。由于猿类化石种类繁多、分布广泛，中新世又被称为“人科动物的黄金时代”。人科动物（hominoid）一词来自拉丁文的词根homo和homin（其意思就是“人类”），以及后缀oïdes（“类似”或“像”的意思）。

除了拥有旧世界类人猿的2-1-2-3齿列这一特征，人科动物还有衍生的Y5磨牙，以及缺失的尾巴和

人类学家札记

李基夫妇

如果不提李基家族的贡献，对20世纪人类学的描述是不完整的。在科学史上，除路易斯·李基（1903—1972）与其第二任妻子玛丽·李基（Mary Leakey，1913—1996）外，几乎没有人发现了如此多重要的化石、获得了如此多的公众声誉、引起了如此多的争议。李基家两代以上的家庭成员以及众多的学生和合作者继续了他们的研究。

路易斯生于肯尼亚一个传教士家庭，他的早期的教育源自一位英国女家庭教师，后来他便被送往英国接受了大学教育。20世纪20年代，他返回了肯尼亚，并在那开始了他的职业生涯。1931年，路易斯和他来自英国的研究助理，玛丽·尼科（于1936年嫁给了路易斯）开始在他们空闲的时候去到坦桑尼亚的奥杜瓦伊峡谷开展工作，1913年，德国古生物学家汉斯·雷克（Hans Reck）在那里发现了一具有争议的古人类骨骼。在那里，无数的动物化石以及简陋的石器工具分散在地面上，并且不断从大峡谷的峡壁上侵蚀出来。但是，尽管经过多年的反复考察，李基夫妇并没有在那里发现人类生物遗骸。

起初，他们的耐心和毅力并没有收到回报，直到1959年，那时玛丽发现了第一块鲍氏南方古猿头骨化石。一年之后，他们19岁的儿子乔纳森（生于1940年）发现了第一个后来被称为能人的标本，奥杜瓦伊由此逐渐成为整个非洲范围内与人类进化有关的化石资源最为丰富的地区之一。当路易斯重构、描述与阐释化石证据的时候，玛丽便开始对奥尔德沃文化的工具进行确切的研究，那是一个非常早期的石器工业。

李基夫妇的重大发现并不仅仅局限于奥杜瓦伊。在20世纪30年代早期，他们在非洲维多利亚湖的鲁辛加岛（Rusinga Island）上发现了第三纪中新世猿类最早的化石。同样也在20世纪30年代，他们在肯尼亚的坎杰拉（Kanjera）发现了许多头骨，这些头骨表现出一些混合衍生和祖传的特征，当然祖传的特征在混合当中占比更高。此外，1948年，在肯尼亚堡特南（Fort Ternan），李基夫妇发现了一个中新世晚期猿类的遗址，遗址出土的化石所带有的特征似乎合乎两足动物祖先的基本特征。路易斯逝世之后，由玛丽·李基所领导的探险队中有一成员——保罗·埃布尔——在坦桑尼亚的拉多里发现了最早的两足动物的化石脚印。

李基的传统在其子理查德（Richard，生于1944年）、理查德的妻子米芙（Meave，生于1942年），及理查德的女儿露易丝（Louise，路易斯和玛丽的孙女，1972年出生）身上得到了延续。20世纪70年代，

宽广灵活的肩关节。中新世猿类物种中有一个是人类进化线路上的直接祖先，但究竟是哪一个物种如今还存有疑问。对中新世猿类中人类祖先的竞争者们的考查表明，重构演化关系所需要的不仅仅是骨骼。科学家通过借鉴现存的信仰和知识来阐释化石发现。一旦有了新的发现，阐释也会发生变化。

最早的中新世化石遗骸于20世纪30至40年代间在非洲被英国考古学家A. T. 霍普伍德（A. T. Hopwood）和著名的肯尼亚古人类学家路易斯·李基所发现（见“人类学家札记”）。这些化石出现在维多利亚湖众多小岛中的一个岛上，这个方圆27000平方英里的湖泊是肯尼亚、坦桑尼亚和乌干达国境的接合点。霍普伍德对这些外貌像黑猩猩的化石遗骸留下了深刻的印象，他建议把这个新的物种命名为“康索前世”（Proconsul），这个名字结合了拉丁文词根“前”（pro）和当时在伦敦表演的一只黑猩猩的艺名“康索”（Consul）。

康索前世的生活年代可以追溯到中新世早期（约距今1700万至2100万年前），它们有着人科动物所拥有的典型特征，比如没有尾巴，以及存在于下磨牙齿

理查德在古人类学领域处于前沿位置，他领导的探险队发现了纳利奥克托米男孩、肯尼亚黑头骨，以及几个重要的早期人属头骨。理查德后来退出了田野调查，专注于环境保护和政治活动，但米芙和露易丝继续在肯尼亚的图尔卡纳盆地研究人类起源，在那里她们发现了令人震惊的肯尼亚平脸人。

玛丽和路易斯·李基不仅通过无数的化石发现对古人类学做出了重大贡献，他们还创造出了一条古人类学家血统。图中是20世纪50年代的玛丽和路易斯·李基。

路易斯·李基还帮助并促进了其他人的大量重要工作。他使得简·古道尔划时代的黑猩猩田野工作变得可能；之后，他又帮助迪安·福西在大猩猩群体中开展类似研究；帮助蓓鲁特·高尔迪卡（Biruté Galdikas）在猩猩群体中开展研究。此外，他还运转了一些奖学金计划，这些奖学金计划培养了大量来自非洲的古人类学家。

路易斯有一套独特的阐释化石证据的方式，当然这些阐释常常经受不住细致的审视与检查，但是这并不妨碍他兴致勃勃地在公众面前阐述他的观点，就好像这些观点就是福音真理一样，也就是这一方面使李基的工作总是备受争议。但尽管如此，李基夫妇的研究对我们更全面地理解人类起源做出了巨大贡献。

槽中的Y5模式等。然而，它们并没有晚期猿类（包括人类）的下半身适应性特征，比如有利于在树枝下面悬挂的骨骼适应性特征等。换言之，康索前世拥有某些与猿类相似的特征，以及某些四足旧世界猴类的特征（图6.5）。康索前世所拥有的这些猿类和猴类的混合特征使得它们成为寻找猴类和猿类之间尚未发现的关联性的一条线索。从中新世早期到中期，除了康索前世，至少有7个人科动物群体化石在东非被发现。

在发现这些化石之前，20世纪早期的欧洲科学家集中关注欧洲猿类的各个物种——这些物种都是森林古猿属（Dryopithecus发音为DRY-o-PITH-ee-kus）的成员。他们相信人类是在“文明开化”的地方进行演化和发展的，而这些猿类可能是人类进化历史上所缺少的一个环节。此外，研究者最初并不认为人类与非洲猿类的关系比人类与其他有智力的大型猿类（比如亚洲猩猩）更为亲近。人们认为黑猩猩、倭黑猩猩、大猩猩和猩猩之间的亲密程度要远高于它们当中任何一个物种与人类的亲密程度。

对演化关系的建构依然依赖于物种之间可见的相似性，就像17世纪中期林奈发展出分类系统，将人类与其他灵长目动物进行分类一样。黑猩猩、倭黑猩猩、大猩猩和猩猩都拥有一些共同的基本身体特性，它们都可以用双臂悬挂在树枝之下，并且用指关节在地面上行走。而人类及其祖先有着完全不同的移动与运动形式：直立并用双腿行走（图6.6）。从解剖学的角度来看，最早变成两足动物的中新世猿类必定是中新世旧世界猿类物种。

如今，科学家一致认为，遗传学证据有力地证明：人类大约是在距今500万至800万年前之间与后来演化成黑猩猩和大猩猩的猿类物种开始分离并演化的。尽管在这一关键时期非洲发现的任何化石都有可

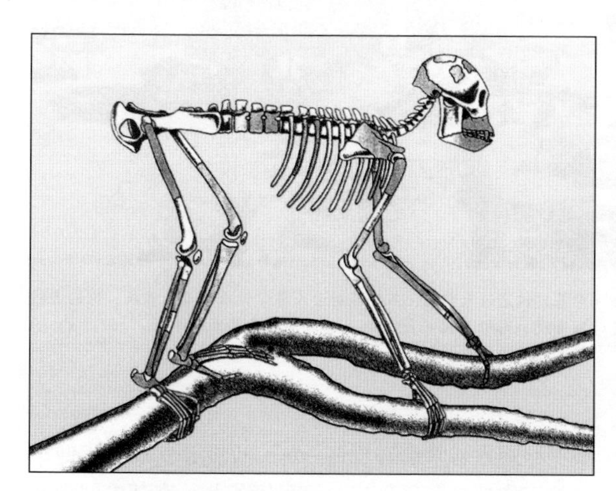

图6.5　**重构的康索前世的骨骼**

注意它们像猿类一样没有尾巴，但是有着与猴类一样的肢体与身体比例。然而，康索前世拥有比猴类更能灵活旋转的前肢。

图6.6　**两足猿类?**

虽然像倭黑猩猩这样的猿类可以用两条腿直立行走一两分钟，但没有猿类可以长时间维持这种运动方式。向两足行走的转变涉及猿类所不具备的骨骼结构的变化。

能是人类与其他非洲猿类物种之间遗失的关联，但对化石阐释所提出的争议还是不绝如缕。不过，科学家同意旧世界类人猿灵长目动物之间的演化关系基础（图6.7）。

例如，在2007年，科学家宣告一种新的1000万年前的猿类物种在埃塞俄比亚被发现，它是大猩

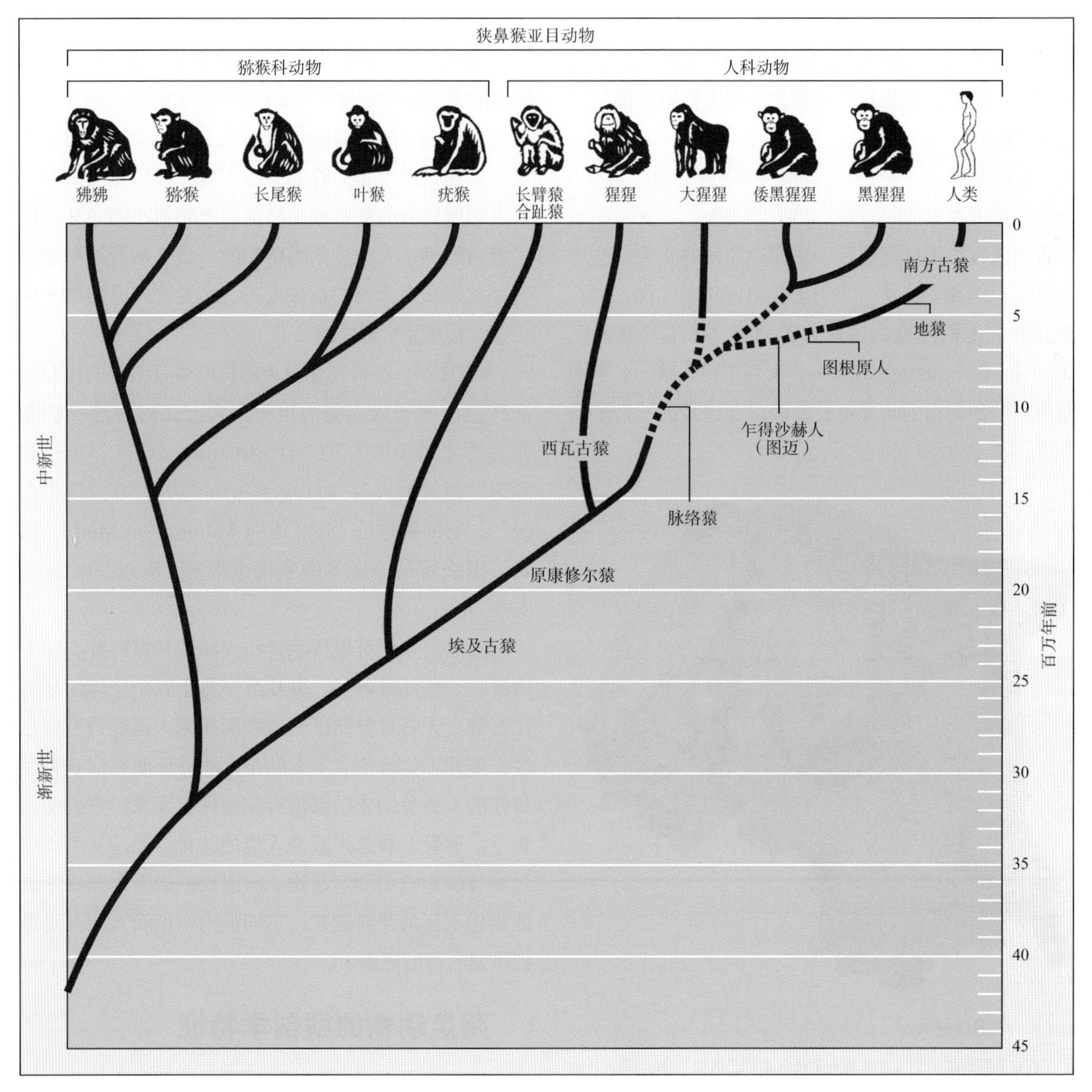

图6.7 旧世界类人猿之间的关系

尽管在某些细节方面还是存有争议，但是这一图表展现了对旧世界类人猿灵长目动物之间演化关系的一种合理重构。请注意，除了人类、黑猩猩和倭黑猩猩，其他群体包含两个或两个以上的物种。（灭绝物种的演化线路没有被展示出来。）

猩的祖先（Suwa et al.，2007）。这些化石被称为Chororapithecus abyssinicus，其中Chorora是化石的发现地，而Abyssinia则是埃塞俄比亚的古代名称。发现这9块牙齿化石的科学家声称，这一标本显示，大猩猩谱系在分化发生前的200万至400万年前就已经与人类和黑猩猩谱系截然不同了。而其他的科学家则表示，在把演化分歧往前推之前还需要更多的化石证据来佐证。

最近发掘的一些化石开始慢慢填补了500万至800万年前这段关键性的时期。2002年夏天，一支跨国研究者团队在乍得挖掘出了一块保存完好的头骨，这块头骨可以追溯到距今600万至700万年前（图6.8）。研究者把他们发现的这块头骨称为“乍得沙赫人”（Sahelanthropus tchadensis，又叫乍得人猿，名字中所用到的沙赫指的是撒哈拉沙漠南部边缘的一个半干燥地带），他们认为这一标本所代表的是已知的人类最早的祖先（Brunet et al.，2002）。对人类进化线路上所有化石标本所下的结论依赖的主要证据都是二足性（又称为两足性），这一共享的派生特征把人类及其祖先从其他的非洲猿类中区分了出来。

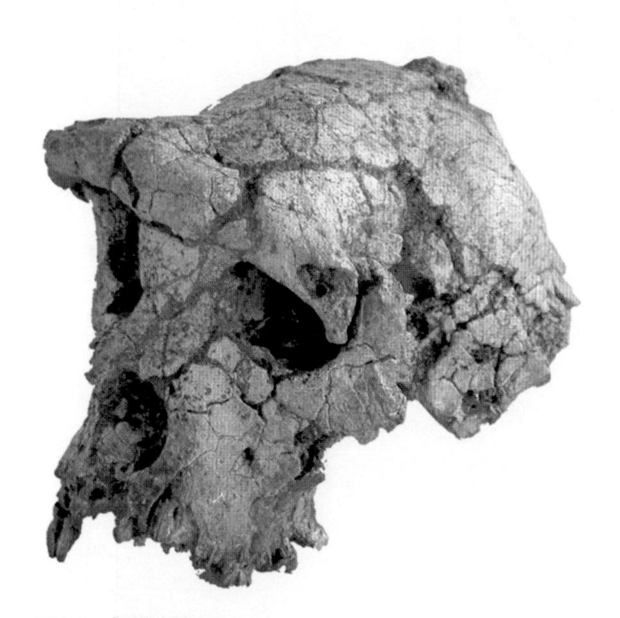

图6.8　乍得沙赫人

来自乍得的这一令人惊叹的头骨被取名为“图迈”（Toumai，当地语言意为“生命的希望”），它曾被认为是人类最早的直接祖先。尽管来自600万至700万年前的这一标本保存得非常完好并具有一些派生特征，某些古人类学家认为，仅仅靠这个头骨并不能建立起两足性这一人类演化线路上的重要特征。

有些古人类学家认为，对于被称为“图迈”（在该地区的戈兰语中意为“生命的希望”）的这一标本，并不能仅根据它的头骨就将其确认为人科动物，因为需要考虑到目前为止头骨的变形程度。而研究团队坚持认为它所具有的某些派生特征，比如缩小的犬牙，标示着它的确是人类进化线路中的一员。不管这一标本能否被确认为人类的直接祖先，作为这一时期唯一的头骨，它是非常重要的。

2001年，在肯尼亚发现的600多万年前的化石，同样也被报告为人类的祖先。官方正式将这一标本命名为“图根原人”（Orrorin tugenensis，Orrorin意为“原始的人”，而tugenensis意为“来自图根山区”），它的昵称是“千年人”（Millennium Man）。当然，围绕着这一标本的争议也很多（Senut et al.，2001）。

图根原人化石包括手臂和大腿的骨骼碎片、一个指骨、一些颌骨碎片，以及至少属于五个个体的牙齿化石等。大腿骨骨骼证明这些图根原人可能具有两足性，但并不能确定。不幸的是，能够证明它们具有两足性的大腿骨的末梢部没有完整保存下来。它们的肱骨（上臂骨）看起来很像人类的肱骨，但是并不能通过臂骨确定它们的两足性。所以我们接下来要探索其他意想不到的化石碎片，它们能为图根原人的两足性提供强有力的证据。

两足动物的解剖学特征

可以毫不夸张地说，伴随两足性而发生的解剖学变化是从头一直到脚趾的。甚至一个独立的头骨都能表明两足性（图6.9），因为直立行走的姿势要求脊柱之上的头骨相对更加靠近中心。脊骨索通过一个被称为“枕骨大孔”（见第三章）的开口穿过头骨。在用指关节行走的灵长目动物当中（比如黑猩猩），枕骨大孔位置朝向头骨背面，而在两足动物当中，它朝向的是头骨前面。

两足动物的头骨延伸而下，其脊柱形成了一系列的凹凸曲线，它们还会将身体的重心放于两腿之上，而不是朝前，来使它们的身体保持直立的姿势。这些曲线分别与脖子（颈部）、胸部（胸廓）、下背（腰部）和骨盆（骶骨）区域的脊椎相对应。在黑猩猩群体中，脊柱的形状所遵循的是单一的拱形曲线（图6.10）。有趣的是，人类婴儿在出生的时候，脊柱也是单一的拱形曲线，和成年猿类的脊柱一样。随着人类个体慢慢成长，两足性的曲线特征也就开始显现，颈部曲线一般来说是在3个月后开始出现的，而腰部曲线一般则需要12个月左右才能形成——这时候许多孩子也开始学会走路了。

两足动物与其他猿类在骨盆形状方面也存在着相当大的差异。与黑猩猩身上沿拱形脊柱而下的细长骨盆不同，两足动物拥有更加宽阔和缩短了的骨盆，

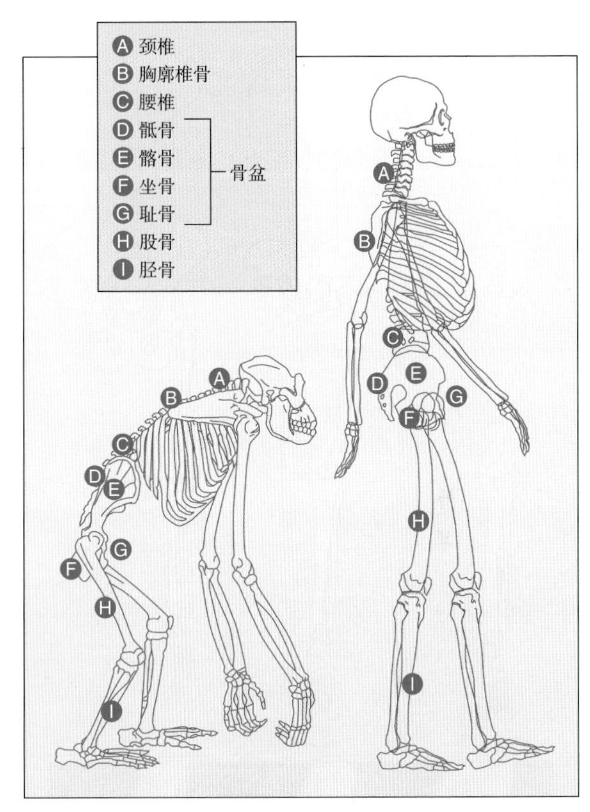

图6.10 黑猩猩与人类的骨骼

黑猩猩与人类之间的骨骼差异反映了它们习惯性的运动方式。注意人类脊柱的曲线以及人类骨盆的盆状结构。

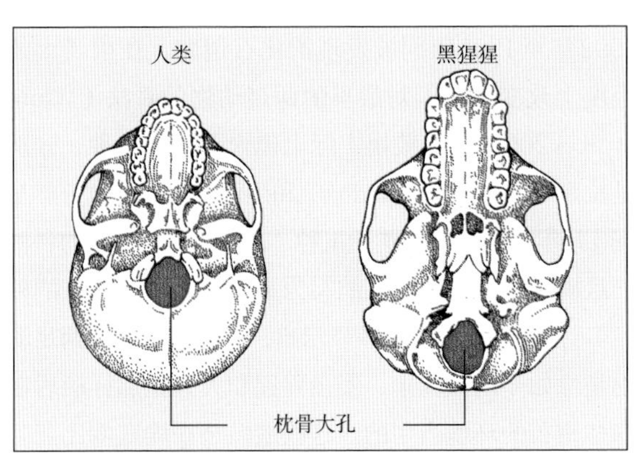

图6.9 枕骨大孔

可以从枕骨大孔的位置来推断两足性，而枕骨大孔指的是头骨基部的一个大开口。注意，与黑猩猩的头骨相比较，在人类的头骨（左边）当中，枕骨大孔是朝向前面的。

这能够为身体的直立提供一个结构上的支撑。有了一个宽大的两足运动的骨盆，下肢就能够远离身体的重心，只要从髋部到膝盖的大腿骨骼没有互相向内倾斜，这个现象又被称为“膝骨向内”（注意当站立的时候你的膝盖和两足是如何接触的，这时髋关节又留有很大的空间）。这个角度并不能继续穿过膝盖到达胫骨，因为它们是垂直的（图6.11）。

两足动物的其他特征包括稳定的拱形双脚和与其他脚趾相对的大脚趾的缺失。猿类大脚趾的位置是外展的（远远伸出中轴线），而人类的大脚趾是聚拢的（紧紧拉向中轴线）。总体来说，与其他猿类相比人类

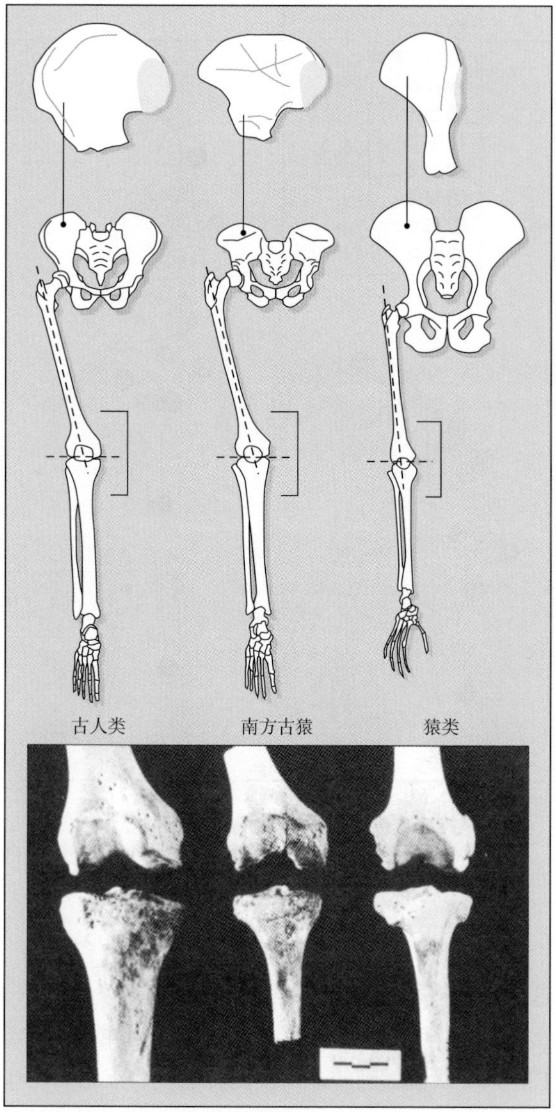

图6.11　下肢比较

可以通过人类、南方古猿（一种早期的人科物种）和猿类（从左至右）的上肢与下肢来确定他们的运动方式。人类与南方古猿之间显著的相似性指示了他们所具有的两足移动特征。

及其祖先拥有更短小的脚趾。

这些解剖学特征使得古人类学家即便只拥有一些骨骼碎片（比如胫骨顶部或者头骨基部）也能断定出其两足性的运动模式。两足性的运动模式同样也能够通过足迹化石确定，这些保存下来的足迹是人类及其祖先所特有的行走步子（图6.12）。一旦两足性的特征把化石标本确定为人科动物后，古人类学家就开始转向其他特征，比如头骨或牙齿，并以此来重构各种各样人科群体化石之间的关系。

有关我们祖先行走能力的最为引人注目的确证来自坦桑尼亚的拉多里（Laetoli），在那里有两个（也许是三个）个体于360多万年前曾行走穿越过了新流落下来的火山灰（图6.13）。由于当时非常潮湿，火山灰上便留下了他们的足迹，并且这些足迹被随后流落下来的火山灰封存，直到20世纪70年代末才被英国古人类学家玛丽·李基（Mary Leakey）所领导的团队发现（见“人类学家札记”）。

地猿

2009年秋季，学界宣告了一个非常引人注目的古人类学发现：发掘出了一具非常完整的骨骼，这具骨骼被推定为大约440多万年前的人类祖先（图6.14）。在人类进化的顺序中，100万年以前的化石骨骼只有6具是近乎完整的，而目前这一具显然是最为古老的。这具骨骼被称为“Ardi”，属于新的地猿属，而这些在1992年至1995年间被发现的化石遗骸，在相当大的程度上改变了我们对最早的两足动物的看法（White et al.，2009）。地猿属实际上包含了两个物种，分别是拉密达地猿（A.ramidus）和生活在大约520万年至580万年前之间的地猿始祖种（A.kadabba，属的名称一旦确定下来，就可以缩写为第一个字母加完整的种名）。拉密达地猿的遗骸显示出，某些最早期的两足动物是像如今的黑猩猩、倭黑猩猩和大猩猩那样栖居在森林密布的环境当中的。这些遗骸是在埃塞俄比亚阿瓦什河岸边被发现的，还有许多森林动物物种的化石与它们一同被发现。“Ardi”这一名称出自当地阿法尔语，“Ardi”的意思是“地，地面”，而“ramid”的意

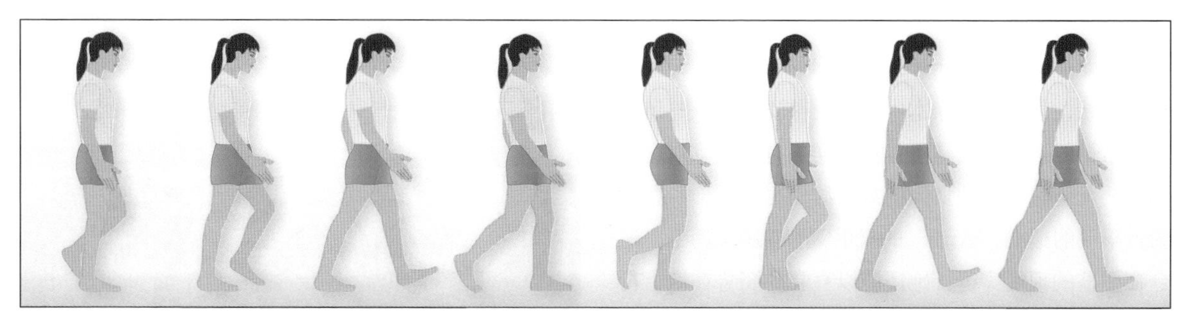

图 6.12 两足动物的步态

两足动物的步态从某些方面来说确实是“系列的单一脚踏主义”，或者说在其移动过程中一次只能利用一只脚，并通过一系列的两只脚的起落来向前移动。在单腿支撑身体的同时，两足动物通过向前摆动另一条腿来行走。脚后跟是摆动腿时最先落地的部位，两足动物继续向前移动时，脚部动作从脚跟滚向脚趾，推动脚趾或“脚趾离开”进入步幅的下一个摆动阶段。

图 6.13 拉多里足迹

拉多里足迹是化石记录中人猿两足行走的最早证据之一。由于足迹被完好地保存在了火山灰中，古人类学家能够知道这些在坦桑尼亚拉多里遗址中发现的足迹是源于何时。玛丽·李基（Mary Leakey）领导的古人类学家团队发现了这条长达24米（约80英尺）的足迹。

图 6.14 拉密达地猿

20世纪90年代早期对“Ardi”遗骸的古人类学分析指出，她是栖居在森林中的人类祖先。15年多里，一个由47名科学家组成的国际专业团队对其进行了辛苦的挖掘、重建和分析工作，他们为这一新的物种创建了一个完整的生活方式图谱。图中（从左至右）是该团队的三名成员：来自日本的Gen Suwa、来自埃塞俄比亚的Berhane Asfaw和来自美国的Tim White。也正是在这一过程当中，“Ardi”被人格化了。相关的一系列论文在权威杂志《科学》上得以发表，此外“探索频道”也专门制作了纪录片，全程记录了科学家是如何展开这些工作的。它们所揭示的并不仅仅是这一发现的重要性，还有“Ardi”所带给我们的集体想象。

思则是“根源，根本”。

与化石发现中经常发生的情况一样，古人类学家对“Ardi”在人类进化线路上的确切位置争论不休。许多古人类学家认为，最早的两足动物形态是居于人类和黑猩猩之间的。的确，“Ardi”那1.2米（约47英寸）的身高和大约50千克（约110磅）的体重倒更像是一个雌性黑猩猩。此外，这一部分骨骼中的大脑尺寸和形状，以及这一标本中牙齿的釉质厚度也与黑猩猩非常相似。尽管她与黑猩猩一样拥有一只可以进行抓握的大脚趾，但她整体的身体结构更接近于一些中新世早期的猿类。“Ardi”的双手掌和双脚掌朝下，适合在树枝的顶端穿行；她还能以直立的姿势在地上行走于树间。正如我们在前几章探讨过的，其他非洲猿类在地面上所采取的是用指关节行走的方式，而在树上一般都是悬挂于树枝之下。然而，一些科学家认为地猿是人类进化树上的一个旁支，而不是直系祖先。

地猿的发现与图根原人和图迈的标本一起，为属于南猿属的古代两足动物出现之前的历史时期提供了证据。古人类学家在20世纪早期发现了这一群体的最初代表，这远远早于大多数科学家对人类起源于非洲大陆这一观念的接受时间，而今这一观念也得到了普遍的认可。

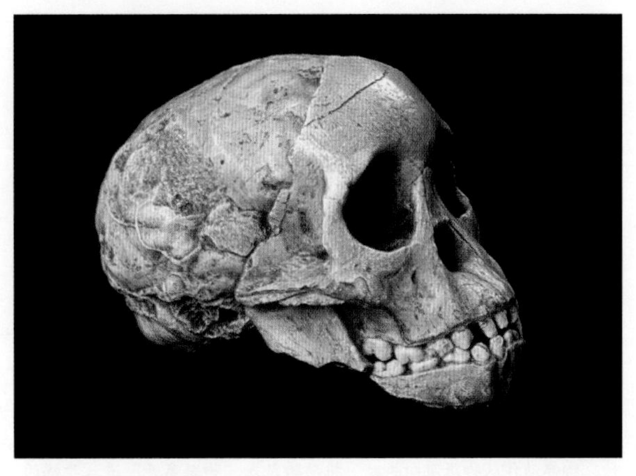

图6.15　**塔翁儿童**

塔翁儿童是1924年在南非发现的一个化石标本，同时也是第一个被放入南方古猿这个属中去的化石标本。尽管雷蒙德·达特正确地判定了塔翁儿童的两足性运动模式，以及它在人类进化线路上的重要地位，其他的科学家还是反对达特所主张的一个观点，即这个有着与人相似面孔和小型脑部的两足动物是人类的一个直接祖先。

南方古猿

到20世纪初，在东非和南非已经发现了更新的上新世的两足动物化石。这一属的名称是南方古猿，这一名称是在1924年被创造出来的，当时一个年轻个体的部分头骨和天然脑部模型吸引到了南非约翰内斯堡的威特沃特斯兰德大学的解剖学家雷蒙德·达特（Raymond Dart）的注意。这个“塔翁儿童”（Taung Child，其命名来自南非塔翁镇的一个石灰石采石场，这一化石正是在那里发现的）与达特曾经看到过的任何生物都不一样。在这个与众不同的化石身上，达特意识到了一种猿类和人类特征有趣的混合，于是他为这一发现提出了一种新的分类学范畴，用来表明这一标本所代表的一种已经消亡了的人类祖先形式，这种分类范畴就叫作“南方古猿”，或者叫“南猿”（图6.15）。

尽管对塔翁儿童头骨底部的解剖显示他可能是一个两足动物，但是科学界却并不乐于接受人类的非洲祖先只拥有一个小型大脑这一事实。达特描述塔翁儿童的原始论文发表在权威学术期刊《自然》1925年2月出版的一期上。而在下一个月的期刊上则充斥着对他原始文章的各种恶意批判与反驳，它们直指达特所提出的主要论点，即塔翁儿童的标本代表了人类的一个祖先。这些批评有的是挑剔，有的是偏见，也有的是合理的质疑。某些学者责难达特在他所创造的新的属种名称上不正确地结合了拉丁语和希腊语。其他的批评更多的是言之成理地质疑达特仅从一个年轻个体的化石遗骸上就对物种成年面貌做出推断。然而，民族中心主义偏见是达特所提出的人类祖先这一观点的最大障碍。20世纪早期的古人类学家认为人类的祖先在几百万年前就已经拥有了一个大型的脑部，并期望在欧洲或亚洲找到证据。在那个时期，几乎没有研究人员相信人类的进化发生在非洲，这与当时声名狼藉的皮尔当人有关。

1912年，英国业余考古学家查尔斯·道森（Charles

Dawson）称，他在英国苏塞克斯的皮尔当砾石层中发现了一个与人类相似的头骨以及一个与猿类相似的颌部。他与古生物学家亚瑟·史密斯·伍德沃（Arthur Smith Woodard）合作，用碎片重建了头盖骨，并毫不谦虚地将其命名为“曙人道森”（Eoanthropus dawsoni）或“道森的曙人”（Dawson's Dawn Man）（图6.16）。在皮尔当还发现了一些灭绝动物的骨骼，这为道森的头骨代表一个远古的人类祖先这一说法增加了可信度。直到20世纪50年代，皮尔当遗址已经被广泛地接受为猿类与人类之间缺失掉了的联系。而如今，它们已被识破，成了科学历史上最大的骗局之一。

“皮尔当人”得以被广泛接受有好几个原因。达尔文关于自然选择的演化理论在20世纪早期得到了承认，这引发了人们探索与追踪史前人类祖先的强烈兴趣。在胚胎学知识和对现存猿类和人类的比较解剖学的基础上，达尔文甚至在他1871年的著作《人类的由来》中提到：早期的人类应当拥有一个较大的大脑和与猿类相似的脸部与颌部。

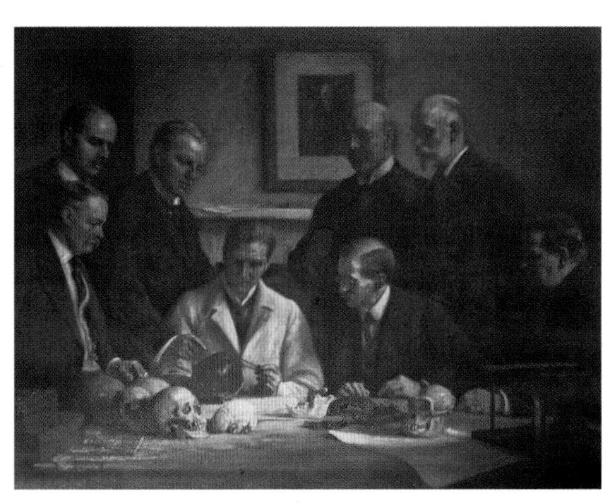

图6.16　**皮尔当团伙**

皮尔当人曾经被广泛地认为是人类的祖先，很大一部分的原因是它符合传统期待，即演化线路上缺失掉了的一环，应当拥有与人类相似的大脑和与猿猴相似的面部。没有人知道到底有多少皮尔当团伙的成员——认为这个标本是缺失环节的科学家——真正参与了伪造。《福尔摩斯探案集》的作者亚瑟·科南·道尔（Sir Arthur Conan Doyle）也被牵涉了进来。

尽管由史前人类所制造出来的工具常常在欧洲被发现，但是史前人类的骨骼在欧洲却难得一见。一些变成化石的骨骼曾在法国和德国重现天日，但是它们与所预测的人类进化线路上的缺失环节并不相像，并且没有任何人类化石在英国被发现。鉴于这种情况，不得不说皮尔当发现出现得正是时候，它几乎就要填补大家期待已久的缺失的空白，并且又是在英国的土地上被发现的。

幸运的是，科学自我纠正的属性得到了证实。虽然一小部分学者很早就质疑了皮尔当的真实性，但最终是英国生物人类学家肯尼斯·奥克利（Kenneth Oakley）及其同事在1953年运用新发展出来的氟测定方法（第五章中有介绍）证明了皮尔当是一个骗局。这次伪造所用的是一个将近600年前的人体骨骼和一个从猩猩身上获得的新近的颌部。这些发现也完全证实了达特和塔翁儿童的正确性。

上新世的环境及古人类的多样性

中新世是巨大地质变化频发的时期，这些地质变化的影响一直持续到了上新世。地质板块的稳定运动支撑着非洲大陆与亚欧大陆，最后导致这两块大陆发生了碰撞，碰撞之地就是现今的地中海地区。这使得两个大陆之间物种的传播与扩散变成了可能。

同样的构造运动导致了东非大裂谷的形成。这个大裂谷始于中东，并穿过红海和非洲东部地区，一直延伸到了非洲南部。这次断裂使得非洲大陆东部三分之一地区的海拔得到了很大的提升，而海拔的提升又使得这一地区开始受更为寒冷和干燥的气候的影响，还使得地表植被从森林转变为干燥的大草原。大裂谷同样还促进了这一地区的火山活动，这些火山活动又为精确追踪化石标本的年代提供了机遇。

多种多样的南方古猿物种

自从有了达特的最初发现，成百上千的其他两足动物化石也被发掘了出来，首先是在南非，随后便是坦桑尼亚、马拉维、肯尼亚、埃塞俄比亚和乍得。随着它们被逐渐发现，科学家确定了许多不同的属别和物种，但随着时间的推移，研究人员已经确定，只有南方古猿这一属别能囊括住大多数这些物种。人类学家识别出了这一属别下的10个物种（表6.1）。此外，某些来自上新世时期（160万至大约500万年前）的其他两足动物化石也被发现了，这当中包括人属的最早代表。由于非洲东部地区的遗址能够被可靠地进行追踪与测定，我们将首先探讨这个地区的化石，其后就是非洲南部的南方古猿，然后以与人属共存的较晚出现的南方古猿物种来结束本章的论述。

东部非洲

目前已知的最古老的南方古猿物种包括一些颌部和四肢骨骼的遗骸，它们是在肯尼亚被发现的，并且可以追溯到大约390万至420万年前之间（见表6.1中的南方古猿物种）。米芙和露易丝·李基（路易斯和玛丽·李基的儿媳妇和孙女，见“人类学家札记”）在1995年的时候发现了这些化石，给它们取名为“湖泊猿人”（Ape-man of the lake）。这些颌部遗骸的牙齿展现出了极其特殊的特征，例如瓣状的齿列：下面的一颗臼齿呈磨刀状用于磨上犬齿，这点与猿类相似。在人类和更为晚期的人类祖先当中，小臼齿是二头齿（有两个尖头），当上下颌部闭合的时候也并不会使犬牙变尖。跟其他的南方古猿和人类一样，这些臼齿表面覆盖了一层厚厚的釉质。而肢体的骨骼碎片则可以

表6.1　南方古猿诸物种以及其他的上新世古人类化石

物种	地区	追溯年代	显著特征/化石标本
拉密达地猿	埃塞俄比亚	距今440万年前	有超过35个个体的化石遗骸，其中包括Ardi（另一个物种，地猿始祖种，可以追溯到540万至580万年前）
南方古猿湖畔种	肯尼亚	距今390万至420万年前	最古老的南方古猿
南方古猿近亲种	埃塞俄比亚	距今330万至350万年前	新发现的南方古猿阿法种的亲属，拥有更强健的下颌
肯尼亚平脸人	肯尼亚	距今320万至350万年前	与南方古猿各物种生活在同一时期，被某些人认为是南方古猿属别中的成员
南方古猿阿法种	东非	距今290万至390万年前	露西，露西的孩子，拉多里脚印
南方古猿羚羊河种	乍得	距今300万至350万年前	唯一一个来自中部非洲的南方古猿物种
南方古猿纤细种	南部非洲	距今230万至300万年前	最早被发现的纤细种，在化石记录（塔翁儿童）中有详细的阐释
南猿埃塞俄比亚种	肯尼亚	距今250万年前	最古老的粗壮南方古猿（黑色头骨）
南方古猿惊奇种	埃塞俄比亚	距今250万年前	东部非洲晚期的南方古猿，有着与人类相似的齿列
南方古猿鲍氏种	肯尼亚	距今120万至230万年前	粗壮种晚期的一种形式，与早期人类（Zinj）共存
南方古猿粗壮种	南部非洲	距今100万至200万年前	与早期人类共存
南方古猿源泉种	南部非洲	距今197万至198万年前	可能是早期人类的祖先，并且是南方古猿非洲种的一支后代
纳莱迪人	南部非洲	?	如果追溯至距今200万至250万年前，可能是南方古猿与人属间的过渡物种

*古人类学家所识别的物种数量各不相同，有些人认为这些物种代表不同的属。

表明它们具有两足性。

科学家通过化石记录确定的下一个物种便是阿法南方古猿（Australopithecus afarensis），它在世上享有盛名，这是因为坦桑尼亚拉多里足印和露西（Lucy）标本的发现（图6.17），以及最近对一个330万年前的年轻儿童遗骸的发掘，它被称为“露西的孩子”（回顾一下图5.1）。1974年，在埃塞俄比亚的阿法三角地带（Afar Triangle of Ethiopia）发现了一具320万年前的骨骼，而露西几乎拥有骨骼的所有部分，因此被命名为阿法南方古猿。直立的露西仅有3.5英尺高，这个成年女性的名字来源于披头士乐队的歌曲“露西在缀满钻石的天空”（Lucy in the Sky with Diamonds），因为当时古人类学家庆祝他们这一发现的时候就在听这首歌。1975年，同一个研究组还发现了“第一个家庭”——一个至少包括13个个体的骨骼集合，其中有各个年龄段的个体，从婴儿到成年人，他们似乎都是由于某个灾难性事件而同时死亡的。

图6.17 **露西**

埃塞俄比亚政府和休斯敦自然历史博物馆连续6年组织、策划的巡回展览结束后，露西于2013年安全返回了埃塞俄比亚，露西依然保持着强大的吸引力。一些古人类学家曾警告说，将这具320万年前的脆弱易碎的骨骼陈列在公共区域内太过于冒险。史密森协会和克利夫兰市自然历史博物馆因此拒绝主办相关展览。另一些人则认为利大于弊。露西的遗骸会被CT扫描，这使未来一代的科学家能够在不实际触摸这些易碎骨骼的情况下对其进行研究。此外，由旅游所带来的收益可以被用来促进埃塞俄比亚博物馆的现代化建设。这次巡回展览是否增加了公众关于人类起源问题，以及非洲尤其是埃塞俄比亚在我们演化历史中的重要地位等方面的意识？当然，2015年夏天，贝拉克·奥巴马总统在埃塞俄比亚参观露西这一事件引起了人们对她和对人类物种的非洲起源的关注。露西也成为最好的外交官——人类团结的象征，我们可以通过她来追溯我们的祖先。

埃塞俄比亚和坦桑尼亚的化石遗址中至少出土了60个南方古猿阿法种的个体。钾氩年代测定技术精确地将埃塞俄比亚阿法地区的标本追踪至了290万至390万年前之间，还将坦桑尼亚拉多里脚印中的物质追踪到了360万年以前。总的来说，阿法南方古猿是一个具有性二态性的物种，他们的身高和体重分别是1.1至1.6米（3.5至5英尺）、29至45千克不等（64至100磅）。

假如说较大的化石标本是雄性而较小的化石标本是雌性的话，那么雄性的体形几乎是雌性体形的1.5倍。与此类似的性二态性较小程度地表现在了现代黑猩猩的身上，而较大程度上地表现在了大猩猩和猩猩身上。一些研究表明，阿法南方古猿的性二态性更接近黑猩猩和现代人（Larsen，2003）。在阿法南方古猿群体中，雄性的犬牙明显要比雌性的犬牙更大，虽然其犬牙跟黑猩猩的犬牙相比已经变小了很多（图6.18）。

露西的整个骨骼达到了将近40%的完整性，所以这个标本能够为我们认识早期人类祖先的骨盆和躯干提供非常有价值的信息。阿法南方古猿腰部以上很像一只猿猴，从腰部往下则像一个人类（图6.19）。此外，由于她的前臂骨骼要相对短于猿类的前臂骨骼，露西的上肢应当更轻，其重心则比猿类更低。不过，如果与人体的比例相比较的话，露西和其他早期南方

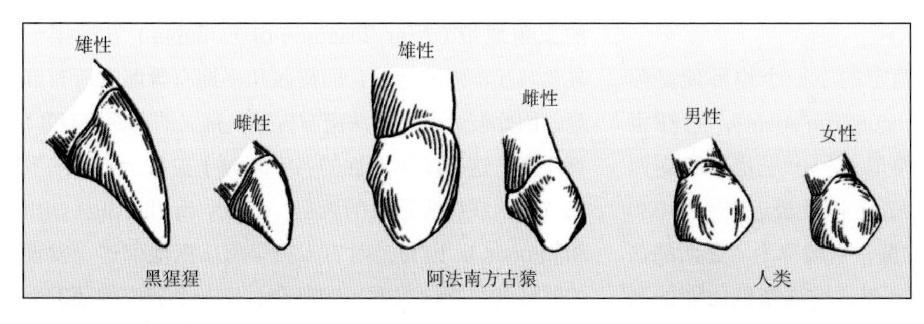

图6.18　犬牙的性二态性

如图中所示，黑猩猩、阿法南方古猿和人类在犬牙的性二态性上有所差异，除此之外，注意与人类相比，黑猩猩的犬牙更像匕首。

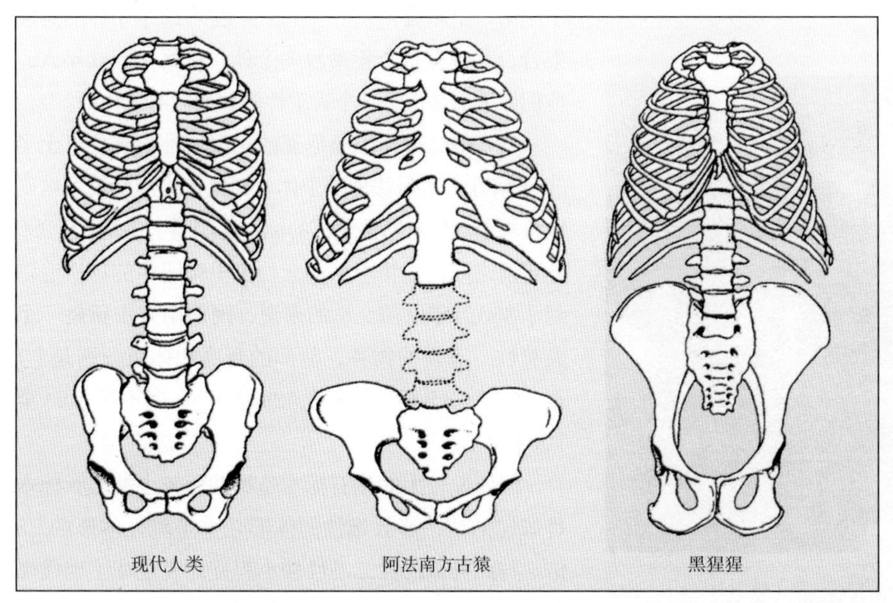

图6.19　对现代人类、阿法南方古猿和黑猩猩躯干所做的比较

从骨盆上来看，阿法南方古猿与现代人类很像，但是其胸廓结构与猿类的锥状胸廓相似。

古猿所拥有的手臂还是要相对长于他们的腿部的。

虽然露西的生活年代要比运用了她名字的“露西的孩子”早上约15万年，但是露西的孩子也为我们理解阿法南方古猿提供了许多生物学和行为上的证据（Alemseged et al.，2006）。这副保存完好的婴儿遗骸（被认为是死于一场洪水）包含有一块舌骨（位于喉部），它将帮助科学家重建出南方古猿的发声模式。尽管其下肢很清晰地展现出了两足性，但这一标本的肩胛骨和长长的卷曲的指骨却与猿类更相像。

从成年标本指骨与趾骨的弯曲程度及其稍微提高的肩关节位置可以看出，阿法南方古猿比更为晚近的人类祖先更擅长爬树。在接下来的“原著学习”当中，古人类学家约翰·霍克斯（John Hawks）讨论了用于重建我们祖先行为的各种证据，其中就包含了爬树。

身体另一端的头骨骨骼对于重构人类的演化关系也至关重要。它们使得古人类学家能够了解人类祖先各物种的认知能力。例如，阿法南方古猿头骨的眉脊向后倾斜到一个相对较低的顶点，这也就使得猿类拥有看起来较大的前额。其他猿类特征包括与头骨规模相比较大的颌部，下巴的缺失，以及较小的脑袋等。甚至它们的半规管（耳部用于保持平衡的相当重要的一部分）也与猿类很像。它们的平均头盖容量（通常

南方古猿的脚踝

约翰·霍克斯

最近，密歇根大学的杰里米·德希尔瓦（Jeremy DeSilva）博士得到了一些不错的关于他工作的新闻报道，他证明了古人类（Fossil Hominins）并不能像黑猩猩那样攀爬。

> “坦白来说，我之前以为我会发现早期人类很有能力，以至于能够毫不费力地进行攀爬。但是，他们的脚踝形态决定了他们并不适应于我所在黑猩猩群体中看到过的攀爬。”德希尔瓦对科学直播的记者说，“所以，我的脑海里开始逐渐浮现，在没有直接攀爬树木的能力的状况下，他们究竟做了什么？他们又是如何在大草原的环境当中生存下来的？”

这是在古人类学当中运用比较方法的一个很好的例子。我们无法观察到灭绝物种的行为，只能够观察他们现存的近亲的行为。我们能观察到化石标本的解剖学特征，但是关于他们行为的试探性假设还需要我们去理解现存物种的解剖学特征与其行为之间存在着什么样的关系。其实很久以前我们就已经知道古人类脚踝的解剖学特征，但是在他们与黑猩猩之间的脚踝解剖学差异是如何与行为相关联的这一方面，比较结果还并不是那么的明显。

德希尔瓦在研究了早期人科动物的胫骨和踝骨后总结说：“如果古人类将爬树作为其运动技能的一部分，那么他们表现这一行为的方式必然就会与现代黑猩猩的方式不一样。”

德希尔瓦的总结直截了当并且易于理解。黑猩猩攀爬垂直树干的动作很像樵夫。樵夫将一根绳索围绕着树干悬挂起来并将身体后倾抓住绳索。随着他往树上移动，来自绳索的摩擦力将其推向前去。显然，当他在树上移动绳索的时候，是钉鞋上的鞋钉将他稳住的。

当然，黑猩猩的脚上并没有钉，它们也无法利用绳索。但它们足够长的手臂能环抱住树干，然后它们通过向上挠曲脚踝来楔住树干，或者将脚踝向内弯曲而紧抓住树干……

你很可能会说，那又如何？黑猩猩用这种方式攀爬树木不是很显而易见吗？

好吧，其实适应于黑猩猩这种攀爬方式的脚踝特征并不是那么的明显。通过对黑猩猩（和其他猿类）的不断观察，德希尔瓦确定了黑猩猩在攀爬时脚部弯曲和倒转的平均数，还估算出了它们的踝关节在完成弯曲动作时的长度。这样，观察结果就相当明显了——黑猩猩能够习惯性地弯曲脚踝，而人类如果这么做的话则会使脚踝受伤。随后，通过检查人类脚踝的柔韧性限制，德希尔瓦发现，古人类与现代人在脚踝运动方面有着同样的限制。他们不能像黑猩猩那样攀爬树木。

人类的攀爬

我想说，其实踝关节的观察结果与骨骼的其他部分吻合。就像德希尔瓦在论文中描述的那样，阿法南方古猿与稍晚期的古人类很明显不能以黑猩猩那样的方式进行攀爬，因为古人类的手臂太短了。如果一个樵夫是以他的手臂而不是绳索来进行攀爬的话，那么即便他脚下穿有钉鞋也无法有效率地向上爬。这时，弯曲脚踝也没有什么用了，这种通过抓握树干进行攀爬的办法并不能完全阻止滑落。

樵夫外的人类群体则会运用另一种不同的策略来攀爬垂直的树干——通过用大腿直接接触树干表面来获取较大的摩擦力。环绕的双腿及两条腿的共同按压使得他们获得向上攀爬所必要的摩擦力。

如果你跟我一样，那么你将会带有遗憾地回想起体育课中所用到的这种攀爬策略。在体育课上，“绳索攀爬”是健康测试指标的最小公分母。可悲的是，许多不同且正常的人类都在体重和肌肉力量的分界线上落错了边。我的腹股沟肌肉已经拉伸到了极限，但我

黑猩猩脚部踝关节的弯曲使得它们能够以一种人类无法做到的姿势攀爬树木。这种在现存物种之间所进行的比较，使得古人类学家能够重建化石群体的运动模式。

依然不能沿着绳索爬上去。

使一个人攀爬并不是什么稀奇的事情。对于那些无法攀爬绳索或树干的大部分人来说，梯子最终成了一个相对来说比较方便的选择。梯子所暗藏的把戏是将我们的脚踝机制与手臂长度，以一个更加有效的方式组织起来，从而形成稳固的摩擦力。但是，如果你的手臂长度能够有所增长而体重又有所减少的话，你就没有必要一直携带着梯子了。

早期古人类的攀爬

南方古猿的体重非常轻，并且据我们所知，它们有着强壮的手臂。所以，它们能够很有效率地运用当今人类（而不是黑猩猩）攀爬的方式来进行攀爬。直到阿法南方古猿，我们所知的每一个早期的古人类物种都是生活在带有树木的环境当中的。

…………

德希尔瓦猜测，存在一种在攀爬能力和有效直立行走之间的权衡，所以早期古人类并不能够很有效地适应这两种方式。我并不认为在拥有南方古猿那样短的手臂的情况下，一个像黑猩猩那样的脚踝还会起到什么作用。所以我没有看到在脚踝形态上进行权衡的必要性。生活在石器制造证据出现很久之前的阿法南方古猿，拥有与猿类极不相似的手臂、双手和指头。

但是德希瓦尔忽略了对一个非常重要问题的讨论——南部非洲南方古猿StW 573的足骨（见图6.22）。克拉克（Clarke）和托拜厄斯（Tobias）描述了StW 573的足部，说它拥有一个伸出的较大脚趾，介于黑猩猩和人类之间。他们如此总结：

> 对于最早期的南部非洲南方古猿，我们有着最为充足的证据，这些证据证明：虽然它们具有两足性，但是它们同时也拥有栖树、攀爬等运动才能。与黑猩猩相比其脚部只在很小程度上分离开来。这也使我们越来越清楚地认识到，南方古猿并不只是陆生两足动物，它们是具有攀爬能力的两足动物。

德希尔瓦研究了踝骨，但是他却并没有对脚趾进行研究。StW 573也有踝骨，尽管它并不在德希瓦尔的案例当中，如果对其进行比较的话，可能会发现它与其他古人类非常相似。即便克拉克和托拜厄斯对这个踝骨的描述与人类踝骨十分相像，他们关于过渡形式的论断主要还是基于对脚趾的讨论之上的。

但是我们依然还是很难相信南方古猿保留了像大猩猩那样的大脚趾，如果它们并不出于任何重要的目的而利用大脚趾来楔住或者背曲它们的脚部的话。其他的说法都认为，向外伸出的大脚趾只会妨碍两足行走的效率。它对于人类所使用的攀爬模式来说一点用也没有。尚留有的唯一一点用处也许就是抓握一些细小的树枝，但是细小的树枝看起来也并不能支撑古人类的栖树生活。

有一种可能是克拉克和托拜厄斯犯了简单的错误。这种观点得到了哈考特·史密斯（Harcourt-

Smith）、艾洛（Aiello）、麦克亨利（McHenry）和琼斯（Jones）的支持，他们将解释结果总结为：所有已知的古人类双脚似乎都缺少“猿类那样相对的大脚趾”。他们还把证据指向了拉多里脚印遗迹，大多数仔细考究过拉多里脚印的观察者，都同意其中大脚趾是向内聚拢而不是向外伸展的。

我也倾向于接受这种解释——南方古猿的脚并不具有抓握能力。但是它们也许并不共同享有内侧纵向足弓，至少不会是人类所拥有的那种形态。但如果是这样的话，有的人可能会怀疑它们行走时的步态特征与稍晚期的人类一样会强烈地使脚趾离地。谁知道呢？

用来指示阿法南方古猿的脑袋规模）大约是420立方厘米，大致与黑猩猩的头盖容量相等，却只有现代人类头盖容量的三分之一。除了绝对的头脑规模大小，大脑与体形的比率也对智力的发育影响很大。但不幸的是，成年阿法南方古猿在体重上有很大的差异，所以这种比率也并不能被运用到它们身上。

南方古猿的牙齿组成是区别各种近亲群体的主要手段之一。阿法南方古猿不同于人类，它们的牙齿都很大，尤其是臼齿。阿法南方古猿的前磨牙不完全是瓣状的，但是其牙齿的大多数其他特征却能表达出一种更为祖传的而不是衍生条件的特性。比如，与人类的牙弓不同，阿法南方古猿拥有更加平行的牙排（猿类的祖传形态）。它们的犬牙稍微有些突出，牙间还有一个小缝隙，被称为牙间隙裂，这个牙间隙裂会出现在猿类的上门牙和犬牙中（图6.20）。

为了使阿法南方古猿的多样性进一步复杂化，米芙和露易丝·李基于2001年宣告了一些新发现，这些新发现来自肯尼亚北部的一处遗址，包括一块几乎完整的头盖骨、两个上颚的部分残骸，以及各种各样的牙齿。而所有这些发现都可以追溯至大约320万至350万年前（Leakey et al.，2001）。与同时期较早被发现的东非南方古猿相比，李基母女认为这是一

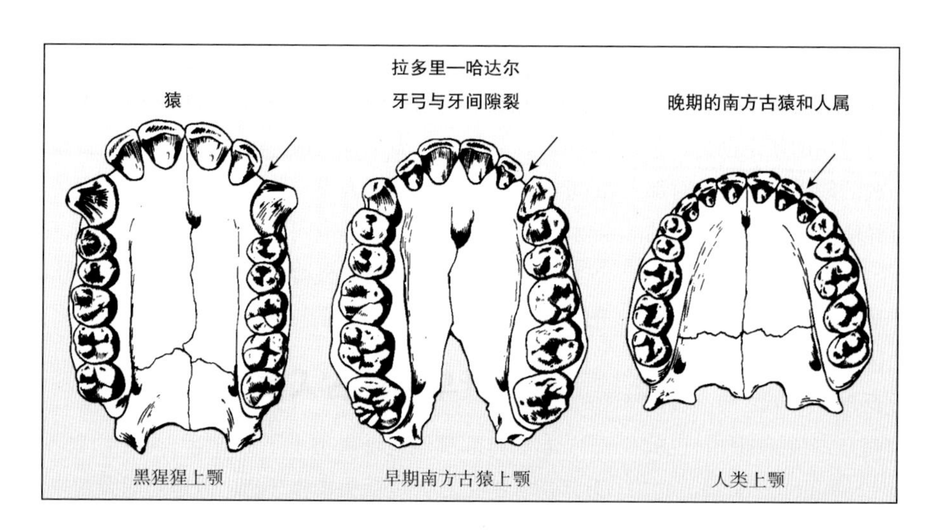

图6.20　**黑猩猩、南方古猿和人类的上颚**

注意三个群体在牙弓形状以及犬牙和邻牙间牙间隙裂上的差异。只有早期的南方古猿物种才拥有牙间隙裂（上门牙与上犬牙之间的一条裂缝），而这个隙裂几乎在所有黑猩猩群体中都可以看到。

个不同的属别，于是将其命名为“肯尼亚平脸人”（Kenyanthropus platyops）。与早期的南方古猿相比，肯尼亚人属有一个小小的脑壳和一些小小的臼齿，而它们却被安放在了一个大大的、像人脸一样扁平的脸上。李基母女将这些化石视为人属的祖先，但其他的古人类学家们却并不同意这一看法，因为他们认为李基母女的推断是基于对一些严重损坏的化石标本残骸的建构之上的（White，2003）。

中部非洲

最早的中部非洲南方古猿物种是在乍得被发现的，这些化石可以追溯到肯尼亚平脸人那个时期。这个物种被称为“羚羊河南方古猿”（Australopithecus bahrelghazali），其名称来源于附近的一条河流。而这次发现的化石标本包括一块颌部化石和一些牙齿化石，它们可以被追溯到300万至350万年前之间。随着时间的推进，也许来自这一地区（也是图迈标本的发现地）的更多发现将会为我们理解羚羊河南方古猿在人类进化线路上的角色提供更多的信息。

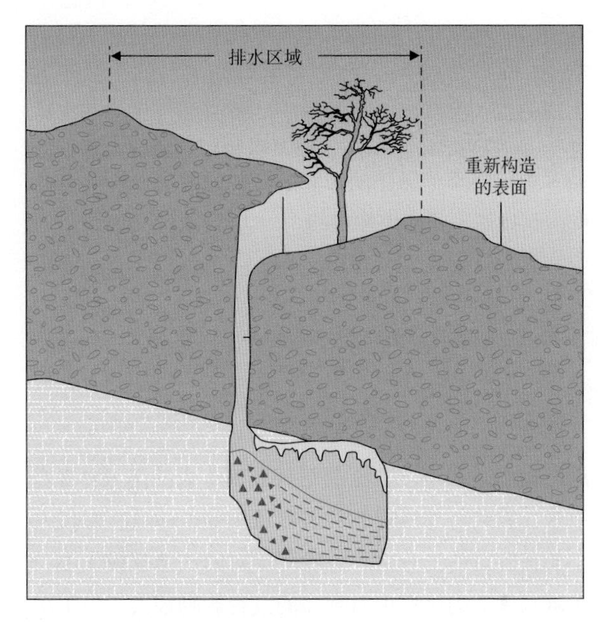

图 6.21　**南部非洲的石灰石洞穴遗址**

南部非洲有许多的化石遗址都是石灰石洞穴，这些洞穴通过一口竖井而与地面相连。随着时间的流逝，尘土、骨骼和其他的一些物件会落入竖井并在洞穴当中堆积起来，最后变成了化石。在上新世时期，竖井开口旁长出来的树木可能为捕食者提供了一个“庇护所”，使得它们进食的时候不会受到食腐动物的干扰。

南部非洲

贯穿整个20世纪至今，南部非洲众多的遗址当中出土了许多南方古猿化石（图6.21）。这当中就包括20世纪30年代在斯泰克方丹（Sterkfontein）和马卡潘斯盖特（Makapansgat）地区发现的众多化石，此外还有达特从塔翁儿童标本中所得出的新奇创见。东部非洲地区模糊的地层和火山灰的缺乏使得很难对那一地区的发现进行年代追溯与解释。然而，最先进的年代测定技术已经应用于一个异常完整的骨骼，即可以追溯到367万年前的“小脚”（图6.22）。古地磁学方法和东部非洲的一个动物区系系列能将塔翁儿童这样的化石标本追溯到230万至300万年之前。古人类学家把所有这些物种划分为南方古猿纤细种，也被称为纤细南方古猿（gracile australopithecines）。

研究者经常会就纤细南方古猿身上所出现的人类特征进行辩争，如增大的大脑。目前，大量证据表明，纤细南方古猿拥有比现代类人猿（黑猩猩、倭黑猩猩、大猩猩、猩猩）更为明显且强大的心智能力。在塔翁儿童等年幼的南方古猿身上运用长牙模式进行分析后，某些古人类学家发现，比起猿类，南方古猿的牙齿发展模式要更像人类一些。我们目前对于遗传学和宏观演化过程的理解指向了一种发展性的转变，这种转变很可能是非洲人科动物身体结构与形态变化的基础，比如两足性的出现。

更新世早期的古人类

非洲南部其他遗址也出土了更新世早期（约250万年前）的化石，包括头骨和牙齿，但是它们看起来

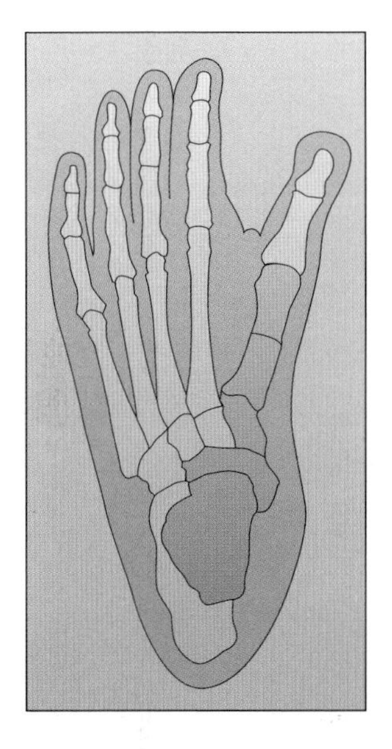

图 6.22　**纤细南方古猿的脚**

图中所示是来自南部非洲斯泰克方丹的一只南方古猿的脚骨，这只南方古猿生活在距今约300万至330万年前。注意这个脚骨中大脚趾（右边）的长度和灵活性。这幅图中的脚骨来自本章“原著学习”所提到过的StW 573化石标本。

与之前描述过的纤细南方古猿极不一样。相较于脑壳的大小，这些南部非洲的化石拥有巨大（强健）的牙齿、颌部和咀嚼肌肉，于是它们又被称为粗壮南方古猿或南方古猿粗壮种，与稍小的纤细南方古猿区别开来。

粗壮南方古猿

在演化过程当中，一些不同的粗壮南方古猿群体不仅出现在南部非洲，同时也遍及了整个东部非洲。粗壮南方古猿的遗骸最初是于20世纪30年代在克罗姆德拉伊（Kromdraai）和斯瓦特克兰（Swartkrans）被发现的，然而非常不幸的是，无法对这些遗骸进行确切的年代追溯。目前的研究认为，把它们生活的年代置于100万至200万年前是比较合适的。它们通常会被认为是南方古猿粗壮种（见表6.1），因为它们拥有一个极有特色的强壮的咀嚼器官，这个器官还包括一条沿着头骨中线从前延伸至后的矢状脊（在雄性身上更明显）（图6.23）。这一特征能够在它们相对较小的脑壳上为颞肌提供一个充足的区域，想要操纵有力的下颚，维持以生植物为主的饮食的话，颞肌是必不可少的。矢状脊也出现在如今著名的食草大猩猩身上，它为趋同演化提供了一个例证。

东部非洲最早的粗壮南方古猿在1959年夏天被玛丽·李基所发现，那一年也正值达尔文的《物种起源》出版100周年。她是在奥杜瓦伊峡谷发现这些化石的，那是一个非常深且化石繁多的大峡谷，位于坦桑尼亚塞伦盖蒂平原上的恩戈罗恩戈罗火山口附近（Ngorongoro Crater）。奥杜瓦伊峡谷长约40千米

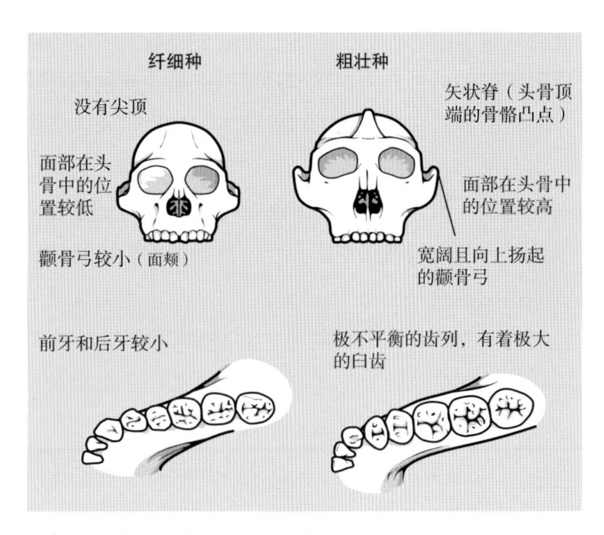

图 6.23　**南方古猿纤细种与粗壮种**

南方古猿纤细种和粗壮种之间的差异主要体现在它们的咀嚼器官上。粗壮种有着相当大的臼齿和大型的咀嚼肌肉，以及一条在颅骨顶部沿着中线从前延伸至后的脊骨（矢状脊），大型颞肌则附着在其上。纤细南方古猿的前牙和后牙在大小上是比较平均的，并且它们的咀嚼肌肉（体现在较小的头骨上）与在晚期智人属种中所看到的非常相似。如果你将手置于耳部上方的头骨两边并不断开合你的颌部，你就能感觉到你的颞肌是在何处与你的头骨相连的。接着，慢慢将你的手向头顶滑动，并依然不断开合颌部，你能感受到这些肌肉的末端。

（约25英里）深约91米（约300英尺），它贯穿更新世地层，揭示了地球将近200万年的历史。

路易斯·李基重建了他妻子玛丽的发现，并将其命名为“鲍氏东非人”（Zinjanthropus boisei，其中“Zinj”是阿拉伯语对东非的一种古老称谓，字面意思是“黑人的土地”，而“boisei”指的则是资助他们进行这次探险的捐助者）。起初，与这一标本一同发现的石器工具致使路易斯·李基提出，这一古老的化石比南方古猿更像人类，而且在演化发展上非常接近现代人类。然而，进一步的研究却揭露出鲍氏东非人（包含了一个头骨和一些四肢骨骼的遗骸）是东部非洲粗壮南方古猿的一个物种，也被称为南方古猿鲍氏种（见表6.1）。钾氩年代测定法将这堆化石的具体年代定位到了大约175万年前。

图6.24 **粗壮南方古猿和人属**

粗壮南方古猿与最早期的人属成员同一时期共存在地球上。图中这些奇特的头骨和腿骨全都是在肯尼亚的图尔卡纳湖东部沿岸被发现的，它们都能被追溯到大约170万至190万年前之间。许多古人类学家把其中两块圆形头骨标本划归为能人（Homo habilis）种的成员。图片顶端的粗壮南方古猿头骨顶部有一个骨脊（矢状脊）。注意，这些物种的确切年代日期都超出了出土它们的特定遗址的年代日期。

自玛丽·李基最初发现鲍氏南方古猿以来，其他大量粗壮种化石也在奥杜瓦伊以及肯尼亚图尔卡纳湖北部和东部地区被发现（图6.24）。这些粗壮种化石可以追溯到100万至250万年前。与南部非洲的粗壮南方古猿一样，东部非洲的粗壮南方古猿也拥有庞大的臼齿与前磨牙。尽管有着较大的下颌与上颚，它们的前部牙齿（犬牙和门牙）通常都很紧凑，可能是由于要给巨大的臼齿腾出空间。它们沉重的头骨甚至比南部非洲的粗壮种的头骨还要大，且头骨上也有矢状脊与眉脊。它们头盖骨的容积大约是500至530立方厘米，体形同样也更为庞大，我们估计的南部非洲南方古猿粗壮种的体重在32至40千克（70至88磅）之间，而东部非洲南方古猿粗壮种的体重可能在34至49千克（75至108磅）之间。

在东部非洲肯尼亚发现的最早的南方古猿粗壮种头骨——“黑头骨”——能够追溯到约250万年以前（见表6.1中的南方古猿埃塞俄比亚种，A. aethiopicus），所以它们保留了很多与更早的东部非洲南方古猿相同的祖传特征，某些人认为它们是从阿法南方古猿演化成东部非洲粗壮种的。古人类学家围绕着南部非洲粗壮南方古猿是否代表了东部非洲演化线路（或者从南部非洲某个祖先趋同演化而来）中的一个南方派系这一问题而展开论争。不管是这两种状况中的哪一种，比起早期南方古猿，晚期的粗壮南方古猿发展出了更大的臼齿与前磨牙，它们的前后齿在比例上要比人属的更大。

许多人类学家都认为，晚期的南方古猿变成了一个特殊的素食群体，这使它们不必与同时期的早期人属竞争。在演化的过程当中，竞争排斥法规定：当两个相互紧密相关的物种为了同一个生态位而竞争的时候，其中某一个物种将会打败另一个，从而导致失败者的灭绝。南方古猿与早期人属共存了将近150万年（从250万年前到100万年前），这也就表明早期人属和晚期南方古猿并没有为了同一个生态位而竞争（图6.25）。

南方古猿和人属

大约250万年前，非洲栖居着许多两足动物。1999年，随着东部非洲的考古发掘，埃塞俄比亚阿法地区出土的化石又为复杂多样的南方古猿属增添了一个成员，即“南方古猿惊奇种”（Australopithecus garhi，也称为惊奇南方古猿）（图6.26）。这种南方古

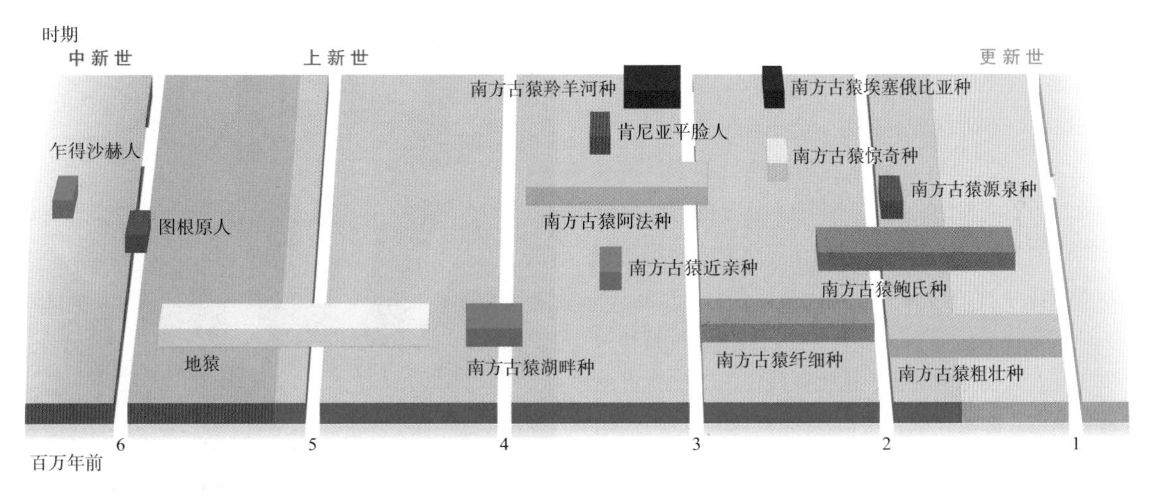

图6.25　“上新世—更新世”时期的人科动物时间表

这个时间表展现出了除人属以外其他两足动物的存在时期，以及它们的学名。在化石记录中，人属首先出现在距今约250万年前，并且与南方古猿纤细种、南方古猿惊奇种和南方古猿埃塞俄比亚种共存于同一时期。人属与南方古猿粗壮种、南方古猿鲍氏种和南方古猿源泉种也有一段时间上的重叠期。对于这些物种的名称是否恰当这一问题还存在争议。

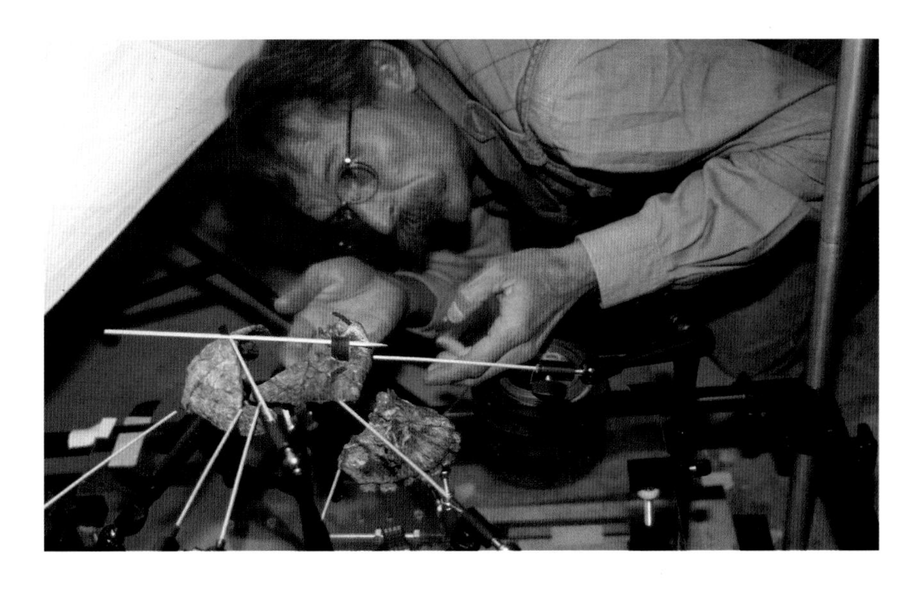

图6.26　修复化石标本

摄影师戴维·布里尔（David Brill）是一位化石影像方面的专家和古人类学家，图中，布里尔在摆置惊奇南方古猿的上颚和其他头骨碎片，以使这些碎片能再次合成一幅完整的头骨。

猿的牙齿很大，它们拥有一个拱形的牙弓，并且，比起粗壮南方古猿它们前牙和后牙的比例倒与人类和南部非洲纤细南方古猿更为相似。为此，有些研究者提出，惊奇南方古猿（“garhi”在当地阿法语言中意为“惊奇”）是人属的祖先，但是究竟哪个南方古猿物种才是人类的祖先这一问题还存有较大的争议。

2010年，科学家宣布新发现了一种名为“南方古猿源泉种”（Australopithecus sediba，也称为源泉南方古猿）的纤细南方古猿。2008年，古人类学家里·伯杰（Lee Berger）挖掘一个正规的遗址时，他9岁的儿子马修（Matthew）在附近四处探索，发现了至少四块不完整的骨骼，当中有一块是保存较好的成年雄性的骨骼。通过古地磁和铀年代测定法得出，南方古猿源泉种的精确生活年代是距今197万至198万年前（Pickering et al.，2011）。它们手、前臂和骨盆都有着大量衍生的特征，这也就使得伯杰团队提出了一个观点，即源泉南方古猿是南方古猿纤细种与早期人类之间的一个过渡物种（图6.27）。其他人则认为这些化石标本不过只是南方古猿纤细种众多变种中的一部分而已。他们还断言，南方古猿源泉种不可能是早期人类的祖先，因为这两个群体似乎共存过。

科学家曾提出了许多关于人类进化的设想，在每一个设想中，南方古猿主角群体基本都被看作人类的直接祖先（图6.28）。古人类学家运用标本的年代测定方法和衍生特征等将各类南方古猿物种与人类联系起来。南方古猿源泉种的骨盆形状与手臂解剖学特征就是一个例子。而拱形牙弓便是对惊奇南方古猿进行推测的一大证据。肯尼亚平脸人那扁平的脸部和较大的脑容量（推测）使其与人类联系在了一起。然而，古人类学家也承认，尽管南方古猿粗壮种在它们那个时期演化成功了，最终还是只能代表演化线路上的一个旁枝。

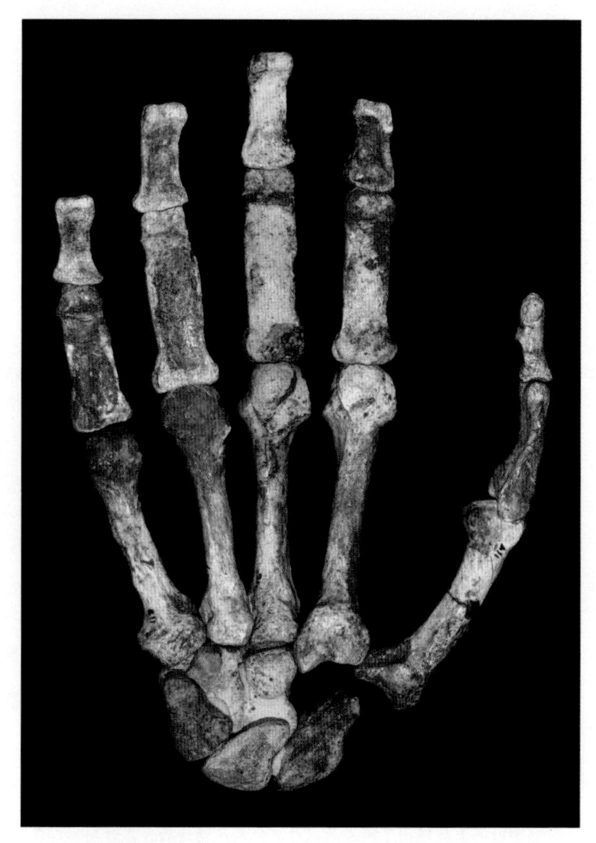

图6.27 **精致的手骨**

南方古猿源泉种与人类所共享的手指与手臂的衍生特征使得某些科学家认为它们是人类进化线路上的祖先。从对保存良好的骨骼的分析当中可以得知，这种古代的人科动物在解剖学上能够进行“精确地抓握”，而这是人类所具有的一个特征。南方古猿源泉种的骨盆同样为衍生形态学提供了一些证据，表明了它们行走时的稳定步伐。

环境、饮食和人类进化线路的起源

演化过程是如何将早期猿类转变为早期人类的呢？除了研究化石证据，古人类学家还对一些环境状况进行了科学化重构，并且做出了一些推论，这些推论来源于现存非人灵长目动物和古人类化石证据资料，并以此来构建他们关于这种转变的假设。

很长一段时间里，东非大草原环境主宰了人类的演化。来自地猿的证据显示，人类进化线路上最早的

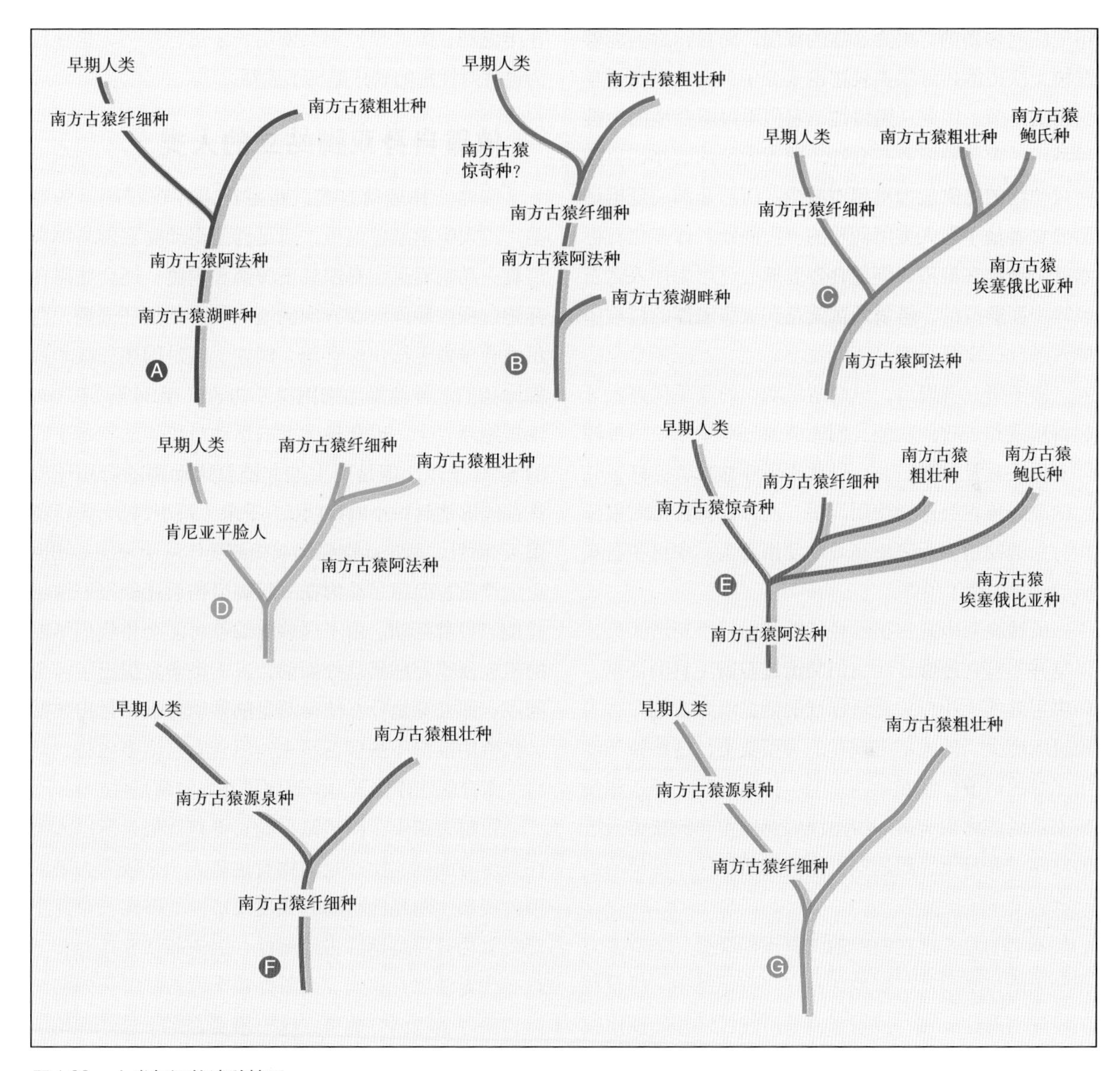

图 6.28 人类起源的诸种情况

古人类学家就上新世群体之间的关系，以及究竟哪个群体才是人属的祖先等问题进行了争辩。上图中的图表提供了一些可供选择的假设。然而，大多数人认为南方古猿粗壮种所表示的只是演化中的一条分枝，拉密达地猿则是南方古猿各物种的直接祖先。最近的争辩观点包括新发现的南方古猿源泉种究竟是不是人属的直接祖先以及新物种纳莱迪人的位置。

成员是森林栖居者，但是随着时间推移，热带森林规模不断减少，或者更普遍地说，森林中的“秃斑”逐渐被大草原或其他旷野所取代。而人类进化线路上的祖先很可能居住在既能够到达森林又能够到达大草原的地方。

随着森林的不断减少，这些早期的人类祖先不得

不适应这种新的、更为暴露的环境。而且，之前能够在树上获得的传统猿类食物也变少了，尤其是在干旱少雨的季节。因此，慢慢地，它们不得不在地面上搜寻种子、禾苗和根茎等食物。随着犬牙的缩小，早期两足动物的防御能力也相对减少。南部非洲的证据证明捕食者是早期人类所面临的一大问题。许多化石标本就是动物在被猎豹等捕食者追捕的过程中掉入岩石裂缝中而形成的，塔翁儿童就是在被鹰追捕的过程中掉入了岩石缝隙。

许多研究者提出，早期两足动物的双手代替犬牙起着防卫和进攻的功能。们能够通过双手来使用棍棒等木质工具及抛掷石头，以此来恐吓捕食者。许多其他的类人猿也会这样使用双手。南方古猿群体对棍棒和石头的使用为后来更高效地使用骨头、木材和石头制造武器创造了条件。

虽然晚期南方古猿已经能够利用双手制造工具，但是并不存在能够证明它们制造过石器工具的证据。如果用脑的大小作为测量标准的话，南方古猿在智力和灵巧度上当然比不上现代的大型猿类，这些猿类使用工具的情况已经在第四章当中描述过了。制造和使用工具的能力很有可能得追溯到亚洲和非洲猿类最近的共同祖先身上，而这些祖先的生活年代比最早两足动物的出现年代更早。

不幸的是，这些简单的工具没能经受住100多万年的风吹日晒没能很好地保存在化石记录中。尽管我们没法明确这一点，但是它们很可能已经开始使用棍棒或抛掷物件进行防御，使用坚硬的棍棒挖掘可食用的根茎，并且开始使用尖锐的石块来砸开坚果的壳（就像某些黑猩猩所做的那样）。事实上，南部非洲南方古猿遗址的某些动物骨骼上有一些微小的磨损，这也就表示它们曾被用来挖掘地底下的可食用根茎。我们可能会接受这种可能性，即雌性会更经常地使用工具来获得食物，雄性则更多地将工具来作为武器，黑猩猩群体就是这样。但就像第四章中描述过的那样，在丰戈利，雌性黑猩猩会使用长矛进行狩猎，这种行为也就对性别的划分提出了质疑。

依靠自身双脚站立的人类

作为一种运动方式，两足行走存在着严重的缺陷。古人类学家曾提出，两足性使得动物更容易被大型食肉动物看见、暴露其下腹部和内脏，还会妨碍在奔跑过程中瞬间改变方向的能力等。他们还强调，两足性会导致无法快速奔跑。例如，四足的黑猩猩和狒狒比我们这种两足动物跑得要快30%至34%。在100米短跑项目上，现在最优秀的运动员可能达到每小时34至37千米，但是更大型非洲食肉动物的奔跑速度往往能够达到每小时60至70千米（每小时37至43英里）。而且，两足动物腿部或脚部受伤所带来的影响也更为严重，而四足动物在一只脚受伤后还能很好地用其他三只脚活动。由于这些弊端都可能会将我们早期的祖先暴露在捕猎动物面前，古人类学家提出了一个问题，即究竟是什么使得两足的移动方式在付出如此大代价的前提下被保留下来？尽管有这诸多劣势，又有什么样的选择性压力能够促进并支持两足性？

在耐力跑中，两足似乎确实更有优势，所以人类在长跑方面确实比四足动物有优势。一个较为古老的理论提出，两足性移动方式使得雄性能够在大草原上获得食物并将其运回去给雌性，因为雌性要抚养和哺育后代无法离开巢穴。而雌性猿类通常能够将照料幼崽和获取食物结合起来，这一事实否定了这一理论。的确，在大多数靠采集食物维持生存的群体中，通常都是雌性提供自己和雄性所需的大部分食物。

而且，这一模型所假定的成对模型（一个雄性与一个雌性联结在一起）并不是在有着性二态性的陆生南方古猿群体中所展现出来的典型的社会组织形式和特征。当然，这种成对模型事实上也不是智人的特征。在大量最近的人类社会当中，包括那些靠觅食获取食物的人类群体当中，多偶制（同时与两个或更多的个体结婚）不仅是被允许的，还是社会偏好的。甚至在实行所谓一夫一妻制的美国，许多个体也会与两个或更多的个体结婚或交配，而唯一要求的就是这个人不能在同一时间与超过一个伴侣结婚。

最后，雄性外出收集食物而雌性待在家哺育儿女这一观点，与其说是基于化石证据而提出来的，倒不如说是一种被文化捆绑的观念。该理论的一个更准确的版本强调，所有两足动物（不管是雄性还是雌性）都能采集食物并将其运回到树上或其他安全的地方食用。两足动物在进食过程中没有必要将自己暴露在开放且易受到攻击的地方。古人类学家与其他领域的人类学家一样，必须非常小心谨慎地对待化石记录，避免将自身的文化信仰注入所提出的理论中去。参阅“生物文化关联”，了解当代性别角色对古人类学理论的影响。

此外，两足性还能使个体更好地搬运食物，并有利于它们用其他方式搜寻食物。由于双手被解放，身体也能够直立，个体能够在多刺的树丛中获取之前所无法获取到的食物，之前由于树枝太过脆弱、太多刺而导致无法攀爬（Kaplan，2007；Thorpe，Holder，& Crompton，2007）。并且，它们也能够同时利用双手快速地收集起一些细小的食物。在食物匮乏的年代，昂头直立的姿势还能使其看得更远，从而帮助它们定位远处的食物和水资源等。

食物可能并不是早期两足动物所运输的唯一的东西。正如我们在第三章和第四章中所看到的，灵长目动物幼儿从出生开始就需要与母亲黏附在一起，而母亲移动时需要用到四肢。在猿类当中，从母亲身上摔落会导致很多幼儿死亡。因此，利用双手运输婴儿的能力为后代的生存做出了非常重大的贡献，南方古猿的祖先已经有能力做到这一点了。

虽然两足性的出现要早于我们的祖先在非洲大草原中的生活，但是这种两足性也很可能为应对森林消失以后的炎热环境提供了一个很好的方式。除了两足性，我们的相对赤裸也表明了人类与其他现存类人猿之间的一种主要且显而易见的差异。人类身体的大部分都只覆盖有细小稀疏的毛发，浓密头发的覆盖范围也仅仅限于头部。英国生理学家彼得·威勒（Peter Wheeler）提出，两足性和人类身体的毛发覆盖模式都是人类对于非洲大草原的炎热环境所做出的适应（Wheeler，1993）。威勒的理论建立在更早的古人类学家迪安·福克（Dean Falk，1990）的“散热”理论上，威勒还通过比较解剖学、实验研究和观察来发展了他的假说，即人类是如今唯一栖居在非洲大草原环境中的猿类物种。

然而，许多栖居在大草原上的其他动物几乎都拥有某些用于应对炎热环境的机制。某些动物如大型食肉动物，会将黎明或黄昏时段作为它们活动的高峰期，因为那时太阳悬挂在低空，有时候它们还会选择在更冷的夜晚出来活动。羚羊等动物能够承受非常高的身体温度，而在人体内，这种过高的温度会导致脑组织过热而致死。这些动物之所以没有死亡是因为它们能够通过蒸发冷却口鼻中的血液，之后血液才进入脆弱的脑组织血管。

根据威勒的描述，关于人类和其他灵长目动物的有趣事实是：

> 我们并不能像羚羊那样把脑部温度与身体其他部分分开，所以我们不得不预防所有可能引起体温破坏性升高的情况。当然，这一问题对于猿类来说更为严重，因为通常情况下，脑部越大、越复杂，就越容易受到损坏。所以，早期人科动物身上存在着难以置信的选择压力来帮助它们适应这种热高压的环境，而这种环境也许是对两足动物有利的（Folger，1993，pp. 34-35）。

威勒曾经通过测量一个早期的与露西相似的两足动物来研究这一观点，他测量的是其直立或四足站立时的太阳辐射状况。通过测量，他发现两足动物的直

生物文化关联

演化与人类的诞生

因为生物与文化总是形塑着人类的经验，所以很难把这些因素各自对人类实践产生的影响分离出来。例如，在20世纪50年代，古人类学家发展出一种理论：与其他哺乳动物的生产相比人类的分娩尤为困难。这个理论一部分是基于对人类母亲产道和婴儿头部之间“紧贴”关系的观察上的，尽管某些其他的灵长目动物的新生儿头部或肩部与产道之间同样也有相似的紧贴情况。无论如何，与两足性相联系的产道的改变以及大脑规模的演化在当时都被认为会导致分娩困难。

在同一历史时期，美国的分娩实践发生了一些改变。在20世纪20年代到20世纪50年代的这一代身上，分娩从家庭转向了医院。在这个过程当中，某些由妇女在产婆或亲戚的帮助下在家里完成的事情转移到了医院中。在医院里，对一个初生婴儿（对刚生出来的孩子所用的专门医学用语）的高科技接生是在训练有素的专业人员的帮助下完成的。20世纪50年代，妇女在生产时通常要打全麻针。古人类学的理论反映了文化规范，为美国分娩实践的改变提供了一个科学化的解释。

作为一个科学理论，人类分娩比较困难这一观点其实是很难站得住脚的。目前没有任何新生儿化石被发现，只有一些完整的骨盆（形成产道的骨骼）。于是，科学家必须检视现存人类和非人灵长目动物的生育过程，从而重构出人类生产的演化模式。

然而，文化信仰和实践形塑了分娩的每一个方面。文化因素决定了分娩的地点、个体所应呈现的行动，以及关于经验本质的信仰。当20世纪五六十年代的古人类学家断言人类的分娩要比其他哺乳动物的生产更困难的时候，他们所借鉴的是他们自身的文化信仰，即分娩是有危险的，应该在医院里进行。

快速浏览一下全球新生儿的死亡率可以发现，在荷兰和瑞典这些国家，营养充足的健康妇女能够在医院外成功地生产。而在其他一些国家，与分娩有关的死亡反映的是妇女的营养不良、疾病感染和较低的社会地位，而不是内在固有的生物性缺陷。

阿兹特克人（Aztecs）的地球母神特拉左尔特奥特尔（Tlazolteotl）

图中她正以一个坐蹲的姿势分娩小孩，这得到了全球妇女的赞同。在医院分娩时，妇女通常必须克服重力才能把婴儿带到这个世界上，因为她们必须仰卧双腿还会被箍住以利于产科医师的参与。

生物文化问题

尽管营养良好的健康妇女能够在医院外成功地生育她们的孩子，但是在工业社会剖宫产选择（C选择）比率还是在不断升高。在美国，三分之一的产妇会选择剖宫产，而在许多拉丁美洲国家，超过一半的生产都是通过剖宫来进行的。是什么文化因素导致了这种实践呢？知道人类已经成功地适应了分娩这一事实后，你会改变自己的分娩方式吗？

立姿势减少了60%的太阳辐射，这也就说明，与四足动物相比，两足动物在大草原环境中可以用更少的水来保持凉爽。

威勒还进一步提出，两足性使得人类身体的毛发覆盖模式变成了可能。毛发不但能够遮挡太阳辐射，还能保暖。除了头部，两足动物身体的其他地方较少直接暴露在太阳下，它们身体表面稀少的毛发能够提高排汗的效率从而冷却身体。当然，头部的头发所起到的是防护作用，用来阻挡太阳的直接辐射。

一些人反对这种说法，他们认为，在两足性发展的时段，非洲的大草原远不如当今那么辽阔。不管是在东部非洲还是南部非洲，都有封闭或开放的灌木丛和林地。此外，与中新世的地猿及可能的人类祖先一同被发现的所有植物与动物化石几乎都揭示出当时当地是一个典型的湿润、茂植丛生的栖居地。

然而，两足动物的化石记录没有体现出热带草原的环境，但也并不代表两足动物无法适应这些条件。它只是通过一个随机的宏观突变表明，两足行走似乎没有任何特别的适应效益。两足行走提供了一种预先适应热带草原炎热环境的身体结构。

回想在20世纪早期的时候，较大的脑部被认为是两足动物进化的基础。而如今我们知道，在几百万年的演化历程当中，两足性不仅要优先于更大的脑部，还可能是人类祖对脑部扩大的一种预适应。根据威勒所说：

> 大脑是身体内新陈代谢最活跃的器官之一……以人类为例，它占据身体总能量消耗的20%。所以你拥有一个能够产生大量热量的器官以至于你不得不倾卸热量。一旦我们变成了两足动物并且全身也变得裸露无毛，那么我们就获得了倾卸热量的能力，这为人类后来的演化及脑规模的扩大提供了可能。两足性与身体裸露无毛并不会直接导致大脑规模变大，但是在获得冷却热量这一能力前，你是没法获得一个更大的大脑的（Folger，1993，pp. 34-35）。

与威勒的假说一致的一个事实是，早期南方古猿身上用于排通颅骨血液的系统显然与人属的这一系统有所不同（图6.29）。

尽管古人类学家不能用目前所能获得的资料和数据来解决人类进化阶段中的每一个细节问题，但是随着时间的推进，他们之前所构建的叙述也会逐渐得到改进和提升。如今我们知道，两足性的发展要先于脑部扩大几百万年。两足性很可能是以一个突然转变的方式发生在身体结构中的，之后，稳定化的选择才得以发生，而且至少要经过几百万年才会有一点小小的

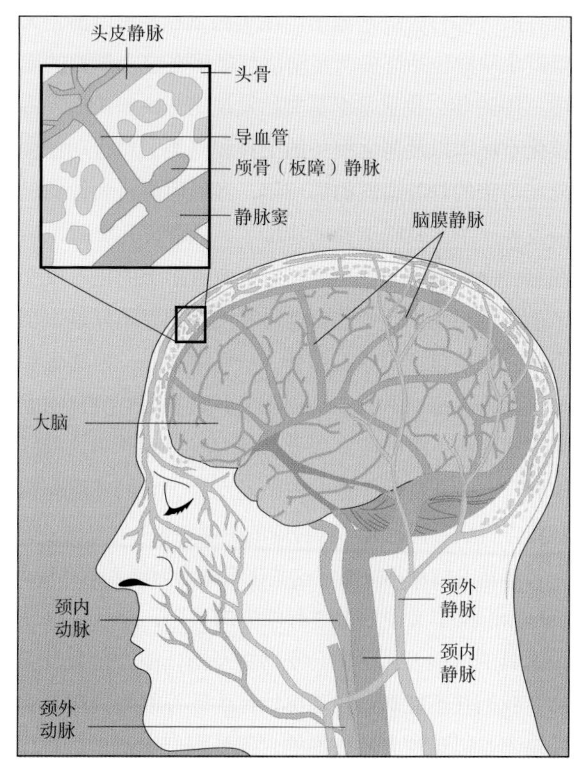

图6.29　冷却头部热量的人科动物

在人类身上，来自面部和头皮的血液并不会直接返回至心脏，而是直接到达脑壳中然后再返回至心脏。由于已经在皮肤的表面经过冷却，所以血液能够带走来自脑部的热量。

改变。在大约250万年以前，改变再次发生了，导致了一些新形式物种的分离，包括某些粗壮物种以及最早的人属。然而，从大约230万年前一直到粗壮南方古猿灭绝的约100万年前，这些粗壮物种的形态相对来说没有什么改变。与之相比，人属从250万年前出现以后，就步入了一个稳步的脑部扩大的阶段，一直到大约230万年前，其脑部规模达到了如今的程度。伴随着这种新的拥有较大脑部的人科动物的出现，最早的石器工具也出现在了考古记录当中。

人属的早期代表

正如李基所想，奥杜瓦伊峡谷及其石器聚集地是一个可以很好地探索人类祖先的地方。如今奥杜瓦伊峡谷的一部分曾经是湖泊。在大约200万年以前，大量野生动物包括许多两足动物都栖居在这个湖泊的岸边。1959年，也就是李基夫妇发现第一块鲍氏南方古猿化石标本以及与之相关的工具和鸟类、爬行动物、羚羊与猪的骨骼遗骸的那一年，当时他们认为他们已经发现一个工具制造者的遗址了。然而，几个月以后在第一次发掘的遗址几英尺以下位置出土的化石改变了他们的想法。这些化石遗迹所涉及的并不只是一个个体，它们包括一些头盖骨、一块下颚、一根锁骨和一些指骨化石（图6.30），还有一块几乎保存完整的成人左脚骨骼（图6.31）。头骨和下颚碎片显示出这些标本属于一个有着较大大脑的两足动物，它们并没有粗壮南方古猿所拥有的那种特殊的咀嚼装置。

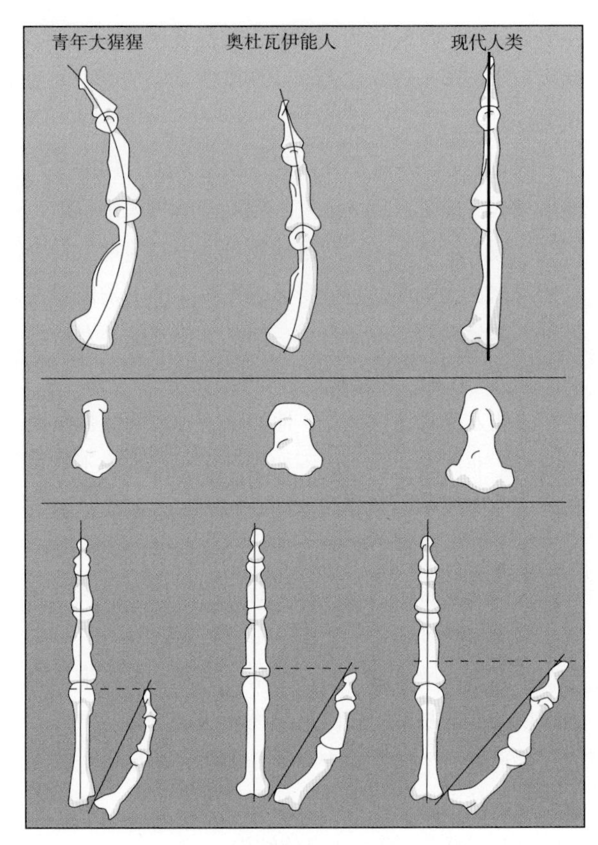

图6.30　**能人手骨的比较解剖学**

图中所示是对一只青年大猩猩、来自奥杜瓦伊的能人和一个现代人的手骨所做的比较，这些比较突出了他们手指和拇指结构上的重大差异。第一排是三个群体的手指，第二排则是拇指尾骨（末梢）。虽然奥杜瓦伊能人的指骨末端更像人类，但是其指骨下端更为弯曲和有力。最底下一排所比较的是拇指相对于食指的长度和角度。

李基夫妇及其同事将这些化石命名为能人（Homo habilis，拉丁文中意为“有能力的人”），并且指出使用工具的这些能人可能会吃动物及鲍氏南方古猿。当然，我们并不能真正知晓奥杜瓦伊峡谷的鲍氏南方古猿是不是以这种方式灭绝的，但是我们知道来自南部非洲的一个约240万年前的南方古猿的下颌骨有被石器工具切割过的痕迹（Pickering，White & Toth，2000）。据推测，这是为了将上颌骨分离出去，但我们并不知道这到底是出于什么目的。无论如何，能人在某些偶然情况下肢解了鲍氏南方古猿的这一观点还是可信的。

在奥杜瓦伊峡谷进行的后续工作不仅挖掘出了更多的头骨碎片，还挖掘出了能人其他部分的骨骼。自20世纪60年代晚期以来，南部非洲、埃塞俄比亚和肯尼亚也出土了一些与奥杜瓦伊能人同时期的能人骨骼化石。

位于肯尼亚和埃塞俄比亚边境上的图尔卡纳湖东

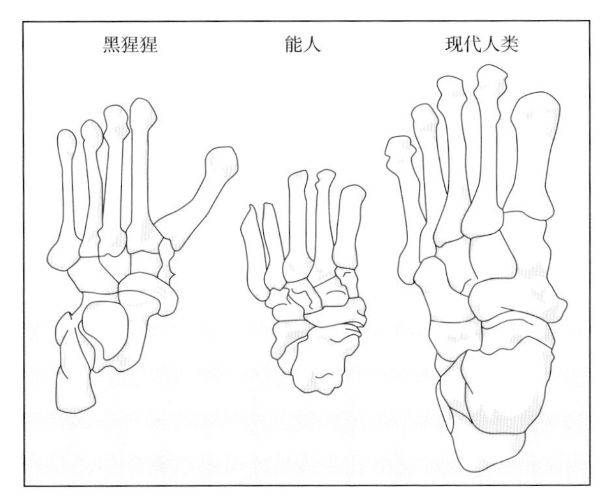

图6.31　能人脚骨的比较解剖学

图中所示的是对能人的一部分脚骨骨骼（中间）与黑猩猩的脚骨（左边）和现代人类的脚骨（右边）所做出的比较。注意能人大脚趾下面的基底与其他脚趾是在一条线上的，这和现代人类的脚趾一样，这使得他们能够更有效率地行走，但是却不能很好地进行抓握。

部海岸出土了很多来自最早的人类身上的化石。理查德·李基（见“人类学家札记”）在库比福勒（Koobi Fora）发现了一块非常有名的化石——KNM ER 1470（“KNM”代表的是肯尼亚国家博物馆；而“ER”所代表的是“东鲁多夫”，也就是肯尼亚殖民时期图尔卡纳湖的名字）。出土这一化石的遗址大约有190万年的历史，这一遗址中的堆积物跟奥杜瓦伊的很像，也包含了很多粗糙的石器工具。与南方古猿的头骨相比，KNM ER 1470头骨表面上与现代人类的头骨更为接近，并且其头盖骨容量达到了752立方厘米（cc）。然而，这一标本的大牙齿和面部又与更早期的南方古猿物种比较相似。

来自同一遗址中的另一块保存较好的头骨（KNM ER 1813）也是同一时期的，但是它的头盖骨容量少于600cc，并且有着一些衍生性特征，比如更小且更不突出的面部和牙齿等（这些标本都在图6.24展示过）。虽然被归于能人的标本通常都有着大于600cc的头盖骨容量，但是每个个体确切的头盖骨容量是与其体型成比例的。因此，许多古人类学家推断KNM ER 1813和KNM ER 1470分别是有着较大性二态性的物种中的女性和男性，拥有较小脑容量的KNM ER 1813的体型也更为娇小（图6.32）。

主合派还是主分派？

其他的古人类学家不同意将差异如此之大的KNM

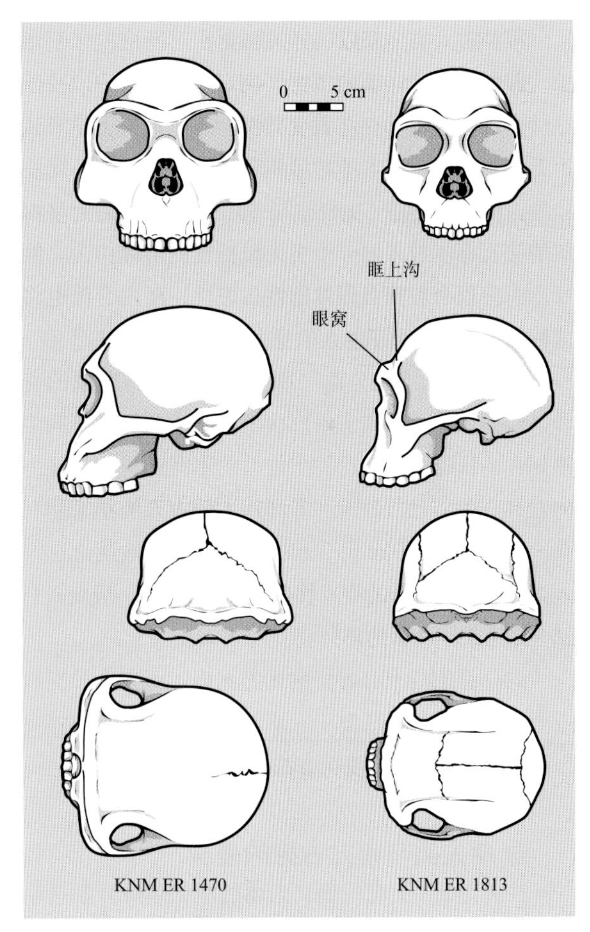

图6.32　一个不同的物种？

有着将近200万年历史的KNM ER 1470头骨（最大完整的能人头骨之一）可能属于一个男性；而与之相比显得相对较小的KNM ER 1813头骨很可能属于一个女性。但是一些古人类学家还是认为这个差异太大而不能轻易将这两块标本当成同一个物种。

ER 1813和KNM ER 1470放置在能人这一单一类别下。相反，他们认为这些标本展示出了多样性，因此，有必要将脑部更大的KNM ER 1470划分为一个截然不同的共存群体——“卢多尔夫人（Homo rudolfensis）”。不管是把这些化石或者其他同时期的化石称为“卢多尔夫人”还是“能人”，这绝不仅仅是文字游戏。化石名字指示的是研究者对于群体间演化关系的视角。给化石取不同的名称也就意味着他们是生殖独立群体的一部分。

某些古人类学家以这样的视角来对待这些化石记录，即做出如此详细的生物性决定是很武断的以及任意一个群体内部都存在着变异性。一些古人类学家认为无法证明一组古老的骨骼和牙齿是否代表了不同的物种，他们往往是“主合派”，即主张将这些看起来相似的化石标本放入同一个更为概括性的群体中去。例如，大猩猩有着相当程度的性二态性，而主合派也将这种性二态性归到了能人的身上。

相比之下，“主分派”所关注的是化石记录的变异，他们认为骨骼或头骨形状上的微小差异是不同生物物种的证据，而且这种生物性的不同还与文化能力的差异有关。已故的南部非洲伟大的古人类学家菲利普·托拜厄斯（Philip Tobias）曾经风趣地谈论过古人类眼睛以上骨脊的变异性形状：“主分派一听到眉脊就会创造出一个新的物种。”

主分派的行为有着特殊化的优势，而主合派则有着概括化的优势。在对于人属的讨论当中，我们将会采取主合派的立场态度与方法论取向。

早期人类与南方古猿的差异

在大约240万年以前，人属的演化路线开始从南方古猿的演化中分离出来。就体型来说，早期人类与南方古猿之间的差异甚微。虽然早期人类拥有比现代标准更大的牙齿（甚至比50万年前的牙齿都要大），但是与牙齿相联系的头骨却比所有南方古猿物种的头骨都要小。早期人类同样也经历了大脑扩大的阶段，这也就暗示着早期人类的心智能力可能要比南方古猿物种更高。与南方古猿相比，早期人类很可能拥有更为强大的学习和处理信息的能力。

来自东部和南部非洲的晚期粗壮南方古猿与早期的人类是共存的，它们演化出了更为专业化的“碾压机制”，即用于处理植物的巨大颌部和后磨牙。粗壮南方古猿的大脑规模并没有改变，也没有它们制造石器工具的确凿证据。这样，在距今100万至250万年前的这段时期，两个不同种类的两足动物各自开始展开演化进程：粗壮南方古猿专注于处理植物食品，并且最终走向了灭绝；而人属的头盖骨容量逐渐扩大，饮食结构变得多样化，其中包括肉类，并且还出现了最早的关于他们制造石器工具的证据。

在没有石器工具的情况下，早期人类也能够食用一些动物（只限于那些能够用牙齿或指甲剥皮的动物）。因此，在动物蛋白质方面，他们的饮食还是受到限制的。在干燥的大草原上，对于那些与人类有着相似消化系统的灵长目动物来说，可获得的植物资源很难满足它们对于蛋白质的需求。此外，如果得不到充足的蛋白质又会产生很严重的后果：身体发育不良、营养匮乏、饥饿，以及死亡。树叶和豆类（固氮植物，与当今的大豆和豌豆很像）能够提供大部分蛋白质。但不幸的是，如果不经烹煮的话，树叶和豆类中的物质会使蛋白质直接经过肠胃而无法被吸收。

黑猩猩也会面临同样的问题。即便黑猩猩拥有当今人类或早期人类更为庞大且尖锐的犬牙，它们也经常撕扯不掉其他动物的毛皮。在大草原的环境下，黑猩猩花费了将近三分之一的时间来搜寻昆虫（蚂蚁和白蚁）、蛋，以及一些小型的脊椎动物。这些动物不仅非常易于消化，它们还能够为黑猩猩提供高质量的蛋白质，这些蛋白质当中包含着所有必不可少的氨基酸。而没有任何一种植物能够提供这种营养平衡，只有植物的组合才能产出仅存在于肉类中的氨基酸。

我们最早期的祖先缺乏用于撕剪肉类的长且尖锐的牙齿，所以他们很可能是以昆虫为食，但是用于屠切的尖锐器具使得高效率地食肉变成了可能。早期人类最初开始使用工具可能是与对环境的适应相关联的，我们知道，自中新世以来，他们栖居地的环境从森林变成了草原。两足动物的生理变化使他们适应了花费更多的时间在新的草原地形上，这也就促使他们开始制造工具。

这样，随着人属的出现，生物性特征与文化创新之间的一个反馈性循环，开始在人类的演化历史中扮演其重要的角色。这使得古人类的大脑逐渐增大，并依赖文化来进行适应，我们将会在下一章中探索其中的详细状况。时间会告诉我们，本章开篇所提到的“纳莱迪人”处于人类的演化史的哪个位置。

思考题

1. 认定一个化石记录中的新物种需要多少证据？思考一下物种的生物学定义，并将其与支持和反对古代遗骸物种形成的观点进行比较。命名游戏是促进了还是阻碍了我们对人类进化的理解？

2. 虽然我们通常会认为是人类的智力将我们与其他猿类区分开来，但是其实两足性才是最早用于确定人类独立演化线路的一大特征。这会让你感到惊讶吗？我们早期的演化历史会让我们看起来与其他动物更像吗？这是否影响了你对人类这一存在的理解？

3. 描述一下两足性的解剖学特征，提供一些从头到脚的例子来阐述两足性是如何从某块骨骼当中被确定出来的。你认为能否仅从一块骨骼来确定某个过去的生物有机体究竟是不是两足动物？你会用哪些证据来支持早期两足动物会使用工具这一事实？

4. 古人类学家是如何确定某块古老的化石究竟是属于男性还是属于女性的？我们当前关于男性和女性的文化观念是否会影响到对于人类进化历史中某些行为的阐释？

深入研究人类学

与你的祖先一起策划骗局

皮尔当骗局是科学历史上持续时间最长、最重大的骗局之一。它之所以这么长时间没有被发现，是因为它符合科学家的预期，也因为化石记录中存在着空白。今天，由于仍然缺乏500万到800万年前的化石证据，古人类学家无法确定人类和其他类人猿之间的联系。这是策划阴谋的绝佳机会！设计一个化石标本，联系目前对人类进化某一时期的期望，来填补空白。我们应该在哪里找到它？它需要拥有多久的历史才能与你所知道的其他化石相符？你会赋予它什么样和祖先相联系的衍生特征？写一份与你的化石有关的分析报告，解释它为什么是人类和我们最后的共同祖先及其他类人猿间无可争议的缺失联系。

挑战话题

是什么让我们成为人类？不可否认的是，智力发挥了作用。也许很久以前人类对火的利用最能戏剧化地表现人类的出现。在民间传说中——如希腊神话中的普罗米修斯或新西兰毛利人传说中的毛伊岛，又或图中重建的大约50万年前的中国周口店洞穴——火改变了早期人类的食物结构和生活环境。对火的控制——就像工具制造传统、人类语言，以及长途跋涉和在寒冷环境中生存的能力一样——与人类生物学的变化有关，特别是大脑体积的增加。人属的出现将我们的祖先从南方古猿中分离出来，并为我们今天这个物种的最终到来奠定了基础。我们是如何知道这种变化的？人属进化的速度有多快？哪些不同的物种形成了我们的血统？最后，最具挑战性的问题是：大脑的容量大小（以及它所允许的文化创新）和物种名称之间的关系是什么？

人属的起源

第七章

学习目标

1. 描述人属不同成员的文化能力以及这些能力与保存在化石中的解剖结构之间的关系。

2. 以在动物王国中的位置定位人类，并了解影响有关人类进化的科学理论发展的文化偏见。

3. 描述与早期人属化石群体之间关系有关的争论。

4. 确定不同工具制作时代的标识特征

5. 讨论与尼安德特人在人类进化中的位置有关的争论。

在寻求现代人类的起源时，古生物学者得到的证据不充足，有误导性并且相互矛盾，这使得他们的面前迷雾重重。其中一些谜团源于演进的变化这是随着人属的出现而开始的。最早被宣称为人属成员的化石是最近在埃塞俄比亚阿法的沉积物中被发现的，可以追溯到大约280万年前（DiMaggio et al.，2015；Villmoare et al.，2015）。上一章介绍的新发现的南非纳莱迪人化石可以追溯到类似的时间范围（Berger et al，2015）。大约在那个时候，我们祖先的脑容量开始变大。与此同时，这些早期祖先通过石制工具强化了对自然世界的文化控制。随着时间的推移，他们越来越依赖于文化适应——一种快速有效地适应环境的方式。

人类大脑的进化对人类的生存和人类文化的进化而言至关重要。在接下来250万年的时间内，增加的脑容量和职能的专门化推动了语言、计划、新技术和艺术表达的发展。大脑的发展使得多样的行为成为可能，人属成员也就变成了生物文化意义上的存在。

美国生物人类学家米萨·兰岛（Misia Landau）注意到，对人类进化史的叙述采用的是英雄史诗的形式（Landau，1991）。该英雄，或者说进化的人类，面临着一系列自然挑战，从严格意义上的生物性立场来看，这些挑战是无法克服的。该英雄天资聪慧，他会遇到这些挑战并成为真正的人类。在这类叙事中，文化承载力逐渐将人类从其他进化的动物中区分开来。但正如我们在前面几章所见，灵长目动物学的新发展在不断削弱人类唯一性这一主张。

生物和文化机制的发展是不同的。随着个体生命周期内创造力的发挥，文化上的设备和技术会快速发展。相比之下，由于对遗传特征的依赖，生物变迁需要历经多个世代。古生物学家认为一旦发生一个明显的文化变迁，比如出现一种新的石制工具，就会对应地出现一个很大的生物变迁，如一个新物种的诞生。生物和文化变迁的关系，常常是古生物学家争论话题的源泉。

第一个石器制造者的发明

由于坦桑尼亚的奥杜瓦伊峡谷出土了粗糙的石制工具，古生物学家路易斯和玛丽·李基在那里寻找人类的起源。这些工具可以追溯到大约200万年前的更新世早期，它们定义了奥尔德沃文化式的工具传统，其中包括一些由被称为碰撞方法的制造系统所生产的工具（图7.1）。

使用碰撞方法的工具制造者可以从石头（通常是一块大的水磨石）中获得锋利的刀片，他们要么使用另一块石头作为锤子（锤石）来锤击水磨石；要么用这块水磨石敲击一块大岩石（砧石）。微观磨损图纹显示，这些刀具曾被用来切割肉、芦苇、蒲草、青草以及木头。残留物表面的小凹痕显示它们曾被用作砍刀来砍开骨头，也可能被当作防身工具。这些工具的出现标志着早期旧石器时代的开端——旧石器时代的第一篇章。

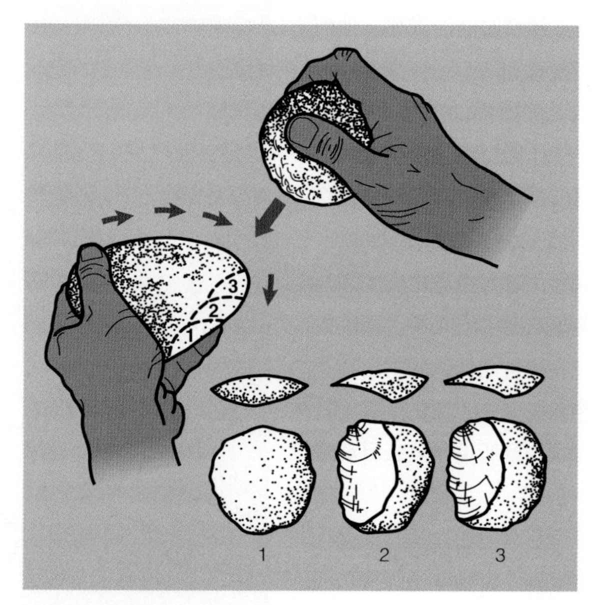

图7.1　**碰撞方法**

250万年前，非洲的早期人属发明了制作石制工具的碰撞方法。这一技术上的突破，与脑部的明显增大有关，它使得屠宰拾获的食肉动物成为可能。

从这些工具被发现的时候起，古生物学家就认为奥尔德沃文化式的工具传统是最古老的。但2015年5月，在肯尼亚西图尔卡纳的三个名为洛迈奎的遗址中，研究人员发现了更古老的工具。洛迈奎文化式的工具传统可以追溯到330万年前，比最早的奥尔德沃工具早了70万年。这一重大发现改变了人类学家对旧石器时代或旧石器时代早期开端的看法（Harmand et al.，2015）。这些最早的石器标志着人类考古学记录的开始。埃塞俄比亚的戈纳也出土了旧石器时代早期的工具，这些工具组合可以追溯到260万年前，同样，在埃塞俄比亚阿法三角洲远端靠近戈纳的一些区域和肯尼亚西北部的图尔卡纳湖邻近区域，也出土了早期旧石器时代的工具。

古生物学家使用了实验考古学的方法。这种方法系统性地重设了古生物的生活方式，以便于验证关于过去的各种假设、表述和假想。例如，为了理解工具制造工艺，研究者亲自用原材料制造了石器。通过成为一名工具制造者，研究者分析出了工具制造所需要的技艺。要想用最少的工作量将原材料制造成许多外形良好、边缘锋利的薄片，工具制造者脑中必须有所制工具的基本框架，并且要对将原材料转化为最终产品的具体步骤了然于胸（Ambrose，2001）。工具制造者必须知道哪种石材可以被剥落，这样才能进行加工，同样还要知道这些石材的位置。

有时候制造工具前需要对原材料进行远距离运输。这些对于未来的规划无疑与大脑结构的改变有关。这些改变标志着人属的开端。正如前一章所述，能人被用来命名于1959年发现的人属的最早成员。通过考古学记录中记载的石器和更大的脑部，考古生物学家开始勾勒出早期人类的生活画面（图7.2）。新发现的纳莱迪人化石和能人之间的关系将取决于年代以及这些遗骸与工具的关系。

图7.2 旧石器时代早期的工具制作

虽然没有观察到类人动物在野外制造石器，但我们看过它们使用石头工具，就像这只黑猩猩，它利用锤石和铁砧石敲开棕榈树的坚果。回想一下，它们会用其他材料制作工具，比如用来钓白蚁的木棒。我们该如何将这些转化为我们祖先认知能力的证据呢？实验考古学家通过学习古代工具制造技术，分析其所涉及的确切步骤来研究这种现象。他们履行相同的行为并制造相同的人工制品，以探索这种生活方式所需要的技能。这一知识对于解释物质遗迹是必不可少的。为了在不同工业社会中进行比较，实验考古学家往往掌握了本章节中所描述的所有古代石制工具的制作技术。虽然没有保存在考古记录中，但我们可以有把握地认为，野生人猿所使用的各种易腐烂的工具，也曾被我们的祖先所使用。

性、性别和早期人种的行为

直到20世纪60年代，古人类学家对早期人属生活方式的描述都集中在“狩猎的男人”上——一个有杀戮本性的强壮男人在大草原挥舞工具捕猎，与此同时，物种中的女性成员待在家里照看小孩。同样地，直到20世纪60年代，大多数在觅食者中做田野调查的文化人类学家强调男性猎人的角色，并低估女性采集者为集体提供食物的重要性。西方所说的社会性别概念——性别之间的生物性差异的文化阐释和意义——在创造这种偏见上发挥了重大作用。

因为人类学家逐渐意识到自身的局限，他们开始澄清事实，记载“女性作为采集者”过去和现在在为拥有觅食文化的社会群体提供食物的重要作用（参阅本章“生物文化关联”，了解女性古人类学家的具体贡献）。类似于所有社会性别关联，当代食物觅食者之间的劳动分工，并不遵从依据生物性差异划分的固定边界。相反，它受文化和环境因素的影响。在解释化石记录方面，揭开这些偏见与新发现同样重要（图7.3）。

关于现存灵长目动物的研究使得古生物学家知道何时将社会性别（Gender）合并进他们的理论中去。从黑猩猩和倭黑猩猩中得出的证据，抛出了对于人类进化历史上严格以性别为劳动分配依据这一观念更进一步的质疑。正如在第四章节中所述，据观察，雌性黑猩猩一直参与狩猎，它们使用长矛的次数甚至比雄性更多。一次成功狩猎中所获得的肉会被整个部落一起分享，雄性黑猩猩和雌性黑猩猩都有可能领导狩猎。雌性倭黑猩猩定期狩猎并且同其他倭黑猩猩一起分享肉类和其他植物。换句话说，这些猿类中的食物分享和狩猎行为的模式是多种多样的，支持了文化在建构这些行为时发挥了作用的观念。没有任何证据可以解释我们的祖先是如何分享这些食物的。

狩猎者还是拾荒者？

消除古生物学解释中的偏见有助于揭示人属的早期成员并不是大型猎物的狩猎者。奥尔德沃文化式的工具和破碎的动物尸骨告诉我们，能人和大型食肉动物在这些地点十分活跃。骨头上除了使用石制工具

图7.3 **社会性别偏见**

在这幅图中，艺术家用不同的角色来描绘男性和女性。这其中描画的角色是源于性别之间的生物性差异，还是文化层面上的社会性别差异呢？

切割、刮擦和砍劈后留下的印记，还有牙齿咬过的痕迹。一些咬痕覆盖在狩猎者的痕迹之上，表明在人属利用它来吸引其他食肉动物之后，在骨头上还有很多的残留。在其他情形中，狩猎者的印记覆盖在牙齿痕迹之上，表明是动物先到达那里。

此外，有证据表明，只有部分被杀害的动物被运离了它们被捕获的原始地点，这表明它们是在狩猎者捕杀其他动物的过程中被偷走的。石制工具也是从远至60千米（约37英里）的地方获得的原始材料制成的，在那些地方它们被用来处理尸骨的碎片。最后，一些遗址中的令人难以置信的尸骨密度和风化模式表明，这些遗址可能被重复使用了5到15年的时间。

相比较之下，历史上已知的和当下的猎人通常将完整的尸骨带回营地，或是在一个大型狩猎场所周围建立一个营地，以便完整地处理它。加工处理之后，没有食物会残留下来——不管是肉还是骨髓（这些含脂肪的有营养的生物组织长在长骨头里，并且会产生血细胞）。分解骨头不仅是为了获得骨髓，也是为了制造工具和其他骨制物品。在觅食时，可能需要制造像网袋这样的携带装置以及现代倭黑猩猩所使用的那种踪迹标记（如第四章所述）。

对于尸骨上伤口痕迹的微观分析已经揭示了人属的最早期成员实际上是第三位拾荒者——在猎物被猎杀后，按顺序是第三个来从尸体上获得一些东西的。在猎杀结束后，凶猛的拾荒者（如土狼和秃鹰）将会蜂群而至，围着尸体。接下来，挥舞着工具的我们的祖先将到此处寻觅食物，打碎长骨头中的骨轴以获取其里面的丰富骨髓。一块小分量的骨髓集中包含了蛋白质和脂肪。此外，正如本章“原著学习”部分所揭示的那样，也许进化的人类相互之间会捕食，并且这一由食肉动物强加的选择性压力在智力的扩展方面发挥了作用（Hart & Sussman，2005）。为了免受食肉动物的侵略，能人可能一直在树丛间或陡峭的悬崖上睡觉。

不管是作为猎人或是作为猎物，脑容量的扩张和工具的使用在人类的进化历史上扮演了十分重要的角色。石制工具以及原材料的储存暗示了处理肉类的先进的准备工作，这些都证实了我们祖先的深谋远虑和合作精神。

大脑尺寸和日常饮食

从人属280万年前出现的时候，脑容量扩张的进程就开始了，并且一直持续到大约20万年前，那时，人属的大脑尺寸已经接近当代人的脑部大小。巨大的以植物为食的更新世灵长目动物的头盖骨容量介于

生物文化关联

性别、社会性别和女性古生物学者

直到20世纪70年代，关于人类进化的研究始终存在着一个根深蒂固的偏见，反映的是男性在西方社会中的特权地位。除了将化石明显地标记为特定类型的“男人”，还不考虑个人所表现出的性别，在人类进化上，男性一直被描绘成积极的参与者。因此，男性被视作供应者和改革者，并使用智慧来变成更为有效的食物供应者和被动的女性的保护者。女性则花费时间准备食物和照顾后代，在家里做一些其他的工作。这种想法的关键是“狩猎的男人”这一观点，男人不断通过追逐和猎杀动物来磨炼自己的智慧（Lovejoy，1981）。男人的狩猎活动被视为进化历史上最核心的人性化活动。

我们现在了解到这种观点是受文化约束的，反映了19世纪末20世纪初西方文化的期盼和希望。这种认知来自20世纪70年代，是大量有能力的女性进入古生物学界的直接结果。

一直到20世纪60年代，只有少量女性进入生物人类学这一领域，但随着研究生项目的扩大和社会上对女性角色的态度转变，越来越多的女性一直读到博士学位。其中一位便是艾德丽安·泽尔曼（Adrienne Zihlman），她于1967年在伯克利的加利福尼亚大学获得博士学位。之后，她撰写了一系列重要的论文来批评“狩猎的男人”这一设定。泽尔曼并不是第一个这样做的人，早在1971年，莎莉·林顿（Sally Linton）就写了一篇与人类学中“采集的女性”和男性偏见有关的论文。泽尔曼从1976年开始，系统地阐述了女性活动对于人类进化的重要性。其他人也加入了进来，包括泽尔曼研究生时的校友和同事南希·坦纳（Nancy Tanner）。

泽尔曼和其他女性同事的工作在迫使人们重新审视“狩猎的男人”这一设定方面发挥了关键性作用。随着时间的推移，人类学家已经知道了觅食在早期人类进化历史上的重要性，以及由女性实施的采集等活动的重要性。

在人类进化方面有很多需要了解的知识，但多亏了这些女性，我们才知道，并不是由于女性与逐步进化的男性发生关联才使得她们被“提升”，而是两性共同进化，每一个都对进化这一进程做出了自身的重要贡献。

生物文化问题

你能想出一些例子来说明社会性别准则（Gender norms）如何影响关于当今男性和女性行为的生物性偏见的理论吗？

310至530立方厘米之间。与之类似，南方古猿源泉种的头盖骨容量也不大，尽管它们拥有一些更像人类的骨骼特征。目前所知的最早的食肉人种——来自东非的能人——的头盖骨容量介于580至752立方厘米之间；然而最终既从事狩猎又拾人牙慧的直立人，拥有介于775至1225立方厘米之间的头盖骨容量。

更大的脑部需要相应的食物上的改善。脑部的神经组织所需要的能量是巨大的，它比人体内其他类型的组织需要更多能量。对于一个现代成年人而言，大脑只占身体重量的2%，以静息代谢率计算时，则消耗了20%至25%的能量。一个人可以借助素食来满足大脑的能量需求，但是与同等数目的肉类食物相比，给定数目的植物食物所包含的能量更少。大型的以植物为生的动物，如大猩猩，需要花费一整天的时间来用力咀嚼植物食物以维持它们巨大身体的能量消耗。因此，雄性或雌性的食肉两足动物，可能都拥有更多的

作为猎物的人类

唐娜·哈特

毫无疑问，人类，尤其是西方文化中的人类将自己看作地球上生命的主要形态。并且我们几乎不会质疑这种观点是否适用于我们这一物种的遥远过去……我们就像街上最淘气的小孩一样吹嘘，好似我们将技术传播到了其他所有的地方，并且彻底地改变了它以适用于其他物种。

……关于我们的完全优越性地位的幻想甚至可能适用于最近的500年，但与我们的灵长目祖先徜徉在这个星球上的长达700万年的时光相比，这仅仅是眨眼的一瞬间而已。

"我们究竟来源于何处？""最初的人类长相如何？"这类问题自达尔文第一次提出进化论之后就出现了。对此一个普遍认同的回答是，我们的早期祖先杀害了其他物种和自己的同类，有暴力倾向甚至会同类相食。实际上，挥舞着棍棒的"狩猎的男人"是关于早期人类的固有观念，弥漫在文学、电影甚至是许多科学著作中……

甚至伟大的古生物学家路易斯·李基也赞同这一观点，他断然地宣称我们以前并不是"猫的食物"。古生物学界另一位传奇人物，雷蒙德·达特在20世纪中期提出了"杀人猿假说"……

达特认为在南部非洲洞穴中发现的来自大草原上的食草动物的骨骼化石，以及受损的原始人头骨，共同证明了我们的祖先曾经是猎人。头骨被以一种奇特的风格击打这一事实，使得达特坚定地相信就杀人—猿而言，暴力和同类相食形成了最初的起源，人类以此开始进化。在1953年的文章《从猿类到人类的捕食生物的转变》中，达特认为：早期的原始人类是"肉食性的生物，使用暴力来捕获活生生的猎物，猛击它们直至死亡，撕开它们已经破碎的身体，（并且）将它们肢解成碎片……最后贪婪地吞食着肉块。"

但是有什么证据表明人类是猎人呢？在最早期的一千年里，较小的直立生物拥有相对微小的犬齿以及扁平的指甲而不是爪子，没有任何工具或武器，难道它们真的是致命的捕食者吗？我们的祖先真的缺乏合作的精神以及对社会和谐的渴望吗？我们仅仅具备两种可靠的来源以作为查阅的线索：人类家庭谱系图的化石遗迹以及我们现存的灵长目动物近亲的行为和生态关系。

当我们研究这样的两种来源时，关于人类的一种不一样的观念浮现了出来。首先，考虑一下已经发现的原始人类化石。达特的第一个并且也是他最著名的发现是一个死于200多万年前的南方古猿幼儿的头盖骨（被称为"塔翁儿童"，出土于采石场中），威特沃特斯兰德大学的李·伯杰（Lee Berger）和罗恩·克拉克（Ron Clarke）从最近有关鹰掠食研究的观点出发再次评价了它。在当今被花冠鹰雕（以用锋利的钩爪抓住猴子的脑袋而出名）吃掉的，与塔翁儿童大小相似的非洲猴类残骸上，发现了和塔翁儿童头盖骨上面一样的痕迹。

另一位南非古生物学家C.K.布恩（C.K. Brain），当他发现美洲豹化石的下尖牙竟然与生活在距今100万至200万年前的另一个更新世灵长目动物头骨上的刺孔完美地契合时，开始将人类作为猎物以重新审视人类是猎人这一标签。由布恩发起的这种范式的转变持续地激励着对于原始人类化石进行再评价的研究。

认为我们的直系祖先直立人会同类相食的观点是基于50万年前的许多头骨面部和脑干部分严重的损毁，这些头骨被发现于中国的周口店洞穴中。除了将这些奇怪的伤痕解释为人类作为猎人的遗存别无他解。但是由罗斯大学医学院（Ross University School of Medicine）的诺埃尔·T.博厄斯教授（Noel T.Boaz）和艾奥瓦大学（University of Iowa）的罗素·L.乔昆教授（Russell L.Ciochon）分别在过去的

豹子会把猎物带到树上安静地吃掉，过去的巨型猫科动物也可能会这样吃掉我们的祖先。事实上，南方古猿的头骨等化石上，有被猫科动物的巨大犬齿穿洞的痕迹。

几年间从事的研究表明，这些伤痕可能是由现已灭绝的巨型土狼咀嚼它们的原始人类猎物的脑部后留下的。

我们祖先的化石上的裂纹充分证明了捕食还在持续进行。发掘于格鲁吉亚共和国的一个175万年前的原始人类头骨上显示了剑齿虎的尖牙咬过的伤痕。另一个发现于肯尼亚的约90万年前的头骨的前额部分，展示了食肉动物留下的咬痕……这些和其他一些化石提供的坚实的证据证明，大量大型的、凶猛的动物会捕食人类祖先。

还可以看到，在西方之外，当今存在数目不小的捕食发生于现代人类身上。尽管我们在美国报纸的大字标题上可能看不到这些事实，每年，非洲的撒哈拉沙漠有3000人被鳄鱼吃掉，亚洲有1500个人被体积等同于灰熊的熊杀死。1988年至1998年，印度的一个州有超过200个人被豹子袭击致死；1975年至1985年，位于印度和孟加拉国之间的孙德尔本斯三角洲地区有612个人被老虎杀死。阿伯丁大学研究食肉动物的动物学家汉斯·克鲁克（Hans Kruuk）研究了东部欧洲的死亡记录，并得出结论：猎获人类为食依然是该地区狼的一种生存现实，而在一些西欧国家如法国和荷兰，这种现象一直持续至19世纪。

对于很大一部分的食肉动物而言，人类和他们的祖先是并且曾经是可口的食物，这一事实已经被对于现存的非人类灵长目动物的研究所进一步证实。我们对掠食的研究发现，178种捕食生物的动物将灵长目动物列为其盘中餐。这些捕食者的范围从小型但凶猛的鸟类到重达500英镑的鳄鱼，其间几乎涵盖了所有的动物：老虎、狮子、豹子、美洲豹、胡狼、土狼、麝猫、香猫、猫鼬、巨蜥、大蟒、鹰、鹰雕、猫头鹰，甚至是犀鸟。

我们基因上最亲近的亲属，黑猩猩和大猩猩，是人类和其他物种的猎物。有谁能想到体重接近400英镑的大猩猩，竟然会沦落为“猫粮”？然而野生动物保护协会和国家地理协会的研究员迈克尔·费伊（Michael Fay），在中部非洲共和国一头豹子的排泄物中发现了大猩猩的残渣。尽管黑猩猩机智且强壮，它们依然经常受到豹子和狮子的侵害。马克斯·普朗克研究所的克里斯托弗·伯施（Christophe Boesch）在象牙海岸的泰森林（Tai Forest）中发现，他研究的黑猩猩数量每年会被豹子吃掉5%以上。冢原崇裕（Takahiro Tsukahara）在1993年的一篇文章中报道，坦桑尼亚马哈尔山脉的国家公园里可能有6%的黑猩猩沦为了狮子的腹中肉。

人类猎人是我们的原型祖先这一理论在考古学界也得不到支持。路易斯·R.宾福德（Lewis R. Binford）作为20世纪下半叶考古学界最著名的人物之一，不赞同狩猎理论的理由在于它重塑的早期人类作为猎人这一观点是基于先验的立场而不是考古学上的记录。特别是一些可以证明人类控制过火和武器的人工制品在相当晚近的年代才出现。

当然，还有一个问题，一个体型小的原始人如何使一个大型的食草动物屈服……大规模、系统化地狩猎食草动物以获取肉类这一行为的出现可能不早于6万年前——第一批原始人类逐渐形成后的600万年间。

我接下来说的是关于我们这个物种的不那么强大、更不光彩的开端。思考这样一幅替代的画面：较小的生物（成年女性的体重可能是60英镑，男性稍微重一些），脑部—身体的比例十分小，所以他们不具备严密的分析思维，他们可以站立和直立行走，主要用两只脚行走的动物已经生活了几百万年。不能只是将人类看作猎人，我们可能更需要将我们自己设想为大型土狼的食物或移动的蛋白质。

我们的物种起先仅仅是许多需要谨小慎微生存的生物中的一种，需要依赖于群体中的成员互相传达危险信息。我们曾经作为十分简单娇小的生物生存在一个大型的、复杂的生态系统中。

难道人类猎人论是西方从文化中建构出来的吗？相信拥有一个罪恶的、暴力的祖先确实完美地契合于基督教教义中的原罪说和有必要将我们从自身的可怕欲望中解救出来。其他宗教并不一定强调人类过去的野蛮历史；事实上，现代的狩猎采集者不得不作为自然的一部分而生存着，他们信仰万物有灵论——人类是生命之网的一部分，而不是统治或者掠夺自然以及其他生物的优等生物。

将人类思考为猎物吧，这时你会发现我们的祖先具有一张不一样的面孔。我们必须群居（正如大部分的其他灵长目动物那样）并且一起劳作来躲避掠食者。因此一股想要联合的渴望很显然地被发展为实用的手段，而不是一种盲目的行为，并且个人或民族之间致命性的竞争可能是极度异常的行为，而不是天生的生存技巧。认为我们可以通过科技工具来毁灭性地统治地球的想法同样是疯狂的。

雷蒙德·达特总结道：“人对人的极度残暴……只能归结到他的肉食性和同类相食的本源上。”但是如果我们的祖先并不是肉食性的，也并不会同类相食，我们就没有其他的理由来解释一些可恶的行为。我们最初的进化历史并没有强迫我们成为糟糕的欺凌弱小者。相反，我们几百万年来一直作为猎物的血泪史却表明，我们应该继承祖先合作和相互依存的精神来为我们自己和我们的星球创造一个更为光明的未来。

闲暇时间来探索并掌控它们周围的环境。

考古学记录向我们提供了一个实实在在的描述，即我们祖先文化才能的增长与大脑的生理性扩张是一致的。制作工具这一事实本身就表明了手工的灵巧、精细以及精准的操控（图7.4），这暗示了大脑的专门化。从人属首次出现之时起，脑容量的增加和文化的发展就开始相互促进了。

大脑袋的个体凭借较大的脑部可能占据了一些行动上的优势，这增大了它们繁衍的成功率。因此，由学习能力的增长所带来的自然选择，使得朝向更大、更复杂的脑部进化的发展模式一直持续到20万年前，当时大脑的大小达到了现在的水平。两足行走为大脑和人类文化的进化奠定了基础。它将双手从诸如工具制作和搬运物体或抱持婴儿的活动中解放出来。因此，两足动物的身体开启了全新的机遇来迎接转变。

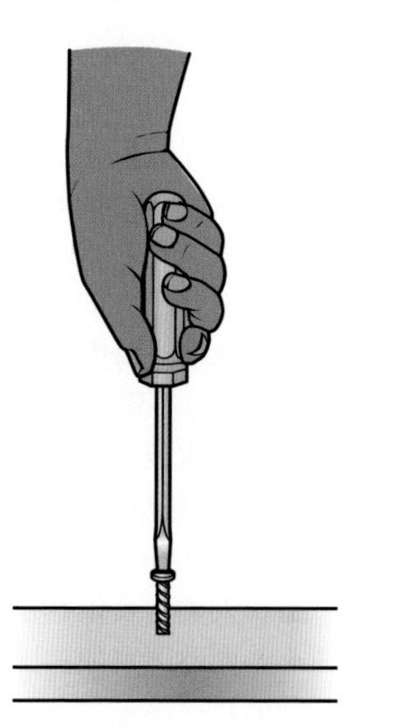
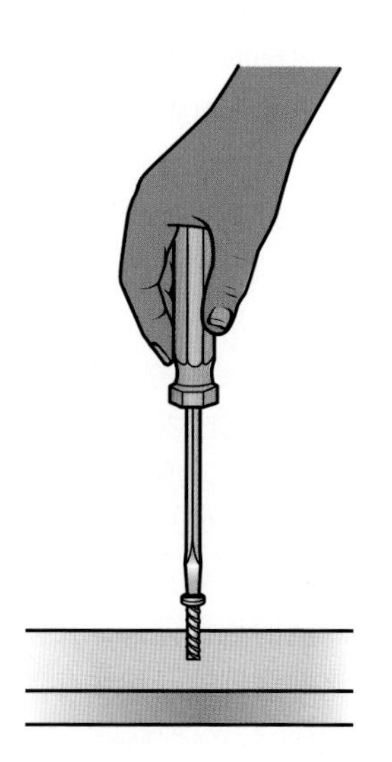

图7.4 **紧握手法和精握手法**

紧握手法（图左）需要更多的手部力量，然而精握手法则（图右）依赖手指并需要与之相应的大脑组织上的改变。尽管南方古猿源泉种只拥有一个小脑袋，但它们的手部骨骼表明它们可能掌握了精握手法。

直立人

在1887年，荷兰内科医生尤金·迪布瓦（Eugène Dubois）打算去探寻人类和猿类之间缺失的联系，而这一举动远远早于南方古猿和早期人属的出土时间。出现在荷兰的东印度（现在的印度尼西亚）的类人猩猩促使他将搜寻地设定在那里。于是，他以军队外科医生的身份加入殖民服务机构并启航出发。迪布瓦在爪哇岛的特里尼尔发现了一个颅顶盖、一些牙齿和一个大腿骨的化石遗迹，在他看来，这些化石的特征一半属于猿类、一半属于人类。平坦的头骨以及低的前额和巨大的眉脊好似猿类；但是它又拥有很大的头盖骨容量，大约为775立方厘米，即使与现代人类相比容量较小。大腿骨明显是人类的外形，并且它的比例表明该生物是一个两足动物。迪布瓦坚信他的样本表现出了缺失的联系，迪布瓦将他的发现命名为“爪哇直立猿人”（Pithecanthropus erectus，希腊语中pithekos意味着“猿”，anthropus代表着“人”）或者“直立的猿一人”。迪布瓦使用了德国动物学家恩斯特·海克尔（Ernst Haeckel）一篇论文中提出的属，海克尔是达尔文进化论的坚定支持者，他也支持类人猿和人类之间存在中间物种这一观点。

与20世纪20年代被发现的塔翁儿童一样，许多科学界的人批评迪布瓦的论断，相反地，他们认为这个（类猿的）头骨和（类人的）大腿骨来自两个不同的个体。这些样本引起了许多的争论，最终，迪布瓦选择将这些化石样本安全地保存在他餐厅的地板下。但是最后，更多的化石提供了充足的证据来支持他的论断。在20世纪50年代，特里尼尔颅顶盖和来自印度尼西亚以及中国的相似样本被归类为直立人。

直立人化石

直立人遗骸出土于三个大陆的不同遗址点，但正如在前一章中所讨论的那样，主合派强调的是一些将直立人遗骸联合在一起的共享的特征。然而，由于化石证据显示了直立人的一些差异，主分派倾向于将直立人分割为多种多样的独特的群体，并将直立人物种限定于亚洲的标本，而匠人被用于指称更新世时期早期的非洲样本（表7.1）。

不考虑物种的命名，化石证据显示从180万年前开始，这种大脑袋的人属成员不仅生活在非洲，还扩散到了欧亚大陆。学者已经在德玛尼斯、格鲁吉亚以及印度尼西亚爪哇的莫佐克托（惹班）发现了可以追溯到180万年前的化石。最近西班牙的阿特普埃卡（Atapuerca）遗址出土了一个年代确定的颌骨，由此将人类在欧洲的历史确立在120万年前（Carbonell et al.，2008）。欧洲和亚洲的各个遗址中也出土了许多标本。

表7.1　欧亚大陆和非洲直立人化石的替代物种命名

名称	解释
匠人	一些古人类学家认为来自非洲和亚洲的能人的大脑袋后继者与之十分不同，因此不能将其定为同样的物种。因此，他们使用匠人来指代这一来自非洲的化石，使用直立人来指代亚洲的化石。一些古人类学家将德玛尼斯的新近发现归为这一类
先驱人	这一名称是由主分派创造出来的，用来指代在西班牙发现的来自西欧的早期人类化石；先驱在拉丁语中指“探险者”或“开拓者”
海德堡人	这一名称最初是因为莫尔下颚而创造出来的（莫尔离德国的海德堡不远），在尼安德特人出现之前，这一名字被用来指代所有可以追溯到大约50万年前的欧洲化石

直立人的身体特征

区分头盖骨特征是鉴别直立人最好的办法。大脑较小的标本在其演化的早期，头盖骨的容量介于525至1250立方厘米之间（平均大约为1000立方厘米）。头盖骨容量不仅与来自东非的拥有200万年历史的KNM ER 1470号人类头盖骨容量（752立方厘米）重叠，也与1000到2000立方厘米之间（平均值为1300立方厘米）的现代人类头盖骨容量重叠（图7.5）。头盖骨本身有一个较小的凸起（头骨顶部凸起的高度），并且脑袋是长而窄的。从后面观察脑袋时，会发现它的宽度大于高度，脑袋底部的宽度达到最大值。相比之下，现代人头骨的高度大于宽度，且耳朵上部最宽。

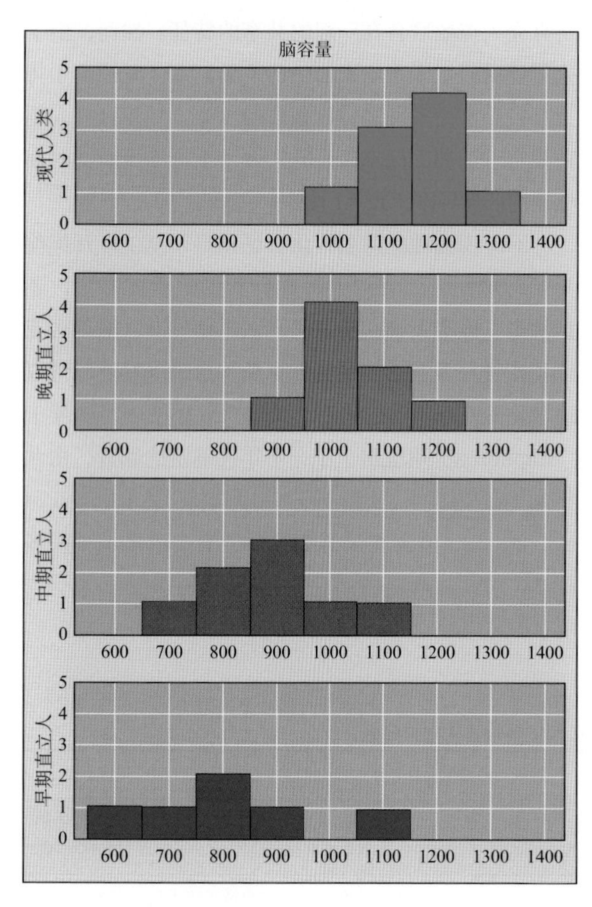

图7.5 **头盖骨容量的范围**

直立人的头盖骨容量（以立方厘米为单位）随着时间的推移不断增长，晚期直立人的头盖骨容量与现代人类的头盖骨容量重叠范围更大。

直立人拥有一个巨大的眉脊（图7.6）。从上端俯视时，可以看到头骨上有一个明显的紧缩或“缩进去”位于眉脊的正后方。直立人也拥有一个倾斜的前额和一个凹进去的下巴。强壮的颚加上长满大牙的突出的嘴巴，以及巨大的颈部形成了直立人普遍粗糙的外貌。虽然如此，这一物种的脸部、牙齿和下巴与能人相比更为娇小。

除了头骨，直立人骨架与现代人类骨架间的差距十分微小。直立人的身体比例与我们的相似，但比我们拥有更多强健的肌肉。与更新世灵长目动物和最早期人类成员的娇小身材相比，直立人的身高得到了提升。与早期两足动物相比，直立人在体型上的性二态性似乎有所减少，这可能是因为女性需要适应于生育。最近在埃塞俄比亚的贡纳地区发现的宽大的女性直立人骨盆充分支持了这一推测（Simpson et al., 2008），尽管更新世灵长目动物南方古猿源泉种的巨大骨盆表明这一特征可能在时间上早于大脑容量的扩张（Kibii et al., 2011）。

直立人、智人及其他化石群体之间的关系

直立人较小的牙齿和较大的脑袋标志着最初在能人身上见到的趋势的延续。尽管如此，一些与能人相似的骨骼特征依然存在，例如，大腿骨的形状、长而低的穹隆、眼睛后面头盖骨的明显紧缩，以及最早期直立人化石的较小脑袋。

据推测，直立人可能是在大约180万年至190万年前，由能人突然进化而来的。尽管与非洲的直立人相比，亚洲的直立人拥有更为粗壮的骨骼和更为显著的眉脊，解剖学上详细的比较表明，其变化的程度近似于今天人类身上所发生的改变（Rightmire,

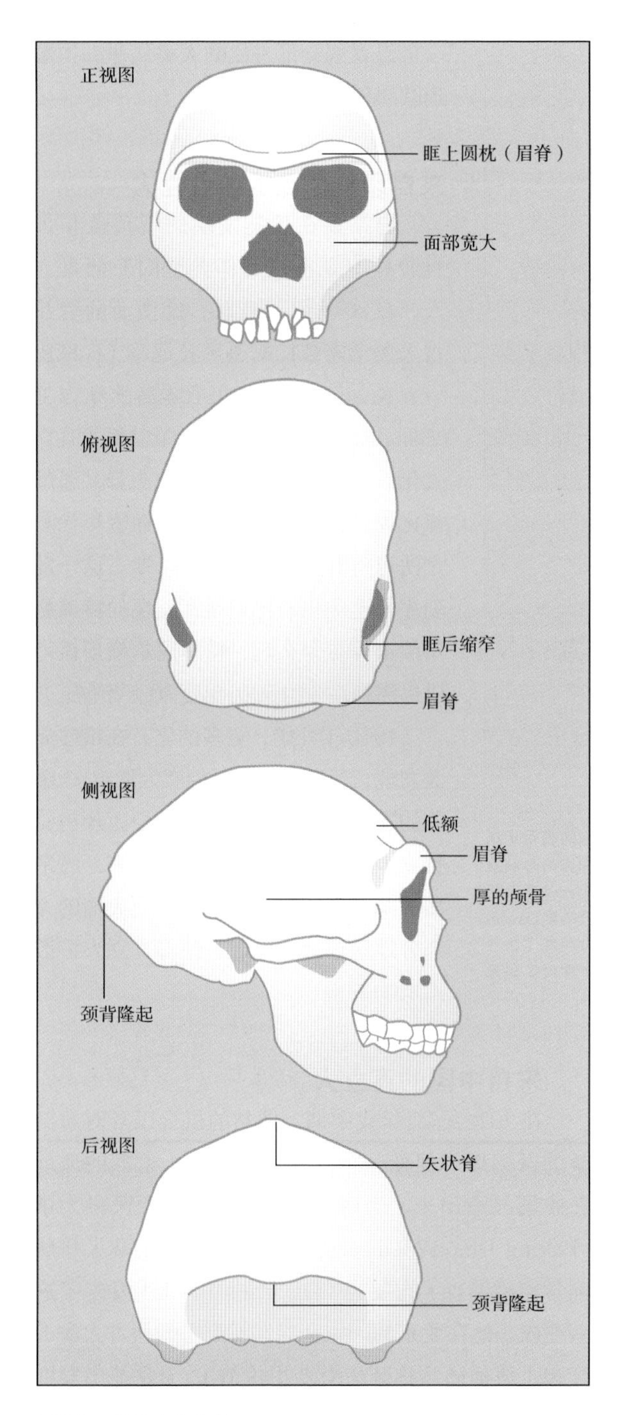

图7.6 直立人的头骨

注意直立人头骨上巨大的眉脊，以及倾斜的前额和凹进去的下巴。

1998）。来自高加索山脉（该山脉沿着连接非洲和欧亚大陆之间的陆路延伸）德玛尼西的具有180万年历史的样本，显示出了非洲和亚洲直立人的混合特征，由此支持了单一物种的主张。

最近发现的一种脑袋小的、拥有190万年历史的南方古猿源泉种曾与人属的这些早期成员共同生存，这使问题复杂化了。它展现了骨骼的衍生方面，比如精确握法和巨大的骨盆，而这些也将它置于我们直系祖先的竞争名单中。尽管存在着这些错综复杂的情况，年代最近的化石拥有更为衍生的外貌，而最古老的化石（上溯至180万年前）显示了早期能人所遗留下的特征。

来自非洲的直立人

现在被确认为直立人的化石早在1933年就在非洲被发现了，但是直到1960年才在坦桑尼亚的奥杜瓦伊大峡谷和肯尼亚的图尔卡纳湖发现了更著名的化石。其中包括迄今为止出土的最完整的直立人骨骼——图尔卡纳男孩——一个死于160万年前的青少年（图7.7）。古人类学家从牙齿（12龄臼齿已经全部长出来了）以及骨骼发育的阶段来推断这一样本的年龄。在青春期就高约5英尺3英寸，图尔卡纳男孩被预测在成年时将达到大约6英尺高。直立人沿着图尔卡纳湖，在拉多里地区留下的一串足迹支持了对于直立人身体重量（体重）和身高的估计，这些估计得自其他支零破碎的遗骸（Bennett et al.，2009）。

直立人进入欧亚大陆

位于格鲁吉亚高加索山脉中的德玛尼西遗址保存着直立人从非洲散布到欧亚大陆的证据。德玛尼西最初是作为一个考古学遗址而被发掘的，因为它的地理位置非常重要，它位于古代亚美尼亚人、波斯人和拜占庭人商队路线的交叉路口。奥尔德沃文化的石制工具于1984年在该遗址被发现后，此地对于化石样本的

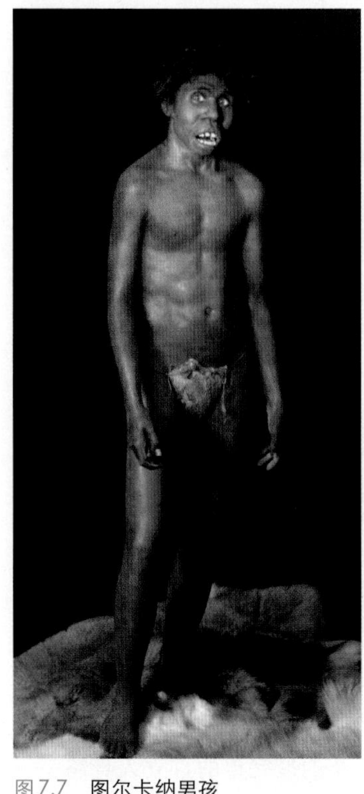

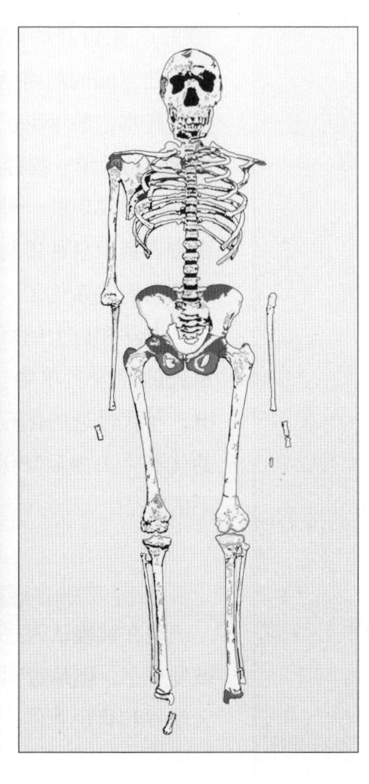

图7.7　**图尔卡纳男孩**

最古老自然也最为复杂的直立人化石之一就是出土于肯尼亚图尔卡纳湖的图尔卡纳男孩。科学家通过骨骼生长的程度和臼齿的出现来确定这个标本的年龄。骨盆的形状表明该标本是男性，因为它缺乏属于女性的适应于分娩的骨盆。这些遗骸属于一位高大的青少年男孩，但是其骨盆也被用来重构关于人类分娩进化的理论。这是法国巴黎Daynès工作室的重建图（见本章图7.16中正在工作的Élisabeth Daynès），他们把肉加在了这些古老的骨头上。当你看到这个重建的作品时，你有发现艺术性元素吗？你看到了偏见吗？你看到让你惊讶的元素了吗？

搜寻也随即展开。从那时开始，古人类学家已经复原了一些非凡的遗迹，由于该地区过去的火山活动，这些遗迹可以准确地上溯到180万年前。

1999年，研究人员发现了两个保存完好的头骨，其中一个拥有残损的面部。由此，该地区作为人类成员的早期栖居地被德玛尼西具备的考古学、解剖学和地质学上的证据所支撑。由于海平面自更新世以来不断上升，古人类学家无法记载人类从非洲散布到欧亚大陆的沿海路线，于是，来自格鲁吉亚的证据成为唯一可以直线验证进化的人类从非洲扩散到欧洲和亚洲的证据。

来自印度尼西亚的直立人

迪布瓦在爪哇发现的颅顶盖和大腿骨样本现在被看作典型的亚洲直立人。在20世纪30年代，德国裔的荷兰古人类学家G.H.R.冯・孔尼华（G.H.R. Von Koenigswald）在爪哇岛的桑吉兰（Sangiran）地区发现了大量其他的直立人化石。冯发现了一个小的头骨，通过氟化物分析以及（后来的）钾氩年代测定法可将其追溯到更新世早期。这一发现表明这类化石比迪布瓦发现的特里尼尔颅顶盖更为久远，特里尼尔颅顶盖可以追溯到距今约50万年至70万年前。

1960年开始，更多的化石在爪哇岛被发现，目前我们已经拥有大约40个个体的遗骸。从50万年前到180万年前，直立人一直居住在东南亚。后来，海平面下降导致印度尼西亚和亚洲大陆的大部分地区连接在一起，使得直立人扩散到爪哇岛。

来自中国的直立人

在20世纪20年代中期，偶然的机会以及对解剖学的深刻理解促使一个拥有丰富直立人遗骸的遗址在中国显露出来。当时，一位在北京联合医科大学（Peking Union Medical College）任教的加拿大籍解剖学家戴维森・布莱克（Davidson Black）发现了这些遗骸。他在北京的一家药店购买到了一些古人类的牙齿（该药店声称牙齿有药用价值），于是他出发到遗址周边的农村，据说药店老板在那里发现了牙齿。在距离北京48千米（约30英里）的周口店龙骨山

（Dragon Bone Hill），布莱克开始了挖掘工作，他希望能够找到牙齿的主人。在他第一年挖掘的工作接近尾声并即将关闭营地时，他发现了一个臼齿。随后，与布莱克密切合作的中国古人类学家裴文中发现了一具覆满石灰石的头骨。

布莱克1934年死于硅肺病——一种由洞穴中的硅石颗粒所引发的肺部疾病——在1929年至1934年间，布莱克同裴以及法国耶稣会的古生物学家皮埃尔·泰亚尔·德·夏尔丹（Pierre Teilhard de Chardin）一道，在周口店化石丰富的沉积土中，发掘了一批又一批支零破碎的古代遗骸。布莱克将这些化石命名为中国猿人北京种，那时候简称为“北京人”，后来名称变为“北京直立人”，也就是我们所说的北京猿人。如今，古人类学家认为这些化石是直立人的东亚代表。

布莱克去世后，洛克菲勒基金会派遣了一位德国解剖学家及古人类学家弗朗茨·魏登赖希（Franz Weidenreich）来到中国继续这项事业。到1938年，他和同事一起复原了40多个个体的遗骸，这些遗骸中一半以上是妇女和儿童，它们都来自周口店的石灰石沉积土中（图7.8）。虽然许多化石都是碎片——牙齿、腭骨以及残缺的头骨——但魏登赖希重建了一个壮观的合成标本。

然而，第二次世界大战（1939—1945年）的爆发使得这一挖掘工作被迫中止，最初的周口店标本也在日本侵略中国时遗失了。魏登赖希和他的团队曾经十分仔细地将这些化石包裹好放置在美国海军陆战队处，但是在战争的混乱情况下，这些珍贵的化石不翼而飞。于是，2012年，一个由国际古人类学家组成的团队出发来追寻消失化石的踪迹，一位叫作理查德·鲍恩（Richard Bowen）的退役海军提供了相关信息，该人当时所驻扎的营地恰好是化石最后露面的地点。遗骸的可能位置被锁定在工业城市秦皇岛的一个停车场。古人类学家正与中国文化遗产机构合作挖掘这些遗骸。

图7.8 **失踪的北京人**

图中是一些协助弗朗茨·魏登赖希挖掘原始洞穴的工人，他们在周口店附近的村庄发现了北京人化石。第二次世界大战影响到中国时，魏登赖希试图将这些化石运到美国，但它们消失了。战后，科学家回到了周口店继续挖掘。现在，周口店有一座展示骨骼和文物的博物馆，洞穴系列是联合国教科文组织认证的世界遗产。

来自西欧的直立人

尽管化石遗迹显示人类在180万年前就出现在了欧亚大陆上（在格鲁吉亚的德玛尼西），西欧的化石证据大约始于120万年前。西班牙中北部的阿塔普尔卡山地区的埃勒芬特裂谷遗址（“大象之坑”）和格兰多利纳遗址出土了属于四个个体的遗骸，这些遗骸可以追溯至120万年前。一个出土于意大利切普拉诺地区的头骨被认为是同一时期的遗骸，除非其更加古老。再次强调，将这些标本看作多样但包罗广泛的直立人，或将它们归为完全不同的物种，依据的是古人类学家所采取的不同研究路径（表7.1）。

其他一些可归为直立人的化石——例如出土于英格兰博克斯格罗夫的一根强壮的胫骨、来自德国莫尔的一个大的下颚——都有近50万年的历史。该下颚所在的头骨底部很宽大，这是典型的直立人特征。这些遗骸与同一时期北非的直立人残骸很相似。西欧最早的人类化石证据来自西班牙和意大利这一发现和事实本身，足以表明该地区与北非之间的基因流动（Balter，2001b）。当时，直布罗陀海峡到摩洛哥的距离只有6千米或者7千米（约4英里）（现在是约13千米或8英里），并且突尼斯和西西里岛之间的海峡上星罗棋布地点缀着许多岛屿。连接非洲和欧亚大陆之间的唯一一条直接的陆上通道需要穿过中东进入土耳其和高加索山脉。我们的祖先也有可能是从红海南部过来的。

直立人的文化

直立人拥有更大的脑袋，在文化能力上超过了其祖先。确实，直立人改进了石制工具的制作技艺，并且在某一时刻开始将火用来照明、防身、取暖和烹饪。间接证据显示了直立人的组织和计划能力，至少在计划能力方面，他们胜过了其祖先。

阿秀尔时期的工具传统

阿秀尔时期的工具传统下的石器和非洲、欧洲、西南亚的直立人遗骸一同展示在世人眼前。它以石器最初在法国St.Acheul地区得到鉴定而被命名，这一传统的标志性物品是手斧：一个一端是尖的并有一个尖锐刀口的泪珠状工具（图7.9）。

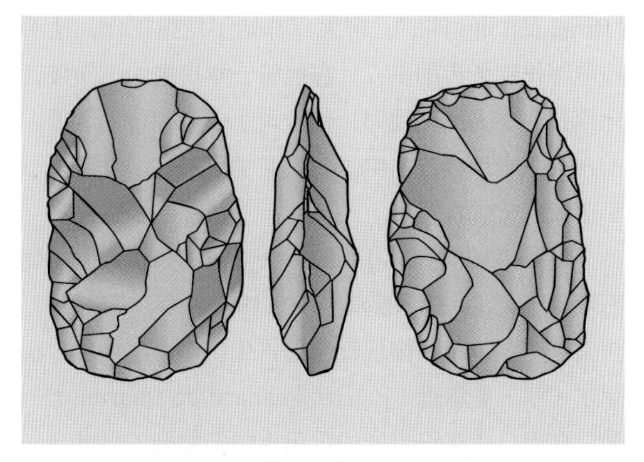

图7.9　**阿秀尔时期的手斧**

为了把打火石制造成这种阿秀尔手斧，制作者将天然的原材料强硬地改造为一个标准化的任意形态。技艺人进行了许多不同的打击方法才创造出了如图所示的尖锐边缘。

最早的手斧出土于东非，可以追溯到约160万年前。那些在欧洲发现的手斧，历史不长于50万年。在手斧出土的同一时期，越来越多的欧洲考古学遗址如雨后春笋般戏剧性地出现。这表明涌入的个体带来了阿秀尔工具制造技术。因为在手斧发明之前原始人就扩散到了亚洲，所以东亚地区发展出了不同形式的工具。

来自奥杜瓦伊大峡谷的证据显示，阿秀尔文化传统是由奥尔德沃和洛迈奎的文化传统发展而来的：在最下级地层中，斧头工具伴随着能人的残骸一道出现；在这之上，最初的简陋手斧与斧头工具混杂在一起；而最上级地层中除了有直立人的遗迹，还有更多外形精湛的阿秀尔手斧。

奥尔德沃文化传统中的工具只能进行一般的切割、劈砍以及刮擦，而阿秀尔工具超越了它们，代表着一个重要的进步。奥尔德沃工具的外形极大地受制于原始材料本身的形状、大小以及机械性能。对比之下，手斧以及其他一些阿秀尔工具的外形则更为标准化，这反映了存在着一个加诸于各种各样的原始材料上的事先形成的设计观念（Ambrose，2011）。总的来说，阿秀尔时期的工具制作者可以用同样数量的石头生产出更锋利的尖端以及更规则且更大的刃口。

除了手斧，直立人还使用切肉刀（边缘笔直、尖锐且带有尖头的手斧）、鹤嘴锄和小刀（形态不同的手斧），以及薄片工具等器械。许多薄片工具是手斧和切肉刀产品的副产品，它们因为尖锐的边缘而具备实用性，会被人们重新修整制作成尖物、刮刀和钻孔器。

在这一时期，成套工具也随地域不同而发生变化。据考古学记载，欧洲的北部和西部地区所包含的手斧数量比非洲和亚洲西南部的手斧数量更少。那里的人们使用简单的薄片斧头、尚未标准化的各种薄片，以及由骨头、鹿角和木材制作而成的各种附加工具。相比之下，在东亚，人们发明了各种各样的斧头、刮刀、尖物和雕刻刀（类似于凿子的工具），它们与那些发明于西南亚、欧洲和非洲的工具并不相同。

除了这些直接的碰撞，在制作工具的时候还运用了一些其他的方式，如砧（对着一个静止的石头敲击原材料）和两极碰撞（用原材料撞击砧石的同时用一个锤石敲击原材料）。周口店出土北京直立人遗骸的同时也出土了成千上万的石制工具，但石制器具在东南亚并不普遍。在那里，一些受人青睐的材料却不易保存，例如竹子（图7.10）和其他地域性木材，它们会被用来制作精美的小刀、刮刀等工具。

图7.10 竹建筑

在竹子可以被用来制作一些实际工具的地区，石器工业可能还没有发展起来。如图，当代的中国建筑工人正在建造一个竹制脚手架，这显示了竹子的坚固性和多用性。

火的使用

直立人遗迹首次显现出了人类祖先居住在旧世界热带以外地区的证据。有限度地使用火使得早期人类能够成功地迁移到那些冬季温度会定期性地降至温带水平的地方——例如，中国西北部、中亚高山地区，以及欧洲大部分地区。早期人属的成员在大约78万年前就扩散到了这些更寒冷的地方。

在泰国发现的拥有70万年历史的高柏南（Kao Poh Nam）岩石庇护所，提供了令人信服的证据，表明了深思熟虑地、控制性地使用火这一事实。在遗址中，被火烧裂的玄武岩鹅卵石组成了一个近似圆形的排列，连同其他人工制品和动物骨骼一起被人们发现。因为玄武岩不是原产于当地的岩石，所以很有可能是由直立人搬运过来的。灶台与骨骼有关，显示了屠宰和焚烧所留下的痕迹。

南非斯瓦特克朗（Swartkrans）的证据显示直立人可能是最早开始使用火的。那里的沉积物可以上溯到100万至130万年前，包括被加热到十分滚烫的骨头，而其温度是自然火无法达到的。将骨头加热到如此高的温度会使骨头上的肉不能食用，这表明当时直立人可能是为了保护自己免受捕食者的侵害而使用火。

直立人可能也会用火来吓走穴居动物，以使自己能够安全地居住于洞穴中。另外，火在寒冷和黑暗的栖居地中为直立人提供了温暖和光明。更早的两足动物可能将洞穴作为它们调节温度的地方（Barrett et al.，2004），而火的受控使用有效地增强了它们调节温度的能力。

同时，火可能也有利于食物的搜寻。在那些拥有漫长且寒冷冬季的地区，如中欧和中国，食物很匮乏。不仅寻找不到可食用的植物，动物也四处扩散，一路迁徙。我们的祖先可能曾经搜寻到在晚秋和冬季自然冻死的动物尸体，它们体形很大、很难捕捉，如长毛象、披毛犀和野牛。

利用火来熔解尸体可能导致了烹煮食物这一观念的产生。一些古人类学家认为这一行为上的变化改变了自然选择的力量，在此之前因为坚韧的原始食物需要生食，自然选择偏爱大大的下巴和巨大尖锐的牙齿。换句话说，简约化的牙齿和支撑性构造可能发生在适应的情境之外。基因变化在导致脑容量扩大时可能也带来了牙齿的简约化这一次要结果。基因突变的发现支持了这一假设，基因突变被所有的人类共享但不存在于猿类中，其作用是防止强大颚肌的生长。没有了依附于头盖骨外部的颚肌，限制脑袋发展的一个重要因素就被移除掉了。换言之，人类可能由于下巴的简约化而发展出了大脑袋（Stedman et al.,2004）。

然而，烹煮不仅使食物变软，还消除了许多有毒植物的毒性；改变了抑制消化的物质，使得重要的维生素、矿物质和蛋白质可以在肠道中被吸收；并且生成了高能量的复杂碳水化合物，比如易消化的淀粉。烹煮增加了人类可用的营养性资源，使人类的生活更加安全。

烹煮将食物部分地调理成了容易消化之物，这可能导致了消化器官尺寸的缩小。为了找到证据来支撑这一生理上的转变假说，古人类学家转向了对现存人科动物的比较解剖学研究。尽管总体形态与猿类相似，现代人类拥有更小的消化器官。简单化了的肠道运作时所需的能量更少，因此更大脑袋的能量需求更容易满足。

火和工具一样，赋予了人们更大的力量来控制周围的环境。火更改了白昼和黑夜之间的自然连续，可能使得直立人可以在晚上回顾白天的事件并计划第二天的活动。温带气候下人口的存在意味着计划性，因为他们必须在冬季提前储备好食物以满足需求。

关于现代人类的研究表明：只要保持活动性，大多数人能够穿着最少的衣服在温度降到10摄氏度时依然保持舒适。但衣服不会形成化石，因此我们没有直接的证据表明直立人所穿的衣服种类。我们仅仅知道更寒冷的气候需要更为复杂精致的衣服。简言之，当我们的人类祖先学会了使用火后，他们在地理上的生存范围和营养上的选择权利也就大大增加了。

狩猎

一些遗址，例如西班牙的托拉尔瓦（Torralba）遗址，提供的证据表明直立人发展出了猎杀大型动物的组织能力。托拉尔瓦的古老沼泽地零星地分布着一些大象、马、马鹿、野牛和犀牛的遗骸。没有任何自然地理上的原因可以解释这些动物如何偶然间陷入这个致使它们死亡的沼泽地，也没有证据表明其他食肉动物曾在那里追捕过它们。实际上，这些骨头与数千件各式各样的石制工具紧密相关，表明早期人类肯定参与其中。

这表明动物实际上是被诱导进该沼泽地的，因为这样就能很容易地把它们杀死。周边地区广泛但稀疏地散布有木炭和碳的残渣，这增大了为了引诱动物进入沼泽地而放火这一可能性。这些证据表明一切不仅仅是投机取巧式的觅食，因为这种复杂、大规模的杀戮涉及组织和交流能力。

复杂思维的其他证据

关于直立人才能的其他证据来自印度尼西亚的一个叫作弗洛里斯（Flores）的小岛上。弗洛里斯岛坐落于一个经历了更新世的深海海峡的东部，起着阻挡动物进出东南亚的屏障作用。要想到达弗洛里斯岛需要穿越开阔的水面：从巴厘岛到松巴哇岛最短有25千米，到弗洛里斯岛则还有19千米。弗洛里斯岛上有拥有80万年历史的石制工具，这显示我们的祖先成功地航行穿越了深且湍急的水流。

弗洛里斯岛也是“霍比特人”物种，佛罗勒斯人（Homo florensis）的发现地，它被发现于2003年。身材娇小并具备许多祖传特征的弗洛里斯化石可以追溯到距今1.3万年前至7.3万年前。一些古人类学家已经提出这一矮小人种直接从直立人发展而来，他们携带着石制工具来到了岛上。佛罗勒斯人的体型历经迭代慢慢地变小，这是一个可能发生于封闭岛屿人口中的现象。

阿秀尔手斧随着时间推移而进一步标准化和精致化的事实也证明了一个发展着的象征性生活。此外，欧洲的一些遗址中发现了石头、骨头和象牙上有刻意留下的标记，而这也出现于阿秀尔时期。其中包括一些来自德国比尔钦格斯莱本（Bilzingsleben）的实物——其中一个乳齿象的骨头上刻有一系列规则的线条，表明这是有人精心雕刻的。类似地，一些世界上已知的最古老的石刻与印度中央邦Bhimbetka的一个洞穴中的阿秀尔工具有关。这些人工制品在自然界中并没有明显的实用价值或原生模型，它们看起来纯粹是艺术品。古人类学家一致赞同对于这些象征性图像的使用需要某种类型的口头语言，不仅仅要将意义付诸图像，还要保持住它们呈现的传统。

语言的问题

虽然我们并没有确定的证据显示直立人的语言才能，但发展着的象征性生活的迹象、为季节性变化做的计划和调节狩猎活动都显示了发展中的语言能力。除此之外，大多数石制工具是由右撇子制造的，这支持了进化的大脑的专门化和偏侧性在不断增强这一理论。在其他的灵长目动物和大多数哺乳类动物中，大脑左侧和右侧的功能是完全一样的；这些动物同等且交互地使用着它们身体的左边部分和右边部分。在人类中，用手习惯的出现似乎在发育上（在大约1岁的年龄）和进化上都与语言的出现有关联。因此，旧石器时代早期工具中所显示的用手习惯表明，语言所需的大脑专门化正在进行中（图7.11）。

化石记录提供的证据表明了进化中的人类的语言才能。直立人的发音器官和大脑介于智人和更早的南方古猿的大脑之间。舌下神经管——贯穿头骨的通道，调节着控制舌头的神经，对于口头语言来说很重要——在距今50万年前的头骨化石上已经呈现出了当代人类的典型大尺寸（图7.12）。

从依赖于肢体动作发展到依靠口头语言，对于这些进化上的变化来说可能是一个推动力。牙齿和下巴的简约化以及发音能力的提高可能也起到了作用。从

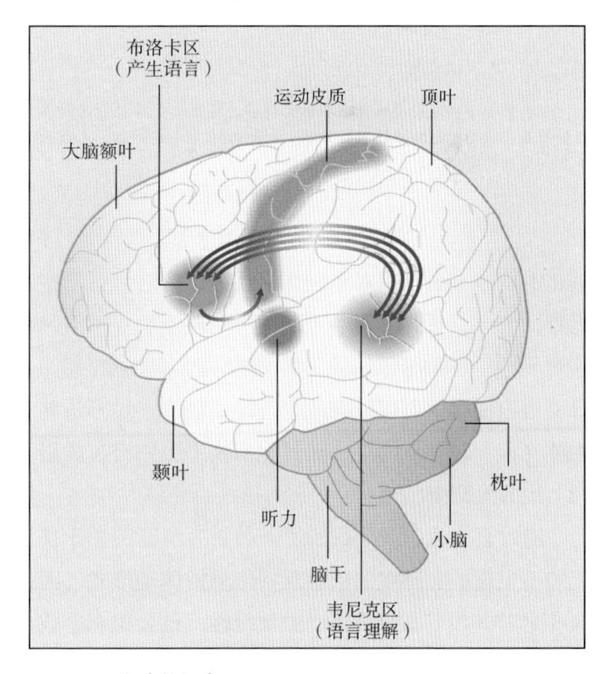

图7.11　大脑的语言区

语言区位于大脑的左半部分。大脑的右半部分拥有不同的专门化功能。

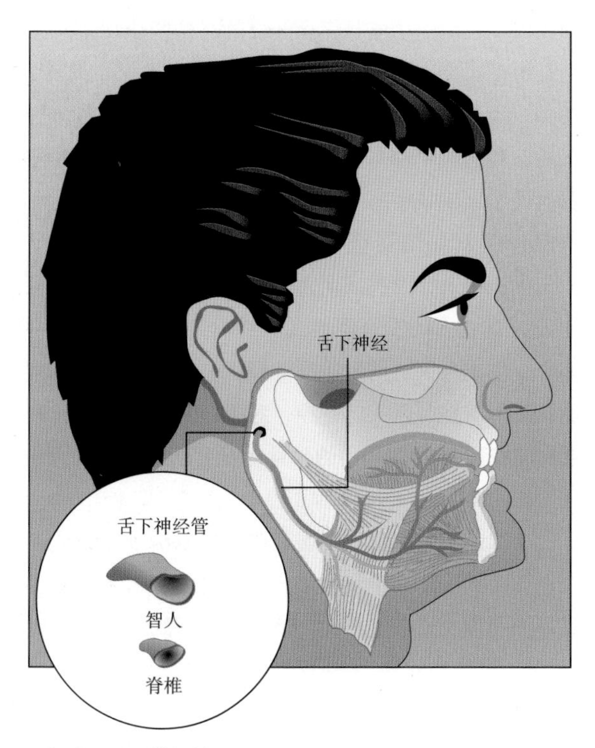

图7.12　**舌下神经管**

人类的舌下神经管要比黑猩猩的大得多。贯穿这一神经管的神经控制着舌头运动，这对口语至关重要。从大约50万年前开始，人属的所有成员都拥有一个扩大的舌下神经管。

进化的角度来看，相对于肢体语言，口头语言有一些优势。个人无须为了用手“说话”而停下手头事务，这对于一个越来越依赖于工具的物种而言十分有用。口头语言使得人们可以在晚上进行交流、穿过不透明物体交流、与注意力集中在其他事物（比如潜在的猎物）上的人交流。

通过直立人，我们找到了一种更为清晰的关于文化的、生理的和环境的因素互相作用的体现形式，而这在之前并没有直接证据。虽然缓慢，社会组织、技术水平和交流沟通方式随着大脑尺寸和复杂性的增加而发展。事实上，晚期直立人的头盖骨容量比早期直立人的头盖骨平均容量大31%。

古老的智人和现代大脑尺寸的出现

非洲、亚洲和欧洲的许多遗址中的化石都可以追溯到20万年前至40万年前，表明那时的头盖骨容量已经接近于现代标准。大多数化石包含一个或多个个体的身体部分。西班牙西北部的阿塔普尔卡山（Sierra de Atapuerca）中出土的化石提供了唯一的关于更新世人的证据（图7.13）。这些化石可以上溯到约40万年以前（Parés et al.，2000），至少包含28个

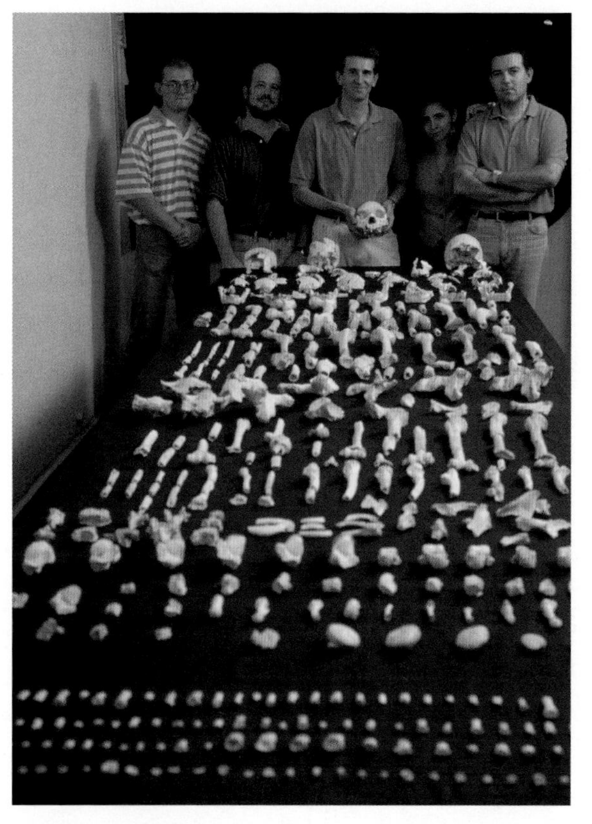

图7.13　**胡瑟裂谷**

这些来自西班牙阿塔普尔卡山胡瑟裂谷（“骨头之坑”）的化石，是保存最好的一个单一遗址的人属化石集合。尽管这些遗骸的头盖骨容量与现代人类头盖骨的平均容量大小有重叠之处，发现它们的科学家却将它们置于先驱人种之中。这些化石契合于我们进化史上的复杂时期，当时，脑袋大小和文化能力开始将人属与更早的祖先物种分离开来。

不同性别、不同年龄的遗骸，他们被同类故意地扔弃（在清理完其头骨之后）在一个很深的洞穴中，即当今著名的胡瑟裂谷（“骨头之坑”）。最近在南非洞穴中发现的纳莱迪人（Homo naledi），同样表明了某种对死者的特殊处理方式。

动物骨头和人骨的同时出现，增加了早期人类只是将该遗址作为一个垃圾场的可能性。另外，在阿塔普尔卡山对于死者的处理方式可能与预示死者安葬的祭祀活动有关，这在10万年后成为普遍的做法。这些头盖骨的容量介于1125立方厘米至1390立方厘米之间，与直立人头盖骨的上限以及智人头盖骨容量的平均值（1300立方厘米）重叠。这些骨头还呈现出一些混合性特征，既像典型的直立人，又类似智人，甚至还含有晚期尼安德特人的特征。

来自非洲和欧洲的其他遗骸已经显示出直立人和智人的混合特征。有些头骨——比如来自恩杜图（坦桑尼亚）、斯旺司孔（英格兰）和施泰因海姆（德国）的头骨——已经被归类为智人，然而其他头骨——来自阿拉戈（法国）、比尔钦格斯莱本（德国）、佩特拉洛纳（希腊）和非洲一些遗址的头骨——被归类为直立人。但是所有头骨的头盖骨容量都与胡瑟裂谷头骨显示的头盖骨容量范围契合，而胡瑟裂谷头骨被归类为先驱人（H. antecessor，表7.1）。

将这些头骨与现代人的头骨或者直立人的头骨做比较，可以看出它们具有过渡期的性质。斯旺司孔头骨和施泰因海姆头骨大而健壮，颅骨下方达到最大宽度，有着更突出的眉脊、更大的脸部以及更大的牙齿。同样地，出土于希腊佩特拉洛纳的头骨的面部与晚期的欧洲尼安德特人很像，但头骨的背脊则看起来像直立人。相反地，一个出土于摩洛哥塞拉的头骨，与智人（930至960立方厘米）相比拥有一个更小的脑袋，从后面看上去很现代。来自法国和摩洛哥的各式各样的颚部似乎综合了直立人和尼安德特人的一些特征。同样的，出土于中国一些遗址的头骨同样显示出了直立人和智人的混合特征。

主合派表明将一些早期人类称为“晚期直立人”或“早期直立人”（或任何早期人属的物种名称）并没有用处，仅仅是掩盖了它们的过渡形态。他们倾向于将这些化石置于古老的智人范畴，该范畴反映了它们巨大的脑容量，也反映了头骨上的祖先特征。主分派用一系列不同的名称称呼这一时期的标本，以解释这些化石展示出的地域和形态上的一些变化。这两种方法都反映了双方各自对化石间进化关系的看法。

勒瓦娄哇文化期（Levalloisian）的技术

随着人属中大脑袋成员的出现，文化发展的步调开始加快。这些祖先发明了一种制作薄片的新方法：勒瓦娄哇文化期的技术，它是以这些工具被发掘出来的法国遗址名来命名的。非洲、欧洲、西南亚，甚至中国的遗址中已经出土了通过这种技术生产出来的薄种工具以及阿秀尔工具。在中国，该技术能够代表一例独立发明的情况，也可以表明文化思想从世界的一个地方传播到另一个地方。

勒瓦娄哇文化期的技术最先要从一块石头表面移除一些小薄片来准备一个核心。这之后，工具制作者通过敲击石头一端的横截面来形成一个平面（图7.14）。敲击这一平面可以脱掉三个或四个薄片，薄片的大小和形状已经由之前的准备步骤预先确定，留下一个看起来像龟壳的小节结核心，可以从该核心上取出一些大的、形状已定的薄片工具。与之前的方法相比，使用这种技术可以用相同数量的燧石制造出了更长的（更锋利的）刀刃。

其他文化的创新

在勒瓦娄哇文化期的技术发展的同时，我们的祖先发明了柄——将小石头的两面和薄端固定到木头把柄上（图7.15）。柄促进了刀以及更复杂的矛的出现。这些复合式工具有三个组成部分：一个把柄、一块石

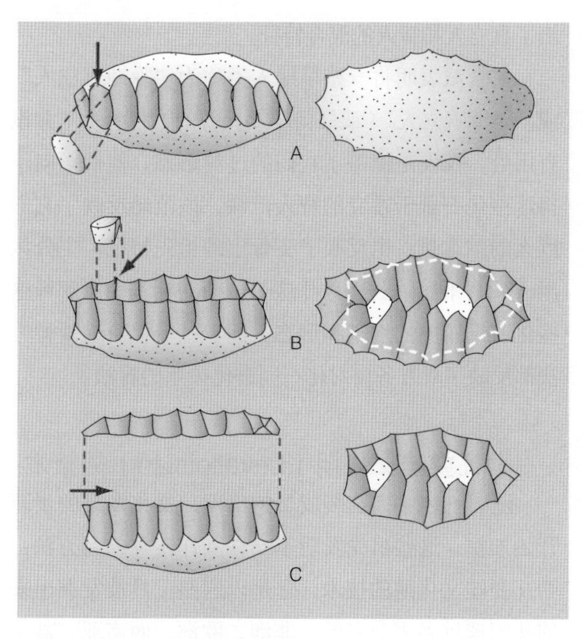

图7.14 **勒瓦娄哇文化期的技术**

这些图画展示了勒瓦娄哇技术的侧视图（左）和俯视图（右）。箭头指示了工具制作者用另一块石头来敲击该核心以形塑它的位置。图A显示了为石头核心准备的薄片；图B同一核心的上层（虚线显示了最终成为一个工具的部分）；图C，按照先前步骤所确定的大小和外形来分割出一个薄片工具的最后一步。

图7.15 **柄**

将小石头的两面和薄端固定到木头把柄上，是一个重要的技术进步，它出现在考古学记录上的时间大致与勒瓦娄哇文化期的技术相同。

头物和用来绑定它们的材料。把柄涉及一连串可以不分时间场合而执行的计划性行动。

随着这一新技术的出现，考古学记录上地区之间的技术风格的差异开始变得更为明显，表明分离的文化传统和文化区域开始出现。与此同时，从遥远发源地采获的原始材料的比重开始增加；然而，阿秀尔时期的工具与其原始材料之间的距离很少会超过20千米（约12英里），而勒瓦娄哇时期的工具与其原始材料间的最远距离为320千米（约200英里）（Ambrose，2001）。

对黄赭石和红赭石的使用最初出现在非洲，在13万年前变得特别普遍。赭石的使用可能标志着仪式活动的增加，与前文提到的阿塔普尔卡山胡瑟裂谷中对人类遗骸的精心排列类似。古代葬礼之所以使用红色赭石可能是因为它是生命的有力象征，且颜色与血相似。

尼安德特人

在人类学以外的许多领域里，尼安德特人是典型的洞穴人，被富有想象力的漫画家描绘成歪头、佝偻、笨拙的形象，他们披着动物皮毛制成的衣服，携带着一根巨大的棍棒拖着步履蹒跚的步伐穿越史前山河时，或许还拖着一只倒霉的母老虎或一只死去的剑齿虎。这一刻板印象已经渗透到了小说和电影中。

尼安德特人的通俗形象是粗野的、无说话能力的，并且几乎不具备抽象思维或创新思考，这是否影响到了对化石和考古学证据的阐释？尼安德特人仍然是古人类学中最具争议的话题之一。他们是否代表了人类进化分支上较次等的旁支，并且在现代人类出现后就消亡了？或者说，尼安德特人的后代今天会不会还在地球上行走？

尼安德特人是一种肌肉极其发达的人种，他们居住在距今约3万年至12.5万年前的欧洲、西南亚和中亚。今天的遗传证据在时间上向前和向后扩展了他们的生存时间范围。尽管其脑袋大小超过现代人类的平均标准，尼安德特人的面部却与现代人类的面部有着巨大差异（图7.16）。他们有巨大的鼻子和向前凸出的牙齿，眼睛上方长着突出的多骨眉脊。他们脑袋后面有一个附着在强有力的颈部肌肉上的类似于圆发髻的骨团。这些特征不符合西方经典的美学标准，这可能就是人们将尼安德特人描述为畜生的原因。

图7.16 充实骨骼

伊丽莎白·戴恩斯等古艺术家与古人类学家密切合作，将化石和其他种类的数据转化为我们可以看到的形式。他们将肌肉、神经、皮肤和毛发分层放置在化石模型上，制造出惊人而又真实的远古个体形象。骨骼的形状、大小和标记让古艺术家看到了软组织曾经所在的位置。科学家创造的关于我们祖先的故事让古艺术家能够对面部表情、肢体语言、体毛和肤色进行复原。古艺术家自身就体现了使他们的手艺成为可能的基本人类特征：扩大的大脑，复杂的象征意义思想、想象力和使用工具的灵巧双手。但是古艺术家的文化和信仰又是怎样的呢？当将此图与图7.19进行比较时，你看到了什么？

最早的尼安德特人之一是1856年在德国杜塞尔多夫附近尼安德特山谷中的一个洞穴里被发现的（tal在德语中意为“山谷”，thal是古德语拼写）。这一发现早于解释人类进化的科学理论获得认可之前（达尔文在三年后的1859年才发表《物种起源》）。一开始，专家完全不知道要如何解释这一发现。

对头骨化石、少量肋骨和一些肢体骨头的检查揭示出这些个体是一个人，但是看起来并不“正常”。一些人认为这些骨骼是当时病弱的残疾人留下的。另一些人认为这些骨骼属于一个在拿破仑战争中死于“脑积水”的士兵。一位出名的解剖学家认为这具遗骸是一个营养不良的傻瓜所留下的，暴烈的性格致使他不断卷入争斗之中，以致前额被压扁，眉脊也被打得凹凸不平。同样地，一个于1908年在法国沙拉佩勒索地区附近出土的骨骼的大脑被错误地推断为与猿类相似，研究者还认为他如同猿一般行走（图7.17）。

这些证据显示了尼安德特人绝对不是早期被描绘的那样类似于畜生和猿，一些研究人员认为，尼安德特人的智力与现代人的智力没有什么不同。现在，许多人将他们看作欧洲、西南亚和中亚的古代智人，是最近3万年来居住在这些地区的现代人类衍生的、解剖学上的祖先。例如，古人类学家C.洛灵·布瑞斯（C. Loring Brace）发现“典型的”尼安德特人特征（图7.18）在出土于丹麦和挪威的拥有1万年历史的头骨中很常见（Ferrie，1997）。

无论如何，将尼安德特人与更为晚近的人种比较时会发现他是与众不同的。大前牙的磨损形状显示出它们可能被用于执行除咀嚼外的任务。许多标本的前牙在35至40岁时已经磨损到了牙根。尼安德特人硕大的鼻子对于温暖、湿润而言是必不可少的，它还可

图7.17　尼安德特人形象

正如上述左图所示，20世纪早期，尼安德特人被描绘为畜生，这基于对沙拉佩勒索骨骼的分析，我们很难对他们进入我们祖先的队列表示欢迎。但是当从一个积极的视角来重新描绘他们时，尼安德特人祖先看起来顺眼多了。右图来自德国梅特曼县的尼安德特大博物馆，展示的是当今伊拉克库尔德斯坦地区沙尼达尔遗址中的尼安德特人遗骸的复原图。遗址的发掘时间是1957年至1961年，其中的证据包括对9个个体的精心埋葬。骨骼上的赭色和花粉使人们将这些沙尼达尔遗骸称为“原始的花儿人群”。一些人声称这些花粉是现代污染造成的，但对于这些骨骼的分析揭示了一个丰富的文化体系。其中一个被埋的死人是一个老年男性，他受了重伤，以致一只胳膊的下半部分被截去，眼眶上的伤口也使他处于半失明状态，但他依然存活了很多年（他的肱骨或上臂骨已经萎缩——切除下臂带来的缓慢反应）。这展示出了他所在社区的护理能力，人们看护着他并帮助他存活下来。

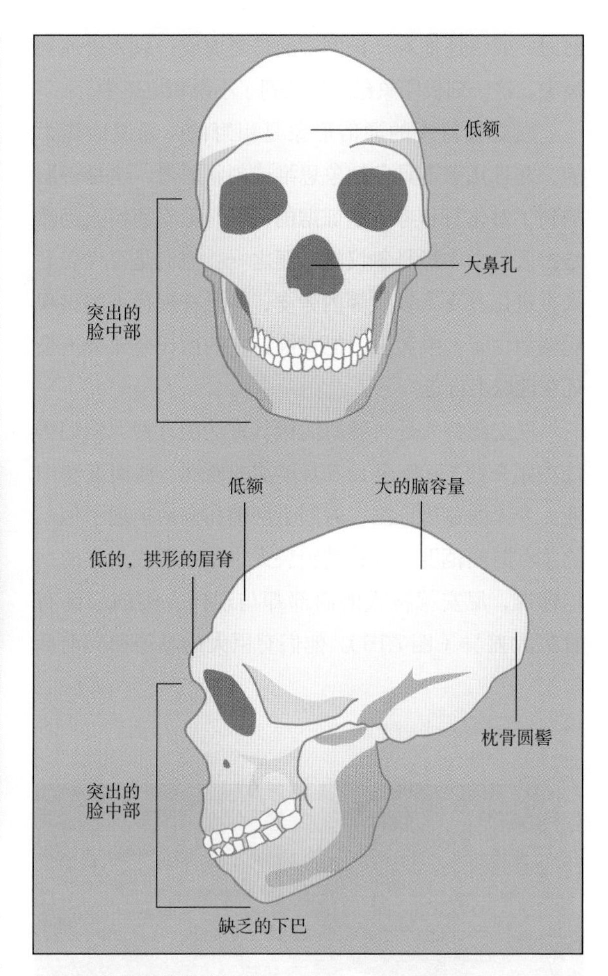

图7.18　尼安德特人头骨

尼安德特人头骨的“典型”特征。

以清洁冰川期干燥、满是灰尘且寒冷的空气，防止其伤害肺部和大脑，正如现代适应寒冷的人们的鼻子所起到的作用。脑袋后面的枕骨圆髻可以附着强有力的颈部肌肉，由此抵消沉重的脸部重量。

所有的尼安德特人化石都显示出他们拥有发达的肌肉，可以进行剧烈的体力活动。与体重相比，他们的肢体很短小（正如生活在极其严寒气候下的现代人一般），并拥有极其强健而粗壮的肢体骨骼。他们的手臂肌肉格外强壮，并且鲜明地依附于手骨上，证明了其具有强大的抓握能力。科幻作家詹姆斯・施里夫（James Shreeve）提出一个健康的尼安德特人能够将一个普通的北美足球运动员举到脑袋上方并扔进球门里（Shreeve，1995）。巨大笨重的脚和大腿骨表示他们拥有强大的力量和耐力。

由于脑袋大小与身体总重量相关，沉重而强健的身体是尼安德特人普遍拥有大脑袋的原因（1400立方厘米，现代人类的大脑容量为1300立方厘米）。由于尼安德特人的脑袋减小至与人类最大的脑袋同等的水平，古人类学家转而辩论道：他们脑袋的形态（不仅仅是尺寸）和头骨的变化是否与文化能力的变化有关。

随着时间的推移，对于尼安德特人化石的阐释已经发生了戏剧性的变化，但他们依然被无止境的争论包围着。那些声称尼安德特人分支已经走向消亡的人强调的是尼安德特人生物上的差异性和文化上的劣势性。而那些将尼安德特人包含进我们直系祖先中的人强调的是尼安德特人文化的复杂性，他们将生物差异解释为面对极其严寒气候所产生的地区性适应以及从有些封闭的人群中遗传而来的祖先特征的保留（图7.19）。最近发现的一块舌骨化石是发音的关键，它证明了尼安德特人的复杂性。对尼安德特人舌骨的分析表明，它的功能与现代人类舌骨的功能相似（D'Anastasio et al.，2013）。

爪哇、非洲和中国古代的智人

当大脑袋的尼安德特人生活在欧洲和西南亚时，古老智人的变种生活在世界上的其他地方；这些人没有典型的尼安德特人所拥有的极其明显的脸中部凸起，脑袋后面也没有巨大的肌肉依附物，他们看起来更像现代人类。

出土于爪哇梭罗河畔昂栋地区附近的11个头骨就是最好的例子。这些头骨显示了容量处于1013至1255立方厘米之间的现代人头骨，同时还保留着早期爪哇直立人的一些特征。最近重新更正它们的日期时（更改为2.7万年前至5.3万年前），一些研究者断言这些头骨代表的是亚洲直立人的末期幸存者，与智人属于同一时代。但是昂栋头骨实际上是古代智人的典型代表，拥有一个符合现代标准但外形接近古人的脑袋。

来自非洲和中国不同地方的化石同样显示了古代

图7.19　沃尔波夫与尼安德特人

如图，古人类学家米福德·沃尔波夫（Milford Wolpoff）正与他自己复原出的尼安德特人雕像对视，两者之间并没有太多的差异。

特征和现代特征的结合。尼安德特人可能代表了古代智人的一种极端形态，而在其他地方，生活在同一地区的古人看起来就像早期现代人的强健版本，有些则像在他们之前的直立人的更为衍生的版本。他们的脑袋似乎都符合现代标准，同时还保留着一些祖先特征。

最近西伯利亚南部的惊人发现使得一类新的古代智人——丹尼索瓦人，参与到了这一群体中来。他们可以被追溯到距今3万年至5万年前，并被以所发现的洞穴名命名，丹尼索瓦人化石包括一根指骨、一根脚骨和两颗臼齿。虽然数量有限，但这些相对较新的遗骸保存完好，可以进行遗传分析（Reich et al.，2010，2012）。有趣的是，研究人员最近对西班牙胡瑟裂谷各遗址的线粒体DNA进行了测序，其结果与丹尼索瓦人的相似（Meyer et al.，2014）。

丹尼索瓦人制造了刀刃工具和雕刻刀、晚期人特有的更为复杂的石制工具，以及用各种各样动物牙齿制作的垂饰。基因分析显示丹尼索瓦人是直立人的地方性后代，而直立人可能与一段时间内同样定居于该地的尼安德特人，以及后来移入的智人进行杂交。尼安德特人的基因组和丹尼索瓦人的基因组所显示的特征同样存在于现代人身上。

旧石器时代中期文化

在旧石器时代中期，或者说旧石器时代的中间时期，既是生理上的，也是文化上的，但是可以预料到此时的文化适应能力比早期人属成员中的适应能力更高级。这些拥有现代尺寸脑袋的早期人属成员拥有比他们祖先更高级的文化能力。在技术革新、相当复杂的概念性思维，以及毫无疑义的使用口语交流方面，这样的一个大脑发挥了重要作用。

莫斯特工具传统

莫斯特工具传统以及欧洲、西南亚和北非的其他类似技艺，可以追溯到距今约4万至12.5万年前，它们是工具制造业中最知名的（图7.20）。中国和日本也有类似的工具传统，它们可能是从当地工具制作传统中独立地发展出来的。

这些传统代表的是超越之前工业水平的技术进步。例如，一个阿秀尔火石工人能够从一块1000克（约2.2磅）重的石头上打磨出一个40厘米（约16英寸）的工作刃，而莫斯特工人能够从同样一块石头上切割下近200厘米（约6英尺）的工作刃。所有种类的人——尼安德特人，以及同一时期欧洲、北非和西南亚的头骨结构上更为现代的其他人属成员——都使用莫斯特工具。

莫斯特工具传统是以法国南部勒莫斯特（Le Moustier）中的尼安德特人洞穴遗址命名的。莫斯

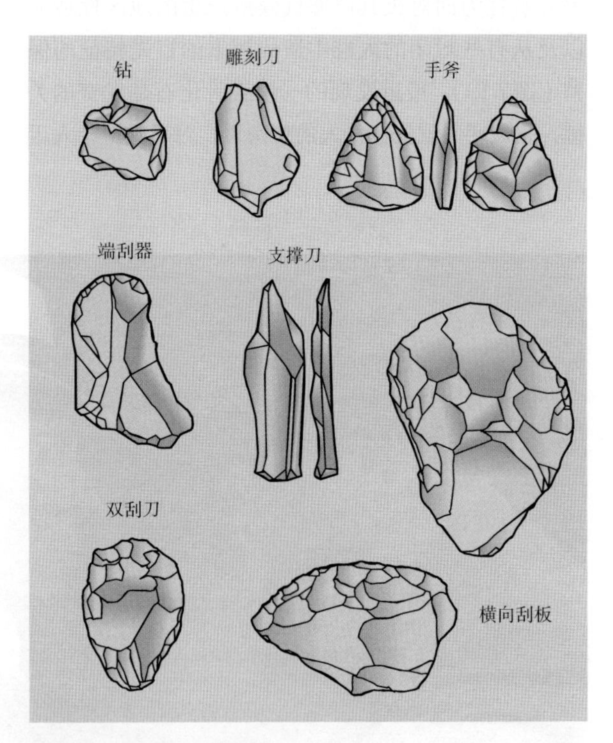

图7.20 **莫斯特成套工具**

莫斯特工具传统包括具备特殊功能的各种工具，它们生产出了更精致的工艺品。

特工具的发展很可能植根于更早的阿秀尔传统，但这些工具一般比早期的工具更为轻巧和娇小。与之前只能从一块完整石头上割下两三片薄片相比，莫斯特工具制作者可以获得很多小型薄片，并熟练地润饰和磨快薄片。他们的成套工具包括各种各样的工具种类：手斧、薄片、刮刀、钻孔、用来修整木头的带凹口薄片，以及各种可附着于木柄上来制作矛的尖物。这些不同种类的工具有利于更有效地利用食物资源，并提升了衣服和住所的质量。

随着人口规模的稳步增长，早期人类开始生活在更寒冷的气候环境中。一旦到达那里，即使会越来越冷，他们也只能适应。一系列文化上的适应性使得人们能够扩散到之前并不适宜居住的寒冷地区。在这些寒冷环境中，蔬菜食物十分罕见且具有季节性，因此肉类成了重要的主食。尤其是动物脂肪成为主要的能量来源，而不是碳水化合物。严寒气候下肉食者的膳食中富含能量丰富的动物脂肪，这为他们提供了狩猎和保暖所需的额外能量。大量相关的动物骨头上显现了清晰的刀痕，表明肉对于莫斯特工具制作者的重要性。这些遗骸几乎包含所有的大型猎物——野牛（包括欧洲野牛）、野马，甚至还有长毛象和长毛犀牛。

“应用人类学”专题显示，石器工具对今天的人类仍然很重要。这些尼安德特人并不是马虎的或投机取巧的猎人，相反，他们精心地计划并开展工作，以捕杀十分庞大、具有危险性的猎物。与家用工具相比，标准化的莫斯特狩猎器具也反映了狩猎对于这些古代人类的重要性。

同时，在寒冷气候下生存需要复杂的成套工具，这可能减少了使用者的移动。移动的减少亦可以由莫斯特遗址中的堆积物证明，与旧石器时代早期遗址相比，这些堆积物更深，表示了在同一地点的长期居住。这些遗址包含了长时间的生产序列、重塑和废弃的工具，以及屠杀猎物的大砍刀和炊具。一些洞穴和岩棚中的鹅卵石地面、简制墙壁、柱孔和人工坑显示了居民曾努力改善生活条件。这些证据表明，莫斯特遗址不仅仅是一个人们不断搜寻食物之旅中的简易停留地。

此外，有证据表明，尼安德特人的社会组织在为群体中的伤残成员提供护理方面，发展出了一些医疗保健的形式。老人的遗骸首次被完好地保存在化石记录中。并且，许多老年尼安德特人的骨骼显示出被精心照料过的迹象，其伤口得到恢复且极少感染。图7.17展示了一个出土于伊拉克沙尼达尔洞穴的上臂萎缩的半盲人，它是一个尤其引人注目的例子。发现于克罗地亚克拉皮纳地区的另一具遗骸显示了手部的外科截肢手术。法国拉·夏佩尔地区的化石遗迹表明，一个因关节炎而严重残疾的男人活了很久。医学治疗最早的证据来自法国一个拥有20万年历史的遗址，其中一个没有牙齿的人也存活了下来，大概是因为他所在群体中的其他成员会对食物进行加工或预先咀嚼，以使他能够吞下。目前尚不清楚这些证据能否显示早期人类真实的怜悯心。可以确定的是，文化上的因素会使人们向他人提供关爱。

尼安德特人的象征生活

尼安德特人似乎拥有丰富的象征生活。一些遗址包含有精心埋葬死者的清晰证据。在没有金属铲的前提下想要挖掘一个成人大小的坟墓是很困难的，这充分显示了埋葬是一个重要的社会性活动。此外，对尸体的有心定位表明了这一行动的象征意义。

迄今为止，欧洲、南非和西南亚的至少17个遗址中含有旧石器时代中期的坟墓。这是尼安德特人骨骼相对丰富的原因之一，对人类学家来说是幸运的。例如，在以色列克巴拉洞穴，大约6万年前，一个年龄介于25至35岁之间的尼安德特男性背朝下被置于一个坑中，胳膊被折叠放至胸部和腹部（图7.21）。经过一些时日，连接韧带彻底腐烂之后，该坟墓再次被打开，遗骸的头骨也被移除（有趣的是，这一实践也可

应用人类学

现代外科医生使用的石制工具

哈佛大学的人类学家埃文·德沃（Irven DeVore）做清除脸部小（恶性）黑素瘤的手术时，并没有让外科医生使用手术刀。相反，他让研究生约翰·谢伊（John Shea）创制了一把手术刀。他采用了与旧石器时代晚期人生产刀片同样的技术来制作黑曜石（一种天然的火山岩“玻璃”）刀片，并用融化的松树脂作为胶水为之装了一个木制手柄，方便用力摆动它。手术完成后，外科医生宣布黑曜石手术刀比金属刀更好用。

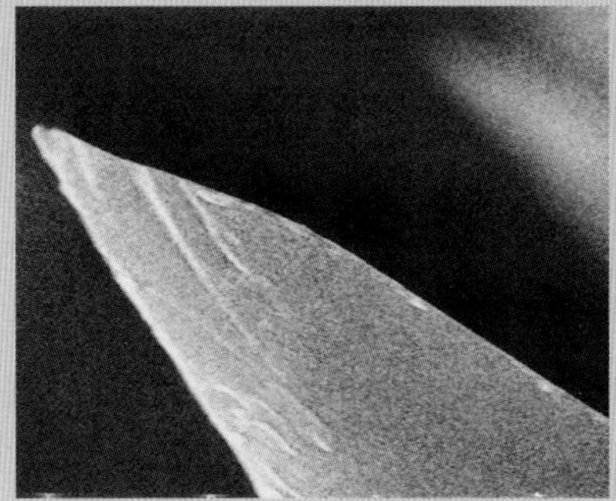
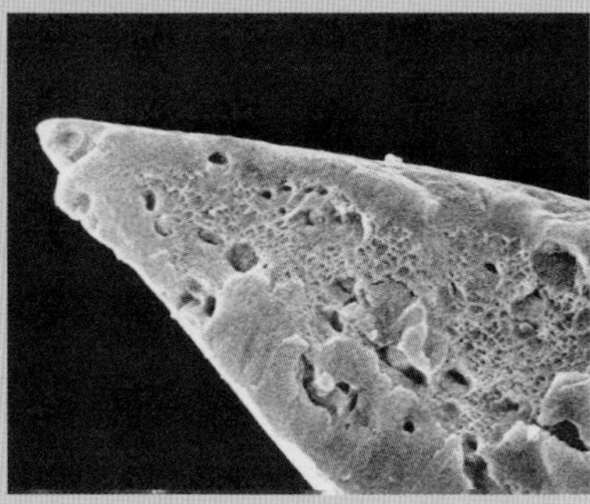

黑曜石刀刃（左图）和现代钢制手术刀刀刃（右图）在电子显微镜下的照片说明了黑曜石的优越性。

德沃并不是第一个在外科手术中使用石头手术刀的人。1975年，那时还在爱达荷州立大学的丹·克拉布特里（Don Crabtree）也准备了一把手术刀，用于自己的心脏手术。1980年，科罗拉多大学的佩森·雪莱（Payson Sheets）创制了一把黑曜石手术刀并将其成功地运用在眼科手术中。在1986年，不列颠哥伦比亚大学人类学博物馆中的大卫·帕克托（David Pokotylo）进行了手部改造手术，使用的是他自己制作的手术刀（手柄是由他博物馆的同事莱恩·麦克法兰制作的）。

之所以使用以古代石制工具为模板制作出的手术刀，是因为人类学家意识到黑曜石几乎在任何方面都比平常用来制作手术刀的材料更好：它比制作外科手术刀的钢铁锋利210至1050倍，比剃须刀片锋利100至500倍，比金刚石刀片（金刚石刀片不仅成本高，而且不能用于切割）锋利3倍。

黑曜石刀片更锋利，并且在切割过程中产生的损坏更少。在显微镜下观察发现，最尖锐的钢制刀片的切口显现出破碎的、不规则的边缘，并且散落着碎肉块。外科医生能够更好地控制黑曜石手术刀，其切口不仅痊愈得更快，疤痕和疼痛也会更少。

由于黑曜石手术刀的种种优势，雪莱进一步与眼科医生弗蒙·哈登伯格（Firmon Hardenbergh）建立了合作伙伴关系。他们共同发明了一种从熔融玻璃中制造出大小一致的岩芯的技术，以及一台用来从岩芯上削下薄片的机器。

以在大约5万年后的同一地区见到）。同样地，克罗地亚克拉皮纳地区丰富的尼安德特人遗址至少包括70个个体的遗骸。科学家开始意识到骨头上的割痕是有意为之的，这与后来的实践保持一致。

沙尼达尔洞穴提供了有关葬礼仪式的证据。对该骨骼附近土壤的花粉分析显示，人们曾经将花朵摆置在尸体下方，并将花环戴在死者头上。由于主要的花粉类型来源于昆虫授粉的花朵，几乎没有发现可能是

图7.21　克巴拉洞穴坟墓

尸体的姿势以及被小心移除的脑袋（除了下巴）表明这个以色列克巴拉洞穴中的人在大约6万年前被精心地埋葬于此。

被空气吹到坑中的花粉颗粒。这些花因其医用特性在历史上受到了重视。

与莫斯特文化象征行为有关的其他证据还包括天然颜料：二氧化锰和红花赭石。这些被重新找到的大块颜料展示出刮擦以制作粉末和刻面的清晰证据，正像那些出现在用过的蜡笔上的东西。在大约5万年前，一个莫斯特艺术家在雕刻和塑造一个长毛象牙齿时使用了颜料。这个长毛象牙齿可能是出于某种文化象征性目的而被制作的。它与旧石器时代晚期用骨头和象牙制成的仪式性用具，以及澳大利亚原住民用木头制成的神圣之物相似。

被用红色的赭石涂抹过的长毛象牙齿有一个十分优美的外观，这表明它被认真地处理过。显微镜检测显示出它并不具备一个服务于实用性目的的工作刃。正如古人类学家亚历山大·马沙克（Alexander Marshack）所观察到的，这些物品意味着“尼安德特人确实具备概念模型和概念图以及解决问题的能力，即使不能等同于现代人类的相关方面，也可与之相提并论。”（Marshack，1989，p.22）。

最近南非的一个洞穴出土了一个涂画“工具包”，它将这一行为上溯到距今10万年前，并证明其也存在于尼安德特人的生活范围之外。该工具包显示，古代艺术家通过将和石头一起散落在地上的颜料、动物骨髓、木炭（作为黏合剂）以很可能是水的一些液体混合在一起来制作颜料（Henshilwood et al.，2011）。这些颜料是由一种新的人种发明的，还是这些颜料制作仅仅是莫斯特文化的一部分？我们将在下一章节中对此进行详细探讨及说明。

尼安德特人遗骸上的象征性活动迹象提高了乐器出现和使用的可能性，比如出土于南欧斯洛文尼亚的一支莫斯特遗址里的骨笛（图7.22）。该物体由一个带孔的空骨头组成，并引发了争议。一些人认为它只是被食肉动物咀嚼过的洞熊骨头——因此有孔。而它的发现者，法国古人类学家马塞尔·奥特（Marcel Otte）认为它是一支长笛。

不幸的是，该物体是支离破碎的；现存有5个孔，一边4个、另一边1个。4个孔之间的整齐间距，完美地契合于人的4个手指，而骨头底端的第五个孔，正好适合大拇指，所有这些都使它是骨笛这一假说更为可信。尽管骨头上有动物咬过的痕迹，但它们覆盖于人类活动的痕迹之上（Otte，2000）。假如它与德国西南部霍赫勒菲尔斯洞穴中的长笛一样，是在旧石器时代晚期的背景下被发现的，那么它可能会毫无疑问地被接受为长笛。然而，奥特骨笛的年代很早，说明它是尼安德特人制作的，因此，对于该物体的阐释就与关于尼安德特人文化能力和他们在人类进化史中位置的争论产生了关联。

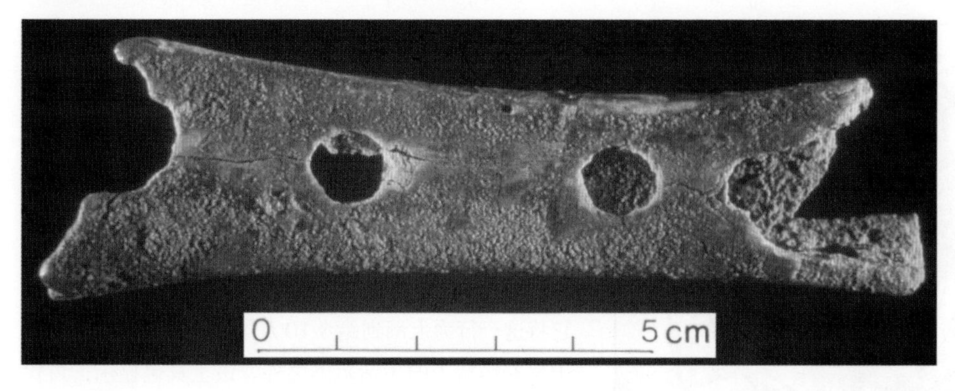

图 7.22　第一件乐器?

从尼安德特人留下的垃圾中发现的这个物体极有可能是一支骨笛的残骸。

旧石器时代中期的言语和语言

尼安德特人和其他旧石器时代中期人拥有现代标准的脑袋和复杂精致的莫斯特工具包，甚至可能拥有更为复杂的工具，如丹尼索瓦工具。根据这一证据，我们可以推测他们拥有某种形式的语言。正如古人类学家斯坦利·安布罗斯（Stanley Ambrose）所指出的，莫斯特工具包里的复合型工具是不同形态零件的集合，被用来生产不同功能的工具。他将这种零件组装成工具的过程比作语法和语言，“按等级划分的声音集合产生出有意义的词语和句子，并且当单词的顺序改变时，其意义也会发生变化”（Ambrose，2001，p.1751）。安布罗斯还说道：“复合工具可能与句子类似，但解释它就等同于解释菜谱或短篇故事。”（P.1751）除此之外，工具制成品显示的象征性意义也支撑了旧石器时代中期人拥有语言这一猜想。

除了工具等考古学证据，还可以通过具体的解剖学特征来确定该语言是口头语言还是肢体语言。一些人认为尼安德特人缺乏言语所必需的身体特征。例如，20世纪早期对一个尼安德特人头骨底部的复建显示，他的喉咙位置比现代人喉咙的位置更高，这排除了他像人一样说话的可能性。此外，以色列克巴拉洞穴坟墓里的骨架的喉咙内部还保留有与肌肉相连的舌骨发音系统。它的外形与现代人类的完全相同，表明其已经可以支持发音了。

至于大脑，古神经病学家一致认为，尼安德特人具备发展口头语言的必要神经发育，他们与语言相关的变化甚至早在古代智人出现以前就已经发生了。与之相一致的是一个扩大了的胸椎气管（胸腔位于身体上部），尼安德特人与现代人而非早期直立人（或任何其他灵长目动物）共享这一特征。该特征显示了言语所需的增强了的呼吸控制。这一控制能够产生长词组或单次呼气气息，并在有意义的语言中断时快速吸气。另一个争论——尼安德特人头骨有一个相对扁平的底部，可能会阻碍说话——并无价值，因为有一些现代人的脑袋也很扁平，但并不妨碍说话。很明显，当将这些解剖学证据作为一个整体来考虑时，似乎并没有使人信服的理由来否认尼安德特人具备说话能力。

在德国莱比锡城的马克斯·普朗克进化人类学研究所工作的瑞典古遗传学家斯万特·帕博（Svante Pääbo）和同事一道发现了“语言基因”，这一发现为关于语言进化的研究提供了一个全新且有趣的维度（Lai et al.，2001）。这个基因被称为FOXP2，是通过对一个几代都具有严重语言问题的家庭进行分析后确定下来的。帕博假设，基因变化控制了产生口头语言所必要的口腔和喉部的精细动作。对人类身上该基因的鉴定，使得科学家能够将其结构与其他哺乳动物进行比较。

人类FOXP2基因不同于在黑猩猩、大猩猩、猩猩、恒河猴和老鼠身上发现的各类基因。尽管我们可以在现存物种中识别出这些遗传差异，要想将这些知识应用到更早的人属成员身上则困难得多。我们并不能确切了解到，人类进化史上FOXP2基因出现的时间，以及该基因是否同人类新物种的形成有关。

从这些基因上的发现出发，研究类人猿的语言能力也很有趣。例如，在与一个叫作坎兹的倭黑猩猩一起工作时，苏·萨维奇-伦巴记载了它理解几百种口头单词并将它们与视觉性软键盘联系起来（单词的图像）的能力（Savage-Rumbaugh & Lewin，1994）。坎兹能够理解这些单词，但无法发声，这表明言语和语言并不是同一的。

文化、头骨和现代人类起源

对于旧石器时代中期的人而言，文化适应能力与其脑袋大小比得上现代人这一事实相关（图7.23）。考古学证据显示，使人类能够发展出复杂精细的技术和缜密的概念思维。在同一时期，拥有解剖学意义上的现代头骨的大脑袋个体开始出现。这种头骨的最早标本——拥有更垂直的前额、缩小的眉脊和下巴——首先出现在非洲，再是亚洲和欧洲。究竟这些头骨上的衍生特征是否表示一个具备更高级文化能力的新物种的出现，这引起了极其激烈的争论。

旧石器时代中期到旧石器时代晚期的转变发生在约4万年前。旧石器时代晚期不仅因其工具行业的突破性发展而出名，还因其代表性的雕塑、绘画和雕刻画上清晰的艺术性表达而闻名（参见第八章）。但最早的解剖学意义上的现代人，如尼安德特人和其他古人类，使用的却是旧石器时代中期的工具。

旧石器时代晚期的文化发展与解剖学意义上的现代人和古代人类间潜在的生物性差异之间的关系，仍然是古人类学界最具争议的话题。尼安德特人的命运和他们的文化能力也卷入了该争论中。是否有一种新的人类——解剖学上是现代的，并拥有相应高级的智力和创造能力——对旧石器时代晚期的文化爆炸负有责任，本书第八章将对其进行重点阐述。

图7.23 **头骨的比较**

图中有来自赞比亚卡布韦的（从左数第四个）非洲古代智人头骨与各式各样的早期人类头骨及卡布韦头骨同一时代的人类头骨和晚期人属成员的头骨。卡布韦标本的死因可能是扩散到脑部的口腔感染。卡布韦头骨的右侧是同一时代人的头骨，它在1856年出土于德国尼安德特山谷中的原始头骨（唯一一个遗失了面部的头骨），它旁边是一个新近的智人头骨。从左边起的其他头骨依次属于：南方古猿纤细种；出土于肯尼亚库比福勒遗址中的能人（KNM ER 1470）；出土于库比福勒遗址的直立人。从这一系列头骨中可以明显看出，随着时间的推移，头盖骨容量在不断增大，尼安德特人和卡布韦人的脑袋尺寸在现代人脑袋尺寸的变动范围内。即使无法看到尼安德特人的脸部，也可以发现其头骨形状与智人头骨形状间的差异性还是很明显的。非洲古代智人的骨骼也与现代智人有很大的不同。

思考题

1. 早期人属的成员利用综合的生物性和文化性能力来面对生存的挑战。这些因素在化石记录的物种命名中是如何发挥作用的？在生物和文化的化石记录中，祖先是如何使用火的？

2. 依据辨识化石记录中物种类型的不同方式可以将古人类学家分为主合派和主分派，你更倾向于哪一派？为什么？

3. 查尔斯·达尔文（Charles Darwin）在他1871年出版的《人类起源及性别选择》中说道：“由此，男人最终比女人更优越。盛行于哺乳动物中的特征平等传递的法则的确是幸运的。另外，男人很有可能在智力方面比女人优越，正如雄孔雀拥有比雌孔雀更为华丽的羽毛。”达尔文时代的文化规范是如何反映在他的陈述之中的？21世纪的古人类学家能够在摒弃他们文化偏见的前提下谈论演化背景下两性之间的差异吗？

4. 虽然语言本身不可能“变成化石”，但是考古学和化石记录提供了一些关于我们祖先语言能力的证据。根据已得到的证据，你认为早期人类拥有哪种类型的语言能力？

深入研究人类学

不使用语言进行交流

虽然古人类学家围绕口语是何时以及如何出现在我们的演化史中的这一问题争论不休，但语言使我们成为人类。你能想象如果没有口头交流或像标准手语这样复杂的手势语言，日常生活将会变得多么困难吗？下次和朋友聚会时，试着在1小时内只用手势进行交流。你们可能一起准备一顿饭，玩一场友谊赛，或者只是决定周末做什么。在开始之前，写下你认为的人类语言出现的时期。在不说话的1小时结束后，记录下你们在不说话的情况下是如何交流的。这项活动是否改变了你对使用口语的早期人类祖先的印象？

挑战话题

是我们创造艺术的能力使得我们成为人类的吗？长期以来，人们一直认为最早的艺术与欧洲解剖学意义上的现代人的出现相吻合。印度尼西亚苏拉威西岛一个洞穴中手工绘制的猪鹿具象艺术画像挑战了这一观念。20世纪50年代发现它时，人们估计这件艺术品的历史不超过12000年。但在2014年，科学家将其年代推算到35400至39900年前，使它们成为已知的最古老的同类代表。苏拉威西岛和欧洲洞穴艺术之间的相似之处是否表明，我们的祖先在走出非洲时已经拥有了艺术方面的能力？还是说艺术是独立发展的呢？一些古人类学家认为，生理上的变化提供了制作这些作品所必需的想象力、象征以及文化修养。另外，当地的艺术家可能有能力进行这样的创作，而不需要新的、进化的人类的帮助。这些古老的绘画促使我们思考：某种生物上的变化是否是将全人类团结在一起的创造性表达的根源。

第八章 智人及其技术的全球化扩张

学习目标

1. 描述旧石器时代晚期的文化和技术发展。
2. 对比现代人类起源的多地区连续假说和晚近非洲起源假说。
3. 确定旧石器时代晚期浮现的人类文化的多样性。
4. 识别现代残存的旧石器时代晚期的遗产。
5. 描述象征性思维的证据及艺术对古代人类不断增加的影响力。
6. 解释人类是如何开始定居到整个地球上的。
7. 总结人类进化的主要生物性和文化性特征。

1868年，法国一个以美味的松露蘑菇而闻名的区域内的韦泽尔河岸边一处岩石后，出土了8具古代人类的遗骸。因为周边的岩石掩体，这些人被命名为克鲁马努人（图8.1），相比于尼安德特人，他们与现代的欧洲人更像，并与旧石器时代晚期的一些工具紧密联系在一起。克鲁马努人这一名字还被应用到1872年到1902年法国西南部的一些洞穴出土的其他13个标本身上，从那以后，欧洲其他地区出土的旧石器时代晚期的遗骸也被称为克鲁马努人。

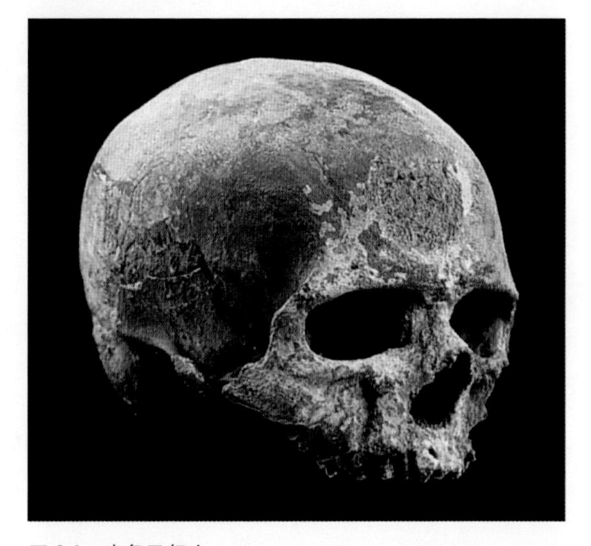

图8.1 **克鲁马努人**

相比于尼安德特人突出的眉骨和倾斜的前额，克鲁马努人的额头较高，更像当代欧洲人。他们的文化差异到底是由头骨形状差异引起的，还是由年代差异引起的，这引起了激烈的讨论。较为近期的克鲁马努人头骨甚至显示出了与当地现代法国人相似的饮食方面的证据，因为它显示出被真菌感染的迹象，也许是食用了受污染的蘑菇。在那个地区，蘑菇现在仍然是一种美食。

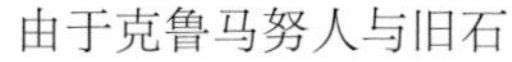

由于克鲁马努人与旧石器时代的工具有关联，这一地区的洞穴内又出土了大量令人惊叹的艺术作品，当时的科学家和普通人都认为他们特别聪明。相反，基于尼安德特人粗野的外观，人们普遍认为他们很笨、很野蛮。因此，克鲁马努人——一个拥有优越文化的解剖学上的现代人种，可以横扫欧洲并且取代了当地的原始人。

这些关于人类起源的早期讨论集中于欧洲的化石证据而不是全球各地的化石证

据。非洲早期的现代解剖学上的化石证据、显示亚洲地区连续性的化石证据、早期苏拉威西岛的艺术新发现如西班牙埃尔卡斯蒂略的洞穴艺术（Pike et al., 2012），重塑了我们对人类进化的理解。科学创新，例如可靠的测年技术的出现和目前遗传学方面的突破，其中包括近期对丹尼索瓦人的研究，让古人类学家能够建立更全面的理论来阐释现代人类的起源。

旧石器时代晚期的人：首批现代人

现代人对我们而言意味着什么？古人类学家关注头骨形状以及文化习俗，但依然很难给出定论。虽然克鲁马努人和后来的现代欧洲人很像——相似的脑壳形状、高且宽的前额、很窄的鼻子、相似的下巴，但他们的脸比现代欧洲人的脸更短更宽一些，额头也更突出一些，牙齿、下巴则和尼安德特人的一样大。一些头骨后面（例如，克鲁马努人的头骨）甚至显示出了尼安德特人特有的枕骨。同样地，旧石器时代晚期的早些时候，在捷克共和国出土的布尔诺人、穆拉德克人、普利德穆斯提人的头骨上，也保留了隆起的眉骨以及尼安德特人那样的附着在后脑勺上的肌肉。

尼安德特人的平均脑容量在顶峰时期比现代人的平均脑容量还大10%。现代人平均脑容量的减少与四肢力量的减少有关，因为身体变得缺少整体协调性。现在的人，在一般情况下脸孔和下巴比尼安德特人的小，但也有例外。例如古人类学家米尔福德·沃尔波夫（Milford Wolpoff）和蕾切尔·卡斯帕里（Rachel Caspari）就指出，现代人的定义排除了尼安德特人和大量仍生活在澳大利亚的原住民，尽管他们很明显是现代人（图8.2）。事实是，现代解剖学的多维诊断如果排除了古代人就没法囊括所有活着的人（Wolpoff & Caspari，1997）。

在文化上定义现代人也会引发问题。古老智人具有现代人大小的大脑，这种现象与他们对文化适应的依赖性越来越强相关，但旧石器时代晚期是一个技术创新、创意爆炸的时代。旧石器时代晚期的工具包中有大量的刀片工具，其中燧石片的宽度至少是之前的

图8.2 一个有问题的定义

现在生活在澳大利亚的原住民并不符合新近非洲起源模式中提出的关于解剖学上现代人的定义。一些古人类学家认为这证明了定义本身是有问题的。所有现存的人显然都是智人的后代。

两倍。最早的这些刀片工具都来自非洲的一些遗址，直到进入旧石器时代晚期，这些工具才成为主流。

技术的发展可能降低了选择压力的强度，尤其是之前偏好的健壮的身体、下巴和牙齿。由于人们越来越重视机械性能更优良的工具、更有效的握柄技术，以及推出长矛到投掷长矛的转换和捕网的发展，人类的整体肌肉也明显减少。从最后一个冰河时代在欧洲盛行的极寒气候到较为温和的气候的转变，可能减少了身材矮小的人的生存压力，因为他们可以更好地节省体内热量。

人类起源的争论

在生物层面，关于人类起源的争论引出了一个问题，即到底是一个人，还是某些人又或者是整个古老族群的人在现代智人进化的过程中发挥了作用。那些支持多地区起源假说的人认为，从直立人到现代智人的转变是同时发生的。相反，支持晚近非洲起源假说的人认为，所有的现代人都是从一个非洲的早期智人单一群体进化而来的。这个模型提出，现代人文化能力的提升，使得他们在约10万年前走出非洲时取代了其他的族群，接下来，我们将详细探讨这两种理论。

多地区起源假说

非洲、中国和亚洲东南部古代智人化石的共同的区域特征表明，直立人一直到现代智人，这些种群之间存在着连续性。例如，在中国，化石一直都比同时代其他地方的人属化石有着更小的脸颊和更扁平的面部，今天也依然如此。但在东南亚和澳大利亚，人属的头骨一贯很强健，并有着巨大的脸颊和向前突出的颌骨。随着新的分子研究技术的发展，科学家已经积累了大量的基因数据来支持这些物理证据。

在这个模型中，种群间的基因流动使整个更新世的人类物种保持统一。没有一些物种形成事件将亚洲直立人、丹尼索瓦人、尼安德特人等祖先种群从智人的谱系中移除。尽管多地区起源假说的支持者接受从早期欧洲化石中发现的尼安德特人和现代人类之间的连续性，但很多古人类学家并不认为尼安德特人是现代欧洲人的祖先。

晚近非洲起源假说

晚近非洲起源假说（也称夏娃假说和走出非洲假说）指出，现代解剖学意义上的人是从智人中一个特殊的种群进化而来的，我们的祖先从最初的家园中走出来后，不仅替代了尼安德特人，还取代了其他古代智人。这种假说并不是起源于化石，而是来自一种相对较新的技术，这种技术在20世纪80年代率先使用线粒体DNA（mtDNA）来重建家谱（图8.3）。

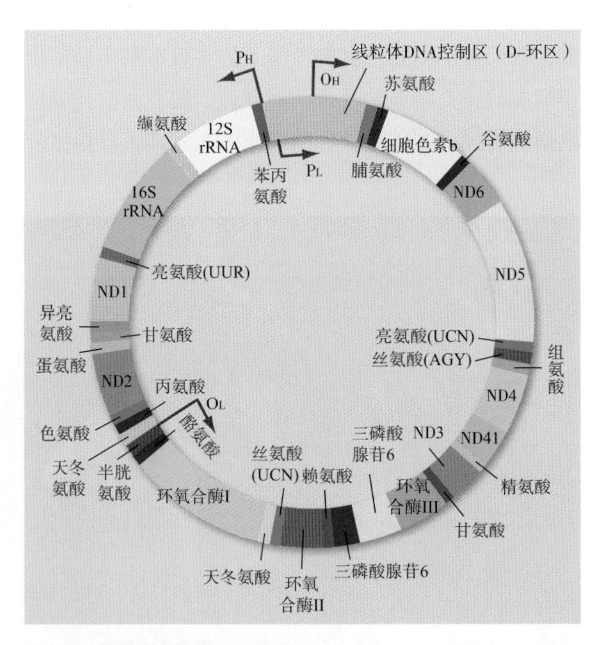

图8.3　线粒体DNA

线粒体DNA(mtDNA)中的16569个碱基在环形染色体中被组合起来，它们大量存在于每一个细胞中。人类的线粒体DNA序列已经被完全测定出来，功能基因也是一样。线粒体基因是母系遗传，且不受基因重组的影响，因此，可以用它来建立进化关系。但是人口规模影响了线粒体基因组变异的保存，同时也使运用现代线粒体DNA变异来校准分子钟这一行为变得复杂。

与细胞核DNA（位于细胞核中）不同的是，线粒体DNA位于线粒体中，线粒体是产生维持细胞存活所必需能量的细胞结构。因为精子几乎不提供线粒体DNA给受精卵，所以线粒体DNA完全来自自己的母亲，它不像细胞核DNA那样通过减数分裂和受精来重组，因此随着时间的推移，线粒体DNA的变化只通过基因突变发生。

通过比较来自不同地域种群的人的线粒体DNA，人类学家和分子生物学家试图确定现代智人是何时在何地起源的。正如大众媒体所广泛报道的那样，初步的结果表明，所有活着的人的线粒体DNA都可以追溯到那个大约20万年前居住在非洲的“线粒体夏娃”上。如果是这样的话，所有的古老智人，包括非洲之外的直立人，就将都不是现代人的祖先。

许多年来，由于缺乏来自非洲的保存良好的化石证据，晚近非洲起源假说已经被弱化了。然而，1997年在东非的埃塞俄比亚发现的两个大人和一个孩子的头骨（见“人类学家札记”），在2003年被描述为解剖学上的现代人头骨（图8.4），被重建并被追溯到16万年前（White et al.，2003）。这些头骨化石的发现者将它们称为长者智人（当地阿法语意为“长老”）。虽然他们承认这些头骨很强健，但他们认为这些头骨确凿地证明了晚近非洲起源假说，而尼安德特人只是人类进化过程中的一个分支。

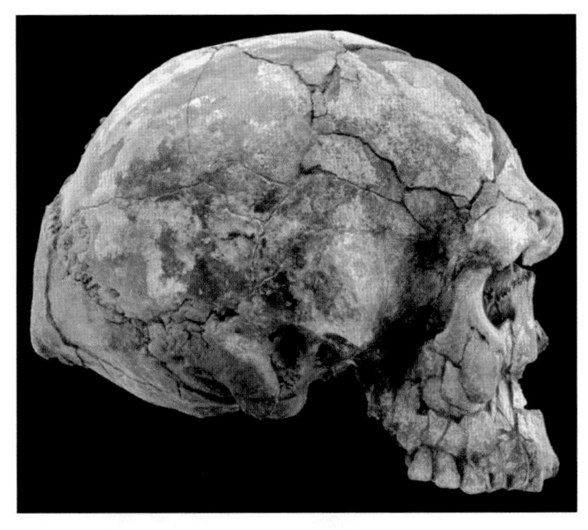

图8.4 **解剖学上的现代人的非洲证据**

最近在埃塞俄比亚赫尔托发现的保存完好的标本为晚近非洲起源假说提供了最好的证据。这些化石无疑具有解剖学上的现代人外观，但他们只是相对强健。除此之外，还不确定较高的头骨和前额是否表明拥有出众的文化能力。

证据小结

许多年以来，晚近非洲起源假说一直是西方大多数古人类学家的立场，但这并没有在国际科学界得到普遍认同。例如，一些中国古人类学家更倾向于多地区起源假说，因为它与亚洲和澳大利亚的化石证据非常吻合。与此相反的是，晚近非洲起源假说则更依赖于来自欧洲、非洲和亚洲西南部文化遗址的化石证据。

近期对大量现代化人群（包括克鲁马努人、尼安德特人和丹尼索瓦人）进行的整个人类基因组的测序，提供了更有力的证据。遗传研究表明，尼安德特人功能独特的基因组仍保留在当代人中，尤其是在那些尼安德特人居住过的地区。此外，一些当代美拉尼西亚人和丹尼索瓦人有4%至6%的DNA是相同的，这将在下面进行讨论。正如我们所看到的那样，对于现代人类起源持不同观点的两派古人类学家，就遗传学、解剖学以及文化上的证据进行辩论，以支持或批判各自的假说。

遗传学证据

虽然遗传学证据一直是晚近非洲起源假说的基础，但对原始的线粒体DNA数据集的再分析表明，非洲不是现代人类线粒体DNA的唯一来源。除此之外，由于两种假说都认为非洲是人类的起源地，尽管时间不同，遗传学证据可以表明人属起源于非洲，但无法说明智人起源于非洲。假设不同的分子变化速率将得出不同的结论。

DNA分析中有一些有问题的假设，例如，这些模型所假设的稳定突变率，而事实上，众所周知，它们是不稳定的。它们还依赖于这样的假设，即选择性的压力不会影响线粒体DNA，而实际上，它在癫痫和一种眼部的疾病中已经发生了变异。

另一个问题是，DNA被看作完全来自非洲，但众所周知，在过去的一万年间，也有大量的人进入非洲。事实上，一项关于DNA上Y染色体（仅存在于男性身上的性染色体）的研究提供了一些非洲人口反向迁移的证据。这些数据都证实了基因流动在人类进化

人类学家札记

贝尔哈内·阿斯福（生于1953年）与斯万特·帕博（生于1955年）

贝尔哈内·阿斯福参与了近期埃塞俄比亚的大部分重大发现并且培养出了一代非洲古人类学家。

1953年出生于埃塞俄比亚首都亚的斯亚贝巴的贝尔哈内·阿斯福（Berhane Asfaw）是一个闻名世界的古人类学家，他在埃塞俄比亚主导了很多大型研究。阿斯福是国际中阿瓦什研究项目（International Middle Awash Research Project）中的领导者之一，这个研究项目小组发掘出了壮观的祖先化石，这些化石讲述了600万年的整个人类进化史，其中包括始祖地猿（Ardipithecus ramidus）、阿法南方古猿（ Australopithecus afarensis）、惊奇南方古猿（Australopithecus garhi）、直立人（Homo erectus）以及最近来自埃塞俄比亚赫托的长老智人（Idaltu）化石。

2003年6月在埃塞俄比亚文化部部长特肖梅·托加（Teshome Toga）组织的新闻发布会上，阿斯福将赫托标本描述为最古老的解剖学上的现代人，并将埃塞俄比亚比作伊甸园。这次会议标志着埃塞俄比亚政府对古人类学研究的立场开始发生转变。先前中阿瓦什研究项目的发现也非常重要，但政府并没有参与或支持这项研究。

阿斯福通过一个由李基基金会（Leakey Foundation）管理的项目进入了古人类学研究领域，这个基金会为非洲人提供奖学金以帮助他们在欧洲和美国攻读研究生。自20世纪70年代末该计划实施以来，李基基金会已经为肯尼亚人、埃塞俄比亚人、坦桑尼亚人颁发了68项总计120万美元的奖学金，以便他们去攻读古人类学的研究生。

阿斯福是加州大学伯克利分校美国古人类学家德斯蒙德·克拉克（Desmond Clark）的学生，也是这个项目中最早的研究员之一。1979年他们第一次见面时，阿斯福是一名在亚的斯亚贝巴学习地质学的大四学生。他在1988年获得博士学位后，回到了埃塞俄比亚，在那里他几乎没有人类学的同事，政府也停止了化石探索。从那以后，阿斯福就开始招募并指导了许多埃塞俄比亚的学者，现在他的团队大概有12个人。当地科学家可以保护文物、化石标本并且寻求政府的支持。阿斯福领导的古人类学研究在帮助政府认识到埃塞俄比亚的史前史研究的重要性上起到了关键作用。

2007年，斯万特·帕博（Svante Pääbo）被《时

史上的重要性。这些假说的不同之处在于这种基因流动是发生在20万年前还是200万年前。

从1997年开始，古人类分子遗传学家在马克斯·普朗克研究所的斯万特·帕博（见“人类学家札记”）的指导下，开始研究化石标本的线粒体DNA，以从原始的德国尼安德特人遗骸上提取线粒体DNA为开端。目前，这项工作已经扩展到细胞核DNA，包括2010年对整个尼安德特人基因组的绘制（Green et al.，2010），还包括对古丹尼索瓦人（Max Planck Institute for Evolutionary Anthropology，2014）和克鲁马努人基因组的绘制。现在科学家可以量化古代人和现代人基因组的相同之处。

代》杂志评为全球最具影响力的100人之一，他彻底改变了我们对古遗传学和人类进化的理解。帕博在瑞典出生并长大，父亲是爱沙尼亚难民，母亲是瑞典诺贝尔生物化学奖获得者。还是个孩子的时候，他就对埃及考古学有着浓厚的兴趣。这促使他在乌普萨拉大学学习埃及考古学，之后他转向医学。为了获得分子遗传学博士学位，他将DNA克隆技术应用于古人类遗骸，并在一具2400年前的埃及木乃伊中证明了DNA的存在。

1986年完成博士学位后，帕博加入了加州大学伯克利分校的基因实验室，这个实验室由发明分子钟的艾伦·威尔逊（Allan Wilson）领导（见第五章）。

古遗传学家斯万特·帕博策划了一些关于尼安德特人和其他古人类基因组的初步研究。

该实验室使用了新发明的聚合酶链式反应（PCR）技术。帕博专注于进化遗传学，开发了一种用来分析被损坏和污染了的古代遗骸DNA的方法。

1990年，帕博接受了德国的一个学术工作，并很快取得了科学上的成功：对尼安德特人的DNA进行测序，确定了人类和黑猩猩之间的一小部分遗传差异，并将FOXP2基因与语言联系起来。1997年，他成为马克斯·普朗克进化人类学研究所进化遗传学部门的创始主任。基于高通量DNA测序技术，他的团队根据从4500年前的化石中提取的DNA，对尼安德特人的基因组草图进行了测序，并发现了古人类和解剖学上的现代人之间杂交的遗传证据。他关于基因组的科学概述（2009年出版，有53位合著者）在全世界引起了轰动。

2012年，帕博的团队提取了出土于西伯利亚一个洞穴中的一块小型人类化石的DNA，他们确定这块化石有近8万年的历史。在绘制了它的基因组图谱后，研究小组得出结论，该化石代表了尼安德特人的一个未知的姐妹群体，现在被命名为丹尼索瓦人。这一发现证明了现代智人的祖先与尼安德特人和丹尼索瓦人在3万至10万年前进行了杂交。

帕博的开创性工作在几个方面对当代进化理论提出了挑战：它揭示了小部分现存人类的DNA来源于这两个古代人类群体；它促进了我们对史前人口流动的理解；它挑战了晚近非洲起源假说；最后，它表明人类群体之间的划分不是自然的，而是文化的。

尼安德特人与现在的欧亚人有2%至4%的基因是相同的，而现在的美拉尼西亚人与古丹尼索瓦人有4%至6%的基因相同。其他证明古代人群基因流动的证据来自化石，例如在西伯利亚发现的一块有45000年历史的大腿骨中，发现了一些和现代人相同的尼安德特人的基因链（Fu et al., 2014）。这两种假说都支持地区连续性，尽管地区连续性在尼安德特人身上似乎表现得不是很强烈。虽然基因同一性的比例很低，但并不能把古代人类排除到人类进化史之外。地理隔离的程度和新基因的流入，对遗留的古代分子特征的确切百分比有影响。相比于欧亚大陆的种群，丹尼索瓦人的特征，在更加孤立的岛屿种群中，可能会被更好地保存下来。这是由于尼安德特人居住在欧亚大陆使得基因流动更容易发生。

来自澳大利亚进一步的证据表明，具体的基因序列可能会“灭绝”，尽管该物种本身并没有灭绝。在这种情况下，一个出现在4万年到6.2万年前（所有人都同意的解剖学上的现代人）的澳大利亚人骨骼中的线粒体DNA序列，并没有出现在最近的澳大利亚原住民身上（Gibbons，2001a）。总之，基因证据曾经是晚近非洲起源假说的支柱，它现在证明了种群之间的基因流动，而基因流动一直是多地区连续性假说的核心。许多科学家提出了多地区连续性假说和晚近非洲起源假说的混合说。

解剖学证据

最近发现的化石为非洲最早的解剖学上的现代人标本提供了可靠的证据，但这并没有解决头骨形状的变化和保存在考古记录中的文化变迁之间的关系（图8.5）。大约10万年间，考古记录上的变化和解剖学上的现代人头骨的出现一直处于分隔状态。在这一点上，来自亚洲西南部的证据变得尤其有意思。亚洲西南部一些可被追溯到5万年到10万年以前的遗址中，有被描述为解剖学上的现代人化石和尼安德特人化石，它们和莫斯特技术有关。

然而，晚近非洲起源假说的支持者认为，解剖学

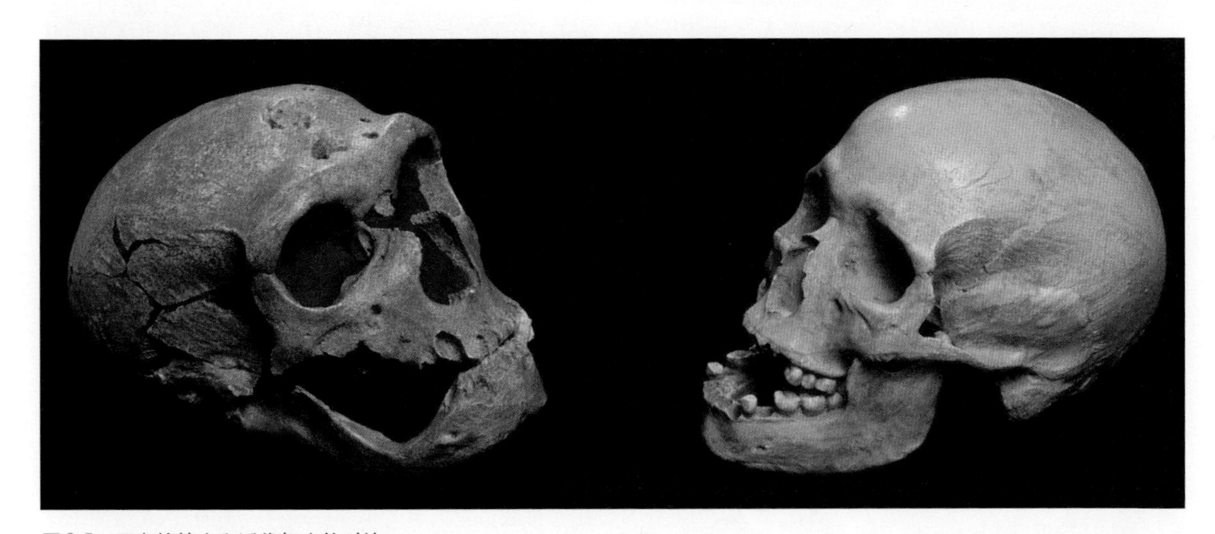

图8.5 尼安德特人和近代智人的对比

尼安德特人（左）和近代智人（右）的比较表明，尽管他们都拥有较大的大脑，但两者颅骨的形状存在着显著差异。尼安德特人有一张大脸、明显的眉脊和低而倾斜的额头，而近代智人则有着较高的前额和下巴。虽然从这个角度无法看见，但尼安德特人头骨的背面是很强健的（如图8.4中的赫托头骨）。赫托头骨还有哪些方面和这两个标本相似？这三个头骨又和图8.1中的克鲁马努人头骨有哪些相同或不同之处？

上的现代人和古老种群共存过一段时间，直到有着先进文化的“现代人”出现，才导致了古老种群的灭绝。尤其在欧洲有明确的证据显示，尼安德特人和现代人在3万年到4万年前曾共存过。然而，定义一个化石样本是尼安德特人或是现代人的同时说明了定义不同生物物种的困难，因为人类会发生变异。

如果我们从不同的人群出发，就像现存的人类，我们会发现，现代人身上的一些特征也出现在了近代尼安德特人身上。例如，来自法国圣塞赛尔的一个化石样本就有着较高的额头和明显的下巴。其他的尼安德特人也一样，下巴慢慢凸出，面部突起逐渐减少，边眉骨越来越小。然而，来自欧洲的最早的解剖学上的现代人头骨所表现出来的特点却往往让人想起尼安德特人（见第七章）。此外，一些典型的尼安德特人的特征，例如枕骨圆髻，也出现在今天的不同人群之中，比如南非的布须曼人（Bushmen），斯堪的纳维亚的芬兰人、萨米人（Sámi）和澳大利亚原住民。因此，我们可以看出，大约3万年到4万年之前，这一地区的人类种群是非常多样的，一些个体保留了更多的尼安德特人特征，而另一些个体表现出更突出的现代人特征（图8.6）。如果所有这些种群都是相同的物种，那么将会发生基因流动，个体就会表现出一系列特征。遗传学上的证据也支持这种生物特征的混合，这也与考古证据相符，即晚期尼安德特人在智力上与早期现代人并没有什么区别。

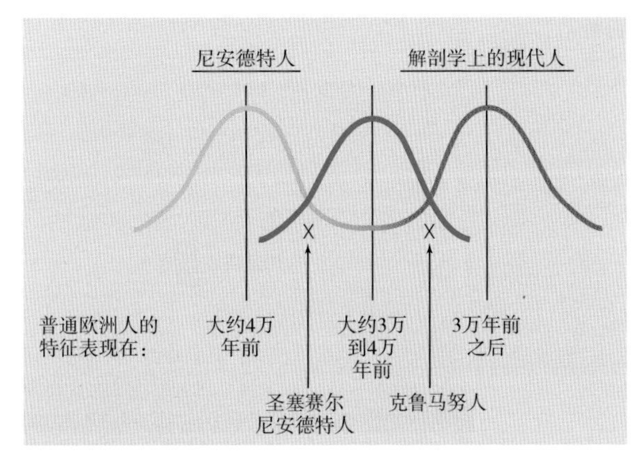

图8.6 **种群变异**

此图描绘了原本多样的人口的特征随着时间的推移所发生的转变，由尼安德特人变成更现代的人。我们希望找到一些30000年至40000年前的具有圣塞赛尔尼安德特人或者是现代克鲁马努人特征的个体。在这个过渡期的前后，尼安德特人和现代人都有着更多的经典特征。

文化证据

尼安德特人和解剖学上的现代人一样，在旧石器时代中期都使用了莫斯特工具包。在旧石器时代晚期的过渡时期，欧洲的尼安德特人形成了自己的旧石器时代晚期技术（Châtelperronian），而这可以与现代智人的工业技术相媲美。大约4万年前，一种被誉为“奥瑞纳传统”的新的旧石器时代晚期技术出现在了欧洲——是以法国城市奥瑞纳命名的，这种类型的工具首次在那里被发现。古人类学家通常认为从西南亚来到欧洲的解剖学上的现代人是奥瑞纳工具的发明者，然而，欧洲中部地区克罗地亚的凡迪加出土的尼安德特人遗骸与奥瑞纳的裂骨尖端有关（Karavanić & Smith，2000）。

有些人认为，尼安德特人的旧石器时代晚期技术是一次粗略的模仿，模仿了解剖学上的现代人所发展的真正技术上的进步。然而在某些方面，尼安德特人却胜过同时代的解剖学上的现代人，比如对红赭石的使用，奥瑞纳人使用的红赭石比晚期的尼安德特人所使用的更少。这不可能是尼安德特人对奥瑞纳人的想法和技术的借用，因为这种发展显然更早（Zilhão，2000）。

共存和文化传承

在旧石器时代晚期的文化创新发生很久之前，尼安德特人和解剖学上的现代人也在亚洲西南部共存过一段时间（图8.7）。不管是骨骼还是考古学证据都不

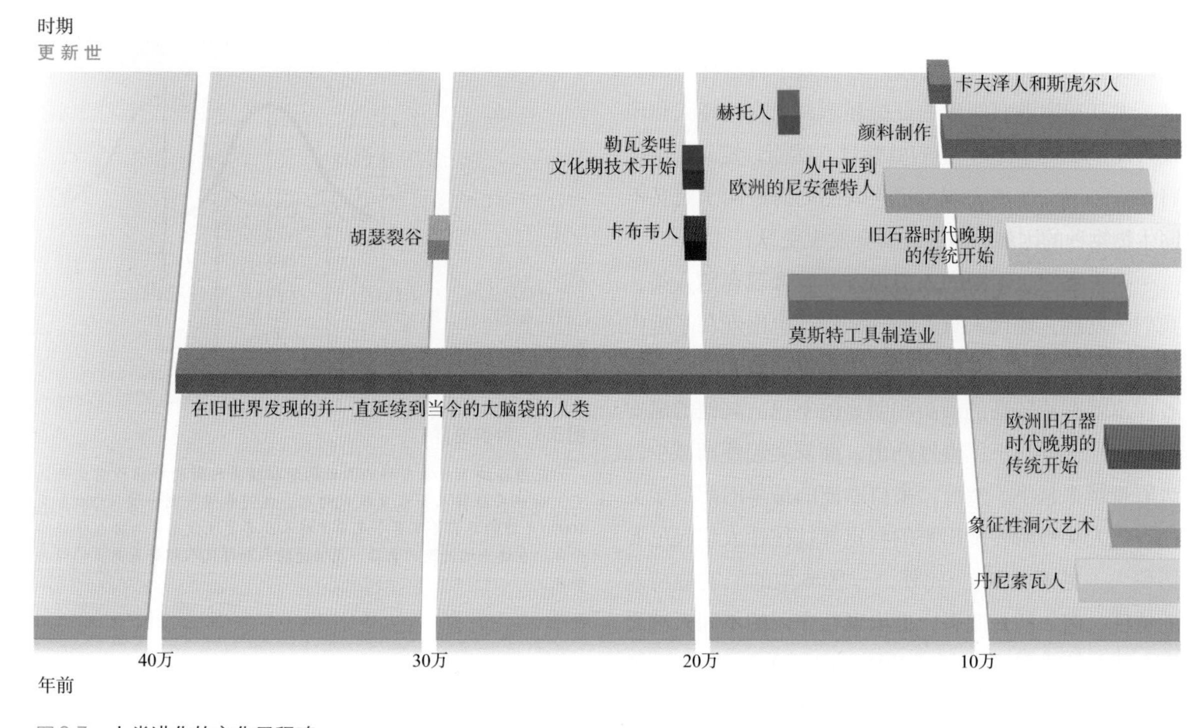

图8.7　人类进化的文化里程碑

大约40万年前，有着大脑袋的人属成员开始在非洲和欧亚大陆被发现，相应的文化改变也很显而易见。对亚洲丹尼索瓦人和尼安德特人的DNA分析表明，这些“同属”的化石群有着更深远的历史，他们的分支在6.4万年前产生了。当然，大脑袋的人属成员——也就是智人种的成员——一直发展到了现在。

能证明这些化石群之间存在文化差异或是绝对的生理差异。尽管尼安德特人的骨骼明确存在于以色列的克巴拉洞穴以及伊拉克的沙尼达尔地区，但在一些更古老的地区发现的骨骼已经被描述为解剖学上的现代人。例如，以色列拿撒勒地区附近的卡夫泽山洞遗址中出土的9万年前的骨骼并没有显示出尼安德特人的特点，尽管他们的脸和身体很大很重，符合现代人标准。一项比较头骨测量数据的统计研究表明，在卡夫泽山洞遗址中发现的尼安德特人头骨只是介于解剖学上的现代人和尼安德特人之间，略微更加接近尼安德特人（Brace，2000）。

同时期的来自卡梅尔山斯虎尔地区的头骨也是那些持续进化的有着明显尼安德特人特征的种群的一部分。斯虎尔地区和卡夫泽地区的人与克巴拉和沙尼达尔地区的人一样，都制作并使用了莫斯特工具，这削弱了一个概念，即生物上不同的群体有着不同的文化能力。事实上，最近的遗传学研究也支持这一观点，即这些种群并不是生物上隔离的种群。

通过对整个更新世持续有人类居住的地区的检测，我们发现，并没有显著的证据证明在旧石器时代中期和晚期之间，这些地区的人们存在行为差异。例如，旧石器时代晚期生活在克巴拉洞穴内的人们依然延续着和他们尼安德特人祖先一样的生活方式：获取同样的食物并用相似的方法加工，使用的烟囱和处理垃圾的方式也很相似。唯一明显不同的是，尼安德特人并没有像他们旧石器时代晚期的后代那样使用小石块或者卵石来堆火取暖。

尽管如此，许多在尼安德特人等古老群体中发现的大约2.8万年前的解剖学上的特征，似乎从欧洲、西南亚和中亚的化石记录中逐渐消失了。相反，有着更高的额头、更顺滑的眉脊和独特下巴的人似乎或多或少的有着欧亚大陆人的特征。然而，一次在全球范围内对各个种群进行的基因变异调查却表明：当代人类头骨并不符合标准进化理论提出的现代人的解剖学定义（如图8.2）。同样的，今天的人们拥有很多尼安德特人的特征，比如前面提到的枕骨。不论是现在的还是旧石器时代晚期的人类种群，都发生了很多生理变化。

古老人种间到底有多少基因在流动，这一点我们不可能精确地知道，但某些地区一些新奇的特征出现得比其他地区晚的话，也就为基因流动提供了证据。例如，一些北非的旧石器时代晚期化石遗骸显示出了平坦的面部，而这以前只在东亚的化石中出现过；相似的还有，大量来自欧洲的克鲁马努人化石显示出了短的上颚、水平的颧骨以及以前只在东亚人身上看到过的方形眼眶。相反，在一些中国古老智人的头骨上发现的圆眼、大额头以及薄颅骨代表了这些性状的第一次出现，而它们在欧洲是很古老的。这些物理性状的迁移有着复杂的遗传学基础，而这取决于种群间的基因流动。

即使面对着文化障碍，人类仍然有着在不同种群中交换基因的显著趋势。当两个亚种（有时甚至是种之间）开始在自然状态下接触或者是在人工饲养下繁殖时可能会产生杂交后代，我们的灵长目表亲也是如此。此外，如果没有这样的基因流动，演化必然会使现代人类出现多个物种，而这显然没有发生。事实上，现代人类种群间较低水平的遗传分化可以解释为高水平基因流动的结果。

种族和人类进化

尼安德特人的问题所涉及的远非简单的化石证据解释，它提出了关于生物和文化变迁之间关系的基本问题。那就是，一系列的生物学特征可以表明特定的文化能力吗？

当我们考察了这一章节和其他章节的化石记录后，基于生物上和考古学上的特征，我们推断出了我们祖先的文化能力。大约250万年前，智人脑容量的增加支持了一个观点，即比起南方古猿，这些祖先有能力进行更复杂的文化活动，包括制造石器。当我们更接近现代，我们也能做出相同的假设么？我们能说只有那些有着高额头、低眉骨的解剖学上的现代人，而不是那些有着现代脑容量的古老智人，才有能力制造出复杂的工具、创造出具象艺术吗？

多地区起源假说的支持者认为，我们并不能这样说。他们认为，用一系列生物上的特征去代表一种人（尼安德特人）的文化能力，就像是我们基于现代人的外观去判断他们的文化能力一样。对于现存的人群，这种假设涉及偏见，甚至种族主义。晚近非洲起源假说的支持者认为，他们的理论涵盖了非洲人类起源，所以不能说它存在偏见。

古人类学家都承认晚近非洲起源假说适用于最初的两足动物和人属，但大量的分歧还是存在于关于生物变异和文化变迁之间关系的解释上。旧石器时代中期的化石和考古证据并不表明，文化创新和头骨形状上的生物变化间，存在简单的一一对应关系。

旧石器时代晚期技术

在旧石器时代晚期，新技术的核心准备期带来了高标准刀片更加集约化的生产，并使得该类型工具的数量激增。工具制作者制作了一个圆柱形的核心，敲击核心边缘的刀片，并重复这个过程，沿一个方向围绕核心敲击，直至接近它的中心（如图8.8）。这个过

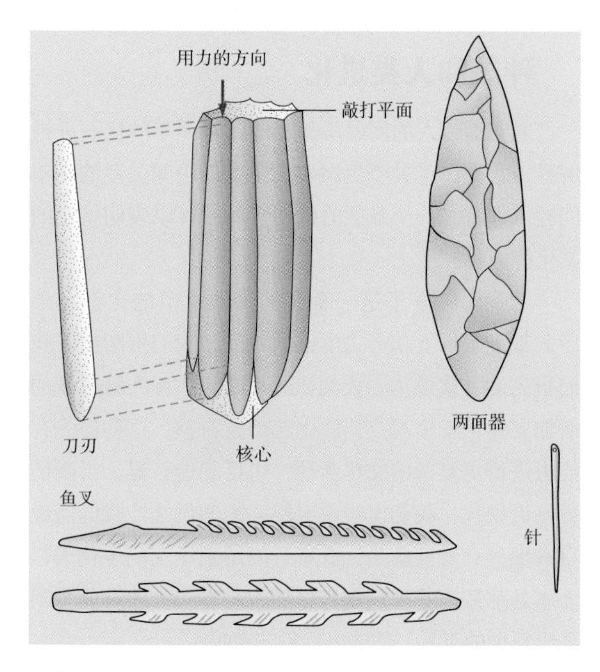

图8.8　旧石器时代晚期工业

旧石器时代晚期的技术允许大量工具的制造，包括从一块精心准备的核心生产出高效的刀片工具。除此之外，压力剥落技术使工具制造者可以用骨头、鹿角，还有石头来制作精细的鱼叉和有眼的针，以及精细锻造的叶状的手斧，这些都带有欧洲梭鲁特工业的特征。

程类似于慢慢剥掉一个洋蓟的长叶。有了这个刀片技术，旧石器时代晚期的燧石碎石器可以从一个1千克（约2磅）重的石块上得到23米（约75英尺）的工作刃；一个莫斯特碎石器则只能从相同大小的石块上获得1.8米（约6英尺）的工作刃。

其他高效的工具制造技术也在这个时期得到了普遍使用，其中一种方法是压力剥落，使用骨头、鹿角或是木头工具利用压力完成石制工具生产的最后一步，而不是剔除小片（图8.9）。这种技术的优点是，工具制造者对工具的最终形状拥有更大的控制权，相比于仅依赖剥落碎片而言。在西班牙和法国发现的梭鲁特月桂叶形状的刀具，就是这种技术的例子。这些工具最长的有33厘米（约13英寸），厚度不超过1厘米（约四分之一英寸）。通过压力剥落，工具可以被非常精确地加工成各种形状，并且，磨损的工具可以一次又一次有效的重磨直至小到不能使用。

尽管这种技术发明于旧石器时代中期，但雕刻刀——有着凿子状边缘的工具——在旧石器时代晚期才变得更为常见。雕刻刀使得骨头、牛角、鹿角、象

图8.9　压力剥落

燧石匠威利·科普斯（Willy Kemps）和其他从事实验考古学的学者一样，掌握了压力剥落等古代工具制造技术，并了解了不同的地区所使用的原材料。图中，他正在使用驼鹿角按压，而不是敲掉边缘的碎片。这种技术允许过去和现在的燧石制造者能够创造比莫斯特技术更复杂的工具，如图中显示的成品。

牙变成了更有意义的工具，比如鱼叉、鱼钩、有眼针等。这些工具使得智人的生活变得更为轻松，尤其是在寒冷的北方地区，在那里，缝合的兽皮对保暖尤为重要。

投矛器——因使用它的阿兹特克人（纳瓦特尔）被命名为atlatl——也是在这个时期出现的。投矛器是由木材、角或骨头制成的装置，其中一端被猎人握在手上，另一端有一个孔或钩子，用来放置矛。它可以有效地延伸猎人手臂的长度，从而增加矛抛出时的速度和推力，穿透厚厚的猎物。更大的推力使得作为捕猎工具的投矛器的效率大大提高（图8.10）。古代的工具制造者经常在投矛器的手柄上雕刻成精致的动物图腾（图8.11）。

使用手持长矛时，猎人必须靠近他们的猎物才能进行猎杀。他们要捕的很多动物又大又凶，所以这是件很危险的事。由于必须近距离攻击并且瞬间击杀的可能性不大，这就使得猎人面临着相当大的风险。但投矛器出现后，有效猎杀距离也得到了增加。实验证明，使用投矛器后一支矛的有效猎杀距离在18米到27米（60英尺至88英尺）之间，如果没有投矛器这一距离会明显缩短。

在确保狩猎成功的情况下，猎人可以安全地缩短猎杀距离。在矛上使用毒药，可以在一个较短的范围内降低猎人的风险，就像现在坦桑尼亚哈扎猎人所做的那样。考古记录为这种创新提供了证据，如一些微小而锋利的石刀发明，它们可能被作为毒镖使用或被用作投毒的工具。这些“细石器”最早的例子始于旧石器时代晚期的非洲，但是直到中石器时代或是新石器时代中期才开始普及，这会在第九章详细地进行描述。

另一项重要的发明，就是捕网，大约出现在2.2万年至2.9万年前。打结的网是用野生植物如麻或荨麻的纤维制成的，人们走在上面会在木屋的黏土地上留下脚印。木屋烧毁后，这些痕迹会留在地上，而这为网的存在提供了证据。它们的使用是考古遗址中野兔、狐狸和其他小型哺乳动物以及鸟的骨头大量存在的原因。就像历史上已知的和当代用网捕猎的猎人一样，刚果姆布蒂的所有人——男人、女人和孩子——都可

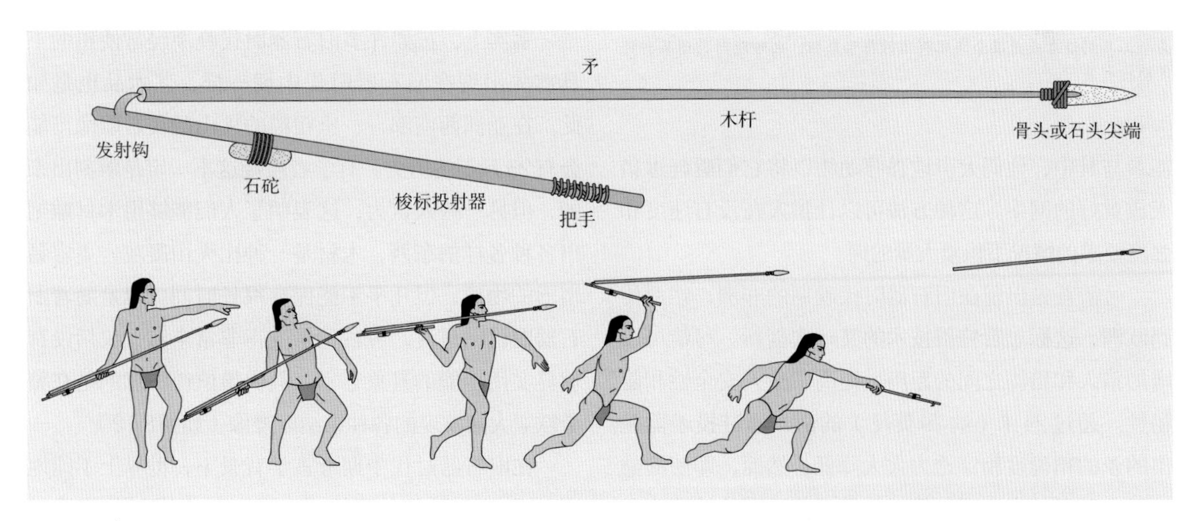

图8.10　**投矛器**

投矛器（atlatl）使得旧石器时代晚期的人们可以在安全距离内向动物投掷长矛，同时还能保证较高的速度和准确度。旧石器时代晚期的艺术家经常将投矛器的艺术外观和使用功能结合起来，用动物图案装饰投矛器。

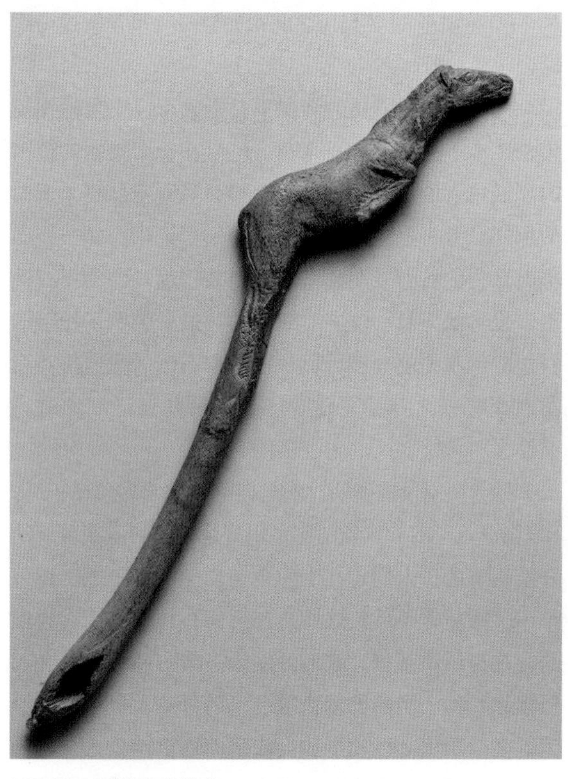

图8.11 早期生产艺术

一些投矛器的手柄似乎会被大规模地生产成同一个动物的形象，比如图中这匹多次出现在考古记录中的15000多年前的马。这可能是某个工具制造者或是某个文化群体的符号象征，也可能与狩猎某种特定动物有关。

能参与其中，他们大声地恐吓动物以将它们驱赶进猎人放置好的网中。这种方法可以让猎人在没有速度和强度要求的情况下积累大量的肉。

弓箭首先出现在旧石器时代晚期的非洲，然后传到欧洲，这标志着狩猎技术的又一次创新。弓箭可以增加猎人和猎物之间的距离，提高了猎人安全性和隐秘性。超过24米（约79英尺）的话，通过投矛器抛出的矛的精确度和穿透力大大降低，然而，即使简陋的弓也可以射出更远的箭，并且有着更高的精确度和穿透力。如果有一张好弓，即使是在91米（约300英尺）远的地方也能有效地进行捕猎。这既极大地降低了猎人在捕猎时因为猎物求生反抗而严重受伤的风险，又降低了惊扰动物而导致其逃走的可能性。

旧石器时代晚期的工业技术使过去的人们能够适应居住地各种不同的环境。堆放着数千具动物骨骼的墓地表明，人们在获取食物方面已经变得很熟练。例如，法国梭鲁特旧石器时代晚期的猎人在一段时间内杀死了1万匹马；而捷克共和国普利德摩斯提的猎人（Predmosti）杀死了1000头猛犸象。欧洲猎人所青睐的大型猎物是驯鹿，他们猎杀的驯鹿数量甚至更多。

旧石器时代晚期艺术

虽然工具和武器展示了旧石器时代晚期人们的聪明才智，但艺术表现为他们的创造力提供了最好的证据。有人认为，这种艺术表现可能是因一种新进化的生物学上的能力而产生的，这种能力使人可以操纵符号和图像。然而，古老智人现代规模的大脑和越来越多的语言和行为上的令人信服的象征意义证据，比如墓葬，正在削弱这一观点。就像后来出现的农业（见第九章），艺术表现的大爆发可能只不过是一个已经拥有了几十年艺术创造能力的民族的创新成果。

事实上，正如许多旧石器时代晚期经常使用的工具首先出现在旧石器时代中期一样，艺术品也是如此。在亚洲西南部，一座粗糙的火山凝灰岩雕像可能会有25万年的历史。有学者质疑这不一定是雕刻出来的，但另一些人认为，这表明了人们能够用木材雕刻出各种各样的东西，木材是一种比火山凝灰岩更容易塑形的物质，但几乎不能保存很长时间。但是随着旧石器时代的过渡，考古记录变得非常丰富，包括没有明显实用功能的具象艺术。其中最值得注意的是在整个欧亚大陆发现的各种维纳斯雕像（如图8.12）。

在旧石器时代中期考古学背景下，世界上不同地区的古老人群也会用赭石“蜡笔”来进行装饰或标记。例如在南非，经常被使用的黄色和红色赭石可以追溯到13万年前，还有一些证据可以追溯到20万年

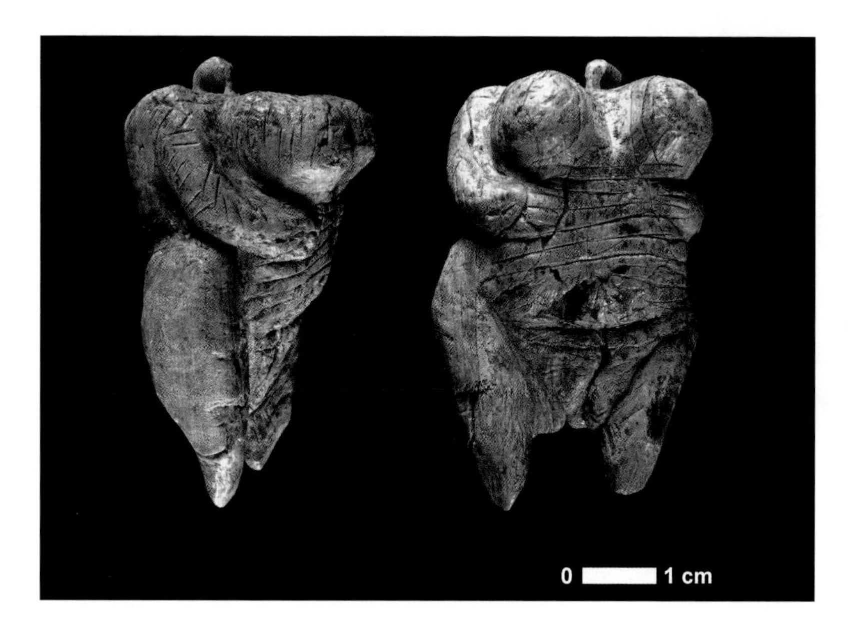

图8.12 霍赫勒菲尔斯洞穴的维纳斯雕像

这个有着3.5万年历史的小维纳斯雕像（尺寸和重量大约相当于一小串葡萄）在2008年出土于德国西南部富含考古发现的菲尔斯洞穴。由于它与欧洲最早的无可争议的智人有关，它改变了古人类学对具象艺术起源的解释。在此之前，最早的形象化艺术只有动物绘画，约3万年前才出现人像。这个雕像有夸张的乳房和外阴以及风格化的标志，与著名的史前维纳斯雕像类似，它表明了女性生育能力对我们祖先的重要性。有些人认为，这些雕像表明我们的祖先可能是崇拜女性生育孩子的力量。

前。颜料的系统生产出现在10万年以前，就像第七章中提到的南非颜料厂。在该地遗址的布隆伯斯洞穴中，考古人员发现了用于磨削赭石颜料的大鲍鱼壳和专门的石头。他们还发现了一只海豹的肩骨，其中的骨髓被取走了，而骨髓是颜料的关键成分。古艺术家们显然是将赭石与骨髓、木炭和水混合后制成颜料的。该遗址的相关文物包括大块的井字赭石，以及可以追溯到7.7万年前的涂抹着赭石颜料的珠子。

古代人很可能已经在他们的身体上使用了这些着色颜料，以及一些物品上，比如小珠子和有着5万年历史的猛犸象牙护身符，这在第七章中出现过。回想一下，处于莫斯特文化背景下的人们在墓葬中也使用了赭石。图8.13中的时间线显示了一些旧石器时代晚期的文化活动以及人们开始这些活动的年代。

音乐

音乐在旧石器时代晚期人们的生活中起到了一定作用，这是通过在各个地区发现的骨笛和口哨表现出来的，最近期的发现可以追溯到3.5万年前。但同样的是，这些乐器可能源于在旧石器时代中期的原型，例如在第七章中讨论过的尼安德特人骨笛。虽然我们无法知道具体的时间和地点，但有一些天才发现了弓不仅可以用来猎杀猎物，同样也可以用来创造音乐。由于弓箭的首次出现是在旧石器时代晚期，所以音乐弓也有可能是从那个时候开始出现的。最古老的弦乐器——音乐弓，使得今天的各种丰富的乐器变成可能。

石窟或岩石艺术

石窟艺术的最早证据来自澳大利亚，并可以追溯到至少4.5万年前。它完全由几何图案和重复性的图案组成。章节开篇描述的苏拉威西岛的洞穴艺术也一样古老。欧洲的形象化图片可以追溯到4万年前，而南非的岩棚和露出来的岩层上也现出了同一时期的版刻画和绘画。有着10万年历史的南非涂料厂提供的证据表明，绘画艺术可能在更早的时候就出现了。布须曼人继续创作着各种形式的岩画，一直到现在。以人和动物为特征的场景，都被以非凡的技巧描绘了出来，并常常与几何图案和其他抽象图案有关联。一些遗址

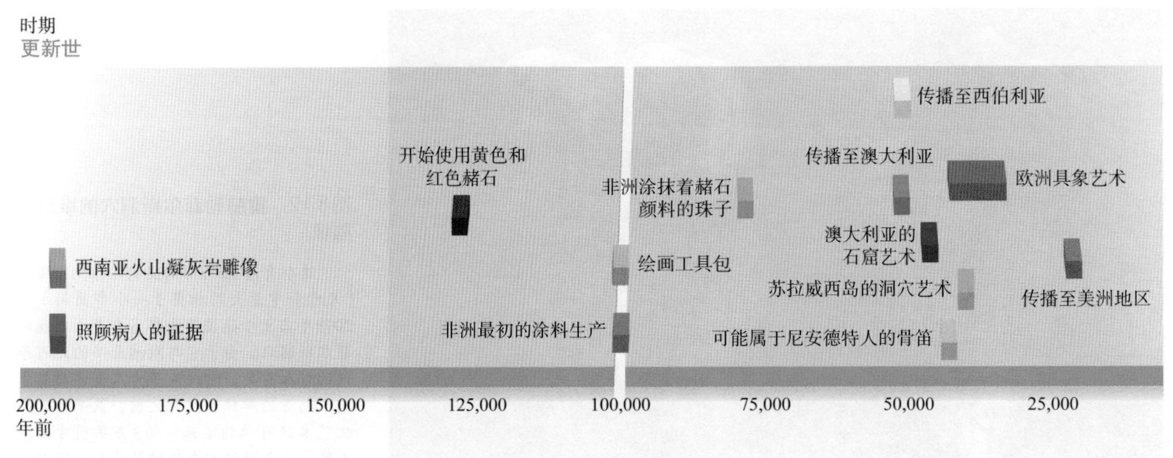

图8.13 **旧石器时代晚期的文化创新**

这条时间线表明了与旧石器时代晚期有关的一些文化创新的年代。还有支持其他创新存在的证据，例如这一时期的葬礼和音乐。

揭示，古代人有着看似不可抗拒的冲动在原有的岩画上进行创作，然而另一些人则会在新的地方创作，也就是我们今天所说的涂鸦。

这种石窟艺术传统的延续，一直不间断地传到现在，使科学家发现了这种艺术意味着什么。现在的人们将艺术和巫术紧密联系在一起，有许多场景描绘了在恍惚状态下看到的景象。在扭曲艺术中，一般来说，人物形象的扭曲代表了个体在出神状态下的感觉，而几何图案描绘的幻想则起源于中枢神经系统意识状态的改变。当一个人进入恍惚状态时，就会出现内视现象——发光的栅格、圆点、曲折的线，还有其他一些发着光，并不断跳动、旋转并扩大的图案，这些都被看作一个人进入了恍惚的状态（如图8.14）。偏头痛患者也会遇到类似的幻觉，内视现象是前面提到的澳大利亚洞穴艺术的典型特征。

在近代的许多文化中，几何图案都被用来作为家谱图案记录起源和后世的象征性表达。这种艺术中所描绘的动物，常常表现出惊人的现实主义，而且并不是那些经常被食用的动物。相反，它们是像大角斑羚（一种非洲大羚羊）一样强大的野兽；这种力量对于萨满来说非常重要——萨满能熟练地操纵超自然力量和精神力量为人类造福——他们试图利用这种力量来祈雨、治疗并进行其他仪式。

最著名的旧石器时代晚期艺术出现在欧洲，主要是因为大部分史前艺术的研究者本身就有欧洲背景。尽管这种最早的艺术采用了雕塑和版画的形式——经常描绘驯鹿、马、熊和山羊等动物——法国南部和西班牙北部的近200面墙上或洞穴中，具象艺术壮观的绘画作品比比皆是。除了西班牙埃尔卡斯蒂略的3.9万年前的遗址，最古老的这些画都来自3.2万年前（图8.15）。在对冰河时代哺乳动物的精确描绘中——包括北美野牛、欧洲野牛、马、猛犸象和雄鹿——一个动物经常被画在另一个动物上面。

尽管人类在岩石艺术等媒介中得到了很好的展现，但没有被经常描绘在岩画中，也没有出现在一些事件的场景中。相反，画中的动物经常是从自然中被提取出来并以二维方式呈现出来的，这对早期的艺术家来说是不小的成就。艺术家有时会利用凸起和岩石的其他特征来赋予作品更多的立体感。通常情况下，这些画都在很难找到的地方，即使在更容易找到的位

图8.14　**石窟艺术中的内视现象**

澳大利亚西部金伯利地区的这些岩画艺术，描绘了舞者在恍惚状态下与万第娜（创造之神）交流时所看到的事物。锯齿形线条、圆形、点和螺旋（如洞顶所示）等简单的几何图案，以及人和动物的形象在这些画中都是非常常见的。

置有合适的表面来创作，艺术家也并没有使用。艺术家工作时使用的灯具在一些洞穴中被发现，这些灯具像是汤匙形状的砂岩，里面有动物脂肪燃烧过的痕迹。实验已经证明，这些灯具可以在几小时内提供充足的照明。

法国考古学家米歇尔·洛布兰谢特（Michel Lorblanchet）1990年的实验工作揭示了旧石器时代晚期人类创造洞穴壁画时所使用的技术（在科普作家罗杰·勒温的“原著学习”中有所描述）。有趣的是，这种技术竟然和澳大利亚原住民岩石画家、印度尼西亚苏拉威西岛艺术家使用的技术相同。

通常，用来解释早期欧洲洞穴艺术的理论依赖于推测和主观性阐释。一些学者认为这是为了艺术而艺术，但如果真的是这样，为什么往往把动物覆盖地画在另一个动物上，并且，为什么它们常常处于难以接近的地方？后者可能支持这些艺术是为了服务于仪式性的目的，并且认为这些洞穴是宗教圣地。

一种看法认为，这些动物绘画会被用来确保狩猎的成功，另外，也可以看作一种提升繁殖力和扩大人类所依赖的畜群规模的方法。例如，西班牙北部的阿尔塔米拉洞穴中的艺术展现了对野牛有性生殖的普遍关切。尽管如此，洞穴艺术中的绘画展示的动物通常

图8.15 **肖维岩洞**

人类祖先大约在3.2万年前在法国的肖维岩洞内画了野牛、黑豹和犀牛的图像。这些古老的画作反映了人们沟通、记录并分享意见的基本需求。然而，创作这些古画的能力，就像当代人类文化一样，是根植于人类手、眼和大脑的生物特性。因为这种出现在旧石器时代晚期的艺术表现形式能为具有这种能力的新物种提供证据吗？或者这仅仅是人类进化史上文化进步的一个证明？你是否认为我们早期祖先的艺术作品没有保存在考古记录中？

并不是那些最常被猎杀的动物。并且，洞穴艺术很少展示正在被猎获、被猎杀、交媾、生育的动物，或者拥有夸张性器官的生物，正如维纳斯雕像所展示的那样（Conard，2009）。

另一种说法认为这是原始人的入会仪式，比如标志着从孩童期向成人期转变的成人礼。为了支持这一观点，在一些洞穴的黏土地面上还发现了普遍很小的脚印，而且其中一个洞穴的脚印甚至环绕着一头野牛。同时，又好像是古代儿童的小手造成了这些手指状的“凹槽”，未上颜料的槽转变成了洞穴墙上的柔软表层（Sharpe & Van Gelder，2006）。洞穴中儿童的在场表明，年长者正在通过这些绘画动物、数不清的“符号”和抽象的图像向新一代传授知识，它们都是旧石器时代晚期艺术的组成部分。一些学者将这些标志解释为对被猎杀动物的记录或者一种根据农历计算时间的方法。

这些抽象的设计，包括那些派许摩尔洞穴马身上的斑点，已经显示了其他可能性。在很大程度上，这些内视设计与非洲南部和澳大利亚西部的岩画艺术中展现的绘画保持一致。除此之外，南部非洲的岩画艺术同样展示了新图像覆盖于旧图像之上的绘画，并且，同样专注于大型、强壮的动物而不是他们经常食用的动物。因此，欧洲的洞穴艺术可能很好地代表了对恍惚体验的描画，是在恍惚状态结束后记录下来的。与这一阐释相一致的是，洞穴的隔绝状态和洞穴中墙面迷人的光亮本身就有助于引发某种会导致恍惚状态的知觉扭曲。

旧石器时期的绘画工作

罗杰·勒温

洛布兰谢特（Lorblanchet）最近出资对欧洲最重要的冰河时代图像之一进行重建，这是一件非常重要的事。“我想放弃现代公民的外表，试图去体验艺术家的感觉，进入石头和艺术家之间的对话”，洛布兰谢特这样说道。1990年的秋天，他每天从家里驱车20千米到卡雅克的中世纪村庄河边的山丘上，这持续了一周时间。在那里一个很小且人迹罕至的洞穴内，他把自己变成了一位旧石器时代晚期的画家。

不仅是旧石器时代晚期的画家，还有活在1.84万年前的画家，他们在著名的派许摩尔（Pech Merle）洞穴中制作出了带有斑点的马。

在派许摩尔洞穴地下丰富的地质奇观中，仍然可以发现原始的马匹。从一个狭窄的通道进去后，你很快就会发现自己将视线凝聚在了一个巨大的洞穴上，那里的画作就像是挂在黑暗之中。“外面的风景与旧石器时代晚期的人看到的大不一样”，洛布兰谢特说：“但是这里的风景和1.8万年以前的风景是一样的，你可以看到旧石器时代晚期的人们都经历了些什么。”无论你怎么看这个洞穴，视线都会集中到这些马的画像上。

两匹马背对着彼此，屁股稍有重叠，轮廓是黑色的。由于右边的那只与嵌板上的一个曲柄杖重合，这个曲柄杖就成了马匹头部最完美的天然塑形，它看起来好似一匹活生生的真马。但是当观者的视线转移到绘画上的黑色圆点时，自然主义的印象很快就会消散。画上有200多个黑点，有计划地围绕在右边那匹马头部和鬃毛周围并分布在身体的内部及下侧。更为神秘的是一个个的红点点、半圆圈和一只漂浮的鱼的轮廓。这幅超现实主义画像的动物上方和下方还印有六只无实体的人手。

十多年前澳洲研究之旅归来以后，洛布兰谢特就打算重新创造这些马。澳洲不仅是岩画艺术的宝库，那里的原住民现在依然在创作岩画。“我在昆士兰学到

旧石器时代晚期的一名艺术家在法国的派许摩尔洞穴中绘画了这匹布满斑点的马。注意上面有与在埃尔卡斯蒂略洞穴中见到的类似的手掌意象。

了将颜料喷洒在岩石上来绘画的方法，”他回忆道，“人们轻拍颜料并且用他们的手、一块布或者一支羽毛作为隔板来创造不同的线条和其他效果。澳大利亚其他地方的人将咀嚼过的嫩枝作为画笔，但是昆士兰喷洒技术做出的效果是最佳的。”当地岩石的表面非常不平坦，不适合大规模作画，他补充道——凯尔西的岩石也是如此。

洛兰布谢特回国以后，他开始以一种全新的眼光来观察凯尔西岩画。他开始注意到喷洒绘画（Spit-painting）的迹象——线条的边缘轮廓，一端界限分明，另一端却含糊不清，就像用喷枪喷洒的那样——而不是他和其他学者曾经推测的笔触。他想知道的是，能否用相同的技术画出两端边缘都清晰的线条或是圆点？考古学家很早就认识到，史前艺术中十分常见的手印画，是将手贴在墙上以手的轮廓来喷洒颜料制作的。但没有人想到可以用这种方式创造出完整的

动物形象。尽管如此，在检测自己的想法前，洛布兰谢特必须找到一个合适的岩石表层——原始的马被绘在一块长13英尺、高6英尺的粗糙的垂直嵌板上。在一位洞穴学家（洞穴科学家）的帮助下，他最终在山上一个偏远洞穴中寻找到了合适的岩石表层来展开工作。

依循着曾经目睹过的做法，洛布兰谢特首先利用一根烧焦的棍子画了一幅马的轮廓草图。然后，他为这次绘画准备了黑色的颜料。“我本来打算利用二氧化锰，正如派许摩尔画家所做的那样，”洛布兰谢特指的是早期艺术家绘画时所使用的一种矿物质碎末。“但是有人告诉我这些二氧化锰有毒，因此我使用木炭来代替它。”（由于其他洞穴中的旧石器时代艺术家将木炭作为颜料，洛布兰谢特认为他能够证明自己对安全的让步是合理的。）为了将木炭运用到绘画中，洛布兰谢特用一块石灰石来碾碎它，并将粉末吞入嘴里，用唾液和水来将它稀释到恰当的浓度。他用当地铁含量丰富的黏土中的赭石制作了红色颜料。

他从画右手边那匹马的黑色鬃毛开始。“我喷洒了一系列圆点，并将它们融合在一起，以展现一绺绺的毛发，”他说，在说话的时候他并未意识到自己正在重复喷洒行为。“然后我将手贴在岩石上，往手下面吹颜料，来画出马的后背。”——他将手掌平直地放置在岩石上，同时收拢拇指以形成一条直线——“将手当作一个模型来使用以画出一个清晰明确的上边和一个模糊不清的下边。以此方式，就可以得到了动物的圆形侧面。”

在进行的过程中他做着尝试。“你看到马消瘦的屁股了吗？”他一边问一边指着原始岩画，“我将手掌垂直地贴向岩石，并将手掌稍微弯曲，沿着手掌和岩石所形成的边缘喷洒颜料，以此方法进行复制。”他发现能够通过向平行的手掌间隙处喷洒颜料来画出轮廓明晰的线条，比如尾巴和后腿上部的线条。

马的腹部需要更多的独创性；他将自己的两只手掌作外八状以形成V字形，并向其中喷洒颜料，进行摩擦以形成割刈的弯曲线条来塑造腹部的轮廓，然后用手指来描画出简短突出的线条以展现动物蓬松的毛发。他发现，轻轻地向墙面吹撒木炭是无法形成整洁的圆点的。他必须通过动物外皮上的一个洞来喷洒颜料。“我连续一周每天花费7个小时在这幅画上，”他说，“喷洒……喷洒……喷洒……这是一项十分耗费心力的工作，而且洞穴中还有一氧化碳。但是你可以体验到一些特别的东西。你会感觉到你正在向着岩石表面传送着图像——将你的灵魂从身体最深处投射到岩石表面。”

难道这就是旧石器时代画家在创作这一形象时的感受吗？“是的，我知道这可能听起来不太科学，”洛布兰谢特用他那高度个性化的调查风格式的口吻说道，“但是构造主义者的智力游戏并没有告诉我们很深入的信息，难道不是吗？研究岩画艺术不应该成为一项智力游戏，它应该致力于理解人性。这就是为什么我相信实验方法在这一案例中是有效的。”

装饰艺术

无论艺术性表达曾经的目的是什么，它都不仅仅局限于岩石表面和易携带物体。旧石器时代晚期的人们还用带孔的动物牙齿、贝壳，以及用骨头、石头及象牙制作的珠子来制成项链、戒指、手镯，以装饰身体。他们的衣服上也装饰有珠子。有许多艺术品也可能是用一些更精致的材料制作的，如木头、树皮、兽皮，这些并没有被保存下来。因此，一些有人居住过的地方，旧石器时代晚期艺术稀有，可能是由于一些材料并没有在考古学记录中被保存下来，而不是因为它们从未存在过。

性别和艺术

正如图8.12所显示的，旧石器时代晚期还包括无数性感的女性雕像，她们的身体通常被塑造得很夸张。许多看起来是怀孕妇女，还有一些展示出了分娩姿势。这些所谓的维纳斯雕像出土于从法国西南部一直到西伯利亚的遗址中。它们由石头、象牙、鹿角或者烘焙的泥土制成，各地之间的风格差异很小，说明思想跨越了遥远的距离。尽管一些学者认为维纳斯雕像与繁殖力崇拜有关，另一些人认为它们可能是部落之间为了巩固联盟而交换的物品。

艺术历史学家勒罗伊·麦克德莫特（LeRoy McDermott）提出维纳斯雕像代表了“普通女性对她们自己身体的看法”，也是最早的自我展示的例子（McDermott，1996）。他认为维纳斯雕像中对女性特征的扭曲和夸大源自古代艺术家俯视自己怀孕身躯的视野。研究旧石器时代的考古学家玛格丽特·康基（Margaret Conkey）打开了这类阐释的大门，她在著作中将性别理论和女性理论与考古科学结合起来。

由于对欧洲旧石器时代晚期的艺术特别感兴趣，康基已经花费了几十年来挑战传统观念，即旧石器时代的艺术是男性艺术家创作的，是与狩猎活动有关的精神性信仰的表达。她强调，许多对过去行为的重建依赖于用当代性别规范来填满考古学记录上的空白。康基认为当今的刻板印象可能扭曲了我们对于过去的看法，因此她试图在自己指导的考古学研究中寻找有关性别角色的线索（Gero & Conkey，1991）。

在这点上，注意当前科学家倾向于从性的角度来解释维纳斯雕像，而不是从繁殖力和生育的角度。例如，英国考古学家保罗·梅拉斯（Paul Mellars）对一篇描述霍赫勒菲尔斯洞穴中维纳斯雕像的文章评论道：“这一形象明白且公然地代表了一个拥有夸张性特征（大而突出的乳房、极其放大和明显的阴户、发胀的腹部和大腿）的妇女，依照21世纪的标准，它们可以被看作与色情沾边”（Mellars，2009，p. 176）。梅拉斯对维纳斯雕像的反应显示了如今对于裸体妇女塑像的态度，而不是一名古代艺术家的意图。

人类生物学也提供给我们一些线索。胸部和腹部在怀孕过程中会扩大；阴户周围的组织在生育过程中会极其明显地增大和扩张。生育后，胸部会因乳汁继续膨胀。这些生理上的变化对旧石器时代晚期的人们来说就像狩猎经历一样令人敬畏，而梅拉斯之所以将展示这些生物性变化的艺术作品解释为“色情”，是因为受到了他所处文化性别规范的影响。具有不同世界观的当代人就不会从此角度来看待这类雕像。

旧石器时代文化的其他方面

旧石器时代人不仅居住在洞穴和岩石庇护所中，也居住在建于户外的建筑物中。例如，在乌克兰发现了相当大的住所遗址，其中棚屋是建立在复杂丰满的长毛象骨头框架上的（图8.16）。当地面结冰时，人们加热鹅卵石后会将其放置在泥土中使其吸湿，以此方式来保持地板的坚固和干燥。他们的灶台采用的并不是散发热量较少的浅凹或者平坦表层，而是用石头砌成的深坑，这样可以长时间保存热量，可以使烹饪更高效。

旧石器时代晚期，人们在户外穿的是某种特制的衣服，与历史上北极人和靠近北极地区的人穿的是一样的类型。并且，他们还从事长距离的贸易活动，例如，欧洲北部波罗的海遗址中的贝壳和琥珀，其残骸所在地距离它们的原产地几百千米。虽然旧石器时代中期的人们也使用珍稀的、产地遥远的原材料，但是这在旧石器时代晚期人们的生活中更为常规得多。

旧石器时代晚期的人口扩散

旧石器时代晚期的人们扩散到了一些古代先辈尚未到达的地区。西伯利亚南部的殖民活动可以追溯到大约28万年前。大约1万年之后，旧石器时代晚期的人们到达了该区域的东北部。虽然到达这一地区并不需要穿越大片水域，但要想定居在澳大利亚和美洲地区的话，就需要经历这些。

图8.16 旧石器时代的长毛象骨头住所

图中展示的是一个用连接缠绕的长毛象骨头所建造的住所。这些房屋通常是圆的，有一个中心灶台或几个分散的灶台。住所四周通常有骨头坑、屠宰区和燧石敲击区。人们会策略性地在迁移路线附近的古老河流沿岸建造这些住所，方便他们在大草原与河流之间放牧畜群。尽管这些住所大部分可以追溯到距今1.4万年至2万年以前，但摩尔多瓦的一个遗址可以上溯到距今4.4万年前，它与典型的尼安德特工具有关。另一些学者认为摩尔多瓦遗址代表了一个狩猎陷阱的残骸。

萨胡尔

距今5万年至6万年前，人们到达了澳大利亚、新几内亚和塔斯马尼亚岛，之后三个地区连接成了一块单一大陆，被称作萨胡尔。为了做到这一点，他们不得不利用某种类型的水运工具，因为萨胡尔与爪哇、苏门答腊、婆罗洲和巴厘岛相分离，它们在地理上都是亚洲大陆的一部分。在冰川作用最大、海平面较低的时候，这些岛屿互相联系起来而结成了一块单一的被称为苏丹的大陆，但是有一条深的海沟——华莱士海沟，是以阿尔弗雷德·拉塞尔·华莱士（Alfred Russel Wallace）命名的，他与查尔斯·达尔文同时发现了自然选择，并在该地区进行了田野工作——总是把苏丹和萨胡尔分离开。

人类学家约瑟芬·博德瑟（Joseph Birdsell，1977）提出了几条岛屿间的航海路线，以在这些大陆之间建立通道。每条路线都需要穿越开阔的、望不到陆地的水域。新几内亚已知最早的遗址可以追溯到4万年以前。澳大利亚的遗址甚至可以上溯到更早的时候，但是这些年代备受争议，因为它们涉及一个关键问题，即解剖学上的现代人和人类文化出现之间的关系。

萨胡尔的住所可以追溯到很久之前，这表明古代人具备了海洋航行的文化能力，但他们不是解剖学上的现代人。最近一项对一个多世纪前的澳大利亚原住民头发样本的基因分析显示，这些人是从非洲直接迁移到澳大利亚的（Rasmussen et al.，2011）。到达澳大利亚后，这些人便使用赭石来创造了一些世界上最早的复杂岩画艺术，正如我们之前所讨论的。阿纳姆陆地高原的一幅画描绘了一种大鸟，人们认为它们在大约4万年以前就灭绝了。

有趣的是，从这一时期澳大利亚的化石标本中可以显著地看出身体差异。一些标本具有解剖学上的现代人所拥有的高前额，而其他标本的一些特征表明了现存的原住民与更早的来自印度尼西亚的直立人和古代智人化石之间存在连续性。威兰德拉湖地区——位于澳大利亚东南部，距离所发现最古老的人类住所很远——拥有尤其丰富的化石。这些化石表现出的变异性展示了将特定头骨与文化技能一对一关联起来这一做法的内在问题。

其他有关澳大利亚早期复杂仪式活动的证据，来源于威兰德拉湖地区埋葬于至少4万年之前的一个男人。他的手指缠绕在一起并放置于阴茎上，红色的赭石洒满了他整个躯体。这些颜料可能不仅仅具有象征性价值，例如，其中含有的铁盐具有杀菌和除臭的性能，并且有一些记录实例表明红色赭石可以延长寿命，并被用来治疗特殊状况或医治传染病。据报道，一个历史上知名的原住民社会曾使用赭石来治愈伤口、疤痕和烧伤，并且还会使用它来缓解疼痛，将其涂抹在身体表层，然后接受阳光的照射以促进排汗。最近，澳大利亚国立大学将这具4万年前的遗骸归还给了穆提穆提原住民（Pearlman，2015）。穆提穆提原住民与出土此遗骸的土地有着古老的联系，他们反对将这些遗骸移走，因为这是未经他们同意的。参见本章节的“全球视野”，了解威兰德拉湖地区对于当今全球和地方性遗产的重要性。

正如世界上的许多地区一样，古人类学家在澳大利亚所进行的有关人类进化的研究本质上是对一种历史观的建构，而这一历史观与原住民的信仰相冲突。人类进化的故事完全基于西方对于时间的感知和通过基因建立的关联以及对人类的定义。所有这些理论都与原住民对于人类起源的信仰不一致。尽管如此，古人类学家在澳大利亚研究人类的演化时，仍然提倡并支持原住民文化。

美洲

尽管科学家一致认为，美洲印第安人的祖先最终可以追溯到亚洲起源，但是古代人到达美洲的确切时间已经成为一个人们热烈争论的问题。这一争论凭借的是地理上、文化上和生物上的证据。

长期以来，人们一直认为第一批迁移到北美洲的古代人穿越了连接西伯利亚和阿拉斯加的干燥陆地。这一大陆桥是陆地性冰川集结的结果。随着冰块不断增大，世界范围内的海平面开始下降，导致白令海峡等地出现陆地，并且这些地方的海水至今依然很浅。因此，阿拉斯加成为西伯利亚向东部延伸的一块陆地。冰川时代的气候模式使这座被称为白令陆桥或白令大陆桥的陆桥相对不冻，相反，它覆盖有地衣和苔藓，这有助于放牧畜群。旧石器时代晚期的人们可能仅仅通过跟随成群的动物而到达了美洲。最新的基因分析显示了来回穿越白令海峡的迁移活动。

根据地质学家所言，距今1.1万年至2.5万年之前的环境有利于古人和畜群横穿白令海峡。虽然这一大陆桥在距今4万年至7.5万年之前也是开放的，但是并没有证据可以确切地证实人类在当时有过迁移活动。正如萨胡尔一般，早期的年代开启了古人迁移到美洲的可能性。

虽然古代西伯利亚人确实向东扩散，但是现在才确定的是，1.3万年之前，巨大的冰川阻挡了他们的道路（Marshall，2001）。那时，人们已经居住在美洲的更南部。因此，人类最先如何到达这一半球的问题再次被提出。一种可能是，如同最早的澳大利亚人，最早的美洲人可能借助了船只或木筏，在岛屿之间或不结冰的海岸线地带航行，可能从日本岛出发并沿着北美洲西北海岸航行。有关这类旅程的线索来源于一些北美人的骨骼（比如肯纳威克人），它们与日本北部的原住民阿依努人以及他们的祖先长得很像。不幸的是，由于那时的海平面比现在的低，早期航行者所利用的沿海遗址现在应该位于水下。

这些是什么湖?

古人类学家经常前往早期化石遗址和收藏原始化石标本的博物馆。越来越多的游客也会去到这些地方。在将遗址开放给每一个人的同时，要想保护这些遗址的话需要技术和知识。但是，最为重要的是，在古人类学或古旅游业出现很久以前，这些遗址曾经是现在依然也是人们的家园。

原住民在澳大利亚的威兰德拉湖沿岸地带至少居住了5年。这些原住民一代代地传承着他们的传说和文化传统，甚至是在湖泊干涸之时，当时风塑造了一个壮观的新月形沙丘（被称为半月形沙丘）并且这个沙丘留存了下来。蒙哥半月形沙丘对三个原住民部落而言具有特殊的文化意义。在这一地区发现的几个主要化石包括火葬的遗骸以及一个赭石坟墓，二者都可以追溯到至少4万年前。大约460件变成化石的脚印可以上溯到1.9万年至2.3万年之前，这些脚印是各个年龄段的人留下的，他们在威兰德拉湖湖水丰茂的时候居住在这片区域。一个具有地区性和全球性价值的地方如何能够受到正确的保护和尊敬呢?

自1972年以来，联合国教育科学文化组织的世界遗产名单已经在保护威兰德拉湖这样的地区上发挥了重要作用，威兰德拉湖在1981年被列入世界遗产名录。各个国家向联合国教科文组织申请遗址任命，如果获得批准，它们将获得维护该遗址的财政和政治支持。当受批准的遗址遭到自然灾害、战争、污染或者管理不当的旅游业的威胁之时，它们会被置于危险名单上，这会迫使当地政府制定政策来保护遗址以继续获得联合国教科文组织的支持。

每年大约有30个新的世界遗产地被指定。截至2015年这一名单包括了1031个地点：197个自然保护区、802个文化遗址和32个混合遗址。化石和考古学遗址都存在于世界遗产名单上。威兰德拉湖遗址因兼具自然和人文价值而被认可。

尽管威兰德拉湖对国际社会很重要，它对当地原住民也有着特殊的意义。安缇·贝丽尔·卡迈克尔（Aunty Beryl Carmichael）是尼雅畔人的一位长者，她说这一地区已经融入了她的文化中：

> 因为每当老人们讲述故事的时候，他们会把自己称作“marrathal warkan”，其含义是很久很久以前，我们的民族是最早出现在这片土地上的人。
>
> 全国都有许多各种各样的遗址，我们将它们称为我们所有故事的诞生地。当然，这些蕴含着学问的传说统治着这整片领地。统治着空气、大地、环境、宇宙和星辰。

安缇·贝丽尔的故事和威兰德拉湖泊周围的土地不仅对尼雅畔人和其他原住民部落至关重要，它们的存在最终对我们所有人都做出了贡献。

下文罗列了2015年6月召开的世界遗产委员会大会所确定的濒危遗址，以及它们首次被认定为濒危遗址的日期。委员会成员包括来自世界各国的代表：阿尔及利亚、哥伦比亚、克罗地亚、芬兰、德国、印度、牙买加、日本、哈萨克斯坦、黎巴嫩、马来西亚、秘鲁、菲律宾、波兰、葡萄牙、卡塔尔、韩国、塞内加尔、塞尔维亚、土耳其和越南。

阿富汗

巴米扬山谷（Bamiyan Valley）的文化景观和考古遗址（2003年）

贾穆宣礼塔和考古遗址（2002年）

伯利兹

伯利兹堡礁保护区（2009年）

玻利维亚

城市波托西（2014年）

中非共和国

马诺沃-贡达（Manovo-Gounda）圣弗洛里斯国家公园（1997年）

智利

亨伯斯通（Humberstone）和圣劳拉硝石采石厂（Santa Laura Saltpeter）(2005年）

哥伦比亚

洛斯卡蒂奥斯国家公园（2009年）

科特迪瓦

科莫埃国家公园（2003年）

宁巴山自然保护区（1992年）

刚果民主共和国

戈朗巴国家公园（1996年）

卡胡兹-比埃加国家公园（1997年）

霍加皮野生动物保护区（1997年）

萨隆加国家公园（1999年）

维龙加国家公园（1994年）

埃及

阿布米纳（2001年）

埃塞俄比亚

瑟门山国家公园（1996年）

格鲁吉亚

巴格拉特大教堂和格拉特修道院（2010年）

姆茨赫塔古城（2009年）

几内亚

宁巴山自然保护区（1992年）

洪都拉斯

雷奥普拉塔诺生物圈保护区（2011年）

印度尼西亚

苏门答腊热带雨林（2011年）

伊拉克

亚述古城（2003年）

哈特拉（2015年）

萨迈拉考古区（2007年）

耶路撒冷（由约旦提出）

耶路撒冷古城及其城墙（1982年）

马达加斯加

阿齐纳纳纳雨林（2010年）

马里共和国

廷巴克图（2012年）

阿斯基亚王陵（2012年）

尼日尔

阿德尔和泰内雷自然保护区（1992年）

巴勒斯坦

耶稣诞生地：伯利恒主教堂和朝圣线路（2012年）

耶路撒冷南部的橄榄和葡萄酒文化景观（2014年）

巴拿马

巴拿马加勒比海岸的防御工事：波托韦洛·圣洛伦索（2012年）

秘鲁

昌昌城考古地区（1986年）

塞内加尔

尼奥科罗－科巴国家公园（2007年）

塞尔维亚

科索沃的中世纪建筑（2006年）

所罗门群岛

东伦内尔岛（2013年）

阿拉伯叙利亚共和国

阿勒颇古城（2013年）

布斯拉古城（2013年）

大马士革古城（2013年）

叙利亚北部古村落群（2013年）

武士堡和萨拉丁堡（2013年）

帕尔米拉古城遗址（2013年）

坦桑尼亚联合共和国

基尔瓦遗址和松戈马拉遗址（2004年）

乌干达

卡苏比王陵（2010年）

英国

利物浦海上商城（2012年）

美国

大沼泽地国家公园（2010年）

委内瑞拉

科罗及其港口（2005年）

也门

宰比德古城（2000年）

萨那古城（2015年）

城墙环绕的希巴姆古城（2015年）

全球难题

濒危遗址名单向一个国家施加了全球性压力，迫使该国寻找路径来保护其领土范围内的自然和文化遗产。鉴于最近一些指定的世界遗产遭到破坏，我们如何才能增强这种全球性的社会压力？

出土于蒙特佛得角（智利中南部的一个遗址）的陈旧物件，可以将北美洲北部的人追溯到至少1.45万年之前。语言学家约翰娜·尼克尔斯（Johanna Nichols）认为，第一批人从西伯利亚迁移到阿拉斯加，在2万年前到达北美洲。她的这一推测基于各种其他语言从其家乡传播出去的时间——包括北极地区的因纽特语和阿萨巴斯卡语从西加拿大内部向新墨西哥和亚利桑那（纳瓦霍）的扩散。尼克尔斯的结论是，人们到达智利中南部至少需要花费7000年的时间（Nichols，2008）。

最近一项利用了线粒体和原子核DNA的基因研究显示，旧石器时代的美洲印第安人在4万年前就从亚洲人群中分离了出来，并在人口增长较少的情况下占据了白令海峡地区约2万年（Kitchen，Miyamoto，&

Mulligan，2008）。这些人在1.5万年至1.7万年前穿越白令海峡以后，人口规模再次扩张，但他们走上了不同的道路。一群人沿着太平洋海岸航行，另一群人则沿着大陆中央迁移。虽然这项研究得出的年代与其他研究已经显示的时间一样早，但是这些发现支持了不同语言群体进行了单独迁移这一观点。

另一项研究显示了人们在西伯利亚和北美洲之间的来回交流（Tamm et al.，2007）。然而，第三项研究显示了人们穿越白令海峡的三波迁移浪潮（Reich et al.，2012）。最近的基因研究结果相互矛盾。有人认为，至少在2.3万年前人们发生过一次单一迁移，之后这一群体分裂成了不同的北美和南美群体（Raghavan et al.，2015）。另一项研究表明，至少有两组始于美国的人群，并且强调了亚马孙人和澳大利亚人之间的密切关系，这些澳大利亚人是亚洲的一个共同祖先群体（Skoglund et al.，2015）。

正如所有对遥远过去的调查所显示的那样，有关美洲如何成为人类定居点的叙述正处于构建之中。基因数据必须与线粒体数据、语言学数据以及考古学证据互相校核。田野中或者实验室中每一项新的发现都会为这一编年史做出贡献。认真查证各种各样的数据有助于最后结论的提炼。

尽管美洲最早的技术依然鲜为人知，但是这一技术在距今1.2万年之前产生出了北美洲独特的带凹槽长矛，古印第安猎人用这种长矛狩猎大型猎物，比如长毛象、乳齿象、北美驯鹿以及现在已经灭绝的一种野牛。凹槽长矛制作考究，人们会将大的薄片滑道从一面或者两面上移除下来。这一单薄的零件会被插入矛的底部凹口处以形成一个坚硬的把柄。从大西洋海岸到太平洋海岸，从阿拉斯加到巴拿马的沿途都发现了凹槽长矛。这些长矛提高了猎人狩猎的效率，而这可能加快了长毛象以及其他大型更新世哺乳动物的灭绝。猎人将大量动物赶下悬崖，这样，他们杀害的动物远超过他们可能利用的数目，从而浪费了大量的肉。

弓箭在美洲也被广泛使用，但是它出现在美洲的时间要远远晚于它出现在非洲和亚欧大陆的时间。然而，这并不意味着第一批美洲人全部都是大型猎物的狩猎者。其他古印第安人，包括那些居住在距离白令海峡很遥远的智利蒙特佛得角地区的人，提供了一种十分不同的生活方式的证据。这些人收集植物和海产品，还会食用各种各样的小型哺乳动物。每一个地方的生计实践与环境以及当地文化的其他方面都是同步的。

旧石器时代的大趋势

从更宏观的角度来看，人属出现后，进化的人开始越来越依赖于文化性适应，而不是生物性适应。为了应对环境挑战，进化的人发明了合适的工具、衣服、住所，并合理使用火等。这适用于所有人类群体，无论他们是居住在炎热的或寒冷的地区、潮湿的或干燥的地区、丛林抑或草地。虽然文化最终是建立在所谓的智力，或者更为正式地说，认知能力的基础上的，但它不是遗传得来的。文化革新可以被传授，并且很容易在群体内部传播。

科学家最近发现，人类脑部新陈代谢所包含的蛋白质与其他物种相比，存在关键差异，这一发现可能在某种程度上能够解释智力。不幸的是，这些新陈代谢变化同样与精神分裂症相关，表明这一过程中可能存在一些不利因素。这项研究表明，烹饪这一文化实践解放了身体，以将更多的能量用于大脑的新陈代谢。烹饪无疑是古人的一项创新，但是我们祖先采用的多样化的低脂饮食和高强度的锻炼大体上比当今世界上许多地方盛行的膳食模式更为健康。本章的“生物文化关联”讨论了有关回归到我们祖先的饮食和生活方式，改善人体健康的内容。

人类学家在世界大部分地区收集到的关于旧石器时代的信息中，有一些趋势很突出。一个就是越来越复杂精细、多样以及专门化的工具包。工具变得越来越进步，更轻更小，有助于节约原材料并在刀刃长度

生物文化关联

旧石器时代对当今疾病给出的药方

在人类进化历史的大部分时间里，人类的生活方式比现在更为体力化、饮食更为多样化且低脂化。我们的祖先既不饮酒也不抽烟。他们花费时间觅食或狩猎来获取动物蛋白质，同时也采集植物并搜集昆虫。他们每天徒步穿行在大草原上，以此来保持健康。

虽然我们宣称延长了的生命是现代文明最伟大的成就，但是这一现象部分是由20世纪中叶抗生素的发现和传播引起的，是十分近期的。人类学家乔治·阿曼罗格斯（George Armelagos）和马克·内森·科恩（Mark Nathan Cohen）认为，人类健康向下发展的轨迹始于约1万年之前，当时，人们抛弃了旧石器时代的生活方式，开始以农耕代替狩猎采集并定居到永久性的村庄中。肆虐的慢性疾病——比如糖尿病、心脏病、药品滥用和高血压——都基于这一转变时期。

这些“文明性疾病”在过去的一个世纪里传播得越来越快。人类学家梅尔文·康纳（Melvin Konner）、玛乔丽·肖斯塔克（Marjorie Shostak）和内科医生波义德·伊顿（Boyd Eaton）认为，我们的旧石器时代祖先给我们留下了治疗药方。他们提议将其称为“快车道上的石器古代，”人们可以通过恢复到身体所适应的生活方式来改善健康状况。这类旧石器时代药方是演化医学——医学人类学的一个分支，用进化原理来改善人类健康——的一个例子。

演化医学将其药方建立在这一观点之上，即文化变化的速率快于生物变化的速率。我们觅食的生理机能是在漫长的历史长河中逐渐形成的，而带来现代生活方式的文化变迁发生的十分迅速。例如，美洲的烟草种植仅发生在几千年以前，它们被广泛用作麻醉药和杀虫剂。含酒精的饮品依赖于各种各样的植物物种的驯化，比如啤酒花、大麦和玉米，这些饮品不可能在没有村庄生活的前提下出现，因为发酵需要时间和不漏水的容器。尽管如此，高淀粉膳食和村庄定居的生活方式带来了糖尿病和心脏病。

人类进化的历史为我们的饮食和生活方式提供了线索。我们能够通过回到祖先的生活方式，让文明性疾病成为过去。

生物文化问题

你知道人类的进化历史能够为儿童养育实践、睡眠和工作模式等现代行为贡献哪些旧石器时代药方吗？你的文化和生活方式中有与过去的生活方式相一致的部分吗？

和石头重量之间形成一个更好的比例。工具依据地区和功能也变得越来越专门化。人们使用的不是粗糙的通用工具，相反，他们制作了更为高效且专门化的设备来应对大草原、森林和河岸这些不同的环境状况。

随着人类越来越多地将文化作为他们应对生存挑战的一种方式，他们也拥有了定居到新的环境中的能力。伴随着更为高效的工具技术，人口规模也得到增长，这使得人类能够扩散到更为多样化的环境中。文化能力的提高也可能创造了一个与生物变化相关的反馈回路。工具和实践使得面部和牙齿的尺寸和重量减小，从而促进了更大和更复杂的大脑的发育，并最终导致了身体体格变小和强度的弱化。这种对于智力而不是身体的依赖是人类越来越依靠文化适应而非生物性适应的关键要素。概念性思考的出现可以从世界各地的象征性艺术品以及仪式活动中看到。

整个旧石器时代，至少在世界上一些更为寒冷的地方，狩猎变得更为重要，人类狩猎的技术也越来越熟练。人类的智力使得他们有能力发展出合成的工具以及社会组织与合作，而这些对于人类的生存和人口增长而言至关重要。正如下一章节所讨论的那样，这一趋势在中石器时代出现了逆转，狩猎失去了其卓越地位，同时，野生植物和海产品的采集变得越来越重要。

随着人口的增长和扩散，地区之间的文化差异也变得越来越明显。在长距离贸易的发展中，文化间接触和交往的迹象已经很明显了，但工具集合的出现是为了应对特定环境下的特定挑战和资源。

随着旧石器时代的人们最终扩散到了世界上的所有陆地，包括澳大利亚和美洲，气候和环境的变化需要新的适应方式。在森林环境中，人们需要砍伐树木的工具；在开阔的大草原和平原地带，人们开始利用弓箭狩猎那些他们无法近距离追踪的猎物；而在湖泊河流和海岸附近定居的人们发明了鱼叉和鱼钩；极地地区的人们需要工具来处理海豹和北美驯鹿的厚重外皮。由于文化是人类首要的适应机制，贯穿全球的地区差异使得旧石器时代晚期的人们有能力应对独特环境下的挑战。

思考题

1. 现代人意味着什么，是生物上的还是文化上的？我们应该如何定义人类？本章挑战话题中所描绘的那种富含创造性的艺术作品，可以被认为是独特的人类生物学的象征吗？

2. 尼安德特人有可能是我们祖先的一部分，你如何看待这一说法？你会不会将尼安德特人争论与当今社会的固有成见或种族主义关联起来？

3. 关于史前艺术的研究大多数集中在欧洲，你认为的原因是什么？你是否会认为这一集中反映了西方文化对于艺术定义的种族中心主义或偏见？

4. 你是否认为社会性别影响了人类学对我们祖先行为的解释以及古人类学家和考古学家调查研究的方式？你是否认为女性主义影响了对过去的解释？

深入研究人类学

将旧石器时代药方付诸实践

20世纪后期，所谓的穴居人饮食或旧石器时代饮食在一些西方社会流行了起来。如本章“生物文化关联”中所述，它被作为一种延长生命、燃烧脂肪的方法，是演化医学的商业化组成部分。该饮食的拥护者认为，在饮食方面，文化变化的速度已经超过了生物进化的速度。他们试图与我们旧石器时代的祖先交流，希望可以避免一些现在困扰着我们的健康问题。批评者指出，他们低估了人类的适应能力，并且也无法确定古代饮食的确切性质。不管营养方面的事实如何，这场争论引出了一个有趣的人类学问题：古人类到底吃什么？通过研究你生活的地区的可食用植物和动物，创造你自己的“穴居人饮食”。基于对旧石器时代晚期技术的了解，你认为人类会进行怎样的狩猎或诱捕活动？人们是如何准备不同的食物的？将得出的结果与你所在社区的主流饮食进行比较。哪些被保留了下来，哪些是新的？如果想了解更多知识，你还可以召集同学们一起举办一场旧石器时代的晚宴

挑战话题

约1万年之前新石器时代开始后——一些人定居在村庄，开始务农、驯化动物的时候——对于关键性资源的竞争开始变得激烈。今天，这种竞争在全球范围内展开，给世界自然资源带来了难以承受的压力。以藜麦为例，从古印加到现代，南美安第斯人的这一主食已有7000年的历史。20世纪90年代，这种高营养的作物在全球范围内广受欢迎，人们对它的消费需求飙升。但这给当地藜麦种植者带来的影响是复杂的：高需求提高了价格，给当地农民带来了更多的利润，但藜麦价格对他们自己来说也过于昂贵了。作为回应，玻利维亚政府现在为学生和孕妇提供藜麦补贴。藜麦的受欢迎也对土地造成了负面影响，因为生产者会借助现代耕作方法来满足高需求。在这样的资源竞争中，全球需求往往会取代本地居民的需求，但最终，要想对我们所有人都有利，我们必须实施策略来确保我们的星球处于平衡状态。

新石器时代革命：动植物的驯化

第九章

学习目标

1. 辨析农业和畜牧业的中石器时代根基。

2. 描述动植物驯化的机制和证据。

3. 比较与生活方式转变原因相关的理论。

4. 了解全球各个驯化中心。

5. 了解粮食生产对人口的影响。

6. 总结新石器时代革命对健康的影响。

7. 将新石器时代的文化变化与狩猎—采集的生活方式和进步的阶层观念进行比较。

在整个旧石器时代，人们的生存完全依赖于野外获得的食物。他们狩猎并捕获野生动物，搜寻并收集贝类、蛋、浆果、坚果、树根，以及其他植物食物，他们依靠智慧工具和肌肉来获取自然界提供给他们的食物。当喜爱的食物变得稀缺时，人们就会尝试开发新的潜在食物并将自己不太喜爱的食物融合进膳食中，以便适应这一状况。

随着时间的推移，一些人开始生产食物，照料特定的动植物，并不是以自然的形式利用它们。对某些群体来说，照料水稻、小麦、绵羊、猪或豆类会导致他们久坐不动。反之，安定的生活方式使个人能够将精力投入搜寻食物以外的工作中。在数千年的过程中，人们的日常生活发生了变化。人类历史上的革命这一称号对新石器时代而言可谓当之无愧。

中石器时代农业和畜牧业的起源

如本书前一章节所述，在旧石器时代晚期，冰川覆盖了北半球的大部分地区，人类也已经扩散到了全球。1.2万年前，这些冰川已经消退，改变了全世界人类的栖居地。海平面上升导致冰川时代的干旱地区被淹没，如白令海峡——北海的一部分，以及连接印度尼西亚的东部群岛和亚洲大陆的广阔陆地。

在一些北部地区，温暖的气候使得贫瘠的冻土地带变成了茂密的森林。在这一过程中，成群的动物——旧石器时代北方的人们赖以生存的食物、衣服和庇护所——在许多地方消失了。北美驯鹿和麝牛等动物迁移到了更寒冷的地区，长毛象等动物则完全灭绝了。这些大型野生兽群消失后，合作狩猎较以前成效更小。人们的饮食转变为多样的植物性食物以及湖泊、海湾和河流及其周边的鱼类和其他食物。在欧洲、亚洲和非洲，人类学家将旧石器时代和新石器时代之间的过渡时期称为中石器时代。在美国类似这一时期的文化被称为太古文化。

新技术和冰河时代的环境变化一起出现。工具制作者开始制作磨制石器——使用砂石来形塑并磨快工具，通常将沙子作为一种附加的磨料。被塑造并打磨好后，这些石头被放置到木质的或用鹿角制成的把柄上，以制成锋利的斧头和锛子（一种切割工具，其尖锐的刀刃与把柄形成直角）。尽管制作这些器具需要花费更久的时间，但重负荷使用时，它们比那些石头薄片制成的工具破损更少。因此，中石器时代的人们常用它们来清除树木或制作独木舟和遮棚小船。考古证据表明，中石器时代人们寻觅食物的活动发生在开放水域——沿海地区、河流和湖泊——以及陆地上。

细石器——一种小型的、坚硬的、尖锐的刀刃——盛行于中石器时代。虽然细石器（“小石头”）工具在大约4万年前就出现在中非了，但是直到中石器时代它们才变得常见。细石器能够被大量生产，古代的工具制造者可以从刀刃中生产出大量的细石器，然后使用融化的树脂（取自松树）作为黏合剂，将它们附着到箭或其他杆状物上。

细石器为中石器时代的人们提供了一个有利条件：细石器的小体型使得他们能够设计出多样的复合工具组，这些工具由石头和木头或骨头制成。人们通过将细石器插入木头、骨头或其他鹿角把柄的孔中来制作镰刀、鱼叉、箭头、小刀和短剑。后来，人们制作出来了更复杂的工具和武器，比如发射箭的弓。

中石器时代的特征是一种更为定居化的生活方式。生活在更温和的森林环境中的人们，以野味、海产品和植物为生，他们不需要因追逐迁移的兽群而在广阔的地理区域内移动。在世界上更温暖的地区，野生植物食物更容易被获得，因此，在旧石器时代晚期，采集就已经与狩猎相辅相成了。因此，与欧洲不同，西南亚等地区的中石器时代生活方式并没有发生变化。此时，重要的纳图夫文化繁盛了起来。

纳图夫人生活在距今1.02万年和1.25万年前之间，他们居住在地中海东岸的洞穴、岩石庇护所以及一些拥有石墙和泥墙房屋的村庄中。他们因纳图夫峡谷而得名，那是一处位于巴勒斯坦西岸靠近以色列耶路撒冷的峡谷，人们在那里第一次发现了该文化的遗迹。纳图夫人将死者埋葬在公共墓地，死者通常被埋在很浅的未加任何物体或装饰的坑中。他们位于约旦河谷中的耶利哥城村庄，是一个拥有1万年至1.1万年历史的定居点，这里有一个小神龛。房屋外面的岩石形成了一个盆地状的洼地，房屋中地板下也有灰泥深坑，这表明纳图夫人储存过植物食物。纳图夫人还使用过镰刀——小型的石质刀刃，被放置于笔直的木质或骨质手柄中。这种镰刀最初被用来收割莎草以制作篮子，但是后来被用于切割谷物。

新石器时代革命

新石器时代或新的石器时代得名自这一时期的磨制石器工业（图9.1）。然而，基于狩猎、采集和捕鱼的觅食经济到基于食物生产的经济的转变，使得这一时期发生了革命性变化。食物觅食者和村庄居民都使用了这些新石器时代的工具。这一向食物生产的转变被称为新石器时代革命（或新石器时代转变），它延续了好几个世纪——甚至1000年——并且直接始于之前的中石器时代。尽管这一转变已经在西南亚得到了特别完善的研究，但食物生产的考古学证据同样存在于世界上的其他地区，比如东亚、中美洲以及安第斯山脉，其年代相似或更早。全球的人类群体相互独立地，但是又或多或少同时地，发明了粮食生产。

新石器时代早期的食物生产包括园艺业，即利用简单的手工工具，比如挖掘棍和具有石制或骨制刀锋的锄头，在菜园里耕种农作物；还包括畜牧业，即饲养和管理迁徙的家畜群，如山羊、绵羊、牛、美洲驼和骆驼。

革新——在社会中被广泛接受的新观点、新方法

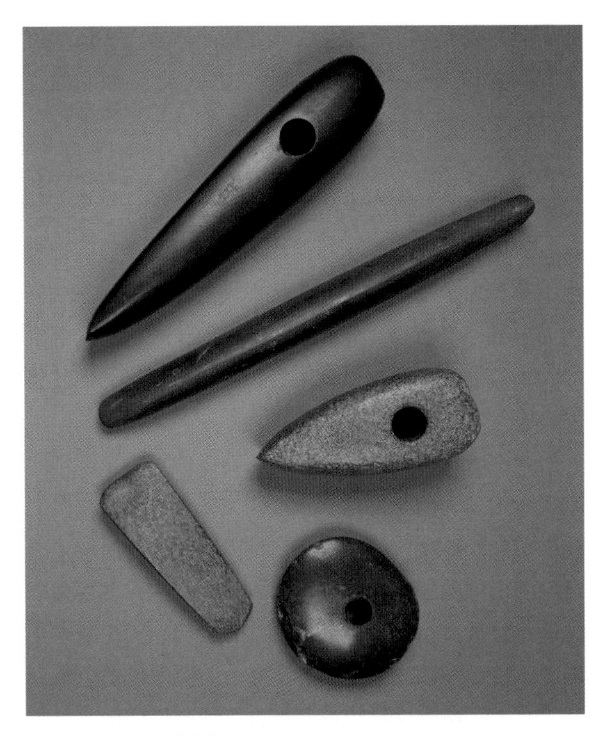

图9.1　新石器时代的工具

新石器时代得名于出现在这一时期的磨制石器工业。考古学家已经复原了一些最早的纳图夫人定居点中的带柄镰刀、研钵、乳钵槌以及谷物储藏坑。图片中所展示的磨制石斧和锤头顶端可能曾被放置于木质把柄上。将把柄穿过这些工具上的孔或被安装到这些磨制石器的一端，之后会涂上各种胶粘物并用力进行固定。

或者新设备——是所有文化变化的最终源泉。初级革新指的是新的观点、方法或设备偶然带来的创造、发明或发现。例如，对泥土暴露在高温下将永久变硬的这一发现。据推测，泥土的烧制曾偶然地发生在众多古代营火周围。当有人觉察到它的潜在用途时，这一偶然事件就变成了一个初级革新。这一洞察力使得我们的祖先在大约3.5万年前就开始用烧制的泥土来制作小塑像。

次级革新包括对现存观点、方法或设备的有意运用或改进。例如，在新石器时代，古人们运用烧制泥土的相关知识来制作陶器和炊具器皿。中国湖南省西南部的玉蟾岩洞穴出土了最早的陶制器皿，对这些器物中的放射性碳测定可以追溯到距今1.543万年至1.83万年前。

驯化是什么？

当人类有意或无意地修改对野生植物或动物的基因组成时，驯化就出现了，有时是因为这些群体的成员离开了人类的帮助就无法生存或繁殖。驯化与自然界中常见的不同物种之间的相互依赖很相似，一类物种依赖于另一类（以它为食），以此来保护自己并成功繁殖。例如，美洲热带地区的某种土著蚂蚁在它们的窝中种植真菌，这些真菌为蚂蚁提供了它们所需的大部分营养物质。与人类农民一样，这些蚂蚁通过施加肥料来促进真菌的生长，它们还可以用有毒的蚁酸作为“除草剂”来消除杂草。这些真菌在为蚂蚁提供稳定食物供应的同时也受到保护还保证了它们的繁殖成功。

在植物与人类的互动中，驯化确保了植物的成功繁殖，与此同时又为人类提供了食物。有选择的繁殖消除了刺、毒素和难吃的化学化合物——在野外，这些特质可以保证植物物种的生存——同时生产出对人类有吸引力的更大的、更美味的可食用部分。美国环境保护论者迈克尔·珀兰（Michael Pollan）认为驯化的植物物种成功地利用了人类的欲望，因而它们能够战胜其他植物物种而受到人类喜爱；他甚至提出，草为了征服树木指使人类发展出了农业（Pollan，2001）。

早期植物驯化的证据

古植物学家通常能够通过研究各种植物结构的外形和尺寸，来区分驯化植物和野生植物物种的化石。驯化的植物在受人类喜爱的方面通常不同于它们的野生祖先。这些特征包括尺寸的增大，至少是可食用部分（图9.2）；种子自然散布路径的减少或消失；保护性策略比如外壳或令人反感的化学化合物的减少或消失；种子延迟萌发（这对于野生植物在干旱或其他临

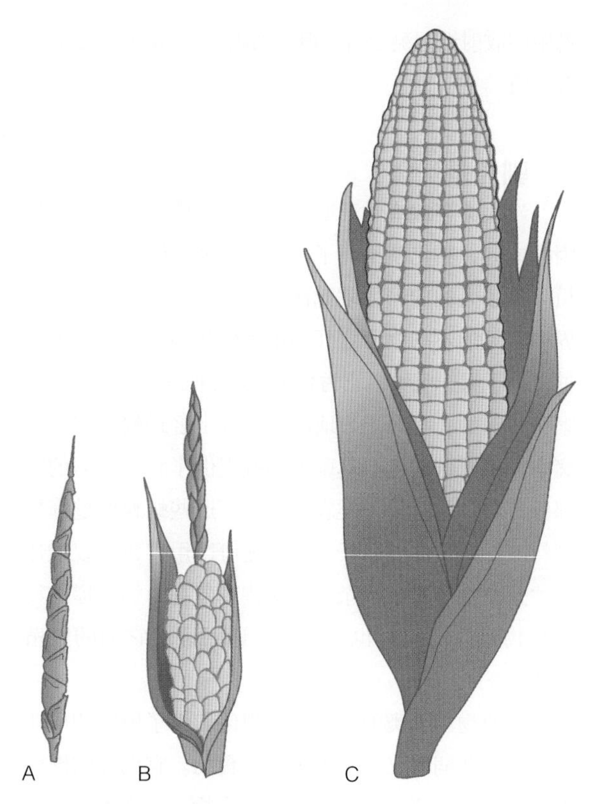

图9.2　玉米的驯化

可食用部分的增大是驯化的一个普遍特征。我们今天看到的玉米的大穗（如图C）与5500年前玉米（如图B）的小穗（约一英寸长）差别很大。当一种简单的基因突变将名为墨西哥类蜀黍的野草（如图A）的雄穗转变为很小的、最早的雌性玉米穗时，玉米就可能出现了。墨西哥类蜀黍是一种产自墨西哥高地的野草，产量远不如玉米，而且味道也不好。就像大多数被驯化了的植物一样，它并不是一种受觅食者欢迎的食物。驯化使它变得受人喜爱。

时性不利状况下的生存至关重要）的消失，以及种子或果实同时成熟的发育。

例如，野生谷类食物的根茎十分脆弱，然而驯化的谷物根茎十分强健。在自然条件下，一些根茎脆弱植物的种子有利于散播，那些根茎强健的植物则不然。在收获时节，拥有柔软根茎的谷物在镰刀或连枷的触碰下马上就会碎裂，而其种子迎风飘洒。虽然并非故意，但不可避免地，人类能够收获的大多数种子都来源于坚韧的植物。早期的驯化者可能还倾向于挑选那些外壳很少或者完全没有外壳的植物——最终将它们培育出来——因为在将谷物捣碎为膳食或面粉时，需要先去除外壳。

早期动物驯化的证据

驯化同样改变了一些动物的骨骼结构。例如，野生山羊和绵羊的角与它们驯化同类的角不同。一些驯化绵羊甚至没有角。同样地，一个动物或它某些部位的大小可能会在驯化过程中发生改变，正如驯化的猪的犬齿与野生猪的相比较更小。

考古遗址中所发现的被屠杀动物的年龄和性别比率显示出了动物驯化的存在。例如，考古学家在伊朗扎格罗斯山脉的一个拥有1万年历史的考古遗址中所发现的山羊的年龄和性别比率不同于野生山羊群体。被杀年轻雄性山羊数量的急剧增长表明，人们屠杀年轻的雄性山羊以获取食物和皮革，并将雌性山羊存留下来繁殖。虽然这种兽群管理并不能够证明山羊被完全驯化，但是它确实表明人们向着驯化的方向迈进了一步（Zeder & Hesse，2000）。同样地，安第斯山脉高地可以追溯到约6300年前的考古学遗址，出土了人们圈养美洲驼的证据，这表明了驯化的开端。

人类为何成了食物生产者

尽管驯化兴起的基础可能是人类控制植物或动物的能力出现了突然的发展，但考古学证据给我们指出了不同的方向。例如，尽管当代的觅食者清楚地了解种子对植物生长的重要性，并且知道植物在特定环境中会比在其他情况下生长得更好，但他们还是放弃了食物生产。事实上，美国环境史学家贾里德·戴蒙德（Jared Diamond）巧妙地将当代觅食者描述为“一部行走的自然历史百科全书，他们给1000多种植物和动物物种命名，并且详尽地了解这些物种的生物性特征、分布和潜在用途”（Diamond，1997，p.143）。觅食者经常运用他们的专门知识来积极地管理他们所赖以生存的资源。例如，生活在澳大利亚北部的原住民改变了小溪的径流，使其淹没了大片土地，并将它们转换为野生谷物的田野。澳大利亚原住民还在管理土地的同时继续进行觅食活动。

觅食者可能仅仅因为食物生产所包含的繁重工作而逃避了它。实际上，可获得的民族志资料显示，总的来说，与大多数觅食者相比，农民的工作时间要长得多。同样地，食物生产并不必然是一种比寻觅食物更为安全可靠的生计方式。从生态学角度看，低物种多样性会使高产种子作物产量不稳定。如果没有人类的持续照料，它们的生产力也会受到影响。

人类学家马歇尔·萨林斯（Marshall Sahlins）注意到食物寻觅者比食物生产者拥有更多的时间来玩耍和休闲，他将食物—采集社会标注为原始“富裕社会”（Sahlins，1972）。尽管如此，由于食物生产者（包括后工业社会）剥夺了越来越多的觅食者赖以维持生计的土地基础，觅食这一生活方式变得更加困难。新石器时代引入的资源竞争有利于那些发展出了土地所有权观念的文化的发展。

考虑到觅食的相对容易和平衡，我们可能会问，为什么人类群体抛弃了觅食而选择生产食物。对这个问题的解释存在着几种理论。干燥理论或绿洲理论，最初在20世纪中期得到了澳大利亚考古学家V.戈登·查尔德（V.Gordon Childe）的拥护，他提出了环境决定论。覆盖欧洲和亚洲的冰川导致了从欧洲到北非和西南亚的降雨模式的移动，以至于当冰川向北方撤退时，降雨也随之撤退。最终，北非和西南亚变得更为干燥，人们被迫聚集在绿洲旁边以获得水源。

在这种环境中，相对的食物不足驱使人们去收集野草并把种子播种在绿洲附近，人们聚集在西南亚和非洲东北部的地区，这一地区被称为肥沃的新月地带。最终，人们开始种植禾本科植物来为社区提供充足的食物。依据这一理论，动物驯化的开始是由于绿洲吸引了饥饿的动物，如野生山羊、绵羊和牛，它们会来啃食田地中的麦茬以及饮水。人们发现这些动物通常很瘦弱无法将其作为食物，于是人们开始饲养它们。

肥沃的新月地带

考古学证据表明，最早的动物驯化发生在肥沃的新月地带，新月地带包括河谷地带绵长的弧形区域和尼罗河上游（苏丹）到底格里斯河下游（伊拉克）的沿海平原。考古学数据显示，生活在叙利亚阿勒颇东部的一个遗址——阿布赫雷拉（Abu Hureyra）中的人们早在1.3万年前就已经驯化了黑麦，尽管野生植物和动物仍然是他们的主要食物来源（Hillman et al.，2001）。在接下来的几千年中，他们变成了训练有素的农民，耕种黑麦和小麦。直到距今1.03万年前，作物种植才传播到该区域的其他人群中。

纳图夫人为文化与环境相互作用的过程提供了一个极好的案例，我们在这一章节的前面部分已经提过他们的文化。这些西南亚人居住在气候发生戏剧性变化的时代。随着最后一次冰川作用的结束，气候不仅明显变得更温暖，而且也出现了显著的季节性特征。在6000年至1.2万年前，这一地区经历了其历史上最为极端的季节性变化，干燥的夏天明显比现在更为漫长和炎热。最后，许多浅湖都干涸了，约旦河谷地带仅仅残存了三个湖泊。

与此同时，该地区的植物覆盖发生了巨大变化。在植物中，一年生植物，包括野生谷物和豆类（比如豌豆、扁豆和鹰嘴豆），很好地适应了环境的不稳定性和季节性干燥。由于一年生植物在一年中完成了自己的生命周期，它们能够在不稳定条件下十分迅速地演化。除此之外，它们以充裕的种子来为接下来的雨季储存生产力，这些种子可以长时间处于休眠状态。

纳图夫人生活在这些条件特别恶劣的地方，他们通过两种方式来改变生计实践以适应环境：首先，他们会定期烧毁田地以促进马鹿和瞪羚的觅食，这是他们狩猎活动的主要关注点；其次，他们十分重视对于一年生野生植物种子的收集和储存，这是他们在干旱季节中的主要食粮。储存食物的重要性，加上可靠水源的稀缺，促进了更为定居化的生存模式，这反映在纳图夫时代晚期的大量村庄中。因为他们已经拥有了镰刀和磨石，可以收割谷物并加工各种各样的野生食物，这使得纳图夫人更容易适应以播种为生的生活方式。

事实证明，使用镰刀收割谷物产生了出乎意料的重要后果。在收割过程中，一些容易分散开来的种子洒落在收割地点，而那些紧紧附着在根茎上的谷物却跟随人们返回到了居住地，人们在那里对它们进行加工并将它们储存起来。周期性地燃烧植物是为了吸引马鹿和瞪羚兽群，而这可能也影响了新的基因变种，因为高温会增加突变率。并且，火会从种群中移除个体，从而彻底并迅速地改变种群的基因结构。

非分散性变种的一些种子不可避免地被带回到了人类定居点，并且在垃圾堆和其他受干扰的地方（如公共厕所、树木被清除的地区，或者被烧得光秃秃的地方）发芽、生长。特定变种作为已知移入者确实在受干扰的栖居地中生存得特别好，使得它们成为驯化的理想候选者。定居化本身也扰乱了栖居地，因为靠近定居点的资源随着时间的推移将被消耗殆尽。因此，那些特别受制于人类操控的植物变种在人们居住的地点有更多的机会达到繁盛。在这些情况下，人类开始积极地促进这些植物的生长，甚至不惜费尽心思地播种它们。最终，人们意识到他们可以培育自己喜爱的动植物品种，在这一进程中可以发挥更积极的作用。这样，驯化就从一种无意识的过程转变成了一种有意识的过程。

西南亚动物驯化的发展历程似乎与土耳其东南部、伊拉克北部和伊朗扎格罗斯山脉多山区域动物驯化的发展路径大致相似。这个地区环境多样，有大量的野生绵羊和山羊。例如，从底格里斯河谷的巨大冲积平原到高地的北部或者东部，需要穿过三个生态区：首先是大草原，其次是橡树和阿月浑子林地，最后是布满野草、矮树或荒漠植被的高原地带。从正对着山脉的山谷中可以相对容易地穿越这些地带。如今，该地区的一些人冬天仍然在低矮的草原上放牧绵羊和山羊群，并且夏天会迁移到高原地带的高海拔牧场中去。

觅食者在植物和动物驯化之前就居住在这些地区。每个生态区域包含有不同的植物物种，并且由于海拔高度的差异，不同地带的植物食物会在不同的时节成熟。古人类搜寻多样的动物物种来获取肉类和皮革。有蹄动物的骨头——马鹿、瞪羚、野生山羊和野生绵羊——在这些时期占据了人类垃圾的大部分。这些有蹄动物大多在低海拔的冬季草原与高海拔的夏季牧场来回移动。人们跟随着这些动物进行季节性迁徙，当他们穿越不同地带时，会食用和储存其他野生食物：在低地食用棕榈果实；在高一点的地方采集橡树果实、杏仁和阿月浑子果实；在更高一些的地方则食用苹果和梨子；不同区域的野生谷物成熟时间不同；森林地带的林地动物往返于冬季和夏季牧场之间。

考古学记录显示，生活在西南亚高地的人们最初不区分年龄和性别狩猎动物。但是，从约1.1万年前开始，未成熟绵羊的消耗量总体增长了大约50%。与此同时，人们食用的雌性动物越来越少（通过食用公羊，将雌性绵羊用来繁殖以增加产量）。这标志着人类管理绵羊的开端。

人类对于兽群的管理使得绵羊免受自然选择的影响，并使人类喜爱的变种的生殖成功率得以提高。吸引人类的变种并不是由于需要产生而是随机产生的，正如基因突变。但后来人类选择性地饲养了自己钟爱的物种。通过这种方式，那些标志驯化绵羊的典型特征——比如更多的脂肪和肉，过量的羊毛等——开始出现（图9.3）。到9000年前，驯化绵羊的骨头形状和大小已经显著不同于野生绵羊的了。在大约同一时期，土耳其东南部和约旦河谷下游地带的人们通过同

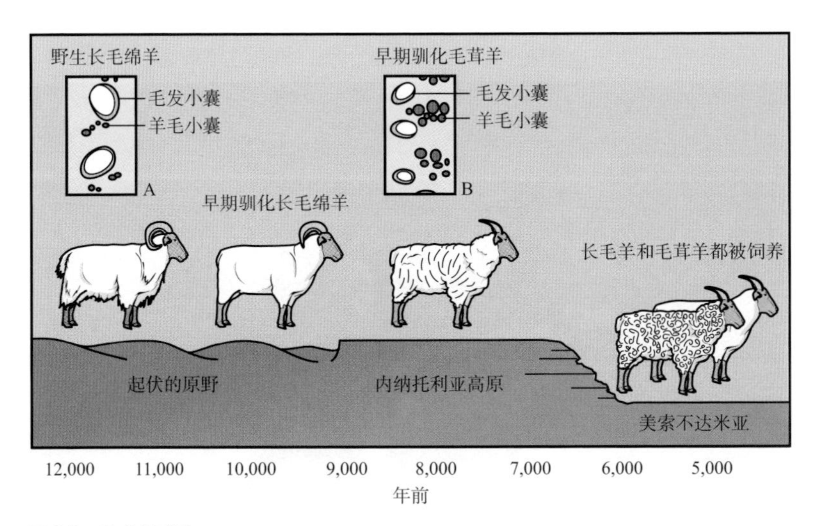

图9.3　绵羊的驯化

绵羊的驯化导致了演化性变化而产生了更多的羊毛。插图A展示了野生绵羊的外皮，通过显微镜观察到，上面分布有一些毛发小囊和羊毛小囊。插图B显示，毛发和羊毛小囊的分布因驯化发生了变化，绵羊从而可以产出更多的羊毛。

样的方式驯化了猪。

一些研究者将动物驯化与固定的领地和定居点的兴起相联系。他们认为，资源个人所有权的出现推迟了对猎物的猎杀，以在未来持续性地从动物身上获利（Alvard & Kuznar，2001）。最终，古代人将驯化了的动物物种引入他们自然栖居地之外的某个区域。然而，并不是所有的科学家都相信驯化是以人类引导着这一进程的方式发生。进化人类学家布莱恩·海尔（Brian Hare）是本章“生物文化关联”中的主

生物文化关联

狗正确地理解了指示

有些犬种可以理解一些词汇；也就是说，它们能够理解数百个单词。它们是怎么做到的？反过来，它们深情的眼眸、歪着的脑袋、摇晃的尾巴真的代表着无条件的爱吗？如果它们能说话，它们是否能够说出一些不同于它们的身体似乎要告诉我们的言语？

诗人比利·柯林斯（Billy Collins）在诗作《幽灵》中讲述了一只刚被主人哄睡着的怪狗来到其主人面前告诉他：

我从来未曾喜欢过你——一点也不。

当我用舌头舔你的脸庞时，

我想的是咬掉你的鼻子。

同样地，进化人类学家布莱恩·海尔（Brian Hare）认为，我们是通过一种人类学中心主义的镜片来看待狗的行为、认知以及交流的。他警告，当我们将熟悉的灰狼当作人类“最好的朋友”时，这些偏见就会发挥作用，灰狼是狼的一个亚种。

海尔是在研究黑猩猩认知的时候想到这一问题的。和其他大型猿类一样，黑猩猩能够掌握2岁至3岁年龄层次的人类语言，它们还能够明白他人的凝视并识别出其他黑猩猩的视线范围。尽管如此，它们很难理解指示的手势。

海尔没有将指示归为人类的另一个独特领域，他想到了自己的宠物狗，它与其他狗一样，能够立即领会到指示这一手势的含义。海尔于是着手研究关于为何狗和人类，似乎是哺乳动物中能够理解指示含义的物种。他指导了指示实验，利用“贝壳游戏”，实验对象包括各个年龄段的狗、黑猩猩、狼以及人类。甚至连小狗都能够理解指示，这显示这一技能被编码进了它们的基因库中，并不是一个习得的行为。而且类似于婴儿，小狗依赖于社会线索来理解指示手势的意义。

驯化物种的概念，比如狗，毫无疑问暗示了一个物种已经有效地改变了另一个物种的基因组成。为

了避免人类学中心主义，海尔采用了狗的视角来思考驯化。远非将人类视作进步的领导者，海尔提出，当新石器时代人类开始居住于分散的定居点时，狗实现了自我驯化。狗的祖先，类似于当今的狼，可能在一定程度上是拾荒者，这使得它们向人类栖居地迁移，因为人类遗留下了大量可食的废弃物。他认为，那些最亲近人类的狼在与“人类同居生活”的生态位上具有选择性优势，并最终进化为驯化的狗。

人类对狗的社会性认可，反之亦然，导致狗身上出现了许多有趣的、似人的适应性行为。一只狗“亲吻”它主人的脸颊可能看起来是爱意表达，但是这一行为的确存在先例：狼回窝后，会把自己咀嚼过的食物吐出来分给同伴。虽然人类并不会将自己嘴里的食物吐出来给他们的狗，但是他们通过把可食用的东西分给狗而获得了它们的“爱”。自然选择通常产生了物种之间这类双赢的情况——只有当人类涉及其中的时候，我们才称之为驯化！

在哺乳动物中，狗和人类都是独一无二的，因为两者都有能力理解指示的意思并做出行动。

对于那些不得不在他们的狗打翻了家里的垃圾箱之后去清理的人们，这种犬人伙伴关系历史的重建提供了一个有趣的背景。这类恶作剧结束后，当狗主人责骂他的狗时，狗可能会展示出我们译作羞耻的举动：头朝下，尾巴夹在两腿之间，身体转向一边或者干脆走开。海尔的实验表明，即使没有违反任何规则，狗在受到责骂时也会表现出这种行为。它们对于社会性判断的敏感性非常协调，以至于当它们并没有犯错的时候，也能够被威胁着表达出那些被人类看作内疚的行为。进化的过程偏好于那些擅长控制人类的狗。

指示对于人类心理学上被称作联合注意的现象具备特殊的意义，这意味着两个个体都意识到他们在视觉上专注于一个共同的视觉目标。联合注意的关联存在于当一只狗探索人类指示的某个区域或者当一个人给另一个人“指路”的时候。但最重要的是，联合注意存在于社会意识的中心地带：没有它，我们无法组成群体。有趣的是，患有自闭症的人会挣扎于社会性暗示和反应之中，他们同样对于指示知之甚少。

但是并不只是狗。最终，它们仅仅学会了如何控制我们。比利·柯林斯诗作中的幽灵狗在向其主人讲述天堂的时候最后一次大笑：

> ……这里的每个人都能够阅读和书写，
> 诗歌中的狗，散文中的猫和其他动物。

生物文化问题

你能想出其他的例子来说明我们是如何将人类的行为规范强加给其他物种的吗？这与将一种文化的特定概念强加给另一种文化有何相同或不同之处？

角，他将这一理论置于一旁，相反，他认为，动物（特别是狗）利用新石器时代村庄中的人类定居点为自己提供了新的生存机会。

一种观点认为，狗可能在创造它们与人类的进化性关联上发挥了更为积极的作用，该观点强调了驯化是不同物种之间的一系列相互作用引起的。驯化者和驯化寻求的仅是最大限度地利用他们的食物资源，而没有意识到他们的行为会带来长期的、革命性的文化后果。但是随着驯化进程的持续，世界各地的人们意识到，驯化物种的生产力与野生物种相比有了提高。因此，这些物种对于生存越来越重要，导致了更进一步的驯化和进一步的产量提升。

其他驯化中心

除西南亚外，对于植物和动物的驯化也同时出现在亚洲南部的印度河、美洲部分地区（墨西哥、中美洲、安第斯山脉高地、南美的热带雨林以及北美洲东部）、中国北部和非洲。在中国，大约1.1万年前，长江中游地区就开始种植水稻了。然而，4000年后，驯化水稻才战胜了野生水稻，成为人们的主食。

同样，5000年至8800年前的陶器上的装饰也证明了水稻是东南亚最早被驯化的物种。其他驯化物，尤其是山药和芋头等根茎类作物，是这一地区的主要物种。根茎作物的耕种，或者植物栽培，通常涉及种植在单一的田地中的许多不同的物种。由于接近自然植物的复杂性，植物栽培往往比种子作物生长得更为稳定。新植物的增殖或者繁殖一般通过无性繁殖方式进行——插条——而不是播种。

在美洲，植物的驯化与其他地区一样开始得较早。一种驯化的美国南瓜物种早在1万年前就已经出现在厄瓜多尔的沿海森林中，与此同时，另一个物种出现在墨西哥高地的干旱地带。墨西哥高地山谷的生态多样性为驯化提供了一个绝佳的环境，如同西南亚的丘陵地区（图9.4）。随着人们更换海拔高度、在各种各样的生态地带之间移动，他们也将植物和动物物种带到新的栖居地，为“殖民化”的物种和人类提供了机会。

秘鲁安第斯山脉高地——另一个环境多样性地带——的驯化，强调的是根茎作物的种植，最常见的是成千上万种的马铃薯。他们同样还驯化植物以服务于除饮食外的目的，比如葫芦（图9.5）和棉花。南美洲人还驯化了豚鼠、美洲驼、羊驼和鸭子，而墨西哥高地常见的驯化动物有狗、火鸡和蜜蜂。生活在墨西哥北部的美洲印第安人开发了一些他们自己的土著驯化物种，包括当地各种各样的美国南瓜和向日葵。

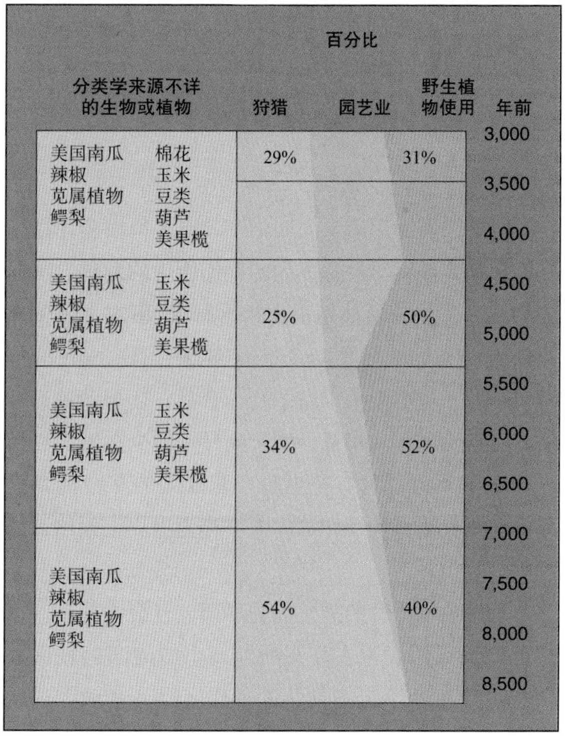

百分比

分类学来源不详的生物或植物	狩猎	园艺业	野生植物使用
美国南瓜、辣椒、苋属植物、鳄梨、棉花、玉米、豆类、葫芦、美果榄	29%		31%
美国南瓜、辣椒、苋属植物、鳄梨、玉米、豆类、葫芦、美果榄	25%		50%
美国南瓜、辣椒、苋属植物、鳄梨、玉米、豆类、葫芦、美果榄	34%		52%
美国南瓜、辣椒、苋属植物、鳄梨	54%		40%

年前：3,000　3,500　4,000　4,500　5,000　5,500　6,000　6,500　7,000　7,500　8,000　8,500

图9.4　中美洲新石器时代的驯化模式

墨西哥特瓦坎山谷的生存趋势显示这里与其他地方一样，对于园艺业依赖的形成，经历了漫长的时间。

图9.5 并非为了食用的驯化

驯化的植物包括具有各种实际用途的品种。图中来自坦桑尼亚恩戈罗恩戈罗高地的两名达图加妇女拿着一个大葫芦，它是携带、储存液体的完美容器。达图加人用葫芦发酵和运输当地的蜂蜜啤酒——一种类似蜂蜜酒的饮料。葫芦的内部结构使其能够被做成各种乐器。在你的日常生活中，有没有被驯化的植物起到了非食用性的作用？

最终，美洲印第安人驯化了300多种粮食作物，其中包括当今世界最主要的四种作物中的两种：马铃薯和玉米（另外两种是小麦和水稻）。事实上，美洲原住民一开始栽培了当今世界作物中的60%；他们不仅开发了世界上最丰富的营养食品，还是各种烹饪法的主要贡献者。毕竟，意大利烹饪能少得了西红柿吗？泰国菜可以没有花生吗？北欧人的烹饪能离开马铃薯吗？难怪美洲印第安人被称为世界上最伟大的农民。

对于植物物种的驯化促进了园艺社会的出现。既缺乏灌溉系统又没有犁来耕地，小型的园艺社区成员利用简单的手工工具共同劳作。园艺劳动者通常在他们亲手清理出来的小块园地中耕种各种各样的农作物。亚马孙雨林中的印第安人采用复杂精细的农耕方式，留下了肥沃富饶的黑土（Mann，2002；Petersen，Neves，& Heckenberger，2001）。复兴这些古老的土壤培肥技术，有助于当今世界更好地管理雨林和气候。

尽管全球范围内的植物驯化是独立出现的，但是与此同时，世界各地的人们发展出了相同类别的食物：含淀粉的谷物（或根茎作物）以及一种或多种豆类。例如，生活在西南亚的人们将小麦和大麦与豌豆、鹰嘴豆和扁豆混合在一起，而墨西哥人将玉米与各种各样的豆类混合起来。这些淀粉和豆类中的氨基酸（蛋白质的基础物质）共同为人类提供充足的蛋白质。含淀粉的谷物在每一顿饭中以面包、某种类型的包状食物（比如墨西哥玉米粉薄烙饼）、一碗稀粥或加入炖菜中的芡粉形式出现，它们和一种或多种豆类组成了膳食的核心。每一种文化都在这些些许油腻的碳水化合物和蛋白质中加入了带香味的调料品来增添食物的风味。

例如，在墨西哥，红辣椒是最棒的风味增强剂（图9.6）。在其他菜系中，少量的肉、脂肪、香料、奶制品或蘑菇可以增加食物的风味。美国人类学家西德尼·明茨（Sidney Mintz，1985）将其称为中心—边缘—豆类模式core-fringe-legume pattern（CFLP），它的稳定性直到最近加工糖和高脂肪食物在世界范围内传播后才瓦解。

食物生产和人口规模

人类人口规模自新石器时代以来一直保持稳定高速的增长。人口增长和食物生产之间的确切关联与鸡生蛋还是蛋生鸡这一古老的问题很类似：究竟是人口增长带来的压力引发了食物生产的创新，还是食物生产促进了人口增长呢？正如之前已经解释过的，驯化不可避免地带来了更高的产量，而更高的产量使得养活更多的人口成为可能，虽然这需要消耗更多的工作量。

面对人口总数，对农业依赖性的增加和人类增强

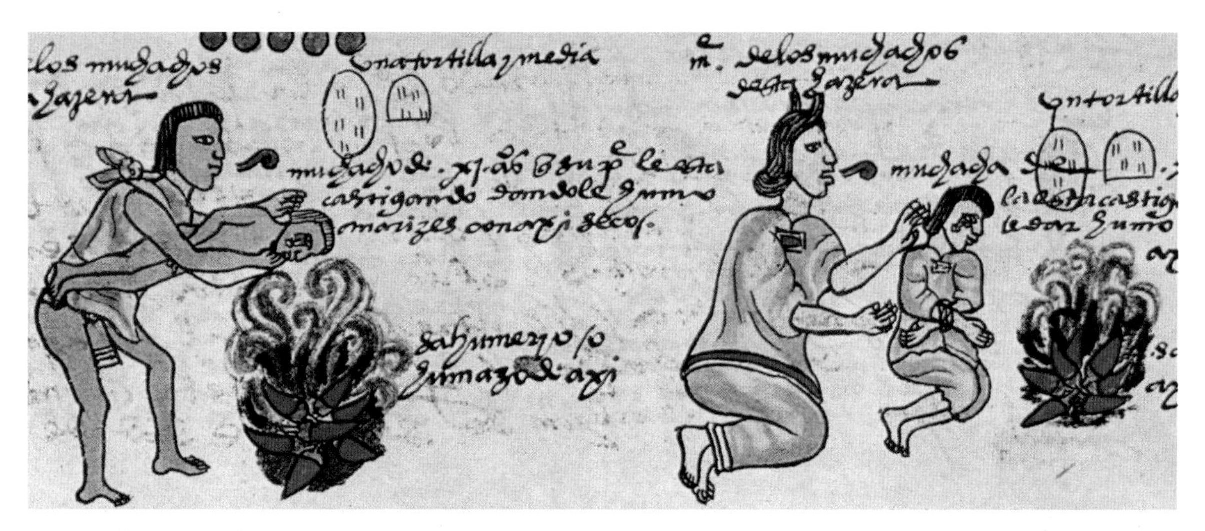

图9.6　**辣椒的多种用途**

墨西哥人使用辣椒的历史已经长达1000年。红辣椒不仅增添了食物的风味，而且可以通过分解植物食物中丰富的纤维素来促进消化。红辣椒也有一些其他的用途：插图取自一张16世纪的阿兹特克人的手稿，展示了父母用红辣椒燃起的烟雾来惩罚孩子。红辣椒烟雾在战争中还被用作一种化学武器。

的生殖力似乎是携手并进的：农业人群往往比狩猎—采集者拥有更高的生殖力。狩猎—采集者中母亲将生育间隙控制在4年到5年，而一些当代的务农群体并不采取任何形式的生育控制措施，她们有时候每年甚至每半年就生育一次（图9.7）。人类生物和文化之间的复杂互动位于这些差异的中心。一些研究者认为，农业为婴儿提供的柔软食物促进了人口增长。人类频繁的哺乳不利于母亲的排卵，使得那些完全由自己哺乳的母亲们不易于再次怀孕。柔软食物的引进减少了哺乳的频率后，生殖力得到了提高。

然而，许多其他的因素同样能够改变生殖力。例如，农耕文化倾向于将小孩视为一种资产，让他们帮助承担许多家务。更进一步而言，农民更高的生殖比率可能来源于传染性疾病带来的更高的死亡率，新石器时代典型的定居生活方式和有限的饮食导致了这些疾病。反过来，婴儿的高死亡率，可能又会提升生殖力的文化价值。

过去，偏见导致人们对人类的生殖力差异做出了过于简单的人类学解释。早期的人类学家将狩猎—采集生活方式视为劣等的生活方式，并且将生殖力上的差异解释为狩猎—采集者面对的营养性压力所致。该理论部分地基于一种观察，该观察认为人类和许多其他哺乳类动物一样需要一定比率的身体脂肪来保证繁殖成功（Frisch，2002）。

然而，对非洲南部卡拉哈里沙漠中的昆人或朱瓦西人（Ju/’hoansi发音为zhutwasi）进行的详细研究反驳了这一营养理论。朱瓦西人的低生育率归根结底是来源于一种信仰，该信仰关注的是如何正确地对待一个婴儿：朱瓦西母亲会迅速回应她的婴儿，只要宝宝表现出焦躁的迹象，无论白天或夜晚都会立即进行哺乳。从生物性的角度而言，朱瓦西人短期、频繁的哺乳不利于母亲的排卵，或者对新卵子的释放（Konner & Worthman，1980）。生物和文化在人类经验的所有方面互相作用。

图9.7　日常饮食和生殖力

北美的拥有宗教农耕文化的阿米什人，与来自卡拉哈里沙漠中的狩猎—采集者朱瓦西人相比，拥有更高的生殖力，这是因为狩猎—采集者常面临的营养性压力。我们现在了解到儿童养育信仰和实践是造成这些差异的原因。朱瓦西人的生育模式来源于一种信仰，该信仰认为一个啼哭的婴儿应该得到母乳喂养，但在生物学上这一行为抑制了生育能力。农耕家庭将小孩视为一种资产，他们要帮助干农活，而且婴儿哺育实践提高了生育率。儿童在很小的年龄就被断奶，转而食用柔软的食物，这有助于母亲下一次怀孕。所有的人类活动都包含着人类生物和文化之间的复杂的相互作用。

食物生产的传播

矛盾的是，驯化提高了生产力，但是它同样也加剧了不稳定性。随着人类越来越专注于产量最高的物种，其他种类变得不受重视，最终被人们完全忽视。因此，与觅食者所能利用的广阔的食物种类相比，农民依赖的资源种类十分有限。当今，现代农业种植者仅仅依赖12个物种类型来满足每年世界上所有作物吨数的80%。

这种对更少种类的依赖意味着，当某些原因导致一种农作物收成不好时，与觅食者相比，农民可退的余地更少。并且，在一个地点同时种植多种农作物的常规耕作方法增大了失败的风险，因为密集性促进了邻近植物间疾病的传播。除此之外，由于依赖产量最高的植物种子来进行下一年的播种，农民更偏爱基因一致性而非多样性。反过来，一些病毒、细菌或者霉菌能够快速将大片同一基因有机体消灭殆尽，如1845年至1850年发生在爱尔兰的大饥荒（图9.8）。

当时在爱尔兰，大多数人口处于贫困状态，以马铃薯为生。普通人向地主支付小块土地的租金，而地主则从富有的伦敦地主手中租用大片土地。由于英国法律确保小麦和其他作物的价格高于马铃薯，爱尔兰农民被迫出售这些作物以赚取租金，这也就使得马铃薯成为爱尔兰人的主食。马铃薯枯萎病暴发后，英国政府的救济工作进展缓慢，而且力度不够。100万爱尔兰人死于饥饿和疾病，另有200万爱尔兰人背井离乡，移居到美国和其他地方。爱尔兰的人口因饥荒从800万陡降到500万。现在被称为大饥荒的这一灾难是由经济和农业因素的相互作用发展而来的。

农业固有的生物不稳定性和易受政治操纵影响的

图9.8 大饥荒

在爱尔兰的大饥荒时期，饥饿的爱尔兰人从全国各地涌向都柏林等港口，希望能登上去往北美的船，以逃脱必死无疑的命运。今天，在1846年首批船只启航的都柏林码头区的海关码头，都柏林雕塑家罗恩·吉尔斯比（Rowan Gillespie）的作品“饥荒”纪念了与这一悲惨时代相关的个人和国家的悲痛。由于政治和经济歧视是饥饿、流离失所和死亡（100万人死亡）的根源，这选择性地影响了贫穷的爱尔兰人，而不是他们的英国人地主，一些人将这场饥荒称为种族灭绝。

特性，决定了它会随着人类迁徙从原产地扩散到邻国。例如，农业从西南亚传播到东部和北部，最终传播到整个欧洲，同时，向西传播到北非，向东扩散到了印度。驯化了的变种同样从中国和东南亚向西部传播。那些将农作物带到新地点的人们也带去了其他事物，包括语言、信仰以及人类基因库中新的等位基因。例如，一些因饥荒而流离失所的爱尔兰人的后代，已被证明有铁含量偏高的遗传倾向（血色素沉着症），他们现在生活在全球许多地方。虽然这种情况通常会导致严重的健康问题，但它实际上可能提高了人们在饥饿时期的生存概率，从而让拥有该基因的幸存者高度集中在一起（Duffy，2013）。不只是基因的变异和传播，观点、习俗或实践在不同文化间的传播和融合，也会带来更多的创新。

随着讲班图语的人从西非尼日尔河流域向东南部迁移，传播现象也就出现了。移民带来了农作物的扩散，包括珍珠粟、西瓜、黑眼豌豆、非洲山药、油棕榈和可乐果（现代可乐饮料的原料）。这些植物最初在西非被驯化，5000年前开始向东传播。在2000年至3000年前，说班图语的人带着他们的农作物到达了非洲大陆的东部海岸，并在几个世纪后到达非洲的南端。

新石器时代的定居文化

对新石器时代定居点的挖掘已经揭示了许多与之前的居住者有关的日常活动。考古学家能够通过遗址中的建筑、人工制品甚至食物残骸重建古代人们的谋生手段。耶利哥是一个坐落于巴勒斯坦境内约旦河西岸的早期农业社区，它为这一论点提供了一个绝佳的案例。

耶利哥：一个早期农业社区

对新石器时代定居点耶利哥的挖掘，揭示了一个在早在1.035万年前就已经有人定居的相当大的农业社区遗迹。由于约旦河谷拥有约3000年前就已经干涸的冰河世纪的湖泊所带来的肥沃土壤，在这里，农作物几乎可以连续不断地被耕种。除此之外，发源于高地的水上堆积物定期向西漂流，更新了土壤的肥力。

为了使他们的定居点免受洪水和泥石流的破坏，以及为了抵御侵略者，耶利哥城中的人们在他们的定居点周围建造了大规模的石墙（1.8米或6.5英尺宽，3.6米或12英尺高）。据估计，这些石墙内，有400至900个人居住在围绕院子的由泥砖制成的带有灰泥地板的房屋中，房屋前面有一个用岩石凿成的大型沟渠（8.2米或27英尺宽，2.7米或9英尺深）。

耶利哥的居民还在石墙的一个角落建造了一座石塔，其位置靠近泉水（图9.9）。考古学家估计，建造这座石塔需要耗费100个人104天的时间。这个村庄还包含有贮藏设施以及仪式建筑，它们全部都是用泥砖建成的。村庄的墓地同样反映了这些早期人们定居的生活方式。艺术、仪式、名贵物品的使用以及埋葬行为的共同特征显示出了耶利哥农民和周边其他农民之间的密切联系。在耶利哥人建造的高墙内部还有来

图9.9 耶利哥石塔

耶利哥城的纳图夫人定居点，坐落在当今巴勒斯坦西岸的约旦河附近，它证明了这些古人具有令人惊叹的社会协作能力，这使得他们能够建造坚固的建筑物。记录在《圣经》和福音歌曲中的防御性围墙和超过9米（28英尺）的著名高塔，证明了这一地区和其他地区的文化连续性。这一高塔可能已经成为历法性仪式的一部分，因为该塔是如此建造的：夏至日的日落时分，群山的阴影首先到达塔身，然后再扩散到整个村庄（Barkai & Liran, 2008）。

自西奈半岛的黑曜石和绿松石，以及来自海岸地带的海生贝壳，这记录了邻近村落之间的交易行为。

新石器时代的物质文化

新石器时代村庄的生活包括工具制作、制陶、住房、服装、挖水井等领域中的各种革新。这些物质文化方面的变化表明了新石器时代发生的巨大社会变化。

工具制作

早期的收割工具由锋利的燧石刀片和木制或骨头制的手柄构成。后来的工具制作者在这一工具制作技艺中增加了磨碾和磨光的步骤。长柄大镰刀、叉状物、锄头和简单的犁取代了基本的挖掘棍。随后，当驯化的动物可用作牵引动物时，这些早期的农民重新设计了他们的耕犁。村民使用研钵和乳钵槌来磨碾和压碎谷物。随着多种多样技术的出现，个人习得了制作各种工艺品的专门技能，包括皮革制品、编织物和制陶。

制陶

在新石器时代，人们发明了不同形式的陶器，用于运输和贮存食物、水以及各种物质财产（图9.10）。由于陶制器皿不受昆虫、啮齿动物和潮湿的破坏，它们能够用于储藏少量谷物、种子以及其他物品。除此之外，村民能够在陶制器皿中加热他们的食物，将器皿直接放置于火上加热而不是将用火加热过的石头直接倒入食物中。新石器时代的人们利用制陶技术来制作烟斗、勺子、灯、装水的容器和其他物品；在一些文化中，人们甚至利用大型的陶制器皿来处理死者。值得注意的是，陶制器皿对于多数的现代人类而言依然很重要。

在火炉上烘烤黏土制作而成的陶器的广泛使用显示了一个定居性的社区。考古学家已经发现了总数很丰富的陶器，但是来自最早的新石器时代定居点的陶器数量很少。陶器的脆弱性和重量使得它对于游牧民和猎人而言不太实用，他们通常使用编织袋、篮子和由动物皮革制成的容器。尽管如此，一些现代游牧群体制作并使用陶器，正如当今有些农民并不使用陶器。实际上，东亚的觅食者在约1.5万年前就已经开始制作陶器了，大大早于西南亚新兴农业文化中出现的陶器。

制作陶器需要巧妙的技艺和高超的技术。陶工必

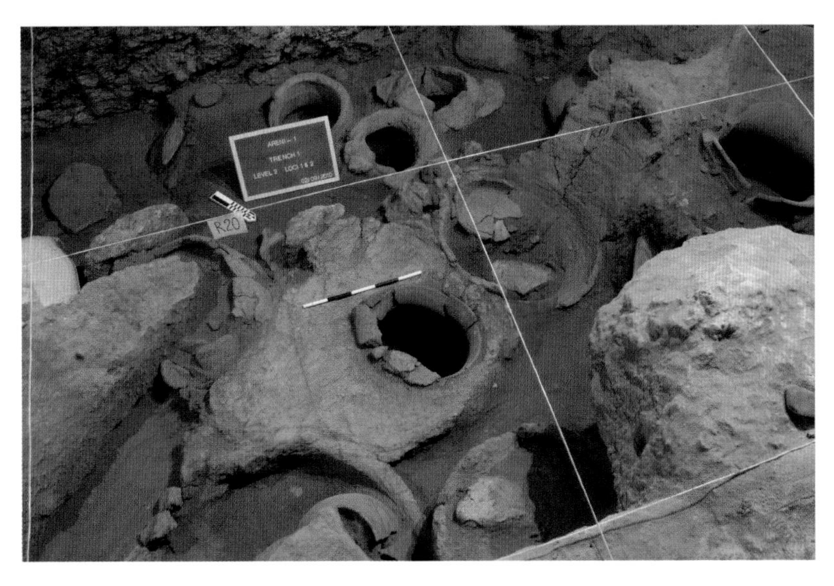

图9.10　**最初的酒庄**

考古学家在亚美尼亚南部的阿瑞尼洞穴群中发现了6100年前的酒庄。生产葡萄酒的条件包括一个大的硬的，可以让葡萄酒在其中发酵，边缘隆起的黏土缸，以及储存葡萄酒的罐子。古代葡萄酒商使用的是用脚踩葡萄的老式方法。同一个洞穴里还出土了世界上最古老的鞋子。

须知道如何去除黏土中的杂质，如何将它形塑为理想中的形态，以及如何以一种不会导致开裂的方式将它烘干。合适的火候要求制陶工人知道如何加热黏土，从而使得黏土变硬，且能承受住潮湿的环境，在加热和冷却过程中不会破裂或爆炸。

新石器时代的人们还会装饰陶器。一些人烧制之前在容器上雕刻图案，而另一些人则为其塑造特殊的边框、腿、底部，以及其他细节，并将它们固定到制成的陶罐上。古代文化中的陶器遗留物上有数千种独特的图案，其中包括绘画和雕刻装饰。

住房

食物生产和新的定居生活方式带来了另一种技术的发展——房屋建造。因为大多数觅食者经常到处移动，洞穴庇护所、土坑，以及由兽皮和木制杆所制成的简单的单坡屋顶为人们抵御了风雨。然而，在新石器时代，住房在设计上变得更为复杂，在类型上也更加多样。一些房屋是由木头建造的，而另一些是用石头、晒干的砖头或者混有泥土的树枝制成的更精致的庇护所。

尽管永久性住房常常伴随有食物生产，有一些文化创造了结实的房屋但是却并没有转换到食物生产的阶段。例如，在北美洲的西北海岸，人们居住在由雪松原木凿成的巨大厚板所制作的坚固房屋中，然而，他们的食物几乎全部是野生植物和动物，尤其是鲑鱼和海生哺乳动物。

服装

新石器时代的人们是人类历史上最先穿上由纺织品制成的衣服的人。生产这类服装所必需的原材料和技术有几种来源：农业产出的亚麻织品和棉制品；驯化的绵羊、美洲驼或者山羊的毛；以及蚕丝。人类发明了用来纺纱的纺锤和用来编织的织布机。

社会结构

关于新石器时代社会的组织，考古学家可以得出某些推论。虽然考古学遗址包括了仪式性和精神性活动的迹象，但是村庄生活似乎缺少中央组织和阶层制度。例如，埋葬揭示了社会分层化的缺失。新石器时代早期的人们很少使用平板石头来建造或者覆盖坟墓或在坟墓中放入陪伴死者的精致物品。显然，几乎没有人曾经获得某种高尚的地位以至于需要人们准备一个精心策划的葬礼。大多数村庄都很小，并没有奢华的建筑物，这显示了居民互相之间十分了解甚至互相关联，因而他们之间的大多数联系可能是高度个人化的，并具有同样的情感意义。但是，新石器时代人们有时候会自己组织并建造令人钦佩的公共工程，这些工程保存在考古学记录中，比如现存于英格兰的巨石阵遗址（图9.11）。

一般而言，新石器时代的社会结构几乎没有劳动分工，但是有一些证据显示，存在专门化的社会角色。在这类平等主义社会中，每个人的地位都差不多，并且平等地分享支撑收入、地位和权力的基本资源。村庄似乎由许多家户组成，几乎每一户都可以自给自足。亲属群体可能满足了家户外的社会组织性需要。

图9.11　巨石阵中的德鲁伊祭司

一些新石器时代的人们会自己组织大型工程的建设，比如建造巨石阵，它是约4500年前在英国建造的著名仪式性和天文中心。在巨石阵被建立很久之前这里被当作墓地使用，它反映了建筑者对自然力量以及自然力量对食物生产造成的影响的理解。例如，巨石阵的开口精确地与冬至日的日落和夏至日的日出一致。这一精细的准线显示了新石器时代人们密切关注太阳的运动轨迹和季节的发展周期。当今，如图所展示的威尔特郡德鲁伊祭司，仍然会聚集在巨石阵前举行与夏至日相关的仪式。

美洲新石器时代的文化

在美洲，新石器时代的革命有它自己的形式和时间。例如，在距今8000年至9000年前的西南亚，新石器时代的农业村庄是十分常见的。但是，在中美洲——从墨西哥中部延伸到中美洲北部的地区，以及安第斯山脉高地——类似的村庄直到约4500年前才出现。并且，西南亚的植物和动物驯化后不久即出现的陶器，也是直到约4500年之前才出现在美洲。美洲新石器时代早期的人并没有使用陶轮。相反，他们用手来制作精致的陶器。织布机和手工纺锤约3000年前出现在美洲。中美洲和安第斯山脉高地的这些发展几乎完全独立于亚欧大陆和非洲的类似进程，这些地区发展出了不同的作物、动物和技术。

在中美洲和安第斯山脉高地之外，狩猎、捕鱼和采集野生植物食物对于美洲新石器时代人们的经济而言一直很重要。他们应用了一些令人印象深刻的技术创新，如本章的“应用人类学”专题所示。在欧洲探险家带来疾病和欧洲统治模式之前，美洲的各种文化沿着自己的轨迹稳定发展。

新石器时代和人类生物学

向粮食生产的转变影响了人类生物学。生物人类学家在研究新石器时代墓地的人类骨骼时发现，人类的身体和牙齿受到了一定程度的机械压力。尽管存在例外，新石器时代人们的牙齿通常磨损较少，他们骨骼的强健性也更低，并且与旧石器时代和中石器时代人们的骨骼相比，他们患骨关节炎（因关节面受压力而引发的）的概率更小。

另一方面，其他骨骼特征提供了

应用人类学

亚马孙前哥伦布（pre-Columbian）养鱼业

克拉克·埃里克森

长久以来，两大主题主导了大众对亚马孙的印象：（1）原始环境神话；（2）高贵的野蛮人的神话……今天，我们现在知道了亚马孙地区许多传统上被认为是荒蛮之地的区域是欧洲人的到来引发的当地人口大量减少的间接结果。旧世界疾病、奴隶制度、传教运动、重新定居和战争的引入，在这100年间将大多数的原住民从这片土地上赶走了……

我们记录了亚马孙的原住民（过去和现在）被转变和塑造的过程，在一些案例中，相关区域经常被误认为是原始的“蛮夷之地”。我们的方法被称为历史生态学或景观考古学，假定所有的景观都具有一个漫长、复杂的历史。我们发现高水平的生物多样性很明显与以往的人类活动有关，如开辟雨林、燃烧和园艺。自1990年以来，我们已经仔细钻研了玻利维亚亚马孙地区庞大的土方工程网络，该网络建造于欧洲人到来之前，其中包括地面堤道、用于水上交通的人工运河、在大草原上为种植庄稼抬高的田地和城市大小的定居点。

与考古学家克拉克·埃里克森（Clark Erickson）一道工作的艺术家丹·布林克迈尔（Dan Brinkmeier）来自菲尔德自然史博物馆，他描绘了古代玻利维亚包雷斯人的鱼堰。

1995年，当地政府邀请我们去包雷斯进行考古学勘测，包雷斯位于玻利维亚东北部一个偏远的会季节性地被洪水淹没的大草原、湿地和雨林中。政府借给我们塞斯纳飞机和飞行员，以对该地区进行初步的空中观察。飞机盘旋在该景观上空时，我们看到了一个令人惊异的复杂网络，包括笔直的大道、运河和带壕沟的土垒围墙。在1996年的旱季，我在一群当地猎人的陪伴下调查了该地区。

一个被称为之字形土方工程的人造特征，尤其吸引着我。低矮的土墙曲折蜿蜒地贯穿了雨林岛屿之间的大草原……正当我们绘制它们时，我注意到在土方工程改变方向的地方有一些漏斗状的小开口。我立即意识到这些与亚马孙人的民族志和历史性文学作品中描述的鱼堰相契合。鱼堰是用木头、灌木丛、编织物或石头修筑的围墙，其中有一些狭小的开口用来引入水流，开口处会放置篮子或网来圈住洄游的鱼儿。尽管大部分鱼堰是简单的临时建筑，包雷斯的包含小型人工池塘的永久性土方工程覆盖了超过500平方千米的面积。现在，在洪水退却的旱季这些池塘里会充满各种各样的鱼类。我认为，欧洲人到来之前，亚马孙人用这些鱼堰来储存活鱼以备不时之需。

包雷斯的当地人将环境塑造为一个多产的景观，以提供充足的蛋白质来维持庞大的人口数量……考古学提供了记录下这一重要的失传知识的唯一途径。在政治家、自然环境保护主义者和援助机构寻找可持续之路来发展并保护亚马孙草原时，考古学家能够通过提供经时间检验过的土地使用模型来发挥关键作用。

清晰的证据表明，健康状况的恶化和死亡率的提高。来自新石器时代村庄的骨骼展示了严重的、长期的营养压力（图9.12，9.13），以及与传染病和营养不良相关的病理学证据。

新石器时代人们蛀牙的增多归咎于高淀粉饮食。科学家近来发现了巴基斯坦的一个拥有9000年历史的新石器时代遗址中的牙髓切开术（Coppa et al., 2006）。当代人群中龋齿也很常见，因为人们从多样化的狩猎—采集饮食转变为了高淀粉的饮食模式。

驯化和定居化的生活方式促进了与资源基础相对的人口过剩。因此，极小的环境变化也能导致大范围的饥饿和营养不良。压力和疾病的证据与人口密度和对密集型农业的依赖成比例增加。此处，定居的拥挤状况引发了与其他村庄之间的资源竞争，增加了战争造成的死亡率。

新石器时代人们依赖于那些挑选出来的具备高生产力且易储存的作物，而不看重营养平衡。并且，随着人口规模的扩大，他们越来越容易受到驯化作物周期性歉收的影响。因此，与旧石器时代先辈们相比，新石器时代人们经历了健康状况的恶化和死亡比率的提高。一些人断言，从食物寻觅向食物生产的转变是人类所犯过的最严重的错误！它可能是人类今天面对的一些最严重的健康问题的原因（Cohen & Armelagos, 1984）。

久坐不动的、定居的生活方式会带来垃圾和人类排泄物堆积等问题。小群体的人们从一个营地迁移到另一个营地时，会遗留下他们的垃圾。并且，在那些人们聚集的村庄，由空气传播的疾病的传染性会增加。正如我们在本书的第二章中所见，农耕实践同样为蚊虫类物种传播疟疾创造了绝佳的环境。

人类和其家畜之间的紧密关联甚至促使一些动物疾病向人类传播。许多威胁生命的疾病——包括天花、水痘，以及孩童时期的所有传染性疾病，一直到20世纪下半叶才被医学攻克——都是通过与家畜的密

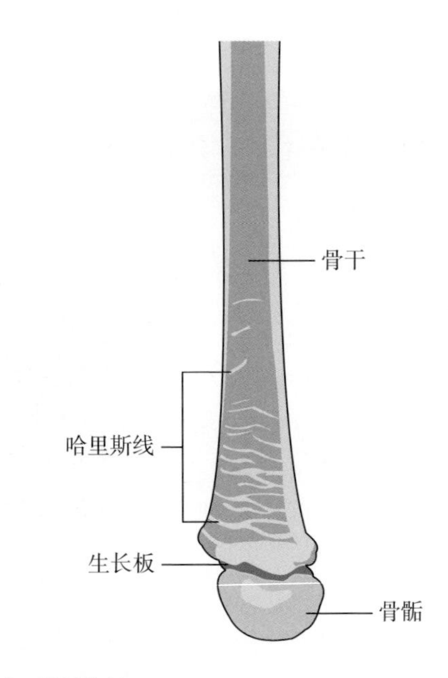

图9.12 长骨生长

在儿童时期，我们的长骨由软骨构成的生长板生长而成，生长板位于关节处的骨区（称为骨骺）和骨骼的长段（骨干）之间。哈里斯线（由哈里斯博士在1927年首次提出），也被称为生长停止线，如果生长因暂时的压力停止后又恢复的话，就会形成哈里斯线。

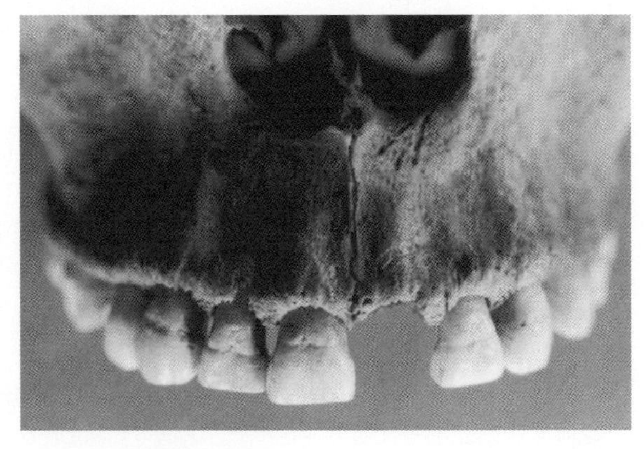

图9.13 牙釉质发育不全

图中牙齿的釉质含量低于正常水平，这是饥荒或疾病导致的生长停滞的迹象。这些牙齿属于生活在亚利桑那州古代农业社区中的一名成年人。

切接触而传播给人类的（表9.1）。工厂化农场中家畜的集中继续威胁着人类的健康，从2009年猪流感大流行（见本章“全球视野”）以及2015年美国家禽养殖场爆发的禽流感中可以明显看出。

新石器时代和进步的观念

虽然新石器时代人们的总体健康状况由于这一文化性转变而变差，但是许多学者将食物寻觅向食物生产的过渡视为人类进步阶梯上的一个巨大进步。这一阐释在某种程度上来源于西方文化中一个被广泛秉持的观点——人类的生活方式随着时间的推移而不断地进步。毫无疑问，农耕使得人们可以居住在巨大的定居性社区中，并且可以通过工艺专门化的方式来重新安排工作。但是，这并不是普遍常识上的进步，而是一系列有关进步本质的文化信仰。每一种文化都以它自己的术语来定义进步（如果它确实如此）。

无论食物生产的益处是什么，新石器时代人们为农业的发展付出了惨重代价，此处的农业指的是密集的作物耕种，需要犁地、施肥，以及/或者灌溉。正如人类学家马克·科恩（Mark Cohen）和乔治·阿尔拉格斯（George Armelagos）指出的，我们可以看到，“与农业引进相关的人类生命在质量上的一个总体性下降——并且可能也存在于长度上”（Cohen & Armelagos，1984，p. 594）。

人类学家并没有将进步这样的种族中心主义信条强加在考古记录上，相反，他们将食物生产的出现视作文化多样性的一部分，这种多样性始于新石器时代。尽管一些社会持续践行各种形式的狩猎、采集和捕鱼，也有一些社会发展成了园艺社会。随着时间的推移，始于新石器时代的资源竞争将狩猎—采集者逼入越来越边缘化的领地。

一些园艺社会发展出了农业。它们在技术上比园艺社会更为复杂，农民可能利用由一匹或多匹驼畜牵引的木制或金属制的犁，比如马、牛或者水牛，在大块的土地上生产食物。畜牧业出现在那些过于干燥、杂草遍地、十分陡峭、十分寒冷或者十分炎热的环境中，这些环境不利于有效发展园艺业或者密集农业。牧民饲养和管理迁移性的驯化的牧场动物畜群，如山羊、绵羊、牛、美洲驼或骆驼。例如，如果没有耕犁，新石器时代早期的人们就不可能在俄罗斯境内覆满杂草的大草原耕作，但是他们能够在那里放牧。因此，居住在从西北非延伸到中亚地区的干燥草地和沙漠之中的大量人群会放牧大量的驯化动物，并依赖于邻居种植的植物。最终，一些社会继续发展其文明——这是下一章的主题。

表9.1　由家畜传播的疾病

疾病	与病原体关系最密切的动物
麻疹	牛（牛疫）
肺结核	牛
天花	牛（牛痘）或与痘病毒相关的其他家畜
流感	猪、鸭
百日咳	猪、狗
禽流感	家禽（鸡和火鸡）

与动物的密切联系导致了一种状况，即动物病原体的变种可能传播到人类身上。拥挤的工厂化农场和全球农产品贸易使情况变得更加复杂，例如，2009年变种流感和H1N1的大流行，以及2015年禽流感的暴发。

养殖工厂的惨败?

2009年4月,防护口罩和手套成为墨西哥城的常见景观,那时,新闻正报道着爆发于美国和墨西哥的猪流感疫情。2009年6月11日,世界卫生组织(WHO)正式确认了传染病,之后截至7月份,世界卫生组织监控的四分之三的国家和地区都报告了病例。全世界的科学家正在观测这一病毒的基因组成以确定它的来源。

在疫情暴发之初,许多迹象都指向了墨西哥维拉克鲁斯州的一家养猪场,这家养猪场叫作格兰哈斯卡罗尔,是史密斯菲尔德食品公司的一家子公司,前者是全球最大的猪肉生产企业。尽管如此,基于基因分析,科学家得出了一个十分不同的结论,"该病毒可能起源于一头美国猪,它作为猪贸易的一部分前往到亚洲。病毒可能已经传染给了那里的一个人,这个人随后又返回到北美洲,于是,该病毒完美地展现了人际传播,还甚至可能从美国扩散到墨西哥。"

当科学家观测猪流感的基因证据时,对养殖工厂的研究展示了这些实践滋生疾病的过程。例如,北卡罗莱纳州的猪大约有1000万头,这些猪大部分都挤在拥有5000只动物的农场中。它们作为养殖业运营的一部分穿梭于整个国家。一只出生于北卡罗莱纳州的猪,随后可能会被带到美国的中心地区养殖,最终到达其目的地——加利福尼亚州的屠宰场。由于猪在屠宰前被运往多个地点,病毒在不同物种间传播的机会有很多。拥挤的工厂化农场也意味着,如果病毒进入农场,它可以迅速感染许多人。

农民、卫生专业人员和政府机构自然担心病毒从动物传播到人类。作为一种预防措施,人们有时会杀死数百万只动物。美国2015年的禽流感使得650多万只鸡和火鸡被屠杀,这是为了防止疾病的蔓延。这种大规模屠杀自身也带来了——许多健康的动物被杀,用于照料它们的资源被浪费,以及如何处理和在何处处置尸体的问题。全球食物分配的健康风险长期以来都是人们的一大忧虑,而猪流感的爆发将这一担忧提升到了一个新的层次。

全球难题

你认为先发制人的大规模屠杀是解决疾病跨物种传播这一问题的长期可行的办法吗?这一问题还可以如何被解决?

思考题

1. 新石器时代变化的生活方式包括植物和动物的驯化以及村庄这一定居点的出现。这一新的生活方式产生了对于资源的竞争。请问这一竞争是如何反映在当今世界的？这对你个人的生活有影响吗？

2. 你认为为什么过去的一些人保持食物采集者的身份而不是转变为食物生产者？驯化的过程在多大程度上是有意识且精心计划的？人类是否经常领导着这一进程？

3. 为什么新石器时代的这些变化有时候会被错误地与进步联系在一起？为什么起源于新石器时代的社会形态开始统治地球？

4. 尽管考古学记录显示了世界上不同地区在驯化植物和动物时机上的一些差异，但是为什么说一个地区比另一个地区更先进的说法是错误的？

深入研究人类学

今天的驯化

在新石器时代，人类开始从狩猎和觅食过渡到驯化植物和动物。这一趋势一直持续到今天。在一些语言中——包括挪威语、西班牙语和汉语——驯化和驯服的词汇是相同的。然而，许多其他语言中，如英语和日语，会使用两个不同含义的词来表示。驯化是指人类培育或繁殖物种，以产生所需的身体或行为特征，而驯服指的是个体动物与其自然倾向相反，变得容忍与人类的交往。

你有宠物吗？如果它是一只猫、一只狗、一只羊，甚至是一条金鱼，你的宠物就是被驯化的物种中的一员，而不是被迫生活在圈养环境中的野生动物，许多珍奇宠物都是如此。用一天的时间，记录下你和宠物的每一次互动。你的宠物需要你提供给它什么？除了满足宠物的基本需求，你还为它提供了什么？你的宠物为你提供了什么？

此外，请思考以下问题：如果像猫或狗这样的驯化动物必须生活在野外，它会面临哪些挑战？它的野生亲属——比如短尾猫或狼——在圈养状态下会面临哪些挑战？

挑战话题

随着城市和国家的出现，人类社会开始发展出有组织的中央政府和集中的权力，这使得对重要建筑物和城市基础设施的建筑成为可能。但是，城市和国家的出现同样引发了一系列问题，其中有许多是我们当今仍然面临着的问题，比如大规模的战争。今天，文明的这一有害方面困扰着叙利亚的阿勒颇，它是世界上最古老的持续有人居住的城市之一。阿勒颇古城内部的战斗引发了一场大火，它摧毁了一个古老的市场。阿勒颇居民将这个市场视为他们城市的“灵魂”。这一损失加剧了人类的巨大痛苦——30多万人丧生，600多万人在叙利亚境内流离失所，400多万人被迫逃离这个国家——因为内战摧毁了遗址、抹杀了文化特性。叙利亚的文化损失还包括被损毁的大马士革倭马亚清真寺宣礼塔、十字军城堡、罗马城市帕尔米拉以及无数被盗的文物和艺术品。只有确保战争不是当今社会的必然结果，我们的未来才能得到保障，遗址也才能得到保护。

城市和国家的出现

第十章

学习目标

1. 定义文明、城市和国家并且确定它们的全球性起源。
2. 通过对玛雅城市蒂卡尔的案例研究，确定古代文明的考古学探测因素。
3. 考察标志新石器时代向市中心区生活转变的四个主要文化变化。
4. 比较国家发展的不同理论。
5. 确定城市和国家的形成所带来的问题。

在纽约、东京等繁华城市的街头漫步时，我们可以看到当代城市社会生活的许多方面。人们在办公楼进进出出，道路两旁店铺林立。汽车、公交车、自行车和卡车的来往穿梭，使交通周期性地停滞。一条街区延伸的两边，可能有食品杂货店，出售衣服、手机、电子器件的商店，以及餐馆、报摊、加油站和电影院，其他地区可能有博物馆、警察局、学校、医院或者教堂。

所有这些商业性服务或场所都依赖于这一社区辐射圈之外的人。例如，一家肉店的运转要依赖屠宰场和牧场。如果没有设计者、生产棉花和羊毛的农民，以及制作人造纤维的工人，一家服装店是无法生存的。餐馆依赖于冷藏车、菜农和奶农。医院则需要保险公司、制药公司和医用器材工厂来维持运行。所有机构都依赖于基础设施——电话、煤气、自来水和电力公司，以及网络。相互依赖定义了现代城市。

大城市中商品和服务之间的相互依赖使各种产品变得唾手可得。但是，相互依赖性也有弱点。如果工人罢工、天气恶劣或者暴力行为导致一个部门停止运转，其他部门也将受到影响。尽管如此，城市还是有弹性的。当一个部门出现故障，其他部门将会代替它继续发挥作用。例如，由于战争破坏了基础设施，人们开发了替代系统，以应对最基础的工作如食物和水源的获得，甚至是全球政治体内部的交流（图10.1）。而要平息2005年美国南部的卡特里娜飓风、2011年袭击日本的大地震、2013年袭击菲律宾的巨大海啸或2015年袭击尼泊尔的毁灭性地震等自然灾害带来的风波，人们也必须找到类似的替代方案。

随着互联网和全球化的发展，商品和服务之间的相互依赖已经远远超出了城市的界限。社交媒体如脸书（Facebook）和推特（Twitter）使得实时交流地理政治学事件成为可能，它们还可以调动全球的支持。通过网络空间，我们可以看到与叙利亚内战、被击落的飞机、西非埃博拉疫情等相关的危机和冲突的悲惨画面，但这也让一些人望而却步。然而，这种错综复杂、相互关联的大都市生活结构并非一直存在，人类历史上各种商品的集中销售是最近才出现的。

图 10.1　市区扩展中的毁灭

几十年的暴行严重摧毁了阿富汗的基础设施，然而在世界上发展速度第五的喀布尔城中，人口已经膨胀到400多万了。街道布满瓦砾，建筑物正面像空壳子一般立着。图中展示了孩子们到公共饮水的地方打取他们家庭所需的日常用水。

定义文明

文明一词来自拉丁文civis，意为“居住在城市里的居民”，以及civitas，意为“人们居住的城市社区”。在日常使用中，文明一词意为精致和进步，并可能隐含着种族中心主义偏见。然而，人类学家避免了这些受文化限制的观念。在人类学中，文明指大量人口居住在城市的社会，城市是社会性分层的，并且由一群领导精英通过国家这一中央组织的政治系统进行统治。

新石器时代的村庄在4500年至6000年前发展成为世界上最早的城市，最初是在美索不达米亚（今天的伊拉克和叙利亚），然后是埃及的尼罗河谷和印度河谷（如今的印度和巴基斯坦）。在中国的夏古城周围，文明早在5000年前就开始了。最早的美洲印第安城市出现在约4000年前的秘鲁和约3000年前的中美洲，独立于欧亚大陆和非洲的相关进展。

这些早期城市的特征是什么？它们为什么被称作文明的诞生地？城市最显著的特征——以及文明的最显著特征——是其巨大的规模和人口。但城市不只是发展过快的村庄。

以恰塔霍裕克为例——土耳其中南部地区一个拥

有9500年历史的聚居地，其人口十分稠密，但它并不是一个真正意义上的城市（Balter，1998，1999，2001a；Hodder，2006；Kunzig，1999）。挤满了5000居民的住房没有为街道留下任何空间。人们横穿邻居的屋顶，从屋顶的洞中滑降到自己家。房间的墙壁上挂满了油画和浮雕，房子互相之间在结构上十分相似。人们种植农作物，用麻编织，饲养家畜，同时也会收集大量野生植物和动物，因而从不打算加强他们的农业实践。恰塔霍裕克城没有任何公共建筑的迹象，仅有极少的证据显示他们曾有过劳动分工或中央集权。

相比之下，来自早期城市中心的考古学证据显示了一种由中央政权、技术进步和社会分层带来的组织规划。例如，洪水的控制和保护是印度河谷伟大古城的重要组成部分，这些城市坐落于当今的印度和巴基斯坦。一个叫摩亨佐·达罗的城市中心在约4500年前达到鼎盛，当时至少有2万人口，它被建立在一个远离洪水的人工土堤上。城市街道呈网格状，每个家庭都有复杂精细的排水系统，这表明了进一步的集中规划。

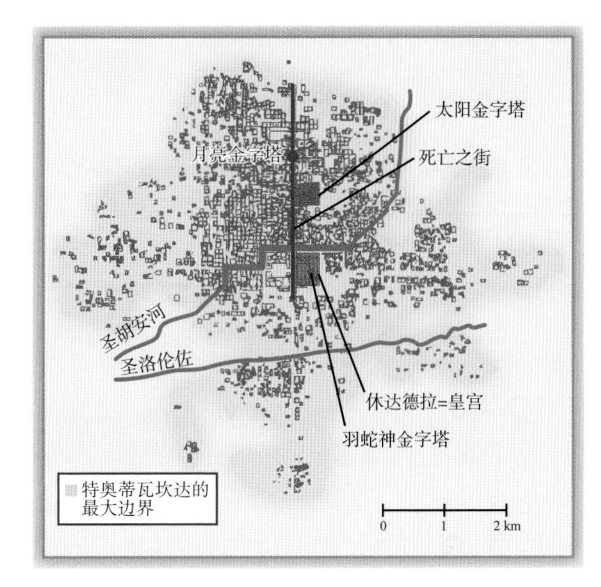

图10.2　**古城规划**

特奥蒂瓦坎的建造者大胆创新地规划了墨西哥城中心方圆几千米的格局。中心部分是死亡之街，起始于月亮金字塔（靠近顶端），与太阳金字塔、圣胡安河南部和皇宫大院接壤。注意周围公寓的网格状线，以及被改道的圣胡安河。像巴黎香榭丽舍大街这样的现代大街被建造出来前，特奥蒂瓦坎的主要大道——死亡之街（左）的规模被认为是无与伦比的。考古学家估计有10万名社会地位不同的人居住在这个城市的各个社区。这条主要的大街是精英阶层的家。

古人将世界观融入他们建造的城市中。例如，中美洲的巨大城市特奥蒂瓦坎（Teotihuacan）的布局，它建于2200年前，其布局将阳历融入了一个统一的空间模式中。古代城市规划者将死亡之街——一条起始于月亮金字塔，与太阳金字塔和皇室深宫大院接壤的壮丽的南北轴线——指向一个在正北东部的天文标志。他们甚至将圣胡安河改道以使它在流经城市时符合他们的建筑风格（图10.2）。成千上万的公寓和形成网格结构的一条条狭窄街道环绕着该中心，整个城市保持了东北朝向。考古学家推测，在特奥蒂瓦坎7世纪突然瓦解前，可能曾经有超过10万人居住在这里。

特奥蒂瓦坎有证明社会和经济多样化的明显证据。公寓房间在规模和质量上的差异显示了该社会至少有6个阶层。那些社会等级最高的人居住在死亡之街或其附近。建在这条大道一个洞穴上的太阳金字塔被看作通往阴间的大门以及死亡之神的家。特奥蒂瓦坎的艺术家利用从遥远地区进口的商品和原材料进行创作，至少有两个街区居住着来自外国的人——一个街区住的是来自瓦哈卡州（Oaxaca）的人，另一个（“商人区”）则居住着来自海湾和玛雅低地的人。在田地里劳动的农民（一些人从事灌溉）也定居在城市中，他们为其他的城市居民提供食物。

摩亨佐·达罗和特奥蒂瓦坎与遍布全球的其他早期城市一样，代表的不仅是扩张的新石器时代村庄，还是一种新的生活方式。接下来的一个案例窥探了世界上的另一个古代城市，并揭示了考古学家如何着手进行对该城市的研究工作——从最先的探索调查到挖掘，再到提出理论以阐述其发展轨迹。

蒂卡尔：个案研究

古城蒂卡尔（Tikal）是现存的最大玛雅低地中心之一，位于中美洲的危地马拉城以北约300千米（约186英里）处。玛雅人于3000年前定居在此处热带雨林广阔的石灰石平地上。考古学家通过把玛雅人的历法与我们的历法精确联系在一起，了解到，他们的文明一直繁荣至1100年前。

鼎盛时期，蒂卡尔占地约120平方千米（约46平方英里）。大广场坐落于蒂卡尔的中心，是由约300座主要建筑物和成千上万的房屋环绕着的一块大的铺砌区域（图10.3）。开始，蒂卡尔的人口从少量、分散膨胀到4.5万多人。1550年前，它的人口密度已经达到每平方千米600人至700人，是周边地区人口密度的3倍。在宾夕法尼亚州立大学博物馆和危地马拉政府的共同主持下，考古学家从1956年开始对蒂卡尔进行了探索。在20世纪60年代，它是在西半球开展的最雄心勃勃的考古项目。

起初，考古学家仅调查了位于蒂卡尔大广场周边的主要寺庙和宫殿建筑。后来，他们把注意力转向了那些围绕在较大建筑周围的大量住宅。想象一下，仅通过观察巨大的公共建筑来获得一个大城市的生活实景，如芝加哥或北京。同样地，考古学家意识到他们需要检测蒂卡尔的全部遗存来准确地重建过去的生活方式。通过挖掘小型建筑，考古学家可以推测出蒂卡尔的人口规模和密度、重建过去的生活方式和社会组织、验证传统的设想——玛雅人的生活方式无法维持如此稠密的人口（Haviland，2002；2014）。

测绘和挖掘遗址

测绘人员调查了大广场周围6平方千米（约2.3平方英里）的林地，以指导小基坑的开挖。茂密、高大的热带雨林阻碍了用于绘制的空中摄影技术。除了最高的寺庙，树木几乎遮蔽了所有建筑，甚至许多小的废墟在地面上也几乎看不见（图10.4）。长达四年的测绘工作表明，古蒂卡尔的延展范围远远超出起初勘定的区域。对蒂卡尔的持续勘测确定了该城市的边界和总体规模。

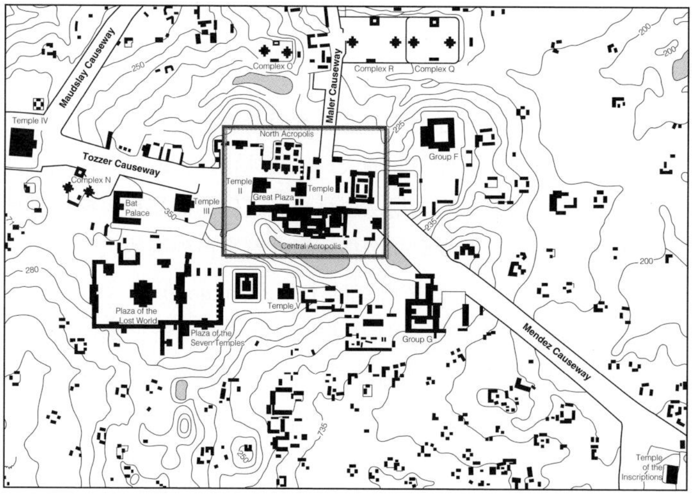

发掘出的证据

考古学家根据他们找到的证据重建了蒂卡尔的日常生活以及蒂卡尔与其他地区之间的关系。例如，作为原材料或成品进口而来的花岗石、石英岩、赤铁矿、黄铁矿、玉石、板岩和黑曜石证明了不易腐蚀物品的贸易。船用材料来自加勒比海和太平洋海岸地区。反过来，蒂卡尔人向外出口黑矽石（一种用于制作工具的类似于燧石的石头），既以原

图10.3　蒂卡尔的布局

蒂卡尔的范围远远超出了大广场和已被发掘并绘制在图中的纪念性建筑。考古学家使用勘测技术、坑探和其他方法来确定这个城市的边界，并全面了解了发生在此处的生活方式。地图中心的红色轮廓圈出了皇宫、皇家墓地和中心市场的位置。除了地图中所绘出的，蒂卡尔在每个方向上都向外延伸了数千米。

图10.4　在蒂卡尔的现场勘测

在许多考古遗址现场，考古学家会在发掘前使用航空摄影勘测和绘制出基本结构。但蒂卡尔被浓密的树木覆盖着，只有最高的寺庙的顶端穿透了树冠，这导致考古学家无法使用航空勘测方法，转而采用地面勘测技术。熟悉原版《星球大战》电影的人如果知道，叛军营地的鸟瞰图是摄于蒂卡尔的话，会觉得很有意思。

材料形式也作为制成品出口。蒂卡尔介于两条河道网中间，这可能促进了陆路贸易路线的形成。蒂卡尔还出现了一些易腐物的贸易，如纺织品、羽毛、盐和可可。

考古学家在蒂卡尔发现了专门的木工艺、陶器、黑曜石和贝壳工作坊。石制历史遗迹中的灵巧雕刻品透露出曾有职业性的专家从事此项工作，陶瓷容器上釉的精致艺术品也是如此。纺织品工人、牙医、树皮纸制造者、抄写员、石匠、天文学家和其他职业专家也留下了他们工作的痕迹。

蒂卡尔设立了某种形式的官僚组织来管理城市。从玛雅的文字记录（图10.5）中，我们可以知道政府是由一个世袭制统治王朝领导的，该王朝具备足够强大的权力来组织大规模的公共工程建设，其中包括城市南北边缘的一个防御沟渠和堤坝体系，其最长延伸范围能够达到19千米至28千米（6英里到17英里）。玛雅人建造了无数的寺庙和公共建筑。

玛雅占星专家使用不重复的“长计历”追溯各个王朝及其征服历史，长计历从公元前3114年8月11日神话中的创世日开始计算天数。根据玛雅神话，我们生活在第四世界，前三次创造都是神的失败尝试。2012年12月21日，是最近一次长计历结束的日子。同年，考古学家在蒂卡尔附近的一处遗址发现了一系列象形文字，这表明天文学上精确的玛雅历法一直延续到了未来（Saturno et al.，2012）。

蒂卡尔的宗教可能有助于应对农业的不确定性。在漫长的干旱月份里，蒂卡尔居民依靠储存在水库中的雨水为生。古代玛雅人可能注意到蒂卡尔的位置比周围地带相对高一些，可以作为一个“力量之地”，尤其适合与超自然力量和神灵保持联系（图10.6）。

图10.5　石头文件

图中这样的雕刻建筑是在蒂卡尔统治者的命令下制作的，用来纪念其领地的重大事件。考古学家已经破译了其刻在石头上的象形文字。该纪念碑书写的是约公元前785年统治该地区的一位国王。只有专家才可能完成一块如此精巧的石雕。这些象形文字也提供了关于写作专家和抄写员的间接证据，他们可能会在易腐烂物品如树皮制成的纸上进行记录（纪念碑左侧铭文的翻译参见图10.11）。

图10.6　蒂卡尔的现代玛雅人

考古学家曾提出由于蒂卡尔在该地区的位置相对较高，它成为一个重要的宗教中心。高度可能创造了一种权力和接近超自然力量的观念。如今，蒂卡尔依然是当地玛雅人的一个重要宗教中心，他们会聚集在卫城前面举行传统仪式。

玛雅祭司不仅会在干旱时期努力说服和取悦神灵，也会在丰裕时期卖力崇敬它们。祭司——玛雅历法专家——也决定种植农作物的最有利时机。人们居住在城市或靠近城市的地方，以便接受祭司的祝福和指导。反过来，工匠、手工艺者和其他职业专家则满足祭司精英和统治王朝的需求。

随着人口的增加，新的粮食生产方式支撑着蒂卡尔居民的生活。蒂卡尔人的房子周围，果树和其他农作物生长在由粪便滋养的土壤里。蒂卡尔人还在那些雨季洪水泛滥的地区建造了抬高的田地。细致的维护和施肥使得人们可以在这些田地上一年又一年地进行密集型耕种。蒂卡尔人将低地转化为蓄水池，并挖筑渠道将大广场和其他建筑物中的径流量引入这些蓄水池中，从而最大限度地为旱季收集水源。

几百年以来，蒂卡尔维持着它不断增长的人口。当食物和土地所受到的压力达到临界点时，人口也停止了增长。与此同时，与其他城市的战争为蒂卡尔带来了损失。废弃住房、坟墓中的骨骼显示出的营养问题、防御性沟渠和堤坝的建造都是战争留下的痕迹。在战争爆发之后，强大的中央权力机构像以前一样指导活动，并持续了250年左右。

这一案例研究——蒂卡尔的发掘，展示了玛雅文明的辉煌、社会组织、信仰体系以及贸易和农业实践。新的发现继续丰富着我们对玛雅和其他中美洲文明的了解（图10.7）。

城市和文化变迁

当一个生长于当代北美乡村里的人迁移到费城、蒙特利尔或洛杉矶时，他或她会体验到一种十分不同

图 10.7 揭开隐藏的历史

在洪都拉斯的丛林中有一片社会的遗迹，可以追溯到公元800年至1400年。虽然这个社会似乎受到了玛雅人的影响——包括铺设的道路、大型建筑和球场——但是考古学家几乎没有发现玛雅式社会等级制度的证据。相反，这些遗骸可能与缺乏强大制度化力量的社区有关。在研究这些定居点时，科学家采用了先进的技术和更传统的方法，其中一些定居点基本上没有受到影响。航空雷达（光和雷达）测绘技术使科学家能够辨别丛林覆盖地区的地理特征，包括人类塑造过的土地。传统的方法包括记录在丛林中发现的隐藏的文物，如图中考古学家克里斯·贝格利（Chris Begley）所做的，以及与当代原住民谈论他们的祖先。

的生活方式。而这同样也适用于一个5500年前迁移到中美洲城市的新石器时代村庄居民。因为文化是动态的、综合的适应系统，它会对外部和内部因素做出回应，向城市中心生活的转变还包括社会结构和意识形态上的变化。四个基本的变化标志着新石器时代的生活方式转变为首次出现的城市中心的生活方式：农业革新、劳动多样化、中央政府和社会分层。

农业革新

新的耕作方法使得早期文明不同于新石器时代的村庄。例如，古代苏美尔人建立了包括堤坝、运河和蓄水池在内的系统来灌溉农田以及管理更大的畜群。灌溉提高了作物产量，使农民能够摆脱季节性的雨水循环，在一年里收获更多的庄稼。增加了的作物产量反过来又导致了更高的人口密度。

劳动多样化

多样化的劳动也是早期文明的显著特征。在一个缺乏灌溉或耕地的新石器时代村庄，每个家庭成员都参与作物的种植。作物产量和人口的增加使得很多人能够从事全职性的非农业活动。

古代公共记录中记载了各式各样的专业化工人。例如，一份来自古巴比伦城市拉干什（现今伊拉克的Tell al-Hiba）的早期美索不达米亚（两河流域）文件，列出了一些以寺庙谷仓的剩余谷物为报酬的工匠和商人。这份名单上有铜匠、银匠、雕刻家、商人、陶工、制革工人、雕工、屠夫、木匠、纺织工、理发师、细工木匠、面包师、办事员和啤酒酿造者。

伴随着专门化，出现了一些专家，他们发明了制作产品和处理事务的新方法。在欧亚大陆和非洲，文明开创了青铜时代——一段用这种金属合金来制作工具、装饰品和武器的时期。人们熔炼铜和锡（青铜的原材料），或将它们从矿石中分离出来，然后对其进行提纯并浇筑来制作犁、刀、斧头、盾、矛和其他物品（图10.8）。后来，这些工具是用铁水制成的。在战争中，投石器、石制的刀和矛无法抵抗金属的矛、箭

图 10.8　3D 打印和纳文的锥形枪托

20世纪初，爱尔兰出土了一件青铜时代的小型锥形文物。当时，考古学家将该物体归类为矛柄的一部分。一个世纪后，澳大利亚考古学家 Billy Ó Foghlú 有了不同的想法。他利用现代3D打印技术制作了一个模具，然后铸造了一个青铜复制品。他怀疑它不是武器的一部分，而是一件乐器。当 Ó Foghlú 把枪托当作2米长的复制号角的吹口时，声音变得生动起来。这件艺术品的真正用途变得清晰起来。图中，Ó Foghlú 正在演奏一种现代的号角，这为他的实验考古学提供了线索。

头、剑、头盔和盔甲。

美洲的原住民文明使用铜、银和金等金属来制作典礼性或装饰性物品，他们的许多日常工具都依赖于石头。黑曜石（一种由火山活动形成的玻璃）很容易获得且极其锋利（比最优质的钢铁还要锋利许多倍），工具制作者可以随心所欲地用它来制作完全符合自己需要的工具。黑曜石工具提供了有史以来最锋利的刃口（回忆本书第七章的“应用人类学”，“现代外科医生使用的石制工具”）。

广泛贸易体系的发展使人们能够获得他们需要的原材料。与陆路运输相比，船只提供了更快、成本更低的到达贸易中心的方法。从古埃及城沿着尼罗河到地中海港口城市的单向旅程，划艇所花费的时间比陆路路线少得多。如果使用帆船，花费的时间甚至会更短。

埃及国王或法老派遣探险队前往不同的方向以获得宝贵的资源：往南到达努比亚（苏丹北部）以获取金矿；向东到达西奈山以获取铜矿；到阿拉伯世界寻觅香料和香水；到亚洲寻找天青石（一种蓝色的半宝石）和其他珠宝；向北到黎巴嫩寻获雪松木、葡萄酒和葬礼用油；向西南到达中非获取象牙、乌木、鸵鸟羽毛、豹皮、牛和他们俘获的奴隶。

南非大津巴布韦帝国（图10.9）出土的中国和波斯文物显示，这些贸易网络在11世纪时扩展到了整个旧世界。这座当时有1.2万人到2万人居住的城市曾经是班图帝国的中心。因贸易而与外国人不断接触，这促进了创新和专门知识的传播如地理学和天文学。大津巴布韦帝国比本章提到的许多最早的城市繁荣得更晚。尽管如此，它仍然特别值得被提及，因为它记录了欧洲殖民之前撒哈拉以南非洲城邦的存在。

中央政府

统治精英也出现在了早期文明中。城市由于其规模和复杂性使得它们需要发展出一个强大的中央权威，以确保不同的利益集团，比如农民或手工艺专家，在不侵犯对方利益的情况下提供他们各自的服务。过去的政府通过建造防御工事、募集军队来确保城市不受敌人侵袭。政府还会征税并任命收税员，以支付建筑工人、军人的工资和其他公共花费。政府确保当商人、木匠或农民要求合法补偿时得到公正的对待；确保任何对他人造成伤害的人将受到法律制裁。除此之外，政府会储存剩余的食物以预防饥荒，并监督公共工程的建造，如宏大的灌溉系统和防御工事。

图10.9　大津巴布韦帝国

图中是位于非洲南部大津巴布韦帝国的椭圆花岗石石墙，花岗石上没有涂抹灰浆却紧密地结合成一体，这证明了建造者的技艺之精湛。当不情愿承认撒哈拉以南非洲具有文明的欧洲探险者发现了这些宏伟的遗迹时，他们错误地将之归为白种—非非洲人的杰作。这种错误的观念一直持续到考古学家证明这些建筑是一个拥有1.2万至2万居住的城市的组成部分，这个城市是中世纪班图帝国的中心。

中央集权的证据

古代文明中关于中央集权的证据来自法典、寺庙记录、纪念碑和皇室编年史。城市结构本身会显示出明确的城市规划迹象，如前文所述的中美洲特奥蒂瓦坎城精确的天文学布局。纪念性建筑、寺庙、宫殿遗迹和大型雕塑是古代文明的特征。例如，埃及法老胡夫墓的大金字塔长236米（约775英尺），高147米（约481英尺）；其中包含了大约230万个石块，每个石块的平均重量为2.5吨。希腊历史学家希罗多德（Herodotus）在大金字塔建成很久之后访问了埃及，他报告说，该墓塚的建造需要10万个男性耗时20年才能完成。这类巨大的建筑只可能出现在拥有强有力的中央集权的基础上，因为只有中央集权才能够管理庞大的劳动力、提供建造所必需的技术和原材料。

文字或一些形式的记录资料表明了中央集权政府的存在。统治者能够利用文字来传播和保存信息，系统化地运用文字记录来服务于政治性、宗教性和经济性目的。当然，文字的发展与专门劳动者的发展是紧密相连的，这些专门劳动者是负责记录中央集权政府信息的抄写员。

学者将美索不达米亚地区文字的发展归因于对国家事务的记录。文字记录使早期政府可以追踪他们的粮食盈余、贡品记录和其他商业收入。一些最早的文献似乎就是这类记录——蔬菜和动物买卖清单、税收清单和仓库存货清单。

在距今5500年前，记录由“代币”组成，它们是一些形状各异的陶片，每一种形状代表了一种商品。因此，一个圆锥体可能代表了一定量的谷物，圆柱体可能代表一种动物。随着时间的推移，代币开始代表各种不同的动物，以及加工过的食物（比如油、被捆好的鸭子或面包）和制成品或者进口货物（比如纺织品和金属）（Lawler，2001）。最终，印刻着符号的泥板取代了这些代币。

5000年前，一种新的书写技术出现，在美索不达米亚的乌鲁克，也就是今天的伊拉克。写作者可能用一根芦苇尖笔在潮湿的泥土面上书写楔形记号。起初，每一个记号代表一个单词。由于这种语言中的大多数单词都是单音节的，随着时间的推移，这些记号开始代表音节，于是，楔形文字就出现了（图10.10）。

世界各地都各自发明了文字。传统上，最早的文字与美索不达米亚有关。然而，2003年考古学家在中国中部的河南省发现了雕刻在拥有8600年历史的龟甲上的符号；这些符号与后来的文字很相像，比美索不达米亚的证据早了大约2000年（Li et al.，2003）。

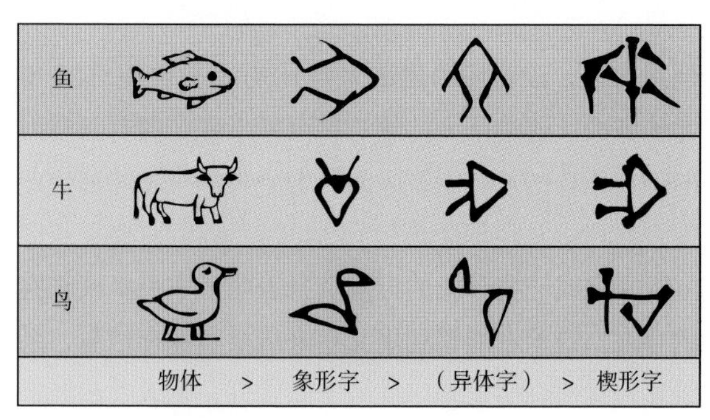

图10.10　**楔形文字**

楔形文字是从具象的物体绘画发展而来的。随着时间的推移，这些图画变得更简单、更抽象，并变成了楔形，因此人们可以用一支尖笔将它们刻在一块黏土板上。

美洲的各个中美洲部落都使用了文字书写系统，但是玛雅人拥有一套极其复杂的文字系统，它被用来歌颂统治者所取得的成就（图10.11）。玛雅皇室记录他们的家谱、重大征战和皇室婚姻，赋予自己宏伟称号，以及将自己的行为与重要的天文事件联系起来，以此来对自己歌功颂德。就像古代美索不达米亚的记录一样，这种文字系统有利于维护政治权力。

最早的政府

尽管少数几个古代女王也曾占据过统治地位，但通常国王及其顾问领导着最早的城市政府。其中包括3700年至3950年前生活在美索不达米亚的古巴比伦国王汉谟拉比，他在位期间高效的政府组织和高度发达的法律制度令人惊叹。他在其帝国的首都巴比伦颁布了一系列法规，即现在的《汉穆拉比法典》，《汉穆拉比法典》因其详尽的细节和标准化而闻名。在1901年，一支法国考古队首次发现了这一法典，它是用楔形文字题写在石头上的。它规定了法律程序的正确形式，并确定了对于作伪证和虚假指控的惩罚。它包含财产权、贷款和债务、家庭权利，甚至是医生因治疗所应付的赔偿等相关法律。它还规定了各行业和商业部门的固定收费标准，并且建立了确保弱势群体——穷人、妇女、儿童和奴隶——免受不公正待遇的机制。

官方命令将这些法典公开展示在巨大的石板上，让所有社会成员都知道自己的权利和责任。不同的社会阶层清晰地反映在了法典上（“法治”并不必然地意味着“法律面前人人平等”）。例如，如果一个贵族挖出了另一个贵族的眼睛，法律规定他必须挖出自己的眼睛作为补偿；由此应了“以眼还眼”这句谚语。然而，如果这个贵族挖出了一个奴隶的眼睛，他就只是亏欠奴隶主人其奴隶价值的一半。

尽管一些文明的繁荣昌盛是由一个具备超凡治理

图10.11 玛雅文字

对于图10.5中关于纪念碑上文本的解读说明了王朝的谱系对玛雅统治者的重要性。上面提及的“只言片语”可能涉及作为庆典一部分的杀戮，这些庆典与一个20年的末尾，或者说卡盾，以及下一个20年的开端相连。考古学家经过几百年的集中研究，终于破解了这些字形的含义。底部这20个用线条和圆点组成的数字系统是最初的突破，随之而来的是意识到这些符号代表的是音节而不是字母表。

能力的统治者所开创的，还有一些文明因一个各个层面都高效运行的官僚管理机构而繁荣。印加帝国的政府就是这样的。秘鲁及其周边地区的印加文明在500年前达到了顶峰，恰好是西班牙入侵者到来之前。它以马丘比丘的纪念性建筑而闻名，马丘比丘建在海拔近2500米（约8000英尺）的安第斯山脉的高处。这个帝国从南到北绵延了4000千米（约2500英里）、从东到西绵延了800千米（约500英里），使其成为那一时期最大的帝国之一。它的人口以百万计，由许多不同的族群构成。被视为神圣的太阳之子的皇帝领导着政府。在他之下有皇室、贵族、帝国官员和下层贵族。他们之下是大量的工匠、手艺人和农民。政府的农业和税收官员密切地监督着农业活动，如耕种、灌溉和收获。职业的驿吏可以在一天内穿越一个由道路和桥梁组成的网络将消息传递到400千米（约250英里）以外的地方，而这条网状路线即使在今天也依然令人钦佩。

尽管印加文明精细复杂，但它并没有为人所知的传统文字形式。相反，印加人使用一种独创性的编码系统来保存公共记录和历史编年史，即在五颜六色的绳子上打满各种结，这被称为结绳文字（quipu或khipu，克丘亚语“结”的意思）。由欧洲人带到美洲的天花流行病摧毁了印加人和其他美洲原住民。

社会分层

文明的第四个文化变化是社会分层，或者说社会阶级的出现，它是根据财富、职业或亲属等特征而排列的一系列社会类别。伴随着社会分层，特殊地位和特权的象征出现了，即根据人们从事的工作或他们出生的家庭背景对他们进行排名。与政府首脑的亲近关系层赋予一个人较高的社会地位。虽然专家——金属工人、制革工人、商人或其他类似的人——通常比农民地位高，但从事这些经济活动的人要么是下层阶级的成员，要么是被社会抛弃的人。过去，商人有时候能够花钱进入一个更高的阶层。随着时间的推移，财富和影响力成为人们获得较高地位的先决条件，正如在当代一些文化中所见到的那样。

考古学家如何得知古代文明中存在着不同的社会阶级？正如前文所述，法典和其他文字文件以及居住地的大小和位置等考古学特征能够反映出社会分层。埋葬习俗同样提供了关于社会分层的证据。早期新石器时代遗址中发掘出的坟墓大多是简单的地下坑。它们几乎不包含陪葬品——器具、小塑像和个人财产，象征性地放置于坟墓中，供死者死后使用（图10.12）。

不同文明的坟墓在规模、埋葬风格和墓葬物品的数量和样式等方面差异极大。这反映了一个分层社会的社会阶级划分。重要人物的坟墓里不仅有各式各样用珍贵材料制成的工艺品，而且有时候，正如一些早期埃及坟墓中还会有奴仆的遗骸，这些奴隶被杀死以继续为其主人服务。

骨骼也提供了社会分层的证据。死亡时的年龄、孩童时期的营养压力以及某些疾病，都会显示在骨骼遗骸中。在过去的分层社会中，统治阶级一般活得更长久、吃得更好，并且过得比社会中的低阶层民众更安逸清闲，这种情况也适用于当代社会。

图10.12 秦始皇陵兵马俑

陪葬品通常显示了死者在分层社会中的地位。例如，中国第一个皇帝——秦始皇的陪葬品中包括7000个真人大小的士卒俑，以及战车和战马。实际上，依据一些历史学家所言，这一整个墓地或“死亡之城”都是为该皇帝建造的，共需要70万个工人来完成。

国家的形成

从非洲到中国再到南美的安第斯山脉，古代文明创造了高高地凸出于地面之上的宏伟宫殿，运用直至今日还在继续使用的技术创作了雕塑，并建造了宏大的、令人惊叹的建筑工程。这些令人钦佩的非凡成就显示了文明与其他文化形态相比时的优越性。换句话说，中央集权政府的出现——文明的标志，使得一些人可以统治其他人还使得文明的繁荣成为可能。数千年来，文明、统治、贸易和战争相伴而行，正如本章与亚美尼亚阿尼古城有关的“原著学习”中所说明的。

正如这项研究显示的那样，过去帝国的遗址远不止是考古遗址。古代遗迹及其保存状况反映了不复存在的帝国之间的关系。通过挖掘和保存古代遗迹，准

阿尼：丝绸之路城市内外的身份认同与冲突

格雷戈里·阿雷什安

与冲突频发、支离破碎的中东有关的各种事件经常出现在全球超过10亿人的手机屏幕上。被铺天盖地的新闻搞得晕头转向的旁观者可能会打开一张该地区的地图，而上面显示了20个国家的边界。英国、法国和苏俄根据他们的帝国主义利益，在第一次世界大战后的1918年至1923年间划定了这些边界。这些边界——是在不考虑当地地理和整个地区现有的政治、宗教和种族边界的情况下强加的，该地区现在居住着4.5亿多人——引发了大量冲突，这些冲突一直持续到现在。

助长当今世界冲突的宗教、种族和文化分歧始于数千年前。几个世纪以来，该地区的政治精英和人民为权力和统治而斗争，他们也通过谈判解决问题并结成联盟。社会政治的长期稳定为地方和区域的人口增长和繁荣创造了条件。

保存在宗教、种族和民族主义叙事中的历史记忆有时会引发并加剧如今的冲突。考古遗址和过去的重大事件在这些故事中占据着突出的位置。根据全面的、整体的人类学方法，对这些地点进行多学科研究，不仅告诉了我们过去社会的基本活动，还揭示了主要考古遗址对当前观念的象征性影响。考古学家的任务是理清这些遗址中的事实和虚构。

阿尼城是10世纪和11世纪巴格拉图尼王朝统治下的亚美尼亚首都，其宏伟废墟的历史提供了一个极好的例证。直到14世纪中叶，大塞尔柱的土耳其—波斯帝国和中东蒙古帝国的统治经历了政治上的起起落落，但这座城市仍在继续繁荣。如今，它位于土耳其境内，与亚美尼亚接壤。

公元961年，阿尼成为首都，这时，亚美尼亚是西方基督教世界和东方、南方伊斯兰教世界之间的重要缓冲地带。当时正处于国际势力顶峰的拜占庭帝国，在城市社会文化发展的第一个时期（公元961年至1064年）支持巴格拉图尼王朝。在那段时期，阿尼被开发为一座皇家城市，是主要的城市中心，与城堡、农业村庄和亚美尼亚贵族居住的小镇等农村环境形成对比；这座城市也与亚美尼亚使徒教会（东方基督教的一部分，不同于西欧的天主教和拜占庭帝国的希腊东正教）的修道院形成了鲜明的对比。阿尼的城市景观是高度创新的，并与其乡村景观有机连接在一起。

阿尼位于高加索山脉一片大高原的中心。城市的核心占据了由两个峡谷合并而成的三角形岬角。只有从高原的北部才能较容易地到达海岬。在那里，一道15米（约49英尺）高的城墙从一个峡谷的边缘延伸到另一个峡谷，由30座尖塔组成，坚不可摧。城市景观的设计展示了首都的卓越力量，并震撼了每一个来到阿尼的人。

除了北部的防御工事，阿尼的大部分大型建筑

（大教堂和宫殿）都沿着峡谷的边缘排列，不像欧洲和中东的其他中世纪城市，那里的主要建筑都集中在城市的中心、河岸或者海岸线。阿尼纪念性建筑的墙壁（包括防御工事）是用光滑的凝灰岩石块建造而成的，有橙色、玫瑰色、素瓷色、栗色、浅灰、深灰、黑色和其他颜色，在整个城市创造了一幅令人惊叹的调色板般的挂毯。就连防御墙上也装饰着不同颜色的砖石，描绘着亚美尼亚基督教十字架和与地毯图案相似的图案。龙和牛的雕塑显示了这座城市是基督教城市，也是商业城市。每座教堂，都有其独特的设计，在中世纪亚美尼亚和欧洲历史上，阿尼被称为“一千零一座教堂之城”，在阿拉伯历史上，它被称为“五百座教堂之城”。

阿尼历史上的第二个主要时期是从1064年到14世纪中叶。1064年，大塞尔柱帝国的军队占领了阿尼，开启了该地区的政治动荡时期。在阿尼被占领后，其人口遭受了屠杀、奴役和驱逐。但在被塞尔柱、格鲁吉亚和蒙古统治的第二个时期，这座城市成为从连接欧亚大陆的丝绸之路网络中太平洋到中欧的一个主要国际商业枢纽，它促进了商品、思想、技术、宗教和知识的跨洲交流。阿尼在贸易上的重要性阻止了征服者对其的大规模破坏，因为他们希望能从阿尼的经济能力中获益。

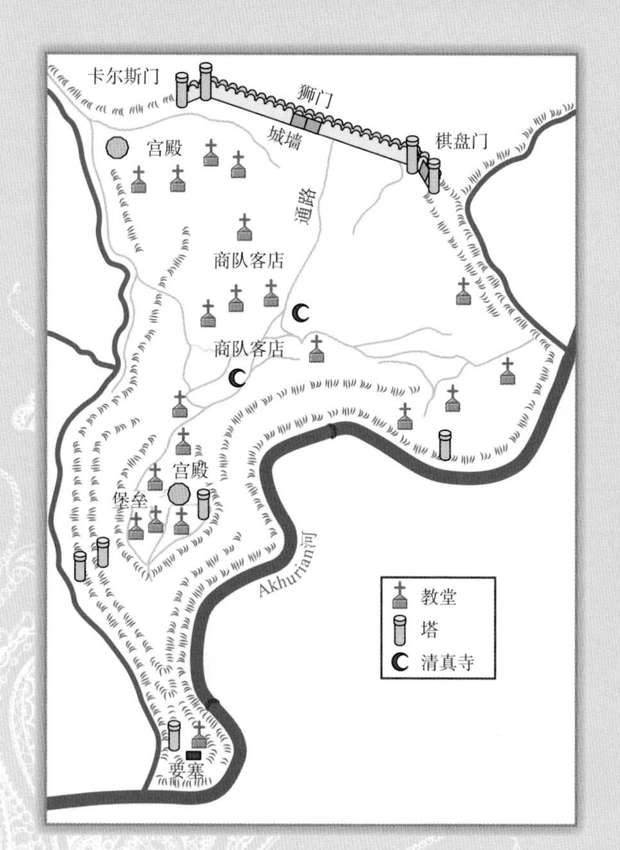

在蒙古伊克汗帝国中获得了特殊地位后，这座城市的繁荣第三次达到了顶峰。丝绸之路跨大陆体系在14世纪下半叶至15世纪初崩溃，取而代之的是葡萄牙人、荷兰人、西班牙人以及后来的英国人组成的海上全球贸易网络。随着丝绸之路的消亡，阿尼也被遗弃，其人口迁移到克里米亚、君士坦丁堡（现伊斯坦布尔）和中欧。

在接下来的几个世纪里，西欧、俄罗斯和亚美尼亚的旅行者参观并惊叹于阿尼遗址的辉煌。1892年，一支由俄罗斯帝国主要学术机构的学者组成的队伍——历史学家、考古学家、建筑学家和语言学家——开始了对阿尼的大规模发掘和研究，当时，阿尼完全处于俄罗斯帝国的疆界之内。田野调查一直持续到1917年，其中有过一些中断。1922年，东亚美尼亚成了苏联的一部分，土耳其控制了西亚美尼亚地区，约85%的阿尼考古遗址在土耳其境内。

自建立目前的边界后的近一个世纪以来，阿尼的命运一直令人心碎。在20世纪20年代，土耳其共和国成立后——这个国家不承认其人口的种族多样性和历史上少数民族的文化遗产——阿尼考古遗址被完全忽视，甚至遭到破坏。它的一些重要组成部分被炸药炸毁，如赫茨孔克（Khtskonq）修道院和提格尼斯（Tignis）城堡。在缺乏监督和保护的情况下，部分防御墙和几座纪念性建筑逐渐被周围村庄的居民拆毁，他们用这些精美的中世纪建筑的石头来满足当前的建筑需求。前往阿尼的游客中，几乎没有人会阅读由土耳其文化部安装的牌匾，上面解释了相关建筑的含义，还介绍了遗址的历史，但没有提到它们是亚美尼亚的遗址。

在过去20年里，特别是自2002年土耳其新政府上台以来，已经出现了一些积极的变化。对遗址的掠

和亚美尼亚古都阿尼的许多建筑一样，救世主大教堂遭到了蓄意破坏和劫掠。

夺已经停止，古城各地区的保护工作已经开始。其中一些工作——例如保护圣母大教堂和救世主大教堂——是令人满意的；但是另一方面，比起保护，这些工作造成了更多的破坏。然而，阿尼今天是一处被遗忘的考古学财产，很少有游客，也很少有学者来参观。

对亚美尼亚人来说，阿尼代表着他们的文化和民族遗产的最终成就。但是今天，亚美尼亚共和国的公民只能经过土耳其前往阿尼，要不然就只能通过两国间仍然关闭着的边界上的铁丝网来观看这个中世纪的奇观。

人们可以希望，土耳其社会向多元文化发展的趋势将继续下去，相互间的不信任将继续减少。到那时，随着亚美尼亚与土耳其边界的开放，阿尼可能也会被开放并再次作为亚美尼亚文化遗产的重要组成部分而受到欢迎。在光明的未来，阿尼将成为土耳其、亚美尼亚和全球人类共同的文化财产。

确地重建和理解过去，最终将有助于改善现今民族之间的关系。

生态学理论

在生态学理论中，环境因素推动着国家的发展。其中，流体动力理论或灌溉理论认为，当新石器时代的人们意识到假设他们能够控制季节性的洪水，河谷地带的肥沃土壤就最适宜耕作时，文明就开始发展了。集中控制灌溉的力量于是发展成了第一个统治团体、社会精英阶层和文明。另一些人认为，在具备生态多样性的地区，想要获得珍稀资源的欲望促进了由中央集权政府控制的贸易网络的出现。例如，在墨西哥，贸易网络将生长于高地的辣椒、种植于海拔适中之地的棉花和豆类，以及来自海岸地区的盐提供给整个地区的人民。

山脉、沙漠、海洋等环境障碍，甚至人口也可能是国家形成的因素（Carneiro，1970）。当人口数目增长时，他们并没有可以扩展的空间，因此他们开始争夺日益稀缺的资源。从内部看，这可能导致了社会的分层，使得精英阶层控制着重要的资源，而更低阶层的人民无法得到它们。从外部看，这导致了战争甚至是征服，如果想要获得成功，就需要中央集权政府的精心组织（图10.13）。参阅本章的“全球视野”，以了解当前战争对考古学的影响。

每一个生态学理论都有其局限性。纵观全球历史，人类学家发现了一些无法用这些模型解释的文化。例如，北美印第安人拥有贸易网络，这一网络自加拿大东北部的拉布拉多半岛延伸至墨西哥湾和落基

图 10.13　**管辖古代城市**

如要建造一座乌尔神庙这样的纪念性建筑物——位于伊拉克的美索不达米亚古城，则需要一个中央集权机构来调动劳动力以进行建筑并聚集防御军队。现在，美国政府和军方等中央机构在战争时期会求助于考古学家来保护其文化资源。美国考古研究所制订了一个创新的计划：在部署军队之前对他们进行文化教育。例如在北卡罗来纳州的美国海军陆战队的勒强营中，针对政府官员和将要奔赴伊拉克战场的士兵们开设的强制性课程中的内容包括美索不达米亚在文字、教育、藏书、法典、历法和天文学发展中的作用。考古学家向士兵们教授基本的考古学技术，包括保护遗址不受抢劫者侵害的有效措施。这样的适用于不同地区的课程将陪伴着未来的美国军队部署计划。

山脉的黄石地区，甚至还到达了太平洋——这些地区都未出现中央集权政府。在许多并不契合生态决定论的文化中，周边的文化学会了共存，而不是借助武力来达到彻底的征服。

行动理论

环境理论未能意识到有野心的、克里斯马式的领导者拥有塑造人类历史进程的能力。相反，行动理论揭示了社会与环境之间的关系，但同时，它也承认强有力的领导者会力求通过自我服务的行动来提升自己的地位（Marcus & Flannery，1996）。在这个过程中，他们可能创造了变化。

例如，玛雅的地方性领导者曾经依靠个人的克里斯马效应来获得维持自身地位所需的经济和政治支持，他们可能还曾利用宗教来巩固自己的权力。他们通过宗教发展出了一种意识形态，该意识形态赋予他们及其后代超自然的身世，并给予他们接近信徒们所依赖的神的特权。这种情况下，特定个人能够垄断权力，成为神圣的国王，利用他们的权力来镇压反抗。在玛雅社会中，现有的文化因素和生态因素的结合为政治王朝开辟了道路。因此，在解释文明的出现时通常会提到多方面的缘由，而不是一种。

文明及其不足之处

许多人把文明视为在所谓的进步阶梯上走出的一大步。无论文明带来了什么益处，它肯定会产生新的问题。其中就包括废物处理和其后果。实际上，废物处理甚至可能在文明出现之前的农业社区中就已经是一个难题了。当村庄发展为城市时，拥挤的环境和垃圾与污水的集结为传染性疾病创造了有利的环境条件，如黑死病、伤寒和霍乱。因此，早期的城市成为尸横遍野之地，死亡率相对较高。

对城市疾病的遗传性适应影响着全球历史的进程。例如，北欧人 7 号染色体上的基因突变产生了抵抗霍乱、伤寒以及其他细菌痢疾的抗体，而这些疾病很容易在城市中传播。由于这些疾病相对较高的死亡率，导致这种等位基因在北欧人中快速传播。但是，与镰状细胞贫血症一样，保护是要付出代价的：囊性

非法文物？

在伦敦的古董店里，人们可能会发现一枚3000年前的硬币，或者一枚来自古代美索不达米亚（现在的叙利亚和伊拉克）的圆柱印章。它是怎么到伦敦的呢？考古学家转向另一种挖掘方式来寻找答案。有时，他们会假扮成伦敦的收藏家，或者在这个饱受战争蹂躏的地区担任文物保护专家、博物馆工作人员，他们正在揭露一个最终会让伊斯兰国（ISIS 或 ISIL）受益的有利可图的走私网络。英国考古学家马克·阿尔塔维尔（Mark Altaweel）就进行了这样的伪装，图中为他和伦敦大学学院考古研究所的收藏品。

为了在整个中东地区建立一个激进主义的伊斯兰国家，伊斯兰国迅速占领了从叙利亚的地中海沿岸到伊拉克东部的大片土地。这片领土上有无数的古代遗址（仅伊拉克就有1万多处）和文物，现在这些文物都受到了威胁。其中，伊拉克和叙利亚拥有包括帕尔米拉在内的10处联合国教科文组织世界文化遗产。2015年，伊斯兰国故意炸毁了位于帕尔米拉、建于1世纪的巴尔夏明神庙。这使得世界上最重要的考古遗址之一、属于叙利亚人民和全世界的保存的最完好的神庙永远消失了。在伊斯兰国控制这座城市之前——摧毁了部分遗址，并将帕尔米拉的文物主管哈立德·阿萨德（Khaled al-Asaad）斩首——叙利亚考古学家已经抢救出了数百具罗马半身像。2015年早些时候，伊斯兰国发布了一段视频，画面中其成员正在伊拉克摩苏尔的一家博物馆使用大锤摧毁古代亚述雕像。劫掠行为使得破坏进一步发展：伊斯兰国允许当地人劫掠，并对非法出售的文物所得征收胡姆斯税。

一些消息显示，非法贩运文物为伊斯兰国的金库带来了数千万美元的收入。这些文物被走私到黎巴嫩、土耳其和约旦，然后被卖给国际买家。伦敦的古董店里也有一些被掠夺的文物正在出售。这些被非法出口的文物实际上可能是幸运的。对于考古和历史文物来说，战争一直是非常危险的。17世纪威尼斯人和奥斯曼人之间的战争毁灭了雅典帕特农神庙。在第二次世界大战期间，盟军的炮火把德国历史名城德累斯顿炸成了一片瓦砾。2003年，美国入侵伊拉克之后，巴格达国家博物馆的数万件文物被洗劫一空，其中有15000件一直没有被找到。

在2015年8月接受《纽约时报》采访时，叙利亚文物局局长阿布杜尔卡林（Maamoun Abdulkarim）说他自己是“世界上最悲伤的局长”。他指出，叙利亚的文物和古迹不是任何政治团体的财产，而是所有叙利亚人的财产。他还表示：“这也是你的——美国人民的，为了欧洲人民的，日本人民的财产。这是大家的遗产。”世界是否能够保护这一宝贵遗产不受那些想要伤害它的人的破坏，这一点仍有待观察。

全球难题

如果世界各地古代文明的文物是我们共同的全球遗产，那么如何才能保护这些宝藏免遭破坏、掠夺和报复呢？

纤维化——一种致命性的疾病，侵袭那些与变异基因结合的人。

其他急性传染病也随着城镇和城市的兴起而增加。在少数人群中，水痘、流感、麻疹、腮腺炎、百日咳、小儿麻痹症、风疹和天花将导致许多人死亡，或者使大部分人产生免疫力，如此一来，病毒就无法继续传播。正如在城市中观察到的那样，这类疾病的持续存在依赖于庞大的人口。

城市环境同样也助长了肺结核病的传播，引发肺结核的细菌（TB）无法在阳光和新鲜的空气中存活。在人们开始在黑暗的、拥挤的城市中工作和居住以前，即使一个被感染者咳嗽并将TB细菌释放到了空气中，太阳光也会阻止这一感染的扩散。与其他许多疾病一样，肺结核可以被称作文明疾病。

社会分层和疾病

文明以另一种强有力的方式影响着疾病。在过去和现在，社会分层就像细菌一样，决定着谁将遭受疾病袭击。例如，几个世纪以来，东欧的德系犹太人被迫居住在城市的贫民区中，这些拥挤的、昏暗的、封闭的社区成为肺结核病肆虐之地（图10.14）。与疟疾（镰状等位细胞）和细菌痢疾的遗传反应一样（囊状纤维变性基因），肺结核病引发了一种以泰–萨克斯等位细胞的形式出现的遗传反应，它保护同型结合的个体免受肺结核病侵袭。

不幸的是，泰–萨克斯等位细胞的同型接合体会患上一种致命的退化性疾病，该状况在德系犹太人中仍然很常见。如果没有肺结核病的选择性压力，泰–萨克斯等位细胞出现的频率不会增加。同样地，如果没有限制贫穷的犹太人必须居住在贫民区的苛刻的社会规定（加上关于婚姻的社会和宗教规定），泰–萨克斯等位细胞出现的频率也不会增加。

如今，穷人不仅更有可能感染到肺结核病，他们也更不可能负担得起治疗该疾病的医药费。对于那些生活在贫穷国家中的人们以及生活在富裕国家中的弱势群体而言，肺结核病和艾滋病一样，是一种无法治愈的、致命的传染病。全球卫生专家指出，肺结核病和艾滋病都滋生于贫困（Bates et al.，2004）。自标志着城市和国家的分层社会出现以来，世界上的穷人就承受了更重的疾病负担。

殖民主义和疾病

当对所谓的旧世界疾病有免疫力的欧洲人首次来到美洲时，他们也带来了这些具有毁灭性的疾病。数百万的美洲原住民——他们以前从未患过流感、天花、斑疹伤寒症和麻疹——因此而死亡。引发这些疾

图10.14 贫民窟

1000多万巴西人生活在贫民窟——极度贫困、拥挤的城市社区，在那里，多代同堂的房屋几乎是叠在一起的。在这些条件下，特别是在卫生和通风条件较差的情况下，肺结核、麻风和登革热等疾病可能会猖獗。

病的微生物和它们所依附的人类群体在欧亚大陆的城市中生活了数千年，在那之前，它们存在于饲养着各种家畜的乡村中。因此，存活下来的人都在此过程中获得了免疫力（参阅本章的"生物文化关联"，了解欧洲人在殖民美洲时所带来的死亡和疾病）。几乎没有疾病从美洲传回到欧洲。相反，这些殖民者带回了他们掠夺而来的财富。

人类学和未来的城市

直到相对晚近的时候，公共医疗保健措施才开始降低城市生活的风险，并且，如果没有农村人口的不断涌入，城市可能无法持续存在。例如，欧洲的城市人口直到20世纪早期才实现自我维持。

除了健康问题，许多早期城市还面临着社会问题，而引人注目的是，这些问题也同样出现于当代城市中。稠密的人口和社会制度的不平等以及压迫性的中央政府造成了内部的压力。穷人认为富人拥有他们所缺乏的一切。但这并不仅仅是一个关于奢侈品的问题，穷人没有足够的食物或空间，无法舒适地、有尊严地、健康地活着（图10.15）。

大量的考古学证据也记载了早期文明中的战争。城市都筑有防御工事。古代文献中罗列了部落之间的争斗、袭击和战争。圆柱印章、绘画和雕刻品上也描绘着战斗场面、胜利的国王和战争的俘虏。不断增加的人口和随之而来的肥沃耕地稀缺，常常引发不同国家之间或所谓的部落民族与国家之间的边界争端和争论。当战争爆发时，人们便涌进高墙林立的城市来寻求保护。

许多与最早期文明相关的问题现今仍然给人类带来了挑战，如废物处理、与污染有关的健康问题、拥堵、社会不平等和战争。通过了解过去的文明，以及将它们与当代社会比较，我们获得了理解这些问题的机会。这样的理解代表着人类学家使命的核心部分，并且还能够提升我们战胜这些人为问题的能力。

生物文化关联

危险的猪：由猪传播的疾病被带入美洲

查尔斯·C. 曼恩

1539 年 5 月 30 日，赫尔南多·德·索托（Hernando de Soto）带领他的私人军队在佛罗里达坦帕湾附近登陆……既是战士，又是投机资本家的索托成为新兴印第安奴隶贸易市场领袖，年纪轻轻就已经十分富有。巨大的利润有助于皮泽洛攻破印加帝国，而这使得索托变得更加富有。索托十分准确地找到了将要征服的新世界，他说服西班牙国王让他去北美洲开拓……于是，他带着 200 匹马、600 个士兵和 300 只猪来到了北美洲。

德·索托的猪把疾病带到了美洲，给美洲原住民带来了毁灭性的后果——数百万人死于猪传播疾病。由于没有任何天敌，它们的数量已经失去了控制。在越长机上进行空中狩猎，已经成为控制它们数量的一种手段。

从今天的视角来看，很难想象出能够证明索托行为正当的道德制度。四年来，他的军队为寻找金矿穿越了现在的佛罗里达州、佐治亚州、南北卡罗莱纳州、田纳西州、亚拉巴马州、密西西比州、阿肯色州和得克萨斯州，所到之处几乎都遭到了破坏。当地居民常常进行有力的反击，但他们之前从来没有遇见过骑着马、拿着枪的军队……索托的手下强奸、折磨、奴役和杀害了数不胜数的印第安人。但是一些学者认为，这些西班牙人所做的最恶劣的事情的动机却是完全没有恶意的——他们带来了猪。

依据佐治亚州州立大学的一位人类学家查尔斯·哈德森（Charles Hudson）所言……这些西班牙人到达了一个小城市群，每个城市都被土墙、庞大的护城河以及精锐的弓箭手包围着。索托照例明目张胆地进入，偷走食物后离开了。

索托离开后，在一个多世纪的时间里，没有欧洲人访问密西西比河河谷的这一区域。白人是在 1682 年初再次出现的，这次是划着独木舟的法国人……来到了紧靠着索托所发现的城市的地区……这里方圆 200 英里没有一个印第安村庄。据新墨西哥大学人类学家安妮·拉梅诺夫斯基（Ann Ramenofsky）所言，索托来的时候，这里大约有 50 个沿密西西比河呈条状分布的定居点……哈德森说，索托“有幸瞥见了”印第安世界。“窗子打开后却又啪的关上了。法国人进入后，记录被重新开启。这确实是一个转变的事实。一种文明崩溃了。问题是，这到底是怎么发生的？”。

问题甚至可能比它看起来的要更为复杂棘手。这个巨大的灾难表明了流行病的存在。在拉梅诺夫斯基和得克萨斯大学人类学家帕特丽夏·高罗薇看来，传染病的源头极有可能并不是索托的军队，而是他的流动肉箱：300 头猪。索托的军队本身规模很小，无法成为一个有效的生物武器。麻疹和天花等疾病在他们到达密西西比河很久之前就已经被消灭了。但是这并不适用于猪，它们繁殖得很快，并且能够将疾病传播给周边森林中的野生动物。人类和驯化动物居住在一起，他们的肆无忌惮招惹上了微生物。随着时间的推移，突变引发了新的疾病：禽流感变成了人类的流行性感冒，牛疫变成了麻疹。不同于欧洲人，印第安人并没有与动物居住在一起——他们仅仅驯化了狗、美洲驼、羊驼、豚鼠以及到处可见的火鸡和美洲家鸭……科学家所称的动物传染性疾病在美洲并不盛行。猪本身就能够传播炭疽病、普鲁斯病、细螺旋体病、绦虫病、旋毛虫病和肺结核病。猪的繁殖力十分旺盛，并且能把疾病传染给鹿和火鸡。索托300只猪中的一小部分就可将疾病传播给整片森林中的野生动物。

事实上，索托所带来的灾难已经蔓延到整个东南地区。佐治亚州西部城邦库萨（Coosa）以及中心坐落于得克萨斯州—阿肯色州边界上的说喀多语的文明，在索托出现后很快就解体了。喀多人曾经对纪念性建筑感兴趣：公共广场、仪式平台和陵墓。得克萨斯州奥斯汀的一位考古学顾问蒂莫西·K.佩尔图拉指出在索托的军队离开之后，喀多人停止建造社区中心并开始挖掘公共墓地……佩尔图拉相信，（在）索托离开后，喀多人的人口从约20万人锐减到8500人——近96%的减少……洛杉矶加利福尼亚大学的人类学家拉塞尔·桑顿（Russell Thornton）指出，“这是白人认为印第安人是游牧猎人的一个理由。其他一切——所有人口稠密聚居的城市化社会——都被完全消灭了”。

几头猪如何能有如此大的杀伤力？……一个原因是美洲是许多而非仅仅一种瘟疫的新领地。天花、伤寒、黑死病、流行性感冒、腮腺炎、麻疹、百日咳等疾病都在哥伦布到来后的那个世纪如暴雨般降临到美洲大陆。

对于研究天花的伊丽莎白·芬恩（Elizabeth Fenn）而言，各种各样的争论掩盖了一个核心事实。无论死亡人口为一百万、一千万或一亿，……吞噬这一半球的悲痛后果是无法计量的。语言、祈祷、希望、习惯和梦想——生活的全部如水汽般消失了……芬恩认为，从长远看来，重要的发现并不在于许多人死去了，而是许多人曾经活过。对于这些在千年间粗暴对待美洲的人，美洲人只感到五味杂陈。芬恩说：“你不得不去想，那时这些人都在忙于什么呢？”

生物文化性问题

传染性疾病导致大量美洲印第安人死亡的这一历史，可以在当今全球化的世界中找到吗？传染病对人的影响是同等的吗？

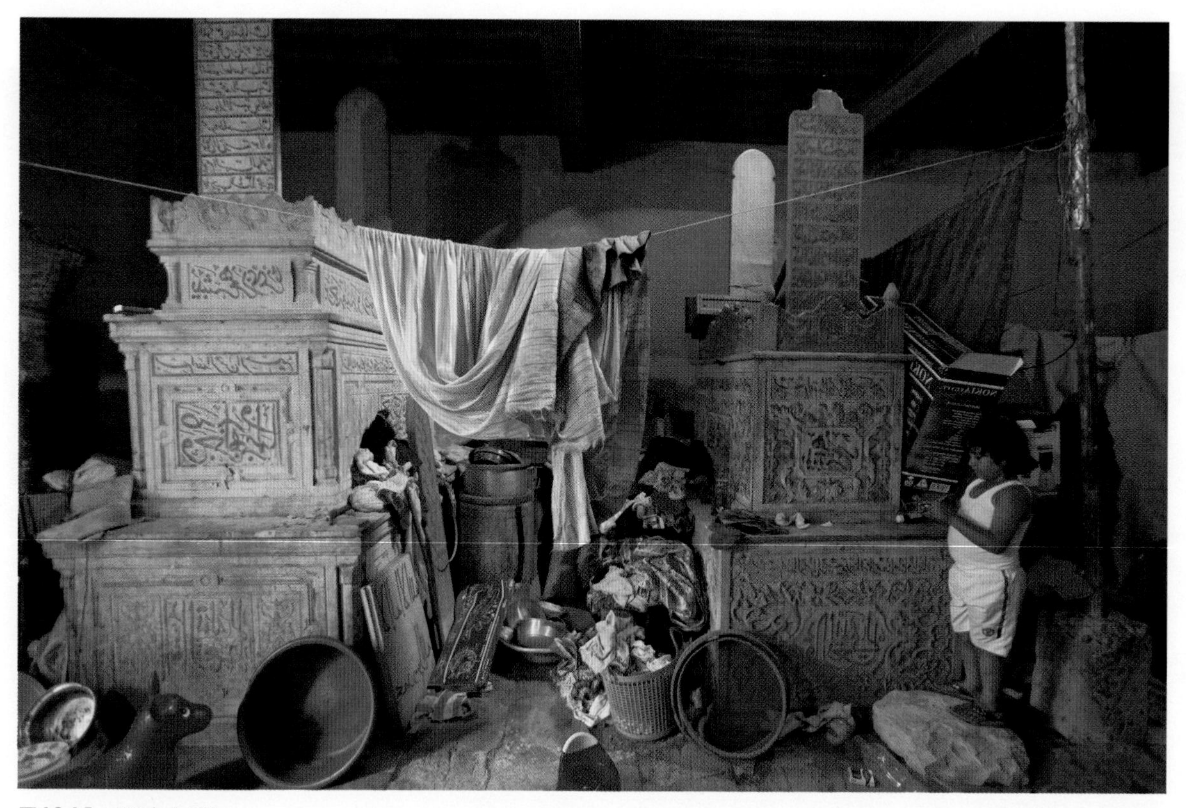

图 10.15 **“死亡之城”**

开罗最贫穷社区之一的“死亡之城”，实际上是一个墓地。成千上万的贫穷家庭将拥有几百年历史的陵墓作为临时的安身之所，而这些陵墓是为开罗的一些富人修建的。对于这些穷人而言，墓碑可能只是一张桌子或一张床。孩子们则在坟墓中玩耍。由于这些家庭居住的地方官方上是一个墓地，该社区无法享受基本的服务，如自来水和排污系统。

思考题

1. 自城市和国家出现以来，人类就一直在参与国家之间和国家内部的大规模、复杂的战争。战争还会导致社会动荡，如数百万叙利亚人因持续的内战而流离失所。你认为当今社会应该如何解决这个问题？

2. 社会分层的不同表现形式是如何体现在你所居住的地方的？你居住的社会是否有关于死亡的传统来重申个体之间的社会差异？是否有为了平均分配财富而重新分配财富的地方性传统？

3. 在今天的全球通信和经济网络中，人们是否可能摆脱包含中央政府的社会制度？还是说一个全球性的、集权的政府是不可避免的？

4. 许多考古学发现都为“最初”赋予了价值，比如最初的文字、最初的城市、最初的政府。考虑到世界各地城市和国家独立出现的历史，学者是否应该赋予那些更古老的事件以更多的价值？

深入研究人类学

绘图课

考古勘探包括绘制每个遗址的详细地图。地图绘制者记录了建筑物、道路、纪念碑和其他结构（如自然资源）的位置、比例、密度和建筑材料。通过这些细节，考古学家可以推断社区中社会分层的存在。

制作一张社区的手绘地图或使用现有的卫星地图。比较道路、位置、规模、建筑物的密度，以及建筑材料。考虑哪些社区最接近商店、交通设施、公共建筑、开放空间或公园。你的发现与你所在社区的阶层结构有什么关系？

挑战话题

2015年6月，在南卡罗来纳州查尔斯顿以马内利非裔卫理圣公会教堂，一名枪手向参加祈祷仪式的人们开枪。这导致九名黑人死亡，后来人们才知道白人枪手企图煽动种族战争。一个世纪以来，这座历史悠久的教堂一直与民权运动联系在一起。这名21岁的枪手在网上表现出了对白人至上主义、新纳粹主义和种族隔离的关注。在这场悲剧发生之前，美国一系列引起高度关注的警察对黑人施暴事件激发了“黑人的命也是命”运动，并引发了一场关于种族和不公正的全国性讨论。错误的信念加剧了种族主义和仇恨，这一信念是：精确的生理特征将人类划分为不同的类型。人类之间存在着明显的身体差异，但生物学证据明确显示，不同的种族或亚种之间并不存在这种差异。事实上，在一个所谓的种族类别中存在的遗传多样性远远超过其他任何两个种族类别之间的遗传多样性。然而，种族主义及其相关词汇不断出现在世界各地，无论是在工资差距、媒体评论还是安全剖析方面。虽然并不存在不同的生物种族，但关于种族的社会和政治现实确实影响了一些包括美国在内的社会中的人类体验。

现代人类多样性：种族和种族主义 第十一章

学习目标

1. 观察人类分类的历史。

2. 解释关于种族的生物性观念为何无法运用于人类。

3. 识别那些试图将种族与行为和智力联系在一起的理论中出现的生物种族与文化种族相融合的部分。

4. 了解种族主义的生物后果。

5. 讨论如何研究人类生物性差异的生物人类学方法。

6. 描述适应在人类肤色差异中的作用。

7. 观察人类如何适应生物和文化因素之间的相互作用。

男人或女人、矮或高、皮肤浅或深，我们能够将生物性差异以各种方式分类，但是归根结底，我们都是同一物种的成员。DNA上的微小差异赋予了我们每个人独特的遗传指纹，然而，这种差异在人类物种差异的范围之内。现代人类之间的可见差异存在于贯穿整个物种的生物性特征的框架之内，并且作为一类物种，人类变化多样。虽然我们在本章中使用了黑色人种、白色人种和种族这些术语，但它们仅表示纯粹的文化概念。

人类基因的多样性通常以一种连绵不断的风格席卷全球。从生物学的角度来看，这种变异中的一部分来自自然选择的进化过程中与环境的相互作用。随机的遗传漂变也是原因。但是我们赋予生物性差异的意义绝不是随机的，因为文化决定了我们感知差异的方式——实际上，无论我们是否能感知到它。在社会地位与肤色没有关联的文化中，人们很少注意到这种身体特征。相比之下，居住在诸如美国、巴西和南非等国家的人对肤色极为敏感，因为它代表了一个重要的社会性和政治性范畴。因此，研究生物多样性需要有一种文化维度意识，这些文化维度形成了关于多样性的问题，还需要理解这种认识被使用的历史。

欧洲学者在18世纪和19世纪开始关于人类差异的系统研究时，利用与人类群体之间微小的生物性差异来划分其等级，从而识别出“更优越”的人类。如今，这种分类方法已经被合理地抛弃了。在探究现今应如何研究生物性差异之前，我们先来观察一下关于种族和种族等级的社会观念对过去和现在生物性差异的阐释造成的影响。

人类分类的历史

一些早期的欧洲学者试图根据地理位置和表型特征，如皮肤颜色、体格大小、脑袋形状和毛发质地，系统性地将智人归类为亚种或种族。18世纪的瑞典博物学家卡罗勒斯·林奈（Carolus Linnaeus）（见第二章）基于地理位置将人类划分为不同的亚种，并将欧洲人归为白色人种、非洲人归为黑色人种、美洲印第安人归为红色人种、亚洲人归为黄色人种。

德国内科医生约翰·布卢门巴赫（Johann Blumenbach，1752—1840）在人类的类型等级中引入了一个重要而有害的变化。布卢门巴赫认为来自高加索山脉（位于黑海和东南欧、西南亚的里海间）的一个女性头骨反映了自然的理想的圆圈形状，是他的收藏品中最为美丽的一个。布卢门巴赫无疑是这么推理的：这个“完美”样本与上帝最初的创造十分相似。而且，他认为居住在高加索地区的人是世界上最漂亮的人种。基于这些标准，他得出了结论：《圣经》中提到的土地便是高加索山脉，是人类的起源之地。

布卢门巴赫认为，欧洲和毗邻西亚以及北非的所有浅色人种都属于同一种族。在此基础上，他放弃了“欧洲人”的种族标签，而代之以“高加索人”。尽管他继续将美洲印第安人区别为一个独立的种族，他将肤色较深的非洲人重新归类为“埃塞俄比亚人”，并将那些不是高加索人的亚洲人分为两个不同的种族：“蒙古人”（指亚洲的大部分居民，包括中国人和日本人）和“马来人”（指澳洲原住民、太平洋岛民以及其他人）。

由于深信高加索人最为贴近上帝创造的最初的理想的人种，布卢门巴赫将他们排位为上层的人。他认为，其他人种都是“退化”的产物；偏离了他们本源的位置，并适应了各种不同的环境和气候，他们已经在身体上和心灵上都堕落成了许多欧洲人所认为的下等种族。政治领导者利用优等种族和劣等种族的观念来替残忍的暴行作辩护，这些暴行包括镇压、奴隶、大屠杀甚至种族灭绝。

奥特·本加的悲惨故事——20世纪早期，特瓦族人奥特·本加被关在纽约布朗克斯动物园，陪伴他的是一只猩猩——令人心痛地诠释了种族主义信条所带来的灾难性影响（图11.1）。奥特·本加在刚果的一次袭击中被俘，成为北美商人塞缪尔·弗纳（Samuel Verner）的个人所有物，当时弗纳正为在美国举办的世界博览会寻觅带有异域风情的“野蛮人”。1904年，奥特和其他特瓦族人被运往大西洋彼岸并在圣路易斯举办的世界博览会现场被展览。奥特当时大约23岁，身高150厘米（约4英尺11英寸）、体重46千克（约103磅）。成群的游客前来观看来自全球各地的原住民，这些原住民穿着传统服饰，并居住在复制的村庄中做着他们惯常的活动。这次展览对于举办方而言是

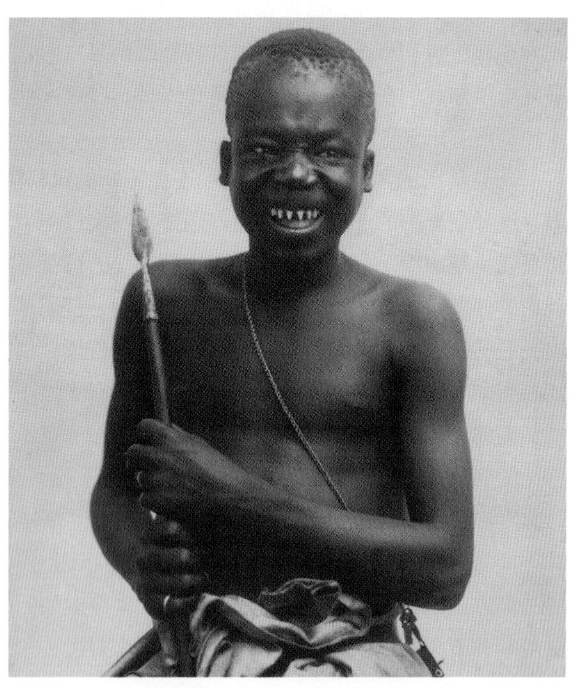

图11.1 **奥特·本加**

将奥特·本加放置在布朗克斯动物园作展示品这一行为揭示了20世纪早期种族主义观念的根深蒂固。该图是奥特·本加在镜头前摆姿势，此时他正在圣路易斯世界博览会非洲展馆供人参观。奥特尖锐的牙齿（他所在群体的一种文化实践）被当作他食人天性的证据。

一次巨大的成功，所有幸存的特瓦族人都被船只运回了他们的家乡。弗纳也回到了刚果，并在奥特的帮助下收集人工制品，他打算将这些制成品兜售给位于纽约的美国自然历史博物馆。

在1906年的夏天，奥特和弗纳一道返回美国，但不久弗纳就破产了，还失去了所有藏品。在这个巨大城市中寸步难行的奥特被安置在博物馆，旋即又被送往布朗克斯动物园并被放在猴子展厅，和一只猩猩做伴。在遭到强烈抗议后，动物园将奥特从笼子中释放了出来，白天允许他在公园里四处游荡，但那里的游客经常戏弄他。奥特随后又被转移到一个照顾非裔美国儿童的孤儿院。1916年，当他得知自己将永远无法返回家乡时，他拿起一支左轮手枪，射向了心脏（Bradford & Blume，1992）。

一个世纪以前发生在布朗克斯动物园里的种族主义行为绝对不是特例。奥特·本加悲惨的一生是一种强大意识形态的表现，在这种意识形态下，一小部分人试图证明种族和文化优越性论断的正确性。这一意识形态在北美引起了特殊的共鸣。在这里，欧洲人后代殖民了原本由北美原住民居住的土地，随后又继续剥削非洲奴隶和（后来的）亚洲人，将他们作为一种廉价劳动力。

依据美国人类学家奥德丽·斯梅德利（Audrey Smedley）所说，最早从英格兰移民过来的定居者在与爱尔兰人打交道时，完善了这一灭绝人性的意识形态和奴隶制的实践（Smedley，2007）。他们甚至引进了爱尔兰奴隶和契约仆人，还奴役了美洲印第安人。

尽管1863年的《独立宣言》结束了奴隶制，但废除它的伪科学根基需要更多的时间。正如本章开篇所提到的，种族主义往往是由民间信仰所推动的，他们认为生物性差异会带来破坏性的后果。20世纪早期，一些学者开始挑战种族阶序的观念。其中最激进的当属弗朗兹·博厄斯（1858—1942）——一个犹太科学家，他是美国移民，并成为北美人类学四大分支的创建者。作为美国科学进步协会（American Association for the Advancement of Science）的会长，博厄斯在一段题为“美国的种族问题”的重要演说中批评了种族优越性的错误主张，并于1909年发表在《科学》期刊上。

博厄斯的英国学生阿什利·蒙塔古（Ashley Montagu，1905—1999）也是当时最有名的人类学家之一，他的大部分职业生涯都致力于与种族主义做斗争。他的著作《人类最危险的神话：种族的谬论》，出版于1942年，率先揭露了种族界限分明的观念其实只是一个“社会神话”。该书后来多次被再版，最后一次再版是在2008年。蒙塔古的曾经有争议的观点现在已经成了主流思潮，他的著作仍然是对这一主题分析最为全面的作品之一。人类的逻辑观点与呼吁变革社会或转变模式的社会正义运动尤其相关。比如20世纪60年代的民权运动或最近美国的“黑人的命也是命”运动。

作为一个生物性概念的种族

想要理解为什么用种族方法来研究人类变异是低效的甚至有害的，必须从严格的生物学术语角度来理解种族这一概念。生物学家将种族定义为一个亚种，或者一个物种的种群在地理上、形态上或基因上不同于该物种的其他种群。这个定义可能看起来十分简单且直白，但有三个因素使其复杂化。首先，它是任意的；足以产生一个种族的差异并不具备科学标准。例如，如果一个研究者强调肤色差异而另一个强调指纹差异，他们将不会以同样的方式来分类人群（图11.2）。

其次，没有单一的种族独占任何一个基因或基因组的特殊变体。就人类而言，如O血型可能在一个人群中占比较多，而在另一个人群中占比较少，但它存在于两种人群中。换句话说，人类在基因上是“敞开的”，意味着基因会在个体之间流动。人类中的唯一生育障碍来自一些社会强加的关于合适配偶的文化规

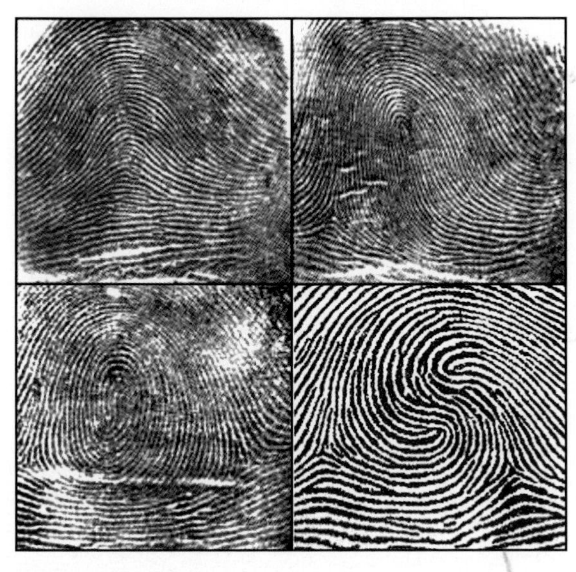

图11.2　另一种分类

指纹是环形的、螺旋状的还是拱形的是由基因决定的。以这一标准为基础南非的布须曼人将被归类为“拱形的”（左上），大部分欧洲人、撒哈拉以南非洲人和东亚人将被归为“环形的”（右上），而澳洲原住民和蒙古人将被归为“螺旋状的”（左下）。与其他将人类划分为不同类别的尝试一样，由于每个群体内部的巨大差异以及他们之间的混合，基于指纹的种族化变得更加复杂，例如双圈螺纹（右下）。

定。正如奥巴马的家庭（父亲是来自肯尼亚西部的卢欧族人，母亲是出生于堪萨斯州的白人，她还是一位人类学家）所显示的，这些社会屏障随时间发生了变化。

第三，绝大多数基因变异存在于所谓的种族群体中。20世纪70年代，在民权运动之后，美国进化生物学家理查德·莱文廷（Richard Lewontin）发现，不同群体之间仅存在7%的人类变异（1972）。正如科学作家詹姆斯·施里夫（James Shreeve）所言，“大多数分离我与典型的非洲人或因纽特人的基因，也分离了我与具有欧洲血统的普通美国人”（Shreeve，1994，p. 60）。

尽管有了这样的发现，美国人仍然对遗传学在种族差异中的作用很感兴趣。从寻找特定种族的基因和治疗方法，到族谱业务的蓬勃发展，几十万年来基因流动的科学事实使得我们不可能根据少数几个可见的特征将人类划分为不同种族。

2012年7月，宗谱网站Ancestry.com发布了一份报告，称奥巴马的母亲和许多美国白人一样，是非洲奴隶的后裔（Ancestry.com，2012）。该新闻引起了轰动，尤其是因为其祖先名为约翰·庞琦（John Punch），他是被美国记录的第一批非洲奴隶之一（Thompson，2012）。对族谱分析的炒作和民间呼吁掩盖了最终生物性事实：我们都是相关联的（图11.3）。本章的“全球视野”探讨了在跨国收养背景下我们之间关联的复杂性。

图11.3　族谱的科学与商业

你有没有想过自己是成吉思汗、特洛伊的海伦或拉美西斯二世的后裔？今天，“娱乐祖先”的业务使人们可以将自己的线粒体DNA（mtDNA）追溯到数千年前。这些对祖先的追溯到底发现了什么？因为线粒体DNA只会由母亲传给孩子，所以每一代都有一个“匹配”（你的母亲，你母亲的母亲，等等）。当你通过族谱的根来追踪你的线粒体DNA时，没有被纳入分析的祖先会增多。回溯许多代人，你的线粒体DNA只会将你与几百个、几千个或者是数百万人中直接导致你出现的一个人联系在一起。从生物学上讲，这种联系意义不大。事实上，从数学上讲，我们都是近亲繁殖，有血缘关系的。但是，正如族谱业务的成功所证明的那样，在许多社会中，亲属关系的民间信仰仍然是人类存在的重要组成部分。你能在“娱乐祖先”的这则广告中看到民间信仰吗？

全球视野

找到家了?

自20世纪60年代以来，有20多万韩国儿童被外国父母收养，其中大部分是在美国。这些孩子绝大多数是未婚妇女所生，她们面临着社会、职业和经济上的困难，因为她们的文化反对单身母亲。在美国，收养孩子的父母有很多，他们把自己看作婴儿的拯救者，从伯莎（Bertha）和哈里·霍尔特（Harry Holt）开始，1955年，他们收养了八个因朝鲜战争而成为孤儿的孩子。他们后来还成立了霍尔特国际儿童服务中心。

韩国政府尽可能地放宽了国际领养程序。然而，许多养父母无法理解，他们的孩子在美国成长时所面临的社会挑战，包括种族主义。在2015年的一次采访中，出生于韩国并被威斯康星州一个家庭收养的劳拉·克隆德（Laura Klunder）告诉《纽约时报》，她的父母虽然很有爱心，但很难应付她在学校经常遇到的种族主义。她说："我的父母告诉我，他们没看见，所以无法参与。"此外，许多被收养者面临类似的困难，他们主要是文化上的美国人，在试图与祖国的文化相联系时，他们会面临不同的挑战。

尽管如此，自20世纪90年代末以来，全球海外被领养者网站（GOA'L）一直在帮助来自韩国的国际被领养人返回韩国生活和工作。2010年，一位名叫Leanne（她也称自己为4708号女孩）的被遣返回国的被收养者——与其他被收养者、未婚妈妈和朋友一起——创作了一个艺术品，上面有许许多多的价格标签，有些还附有照片，代表20万被送去领养的韩国儿童。如今，包括克隆德在内的大批被收养者已经回到了他们的出生地。现在，其中有数百人生活在充满活力的现代城市首尔，他们正慢慢融入自己的出生国文化。

全球难题

一些被收养者组织反对国际收养。他们为什么会反对？国际收养如何影响被收养者、他们的亲生家庭、收养家庭以及他们的政府？有哪些挑战？又有哪些益处？

种族在生物与文化范畴内的混杂

虽然生物学上独立的人类种族并不存在，但种族仍然是一个重要的文化范畴。人类群体经常将一个错误的生物差异观念插入种族的文化范畴中，以使它显得更为真实和客观。文化以不同的方式将宗教、语言和族群确定为种族，由此将语言和文化特征与身体特征混为一谈。

例如，许多拉丁美洲国家中的人们将彼此分类为印第安人、梅斯蒂索（Mestizo）混血儿或拉地诺人（西班牙后裔）。但是先不谈这些术语的生物性内涵，将个体指定为特定类型的标准是他们穿鞋子还是光脚，说西班牙语还是某种原住民语言，居住在茅草棚屋还是欧洲风格的房屋中，等等。说西班牙语、穿欧式服装、居住在非印第安社区中的房屋中的印第安人掩盖了他们的原住民身份并成为国家公民。

同样地，美国人口调查局使用的不断变化的种族类别不仅反映了而且加强了生物性和文化性的结合。2010年的名单包括了广泛的政治类别，比如白人和黑人以及美国印第安人或者阿拉斯加原住民，这更接近生物意义上的人类划分。人口调查局要求人们辨认出独立于种族分类之外的西班牙少数民族，并将阿拉伯人和有中东血统的基督徒视为白人（高加索人），而不顾阿拉伯人和穆斯林身份上的政治意义。为了适应于这些模棱两可的情况，人口调查局允许人们勾选多个类别。

所谓的个人种族可能会在他或她的有生之年发生变化，这说明了一个事实，即文化力量在一个特定种族框架内形塑了成员身份（Hahn，1992）。以雷切尔·多尔扎尔（Rachel Dolezal）为例，她是一位民权活动家，也是全国有色人种协进会（National Association for the Advancement of Colored People）的前任官员。2015年，当她的白人父母说她是黑人时，她引起了全国的关注。批评多尔扎尔的人指责她挪用文化，而她的支持者认为不管她的生理特征如何，她就是黑人。这场争论引发了一场关于种族身份的全国性讨论。

美国人口调查局依据种族类别收集了健康数据，以纠正社会群体之间的健康不平等。不幸的是，这些分析中暗含错误的种族生物学观念。因此，与美国白人相比，非裔美国人的更高的心脏病死亡风险被归因于生物学差异，而不是医疗保健的不平等或其他社会因素。2005年，在一片争议声中，美国食品和药物管理局（U.S.Food and Drug Administration）批准了第一种针对单一种族群体的药物。这种药物现在被称为拜迪尔（BiDil），据说可以治疗自我报告为非裔美国人的充血性心力衰竭，非裔美国人是唯一参加过此药品大部分研究的患者。尽管为弱势群体进行有效的治疗是有益的，但人类基因组中种族特异性分裂的想法在科学上是站不住脚的。此外，这种商业营销没有解决大多数人健康差距的社会和政治根源。

基于偏见，把生物和文化混为一谈为将某一类人排斥在社会的特定角色和地位之外提供了“科学的”辩护。在民权时代将平等的法定权利赋予所有的美国公民之前，一些州使用“一滴血原则”，也被称为假后代（hypodescent），将混合族群或混合社会经济阶层的个人归类为等级阶层中的次等群体。同样地，墨西哥历史上的等级制度考虑到了不同群体之间的通婚，以在等级阶层内部定位个体（图11.4）。

由于在殖民地，浅肤色与更大的权力和更高的地位相连，历史上被浅肤色欧洲人殖民过的人们有时候会重视这一显型。例如，在海地，“肤色问题”主导着社会和政治生活。肤质、面部特征、头发颜色和社会经济阶层都会对等级的排列产生影响。依据海地人类学家米歇尔-罗尔夫·特鲁约（Michel-Rolph Trouillot）所言，“一个富裕的黑人变成了一个白人和黑人的混血儿，而一个贫穷的白黑混血儿变成了一个黑人”（Trouillot，1996，p. 160）。

图11.4　卡斯塔

在殖民时期的墨西哥，有16种不同的卡斯塔（“等级”），它们给予个人特定的标签，这些人包括西班牙人、印第安人和非洲人之间的各种混血儿。上图中的卡斯塔按照惯例从浅色到深色排列为一个系列，反映了不顾流动的社会体系而强加的等级制度。在美国，有一些描述——黑人血统占四分之一、黑人血统占八分之一的混血儿、黑人与印第安人或欧洲人的后裔，以及白人和黑人的混血儿——试图量化不同种族之间的混合程度，等级制度也更加严格；“一滴血原则”将个体置于等级制度中的次等位置，即使他们身上仅有“下层”群体的一滴血。

德国的纳粹向国家政策中注入了种族化的世界观，带来了极其恶劣的影响。希特勒的计划受到了20世纪早期美国优生学运动的鼓舞，他还将麦迪逊·格兰特（Madison Grant）在1916年出版的《伟大种族的消逝》视为《圣经》。1935年的纽伦堡种族法把雅利安人种族的优越性和吉卜赛人及犹太人种族的低劣性编入法典并将犹太人划分为“异族”。纳粹信条在假定的生物性立场上替政治性压迫和种族灭绝辩护。总共有1100万人（犹太人、吉卜赛人、同性恋和其他所谓的劣等民族，以及纳粹制度的政敌）在集中营中被故意处死或死于饥饿、疾病和寒冷环境。

可悲的是，人类历史上有许多与纳粹大屠杀（来自希腊语，意为“全部烧死”或“作为祭祀品被烧死”）规模相当的暴行。种族灭绝——一个群体系统性地、有计划地对另一个群体进行灭绝性的屠杀——拥有漫长的历史，早于二战并一直延续至今。从一战中对150万亚美尼亚人的大屠杀到1994年卢旺达的将近100万名图西人被胡图族杀害，据估计，在20世纪，有8300万人死于种族灭绝（M. White，2003）。今天，数百万人仍然处于危险之中，包括缅甸的罗兴亚人（在第一章讨论过），以及叙利亚和伊拉克的基督徒和雅兹迪人，国际种族灭绝观察组织在2015年将他们列为“紧急情况”。所有的种族灭绝都包含了8个可识别的阶段：分类、群体化、非人化、组织、两极分化、准备、消灭和否认（Stanton，1998）。这种结构上的理解为在每一个阶段防止种族灭绝提供了一个框架，虽然实际的杀戮可能会平息，但种族灭绝仍在继续，直到否认阶段结束（图11.5）。

种族的社会意义：种族主义

不幸的是，科学事实在改变人们对种族的看法方面进展缓慢。种族主义是一种有关优越性的学说，基于此，一些群体认为可以根据不同的身体特征而将其他群体非人化，这一直是一个主要的政治问题。确实，政治家经常将这一概念作为动员支持、魔化对手和消灭敌人的武器。种族冲突源于社会固有成见，而非科学事实。在本章的“原著学习”中，美国人类学家法耶·V.哈里森（Faye V. Harrison）讨论了美国社会结构中的种族主义。

种族和行为

到目前为止，没有任何一种天生的行为特征能够归因于任何一个无法用文化实践来解释的人群（非科学家可能将其称为种族）。如果中国人碰巧展现出了特

图11.5　种族灭绝的受害者

2015年4月，激进分子在纽约市游行，要求美国政府承认一百年前奥斯曼帝国（今天的土耳其）对150万亚美尼亚人的蓄意消灭是种族灭绝。这场种族灭绝不仅发生在遥远的过去，而且继续停留在种族灭绝的最后阶段——否认，它与那些对美洲原住民和作为奴隶被带到美洲的非洲人所犯下的罪行一样。在你所生活的国家，你能看到从未得到纠正的种族灭绝的遗留问题吗？你认为在什么情况下，政府可以选择忽视种族灭绝？

对作为社会死亡象征空间的美国人类学协会上拟死示威的反思

法耶·V. 哈里森

和其他数百人一样，我参加了2014年12月5日在华盛顿举行的美国人类学协会（AAA）会议上的拟死示威。在黑人人类学家协会（ABA）的领导下，并在ABA的联盟与其他志同道合的AAA部门的支持下，万豪酒店的主大堂被改造成了一个象征社会死亡的空间，示威时间长达四分半钟。在密苏里州的弗格森，少年迈克尔·布朗（Michael Brown）的尸体被警察达伦·威尔逊（Darren Wilson）和他的同事扔在马路中间四个半小时后才被掩盖并带走。暴露在自然环境中的四个半小时，他们完全没有对这位年轻男子的生命、对将会为儿子在血迹斑斑的土地上被杀而感到悲痛的家庭和社区表示尊重。一片血染的社会死亡场景和现实生活中死亡场景连接着加州奥克兰的弗鲁特韦尔车站和密苏里州的弗格森，以及全国和世界各地无数的其他场所，在这些地方，黑人和其他有色人种正在成为骚扰、逮捕、监禁，甚至是消灭和处置的对象……

一种悲剧的模式在这片土地上盛行，它代表针对黑人和其他深色皮肤的人的法外处决的升级。他们开车、走路或顶嘴都会被认为是犯罪，在佛罗里达州杰克逊维尔的乔丹·戴维斯（Jordan Davis）一案中，在晚上听吵闹的音乐也被认为是犯罪。人们普遍认为，这些被列为目标的个体对法律和秩序以及个人安全构成了威胁，特别是白人的安全和不受干扰的和平。好斗的暴徒形象或刻板印象被不由分说地投射到黑人身上，特别是那些表现出黑人男子气概的人。大陪审团拒绝起诉，在审判中，陪审团对这次暴力施暴者的定罪反映了黑人的生命被人们贬低，以及一个缺乏人性的社会。正是出于这个原因，全国各地的抗议者，甚至是我们在其他国家的盟友都举着："黑人的命也是命！"这一标语并规劝"不要开枪！"。

这些尖锐的声明与巴西的公开抗议——反对对黑人青年的不宣而战，产生了共鸣。在巴西，为了给世界杯和奥运会让路，需要安抚贫穷的市民，这加剧了警察和私人委任民兵——敢死队的种族暴力，他们参与了对城市和农村地区的种族/社会清洗。

我们的"黑人的命也是命"宣言也引起了墨西哥各地的人权抗议活动的共鸣，2014年9月，43名学生（其中有很多是贫穷的原住民）从格雷罗州伊瓜拉市的一所师范学院失踪，如果传言和法医提供的初步证据属实，他们被警察绑架并移交给了一个贩毒团伙，最后被杀害了。

2014年11月25日，由我担任主席的国际人类学与民族学联合会（IUAES）在《劳动报》的评论版上发表了一份简短声明，声援包括人类学家在内的墨西哥和拉丁美洲的抗议者。像密苏里州弗格森事件一样，这是一个悲剧，来自受压制社区的青年成为压迫性社会的控制目标……作为一名人类学家，一位关心人类的公民，一位母亲，我不仅聚焦于我自己国家的人权侵犯行为，同时也关注更遥远的不公平地区。

完全沉默的四分半钟里我们躺在大厅地板上，气氛非常紧张。我一直想着迈克尔·布朗、特雷沃恩·马丁和他们的父母，他们将深切的悲伤和哀痛转化为国际上可见的行动主义。我也看到了我自己三个儿子的脸，他们现在都是大人了。我记得我生大儿子时，分娩过程出乎意料得艰难而漫长。在一个充满种族主义的社会里，他将被看作一个具有威胁性的异类，我对抚养一个黑人男孩所面临的挑战感到焦虑。

我怀疑，他面临的许多歧视，将会比他的父亲和祖父所经历的要复杂得多。但是，我最害怕的、想得最多的是，他可能会遭受来自警察的暴力和潜在的复仇。我想知道，作为一个家长和一个更广泛的家庭和社区的成员，我是否有足够的能力保护他，引导他长大成人。我冥想并祈祷自己能够应对黑人母亲面临的挑战和要求。

当我竭尽全力生下我的宝贝儿子时，与民权时代的乐观主义所产生的期望相反，我的孩子将出生在一个尚未实现的应许之地。多年以后，我开始了解到，人类学家对过去30年新自由主义所做的大量研究，揭示了结构性种族主义的持续存在以及它与社会不平等和冲突的其他方面——阶级、性别、性取向以及年代或年龄——的纠缠所带来的令人不安的影响。然而，当前的危机，正如弗格森事件所展示的那样，严重挑战了许多反种族主义的自由主义者和左翼分子长期以来所持有的乐观态度，即我们的社会在一定程度上已经变得更好并且在以可察觉的速度改变着。

美国社会结构中反黑人运动的深度、强度和渗透性迫使我们重新思考我们的社会变革模式。那些持悲观观点的人敦促我们放弃我们政治上的天真，赞成更具批判性的现实主义观点：是什么，什么是可能的，以及应该为此做些什么。不管是乐观主义者、悲观主义者，还是介于两者之间的人，也许都会同意“黑人的命也是命”、“别开枪”和“我不能呼吸”等遍布全美国的示威活动，这显然掩盖了普遍存在的后种族主义的自命不凡和自负，这些自命不凡和自负否认了抗议种族主义的活动的合法性以及它们理应得到的政治和政策关注。

四分半钟结束了。从地板上站起来后，我和离我最近的两位女士进行了互动。其中一个人说，这几分钟的沉默对她来说非常紧张，我表示深有同感，并擦去了泪水。在交流了彼此的感受和反应之后，我们互相拥抱，并对共同经历了这场拟死示威的人们表示由衷的感谢和赞赏，我们尊重他们的知识、情感和政见。那天晚上，在美国人类学协会商务会议上，一项议案在没有任何反对意见的情况下获得通过。该议案要求协会就弗格森市和斯塔滕岛发表公开声明，任命一个工作组来决定人类学家可以通过哪些途径来解决种族化的治安问题，并敦促美国司法部调查法外暴力和谋杀。我们中的许多人在离开美国人类学协会会议现场时觉得，人类学家能够而且将会找到有意义的方式在这场斗争中发挥作用，因为它将在今后几年中继续展开。战斗仍在继续。

别的视觉空间才能，那可能是因为阅读汉字需要一种视觉空间的能力，而阅读西方字母则不需要（Chan & Vernon，1988）。所有这些差异或者特征能够依据文化来解释。

同样地，某些特定群体中的高犯罪率、酗酒和嗑药现象能够用文化而不是生物学来解释。由于贫穷、不公正及不平等的机会而被隔离开并且感到失望的个人，倾向于抛弃主导文化中迈向成功的传统路径，因为这些道路被封锁了。在一个种族主义化的社会中，贫穷及其所有后果对一些群体的影响比其他群体更严重，如美国的非裔美国人（图11.6）。

渐渐地，一些系统化的种族主义以及结构暴力——由无人情味的、剥削的以及不公正的社会、政治和经济制度造成的身体的和/或心灵的伤害——得到纠正。例如，2010年，美国国会通过了《公正量刑法》，该法旨在矫正许多年来与使用可卡因有关的严酷处罚；快克可卡因通常与非裔美国人有关，而更昂贵且具有同等效力的粉状可卡因通常与白人相关联。在这项法案出台之前，只有当白人吸毒者吸食的粉状可卡因数目是他或她的非裔美国同类的100倍时，才会被判处同等刑罚（NACDL，2010）。

种族和智力

一些学者和其他相信存在不同人类种族这一错误

图11.6　奴隶制的残余

近几年来，弗雷迪·格雷（Freddie Gray）死于巴尔的摩警察局等事件表明，有必要继续讨论美国的种族问题。任何此类讨论都必须包括奴隶制的历史和南方合法的种族隔离的历史，以及其他形式的结构性暴力（如房地产实践、雇用惯例、监狱政策和教育制度），这些结构性暴力通过牺牲少数人来给予白人特权。这些社会的、政治的和历史的事实影响了当今美国的种族关系，其影响远远超过微小的基因差异。

观念的人提出了这样一个问题：是否有些种族天生就比其他种族更聪明？要解决这一问题，首先需要阐明智力这一术语。究竟是哪些能力或天赋构成了我们所说的智力，这个问题仍然是有争议的，即使一些心理学家坚持认为智力是一个可以由IQ测验而量化的东西。更多的心理学家认为智力是不同的认知能力相互作用的产物，这些认知能力包括：口头的、数学逻辑的、空间的、语言的、音乐的、身体运动的、社会的和个人的（Jacoby & Glauberman，1995）。这些智力种类似乎都互不相关，因为个体在每一个领域都拥有独一无二的组合。正如人类可以独立地继承身高、血型、肤色等一样，智力似乎也在一定程度上是可以继承的，每一种类型的智力都将被独立地继承。

而且，学者已经展示了IQ测试作为一个衡量天生智力的有效方式存在缺陷。IQ测试衡量的是人的表现（一个人所做的事）而不是遗传倾向（一个人与生俱来的特质）。表现反映了过去的经历（植根于文化和环境）和现在的动机状态，以及天生的能力。

尽管存在这些不足，IQ测试出现后的一个世纪以来，一些研究者已经运用IQ测验来试图证明人类的不同群体之间存在着显著的智力差异。在美国，对白人和黑人之间的智力对比始于20世纪早期，经常将其与生物人类学家所收集的有关脑袋形状和大小的数据相结合。这类研究一直持续到现在，包括对非裔美国人、亚裔美国人，以及具有欧洲人血统的美国人之间智力差异的不可改变的遗传起源的讨论。对遗传和遗传学的理解破坏了这样的理论。

19世纪末，孟德尔在种植豌豆的时候发现了基因是相互独立的。无论与智力相关的等位基因是什么，它们都与皮肤颜色或任何其他方面的人类变异无关。而且，基因的表现往往发生于某种环境中，而在人类环境中，文化塑造了环境的所有方面。

毫无疑问的是，社会环境极大地影响着智力。这并不出人意料，因为环境因素影响着其他由基因决定的特征。例如，人类的身高有遗传基础，但它也依赖于营养和健康状况（孩童时期的严重疾病对生长造成的阻碍是无法弥补的）。并且，科学家还没有捋清楚基因因素和环境因素对人的智力、身高或其他连续性特征的相对贡献。尽管表现遗传学领域的繁荣已经开始阐释这种相互作用了，这项工作只有在个人和离散人群的背景下才有意义，而不是在错误的生物种族范畴内（Marks，2008b；Rose，2009）。

有关环境对于智力表现重要性的研究进一步揭露了IQ测试和种族的一般化问题。例如，自第二次世界大战以来，世界各地人群的智商分数每十年提高3分（Flynn，2012）。而且，阶级和智商之间的关系已经充分确立下来（Deary，2001），在美国这样的种族化社会中也是如此（American Psychological Association，2015）。通过所有这些观察可以得出三个结论。首先，基于社会阶层的IQ测试存在偏见。其次，声称智商在生物学上是固定不变的观点明显是错误的。第三，从基于种族差异的IQ测试得分来对人类进行排名毫无疑问是错误的。

250万年来，所有的人属成员主要通过文化来适应——积极地发明解决生存问题的办法，而不是仅仅依赖于生物性适应。考虑到这一点，我们可以期待所有现代人类都拥有相当程度的智力。发挥人类自己天赋和才能的唯一方法，就是拥有必不可少的资源和机会。

人类生物多样性研究

那么，我们应该如何研究人类的生物变异呢？将人类划分为不同群体的科学方法是什么？考虑到问题、困惑和可怕的后果，人类学家已经抛弃了种族概念，因为种族概念在理解人类生物性差异时毫无用处。相反，他们研究的是渐变群，是一种单一的、特定的、基于遗传的或连续的特性在群体中的分布和其重要性的渐变。通过环境梯度表达时，渐变群反映了适应性。

种群和个体的身体特征来源于基因和环境的相互作用。那些由单一基因控制的特征——该基因的不同版本被称为等位基因（见本书第二章）——同样调节着这些变异。这类特征被称为多态性（意为“许多形态”）。我们的血型——由A血型、B血型和O血型的等位基因决定——是多态性的一个例子，并且它还可能有四种不同的表现形态（A型、B型、O型和AB型）。

当多态性分布到地理空间上分散的种群上时，生物学家将这一特征描述为多型型（“多种类型”）；也就是说，基因变异在种群中的分布不均匀。例如，想一想多态性在血型上的多型分配吧（四种不同的显型群体：A、B、O和AB型）。美国印第安人中O型等位基因的比例最高，尤其在一些南美洲的原住民群体中；A型等位基因出现的频率在某些欧洲人中最高（尽管它在北美洲北部平原的黑脚印第安人中出现的频率同样高）；一些亚洲人则拥有较高频率的B型等位基因。尽管单个特征可能会被归类到特定的人群，当考虑到更多的特征时，则不存在特定的人类“类型”。相反，进化力量独立地施加于这些特征的每一个上。

人类学家也难免对外貌和生物特征做出错误的假设。一些早期的美国生物人类学家曾经提出，扁平且宽大肥胖的面部轮廓和内眦皮眼褶（眼角处的皮肤皱褶）是对寒冷气候的适应。然而，这些人类学家把太多的特征聚集在了一起。这些特征——虽然常见于东亚人和中亚人以及北极的北美人中——没有出现在所有的冷适应种群中。头部形状可能与气候有一定关联，但由于遗传漂变，任何特征都可能在种群中出现。

此外，在美国这样的种族化社会中，表型特征被赋予了文化意义。事实上，对于许多亚裔美国人和亚洲人来说，内眦皮眼褶是定义性特征，他们为了获得统治文化的显型特征，会选择进行整形手术，如本章“生物文化关联”中所述。与面部特征和身材不同，肤色——一个经常被用来区分人群的特征——说明了自然选择在塑造人类变种上所发挥的作用。

生物文化关联

美丽、固执和受术者的内眦皮眼褶

外表很重要。在美国——一个曾经用肤色来决定社会地位，并且仍然强调特定身体特征的优越性的社会——人们想要通过整形手术获得一些身体特征并不会令人感到惊讶。

美国的整形手术始于第一次世界大战期间，它是医生为了给毁容士兵修复面部而发明出来的手术。很快，医生开始在其他地方运用这些技术。与少数社会等级较低的群体相关的身体特征为这一初生的医学领域提供了新的素材。鼻整形术，或者说鼻子的整形手术，最初是用于治疗“畸形”的外科手术，即科学文献中所说的“犹太鼻子”。医生将其看作一种影响病人健康的疾病，认为需要对其进行干预。现代整形外科文献仍然将人类变异的各种外貌看作“畸形”，认为它给病人带去了心灵上和身体上的伤害。

对于移民群体而言，包括因种族歧视而承受着重大心灵伤疤的欧洲犹太人，整形手术提供了融入美国文化的一种路径。整形手术提供了一种适应种族歧视压力的方式。作为结果，拥有种族主义和歧视历史的美国，继承了一个处理特定的显型特征的重要市场。在这种意义上，整形手术通过消除不尽人意的显型特征继续着优生学运动的未竟事业。

当然，整形外科医生坚称，个人对于美丽的追求，以及想要展现自己最好一面的自然欲望驱使着他们，这与种族并无关系。然而，整形手术中约30%发生在少数群体中，这是一个相对高的比例。许多这类手术，尤其那些改变了某一特定种群标志性特征的手术，被指责为“西洋化”少数人群的手段。

图中整形医生正在向病人解释双眼皮手术如何能够移除内眦皮眼褶（上图）并给予她一双更圆的、更欧式的眼睛。

面对这些争议，整形医生出版了《脸部整形手术中的种族性考虑》一书，目标是在考虑到每一个族群的前提下，概述出一种“通用的美丽标准”。但是，这一所谓的通用标准很快就被批评为：打着政治正确的旗号而鼓吹一个西方标准。

双眼皮手术——一种移除常见于东亚后代的内眦皮眼褶的手术——是这场争论的中心。该手术赋予眼睛一个圆形的外观，并且几乎只发生在东亚人身上。它是第三种常见的整形手术——仅次于隆胸手术和塑鼻手术。

在韩国，整形手术是很常见的，它被社会接受，并受到鼓励。在首尔的整形区，一平方英里的范围内，有400家到500家诊所和医院提供从鼻子到下巴的整形服务。在那里，双眼皮手术是最常见的，前总统卢武铉2005年在任时也进行了该手术。这一手术在朝鲜战争后被首次普及，当时美国为战争受害者提供免费的修复手术。双眼皮手术很快就在想要看起来更“西方”的韩国人中流行起来，这其中也包括希望吸引美国士兵的妓女。

一名医生在1954年的《美国眼科杂志》中发表了一篇文章，描述了一个病人。这个病人是一位华裔美国人，他说人们总是嘲笑他眼睛的形状，并告诉他，他看起来很无精打采，他的事业一定也很无精打采。经历了双眼皮手术以后，他发现自己不仅获得了更多的尊重，生意也变得更成功了。这个故事展示了多年的迫害是如何内在化的，仅仅为了演变成一种带有偏好的美学表达。

不管其文化后果，整形手术——无论是因其美学特性或是作为融入文化的有利社会条件而被选择——展示了仍然附着于特定显型特征之上的优越价值。然而，制造这些特征的能力本身既说明了这些看法的肤浅，又表明了不同生理性种族这一概念的基本缺陷。种族性整形手术——往好了说是对于美丽的无害追求，更有可能是种族主义对社会的破坏——表明美丽的代价，或者有关美丽的一个念头，可能是十分昂贵的。

生物文化问题

如何区分那些医疗所需的整形手术和可选择的整形手术？你有没有因为某一特征的社会价值，而对自己的外表产生负面的看法？

文化和生物多样性

文化适应对人类来说是至关重要的，但文化力量也会强加选择压力。以糖尿病患者的生殖健康为例，糖尿病是一种已知的遗传疾病。北美和欧洲的现存药物治疗能够使糖尿病患者在生理上与其他人一样健康。然而，如果未能接受必需的治疗，糖尿病将导致患者死亡，这是全球范围内十分普遍的现象。事实上，一个人的经济地位、出生地、宗教信仰等会影响他获得治疗的机会，并且，无论多么无意，文化决定了个人的生理健康状况。

文化同样能够直接促进疾病的发展。例如，2型糖尿病在缺少锻炼的肥胖人群中十分普遍——目前美国有61%的人患有此疾病——它对穷人造成了不成比例的影响。而且，其他地方的人们采纳了西式高糖分的膳食和低运动模式后，他们患糖尿病和肥胖症的概率猛增。

多年来，科学家将美洲印第安人易罹患糖尿病归因于节约基因——一种可以在食物短缺时有效储存脂肪的基因类型。研究人员认为，直到大约6000年前，节约基因才成为人类共享的特征（Allen & Cheer，1996）。在食物匮乏时，拥有节约基因的个体为大脑和红细胞（而不为其他身体组织，如肌肉）保存了葡萄糖（一种单糖），以及氮元素（对生长和健康至关重要）。对葡萄糖的定期摄取主要是通过牛奶中的乳糖，这导致了对非节约基因的选择，以预防2型糖尿病。

最近，美国自然保护生态学家加里·纳卜汉（Gary Nabhan）和人类学家劳里·蒙蒂（Laurie Monti）丰富了对美洲印第安人糖尿病的讨论内容，他们关注于饮食和活动，而不是基因差异（图11.7）。他们指出当地的“缓释”食物，比如仙人掌果，可以降低易患糖尿病的美洲印第安人葡萄糖含量（Nabhan，2004）。他们记录了这些食物可以维持在沙漠中长途跋涉的人的生命。这些“治疗”与生物医疗注射和药丸不同，在时间上早于疾病，并且巩固和保护着当地文化。每一种文化都是作为一个完整的适应系统发展起来的，因此，生物变异和文化变异必然是有关联的。

那么，具有乳制品业传统的文化又如何呢？这种文化实践是乳糖耐受的生物性媒介：消化乳糖的能

图11.7　美洲原住民的糖尿病

强制保留的生活模式给美洲原住民带来了致命的影响。例如，种族文化灭绝或者说传统文化习俗的缺失和破坏，导致肥胖症和糖尿病的发病率飙升，因为美国主流的高碳水化合物和低活动模式取代了印第安人的传统生活方式。图中，盐河马里科帕-皮马部落的年轻妇女正在帕拉印第安人保护区中举行的Cupa Days节上表演其传统舞蹈。恢复文化传统——比如食用仙人掌果这样的“缓释”食物，以及在沙漠中行走——可以显著地改善健康状况。

力，乳糖是鲜奶的基本成分。该能力依赖于生产一种特殊酶的能力——乳糖酶。大部分哺乳动物和大多数人类群体成年以后就停止生产乳糖酶了。乳糖不耐受的人（全球85%的成年人）在摄取牛奶和奶制品的时候会出现腹痛和腹泻。具有悠久乳制品业传统的人群（如北欧、东欧、东非、中亚和中东地区的人群），更容易在成年后继续生产乳糖酶。由于鲜牛奶对他们的膳食至关重要，过去的物种选择偏好那些拥有能够吸收乳糖的等位基因的个体，并淘汰那些缺乏这类等位基因的人。

当潜在的生物变异被忽视时，遗传性适应和文化性适应之间的同步性就会走偏。例如，由于北美和欧洲社会将牛奶与健康相连，一直以来奶粉也就都是对其他国家的主要经济援助产品。但是成年后无法生产乳糖酶的人群在饮用牛奶时腹泻、腹痛，甚至导致骨骼退化。事实上，1960年智利地震后，向200万无家可归者运送奶粉的人道主义援助造成了大范围的疾病。这一悲剧以后，救援人员知道了“健康”文化习俗的相对性。

蚕豆、酶和适应疟疾

在第二章中，我们已经探寻了人类依靠镰状细胞对致命性疟原虫的生物性适应。在这里，我们将通过当地的美食来考察文化对疟疾的适应。对于疟疾的生物性和饮食性适应聚合于某些红细胞中的一种酶和食用蚕豆的相互作用上。

大的、扁平的蚕豆（Vicia faba）是地中海沿岸疟疾肆虐地区的主食（图11.8）。一种酶（G6PD）会可以将6-磷酸葡萄糖简化为另一种糖并在这一过程中释放出富含能量的分子。寄生在红细胞上的疟原虫以G6PD产生的能量为食物。拥有G6PD基因突变的个人，即所谓的G6PD缺乏者，通过一种替代的不包括这种酶的路径来生产寄生虫无法利用的能量。而且，缺乏G6PD的红细胞似乎滚动得更快，从而缩短了寄

图11.8 **市场上的蚕豆**

蚕豆是地中海周边国家的主食，它还能抵御疟疾。然而，对于缺乏G6PD的人而言，蚕豆的保护作用是致命的。这种双重角色引发了大量关于蚕豆的民间传说。

生虫生长和繁殖的时间。尽管一种不同的G6PD缺乏形式也同样出现在了一些撒哈拉以南非洲人群体中，存在于地中海人群中的这一形式与该地区的适应性不一致。

蚕豆中蕴含的酶还包含妨碍疟原虫生长的物质。在疟疾很常见的地中海周边地区，人们在疟疾肆虐的高峰季会食用蚕豆。尽管如此，如果一个G6PD缺乏者食用了蚕豆，原本对寄生虫有害的物质将反过来变成对人类有害。由于G6PD的缺乏，食用蚕豆将导致溶血危险（拉丁语，意为“红细胞的破裂”）和一系列化学反应，这些化学反应会向血流中释放自由基和过氧化氢。这一状况被称为豆类中毒，极大地丰富了关于这一简单食物的民间传说，其中古希腊人相信蚕豆中包含了死者的灵魂。

不幸的是，对蚕豆的担忧有时会被概括为对许多优质蛋白质来源的恐惧，如花生、扁豆、鹰嘴豆、大豆和坚果。语言要为这一不必要的担忧负责。蚕豆的阿拉伯名字是foul（发音为“fool”），而大豆被称为foul-al-Soya，花生则被称为foul-al-Soudani。换句话说，这些食物在语言上被关联了起来，即使它们在生物学上毫无关系（Babiker et al.，1996）。

肤色：关于适应性的个案研究

许多人把种族和肤色等同起来。在现代交通工具——从最早的帆船到今天的喷气式飞机——出现之前，全球肤色的变化遵循着一种离散的模式。一些关键性因素影响了肤色：皮肤的透明度或厚度；一种被称为胡萝卜素的紫铜颜色的色素；血管反射出的颜色（浅色人种的血管是玫瑰色的）；黑色素（来自希腊语melas，意为“黑色的”）的数量——呈现于皮肤外层的黑色色素。深色皮肤的人拥有的黑色素生成细胞比浅肤色的人更多，但是每一个人（除了白化病患者）都拥有一定数量的黑色素。暴露在太阳底下会增加黑色素，导致皮肤颜色加深。

黑色素可以保护皮肤不受太阳紫外线辐射的伤害，因此，深色皮肤的人罹患皮肤癌和被太阳烧伤的风险比黑色素数量少的人更低。深色皮肤还有助于防止一些维生素被强烈的阳光破坏。由于世界上的热带地区是深肤色人群的最高集聚地，这表明自然选择似乎偏好深色皮肤，因为在紫外线辐射最恒久的地区，深色皮肤是一种保护。

肤色的遗传涉及好几种基因（而不是一种单一基因的变体），每一种都包括好几个等位基因，因此创造

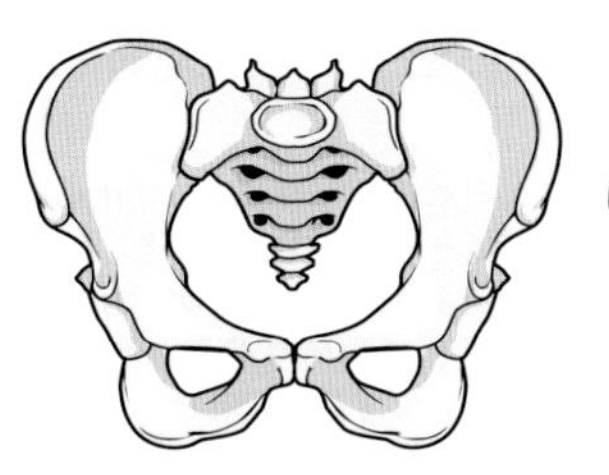
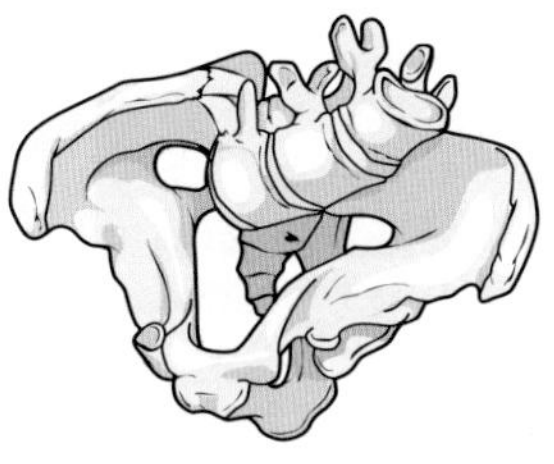

图11.9　**皮肤颜色何时有价值**

缺乏维生素D所导致的骨骼疾病，如骨质疏松症和软骨病，会使骨盆的产道变形，从而干扰分娩。由于太阳光对于体内维生素D的产生至关重要，该疾病在过去北部工业城市中的穷人身上十分常见，因为他们接触阳光的时间有限。膳食补充物减少了骨骼疾病的影响，尽管这一直是一些文化中的大问题，这些文化要求妇女和女孩遮住自己全身，以至于她们几乎完全与阳光隔离。

了这一特征的连续表达范围。除此之外，肤色的地理性分布往往是连续的。在北纬地区，浅肤色具有适应性优势，它与皮肤的重要生物性功能有关，即通过依赖于太阳光的一种化学反应产生维生素D。维生素D维持了身体中的钙平衡以保持骨骼健康及神经系统的平衡。在日照少的北方，浅色皮肤能让充足的太阳光渗透进去，刺激维生素D的形成。而黑色色素会妨碍维生素D在太阳光稀少的环境中的转换。

文化实践能够避免维生素D缺失所带来的严重影响（图11.9）。20世纪中期，在黑暗的冬季，北欧和北美北部的父母每天喂孩子一匙富含维生素D的鱼肝油。今天，巴氏灭菌牛奶中添加有维生素D。

种族和人类进化

在本章中，我们探究了种族的生物学范畴在应用于人类物种时的谬误。无法对人类进行类型归纳的原因是，并不存在不同类型的人类。相比之下，在前面章节已经探究过古人类学对化石记录的分析，包括特定的祖先类型——基于其同步发展的生物和文化能力。

智人在大约250万年前明显增大的脑袋支撑了一个观点，即这些祖先比南方古猿类灵长目动物更有能力进行复杂的文化活动，包括制造石器工具。但越接近当代，这一假设越站不住脚。在我们进化史的某一刻，我们成为一个单一的、统一的全球物种。将此怀揣于心，我们能够依据本章节的内容来进行有关现代人类起源的讨论。

关于现代人类起源的争论主要围绕着这样一个问题：能否通过头骨的细节和骨骼形状及大小来推断文化能力和智力？多地区起源假说的支持者认为不能以此推断，他们认为用一系列生物性特征代表具备特定文化能力（低等的）的人类（尼安德特人），就像根据现代人外貌来假定他们的文化能力。在现存人类中，这类假定被认为是刻板印象或种族主义（图11.10）。在争论的另一方，通过争辩尼安德特人这样的古代群体代表了一种不同的物种，晚近非洲起源假说的支持者忽视了这些假说中隐含的潜在偏见。这两种理论都赞同人类非洲起源说，在这一过程中，他们遇到了肤色问题——当代含有极端政治意义的身体特征。

考虑到我们所知道的人类肤色适应的重要性，以及这一事实：直到约80万年前，早期的人属成员是热带地区的唯一生物；可以推测浅色皮肤很可能是人类历史上的新近发展。相反，与人类的非洲起源说相一致，深色皮肤很可能十分古老。与其他灵长目动物相比，人类的皮肤拥有更充足的汗腺且没有厚重的体毛，在炎热气候下能够有效消除多余的身体热量。这对于那些生活在热带草原地区的祖先而言是一个特别的优势，他们能够在一天中最炎热的时候进行大部分活动，因而避免遭到大型食肉动物的袭击。因为大多数的热带食肉动物在这些时段处于休息状态，它们主要在黄昏到凌晨这一时段狩猎。由于缺乏遮掩身体的厚重体毛，在人类祖先中，自然选择倾向于深色的皮肤。因此，所有的人类应该都有一个黑皮肤的祖先，无论一些人当今拥有多么白皙的皮肤。

不能因为浅肤色出现得相对晚近，就认为它比深色皮肤更好或认为它的进化程度更高。浅肤色的人拥有酪氨酸酶，它可以将氨基酸酪氨酸转换成形成黑

图11.10　独一无二的变化和始终如一

澳大利亚原住民要求我们对种族和人类起源进行长期且认真的思考。他们相对深色的皮肤说明他们最初来自热带地区，但是，他们的头骨形状不属于一些古人类学家所说的“解剖学上的现代人”这一定义。在澳洲，扩散到热带南部（那里和北纬地区一样，紫外线辐射不那么强烈）的人们经历了肤色上的褪色。但是虽然如此，他们的肤色依然比欧洲人或东亚人深得多。农业出现以后，大部分现今的东南亚人从中国南部迁移而来。浅肤色人群的扩张高效地“淹没”了该地区的原住民，除了少数几个偏僻的地方，如安达曼岛——位于印度和泰国之间的孟加拉湾上。底线是，我们都是人，即使在最近的人类进化史中，种群变异也不符合完全离散的类型。

色素的化合物，其充足的数量会使他们变得非常黑。但是他们也拥有破坏或抑制其转化的基因。深皮肤的人更好地适应了热带地区或高海拔地带的生活，但一些文化上的适应，如防护性衣服、帽子以及后来发明的防晒乳液，使浅肤色的人也能在这些地方生存。相反，维生素D使得肤色更深的人能够在远离热带的地区自如生活。在这两种情况下，从纯粹的生物学角度来看，文化使得肤色差异无关紧要。历经时间和努力，肤色或许最终也会失去它的社会意义。

思考题

1. 作为一个物种，人类是极其多样的，但是我们的生物多样性无法被划分为不同的类型、亚种或种族。与此同时，在一些社会中，种族仍然是一个社会和文化范畴。所谓的生物性种族和现实的社会政治性种族在2015年南卡罗来纳州查尔斯顿的大规模枪击案中是如何体现的？你如今生活的社区中有哪些关于生物多样性和种族的信仰？

2. 尽管我们能够看到并科学地解释肤色的群体差异，但为什么不能用亚种或种族的生物性概念来指代人类？你能想到能够用亚种这一概念来解释的动物、植物或微生物物种吗？

3. 在全球范围内，健康数据以国家为单位被收集。除此之外，美国等国家依据所谓的种族类别来收集健康数据。说说这两种方式有哪些异同？应该以群体为单位统计健康数据吗？结构性暴力如何影响疾病和健康的分布？提供你所在社区的示例。

4. 你如何定义智力这一概念？你是否认为科学家永远不可能发现智力的基因基础？

深入研究人类学

挖掘标准化测试中的偏见

20世纪初，智力于测试被发明出来时，种族主义在美国根深蒂固，以至这些测试立即被用来制造关于生物差异的虚假事实。普林斯顿心理学家卡尔·布里格姆（Carl Brigham，1923，1930）是这些测试的原始发明者和拥护者之一，他以优生学家的身份开始了自己的职业生涯，并声称黑人和拥有地中海血统的欧洲人智商较低。尽管他后来放弃了这项工作，但布里格姆仍然相信智力测试的文化中立性。在1923年至1926年间，他发明了学术能力测试（Scholastic Aptitude Test，简称SAT），该测试已经成为大学入学的标准。结合你对语言、经验、结构性暴力和智力测试的了解，探索文化中立的智力测试是否已成为现实。找一个IQ测试、SAT或类似的“标准化”测试样本，看看能否在问题中发现与文化有关的偏见。想一想不同文化背景的人们会如何以不同的方式回答每个问题。一般的测试是如何维持种族化的、以资源为基础的现状的？

挑战话题

人类人口的增长需要更多的资源作为支撑——用于制作食物、衣服和住所。与这些消费相关的废弃物会带来什么后果呢？人类，尤其是那些来自工业化社会的人，制造了数量惊人的垃圾。如果处理不当，这些垃圾可能具有破坏性，甚至带来危险。联合国最近的一项研究发现，世界城市中心每年产生80亿至100亿吨垃圾，其中的大部分最终会流入海洋（UN Environment Programme，2015）。大太平洋垃圾带，或者说太平洋垃圾漩涡，是一个巨大的漂浮垃圾场，因为潮汐将北太平洋上的垃圾推到了一起。它的面积相当于得克萨斯州或土耳其国土的面积。这种大规模的海洋废弃物威胁着全球食物网的稳定——它会阻碍光合藻类和浮游生物这样的生物产生营养物质，从而无法为所有海洋生物提供食物。持续的人口增长加剧了全球的垃圾问题。我们应对不断增加的消费和废弃物的能力将决定地球的长期健康，并最终决定我们的生存。

人类适应变化的世界

第十二章

学习目标

1. 认识全球范围内人类生存所面临的新旧压力。

2. 描述人类对高海拔、严寒和炎热环境的生物性适应。

3. 确定人类发展的模式，以及这一模式如何使得人类的适应成为可能。

4. 解释人类为自身创造出来的挑战，以及它们的影响如何降临到不同但相连的社区。

5. 描述现代人类解决健康问题的各种方法以及治疗方式。

6. 定义疾病与病患，并讨论有关二者的文化态度。

7. 从医学人类学的视角来观察引发健康问题的多种原因。

过去、现在和未来，生物学和文化的相互作用使人类成为现今丰富多样的物种。生物学和文化塑造着人类从疾病到健康、从出生到死亡的每一个方面。事实上，人类学家之间流传着这样一个笑话：如果考试时，你不知如何回答一道有关生物学和文化的问题，那么，答案要么是“疟疾”，要么是“二者都是”，因为回答“疟疾”就等于回答“二者都是”。

过去的农业实践（文化）为疟原虫的滋生创造了绝佳的环境。对这一环境变化的基因反应（生物学）是镰状红细胞等位基因出现频率的增加。今天，全球的不平等（文化）导致较贫穷的亚热带国家的疟疾死亡人数（生物学）增加。如果疟疾是困扰北美或欧洲的一个问题，那么，这些国家的大多数公民还会得不到适当的治疗或治愈吗?

同样地，非裔美国人已经学会不相信美国公共保健机构发起的旨在减少镰状细胞贫血症出现频率的遗传咨询（Tapper，1999；Washington，2006）。这种信任的缺失源于制度化种族主义的遗产，它以“科学”的名义进行虐待，如1932年至1972年，美国公共卫生署在亚拉巴马州梅肯郡开展的塔斯基吉梅毒研究（Tuskegee Syphilis Study）。科学家在一组贫穷的非裔美国男性不知情的情况下扣留了治疗梅毒的药物，这样就能从“黑人”身上了解到更多关于梅毒的生物学知识（图12.1）。

今天，这种情况不可能再次发生。在美国和许多其他国家，任何未征得研究对象同意的人体生物研究都是非法的。然而，在美国等国家，文化力量继续导致非裔美国人的健康状况不如白人。当观察像疾病这样的生物现象时，我们必须确定与其相关的文化因素——从这一现象如何呈现在不同的社会群体中（在塔斯基吉案例中，会错误地认为梅毒会因肤色而异）到如何开展生物学研究。生物学和文化的统一是人类学的标志。在本书中，我们从头至尾都用实例的形式强调生物文化关

图12.1 塔斯基吉实验

塔斯基吉梅毒研究项目拒绝向非裔美国人提供适当的医学治疗，目的是研究这种疾病在“黑人”身上表现出的生物差异。这些人体实验不仅从生物学的视角来看是错误的，而且在研究行为中也表现出了严重的背离道德现象。公众对这项实验的强烈抗议旨在建立保护生物医学研究中所有人类受试者的法制。今天，美国和其他许多国家的法规都要求：所有以人为主体的研究都必须征得研究对象的同意。

联，从婴儿养育和睡眠实践到贫困与肺结核病之间的关系以及器官移植等医疗程序。在这一章中，我们将更为深入地考虑这一联系，并观察生物和医学人类学家在研究生物学和文化之间的相互作用时所运用的理论方法。人类已经通过完善的生物学机制适应了自然环境，但是这些机制可能不足以适应一个全球化的世界。在了解我们当今面临的环境变化所带来的挑战之前，我们将探索一千年来人类用于适应三大极端自然环境的生物学机制，这三大极端自然环境分别是：高海拔、严寒和炎热。

人类对自然环境压力源的适应

传统上对人类适应的研究侧重于人类通过生物学和文化机制适应或调节环境的能力。达尔文的自然选择理论解释了基因性适应——一种建立在群体等位基因频率中的离散的基因变化，比如我们已经探讨过的对于疟疾的各种适应。它还为理解依赖于多个相互影响的基因的适应提供了生物学机制，这种适应常见于具备连续性显型特征（比如肤色或者体格）的人类变种中。即使无法确定这些适应的确切基因基础，科学家也能够通过对相关显型变种的比较测量来研究它们。等位基因频率的差异通常表现为生殖成功的差异。

除了基因，人类还拥有另外两个用于适应的生物学机制。首先，进化适应，它通过环境对单个基因表现的塑造生产出了永久性表型变异（图12.2）。人类长时期的生长和发展特性保证了一段持续很久的时间，在此期间，环境能够对发展中的有机体施加影响。人们通过与环境相互作用而获得的特定永久性表型变化并不能直接传递给后代。即使在大多数身体发育停止以后，我们的基因组也会与环境相互作用，并产生离散的生物性变化。

表观遗传学研究的是细胞如何读取基因密码而导致基因功能变化，它也会影响表型。在DNA序列没有任何变化的情况下，表观遗传学解释了环境或生命周期如何影响特定基因的表达。从自然要求的身体条件到人为的压力源，如创伤经历，各种因素都可以关

图12.2　**双胞胎**

黛安娜·博扎（Diana Bozza）和她的同卵双胞胎姐妹——黛博拉·法拉第（Deborah Faraday）拥有完全相同的基因。然而，只有黛博拉罹患了阿尔茨海默病。图中是几年前黛安娜在弗吉尼亚弗兰特罗亚尔镇的一家护理院中安慰黛博拉的情景。2004年被确诊为阿尔茨海默病之后，黛博拉完全残废了，而黛安娜没有显示出任何阿尔茨海默病的症状。黛博拉于2013年去世。尽管同卵双胞胎享有100%相同的基因，由于他们的基因与环境的相互作用不同，可能会出现不同的表型。

闭或打开特定的基因。有些时候，这些变化是可遗传的；表观遗传学可以塑造后代，正如最近关于战争和种族灭绝创伤代际传递的研究所表明的那样（Yehuda & Bierer，2008；Yehuda et al.，2015）。

专注于生长和发育的人类学有着悠久的历史，可以一直追溯到美国人类学四大分支创建者弗朗兹·博厄斯的工作。博厄斯发现了人类生长曲线的特征（图12.3），他以典型模式展示了持续到成年期的人类生长比率，那时，身体发育停止。人类在出生后到婴儿期这段时间内，身体会快速生长；随后的儿童期，生长速度则会逐渐放缓；到了青春期，这一速度再次提高，即青春期的急速生长。身高或身材的生长是全身新细胞增加的结果，尤其是得益于分布有特定生长板的骨骼中新细胞的生长（图12.4）。

除了描述人类生长的长期模式，人类学家也已经展示了，在生长期间，存在一系列交替的爆发和相对平静。当营养不良时，身体发育缓慢并以牺牲成年期的身高发展来确保目前的存活。考虑到那些在孩童时期营养不良的个体成年后生育成功率的下降，可以推测这一适应机制对后代产生了负面的影响。

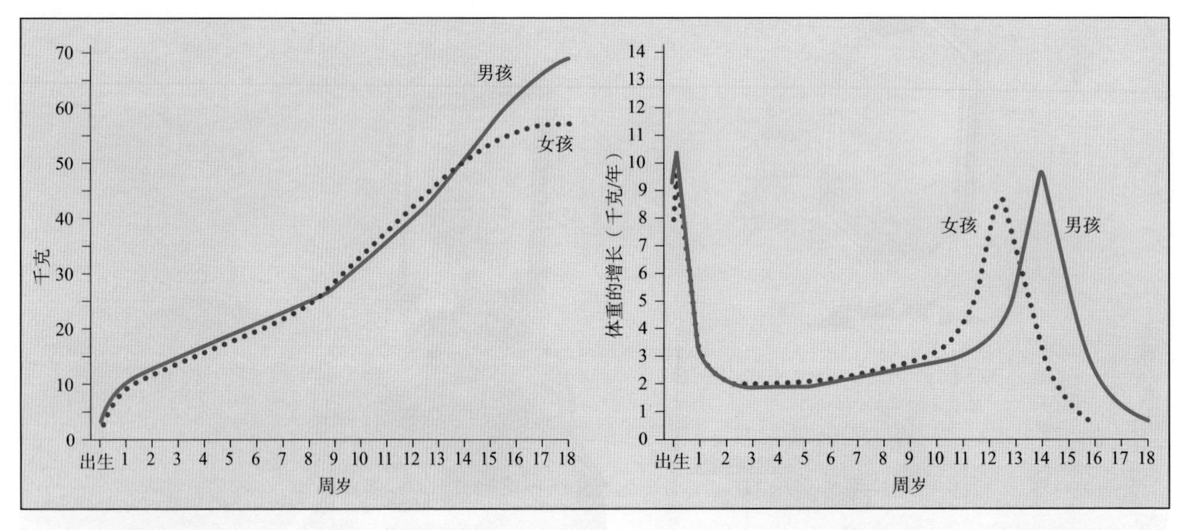

图12.3　**人类生长曲线**

弗朗兹·博厄斯确定了人类生长曲线的特征。左图显示的是程度，或者说是随时间变化的生长量，右图展示的是速度，或者称为随时间变化的生长速度。这些图表在全世界被广泛用于确定儿童的健康状况。

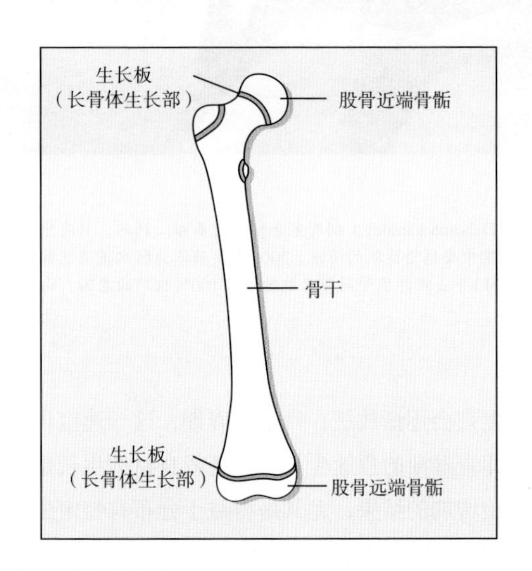

图12.4　**长骨的生长**

每根长骨都有一个特定的软骨生长区（图中用红色表示）；它们被称为生长板。这使得骨干处更硬的骨组织在个体发育时可以支撑身体并保证关节内骨骺的运转。图中这根大腿骨，或者说股骨，有四个不同的生长区。在对一个生长期儿童拍下的X光片中，软骨并不像骨头一样是白色的。每一根骨头有一个特定的成熟顺序，这由荷尔蒙决定。当骨骺与骨头的剩余部分融合时，生长就会停止，这一过程由男性和女性都具有的雌激素所控制。在男性中，锁骨是最后融合的骨头之一。在女性中，骨盆处的耻骨是最后融合的骨头之一。

博厄斯还展示了美国移民儿童与其父母在成长方面的差异。这项工作最早记录了不同的环境会对生长过程产生不同的影响。据推测，移民儿童在基因上与其父母相似；因此，移民儿童与其父母的体型差异只能归因于环境因素。这种差异，被称为长期趋势，它使得人类学家能够推断环境对生长和发育造成的影响。

人类身体的各种系统都有它们自己的生长和发育轨迹，这是由环境和遗传因素共同决定的（图12.5）。例如，全球范围内，女性初潮（第一次月经）的年龄差异很大。在过去的60年里，女性初潮的低龄化趋势在北美已经变得非常明显。究竟该将这一长期趋势归因于健康还是其他问题的刺激（比如儿童肥胖症或环境中的激素），目前还没有定论。种群之间的基因性差异解释了其中一些变化，而剩下的就要归因于环境因素了。新几内亚本迪人女性初潮的平均年龄最大（18岁）。相比之下，美国女性的平均初潮年龄为12.4岁（Worthman，1999）。

有一个解释性成熟的重要理论将女性初潮年龄与

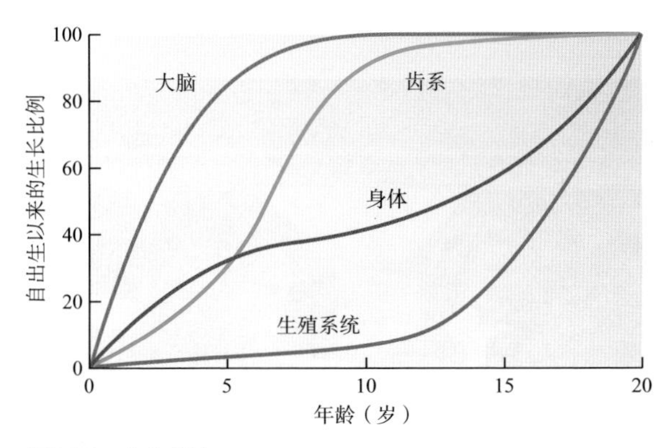

图12.5　**发育轨迹**

人类身体的各种不同系统依循着各自的生长轨迹。大脑在生命最初的5年内生长最为迅速，但随之就以一个较慢的步伐迈入成年期。儿童的免疫系统同样在生命初期经历一个快速发展阶段。人类儿童获得大部分恒齿系，是在青春期他们的生殖系统开始成熟之时；他们12岁的臼齿开始出现，并且仅有智齿尚未长出。生殖系统和身体的生长速度在青春期迅速加快。

体脂百分比联系在一起，认为成长个体的体脂比率控制着荷尔蒙的生产（Frisch，2002）。大多数女性的身体似乎最少需要17%的体脂比率来保证初潮的出现（图12.6）。这些身体脂肪有助于雄激素（男性荷尔蒙）转化为对应的女性荷尔蒙——雌激素。极端瘦弱的女性，不管是运动还是某类劳动所致，都可能经历初潮延迟或继发性闭经。饥饿和极度肥胖会带来同样的影响。

荷尔蒙影响了成年期的生育能力，但是很难分割开生物学和文化的作用。以从事高强度职业的女性中的雄性荷尔蒙水平为例。这些妇女体形往往倾向于圆筒形，这可能是因为她们的身体与沙漏型体形的妇女相比产生了更多的雄性荷尔蒙，这也可能是这些妇女生殖力较低的原因。高的雄性荷尔蒙水平还可能代表了对特定工作环境的生物性反应，该反应最终妨碍了高强度职业妇女的生殖力（Cashdan，2008）。同样地，更年期（月经周期终止）后雌激素的减少会导致女性体脂分配模式转变成一个更为男性化的模式。

人类荷尔蒙系统对各种环境刺激高度敏感。美国生物人类学家彼得·埃利森（Peter Ellison）从事着大量关于荷尔蒙与环境之间关系的研究——被定义为生殖生物学的一门附属专业（见“人类学家札记”）。

虽然基因性和发展性适应成为一个成年人表型的

图12.6　**营养和生育能力**

人类女性需要一定比率的身体脂肪来产生初潮，这一理论解释了全球范围内初潮发生年龄的差异。放眼世界，许多妇女因高强度的劳动和有限的食物供应而极其瘦弱，这种状况限制了她们的生育能力。而且，充足的体脂维持着整个成年期的月经周期。因此，由于成功的怀孕和哺乳需要额外的营养，在食物短缺时，女性的身体会调节她们的潜在妊娠。在后工业社会中，停经或闭经在运动员和患有神经性厌食症——一种个体使自己挨饿的疾病——的女性中十分常见。

人类学家札记

彼得·埃利森（1951年出生）

跨文化的生殖生物学和人类健康是生物人类学家彼得·埃利森（Peter Ellison）研究的重点。20世纪70年代，埃利森在马里兰州首府安纳波利斯的圣约翰大学读书时首次读到了达尔文的《物种起源》。他发现达尔文的著作是革命性的创举，于是他前往佛蒙特大学学习生物学；后来他取得了哈佛大学的生物人类学博士学位，他现在在哈佛负责生殖生物学领域的一个综合性项目。

埃利森首创了利用唾液分析荷尔蒙的技术，他利用这一技术来调节个体对各种环境压力源的反应。这种非侵害性技术使埃利森可以在全世界范围内进行荷尔蒙研究，并将荷尔蒙水平与社会事件关联起来。该研究利用了刚果、波兰、日本、尼泊尔和巴拉圭的长期田野点，成为一项真正的全球性研究。埃利森记载了围绕生物事件而发生的荷尔蒙变化，比如受精卵植入和哺乳，以及文化因素如干农活或觅食。

彼得·埃利森（左）和彼得·格雷正在讨论已婚男子与单身男子之间睾丸激素水平的不同，以及不同文化下男性睾丸激素水平的差异。

埃利森博士对行为和社会刺激影响生殖生理的方式尤其感兴趣。在西方社会中，他已经探究了男性和女性在面对刺激时的荷尔蒙水平，比如赢得冠军或参加一场紧张的考试。他还研究了癌症进展与运动和压力之间的关系。在《在肥沃的土地上》一书中，他阐释了进化动力如何将人们的生殖生理形塑为一个能够对环境刺激做出精确回应的系统。

永久组成部分，但生理适应性出现并对特定环境性刺激做出了回应。连同文化适应，这些各种各样的生物学机制使人类成为可以栖居在整个地球上的唯一的灵长目动物。在我们的进化史上，大多数环境性压力源是气候上的和地理上的。如今，人类面临着一系列他们自己所制造出来的新的环境性压力源。

适应高海拔

高海拔不同于其他自然环境性压力源，它最不服从于文化适应。人类能够调节冷热，但是高海拔地区不断减少的氧气带来了更多的挑战。在细胞水平方面，这会导致氧气供应减少，或者说低氧（希腊语hypo，意为“低的”或“少于的”和单词oxygen的结合）。在氧气面罩和飞机上的加压舱被发明前，并没有文化上的途径可以用来调节这一环境压力源。当人们说高海拔地区空气变得“稀薄”时，他们指的是肺部和循环系统能够获得的氧气浓度（局部压力）。在高海拔地区，氧气的局部压力被大大减少，所有大部分低地民会经历极端的氧气不足（图12.7）。

世代居住在高海拔地区的人群，比如秘鲁高地的克丘亚印第安人和喜马拉雅山的夏尔巴人，拥有能够忍受缺氧状况的极其显著的能力。由于这些人群居住

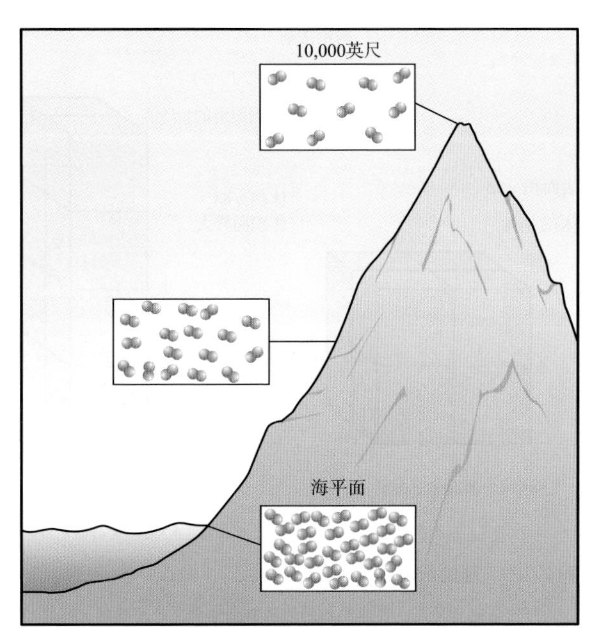

图12.7 大气的压力

位于我们上方的大气数量决定了施加在空气中氧气分子上的压力大小。与更高海拔中氧气分子的密度相比，海平面上的气压使氧气分子更为紧密地相连。这反过来影响了我们呼吸时氧气进入肺部的难易度。在氧气更难自然进入肺部的高海拔地区，登山者有时会携带瓶装氧气以获得额外的帮助。

和劳作在海拔高于海平面2万英尺的地方，这些能力中的一部分已经编码进他们的基因构成中了。除此之外，对更低的氧气的局部压力的生长性和生理性适应使得他们的身体组织能够抵抗氧气不足（图12.8）。

典型的低地人能够对高海拔做出短期和长期的生理性调整。普遍而言，短期变化有助于个人免受即时危机影响，但是这些变化的低效能使得它们难以持续。当个体的生理反应与自然达到平衡时，长期反应就会取而代之。这一过程被称为适应气候（驯化作用）。例如，大多数低地人在秘鲁库斯科迈下飞机时，呼吸速度会加快、心排血量、血压和脉搏次数也会增加——但这些反应都不能无限地持续下去。相反，随着身体开始产生更多的红血细胞和血红蛋白以携带更多的氧气，低地人适应了环境。由于基因组成上的差异，在不同的海拔上，个体的生理性反应也不同。

发育性适应见于那些孩童时期生长于高海拔地区的个体中。例如，与低地克丘亚人相比，高地克丘亚人的胸腔和心脏右心室（向肺部输入血液）都更大。这也许有遗传基础，与普通美国人相比，所有克丘亚人都经历了一段更长的生长和发育期。

生长和发育的过程开始于繁殖，而高海拔对此过

图12.8 为奔跑而生

在过去的几十年里，来自肯尼亚的卡罗琳·罗蒂奇（Caroline Rotich）这样的东非选手赢得了多数重大马拉松比赛的冠军。对热的、干燥的且多山地区的适应带来了一个瘦长的体形（热适应的结果）和增强的携氧能力。尽管世界各地的运动员体形大都瘦长，许多运动员现在都在高地受训直到竞赛那天，他们的红血细胞总数和血红蛋白水平能让他们的身体携带更多的氧气。

程有相当大的影响。对于那些尚未适应高海拔的人群，成功的生殖需要一些文化的介入。以生活在南美玻利维亚安第斯山脉高处的波托西市西班牙殖民者的生育能力为例。该城是始建于1545年的银矿小镇，在这座城市存在的最初54年里，没有一个西班牙儿童能够活过孩童期，但原住民并无此问题。为了确保生殖成功，西班牙妇女开始采取文化实践，即在怀孕后就撤退到低海拔地区以保证分娩成功及孩子出生后一年间的安全（Piantadosi，2003）。

在高海拔地区冷应激也是一个问题。与瘦长的身体相比，矮胖的身体和短小的肢体有助于保存热量。我们通过身体的表层散热。与瘦长的体形相比，矮胖体形的表面积与体积比更低。矮小的身材也会导致更高的表面积与体积比。这些现象已经变成了两条规律，以在哺乳动物中进行了此项观察的自然主义者的名字命名。伯格曼法则指的是，与居住在温暖气候下的哺乳动物相比，居住在寒冷气候下的同一物种动物的身体通常更大（图12.9）。

阿伦法则指的是，与生活在温暖气候中的成员相比，生活在寒冷气候中的哺乳动物肢体（手臂和腿）通常更短（图12.10）。

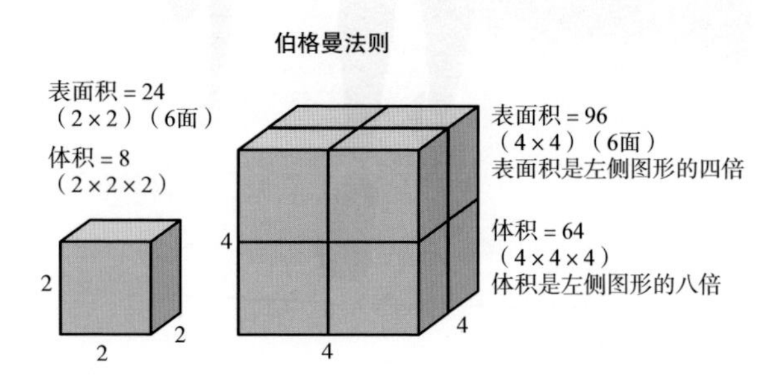

图 12.9　**伯格曼法则**

伯格曼法则指的是随着总体身材的增大，身体表面积的增长速度小于体积的增长速度。这就解释了与生活在更温暖气候中的同一物种成员相比，居住在寒冷气候中的哺乳动物的体形通常更为巨大的原因。这使得热量在寒冷气候中保存并在温暖气候中消散。

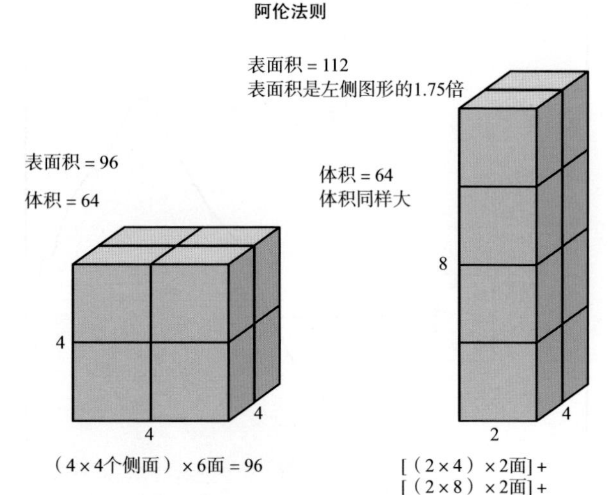

图 12.10　**阿伦法则**

阿伦法则指的是，在体积相同的两个身体中，长而瘦的身体比短而胖的身体拥有更大的体表面积。这解释了与居住在温暖气候中的同一物种成员相比，居住在寒冷气候中的哺乳动物通常拥有更短的肢体（手臂和腿）的原因。长肢体能够消散热量，而短肢体可以保存热量。

适应寒冷

冷应激可以存在于高海拔之外，如北极地区。除了身体和肢体的形状及大小，其他寒冷反应在北极地区的人群中也同样常见。在极端严寒中，身体需要在核心和四肢之间平衡热量，因为肢体需要充足的热量以避免冻伤。人类通过肢体血管的循环性扩张和收缩来平衡热量，这一反应被称为打猎反应。血管在闭合以减少热量流失及开放以温暖手和足间来回变化。首次暴露在寒冷中时，血管会立即收缩，并在开放（温暖）和闭合（寒冷）之间交替，所以皮肤的温度变化很大。但是变化逐渐变得更小和更迅速，这使得猎人具备打结或拉开弓箭时所需的灵活性。

因纽特人等北极居民还通过高的新陈代谢率来抵御寒冷。新陈代谢率是指身体燃烧能量的速度。高的新陈代谢率可能来源于高蛋白质和高脂肪的饮食（海豹和鲸脂是常见食物；见图12.11）。除此之外，遗传因素也可能会使新陈代谢率较高。

颤抖是对寒冷做出的一个短期生理反应。颤抖可以快速释放热量但无法长时间保持。相反，个体对寒冷的适应包括对饮食、活动模式、新陈代谢率和循环系统的调整。

适应高温

出汗是人体应对高温的主要生物性机制。出汗时汗腺中释放的水可以冷却身体，但必须通过多喝水来补充；因为如果没有水，在酷热的环境中可能会有致命的危险（图12.12）。伯格曼法则和阿伦法则也适用于热适应，因为汗腺在瘦长的身体上的分布面积更大，有利于水分蒸发和热量散失。身体的表面积越大，汗腺的分布面积也就越大。瘦长身体的散热效果最好。在热带雨林这样炎热潮湿的环境中，水分蒸发带来了挑战。在这里，人类已经适应了通过减小整体体积来最小化热量的生产，并同时保持苗条、精瘦的身材。

图12.11　**捕获鲸鱼**

北极居民通过各种各样的生物学和文化适应来应对寒冷的环境。通常，生物学和文化适应是相互作用的。高能量的、易获得的鲸脂被统一进了因纽特人的文化系统，这同样刺激了身体以较高的新陈代谢率燃烧这些能量。反过来，高的新陈代谢率也有助于身体在寒冷气候中保持温暖。

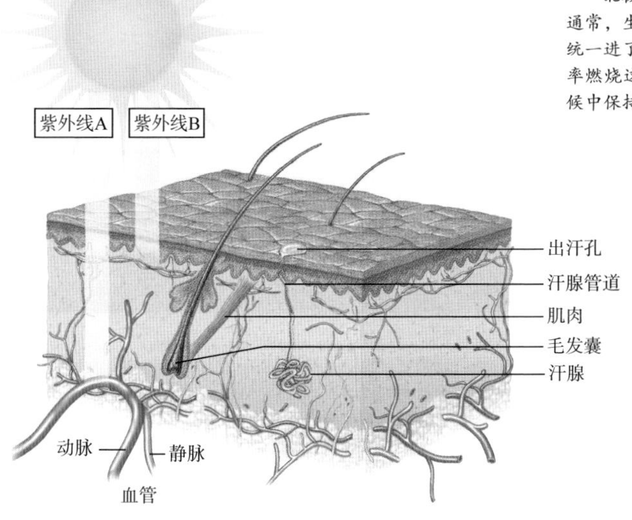

图12.12　**人类皮肤的横切面**

皮肤——人类身体中一个敏感的、实用的和高度扩散的器官——敏锐地对环境做出回应。正如在第十一章中所描述的那样，维生素D在此处合成。除此之外，通过出汗皮肤控制着我们对于高温的适应性回应。血管向皮肤表层输送热量。水分通过皮肤表层的汗腺释放出来，毛孔将蒸发并消散这一身体热量。在更炎热气候中生长和发育的个体拥有更多的汗腺作为应对高温的一个进化性适应。除此之外，身体体形影响着高温损耗。更多的皮肤或表面积可以使个体更容易释放热量，因为分布在皮肤上的汗腺数量增加了。

变化世界中人为的压力源

传统上，人类通过住房、饮食和穿着等文化手段更改了自然压力源比如高温和寒冷。但在当今全球化的世界，文化的影响要更为复杂得多。文化进程会增加新的压力源，如污染、全球变暖和自然资源的枯竭。确实，正如第五章所指出的，学者已经在地质时代中添加了“人类世”，以反映自工业革命以来人类对地球做出的深刻改变。

对这些人造压力源的生物学适应无法与人类改变地球的快速步调保持一致。因为有益的等位基因和表型需要经过很多世代才能合并进一个种群的基因之中。除非人类文化集体合作来应对这些全球挑战，否则非自然性压力源将不可避免地带来疾病和痛苦。一个综合的、整体的人类学视角即使不能消除这些人造的压力源，也可以缓解它们。

医学人类学的发展

医学人类学与人类学的四大分支学科都有交叉，它极大地影响着21世纪人们对疾病和健康的理解。医学人类学家研究的是医学体系——与疾病相关的一系列模式化的观点和实践。医学体系是文化体系，与其他社会制度类似。医学人类学家跨文化地观察治疗传统和实践以及所有医学体系共有的特质。例如，法国文化人类学家克洛德·列维-斯特劳斯（Claude Lévi-Strauss）用来描述萨满治愈力的术语（西伯利亚当地治疗师的名称，现在用于指代许多传统治疗师）同样适用于欧洲和北美的医学实践。在这两种情况下，治疗师有权接近一个布满限制性知识的世界（精神上的或科学上的），而这一世界将普通社区成员排除在外（图12.13）。

医学人类学家利用生物人类学的科学模型，比如进化论和生态学，以此来理解和改善人类健康。他们

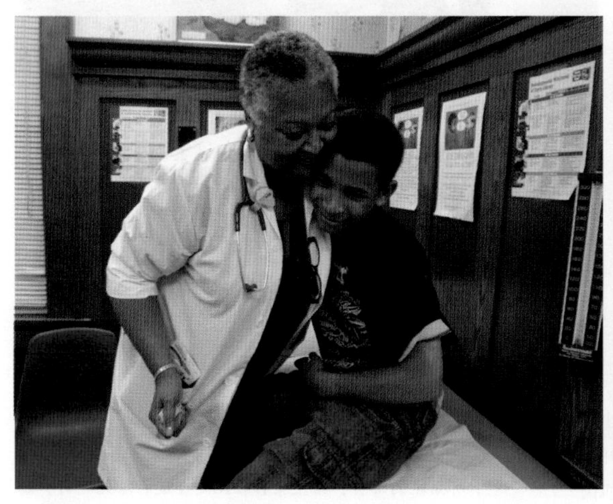

图12.13 治疗符号和行为

萨满和生物医学医生都依靠符号象征来治疗他们的病人。医生的白大褂是医学知识和权力的有力象征，它和西伯利亚南部山区图瓦萨满的羽毛头饰一样，清晰地向病人传达信息。图瓦萨满的治疗实践包括与生病的个人直接接触以及爬到山顶燃烧雪松，如图所示。你能想出攀登高峰的象征意义吗？你认为生物医学的顶峰是什么？图中，一位儿科医生在给她的病人打完针后拥抱了他。想象一下，别人用尖锐的物体刺你，并把异物注入你身体的这一过程，包含了怎样的信任。医生为什么有权这么做？有趣的是，美国的医学院经常将“白大褂"仪式融合进医学教育，以此将白大褂的权力授予新医生。

还侧重于人类健康与政治经济的关联，既放眼全球，又关注地方。对疾病起源的广阔的人类学理解对于减轻人类痛苦至关重要——特别是在这个细菌、治疗方法和污染广泛并迅速传播的全球化世界。

医学人类学承认贫困是疾病的一个主要决定因素；全球各地的人类学家已经证明了这一关联，并致力于通过社会公正来改善健康状况。这一看法得到了世界银行的支持，世界银行是一个向发展中国家提供贷款的全球性金融机构。美籍韩裔医学人类学家兼医生金勇（Jim Yong Kim）为世界银行新任总裁。他是健康伙伴基金会的创立者之一（与医学人类学家保罗·法默一起），主要通过消除贫困来改善人类健康状况。

科学、病患和疾病

从最新的疫苗到最先进的癌症治疗方法，科学研究往往处于治愈或根除疾病的前沿。但医学人类学揭示，医学不仅仅是科学。早期有关医学体系的研究由医生-人类学家进行——他们接受过医生和人类学家的相关训练，并参与了出现于20世纪初的国际公共健康运动。在提供发展于欧洲和北美的医疗服务的同时，这些医生-人类学家还研究了他们所救助文化中的健康信仰和实践。之后，他们带着被转译为西方生物医学术语的描述回来了。

一开始，这些西方生物医学方法被认为是有关人类生物学的不受文化制约的描述，并被作为解释框架来观察其他文化的医学信仰和实践。这项工作中隐含的观点是：看似客观的西方生物医学方法是更优越的。然而，文化人类学家的田野调查表明，医学概念与人类独特世界观的其他方面类似，反映了特定文化的价值体系。例如，菲律宾群岛中较大的棉兰老岛上的苏巴农人会给皮肤真菌感染取不同的名字，这取决于感染是公开可见的，还是隐藏在衣服下的。

在20世纪70年代，生物性和文化性知识在医学人类学中的地位发生了很大的变化。中国在1971年加入联合国，对这一理论性转变起到了重要作用。中国与西方外交关系和文化交流的改善，揭示了东方的专业医学体系足以在科学根基和技术功绩上与西方生物医学相竞争。例如，中国的心内直视手术仅使用针灸针作为麻醉剂，这挑战了西方生物医学优越性的人类学假定。学者开始提出生物医学是一个文化体系，正如其他文化中的医学体系一样，同样值得对其进行人类学研究。

为了有效地跨文化比较医学体系和健康，医学人类学家已经在理论上对疾病（Disease）和病患（Illness）这两个术语进行了区分。疾病指的是特殊的生理或身体上的反常。病患指的是特定身体状态的意义及对其的阐述。疾病和病患并不一定重合。病患可能会在没有疾病的情况下存在，疾病也可能在病患缺席的情况下出现。

在那些具备科学医学体系的文化中，病患社会过程的一个关键组成部分包括通过生物学叙述人类苦难。即使此时生物学尚未被充分理解，病患还是被贴上了疾病的标签。例如，在美国，人们对酗酒的看法截然不同。一个被认为是醉鬼、派对爱好者、酒吧常客或酒鬼的人似乎得不到社会其他成员的同情。相对比之下，一个同酗酒癖好做斗争的人会从医生那里获得文化帮助，得到来自“嗜酒者互诫协会”等团体的支持，并得到涵盖医学治疗的健康保险的经济支援。人们对于酒精中毒这一疾病的生物性理解依然很贫乏，但通过将其称为疾病，把它变成了美国医学体系中的被社会认可的病患。本章的“全球视野”，介绍了一种通过专注于疾病的社会性方面来减少污名和改善健康状况的创新方法。

血吸虫病是一种由名为血吸虫的寄生扁形虫引发的感染，它是一个证明疾病在没有病患的情况下出现的极佳例子。科学家已经充分地记录了这一寄生虫在淡水蜗牛和人类身体之间交互的生命循环。成年血吸

从广播剧到诊所？

哈加拉·纳西如在尼日利亚的Angwan Lauran Wali地区收听了广播剧《请直白地告诉我》(*Tell It to Me Straight*)，她了解到了一些改变自己人生的东西。这一广播剧，使用了一种发源于墨西哥的戏剧表现手法，讲述的是一个名叫坎德的12岁女孩的故事，她被迫嫁给了一个年长她两倍还多的男人。她很快就怀孕了，经过长时间的分娩，她的宝宝死了，而且坎德还患上产科瘘管病（直肠和阴道或膀胱和阴道之间的一个孔），导致了大小便失禁、感染和神经受损。坎德的丈夫抛弃了她，但一个邻居将她送到了附近扎里拉城的医院。被医治好之后，坎德可以完全健康地回到她父亲家中。

同坎德一样，哈加拉很早就结婚了（15岁），到25岁时她已经经历了八次生育，失去了5个孩子，并在最后一次分娩时患上了瘘管病。在接连9个礼拜的虚弱不适后，她邀请丈夫一起来收听这一广播剧。电台送出的信息正是哈加拉及其丈夫所需要的。从这一节目中，他们知道了瘘管病是可以被治愈的，哈加拉无须再忍受此痛苦。

这一电台广播剧是人口媒体中心（PMC）下属的地方部门所创作的许多广播剧之一，PMC是一个位于美国的国际性非政府组织，总部设于佛蒙特谢尔本，使用“娱乐-教育来促进社会改变”的理念，在20世纪70年代，图中的墨西哥电视制片人米格尔·赛比都（Miguel Sabido）发展PMC的戏剧方法论，创作了电视肥皂剧，并推动了整个墨西哥社会的巨大变革。赛比都的一个节目使得成人教育规模增长了8倍，而他的另一个节目使得避孕用具使用率提高了50%。

通过与当地电台和电视广播、相关政府部门和非政府组织合作，人口媒体中心正致力于将赛比都模式推广到全世界。他们的目标是设计并实施一个综合性的媒体策略来应对家庭和生育健康问题。这一过程是在地方组织的协作下进行的，以确定和处理各种健康问题。这些健康问题在被改编成专业制作的广播剧《请直白地告诉我》后得到了广泛关注。

除了像哈加拉这样的个人成功故事，全国范围内的成功案例也能够被定量地测量到。如，用两种不同语言播出的埃塞俄比亚电台节目，在2002年和2004年间改变了该地区的生殖健康行为。已婚妇女使用避孕套的比率从23%增加到79%，并且，埃塞俄比亚的生育率得到下降。降低生育率是社会实现更好的整体健康所必须采取的重要步骤。在计划生育诊所的出口处进行采访时，1.4万个被调查者中有四分之一的人提到广播剧是他们来诊所的理由。

全球难题

赛比都方法在你的社区会起作用吗？或者它已经在发挥作用了吗？哪种健康问题是你希望在肥皂剧中看到的？

虫在人类肠道或膀胱中存活数年。人类粪便将这一寄生虫传播给淡水蜗牛。在蜗牛体内，血吸虫进一步发育并将成千上万的微小生物排放到淡水中。如果人类在受感染的淡水中游泳、跋涉或进行其他活动，这些寄生虫会钻进皮肤中，并回到人的肠道或膀胱中，这时，循环又开始了。

寄生虫通过皮肤钻入人体并永久地寄生在膀胱或肠道内部这一点可能会令人十分反感。但是对于那些居住在血吸虫病是地方病（公共卫生术语，指一种在人群内部扩散的疾病）的地区的人们而言，这种疾病状态是常态，因此他们很少采取治疗手段。换句话说，此时血吸虫病不被认为是病患。他们可能知道有昂贵高效的生物医学治疗手段，但是考虑到再感染的可能性以及难以获得的药物，他们一般不寻求药物治疗方法。随着时间的推移，演化力通常引发了寄生虫和宿主之间的耐受力，使得受感染的个体能够正常生活。

文化视角有时可能会与国际公共卫生目标不一致，这些目标大多基于西方生物医学对疾病的理解。研究全球公共卫生问题的医学人类学家在致力于改善他人健康状况时，会注意避免将他们自己对疾病的解释和含义强加进去。在接下来的“原著学习”中，生物人类学家凯瑟琳·德特威勒（Katherine Dettwyler）解释了她在马里从事的关于儿童成长和健康的工作如何促使她重新思考唐氏综合征。

虽然疾病通常会被用科学衍生出的生物学术语进行描述，但医学人类学承认这些概念并不是通用的。每种文化的医疗体系都提供了一幅用于思考疾病和健康的地图，并定义了思考、预防和管理疾病的具体术语和机制。

演化医学

演化医学——研究人类疾病和健康的一种方法，结合了进化论的原则和人类进化历史——来源于科学的医学和人类学。最初，它似乎受人类生物机制的支配，但演化医学强调人类学的生物文化统一特性。人类赋予生物进程文化意义，而文化实践影响人类生物学。

很难确切地证明来自演化医学中的特定观点和理论确实对人类健康有益。科学家努力收集充分的证据来支撑他们的理论，并在适当的时候用实验来验证假说。通常，演化医学的治疗能够改变文化实践，并使人类生物学回到更为自然的状态。正如第八章“生物文化关联”专题中旧石器时代药方所描述的，演化医学影响了当下对于文明病的态度。

美国生物人类学家詹姆斯·麦克肯纳（James Mckenna）的工作为演化医学提供了一个绝佳的例子。麦克肯纳认为，人类婴儿已经逐步演变为与成年人一起睡觉，成年人会为熟睡的婴儿提供呼吸信号，以保护小孩免受婴儿猝死综合征（SIDS）的侵害

跳舞的骨骼：　西非的生命和死亡

凯瑟琳·德特威勒

我站在门口，喘着粗气，用胳膊抵着两边的门框来支撑自己站起来。我吸了几口寒冷、清新的空气，并将目光投向远山，试图使自己镇静下来。不详的黑色乌云在地平线上方聚集，并迅速向校舍方向移动……

这是一个令人愉快的早晨，村民在村中心的杧果树下耐心地等待着。但是不久，即将来临的暴风雨告诉我们必须转移到室内。唯一一个能容纳这群人的建筑是只有一间房屋的校舍……

在校舍内，情况变得混乱起来。室内的温度比外面高20度，且比外面嘈杂10倍，像黑夜一般黑暗。仅有的一点亮光是从敞开的大门和两扇小的窗户射进来的。村子中的人互相挤在一排排长凳子上面，还有一些人围着房间的外围站了3圈。宝宝啼哭着，直到母亲将他们拉到自己面前看护，儿童们叽叽呱呱地吵闹着，成年人趁机同朋友和邻居聊天。这是一个大聚会，摆脱田间劳作的一个休息日，外加一场凉爽的雨也有助于我的测量。我必须高声地将要测量的问题说给希瑟（Heather）听，以确保我的声音能盖过周围的杂音……

一个中年男子穿着一条磨破的李维斯牛仔裤，推挤着面前一个啼哭的小男孩。我蹲下来鼓励这个小男孩站到秤上来，但发现他的腿被包裹在肮脏的绷带中。他在抬腿之前犹豫了片刻，并在将身体放到秤上时，抽噎地哭泣着……

"他的腿怎么了？"我问他的父亲。

"他在一次自行车事故中受伤了。"他说道。

我对希瑟翻了个白眼。"让我猜一下。他坐在自行车后座上，没有穿长裤或鞋，于是腿被卷到轮辐中去了。"莫萨将这段话翻译为班巴拉语，他的父亲承认确实如此……

溃烂的伤口包围着男孩的脚踝和脚部其余部分，深到可以看到底部的骨头。他的整个小腿和脚部高高肿起，并散发出腐臭味；很明显被坏疽牢牢地控制着……

"你必须马上带他去锡卡索的医院。"我向男孩父亲说道。

"但是我们负担不起啊。"他拒绝道。

"你负担不起不带他去，"我转向莫萨愤怒地喊道，"他不明白，"我对莫萨说，"请向他解释，如果不马上带男孩去看医生，他肯定会死于坏疽中毒。现在可能已经晚了，可是我不这么认为。他可能只是会失去一条腿。"莫萨惊恐地睁大眼睛。他也未能意识到这个男孩的伤势有多么严重。当男孩父亲理解了莫萨所说的话以后，他的表情瞬间崩溃……我最后一次见到这对父子，是在他们要离开米瑞黛拉（Merediela）的时候，男孩摇摇晃晃地坐在一头从邻居那里借来的疲惫不堪的驴的背上，父亲一路小跑着跟在旁边，奋拉着肩膀，催促着驴子前进……

在这个充满生气的院子后面吃午餐时，村民对我养育孩子实践的评论，为我了解马里乡村有关婴儿养育信仰提供了一个机会。这次是关于一只将其生命奉献给我们食用的鸡。当我们吃着时，甚至未加思索，我夹起一块鸡肉，然后将骨头剃掉，并将肉放到米瑞达的碗里，并鼓励她吃。

"你为什么给她鸡肉？"贝卡瑞问道。

"我想确保她能吃饱，"我回答着，"她早上没喝多少燕麦粥，她也不喜欢吃小米。"

"但她仅仅是个小孩。她不需要吃好东西。你已经辛苦工作了一个上午，而她却无所事事。而且，如果她想要吃的话，她自己会要的。"他争辩道。

"我确实一直在辛苦工作，"我承认，"但是她还在长身体。比起成年人，生长中的孩子需要吃更多的食物。如果我不鼓励她吃的话，她可能在我们回到巴马科之前都不会吃东西。"

贝卡瑞摇头。"在多戈，"他解释道，"人们认为，好食物给孩子吃的话很浪费。他们不懂得品味食物的味道或体会不到食物带来的感觉。并且，孩子并没有辛苦工作来生产食物。当他们长大的时候，他们有一辈子的时间来努力工作为自己带来好食物。老年人应该吃到最好的食物，因为他们马上就要去世了。”……

……在马里南部乡村，“好食物”（包括所有高蛋白质/高卡路里的食物）是留给老年人和其他成年人的。孩子几乎完全靠碳水化合物主食维持生存，按自己喜好可以加一点酱汁。我将自己的鸡肉分给米瑞达的行为被认为是怪异的、失当的。我将好食物浪费在一个小孩身上，而剥夺了本应属于自己的食物……

在内坦柯尼（N'tenkoni）的第二天早晨，我们的测量任务被安排在神圣的会面小棚屋。这是一个直径约20英尺的小屋，中心有一个用树干做成的屋柱支撑着茅草屋顶。因为它有两扇大门，屋内很明亮且通风，在另一场暴风雨来临时可以为我们提供遮蔽所……

由于外面的人看不清我们在屋内做什么，开始的时候有一些小混乱，所有的人都试图马上挤进来。酋长解决了混乱问题，于是测量继续快速进行，男人、妇女、小孩，男人、妇女、小孩。每次一个家庭从外边进来，接受测量，然后从另一扇门离开。屋内凉爽且怡人，相比之下，室外却是烈日炎炎，阳光刺眼。米瑞达坐在一旁，正在看书，不时抬起头来看一看我们，但是总体上她对这件事情感到厌烦。

“妈咪，快看！”上午10点左右，她大叫起来。“那不是一个天使吗？”她问道，用的是我们用来指代唐氏综合征患儿的暗语。唐氏综合征小孩一般（虽然不是总是！）是漂亮的、快乐的、充满感情的孩子，而且很多唐氏综合征小孩的家庭将孩子看作上帝赐予的特殊礼物，并将他们称为天使。我扭头顺着米瑞达目光的方向望去。一个小女孩刚刚进入小屋，她家是一个拥有很多小孩的巨大家庭。她有一个小圆脑袋，有着唐氏综合征小孩的面部特征——带有内眦皮的东方式眼睛、一个小的扁平的鼻子，以及一对小耳朵。这一诊断没有错。她的名字是艾比，大约4周岁，和彼得一般大。

我在小女孩面前蹲下来。“你好，小甜心，”我用英语说，“我可以抱一下你吗？”我张开双臂，她很乐意地迈向前来，并给了我一个大大的拥抱。我抬头看着她的母亲。“你知道这个小孩有一些‘不同’吗？”我问道，小心地斟酌着词语。

“哦，她不说话，”母亲犹豫了一会，看着丈夫征询其同意后说道。“确实如此，”她丈夫说道，“她从没有说过一句话。”

“但是她一直很健康吧？”我问道。

“是的，”父亲回答，“除了不说话，她和其他小孩一样。她总是很开心，从来不哭。我们知道她能听到我们说的，因为她可以按照我们说的去做。你为什么会对她感兴趣？”

“因为我知道她出了什么问题。我有一个儿子也这样。”我激动地从包里把彼得的照片拿出来给他们看。但他们看不出任何相似之处。肤色的不同淹没了面部特征上的相似。但另一方面，马里人认为所有的白人都长得一样。并不是所有的唐氏综合征小孩都长得一样。他们“以相同的方式不同着”，但他们看起来与他们的父母和兄弟姐妹最像。

“你还见过其他这样的小孩吗？”我询问道，我突然十分好奇马里乡村文化如何处理唐氏综合征这一罕见疾病。首先，唐氏综合征小孩很罕见，每700个出生的小孩中大约只有一例。在一个每年至多生育30个或40个小孩的社区中，患有唐氏综合征的小孩可能20年才会出现一个。他们中的很多人并不能活到别人能够看出他们的年龄不同。位于躯体中部（心脏、气管、肠道）的身体缺陷在唐氏综合征小孩中很常见；如果不立即进行手术和新生儿生病监护，很多小孩将无法存活。这类手术在美国儿童医院是常规手术，但是在马里乡村却完全不存在。对于那些没有重大身体缺陷的小孩而言，要在马里乡村生存下来，依然要面对很多危险：疟疾、麻疹、腹泻、白喉和小儿麻痹症。和彼得一样，一些小孩免疫系统很差，这使得他们更容易感染儿童疾病。很难在马里乡村找到一个健康地活着的唐氏综合征小孩。

毫不令人诧异，这对父母没有见过像艾比一样的小孩。他们问我是否知道有什么药物可以治愈她。“没有的，”我解释道，“这种病是治不好的。但是她会学会说话，这需要时间。多和她说话并试着让她重复你们说过的话，还要给她很多的爱和关注。她可能需要花费很长的时间才能学会一些事情，但是不要放弃。在我们国家，一些人说这些小孩是上帝赐予的特殊礼物。”即使在莫萨的帮助下，我也无法向他们解释清楚细胞分裂和染色体不分离。我暗自思忖，这对他们有什么帮助呢？他们只是接受了她本来的样子。

我们又聊了一会，我测量了这个家庭，包括艾比，当然，她个子偏矮。我最后给了她一个拥抱和一个气球，并在将她的兄弟姐妹送出去之后也将她送了出去……

我走出棚屋……试图使自己的感情平复下来。最后，我放弃了，蹲下来紧紧地抱住膝盖，埋头哭泣。我为艾比哭泣——她一定有一颗勇敢的心；如果她生活在西方，可能会获得所有现代化的婴儿激励计划的帮助。我为彼得哭泣——另一颗勇敢的心；如果他生活在一个单纯地接受他的文化中，而不是对他形成模式化看法并归类，就不会限制他做很多事情，因为人们认为他没有能力。我为自己哭泣——一点儿也不勇敢；想到彼得，我的心似乎要破裂了，他是属于我的可爱天使。

古老谚语说“无知是福”，这显然有一定的道理。可能马里的孕妇不得不担心夜间潜伏在公厕里的恶鬼，但是她们无须在孕期担心染色体的异常，以及羊膜穿刺术的道德含义，或者是想要评估障碍而做出的令人心碎的尝试，以确定哪些特点使得生命不值得存活下来。美国的妇女可能有权利选择不生育残障孩童，但马里的妇女有权利不担心这些。美国的小孩有权利获得特殊项目来帮助他们战胜障碍，但马里的小孩有权利远离最大的障碍——他人的歧视。

我擦干了自己的眼泪，走到厨房中，用水桶中的凉水洗了一把脸，接着又返回到眼前的任务中去了。

（McKenna，Ball，& Gettler，2007）。他利用了有关睡眠模式和婴儿猝死率的跨文化数据来支撑自己的论断。

麦克肯纳进行了一系列实验来记录同睡的母亲和婴儿的脑波模式与睡在不同房间的母亲和婴儿脑波模式之间的差异。这些数据符合麦克肯纳的理论，并对北美盛行的单独睡眠的文化实践提出了挑战。演化医学认为，工业社会和后工业社会的文化实践催生了各种其他生物医学定义的疾病，从精神错乱到肝炎（肝脏的炎症）。

作为防卫机制的病症

科学家已经证明当我们面临细菌或病毒的感染时，身体会出现一系列生理性反应。例如，年轻人通过观察身体的反应，如发烧、流鼻涕、喉咙痛或呕吐，学会了识别感冒或流感的方法。

想一想你小时候是如何了解疾病的。看护者或父母可能会用手背触摸你的前额或颈部来测量你的体温，可能还会将一支体温计放到你的腋下、嘴或耳朵里来判断你是否发烧。如果这些方式中有任何一种表明体温高于正常水平，则可能会采取吃药的方式来降低体温。

演化医学提出生物医学治疗的许多症候都是发展了一千多年的自然的产物。其中一些症候，比如发烧，可能本应该被忍受而不是被镇压，这样身体才可以自我痊愈。升高的体温是人类身体面对传染性微粒所做反应的一部分，然而退烧就为细菌或病毒的传染提供了有利环境。而且，呕吐、咳嗽和腹泻可能是适应性的，因为它们可以清除体内有毒的物质和有机体。换句话说，退烧或抑制咳嗽的文化处方实际上可能延长了患病时间。

同样地，怀孕早期的恶心和呕吐也可能是一种适应性机制，以避免在胎儿发育的最为敏感时期受毒素入侵。许多植物，尤其是花椰菜和卷心菜科，在植物演化过程中会天然地发展出毒素，以防止自己被动物吃掉。怀孕的前几周胚胎会快速地产生新细胞并分化成特定的身体部位，而这些植物会使得胚胎容易发生突变。因此，增强的嗅觉和易呕吐为身体提供了天然防护。

演化和传染病

在全球化的世界，人、病毒和细菌自由地跨越国界流动，演化医学提供了关于传染病的关键性视角。在生物医学中，传染病被视为微生物和人类之间的竞争，病人和医生与传染病作“斗争”，而微生物拥有一个非常明显的优势（图12.14）。与人类相比，病毒、细菌、真菌和寄生虫的生命周期很短，这使它们具有演化优势，因为微生物的随机突变会迅速对人类健康造成新的威胁。当使用抗生素同传染病做斗争时，这种观念尤其重要。

抗生素确实能够杀死许多细菌，但是抗性品系正在变得更为普遍。抗性品系指的是一种特定细菌的基因变体，这一变体不会被抗生素杀死。如果一个正在使用抗生素的受感染者身上出现了抗性品系，抗生素只会清除所有的非抗性品系，从而为那些抗性品系的茁壮成长打开大门。这时，没有了原始形态细菌的竞争，这类突变异种能够轻易地繁殖并传播到其他个体身上去。

为了避免抗性品系的发展，严格遵循的复杂而漫长的治疗体制出现了，其中通常包含多样的药物。在世界上许多地方，这些治疗费用昂贵得令人望而却步，因此，传染性微生物并不遵循国家界线，疾病也就会从一个国家传播到另一个国家。为了根除或控制传染过程，必须将世界作为一个整体来对待。

演化的过程提供了一个长期的自然机制来抵制传染病：在传染病中幸存下来的人拥有免疫基因。最近一个有趣的例子是关于人群对疾病的抵抗力，肯尼亚的一群性工作者尽管持续接触HIV但却避免了被感染（Fowke et al.，1996；Songok et al.，2012）。这可能

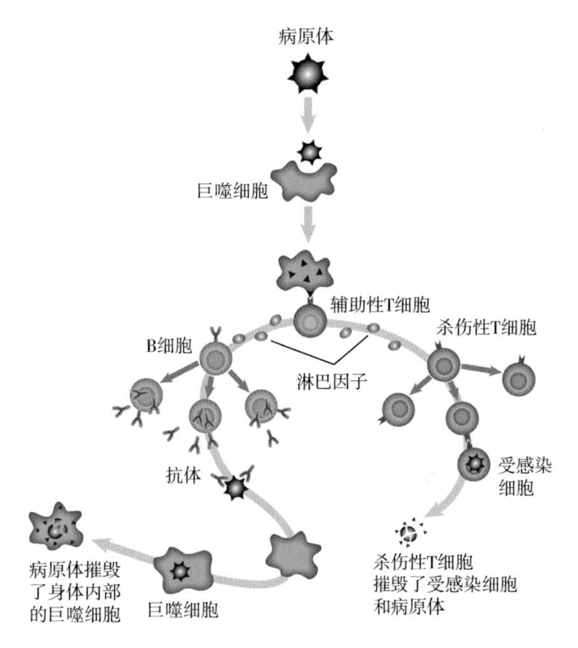

图12.14　**免疫系统**

生物医学对人类免疫系统的描述集中于“入侵”病原体，“引发”免疫反应，以及“杀伤性T细胞”摧毁了病原体，图中便是对免疫反应的基本原理的介绍。医学人类学家埃米莉·马丁（1994, 1999）指出，对传染病的科学描述利用了美国文化中常见的暴力意象。生物医学治疗包括采取抗生素杀死“入侵的”生物体，为“天然的”人类防卫增加额外的武器。从进化论的视角来看，微生物的快速生命周期循环使得这场“战役”对人类而言是一项失败的事业。

代表了宿主和微生物通过演化互相适应的过程。为了生存，微生物不能消灭它们所有的宿主。因此，随着时间的推移，平衡被打破了，种群抵抗能力提高，而微生物的毒性变得更小。

幸运的是，就像疾病一样，治疗也可以在全球范围内自由地流动。例如，国际认可的巴西的HIV/AIDS项目为其他国家提供了预防、教育和治疗模型。通过鼓励科学创新和减少治疗费用，1996年，巴西成为第一个保证向其所有公民提供免费抗反转录病毒药剂的国家。同时，巴西的公共卫生官员还与社会群体、宗教机构合作开发了咨询和预防项目。关于疾病传播的坦诚的公共教育——针对受艾滋病毒影响人群中增长

最快的群体：异性恋女性和年轻人——也为该项目的成功做出了贡献。

2004年，巴西同南南倡议（South to South Initiative）一道继续着它的革新，向莫桑比克和安哥拉等非洲国家的HIV和AIDS项目提供帮助。这些非洲国家直接复制了巴西的做法：提供免费的抗反转录病毒药剂，并且与民间和宗教团体合作以开发适当的咨询、教育和预防项目（D'Adesky，2004）。

疫苗是另一种与传染病做斗争的方式。它可以刺激身体聚集产生自身的免疫反应，以保护个体免受真正的传染源侵袭。疫苗接种已经成为疾病全球性锐减的主要原因，如在天花这一案例中所见到的。此外，历史记录显示，亚洲、非洲、欧洲和北美殖民地的人们通过众所周知的“痘方”进行了一种针对这一致命疾病的疫苗接种。最近几年来，父母们已经复兴了一种传统，故意让孩子们接触水痘而不选择接种疫苗。

尽管存在大量相反的医学报道，一些父母仍然相信接种疫苗可能会导致其他健康问题。疫苗根除了天花——一种单单在20世纪就杀死了3亿人口的疾病——这很明显是有益的，但很难让父母相信，需要对致命性较低的儿童疾病使用疫苗。但是不接种疫苗已经造成了可怕的后果：在美国的一些地方，百日咳的发病率已经达到了流行病的比例。百日咳问题变得十分严峻，以至于针对它的一种辅助药剂现在被常规性地加入破伤风注射中。

疫苗接种，和所有医疗程序一样，改变了社会结构。美国的水痘疫苗提供了一个切题的有趣案例。在这一疫苗接种成为标准化护理之前，大多数美国小孩在童年时期都经历了水痘。父母们先是眼瞅着自己小孩的身上覆满丑陋的痘痘，随后又见证了它们的消失。这种经历起了示范作用，即严重的疾病是可以全面康复的，这一事实本身就能够提供一些安慰。仅有极少数的水痘是致命性的。更多关于美国父母看待疫苗的方式的讨论，请参阅本章的“生物文化关联”专题。

传染病和人类试图阻止它的努力出现于人为环境的背景下。自新石器时代革命以来，人类不断地改变着环境，这导致了各种各样传染病的激增。在这一方面，演化医学与政治生态学有很多相同之处——政治生态学是一门与医学人类学关系紧密的学科。

疾病的政治生态学

生态性的视角会将有机体置于其所处的环境背景下来考虑。因为人类环境不仅被当地文化所塑造，还受到全球政治和经济制度的形塑，这些特征必须被包含进对人类疾病的综合性考量之中。简单地用生物学进程来描述疾病，遗漏了一些人比其他人更容易患病的更深的、终极的原因。严格意义上的生物学方法同样遗漏了个人、社会和国家在获得资源以应对疾病和病患上的差异。朊病毒病提供了绝佳的例子来说明地方和全球因素对疾病的社会性传播造成的影响。

朊病毒病

在1997年，美国医生－科学家斯坦利·布鲁希纳（Stanley Prusiner）获得了诺贝尔医学奖，因为他发现了一种全新的被称为朊病毒的病原体——一种缺乏基因物质的蛋白质，表现为传染性粒子。朊病毒可引发其他蛋白质的重组和毁灭，从而破坏脑组织和神经系统，导致神经变性疾病。

这一发现提供了一个生物学机制来理解疯牛病——后工业社会中的一个严重问题，但要真正掌握这种疾病的传播方式，还需要更多的信息。磨碎绵羊尸体并将它们添加进肉牛的商业性饲料这一文化实践，使得欧洲一些国家和北美的牛肉供应受到了朊病毒的污染。农民知道这些绵羊患有羊痒病，但当时还不确定这种症状是否会传染。通过受污染饲料的广泛传播，朊病毒从绵羊身上扩散到牛身上，然后再传播到那些食用了受感染牛肉的人类身上。今天，一些国家禁止从有朊病毒病纪录的国家进口牛肉。这类禁令对地方

生物文化关联

关于疫苗的争论迅速蔓延

塔维德·宾厄姆

2016年1月，社交媒体巨头脸书（Facebook）的创始人兼首席执行官做了一件数百万脸书用户每天都在做的事——分享自己孩子的照片。但是，这张照片的内容和标题引发了一场关于生物文化实践的激烈辩论，其中有许多不同的意见。照片中，扎克伯格和他的女儿麦克斯坐在一间候诊室里，照片说明是："拜访医生——准备打疫苗！"在发布后的几天内，这张照片就得到了3200多万个赞和8.8万多条评论——许多人谴责扎克伯格让他的孩子接种可能有害的疫苗，也有许多人赞扬和支持他保护自己孩子的健康，进而保护其他孩子的健康。

有重要的科学证据表明，疫苗能够使身体做好抵御病毒和细菌入侵的准备，从而防止传染病的感染和传播。但人们认为，在某种程度上，疫苗对健康的负面影响可能超过其潜在价值，这推动了反疫苗运动。一些人认为，免疫对身体造成的压力会削弱免疫系统。美国的一项全国性调查发现，四分之一的父母担心，从长远来看，打疫苗会削弱孩子抵御疾病的能力。还有人担心人体对疫苗的反应会带来不必要的副作用。

受人尊敬的英国医学杂志《柳叶刀》发表的一项特别研究推动了现代的反疫苗运动，研究声称，麻疹、腮腺炎和风疹疫苗（MMR疫苗）与自闭症相关联。这一声明——尽管现在已经被《柳叶刀》及其大多数作者撤回——引起了媒体的广泛关注，并给了反疫苗者一份可怕的科学证据来支持他们的事业。在美国，MMR是一种极为常见的疫苗，第一剂疫苗通常在孩子12个月至15个月大时进行接种。

麻疹等病毒感染在学校等公共场所的传播往往是疫苗辩论的焦点。一个特别引人注目的例子发生在2015年1月，南加州的70多例麻疹病例与尼兰德游客有关。这一消息引发了支持接种疫苗的人士的公愤。部分是对迪斯尼乐园事件的回应，那年晚些时候，加州州长杰瑞·布朗（Jerry Brown）签署了一项有争议的法案，该法案要求几乎所有公立学校的孩子接受免疫接种。当时，加州成为仅有的拥有严格的疫苗接种法的三个州之一——另外两个是密西西比州和西弗吉尼亚州。该法案取消了先前基于个人或宗教信仰免除学生接种疫苗的规定，1.3万个家庭在前一年行使过此项权利。

尽管有大量错误信息与有争议的疫苗相关，它们有时也会引起媒体关注，重要的是，要明白：所有的免疫接种都有一定的风险。为了让公众了解每一种疫苗接种，疾病控制中心定期发布疫苗信息声明（VISs），疫苗信息声明具体描述了推荐用于儿童发育各阶段的疫苗。这些疫苗信息声明还指出了与特定疫苗相关的风险，并描述了特定个体不应因医学原因而注射疫苗的具体情况。

生物文化问题

你如何看待个人能够基于个人或宗教信仰而拒绝接种疫苗？允许个人不接种针对某些恶性疾病的疫苗对公共卫生有何影响？

经济造成了巨大的消极影响。

在20世纪中叶这种类型的疾病是新几内亚岛福尔（发音是"Foray"）人的主要忧虑。福尔人将这种朊病毒病命名为库鲁，它夺走了社区中大量妇女和儿童的生命。地方和全球文化进程既影响了库鲁的传播，又影响了在朊病毒被理解很久之前，人们为了阻止它的扩散采取的措施。库鲁并不完全属于任何已知的生物医学范畴。因为这种疾病似乎仅限于有关联的家庭

成员，但亲属关系记录并没有揭示遗传传播的模式。

美国医生查尔顿·盖达塞克（D. Carleton Gajdusek）带领了一支国际卫生工作者团队前往当地应对这场灾难。医疗队转向了传染病研究，即使库鲁的缓慢进展似乎不能解释为一种传染性源头。提取自受感染者的病菌被注射到黑猩猩体内（回忆第四章节对这一实践的伦理讨论），以观察它们是否会患上这一疾病。18个月后，被注射的黑猩猩显示出患上库鲁的典型症状，它们的脑袋解剖显示了与库鲁病人相同的病理。这时候，这一疾病才被定义为传染性的（盖达塞克因此获得诺贝尔奖）。由于朊病毒仍然没有被发现，科学家将这一传染源定义为一种无法识别的“缓慢病毒”。

科学家知道库鲁具有传染性，但他们仍然无法理解为什么只有某些个体是易感的。对此的解释需要一个更为广泛的人类学视野，正如林登鲍姆在她的书《库如巫术》（2013）中所阐释的那样。林登鲍姆证明，库鲁与关于死亡的文化习俗以及全球因素影响当地习俗的方式有关。

福尔人妇女负责为亲人准备后事，这使得妇女感染库鲁的风险更大。林登鲍姆还发现，这些地方实践和全球经济力量的结合使妇女和小孩处于危险之中。在福尔人社会，男性负责饲养猪、宰杀和分肉。20世纪中叶对于福尔人而言是一段艰苦的过渡时期。澳大利亚的殖民统治改变了其社会结构，威胁着传统的生存模式并导致其传统蛋白质来源——猪的短缺，福尔人男性优先将有限的猪肉分给其他男性。

福尔人妇女告诉林登鲍姆，由于饥饿，她们会吃族人的肉。比起那些因营养不良而日渐消瘦的人，福尔人妇女偏爱吃死于库鲁的相对“多肉”的人。这一实践随着福尔人生存模式的恢复而被废除，并揭示了库鲁传播的生物学机制。

库鲁的故事一直延续到现在，给全人类带来了潜在的利益。科学家发现了一种对朊病毒病的遗传适应，这种适应广泛分布在巴布亚新几内亚的人群中。据推测，这可能是对漫长的食人历史和朊病毒传染的反应（Asante et al.，2015；Lindenbaum，2013）。同时，研究人员在一名年老的福尔人妇女身上发现了朊病毒蛋白基因的一种新变体，她几十年前吃了死于库鲁的家人的肉。用来表达这种基因的实验室小鼠对库鲁和其他朊病毒病具有免疫力，这使得一些人推测，这种基因甚至可能对阿尔茨海默病和其他痴呆症有保护作用。

医学多元主义

从上面的例子可以看出，福尔人的医学体系有它自己对于库鲁起因的解释，主要涉及巫术，巫术与对于这一疾病机制的生物医学性解释是相一致的。这类医学体系的混合在当今全球范围内很常见。医学多元主义是指，在一个社会中实践多种医学体系，每一种体系都有自己的技术和信仰。个人通常能够调和相矛盾的医学体系，并合并一系列体系中的不同元素来减轻他们的苦痛。

尽管西方生物医学已经对一系列疾病贡献了一些令人惊叹的治疗和治愈方法，它的许多实践和价值与发展它们的欧洲和北美社会有着奇特的联系。国际公共卫生运动试图将生物医学上的许多成功实践应用到世界上的其他地方，但是要想成功地实现这一点，必须将地方文化实践和信仰纳入考虑范畴。从库鲁到器官移植，我们知道了不能孤立地看待慢性疾病，必须从整体上考虑政治性和经济性影响及其治疗方法。

全球化、健康和结构暴力

从大多数疾病中可以归纳出的一个道理就是：财富即健康。1948年，新成立的世界卫生组织将健康定义为“一种身体上、心理上、社会上的完全健康的状态，不仅仅是没有患病或不虚弱，”这一定义至今都没有被修正过（World Health Organization，1948）。在国际公共健康共同体试图改善全球健康状况的同

图12.15　非法器官交易

器官移植的非法交易遍及全球，贫穷的个人和国家都承受着这一负担。图中是巴基斯坦的苏尔坦普尔，25岁的Iqbal Zafar和其他三名村民正在展示清偿债务——在黑市上卖肾后留下的手术疤痕。2010年，巴基斯坦通过了一项法律限制这类行为，在此之前，贫穷的捐赠者只能得到富人向提供移植设备的巴基斯坦医院支付的5000美元到6000美元中的一小部分。许多器官接受者是以医疗游客的身份前往巴基斯坦，以便获得肾脏。另一方面，贫穷的捐献者常常得不到术后护理，这可能会导致严重的健康问题。

时，装备精良的国家、特大企业和非常富有的精英们正在利用他们的权力来重新调整新兴的世界体系，以使其服务于他们自身的竞争优势。损害他人福祉的权力关系就是第十一章所讨论的结构性暴力。

健康差距或分层化社会中富有的精英与穷人之间在健康状况上的差异，并不是一个新鲜的话题。全球化已经扩张并加强了结构暴力，导致了个人、社区甚至国家之间的巨大健康差距（图12.15）。医学人类学家研究了结构暴力如何造成人们在接受治疗时的不平等，以及如何通过暴露在营养不良、拥挤状况和毒素之下而提高感染疾病的可能性。

人口规模和健康

在早期人类进化历史上，人口规模与现在相比是特别小的。随着人口规模超过73亿并不断攀升，我们正在挑战地球的承载能力。仅印度和中国的人口就分别超过了10亿，而且还在持续快速地增长。饥饿、贫穷和污染规模的扩大，以及与这些问题相关的许多问题，将随着人口的增长而持续增长。

有争议的是，政府发起的缩减人口计划已经造成了一些新的问题。例如，中国在1979年提出“独生子女”政策，导致中国男女比率的不平衡。政府管理在20世纪90年代稍微缓和了一些，2015年10月，中国政府宣布结束这项有争议的政策（Buckley，2015；Pei，2015）。现在一个家庭可以生育两个或更多的孩子。

贫困和健康

随着人口不断膨胀，世界范围内经常面临饥饿的人口数量令人震惊，这造成了各种健康问题，包括夭折。贫穷国家的人和富有国家的贫困人口不成比例地营养不良。世界上约有100万人处于营养不良状态。每年大约有760万5岁及以下儿童死于饥饿，而那些幸存下来的人往往身体和心灵都会受到创伤（World Health Organization，2014）。

在富有的工业化国家中，肥胖症——特殊版本的营养不良——已经逐渐变得普遍（图12.16）。肥胖症主要影响了贫穷的工人阶级，他们无力购买更昂贵、更健康的食物来保持健康，他们同时缺乏锻炼。高糖和高脂肪含量的大宗食物以及“超大份”奠定了这一戏剧性转变的基础。肥胖症还会大大增加患糖尿病、心脏病和中风的危险。美国年轻人中高比例的肥胖症使得美国公共卫生官员预测：当今的美国成年人可能是因非战争因素而比他们孩子活得更长的一代。

环境影响和健康

被剥夺公民权的人们体验着饥荒以及最大份额的污染物和污染（图12.17）。更富有的社区和国家的工厂生产了大部分的污染物，但他们经常把废弃物运到别处，让那些资源有限的人进行处理，这些人直接受到这些污染物的生物性影响。

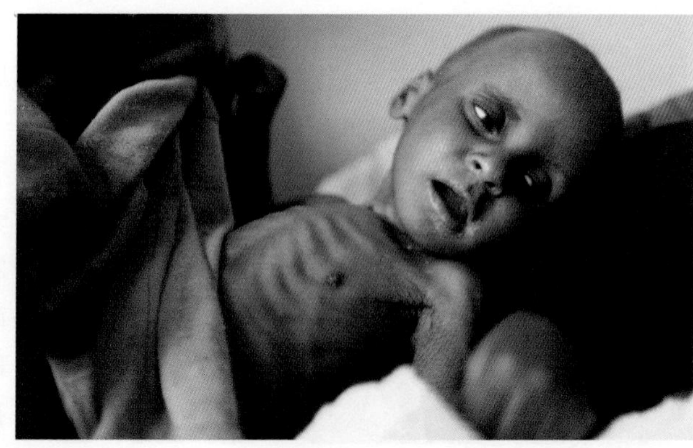

图12.16　极端营养不良

对于营养不良的科学定义包括营养不足以及过量食用健康或非健康食物。营养不良导致的肥胖症在工业化国家的贫穷人口中越来越普遍。肥胖症和2型糖尿病，以前是仅出现在成年人身上的变性疾病，但它们现在正以惊人的比率降临到美国儿童身上。饥饿在贫穷国家或那些政治混乱的国家中更为常见，正如右图中的也门小孩。

图12.17　拆卸废船之人

孟加拉国废船拆卸厂的工人们每天拿着一美元的工钱，在极端高温、潮湿和各类毒素大量聚集的环境下卖力劳动，他们冒着健康甚至是生命危险。图中，运输原油及运输全球各地乘客的大型的锈迹斑斑的油轮正在被拆解，以进行循环利用。这是一个仅仅几十年前还是一片原始沙滩的地区。工人们徒手并经常赤脚分解这些废船，他们几乎没有任何防护方面的装备。爆炸和其他事故平均每周造成一名工人死亡。废船上毒素带来的长远影响引发了其他疾病。一些人可能拥有能够更好应对这些毒素的基因类型（相当于一个活了90岁的人，70年来每天抽两包烟）。并且，随着时间的推移，通过生物性适应过程，一类人群可能变得更能忍受这些毒物。但是在这一案例中，一种文化的解决方案——对于废船拆卸过程进行环境监管——将保护这些工人和我们的海洋以及沙滩，这是保证所有人类存活的必要条件。同样，全球健康要求解决固有的社会公正问题——贫穷国家承担着富国享受特权所带来的健康负担。

自然力量也助长了全球不平等。例如，森林砍伐和人类工业活动增加了温室气体的排放，导致全球气候变暖。发达国家的碳排放也造成了全球气候变暖，这将给热带地区的人带来更为严峻的后果，因为这些地区往往更容易受到贫穷的影响。专家们预测，全球气候变暖将导致热带疾病的地理性扩张，并提高变暖气候下雾霾造成的呼吸性疾病的发生率。为了解决全球气候变暖这一问题，我们需要开发新的技术以预测持续几十年的环境性后果。为应对这一挑战，控制人口和谨慎利用自然资源是必要的。

全球气候变暖仅仅是当今我们面临的众多问题中的一个，最终，它将对人类基因库产生影响。考虑到那些似乎有益的创新，比如牧牛和农耕对人类生物学的影响（正如在第九章节中所讨论过的），我们可能会质疑近来的许多实践——例如，不断暴露在X射线使用所带来的辐射之下、原子核事件、放射性废物的生产、臭氧耗竭。

除了暴露在辐射之下，人类还面临着其他已知的诱变剂的威胁，包括各种各样的化学制品，比如农药（回顾第一章的“生物文化关联”）。仅美国就有成千上万起中毒案例，以及成千上万起与制造和使用农药有关的癌症案例。农药每年导致无数的鸟类（它们本应该快乐地享用着臭虫和其他害虫）和鱼类大量死亡，以及蜜蜂的死亡（许多农作物需要蜜蜂为其进行有效的授粉）。总之，仅农药就导致美国每年在环境和公共健康上出现亿万美元的损失。更重要的是，它们不成比例地影响了世界各地的人，而这些人不是最先生产这些污染物的人。例如，工业和农业化学制品通过空气和水流到达了北极地区。冰冷的温度使得这些毒素进入食物链。结果，温和气候下产生的毒素最终进到北极人的身体中，他们并没有产生毒素，但是却主要食用狩猎和捕鱼得来的食物。

干扰荷尔蒙的化学物质尤其引起了人们的严重担忧，因为它们妨碍了生殖过程。例如，1938年，一种名为DES（己烯雌酚）的全合成雌激素被发明出来，随后就被用于治疗从粉刺到前列腺癌等各种疾病。但是，1971年，研究者意识到DES会导致年轻女性患上阴道癌症。后续的研究已经证实了DES会给男性生殖系统造成影响，并且子宫中的DES可能会使女性的产道变形。DES是自然荷尔蒙的仿制品，与细胞内和细胞上的受体结合，由此打开了与荷尔蒙相关的生物性活动（Colborn，Dumanoski，& Myers，1996）。

DES并不是唯一一种破坏激素的化学物质。科学家已经确定了至少51种化学制品，其中许多是具有类似效果的常用物质，甚至这些也可能只是冰山一角。其中一些化学物质会干扰内分泌系统的其他部分，比如甲状腺和睾丸激素的新陈代谢。其他一些物质被认为是良性的和惰性的物质，如被广泛用于实验室的塑料和被添加到聚苯乙烯和乙烯聚合氯化物（PVCs）中以使它们更为结实、更不易破碎的化学物质。这些塑料制品被广泛运用于管道装置、食品加工和食品包装中。

除此之外，许多清洁剂和个人护理产品、避孕药膏、用于装饮用水的巨大水罐，以及瓶子的塑料内层都含有干扰荷尔蒙的化学物质。美国大约85%的食品罐头是塑料内层。随着塑料被运用到微波炉中，在微波炉加热过程中，塑料外层和塑料容器所释放的化合物对健康的危害渐渐显露出来。大多数担忧针对的是双酚-A（BPA）——制作水杯和坚硬塑料时广泛使用的一种化学物物。研究者已经发现了BPA和心脏病、糖尿病等慢性疾病高发病率之间的关联，它还会破坏各种其他生殖和新陈代谢过程。BPA对婴儿和胎儿的危害最大。

科学界达成的共识已经促使政府开始采取行动。例如，加拿大政府已经宣布了BPA是一种有毒化合物。尽管如此，要将这一化合物从食品工厂中消除掉可能比摆脱它对环境的污染更为容易。每年有亿万英镑的BPA被生产出来，接着被倾倒进垃圾场和河流中。正如新石器时代革命和文明的发展等其他文化上的进步一样，每一种发明都对人类提出了新的挑战。

智人的未来

我们在管理新的文化实践所带来的毒害环境健康的危险时所面临的一个困难就是，其严重后果往往在几年甚至几十年以后才会出现。而到那时，文化体系已经充分吸收了这些实践，而且巨大的经济利益确保着它们的存在。当今，文化实践可能以前所未有的态势影响着人类的基因库。它们对人类物种的长远影响还有待观察，但是正如今天的疾病一样，穷人和有色人种将背负上更多这些实践带来的负担。

并且，伴随着全球化的发展，工业化国家中的富有消费者的价值观念也会传播到这些国家以及发展中国家中的穷人中去，并影响着他们的期望和梦想。奢侈的生活会导致对地球上有限资源的过度使用。与其将一种地球上的自然资源无法满足的生活标准全球化，不如让全人类利用当今的全球关联来学习如何生活在地球承载能力范围内（图12.18）。

图12.18　全球需求

全球媒体传播奢侈品及其服务的广告让无力承担这些奢侈品和服务的人受到冲击。生活和媒体之间的这种脱节是如何扰乱个人和社区的？为了我们的共同利益，全球通信是否存在限制？通信技术是如何平等地为所有人服务的？

在人类进化的历史进程中，人类祖先从非洲大陆扩散到全球各地。从城市到沙漠、山顶、草原，以及茂密的热带雨林，这些不同环境中的人类文化变得互不相同。人类群体设计了他们自己特定的信仰和实践来应对生存的挑战。我们要想拥有一个安全的未来，就必须对世界观做出巨大的改变，把自己视为世界的一部分，而不是世界的主宰者。

除了对地球的共同职责，我们的未来也取决于对世界各种群的承认和尊重。我们能否继续生存也取决于我们是否有能力在各种不同种群之间构建积极的社会关联，是否能意识到我们在日益全球化的世界中相互影响的方式。我们可以利用文化的适应能力——人类物种的特点，来确保我们可以持续生存下去。

思考题

1. 你和你的社区在哪些方面助长了地球海洋中垃圾漩涡的增长？世界可以实施哪些战略来限制这些海洋荒地的发展？

2. 人类学上对疾病和病患的划分提供了一种方法，这可以将生物状态与对这些生物状态的文化阐述区分开来。你能够想出一些例子来说明没有病患的疾病或没有疾病的病患吗？

3. 你怎么看待这一观点：让发烧顺其自然而不是进行药物降温？演化医学提出的这些处方与你自身的医学信仰和实践如何相符？

4. 你是否在你的社区看到过结构性暴力的例子，即一些人比其他人更容易受到疾病的入侵？这种暴力是如何表现出来的？

深入研究人类学

翻阅有关垃圾的故事

为了地球的健康，垃圾管理是人类需要解决的众多紧迫的问题之一。发达国家处理垃圾的能力可能更强，但这些国家的社区中人均产生的垃圾也要多得多。在你的城镇、社区或学校做一些调查，了解你所居住的地方产生了多少垃圾。访问当地的垃圾场或学校的废弃物管理设施，询问一些有关垃圾产生量的信息。被回收的垃圾有多少？经由这个设施的垃圾最终会去到哪里？垃圾填埋场？焚化炉？废弃物管理系统面临着哪些问题？写下你所了解的信息，并描述当地废弃物管理设施的优点和缺点。

挑战话题

人类生来赤身裸体，口不能言，缺乏了文化自然无法生存——文化是一种社会性习得的适应系统，旨在帮助我们应对生存挑战。每种文化都是独特的，并以各种方式表达着自己独一无二的特质，包括我们说话的方式、我们吃的东西、我们穿的衣服，以及与我们居住在一起的人。虽然文化远远超出我们视线所及的范围，但是它又存在于我们所看见的每一个地方。图中是一个库奇人（Kuchi，“移居者”）家庭，他们是生活在阿富汗东北部的牧民。许多库奇人最近已经定居下来，但是，大约有150万人仍然过着纯粹的游牧的生活，靠山羊和绵羊畜群维持生计。图中的这个家庭利用骆驼和驴来携带行李财物，遵循着古老的迁移路线——跋涉一座座高山，穿越一个个河谷。由于流动是他们成功适应干旱环境的关键，他们拥有的几乎所有东西都是可携带的。库奇人来自不同的族群，每个群体的文化身份都是由语言和他们所拥有物品的结构、形式和颜色来标记的。他们用剩余的动物产品——肉、兽皮、羊毛、毛发、酥油（黄油），以及干酸奶（Quroot）——换取小麦、糖、盐、金属、塑料工具，以及其他货物。生态性适应和群体身份的象征性表达是文化的许多相互关联的功能之一。

第十三章

文化的特性

学习目标

1. 解释作为动态适应形式的文化。
2. 区分文化、社会和种族。
3. 辨别所有文化共有的特征。
4. 描述文化、社会和个体的关联性。
5. 定义并批判民族中心主义。

人类学导读课程所呈现的人类社会看似种类繁多，且每个社会都有其独特的生活方式、行为、信仰和艺术等。尽管存在所有这些多样性，这些社会却有一个共同特点：每个社会都是一个人类群体，他们相互合作，以确保集体的生存和福祉。

除非个体知道其他人在既定情境下的行为方式，否则不太可能会出现群体生活与合作。因此，社会中的每个人都需要某种程度上的可预测的行为。在人类社会，文化设置了行为的限度，并引导其沿着可预测的路径发展，而这是该文化内部个体普遍可以接受的。为了满足社群的期望，我们需要学习文化规定的行动方式，而这并不是随机形成的，每种文化里都会有一些主要的力量引导其按照自身独特的方式发展，其中就包括适应过程。

文化与适应

与其他代代相传的动物一样，人类连续不断地面对着挑战，以适应他们生活的环境、气候、资源及各种变化。"适应"一词指的是生物体逐步适应其所处环境条件的过程。如前几章所讨论的，有机体通过自然选择过程获得生物学上的适应，使种群在解剖学和生理特征上的优势日益增加。

人类越来越依赖文化适应，一种由理念、技术和活动组成的综合体，使人类能够在其所处环境中生存下来并兴旺发展。人类虽然没有天生的皮毛阻挡寒冷，但具有了制作外套、生火和建造房屋以保暖的能力。我们可能跑不过猎豹，但我们可以发明并制造交通工具，使我们比其他所有生物跑得都快。

通过文化及其他众多的建筑设施，人类不但可以保证生存，还能不断扩张——以牺牲其他物种为代价，甚至破坏整个地球。人类通过文化手段操纵环境，从而自由地游走在广阔的地理区域内——从非洲灼热的撒哈拉沙漠到印度东北部地球上雨水最多的地方（图13.1）。

这并非说人类所做的任何事情都是对特定环境的适应。人类不只是对特定环境做出反应；相反，他们在感知时，不同群体可能会以完全不同的方式感知同样的环

图13.1　生命之桥

印度梅加拉亚邦的这座生命之桥由橡皮无花果树（印度榕树）根组成。梅加拉亚邦（“云之居所”）可能是全球最湿的地方，年均降雨量在40英尺左右。几乎所有的降雨都发生在夏季季风季节，并将河流和溪谷变成汹涌的激流。印度榕树的盘根错节能防止河岸被冲走，生活在这一区域的卡西人将树根塑造成了桥梁。将树根形塑成桥梁是一项史诗般的工程，非单个人一生所能完成。人们将知识代代相传，引导并连接那些缠绕的树根，使其变成一座坚固的桥梁。在梅加拉亚邦的峡谷里，许多类似的桥梁组成了重要且复杂的森林道路网络的一部分，其中一些桥梁拥有数百年的历史。

境。除了环境，人们还会对事物做出反应：他们自己的生物特征、信念和态度，以及他们的行为对自己和共享其栖居地的其他人和生命造成的短期和长期影响。

虽然人们坚持用文化来处理问题，但某些文化实践已经被证明是不适当或不合适的，有时候还会催生新的问题——比如某些工业活动排出的有毒空气和水。

特定适应的相对性更为复杂：在一种环境中的适应到另一种环境中会变得严重不适。例如，觅食群体的卫生习惯——处理垃圾和人体排泄物的习惯——只适合拥有生物降解材料、低人口密度以及一定居住流动性的环境。对完全定居、缺乏空间倾倒塑料和化学物品等一次性废弃物的群体而言，这些同样的做法可能会严重危害健康。如今，约有40亿人居住在城市，在世界上的许多地方，废弃物管理正日益成为一个巨大的挑战。

同样地，短期内的适应行为在长时期内可能会变得不适应。例如，古代美索不达米亚（伊拉克南部）灌溉技术的发展，使得当地人能够增加粮食产量，但是也造成了土壤中盐分的积累，这是导致4000年前这一文明衰落的原因之一。类似的情形出现在现今沙特阿拉伯的很多地方（图13.2）。

在当今世界的许多地方，对主要农田的开发不是为了粮食生产，这增大了对在非最佳环境中培育的粮食作物的依赖。边缘的农田可以通过昂贵的技术实现高产。然而，随着时间的推移，由于土壤表层的流失、酸化和灌溉工程的淤塞，高产量将无法持续下去，更别提昂贵的淡水和化石能源。在无数的例子中，

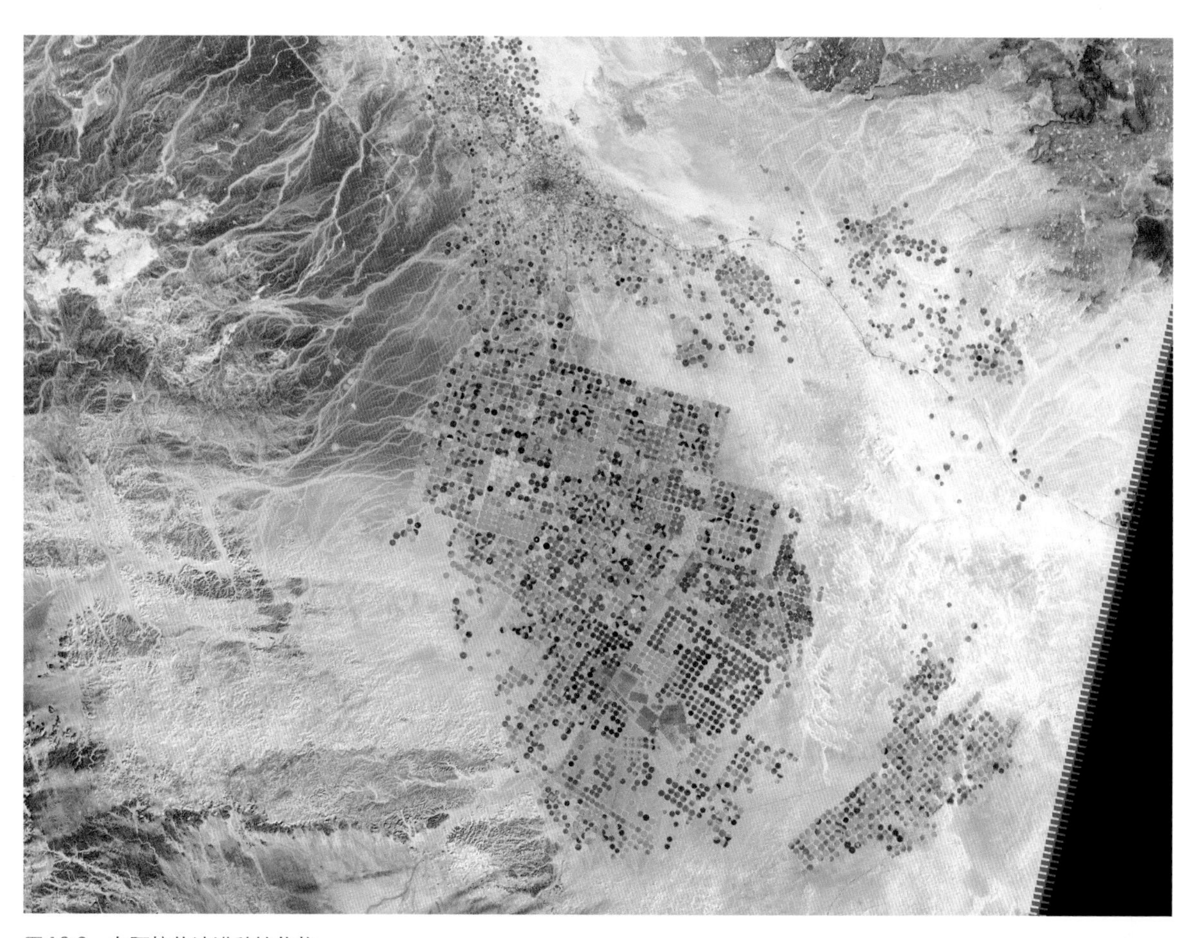

图13.2　在阿拉伯沙漠种植作物

陆地卫星(Landsat)是由NASA地球观测站和美国地质勘探局共同管理的卫星，它在广阔的阿拉伯沙漠中部拍摄到了一片不断扩大的绿色农田。粉色和黄色表示干燥、贫瘠的地表（大部分是沙漠）。这一地区位于阿斯干河-索罕盆地，靠近世界上最大的鲁布哈利沙漠，是达瓦西尔部落的聚居地。在过去的25年里，这片干燥的沙漠已经变成了沙特阿拉伯最富饶的农业区之一。这里的农场完全依赖于从沙漠深处巨大的蓄水层中抽取出来的化石水。这些地下湖是在2000年至6000年前短暂的强降雨期间形成的。人们通过在约1000米（约3300英尺）深的沉积岩中打井来获取这些不可再生的资源。水文学家认为，在大约50年的时间里用水泵抽水是经济的。到那时，地下油田和蓄水层可能已经枯竭。

有一个是：当加州正经历一场持续的极端干旱时，杏仁果园却在大规模扩张。批评人士指出，这种作物不具有可持续性，它消耗了加州总供水量的10%，并增加了加州中央山谷转变成尘暴区的可能性。

任何文化想要实现跨世代的传承，都必须保证人类的行为不会破坏自然资源。为了应对这一挑战，人类开发出了多种多样的文化，每种文化都有其独有的特征，以适合全球不同社会的特定需要。那么，我们所说的文化是什么呢？

文化的概念与特征

人类学家在19世纪末提出了文化的现代概念。文化是比可见的行为更深层次的东西；它是一个社会共享的并由社会传播的思想、价值、情感和观念，用于对经验赋予意义、产生行为，同时为行为所反映。

通过比较研究过去和现在的许多人类文化，人类学家了解了所有文化都具有的基本特性：每种文化都是在社会中习得的、共享的、基于符号的、整合的和动态的。对这些特征的仔细探究，有助于我们了解文化的重要性及其功能。

文化是习得的

所有的文化都是后天习得而非先天遗传的。我们通过与文化一起成长来习得文化，而文化代代相传的过程被称为濡化。

大多数动物受本能冲动的驱使而进食并饮水。然而，经过濡化的人类则不然，他们一般在文化规定的时间里进食饮水，并且，只有接近这些时间时，才会感到饥饿。在不同的文化中，进食的时间不同，食物种类、烹调方法以及进食的方式和地点也不同。此外，食物不仅被用于满足营养需求。当它们被用于某一庆祝仪式或宗教活动时，食物“建立了给予—获取、合作、分享的关系，以及普遍的情感纽带”（Caroulis，1996，p.16）。

通过濡化这一过程，每个人都学会了用社会认可的方式来满足基本的生物需求：食物、睡眠、住所、陪伴、自卫和性满足。有必要区别满足这些的方式中，哪些是非习得的，哪些是习得的——因为每种文化都以自己的方式决定如何满足这些需求。例如，在热带岛国斯里兰卡的渔民家庭中长大的僧伽罗人的孩子对于美味大餐和舒适睡觉方式的构成要素的理解，必然不同于半游牧的中亚高山草原上哈萨克牧民的后代（图13.3）。

所有的哺乳动物都会或多或少地展现出一些习得的行为。一些物种甚至拥有初级的文化，因为那样的种群享有和人类一样代代相传且区别于其他种群的行为模式。值得注意的是，并非所有的习得行为都是文化行为。例如，一只鸽子可以学会技巧，但这是由重复训练而不是由濡化生成的结果。

除了我们人类，其他灵长目动物中的社会学习行为尤为引人注目。例如，黑猩猩会拾起树枝，去掉上面的叶子并把它弄得光滑，从而将其作为从蚁窝里钓白蚁的工具。文化行为曾被认为是人类所特有的，然而这种由年长者传授给年轻人的工具制造技术无疑也是一种文化行为。研究表明，在自然放养和圈养条件下，灵长目动物“特别是类人猿拥有与人类相近的智力，他们也能发出具有象征含义的声音、能充分意识到他者的目的或目标、有能力进行技术性欺骗，以及使用符号来与同类或人类交流”（Reynolds，1994，p.4）。

我们越来越多地意识到灵长类近亲的这些特性，这引发了许多呼吁将人类的权利扩展到类人猿身上的运动——如不生活在恐惧中，不被监禁（关进笼子）、利用（医疗实验）和不遭受其他虐待（Hays，2015；O'Carroll，2008）。

文化是共享的

作为一套共享的思想、价值、观念和行为标准，文化是使个体能与社会内其他成员互相理解的普遍标

图13.3 文化习得

图中是一对哈萨克族父子带着一只金雕在中亚蒙古的阿尔泰山狩猎。几个世纪以来，哈萨克人一直在训练这种猛禽——它们有强有力的利爪，翼展超过2米（约7英尺）——与他们合作捕猎兔子、狐狸、山羊，甚至狼，主要是为了获取猎物的肉和皮。猎鹰是男性的传统。男孩们从他们的父亲和叔叔那里学习如何捕获、饲养、训练和操纵一只鹰，从雏鹰到成年鹰。这种教育包括学习如何带着手臂上这只巨大的猛禽驰骋，以及何时释放它去追捕猎物。

尺。文化帮助人们预测他人在特定情境中最有可能采取的行为，并告诉他们应该如何恰当地做出回应。社会是一群或几群相互依赖的人组成的有组织的群体，他们往往共享疆土、语言和文化，并为了集体的生存和福祉共同行动。人们相互依赖的方式可见于他们形成的特有的经济、交流和防御系统。他们通过共同的认同感而结合在一起。

由于文化和社会是两个结合得很紧密的概念，人类学家同时研究这两者。显然，没有社会就不可能有文化；反之，也没有已知的不存在文化的人类社会。没有文化，人类社会就会迅速地土崩瓦解。但这并不适用于所有的物种。例如，蚂蚁和蜜蜂的本能合作行为显示了鲜明的社会组织，但这种本能的行为并非文化。

虽然文化是被社会成员所共享的，但没有人共享完全相同的文化，有必要认识到这一点。至少，在男女老少的角色上就存在着差别。这源于以下事实：婴儿、成人和耄耋老者完全不同，两性的生殖解剖学和生理机能也有着截然的差异。每个社会以其特有的方式解释两性的生理差异并赋予它们文化意义，并从社会角色和预期行为模式方面说明它们的重要性。

由于每种文化都以自己的方式这样做，社会之间就产生了巨大的差异。人类学家用社会性别一词指代两性生物性差异的文化阐释和意义。所以，虽然一个人的生物学性别是先天决定的，但其社会性别却是在其所处的文化环境中被社会建构的。

在现代工业化或后工业化社会中，除了与生殖直接相关的性别差异，其他形成社会性别差异的生物学因素已经在很大程度上消失了。其中的一个主要原因是技术，例如，男女都可以完成需要依靠肌肉力量的任务，比如在配备液压起重机的装配线上搬运沉重的汽车发动机。尽管如此，所有文化中都表现出了一定的与两性生物性差异相关的角色分工——有的社会比其他社会更多。

除了与性别相关的文化差异，还有与年龄相关的差异。在任何社会中，人们都不会像要求成人那样要求小孩子，反之亦然。但是，哪些人是小孩，哪些人是成人呢？此外，虽然年龄差异是自然形成的，但每种文化却对人类的生命周期赋予了不同的意义和时间表。例如在北美洲，人们认为要到18岁才是成年人；在许多其他文化中，成年来得比较早——大约在12岁刚开始发育时，接近青春期生物学变化的年龄。

亚文化：大社会里的群体

除了年龄和性别这两个变量，在共享某一社会主要文化的亚群体之间，可能也存在文化变异。亚群体可能是有着复杂劳动分工的社会中的职业群体，或者分层社会中的社会阶级，以及多元社会中的族群。当这些群体存在于一个社会中——践行着各自不同的理念、价值观和行为标准，但仍享有一些共同的标准时——我们称之为亚文化。

阿米什社群是北美亚文化的一个例子。确切地说，他们是一个族群——集体、公开地把自己定义为基于共同祖先、起源、语言、习俗、传统信仰等多种文化特征的独特群体。阿米什人在大约500年前新教革命席卷欧洲时起源于西欧。目前，该群体的成员数超过20万人，他们主要生活在美国的宾夕法尼亚州、俄亥俄州、伊利诺伊州、印第安纳州和威斯康星州，以及加拿大的安大略省。

这些从事农业的和平主义者依照其传统过着信仰再洗礼教的生活，这一信仰认为只有成年后的洗礼才有效，“真正的基督教徒”（他们这样定义自己）不应该担任政府职务、携带武器或使用暴力。他们不与不同信仰的人通婚，他们的信仰要求遵循极端的基督教教义，包括拒绝物质财富、与“外部”的“邪恶”社会隔绝。

阿米什人反对政府强迫他们的孩子入读普通公立学校，坚持让儿童在家附近接受教育，而教师必须笃信阿米什人的价值观念。他们与社群成员交流时通常使用一种叫作宾夕法尼亚德语（源自德语，意为“德语”）的方言。他们出于宗教目的使用标准德语，而儿童在学校里学习英语。他们珍视朴素、勤劳的品质和邻里间的高度合作（图13.4），穿着独特而简朴的服饰，甚至时至今日仍旧使用马匹进行运输和农作。总之，阿米什人是享有相同族群性的群体。族群性这个词语来自希腊语ethnikos（意为民族），并与ethnos（习俗）一词有关，指的是一个族群所持有的一整套文化观念。

经济上的挑战使得大多数阿米什人无法仅靠农业维持生计，一些人到社区以外工作。更多的人则将自制物品销售给游客和其他外来者。然而，尽管他们在经济上与主流社会的分离程度有所下降，文化上的分离程度却没有变化（Kraybill，2001）。他们仍旧是一个与世隔绝的群体，对周围北美主流文化的不信任比以往更甚，而且尽可能地减少与非阿米什人的往来。

阿米什人仅仅是亚文化发展的一个例子，体现了亚文化在其所处的文化中受到何种对待。尽管是不同的群体，阿米什人实际上将许多其他北美人通常抽象地尊崇的价值付诸实践：节俭、勤劳、独立以及一种亲密的家庭生活。与其他族群相比，他们所得到的宽容度较高，这部分源于阿米什人拥有欧洲血统这一事实；他们被界定为与历史上构成主流社会的人属于同一“白人种族”。

北美阿米什人的亚文化，是这些严格的新教教徒在较大的北美社会内，坚守他们欧洲祖先保守的农村生活方式的同时，适应西方社会而逐渐发展起来的。与此相反，北美印第安人亚文化植根于原本独立于社会传统文化之上的独特生活方式。美洲原住民经受了欧洲殖民者的领土入侵和殖民开拓，又受到美国、加拿大与墨西哥联邦政府的强行控制。

尽管所有的美国印第安文化都因殖民而经历了巨大的变迁，许多族群仍坚持着与其周围主流欧美文化非常不同的传统。这使得人们难以确定它们是否是与亚文化相对的不同文化。在这个意义上，文化和亚

图13.4　**阿米什人的谷仓建造**

在北美的工业化社会里，阿米什人也一直坚守着他们传统的农耕生活方式。他们强烈的社区精神通过家庭与邻里之间紧密的社会关系、共同的语言、传统的风俗习惯和共同的宗教信仰而得到巩固，并使他们区别于非阿米什人，这也通过传统的谷仓建造这一集体建设项目表现了出来。

文化是连续统一体的两端，它们之间没有明确的分界线。本章“应用人类学”专题通过阿帕切族印第安人住房的案例探讨了文化与亚文化的交叉地带。

多元主义

以上的讨论引出了关于多民族或多元化社会的问题，在多元化社会中，两个或两个以上的族群或民族在政治上组成一个领土国家，但在文化上仍保持着差异。多元化社会是在5000年前第一个政治集权国家产生之后出现的。随着国家的产生，才有可能形成两个或多个原本独立的社会在政治上的统一，其中，每个社会都有自己的文化，从而创造了一种更复杂的秩序，超越了理论上的一种文化与一个社会的这种联系。

正如第一章所提到的，人类学对国家与民族进行了重要的区分。国家是国际社会认可的政治上有组织的疆域。民族是共享族群性——共同的起源、语言和文化遗产——的社会组织团体。例如，库尔德人组成了一个民族，但他们的家园却分裂成数个国家：伊朗、伊拉克、土耳其和叙利亚。这些国家之间的国界是在第一次世界大战（1914—1918年）之后被划定的，该区域内的本土族群或民族几乎没有被纳入考虑范围。类似的国家形成过程在全球都有发生过，尤其

应用人类学

阿帕切印第安人的新房屋

乔治·埃斯伯

与全球其他工业化国家一样，美国社会中也包含了一些独立程度不同的亚文化。依照某一亚文化的特定准则生活的人，互相有着极为紧密的关系，他们不断被告知他们对世界的认识是唯一正确的，于是他们便想当然地认为整个文化就如他们看到的那样。因此，一个亚文化群体的成员经常难以理解其他亚文化群体的需要和抱负。由于这个原因，在不同文化传统的人群需要互动时，对文化差异有着特别理解的人类学家经常充当中间人。

举例来说，在我攻读人类学研究生期间，我的一位导师让我与建筑师及亚利桑那州的唐托（Tonto）阿帕切印第安人合作，研究新的部落社区的住房需求。虽然建筑师知道在空间利用方面存在跨文化差异，但是他们不知道如何从印第安人那里获得相关信息。对阿帕切人来说，他们没有明确意识到自己的需求，因为这些需求是建立在无意识的行为模式之上的。但说实在的，几乎没有人会对自己的社会行为模式所带来的空间需求有清楚的意识。

我的任务是劝说建筑师尽量推迟他们的计划，让我有充裕的时间从田野工作和书面记录中，抽取出与阿帕切人居住需求有关的资料。同时，我还要安抚阿帕切人的焦虑情绪，因为一个外人正深入他们之中，在屋里屋外了解他们日常生活中的个人隐私。在克服这些障碍之后，我得以辨别并成功地向建筑师传达对社区设计有重要意义的阿帕切人的生活特点。同时，将我的发现与阿帕切人进行讨论，这增强了他们对自己独特需求的意识。

在我的工作结束后，阿帕切人搬到了由他们参与设计且符合他们需要的房子里。我发现，阿帕切人喜欢慢慢地开始社交，而不像典型的盎格鲁模式那样，握手后马上开始互动。阿帕切人的礼节要求人们能够看到彼此的全身，这样在开始互动前，每个人都可以远距离评估他人的行为。这就需要大而宽敞的空间。同时，主人有义务为客人提供食物，这是进一步社会互动的前奏。因此，烹饪和就餐区域不能与生活空间隔开。标准的盎格鲁中产阶级的厨房设施也是不适用的，因为给大家庭准备大量食物需要大罐子和大盘子，这又需要特大的洗涤槽和碗橱。在这些想法指导下建设的新房子，符合长期存在的当地传统。

2010年，我再次访问了阿帕切人的居留地，发现他们的房子依然很新，但由于土地有限，为了满足日益增长的需要，房子里被塞入了更多的东西。最近获得的新土地使这个小保护区的面积增加了一倍多，这为阿帕切人提供了新的机会。2007年，唐托阿帕切人开了一家赌场。它的成功带来了巨大的变化——从贫穷之地变成了该地区最大的就业基地。

是在亚洲和非洲，这往往会破坏这些国家本就脆弱的政治环境。

在当今世界普遍存在的多元化社会都面临着同样的挑战：由于高度不同的文化差异，组成它们的群体遵循着本质上不同的规则。因为社会生活需要可预测的行为，所以这让每一个亚群体的成员都很难准确地阐明和遵守其他群体所遵守的规则。

种族主义——在第一章中被定义为相信自己的文化是优越的——在世界各地普遍存在，它可能会在一个多元化社会里引发不同亚群体之间的跨文化误解和不信任。当今混乱的多元化社会存在很多实例，包括阿富汗和尼日利亚，它们的政府在维持和平与法治秩序方面面临着重大挑战。

文化是基于符号的

几乎所有的人类行为都与符号有关。符号可以是声音、手势、标记，或以有意义的方式代表并关联其他事物的记号。通常来说，一样东西和其代表物之间并没有固有的或必然的关联，所以符号一般都具有任意性，当人们在交流时就其用法取得一致时，它就具有了特定的意义。

符号——从国旗、婚戒、钱币到文字——进入了文化的方方面面，从社会生活、宗教到政治、经济。我们都知道宗教符号可以引发信徒的炽热感情和献身精神，伊斯兰教的新月、基督教的十字架、犹太教的大卫之盾——印加人的太阳、基库尤人（Kikuyus）的山脉，或任何其他崇拜对象——都可能使人回忆起多年的斗争和迫害，或者可能代表着整个哲学或宗教。

文化中最重要的符号是语言——用词语代表物体或观念。借助语言，人们能够把文化一代又一代地传递下去。尤其是，语言使人们可以从累积的、共享的经验中学习。没有语言，一个人就无法将事件、情感和其他经历告诉别人。语言很重要，因此人类学的四个分支学科中就有一个致力于研究语言。

文化是整合的

每种文化的深度和广度都是惊人的。文化包括人们维持生计的方式、使用的工具、合作的方式，以及人们如何改变环境、建造住所，他们吃什么、喝什么，如何表达崇拜，他们认为什么是对的、什么是错的，什么时候进行庆祝、交换什么样的礼物，同谁结婚，如何养育孩子，如何应对灾难、疾病和死亡，等等。由于文化的这些以及其他方面需要合理地整合以发挥作用，人类学家很少孤立地关注单一的文化特征。相反，他们会把每个特征都放在更大的背景中来看，并谨慎研究它与相关特征的联系。

为了进行比较和分析，人类学家通常会把文化想象成一个有结构的系统，认为它由不同部分组成并作为有秩序的整体而发挥作用。虽然人类学家会明确地把每个部分区分为带有自身属性的、在更大的系统中占据特殊位置的、具有明确定义的单元，但他们承认社会事实是复杂多变的，而且文化单元之间的区分往往是模糊的。从广义上讲，一个社会的文化特征可分为三类：社会结构、基础结构和上层建筑，正如文化的柱状模型所描绘的那样（图13.5）。

文化的柱状模型

为了确保团体的生物延续性，其文化必须提供一种利于繁殖和相互支持的社会结构。社会结构涉及受

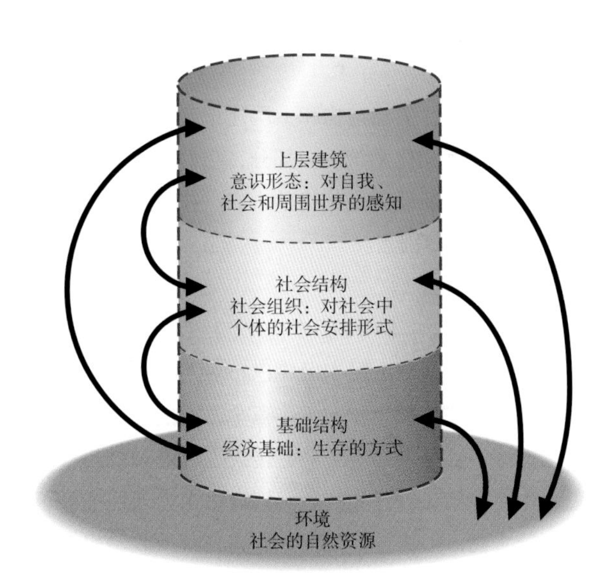

图13.5 文化的柱状模型

每种文化都是整合的动态适应系统，反映了内在因素（经济的、社会的、意识形态的）与外部因素（环境的、气候的）的组合。在一个文化系统中，经济基础（基础结构）、社会组织（社会结构）和意识形态（上层建筑）之间存在着功能关系。一种结构的变化将导致其他结构发生变化。

规则制约的关系——包括所有的权利与义务——这些关系将社会成员维系在一起。家户、家庭、组织、权力关系及政治，都是社会结构的一部分。它们创造了群体的凝聚力，使人们能够通过工作持续不断地满足一些基本需求，包括为他们自己和家属提供食物和庇护。

一个群体的社会结构及其经济基础之间有着直接的联系，经济基础包括满足生存需求的生产实践，以及维持生计所用的工具和其他物资设备。由于满足生存需求的生产实践需要开发能源来满足社会基本需求，文化的这一方面被称为基础设施，它包含生活必需的商品和服务的生产、分配策略。

在这种经济基础的支持下，一个社会还因共享的认同感和世界观而结合在一起。这个上层建筑由思想、信仰、价值观和宗教的集合组成，社会成员通过这些来理解现实。世界观，也被称为意识形态，包含了一个人对自己和周围世界的总体看法，它给生活带来了意义和方向。

社会结构、基础结构和上层建筑这三个互相依赖的结构组成了文化系统的一部分，它们互相影响并相互强化，并不断适应变化中的人口、技术、政治、经济及意识形态等因素。

作为整合系统的卡保库文化

新几内亚西部山民卡保库巴布亚人的生活可以说明文化的经济、社会和政治这三个方面的整合。卡保库人的经济活动由男性主导，传统上依赖植物耕作，以及生猪养殖、狩猎和捕鱼。植物耕作为人们提供了大部分食物，但男性却是依靠养猪来获得政治权力和合法权威。

卡保库人生活的地区如今属于印度尼西亚，养猪对他们来说是一项复杂的工作。饲养多头生猪需要许多食物，主要饲料是种植在园地里的甘薯。园艺活动和饲养生猪被归入了妇女的劳动领域。因此，如果要养很多猪，男性的家里必须有许多女性。因此，在卡保库社会，一夫多妻制不仅得到许可还是男性所极度渴望的。然而，男人每娶一个妻子都必须支付聘礼，而聘礼通常很昂贵。另外，妻子养猪的劳动也需要得到补偿。简单来说，生猪是财富的标尺，要娶妻就要拥有生猪，但没有妻子也无法养殖生猪。这就要求男性具备强大的企业家精神，正是这种能力产生了卡保库人社会的领袖（图13.6）。

这些元素与卡保库文化中各种其他特征的相互关联甚至更为复杂。例如，促进一夫多妻制的条件之一是成年妇女的剩余，这种剩余有时源于战争导致的男性损耗。卡保库人一直将连年战争视为不可避免的灾祸。按照卡保库人的战争规则，男性会被杀死，而女性不会。这一制度促进了性别比例的失调，助长了一夫多妻制的实践。如果所有妻子都来到丈夫的村庄生活，一夫多妻制往往能够发挥出最佳效果。在这种安排下，村庄里的男子通常是彼此的血亲，这增强了他们在战争中的合作能力。

考虑到这些原因，卡保库人通过男方来追溯世系的方法是很合理的。这一点加上连年不断的战争，往往会强化男性的统治。因此，在卡保库社会中，由男子独占所有领袖地位的事实也就不足为奇，尽管他们需要占用妇女的劳动果实提升自己的政治地位。但男性统治绝不是所有人类社会的特征。更确切地说，它只是在如同卡保库社会这样特定的一系列境况下才会产生，如果境况发生变化，男女之间的关系也将随之改变。

文化是动态的

文化是一个会对其内部和外部的活动与行动做出回应的动态系统。当系统内部的某个元素转换或变化时，整个系统都会竭尽全力去调整适应，就如同它在受到外界施加的压力时所做的那样。为了充分发挥作用，文化必须具备足够的灵活性，以便在面临不稳定

图13.6 新几内亚西部卡保库人的村庄

卡保库的经济依赖于植物耕种、狩猎、捕鱼，以及尤为重要的生猪养殖。妇女负责饲养生猪并种植其主要饲料甘薯。只有拥有众多的妻子的男人才会设法养许多猪来获得财富和声望。因此，在卡保库社会，妻妾成群不仅得到允许，还是男性所极度渴望的。

或变化的情况时做出调整。

毫无疑问，所有文化都是动态的，但这种动态在程度上可以相去甚远。如果一种文化过于静止僵化，无法为其成员提供变化中的长期生存的手段，那么它就不会存在太久。相反，一些文化太过开放善变，这可能会使它们失去自身的特色。本章前文提到过的阿米什人在一般情况下是尽可能抵制变化的，但也会在不得已时做出妥协以调整适应。然而，大多数北美人创造的文化却是将变化作为正面理想的，体现了他们社会中持续发生的技术、人口和社会转型。

与调节室温恒温器不同，每种文化都是动态构建的，能够应付反复的张力和压力，甚至是危险的动乱和致命的冲突。共享一种文化的社会成员，可以处理危机、解决冲突，并恢复秩序。然而，有时压力太过巨大，以致系统的文化特征不再符合要求或受到认可，既定的秩序便会改变。

文化的功能

出生于波兰的英国人类学家布罗尼斯拉夫·马林诺夫斯基（Bronislaw Malinowski）认为，世界各地的人们都有一些共同的生理和心理需求，而所有文化制度的最终功能都是满足这些需求（见“人类学家札记”）。其他学者可能划定了不同的标准，但理念基本是一致的：倘若无法有效应对基本挑战，一种文化就无法持续存在。文化必须使社会成员具备产出和分配生活所必须的物品和服务的策略。为了确保群体的持续存在，文化还必须具备繁殖和相互扶持所必需的社会结构。此外，文化必须提供传授知识、濡化新成员的方法和手段，使他们能够作为“功能完善”的成年人为社群做出贡献。另外，文化必须促进社会互动，提供避免或解决群体内和群体间争端的方法。

因为文化必须支持生活的方方面面，就如我们的

人类学家札记

布罗尼斯拉夫·马林诺夫斯基（1884–1942）

布罗尼斯拉夫·马林诺夫斯基出生于波兰，在伦敦经济学院获得人类学博士学位，并担任教授。在他任教期间，这所学校成为人类学的一个重要中心。他是参与式观察法的先驱，并因此而声名显赫；他声称民族志学者的目标是“把握当地人的观点……再现他眼中的世界”。

论及文化，马林诺夫斯基认为世界各地的人都有一些共同的生理和心理需求，而所有文化制度的最终功能都是满足这些需求。例如，每个人都需要在接触物质世界时感到安全。所以，当科学和技术不足以解释某些自然现象时——如日食和地震——人们就会发展宗教和巫术以解释这些现象，建立安全感。

马林诺夫斯基的研究方法所要求的资料数量与质量，为人类学的田野工作确立了新的科学标准。他认为要完全解释文化，就必须长时间定居在被研究的社区中，1915年至1918年，他在南太平洋特罗布里恩群岛所做的研究示范了这种方法。之前从来没有人做过如此深入细致的田野工作，也没有人对另一种文化机制获得过如此深刻的洞见。

1916年，布罗尼斯拉夫·马林诺夫斯基于特罗布里恩群岛

文化柱状模型所表明的那样，它也必须满足成员的心理和情感需求。要检测这最后一个功能，有时只要看每种文化作为共享的思想和行为模式带给日常生活的可预测性。当然，文化所牵涉的远不止于此。文化中的世界观能够帮助个体理解自身在世界中所处的位置，应对重大变化和挑战。例如，每一种文化都为其成员提供了传统观念和仪式，让他们能够创造性地思考生与死的意义。许多文化甚至使人们能够想象来世，人们停止疑惑不解并进入想象，因而找到了治愈丧亲之痛的方法，以及带着某些期许面对自身死亡的方法。

总之，一种文化若要运转良好，其各部分之间就必须保持一致。但一致与和谐并不是一回事。事实上，每一种文化中，都有摩擦和潜在的冲突——存在于个人、派系和相互竞争的机构之间。即使在社会的最基本层面，个人所受到的濡化也罕有相同，他们看

待现实的方式也不尽相同。另外，社会内部和外部的力量也会改变文化状况。

文化、社会和个体

归根到底，社会只不过是个人的联合，所有人都有自己的特殊需求和利益。如果社会要继续存在，就必须成功平衡个体成员的切身利益和全社会福祉的需求。为了实现这种平衡，社会对遵守其文化准则的行为给予奖励。在大多数情况下，奖励采取社会认可的形式。例如，在今天的大多数国家社会中，如果一个人有一份好工作、能照顾好家庭且按规定缴税，还在社区里做志愿者，那么他就可能被选为“模范公民”。

为了确保群体的生存，每个人都必须放弃一些自己的切身利益。然而，又不能完全忽略个人的需求，否则，情感压抑和积怨可能以抗议、破坏甚至暴力的形式爆发出来。

以性行为的问题为例，它如同人们做的其他事情一样，是由文化塑造的。性行为在所有社会都很重要，它可以加强成员间的合作关系并确保社会群体的持续存在。然而，它也有可能会破坏社会生存。如果不明确规定哪些人之间可以发生性关系，对性特权的竞争就可能会摧毁人类赖以生存的合作关系。另外，无节制的性活动也可能导致过高的生育率，使社会人口超过资源的承载能力。因此，每一种文化在塑造性行为时，必须平衡社会的需求与个人的需求和欲望，不能让个人的挫折感积聚至能引起破坏的程度。

各种文化在调控性行为方式上有很大的差异。在所涉范围的一端，北美的阿米什人社会或沙特阿拉伯的萨拉菲人采取了极端限制的方式，明确禁止婚外性行为。另一端则是挪威这样的社会，他们普遍接受婚前性行为，并对非婚生子习以为常。或者更极端的，巴西的卡内拉（Canela）印第安人，他们的文化准则确保每个人迟早与村庄里几乎所有异性发生性关系。不过，即便在后者似乎拥有的性自由的情况下，这套体制的运行方式还是有着严格的规定（Crocker & Crocker，2004）。

在所有生活问题上，文化必须在个人需求和欲望与社会需求和欲望间达成平衡。有些社会要求其成员拥有更高的文化一致性，但其实所有组织的社会群体都会给成员施加压力使其遵守可接受的公共行为与言论，或特定的文化模式等。这些标准是被普遍接受和遵守的，每个社会都有各种机构，有一整套文化机制来促进或加强一致性。在许多传统社会，宗教组织在这方面发挥了重要作用，而在社会主义国家，某个政党可能会发挥作用。在资本主义社会，经济市场压力会以多种方式加强一致性，包括确立美的标准（参考“生物文化关联”专题）。

文化与变迁

文化总是随着时间的推移而变迁，但从未像今天这般快速、彻底和宏大。变迁是对人口增长、技术创新、气候变化、外部入侵或社会观念和行为的改变等事件的反应。

并非所有的变迁都是文化变迁。作为生物，我们人类在一生之中要经历各种各样的变迁。这些变迁是生命周期的组成部分。人类有记录的最长寿命是256岁，但很少有人能达到如此高龄。人类的平均寿命要短得多，尽管在过去几十年里已经大大延长了。目前，全球女性的平均寿命约为73岁，男性约为68岁。但在很多国家，人类寿命至少要减少20年，而其他国家则会高出10年或更多。例如，安哥拉的总体平均年龄为51岁，而日本为84岁。

文化变迁可能源自技术革新、外部入侵、新贸易、人口增长、生态变迁和不计其数的其他因素。

虽然文化必须具备某种灵活性以适应变化，但是文化变迁也可能引起意想不到的，有时是灾难性的后果。比如，文化与干旱之间的关系，后者会定期折磨撒哈拉沙漠以南非洲国家的庞大人群。这一地区约有

生物文化关联

塑造人体

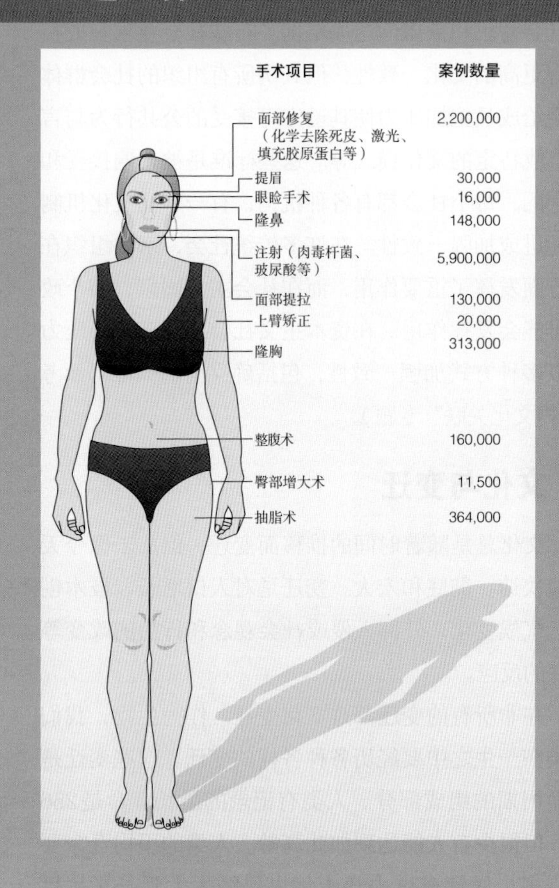

与其他生物体一样，每个健康的人类个体都被基因设定好了，以发挥其全部潜能。这包括成为发育成熟的成年人，并达到最大身高。然而，身高会因族群而异。譬如，荷兰成年男性的平均身高就比姆布蒂男性的身高多出1英尺以上，后者身高通常不会超过150厘米（约5英尺）。然而，无论我们实际能否达到基因所允许的高度都会受到多种因素的制约，包括营养条件和疾病。

在很多文化里面，身材高大被视为好事，尤其是男性。为了弥补可见的身高缺陷，男人除了穿上厚底的鞋子让自己显得高大些，并没有太多的选择。但在其他领域，却有很多可选方案来增加吸引力及改

2013年，美国人选择的整形手术和非外科手术美容治疗项目

2013年，各种手术的总数量——包括图中的美容治疗项目——大约有1150万例。其中有200万例整形手术和950万例非外科手术（化学换肤、激光治疗、注射肉毒杆菌等），总耗资约为120亿美元。其中，女性所接受的手术占了91%，最受欢迎的是隆胸手术。全世界仅有5%的人居住在美国，但这个国家却贡献了全球15%的隆胸案例。从2013年起，巴西已经以微弱优势击败美国，成为整形手术数量最多的国家。然而，按人均计算，韩国的整形率最高，美国则排名第四。

1400万土生土长的游牧民，他们的生活重心是牛和其他牲畜。数千年来，这些游牧民季节性地迁徙，以便为他们的牧群提供牧草和水源，他们利用这片广袤的不毛之地的方式，帮助他们度过了多次严重的干旱。然而如今，政府官员积极劝导他们改变传统的游牧生活方式，因为他们可能会任意跨越新设的国际边界，这些边界往往很难守卫，使得追踪牧民及其畜群以征收税款和开展其他政府管控十分困难。

这些政府认为游牧民在规避他们的权威，因此官方已经制定了政策，阻止他们在传统的放牧地区游动，试图将其转化为定居的村民。同时，政府还激励游牧民饲养比自身需求更多的动物，并把销售剩余所得纳入计税基数，以此迫使他们参与市场经济。这些政策导致了过度放牧、水土流失以及在反复出现的干旱期间缺乏后备牧场。如今，干旱比以往更具灾难性，因为一旦发生就将威胁游牧民的生存（图13.7）。

善社会地位。时尚产业对这种欲望加以利用，并煽风点火，进而创造且不断推出各种鞋子、衣服、发型、化妆品、香水、指甲油、帽子和其他可以美化人体的商品。

千百年来，全球各地的人群一直在设法装饰塑造人体——文身、穿刺、割礼、缠足，甚至会改变颅骨形状。此外，为了达到这些目标，现代医疗科技提供了一系列全新的外科手术。

随着医疗成为一个大的产业，很多外科医生已经加入美容产业，以开发美国人类学家劳拉·纳德尔（Laura Nader）所说的“标准化”体型。她关注女性的身体，并注意到“身体图像在特定的文化环境中自然显现”。例如，在美国的文化环境中，隆胸并不是件奇怪的事情，而在某些南非国家，女性的割礼和缩阴术（也被称为女性生殖器切割）也不足为奇。

很多女权主义作家辩称“美国妇女是主动选择的隆胸，而非洲女性遭受思想灌输”，在年幼时便接受了割礼。但实际上，女性的隆胸何尝不是美容产业综合体作用的结果呢？

纳德尔说到这项产值数十亿美元的产业，“分割了女性的身体并将身体整形视为商品生产”。在美国数百万沉浸于“理想体型”的女性中，很多人接受了隆胸手术。她们普遍36岁左右，有两个孩子。美容业将这些女性定位为“缺乏安全感的消费者”；这些女性被“重塑为病人”，患有被定义为乳房过小的疾病。整形手术可以修复这些所谓的畸形身体，进而恢复女性的心理健康。

负责这些手术的医生通常被视为治疗专家、艺术家和外科医生。一项开创性的隆胸手术，可以“按照古希腊女神雕塑的理想身体尺寸，精心测量并标注乳房的准确大小和形状，并准确定位水平与竖直位置。”由于美容市场的需求，现在的整形手术业务正在蓬勃发展，隆胸手术也在全球迅速发展。

生物文化问题

你或你周边的人做过身体整形手术吗？如果做过，是“理想体型”的观念还是别的东西促使了这些变化呢？

市场经济使游牧民进行不可持续的牲畜饲养，它是导致广泛文化变迁的因素之一。正如本章开篇的图片所示，包括数万库奇人在内的阿富汗游牧家庭，已经作为农民定居下来或迁入城市做工挣钱。在全球范围内，资本主义及其对市场扩张的需求，促使文化迅速、剧烈地发生变化。许多人欢迎这种变迁，但另外一些人则对传统生活方式的丧失感到不安，并感到无力阻止这个过程，更别提去逆转文化的变迁了。

种族中心主义、文化相对主义和文化评价

几乎所有文化中的人们都有种族中心主义的倾向，认为自己的生活方式是世界上所有可能的生活方式中最好的。这反映在各个社会对自己的称呼上。通常，某个社会赋予自身的传统名称翻译过来大致是“真正的人类”。相比之下，他们为外族人所取的名字翻

图13.7　文化变迁的影响

气候与政治共同导致了游牧民之间深刻的文化变迁，就如同图中的尼日尔人。在图中地区和撒哈拉以南非洲其他半干旱区，受限制的放牧区域和大旱已经导致许多牲畜死亡，并使得大量牲畜变成了“皮包骨”状态。这场大灾难迫使这些地区的很多游牧民彻底放弃了原来的生活方式。

译过来往往会是“低等人类”的各种说法，有“猴子”“狗”“相貌古怪之人”“语言滑稽之人”等。在谈到种族中心主义时，各类实例不胜枚举（图13.8）。

自从人类学家开始研究有着截然不同文化的人们以来，就积极投身于反对种族中心主义的斗争中，而且与这些人共同生活以后，他们通过个人经验知道这些“他者”并不低人一等。人类学家试图理解单个的文化以及文化的总体概念，他们抵制那种普遍存在的将文化划分为更高和更低（更好和更差）等级的做法。为了做到这一点，他们依照文化自身的情况去审视每一种文化，以辨别文化是否满足了人们的需求和期望。例如，如果一个民族实行人祭或死刑，人类学家会询问，依据该群体的价值观，在什么情形下夺人性命是可以被接受的。

这就将我们引向了文化相对主义的概念——个体必须中止对其他民族习俗的判断，以便在他们自身文化的背景下理解这些习俗。只有通过这种研究方式，才能对其他民族在行为和制度之下的价值观和信仰形成有意义的观点，才能获得对自身社会的信仰和实践更清晰的洞察。

文化相对主义不仅是对种族中心主义的一种防范，也是一种重要的研究工具。但不管如何，它并不

图13.8 种族中心主义的行为

世界上有很多民族认为自己比其他民族优越，他们宣称自己是“优等民族”“神圣民族”或“上帝选民”，将自己的家园视为神圣的土地，以此来获得民族自豪感。这种民族主义的意识形态与激进的民族优越感，对外国人、移民和少数民族的厌恶、害怕甚至憎恨有关。例如，大多数俄罗斯人现在认可“俄罗斯是俄罗斯人的”这一民族主义口号，几乎有一半人认为他们的民族拥有作为帝国统治的自然权利。俄罗斯民族主义者（右）是右翼极端分子，他们反对阿塞拜疆塔吉克人、土耳其人及其他从外国来到俄罗斯的移民。在莫斯科和其他主要城市，数千人参加了反移民游行。他们的极端主义表现，与美国的“后备民兵民间防卫团”不相上下。在全国范围内活动的民兵，将白人视为“真正的”美国人，并且强烈地敌视移民。左图为亚利桑那州罗米纳斯的民兵在私人牧场树立了一条美国—墨西哥的边境铁丝网。

意味着要永远中止判断，也不必要求人类学家保护一个民族进行任何文化实践的权利，而不管它具有的破坏性。在对我们感兴趣的文化有充分理解之前，必须避免不成熟的判断。只有这样，人类学家才能采取批判的立场，明智地考虑某个信仰和习俗对社会及其成员来说有什么优点和缺点。

在评估一种文化时，可以提一个正当的问题：特定文化能否很好地满足其指导行为的人们的物质、社会和心理需求。具体的指标有人们的营养状况、总体的身心健康状况，平均预期寿命，群体与其资源基础的关系，贫困影响的范围，家庭生活的稳定和安宁，暴力、犯罪和违法行为的发生率。当传统的应对方式不再起作用，人们对在其社会中形成自己的生活方式感到无能为力时，文化崩溃的症状就会变得显著（图13.9）。

总之，文化本质上是确保一群人持久的幸福生活

图13.9 文化上不满意的迹象

高比率的违法和犯罪表明文化未能充分满足人们的需求和期望。如图所示，加利福尼亚州洛杉矶的男子中央监狱就是。美国拥有全球最高的监禁率——每10万居民中就有约700名囚犯。从全球范围看，有25%的囚犯被监禁在美国——超过230万人（“Jailhouse nation,” 2015）。自20世纪70年代以来，这片“自由土地”的监禁率上升了7倍，现在其监禁率是英国的5倍、德国的9倍、日本的14倍。

的维护系统。所以，只要它以满足其成员需求的方式确保了社会的生存，它就可以被认为是成功的。

使问题变得复杂的是，任何社会都由不同的利益群体构成，这就使得某些人的利益会比其他人的利益得到更好的关照。因此，人类学家必须经常提出以下问题：谁的需要和谁的生存，被所讨论的文化关照得最好？例如，在男性占主导地位的文化中，如本章前面讨论的卡保库文化，卡保库男子的成功之路可能会以牺牲他的妻子或妻子们为代价，因为妇女肩负着管理菜园和养猪的重任，而猪又是男人财富和声望的基础。只有从整体出发，我们才能对一种文化的运行状况做出合理客观的判断。

今天，全球范围内的迅速变迁正在挑战着我们人类，其中大部分是强大的科技和急剧的人口增长所引发的。在当前的全球化时代，我们必须拓宽视野，发展一种使我们能够将文化视为越来越开放的互动系统的、真正具有世界性的视野。

思考题

1. 想想全球化的力量如何威胁着库奇游牧民族的生活方式以及世界各地的其他传统文化，你是否认为这些文化的消失是不可避免的？你觉得传统和民族本体性值得坚守吗？

2. 许多现代社会是复杂和多元的。你熟悉自己社会中的亚文化或不同种群吗？你能和来自另一种亚文化或种群的人交朋友甚至结婚吗？你可能会遇到什么样的文化差异或问题，你将如何应对种族中心主义？

3. 在理解文化时，容易被忽视的第一步就是对自身文化传统的了解和尊重。你知道自己社区中大部分人世界观的起源吗？你认为随着时间的推移，它是如何发展的？哪些东西让它在你的群体中被接受并流行开来？

4. 今天，地球上居住着超过73亿的人口。这一数字目前正以每年近8000万的速度增长——相当于伊朗或德国的人口总量。面对有限的自然资源和堆积如山的废弃物，在我们这个日益拥挤的星球上，仅靠技术发明是否能够保障人类的健康和幸福？

深入研究人类学

家乡地图

文化的柱状模型提供了一个简单的框架，让我们可以从分析的角度来想象文化是什么样子的。成为你自己文化的参与者和观察者。步行、驾车或骑车穿越家乡，记录下它的地理位置、自然或城市景观、公路和铁路、公共空间和办公楼、商业和私人建筑、经济活动、政治组织、家庭生活、种群构成和社会互动。最后记录下家乡的宗教机构。在你的旅行结束时，将你所描述的元素放入文化柱状模型的三个层次中，并解释它们如何相互关联——从而组成了你的家乡。

挑战话题

人类学家接受了研究和描述文化的挑战，并就文化的异同寻找科学的解释。人们为何会按照特定的方式思考、感知和行动，并发现错误的事项或无法做到的事情？答案必须来自关于文化多样性的基于事实的知识——这种知识不局限于文化，且被广泛认为具有重要意义。多年来，人类学通过各种理论和研究方法产生了这些知识。特别是，人类学家会通过基于参与观察的长期、全身心浸入式的田野工作来获取信息。上图是美国人类学家卢卡斯·贝西尔（Lucas Bessire，戴着棕褐色帽子）和十几个阿约雷奥（Ayoreo）印第安人在结束一次成功的狩猎后返回村庄的情景。他们捕获了35只乌龟。乌龟重约30千克（约9磅），阿约雷奥人将其带壳在火上烤，这是他们传统饮食的一部分。贝西尔的车被阿约雷奥人称为“巨型犰狳”，在社区发生紧急情况和调查研究时派上了用场，包括对阿约雷奥印第安人社区及巴拉圭大查科（Gran Chaco）平原迅速变化的环境的记录。非印第安农民和农业综合企业正在以很快的速度砍伐这片干燥的林地栖居地，破坏其中的野生动物生态系统和传统上依赖于这一生态系统的原住民文化。

第十四章 民族志研究：历史、方法及理论

学习目标

1. 解释田野工作为何对民族志至关重要。
2. 描述研究对象的历史变迁，并将其置于经济、社会和政治环境之中。
3. 描述民族志研究——它的挑战与方法。
4. 讨论方法与理论的关系。
5. 比较人类学的主要理论观点。
6. 了解人类学研究的伦理责任。

正如本书第一章中所介绍的，文化人类学在学术组成上有两大要素：民族志和民族学。民族志是基于第一手观察和互动而对特定文化做出的详细描述。民族学则是从比较与历史的视角研究和分析不同文化，并利用民族志叙述和发展中的人类学理论，解释群体之间为什么会存在某些重要的共性和差异。

以往，人类学关注的是有语言无文字的非西方传统民族——他们的交流往往是直接和面对面的，他们关于过去的知识主要基于口述传统。即使是在有文字的社会里，人类学家感兴趣的内容大多也不存在于文字记录中。所以，人类学家强调要亲自去到这些地方，直接观察这些民族并体验其文化。这被称为田野工作。

如今，人类学田野工作不仅在世界偏远角落的小规模社区中，也在工业化和后工业化社会的现代都市住宅区中展开。在许多地方的不同群体和机构中都能看到从事田野工作的人类学家，这些群体和机构包括跨国公司、非政府组织、矿业城镇、旅游胜地、移民劳工社区、贫民窟、监狱和难民营。

在我们这个日益互联、快速变迁的世界里，社会之间长期存在的文化边界正在被擦除，远距离公共交通运输和通信技术更是发展出了新的社会网络和文化构造。今日的人类学家正在调整他们的研究方法与理论框架，以便在全球化的世界里更好地描述、解释和理解一些复杂而迷人的动态。

对特定时期内环境、经济、政治、军事或意识形态的关注，往往会影响我们的研究。世界观会修正和塑造我们观察到的事物及其意义，我们的解释是建立在理论框架内的，这些理论取决于不受个体控制的意识形态和政治经济力量。考虑到这一点，本章对人类学及其研究方法与理论进行了历史概述——强调民族志研究方法并非发生在永恒的空间内。

田野研究的历史和作用

人类学在殖民主义的全盛期（19世纪70年代—20世纪30年代）作为一门正式

的学科出现，在殖民主义这一体系中，一个占统治地位的社会，主要以定居和经济剥削为目的，在政治上宣示并控制外国领土。当时，许多欧洲人类学家集中研究海外殖民地的传统民族及其文化。例如，法国人类学家主要在非洲北部、西部和东南亚进行了大量研究；英国人类学家在非洲南部和东部；荷兰人类学家在今天的印度尼西亚、西新几内亚和苏里南共和国；比利时人类学家则在非洲的刚果共和国展开了研究。同时，北美人类学家主要关注他们自己国家的原住民群体——这些群体通常生活在遥远的北极村落，或被称为印第安人保留地或第一民族保护区的大片土地上。

曾有一度，人们习惯于把仍维系传统生活方式——狩猎、捕鱼、采集或小规模农耕或放牧——的民族与欧洲人的史前远祖做比较，并把这些传统民族的文化归为“原始的”。虽然人类学家在很久以前就不再使用带有种族中心主义色彩的术语，但许多非专业人士还是认为并把这些传统文化说成是“不发达的”或“未开化的”。这种错误印象为国家社会、商业企业和其他有权势的外部团体，扩张活动范围、入侵原住民的土地提供了理由，这常常使得他们承受过大的压力而不得不改变祖先留下来的生活方式。

抢救民族志或应急人类学

在令人不安甚至充斥着暴力的历史背景下，世界各地数以千计的传统社群一直在挣扎求生。事实上，许多受威胁的民族已经灭绝了。其他民族虽得以存活，却被迫放弃了自己的领土和生活方式。人类学家无法阻止这类悲剧性事件的发生，但他们试图将这些文化群体记录下来。这种记录濒危文化的重要实践，最初被称为抢救民族志，后被称为应急人类学，而且延续至今（图14.1）。

到了19世纪末期，许多欧洲和北美洲的博物馆都

图14.1 濒临灭绝的文化

直到最近，阿约雷奥印第安部落大多生活在南美洲中心地带的广阔荒野——大查科平原上，与世隔绝。由于外界的侵扰，这些流动的觅食者被迫一个接着一个“走出来”。如今，许多一无所有的阿约雷奥印第安人发现自己处于不同的涵化阶段。这张照片展示了玻利维亚大森林中扎波可（Zapocó）的阿约雷奥妇女，她们穿着西方的旧衣物，周围满是用来装东西的、现代社会的塑料；她们将天然植物纤维纺织成的带有传统图案的包装袋拿去卖钱，男人则通过为伐木公司砍树来赚钱。

在资助人类学的考察，以收集手工艺品和其他物质遗存（包括头骨与骸骨），以及词汇、神话和其他有关的文化资料。早期人类学家也开始拍摄民族志照片，到了19世纪90年代一些人开始摄制纪录影片，并录制言语、歌谣和音乐。

虽然第一代人类学家通常以博物馆的工作为事业的起点，但后来者都在这一新型学科里受到了学术训练，并成为新成立的人类学系的活跃分子。在北美，这些人类学家中的大多数都在印第安部落的保留地开展田野工作，那里的原住民社群正在疾病、贫穷和强制性文化变迁带来的令人绝望的压力之下分崩离析。人类学家与印第安长者进行访谈时，这些长者仍能回忆起这些破坏加在他们身上之前的祖上的生活方式。研究者还收集口述历史、传统、神话、传说和其他信息以及老的手工艺品，以做研究、保存和公共展出之用。

尽管在过去的几百年中，人类学理论你方唱罢我登场，原住民为保存其文化苦苦挣扎的困境却一直持续着。人类学家有能力为这做出贡献，而且事实上也是如此。

涵化研究

在20世纪30年代，人类学家开始研究文化接触，讨论传统文化在接触日益扩张的资本主义社会时如何变化。几百年来，这种接触主要发生在殖民主义背景之下。

较之于原住民人数远超殖民者的非洲和亚洲，在美洲、澳洲和新西兰的欧洲移民扩张他们的领土、大肆杀害和制服当地的原住民。这些移民社会在政治上独立，并渐渐转变成新的国家。其中一些国家诸如加拿大、巴西和美国，认识到原住民也有权拥有他们所居住的土地，但是不允许其发展成独立的国家。在保留地生存的这些原住民或部落民族，以内部殖民的方式被控制着。

政府出资设计一些项目，强迫原住民群体或少数族群放弃他们祖先的语言和文化传统，这种控制社会的做法撕裂了一个又一个群体的文化结构，使得许多原住民家庭穷困潦倒，消沉度日而陷入绝望。在美国，这种不对称的文化接触被称为涵化。这是一个社会在与一个更强大的社会进行密集的直接接触时发生的大规模文化变迁——特别是与工业化或资本主义社会接触时。纵观整个20世纪，大量其他的人类学家在亚洲、非洲、澳洲、美洲甚至欧洲一些国家开展了涵化研究，从而大大增进了人们对于文化变迁这一令人不安的复杂过程的了解。

应用人类学研究

人类学家不是唯一对涵化感兴趣的人。实际上，商业公司、宗教组织和政府机构对于殖民地或部落保留地的管理，积极地推动了文化的变迁。

例如，英国和荷兰政府为了既得利益，就要维护广大海外殖民地的秩序，统治数倍于本国人口的外国民众。为了实际的目的，这些政府推出了间接的殖民体系，依赖部落首领、诸侯、国王、埃米尔（Emir）、苏丹、王公或其他具有各类头衔的人。殖民政体支持这些原住民统治者，使其通过传统法律用他们的权威管理原住民。在美国和加拿大，也有一些相似的间接统治的政治体制，使得居住在部落保留地上的原住民社区由他们的首领按照自身的规则进行统治，尽管也要在联邦体制的监督之下。

无论原住民处于何种政治状态——不管他们是否处在保留地、殖民地或外国控制的政府实施的其他权威之下——人类学的实际价值最后都日益明显。涵化研究需要鉴定不对称接触导致的文化分解后果，由此诞生了应用人类学——用人类学知识和方法解决社群面临全新挑战时遇到的实际问题。

1937年，英国政府在现在的赞比亚成立了人类学研究机构，以调查国际市场对非洲中部传统社会所造成的影响。在接下来的十年里，人类学家在整个非洲开展了针对各种问题的研究，包括矿业和劳工迁徙对国内经济和文化造成的破坏性影响。

美国印第安人事务局（BIA）负责管理联邦政府承认的居住在保留地上的部落，它在20世纪30年代中期建立了应用人类学分部。除了研究涵化问题，受雇于BIA的几名应用人类学家还为美国政府确定文化上适当的方式，以引进社会和经济发展项目，这些项目旨在减少贫困、提高读写能力并解决保留地的许多其他问题。

1941年，国际应用人类学协会成立，旨在推动对指导人类关系的准则及其实际应用的科学研究。应用人类学发展成了人类学学科的重要组成部分，在亚非殖民地国家于20世纪中期变为自治国家时，仍在进一步发展。

在墨西哥，人类学作为一门学科获得了很多荣誉——或许比世界上其他地方都要多，而且其实践者被赋予了很高的政治地位。造成这种情况的原因异常复杂，但有一个因素很突出：墨西哥是西班牙的前殖民地，是一个多族群民主政体，各地区数百万的原住民组成了该国人口的主体。人类学家贡萨洛·阿吉雷·贝尔特兰（Gonzalo Aguirre Beltrán）等有影响力的政府官员试图将涵化理论融入国家支持的政策之中，力图将无数的原住民社区整合到包容族群多样性的墨西哥国家中（Aguirre Beltrán，1974；Weaver，2002）（图14.2）。

图14.2　纪念贡萨洛·阿吉雷·贝尔特兰的邮票

阿吉雷（1908—1996）博士最初接受的是医学方面的训练，后来成为墨西哥最重要的人类学家之一。他对非裔墨西哥人进行了开拓性研究，还研究了20世纪30年代墨西哥印第安人社区中土地所有权的冲突问题。他受到了芝加哥大学罗伯特·雷德菲尔德（Robert Redfield）和西北大学梅尔维尔·赫斯科维茨（Melville Herskovits）提出的涵化理论的影响，并在20世纪50年代与60年代领导国家原住民研究所。作为一名有影响力的政府官员，他将涵化理论修改后融入国家资助的政策中，将上百万的墨西哥原住民吸纳到一种国家文化之中，展示了民主社会对族群多样性的容纳。

如今，许多接受了学术训练的人类学家专门从事应用性研究，他们在各类本地的、区域性的、国家的或国际性机构供职，这些机构尤其是非政府组织，在全世界都很活跃。

远距离研究文化

随着第二次世界大战和冷战的开始，资本主义国家（以美国为首）和社会主义国家（以苏联为首）在政治和经济上产生了敌对和冲突，人类学的研究重心随之发生了转移。许多人类学家开始研究现代国家社会，而不是局限于小规模的传统社群。

美国和英国的一些人类学家参与了研究国民性的战时政府项目，其目的是发现现代国家社会中大多数民众共享的基本人格特质或心理状况。官方认为这些研究有助于他们更好地理解并应对（在第二次世界大战中）新近宣战的日本和德国，以及后来的俄罗斯等国。

在战争期间，不可能直接去到敌对方社会中进行民族志田野调查，而且在大多数其他国家做调查也极具难度。于是，一些人类学家发展了研究“远距离的文化”的方法。其中包括分析报纸、文学作品、照片和流行影片。他们还通过与敌国的移民、难民和其他外国人进行结构性访谈来收集信息（Mead & Métraux，1953）。

为了描绘居住在遥远国度的民族的“国民性”，人类学家进行了各种调查，比如养育子女的做法，同时还考察了印刷品和胶片记录中反复出现的文化主题和价值观。这些与文化有关的知识也被用于政治宣传和心理战。在处理发展中国家或第三世界国家中的前殖民地的人口问题方面，这类通过远距离人类学研究得出的信息和洞见就非常有用。

研究现代国家社会

虽然国民性研究在理论上存在缺陷，远距离文化研究在方法论上也存在问题，但对现代国家社会进行的人类学研究并不仅仅与战争有关。人类学家主要致力于研究非西方的小规模社群时，他们同样承认，对人类关系、思想、行为的总体性理解需要依赖于所有文化和民族的相关知识，包括以政治国家为组织形式的复杂、大规模工业社会中的文化和民族。第二次世界大战之前，已经有一些人类学家在他们自己国家的各个环境中展开了工作，从工厂到农业社区以及郊外住宅区。

早期在大后方展开研究的人类学家中，有一个叫霍顿斯·鲍德梅克（Hortense Powdermaker）。鲍德梅克出生在费城，来到伦敦跟随波兰人类学家马林诺夫斯基学习人类学，并在南太平洋美拉尼西亚人当中完成了她首次重要的民族志田野调查。回到美国后，她调查研究了一个在20 世纪30年代受到种族隔离的密西西比小镇（Powdermaker，1939）。在接下来的10年里，她把主要精力用在同美国主流社会对非裔美国人和其他少数民族的种族歧视做斗争上。在美国南部调查期间，鲍德梅克敏锐地觉察到大众传媒在塑造人们的世界观方面所起到的重要作用（Wolf & Trager，1971）。为了进一步探索这一现代文化中的意识形态力量，她把批判的眼光投向美国的电影产业，并在好莱坞进行了一年的田野工作（1946—1947年）。

当鲍德梅克圆满完成对好莱坞的研究之时，另外一些人类学家正在一些大规模社会中开展其他类型的研究。1950年，瑞士人类学家阿尔弗雷德·梅特罗（Alfred Métraux）组织了一支由美国、法国和巴西的学者组成的国际团队，在南美国家巴西研究现代种族关系。这个项目由新成立的联合国教科文组织（UNESCO）资助，是联合国在全球开展的反种族偏见和歧视运动的一部分。梅特罗将项目总部设在巴黎，他选择巴西作为研究地点，主要是为了比较。和美国一样，巴西曾是欧洲的殖民地，拥有多个民族，并且存在过长期的黑人奴隶制度。巴西废除奴隶制时比美国晚了25年，但在种族关系上比美国取得了更多的进展。

与种族隔离的美国相比，巴西被认为是有着和谐、宽容、总体上积极的跨种族关系的楷模。然而，研究却给出了意料之外的结果：有着非洲血统的深肤色巴西人事实上面临着系统的社会和经济歧视——与当时遍及美国的政治和法律形式的种族隔离不同（Prins & Krebs，2007）。

1956年至1957年间，人类学家朱利安·斯图尔德（Julian Steward）离开美国，去到肯尼亚、尼日利亚、秘鲁、墨西哥、日本、马来半岛、印度尼西亚、缅甸等发展中国家指导了人类学研究小组。他的目标是比较研究工业化和城市化对这些人群所造成的不同影响。其他人类学家也在世界其他地方进行了类似的研究。

农民社群研究

20世纪50年代，人类学家开始拓宽眼界，考虑复杂的国家社会对早期人类学所关注的传统原住民群体产生了怎样的影响，还有些人把注意力转向了农民社群。农民代表了一个重要的社会类别，居于现代工业社会和传统的自给自足的觅食者、放牧者、农人和渔人之间，农民社群是更大、更复杂的社会的一部分，遍布世界各地，而农民数量多达几十亿。

农民是人类发展历程中迄今为止最大的社会类别。农民因经济和社会问题而引起的骚动导致许多发展中国家政治动荡，促进我们认为有必要在拉丁美洲、非洲、亚洲等地对这些人群展开人类学研究，这是有实际意义的。除了改进与促进农业社区社会经济发展有关的政策，人类学的农民研究也可以在如何应对农民不愿改变其传统生活方式这一问题上提出自己的见解。此类人类学研究可以协助解决、管理或避免社会争端或政治暴力，包括叛乱、游击战和起义，从而促进社会公正（图14.3）。

图14.3 农民的集会演讲

20世纪50年代，农民研究纷纷涌现，人类学家开始调查国家社会里的农民以及传统小型社区所受到的资本主义影响。图中在巴拉圭首都亚松森（Asunción）的总统府前，一位讲瓜拉尼语的农民领袖在一群抗议土地征用的群众面前发表演讲。

维权人类学

至20世纪60年代，欧洲殖民国家基本上已经全部从其海外领地撤回。许多人类学家把注意力转向了非洲和亚洲的刚刚独立的国家，另一些关注中南美洲的国家。然而，由于反西方情绪和政治骚乱给世界上许多地方的田野工作带来了困难，大量人类学家在欧洲、北美洲本土研究其内部的文化变迁和冲突。其中许多问题涉及人类学家之前所研究地点的移民和难民，直到现在仍是人们关注的焦点。

一些人类学家不仅研究这些人群，而且在帮助他们适应新环境方面也发挥了一定的作用——这就是应用人类学的一个例子。其他一些人类学家成为农民社区、少数民族、宗教上的少数派，以及为保留其祖传土地、自然资源和传统生活方式而苦苦挣扎的原住民群体的辩护人。这两种人类学家都把精力集中于识别、预防和解决弱势群体面临的问题和挑战，这些群体作为复杂社会的一部分，其境况与事务一般由强大的外部机构和团体约束甚至决定，而他们通常无法控制这些机构和团体。

第一个明确、公开地提出寻求社会正义和文化生存的人类学研究项目，是1948年至1959年艾奥瓦州对梅斯克瓦基或福克斯印第安人部落保留地的研究。基于在这一北美印第安社群中所做的长期田野工作，人类学家索尔·塔克斯（Sol Tax）对政府资助的应用人类学研究项目提出了质疑，并提议研究者直接到“弱势的、受剥削的和被压迫的社群中去，（帮助他们）认识并解决他们（自己）的问题”（Field，2004，p. 476；Lurie，1973）。

在过去的几十年中，致力于社会正义和人权的人类学家越来越积极地参与到帮助原住民群体、农民社群和少数民族的工作中。如今，这一类以社群为基础并有政治参与的研究，被从事它们的人类学家称为参与人类学或维权人类学。

例如，墨西哥人类学家卡斯提洛（Rosalva Aída

Hernández Castillo）从事维权人类学已有二十余载了。她利用自己的新闻背景，将自己的学术工作与纸媒和广播媒体以及视频结合起来，在她的祖国促进对妇女权利的维护。她在下加利福尼亚州出生并长大，在斯坦福大学获得博士学位后回到了她的祖国。她现在是墨西哥社会人类学高级研究中心（CIESAS）的教授，曾在危地马拉边境地区的恰帕斯玛雅印第安社区进行田野工作。自20世纪90年代中期以来，该地区一直是有效捍卫原住民权利、促进区域自治、支持自决的原住民革命运动的中心地带。这些萨帕塔主义者以一位墨西哥革命英雄命名，他们反对由商业公司推动、由中央政府官僚机构保护、由军事力量促成的新自由主义（自由市场资本主义）。正如这位女权主义人类学家所指出的，萨帕塔运动是“拉丁美洲第一个要求将妇女权利作为其政治目标的基本组成部分的军事政治运动”（Hernández，2016）。根据与萨帕塔主义者以及女囚犯的相处，卡斯提洛将女权主义理论与承认女性权利、打击性别歧视与种族主义的原住民视角结合在一起（图14.4）。

上层研究

由于人类学家的使命是跨文化地理解人类状况，及其文化的复杂性——不仅仅是遥远的地方或我们自己社会边缘地带的文化——一些学者极力主张在世界主流社会的政治和经济中心展开民族志研究。这种拓展对于研究嵌于更大、更复杂的国家政治和经济进程，甚至国际机构和跨国公司中的群体或社群的应用或维权人类学家来说尤为重要。在进行这种尝试的人类学家中，劳拉·内德（Laura Nader）尤其值得关注。她创造了“上层研究”这个词，呼吁人类学家关注西方精英、政府官僚机构、跨国公司、慈善基金会、媒体帝国、商业俱乐部等。

然而上层研究说来容易做起来难，因为要在这些受到严密保护的圈子里进行参与观察是一项极大的挑战。而且当精英们遇到不对胃口的研究项目或研究成果时，他们有能力和政治权力来终止或严重妨碍研究的进行或研究成果的传播。

全球化和多点民族志

正如在第一章中提到的那样，全球化的影响无处不在。某地的事件和情况被千里之外的社会力量和人类活动形塑，反之亦然，相隔千里的地点由此被联系在一起。即便是相隔最远的社群，也会因为现代交通、世界贸易、金融资本、跨国劳动力供应和信息高

图14.4　维权人类学家卡斯提洛

基于她在墨西哥-危地马拉边境地区玛雅人中的研究以及在墨西哥西南部各种法律活动家项目中的工作，卡斯提洛将原住民视角融入了女权主义理论。图中是她出席2015年在危地马拉举行的美洲原住民妇女大陆网络第七次会议时的照片（她站在中间，身穿白色衣服，搂着另一名成员）。自1995年该网络成立以来，卡斯提洛就一直与之合作，她被认为是该组织的“团结伙伴”之一。在2015年的会议上，她应邀协调一个关于原住民法律、社区司法和性别权利的研讨会。

速公路的联系而彼此依存。实际上，现在所有的人类都生存在我们在本书中提到的“全球视野”中——这是一幅将全世界联系在一起、民族相互交织重叠、文化保持流动的景象。

全球化的后果之一是形成了远离自己家乡生活并工作的离散（源自希腊语diaspora，原意为“分散的”）人群。一些离散人群会有无根和碎片化的感觉，另一些人则会利用通信技术和家庭、朋友保持联系，从而超越了遥远的距离。通过互联网获取关于家乡和祖国的新闻，加上电子邮件、短信和各种社交媒体平台的兴起，地理上离散的人们把越来越多的时间花费在网络空间里（Appadurai，1996；Oiarzabal & Reips，2012）。这个由电子媒介组成的环境使得远离家乡的人们仍然能够了解家乡发生的事，维持他们的社交网络，甚至保持对族群身份的历史认同感，这种感觉在文化上把他们与那些在实际地理空间中共享日常生活的人们区分开来。

全球化带来了多点民族志——在多个时间和空间点，使用各种方法对嵌于全球化世界这一更大结构中的民族、文化进行调查和记录。在这种流动的田野研究中，研究者跟踪调查单个行动者、组织、物体、图像、故事、冲突甚至病原体在互相关联的跨国情境和地点中的活动，力图通过这种调查捕捉正在浮现的全球维度（Marcus，1995；Robben & Sluka，2007）。全球各地的难民社区也在其研究之列（图14.5）。

华裔美国人类学家安德莉亚·路易（Andrea Louie）关于华人身份认同的跨国研究，就是离散族群多点民族志研究的一个例子。随着田野研究的开展，路易来到了美国的旧金山、中国的香港及南部其他地方——包括她的祖籍所在：广东省铁岗村。她父亲的曾祖父在19世纪40年代离开了村子，并越过太平洋，成为加利福尼亚淘金热时期的一名铁路建筑工人。但是家族的其他成员仍然留在故乡。路易对她如何从不断变换的视角研究华人身份认同做了如下描述：

图14.5　多点民族志

20世纪80年代末，美国人类学家凯瑟琳·贝斯特曼（Catherine Besteman）开始在南索马里朱巴谷的班图人社区中进行田野调查，其后爆发的内战摧毁了这个国家，并使得很多人流离失所。自2003年以来，数千名索马里班图人迁移到缅因州的刘易斯顿，这里已成为凯瑟琳正在研究的另一个地点。她指导的科尔比学院的一些本科生参与了她对这些难民的研究。左图中，凯瑟琳（穿桔色上衣）正在访谈恰达勒（Qardale）村庄里的难民。右图是她的学生伊丽莎白·鲍威尔（Elizabeth Powell）与妮科尔·米歇尔（Nicole Mitchell）在伊曼·奥斯曼（Iman Osman）位于刘易斯顿的公寓中进行访谈，当时奥斯曼刚刚高中毕业。刚满四岁的时候，奥斯曼及其全家逃离了战争，并在难民营里待了10年才来到美国。

我就华人身份认同所做的工作运用了多点（民族志）的方法，旨在考察一个关系的方方面面，这个关系依据的是有关共同传统和发源地的隐喻，并在跨越国界后被重新锻造……我在人们的家中、公寓中、饭店里、文化中心、麦当劳、中国的村庄里，还有喷气式飞机上进行访谈，在某些时刻和场合，相互矛盾的各种关于华人族群性的论述发生碰撞，我所重点关注的就是这样的互动（Louie，2004，pp. 8~9）。

多点民族志中还出现了多学科方法的交叉，包括文化研究、媒介研究和大众传播的理论思想和研究方法。通过数字视频和音像技术，对网络空间的社交网络、交往实践和其他文化表达的田野研究的发展，就是其中一例。数字民族志有时也被称为网络民族志或网络志（Murthy，2011）。

即便在全球化进程不断推进的21世纪，一个世纪以前发展起来的民族志研究方法的精髓还是作用巨大且富有启迪作用。虽然人类学家的工具箱里加入了许多新技术，但人类学的标志——通过田野工作和参与观察进行全面研究——仍旧是宝贵且富有成效的传统。在对人类学研究目标和策略的演变进行了全盘的历史回顾后，我们将转向它的研究方法。

田野研究方法

每种文化都包含潜在的规则和标准，很难一览无遗。人类学家面临的主要挑战就是识别和分析这些规则，其基础是人类学田野工作——扩展的现场研究——通过参与某个社会的集体生活，收集关于其传统思想、价值观和习俗的深入而详尽的信息。

尽管文化人类学的视野已经扩展到了复杂的工业社会和后工业社会中的城市生活，甚至是网络空间中的虚拟社区，在传统小规模社会中发展起来的田野方法依旧是所有类型的社群研究的主要方法。这套方法依旧包括对社区日常活动的个人参与和观察，以及访谈、绘制地图、收集系谱资料、录制音频或视频资料。这一切都要从选择研究地点和研究问题开始。

选择研究地点和研究问题

人类学家一般不对他们自己的文化、社会或族群进行研究，而通常会选择一个别的国家。这是因为在自己的社会中进行人类学研究会出现一些特殊的问题，例如，个人经历和个人在社会中的地位可能会导致偏见。出于这个原因，人类学家倾向于通过研究其他文化来开始他们的职业生涯。一个人对其他文化的了解越多，对自身文化的认识就越富有创见和启迪性。

但是，不管在哪里进行研究，都需要事先计划，包括获得资金以及获得所研究社群的许可（必要时还要获得政府官员的许可）。如果有可能，在去到一个地点进行长时间研究前，研究者会去现场做一次先期的预访。

在初步探索了当地的条件和状况后，人类学家才能进一步明确他们要研究的问题。例如，新建的高速公路对一直以来与世隔绝的农业社区成员的心理状况造成了什么影响？又或是，在对异性之间的交往有着严格宗教限制的文化中，手机等新兴电子媒介的引入对长期存在的性别关系造成了什么影响？

预备研究

在出发去做田野研究之前，人类学家要做一些预备性的研究，包括深入研究所选择的族群和地点中现存的文字、视觉和声音信息。这可能需要接触并访问对该社群、地区或国家有所了解或者去过那里的人。

人类学家必须能够与他们选择进行研究的族群进行交流，所以他们必须学习该社群使用的语言。当今世界6000多种在用语言中，许多已有声音和文字记录，特别是在上一个世纪，进行了很多这样的记录，这使得人类学家在进入田野研究前可以学会一些外语。然而，还有一些当地语言没有被记录下来，就如同这门学科初建时那样。在这种状况下，研究者也许会找一个至少通晓两种语言的人来帮助自己学习当地语言。另一种可能是学习一门已被记录下来的相近语言，以确保在田野研究的最初阶段，拥有最基本的沟通技能。

更为重要的是，进入田野研究之前，人类学家还要研读理论、历史、民族志等方面的和自己研究课题相关的文献。在对现有文献进行深入探究后，人类学家会形成理论框架并提出研究问题，用于指导其田野工作。例如，美国人类学家拿破仑・查冈（Napoleon Chagnon）将社会生物学理论运用在对亚马孙雨林亚诺玛米人社群中的暴力现象的研究中，他认为：作为侵略性杀手而名声在外的男性比其他男性更具有生殖优势（Chagnon，1988a）。另一个美国人类学家克利斯托弗・博姆（Christopher Boehm）在研究黑山共和国斯拉夫山地民族的血族复仇习俗时，采用了不同的理论方法。他根据这种暴力传统的生态功能构想出了他的研究问题，因为这种习俗调节了为在艰苦环境中生存下去而竞争稀缺资源的各群体之间的关系（Boehm，1987）。

参与观察：民族学者的工具和助手

一旦进入田野研究，人类学家就要依靠参与观察——这种方法要求研究者在社群里待上一段时间，通过参与社会生活，进行观察，并与群体内成员进行访谈和讨论，了解该群体的行为和信仰（图14.6）。这项工作要求能够从社会生活和心理状态上都适应另一个社群的不同生活方式。敏锐的个人观察技能也是十分关键的，这需要运用所有感官——视觉、触觉、嗅觉、味觉和听觉——以感知另一种文化中的集体生活。

当参与到一种陌生的文化中时，人类学家经常会得到村庄或社区里某一个或几个人的慷慨相助。他们还可能会被某个家庭收留——甚至被收养——通过参与某户人家的日常生活，他们将逐渐熟悉该社群成员所共享的基本文化特征。

人类学家还会征募关键顾问来协助自己的工作——他们是被研究的社会中的一员，提供信息以帮助研究者理解他们所见之物的意义（早期人类学家把他们称为“线人”）。这些内部人员会帮助研究人员解开乍看之下相当奇怪、令人困惑和无法预测的世界的奥秘。田野工作者往往回赠物品、现金或服务，以感谢和报答他们付出的时间和专门知识。

人类学家在田野工作中最重要的研究工具便是笔记本、铅笔/钢笔、相机、录音机和录像机。大部分人还会使用装有数据处理程序的手提电脑。还有些人使用野外工具箱，包括全球定位系统、智能手机和其

图14.6　参与观察

人类学家的标志性研究方法是参与观察，这张照片展示了人类学家茱莉亚・吉恩（Julia Jean）（中间）的参与观察，她在印度东北部的一座寺庙里观察并参与了一个敬拜迦摩怯女神的印度教仪式。

他手持设备。一些研究人员现在会将小型无人机（飞行机器人）与轻型摄像机结合起来，用于收集数据和记录观测结果。

虽然研究者关注的可能是文化中某个特定的方面或问题，但为了获得事件发生的背景，他们会将文化作为一个整体来考虑。这种整体、综合的方法是人类学的一大标志，它要求研究者熟知日常生活中无穷无尽的细节，不管是普通的，还是非同寻常的。通过参与到社群生活中，人类学家可以了解到活动是如何被安排和实施的，以及其中的缘由。通过长时间的参与并留意其中的细节——一段时间内的细心观察、质询、倾听和分析——他们通常可以识别、解释，甚至预测一个群体的行为。

收集资料：人类学家的方法

人类学田野工作者收集的资料可以分为两大类：定量的和定性的。定量资料包括可统计或可测量的信息，如人口密度、人或动物的种群构成、房屋的大小和数量；每天工作的小时数；农作物的类型和数量；每个人摄入的碳水化合物或动物蛋白的数量；用于做饭或为住处供暖的木头、粪肥或其他燃料的数量；非婚生子女的数量；在社群内/外部出生和长大的配偶的比例；等等。

定性资料包括一些非统计信息，比如居住模式、自然资源、亲属关系的社会网络、传统信仰和习俗、个人生活史等。这些无法量化的数据通常是人类学田野研究中最重要的部分，因为它们捕捉到了文化的本质，这种信息能让我们深入了解不同民族人们的独特生活方式，帮助我们真正理解该人群感受、思考和行动的独特内容和方式，以及其中的缘由。

做调查

和其他社会科学家不同，人类学家一般不带着事先准备好的调查问卷进入田野工作。使用调查问卷的人往往需要在调查点花费大量时间获得社区信任后，才能编制出一份包含与当地文化相关的条目的问卷。无论所研究的社区是地理空间还是网络空间，使用调查问卷的人类学家都会将其视为包含大量定量资料的大型研究策略中的一小部分（图14.7）。他们认识到，只有在思考所见所闻、所参与的事件以及提问时保持开放的心态，才能发现文化的多个方面。

当田野工作往后开展时，人类学家会把他们脑海中的复杂印象和观察所得排列成一个有意义的整体，这有时是通过提出一个有限制条件的、低水平的假设并将其进行检验来做到的，但更多时候会运用想象力或跟随某种直觉。重要的是，需要时时检验所得结果的准确性和内在一致性，因为如果各部分不能相互连贯地组合在一起的话，很有可能是因为其中存在错误，这就需要进一步的探究。

在一个秘鲁村庄进行的两项研究说明了只通过调查来收集资料会产生的问题。一位社会学家在用问卷做了调查之后得出结论：村里的人们总是在彼此的田地上互相协作劳动。相比之下，一位在村庄里住了一年多（前面那位社会学家就在此期间进行了他的调查）的文化人类学家只看见过一次这样的事。人类学家长期的参与观察表明，虽然协作劳动在村民的自我认知中占有重要地位，但它实际上并不是一种普遍的生产实践（Chambers，1995）。

这里的关键问题是，问卷一般体现的是非常容易采用研究者这一外来人士的概念和分类，而不是被研究群体的。并且，它倾向于关注可测量的、可回答的和可行的问题，而不会深入社会或文化中不那么明显的、更为复杂的定性特征。

最后，出于许多原因，比如恐惧、无知、敌意或是为了索取报酬，人们可能会提供错误的、不完整的或带有偏见的信息（Sanjek，1990）。人类学田野研究的一个要点就是，把嵌入标准化问卷中的受文化束缚的观念从研究方法中除去。

图 14.7　网络空间中的调查

从2008年开始，美国人类学家杰弗里·斯诺德格拉斯（Jeffrey Snodgrass）一直在研究视频游戏。他在《魔兽世界》中进行了参与观察，通过对游戏者进行采访和问卷调查，收集了该虚拟社区的信息。他尤其关注玩家和《魔兽世界》中的虚拟人物之间的关系，虚拟人物在游戏中代表着他们自身。通过虚拟角色，玩家可以暂时脱离真实的人类世界，从而进入《魔兽世界》的迷幻景象。图中是斯诺德格拉斯（前排头戴尖耳帽的巫师形象）及与其合作研究虚拟世界的本科生与研究生一起组成的团队，他们聚在了《魔兽世界》中妖精弥撒亚形象的下方。

访谈

提出问题是田野调查的基础。人类学家的访谈可以分为两种形式：非正式访谈（日常生活中松散的自由问答）和正式访谈（在安排好的时间内基于事先准备的问题，进行问答并谨慎地记录）。非正式访谈可以在任何地点、任何时间进行——在马背上，在汽车上，在独木舟上，在一堆篝火旁，在仪式期间，以及和当地居民一起在社区中散步的时候，等等。这种随意的交流是极其重要的，因为在这样的对话中人们往往能最为自在地与人分享观点和情感。此外，在正式访谈中提出的问题通常来自在非正式访谈中获得的知识和洞见。

让人们敞开心扉是一门艺术，它来源于对知识和知识提供者的真正兴趣，这需要抛弃所有预设，培养真正的倾听的能力，甚至还要乐得当一名村人眼中净问些显而易见的简单问题的傻子。并且，高效的访谈者一开始就知道需要打破砂锅问到底，因为最初的回答也许会遮盖而非揭示真相。一般来说，问题可以分为两类：开放式问题（能和我说说你的童年生活吗？）和寻求明确信息的封闭式问题（你是什么时候在哪里出生的？）。

访谈者习惯于收集广泛的文化信息：从生活历史、家系、神话到手工技能和生育习俗，以及与疾病、食物禁忌等有关的信仰。其中，家系资料尤其重要，因为它们提供了一系列与社会习俗（如表亲婚姻）、世界观（如祖先崇拜）、政治关系（如部落联盟）和经济安排（如氏族公地上的狩猎和收割）有关的信息。

研究者会使用诱导手段——用活动和物品来使人们回忆和分享信息。这样的例子不胜枚举：和本地人一起散步，向他请教歌谣、传说以及与地理特征相关的名字；分享自己家庭和邻里的情况，并邀请对方也分享；加入社区活动，请当地人解释相关做法以及原因；拍摄具有文化意义的物品和活动，并将其与当地人分享并请他们解释照片里的内容，将研究结果展示给社区的成员，并记录他们的反应。

绘制地图

许多人类学家进行田野研究的地方十分偏远，罕有地理文献。即使制图师绘制了这个区域的标准地图，地图上也基本不显示对当地居民具有重要文化意义的地理和空间特征。居住在祖先故土上的人们对该地区以及他们为各个地点所起的名字有着特别的理解。这些地名也许会传达一些关键的地理信息，例如描述一个地点的地貌、危险之处和珍贵资源等独有的特征。

地名可能源自某个具有政治含义的实物，如总部、领土边界等。也有一些只在当地人的文化语境，在他们的神话、传说、歌谣和口述传统所描绘的世界观中才有意义。因此，为了真正理解一个地方，一些人类学家会自己绘制详细的地图，记录他们所研究人群居住的土地上具有文化意义的地理特征。除了标出当地的地名和地理特征，人类学家还会标出与满足当地人生存需求的生产实践有关的信息，如动物迁徙路线、最佳捕鱼地点、草药和木柴的采集地，等等。

人类学家出于各种原因越来越多地介入关于原住民土地占用的研究中，包括记录传统的土地所有权诉讼案。构建某一地图档案的研究者会从不同的来源收集信息：当地人口述历史，早期探险者、商人、传教士和其他访客所做的文字描述，从考古挖掘中获得的资料。

这类人类学研究的一个例子发生在加拿大西北部，工程公司计划在阿拉斯加公路下铺设天然气管道。由于管道会直接穿过原住民居住地，当地原住民社群领袖和联邦政府官员坚持要开展研究，以评估这项新工程对当地居民的影响。这项研究中的一位参与者，加拿大人类学家休·布罗迪（Hugh Brody）解释道：

> “这些地图是研究的关键所在，也是其中贡献最大的部分。狩猎者、捕兽者、渔夫和采集浆果者画出了他们一生中使用过的所有土地，圈出了每种动物的捕猎地区，还标出了集合地和宿营地——他们在这片土地上所做的每一件事，都尽可能标注在了地图上。”（Brody，1981，p. 147）。

如今，通过全球定位系统（GPS）等技术手段，研究者可以通过各个卫星所发射信号的传达时间来精确地计算距离。他们可以创建地图，准确定位人类聚居地的位置，以及其中住所、园地、公共空间、水坑、牧场、环绕的群山、河流、湖水、海滨、岛屿、沼泽、森林、沙漠等所有与这个地区的环境有关的特征（图14.8）。

为了对这些地理空间信息进行储存、编辑、分析、整合和展示，一些人类学家会使用地理信息系统（GIS）这一制图技术。利用地理信息系统，可标出某一环境中的地理特征和自然资源——使之与人类学信息相关联，包括人口密度及其分布、亲族关系的社会网络、土地的季节性使用规律、对土地所有权的个人或集体诉求、出行线路、水源等。研究者亦可利用GIS整合信仰、神话、传说、歌谣及这个地区其他的文化数据。另外，他们还可以建立与资料分析和自然文化资源管理有关的互动问答（Schoepfle，2001）。

拍照和摄像

正如已经指出的，大多数人类学家会在田野工作

图14.8　收集GPS数据

对美国人类学家迈克尔·赫肯伯格（Michael Heckenberger）来说，在生活于亚马孙热带雨林南端兴谷河上游的奇库鲁人中进行的田野工作已经成为一项合作任务。他和研究团队中其他领域的专家一起训练当地的部落成员，以辅助研究他们的祖先文化，包括寻找古代土方工程的遗迹并对其进行绘制。上图是训练有素的当地人助理奎尔·魁库洛（Laquai Kuikuro）正在收集一块现代木薯地的GPS数据——木薯是巴西亚马孙原住民社区的主食——并检查下载的数据。右边是一幅通过地球资源探测卫星图像绘制出的GPS图，它展示了兴谷河上游叠盖的土方工程。

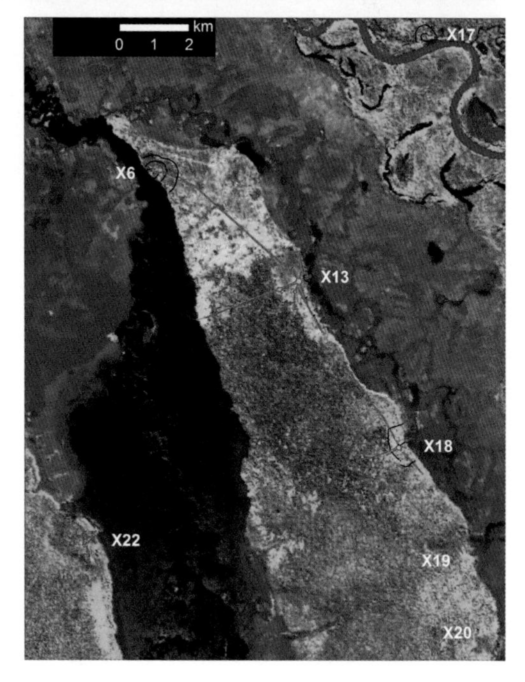

中使用相机、笔记本、计算机或录音设备来记录他们观察到的东西。一个多世纪以来，拍照在人类学研究中发挥了重要作用。例如，19世纪80年代初，弗朗兹·博厄斯在加拿大北极地区的因纽特人中进行他的首次田野研究时就拍摄了照片。几年后的1894年，电影摄影机被发明出来，于是，人类学家开始拍摄人们的活动——记录传统舞蹈和其他感兴趣的人类学项目。

随着电影技术的发展，人类学家为了进行广泛的跨文化研究，越来越多地转向视觉媒体。一些人类学家在社群调查和引导技术中仍然使用摄影机，另外一些则带着胶卷相机进入田野工作，以记录遥远的、正在消失的传统觅食者、放牧者和农耕者的世界。少数人的研究集中在记录非语言交流的传统模式上，如肢体语言和社交空间的使用。1960年，随着便携式同步音响摄像机的发明，在对全球进行跨文化记录方面，人类学田野摄影变得日益重要。

从20世纪80年代的数字革命开始，世界各地的视觉媒体使用率出现了爆炸式增长。有时，可以在人类学家研究的村庄里找到一些拍摄自己的照片、录制自己的故事和音乐的当地人。对做田野研究的研究者来说，本地人制作的音频和视频档案可以提供非常宝贵的文化信息。本章“人类学家札记”专题详细地讲述了人类学影视技术的发展历史。

人类学家札记

玛格丽特·米德（1901—1978）与格雷戈里·贝特森（1904—1980）

从1936年到1938年，玛格丽特·米德（Margaret Mead）和格雷戈里·贝特森（Gregory Bateson）一同在巴厘岛进行田野调查。贝特森是米德的丈夫，他是一名英国人类学家，曾经受过阿尔弗雷德·C.哈登（Alfred C. Haddon）的训练，哈登于1898年率队考察托雷斯海峡，并因制作了首部人类学田野考察电影闻名于世。在巴厘岛期间，贝特森拍摄了大约2.5万张照片、摄制了2.2万英尺长的电影胶卷。1942年，这对夫妇共同完成了影像民族志《巴厘人的性格：影像分析》（*Balinese Character：A Photographic Analysis*）。

同年，贝特森作为人类学影像分析师进行了对德国电影的研究，后来米德也和另外几位人类学家开始了围绕外国虚构叙事片的主题分析。她后来将一系列这样的视觉人类学研究成果汇集起来，与他人一起将其合编成了一卷名为《远距离的文化研究》（*The Study of Culture at a Distance*）的著作。

米德不知疲倦地推进民族志摄影和摄像技术在学术研究中的运用。1960年，也就是便携式同步音响摄像机被发明出来的这年，米德正担任美国人类学会主席一职。她在协会的年度大会上发表讲话时，指出了她所看到的学科的不足之处，力劝人类学家更有效地使用相机和摄像机。她指责同事们没有充分利用新近发展的技术，抱怨说，人类学已经变得“只能依靠文字，文字，还是文字”。

米德留下的遗产在许多场合被人们纪念，包括1977年以来，每年由纽约市美国自然历史博物馆举办的玛格丽特·米德电影节。与之相应，在2001年庆祝玛格丽特·米德百年诞辰之际，美国人类学会签署了一份划时代的视觉媒体政策声明，敦促学术委员会在对学者进行考核以招聘、提升、授予终身教职时，除了民族志写作，还要考虑到民族志影片方面的学术成果。

结束巴厘岛为期两年的田野工作后，玛格丽特·米德和贝特森于1938年开始对巴布亚新几内亚的研究，他们在那里为自己拍摄了这张照片，以此来强调相机作为民族志工具包中的一部分所具有的重要性。注意米德身后三脚架上的照相机和放在桌上的其他相机。

田野研究的挑战

虽然人类学田野工作为更深刻地洞察所研究的社群提供了一系列大好机会，但它也带来了如同潘多拉魔盒一般的挑战。就如在第一章中简略提过的那样，田野工作中的人类学家有可能会面对大量生理、社会、精神、政治和伦理方面的挑战。他们还必须完全参与到社群的工作和社会活动中。在接下来的段落里，我们将展示一些人类学家在田野工作中通常要面对的个人困境。

社会接受度

在决定了去哪里做田野研究、要关注些什么之后，人类学家便踏上了去往田野地点的旅途。在工作的最初阶段，他们通常会进入一个与自己文化不同的社区，大多数人都经历了极大的文化震撼（个人的方向迷失和焦虑）并感到孤独——他们要和一群陌生人建立社会联系，而这些人既不知道他们是谁，也不知道他们来这里的原因，或他们想从这里获取什么。总而言之，一个到访的人类学家对于他要研究的人群来说，就像这个人群对人类学家来说一样，都是很神秘的。

尽管研究者可能会以各种各样的方式被接待，但可以肯定的是，人类学田野工作的成功取决于研究者和被研究者相互之间的善意，以及发展友谊和其他有意义的社会纽带的能力。被亲属关系网络吸收以后，人类学家不仅获得了社会接触途径和某些权利，也承担了与其新的家族身份相联系的社会义务。这类关系可能是长久而深远的，如同史密森学会人类学家威廉·克罗克（William Crocker）所阐明的那样，1991年，他回到了阔别12年的卡内拉部落社群中。20世纪50年代到70年代，他在巴西与这些亚马孙印第安人断断续续生活了66个月（图14.9）。1991年，当他走出把他带回去的单马达传教士飞机时，卡内拉人立即将他团团围住：

> 一落地，我便一边在脑海里搜寻着各种名字和称谓，一边和许多人握起手来。没过多久，我的卡内拉母亲鸽女（Tutkhwey）就把我拉到飞机的机翼下，又把我推倒在一块垫子上。她把双手放在我肩上，跪在我身旁和我头挨着头，用一种真假音变换的方式大声地哭喊着一些哀恸的字眼，眼泪和痰滴落在我的肩膀和膝盖上。这是一个已经被年轻女性抛弃了的习俗，她不仅在为我的归来哭泣，也在为失去她的成年女儿蝙蝠女（Tsep-

图14.9　田野工作中的社会接受度

美国人类学家威廉·克罗克在巴西的卡内拉印第安人中进行了数十年的田野工作。他现在仍然会定期造访这个社区。在这张拍摄于1964年的照片中，一位卡内拉妇女（M~i~i- kw'ej，鳄鱼女）在社区其他成员的注视下给他剪了一个传统发型。她是克罗克在卡内拉的家中的“兄弟”的妻子，因此在卡内拉亲属关系中，她也就是克罗克的“妻子”。在卡内拉传统中，母亲、姐妹或女儿为男人剪头发是不合适的。

khwey）而哭泣（Crocker & Crocker,2004，p. 1）。

自从这次重聚后，克罗克每隔一年就会去拜访卡内拉社群，和当地人待在一块儿，并总是受到热烈的欢迎。虽然很多人类学家在他们进行参与观察的社群中成功地得到了社会的接受，甚至被领养，但是很少会有人抛弃自己的家乡，完全变成当地人——因为就算长时间居住在一个社群中，并且学会了得体的行为和交流方式，也很难成为真正的圈内人。

不信任与政治张力

田野工作期间的一大挑战是可能会卷入政治对抗局面，并在不经意间为社群中某一派系所利用。另外，还可能被政府当局以怀疑的眼光看待，他们可能会将人类学家的系统调查看作间谍活动，把人类学家作为间谍监视起来。例如，美国人类学家琼·纳什（June Nash）在正经历暴力改革的多个拉美社群中做田野调查时，就遇到了严峻的政治和个人挑战。作为一名局外人，纳什试图避免卷入争端，但在调查玻利维亚高地一个以锡矿业维生的社群时，她还是无法维持作为观察者的中立立场。当当地矿工和持有武器的矿主之间的争执升级成暴力的时候，纳什发现自己处在一个革命性的环境中——矿工将她的录音机视为密探工具，并怀疑她是美国中央情报局的特务（Nash，1976）。

赢得人们的信任，让他们愿意向一名外来者真实地展示自己并分享未经遮蔽的文化，是所有人类学家面临的首要挑战。有些人类学家未能成功地应对这个挑战。如美国人类学家林肯·凯瑟（Lincoln Keiser）开展的高难度田野工作，田野地点是坐落于巴基斯坦西北部山脉的偏远小镇图尔（Thull）。凯瑟冒险去到那里，想要探究克西斯塔尼（Kohistani）部落社群中的血亲复仇习俗。这一社群由6000名穆斯林组成，在严酷环境中，他们将混合农牧业作为维持生计的手段。然而，他千里迢迢前往研究的人群并不欢迎他的到来。凯瑟说，这个地区的许多极端独立和武装的部落成员把他当作外国“异教徒”，并加以极大的轻蔑：

> 我在图尔逗留期间，许多人坚持认为我是魔鬼派来危害社群的生物……（在那里做田野工作）是一次失败的实验，最后，一个由最激进的反对者组成的政务会（Jirga）逼迫我离开图尔，这比我原先的计划早3个月……不过我在仇恨中还是学到了不少东西（Keiser，1991，p. 103）。

社会性别、年龄、意识形态、族群性和肤色

凯瑟在田野工作中遇到的挑战部分来源于他的非伊斯兰教身份，这个身份标志着他在当地社群中是一名外来者。另外，社会性别、年龄、意识形态、族群性和肤色也会影响研究者接触社群的机会。例如，男性研究者在采访女性或观察某些女性活动时就可能会面临阻碍或严格限制。与之类似，在有性别隔离习俗社群的男性社区，女性研究者也许不会受到欢迎。说到肤色，非裔美国人类学家诺里斯·布洛克·约翰逊（Norris Brock Johnson）在美国中西部做田野调查时就遇到了社会阻碍，但在贝基亚岛上研究传统制船术时，深色皮肤帮助他获得了“通往加勒比黑人造船匠世界的许可证”（Robben，2007，p.61；Johnson，1984）。

人身危险

在异国他乡进行田野调查可能是一项冒险活动，有时候可能会遭遇人身危险。一些人类学家在田野调查中死于事故或疾病，还有一小部分人被杀害（Embree，1951；Price，2011）。一场事故结束了美国人类学家米歇尔·罗萨尔多（Michelle Rosaldo）的生命。她是一名37岁的母亲，也是一名大学教授，她

返回菲律宾准备在伊隆戈开展更深入的田野调查。她与丈夫及其他人类学家在吕宋岛山间小路上艰难跋涉时，不幸坠亡。

另一个悲剧事件发生在理查德·康登（Richard Condon）身上，他是由美国国家科学基金会资助的美俄研究小组的一员，该小组对远东与阿拉斯加地区的健康、人口增长和社会化开展人类学研究。1995年夏末，他和3个同事以及5个因纽特人坐船沿白令海峡漂流时，发生了翻船事故。一头曾被西伯利亚因纽特猎手弄伤的鲸鱼袭击了他们的船只。船上9人都在冰冷的海水中丧生了（Wenzel & McCartney，1996）。

近年来，瑞典人类学家安娜·赫德伦德（Anna Hedlund）在非洲刚果共和国研究反叛组织的文化时，面临着另一种危险。她和反叛者住在一起，并调查他们如何界定暴力并使其合法化，她的周遭充满了紧张和冲突（图14.10）。

主观性、反身性和验证

不管是在国内还是在国外做研究，人类学家试图确认每一种文化背后潜藏的规则时，必须尽力克服真实存在的挑战——他自身或被研究社群所带有的偏见或主观性。研究者在开展田野工作时需要不断检讨自

图14.10　危险的人类学

瑞典人类学家安娜·赫德伦德在危险重重和政治紧张的环境中完成了研究任务。目前，她正在非洲刚果共和国研究反叛组织的文化，并重点关注反叛者如何界定暴力并使其合法化。她在刚果东部南基伍省的各个军营中进行广泛调查。图中，她与同伴在5天的长途跋涉后，正在休息。为了保护自己的身份他们都戴上了面具。

身或文化的偏见与预设——并且将这些反思成果和观察结果一同呈现出来，这种批判的自省实践被称为反身性。

由于对真实的看法因人而异，人类学家在描述一种文化时必须极其小心。为了准确做到这一点，研究者必须寻找并考虑三种数据：

其一，人们对自己的文化和共同规则的理解：他们认为其社会应当是什么样的；

其二，人们认为自己对这些规则的遵守程度：他们如何思考自己的实际行为；

其三，可以直接观察到的行为：人类学家实际看到的。

显然，人们的理想行为方式，与其认为自己实际做出的行为方式，以及真正实际做出的行为方式可能大相径庭。通过小心谨慎地考察、比较这些元素，人类学家可以拟就一套规则来说明文化内部可接受的行为。

基于某个群体理想化的自我认知可能会得出错误结论，除此之外，人类学家的误解还有可能源自自身的文化或社会性别和年龄所塑造的个人情感和偏见。必须认识到这一挑战，并竭尽所能进行克服，否则会严重误解亲眼所见的内容。

一个相关例子是，在具有男性偏见的波兰文化中长大的马林诺夫斯基，在对特罗布里恩岛人进行先驱性研究中忽视了重要的因素。如今，人类学家在进入田野工作之前，会获得专门训练，而马林诺夫斯基在1914年开始做田野调查，当时，他几乎没有做任何正式准备。下面“原著学习”的作者是美国人类学家安妮特·韦纳（Annette Weiner），她在60年后去到了马林诺夫斯基所去过的同一座岛上进行研究，其结果显示了社会性别的影响——其中一方面是左右研究者观点的文化偏见，另一方面是当地人与不同研究者分享的不同信息。

正如“原著学习”所表明的那样，很难判断人类学描述和结论的准确性。在自然科学领域，科学家可以用重复观察和实验来确认其他研究者结论的可靠性，这样就能亲自验证同事有没有做对。但是对田野研究进行验证具有独特的挑战性，因为通往研究场所

特罗布里恩岛妇女的重要性

安妮特·韦纳

在田野工作早期，进入村庄就如同进入一个没有文化路标的世界。学习其他人安身立命的价值从来都不是一件易事。田野工作的艰辛任务包括倾听、留神观察、学习一种新的语言和行动，其中最要紧的是放弃自己的文化预设，以便理解他人赋予工作、权力、死亡、家庭和朋友的意义。在巴布亚新几内亚特罗布里恩岛进行田野工作时，我顽强地试图弄清楚这些问题中的每一个——并面临着一个额外的挑战，因为我正在追随著名人类学鼻祖布罗尼斯拉夫·卡斯帕·马林诺夫斯基（Bronislaw Kasper Malinowski）的脚步而工作……

1971年第一次去特罗布里恩岛访问前，我以为通过阅读马林诺夫斯基那包罗万象的作品，自己已经对特罗布里恩岛人的许多风俗和信仰有所了解。然而一到那里，我发觉许多东西都有待发现。我在一些重要领域发现了显著差异后，逐渐明白了他是如何得出某些结论的……

我与马林诺夫斯基最不同的一点在于，给予妇女生产劳动的关注。在我最初的研究计划里，妇女不是主要关注点，但是就在入住村落的第一天，我被她们带去看她们自己的财富——一束束香蕉叶和香蕉纤维制成的裙子——在最近去世的某人的纪念会上，她们

与其他妇女交换这些东西。这一事件使我更认真地关注妇女的经济作用，而阅读马林诺夫斯基的研究成果时，我对此没有加以重视。

虽然马林诺夫斯基指出特罗布里恩岛妇女拥有较高的地位，但他将其重要性归因于特罗布里恩岛人通过妇女来认定世系。他从未考虑过这种重要地位是由妇女的财富支持的，因为他没有系统研究过妇女的生产活动……

我认真对待妇女财富的重要性，不仅使女性作为社会中被忽视的另一半明确地进入了民族志的视野，而且也迫使我修正马林诺夫斯基对特罗布里恩岛男子做出的许多假设。……在马林诺夫斯基看来，特罗布里恩岛人家庭内的基本关系是由“母亲－权威”和“父亲－慈爱”的母系原则指导的。父亲被称为“陌生人”，对自己的孩子来说几乎没有权威。妇女的兄弟是发号施令的人物，对他姐妹的儿子们有很强的控制力……

在特罗布里恩岛上，妇女的财富由香蕉叶和香蕉纤维制成的裙子所组成，在亲戚过世时需要送出大量的财富。

在我对特罗布里恩岛男人和女人的研究中，呈现了母系继嗣的不同配置。特罗布里恩岛人的父亲不是马林诺夫斯基定义的“陌生人”，也不是没有权威的形象。父亲是他孩子生命中最重要的人物之一，并且，孩子长大结婚后，依然如此，父亲会给他的孩子很多机会从其母系世系群获得东西，因而增加其可利用的资源。

同时，这种赠予在男人的孩子们那方生成了对他的义务，这种义务甚至在他死后仍会延续。因此，男人与孩子们在各自生活中所起的作用是通过广泛的交换圈实现的。这些交换决定了他们相互关系的强度，最终使双方母系世系群的其他成员也得益。女人和她们的财富在交换圈中处于中心地位。

直到最近，人类学家才开始认识到妇女工作的重要性。在过去，“女性的视角”在性别角色研究中被大大忽视了，因为人类学家普遍认为妇女活在男人的阴影之下——占据的是社会的私人层面不是公共部门，负责养育儿女而不是从事经济或政治事务。

的道路可能受限或完全受阻，这主要受以下因素影响：经费不足、途中的后勤困难、获取许可的问题、文化及环境条件的变化。这些因素意味着在某时某地观察到的东西未必能再次观察到。因此，研究者便很难确认他人研究的可靠性或完整性。

由于这个原因，人类学家负有报告事实的重大责任，包括披露与其研究相关的关键问题：为什么选择某个地点做研究？研究目的是什么？在田野工作过程中，当地的状况如何？谁提供了关键的信息和重要的观点？如何收集和记录数据？若没有这样的背景信息，很难判断描写的有效性和研究者结论的可靠性。

完成民族志

在收集完民族志材料后，接下来的挑战就是把收集到的东西拼成连贯的整体，以对文化进行准确的描述。传统上，民族志是一份详细的书面描写，包括一些主题章节，诸如开展田野工作的环境和地点、其历史背景、现居社群或人群、自然环境、居处模式、满足生存需求的生产实践、亲族关系和其他形式的社会组织网络、婚姻和性行为、经济交换、政治制度、神话、神圣信仰和仪式，以及当代发展等。另外再配以照片、地图、亲属关系图，以及展示社会和政治组织结构、聚落布局、住处的建筑平面图和某些季节性循环的图片，等等。

有时田野研究不仅以文字记录下来，还会被以录音和影像的形式记录下来。视觉记录可用于提供旁证和图解，也可用于分析或作为访谈中收集额外信息的一种手段。此外，为记录和研究之用拍摄的影像也可以被用在纪录片中。这类电影和书面民族志并无区别，也是一个有结构的整体，由无数经过挑选的片段、视觉蒙太奇、声音和图像的并置与叙事序列组成，这些片段被有条理地编辑为对田野研究对象的精确视觉展示（El Guindi，2004）（图14.11）。

图14.11　人类学电影摄制者胡台丽

人类学电影摄制者胡台丽是中国台湾的优秀民族志电影先驱，她已经编导并产出了6部不同主题的纪录片——包括传统仪式和音乐、发展问题和民族与族群问题。图为她在台湾南部的排湾族村落中拍摄5年祭庆典：在这个持续数天的仪式中，排湾族会庆祝他们与祖先及神灵的联盟。传统观念认为祖先的灵魂会参加他们的聚会，村民们会用特殊的歌舞与食物祈求祖先神灵的庇佑。

近年来，人类学家开始尝试各类数字媒体（Ginsburg，Abu-Lughod，& Larkin，2009）。数字化民族志的出现极大地增强了人类学研究、解释和展示的潜力。数码记录仪器为民族志学家提供了大量材料以分析和建立假说。他们还会以各种方式——DVD、摄影专题、博客或视频博客——分享他们的发现。

民族志理论建设

民族志在很大程度上是描述性的，它提供了民族学所需的基本资料——民族学是进行跨文化比较，并发展理论以解释人群间特定差异和相似之处的文化人类学分支。正如第一章所言，人类学研究的最终成果是一份能够为理解某一民族的观念和行为提供解释框架的条理清晰的陈述。像第一章所讨论过的那样，理论不同于学说或教条。教条是由某种权威正式发布下来的对某一观点、信念的断言，它是不容置疑的，并被接受为一种信仰。

人类学家并不声称任何一个关于文化的理论是绝对真理。相反，他们用概率来衡量一个理论的有效性和可靠性；真实的就是最有可能的。虽然人类学家在文化如何起作用、如何变迁这样复杂的问题面前会避免做出绝对的判断，但他们能够并且确实提供了事实来证实或证伪某个假说。因此，一种理论并不像人们通常误认为的那样仅仅是推测，而是对观察到的事实进行严格检验后的解释。

科学的理论依赖可论证的、基于事实的证据和重复的检验，并总是愿意听取新证据、新洞见所提出的质疑。由于理论的这个特点，随着跨文化知识的增长，某些人类学理论便在概率上胜出了。当人们发现新的理论基于更好或更完整的证据，并且更有效、更可信时，就不得不抛弃旧的解释或阐释了。最后，理论也可引导人类学家系统阐述新的研究问题，并帮助他们决定收集哪些资料以及如何赋予这些资料意义。

民族学和比较方法

人类学理论可以产生世界范围的跨文化或历史比较，甚至是与其他物种的比较。例如，人类学家可能会检验全球各个社会的样本以确定解释某个现象的假说是否有事实证据。除了自己收集的证据，跨文化的研究者必然要依赖其他学者收集的证据。

使得跨文化比较成为可能的关键资源之一是人类关系区域档案（Human Relations Area Files，HRAF），它收藏了大量民族志和考古资料，并将其按照文化特性和地理位置分类、编辑参照索引。这个仍在扩充的数据库归类了700多种文化特性，包含了近400个世界各地过去或现存的人类社会。人类关系区域档案包含将近100万页的信息和大约300 个图书馆（以微缩胶卷或在线形式存在），几乎促成了任何关于文化特性的比较研究——战争、满足生存需求的生产实践、居处模式、婚姻、仪式等。

除此之外，对某一社会或文化的信仰或行为感兴趣并希望找到解释的人类学家还可将人类关系区域档案用于检验其假设。例如，佩吉·里夫斯·桑迪（Peggy Reeves Sanday）检验了从人类关系区域档案中提取的156个社会的样本，试图回答关于不同社会中性别和支配优势的问题。她于1981年发表的比较研究成果《女性权力和男性优势》（Female Power and Male Dominance）反驳了“女人总是从属于男人”这个普遍的误解，为了解男女之间的关系开启了新的视角，被视为性别研究的重要里程碑。

文化的比较研究并不局限于当代的民族志资料。事实上，人类学家时常使用考古学和历史学资料来检验与文化变迁有关的假设。文化特性被认为是由特定条件造成的，那么便可以通过考古学考察具有这种条件的相似情形。同样，民族历史学提供的资料也很有用，它通过口述史或探险者、传教士、商人的描述，或是对土地所有权凭证、出生和死亡记录以及其他档案材料的分析来研究近代文化。

人类学理论概述

前一章节展示了文化作为动态调适系统的柱状模型，其中，社会结构、经济基础和上层建筑错综复杂地相互作用。这个模型帮助我们将文化想象成一个整体，从而把相当复杂的东西简化成基础的结构来思考。虽然人类学家大都把文化定义为整体的和综合的，但对于组成整体的各部分的相对重要性和它们的相互关系，学者往往有着不同的看法。

有专门的著作对人类学的许多理论观点加以介绍。此处仅对各种理论派别做一简要概述，以展现人类学理论视野及其对文化的解释和阐释方式。

理念主义

在分析文化时，一些人类学家认为人类的行为主要基于其观念、概念或符号象征系统。在研究和分析过程中，这些人类学家总是强调，要理解或解释人们为什么如此行动，必须深入他们的头脑，并试图理解他们是如何想象、思考、感受和讲述他们所生活的世界的。由于把上层建筑（观念、价值等）放在首位，它被称为精神或理念主义观点。

理念主义观点的例子有心理和认知人类学（文化和人格）、民族科学、结构主义、后现代主义，以及象征和阐释人类学。例如，在法国人类学家克洛德·列维-斯特劳斯提出的结构主义中，文化被分析为人类大脑心理结构的产物，它使我们以二元对立（如生/

死、昼/夜、热/冷、男性/女性、朋友/敌人、生/熟）的方式以及它们的调解（通过神话、亲属关系、法律等）概念化我们的世界和社会现实。

另一种理念主义的观点是阐释人类学，它与著名人类学家克利福德·格尔茨（Clifford Geertz）有关，他主要把人类看作“象征性的、运用概念的、寻求意义的”生物（Geertz，1973，p. 5）。格尔茨发展了一种极具技巧的田野研究策略：选择具有文化意义的事件或社会戏剧（例如巴厘岛的斗鸡），并把它们作为“深度游戏”来进行观察和分析，这能够得出关键的文化见解。在详细的民族志叙述中，把社会建构的意义层层剥开，便能达到格尔茨所提倡的对事件的“深描”。

唯物主义

许多人类学家持有与理念主义者不同的理论观点，他们在解释文化时强调分析决定了人们生活的物质条件。他们开始研究时，关注的可能是可用作食物和庇护所的自然资源清单、需要喂饱和取暖的人数、用以维持生计的工具，等等。强调这类环境或经济因素在塑造文化时起重要作用的人类学家，一般来说持有唯物主义观点。

唯物主义的理论方法包括马克思主义、新进化论、文化生态学、社会生物学和文化唯物主义。例如，在文化生态学中，人类学家主要强调文化中使人们用以适应自然环境的生存机制。在文化生态学的基础上，一些人类学家又加上了政治经济学的考量，包括工业生产、资本主义市场、工资和金融资本。政治经济学观点和马克思主义理论是紧密相连的，它认为社会中的重大变化是对立社会阶层发生冲突的结果，即拥有财富的人和贫穷的人之间冲突的结果。

作为这一观点的扩大，政治生态学理论出现了——结合了文化生态学和政治经济学，考虑新兴的全球性的生产和贸易系统。与此紧密相关的是马文·哈里斯（Marvin Harris）（1979）的文化唯物主义研究策略。他强调环境、人口、技术、经济在精神和社会状况方面的决定性作用，并认为人类学家应当把观念、价值和信仰解释为对经济和环境条件的适应（见“生物文化关联”专题）。

其他理论视角

并非所有的人类学观点都可完全列入理念主义或唯物主义阵营。例如，有些把社会结构放在首位，给予文化柱状模型的中间层很大关注。尽管很难将这类人类学家所持有的不同观点做清晰的分类，但是其中由法国先驱社会思想家提出的理论解释，影响了结构—功能主义的发展，它重点关注社会关系的潜在模式或结构，并赋予文化制度功能，因为它们在维持一个群体的社会秩序方面有所贡献。

除了上述三个群体，还有许多其他的人类学观点。有些人强调发现普遍模式甚至法则的重要性。早期人类学家相信他们可以通过单线进化的人类普遍文化进程发现这样的法则，即一开始是从前所说的“野蛮时期”，接着是“蒙昧时期”，渐渐地朝着被称为“高级文明”的人类至真至善的状态发展（Carneiro，2003）。

虽然人类学家很早就抛弃了这种大一统的概括，认为它是不科学和种族中心主义的，但仍有一些人继续寻找人类文化发展的普遍法则，他们以人均获取能量水平的提高来衡量技术进步，这一理论观点有时被称为新进化论。另一些人关注基因和行为的相关性，试图用自然选择法则解释人类社会行为不断重现的规律，这和社会生物学的理论观点一致。然而，另一些人强调每一种文化都是独特的，只能从其特有的历史进程和情形来理解，因而否认对文化做出总体概括的可能性。有些人甚至更进一步，主要关注对群体中单个成员的生活史的描述和分析，以揭示文化的产物。

除了这些文化历史观，还有其他不以发现普遍化

生物文化关联

爱猪者和恨猪者

马文·哈里斯

在《圣经·旧约》中，以色列人的上帝谴责猪是不洁的野兽，如果吃它或触摸它，就会被污染。后来，真主向他的先知穆罕默德传达了同样的基本信息。尽管比起其他任何动物，猪能更有效地将谷物和块茎转化为高级脂肪和蛋白质，在今天数百万犹太人和穆斯林心中，猪仍然是可憎的。

是什么促使他们谴责这样一种大部分人喜爱食用的动物？几个世纪以来，最流行的解释是：猪在自己的尿液里打滚，还吃粪便。但将这一点与宗教憎恶联系起来会导致前后矛盾。饲养在密闭空间中的奶牛也会沾染上尿液和粪便。

12世纪，埃及一位广受尊敬的犹太哲学家和医生迈蒙尼德（Maimonides）认识到了这些矛盾，他说上帝对猪的谴责是一种公共卫生措施，因为猪肉“对身体有不好的、破坏性的影响”。19世纪中期，人们发现食用未煮熟的猪肉会引发旋毛虫病，这似乎验证了迈蒙尼德的推理。具有改革意识的犹太人随后放弃了这一禁忌，他们坚信，如果煮熟的猪肉不会危害公众健康，那么吃猪肉也不会冒犯上帝。

学者认为，这一禁忌源于这种动物曾被认为是神圣的——但这种解释是不充分的，因为绵羊、山羊和奶牛也曾在中东被崇拜，而该地区所有宗教团体都喜欢吃它们的肉。

我认为，对这种宗教谴责的真正解释是：养猪业威胁到了中东地区基本文化和自然生态系统的完整性。在3000多年前征服巴勒斯坦的约旦河谷前，以色列人一直是游牧民族，几乎完全靠绵羊、山羊和牛维生。与其他所有牧民一样，他们与绿洲和大河边的定居农民保持着密切的关系。在这种农牧结合的情况下，猪肉禁令构成了一个健全的生态战略。牧民无法在干旱的栖居地养猪，而在半定居的农业人口中，猪更多的是一种威胁而不是资产。

造成这一现象的根本原因是，世界上的游牧地区往往对应的是未被森林覆盖的平原和丘陵，这些地区过于干旱，不适合农业，也不容易灌溉。最能适应这些地区的家畜是反刍动物（包括牛、绵羊和山羊），它们能比其他哺乳动物更有效地消化草、树叶和其他纤维素食物。

然而，猪主要生活在森林和阴凉的河岸。虽然它是杂食性动物，但它最好的增重食物是纤维素含量低的食物（坚果、水果、块茎，特别是谷物），这使它成为人类的直接竞争对手。它不能仅靠草地生存，也不适应中东地区草原、山地和沙漠的炎热干燥气候。由于缺乏保护性毛发且无法排汗，猪必须用外部水分来润湿皮肤。它喜欢在新鲜干净的泥土中打滚，但如果没有别的办法，它会用自己的尿液和粪便覆盖自己的皮肤。因此，猪的宗教不洁理论是有一定道理的，因为它们的身体很肮脏。

在中东古代的混合农业和畜牧业社区中，家畜作为奶、奶酪、皮革、粪便、纤维和耕地牵引力的主要来源而受到重视。山羊、绵羊和牛提供了所有这些，加上偶尔补充的瘦肉。因此，从一开始，猪肉就必然是一种奢侈的食物，因其多汁、鲜嫩和肥美的品质而备受推崇。

在4000年至9000年前，中东地区的人口增长了60倍。随之而来的是大规模的森林砍伐，主要是绵羊和山羊群造成的破坏。适合养猪的自然条件——树荫和水——变得越来越稀缺，猪肉更成了奢侈品。

中东不是养猪的好地方，但猪肉仍是美味佳肴。人们发现单靠自己很难抵制这种诱惑。因此，人们听到上帝和安拉说猪是不洁的，不能吃也不能摸。简言之，大量养猪在生态上是不适应的，而小规模生产只会增加诱惑。最好的做法是完全禁止食用猪肉。

生物文化问题

想出一个你所遵循的禁忌，并找出一个被大多数人接受的常规之外的解释。

法则为目标的理论观点。拒绝用某种统一的标准衡量、评价不同的文化，并强调只能以其自身独特的状况判断它们，这是人类学的一个重要原则，被称为文化相对主义，在上一章已有叙述。

人类学研究的伦理责任

如本章所述，人类学家通过长期、全身心地浸泡在某个社群的日常生活中，进行基于个人观察和参与的田野调查以获取信息。人类学家通常会得到帮助，有时甚至会被收养，就这样，他们渐渐熟悉了当地的社会结构和文化特征，甚至一些只有受信任的局内人才会知道的高度个人化或政治上敏感的细节。

因为社群通常是一个更大、更有权力的复杂社会的一部分，关于当地人如何生活、拥有什么资源、受到什么驱动及社会组织形式的人类学知识有可能会使社群容易受到外界的利用和操纵。在这种情况下，最好谨记“知识就是力量”这句古老的拉丁格言。换言之，人类学知识可能会给被研究人群带去深远的，甚至是负面的影响。

有没有一些规则会引导人类学家的伦理选择，并帮助他们判断是非呢？美国人类学学会制定的伦理准则（在第一章讨论过）解决了这一重要问题。该文件于1971年首次确立，并在1998年确定为目前的形式，它概括了人类学家的各种伦理责任和道德义务，包括以下中心准则：“人类学研究者必须尽其所能确保研究不损害与他们一起工作、开展研究和进行其他专业活动的人群的安全、尊严和隐私。”

这一努力的第一步是在事前把研究性质、研究目的和可能造成的影响告知信息提供者——并获得他们的知情同意或有关参加研究的正式协议。然而，保护所研究的社群需要做出更多的行动，要求研究者时刻保持警觉。在为跨国公司、国际银行或驻外办事处、警察局、军队等政府机构工作时或其他类似情况下，要做到这一点特别难（American Anthropological Association，2007；González，2009；McFate，2007）。当美国政府招募包括人类学家在内的社会科学家，以改善军队在阿富汗和伊拉克这类武装冲突环境中理解“人类地形”复杂体的能力时，这类挑战就涌现出来了（图14.12）。

由于人类学家通常不赞成将民族学信息政治化，并致力于“不造成伤害”这一理念，因此在暴力冲突地区开展的军事化人类学会引发激烈的争论。除此之外，不可能完全预测到某项研究成果的所有跨文化和长期后果——使用和滥用。航行在这一片伦理的灰色地带往往很困难，但人类学家有责任充分认识到其道德责任，并尽可能小心谨慎，不让自己的研究危害到被研究人群的福祉。

图14.12　**军事化的人类学**

深入美国陆军部队中的社会科学家，包括人类学家，将社会文化的评估作为“人类地形系统”（HTS）的一部分来进行。这个系统旨在改善军队在阿富汗和伊拉克这类武装冲突环境中理解“人类地形”复杂体的能力，从2006年至2014年，HTS是镇压区域叛乱分子的一种策略。自20世纪60年代中期以来，卷入美国政府在战争地带争取人心斗争中的人类学家饱受争议。图中，美国HTS团队成员泰德·卡拉汉（Ted Callahan）正在向当地居民讲述阿富汗帕克蒂亚省的一场部落争端。

思考题

1. 在描述和阐述人类文化时，人类学家一直依赖民族志的田野工作，其中包括参与观察，如本章开篇照片所示。是什么使这种研究方法独具挑战性和有效性？这些发现对于我们应对全球化世界的独特挑战有什么用呢？

2. 早期人类学家致力于抢救人类学（急迫的人类学），为原住民文化创造可靠的记录，因为人们一度认为这些文化会消失。尽管许多原住民社区由于涵化失去了传统的习俗，现在这些文化的后辈可以通过人类学记录了解他们祖先的生活方式。你认为这是好事吗？为何是或不是？

3. 如果你受邀进行“上层研究”，你会关注哪些文化群体？你会如何接近那些群体以便进行参与观察？你可能会遇到哪些严重的阻碍？

4. 根据职业伦理，人类学家在建议政府勘探或为军队冲突实施一项非暴力的解决措施时，可能会面对哪些道德方面的两难选择？军事人类学如何区分于应用人类学的其他形式，比如服务于驻外事务处、世界银行、罗马天主教堂，或者是美国国际商用机器公司和英特尔公司之类的国际商业公司？

深入研究人类学

你的多点社区

21世纪的特点是：在数字技术创新的驱动下，世界发生了迅速的变化，这些创新正在改变我们体验时间和空间的方式及我们沟通的方式、我们工作的地点、我们获取信息和娱乐自己的方式、我们旅行的地点，以及我们承担我们所做的或需要的东西的方式。我们中的许多人与远方的亲戚和朋友保持联系，他们中的一些人出于劳动、休闲而移动，或是成为逃离危险、贫困的难民。挖掘你自己的“多点”社交网络，在地图上标记约36个亲戚、朋友和熟人。然后在该网络中选择六个人，并将他们分成三组：与你住在一起的两个人为第一组，你在学校、工作场合或休闲时认识的两个人为第二组，与你互发短信和图片但是没有与你私下见过面的两个人为第三组。然后，记下你自己的日常安排（饮食、工作、交通和活动的具体内容、时间及地点等）。根据该列表，使用你的日常技术来获取网络中这六个人的日常活动。记录并比较收集到的信息，找到你的多点社区中人们日常生活的异同，并得出结论。

挑战话题

社会生物为了生存需要彼此依赖，因此，我们人类面临着处理和共享大量信息的挑战，这些信息涉及无数与我们福祉有关的情形。我们通过各种独特的手势、声音、触摸和身体姿势来做到这一点。我们最复杂的交流方式是通过语言实现的——它是所有人类文化的基石。正如上图所示，泰国首都曼谷的唐人街作为少数民族的聚居地，其国际贸易和旅游的成功依赖于多种语言间的交流。为了吸引买家，当地商人用三种语言宣传他们的商品和服务，且每种语言都有其独特的文字：泰语、英语和中文。400多年来，来自中国沿海城市的商人在人口密集的本族人口聚集地建立唐人街这样繁华的商业中心。它存在于每一个大洲的主要城市，从阿姆斯特丹、雅加达、约翰内斯堡，到利马、墨尔本、孟买、长崎、旧金山和多伦多。在中国快速发展的全球贸易中，这些只是少数几个重要城市。

第十五章

语言与交流

学习目标

1. 给语言下定义并区分手势和符号。
2. 详细说明语言人类学的三个分支。
3. 观察非语言交流方式的跨文化差异。
4. 追溯语言、话语和写作的出现。
5. 评估文化和语言之间的密切关系。
6. 讨论当今世界读写能力和远程通信的重要性。

人类通过语言交流的能力和生理机能有很大的关系。不管是通过声音还是通过手势，我们生来就具备学习语言的能力。手语，比如为听力障碍人群使用的美国手语——ASL（American Sign Language）——本身就是一种很发达的语言。婴儿的哭叫并不是习得的，但也可起到交流的作用，除此之外，人类必须通过学习来掌握语言。所以，世界各地的孩子都能很容易从其文化中学习语言。

语言是一个根据一系列特定规则，用象征性的声音、手势或标记交流的系统，所有使用它的人都可以理解它产生的意义。正如前一章所讨论的，这些声音、手势和标记都是符号——和一些事物有着随意的关联，并用有意义的方式表达这种关联。例如，“哭泣”这个词语是一个符号，它是一系列声音的组合，我们赋予它一个特定动作的意义，不论我们周围的人是否在哭泣，我们都可以用它来传达这个意义。

信号和通过文化习得的、富有意义的符号不同，它们是本能的声音和手势，具有自然的，或是不言自喻的意义。例如，尖叫、叹息和咳嗽都是信号，它们传递了某些情感或生理状态。在整个动物王国，物种通过信号传递基本信息。

在过去几十年内，研究者致力于理解语言的生物基础、社会用途和进化发展过程，因而调查了一系列有趣的动物交流系统，包括海豚的哨音、鲸鱼的歌声、大象的低吼、蜜蜂的舞蹈和猩猩的手势。一些研究人员通过教类人猿使用美国手语或视觉软键盘来研究它们的语言习得能力。如在第四章中所指出的，研究清楚地表明，尽管类人猿不能逐字逐句说话，但它们可以将语言技能发展到2岁至3岁人类儿童的水平。在这一领域正在进行的许多科学研究中，一个值得注意的例子是与猩猩钱特克（Chantek）一起进行的研究，它已经学会了大约150种手势，其中许多手势是它用创新的方式组合在一起的。在“原著学习”中，它的故事说明了语言学习的创造性过程和非人类灵长目动物识别符号的能力（Cartmill & Byrne，2010）。

在理解动物对语言的本质和进化产生的影响之前，我们必须继续研究各种各样的动物交流系统。与此同时，即使对于人类和动物的交流方式如何相互关联这一问

钱特克能使用代码说话吗?

林 · 怀特 · 米尔斯

我的养子是一只困惑的青少年猩猩，它偶尔会发现自己遇到了麻烦。有一次，它被关起来了，并试图逃跑——但它没有做出任何伤害他人的事，只是想找些乐子。当我去看发生了什么事时，钱特克（Chantek）告诉我它渴了，并愤怒地看着那个能让它自由的“关键人物”。它吞吞吐吐地叙述了自己是如何跑出去并弄坏某些东西的。它凝视着门口并问道：“钥匙在哪里？”我解释说自己没有钥匙后，它单臂斜倚，警惕地环顾四周，然后朝门口打手势，对我低声说，“你——能否悄悄地打开门？”显然，它是要我帮助它进行第二次逃跑。

我那不寻常的养子。钱特克，是婆罗洲猩猩而不属于现代智人。它是一只“被同化的猩猩”，在我进行关于猿类的语言能力和认知的灵长目动物研究时，钱特克发挥了重要作用。当我们一起待在查特努加市的田纳西大学时，钱特克与我自如地住在一起——不仅是学习手语，还会到商场、公园和附近的湖边转悠。最近几年来，它不得不被转移到附近的动物园，因此，它遭遇到了一些它无法理解的限制，它很快就将动物园的管理人员称为“关键人物”。它短暂的逃脱只是为了去寻找“奶酪—肉—面包”（干酪汉堡包）。

从钱特克的体型和脸颊大小可以看出，它已经是一只成年的雄性猩猩。图中是它和另一只幼年猩猩杜马迪（Dumadi）在亚特兰大动物园。

钱特克在田纳西大学期间学习了许多人类语言中的符号，它周围的人类学学生用猩猩手势语——一种基于美国手语的混杂手语与它交流。钱特克学会的词汇中包括人名、地点、吃的东西、行为、物体、动物、颜色、代词、方位、属性（好的、痛苦的）以及强调（更多、做……的时间）。它的语言能力接近2岁至3岁儿童。除了150个手势词汇，钱特克还发明了一些新的词，比如，“缺手指的戴夫”（一名手受伤的工人）；“番茄牙膏”（番茄酱）；“眼睛饮料”（隐形眼镜护理液）。它甚至用手指着另一侧的肩膀，说自己是“泰克”，而不是别人所叫的冗长名字——“钱特克”。

通过将手势并入新的序列，它创造了更为复杂的意思，比如要求我悄悄地开门——之前我从未和它用过这个词汇联想。钱特克把它的手势组合起来，且稍做改变以调整它们的意思。在隐喻方式上，它听到收音机里传出的狗叫声，就会用手势比画狗的图像，甚至会把电视上奇怪的猩猩称为“橙色狗”。在它掰断饼干并分享饼干片前，以及在拆除它的抽水马桶之后，它以手势“打破”来表示。在去抓猫之前或一口咬下萝卜，以及面对一只死鸟时，它对自己打手势——“坏”来表示。

钱特克会玩模仿游戏，并通过谈论那些不在现场的事物来阐述语言的功能。通过使用不同的方言、造型或语态，它可以低声讲悄悄话，并在长毛耳朵后面狭小的空间做手势。饲养员出现时，钱特克将与我沟通所用的私密的非正式语言转换成了正式的交流，我们开始使用代码转换，钱特克用信服度较低的手势表示它很抱歉。

另一方面，钱特克是一个代码转换器，因为它是具有“文化杂合”或“双向教化”的智人小群体的一员，这表明它是被其他物种抚育成长的。它的生命历程涉及发现两个不同世界之间的方式——其自身环境里的猩猩之间的手势沟通，可以表示树叶、木棍和航行等；当它学会适应环境，能够下井字棋、玩电脑游戏、制作石器、艺术品和珠宝，就学会了掩盖自己的意图。

值得注意的是，钱特克第一次逃跑时试图说谎，而且会对已经发生的事情精心地编织谎言。欺骗是语言能力的重要指标，因为它需要经过深思熟虑的创造来故意地歪曲事实。我了解到它每星期至少撒三次谎：为了去浴室玩干燥机的把手，它会打手势表示“脏”；或者为了从我口袋里拿走吃的，打手势表示危险的“大猫”以分散我的注意力。钱特克偷走橡皮后假装把它吞下去了，并张开嘴打出“吃东西”的手势，就好像说它已经把橡皮吞下去了。

早期对类人猿的语言研究，注重词汇量及其获取速率，这仅仅是为了证明类人猿也能习得人类的符号。争论的焦点似乎是人类语言是否具有独特性——答案往往是为了维护我们人类的优越性。我对钱特克的人类学研究，使我有机会关注自然的猿类与人类交流、文化和认知的发展、功能性使用和演化的意义。现在的问题更多是与人类和猿类如何使用语言沟通及文化传统何以满足我们不同程度的需求有关。我的人类学方法关注文化背景中交流方式的发展，并探讨钱特克和我如何一起按照安德鲁·洛克（Andrew Lock）所说的“语言的向导性再发明”方式创建一种代码。通过分析早期关于非人灵长目动物认知与语言技能的发展研究，我发现，钱特克远不只是模仿，其交流方式具有原创性，因为它的人类同伴较少打断它，而且允许它更自由地对语言进行发明性使用。

钱特克将会存活到五六十岁，还会展示很多与猩猩的心智、文化和语言能力相关的东西。基于我自身美洲原住民血统，以及萨利希人“不同水交汇并被转换”的概念，我看到了其双重教化的存在。钱特克认为称呼自己为“猩猩人”最为合适——既不是人类，也不是自然状态的猩猩，但又受益于两者的文化。实际上，巨猿项目（Great Ape Project）已经提出：猿类可能是具有有限人权的法人。

然而，在动物园中，管理人员进行自己的代码转换时遇到了困难。此外，他们会阻止钱特克使用手势语言，或许还会为了恢复它在自然状态下的猩猩特性，或者担心它会抱怨食物，或公开表明“钱特克想回家了”而做出误导性行为。我认为需要创建交流与文化中心，使钱特克这样的智慧及情感类动物拥有较大的能动性，并且拥有比现在更多的学习机会，以开发它们的双重教化特性。想象一下，适应文化的猿类可以制造工具，和我们在互联网上沟通，从事有意义的工作，并基于象征符号发明它们自己的文化。如果我们真正去倾听钱特克的话，它会和我们说些什么呢？

题的争论仍在继续，我们也不能将非人物种的交流方式贬为简单的本能反应或固定行为模式，而不予理会（Cartmill & Byrne，2010；Gentry et al.，2009；McCarthy，Jensvold，& Fouts，2013）。

虽然像对钱特克进行的这类语言研究揭示了很多关于灵长目动物认知方式的知识，但人类文化最终还是依赖于一个更精细的交流系统，这个交流系统比其他动物，包括我们的灵长目祖先所使用的交流系统更加复杂。原因在于，每个人为充分融入社会所必须掌握的知识量十分大，而在社会中，几乎所有事情都是基于社会习得行为。当然，很多的学习不是通过语言，而是通过观察和模仿实现的，由数量有限的有意义的符号或记号所引导。然而，所有已知的人类文化都十分丰富，因而相应的交流系统不仅要能够给各类现象贴上确切的标签，同时也要使人们能够思考和谈论自己的及其他人的经验和期望，即谈论过去、现在和未来。

人类交流系统中最为重要、最发达的一种就是语

言。所以，语言的运作知识对于全面理解文化的内容和运行方式至关重要。

语言学研究以及语言的性质

任何人类语言——英语、汉语、斯瓦希里（Swahili）语或任何其他语言——都是传递信息的手段，也是与他人分享文化和个人经验的手段。语言是一个使我们能够把我们关心的事、信仰和知觉转变成他人可理解和解释的符号的系统。

在口语中，做到这一点只需要少量语音——任意语言使用的语音都不超过50个——及将它们以有意义的方式组合在一起的规则。手语也是如此，但它借助的不是语音，而是手和身体的其他部分，以及脸部表情，包括口型。全世界现存有许多种语言——约6000种不同的语言——其复杂程度和差异性令人惊讶，但语言专家发现每一种语言基本上都是由相似的方式组织起来的。

语言学——对语言各方面的系统研究——的根源可追溯到2000多年前南亚的古代语言学家的工作。15世纪至20世纪，欧洲人探险和扩张时代为语言科学研究的巨大飞跃奠定了基础。探险家、商人、传教士和其他旅行者积累了关于世界各地各种语言的知识。在他们开始研究时，大约有1.2万种语言存在。

在过去的150年里，语言学家，包括人类学家，在比较研究方面做出了重大贡献——发现了不同语言的语音和结构模式、关系和系统，并形成了有关语言的规律和原则。在收集数据的同时，研究者在揭示语言构建背后的推理过程方面有了很大进步，他们使用新的、改善过的理论来进行推理和验证（图15.1）。今天，语言学这门学科包括三个主要分支：描写语言学、历史语言学以及注重语言和社会文化背景联系的第三个分支。

描写语言学

人类学家、商人、传教士、社会工作者或其他局外人，如何才能去研究和理解未曾被分析和描写过

图15.1 **萨摩亚人的语言学研究**

洛杉矶加利福尼亚大学的亚历山德罗·杜兰蒂（Alessandro Duranti）是许多语言人类学著作的作者，大约35年前，他就开始在乌波卢岛（Upolu）研究萨摩亚人的语言和文化。乌波卢岛是约25万萨摩亚人共同居住的9个岛屿之一，他们使用同一种语言。乌波卢岛上的村庄在大约3000年前被建立，那时，海员们在遍布太平洋中部的数百个热带岛屿上建立了村庄，这些岛屿被统称为波利尼西亚。萨摩亚语是40种波利尼西亚语之一，它们共同构成了海洋语系的一个小分支。太平洋的2.5万个小岛上居住着200万人，他们讲450种语言。图中，出生于意大利的年轻美国人类学家杜兰蒂与萨萨·亚西亚塔（Salesa Asiata）合作翻译了一段录音对话，以更多地了解社交场合的话语和作为一种文化实践的话语。

或没有现成书面材料的一门外国语呢？世界上这种没有被记录的语言有数百种。幸运的是，人们已开发出了有效的方法，来帮助完成这一任务。描写语言学通过记录、描述和分析一种语言的所有特征来阐明这种语言。这是一个煞费苦心的过程，但归根到底是有意义的工作，因为我们通过它对一门语言有了更深的理解——语言的结构、独特的语言学“剧目”（修辞、文字游戏等）以及这门语言和其他语言的关系。

就理解口语背后的规则来说，必须首先具备训练有素的听力及对语音产生方式的透彻理解。否则，要写出或很好地利用某个特定语言的相关资料是极困难的。为满足这一初步的必要条件，大部分人必须在语音学方面接受专门的训练，这将在下文进行阐述。

音韵学

描述和分析任何语言，都需要对其独特的发音进行详细的了解。语音学是对某种语言独特发音的系统鉴定和描述。语音学源于希腊语phone（意为“声音”），是研究语言发音的音韵学的基础。

虽然可能其他语言的某些语音与研究者自身的说话方式非常类似，但对另一些则可能不那么熟悉。例如，在英语中很普遍的th音在德语中并不存在，对于很多说德语的人来说，很难发出这个音。就如许多语言中使用的r音对中国人来说很难，非洲南部的布须曼语中独特的“click”音对于说其他语言的人来说都很困难。

搜集到一些话语后，语言学家的工作就是分离出音素——产生意义差异的最小语音单位，但其本身没有意义。研究者通过一种叫作“最小差别对”的检测过程来进行这种分析。他们试图找到两个只有一个音相同的短音节词，如英语中的bit和pit。如果在这一最小差别对中用b替换p就会造成意义的区别，就如在英语中那样。那么，这两个语音就被确定为该语言中的音素，必须使用两个不同的符号来记录它们。

然而，如果语言学家发现两个不同的发音（如butter读作budder时），并发现它们对于母语使用者来说没有意义区别，则它们所表示的声音将被认为是相同音素的变体。在这种情况下，为了节约，两个音中只有一个会被用来记录该声音。

正如下面这个例子中所揭示的那样，语言学家可以区分的英语语音音素（44个）要远远多于英语字母表中的26个字母。在转换不同语言时，会涉及很多异于英语的发音，因此，语言学家开发了国际音标：107个字母、52个变音符号（加在字母后的符号，可以改变音值）、4个韵律标记（标明节奏、重音和语调）。除了这种语言规范，语言病理学家还开发了更多的字母和符号，以便让他们可以转录一系列很不常用的声音。

形态学、句法和语法

在制作语音编目并进行研究的同时，语言学家也在进行形态学的研究，即研究一种语言词语的构成规律和规则（包括动词时态、复数和复合词使用规则等）。他们通过标出具有一定意义的特定声音和声音组合来做到这一点。它们被称为词素——语言中具有意义的最小单位。

词素与造成意义区别但本身不具有意义的音素不同。例如，研究北美一个农业社区中英语使用情况的语言学家可以马上确定“奶牛”是一个词素——由c、o、w三个音素组成的富有意义的组合。当指着两头奶牛的时候，语言学家可以从本地人说的话中提取出cows这个词语，这就揭示了另一个词素——S——加在原词素后面，以表示复数。

阐述一种语言的下一步就是查看句法——词素组合起来形成短语或句子的规律或规则。语法包括了对语言形态学和句法的所有观察结论。

现代描写语言学的优势之一是其方法的客观性。例如，以英语为母语并擅长研究这一方面的人类学家不会认为语言必定有名词、动词、介词，或存在于英语中的其他词类，这就使得意外发现成为可能。例如，英语和许多其他语言不同，并不区分词的阴阳性。所以，说英语的人在所有名词前都使用the这个定冠词，而西班牙语有性和数的变化，这需要通过四个类型的定冠词来表示：la（单数阴性）、el（单数阳性）、las（复数阴性）和los（复数阳性）——如las casas（房屋）和los jardines（花园）。

讲德语的人还会使用第三种类型的单数形式：在阳性名词前加der，在阴性名词前加die，在中性名词前加das，复数名词前加die（不分性别）。出于文化和历史原因，德国人认为房屋是中性的，所以他们会说das Haus，他们同意西班牙人的看法，认为花园是阳性的。然而，有些名词在德语转换成西班牙语时却颠倒了性别：阴性的太阳（die Sonne）成了阳性（el sol）的，阳性的月亮（der Mond）却成了阴性的（la luna）。这些语言的性别问题并非在世界任何地方都有关联。例如，南美洲安第斯山脉高地上讲克丘亚语（Quechua）的印第安原住民并不关心名词是阴性、阳性还是中性的，因为他们的语言中没有定冠词。

历史语言学

所有的口语都会随着时代的变迁而改变，其中许多现在已经消失了。除了破译人们不再使用的“死去的”语言，历史语言学家还考察同一语言早期和晚期形式之间的联系，研究古代语言，并追溯其演变为现代语言的过程，并考察古代语言之间的关系。例如，历史语言学家试图通过研究原语言的自然变化以及北欧说德语的入侵者的直接接触所带来的影响，来辨析拉丁语（1500年前南欧人所使用的语言）向意大利语、西班牙语、葡萄牙语、法语和罗马尼亚语的发展。

在关注语言的长期变化过程时，历史语言学家依赖于书面记录。他们已经在梳理不同语言之间的关系方面取得了较大的成功，这些成就反映在分类框架之内。例如，英语是印欧语系中约140种语言中的一种。这个大的语系包含一组拥有同一祖语的语言。这一语系又分为11个亚族（德语、罗曼语等），这表明从一种古老的统一语言（指原始印欧语）到独立的“子系”语言经历了很长一段时间的语言趋异（6000年左右）。英语是日耳曼语亚族中几种通用语言之一（图15.2）。这几种语言之间的相互关系比它们与印欧语系其他亚族的关系更为紧密。

尽管一个语言亚族的各种语言之间有差异，但与

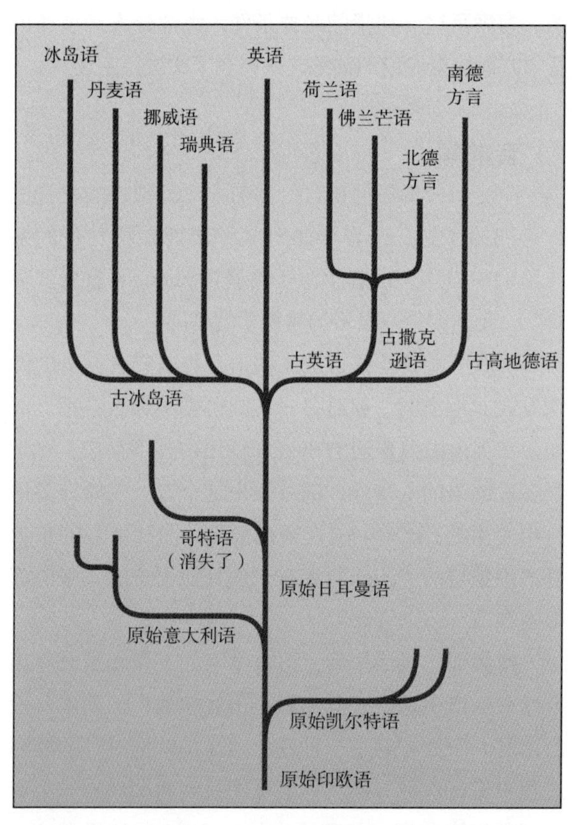

图15.2　**英语的语族**

英语是日耳曼语系中的一种，属于印欧语系。该图显示了它与同一亚族中其他语言的关系。根源语言是一种最初由早期农民和牧民使用的祖传语言，他们向欧洲北部和西部移动，带去了他们的习俗和语言。

其他亚族的语言相比。还是有一些共同点的。例如，在日耳曼语诸语言中，父亲（Father）一词总是以f或与其密切相关的v音开头（荷兰语Vader、德语Vater、哥特语Fadar）。相比之下，在罗曼语的诸语言中，这一单词总是以p开头：法语père、西班牙语和意大利语padre——都是从拉丁语pater衍生出来的。原始印欧语父亲这一单词是p’tēr，因此，在这一案例中，罗曼诸语言保留了比较早的发音，而日耳曼诸语言已趋异。

历史语言学并不局限于研究遥远过去中的语言，因为即使是现代的语言也一直在变化——添加新词、抛弃旧词或改变意思。在特殊的文化背景下研究它们，有助于我们理解过去那些导致语言趋异的变迁过程。

语言趋异的过程

语言趋异的驱动力之一是语言之间有选择的借用。例如，在当今英语中出现的许多法语单词——以及，随着全球化的发展，在世界各地的语言中英语单词的数量也突然增多了。技术革新带来了新设备和新产品，这也促进了语言的变化。例如，电子革命为我们创造了录音机、电视机、计算机和手机，这带来了全新的词汇。互联网的使用拓宽了一大批已经在用的英语单词的含义——从“黑客”“冲浪”“垃圾邮件”到“喷子”。同时也创造了如“网络钓鱼”“播客”这样的新词，并被netlingo.com和webopedia.com等互联网用语词典收录。

较大社会中的文化群体，不论是街头黑帮、姐妹会、宗教团体，还是一个排的士兵，都倾向于创造其独特的词汇。通过改变现有单词的含义或创造新的单词，一个群体的成员可以和“自己人”进行交流，同时又有效地把听到他们谈话的局外人排除在外。日益增多的专业分工也有助于产生新词并极大地扩展词汇量。

语言的消亡和复兴

造成语言变迁最强大的力量或许是一个社会对另一个社会的统治。这类统治在当今世界上的许多地方仍然存在，比如，被说西班牙语的墨西哥人统治的塔拉斯坎（Tarascan）印第安人。在许多情况下，外来政治力量的控制导致了语言的衰退甚至彻底消亡。有时，只能在当地山川河流的名字中寻找到本地古老语言的痕迹。

在过去的500年中，全球1.2万种语言已有半数左右业已泯灭，而这是战争、传染病或由殖民者及其他外来侵略者强加的同化作用导致的。正如我们在第一章中所讨论的，除了今天的主流语言，很少有人能说剩下的6000种语言；并且由于全球化发展迅速，这些语言正在迅速失去其使用者，其中一半的使用者不足1万人，而其中四分之一的使用者不足1000人。换句话说，世界上一半的语言只被不到2%的人使用（Lewis et al.，2015；see also Crystal，2002）。

北美的300种原住民语言中，只有150种仍然存在，而其中的很多种语言正在以惊人的速度走向消亡。世界其他地区的几千种原住民语言也遭受着同样的威胁。例如，南非卡拉哈里沙漠曾经有一种能发出搭嘴音的恩鲁语（N|uu），现在其使用者不到10人，而它是Tuu语族（曾被称为科伊桑语族）!Ui语系中唯一幸存的语言（图15.3）。

人类学家预测，到2100年时，世界范围内的语种又将减半，最主要的原因是：少数族群的后代在进入学校，移民到城市，成为广大劳动力的一员后，以及在接触到印刷和电子媒体后，便不再使用其祖先的语言。印刷品、收音机、卫星电视、互联网和手机里的短消息都在推动着对共用语言的需求，而英语正逐渐担负起这一大任。在过去的500年中，英语——最初只被欧洲西北部大不列颠岛上的约250万居民使用——已经播撒到了全世界。目前，大约有4亿人（约占全球人口的5.5%）宣称英语是他们的母语。另外还

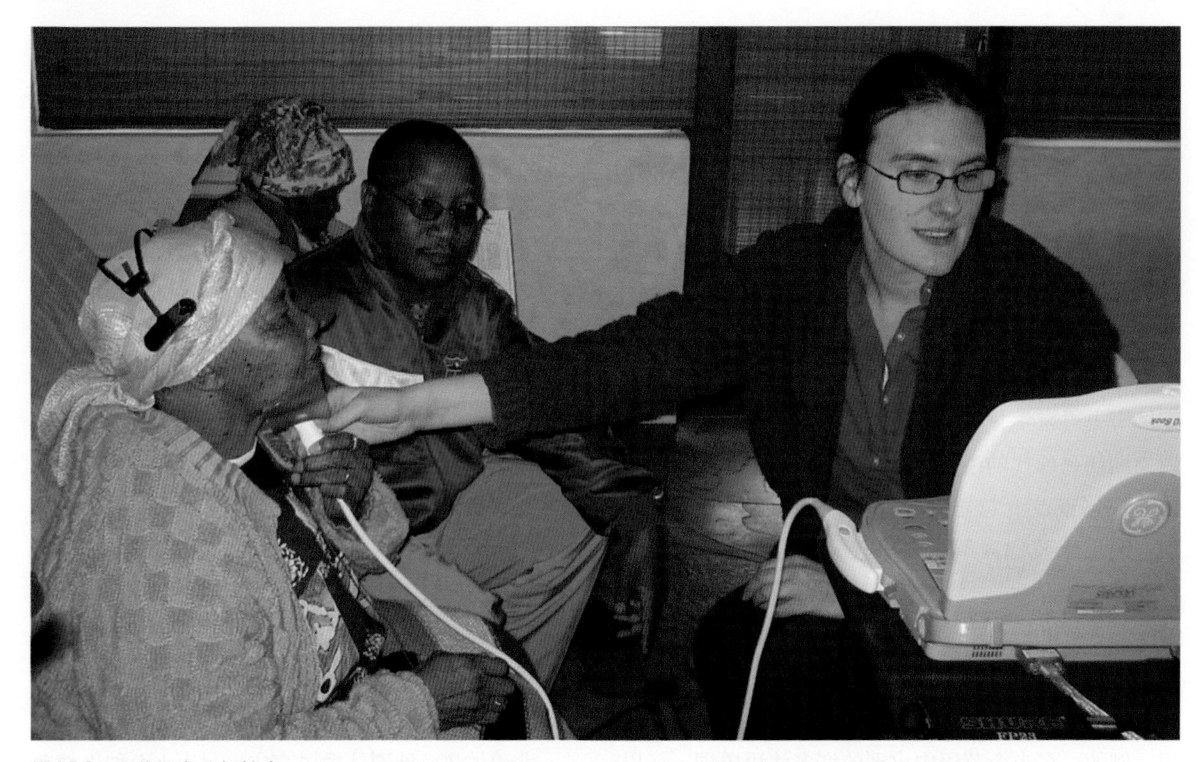

图 15.3　现代语言分析技术

一些语言人类学家正与使用濒临灭绝的科伊桑语“搭嘴音”的人合作进行田野研究，如非洲南部的恩鲁语，他们使用一台便携式超声成像机器来获取发出搭嘴辅音时舌头的运动。图中，美国语言学家约翰娜·布鲁格曼（Johanna Brugman）举着一个超声波探头，放在最后10个会说恩鲁语中的其中一人——欧玛·卡特里娜·厄撒乌（Ouma Katrina Esau）的下巴下面，他正在记录搭嘴音是如何发出的。搭嘴音是舌头在其前后部分形成的封闭的腔中创造吸力而产生的，但双唇搭嘴音是在嘴唇和舌后端形成的。恩鲁语是世界上仅存的三种将双唇搭嘴音作为辅音的语言中的一种。N|uu 中的竖线就表示搭嘴者。

有将近15亿人（约为世界人口的20%）把它作为第二母语或外语使用（Crystal，2012）。

尽管不同民族背景的人们在共同语言的媒介下得以交流，单一语言在全球范围内的流行却给其他语种带来了消亡的风险。随着每一种语言的消亡，我们失去了“蕴藏在这些古老语言中的几百代人的传统文化知识”——一个关于自然世界、植物、动物、生态系统和文化传统的巨大知识库（Living Tongues，2015）。

有时候，为了应对实际存在的或可感知的外来强权的文化统治的威胁，整个民族甚至国家会试图维护或主张其独特的认同，把“外国”术语从他们的词汇中清除出去。这便形成了另一种促使语言变化的重要力量，这种语言民族主义在今日亚洲和非洲的前殖民地国家中尤其兴盛。然而，绝不限于这些国家，比如，法国人会定期从他们的语言中清除汉堡包（le hamburger）等美语用法，以及决定用政府许可的术语 couriel 代替 E-mail 这个词语。

如今，语言保存的一个关键问题是互联网等电子媒介的影响力，互联网内容的编辑语言种类相对较少，而超过80%的互联网使用者是世界6000种语言中10种的使用者（图 15.4）。一些互联网巨头

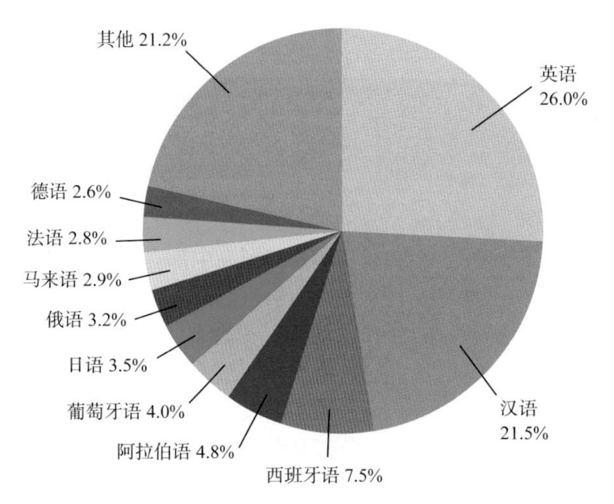

图 15.4　互联网上使用的语言

虽然世界上的数字鸿沟正在缩小，但随着新的语言加速进入互联网操作系统，鸿沟仍然很大。如图所示，当今的28亿互联网用户中，超过80%的人是全世界6000种语言中10种语言的母语使用者。如今，网络语言群体中增长最为迅速的是阿拉伯语、马来语和葡萄牙语（巴西也讲葡萄牙语）(图中显示的是四舍五入后的数字)。

基于互联网世界统计：Usage and Population Statistics。(2015, June 30)。按语言划分的互联网世界用户：http://www.internetworldstats.com/stats7.htm

（火狐和谷歌）正在翻译他们的操作系统，在某些情况下，会让当地志愿者想出与特定文化相关的词汇，如 cookie、mouse、crash 和 windows。对于西非的芙拉语（Fulah）使用者来说，crash 是 hookii（一头牛摔倒了，但没有死）。而对墨西哥大多住在没有窗户的房子里的萨波特克语（Zapotec）使用者来说，computer windows 则　是 eyes（“Cookies，caches and cows”，2014）。

拥有权势的族群对居住在其领土内的少数族群宣称其支配权的一种主要方法便是压制他们的语言。面对这一挑战，少数民族积极参与语言复兴运动。对许多少数民族来说，复兴已消亡的语言或与现有语言的消亡做抗争，是维护其文化认同感和尊严感更大的斗争的一部分。马恩语（Manx）是众多例子中的一个，它属于凯尔特语（Celtic），被英格兰西南部的马恩岛上的居民使用。尽管马恩语的最后一位母语使用者于1974年去世，它现在仍是语言复兴的对象。一些北美印第安人社区也在进行类似的努力，包括南阿拉巴霍（Southern Arapaho）部族的人类学家 S. 内欧赛特・格里莫宁（S.Neyooxet Greymorning）的工作，他发展出了各种方法并用它们来复兴包括他自身部族语言在内的原住民语言。他将在“应用人类学”专题中讲述他的故事。

语言的社会文化背景

语言并不单单是按一定规则把声音组合以产生有意义的话语。个体之间不断地相互交流——在家里、在街上、上班的时候，等等。人们通常会根据性别、年龄、阶层和族群性等社会背景和文化要素，对说话的方式进行调整。另外，人们说话、低语或保持沉默都体现了他们的文化或社群中有意义的东西。因此，语言人类学家亦研究语言的实际使用与其社会文化语境的关联。这是语言学的第三个分支，分为社会语言学和民族语言学两大类。

社会语言学

社会语言学是对语言和社会之间关系的研究，主要考察各种社会范畴——如年龄、性别、种族、宗教、职业和阶级——如何影响不同语言风格的使用和意义。接下来，我们研究了影响语言的两个主要因素：社会性别和社会方言。

语言和社会性别

作为自我和社会认同的一个主要元素，社会性别往往反映在语言的使用中，因此，众多发人深省的社会学研究都与语言和社会性别有关也就不足为奇了。这包括对性别语言的研究——不同社会文化背景中男性和女性各自的语言规律。一项深入探索社会性别和权力关系的研究，论述了为什么北美女性相比男

应用人类学

让小鹿斑比说阿拉巴霍语：保护原住民语言

S. 内欧赛特 · 格里莫宁

在生命中，某些时刻后来会被认为是具有决定意义的。对于我来说，这样的时刻发生在我读大学二年级的某天，一个神秘的人站在我的床头问道："你准备做些什么来帮助你的族人？"我记得自己很快起床来到图书馆，沿着书架查找。我的手指滑过一本本书，最后停在其中一本上，并把它抽了出来。这本书介绍的是美国印第安语言的现状。出于好奇我打开了它，找到了阿拉巴霍语（Arapaho），上面写着它是最具活力的印第安语言之一。我感到很欣慰，但没有想到急剧减少的讲阿拉巴霍语的年轻人预示着祖先语言的消亡。多年以后，当我把这件事告诉部落里的长者弗朗西斯 · 布朗（Francis Brown）时，他说："是祖先在召唤你。"

当我进入研究生院学习人类学时，被一种力量驱动着去学习几乎所有的语言学课程。很快，我明白了，失去一种语言就是失去了一个民族看待自身及所处世界的某些方式，以及塑造自我认同并在文化和心理上将其凝聚在一起的价值观。我决定利用暑假时间在怀俄明州中部的温德河保留区（Wind River Reservation）编撰阿拉巴霍语词典。当我得知马萨诸塞州立大学的兹德涅克 · 萨斯曼（Zdeněk Salzmann）教授——一位在阿拉巴霍人当中进行语言研究的人类学家——有着相同的想法时，我给他打了电话，他建议我们一同合作。

在读研究生时，我便致力于获取复兴语言所需的相关知识、技巧和经验。1992年获得博士学位后，我便受邀指导温德河保留区的一个语言和文化项目，20世纪70年代以来，阿拉巴霍语教学已经引入了这个地区的公共教育系统。然而我做的评估显示，直到1993年，虽然从幼儿园到高中都有阿拉巴霍语课程，但学生们只会讲一些有关食物、动物、颜色和数字的基本词句，离流利使用并将这种语言传承下去还差得很远。

在认识到需要寻找新的方式后，我开始着手准备在保留区建立一所当时还很少有的沉浸式语言学前班 Hinono'eitiino'oowu'——在阿拉巴霍语中，它是"小屋"的意思。成立这样的学习班是为了让语言教师只用阿拉巴霍语授课，除了单词和短语记忆，我还使用了很多方法，包括反应练习、视觉联想，以及与录音和录像带播放的歌曲进行互动。

我联系了迪士尼工作室，说服他们允许我们将《小鹿斑比》（*Bambi*）这部动画翻译成阿拉巴霍语作为教学工具。《小鹿斑比》

性不够果断的语言风格。随后，一大批相关的学术工作，为我们带来了关于语言的全新洞见，即无论在私人还是公共场合，它都是一种社会性的语言"表现"（Lakoff，2004）。

性别语言研究的对象还包括世界各种语言中的男女所用的不同句法，南达科他州派恩里奇（Pine Ridge）和罗斯巴德（Rosebud）印第安人保留地中仍然被使用的拉科塔（Lakota）语，就是这样一种语言。当一名拉科塔女性向别人问好时，说的是"Tonikthkahe？"但她的兄弟在表达同样意思时，会说"Toniktukahwo？"（图15.5）。正如他们的民族英雄"双马迈克"所说的那样："我们的语言在命令、询问和其他一些情况下具有性别特异性。"（personal communication，April 2003）。

是一个很好的选择，因为它呼应了那些动物能够开口说话的传统故事，而且保留区的大多数孩子也知道这个动画片。另外，故事情节中斑比渐渐学会说话时，用的是最简单的语言。

然而，即使使用了包括《小鹿斑比》在内的一系列多层面方法，也并不能逆转语言消亡的大潮，于是我开始把更多的精力投入这项挑战上来。1996年至2002年，我逐渐发展出了一种新的方法，第二语言速成法（ASLA©™）。2003年，我将我的孩子作为教学对象，测试了这种方法，并进行了完善，使之成为一套可行的方法，帮助人们调整大脑，让他们学着去将这种语言形象化，而不是在头脑中进行母语和所学习语言的互译。

为了鼓励保留区的语言教师采用这种方法，我在蒙大拿州立大学

格里莫宁就语言复兴发表演讲。

用ASLA方法对阿拉巴霍语进行了示范教学，取得显著的效果。除了用这种方法保护阿拉巴霍语，我也经常被邀请去做讲座，为致力于复兴其他各种原住民语言的人们介绍ASLA方法。迄今为止，我已经接触到了来自美国、加拿大和澳大利亚的60多个社群中超过1200名语言教学者，他们代表了40多种不同的语言。

保存语言这一挑战是艰巨的。但童年时期，我叔叔告诉我的一个道理一直鼓励着我继续在这个队伍中奋斗下去。一次，我去拜访他时，他早早把我唤醒并把我带到一个水塘边，那时没有一丝微风，水塘像镜子一样平静。他让我拾起一块石头，说："把它扔进水塘，告诉我你看到了什么。"我松手扔下石头后，看着水面上泛起一圈又一圈的涟漪。这时叔叔对我说："我希望你能记住这一点：再渺小的事物，都可以带动比它更大的事物。"

社会方言

社会语言学家的另一个兴趣点是方言——某种语言中反映特定地区、职业或社会阶层的变异形式，这些形式之间又存在一定相似性，可以相互理解。从技术上来说，所有的方言都是一种语言——它们并不是语言的一部分，也不是亚语言——当两种不同的方言变成不同的语言时，说一种方言的人几乎不能跟说另一种方言的人交流。

然而，语言和方言的区分并不总是客观的，它可以是一个地域问题。在人口占据全球人口之最的中国，情况就是如此，几乎所有人都说汉语。实际上，汉语有很多语系，每一种都包括许多地区方言。例如，上海人实际上使用的是吴方言，而广东人说的是粤语。来自北方的移民不懂吴方言和粤语。因此，当

图15.5 按性别讲话

故事片《与狼共舞》（*Dances with Wolves*）的制作者以文化真实性为目标，他们请了美国原住民担任演员；并雇了一位女性语言教练教那些不会讲拉科塔语的人讲这种语言。然而，这些课程并没有包括拉科塔语中的"性别讲演"方面——语法规则中男性和女性差异的事实。因此，当拉科塔语的母语使用者们看到这部电影时，他们被那些扮演拉科塔战士却像女人一样说话的演员逗乐了。

前所有中国人都学普通话，这种官方语言是以首都北京传统的官话为基础发展起来的一种混合语。

语言的分界线不仅是地理的、区域的，它们也体现或反映社会阶级、经济基础、政治等级或族群认同。在有着许多方言的社会中，人们往往可以根据说话的场合，在多种语言之间切换自如。当我们根据在什么地方、与谁交谈，从而转换正式与非正式的语言方式时，也在做着同样的事，尽管我们没有意识到这一点。无论是从一种语言到另一种语言，还是从某种语言的一种方言到另一种方言，根据情境需要从一种语言模式向另一种转换的过程，被称为代码转换。

民族语言学

语言和文化之间的关系，以及它们互相影响和促进的方式，都属于民族语言学的研究领域。在这类研究中，人类学家可以考察语言如何反映一个民族传统自然环境的文化意义方面。例如，南美洲玻利维亚高原中的艾马拉（Aymara）印第安人依赖土豆为生，他们的语言中有200多个词语与土豆有关；这反映了他们传统上种植的诸多品种的土豆，以及他们保存和烹饪土豆的多种方式（图15.6）。同样，如今很多美国人拥有关于汽车型号、年份和制造商的海量词汇，使他们可以清楚地区分不同的汽车类型。

另一个和文化范畴有关的例子是颜色：语言用不同的方式来区分和命名人类肉眼可以看到的电子波谱。在现代英语中，颜色被分为红橙黄绿蓝靛紫，以及"看不见的"紫外线和红外线。其他语言中则对这种色谱连续体进行了不同的分类。例如，墨西哥西北部山区说塔拉乌马拉语（Tarahumara）的印第安人用同一个词来表示蓝色和绿色——siyoname。

语法和词汇直接与文化相关，可以影响使用这种语言的人的感知与思考世界的方式，这种观点是语言相对主义。这个理论概念与民族语言学的先驱研究有关，它是由人类学家爱德华·萨皮尔（Edward Sapir）和他的学生本杰明·沃尔夫（Benjamin Whorf）在20世纪30年代开展的。他们的研究关注语言、思想和文化的互动，其结果汇成了今天所说的萨皮尔-沃尔夫假设：每种语言都提供了特定的语言学表达习惯，使

图15.6 语言相对主义

南美洲玻利维亚高原上的艾马拉印第安人，将土豆作为主要的食物，他们的语言中有200多个词语与土豆有关；这反映了他们传统上种植的诸多品种的土豆，以及他们保存和烹饪土豆的多种方式。这是语言相对主义的一个实例。

得其使用者倾向于用某种方式看待世界。

沃尔夫在将英语翻译成霍皮语（一种仍在亚利桑那州被使用的北美印第安语言）的过程中，产生了很多这样的灵感。在进行这一工作时，他发现霍皮语与英语的差异不仅在于词汇，还在于名词和动词等语法类别。例如，霍皮语会用数字计算和测量物理实体，但却不会用数字来计算时间这样的抽象物。他们在翻译“我看见15只山羊在3亩草地上吃草”这样的英语句子时毫无困难，但同样简单的“3个星期以前，我享用了一刻荣耀时光”翻译成霍皮语却会变得特别复杂。

还有一点值得注意的是，霍皮语的动词和英语动词在时态上存在差异。霍皮语并不用-ed、-ing或will作为过去、现在和未来时态的标记，它需要用额外的单词来表征某事件业已完成、正在进行中或预计将会发生。所以，若要表达“3个陌生人在我们村里住了15天”，霍皮人得这么说：“我们记得是3个陌生人住在我们村庄里，直到第16天才走。”

另外，霍皮语动词的形态变化并不表示时态。和英语不同的是，霍皮语并不用动词形态的变化来表示过去、现在和未来，其动词表示这三种区分：对事实的陈述（如果说话者实际目击了某一事件）、对未来期待的陈述和对惯例的陈述。例如，当你问一个说英语的运动员：“你跑步吗？”（Do you run?）他会说：“是的。”虽然当时他正坐在沙发上看电视。而当你问一个说霍皮语的运动员同样的问题时，他有可能会说“不是”，因为在他们的语言中，“他跑步”（He runs）作为对事实的陈述即“正在跑步”之意，对应的是wari（发生跑的动作）这个词，而作为对惯例的陈述，他是田径队员经常跑步这一意义，对应的是warikngwe（表示跑步这一特征）。

这就表明霍皮语塑造了一种强调当下的思想和行

为模式——时刻做好准备完成眼前的任务。基于对霍皮人语言和文化的研究，沃尔夫提出了重要的理论观点："一个人习惯使用的语言结构影响了他理解其生存环境的方式。语言变化了，对宇宙的概念图景也会发生变化。"（Carroll，1956，p. vi）。

20世纪90年代，语言人类学家发明了新的研究策略以检验萨皮尔－沃尔夫的原始假设。其中一项研究发现，说瑞典语和芬兰语（他们住得很近，却说截然不同的语言）的人在相似地区做着类似的工作，服从相似的法律和规章，工作效率却相差很大（Lucy，1997）。说瑞典语的人效率明显低很多。从两种语言的比较中得出：瑞典语（印欧语系中的语言之一）强调三维空间里的运动。芬兰语（乌拉尔－阿尔泰语系中的语言，与印欧语系的语言没有关系）强调连贯的时间实体间较为静态的关系。因此，在整个生产过程中芬兰人会以一种有利于个人而非组织的方式安排工作场所。这反过来导致生产的经常中断、仓促，并（最终）导致事故。如果语言确实能够反映文化事实，那么，文化所发生的变化迟早会反映在语言的变化中（Wolff & Holmes，2011）。例如，我们看到，在讲英语的北美地区，公众对替代性取向或性别表达的认可态度，其中，LGBTI一词（女同性恋、男同性恋、双性恋、变性人和双性人的首字母缩写）已经变得很普遍。

语言的多种用途

在全球很多社会中，个体能流利地说两三门或更多的语言是常事。他们之所以可以成功做到这一点，主要是因为他们在儿童时期就接受了多语训练。

在一些讲各种不同语言的人群共同生活并有互动的地区，人们通常能听懂别人的话，但可能不会选择讲对方的语言。玻利维亚北部和秘鲁南部的交界处就存在这样的情况，在那里，说克丘亚语和艾马拉语（Aymara）的印第安人相邻而居。当一个艾马拉农民用艾马拉语和一个克丘亚牧民说话时，对方会用克丘亚语回答，反之亦然。他们都知道，虽然大家只说自己的语言，但都能听懂两种语言。只能说一种语言但可以理解两种语言的能力叫作接纳性或被动双语能力。

在我们全球化的世界里，会说两种或多种语言不仅可以为贸易，也可以为工作、外交、艺术和友谊敞开方便之门。具有讽刺意味的是，即使美国人普遍不愿意学习另一种语言，美洲拥有最大使用人群的语言并非英语，而是西班牙语；西班牙语不仅是北美洲最主要的语言，现在美国有约4000万人在家中使用西班牙语。值得注意的是，在家里说除英语以外语言的美国居民的数量和百分比从1980年的11%（2300万人）增加到了2014年的21%（6300万）（Geller，2015）。

难以言表：姿势－呼叫系统

无论各种语言在命名和谈论观念、行为及事物的时候多么有效，它们在传递信息方面都有某种程度的缺陷，因此，人们需要依靠别的东西来完全理解所说的话。这样，人类语言总是嵌于一种姿势－呼叫系统中，类似于我们在非人类灵长目动物身上看到的类型。

这一系统中各种各样的声音和手势起到为语言"定调"的作用，为听者提供合适框架来解释说话者所说的内容。关于情感和意图的微妙信息通过这个姿势－呼叫系统得到有效传达：说话者是喜、悲、疯狂、热忱、疲惫，还是处于其他情感状态中？他是在要求得到信息，否认什么东西，还是在如实报告，或是在说谎？口语只能传达这类信息中的很少一部分。研究表明，由非语言手段（语调和身体语言）传递的信息量，远超过口头表达所传递的信息量（Poyatos，2002）。

非语言交流

姿势－呼叫系统中的姿势部分由传达有意或无意信息的面部表情、姿势和身体动作组成。对这种非语言信号的研究被称作体势学（kinesics）。

人类有一个庞大的身体语言库。这一点只要考虑以下事实就能清楚知道：一个人约有50块面部肌肉，因此可以做出7000多种面部表情。这样，我们的互相交流中至少有60%是用非语言方式表达的这一事实，也就不那么令人惊讶了（图15.7）。

通常，姿势所传达的信息是对口语的补充——例如，在说肯定的话时加上点头的动作，在提问时扬起眉毛，或用手和手指来阐明或强调所说的话。然而，非语言信号有时和语言信号并不一致，而前者有着推翻或削弱后者的力量。例如，一个人也许对另一个人说了一千遍“我爱你”，但他如果不是真心的，非语言信号会把其虚伪性传递出来。

这一领域的跨文化研究显示，世界各地的基本面部表情之间存在极大的相似性，例如微笑、大笑、哭喊或是震惊和生气等表情。我们从我们的灵长目祖先那里继承的傻笑、皱眉和喘气几乎不需要习得，且比起社会成员共享的习惯性或社会性获得的姿势，它们更加难以伪造，尽管我们并不总是有意识地这样做。

日常打招呼的方式在世界各地也是相似的。巴厘岛人、意大利人、布须曼人都会微笑和点头致意，如果这些人特别友好，他们会快速地扬起眉毛并保持零点几秒。这说明他们为进一步的接触做好了准备。然而，日本人则会克制扬眉的动作，他们认为这是不得体的。这个例子体现出，各种文化之间既有很大的差异也有相似的方面。

另一个例子是关于对“是”和“否”的表达。在北美，一个人通过上下摇晃头表示“是”，左右摇晃表示“否”。斯里兰卡人则分情况，对于有关事实的询问，他们也用点头表示，但如果被请求做某事，他们则会慢慢地斜一下头表示“是”。在希腊，点头意味着“是”，而将头后仰把脸提起来则表示“否”，这时，眼睛往往是闭着的，而眉毛是提起的。

身体语言和社会空间有关——人们怎样处理他们

图15.7 非语言交流

人类通过声音、语调和身体语言等非语言手段传递的信息远远多于语言所传达的。在这张照片中，克什米尔妇女在潘杰兰哀悼一位死于非命的同胞，她的悲伤显而易见。死者是一名新闻系的学生，最近加入了一个与控制克什米尔的印度军队作战的穆斯林反叛组织，并在一场枪战中丧生。克什米尔是喜马拉雅的一个穆斯林占多数的地区。这些妇女在送葬过程中表现出了她们的悲痛。

和其他人的物理位置关系。人际距离学是对社会空间所做的跨文化研究，这个术语由人类学家爱德华·霍尔（Edward Hall）创造，他的工作使这门学问引起了人们的注意（Hall，1963，1990）。霍尔的研究显示，来自不同文化的人们有着不同的概念框架，来定义和安排社会空间——建立在自己周围的个人空间，以及塑造关于街道、邻里社区和城市应当如何布局的文化期待的宏观层次上的感受性。

另外，他关于个人空间的调查揭示，每一种文化都有其独特的关于亲密度的规定。例如，当处于同一个社会中的两个同事在办公室里站在一起交谈时，他们很可能会按照相同文化标准中的“适当”距离移动身体。毫不奇怪，当来自不同文化背景的人相遇时，非语言交流时发生错误的可能性是巨大的。此外，社会空间还包括不同层次的相对高度。在分层社会中，人们被按等级划分，高等级的个人可能把自己放在一个升高的平台上，象征性地表示自己的优越地位（图 15.8）。

霍尔把涉及人际关系的社会空间分为四个类型：亲密型（0米至0.45米）、私人-随意型（0.45米至1.2米）、社交-协商型（1.2米至3.6米）、公共距离型（3.6米，及以上）。霍尔提醒我们，不同的文化对于可接受的社会空间类型有着不同的定义，这在跨文化背景中很有可能引起严重的误解和误导（Hall，1990）。他的基础研究对培训今天的商人、外交官和其他跨文化工作者至关重要。

辅助语言

姿势-呼叫系统的第二个组成部分是辅助语言——伴随着语言并有助于交流的声音效果。这包括咯咯笑、呻吟或叹息等发声，以及音量、音强、音高和节奏这样的声音特质。

下面这句话说明了辅助语言的重要之处：“关键不在于说了什么，而在于怎么说。”很显然，即使说出来

图15.8　**跨文化的社会空间**

世界各地的文化对社会空间有着明显不同的态度——人们彼此之间的站距或坐距，以及用来指示等级差异的位置的高低。左边的照片展示了尊贵的仁波切在中国西藏慈楚寺一场有其他佛教僧侣参加的仪式上，伸手向下“授权”给一位年轻的僧侣。在右边的照片中，我们看到土耳其大使在以色列副外长的办公室里，他让这位土耳其高官坐在低矮的沙发上，象征性地羞辱了他。这引发了世界各地都争相报道的外交危机。与此相反，佛教领袖的高位座位不仅是文化上的规定，而且为其追随者所接受和期待。

的话写成文字时也是一样的，轻声细语或大吼大叫会使其意义有很大区别。音高、节奏和分句上的细微差异也许不那么明显，但它们也会影响听者所接受的信息。研究显示，例如，在法庭程序中，通过措辞、节奏、答案长度等看似微小的差异传递的阈下信息——在意识知觉的阈限之下交流的内容——会比最敏锐的出庭律师所意识到的内容更为重要。尤其重要的是，目击者给出证据的方式会改变陪审员对其的接受程度，从而影响其可信度（O’Barr & Conley，1993）。

随着电子邮件、短信和Twitter的兴起，交流方式发生了急剧变化。这些技术在自然、快速等方面与面对面交流有相似之处，但缺乏前文提到的区分语言细微差别（暗示其接收方式）的身体语言和声音特质。研究表明，在全部的电子邮件信息中，只有56%是按照发送者的语调被接收的。被误解的信息很快会产生问题，甚至带来敌意。由于这些技术带来很高的错误传达风险，尽管存在大笑或面露微笑等解释信号，一些敏感信息最好还是当面传达（Kruger et al.，2005）。

声调语言

语言的发出方式千差万别。除了上百种元音和辅音，声音还可以有不同声调——音高的升降在区分词语上起了很重要的作用。世界上大约70%的语言是有声调的，其中口语单词的各种独特音调不仅是表达发音的重要部分，而且也是理解其意义的关键。

在世界范围内，至少三分之一的人类都使用声调语言，包括非洲、中美洲和东亚的许多人。例如，中国的普通话就有四种不同的声调：阴平、阳平、上声、去声。这些声调可以用来区分其他方面相同的重读音节，因此，根据声调的不同，ba可以是“拔”、“把”、“八”或“耙”（一种农具）（Catford，1988）。粤语是广东、香港地区使用的方言，它有6个音调，而有些中国方言甚至多达9个声调。

在英语这样的非声调语言中，声调可以用来传达说话者的态度，或将陈述句转为问句。但声调并不能改变一个单词的意义，不像在汉语中，要是不小心，有可能把一个人的妈妈称作“马”！

对话鼓和口哨式谈话

即使人声再响也有天然限制，超过某个范围就听不见了。当然，在一些环境中，声音会比在其他环境中传递得更远。例如，当人们在一个大峡谷或山谷中互相喊话时，声音会比在浓密的森林中所传递的距离要远很多。

19世纪电子通信方式发明之前，声音的传递总是受到自然因素的限制。然而，很久以前，人们已经找到了扩大声音范围的办法，这使得声音信息可以传递到更远的地方，其中一个例子就是对话鼓。这种巨大的开口木鼓被西非说声调语言的人广泛使用，它可以把编码信息传递到至少12千米（约7.5英里）远的地方。

另一种用于扩展声音传播距离的传统通信系统被称为口哨式谈话或口哨语——用口哨对口语发声进行模仿的交谈方式（Meyer，2008；Meyer & Gautheron，2006；Meyer，Meunier，& Dentel，2007）。口哨是吹气时在嘴部开口处形成的空气振动发出的，气流越快，声音越响。距离较远时，口哨比喊叫更为有效，因为它的音调或频率更高。虽然口哨式谈话是日常口语的精简形式，但其词汇量却相当大。例如，非洲西北部海岸拉戈梅拉（La Gomera）岛上讲西班牙语的原住民使用的希尔伯口哨语约有2000个单词。

虽然其确切起源不甚清楚，口哨式谈话存在于世界上大约30种语言中。它在讲声调语言的社区中最为常见，比如圣劳伦斯岛上讲西伯利亚尤皮克（Yupik）语的因纽特人，他们发展了口哨式谈话以帮助其划着皮艇穿过重重大雾或是在雪地里打猎（图15.9）。和对话鼓一样，口哨式谈话是一项濒临灭绝的文化遗产——它的消失一部分是因为以往使用它的人

图 15.9　**口哨语**

口哨语存在于世界上的大约30种语言中，它使得社区成员可以用一种被精简的日常口语交换基本信息。在此图中，来自阿拉斯加圣劳伦斯岛的西伯利亚尤皮克语使用者伊莱恩·金吉库克（Elaine Kingeekuk）正在展示口哨语。她是一名退休教师，她帮助法国语言学家朱莉安·梅耶（Julien Meyer）记录口哨语。

群已经不再与世隔绝，他们古老的生活方式正在或已经消失。除此之外，移动电话和其他电子通信技术的不断发展也导致了它的消失（Meyer & Gautheron，2006）。

语言的起源

关于人类语言起源这个古老的问题，世界上每一种文化都有神圣的故事和传说来对其进行解答。人类学家在收集这些故事的时候经常发现，每一个文化群体都倾向于把这个发源地放在他们自己祖先的地盘上，深信最早的人类讲的是自己的语言。

例如，古代以色列人祖先认为，是神圣的造物主耶和华将天堂的语言——希伯来语赐予他们。后来，当人们开始建造高高的巴别塔，以表明自身有能力联结地球和天堂的时候，耶和华进行了干涉，他造成了语言的混乱，使人们不能理解彼此所说的话，又将他们驱散到地球的各个角落，只留下未完工的巨塔（图 15.10）。

在语言起源问题上，早期的科学研究缺乏可靠的证据。今天，我们有了包括基因信息在内的更多科学证据——更完备的关于灵长目动物大脑的知识，对灵长目动物交流方式的新近研究，关于儿童语言能力发展的更多信息，更多可用来尝试建构古代大脑和声带原形的人类化石，以及对早期人类祖先生活方式更深入的理解。对于人类语言最早是在何地怎样发展起来的，我们仍然不能得出结论。但是在更多、更好的信息基础上，我们现在的推测比过去更为合理。

考古化石和基因记录显示，被称为尼安德特人的古人类（冰河时期生活在欧亚的灭绝物种）具有说话所必需的神经和解剖学特征（D'Anastasio et al.，2013）。新近发现的丹尼索瓦人化石中没有头盖骨，但对一小块指骨碎片和两颗臼齿的基因分析显示，亚洲的这些古人类与尼安德特人非常相似——他们是西方的同时代“表亲”——它们有着同样的能力（Dediu & Levinson，2013）。

由于人类语言嵌于人类和非人灵长目动物（特别是类人猿）共享的姿势-呼叫系统中，人类学家通过观察我们灵长目伙伴的交流体系获得了许多对人类语言的洞见（Roberts，Roberts，& Vick，2014），正如本章所提到的钱特克（Chantek）。与人类一样，类人猿也能够指认有一定时间和空间距离的事件，这种现象被称为移位性，是人类语言的一大特征（Fouts & Waters，2001；Lyn et al.，2014）。

由于手势语和口语之间存在一定连贯性，随着人们对嘴部和喉部运动的控制力日益增加，后者可能会从前者中渐渐衍生出来。和说话相关的声带软组织并

图15.10　巴别塔

《圣经》中描述的这座没能完成的巴别塔，象征了一个关于语言多样性起源的古老神话。根据这个故事，说同一种语言的一个团结的民族准备建造一座塔，用来象征他们的权力并将天地相连，他们的造物主耶和华因他们的骄傲而震怒，于是，混淆了他们的语言，并将他们分散到世界各地。

未被记录在化石中。但是正如本章“生物文化关联”专题所言，通过比较黑猩猩和人类的发声器官解剖结构，古人类学家可以识别出哪些解剖学上的差别是和进化过程中出现的人类语言有关的。

对于人类这样越来越依赖工具生存的物种而言，口语比手势语有更明显的优势。如果要用手势交流，人们必须停下所有手头的工作，但口语则没有这个问题。其他优势还包括：可以在黑暗中交谈，越过不透明的物体进行交谈，或防止听者注意力的转移。我们还不知道口语取代手势语的确切时间，但是，所有人都同意它至少和智人这个物种一样古老。

从说话到书写

100多年前，人类学初现雏形的时候，它着重研究的是依赖人际互动和口语交流生存的小型传统社区。依赖于听说的文化往往有着丰富的口述传统，例如讲故事和演讲，在教育、解决争端、制定政治决策、精神或超自然实践和生活中的其他方面，它们都起到了重要的作用。

传统演说家（英语中的这个词来自拉丁语orare，“说”的意思）一般从小就接受训练。他们通过韵律、节奏和旋律来增强非凡的记忆能力。演说家还会用一些特别的东西来帮助记忆——有缺口的棍子、打结的绳子、有贝壳刺绣的带子，等等。传统易洛魁印第安演说家在发表正式讲演时，经常使用一种贝壳珠串——用麻绳把白色和蓝紫色珠贝串起来结成不同的形状，它代表重要的信息和协议，包括与其他民族定下的协定。

过去和现在的几千种语言都只存在于口语形式中，但是还有许多其他语言是以某一种视觉图形记号

生物文化关联

人类语言的生物学

虽然其他灵长目动物已经显示出一些语言能力（一种获得社会认可的交流代码），但只有人类才拥有真正可以说话的能力；这与人类发声器官的独特发育有关。

人类喉头及会厌的位置至关重要。在呼吸道中，喉介于咽与气管之间，并包含声带在内。当食物从嘴巴进入胃时，会厌能够分离食道和气管。（参见人类与猿类在发声器官上的比较图）。

当人类发育成熟并能够协调神经与肌肉而发声时，喉头和会厌就会向下移动。人类的舌头可以在喉咙后侧弯曲，并附在咽上，咽是食物与空气的共同通道。当空气从肺中呼出经过声带并发生共振，声音就产生了。

通过舌头、咽、嘴唇、牙齿和鼻腔的持续交互式运动，声音交替变化而产生语音——特定语言的独特发声模式。在长时间学习讲话的社会模式基础上，不同语言咽强调某种独特的发声方式，并忽视其他的发音模式。例如，易洛魁语系的语言，包括莫霍克语（Mohawk）、塞内卡语（Seneca）和切罗基语（Cherokee）在内，是世界上少数几种没有双唇音（b与p音）的语言。它们也没有唇齿摩擦音（f音 与v音），只有双唇鼻音m是其唯一需要闭合嘴唇来发出的辅音。

人类需要很多年的实践才能精通肌肉的运动，以产生任何特定语言的准确发音。但是，如果缺少位置降低的喉头与会厌，人类就无法发出被精准控制的声音。

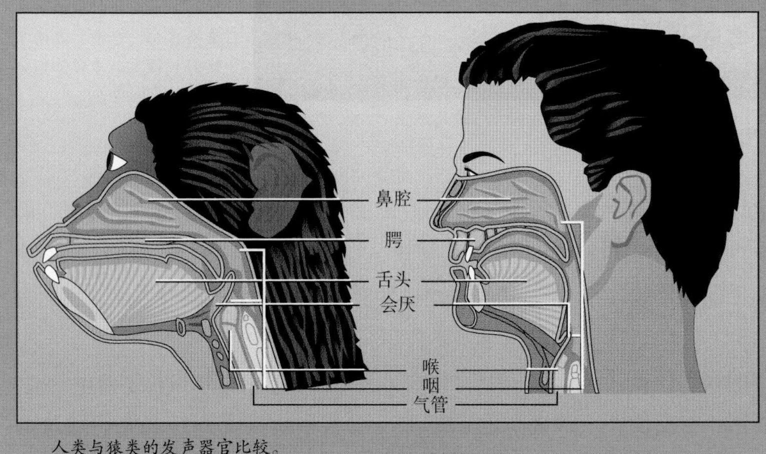

人类与猿类的发声器官比较。

生物文化问题

人类的语言能力使我们能够说出并理解大量的词汇。金刚鹦鹉和其他鹦鹉也能学会很多词，那么，它们是否会讲话呢？如果会，它们实际上会如何思考？

被记录下来的。经过漫长的过程，代表事物和观念的简单图片（象形）和观念（表意）文字变成了更为程式化的符号形式。

虽然不同民族发明的文字形式各有不同，但人类学家还是对书写系统做出了如下定义：它是一套用系统化的方式代表语言单位的可见或可触的符号。最近在中国西部发现的刻在8600多年前的乌龟壳上的符号，可能代表了世界上最古老的基础书写系统（Li et al.，2003）。

埃及象形文字是一种非常成熟的早期书写系统，

图15.11 罗塞塔（Rosetta）石碑

这块圆滑的花岗岩石碑上刻的皇家法令由三种文字组成，它于2200年前被放置在埃及的神庙里。开头部分是古埃及的象形文字，中间是近代埃及的草书，结尾是古希腊文。1799年，一名法国战士远征到埃及，两年之后被英军抓获，他发现的这个石碑，对于解密埃及象形文字至关重要。1802年以来，这个石碑一直被放在大英博物馆展示。

在大约5000年前发展起来，并被使用了大约3500年（图15.11）。另一个非常古老的书写系统是主要在美索不达米亚地区（今伊拉克南部）被使用的楔形文字，它几乎和象形文字持续了同样长的时间。楔形文字在其他早期文字形态中的异军突起，在于它带来的第一个语音文字系统——字母表或一连串代表语音的符号——最终生成了表音文字书写系统的宽泛组合。书写字符（字素）或字母是书写系统的最小单位，相当于口语中的音素。这些系统建立约两千年之后，全球各个偏僻之地才开始出现其他独立的文字系统。

现代字母表中使用的大部分字母（包括英语字母表）起源于东地中海说闪米特语的民族发明的一种书写系统，他们有选择地采用了一些埃及象形文字。希腊人在大约2800年前采用了这种字母，并根据他们自身的语言进行了调整。alphabet这个词语就是由希腊书写系统的前两个字母——alpha和beta结合而成的。当说拉丁语的古罗马人将他们的疆土扩张到欧洲、非洲北部和亚洲西部的大部分地区时，他们使用的就是调整后的希腊语。从15世纪开始，欧洲国家扩大了贸易网络并建立了殖民帝国，拉丁字母就这样被传到了世界的各个角落，使得机械地再现任意一种人类语言成为可能。虽然其他书写系统——比如阿拉伯语、汉语、斯拉夫字母和梵文字母——正被近半数有读写能力的人使用，但数字媒体正不断扩大拉丁字母的使用范围，使其成为世界性的书写系统。

读写能力和现代通信技术

读写能力的出现已经过去了数千年，但如今，还有五分之一的成年人——7.75亿人——不会读和写。其中三分之二是妇女，而农村妇女又首当其冲（例如，印度12亿多人口中三分之一不会读和写）。世界上7500万名儿童无法上学，数百万年轻人离开学校时，并不具备足以参与其社会生产劳动的读写水平（UNESCO Institute for Statistics，2014）。

在世界上许多人还依赖他人为其进行读写的同时，全球电子通信技术革命已经遍及地球上最偏远的村庄。即使是在偏远乡村和城市贫民窟的穷人中，手机的需求量也非常大——有了手机，即使不会读写也可进行远距离通信（图15.12）。

在这个瞬息万变的全球化时代，90%的人生活在移动通信的覆盖范围内，手机已不只是一种通信工具。它已经变成了一种生存工具——2016年初，全球的手机用户接近38亿，超过全球总人口的一半。在被陌生人包围的奔波途中，人们用手机收发信息、收发现金、展现个性、保持联络——在全球化森林中，人们不再用口哨声而是用消息推送的嘁嘁喳喳声来防止自己迷失（GSMA，Intelligence，2016）。

图15.12　全球通信和移动银行

借助于以矿物燃料、太阳能或风能为能源的卫星电话和移动电话塔，电信革命已经波及地球上最偏远的地区。它提供的便利之一是移动银行，这彻底改变了肯尼亚人民收发现金的方式。他们使用M-PESA（M代表移动，而PESA在斯瓦希里语中的意思是钱）来做到这一点。虽然大多数肯尼亚人没有银行账户，但十个人中有八个人可以使用手机。大约8.5万个M-PESA自助服务机分布在肯尼亚全国各地，如图所示它们与自动取款机类似。用户可以在自助服务机里存入现金，然后通过短信发送给可以在另一个自助服务机提取现金的人。这改善了商业，并为较贫困地区带去了基本的生活必需品。

思考题

1. 再看一看本章的开篇图片，想象自己身处一个外国城市，那里有三种不同语言的标志——但没有一种是你所说的语言。在当今日益全球化的世界中，你是否准备好以某种方式去迎接有效沟通的挑战？

2. 在过去的500年里，全球1.2万种语言有半数已经消失。据估计，在21世纪，每年会有大约30种语言消失。随着时间的推移，这可能会产生什么后果？

3. 把语言相对性的原则应用到你的母语中，思考一下你的母语如何塑造了你对客观现实的认知。如果你是在讲霍皮语的社区长大的，你的时间观念会有什么不同？

4. 由于我们大部分的交流都是非语言的，你认为在电子邮件或短信这样的数字交流中，OJ（只是开玩笑）、XD（兴奋）、VSF（非常悲伤的表情）或G（咧着嘴笑）等数字代码会有多有效呢？你的数字信息是否被人误读过？如果有，你认为这种误解的根源在哪？是如何解决的？

深入研究人类学

肢体语言

全世界有数百万人定期进行跨文化交流，包括语言和非语言交流。在进行个人接触时，我们用衣服、身体、面部表情、手势，甚至腿的位置来发送和接收信息。同样，我们在社会空间中创造了“无形的泡泡”，标明了个人的界限。我们很少会意识到：我们的身体语言和对社会空间的使用大多是经过文化编码的。由于这个原因，跨文化交流中存在着大量的误解。探究语言与文化的关系，观察6个随机选择的个体，他们至少来自两个不同的文化或种族。记下他们的面部表情、手势和腿的位置，并确定他们的亲密、私人和公共距离。你可以尝试一种体势学和人体距离学的人类学实验：与几个不知情的朋友或亲戚接触，改变你自己的肢体语言，重新设置你的个人界限，并标注出他们的困惑或误解。分析并描述与你进行的社交实验相关的内容。

挑战话题

所有社会都面临着使儿童社会化的挑战，即教给他们价值观、社会准则和技能，以便让其成为对社区有所贡献的成员。大部分传统社区抚育儿童的方式，是根据未来他们成为成年男女时的社会身份来安排的——确保他们有得体的装扮和重要的文化特征及技能，以表征群体和性别的差异。这张照片拍摄于西伯利亚西北部一个汉特（Khanty）驯鹿放牧家庭的冬季营地，母亲们和穿着毛皮衣服的孩子们坐在便携式生牛皮屋前的驯鹿雪橇上。温暖的外衣下，每个人可能都穿着颜色鲜艳的衣服，这些衣服是汉特妇女绣的，上面的图案是世代相传的。在汉特文化中，婴儿被认为是转世的祖先，像那些还没有长出牙齿的孩子一样，他们也可以与萨满对话。在特别的命名仪式上，孩子会神奇地向一位拥有强大洞察力的女性长者揭示他或她的身份，这位女性长者能占卜出婴儿是哪一位祖先，从而确定孩子的姓名（Balzer，1981）。今天，有近30000个汉特人生活在由男性主导的家族中。如图所示，一些族群主要依靠捕鱼、狩猎和猎兽皮为生，而另一些则是游牧的驯鹿饲养者。他们说一种与匈牙利语相关的语言，但大多数人也懂俄语，因为他们的亚北极家园在几个世纪前就被吞并了。虽然他们处于偏远地区但并未被孤立，当地家庭继续着他们的传统，但他们也通过电力、收音机和电视与更广阔的世界相连。

第十六章 社会认同、人格与性别

学习目标

1. 评估塑造人格和社会认同的文化力量。
2. 解释文化如何被后人传承和习得。
3. 从跨文化的视角讨论社会性别。
4. 阐述正常和非正常的文化相对性。
5. 从文化上区分特定的精神障碍。

1690年，约翰·洛克（John Locke）在他的《人类理解论》（*An Essay Concerning Human Understanding*）一书中提出了白板理论。这个理论认为，新生的人就像一块空白的白板，个人在生活中变成什么样，都会由其生活经历书写在这块白板上。这表明，所有个体出生时，人格发展的潜力基本上是相同的，他们成年的人格则全是生后经验的产物，这取决于不同的文化。

洛克的观点强调儿童性格的形成完全受制于知识与道德引导，但是据我们现在所知，此观点内含纰漏，因为它未能考虑到基因对人类行为的影响。基于人类基因研究，人类学家开始认识到，基因左右着相当一部分的人类行为（Harpending & Cochran，2002）。这就意味着，我们每个人天生拥有一套特定遗传倾向用以选定自己的成年人格特性。在这种基因遗传为人格框定出大量的潜力与限制的同时，个体的文化环境、社会性别、社会地位和独特的生活经历，特别是童年早期的经历也影响着人格的形成。

由于不同的文化以不同的方式构建了儿童的出生，以迥异的方式培养和教育儿童，这些习俗及其对成年人格的影响是人类学研究的重要课题。此类跨文化研究使得人类学心理专业兴起，本章的主题便来源于此。

濡化：人类自我与社会认同

自降生那刻起，个体就面对着各类生存挑战。显然，新生儿无法满足自己的生理需求。我们也只在神话与浪漫的幻想中看到，儿童独立地或幸蒙野生动物的哺育而在野外顺利长大成人。泰山与人猿或是丛林男孩莫格利（Mowgli）与狼的故事令全世界成千上万的儿童深深着迷。另外，报纸编造的“野”孩子对老少都极具吸引力，例如1946年关于10岁男孩与瞪羚一同奔跑在叙利亚沙漠的报道。

放下这些虚幻的想象，在文化缺失的环境中，人类儿童不具备生存的条件。有几个案例对成长于人类接触之外的野孩子（源自拉丁文fera，意为野生动物）做了记录，这些记录证实了这一观点的准确性。这些野孩子中没有一个得到圆满的结局。例如，在1920年的印度，女孩卡马拉（Kamala）从印度的一个狼窝里被救出来，但在她身上难觅浪漫色彩。据收留她的当地孤儿院院长说，她靠四肢行走，不说话，只是嚎叫，还会咬那些试图喂她的人。

文化是社会建构的，且是习得而非经由生物遗传的，所有的社会都想方设法确保文化完成充分的代际传承——这种过程已被定义为濡化。因为每个群体都依靠一套特定的文化规则维持生计，所以儿童就必须学习其所在社会的规则才能赖以存活。绝大多数的学习聚集在最初几年，这时儿童开始学习如何感知、思考、讲话，并最终习惯成人的行事，变成基库尤人（Kikuyu）、拉科塔人、俄罗斯人、藏民或是出生时所在的民族或国家群体中的一员。

在所有社会中，首要的濡化来自婴儿的家庭成员，特别是母亲。（事实上，各种文化因素在孩子出生之前就会影响到他，包括母亲饮食、呼吸，以及日常生活中的声音、节奏和活动模式。）其他成员所起的作用则依赖于每个特定社会中家庭被结构化的方式。

随着年轻人逐渐成长，家庭外的众人也加入濡化的过程中。这通常包括邻居、其他的亲戚，也包括同龄人。在一些分工较大的复杂社会中，专家会介入这个过程以提供正规的指导。在许多社会中，儿童可以按照自己的速度通过观察和参与来学习。

图 16.1　自我意识

认识到镜子中的自己后，这个孩子在发展必要的自我意识方面迈出了重要的一步，她明白了自己是一个独特的个体。这通常发生在20个月左右，但这在不同文化中会有所不同。

自我意识

濡化始于自我意识的发展——把自己识别为独立的生物、对自己做出反应，并评估自己的能力发展（图 16.1）。人们并不是生来就有这种认知能力，尽管它对人类社会的成功运行来说必不可少。自我意识使人们对自己的行为负责，学会如何回应他人，并且承担社会中的各种角色。自我意识的一个重要方面是给予自我以积极的价值。这有助于激励年轻个体遵从他们的文化期望，这通常对他们有利。

自我意识不是一下子就能获得的。发展心理学家发现，儿童要到两岁或三岁时，才能明确地区分自我与非自我（Rochat，2001；2010）。自我意识的发展与运动神经的发展一致，而出生在工业社会中的婴儿的运动神经发展速度会比许多甚至是大多数小型农牧社会中的婴儿更慢。虽然人类的碰触和刺激对婴儿有重要影响，但造成速度差异的原因还不清楚。

在全球大多数社会中，婴儿通常与他们的父母或至少与母亲同睡。此外，在其他大部分时间里，他们常以竖立姿势被带着或抱着，往往有其他人的陪伴或者处于各种活动中。母亲通常只需几秒就能回应婴儿的哭叫或“吵闹”，而回应方式一般是给婴儿哺乳。

这些源源不断的接触意义重大，因为最近的研究表明，刺激在脑的“硬线路”中起关键作用，是神经回路发育所必不可少的要素。值得注意的是，母乳喂养的时间越长，儿童的总体健康状况越好，认知测验的成绩也越高，而患注意力缺乏型多动症、肥胖、过敏的风险就越低（Dettwyler，1997；World Health Organization，2015a）。基础性生物遗传为我们编排了在社会刺激中发育的能力，所以，自我意识和各种其他有益的品质，能在与其他人亲密接触的过程中快速发展这一事实也就不足为奇了。

个人命名中的社会认同

在所有文化中，个体的名字都是自我定义的重要工具。通过命名，社会群体在承认婴儿与生俱来的权利的同时确立了他的社会身份。在社会众多的文化规则中，那些与命名有关的总是独一无二的，因为它们在个体化的同时又认同个体作为群体的一员。事实上，名字总是表达并代表了某群体认同的多个方面——种族、性别、宗教、政体，甚至是等级、阶级或种姓。没有名字，个体就丧失了身份，没有了自我。因此，许多文化认为起名是一项重要的议题，并把给一个婴孩的取名标志成特殊活动或仪式，即冠名大典。

跨文化命名惯例

世界范围内存在不计其数的命名方法。比如，生活在玻利维亚高地拉伊米村（Laymi）里的艾马拉印第安人在给婴儿取名字之前，并不认为这个婴儿是真正的人——只有孩子2岁左右开始说艾马拉语后，才能获得名字。只有孩子展现出人类的语言能力，人们才认为他们可以有称得上体面的名字。冠名大典标志着蹒跚学步的幼儿从自然状态到文化状态并最终被拉伊米社会完全接受的社会转变。

不同于艾马拉人，冰岛居民在婴儿出生时就给他们取名。按照古老的习俗，冰岛婴儿以父亲的名作为自己的姓。男孩名字后要加后缀sen，女孩名字后加后缀dottir。因此，如果父亲的名字是Sven Olafsen，其儿女的姓就分别是Svensen和Svendottir。

尽管在冰岛源自父名的姓很普遍，母亲的名字也常被选作小孩的姓。这种基于母亲名字的姓氏通常是未婚或离异母亲为自己儿子或女儿取名时的首选，还有些喜欢用自己的名字确定家庭地位的人也会这样做。因此，名为Eva的冰岛妇女，会给女儿 Evasdottir这一姓氏，给儿子Evason这一姓氏。以母亲或女性祖先的名字为姓氏的传统只在世界上少数几个地方能看到，包括印度尼西亚的苏门答腊岛，那里是米南卡保人（Minangkabau）的家园。在这个只有几百万人的族群中，儿童是其母亲氏族的成员，会继承母亲的姓氏。

在加拿大北极地区居住的内特希利克（Netsilik）因纽特人中，一位经历着痛苦生产的母亲会喊出生前受人尊敬之人的名字。人们相信这个名字会进入婴儿的身体并帮助分娩，之后，这个孩子会沿用这个名字。因纽特父母还会给孩子起过世亲属的名字，因为他们名字原主人的灵魂会帮助塑造孩子的性格（Balikci，1970）。

在许多文化中，个体出生后不久就会获得名字，但后续的生命阶段会要求一个新的名字。美国西南部纳瓦霍（Navajo）印第安人的孩子一出生就会获得名字，但传统的家庭通常会在孩子露出第一个笑容后赋予他祖先的族名。对纳瓦霍人而言，笑是人类语言的最初表现形式，这个积极和快乐的信号代表着生命作为社会存在开始运转。因此，这是一个值得庆祝的场合，而且唤起第一个笑容的人会邀请家庭成员和亲密的朋友参加首笑仪式。在仪式上，主导者会把石盐放在孩子手中，并帮忙用石盐擦遍孩子全身。盐代表泪水——它可以是笑或哭带来的——据说盐可以提供力量和保护，让人长寿并快乐。然后，就会赠予孩子祖先的名字。

接下来，因为这种场合的核心目的是保证孩子将会成为一个慷慨的人，主办人会替孩子将糖和盐分给每位上前欢迎孩子投入社区怀抱的客人。通过接受这些象征性的礼物，客人也会获得力量和保护。仪式同时向年轻和年老者示意慷慨和分享的重要性。

在很多文化中，第一个孩子的取名仪式也标志着其父母社会地位的改变。这体现在“亲从子名制”（Teknonymy 来自希腊语 Teknon，意为孩子）上——某些人可以用令人尊敬的名字来代替自己的名字（或将之与自己的名字并列），而这通常来自家庭中的长子。在阿拉伯社会，这样的敬语常被称为昆亚（Kunya）。例如，一个年轻人给自己的第一个儿子取名为伊萨克（Ishaq）的话，他就会被称为伊萨克之父（Abu Ishaq），而他的妻子则会被人称为伊萨克之母（Umm Ishaq）。亲从子名制出现在只有近亲才可以用某人的私人名字称呼他的社会中。如果是外人或者晚辈这样做，就会被认为不妥当或不礼貌。例如，这种禁忌存在于北非撒哈拉沙漠中的图阿雷格部族（Tuareg），他们更喜欢尊称而不是较私人的名字（图 16.2）。

图16.2　图阿雷格部族的命名仪式

在一个新生儿的命名仪式上，图阿雷格部族的妇女聚集在一碗面条周围，她们身处于尼日尔北部撒哈拉沙漠游牧民长期以来居住的帐篷形房屋中。在这个特定的场合，妇女在她们的手和脸上涂抹了靛蓝颜料。传统上，图阿雷格部族的小孩在出生后第八天就要被取名，而且为了庆祝部族新成员的到来远近的亲戚都会赶来参加。孩子的父亲和其他男性亲戚在马拉布特（marabout）的带领下举行穆斯林的宗教仪式。这位圣人会做祷告，并在仪式上割断用于宴席的公绵羊的喉咙。在那一刻，父亲就会公开小孩的名字，而这个名字往往源自《古兰经》。

命名与认同政治

由于名字象征性地表达并代表着个体的文化自我，它们可能在个人与集体认同的政治中获得特殊的重要意义。例如，当族群或国家落入某个处于不断扩张的、更强大的比邻群体的管控中时，其成员可能不得不迫于压力而同化或放弃他们的文化认同。最初的标志可能会表现为属于被征服或没落群体的家庭决定放弃其祖传的命名习惯。俄国将帝国扩张到西伯利亚并殖民说突厥语的民族黑吉戛斯（Xakas）时就发生了这样的情况。在短短几代人里，大多数黑吉戛斯人都有了俄罗斯式的名字（Harrison，2002）。

改名字的故事也常见于希望避免种族歧视或民族污名化的移民群体中。比如，犹太移民及后代为了混迹娱乐圈而美国化他们的名字：喜剧演员琼·莫林斯基（Joan Molinsky）更名为琼·里弗斯（Joan Rivers），而时装设计师拉夫·里夫希茨（Ralph Lifshitz）更名为拉夫·劳伦（Ralph Lauren）。

在认同政治中，少数群体还会将命名作为一种抵制策略，来表明其自身的文化骄傲甚至是彰显其反强权社会的自治权力。例如，在美国，越来越多的非裔美国人拒绝使用从他们被奴隶的祖先那里继承而来的基督名字。许多人还放弃了这些名字所代表的信仰传统，成为伊斯兰教的一员。一个经久流传的案例就是拳王卡休斯·克莱（Cassius Clay），他在20世纪60年代中期皈依伊斯兰教。和其他人一样，他拒绝使用自己的“奴隶名字”，改用穆罕默德·阿里（Muhammad Ali）这个名字。

自我与行为环境

自我意识的发展需要基本的定位，它们建构了自我行为的心理领域。其中包括客体定位、空间定位、时间定位以及规范定位。

每个个体都必须学习自我以外的客体世界。通过这种客体定位，各种文化会挑选出特定环境特征加以关注，同时忽略其他的或将余下的归为一个宽泛的类型。文化还能解释被感知的环境。这尤为重要，因为对某人周围的环境进行文化解释，可以提供秩序的量表，并为个人指明方向，从而有效地展开有意义的行动。

这种模式背后隐含着减少不确定性的心理驱动力。人们在面对不确定或含混不清的情况时，总是试图明晰或构造情境；他们所遵循的方式在其文化背景中是正当的。因而，我们对世界的观察和解释大部分受到文化的建构，并由语言进行象征性的加工。简而言之，我们透过文化这个滤镜来观察我们周遭的世界。

自我行动依赖的行为环境涉及空间定位，或者说把某一客体或地点转移到另一客体或地点的能力。地名和重要特征是空间定位的重要参考。带某人去最近的公交车站，想方设法抵达机场，或穿越地底深处的隧道，都属于建立在空间定位和记忆之上的高难度辨识任务。所以，因纽特狩猎者能够依靠皮船或雪橇穿越广袤的北极水域和冰雪——通过心中的地图决定路线，白天靠太阳、晚上靠星星的位置来定位；有时候甚至会凭借风向及空气中的气味来测定方位。20世纪的技术手段已创造出了新生的媒体环境，我们学着在信息空间中判定自我的定位。无论是在自然还是虚拟环境中，如果丧失空间定位，我们就不可能实现对日常生活的导航（图16.3）。

时间定位让人感知到自己在时间中的位置，它同样也是环境行为的一部分。将过去的行动与那些现在和将来的行动连接起来，就能产生一种自我连续感。日历就有这种功能。Calender一词来自拉丁词汇kalendae，最初用于向公众宣布每个月或农历月的第一天，它为人们提供了一个框架，以组织他们的日、星期、月，甚至是年。

行为环境的最后一个方面是规范定位。最初皆为纯文化的道德价值、理想和原则，也是个人行为环境的一部分，如同树木、河流和高山。没有了它们，人

图16.3　空间定位

传统上，每种文化都会为其成员提供对于生活的综合设计，这包括在环境中安全行动和移动所需的空间定位。出生并成长于北极圈的因纽特人，在其所生活的区域内发现了很多富有意义的参考点，而在外人看来，这个地区充满了乏味和单调。如果没有空间定位，人们就可能会迷失方向，甚至死亡。

们就无以衡量自己的或别人的行为。规范定位包括一套关于行为范畴的标准，表明了特定社会中的男性、女性和其他性别角色可以做出的正当行为。

文化与人格

在濡化过程中，每个人都被引入一个社会化的自然及人为的环境中，期间会接触一系列关于自我和他人的集体观念。因此，一种关于宇宙的文化蓝图得以内化，个人根据它进行感知、思考并作为一个社会存在去行动。它是指点每个人生活“迷津”的“地图”。当我们谈起个人的人格时——个人思考、感受和行动的独特方式——我们就是在概括这个人逐渐内化的总体文化规划。因此，人格是个人濡化的产物，每个人都有他或她独特的遗传品性。

“人格”派生于拉丁文“面具”（Persona）这个词语，它与学习在日常生活的舞台上扮演角色这一观念有关，而日常生活基于文化的总体规划，该规划组织并指导了个人成长的社区。渐渐地，面具开始形塑个人直至面具强加的异己感全然消失。于是，它让人感觉很自然，仿佛是与生俱来的。这样，个人就成功地

内化了文化。

从跨文化视角看社会性别和人格发展

虽然一个人学习什么对其人格发展很重要，但多数人类学家认为如何学习也同样重要。人类学家与精神分析理论家一样，认为儿童的经历对成年后的人格有很大的影响，而且他们最感兴趣的是那些试图阐明早期儿童经历在塑造人格方面的作用的分析和研究。

在性别认同和人格发展的跨文化研究方面，美国人类学玛格丽特·米德是先驱（正如前一章所讨论的，生物性别是由生物学决定的，而社会性别是社会建构的）。在20世纪30年代早期，她调查了巴布亚新几内亚的三个民族——阿拉佩什族（Arapesh）、蒙都嘎摩族（Mundugamor）和恰部里族（Tchambuli）。这一比较研究表明，男性和女性的生理差异是极具可塑性的。简而言之，她总结为：生理绝不是决定因素。米德发现，在阿拉佩什族中，男女被认为是平等的，两种性别都呈现出了西方传统意义上的女性范本（合作的、哺育的且柔和的）。她还发现蒙都嘎摩族（如今通常被称为Biwat）中的性别是平等的；但是，在其社会中，两性都表现出了明显的男性特征（自我的、独断的、善变的、具有攻击性的）。然而，在恰部里族（如今被称为Chambri）中，米德发现女性支配着男性（Mead，1963）。

最近的人类学研究发现，米德对性别角色的一些诠释是错误的——比如，恰部里族的男性没有被女性支配，或是完全相反的。但是，她的研究为人类状况提供了新洞见，向人们证明了男性的支配地位从来都不植根于人类的“本性”。相反，它是在社会适应特定文化的背景下构建起来的，因此，性别的安排具有任意性（参见“人类学家札记”专题中米德的老师、同僚及亲密朋友鲁思·本尼迪克特（Ruth Benedict）为将人格并入文化构建而做出的努力）。尽管男－女行为的生物因素确实会产生影响，但有一点已明确，即每种文化都提供了不同的机遇，并对理想的或是可接受的行为有不同的期望（Errington & Gewertz,2001）。

案例研究：朱瓦西部落（Ju/’hoansi）中的儿童养育与性别

要理解儿童养育实践对人格性别特征发展的重要作用，我们也许应该简要了解一下朱瓦西部落的布须曼人，他们是南非卡拉哈里沙漠上的原住民。传统意义上，他们是靠捕猎采集为生的游牧民族，但在20世纪后半期，他们被迫定居下来——小规模饲养山羊、耕种以维持生计，偶尔还会在白人所有的农场参与有报酬的劳作（Wyckoff-Baird，1996）。

这些从前以游猎采集为生的朱瓦西人非常强调平等，两性之间不允许出现支配与攻击。理想的情况是：男性和女性一样举止温和，女性和男性一样精力充沛、自力更生。相较而言，在那些近几年定居在村庄的朱瓦西人中，男性和女性所表现出的人格特征与北美或其他工业社会中的传统意义上的男女气质非常相近。

在狩猎者群体中，孩子在生命的最初几年中能得到来自母亲的全方位呵护，因为生育一般间隔4年到5年。然而，妇女外出到丛林里采集食物时，并不总是带着孩子。在这些时候，孩子由父亲或社区中的其他成人看管，每天基本上都有三分之一或半数之人留营。这些看管者既有男性又有女性，所以孩子习承对象中男女的比例是平均的（图16.4）。在朱瓦西狩猎人群里成长起来的人不会盲从或害怕男女权威。事实上，做了错事的孩子不会被惩罚，而只是被带走并被引入另一个更适合他们的活动中。

男孩和女孩大部分时间都待在玩伴群体中，其中包括各种年龄段的男孩和女孩。年龄较大的孩子，不管是男孩还是女孩，都要看护年幼的孩子。总之，朱瓦西孩子在传统的采猎群落中几乎不会经历两性的区隔。

人类学家札记

鲁思·本尼迪克特（Ruth Benedict，1887—1947）

本尼迪克特在人类学领域可谓是姗姗来迟。她从瓦萨学院（Vassar College）毕业后在高中教过英语，出版过诗集并尝试从事过社会工作。31岁时，她开始学习人类学，先是在纽约市的社会研究中心，后来到了哥伦比亚大学。她读博士时师从弗朗兹·博厄斯，并在获得学位后留在了导师的系里。玛格丽特·米德就是她的第一批学生之一。

本尼迪克特是从文化角度研究人格建构的先驱者

正如本尼迪克特自己所言，人类学主要的目的是"为人类的多元营造出更安全的世界"。在人类学学术领域，她得出了"文化是那些创制者人格的集体规划"这一观点。在她最著名的著作《文化模式》（*Patterns of Culture*，1934年）中，她比较了三种人群的文化——加拿大太平洋西北岸的印第安夸扣特尔人（Kwakiutl）、美国亚利桑那沙漠的印第安祖尼人（Zuni）和靠近巴布亚新几内亚南岸多布岛（Dobu）的美拉尼西亚人（Melanesians）。她认为，每一种文化都可以与一件伟大的艺术作品相媲美，都有其内在的连贯性和一致性。

本尼迪克特目睹了夸扣特尔人仪式中以自我为中心、个人主义和狂喜的表现，她将他们的文化形态命名为"酒神型"（源自希腊酒神和吵闹宴席）。而祖尼人遵循中庸之道，不期望任何过度或破坏性的心理状态且不相信个人主义，她将这个特征称为"阿波罗神型"（源自代表美的希腊诗歌之神）。而美拉尼西亚人害怕并憎恨其他人，拥有一种超自然的文化，本尼迪克特认为他们是"妄想症患者"。

《文化模式》的另一个主题是越轨，这应该被理解为个体人格与所属文化规范之间的矛盾。至今仍不断再版的《文化模式》被翻译成了12种语言，售出近200万册。米德在巴布亚新几内亚对性别进行跨文化研究时，受此书影响颇深。

虽然《文化模式》在非人类学领域中广为流传，但人类学家一直以来都因其印象派的研究方法而将其弃之罔顾。此书存在另一个问题，即本尼迪克特对文化特征的归总具有误导性。例如，被认为是阿波罗神型的祖尼人，也会沉迷于类似吞剑、走烫碳等这种看起来是酒神型族群的行为，她还使用"妄想症患者"这种充满价值观评判的术语暗示对他者的歧视。但无论如何，本尼迪克特的书确实对该领域产生了巨大且有价值的影响，因为这本书关注的是文化与人格之间的关系，并普及了文化多元化的真相。

但对那些被迫放弃传统采猎生活模式而永久定居下来的朱瓦西人来说，情况就完全不同了。妇女会花很多时间在家中准备食物、做家务并照料孩子。同时，男人们会花大量时间在户外耕种、饲养动物或参加带薪劳动。因此，孩子并不习惯父亲的存在。男性的这种疏远，以及他们对外部世界的了解、挣钱的能力加强了他们对家庭的影响力。

在这些村落家庭中，性别的模式化很早就显现了。一旦女孩足够年长，她们就要满足弟弟妹妹们的需求，从而让母亲腾出时间来照料其他的家务。这不仅塑造着也限制着女孩的行为，因为襁褓中的弟妹让她们不能走远，也不能自由自主地探索世界。相反，男

图16.4　朱瓦西人的育儿传统

在传统的朱瓦西社会中，父亲与母亲一样娇惯孩子，孩子们也已经习惯了男性的照料，他们不会盲从或害怕男女权威。

孩不必照看婴幼儿，而且当他们有活要干的时候，也会离开家庭。因此，村落女孩占据的空间是受限的，她们接受的行为训练促进了被动与养育的情绪，而村落男孩则开始习惯未来成年后所要扮演的疏远、控制性的角色。

当我们比较不同文化中的育儿传统时，发现群体长时间实践中的经济组织和社会关系影响着儿童的成长，而这又反过来影响着其成年后的人格。跨文化比较还显示，养育孩子的方式存在着任意性，这就意味着，改变孩子成长的社会环境会显著改变男女行为及其互动的方式。带着这样的见解，我们将简要讨论不同的育儿做法。

三种育儿模式

在玛格丽特·米德先锋式地对性别进行比较研究之前，心理人类学家展开了一系列重要且更加广泛的跨文化研究，来考证儿童养育对人格的影响。他们的研究成果还表明，育儿的三种普遍模式是可以区分的。这些模式来源于各类实践，不论它们存在的原因是什么，它们都既强调依附，又强调独立。为方便起见，我们将称之为“依附训练”、“独立训练”和“互相依赖训练”(Whiting & Child，1953)。

依附训练

依附训练使儿童社会化，使其在更大的群体中思考自我。其培养出的社区成员对自我的理解会超越个人主义，会更顺从于任务并将自我放置在群体中。这种模式一般存在于大家庭中，此类家庭存在着多个由丈夫、妻子、孩子组成的小家庭。依附训练最可能出现在以自给农业为经济基础的社会中，或是几个家庭一年中至少有一段时间会住在一起的采猎部落中。

大家庭很重要，因为对维生所需的翻土、饲养家畜以及其他经济手段而言，它提供的劳动力是必不可少的。然而，这些庞大的家庭中潜藏着不安定的张力。例如，重要的家庭决策必须被集体采纳后执行。另外，即将结婚的准新人——来自其他群体的新郎或新娘——必须服从群体的意愿。这对他们来说可能并不容易。

依附训练有助于牵制这些潜在的问题，其中包括支持和纠正两方面。表现为支持时，家长是随和的，母亲总是迁就年轻一辈的渴望，尤其是哺乳，她们会根据需求持续几年间为孩子哺乳，这强化了家庭是满足孩子需求的载体这一概念。支持的一面还包括，儿童在相对年幼时要承担看护婴孩与做家务的责任，这对家庭利益有着重大而显著的贡献。因此，孩子们很早就知道，家庭成员之间的相互分享和积极帮助是正常的。

在矫正方面，成年人竭力劝阻其所认为有攻击性的或自私的行为。另外，成年人往往十分坚持孩子的完全服从，使个人趋向于从属群体。社会化过程中鼓励和劝阻的组合，教会个人把群体利益放在个人利益之上——变得顺从、热心、与世无争并总是抱有责任心，不敢越雷池半步，不做任何具有潜在破坏性的事。确实，他们的这种自我定义源自将自己作为更大社会整体的一员的想法，而不是来自他或她的个人存在。

独立训练

独立训练能培养出个人的独立性和成就感。在与之相关的典型社会中，基本的社会纽带表现为家长和子女的关系。独立训练是商业、工业和后工业社会独具的特色。在这些社会里，撇开生存，自力更生和个人成就还是成功的重要特质——特别是对男性而言，女性也越来越多地受到其影响。

这种模式包括鼓励和劝阻。从消极的方面看，比起需求，哺乳是由时间表主导的。如前所述，北美婴儿的母乳喂养时间基本上不超过一年。许多家长选择用人工奶嘴来满足婴儿的吸吮本能——这样做一般是为了让孩子安静下来，他们没有意识到婴儿需要通过吮吸来强化训练用于咀嚼与讲话的肌肉的协调感。

举个例子，北美的白人中产阶级父母相较而言更急于给婴儿喂食，甚至会试图让婴儿自己吃饭。许多人乐于让婴儿靠在有圈栏的童床边或游戏围栏里自己拿奶瓶。另外，孩子出生后一般很快会有属于自己的私人空间，从而脱离父母。集体责任不会被强加给儿童；直到儿童期结束，他们通常都不需要完成重要的家庭任务；他们往往只需要为个人利益（比如按自己的意愿花掉所挣的零用钱）而付出，而不需要对家庭福利有所贡献。

与奉行依附训练的文化相比，在奉行独立训练的社会中，人们对个人意志、独断力甚至攻击性的表现的容忍程度更高。在学校甚至在家庭中，竞争和胜利都受到重视。例如，美国的学校会在竞技性体育上投注大量资源。课堂上也会凸显竞争——包括拼单词比赛、有奖竞赛等显而易见的方式，以及按学生成绩分布曲线评级分类等隐蔽的方式。此外，还有各种受欢迎的竞赛，比如评选舞会上的皇后与皇帝，或是选举出“最美”或“胜算最大的人”。因此，无论收到多少体育活动和其他竞赛项目的证书或奖杯，在美国社会中长大的个人接受着一条清晰的信息：人生就是得与失，而失去就意味着失败（Turnbull，1983a）。

总之，独立训练在强调个人成就和靠自己谋求利益的社会中很是受用。随着全球化的发展，这种社会化模式、文化价值与期待在全世界日益盛行，导致了传统社区的分裂。

互相依赖训练

在育儿模式中还存在一种中间类型，表现出依附训练和独立训练的双重特征。这就是所谓的互相依赖训练，奔人群体中出现了这一现象，他们居住在西非科特迪瓦热带雨林的村庄里，共约2万人，是讲曼丁哥语的农民。每个家庭都是一个庞大的家户，其中包括已故祖先的灵魂。这些祖灵被他们称为wru，晚上会和他们一起生活，但黎明就会离开并前往至他们看不见的精灵村庄（Wrugbe）。

奔人相信转世，因而他们不将婴儿视为一个新生物，而认为他们是回到日常生活的祖灵转世。所以，奔人的婴孩是极具灵性的生物，这种灵性最初只是暂时依附在他们身上。婴孩因为渴望得到wrugbe的某些事物而啼哭，所以好的父母愿意尽其所能让婴孩现世的生活更为舒适，让他们不因诱惑而返回wrugbe。包括给小孩扮上大量的装饰，使其得到亲戚和邻居更多的关爱（图16.5）。

一天中的大部分时间里，婴儿会由一大批人照顾，除了生母，还有其他妇女会对其进行哺乳。出生后的奔人婴孩会发展出各种社会关系和情感联系，通常不会有面对陌生人的焦虑。因为人们认为他们的一部分生活在神的世界，这些微小的“古老精灵”可以

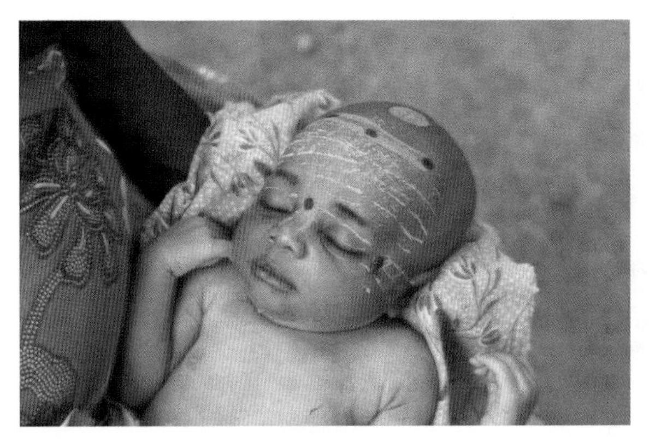

图16.5　西非科特迪瓦奔人的婴儿

奔人认为婴孩是转世的先祖，他们与精神世界之间有很强的联系。为了确保这些微小的“古老精灵”不会企图返回他们原来居住的精灵村庄，父母要竭尽所能，让其现世的生活更为舒适。这包括给小孩扮上大量的装饰，使其得到亲戚和邻居更多的关爱。

决定他们自己的睡眠和护理计划。将婴儿视为祖先或其他已故亲属的奔人的文化观念影响了父母和社群中其他人对婴儿的照顾方式。因为新生儿代表着一个可能已经活了很长时间的人，他们被赋予了高水平的能动性，这影响了孩子的特殊人格的形成。

美国人类学家阿尔玛·戈特利布（Alma Gottlieb）研究了这些西非农民的育儿行为之后，断定奔人社区的社会目标是促进相互依赖而不是独立性，相对而言，后者是如今大部分北美家庭的普遍做法。总之，奔人的婴儿会感觉到“持续被很多人爱护着”，因而很早就认识到：个人的安全感来自生活中彼此相连的命运，来自对欢乐与负担的共同分享（Gottlieb，1998，2004a，2004b，2006）。

群体人格

显然，文化与人格之间存在着复杂的关系，习惯做法和文化的其他方面系统地影响着人格的发展。人类学家已经考虑过是否可以根据特定的人格类型来分析整个社会，以及是否有可能在描述群体人格时，不掉入刻板印象的陷阱。回答当然是肯定的，尤其是当涉及传统社区时。社会越大、越复杂，人格的变异维度就越广。抽象地说，只要我们不奢望在某个社会中找到均一的人格，我们就可以谈论某个社会中普遍存在的文化人格。

典型人格

显然，任何对群体人格问题富有成效的研究都必须承认：在某种程度上，每个人在遗传和生活经验方面都是独一无二的，而且必须额外思考任何社会中一系列人格类型的存在。另外，被视为属于男性的人格特质可能并不适用于女性，反之亦然。考虑到所有这一切，我们可以集中观察一个群体的典型人格，它是社会群体中出现频率最高的人格特性，因此最能代表其中的文化。典型人格是统计学概念，而非特定社会中的平均人格。因此，可以识别并比较不同群体的典型人格。

例如，在南美洲委内瑞拉的热带森林中，亚诺玛米人靠狩猎、采集、种植来维持生计。亚诺玛米人对于男性的理想被他们称为waiteri，包括勇敢、凶猛、幽默和慷慨，所有这些都是英雄的特质（Chagnon，1990；Ramos，1987）。然而，在他们的村庄里，有些男人很安静，并不那么好斗。面对引人注目的更“典型”的亚诺玛米人，局外人很容易会忽视这些文静个体的存在（图16.6）。

国民性

几年前，意大利旅游部部长公开评价德国人的“典型特征”，提到“高度国家主义的白人”和“嗜酒懒汉”在意大利的沙滩上“竞赛打嗝”（“Italy-Germany verbal war hots up，”2003）。愤怒（并以本国的优质啤酒为傲）之下，德国的政府官员取消了意大利的行程，并要求意大利当局做出官方道歉。当然，不少德国人把意大利人看作黑眼睛、脾气暴躁的

图 16.6　英雄的男性人格

亚诺玛米印第安人在一场公开表演中扮演 waiteri，这符合他们文化中传统的战士形象。

空心粉狂热者。如果公开这种想法的话，可能会引起骚动。

对外人诋毁式的刻板印象深深植根于每个地方的文化传统中。许多日本人认为韩国人小气、野蛮并且具有攻击性，反过来，许多韩国人认为日本人冷血、傲慢。类似地，我们都在脑中存有某种意象，粗略定义出斯科特人（Scott）、土耳其人或墨西哥人。而他国人描绘出吵嚷、傲慢自大的“美国佬”形象不免令出境旅游的美国人倍感羞辱。尽管这些仅仅是刻板印象，但是我们自问，这样的印象是否有事实依据呢？现实中，这种国民性格是否存在呢？

早期，一些人类学家曾经认为答案是肯定的。然而，他们很快就确定了国民性格研究是有缺陷的，主要源于研究结论建立在有限的数据、相对小的知情人样本，以及发展心理学方面仍然存疑的假设。此外，组成国家的民族比传统的小规模社会民族更加多样化和复杂，因此不能简单地一概而论。

核心价值

对国民性格的另一项研究——考虑到并非所有人格与文化理想类型相一致——出自美国华裔人类学家许烺光（Francis Hsu，1983）。他的研究方式注重核心价值（尤其受到特定文化促进的价值）以及相关的人格特征。

许烺光认为中国人对亲属关系与合作的看重胜于其他一切。对他们来说，相互依存是个人关系真正的本质而且已延续了数千年。他认为意志上对家族和亲属的顺服比其他一切更重要。然而，在朝鲜这样的国家，服从不是对于一个人的家庭，而是对一个由威权领导人统治的国家，他要求国民完全服从。在这样的社会中，核心价值观包括服从、顺从和个性压制，它通过国家主办的游行和群众集会等公开表达出来（图 16.7）。

大多数欧裔北美人最尊崇的核心价值或许是“严格的个人主义”——传统上只针对男性，但近来对女

图16.7　核心价值

朝鲜文化的共同核心价值观促进个人融入更大的群体，正如2013年平壤阿里郎集体运动会展现出来的那样，有15多万名体操运动员和表演者参加了该运动会。背景中的图形是由孩子们拿着彩色纸板完成的。

性亦是如此。只要有尽心竭力工作的意愿，每个人都应当获得他想要的任何东西。

在某种程度上，它也促使个人努力工作，流动到有职业空缺的地方去，此种个人主义很好地适应了全球市场经济的需求。在许多传统社会中，个人被牢牢束缚于一个需要对其终身负责的较大群体，而大多数北美人和西欧人与孩子及伴侣独住，远离所有其他亲属——甚至对婚姻和育儿的承诺也减少了（图16.8）。在西欧、北美和其他工业及后工业社会，越来越多的人选择单身或同居而不是结婚。在那些已婚的群体中，很多人属于晚婚，而且往往是孩子导致了他们的结婚。这种个人主义也体现在高离婚率上——美国的离婚率超过40%。（Morello，2011；Natadecha-Sponsal，1993；Noack，2001）。

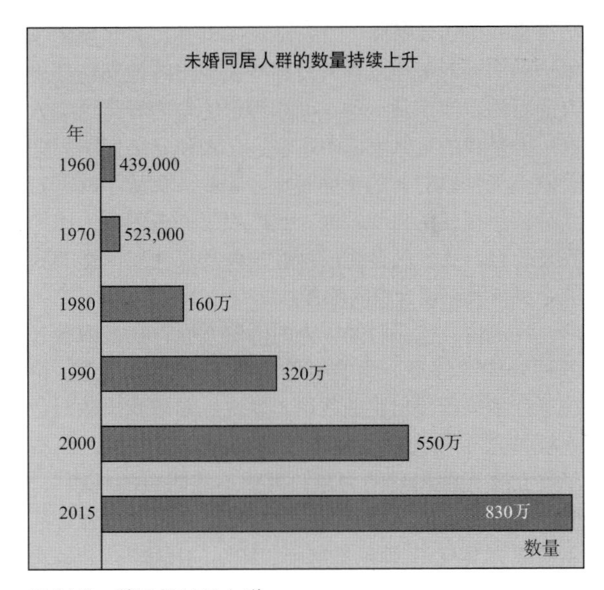

图16.8　美国的同居人群

美国未婚同居的异性配偶数量持续攀升。如今，未婚同居配偶数量占美国所有异性恋配偶数量的12%，其中包括已婚和未婚配偶。

另类性别模型

如前所述，性向分别被赋予的性别角色因文化而异，并会影响人格的形成。但是，如果某个人的性向，如本章“原著学习”专题中所揭示的那样，不能自我体现出来呢？此书的作者当时是哲学系的研究生，书中极富感召力的个人描述表现了因双性或性别

福佑的诅咒

R. K. 威廉姆森

不久前的某个早晨，一个婴儿呱呱坠地。然而，这次生产没能迎来应有的庆祝。某些方面出了差错，情况非常严重、极危险又很不吉利。这个孩子天生具有两性特征，是一个“双性人”。从出生的第一天起，孩子就陷入了生活各方面显见的种种旋涡之中。此时，那些在“普通”情况下无须三思而行的事情变得尤其困难。简单的问题上笼罩着一片复杂的乌云。“这是男孩还是女孩？”“我们怎么给他取名字呢？”“我们该怎么抚养？”“这应该怪谁（或什么）？”

一足两世界

上面引言段落中提到的孩子就是我自己。因为曾祖母是一位切罗基族（Cherokee）女性，我了解到了本土美国人对天生双性人及那些表现出跨性别特征之人的看法。他们从一种正面和肯定的角度看待这类人群。但是我的直系家庭（母亲、父亲和兄弟们）固守着欧美基督教对此的负面观点。因此，我从小就有着两种截然相反的自我看法。我产生了许多困惑，比如我是什么，我怎么会生成这样，以及双性如何影响我的心灵与我在社会中的位置。

我记得，孩提时关于人的价值方面，我被灌输了各种各样的信息。我的祖母按照本土美国观点，讲述了许多关于我出生的故事。她说她知道我出生时，就被神这个伟大之灵授予了特殊的生命地位，获得了“女孩无法得到的力量，男孩不能明白的纤柔”，因“太过美丽漂亮而不能成为男孩，又因太过强壮而不能成为女孩。”她乐见这个“特别的礼物”，并教育我这预示着伟大之灵希望“我能在此生做一些重要的事情”。我记得在她对我述说这些的时候，我是多么当真，于是心生喜悦，即便那时我只有5岁，我也积极地试着学习和实践伟大之灵给我的个人使命。

但是我的父母非常排斥我的双性性征，他们从来都不会直接提起这件事。他们把双性看成“撒旦的恶行”。对他们而言，我根本就没有从“伟大之灵”那儿得到“特殊礼物”的赐福，而是“受到了诅咒，落到了恶魔手中”。父亲瞧不起我，母亲则摇摆于蔑视与疏远之间。他们曾把我带到一个个教堂，为的是把“混合性别的恶魔”从我的身体中驱逐出去。在一些“驱逐”过程中，我甚至曾被要求拿着纸巾把恶魔咳出来！

最终，没有任何恶魔被赶出来。而且，在成长的过程中，我相信，我体内存在污秽，所以上帝憎恶我，而我的双性性征就是惩罚的证据与定罪的标记。

每当我住在祖母家中时，我的恐惧就会缓和，因为她会再次提醒我：得到这个特殊的礼物是多么的幸运。她对于我父母的冷酷感到忧心忡忡，祈求他们让我和她住在一起，但是他们不会让我永远和她住在一起。不过，他们允许我在祖母家度过了很大一部分童年时光。如果没有这段时光，我可能无法忍受生命旅途中遭受的那些巨大磨难，无法幸存下来。

个人解决手段

对我而言，调和我所接收的双重信息是个漫长的过程，很大程度上是因为内心深处的基督教教义令我感到害怕并厌恶自我。但最终，精神胜出了。我开始接受祖母对我双性的看法。通过治疗和一个其乐融融的新家庭，我成功摆脱了因无法控制之事而遭受永久惩罚的长期恐惧感。毕竟，不是我创造了自己。

鉴于我自己的经历，以及祖母的教导，现在我已经能将自己看成伟大之灵创造的奇迹——不仅仅是我自己，所有的生命都是奇迹。每个人在性别谱系上的位置都有其意义。每个人的灵性皆会通过自己独一无二的方式表现出来。我认为，只有顺应伟大之灵赋予我们的本性，我们才能和自我和平相处，与他人和谐共生。这对于我来说，是最重要的意义和最伟大的目标。

模糊而产生的情感困境。

交叉性向

关于人类本性的生物学事实并不像大多数人想象的那样清晰。就染色体而论，生物性向是根据人的第23条染色体是XX（女性）还是XY（男性）来确定的。这些染色体上的一些基因控制着性别发育。这种标准的生物套路并非适用全人类，有一些人是交叉性向——天生拥有外阴、生殖器或男女界限模糊的性染色体，不能简单地把这些人归入二元的性别标准（Chase，1998；Dreger，1998；Fausto-Sterling，1993）。

比如，某些人天生就只有一条X染色体，而不是通常的两条。这种染色体性状被称为特纳综合征（Turner syndrome），这类人有女性的外阴，但是没有卵巢功能，因此无法生育。还有一些人天生带有男性XY染色体性征，但其X染色体不正常，影响了身体中雄性激素（男性荷尔蒙）的敏锐度，这被称为雄性激素失调综合征（AIS）。一个带有XY染色体的成年人如果得了AIS，那么就会表现出纯粹的女性特质拥有正常的阴蒂、阴唇和乳房。这些人身体内部都有睾丸（在腹部，而不是阴囊袋的下部），但他们没有一套完整的男性或女性内部的生殖器。他们通常拥有一个短且封闭的阴道。

双性人既有睾丸又有卵巢组织。他们可能有独立的卵巢和睾丸，但他们通常拥有的是卵精巢——一种含有两种组织的生殖腺。约60%的双性人拥有XX（女性）染色体，而剩下的人则拥有XY或混杂染色体。他们的外生殖器可能不清晰或呈现女性生殖器特征，同时他们还会拥有一个子宫或（更通常）半个子宫（Fausto-Sterling，2012）。

美国生物学家安妮·法斯托-斯特林（Anne Fausto-Sterling）是此领域的专家，她指出，双性的概念植根于一种理想化的生物世界，在这个世界中，我们的种群被完美地划分为两种类型。她解释说，我们的文化掩盖了这样一个事实：有些女性有胡须，而有些男性没有；有些女性声音低沉，而有些男性声音尖细。此外，如果我们进行更深入的研究，会发现，在生物学水平上并没有明显的性别二态性。染色体、激素、体内性结构、性腺和外生殖器的种类比人们通常认为的要更多（Fausto-Sterling，2012）。

双性也许反常，但并不罕见。其实在某种程度上，约有1%的人类（不一定是可见的）是双性的——全世界将近有7500万人是双性人（Blackless et al.，2000）。换句话说，双性人的数量是所有澳大利亚人的三倍。直到最近，许多社会仍对其避讳莫深。20世纪中期以来，处于技术发达地区并有经济能力的个人可以选择通过重造手术和激素治疗改变自身状况。许多表现出明显双性特征的孩童的家长由于受到所在文化的排斥，替自己的孩子做出了求医选择。然而，越来越多的人倾向于推迟这种不可逆转的程序，直到孩子长大到可以自己做出选择。

显而易见的是，社会对这些个人的态度会显著地影响他们的个性——他们对自我的基本感受及他们表达自我的方式。今天，越来越多的人认为自己是中性的，并希望能将其保持下去。这方面的证据包括，许多大学为双性的学生提供不分性别的宿舍和男女通用的浴室（Fausto-Sterling，2012；Kantrowitz，2010）。

此外，在拥有特定性别名词的语言中，中性术语正在被普遍、官方使用。例如，2015年瑞典语官方词典引入了中性代词hen，将其添加到han（他）及hon（她）的选项中（“Sweden adds gender-neutral pronoun to dictionary”，2015）。在美国各地，越来越多的学院和大学让学生选择他们偏好的性别代词（PGP），例如用ze来代替她或他（Leff，2014；Scelfo，2015）。

跨性别者

在拼凑性别图景时，人类学家意识到，世界各地的文化中都存在着“性别扭曲”，它在塑造人的行为和人格方面发挥着重要作用。比如，美国大平原和西南部的几十个原始社区为可选择性别者创造了社会空间。如今，这样的人通常被认为是变性人——认同或表达出来的性别与其出生时的性别不同。

北部平原的拉科塔文化容忍第三种性别类型，这些跨性别男性会穿着女性的服饰，而且被认为同时拥有男女的灵魂。他们被称作（现在仍被称作）winkte，这个词被用于称呼“想要成为女性”的男性。winkte在社区传统中享有相当大的威望，因为当地认为他们具有特殊的治疗能力。周边的夏延族（Cheyenne）称这类人为hemanah，字面上的意思是“半男半女”（Medicine，1994）。而大多数南美印第安人则更喜欢用“两个灵魂”一词（Jacobs，1994）。

在萨摩亚，这样的第三性人颇为出名，在那里，具有女性身份的男性被称作fa'afafines（以女性的方式）。更喜欢舞蹈、烹饪、打扫住所并照顾孩子与老人的男孩可以选择成为fa'afafine。在大家庭中，通常会有两三个男孩被抚养成女孩，从而辅助做家庭事务（Holmes，2000）。

不能简单地将这些跨性别者归总为同性恋。例如，说塔加洛语（Tagalog）的菲律宾人用bakla这个词来形容自己是“有着一颗女性之心的男性”。这些人每天都穿着异性服饰，而且其妆容、所穿的衣物以及走路的方式都比菲律宾女人更加女性化。和萨摩亚的fa'afafines一样，bakla不会被互相吸引，他们对异性恋的男性深深着迷。与此相反，1976年，奥运金牌得主布鲁斯·詹纳（Bruce Jenner），经历了三次婚姻并育有六个孩子，他于2015年变性成为凯特琳·詹纳（Caitlyn Jenner）后，仍然被女性所吸引——并且不

图16.9　布鲁斯·詹纳及变性后的凯特琳

作为全美英雄，布鲁斯·詹纳是世界上最伟大的运动员之一。在1975年泛美运动会上获得冠军后，他参加了1976年奥运会，在十项全能比赛（由10个田径项目组成，包括跑步、撑竿跳、标枪和跳远等，如图所示）中获得金牌。40年后，他在电视上宣布自己正在从男性“转变”为女性，并取了新名字——凯特琳。通常情况下，变性包括变性手术和变性治疗，其中可能包括激素替代疗法。

认为自己是女同性恋（Corriston，2015）（图16.9）。

另一个案例是居住在印尼苏拉威西岛的穆斯林群体武吉斯人（Bugis），其人数超过600万。武吉斯人承认五种性别：oroané（男性）、makunrai（拥有女性气质的女性）、calabai（拥有女性气质的男性）、calalai（拥有男性气质的女性）、bissu（既非男性也非女性的人）（Davies，2007）。bissu代表和体现着所有的性别，他们传统上是高级别的独身两性人。他们的名字源于武吉斯语"bessi""干净"一词，因此他们可以作为萨满，在人类与dewata（无性别的神灵）居住的精神世界之间起到沟通作用。作为一名高等级的武吉斯人，腊拉（Angkong Petta Rala）在一次采访中解释道，"bissu不会流血，没有乳房，也不会行经，因此他们是干净圣洁的"（Umar，2008，pp. 7~8）。

另外，世界上还有一些性别变异的人：他们不是同性恋，但是一直或者偶尔有异装癖（着异性服饰）。显然，跨文化的生理性别与社会性别体系很复杂；到19世纪后期，"同性恋"和"异性恋"已不足以充分涵盖所有的生理性别与社会性别（Schilt & Westbrook，2009）。

阉割

除了生理上双性的个人，历史上还有许多男孩或成年男子遭受了阉割——碾碎、割除或破坏睾丸。阉割这一古代广为流行的文化传统，改变了一些人的性别状态及其社会认同。

如今，在美国和很多欧洲国家，男性被判性侵犯罪后，就会被强制进行化学阉割，以限制或破坏他们的性欲，这不仅是一种惩罚，也是一种矫正治疗。历史上，对古埃及、伊拉克、伊朗的考古研究证明，对战俘的阉割惯例早在几千年前就已经存在了。在战争或抢掠奴隶的远征中被抓去的年轻男孩在被贩卖并运送到外国家庭包括皇室中当仆人之前常已遭阉割。被阉割的男人一般会负责管理统治者的后宫，或者有钱人家中女人的宿寝。在欧洲，他们常被称为宦官（希腊语本义是"床铺的守卫者"）。宦官也可以晋升为祭师和管理者，甚至有些会被任命为军事领导人，这在波斯帝国、拜占庭帝国和古代中国王朝中就出现过。

16世纪到19世纪末，在欧洲的部分地区，存在着一种宦官音乐机构，这类宦官乐手被称为阉人歌手，他们会参与罗马天主教的唱诗班，负责女声部。他们被阉割时还没到青春期，所以保持了高亢的声线，这些筛选出来的男孩大都是孤儿，或生于贫困家庭。由于没有睾丸来产生男性激素，他们男性性征的生理发展就停止了，所以低沉的声音——以及体毛、精液分泌和其他男性特征——不是宦官乐手的特征。

在少数几个地方，仍有大量的宦官——至少有5万名——如印度。他们和两性人及变性人一起被称为海吉拉斯（hijras）。传统上，海吉拉斯在诸如出生和婚姻之类的重要场合演奏；但如今，为了生活，他们中有一部分会在街上卖艺（图16.10）。总体来看，这些"既非男性也非女性"的不同性别的个体，在印度可能有将近600万人（Nanda，1999）。

性别认同的社会背景

任何社会中定义正常行为的文化标准都是由社会本身决定的。因此，在某一社会看似正常和可接受的行为，在其他社会却会被认为是反常的、不可接受的——荒谬的、可耻的甚至是罪恶的。比如，最近国际报道称：受国家支持的同性恋恐惧症（对有同性偏好的人的非理性恐惧）在许多国家盛行，这助长了好斗者的党同伐异。全球大约193个国家中有78个国家的法律裁定同性恋的性行为是违法的。大部分国家会对这些被认定为有罪的个体施以监禁，还有5个国家（伊朗、毛里塔尼亚、沙特阿拉伯、苏丹、也门——包括尼日利亚和索马里的部分地区）对同性恋施以极刑（Itaborahy & Zhu，2014）。然而，正如本书前面所言，大部分国家没有这样的法律，而且越来越多的国

图16.10　海吉拉斯表演者

这些穿着优雅的街头表演者是变性人，属于印度一个宽泛的性别类型——海吉拉斯，海吉拉斯包括双性人、变性人和被阉割的男性。印度变性人的精确数量尚不可知，但估计在50万到100万人之间。图中，印度国内数千万海吉拉斯聚集在北部的拉丝镇（Rath）——距离印度东北邦省会城市勒克瑙（Lucknow）300千米（约185英里）远——以展开他们的集体议程，包括在政治中发挥更加积极的作用。

家通过立法使同性婚姻合法化。

在不同文化中，社会性别和生理性别的可接受性或不可接受性、多变性及复杂性，是人类的一道难题——促使我们重新思考社会礼仪和塑造人格的力量范围，以及每一个社会对正常的定义。

社会背景里的正常人格和反常人格

在不同文化及时空中，正常与反常的区分界限以及社会可接受的标准都是不同的。在许多文化中，个人的“与众不同”不会被认为是严格字面意义上的“反常”——不必承受社会的排斥、耻笑、谴责、追罪、监禁或其他惩罚。另外，较之于其他文化，一些文化不仅容忍、接受一个更大范围的多元化，还可能实际上赋予反常或迥异以特殊的地位，认为其鹤立鸡群、无与伦比，甚至神圣不可侵犯，这在接下来的案例中可以见到。

苦行僧：印度文化中的圣人

印度和尼泊尔的苦行僧为民族志提供了一种文化上的典型人群，他们为社会所接纳并且享有无限荣光。这些被称为圣人的个体说明了个人的社会认同以及自我意识是被社会构建的。圣人舍弃了人类乐享的所有社会、物质甚至性的愉悦和快乐，致力于将自己融合进神或万能之灵的世界。通过高强度的冥想和瑜伽，他们试图将自己从受到生理限制的个人存在中解放出来，包括生与死的轮回。

当印度和尼泊尔的年轻男子决定成为苦行僧或圣人时，就必须转换自我认同，并改变自我意识，离开自己在社会中的位置。苦行僧将自己与世俗中的快乐（kama）、权力和财富（artha）相隔离，并与家庭、朋友决裂，放弃实践其种姓（dharma）布设的道德准则。作为典型的印度教教徒他们要象征性地表达死亡，并参加自己的葬礼，接着进行仪式上的重生。作为一个重生者，苦行僧会获得“圣人”这一新的身份，并会被引入一个神秘的宗派。

苦行僧的生活需要超乎寻常的专注和近乎超人的努力，这可以从他们摆出的最极端的瑜伽姿势中看出来。这种自主选择的受难生活可能包括自虐似的苦行。他们会定期将骨灰涂抹在身体、脸及暗淡无光泽的蓬乱长发上。一些圣人会用长长的铁棒刺穿自己的舌头或脸颊，用长刀戳穿手臂或腿，或是把头插入地上的小洞中，并维持至少几小时。他们全裸或半裸着将大把时间花在火葬场附近。苦行僧中的Aghori用人的头骨作为吃喝的器皿，以提醒人类的死亡（图16.11）。

大多数信奉印度教的人崇敬甚至畏惧圣人。但与他们的碰面并不少，因为有大约500万圣人住在印度和尼泊尔（Heitzman & Wordem，2006；Kelly，2006）。当然，如果这些胡子拉碴、留着长发并接近全裸的僧人在中国或北美进行极端的瑜伽运动或践行其他神圣的宗教活动，那么路人肯定会认为他们是神经病。

跨越时间和文化的精神疾病

正如南亚印度教的神秘僧侣相关案例那样，无论某种行为在具体的某个时间和空间看来有多怪异，这

图16.11　印度的苦行僧

图中，属于Aghori的湿婆派苦行僧正在使用一个由人类头骨制成的碗饮水，这个碗象征着人类的死亡。他是印度教湿婆神的虔诚信徒，在他背后可以看到湿婆神的形象。

些反常的行为不一定会被社会排斥。此外，界定非正常行为的标准也会随着时间而变化。例如，美国精神病学协会在1973年将同性恋列为一种精神障碍。其他主要精神健康组织也紧随其后，包括1990年的世界卫生组织（Herek，2015）。

在同一社会中，人们对待心理和生理差异的态度会随着时间而不断变化，这也会因文化而不同——这在下面“生物文化关联”专题中会谈到。

文化相对性与异常性

正如印度和尼泊尔苦行僧的例子所表明的那样，人们认为不正常的行为偏离了文化上对正常的标准。苦行僧的行为是离经叛道的，但在其文化中仍然是可以被接受的，因为他们在社会中占据着独特的地位，

生物文化关联

心理健康和身心失调的跨文化视角

在欧美文化中占据主导地位的医学体系是生物医学，有时它会将个体的身体疾病定义为身心失调——这个词来源于心智和躯体。这些疾病（也被称为转换障碍）较为严重并令人痛苦，但因为无法通过科学办法找到其准确的病因，所以这种疾病被认为是精神方面或情感的原因所致——因此在某种程度上并不真实。

每种文化在历史上都会发展出有关健康和疾病以及相关治疗措施的观念。虽然生物医学基于现代西方科学传统，但它也浸没在其所在社会的文化理念和实践之中。根本上，生物医学由身心二元模式提供信息，它将人类身体描绘成一台复杂的机器，而组成部件可以由专家操控。这种方法带来了惊人的治疗手段，比如可以消除某些传染病的抗生素。

当今，生物医学的重大突破正在全球迅速传播，来自具有不同治疗系统的文化的人们，正在迁移到生物医学占据主导地位的国家。这使生物医学将疾病视为身心失调变得更为困难。

生物文化的复杂性、情感压力、忧虑和焦躁等心理因素，可能源自文化背景，并导致越来越多的生理烦乱，比如不规则的心跳加速、高血压、头疼、胃病和肠道疾病、肌肉疼与紧张、皮癣、食欲不振、失眠以及其他一系列问题。实际上，当个体无法成功处理日常生活中的紧张情况，并无法获得足够的机会让精神得到充分休息和放松时，他们的自然免疫系统就会变弱，患感冒或一些其他疾病的概率也会增加。对于那些被迫在自己国家迅速改变生活方式的人或适应外国文化的移民而言，这些压力可能会带来一系列从生物医学角度难以解释的疾病。

因为各种原因，在欧洲和北美社会发展起来的医学与心理方法，通常无法解决这些问题。其中一个原因是，不同的移民群体具有不同的身心观念，而不同于西方生物医学训练出来的医师所具有的相关观念。例如，在大多数加勒比海人看来：精神的力量在世上起作用，并且影响人们的特性与行为。某些具有身心疾病的人，往往会去寻求当地民间术士、草药师甚至祭司的帮助，而不是去找医生或精神病医师。因为他们无法理解西方精神病学的符号，而且也无力承担治疗精神病的昂贵费用，这还可能暗示着这个人疯了。

然而，越来越多的人类学家已经介入跨文化治疗的调解之中，挑战负面的偏见并修正人们对非西方原住民身心一体观念的误解。文化中内含着适当治疗方法这一见解，已经被欧洲、北美和世界其他地方的西医和精神治疗机构接受。

生物文化问题

考虑到在现实、精神和物质、身心等观念上的跨文化差异，多元社会的政府是否应该像对待医生那样，也对民间治疗师采用统一的标准？

公众认为这种精神上的极端分子领导着一种非凡的生活方式。然而，一般而言，异常或越轨行为是不可接受的，如标识此类个体的标签所示："疯狂"、"精神错乱"或"不正常"。这些标签的污名也表明了人们对精神疾病的不宽容，不管这是真的还是假的。除了文化差异和不平等的标准，异常可能是个人经历错觉的结果。

这是否意味着在描述人格时，"正常"是一个无意义的概念？在特定文化环境中，正常人格这个概念是很重要的。欧文·哈洛韦尔（Irving Hallowell）是心理人类学发展的重要人物，他发现社会传统上的谬误普遍存在且极具讽刺意味。一些妄想症状十分严重的人可能会被诊断为"精神病"。

有趣的是，某些类型的精神病在某些文化中比在其他文化中更容易出现，而在某些社会中可能根本不会出现。这并不意味着遗传或生物化学因素与之无关，但它确实表明文化因素发挥了作用。一旦达到一定的严峻程度，文化促生的矛盾会导致精神错乱，并会决定其特定形式。

种族精神病或文化依存症候群

种族精神病或文化依存症候群，是一种与特定文化群体相关的精神错乱（Simons & Hughes，1985）。历史上的个案包括温迪戈（windigo）精神病，它仅限于北部讲阿尔冈昆语（Algonquian）的群体，比如克里族（Cree）和奥吉布瓦族（Ojibwa）。在他们的传统信仰体系中，这些印第安人称食人怪物为温迪戈。患上精神病的人会妄想自己落入了这些怪物的控制，自己也成了温迪戈，并渴望啃噬人肉。所以，精神病患者会把周围的人看成可食用的动物——比如富含脂肪的海狸。不过，没有例子表明温迪戈精神病患者真的会吃人，他们事实上对此很害怕，而周围的人却担心这些人会这样做。

温迪戈精神病可能表面上与欧美对精神分裂的临床诊断不同，但进行进一步比较会得出相左的结论。精神病患者会利用其所在文化提供的所有想象和象征。比如，爱尔兰精神分裂患者的妄想中有爱尔兰天主教象征以及圣母玛利亚与救世主的形象。总之，精神错乱的生物医学结构本质上如出一辙，只是其表达方式与文化相关而已。

在西方世界中，文化依存症候群的实例是"歇斯底里症"，它会导致晕厥、窒息，甚至痉挛和失明。19世纪，欧洲和北美的工业社会认为这种错乱与城市上层社会圈中的年轻妇女密切相关。实际上，这种"精神疾病"的术语来自希腊语中的子宫。20世纪，这种错乱的诊断大大减少，而且这个术语本身也被从医学用词中删除了（Gordon，2000）。

最近几十年来，我们目睹了两种与消费资本主义相关的文化依存症候群的兴起：神经性贪食和神经性厌食。这两种人的特征都是扭曲的身体形象和对苗条的强烈渴望。神经性贪食症表现为频繁暴食后，通过各种方式进行排泄，包括呕吐。神经性厌食症表现为主动挨饿，最终可能会导致死亡。厌食症和贪食症基本上发生在青春期的女性身上；她们所在的文化推崇瘦，即便快餐和零食更为普遍。随着消费社会中肥胖矛盾的全球化，与之相关的心理性进食障碍也在不断扩散。在过去十年中，巴西、中国、印度、日本境内因心理性进食障碍而送命的人数与美国的这一人数相当（Dutta，2015；Littlewood，2004）。

全球化社会中的自我认同与精神健康

人类学家从当事人的文化环境中审视育儿、性别问题、社会认同及情感与精神健康问题；这种观点认为，特定文化塑造或影响每个人的独特人格、对快乐或悲伤的感受以及总体健康观，在特定文化中诞生的个人也会在其中成长为一个对社会有价值的成员。随着现代消费文化及其相关精神疾病的扩散，世界各地的人们有时会面对令人困惑的全球化挑战。这些外

力不断影响着人们抚养孩子的方式、人格受影响的途径，以及维持个人及集体心理和精神健康的方式。

在过去的几十年中，医学工作者和心理人类学家为改善医疗保健做出了弥足珍贵的贡献，不仅在所谓的发展中国家，还在他们自己的社会。然而，欧洲和北美盛行的精神健康实践在理论化及治疗心理疾病时，一直保持着种族中心主义——生物医学简单化思维定式带来的问题，很大程度上忽略了文化因素在精神疾病的起因、症状、过程以及结果方面发挥的作用。另外，倾向于生物科学和药物疗法的健康护理承受着商业压力，而医药公司提供了一个快速、低价的解决方案（Luhrmann，2001）。

以文化相对主义审视正常与反常，人类学对认同、心理健康和精神疾病的观点特别适合多元社会；因为在多元社会中，人们来自不同族群，有着各自独特的文化，共同存在并互动着。全球化加剧了多民族的融合，阐明了人们对医疗多元化的需求，以及适合21世纪文化动态的多种治疗方式。

思考题

1. 考虑到取名仪式在许多社会中的文化意义，包括本章挑战话题中提到的案例，你认为父母在给你取名时有何动机？这对你的自我意识有影响吗？

2. 你接受的儿童训练模式是否形塑了你的人格？如果是，你会继续用其来训练自己的孩子吗？

3. 现今全球7000万双性人中，只有很少一部分人接受了性别重置手术，你如何看待那些为严格意义上的男性或女性类别之外的其他可选择性别者创造文化空间的社会？

4. 你的家庭、邻居或学校里有没有“反常”者？你做出判断的依据是什么？你认为大家都同意这种观点吗？正常的个人习惯在过去或另一个国家是否可能被视作离经叛道？

深入研究人类学

跨代性别

我们的性别是由生理决定的，但性别是一种文化建构，因此与之相关的行为在文化上是可变的，在历史上是可塑的。大多数文化对两种性别有最低限度的区分，但许多文化承认第三种性别，有些文化承认第四种甚至第五种性别。在你的社会环境中，探索文化规定的和被社会接受的男女行为的范围。通过对三代人的观察和采访，找出你的朋友、亲戚和邻居所定义的女性特质（理想女性的特征）和男子气概（理想男性的特征）。预先拟定的问题会为回答打开大门，这些回答可能表明性别差异比已经定型的男女差别更为复杂。

挑战话题

面对获取食物和燃料，寻找住所及其他必需品的挑战，人类必须通过狩猎、采集或其他手段来满足这些需求。人类在自身存在的时间跨度内，已经通过生物和文化适应，在一系列对比鲜明的自然环境中完成了这些工作。人类通过发明和使用各种技术，发展出了与众不同的生存手段来养活家人。因此，我们可以对比澳大利亚沙漠里的觅食者、阿拉斯加海岸上的渔民、巴西热带雨林的木薯种植者、伊朗山区的牧羊人、韩国的钢铁工人、印度城市里的计算机技术员以及亚拉巴马州乡下饲养家禽的农场主。所有的人类活动都影响着环境，有些甚至会彻底改变地貌。上图是正在中国广西南部山区梯田上种植水稻的农民。他们挖出梯田来收集雨水，以阻止水土流失，同时有利于增加作物产量。

第十七章 生计模式

学习目标

1. 了解文化适应与长期文化变迁之间的关系。

2. 区分全球20多万年来不同的食物采集与生产体系。

3. 在作为适应体系的文化背景下，分析自然环境、技术和社会组织之间的相互关系。

4. 评估文化演化背景下新石器时代革命的意义。

5. 对比趋同进化与平行进化的过程。

6. 批判地讨论全球化时代的大规模食物生产。

所有生物体为了延续生命都必须满足自身的某些基本需求——包括食物、水和居所。另外，这些需求必须不断地得到满足，如果生物与环境之间的关系是无规则的、混乱的，那么它们就不可能持续生存下去。与其他生物相比，人类有压倒性的优势，因为人类发展出了先进的文化。

由于有了文化的存在，久旱无雨或灼热的阳光将草原变成荒漠时，我们可以从深井中抽水来灌溉牧场并喂养动物。相反，如果绵绵雨水将草原变成了沼泽，我们也有办法防止水淹田地。为了防止饥荒，我们设计出了保存食物的方法，并将其存放在安全的地方。当我们的胃无法消化某种食物时，我们可以通过烹制使它变得易于消化。

尽管拥有这样的文化知识，我们仍然受制于所有生物面临着的基本压力，从这一观点来理解人类的生存是十分重要的。而这一观点背后的关键概念是适应。

适应

正如本书之前提到的那样，适应这一术语是指有机体对特定环境进行有益调整的过程。人类适应方式的独特之处在于其生产和再生产文化的能力，这使得我们可以创造性地适应各种截然不同的环境。这种能力的生物基础包括复杂的大脑结构和较长的生长发育时间。

如何调整自身以应对日常生活中的压力和机遇，是人类所有文化最基本的关切。在前一章中，我们已经定义人类的文化适应为使其得以在环境中生存乃至繁荣兴盛的复杂观念、技术和活动的复合体，而这种适应反过来也影响了人类的生存环境。

不同的人类族群通过自身独特的文化，成功地适应了极具多样性的自然环境——从北极的雪地到波利尼西亚的珊瑚岛，从阿拉伯的沙漠到亚马孙的雨林。值得注意的是，适应不仅包括人类对自然环境的改造，还包括由自然环境造成的人体生物学上的变化，正如本章“生物文化关联”专题所描述的那样。

适应、环境和生态系统

人类和其他生物一样，作为一个种群的成员，在自然环境中生存下来——一个资源有限的特定空间，具有某些可能性和局限性。农耕和捕鱼的难度可能一样，但是我们并不会期望在西伯利亚的冻土地带找到农夫，或在北非的撒哈拉沙漠发现以捕鱼为生的人。人类学家借用了生态学家有关生态系统的概念，将其定义为一个系统，或者说是一个功能齐全的整体，由自然环境和生活在其中的有机体构成。适应涉及有机体与环境，适应过程确立了人口需求与其环境潜力间不断变化的平衡。而种群必须具有一定的灵活性，以应对其生存环境的各种变异和变化。

个案研究：策姆巴加人

人们通过文化来适应生态系统中的波动，巴布亚新几内亚策姆巴加人（Tsembaga）的例子可以说明这个过程。策姆巴加人是操马林语的20个当地部落之一，他们主要依靠妇女用棍子和锄头种植的红薯来维持生计（Rappaport，1969）。他们还养猪，猪在社区中发挥着重要的作用。作为杂食动物，它们可以清理村庄里的垃圾甚至人类的粪便。猪是男性主人地位的象征，很少会被屠杀，当需要盟友定期参与到与敌对群体争夺稀缺土地而引发的战斗中时，战斗结束后的大型宴会上主要会用到猪。在这些时候，猪是献给祖先之灵的祭品，而猪肉则会在盛宴上被人吃掉。

生态压力经常会加剧敌意，而猪在其中起着很大的作用。由于猪有净化村庄的作用，加上人们对这一名贵动物的保护，猪的数量迅速增多，并且它们还会入侵村子里的园地。这威胁到了策姆巴加人的食物供应，成为一个严重的问题。

为供养尊贵但令人讨厌的猪，策姆巴加人需要扩大食物生产，这对最适合于耕作的土地造成了负担。男主人的猪在菜园里挖地寻找甘薯，这让在菜园里工作的妇女们大为恼火。生态系统日益紧张的局势导致了策姆巴加人和敌对群体之间的周期性战斗。

敌对冲突往往会持续几个星期，随后会举行一场猪肉宴。在这个宴会活动上，策姆巴加人会把他们几乎所有的猪都屠宰并烧烤了，并和他们邀请的同盟者狂吃豪饮一番。通过宴会，策姆巴加的男性不仅赢得了威望，也消除了引发家人和邻居间怒气的来源。另外，盛宴使得每个人都吃得很饱，通过动物蛋白强健了体魄。即使没有发生抢夺土地的敌对行为，每隔5年到10年，人们就会举行这种盛大的猪肉宴——以免猪的数量多到难以控制，间隔的年数则由庄稼的收成和饲养动物的情况决定。由此，战争和宴会的循环保持了人类、土地和动物之间的生态平衡。

适应和文化区

人类学家很早就认识到：在一片宽阔的栖居地上共同生活的族群常常会共享某些文化特质。这表明在他们所生存的类似的自然环境、可获得的资源和生活生产方式之间存在着基本关联，并且相邻的族群之间也会有接触和交流。

人类学家根据文化特质分类出不同的群体，得到了几个具有相似社会生活方式的地理区域。这类被称作文化区的地理区域往往和生态区域相重合。例如，在北美靠近北极圈的地区，迁徙的驯鹿群在广阔的草原上吃草。对于在这里安家落户的几十种不同人群来说，这些动物为他们提供了主要的食物来源，以及制造衣服和庇护所的材料。这些人群适应了与亚寒带地区相同的生态资源，经过几代人的时间发展出了相似的生存技术和实践。尽管他们说着非常不同的语言，但他们有着相似的生活方式，因此所有这些不同的驯鹿狩猎群体都有自己独特的文化特征，并构成了同一文化区域的一部分。

生物文化关联

在安第斯山脉生存：艾马拉印第安人对高原的适应

不管我们是多么具有适应性的物种，在一些具有极端气候的自然环境中，人体必须做出一些生理上的调整才能够生存下去。在玻利维亚境内的安第斯高地中段，由于自然选择的作用，出现了一个在体格上进行适应的生物文化互动的有趣例子。

这种高原地形的平均海拔有4000米（约1.3万英尺）。几千年前，在温暖低地生活的一小群觅食者爬上了山坡，以寻找猎物和其他食物。他们爬得越高，呼吸就变得越困难，因为所吸入空气中的氧分子浓度或氧分压在慢慢降低。然而，在到达寒冷且植被稀疏的高地之后，他们发现了一群群的美洲驼和耐寒的食用植物，包括土豆在内——这成为他们留下来的理由。最终（大约4000年前），他们的后代驯化了美洲驼并学会了种植土豆，从而发展出了一种在高海拔地区半农半牧的新的生活方式。

美洲驼为艾马拉人提供肉、皮毛和乳汁。富含碳水化合物的土豆则成为他们的主要食物。几个世纪以来，艾马拉人在他们自家的田地上选择性地培育了200多个土豆品种。他们会把土豆煮熟后立即食用，也会用冷冻干燥法将它们制作成干土豆进行保存，它至今都是艾马拉人的主要营养来源。

艾马拉人今天仍然是高地上的农民和牧民，他们已经在文化上和生物上适应了玻利维亚高原寒冷且艰苦的环境。他们在极高的海拔（最高达4800米，约1.56万英尺）生活和劳作，那里空气中的氧分压比大多数人类所习惯的水平要低许多。

在高原缺氧时（血氧不足），人体正常的生理症状是，在活动状态下有着又粗又重的呼吸。来到这个高原的外人一般都需要几天的时间来适应这种低氧环境。如果一下到太高的海拔或走路太快，会出现肺动脉高血压（高山病）、心率加快、呼吸短促、头痛、发烧、嗜睡和恶心等症状。待充分适应了环境后，这些症状会有所减退，但是大多数人还是会很容易在正常体力运动后感到疲惫。

对于几千年来祖祖辈辈都在这个高原生活的艾马拉人来说，情况就完全不同了。通过数代人的自然选择，他们的身体已经适应了低氧环境。艾马拉人个子不高，有着短腿和桶状胸部，但是他们的胸腔容量却比他们热带低地的邻居和大多数其他人类都更大。尤其值得注意的是，他们的心肺有着比平均水平高出30%的肺弥散量，也就是说他们的心肺给血液输氧的能力更强。

半农半牧的艾马拉人与美洲驼一起穿越玻利维亚境内的高原

总之，艾马拉印第安人宽阔的胸膛是他们对低氧的高海拔农牧生活做出的生物性适应的证据。

生物文化问题

如果一群艾马拉印第安人放弃了他们在玻利维亚的高海拔家园，来到沿海低地生活，经过十几代人后，仍旧生活在这个低海拔环境的他们的后代的胸腔体积是否会减小？

生计模式

世界各地的人类社会都发展出了文化基础结构，使其和他们可获得的自然资源相协调，并受到栖居地的限制。每种生计模式不仅包括资源，还包括有效采集和利用它们的技术，以及最适合社会需求的劳动生产方式。在接下来的内容中，我们将介绍文化基础结构的几种主要类型，从最古老最普遍的生计模式开始，也就是觅食。

觅食社会

在驯化动植物之前，所有人类都通过觅食来养活自己，这是一种包括狩猎、捕鱼和采集野生植物的生计模式（根、鳞茎、叶、种子、坚果、水果、蜂蜜，等等）。当觅食者独享这个世界时，他们可以选择最佳的环境。但渐渐地，富饶的土地和充裕的水源被农业社会占用，再后来是工业社会和后工业社会，在这些社会中，机器替代了大规模人力劳动、手工工具和畜力。最后，这些扩张的群体将由觅食者组成的小型社群挤出了他们的传统栖居地。

当今，可能只有20万人——不到全球70多亿人口的0.003%——仍旧以传统的狩猎、捕鱼和采集为生。只有在世界最边远的地区（冰冻的北极冻原、沙漠和难以进入的森林）才能见到他们，并且，由于不断地进行迁徙，他们几乎不可能积累起很多的物质财富。由于觅食文化在食物和供暖资源充裕的地区已经基本消失了，人类学家在基于这些边远地区的现有文化对古代人类的觅食情况做出普遍性结论时，必须十分谨慎。

当代以狩猎、打鱼和采集野生植物为生的人很少或从未完全与世隔绝。事实上，历史上许多群体都参与了涉及非觅食者的更大的贸易网络，满足了他们对皮毛、羽毛、象牙、珍珠、鱼类、坚果和蜂蜜等商品的需求。和其他人一样，大多数觅食者现在是超越区域、国家甚至大洲边界的庞大社会、经济和政治关系网络的一部分（图17.1）。

图17.1 卡拉哈里沙漠里偏僻但不与世隔绝的人群

人类群体（包括觅食者）并不能孤立存在，除了某些偶然情况，但这些情况也无法长期维持。这辆被这个非洲南部的布须曼人骑着的自行车就是他与外面更为广阔的世界相联系的标志，而野生的西瓜、弓箭和箭袋代表了传统的狩猎采集生活。2000年来，布须曼人一直都与邻近的农民和牧民有着互动。此外，觅食者也提供了其他地区需要的商品，如19世纪在北美被广泛追捧的用于制作钢琴键盘的象牙。

觅食社会的特征

在现存的几个觅食社会中，有一些共同的特征：移动性、较小的群体规模、灵活的性别分工、食物共享、平等主义、公有财产和战争的稀少。

移动性

觅食者在一个有限的、可以利用自然食物资源的范围内做必要的移动。一些群体，如非洲南部卡拉哈里沙漠的朱瓦西人依赖高度抗旱的蒙刚果（Mongongo nut），每年保持着固定的迁徙路线，在一个有限的范围内活动。其他一些群体，比如北美西部高地的肖肖尼人（Shoshone）就必须迁徙得更远，他们的路线是由当地不稳定的松仁产量决定的。

这种移动性的一个关键因素是可获得的水资源。食物和水源之间的距离不能太远，以免取水所耗费的能量无法用食物补充回来。

较小的群体规模

觅食这一适应环境的方式有另一个特点，即觅食群体的规模较小，一般少于100人。对于其原因目前还没有很好的解答，但这至少涉及生态和社会两方面的因素。生态方面包括土地的承载能力——在一定的获取食物的技术水平下，可利用的资源所能支持的人口数量。这需要根据资源供应的季节性和长期变化进行调整。土地的承载能力不仅与即时的食物和水源有关，还与获取它们的必要工具和劳动有关，并且还会受到这些资源供应的长期和短期波动的影响。

除了季节性和地域性的调整，觅食者还必须根据资源做出长期的调整。大多数觅食人群通常会把人口数量稳定在其土地承载能力的水平之下。其实，大部分觅食者的居住范围都能供养其一般人口数量的3到5倍。对一个群体，从长远的观点看，与其冒着因突发的食物资源减少而遭毁灭的风险无限制地扩张人口，还不如保持较少的人口数量。当今，在边缘环境中生活的觅食群体的人口密度很少会超过每平方英里一人——这是一个很低的密度。

觅食群体调整人口规模的方式与两方面有关：身体中积累的脂肪量以及照顾孩子的方式。排卵需要一定量的脂肪。比起大多数农业或工业社会，在狩猎和采集社会中自然资源相对匮乏的地区，比如非洲西南部的卡拉哈里沙漠，女孩的初潮（女孩的第一次月经）通常要迟5年开始。例如，布须曼人初潮出现的平均年龄为16.6岁，而布须曼妇女生育第一个孩子的平均年龄为21.4岁（Howell，2010）。一旦孩子出生，母亲每小时要哺乳好几次，甚至晚上也要哺乳，这将持续4年至5年。由于母亲的乳头不断受到刺激，促进排卵的激素会受到抑制，从而降低了怀孕的概率（Konner & Worthman，1980；Small，1997）。由于哺乳需要持续数年，妇女生育的时间间隔也就变长了。因此，保持较低水平的群体后代的总数，有利于维持稳定的可持续发展的人口规模（图17.2）。

灵活的性别分工

劳动分工存在于所有人类社会中，它可能与人类文化一样古老。在觅食者当中，大猎物的捕杀和屠宰以及粗壮或坚硬原材料的加工，几乎都是由男性负责的。相比之下，妇女的工作通常是采集和加工各种各样的蔬食，以及其他不影响哺乳、怀孕和生产的家庭杂务。

在今天的觅食者中，妇女与男人一样，要承担艰巨的任务。例如，朱瓦西妇女为了采集食物，一天可能要徒步12千米，而一星期要进行2 次或3次食物采集。她们不仅带着孩子，在返家时还要携带15磅至33磅的食物。不过，她们不必像男人外出狩猎那样离开家很远，她们的工作通常也没有那么危险。另外，她们的任务不太需要快速移动，不需要完全专一的注意力，而且在被打断后也很容易重新开始。

所有这一切与两性间存在的生物差异是相一致

图17.2　自然控制生育

四五年内频繁哺育孩子的行为会抑制朱瓦西人等觅食者的排卵。因此，妇女生育的间隔时间很长，生育的后代相对较少。

的。当然，怀孕的或有婴儿要哺乳的妇女不方便和男人一样长途跋涉去追捕猎物。

觅食者性别角色的不同与男女间的生物差异相一致，但并不是说他们先天就是由生理决定的。实际上，与大部分其他各类社会相比，觅食者的性别分工通常不太严格。因此，只要有需求，朱瓦西的男子会心甘情愿且毫不尴尬地去采集野生植物食物、建造小屋、取水，即使这些活儿都被视为妇女的工作。同样，在沿海的阿尔冈昆社会，妇女也会积极捕捞鱼类和贝类，如蛤蜊和牡蛎。

虽然在觅食社会中，妇女每天都会花一些时间采集植物食物，但是男子一般并不会每天去狩猎（图17.3）。狩猎所消耗的能量，特别是在炎热季节，往往多于从猎物中所获取的能量。将太多的时间花费在搜寻猎物上，实际上可能产生相反的结果。能量本身主要来自植物所含的碳水化合物，而这往往是女性觅食者生产的卡路里。但是，日常饮食中一定量的肉类保证了不易从植物资源中获得的高质量蛋白质，因为肉类恰好含有适当比例的人体所需的所有氨基酸（蛋白质的组成部分）。没有一种植物食物可以做到这一点，如果要在没有肉食的条件下生存下去，人们就必须把植物食物适当地进行组合，以获得适量的、必需的氨基酸。

食物共享

与觅食这种生计模式相关的人类社会组织的另一个重要特征是食物的共享。在朱瓦西人中，妇女控制她们采集到的食物而且能与她们选择的任何人分享。相比之下，关于应分配给谁多少肉食这一点，男性则受一定规则的制约。对个体狩猎者而言，分享肉食事实上是为将来储备食物的一种方法；他的慷慨解囊，尽管可能是义务的，给予他未来可以索取其他人猎物的权利。作为一种文化特质，食物共享这种分配资源的方式具有明显的生存价值。

平等主义

觅食社会的另一个重要特点是它的平等主义。由于觅食者通常是高度流动的，并且缺乏动物或机械运输工具，他们在行进时，特别是去远处获取食物时，无法携带很多东西。觅食者携带的物品仅限于最少量的必需品，包括狩猎、采集、捕鱼、建屋以及烹饪所需的工具（例如，朱瓦西人的个人所有物的平均重量低于25磅）。在这样的情况下，他们没必要积累奢侈品或剩余物品；没有谁能拥有比别人更多的物品，这有助于限制个体的地位差异。

图17.3　性别与劳动分工

在非洲南部，诸如朱瓦西布须曼人之类的觅食者具有灵活的劳动分工，男人通常狩猎，妇女则准备食物。男女都会采集野生食物，比如鸵鸟蛋和可食用的植物——水果、坚果和块茎。图中朱瓦西的男人在一次狩猎中成功捕获了一只箭猪，而妇女则在用一个3磅重的鸵鸟蛋做蛋卷（相当于24个鸡蛋）。坚硬的鸵鸟蛋壳可以成为一个非常有用的盛水容器。破裂的蛋壳，还会被制作成首饰。

地位的差别本身并不意味着不平等，认识到这一点十分重要，这在涉及男性和女性之间的关系时，总是很容易被误解。在大多数传统觅食社会中，女人并不服从于男人，现在也是如此。的确，妇女可能会被排斥在男性参与的某些仪式之外，但反过来也是如此。另外，妇女劳动的成果是由妇女自己而不是男性控制的。即使在那些由男性的狩猎而非女性的采集提供主要食物来源的社会里，妇女也并不会牺牲她们的自主权。

公有财产

觅食者无意积聚剩余食物，但这在农业社会中往往是社会地位的重要来源。然而，这并不意味着觅食者一直生活在饥饿的边缘，因为他们生活的环境是天然的仓库。除非在最寒冷的气候环境中（在那里，人们必须储备剩余物品，以顺利渡过几乎没有收获的漫长冬季），或是突发生态灾害的时期，否则，总是可以在群体的领地内找到一些食物。由于食物资源一般在群体内平均分配，没有人能通过囤积物品来获得财富或地位。在这种社会里，拥有比别人多的东西是一种越轨的标志，不是人们所渴望的。

觅食者的领土概念对于资源的平均分配和社会地位的平等有着同样重要的影响。大部分群体都有自己的活动范围，在这个范围内，资源的享用权是向全体成员开放的。如果某人有可利用的资源，其他人也同样可利用。如果一个在非洲中部森林里生活的姆布蒂俾格米（Mbuti Pygmy）猎手发现了一棵蜜树，他拥有优先利用权，但是在他得到他的份额后，其他人就轮流利用。群体中的任何人都不是这棵树的主人，只是先到的人先受益。

战争的稀少

虽然很多著作中认为理论上狩猎有可能导致了人类竞争和好斗的本性，但大多数人类学家对这个论点不以为然。当然，觅食人群有着已知的战争行为，但这些行为是近来对扩张主义国家带来的生存压力做出的反应。如果没有这些压力，觅食者往往不具有侵略性，他们更注重和平与合作，而非暴力竞争。

技术如何影响觅食者的文化适应

与栖居地一样，在形成觅食生活的特征时，技术也发挥着重要的作用。除了可得到的水、猎物和其他季节性资源，不同的狩猎技术和方法也会影响迁徙、种群规模和按照性别做出的劳动分工。

以非洲中部刚果民主共和国伊图里（Ituri）热带森林中的姆布蒂俾格米人为例。他们所有队群都用长矛捕猎大象。然而在猎捕其他动物时，有的用弓箭，有的则用大网。那些用大网捕猎的男人、女人和儿童会进行分工合作，他们一同将羚羊和其他猎物赶进网中猎杀。通常，这需要几个小时的长距离移动，参与者会包围动物，并大力敲击木头将其向大网的方向驱赶。由于这种“敲击捕猎法”需要多达30个家庭的合作，使用这种方法的队群拥有相对较大的营地。

另一方面，在那些用弓箭的姆布蒂俾格米人中，仅由男人来狩猎。这些弓箭手一般在离村庄不远处以较小的群体短期聚居，营地中通常不超过6个家庭。虽然大网捕猎和弓箭捕猎队群的总人口密度没有显著的差异，但是弓箭手往往可以捉到更多种类的动物，包括猴子（Bailey & Aunger，1989；Terashima，1983）。

生产食物的社会

显然，栖居地和技术两者并不能完全解释我们是如何养活自己的。制造工具的能力使人类能消费大量的肉类和植物食物，之后，人类历史上第二个重大的事件是植物栽种和动物驯养。随着时间的推移，这一成就渐渐促成了文化系统的转变，人类在培育植物、繁育和饲养动物或在混合这两种生计模式的基础上，发展出了新的经济组织、社会结构和意识形态。

觅食到生产食物的过渡开始于1万年前的亚洲西南部（这片地区被称为新月沃土，包括约旦河谷和邻近的中东地区）。这就是新石器时代（Neolithic来自希腊语neo和lith的组合，前者意为“新的”，后者意为“石头”）的发端，那时，人们掌握了石器技术，开始依赖家养的植物和/或动物。在接下来的几千年中，世界上的其他地区也独立发生了与之类似的向农业经济的最早转变，人们开始种植、（之后）改良水稻、玉米、小麦这样的野生谷类植物，还有大豆等豆科植物，南瓜等葫芦科植物，以及马铃薯这样的块茎植物。同样地，驯养了狩猎范围内的野生动物，如山羊、绵羊、猪、牛、美洲驼等（图17.4）。

由于这些行为从根本上改变了文化系统的各个方面，人类学家称之为新石器革命。随着人类越来越依赖于移养的庄稼，大多数人放弃了流动的生活方式，定居下来耕作、播种、锄草、保护庄稼不受伤害，最后将其收获并储藏到安全的地方。因为人们不再四处迁徙，他们开始建造更为耐用的住房，并制作用于存水和食物的陶器等。

为什么会发生这一变革是人类学的重要问题之一。因为总体上说来，比起寻觅食物，生产食物需要付出更多的劳动，并且更为单调乏味，它通常还是不太安全的生存手段，人们不太可能自愿成为食物生产者。

起初，食物生产看似是当时通行的食物管理措施的一个副产品，绝非有意为之。在众多早期食物生产者中，我们可以举派尤特（Paiute）印第安人的例子来说明这个问题，在派尤特人所栖居的北美西部高地的荒原中，有一些与绿洲相似的沼泽，他们由此发现：用水灌溉旱地上的野生植物可以使种子和球茎的产量增加。虽然能做出的生态干涉十分有限，但更多

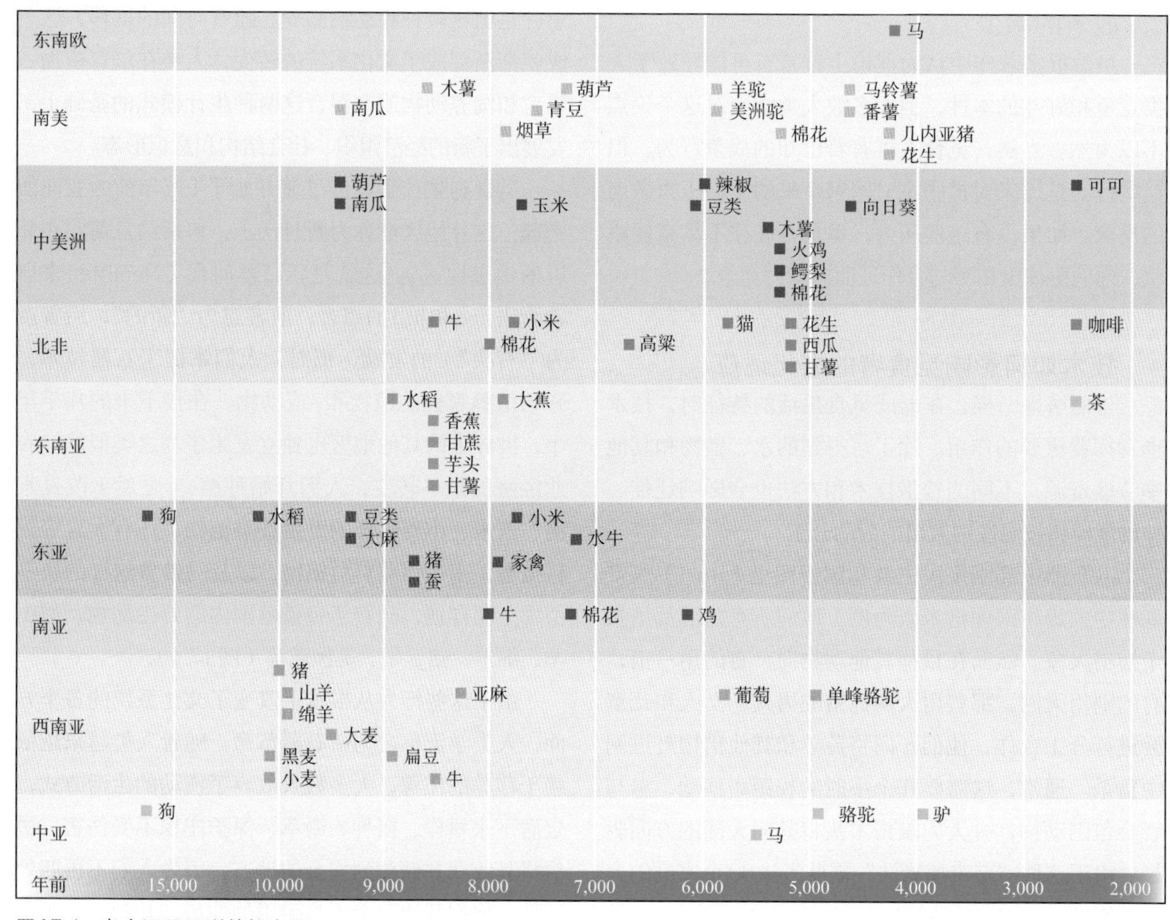

图 17.4　考古记录里驯养的出现

的派尤特人却因此能够在此地居留更长时间，而这在以前是不可能的。

虽然派尤特人在新石器革命发端之初停下了脚步，但世界上的其他许多族群却继续对他们的土地进行改造，发掘出了越来越多的动植物新品种，而这对人们的生存越来越重要。虽然可能事出偶然，但随着人口增长超过了人们通过觅食来供养自己的能力，粮食生产就成为一件必要的事。对他们来说，生产食物成了生存下去的唯一选择。

在园地生产食物：园艺

随着植物驯化的出现，在一些社会中，人们开始从事园艺（Horticulture，从拉丁语hortus演变而来，意为“园子”），这些园艺家集成了小型的社群，他们用简单的手持工具培育庄稼，既不进行灌溉，也不用犁地。一般说来，园艺家会在亲手清理出来的小园子里种上好几种不同的植物。他们不经常给地施肥，因此每隔几年就会换一块新地，废弃原先的园地。园艺家一般会种植他们生存所需的食物，偶尔也会适当多种一些，以备村落间宴会和交易之用。虽然园艺家的园子是他们的主要食物来源，但是有需要或机会出现时，他们也会去狩猎、捕鱼和采集野生植物。

最普遍的园艺形式之一是刀耕火种，即临时性农业，特别是在热带地区，人们会把天然的植被除去，对其进行火烧，然后在灰烬中种植庄稼。这是一种在生态学上十分复杂的、可持续的食物生产方法，尤其适合在热带使用：较低的人口密度和足够的土地。刀耕火种园艺在同一块地上种植不同植物的做法模仿的是自然生态系统的多样性。与单独的一种庄稼相比，同时套种的几种不同庄稼不容易受到害虫和植物病的影响。

这个系统不仅在生态方面是合理的，而且比美国等发达国家使用的现代农业方法效率更高，在美国，土地和燃料之类的自然资源相对廉价且丰富，而且许多农场可以得到政府补贴或税收减免等财政资助。高科技农业对能量的需求超过其产出的能量。相比之下，刀耕火种农业每耗费一单位能量，就可以产出10个至20个单位的能量。关于热带园艺系统是如何运作的问题，本章“原著学习”提到的巴西亚马孙林区梅克兰诺蒂卡雅布（Mekranoti Kayapo）印第安人可以提供一个典型案例。

在农田生产食物：农业

和园艺相对的是农业（Agriculture，源自拉丁语agri，意为“农田”），即在准备好的土地上种植水稻、块茎、水果、蔬菜等植物，这些土地是专门为种庄稼保留的。这种更为精细的食物生产方法不再使用手持工具，而是使用犁地、灌溉、施肥等技术。历史上，农业通常依靠人类或耕畜进行耕作和运输。现在，农业依赖于燃油驱动的拖拉机在大片土地上生产食物。但本章“应用人类学”专题着重描述了1000年前建立起来的生态无害的山地梯田和灌溉系统，展示了早期农学家的独创性。

对于农学家来说，生产多于自己所需的食物很重要——这样就可以供给各类专职人员和不参与生产的消费者。这些剩余产品将被出售换成现金，或者通过税收、地租或贡品（象征顺从和受保护的强制性礼物）等形式强行从农民那里被拿走，交给地主或其他统治集团。这些地主和专业人员——商人、木匠、铁匠、雕刻匠、石匠和编织工——往往居住在富足的城镇或城市里，在那里，社会精英阶层掌握着政治权力。农民被强势群体及市场支配着，他们所做的很多事情都受到政治和经济力量的控制，而他们对这些力

梅克兰诺蒂卡雅布人的园地

丹尼斯·沃纳

梅克兰诺蒂园地的种植总是遵循同样的顺序。男子清理森林并焚烧残枝。然后，他们和女人一起在灰烬中种植甘薯、木薯、香蕉、玉米、南瓜、木瓜、甘蔗、菠萝、棉花、烟草和胭脂树——其种子可以产出胭脂，即用于涂抹装饰品和人体的红色染料。由于梅克兰诺蒂卡雅布人并不花力气锄草，森林也就会逐渐侵入园地。第二年过后，只剩下木薯、甘薯和香蕉。3年之后，通常就只剩下香蕉了。除了一些需要耗费数百年成长的树种，这个地区在25年或30年后看上去就像原始森林一样。

这种被称作刀耕火种的园艺技术，是世界上最普通的技术之一。批评家曾经指责这种技术不仅浪费而且破坏生态，但是今天我们知道，特别是在湿润的热带，刀耕火种农业可能是最好的园艺技术之一。

持续的高温促进了微生物的生长，而后者又会引起腐败，因此有机物很快会分解为简单的矿物质。

暴雨溶解了这些有价值的营养成分并把它们深埋于土壤之中，让植物无法触及。热带森林维持了土壤的肥沃，因为密密的树叶遮蔽了大地，使它保持较低的温度，并阻碍腐生物的生长。大量的雨水在落到地面之前就被树叶吸收了。

当树倒伏在森林里并开始腐烂时，其他植物会快速吸收它们释放的养分。与之相对的是露天耕作的农业，阳光使泥土变热，腐生物得以繁殖，而雨水会快速淋洗含有其养分的土壤。繁茂的森林如果被清理出来种植单一品种的庄稼，那么不出几年，它就可能转化为贫瘠的荒地。

在梅克兰诺蒂园地中，香蕉和木瓜树被栽种后几个月，它们会遮蔽土壤，就如同森林的大树那样。在同一地区混种不同种类植物，意味着矿物质一经释放很快就会被吸收；玉米吸收养分的速度很快，而木薯则比较缓慢。另外，小规模的、临时的清理，意味着森林可以快速地再次侵入它失去的领地。

因为腐生物需要较高的湿度和温度，所以漫长的梅克兰诺蒂干旱季节可能会改变整个土壤生态。但是，从最近焚烧过的梅克兰诺蒂土地上以及邻近的森林被采来的土壤样本表明，在大部分湿润的热带地区，印第安人园地的高肥力来自被烧毁的树木，而不像在温和气候中那样，来自土壤。

焚烧是一项复杂的操作。或许是出于这种原因，它通常被交给社区中比较有经验和见识的成员。如果焚烧进行得太早，那么，在种植前雨水就会过滤出灰烬中的矿物质。如果太迟，残片就会过于潮湿以致烧不透。这样，能使植物染上瘟疫的昆虫和杂草就不会死亡，就不会有矿物质释出透入土壤里。如果风太弱，焚烧就不会覆盖整块田地；如果风太强，火势就可能不受控制。

在园地上焚烧并清理掉一些烧焦的残枝之后，人们就会开始漫长的种植工作，这将花费整个9月并延续到10月。在圆形园地的地块中心，妇女们会挖几个洞，并放入一些甘薯块。在用泥土盖上块茎之后，她们通常叫来一位男性让他用脚重重地踩土堆并发出类似嘘声的仪式声——以确保较大的产量。印第安人在甘薯周围围成一个大圆圈，连续不断地把一块块木薯根茎快速插入地里。当木薯根茎长成后，就会形成一个密集的屏障。在木薯圈之外，妇女们会种上甘薯、棉花、甘蔗、胭脂树。然后简单地把种子撒在最外面一圈的地上，香蕉树和木瓜树就种好了。在园地里，印第安人也广种玉米、南瓜、西瓜和菠萝。这些植物生长得很迅速，早在木薯根茎成熟前就可以收获。

当我住在梅克兰诺蒂时，西方农学家——习惯只种一种庄稼，并在同一时间收获——几乎不知道刀耕火种农业。出于对梅克兰诺蒂园艺的好奇，我着手划分园地，并计算在每一块地上找到木薯、玉米穗或南瓜的数量。看到我挣扎着穿过互相缠绕的植物划出10米×10米面积的土地，并用绳子做分隔，然后去数被我围起来的植物，妇女们感到很奇怪。有时，我会请求一位妇女在标出的田地里挖出所有的甘薯。虽然这种请求十分古怪，但妇女们还是很配合，她们帮忙固定住卷尺的一头，还会让她们的孩子来帮忙。对某些植物，比如香蕉，我只是计算出园地里树丛的数目，以及各个树丛上正长着的香蕉串数目。通过观察香蕉的生长时间，从我看到它们的时刻开始一直到收获的时刻，我可以计算出每年园地的香蕉总产量。

我把时间分配数据与园地生产率相结合，大致知道了梅克兰诺蒂人需要多少劳动才能生存。数据表明，一个梅克兰诺蒂成年人在园地里劳作一小时，生产大约不超过1.8万大卡的食物（美国每人每天消费约3000大卡食物）。为了预防坏年景，或准备接待其他村落的人之需，他们会种植远多于自身需要的农产品。但是，即便如此，他们也不必非常辛苦地劳动以求生存。成年人每周花费在各种劳动上的平均时间表明，园艺社会的生活非常悠闲：8.5小时园艺；6.0小时狩猎；1.5小时捕鱼；1.0小时采集野生食物；33.5小时做所有其他工作。

总之，梅克兰诺蒂人每周劳动的时间不超过51小时，包括工作往返、烹饪、修理损坏工具等花费的时间，以及我们通常不计入工作周的所有其他事情。

量鲜有控制权。

早期的食物生产者发展出了几种主要的混合种植模式：两种适合于季节性高地，而另两种适合于热带湿地。例如，在西南亚的干旱高地上，农民们随季节变化的节奏安排农业活动，种植小麦、大麦、燕麦、亚麻、黑麦和小米。在东南亚的热带湿地，农民们种植稻子和番薯、芋头等块茎。在美洲，人们虽然已适应了与非洲和欧亚大陆相似的自然环境，但他们也种植了自己的本土植物。通常，玉米、大豆、南瓜和土豆生长在较干旱的地区，而木薯则生长在热带湿地。

农业社会的特点

种植谷物最重要的相关因素之一是固定居住地的发展，从事农业的家庭聚居在他们种植庄稼的园地附近。生产食物这一任务有助于形成一种不同的社会组织。群体中某些成员的艰苦劳动可以为所有人提供食物，因此，另一些人得以把时间用于发明和制作新的定居生活方式所需要的设备。用于收获和挖掘的工具，用于储藏和烹饪的器具，纺织原料制成的衣服，以及用石块、木头或晒干的砖坯建的屋子，都是新的定居生活条件和变化了的社会分工带来的新产品。

从觅食到食物生产的转变也使社会结构产生了重要的变化。最初，社会关系是平等的，几乎和觅食社会别无二致。然而，随着居住地的兴盛，土地和水源等重要资源为大量人口所共享，更广泛的劳动分工发展起来，社会也就呈现出更加复杂的结构。

种植庄稼和饲养动物的混合农业

正如前面所提到的那样，西半球的原住民农业文化主要依靠种植当地驯化的植物，如木薯、玉米和大豆。美洲印第安人从野生动物身上获得了足够的肉、脂肪、皮革和羊毛——艾马拉和克丘亚人是例外——传统上，他们也在位于南美安第斯山脉的故乡（见“生物文化关联”专题）饲养美洲驼和羊驼。

相比之下，在非洲和欧亚大陆，生产食物的族群往往没有机会从野兽、鱼类或鸟类身上获得足够的动物蛋白，而这些蛋白对人体又是至关重要的。这些农业文化发展出了一种混合的生计模式，将种庄稼和饲养动物结合起来，以获取食物、劳动力或进行贸易。根据不同的文化传统、生态环境和动物的习性，一些动物被圈养在谷仓或围栏中，而另一些种类的动物散养在居住地周围或指定的牧场上，但是它们会被主人打上烙印或做上标记，以显示为私有财产。

许多适应从阿尔卑斯到喜马拉雅山脉山地环境的古代农业社区有着这样的传统：夏天，将牲口（牛、羊、马等）赶到高原上放牧，把狭小的低地留作他用——种植谷物、开辟果园、栽种蔬菜和动物的冬季饲草等。在收割庄稼以后，在气候转冷、雪覆盖高原之前，那些离开村庄去放牧的人会把牲口带回村庄，准备过冬。

图 17.5 描述了牧民和他们的牲口在高海拔夏季牧场和低地村庄之间的季节性“垂直”移动，这是季节性迁移放牧（Transhumance，其中 trans 意为“穿过”，humus 意为“土地”）的一个例子（Cole & Wolf, 1999；see also Jones, 2005）。在一些文化中，整个社区都会随着牧群迁徙到季节性的牧场，而非像季节性迁移放牧那样，只有村庄里的一部分男人每年随着他们的牧群迁徙，而社区的其他成员则留在原居住地——这将在下文进行描述。

放养食草动物的畜牧业

人类适应环境的一个更显著的例子是畜牧业——饲养和管理大群家养食草动物（吃树叶或草的动物），包括山羊、绵羊、牛、马、美洲驼或骆驼。和前文所述的动物饲养不同，畜牧业是一种专以饲养和放牧动物为中心的生活方式。

游牧文化中的家庭依靠他们的牲口维持生计，所以这些食草动物的饮食需要决定了牧民的日常生活。

应用人类学

农业发展与人类学家

在对原住民民族的传统实践有了较深的了解之后，人类学家往往会对其知识的独创性留下深刻的印象。这种意识已扩展到职业范围之外，众多民众，尤其是西方民众，已经接受了这样一种观念：原住民群体基本上都无忧无虑地过着与环境相协调的生活。然而，这绝不是人类学家所传递的信息，就如他们所知，传统的民族也是人类，和所有人类一样，他们也可能会犯错误。我们可以从他们的成功中学习到许多经验，也可以从他们的失败中获取教训。

考古学家安·肯德尔（Ann Kendall）正在秘鲁南部安第斯山脉帕塔卡萨（Patacancha）山谷做这件事。肯德尔是卡西撒卡信托基金会（Cusichaca Trust）的主管，也是其创立人，该基金会是一个乡村发展组织，位于英国牛津，旨在复兴古老的农业实践。20世纪80年代末期，在进行了十余年考古挖掘和乡村发展计划之后，她邀请剑桥大学植物学家亚历克斯·彻普斯托–卢斯蒂（Alex Chepstow-Lusty）合作考察气候变迁和古生态学数据。他们在帕塔卡萨山谷发现了起源于约4000年前的集约经营农业的证据。研究表明，在很长一段时间里，人们大量砍伐树木以建立和维持小块农田，加上山坡上的梯田很少，这导致了大量泥土受侵蚀而流失。1900年前，土壤的退化和气温的降低导致了农业生产急剧减少。然后，在约1000年前，农业生产开始复苏，这次人们使用了保护土壤的技术。

秘鲁的高山梯田有利于阻止水土流失并为农田提供灌溉

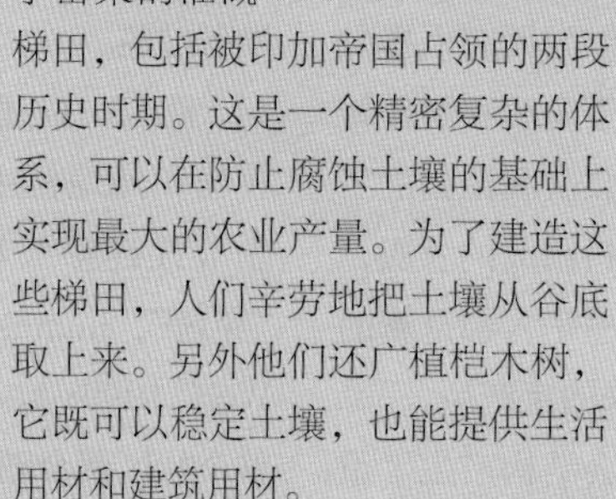

肯德尔的考察发现，这个地区，建造了密集的灌溉梯田，包括被印加帝国占领的两段历史时期。这是一个精密复杂的体系，可以在防止腐蚀土壤的基础上实现最大的农业产量。为了建造这些梯田，人们辛劳地把土壤从谷底取上来。另外他们还广植桤木树，它既可以稳定土壤，也能提供生活用材和建筑用材。

印加帝国时期的这一新型农业体系非常成功，以致居住在山谷中的人口数量翻了两番，达到了现代的近4000人。然而，不幸的是，当西班牙占领秘鲁时，这里和别处的梯田与树木便被抛弃而荒废了。

在有了由当地访谈和开会得出的信息和洞见之后，卡西撒卡信托基金会资助了对帕塔卡萨梯田及5.8千米长（约3.6英里）的灌溉水渠的重建。他们的工作依靠当地劳动力，并使用传统的方法和材料——如黏土（用仙人掌混合物进行调制以保持湿润）、石头和泥土。当地家庭已经翻新了被占领前的旧梯田，并在160公顷的土地上重新种上了土豆、玉米和小麦，这些农田的产量比从前高出10倍。

作为其他相关成就中的一项，当地已经安装了21个供水系统，遍布800余户人家，而基于传统观念的家庭菜园，被进行调整并和欧洲菜园相结合，以增进当地人的健康和营养平衡，也更符合市场需求。自1997年以来，这些项目就转由一个当地独立的乡村发展组织ADESA负责。卡西撒卡信托基金会继续在秘鲁以北的极端贫困地区开展先驱性的工作，如阿普里马（Apurimac）和阿亚库乔（Ayacucho），他们利用经过检验的传统技术来重建古河道和梯田系统。

图 17.5　法国圣雷米德的季节性迁移放牧节

春末时节，一位住在法国西南部山谷里的农民正将他的牛群赶往夏季高地牧场。由于牧群经常被留在开阔的牧场上吃草，大多数农民会在领头的母牛身上放一个铃铛，以便追踪。在法国的许多乡村社区，当春末秋初，几千头牛从镇上穿过时，社区的人会聚集在一起，将其作为传统节日来进行庆祝。到了秋天，当牲口们带着肥膘和小牛回来时，节日会变得更加盛大。

当十几户牧民家庭聚集在一起时，他们所拥有的牧群数量可能多达几千只甚至十几万只动物。不同于种庄稼的人，牧民不需要一直住在农田附近，他们并不会建立固定的居住地，而是周期性地跟随或驱赶他们的牧群到达新的牧场。就像他们的牧群一样，大多数牧民必须是流动的，而他们也适应了这种生活方式。

在过于干旱、寒冷、陡峭或岩石很多的地方，游牧是一种高效率的生活方式，它比在大牧场内饲养牛羊更为有效。适合这一描述的环境的例子是广袤干旱的草地，它从北非向东延伸，经过阿拉伯沙漠，跨越伊朗高原并进入土耳其和蒙古。今天，仅在非洲和亚洲，就有2100多万游牧民，他们仍然与牧群一同迁徙。这些游牧民将迁徙看作生活的一个自然组成部分。

个案研究：巴赫蒂亚里（Bakhtiari）牧民

世界游牧群体中的一个是巴赫蒂亚里人，他们是生活在伊朗西部严酷的扎格罗斯山脉中的一个独立性极强的民族，他们以独特的生活方式适应严酷山地环境的季节性变化（Barth，1962；Coon，1958；Salzman，1967）。几千年来，巴赫蒂亚里人的生活就是围绕着这些季节性迁移进行的，目的是为山羊群和肥尾羊群提供优质牧场——这是一段长达300千米（约185英里）的危险旅程，要越过3700米（约1.2万英尺）的高山，跨过深深的裂谷和湍急的河道。

每年秋天，在凛冽的寒冬抵达山区之前，这些牧民会把帐篷和其他财产放在驴背上，将羊群赶到与伊拉克西部接壤的温暖平原。这里牧草茂盛，冬天雨水丰沛。春天，低地牧草干枯，巴赫蒂亚里人就会回到山谷中去，那里，新的牧草正在发芽。为了这段艰苦的跋涉，他们会分成5个群体，每一个群体中约有5000人和5万头牲畜。

北归之旅尤其危险，因为山上的积雪正在融化，而且峡谷中水流湍急，冰冷的雪水从山峰之巅奔流而下。新生的山羊羔和绵羊羔给这漫长的艰苦跋涉增添了更多的负担。到达河道不太深的地方，牧民们就涉水过河。遇到较深的，有时是半英里宽的河谷，他们就借助充气的山羊皮筏横渡过去，他们会把婴幼儿、年老体弱者和羔羊放在上面，然后由男人们推着在冰冷的河水里前进。如果从黎明工作到傍晚，牧民们可以在5天之内把所有人和牲畜都渡过河去。在渡河时，每天都有几十只动物被淹死。

在山区行进，刺骨的寒风吹得人们皮肤麻木，禁不住淌泪，巴赫蒂亚里人必须穿过滑溜的、未融化的雪地。攀登陡峭的悬崖是非常危险的，强壮的男子经常必须肩背他们的孩子和新生的羔羊，走过冰雪之地，走向他们的目的地——草木茂盛的山谷。

旅途虽然熟悉，却仍旧不可预料。集体迁徙可能要花费数周时间，因为羊群走得很慢，而且需要人们不时地照料。在旅程中，男人与少年赶着绵羊和山羊行走，妇女与儿童骑着骡子和驴子走，帐篷和其他设备也由骡子和驴子驮着（图17.6）。

到达目的地后，巴赫蒂亚里人撑起帐篷——传统上，这是由妇女们用山羊毛编织成的布料遮盖物。这些帐篷是适应环境变化的很好事例。黑山羊毛织成的布帐篷在冬季可以保存热量，防止进水，在夏季则可以隔热。这些便携式房屋的建造、拆除和搬运都很方便。帐篷里的家具很少，但它们都很实用且美观。妇女编织的羊毛小毯，或沉甸甸的垫子被铺设在地上。叠起来的毯子，还有用山羊皮制成的容器、铜制器皿、陶罐和粮袋贴着帐篷壁被堆积着。

绵羊和山羊在巴赫蒂亚里人的生计中占有重要地位，它们提供乳汁、乳酪、黄油、肉类、皮革和羊毛。女人和女孩子们花大量时间把羊毛纺成纱线，当山路不那么崎岖时，她们在驴背上还做着活儿。她们把纱线编织成毯子和帐篷，也会把它们编织成衣服、储藏袋和其他生活必需品。男人们对在巴赫蒂亚里人生活中最具重要性的牲畜有着所有权和控制权，因而女性比她们的父亲、兄弟和丈夫拥有更少的经济政治权力，但她们并非没有影响力。

巴赫蒂亚里人居住在伊朗境内，但他们拥有自己的传统法律制度，包括习惯法和刑法。他们由部落首领或可汗统治（可汗是由选举产生或通过继承担任的职位）。20世纪初，在部落领地发现石油后，大部分巴赫蒂亚里的可汗变得富裕起来，他们中的很多人受过良好的教育，上过伊朗或国外的大学。

虽然他们有些人在城市里拥有自己的住房，但可汗大部分时间还是与山区的人群生活在一起。男子在经济和政治事务中的突出地位在游牧民族中是很常见的，这是真正的男子汉的世界。然而，年长的巴赫蒂亚里妇女还是可以获得许多权力。在当代，许多其他年龄段的女性通过向商人出售美丽的手工毯为家庭带来了收入，从而也取得了一定程度的经济控制权。

像巴赫蒂亚里人这样的游牧民族在很大程度上依赖于他们的牧群来满足基本的生活需求，但他们也会用多余的动物及其皮毛（以及编织毯等各种手工制品）去和农人、商人进行交易。他们换取的物品除了粮食，还包括面粉、干果、辣椒、茶叶、金属刀具、罐子和茶壶、棉布和亚麻布、枪支（最近才有的）、塑

图17.6　巴赫蒂亚里牧民

在伊朗的扎格罗斯山脉地区，游牧部落跟随季节性的牧场，带着他们的牧畜长途迁徙，他们领着一大群山羊和绵羊穿过崎岖不平的地带，包括危险的、陡峭的积雪通道和湍急冰冷的河水。

料容器，以及纸张等。总之，在游牧民族和其周边的农业和工业社会之间，存在着许多将他们联系在一起的纽带。

集约农业：城市化和农民阶层

随着农业的集约化经营，某些农业村落转变成了城镇甚至是城市。城市化带来了更高程度的复杂性——专门化的劳动、精英群体的形成、公共管理、税收和治安。城市人口大多依赖于周边地区的觅食者和食物生产者提供给他们食物和燃料。因此，城市的统治阶层致力于扩张他们的势力范围，并对农村人口进行政治控制。

一旦强势群体成功地控制了农民群体，便会强加一些规则给他们——使他们不得不更努力地劳作，并迫使他们用农产品或劳动来支付一些剥削性的费用，比如土地使用税或表示顺从的保护费。在压迫者的税收重担下，农民所剩无几，只能勉强养活自己的家庭，并且失去了独立性。屈服于这些支配性群体后，他们沦为了贫农。这些小规模的农业生产者群体受到更复杂社会中更强势群体的剥削，他们在自有或租来的土地上栽种农作物和饲养家畜，以劳动、农作物或现金作为交换（Wolf，1966）。

在世界上许多地方，直到今天仍然是这样。不论他们如何辛勤劳作，由于拥有的土地很少，大多数农民的收入仅能维持其家庭的最基本需求。由于无法生产出足够的剩余产品去换取现金，他们也就没有资本去购买设备以节约劳动力提高生产效率。于是，大多数农民在贫困线上挣扎着，过着入不敷出的生活。与此同时，大地主和富商却有各种办法增加财富，并购买机器使得生产效率和利润进一步提高。

工业化的食物生产

直到200年前，世界各地的人类社会已经发展出了觅食、园艺、农业和牧业等文化基础结构。随着英国蒸汽机的发明，情况发生了改变。随后，蒸汽机引发了迅速传播到世界各地的工业革命。新机器（先是用蒸汽驱动，后来由生物燃料驱动——煤炭、天然气、石油）取代了动物、人力和手持工具，大大提高了工厂的生产效率，并促进了大规模的运输。这在整个19世纪和20世纪引起了许多社会的大规模工业化。利用电力（1940年之后）与核能的技术发明，更是大大改变了世界范围内的社会经济状况。

现代工业技术还影响了食物的生产。与传统农场和种植园不同，现代农业不再依赖人力（通常是被迫的）和动物，而是依靠新发明的节约劳动力的机器，比如拖拉机、联合收割机、挤奶机等。有了这些大机器帮助耕地、播种、锄草和收割庄稼，对农场工人和其他人手的需求量就大大减少了。这对牲口来说也是如此，尤其是猪、牛和家禽。

工业化食物生产可以被定义为大规模的商业，它涉及批量食物生产、加工和销售，而这主要依赖于节省劳动力的机器。工业化的食物生产有着深远的经济、社会和政治意义，由于这些意义互相交织，仍然存在未被了解的方面。如今，生产食物的大公司拥有大片土地，在这些土地上，他们批量生产成吨的庄稼并用机器进行收割，肉食动物也被集中饲养。这些庄稼和动物在被收获和宰杀之后被加工、包装、高速运至商场，提供给大部分城市人口。其利润非常可观，尤其是对企业主和股东而言。

尽管畜肉、禽肉和其他农产品对世界各地较贫困的人们来说是可以负担得起的便宜商品，但农业综合企业进行的工业化食物生产对于数百万农民和小农来说，往往是一种灾难。如果没有政府的补助，即便是生产玉米、小麦或土豆的农场或养殖奶牛、猪和鸡的中型农场也无法与之抗衡。由于这个原因，在过去几十年中，西欧和北美的家庭农场数量急剧减少。这一过程导致了农业人口的大量减少，以及许多农业社群的消亡。

存活下来的家庭农场情况也并不乐观，因为收入太低，几乎无法支付一大家子的所有开销，包括教育、医疗、农业投资、保险和税款等。这种情况逼迫人们到别处去寻找挣钱的机会，而这往往需要背井离乡。具有讽刺意味的是，一些人成为禽肉或畜肉加工厂里的廉价劳工，那里的工作环境往往令人厌恶而且危险。

农业综合企业为了实现利益最大化，时常把食物生产过程流水线化，并寻求降低劳动成本的方法，比如裁减工人数量、将工人福利最小化、压低工资等。企业主希望市场朝着跨地区甚至跨国的方向扩张，其中最大的企业已经成为全球性企业。

如今，美国是世界上最大的鸡肉生产国——每年产出多达360亿磅鸡肉。美国人人均每年消费85磅鸡肉，但该国的大部分产品都用于出口。美国550亿美元产值的禽肉企业每年向世界上几十个国家出口数十亿吨鸡肉。冷冻鸡肉中有90多万吨会出口到俄罗斯（其中包括10亿多只鸡腿），另外有40万吨出口到中国，主要是鸡爪，共超过12亿只（见本章“全球视野”专题）。大规模养鸡场里有足够容纳2.3万只鸡的封闭“鸡舍”，这些鸡场主要位于美国南部，那里有充足的玉米和大豆饲料（图17.7）。美国最大的肉鸡加工厂位于密西西比州，那里每周宰杀约250万只鸡。

当今世界工业化的食物生产方式和全球贸易综合体，包括由各分销中心组成的互联网络，得益于20世纪下半叶开始的电子数码革命。世界各国的经济越来

图17.7 鸡屠宰机

将被屠宰的鸡通常会被抓住腿、塞进板条箱里并用卡车运到屠宰场。但是有些农民会使用屠宰机器，这种机器通过鸡舍时，可以在30秒内抓出大约200只鸡，一旦抓满，它会把这些鸡放到存放室中。在那里，鸡通过机器被转移进“包装装置”，它能自动计数，并把它们放进叠放的抽屉中，之后装上卡车，再运去加工厂进行大规模的屠宰、切碎和包装。

越依赖于知识和技术的研发，以及信息、服务和金融资本在全球范围内的流通。

文化进化中的适应

人类群体通过文化来适应他们的环境。这些环境并不总是稳定的：它们可能经常发生变化，这主要是人类在生态系统中的活动导致的。此外，人们可能会迁移到一个非常不同的环境，使他们需要做出适应性的改变。其结果是，随着时间的推移，文化可能会慢慢发展成一种不同的类型。这被称为文化进化。这个过程有时会和发展的观念相混淆——后者认为，人类正向着更好、更高级的阶段发展，最终臻于完善。然而，在这个长期的过程中，并非所有变化都是积极的；在短期内，这些变化并不会改善社会成员所处的状况。值得注意的是，城市工业社会中的人们并不比那些依赖于农耕、放牧或食物采集的人更高级。

由于文化系统中的适应性变化是在世代过程中发生的，需要用长远的眼光来观察文化的进化。当一项新技术或不同的自然资源改变了一个社会的经济基础时，其社会组织可能会发生调整，这反过来可能会改变社会的集体世界观，甚至是精神理念和实践。一个很好的范例是科曼奇人（Comanche），他们的历史开始于爱达荷州南部的高地（Wallace & Hoebel, 1952）。在他们原来的荒凉、干旱的家乡，这些北美印第安人传统上靠吃野生植物和小动物维持生活，偶尔也吃些比较大的猎物。他们的物资设备很简单，只限于他们（和他们的狗）能搬运的范围，他们的群体规模也受到了限制。萨满既是医师也是精神向导，他

鸡去哪儿了：布什腿或是凤爪？

在莫斯科，每天晚上都能看到享用传统晚宴的俄罗斯人：以罗宋汤（甜菜汤）和斯美塔那（酸奶油）开始，接着是主菜——油炸的无骨鸡胸肉，如果手头有点紧的话，人们会用一道叫作nozhki busha的菜代替，它是配以卷心菜和土豆的油炸、烘焙或烧烤鸡腿。

外国客人可能能认出“俄式炸鸡”这道主菜，但当他们得知nozhki busha译作“布什腿”后多少都会有些困惑。这些多肉的鸡腿最早在1991年从美国进口到俄罗斯。当时的在任美国总统是老布什（任期为1989年至1993年）。那时，俄罗斯经济非常萧条，很少有人能买得起牛肉或猪肉。对于普通人家来说就连鸡肉也非常昂贵。为了更好地向资本主义转型，美国政府充分肯定了自由市场和全球贸易的优势。廉价的鸡肉是再好不过的宣传品，尤其是，美国人喜好白肉，导致鸡腿肉这类黑肉在美国严重过剩。就这样，美国的家禽业进入了俄罗斯市场。如今，俄罗斯从美国进口的鸡肉数量比其国内农场中生产出来的还要多，其中鸡腿就超过了10亿只！

一只普通的6磅重的“雏鸡”被密西西比鸡肉工厂中拿着最低工资工作的墨西哥移民宰杀以后，会去到哪里呢？我们已经知道它的腿会被端上莫斯科的餐桌，而它的胸脯肉会出现在美国人的餐桌上，或是国际航线的菜单上。其他部分呢？ 一只冷冻的翅膀被装进了运往韩国的大集装箱；另外一只到了西非。内脏（脖子、心脏、肝和胃）被运到了牙买加煮汤。而多余的脂肪在得克萨斯的一个实验性精炼厂被转化成了生物柴油。那它可爱的小黄爪子呢？都被运到了上海，通过油炸、炖煮成为一道被叫作凤爪的美食，它的最后一次出现是正被一位来访的纽约银行家啃咬。

全球难题

鸡毛都去哪儿了？

们可以运用为该群体所允许的一切社会力量。

在其游牧历史的某个时候，也就是几百年前，科曼奇人向东迁移到了大平原，被那里数量巨大的野牛所吸引。因为新的且充足的食物能供养比较大的群体，科曼奇人由此产生了对更复杂的政治组织的需要。最后，科曼奇人从欧洲人和相邻部落的印第安商人那里获得了马匹和枪支。这大大提高了他们的狩猎能力，于是出现了握有权力的狩猎首领（图17.8）。

为了得到马匹，科曼奇人成了劫掠者，他们的狩猎首领也就演变成了战争的首领。昔日无忧无虑、生活在干旱高地的狩猎采集者变得富有起来，劫掠成为他们的生活方式。在18世纪末和19世纪初，他们统治了大平原的南部地区（主要位于现在的得克萨斯州和俄克拉荷马州）。在从一个区域性环境向另一个迁移的过程中，科曼奇人学会了新的技术，他们能够利用现有的文化能力在新的环境中蓬勃发展。

文化进化的类型

有时，各自独立发展起来的社会有可能会为相似的问题找到同样的解决办法。例如，从五大湖林地迁徙到大平原的夏延人（Cheyenne），原本是谷物耕作者和野生稻采集者，促成了一套完全不同的社会、政治和宗教制度。之后，东部拥有优良装备的邻居将他们向西推进到大平原，在那里，他们在几个世代的时间里适应了新的生态系统。他们放弃了自己的园地，变成了骑马猎杀野牛的族群。通过适应大平原上的生活，他们发展出了与科曼奇人类似的大平原印第安人文化，尽管二者的文化背景截然不同。这是趋同演化的实例——拥有完全不同的祖先文化的民族，在相似的环境状况下发展出了相似文化适应。

另一种文化进化的类型是平行演化，在这种情况下，对相似环境状况的相似适应方式，是由那些已经拥有相似祖先文化的民族做出的。例如，墨西哥和西

图17.8 猎杀野牛

这幅彩色版画是艺术家乔治·卡特林（George Catlin，1796—1872）于1832年创作的，描绘了科曼奇人狩猎野牛的景象。科曼奇人、夏延人及拉科塔人等大平原印第安人，由于适应了类似的自然环境，发展出了类似的文化。

南亚的农业是独立发展的，这两个地区的人们过去就有着相似的生活方式，又渐渐地依赖小范围种植的食物，这些植物需要人为的保护和繁殖手段。这两个地区都发展出了劳动密集型农业并建立了大城市，并且产生了复杂的社会和政治组织。

如以下个例所示，人类群体并不总是进行必要的适应。这可能会导致灾难性的后果，包括无数人（和其他生命）的死亡，以及对自然环境的破坏。

个例研究：复活节岛的生态系统崩溃

在众多因破坏环境而造成灾难性后果的事例中，举一个发生在南太平洋复活节岛上的例子。这个岛屿大约在800年前为波利尼西亚的航海者占据。其他波利尼西亚人将这个占地163平方千米（约63平方英里）的偏僻小岛叫作拉帕努伊，其居民也就被称为拉帕努伊人（Rapanui）。

当拉帕努伊人刚刚抵达岛上时，75%的土地都被茂密的森林覆盖着，其中大部分是棕榈树。他们清理树林以种植芋头、山药和番薯，并养鸡、捕鸟、捕鱼、狩猎，采集坚果、水果及种子。在逐渐繁荣兴盛后，生产有了盈余，他们建立了一位酋长之下的多个氏族。

他们砍伐树木来用作燃料，并把它们用来建房子和捕鱼用独木舟，还会用圆木来运输巨大的石块，这成为拉帕努伊文化的一个非凡标志（图17.9）。然而，成功并未持续很久——自然和文化因素导致了脆弱的生态系统的崩溃（Alfonso-Durruty，2012）。

老鼠随着移民一起进入小岛，导致了人口的死亡。这些老鼠以棕榈树种子为食繁殖迅速，其数量的飙升阻碍了缓慢生长的棕榈树的重新播种。到17世纪

图17.9 复活节岛上的石人像

很少会有地方像拉帕努伊这种微小的火山岛一样引起如此多的猜测。它是一个位于南太平洋中部与世隔绝的小岛，是地球上最为偏僻和最不寻常的地方之一。近900个被称作摩艾（moai）的石像是岛上突出的风景。这些石像高达20米（约65英尺），是大约800年前由在此定居的拉帕努伊人和波利尼西亚航海者制造的。经过几代人的兴旺繁荣和人口增长，拉帕努伊面临了生态系统的崩溃。

中期，棕榈林已经完全消失，而其直接原因是人类的砍伐和老鼠的破坏。棕榈林消失后，肥沃的土壤开始被侵蚀，其他本土特有的植物也濒临灭绝，农作物产量减少，泉水干涸，成群的候鸟不再来岛上栖居。另外，从1600年到1640年，厄尔尼诺现象——水面温度上升——降低了生物的产量，使得鱼类和其他海洋资源减少（Stenseth & Voje，2009）。

所有这些导致了周期性的饥荒和拉帕努伊人各部族之间长时间的战争。离他们最近的邻居在2500千米（约1500英里）之外的西边，他们是真正无路可去的孤立人群。1722年，荷兰船员抵达拉帕努伊时（复活节岛的名字就源于复活节当天登陆的荷兰殖民者），其人口已从约1.5万人减少到3000人。在其后的200年里，其他外国人给拉帕努伊人增添了更多问题，给他们带去了疾病和其他苦难。这些累加的压力使拉帕努伊人从这个没有一棵树的荒岛上消失了，如今只有火山岩和杂草覆盖在岛上（Métraux，1957；Mieth & Bork，2010）。

在世界的其他地方，发生过更大规模的环境破坏，特别是20世纪的进程夺走了数百万人的生命。我们必须记住这一类灾难的教训，避免落入把一切变化都说成是进步和适应的种族中心主义的陷阱。

人口增长与进步的极限

在过去的几个世纪中，通过技术手段更有效利用能源的全新生计模式普遍被认为是进步的。然而，正如本章所讨论的，并非所有创新都具有长远的正效应，短期之内，它们也无法改善社会中的所有成员的生活。

千百代之前，我们现代人类的祖先出现在非洲。他们在10万到1万年前繁殖了1000倍，当时的人口可能多达500万。他们从非洲迁徙到欧亚大陆、澳大利亚和美洲后，数量持续增加，在大约2000年前，总数超过了2.5亿。这一人口增长不断加速，19世纪中期，人口达到了10亿。20世纪80年代中期，全球人口为50亿，而今天这一数字接近75亿。

从最早的时候起，人类不仅在寻求生存的过程中发明或采用新技术，还进行了迁移，最终占据了地球上的所有大洲。适应了当地的自然环境之后，这些迁徙群体各自发展出了繁多的文化观念和习俗，以确保他们和后代的食物、燃料供应以及安全。以人口扩增、地理扩张和技术知识的增长为衡量标准，可以认为人类在适应广泛的自然环境和发展满足其需要的必要手段方面取得了巨大的成功。只要一个群体的集体需求还在其力所能及的范围内，就可以说它在某个程度上是相对富足的。然而，如果需求超过了现有的能力范围，这个群体就会面临资源短缺。

由于对富足和短缺的评价基于需求和手段的关系，它们是相对的概念。因此，人类学家会谨慎地将“进步”一词不加批判地用在描述“经济发展”上。数百万人的确享受着比他们的祖先更加健康和富足的生活，这一点是毫无疑问的，但他们中的许多人还是需要花费更长时间、更加努力工作来使自己吃上饭。根据世界银行的数据，全世界仍有10亿多人生活在极度的贫困中，许多人营养不良或英年早逝。对于他们来说，“人类正在进步”是一个如此不切实际的观点。

思考题

1. 在获取重要的自然资源时，人类经常会改变他们的环境，你看到过因为经济原因而彻底改变环境的实例吗，就像挑战话题中的中国梯田所展示的那样？你认为谁从中得利最多，谁损失最大？

2. 动植物驯养的哪些方面使得其被称为新石器革命？你认为当今世界在生计模式上还有哪些激烈的变化？

3. 根据“应用人类学”专题中描述的农业发展项目，思考变迁和“进步”的理念。在技术和物质进步的标准之外，提出你自己对进步的定义。

4. 工业社会的技术发展往往会带来替代动物和人工的高效能机器。考量一台实用的机器装置，并考虑其为你和他人带来的效益和成本。

深入研究人类学

全球餐饮

在超市购买杂货时，试着想象来自世界各地的食品、饮料、药草和香料到达你的餐桌这一过程所涉及的巨大的人类链。列出一周内你所购买和消费的所有东西。然后在地图上确定每种商品的位置或来源，并追踪这些商品进入商店并最终进入你身体的可能路径。一个引人深思的观点：你是全球化的化身。

挑战话题

为了当前和长期的生存，人类面临着寻觅资源的挑战。对于我们缺少的东西，我们会试图通过寻求援助，或通过礼物、贸易、交换来获得。在现代市场经济中，人们无须面对面会合，就可以交换几乎所有有价值的事物。但在传统的农牧社会中，市场是一个人们可以在指定的时间内，面对面交换商品的地方。在这样的经济交易中，人们为了安全与福祉，构建和确定了各种社会关系。图中是危地马拉高地上的古老玛雅基切（K’iche）印第安城市奇奇卡斯特南戈（Chichicastenango）中的一个开放市场，它坐落于一座拥有400年历史的基督教教堂前的广场上。每个周四和周日，小贩和买家都会聚集在这里买卖东西，包括工具、罐子、纺织制品，以及鸡、蔬菜、香料和药用植物。

第十八章 经济制度

学习目标

1. 解释为何人类学的文化变量在理解非资本主义经济时很重要。
2. 区分不同经济对生产、分配和商品销售的安排。
3. 比较礼物交换、再分配和贸易的形式。
4. 分析在不同文化中，均衡机制如何起作用。
5. 描述金钱在市场经济中的作用。
6. 概述全球市场对地方社区的影响。

经济制度是有关物品生产、分配和消费的一整套有组织的安排。人们在寻找特定的生存方式时，必定会生产、分配和消费物品，所以我们在上一章讨论生计模式时，显然会涉及经济问题。然而，经济体系的内涵远远超过我们目前已讨论的范围。

经济人类学

虽然人类学家采纳了经济学家的理论和概念，但在人们不为私人利益生产和交换商品的情况下，以及非工业的社会里，源自资本主义市场经济研究的理论原则的适用性很有限。由于在这些非国家的社会中，行为的经济范畴不独立于社会、宗教以及政治范畴，它不可能完全自由地仅遵循自己的经济逻辑。

虽然经济行为和制度可以完全用经济术语来分析，但是这样做会忽视影响现实生活方式的各种非经济因素。人类学家引进了一个非经济的变量——文化，用以解释在一个特定的社会中，欲望或需求如何与可得到的物品和服务达到平衡。我们可以简要考察一下美国人类学家安妮特·韦纳所研究的相关的例子——特罗布里恩岛民的甘薯生产，这些岛民住在新几内亚东端南太平洋的一群珊瑚岛上（Weiner，1988）。

个案研究：特罗布里恩岛文化中的甘薯情结

特罗布里恩岛的男人花费大量时间和精力种植甘薯——不是为他们自己或为他们自己的家庭，而是为了给其他人，通常会给姐妹或已婚的女儿。人们生产这种富含淀粉的可食用的根，并不是为了给自己的家庭提供食物，因为人们吃的大部分食物是在自己的园圃中种植的。他们在园圃里种植芋头、甘薯、木薯、绿叶蔬菜、豆类和南瓜，以及面包果树和香蕉树。男人会把甘薯送给女人以显示对她丈夫的支持，同时提高自己的影响力。

女人一收到甘薯礼物，就会把它们装入自己丈夫的薯房里，这象征着社区中有权力、有影响力的男人的自身价值。男人会用其中一些甘薯来购买各类东西，包括臂镯、贝壳项链、耳环、槟榔、猪、鸡以及当地生产的商品，比如木碗、梳子、地毯、石灰罐，甚至还有咒语（图18.1）。但有些甘薯是用来履行社会义务的。比如，当女儿结婚时，或女儿的婆家有人去世时，都必须送一些适量的甘薯给女儿婆家的亲属。

最后，任何有志于追求高地位和权力的男人都要通过组织一场甘薯竞赛来展现他的个人价值，在竞赛中，他要拿出大量的甘薯来款待受邀宾客。正如人类学家安妮特·韦纳所言："于是，一座甘薯仓房就如同一个银行账户；当它装满甘薯时，男子就是富裕且有力量的。甘薯被烧煮或腐烂之前，可作为有限的货币流通。这就是收获甘薯后，人们尽可能避免把甘薯用作日常食物的原因"（Weiner，1988，p. 86）。

男人通过把甘薯赠送给姐妹或者女儿，不仅可以表达他对其丈夫的信任，还使后者受惠于他。虽然接受者会设盛宴报答甘薯园的主人和他的助手，在宴席上提供给他们煮熟的甘薯和芋头——以及每个人特别期待的东西——丰盛的猪肉，但这并不能用来还债。这种债只能用妇女的财富偿还，即一捆捆的香蕉叶以及用染红的香蕉叶制作的裙子。

图18.1 特罗布里恩岛的甘薯仓房

特罗布里恩岛的男人在甘薯种植上花费了大量的时间和精力，这不是为了自己，而是为了献给他人。图中，我们可以看到，位于巴布亚新几内亚特罗布里恩岛上的基里维纳村的托克萨瓦加（Tokesawaga）酋长坐在象征着威望的甘薯旁边。这些象征着财富的甘薯被存放在专门的甘薯仓房中，满满当当的仓房象征着主人的荣华富贵和威望。在这张图片中还可以看到酋长佩戴着的贝壳臂镯，本章稍后将对此进行阐述。

虽然一捆捆的香蕉叶没有任何实用价值，但大量的劳动仍被投入其生产中，而且，香蕉叶以及大量用它制作的裙子被视为偿付其他家族团体成员的必需品，这些成员与近期去世的亲属在生活中关系密切，而且对葬礼提供过援助。此外，死者家族的财富和活力是由分发出去的一捆捆香蕉树叶和裙子的数量及质量来衡量的。

由于一个男子已从他妻子的兄弟那里收到了甘薯，他有义务为其妻子提供甘薯，以购买超出她已生产数量外的必需的香蕉叶束和裙子，以便在她家族成员去世后帮助偿付。因为死亡是不可预见的，可能在任何时候发生，所以男子必须备有妻子需要时可用的甘薯。这和预期的需求，以及妻子可能需要丈夫所有甘薯的事实，都是对男子财富的有效检验。

像世界上其他人群一样，特罗布里恩岛民赋予物品意义，使这些物品的价值远远超过花费在它们身上的劳动力或物质成本。例如，甘薯建立起的长期关系带来了其他益处，如土地利用权、防御、援助以及其他种类的财富。

香蕉叶束和裙子，就它们本身来说，是家族政治地位的象征，也是其不朽的象征。它们的分配涉及与死亡相关的仪式，我们从中可以看到特罗布里恩岛社会中的男子最终如何依靠女人以及她们所创造出的价值。若用现代资本主义经济学的眼光来看，这些活动似乎毫无意义，但从特罗布里恩岛民的价值观和关切来看，它们意义重大。因此，甘薯交换既是经济交易，也是社会和政治交易。

生产及其资源

在每个社会里，传统习俗和社会规则决定了人们所做工作的种类，做工作的人，对工作的态度，完成工作的人，以及控制生产所需物品、知识和服务的必要资源的人。在任何文化中，最基本的资源都是原料、技术和劳动力。支配这些资源使用方式的规则嵌合在人们的文化中，并且决定了在既定自然环境中经济运行的方式。

水土资源

所有的社会都会对有价值的自然资源进行分配——特别是水土资源。觅食者必须决定在他们居住范围内，谁将进行狩猎采集活动，以及在哪里进行这些活动。以捕鱼或农耕为生的群体也必须做出类似的决定：在哪块水域或者土地上，由谁来从事哪项工作。农民必须拥有土地使用权以及用于灌溉的水资源如何供给的方法。牧民需要有一套制度来决定他们的放牧地点和动物饮水地点，以及畜群的移动范围。

资本主义社会盛行土地和其他自然资源私人所有的制度。尽管已经制定了详尽的法律来规定水土资源的买卖和所有问题，但个人通常也可以重新拥有宝贵的森林或农田。

在传统的非工业社会中，土地通常被诸如家族或者队群的亲族所掌控，而非个人。例如，在卡拉哈里沙漠的朱瓦西人中，由10人至30人组成的队群生活在约250平方英里的土地上，他们将之视为自己的领土——自己的国家。这些领土的范围不是由边界而是以他们所居住范围内的水潭确定的（图18.2）。在某一块土地上居住时间最长久的队群会认为自己“拥有”了这块土地，一个队群通常是由兄弟姐妹以及堂兄弟姐妹组成的。然而，不能简单地把他们对于土地所有的概念翻译成现代西方话语中的私有制。在他们传统的世界观里，土地中的任何一部分都不能被用来卖钱或换取其他货物。外来者想要进入他们领地的话，必须获得许可，但是这种请求被拒绝的可能性很小。

典型的食物采集者会根据核心特征来界定领土——水坑、水道（如美国东北部的印第安人），这些独特的地方被认为是祖先灵魂居住的地方（比如澳大利亚的原住民所认为的）或者具有其他意义。领土的边界并不总是很精确的，为了避免摩擦，觅食者会把他们

图18.2 领土标记的核心特征

南非卡拉哈里沙漠朱瓦西人等觅食者，根据水潭等核心特征来确定领土。图中，女人们正把水收集到空的鸵鸟蛋壳里。

自己的一些领土划分为与邻居之间的缓冲地带。这种“无人区”的适应性价值是显而易见的：队群领土的大小，以及队群本身的规模，在任何地方都能进行调适，以与当地可利用的资源保持平衡。如果是在一个土地界限明确的私有制体系下，这种调适将会更加困难。

在非洲和亚洲的一些农村社会中，土地私有的纳贡制度盛行。从历史上看，这种制度在世界许多地方都很普遍，包括资本主义兴起前的许多欧洲国家。据说所有的土地都属于国王、可汗、王公、埃米尔或酋长，他们将土地分给不同的副首领，后者再轮流将土地分给各个家族，然后，家族首领再将土地划分给每一个农民。这些人对副首领（或贵族）以及酋长（或王）效忠。在土地上工作的人必须缴纳贡赋（强制性的礼物或贡献，如现金经济中的租金或税收），其形式可以是劳动产品或者特殊的服务，比如必要时为王而战。

对土地的使用并不代表真正拥有土地，它更倾向于租赁。然而，只要土地一直可用，其使用权就可以一直传递给子孙后代。当某个人不再使用被分配的土地时，就要将土地归还给家族首领，他将之再分配给其他家族成员。这一套规则的重要之处在于它无限期地拓展了个人对土地的使用权，虽然人们并不完全拥有土地。这是为了保持有价值的耕地的完整性，防止土地细分和流转所带来的损失。

技术资源

所有社会都有一些发明和分配用于生产物品的工具及方式，以及将它们传给后代的传统。一个社会的技术——所利用的工具的数量和种类，以及制造和使用它们的知识——直接关系到社会成员的生活方式。觅食者和移动频繁的游牧者往往比农民等定居人群拥有更少的、更便于携带的工具。

觅食者制造和使用的工具种类繁多，其中许多工具所带来的效用都是独创性的。虽然一些工具只是为了个人使用而制造的，但是潜在的慷慨法则使得人们无法拒绝赠予或借出工具的请求。

工具可以被赠予或者借出，但要以其使用后所获得的产品来交换。例如，如果一个朱瓦西人将他的弓箭给了其他狩猎者，他就要分享这个猎人捕获的所有猎物。杀死猎物的弓箭的主人被认为是这场狩猎活动的主宰者，即使他当时根本不在狩猎现场。在这种情况下，积累奢侈品或者剩余产品对他们来说几乎没有意义，没有人的财富会显著多于其他人的财富，这有助于限制阶级差异。

对园艺家而言，斧头、挖掘棒、锄头和容器都是重要的工具。工具的制造者拥有其优先使用权，但当他或她不使用这些工具时，其他家族成员可能会要求借用，这类请求通常不会被拒绝。拒绝则会导致人们觉得工具拥有者极度缺乏对他人的关心，从而鄙视他。如果有亲属帮助种植用以换取工具的作物，他就变成了这个工具的部分拥有者，未经他的许可，该工具是不能被交易或者赠送出去的。

在永久定居的农业社区中，工具及其他生产性物品更加复杂、笨重，并且需要更高的制造成本。在这种情况下，人们可能要借用这些装备，所以个人私有制趋向于绝对化。很容易就能找到家族成员在种植棕榈时弄丢的小刀的替代品，相反，铁犁或者柴油收割机则很难被替代。复杂工具的所有权是更为严格的，通常，出资购买这个复杂机器的人被理所当然地认为是其唯一的所有者，并能够决定它在什么条件下被谁使用，以及关于赔偿的问题。

劳动力资源与模式

在任何一个经济体系中，除了原料和技术，劳动力也是一个关键性的资源。我们可以发现，全球的劳动模式纷繁复杂，但是有两个特征是全人类文化共享的：根据性别和年龄进行的劳动分工。

性别分工

人类学家已经广泛研究了各种文化中的按照性别划分的劳动分工。男人或女人是否做某一特定工作会因群体而异，但是许多工作往往已经并且仍将被分化为只能由男人或只能由女人做的工作。例如，被看作属于女人的工作往往是那些可以在家附近进行并且在被打断之后很容易恢复的工作。通常被视为属于男人的工作是那些需要体力、快速调动爆发力、经常出远门的工作，以及要负担高风险或危险的工作。

然而，也有一些例外，比如，在许多社会中，妇女经常要挑起沉重的担子，或长时间在田地里耕耘庄稼（图 18.3）。在一些社会中，妇女在菜园、农田和家庭中几乎承担了四分之三的工作，但却缺乏对她们劳动结果的所有权或控制权。

比起寻找生物因素来解释这种社会分工，更有成效的策略是，通过考察具体的社会环境中男人和女人

图 18.3　妇女的工作

图中的越南妇女正在背柴，而在一些文化中，这项工作被认为不太适合妇女干。对于全球发展中国家的很多农村地区而言，柴火是煮饭所用的主要能源——妇女经常要收集柴火并将其背回家里。

所做工作的种类，来理解它如何与其他文化、历史因素相关联。研究者发现了一种从男女的灵活整合到严格的性别分工的连续统一模式（Sanday，1981）。

这种灵活/整合模式在觅食者中较为常见（同时也存在于传统的以种植庄稼来满足家庭消费的社区中）。在这样的社会中，只要情况允许，男人和女人在多达35%的活动中有大致平等的参与权，而那些被视为适合于一种性别的任务也可能会由另一性别的人承担，但人们也不会因此丧失面子。在这些习俗流行的地方，男孩和女孩以几乎相同的方式成长，学会重视合作而非竞争；这种习惯一直延续到他们成年，他们会在相对平等的基础上互动交往。

在遵循性别分化模式的社会中，几乎所有的工作都被划分为男性的或者女性的，因此男女几乎不合力从事任何一种工作。在这种社会中，如果某人想要从事被视为专属于相反性别的工作，会令人感到不可思议。我们通常能在畜牧游牧、集约农业社会中看到这种模式，它同时也存在于工业社会中，在那里，男人的工作使他们大部分时间都处于家庭之外。这类社会中男子往往被认为是强硬的、富有进攻性和竞争性的——这就意味着男性拥有更加优越的地位，具备超越女性的权威，男性的统治地位与对稀缺资源的激烈竞争密切相关。从历史上看，社会内部和社会之间不断升级的侵略经常扰乱平等的性别关系。

第三种以性别为基础的劳动分工模式，有时也被称为双性制，在这种社会中，男人和女人如同性别分化模式社会一样，分别从事自己的工作，但他们之间是一种均衡互补而非不平等的关系。尽管男女分别处理自己的事务，他们的利益在各个层面都得到了表达。因此，在一个整合的社会中，没有哪个性别支配另一性别。我们可以在美洲的一些以自给农业为经济基础的印第安人中看到双性制，也可以在一些西非王国中看到这种模式。

在后工业社会中，性别作为劳动分工的依据，界限已经变得模糊，甚至毫不相关，存在的是一种类似于上文简要讨论过的传统觅食者的灵活/整合模式。虽然正处于经济转型期的社会中的工作场所仍然存在着性别偏见与歧视，但更加适应农业或者工业社会的文化观念在预期时间内不出所料地发生变化，以适应后工业时代的挑战与机遇。

年龄分工

根据年龄进行劳动分工也是人类社会的普遍现象。例如，在朱瓦西人中，只有儿童成长到少年晚期，人们才会期待他们对生计做出重要的贡献。实际上，在他们拥有成人的力量和忍耐力之前，许多“灌木食物”对于他们而言，是很难采集的。因此，儿童最主要的任务是照顾家族中年龄更小的孩子，成年人则需要满足生存需求。

尽管年老的朱瓦西人通常会去觅得自己所需要的食物，人们并不期待他们能贡献很多食物。由于年龄大，他们记得惯例和遥远的过去所发生的事情。因此，他们是累积智慧的宝库，能够为青壮年从未遇到过的难题提出解决办法。由于他们所拥有的知识十分有价值，他们绝不是社会中无生产力的成员。

在某些觅食社会里，妇女的确会在其老年时期继续对食物供应做出重要贡献。在东非的哈扎人（Hadza）中，当年轻女性要哺育新生儿时，年长母亲的参与对其来说至关重要。哺乳期的能量消耗，以及携带和哺育婴儿都会降低母亲的觅食效率。受到最直接影响的是断奶后的孩子，他们尚且年幼，不足以自己有效地觅食。于是，这个问题就能通过祖母的觅食得到解决（Hawkes，O’Connell，& Blurton Jones，1997）。

在许多传统的农业社会中，与工业及后工业社会的通常情况相比，儿童和老年人可能在工作和责任方面会对经济做出更大的贡献。在全球大部分农业社区中，儿童不仅要照顾他们的弟弟妹妹，还要帮助做家务，打理谷仓或到地里干活。到了7岁左右，男孩开始外出帮忙锄草，收获农作物，饲养小动物或者捕鱼和参与小型狩猎。女孩到了同样的年纪，就要开始帮忙做家务活——准备食物、捡柴、打水、打扫屋子、在当地市场卖东西，等等（Vogt，1990）。

值得注意的是，关于年轻人何时从童年过渡到成人并应当履行、承担成人的权利和义务这一点，并没有普遍的年龄标准。事实上，童年是一个在历史上不断变化的社会结构，在不同的文化中是不同的。在一些文化中，它早在12岁就结束了，而在另一些文化中，最晚会持续到21岁。同样值得注意的是，并不是每种文化都会清楚地将工作或劳动与其他活动区分开来。

国际社会已经从侵犯人权的角度评估了全球范围内的“童工”问题，欧洲和北美有许多富裕的工业社会在很久以前就通过了废除已成为惯例的使用童工的法律。然而，他们仍然进口大量价格低廉的商品，这些商品正是由廉价的童工制造的——从小垫子和地毯到衣服和足球等（Doherty，2012）。1990年，几乎所有的联合国成员方都同意将儿童定义为18岁以下的人，除非某个国家的国内法将成年年龄提前（United Nations Human Rights，2015）。

尽管国家或国际为定义童年期和按照政府标准规范劳动做出了努力，在很多工业社会中，仍存在着雇用儿童劳动的现象，因为穷困的大家庭往往需要一切能维持生计的贡献。在这些社会中，经济困难很容易导致未成年人进入农场、矿山和工厂，作为廉价劳动力受到残酷剥削。随着大型资本主义公司越来越依赖在世界较贫困国家进行的低成本的商品制造，童工问题不断受到关注。当前，大约有1.68亿童工（5岁至17岁），他们几乎都来自发展中国家，他们的家庭依赖于他们所带来的额外收入（图18.4）。一半以上的孩子（8500万）在危险环境中工作（International Labour Organization，2015）。

图18.4　印度的童工

美国和欧洲儿童玩耍的足球很多是由印度儿童缝制的，他们大部分都在条件恶劣的工厂里工作，每天只能挣几分钱。在经历足球工厂使用童工的丑闻之后，很多公司在产品上加上标签说明足球不是由童工制作的——但这些标签往往是由6岁的儿童缝制在足球上的。

合作劳动

合作劳动的群体随处可见——无论是在觅食社会还是在生产食物的社会，以及工业社会。如果整个社区居民一起辛勤劳作，那么，工作中通常会洋溢着节日的气氛。

例如，在非洲撒哈拉以南的许多农村地区，合作小组的工作以展示将在任务完成后饮用的一罐啤酒为开始标志。主要由粮食作物小米酿成的啤酒并不是工作的真正报酬，人们所投入的劳动价值实际上远远超过他们所消费的啤酒。相反，大家一起饮用这种低酒精、高营养的饮料更像是一种具有象征意义的活动，以庆祝友谊与相互扶持的精神。当个人参与到以帮助他人为目的的合作小组时，才会得到报酬。在世界各地，农民在丰收和割草时节，通常会互相帮助，并共享一些主要的农用设备。

在大多数人类社会中，最基本的工作单位是家户。传统上——世界很多地方依然如此——这是一个兼具生产和消费双重属性的单位，大家一起工作，一起吃饭，一起享受家庭的舒适。在工业社会中，生产和消费通常是分开的。在某种程度上，这是工作专业化的结果。

工作专业化

在当代工业社会和后工业社会中，有纷繁复杂的专业化的工作需要人们去做，并且，没有人能掌握这些通常被认为适合其年龄和性别的工作的各方面知识。然而，尽管这些社会中专业化不断深化，但现代技术减少了性别与劳动分工之间的相关性。相反，在小规模的觅食社会和传统农耕社会中，劳动通常依据年龄和性别被分工，每个人都具备适合其年龄和性别的工作的全方面知识和能力。然而，即使在这些非工业社会中，也存在着一定程度的专业化。

居住在厄立特里亚（Eritrea）和埃塞俄比亚边陲达纳基尔（Danakil）洼地的阿法尔人提供了一个专业化的实例，这一带是地球上地势最低、气候最炎热的地区之一。达纳基尔洼地荒凉的地貌以硫化地、冒着烟的裂沟、火山脉动和广阔的盐原为特征。自古代以来，阿法尔人就成群结队地定期在平原地表上钻凿采盐。这项工作让人精疲力竭，温度飙升至140华氏度时更是如此。

成功的开采需要专业的计划和组织驼队前往工作地点的技能，以及在最艰难的条件下从事这项工作的体力。驮运所用的骆驼必须被事先喂饱，因为如果让它们带上足够的饲料，就会影响它们把盐运载出来的能力（图18.5）。沙漠边缘的阿法尔女人会为采矿者打包好食物和水，它们也需要被运到工作现场，这些采矿队伍的规模通常在30人至40人。为了避免灼热的日晒，行程往往被安排在晚间（Haile，1966；O'Mahoney，1970）。

在过去的几十年中，我们已经看到，国际化的劳动分工中出现了许多新型的专业化工作，这是对全球供需市场的响应。这些专业化工作大部分都与当今世界最大的行业之一——旅游业有关。虽然估价处于不断变化中，但2015年，旅游业容纳了近2.8亿从业人员并贡献了约7.6万亿美元的产值——接近全球所有商品和服务总产值的10%（World Travel & Tourism Council，2015）。一些仍然保留着拥有丰富植物和动物资源的自然栖居地的社区，可以顺势发展出被称为生态旅游业的新型行业，本章的“应用人类学”专题将会介绍与之相关的更多细节。

分配与交换

在没有货币经济的社会中，劳动通常会被直接偿还。家庭群体中的劳动者消费他们收获的东西，食用狩猎者或采集者带回家的东西，并使用他们自己制造的工具。然而，即使在没有诸如货币这种正式的交换媒介的地方，也存在着某种形式的物品分配。人类学家经常将分配物质产品的文化系统归类为以下三种模式：互惠、再分配与市场交换。

互惠

互惠是指双方交换价值大致相等的物品和服务，其中可能包括礼物的赠予。在大多数文化中，个人或者群体倾向于将礼物本身看作交易的关键，但在馈赠者与接受者之间被建立和加强的社会纽带才是更为重要的。由于互惠是一种自己和他人之间的关系，礼物的赠予很少是真正无私的。首要的（如果是无意识的）动机是为了履行与建立或重申关系相关的社会义

图18.5　工作专业化：在埃塞俄比亚采盐

东北非炎热干燥的达纳基尔沙漠处于海平面以下约370英尺处——曾经是红海的一部分——现存有广阔的盐原。阿法尔游牧民族会定期来这里开采岩盐，他们将开采出的岩盐块用骆驼运到内陆高地进行贸易。

务，此外，如本章后面所讨论的，在不求回报的情况下送礼也许会使其获得社会声望，并提高其社会地位。

文化传统规定了交换的方式和场合。例如，澳大利亚的原住民猎人杀死袋鼠后，会把肉分给家人和其他亲戚。营地中的每个人都能得到一份，分量的大小则取决于这个人与猎人的亲属关系的性质。这种强制性的食物分享强化了社区凝聚力，并且保证了每个人都有食可吃。猎人通过分送部分猎物，赢得了将来可以换得差不多同等数量的食物的社会信用。

互惠可细分为许多种类。刚才提到的澳大利亚猎人的食物分配习惯是一般性互惠的一个实例——不计算礼物的价值，也不指定偿还的时间（图18.6）。不谋私利的礼物馈赠也属于这一范畴。带着慷慨之心的礼物赠送也属此类。因此，某个好心肠的人可能会停下来帮助抛锚的摩托车手或某个处在困境中的人，但他不接受报酬，只是劝告说“把它传递下去”或“把它传递给下一位需要帮助的人”。

然而，一般性互惠大多发生在近亲之间或者有其他密切关系的人之间。在这种关系亲密的圈子里，人们有财力时会为他人奉献，在需要的时候，也会得到他人的回报。通常，他们不会从经济方面考虑这种交换行为，而是明确地从家庭和朋友的社会关系的角度

应用人类学

全球生态旅游业和玻利维亚的本土文化

阿曼达·斯特隆萨

我们乘坐着小型机动化独木舟前行。2002年4月的一个多雾的下午，太阳落在树后，我们转过了图希（Tuichi）河的最后几道弯，到达了目的地——玻利维亚北部的查拉兰（Chalalán）生态度假村。我们这一队人包括来自亚马孙热带雨林不同地方的18名原住民首领，以及该地旅游业的经营者、环保主义者、环境记者，以及我——一个研究生态旅游业对当地生计模式、文化传统以及资源利用造成的影响的应用人类学家。我们航行了9个小时，穿过低地的热带雨林，参观了世界上最早的由社区自主经营的本土生态旅游旅馆中的一家。

我们前进在为鳄鱼、水豚、貘和美洲虎准备的河堤上，开始漫谈起来。大多数时间里，原住民的首领分享了关于生态旅游业如何影响他们的森林和社区的故事。他们说观光客既带来了机会又带来了冲突，还谈及了他们在维持环保和发展的平衡上所做的努力。我们交换了关于以下诸方面的心得：自己所居住地区的野生动物，吸引到的观光客种类，获得的利益，收获的新技能，以及在探寻卷入全球旅游产业的同时保护自己的土地和文化传统的方法时所面临的挑战。

我从1993年开始在亚马孙研究生态旅游业，能参与到这些讨论中来，我感到很荣幸。在关键生态系统合作基金（CEPF）的资助下，我有机会在“国际生态旅游年”（2002）召集了三个南美的本土生态旅游项目负责人。这三个项目都是当地社区与私人旅游公司或者非政府组织的合作。例如，我们所参观的查拉兰生态度假村，是玻利维亚圣何塞德乌丘皮亚莫纳斯（San José de Uchupiamonas）的克丘亚-塔卡纳（Quechua-Tacana）社区与自然保护国际和美洲开放银行这两个全球组织的合作项目。投资给查拉兰的145万美元，大部分被用来帮助社区成员在5年之内接管度假村的所有权和管理权做好准备。在2001年成功转让后，度假村现在属于圣何塞（San José）拥有600名成员的克丘亚-塔卡纳社区所有。

对于生态旅游业的成本和其带来的收益，组织这次旅程的原住民首领有着敏锐的第一手知识。他们先前是狩猎者，现在成了引领游客观赏鸟及其他野生物种的向导。小农和工匠制造传统手工艺品卖给游客，熟悉河道的渔民开游船以增加收入，精通社区知识的当地首领管理他们自己的旅游公司。其中查拉兰的总经理古伊多·马马尼（Guido Mamani）这样述说查拉兰给圣何塞带来的收益：“10年前，由于鲜有生计之道，许多人离开了这里。如今，他们又回来了，因为他们以查拉兰为荣。现在，他们在这里发现了机遇。”该地文化是克丘亚和塔卡纳历史传统的结合体，当地人对其的骄傲之情重燃了起来，因此，他们开始充当前来圣何塞进行文化观光的游客的东道主。“我们想向游客展示我们的社区和习俗。”马马尼解释道，“包括我们的传说、舞蹈、传统音乐、古柯叶和传统饮食。我们希望能通过以药用和其他有用植物为重点的奇特旅程，来展示我们的文化。”

马马尼和其他本土生态旅游业的负责人将他们度假村的成功归结于以下三个方面：经济、社会和环境。例如，查拉兰在经济上的成功可以用解决就业与新收入的增加来衡量。它一次能直接雇用18个至24个人，还有一些家庭为度假村提供农产品和当地的水果。工匠不断向游客出售手工艺品，该社区的石刻面具也获得了声誉。查拉兰获得的社会效益包括与教育、医疗和通信相关的新资源。利用旅游业的收益，该社区兴建了一所学校、一个诊所，以及饮用水系统。他们还购置了天线、太阳能电池板，以及一个可以将图希河沿线偏僻的森林与世界连接起来的卫星电视接收器。

除了这些物质上的进步，生态旅游业还带来了圣何塞居民的象征性变化。“我们的文化传统中出现了新的一致性。”一名妇女说道，“现在我们都希望向外界展示我们自己。”查拉兰和类似项目的经验表明，生态旅游不仅是一种保护和发展的理念，它也成了当地人增强文化认同、激励自主性、获取自豪感的来源。

图18.6　朱瓦西人的一般性互惠

这些朱瓦西人正在切肉，准备分享给营地里的其他人。这种觅食者的食物分配实践是一般性互惠的一个例证。

来考虑。

亲戚群体或朋友之间的交换通常是一般或平衡互惠的形式。在平衡互惠中，赠送和接受，以及所涉及的时间都是非常明确的：为了使社会关系延续下去，人们有直接的义务以相同的价值及时地做出回报。在当代北美社会中，可作为平衡互惠的例子包括：年轻人为预祝新生儿诞生而举办的派对，在生日以及其他各种文化规定的特殊场合赠送礼物，朋友或同事聚会时轮流购买饮料。

到目前为止论述的赠送、接受和分享，构成了社会保障或保险的一种形式。当一个家庭有财力并希望在需要的时候得到他人的回报时，他们就会对别人做出贡献。

消极互惠是交换的第三种形式，其目的在于以最少的付出获得赠予。交易双方的利益对立，并且，他们的关系通常不密切，可能是陌生人，甚至是敌人。这些人的交易通常既不公平也不平衡，人们也不期望进行。这种互惠通常包括拼命讨价还价、操纵或者完全的欺骗。消极互惠的一种极端形式是，在知道受害者将会因损失而寻求赔偿或进行报复的情况下，仍强行夺取某物。

贸易与实物交换

贸易指的是两个或更多人参与交换某物的交易——比如一定数量的食物、燃料、衣服、珠宝、动物或钱——这是为了换取其他价值相等的物品。在这种交易中，交易物品的价值可以事先商定，也可以由交易双方现场决定。

交易不涉及金钱，人们直接以实物换取实物的方式被称为“实物交换”。在实物交换中，讨价还价可能是消极互惠的形式，因为双方都希望在交易中占据上风。交易时要计算相对价值，尽管双方表面上看起来满不在乎，但与群体内部交易更加平衡的性质相比，精明的交易更加常见。

一种能促进潜伏着敌意的民族之间交换的有趣机制被称为无声贸易，在这个过程中，人们不进行语言交流。实际上，这种方式可能甚至连面对面的接触都没有。这通常是觅食民族与其生产食物的邻居之间所进行的交易——比如居住在刚果伊图里森林里的姆布蒂俾格米人，他们用打来的丛林猎物换取班图村民在小农场里种植的芭蕉以及其他庄稼。整个交易流程如下：来自森林的民族将要交易的物品留在空地上，然后退到一旁等候。农业能手们来到这地方，打量这些物品，留下他们觉得具有同等价值的自己的货物，然后离开。此时，森林民族返回这里，如果他们对对方提供的货物感到满意，就会带走它们。如果不满意，他们就不碰它，以示他们希望获得更多。通过这种方式，在近2000年的时间里，觅食者为更广泛的经济体系提供了其所需的各种各样的商品（Turnbull，1961；Wilkie & Curran，1993）。

无声贸易可能是因缺乏共通的语言而出现的。另一种更合理的解释是，用它来控制存在不信任和潜在冲突的局势——通过抑制直接的接触来维持和平。不排除其他因素的另一种可能性是，身份问题可能使人们避免口头交流，因此无声贸易使得交换得以发生。不管怎样，无声贸易使得群体间的物品交换成为可能，尽管存在潜在的壁垒。

库拉圈：南太平洋的礼物赠予与贸易

平衡互惠可以采用更加复杂的形式，借助相互间的礼物赠予促进社会互动，维持想要做生意的贸易双方的平稳关系。南太平洋的库拉圈是一个有关平衡互惠的经典民族志案例，贸易双方在做生意的过程中建立起了友好关系。这项活动最先被波兰人类学家马林诺夫斯基进行了叙述，包括成千上万的航海者全力以赴地去建立和保持的良好贸易关系，这个具有几百年历史的仪式性的交换系统一直持续到今天（Malinowski，1961；Weiner，1988）。

库拉圈的参与者是有影响力的男子，他们前往特罗布里恩群岛范围内的其他岛屿，交换具有声望的物品——岛与岛之间顺时针方向流通的红色贝壳项链（Soulava）和逆时针方向流的白色贝壳臂镯（Mwali）。库拉圈中的每个人都与邻近岛屿上的邻居有联系。对于居住在他顺时针方向岛屿的伙伴，他送出项链，收取臂镯。相反，他用臂镯换取居住在逆时针方向的伙伴的项链。每个贸易伙伴最终都会将物品传递给岛屿链上更远的库拉伙伴。

人们根据大小、颜色、打磨的精细程度、特定的历史来区分出臂镯和项链的等级。其中有一些臂镯和项链非常有名，当它们出现在村落里时，通常会引起轰动。

传统上，人们坐在精心雕琢的长达6米至7.5米（20英尺至25英尺）的独木舟里开始库拉之旅，扬帆划桨，远征至100千米（约60英里）甚至更远的海岸（图18.7）。这种冒险旅程通常很危险，可能要离家数周，有时甚至是数月。尽管在库拉航海中，人们可以利用这次机会去交换其他的东西，但这不是航海的目的——库拉交换也不是常规贸易的必要环节。

也许将库拉视为当地一个应对经济风险与不确定性的保险政策是最恰当的。它建立和加强了在相隔甚远的海岸之间做生意的贸易双方之间的社会合作关系，确保人们可以获得来自有着类似既定利益的人群的热情接待。这种仪式性的交换网络不只是促进了食物以及其他生存必需品的贸易活动。毫无疑问，参与库拉圈的美拉尼西亚人的社会地位与他们的伙伴和他们所处的圈子有关。他们的社会声望来源于他们伙伴的声誉及其流通的珍宝。通过馈赠并获取这些记录着航行历史与所有者名字的臂镯和项链，人们展示了自己的个人声誉与才能，在这个过程中，也为自己赢得了相当大的影响力。

和其他形式的货币一样，项链和臂镯必须始终处于手手相传中，一旦停止流通，其价值就不复存在。

图18.7　库拉船

在美拉尼西亚，有影响力的男人会划桨扬帆，在南太平洋巴布亚新几内亚岛东海岸的诸岛屿之间航行。他们通过参与仪式性的库拉圈来维系贸易关系并建立个人威望。

如果有人将这些宝物带出岛内的交易圈，他将受到谴责。不仅会失去作为个人影响力象征的声望或社会资本，而且会因拆散了整合着岛屿的社会和经济秩序的文化网络，而变成巫术的施力目标。

正如南太平洋的这一案例所证明的那样，交易双方可以通过仪式性或者平衡互惠的交换来消解或减少潜在的矛盾。库拉圈作为一个包含着政治关系、经济交流、旅行、魔法以及社会整合的复杂仪式，证明了经济与文化的不可分割性。尽管很难认识到这一点，但与传统的特罗布里恩岛社会一样，这种经济与文化的不可分割性也存在于现代工业社会——从国家领导人在正式访问他国时进行仪式性的礼物交换中可以明显看出来。

再分配

再分配是物品流通到中心地点后被分类、计算并重新分配的一种交换形式。在一个有充足盈余来支持政府的社会中，礼物、税收、贡品（强制性的贡献或礼物，如庄稼、物品和服务），以及战利品都将先被收集到由首长或其他首领所支配的储藏室中，然后再被重新分配出去。首领在处理这种收入时有三种目的：其一，通过展示财富和慷慨来获得或维持权力地位；其二，通过为拥护者提供其所需的货物，保证他们的生活质量；其三，举办铺张的宴会，并邀请其他部落的首领参加，通过赠予其价值连城的物品来建立联盟。

南美安第斯山脉高地的古代印加帝国拥有世界上已知的最有效的再分配体系，包括收集贡品和行政控制方法这两方面（Mason，1957）。管理人员清点资源库存并进行人口普查，高峰期人口曾经达到600万。每个工匠必须用监工提供的材料制造出特定配额的物品。强制劳动力也会被投入农业和采矿工作中。无报酬的劳动被用于公共工程项目，包括遍布山区的大型公路和桥梁系统、保证水供应的沟渠，以及为应对饥荒年代储存剩余食物的仓库。

收支都有详细的账目记录。由印加皇室控制的中央行政力量承担着维持生产和分配商品的责任。在这种中央管制的经济中，统治精英过着极度奢华的生活，但也会有足够的物品被分配给普通大众，以确保没有人会落入物资匮乏的窘境，或沦落到需要被救济的地步。

当今世界各国中央政府征收税赋也是再分配的一种形式——通常以个人收入和财产比例为征收依据。通常情况下，税收的一部分会被用于支持政府日常运转，剩下的以现金（如福利支出，以及政府对企业的贷款或补贴）或服务（如国防、法律实施、食品和药物检查、教育、公路和桥梁建设等）的形式进行再分配。

消耗财富以获得声望

在人们将大部分时间用于生计活动的社会里，多种文化机制和互惠系统以一种相当公平的方式来分配现有的微不足道的财产，以保持较小的贫富差异。

而拥有较多剩余价值的等级社会的情况却大相径庭，社会中的贫富差距巨大。在这样的社会中，社会声望的炫耀性展示——炫耀性消费——是财富分配的一种强大动力。与个人竞争声望一样，在工业社会和后工业社会中，人们也会努力通过财富或地位给他人留下深刻印象。这些社会特别需要一些象征声望的元素——有设计感的衣服、昂贵的珠宝、豪宅名车、私人飞机——这恰到好处地适应了以消费者需求为基础的经济。

炫耀性的消费也出现在了一些农耕社会和采集社会中。西北太平洋沿岸的各北美印第安人部落——包括特林吉特人（Tlingit）、海达人（Haida）和夸扣特尔人（Kwakwaka'wakw）举办的夸富宴可以说明这一点。夸富宴是一个仪式性的盛会。在这个盛会上，部落首领会散尽储藏的食物和其他象征财富的物品（图18.8）这个概念来源于切努克人的patshatl 一词，意为礼物。

传统上，拥有足够剩余产品举办此类盛宴，并邀请周边部落参加的部落首领会在通过演讲夸耀他的慷慨、伟大和光荣祖先的同时，分发成堆的水獭皮、大马哈鱼干、地毯，以及其他珍宝。这样，其他部落的首领就会受惠于他，他也就得到了关于自己成功和慷慨领导能力的赞誉，并提升了个人声望。将来，他自己的部落也可能面临产品短缺的困境，那么他也可能会成为夸富宴的接受方。如果这种情况发生了，他又不得不聆听其他部落首领自夸的演讲。由于接受了他人的施舍，部落首领将会暂时失去自己的声望和地位。

在一些炫耀财富的极端案例中，一些首领甚至会故意毁坏宝贵财产。19世纪下半叶，一些部落在遭遇了由欧洲人的入侵所引发的包括新的贸易财富在内的文化变迁后，这种情况时有发生。在外人看来，这种浮夸的炫耀行为可能是暴殄天物。然而，这种散尽财富的典礼实际上发挥了生态适应的功能：沿海地带各部落的收成并不稳定，总会遇到周期性的物产稀缺或丰裕，因此，人们依赖于与其他部落的联盟和贸易关系以获得长久生存。夸富宴提供了一个仪式性的机会，通过调适性策略，在联盟部落中对剩余食物和货物进行再分配，从而应对物产周期性的波动。

这种以展示财富并将之慷慨馈赠来获得威望、提升个人社会地位为目的的积累财富的策略，被称为声望经济（prestige economy）。与工业及后工业社会的大规模消费不同，这种经济的重点不在于积累他人无法获得的商品，它以捐赠作为积累财富的目的，并期望获得声望和地位。

图18.8　当今的夸富宴

在居住在北美西北海岸的原住民中，人们通过在夸富宴上慷慨捐赠礼物来获取社会声望。图中是阿拉斯加锡特卡（Sitka）的印第安部落特林吉特人身着传统奇尔卡特（Chilkat）服饰和乌鸦尾长袍举办夸富宴的盛景。

调节机制

夸富宴是调节机制的一个实例——它是一种强制性的文化措施，迫使社区内的富裕者通过捐赠物品、主持公共盛宴、提供免费服务，或者其他方式来展现其慷慨，从而确保该社区内没有人能够永远且显著地占有多于他人的财富。在调节机制的作用下，更多的财富意味着需要承担更大的促使慷慨花费和捐赠的社会压力。通过这种明显的利他主义的交换，社区成员不仅可以提高自己的社会地位，还可以免于陷入遭受他人强烈妒忌的窘境。

调节机制强调集体财富重于个人利益，对传统社区的长期生存至关重要。夸富宴只是各种文化表达中的调节机制的一个实例。调节机制强制成员在他们自己的社区内分享财富，而不鼓励人们私据或将其私下花费到别处，它不仅保持了资源的流通，还减少了亲戚、邻居以及同乡之间的社会矛盾，增加了人们的集体归属感。此外，调节机制的实践价值是，它保证了社区中所需服务的正常运转。

市场交换与市场地点

在完全进入20世纪之前，市场交换——商品和服务的买卖，其价格通常由供求规则决定——一般在特定的地点或市场进行。简单地说，在市场交换中，需求越大或供给越少，价格就越高。在许多非工业国家，甚至在欧洲、亚洲许多历史悠久的小镇和城市中，情况依然如此。在食品生产社会中，集市由中央政治权力管理，它为生活在周边农村的农民提供机会，使他们可以用牲畜和物产交换生活在城镇和城市里的手艺人在工厂或车间中制造的必需品（贸易商品）。因此，市场需要某种复杂的分工以及中央集权的政治组织才能出现。

传统的市场是地方性的、特殊的、被控制的——就如本章开篇的危地马拉市场。价格往往根据面对面的讨价还价确定下来，而不由完全与交易本身分离的无形的力量决定。值得注意的是，买卖不一定涉及金钱。相反，人们可以通过某种形式的交易直接交换货物。

在处于工业化进程中和已经完成工业化的社会中，许多市场交换仍然在一些特定地点进行——包括国际性的商品交易会，如在中国南方最古老的贸易港口城市——广州举办的每年两次的交易会。2014年秋季，2.4万多家中国企业与1300家国际连锁企业（包括沃尔玛、家乐福和家得宝）参加了此次盛会，还有45个其他国家的551家企业前来参会。他们带来了约15万件产品，创造了290多亿美元的销售额，其中的18.6万名买家来自200多个国家（PR Newswire，2014）。

全球贸易最广泛的商品之一是茶叶（Camellia sinensis），它是一种在中国拥有4500多年历史的植物的干叶。17世纪，在这种饮料进入欧洲后不久，茶叶的出口量激增，成为穿越大洋寻找市场的商船上的主要货物。如今，世界茶叶年产量约为500万吨，其中大部分仍种植在中国的大型茶园（190万吨）。自18世纪晚期以来，印度也开始因商业目的种植茶叶，其产量已达120万吨左右。全球茶叶出口量超过180万吨，收入接近60亿美元。一般来说，经过精挑细选后，它会被装在篮子或袋子里，然后被大型货船运往海外（图18.9）。

在全球经济中，特别是自25年前互联网推出以来，生活在科技发达地区的人们可以买卖任意商品，从牲畜到汽车，不会受到城市界限的限制，更不必说生活在同一个地方的人了。例如，美国电子商务公司亚马逊（约15.4万名员工，客户群超过3000万人）

图18.9 茶叶采摘加工后被送去集市

这些照片展示了茶叶如何从广阔的种植园（如印度东北部阿萨姆邦的种植园）流向世界各地的杂货店和专卖店。通常，茶叶在手工采摘后会被装进篮子或袋子里。其中大部分最终会被装运在庞大的集装箱船上，包括图中所示的世界上最大的船只。中国的“中海环球”（CSCL GLOBE）号可装载1.91万个集装箱，长400米（约437码），宽54米（约59码），相当于四个足球场的大小。全球茶叶出口量超过180万吨，其收入接近60亿美元。

和中国网络零售公司阿里巴巴（约3.5万名员工，近10亿种产品），所有的买卖都发生在网络空间，超越了国际界限。

在全球资本主义体系中进行的不公开的市场交易与前资本主义和非工业社会的传统市场形成了鲜明对比。传统的“真实市场”是一个将参与者的视觉、听觉、嗅觉等各种感官调动起来的多姿多彩的场所，反映了集市中充满兴奋惊喜的经历。通常，小贩以及他们的家庭成员出售自己生产的商品，因此他们会将个性赋予到交易之中。舞蹈家、音乐家的演出，宴会和比赛通常标志着一天的结束。在这种市场中，社会关系和个人之间的互动是关键因素，非经济的活动可能会使得经济活动黯然失色。总之，这样的市场是人们重叙友情、访亲问友、说长道短，跟上世界潮流的地方，同时还可以获得无法自己生产的物品（Plattner，1989）。

作为交换手段的货币

虽然有些市场中不使用货币，但是货币确实促进了市场贸易的发展。货币可以被定义为用来支付其他物品和服务以及衡量它们价值的某种东西。货币的关键属性是耐用、便于携带、能分割、易辨认以及能互换。在各种各样的社会中，曾被用作货币的物品有很多，包括盐、贝壳、宝石和牲畜，以及铁、铜、金、银等贵重金属。本章“生物文化关联”专题中提到的可可豆也曾被用作货币——它甚至具备更多其他的用途。

大约5000年前，美索不达米亚（幼发拉底河与底格里斯河之间的广袤区域，包括现在伊拉克的大部分地区及其邻近地区）的商人和其他人开始在交易中使用银这类珍贵的金属片。一旦他们商定了这些作为等价交换物（货币）的金属片的价值，更为复杂的商业发展便随之而来了。由于这种等价物的价值被标准化，货币的积累以及支付在一段时间内借取一定量的金钱所产生的利息变得简单易行。渐渐地，一些商人开始做货币生意，最终，他们变成了银行家。

随着货币的普及，金属货币变得可以被长期使用、贮存以及长途运输。在许多文化中，铁片、铜片、银片等会被踌造成刀锋、斧头或铲子等有价值的工具的微缩模型。然而，在约2600年前的古吕底亚（Lydia）王国（土耳其西南部），它们曾被浇筑成大小不同、重量不一的小平盘（Davies，2005）。在接下来的几个世纪里，金属硬币以其本身的纯度和价值为标准，比如，100单位的铜币相当于10单位的银币或1单位的金币。

大约2000年前，硬币的这种商业用途在欧洲绝大部分地区被普及，并且，逐渐延伸到亚洲和非洲的部分地区，尤其是贸易路线沿线和城市中心。因此，货币给许多传统社会带去了根本性的经济变革，并为世界许多地方引入了商业资本主义（Wolf，1982）。

地方经济与全球资本主义

若将市场生产计划强加于其他社会、忽视文化差异，可能会导致严重的经济后果，尤其是在全球化时代。比如，发达国家会向那些经济不发达国家强推不适当的发展计划。通常来说，这些计划总是致力于通过大规模生产提高目标国家的国民生产总值，这些措施能够增加少数人的福祉，但最终会给大部分人带来贫穷、健康不良、不满情绪等一系列问题。

全球大豆生产是众多案例中的一个，全球很多地方的大豆产量急剧增长。其中尤其值得注意的是巴拉圭，那里的大地主和大型农业综合企业（大多数为邻近的巴西人所有）生产转基因种子，而这些种子由外国企业开发和出售，尤其是美国的跨国企业——孟山都公司（Monsanto）。虽然这些地主和农业综合企业只拥有巴拉圭农场总数的1%，但他们占据了巴拉圭80%的农田。通过出口大豆，他们获得了巨额的财富。由于大豆的生产成本低廉，且它们可以被用作饲

生物文化关联

可可豆：摇钱树上的相思豆

几千年前，住在墨西哥南部热带低地的印第安人发现了用现磨烘焙的可可豆酿造热饮的方法。他们从生长在树上的瓜状果荚中收集了这些豆子，这些树如今被科学家称为可可树。通过用蜂蜜、香草以及花来添香，他们生产出了一种饮料，这种饮料使他们感觉很好，并且他们相信这些豆子是上帝的馈赠。

不久，可可豆变成了长途贸易网络中的一部分，并出现在墨西哥高地，阿兹特克人（Aztec）中的精英接受了这种用可可豆酿造的饮料，并将之称为“巧克力”。实际上，这种豆子具有较高的价值，所以阿兹特克人也将它们当作货币使用。16世纪20年代，西班牙侵略者征服了危地马拉和墨西哥后，他们在这块新的殖民地上也采用了该地区将可可豆作为货币的做法。西班牙人也形成了饮用热巧克力的习惯，并且将之带入欧洲，在那里，热巧克力既是一种奢侈的饮料，也是一种药。

在随后的500年中，巧克力发展成为一项价值140亿美元的全球业务，美国成为可可豆或者可可豆产品的最大进口国。其中，女性购买了75%的巧克力产品，情人节当天，售出巧克力的价值超过10亿美元。

每棵可可树每年基本上可以产出约30个豆荚，每个豆荚中约有30个可可豆（种子）。制作1磅巧克力大约需要450颗可可豆。图中展示了收获可可豆荚的情景

是什么让巧克力成了一种天然的催情药？除了碳水化合物、矿物质和维生素，巧克力还包含了约300种化学物质，其中一些具有改变情绪的作用。例如，可可豆中含有的一些化学成分可以激发人脑的愉悦感。巧克力中除了色氨酸——一种可以提高大脑血清素含量的成分，还包含苯基乙胺——一种可以刺激自身分泌多巴胺并有轻微抗抑郁作用的安非他命类物质。巧克力中含有大麻素（Anandamide，anan在梵文中意为“极乐”），它是一种可以触发大脑快感中枢的信号分子。大麻素增强情绪的效果与大麻叶相类似，它也是由大脑自然生成的。另外，巧克力还含有一种名为可可碱（“神的食物”）的温和刺激物，它可以刺激人脑生成天然的镇静剂，帮助使用者减少痛苦增加满足感甚至会带来欢愉感。

这些化学成分可以解释为何阿兹特克的最后一位统治者——蒙特祖玛（Montezuma）饮用了如此多的巧克力。一位在1519年拜访了位于阿兹特克首都的皇家宫殿的西班牙目击者称，蒙特祖玛的仆人有时会为他们强大的国王呈上

> 纯金的杯子，其中盛满了用可可植物制成的饮料，据仆人说，国王会在临幸他的妻室前饮用它……我看见他们送来了整整五十大罐这种巧克力，全都冒着泡沫，蒙特祖玛会喝上一点。仆人们总是怀着极大的敬意来将它呈给国王。

生物文化问题

被墨西哥印第安人视为神圣礼物的巧克力能够刺激我们大脑的快感中枢。为何购买这种天然催情药的女性远远多于男性？

料和生物燃料，全球对其的需求量很大。世界各地的发展中国家也出现了类似的情况（图18.10）。

然而，大规模生产的受害者是成千上万的巴拉圭贫民——小农场主、失地农民、农村劳动力以及他们的家人。他们以前在小块土地上自给自足（其中会有一小部分农作物用来供应当地市场），而今为了赚取糊口的工资而被迫工作或为了生存移居到城市中，甚至是海外。那些留在农村的人面临着营养不良和其他困难，因为他们没有足够的肥沃农田来养活家人，也没有足够的收入用来购买生存必需的食物（Fogel & Riquelme，2005）。

每一种文化都是一个综合体（参考前面章节描述的文化柱状模型），因此，基础结构或经济基础的变动会对社会结构和上层建筑中相互关联的元素造成影响。正如夸富宴和库拉圈等人类学案例所展示的那样，传统文化中的经济活动总是与社会政治关系乃至精神元素相互纠缠。农业综合企业和其他经济经营或发展计划若不考虑结构复杂性因素，最终可能会给社会带来计划之外的负面结果。

幸运的是，现在一些发展部门的官员逐渐意识到，如果缺少受过人类学专业知识训练的人员，未来的发展计划是不可能取得持续成功的。在一些地区，具有本土背景的人类学家正在引领形成以传统为基础而非毁灭传统的发展议程，例如本章“人类学家札记”专题中提到的罗斯塔·沃尔（Rosita Worl）——一位来自阿拉斯加州朱诺市（Juneau）的特林吉特人。

非正规经济以及逃离官僚政府

那些强大的商业企业的首要目标是高利润，它们普遍通过“自由贸易”“自由市场”“自由企业”等口号

图18.10　抗议转基因作物

2013年，美国国会议员未能通过一项强制规定转基因食品必须贴上标签的法案，这引发了50个国家对美国跨国农用化学品和农业生物技术公司——孟山都的一系列抗议活动。美国国内和世界各地的抗议活动仍在继续。图中，我们可以看到来自印度各地的农民，他们来到了他们国家的首都新德里。他们戴着茄子花环，要求政府禁止转基因作物，声称转基因作物危害公众健康。这类抗议活动是世界范围内农村人民行动的一部分，他们受到来自强大资本主义公司的威胁，这些公司从与其合作生产转基因粮食作物的农业企业中获利。

人类学家札记

罗斯塔·沃尔

阿拉斯加人类学家罗斯塔·沃尔（Rosita Worl）——其特林吉特名字为Yeidiklats'akw和Kaa hani——来自阿拉斯加东南部克卢宽（Klukwan）古村落的雷鸟部落。她在枕奇尔卡特河（Chilkat River）而居的成长岁月中，长辈教育她要大声讲话，以使自己的声音盖过轰隆的激流声。她的母亲是罐头工厂的工会组织者，经常带她参加工会活动。

特林吉特人类学家沃尔是西阿拉斯加遗产研究协会的主席，也是阿拉斯加原住民联合会董事会成员。

作为一名大学生，沃尔领导了一次公众抗议活动，成功地阻止了朱诺市对当地特林吉特人造成危害的一项发展计划。当她决定在哈佛继续攻读博士学位时，她怀着强烈的使命感。“你必须分析自己的文化，”她说道，“在接触其他社会之前，我们只能在自己的文化中生活，但是现在，我们不得不使自己的文化与现代制度相结合，不得不将我们的文化价值观传达给他人，同时还需要理解现代制度是如何影响这些价值观的。”

沃尔的研究生学习包括对阿拉斯加州北斜坡区伊努皮亚特人的田野调查——这一研究使她成为在州、国家乃至国际范围内提倡保护捕鲸活动和原住民生存方式的代言人。30多年来，她一直为了获取维持生存的基本自然资源的权利而斗争，为了捍卫当代和未来几代人的权利而斗争，包括她自己的子辈和孙辈。

作为公认的可持续经济发展的领导者，沃尔在西阿拉斯加（Sealaska）公司担任过一些重要的职位。西阿拉斯加公司是原住民所有的大型商业企业，其18000多位股东主要是特林吉特人以及邻近的海达人和钦西安人（Tsimshian）后裔。受益于1971年的《阿拉斯加原住民移民索赔法案》，公司现在是阿拉斯加东南部最大的私人土地拥有者。其子公司共雇用了1000多名工人，分别从事森林采伐、木制品营销、土地和森林资源管理、制造业和信息科技等工作。通过运用整体观和人类学分析工具，沃尔试图把东南部阿拉斯加原住民的文化价值观体现在公司中，包括让雇员拥有股权。

近期，沃尔成为西阿拉斯加遗产研究协会的主席，这是一个非营利性组织，旨在保存并促进特林吉特人、海达人和钦西安人的文化，包括对其语言的保存和复兴。在阿拉斯加东南大学执教期间，她通过大量的写作向学界和普通读者介绍了阿拉斯加原住民。她创办了《阿拉斯加原住民新闻》，用以在一系列问题上教育阿拉斯加原住民。她还深入参与了1990年《美国原住民墓葬保护与归还法案》的履行。

为了获得知识和技术，沃尔曾在史密森学会下属的美国印第安人国家博物馆董事会和文化遗产协会任职。因为杰出的工作，她获得了许多荣誉，包括2008年美国人类学协会的公共与应用人类学索伦·T.金博尔（Solon T.Kimball）奖，以表彰她在阿拉斯加等地区将人类学应用到公共生活的模范事业。

扩大销售。但是，这些跨国公司的商业成功并非毫无代价，无论是国外的或是国内的，这些代价通常是由当地幸存下来的觅食者、小农场主、牧人、渔民，以及当地的织工和木匠等工匠来承担的。在他们看来，这些以自由为名的口号实则是“野蛮资本主义”，这个术语在拉丁美洲被用于形容一种世界秩序——在这种秩序中，弱者注定贫穷和痛苦。

这些强大的企业是成功的，至少部分成功了，因为它们设法逃避了那些强加给小企业的税收。有钱人也是一样，他们有特殊的方法用来寻找漏洞和其他机会，以减少或免除不得不缴纳的税赋。那些拥有较少特权的人找到了创新的方式来规避纳税并“钻制度的空子”。在这种情形下，制度是指在国家组织的社会里，由选举或指定的统治精英从政治上进行控制的官僚政府制定的规则。

出于监管和税收的目的，政治权力试图支配和控制经济活动，然而，这些尝试通常以失败告终，其原因各种各样：政府资源不足、工资过低、技能不熟练或动机不强的管理者或检查员以及腐败文化。在有国家组织的社会中，很多人习惯性地试图逃避政府的监管和征税，因为社会中存在未被记录在案的非正规经济——出于种种原因不受政府监管（或是其他形式的公共监控或审计）的生产和流通易销商品、劳务和服务的网络。

这些非正规的经济可能包含大量活动：家庭保洁、儿童护理、园艺、维修或建造工作、酒精饮料的制造和销售、街头买卖、资金借贷、乞讨、卖淫、赌博、毒品交易、扒窃和非法外籍劳工的工作，等等。

这些不入账的活动包括黑市上的走私和贸易商的欺诈，它们长期存在，但是通常会被经济学家忽视。然而，在全球许多国家，非正规经济实际上比正规经济更重要，它可能涉及半数以上的劳动力，所占国民生产总值的比例高达40%。在许多地区，由于缺乏进入正规经济部门的机会，大量半就业和失业人群只能依靠临时工作和有限的资源生活。与此同时，为使自身收益最大化或发泄面临日益增强的政府监管时感知到的自主性丧失而产生的挫败感，社会中那些更富裕的成员可能会逃避各种监管。

世界贫困地区的成年男女为了获得报酬被迫远离家乡，因为他们无法在本国找到有薪工作。出于多种原因，例如签证需要，大部分通过合法途径跨越国界的劳工会作为“客籍工人”取得临时工作许可，但他们并不是那个国家的移民。

对于西欧富有的工业化国家而言，北非和西南亚是廉价外籍劳工的储备库；美国是世界上吸引移民劳工最多的国家，它将拉丁美洲和加勒比海地区作为劳工储备库。这些工人往往会汇款（收入的一部分）给国外或城镇中的家人。根据世界银行2015年的估算，2014年流入发展中国家的侨汇大约为4360亿美元。按照官方的记录，侨汇较多的国家是印度（700亿美元）、中国（640亿美元）、菲律宾（280亿美元）和墨西哥（250亿美元）（World Bank，2015a）。

以牙买加这样非常贫困的国家为例，其每年侨汇的总金额（2014年约为23亿美元）约占加勒比地区收入的15%。超过四分之一的牙买加人从在海外工作的亲属那里收到汇款，对于一个典型的牙买加家庭而言，这些现金转移的平均值高于这个海岛国家的人均国内生产总值。本章的“全球视野”专题展示了一个具体例证。

由于全球化将买卖自然资源、商品和劳动力的全国市场、区域市场和当地市场相互联结，世界各地的人都面临着新的经济机遇和挑战。不仅是自然环境被强大的新技术急速改变着，长期存在的生存实践、经济布局、社会组织以及与之相关的思想、信仰和价值观也承受着巨大的压力。

全球视野

红蛇果价值几何？

每年秋季，都会有几百名牙买加人移居到缅因州采集红蛇果。他们一边快速而娴熟地采集果实，一边收听瑞格音乐，这能使他们回忆起自己的家乡。他们称呼彼此为“兄弟”，以“拉斯特（Rasta）”等称呼为绰号。他们中的大部分是来自加勒比地区以种植番薯为生的贫困农民。他们的村落生产的物资无法养活他们的家人，因此，他们去往别的地区挣钱。

在离开牙买加之前，他们必须剪去长发绺，剃去山羊胡。经由金士顿劳工招聘者的筛选和签约，他们会获得由美国大使馆签发的临时外籍农业工人签证，然后飞往迈阿密。许多人乘巴士一路向北，去往缅因州果树林的途中在烟草农场工作（回程则是在佛罗里达州的甘蔗田工作）。他们每周工作7天。每天的工作时间长达10小时，挣取州政府为临时农业工人制订的H-2A计划所规定的最低时薪。果园主很重视这些外国人，因为他们的产出是当地采集工人的2倍。此外，精心挑选的苹果被评为“特级”，其价格是那些被用来加工的苹果的8倍。

然而，在美国，牙买加人仍处于相当孤立的境地，他们节省开支，把更多的收入寄回家。在离开美国之前，大多数人会购买电子产品、冰箱、衣服和鞋子带回家乡，或是作为礼物送人，或是作为商品转售。

20世纪，美国这些季节性外来工人的农村劳动情形与契约服务相类似（这导致一些批评者将州政府的H-2A计划称为“租用奴隶”），但对于许多牙买加人而言，这是使他们摆脱加勒比海岛惨淡的贫困生活的机会。

值得注意的是，20世纪90年代，美国劳工部制定了“不利影响工资率”，要求农业雇主向非移民农业工人支付不会对美国工人就业机会造成不利影响的工资，这时，情况开始改善。这大大提高了农场中外国工人的时薪。然而，就像美国公民的最低工资标准一样，这些增长并没有跟上通货膨胀的步伐，也没有改变移民劳工必须极端节俭、为了养家糊口必须长时间离开家这一事实。

全球难题

当你把手边的苹果咬上一大口时，想想它可能是被牙买加劳工采摘的，你会怎样评价“公允价值”这个词汇呢？

思考题

1. 设想一下，在一场全球银行危机中，以货币、利息和信用为基础的资本主义经济完全崩塌。你认为本章开篇提到的危地马拉高地市场的发展需要多长时间。在你所处的文化中，你认为哪些物品具有交换价值，你如何才能在公平贸易中获得这些商品？

2. 思考三种互惠之间的差异。作为家庭、地方社区和更广阔的社会成员时，它们在你自身的经历中各发挥何种功能？

3. 在夸富宴上，人们可以通过让渡财富获得声望。这种建立声望的机制是否存在于你的社会中？如果存在，它是如何运转的？

4. 传统文化中的经济关系往往包括社会、政治甚至精神方面的关系。你能举例说明，在你自己的社会中，经济圈与文化系统中其他结构是如何缠绕在一起的吗？

深入研究人类学

奢侈食品和饥饿工资

当你在超市里购物时，想想这一章的“生物文化关联”和视觉对比，想象一下，一包茶、一盒巧克力或一磅咖啡等简单的东西被送到你所在的超市，这一过程所涉及的巨大的劳动力链条。追踪其中一种奢侈品的原产国，以及种植园的位置和拥有它的公司或个人的名字。确定在种植园工作的劳工——他们的种族和性别，以及他们的工资和健康状况。这些叶子或豆子被运往海外之前是如何被包装和储存的？你选择的商品是从哪个港口或机场装运的？它被运到了哪里，是如何到达你所在的商店的？参照商店中这种奢侈品每盎司的价格，计算生产、购买、运输和销售成本，以确定其利润的百分比。最后，在享受了美味之后，花点时间想象一下：一个雄心勃勃的企业家可能会试图从这项业务中的哪些方面榨取更多的利润。

挑战话题

全球人类面临着管理两性关系及建构社会联盟的挑战，这对个体及其子孙后裔的生存至关重要。为了适应特定的自然环境和不同的经济与政治挑战，每个群体都会根据儿童抚育方式、性别关系、家户与家庭结构和居住模式来建立自己的社会安排。因为在所有社会中，婚姻和家庭都发挥着重要的作用，所以婚姻仪式尤其重要。无论是私下的，还是公开、神圣抑或世俗的结婚仪式，都揭示、确认和强调了重要的文化价值。结婚仪式的象征意义很丰富，往往标志着特定的讲话仪式、指定的服装、姿势和手势、食物与饮料，以及世代相传的歌曲和舞蹈。上图是印度古吉拉特邦的一位穆斯林新娘，出嫁前，她的女性亲戚和朋友陪坐在她身旁。她们的手上装饰着很漂亮的传统图案，其所用染料是由热带指甲花树的叶子捣碎后制成的。在北非、南亚部分地区的印度教教徒和穆斯林中，这种被称为“曼海蒂”的临时的人体艺术是一种古老的习俗。通常，新郎的名字会藏在精美的花藤图案中，那象征着爱情、多子和保护。新娘的曼海蒂之夜，一般会在娘家举行，这是一场只有女性才能参加的热闹的聚会，她们会享用特别的食物、一起唱歌、进行性爱指导并在手上绘画。

第十九章 性、婚姻和家庭

学习目标

1. 讨论不同文化如何约束性关系。
2. 区分几种婚姻形式并了解它们的决定因素和功能。
3. 比较各种文化中家庭和家户的形式。
4. 解释一系列婚后居住的模式。
5. 权衡全球化和生殖技术对婚姻和家庭的影响。

与本章开篇图片中在传统穆斯林家庭里长大的人不同，位于南太平洋特罗布里恩岛上的年轻人传统上享有更大的性自由。在七八岁光景，他们就开始玩性爱游戏，模仿成年人的性爱姿势。再过4年或5年，他们会开始真诚地寻找性伙伴——与各色人等进行性实验。

对特罗布里恩岛的年轻人来说，吸引性伙伴是十分重要的事情，因此，他们会花大量时间来美化自己（图19.1）。他们的日常对话充满了性暗示，使用魔咒以及小礼物来引诱潜在的性伴侣晚上去海滩，或去与父母分开睡的男孩的房间。由于女孩也与其父母分开睡，青年人有相当大的自由来安排他们的性探险。男孩与女孩在这个游戏中是平等的，没有一方比另一方具有特别的优势（Weiner，1988）。

当特罗布里恩多人长到青少年中期的时候，恋人之间的约会可能会占用大部分的夜晚时间，而且恋情往往会持续数月。最终，年轻的岛民会开始与同一个伴侣不断见面，并拒绝其他人的追求。情侣做好准备后，会在某个早晨一起出现在男方家外面，以此宣布他们即将结婚。

一直到20世纪晚期，特罗布里恩岛人对青少年性行为的态度，与欧洲和北美大多数西方文化对性的态度形成了鲜明的对照，在欧洲和北美，个人被认为不应当有婚前或婚外性关系。从那时起，许多西方现代工业化国家的实践已经向特罗布里恩岛人的实践靠拢，即便传统的婚前贞操还没有被完全抛弃，而且仍然得到许多传统的基督徒、穆斯林等保守家庭的支持。

性关系的控制

在缺乏有效控制生育的措施的情况下，有生育能力的异性之间的性活动通常会导致女性怀孕。包括养育孩子在内的一系列复杂的社会责任，正是根源于性关系——以及不受管制的性行为可能带来的暴力冲突——因此，所有社会都有用以控制这些关系的文化规则这一事实也就并不令人惊讶了。然而，这些规则在不同文化中的差异也很大。

图19.1 特罗布里恩岛人的性吸引

为了吸引情人，特罗布里恩岛的年轻男女必须看起来尽可能地有魅力且性感。图中年轻女子的美通过其父亲画的脸部彩绘和装饰品得到了加强。

例如，在一些社会中，怀孕期间的性行为是被禁止的；而在其他的一些社会中，这被认为是可以促进胎儿生长的事，会被积极看待。此外，尽管一些文化强烈谴责同性性行为或性关系，很多其他的文化却对此漠不关心，甚至没有专门的术语来区别同性恋以表明它本身的重要性。

在一些文化中，同性性行为不仅被接受，还是被规定好了的。例如，在新几内亚的一些巴布亚社会中，所有男孩都需要接受的成人礼中明确规定，男性间的性行为可令他们成为体面的成年男子（Kirkpatrick，2000）。在那些文化中，人们认为，男性间的性行为对建立成年人的异性性交能力至关重要，因为他们假设这种能力会日益衰弱（Herdt，1993）。

尽管长期以来，世界上的许多地区对于同性恋都有基于文化的敌意，这种性取向与人类的各种性关系、情感吸引及社会认同相伴而生，它并非是不寻常的（图19.2）。在全球范围内，同性恋的表现形式多种多样，从终身的伴侣关系到偶然的性接触，从完全公开到完全私下和秘密的关系。

过去的几十年里，许多国家对同性恋的公开诋毁与谴责已经有所减少，而且，在阿姆斯特丹、巴黎、里约热内卢和旧金山等都市中心，同性恋已成为公众接受的国际化生活方式的一部分。就在2009年，印度将同性恋合法化，还有一些其他国家紧随其后，包括2014年的黎巴嫩和2015年的莫桑比克。显然，所有性行为的社会规则和文化意义都有很大的差异——不仅跨越文化，而且跨越时间。

婚姻与性关系的规则

在世界上许多地方，传统的理想是（而且在许多社区中至今仍是如此）个人应通过婚姻建立家庭，经由婚姻确立与另一个人进行持续性接触的权利。性交的主要目的不只是为了获得愉悦感，还包括人口繁衍的需要。意识到未经调节的性关系的潜在风险，包括合法丈夫之外其他男子造成的意外怀孕，一些社会通常会将婚外恋判定为通奸行为。政府为了强化公众对道德规则的意识，可能会把对通奸等性犯罪的处罚转变为在公开场合的羞耻、折磨甚或死亡。

例如，在17世纪至18世纪新英格兰的欧洲基督教殖民者中，妇女的通奸是一种非常严重的犯罪行为。尽管还不至于使用古代以色列人的石刑，被指控的妇女还是会被社区孤立，甚至会被关进监狱。在北非和

图19.2 同性情感的表达

虽然同性恋已经存在了数千年，而且在全球很多地方都得到了允许，但在一些有性限制的社会中，同性恋者会受到羞辱和排斥，甚至被暴打、鞭刑、驱逐、监禁甚至被谋杀。即使在限制较少的社会里，公开表达同性恋者之间的感情（特别是男同性恋者），常常会被看作令人不快甚或是令人厌恶的事情。一个普遍的例外是在体育赛场上，运动员可以轻拍彼此的背，自由地交换庆祝的拥抱，甚至是钻进别人的怀抱，但这不会导致他人质疑他们的性取向。

西亚的传统伊斯兰教社会中仍然存在（有时会得到恢复），历史悠久的伊斯兰教法严格按照伊斯兰激进主义的道德标准来规范社会行为。

例如，在阿富汗北部由塔利班控制的一个村庄里，保守的毛拉（神职人员）发现一对年轻人犯了通奸罪，并公开宣布他们触犯了神的律法。2010年夏天，这名23岁的已婚妇女与其28岁的情人被判处石刑，被活埋在村庄外齐腰深的坑里，数百名村民目击了这个残忍的场面，而且有人用手机全程录下了这一幕（Amnesty International，2010）。当局将违法行为变为公开的展示，旨在强化社会管理规则意识，尽管这种审判最终会被撤销或更改。

对于性行为的严格规定的一个积极方面是它们可能会限制性传播疾病的扩散（Gray，2004；UNAIDS，2014）。然而，这个世界上的绝大多数文化并不严苛地规定个体的性行为。实际上，大多数文化都被认为是性自由或半自由的（前者对婚前性实验只有很少或者没有限制，后者允许一些性行为但不那么公开）。我们所知的社会中只有少数——大约15%——规定性行为只能发生在婚姻内。

婚姻：作为一种普遍制度

这就为我们带来了一个关于婚姻的人类学定义——它是一种被文化认可的结合，在两个或者更多人之间建立起相互的、与其子女的及与姻亲之间的明确的权利和义务。这些婚姻的权利与义务通常包括但不限于性、劳动、财产、子女养育、交换和地位。因此可界定婚姻是普遍的。值得注意的是，我们对婚姻的定义指的是“人们”，而非“一个男人和一个女人”，因为在一些国家，同性婚姻是被社会接受、被法律认可的，尽管异性婚姻更为普遍。本章后面将继续谈论这一话题。

在许多文化中，婚姻被认为是核心的、最重要的社会制度。在这些文化中，人们会在维持这一制度上花费大量的时间与精力。他们可能会通过各种途径来做到这一点，包括在婚礼进行时突出仪式时刻，在周年纪念日等特定时间将这一事件作为节日来纪念，以及使离婚变得困难等。

然而，在一些社会中，婚姻是一种相对边缘的制度，在建立和维持家庭生活及社会方面，人们并不认为它是核心。例如，在富裕的西北欧国家，婚姻失去了许多传统的意义，这部分归咎于这些资本主义福利国家政治经济的变化、更为平衡的两性关系及共享的公共利益。从历史上看，婚姻对印度西南部的纳亚尔人来说意义不大，下文内容将对此进行描述。

纳亚尔人的性及婚姻实践

纳亚尔人生活在印度的喀拉拉邦（Kerala），是一个地主武士种女生。其财产传统上由母系亲属所组成的社团持有。这些血缘亲属共同居住在一个大的家户中，当家人由最年长的男性担任。

就像特罗布里恩岛民那样，纳亚尔人拥有性宽容的文化。一项经典的人类学研究描述了三项与纳亚尔人传统的性和婚姻实践有关的事务，自20世纪中叶以来，这些实践中的许多方面已经发生了变化（Fuller，1976；Goodenough，1970；Gough，1959）。第一项事务发生在女孩经历初潮之前，它包括一个使女孩与一个“仪式丈夫”临时结合在一起的仪式。这种结合不一定涉及性关系，只会持续几天。这两个人都没有进一步的义务，但当女孩变为成年女性时，她和她的孩子通常会在那个男人死后为其哀悼。这种临时的结合表明这个女孩已经准备好成为一个成年人及一个母亲，并获得了与其家庭认可的男人进行性活动的资格。

第二项事务出现在一个年轻的纳亚尔妇女开始与一个经其家庭认可的男子持续发生性关系时。这是一种正式关系，它要求该男子每年送女方三次礼物，直到关系终止。作为回报，这个男子可以与女方过夜。不过，尽管拥有持续的性特权，这个“来访丈夫”并没有在经济方面支持性伴侣的义务，女方的家也不被视为他的家。事实上，她可以同时与多个男子约会。不管一个女人与多少个男人有关系，纳亚尔人的第二项事务明确指定了谁与谁有性接触权，还制定了避免彼此冲突的规则。

如果一个纳亚尔妇女怀孕了，与其有关系的男人中的一个（他可能是，也可能不是孩子的生父）必须通过送礼物给这个妇女和接生婆来承认自己的父亲身份。这确定了孩子的出生权利——与西方社会的出生登记类似。一旦某个男人通过赠送礼物正式承认了他的父亲身份，他可能会继续关注这个孩子，但他没有进一步的义务。因为教育和供养孩子是孩子母亲及其兄弟们的责任，孩子与其母亲和舅舅住在一起。

事实上，与世界上绝大多数其他的文化族群不同，传统的纳亚尔家庭只包括母亲、孩子及她的其他亲生或血缘亲属，即所谓的血亲。这并不包括“丈夫们”或者其他通过婚姻而关联起来的人——所谓的姻亲。换言之，姐妹们及其后代全部与她们的兄弟、母亲及母亲的兄弟居住在一起。从历史上看，这种安排是为了满足一个充满战争的文化群体安全的需求。

在纳亚尔人中，血亲间的性关系是被禁止的，人们只能与居住在其他家户中的个人发生性关系。这把我们引向另一个人类社会的普遍问题：乱伦禁忌。

乱伦禁忌

正如各种形式的婚姻存在于所有文化中那样，乱伦禁忌——对某些近亲之间性接触的禁止——也是如此。但所有文化对“近亲”的界定并非相同。另外，定义可能会随着时间的流逝而发生变化。虽然这一禁忌的范围和细节在不同的文化与时代中有所不同，但是过去和现在的绝大多数社会，都严格禁止至少是父母与子女之间的性关系以及同胞兄弟姐妹之间的性关系。在一些社会中，这一禁忌扩展到了其他的近亲，例如表兄弟姐妹，甚至还有一些通过婚姻联系起来的

亲属。

人类学家长期以来一直被乱伦禁忌这一研究主题所吸引，并对其跨文化的存在和变异提出了许多种解释。最简单的解释是，人类对乱伦有一种“本能”的排斥。研究表明，灵长目动物倾向于避免与近亲发生性关系，特别是在有其他交配伙伴的情况下，但鉴于违反乱伦禁忌并不罕见，这一解释还不够充分（Wolf & Durham，2004）。据报道，在美国，约有9%的18岁以下儿童经历过乱伦关系（U.S. Dept. of Health and Human Services，2005；Whelehan，1985）。

早期，一些学者认为，乱伦禁忌可以防止近亲繁殖的有害后果。虽然确实如此，但是就家畜而言，近亲繁殖除了会增加有害的特质，也会增加有利的特质。此外，近亲繁殖的有害后果会比没有近亲繁殖的暴露得要快，因此造成有害后果的基因很快会从种群中消失。也就是说，对不同基因配偶的偏爱，确实能够维持种群内较高的基因多样性水平，并在演化中赋予种群优势。从生物学方面看，如果没有基因的多样性，一个种群就不可能适应环境的变化。

近亲繁殖或生物性规避理论会在几个方面受到挑战。例如，乱伦禁忌在历史上也有例外，在古代秘鲁，印加帝国的首脑必须娶自己的亲姐妹（或同父异母、同母异父的姐妹）为妻。由于拥有共同的父亲，这些同胞兄弟姐妹都属于一个政治王朝，并从其世代膜拜的太阳神印锑（Inti）那里获得了统治帝国神圣的权力。凭借皇家血统的神圣起源，他们的孩子可以和人神二位一体的父母那样，获得神圣的政治地位。古埃及的君主为了获得类似的神圣地位，也实践了这样的宗教规定的乱伦。此外，大约2000年前的埃及的详细人口普查记录显示，兄妹婚姻在农村并不罕见，没有证据表明这一文化习俗与任何生物需求有关（Leavitt，2013）。

一些人类学家从非生物学的角度来考虑这个问题，他们认为乱伦禁忌是作为一种维持家庭的稳定和完整的文化手段而存在的，而家庭的稳定和完整是维持社会秩序所必需的。除夫妻外的其他成员之间的性关系将导致竞争，并会破坏这个作为维持社会秩序的基本社会单位的和谐。另一些人则认为，乱伦禁忌可以通过禁止近亲之间的性关系和婚姻，促进家庭关系的建立以及与其他社会群体的结盟。

内婚制与外婚制

不管乱伦禁忌是由什么引起的，通过考察它对社会结构的影响，可以看到它的效用。与反对乱伦禁忌密切相关的是反对内婚制（endogamy来自希腊语，endon指“内部”，gamos指“婚姻”），或特定（如表亲和姻亲）群体内婚配的文化规则。如果该群体只被定义为直系家庭，那么社会一般会禁止或至少劝阻内婚制，鼓励外婚制（exogamy，exo在希腊语中是“外部”的意思）或该群体之外的婚配。然而，在某一层级上实行外婚制的社会，可能在另一层级上实行内婚制。在特罗布里恩岛民中，每个人都必须在其氏族或世系群之外进行婚配（外婚制）。然而，由于合法的性伴侣可能存在于自己的社区内部，所以村落内婚制很普遍。

从20世纪早期以来，欧洲和世界其他地方对近亲婚姻之间的限制不断增加。因此，从那些继续保留这种婚姻的国家来的移民，可能会产生跨文化的问题（图19.3）。最近，英国人类学家亚当·库珀（Adam Kuper）根据对巴基斯坦移民家庭的研究讨论了这个问题。

> 按照库珀的说法，在巴基斯坦及巴基斯坦的离散族群中，人们普遍倾向于大家庭内的婚姻……或许有些意外，从巴基斯坦移民到英国的人群中，表亲结婚率要高于农村的巴基斯坦人。表亲结婚的比率在英国籍巴基斯坦年轻人中尤其高。在移民英国的第一代巴基斯坦人中，有大约三分之一的人与表亲

图19.3　近亲婚姻

大批移民家庭定居在西欧。其中不仅有许多人来自巴基斯坦，还有一些人来自前法国和英国在亚洲和非洲的殖民地，在那里，近亲婚姻很普遍。图中，一个传统的移民家庭正在伦敦市中心游玩。

> 结婚，而在出生于英国的那一代移民中，表亲婚的比率已经过半。这是英国移民管控的结果……除非与英国人结婚，否则很难进入英国。
>
> 在大部分表亲婚姻中，配偶中的一方是从巴基斯坦移民到英国的人。艾莉森·肖（Alison Shaw）发现，牛津的英国籍巴基斯坦人中有九成人与表亲结婚，牵涉到的配偶中有一方直接来自巴基斯坦……（Kuper, 2008, p. 731）。

库珀注意到，尽管这种近亲结婚的后代健康风险“相对较低”，通常还在“可接受的范围之内”，遗传学者的研究的确指明，“表亲婚姻中出生的婴儿天生缺陷或死亡的风险大概会翻番”。但他补充道，在西欧，这项争论不仅涉及医疗风险，还涉及移民和文化摩擦：娶父亲兄弟的女儿为妻，其所遭受的责备不仅使医疗卫生服务过载，还会导致文化萧条和对整合的抵制。与它相关的是父权制、对妇女的压迫和逼婚（Kuper 2008, p. 731）。

在美国，25个州禁止堂、表兄弟姐妹之间的婚姻，6个州对其有限制，全国普遍认为这些法律植根于遗传学（Ottenheimer, 1996）（参见“生物文化关联”专题中对美国婚姻禁令的讨论）。

早期人类学家认为，我们的祖先发现了异族通婚有利于建立友好的结盟关系。法国人类学家克洛德·列维-斯特劳斯（见“人类学家札记”）对这一观点做了详细的阐述。他把外婚制看作一种联盟制度，不同群体间交换适婚男性、女性。通过扩大社会网络，潜在的敌人可能会转变为亲戚，在其艰难或暴力冲突期间提供支持。

在列维-斯特劳斯提出的理论的基础上，其他人类学家提出，外婚制是建立和维持政治联盟的重要工具，并且能够促进群体间的贸易，由此确保必需物品以及用其他方式得不到的资源的获得。在打造更广泛的亲属网络时，外婚制还能够整合特定群体，从而潜在地减少暴力冲突。

生物文化关联

美国的婚姻禁令

在美国，每个州都有禁止亲属之间婚姻的法律。每个州都禁止父母子女以及兄弟姐妹之间的婚姻，但关于与其他近亲结婚的禁令各不相同。例如，25个州禁止堂、表兄弟姐妹之间的通婚，但还是有19个州及哥伦比亚特区表示允许，而其他州则在特定条件下允许。显然，美国是西方唯一明令禁止堂、表兄弟姐妹结婚的国家。

很多生活在美国的人认为，法律之所以禁止家庭成员之间的通婚，是因为生物学上过于亲近的父母可能会生出有智力或生理缺陷的孩子。人们确信堂、表兄弟姐妹就属于“过于亲近”这一类，他们认为法律反对其通婚，是为了确保家庭免受有害基因的影响。

这种信仰存在两个主要的问题：首先，基于遗传机制的疾病被发现很早以前，美国就制定了反对堂、表兄弟姐妹通婚的禁令。其次，基因研究已经表明，堂、表兄弟姐妹结成的夫妇所生育的后代所受到的不利影响，并不比本是远房亲戚的父母所生的后代严重。

那么，为什么一些北美人会继续坚持这种信仰呢？为了回答这个问题，有必要了解，美国第一次立法禁止堂、表兄弟姐妹通婚是在19世纪中叶，当时，有关人类行为的进化论模型开始流行，特别是，前达尔文模型对社会演化是源自牺牲因素的解释变得流行起来。它假设，当人类终止近亲繁殖后，就可能“从野蛮迈向文明”。堂、表兄弟姐妹婚姻被认为是人类社会活动的最低形态，是野蛮的特征，并被认为会抑制人类智力与社会的发展。它和“原始”行为联系在一起，并且，人们担心它会对开化美国构成威胁。

因此，一个强有力的神话出现在了美国的大众文化中，它从那时起就已经被深深嵌入在法律之中。时至今日，这个神话还在被支持和守卫着，尽管它基于一个不可信的社会演化理论，而且与现代基因研究的相关成果相悖，它有时还会产生强大的情感矛盾。

近来，一个遗传学家团队发表了一项关于血亲婚姻的研究结果，并估计先天性缺陷的风险“比人口背景风险高1.7%至2.8%”。这不仅是一个很高的估计，而且完全在统计误差的范围内。但是，即便如此，与40岁以上的女性——她们并不被政府禁止结婚或生育——所生的子女相比，它的风险较低。

生物文化问题

你认为是什么致使一些社会在传统上禁止堂、表兄弟姐妹之间的通婚，而另一些同样不了解遗传学的社会却接受、甚至偏爱这种婚姻？其潜在的文化逻辑是什么？

婚姻与交配的区别

与交配不同，婚姻是一种受社会约束、被文化承认的关系。只有婚姻是由社会的、政治的和意识形态因素所支持的，这些因素调节着性关系以及生殖的权利和义务。甚至对之前讨论过的纳亚尔人来说，传统的婚姻很少包括性关系以外的其他东西，但一个女子的丈夫依然有义务每隔一定时期给妻子赠送礼物。另外，纳亚尔妇女与不是其丈夫的男子之间发生的性关系是不合法的。

因此，交配出现在其他所有动物物种中，而婚姻是一种文化制度，是人类特有的。在我们考察世界上不同的婚姻形式时，这一点是显而易见的。

人类学家札记

克洛德·列维-斯特劳斯（1908—2009）

克洛德·列维-斯特劳斯活到了100岁。他去世时，已是世界上最著名的人类学家。他出生于比利时，他的父亲在那里做过一段时间肖像画家，之后他在巴黎长大。第一次世界大战期间，度过了他的童年，那时他还是个孩子，与担任凡尔赛犹太拉比的祖父住在一起。

斯特劳斯在索邦大学学习法律和哲学，娶了一位名叫迪娜·德雷福斯（Dina Dreyfus）的年轻人类学家，并成为一位哲学讲师。1935年，这对夫妇冒险漂洋过海来到巴西的圣保罗大学，他在那里讲授社会学，他的妻子则教授人类学。由于18世纪浪漫主义哲学家卢梭的影响，以及对巴西印第安人历史资料的着迷，他喜欢上了民族志研究，并开始讲授部落的社会组织。

1937年，他和妻子组织了一次前往亚马孙森林的考察，先后造访了波洛洛人（Bororo）及其他的部落村庄，并为博物馆收集了许多手工艺品。1938年，他们又进行了一次旅行，研究了最近接触到的南比克瓦拉（Nambikwara）印第安人。1939年，他们一起回到巴黎后，婚姻就破裂了。同年，第二次世界大战爆发，法国军队征召士兵，其中包括列维-斯特劳斯。

1936年，人类学家克洛德·列维-斯特劳斯在巴西的亚马逊雨林

1940年，也就是在纳粹德国攻占法国一年后，列维-斯特劳斯逃到纽约，他成为新学院大学社会研究院的一位人类学教授。在战争年代，他开设了关于南美印第安人的课程，并与其他在美国的欧洲流亡者过从甚密，其中包括对语言进行结构主义开拓性分析的语言学家罗曼·雅各布森（Roman Jakobson）。

战争结束后，列维-斯特劳斯成为法国使馆设在纽约的文化参赞。他与包括人类学家玛格丽特·米德在内的学术界保持着联系，完成了由两大部分组成的博士论文“亲属关系的基本结构”和“南比克瓦拉印第安人的家庭与社会”。在雅各布森结构语言学理论的影响下，他的论文分析了亲族秩序社会中社会关系的逻辑结构。

马塞尔·莫斯（Marcel Mauss）于1925年对作为建立或维持社会关系方式之一的礼物交换进行过研究，在这项研究的基础上，列维-斯特劳斯将互惠的概念运用到亲属关系中，认为婚姻是以“给予妻子者”和“获得妻子者”的亲族群体间的交换关系为基础的。1947年年底，他返回法国后，成为巴黎民族志博物馆的副主任，并在索邦大学成功通过了论文答辩。他的结构主义分析被认为是亲属关系与婚姻领域的开拓性研究。

1949年，列维-斯特劳斯加入了一个由联合国教科文组织发起的国际专家组织，对“种族”概念这一与歧视和种族灭绝相联系的、充满争议的术语进行讨论和界定。三年后，他撰写了《种族与历史》一书，这本书在联合国教科文组织反对种族主义和种族中心主义的全球运动中起到了重要作用。那时，他已经成为巴黎法国高等实践学院的人类学教授。他继续进行着多产的写作，并在1955年出版了《忧郁的热带》。这部关于他在亚马孙印第安人中进行民族志研究的回忆录，为他赢得了国际声誉。他于1958年出版的《结构人类学》同样也成为一部经典。这代表了他的理论观点，即人类心智创造了逻辑结构，根据二元对立（如光亮-黑暗、高尚-邪恶、自然-文化以及男-女）对现实进行分类，并认为所有人类都共享一种对秩序的精神需求，而这种需求通过对分类的渴望表达出来。

1959年，列维-斯特劳斯成为法兰西学院社会人类学的讲座教授，并在那里成立了自己的研究所。他致力于对宗教进行比较研究，对神话进行了大量的比较研究和结构主义分析，产生了一系列经典的著作。

1973年，他入选法兰西科学院院士，这个历史悠久的、声名卓著的机构只有40位成员，他们被称为“不朽者”。之后，不计其数的其他荣誉从世界各处接踵而至。

现在，他的妻子莫妮卡（Monique）及两个儿子还在世，他则长眠于勃艮第的一个小型乡村公墓里，毗邻着他的故邸，他曾经喜欢在那里思考人类的处境。

婚姻的形式

在所有社会中，尤其是在不同文化中，我们看到了婚姻的结构和契约的差别。确实，正如前面明确给出的对婚姻的定义所示，这一制度以各种不同的形式出现——这些形式在涉及配偶的数量和性别时，具有特定的术语。

一夫一妻制

一夫一妻制——夫妻双方都只有一个配偶的婚姻——是世界上最为普遍的婚姻形式。在北美和绝大多数欧洲地区，它是唯一合法的婚姻形式。在这些地方，其他的婚姻形式不仅被禁止，就连遗产继承制度，即把财产和财富从前一代转移到后一代，也是基于一夫一妻的婚姻制度。在世界上一些离婚率高且离婚者会再婚的地方（包括欧洲和北美），一种变得越来越普遍的婚姻形式是连续一夫一妻制，在这种婚姻形式中，个体可以连续与许多配偶结婚。

多偶制

在当代世界，虽然一夫一妻制是最普遍的婚姻形式，但在世界大多数文化中，它并不是首选的。这一区别可定位于多偶制（polygamy，即一个人拥有多个配偶），特别是一夫多妻制（polygyny），在这种婚姻形式中，一个男子与一个以上的女子结婚（gyne在希腊语中指“女人”和“妻子”）。一夫多妻制受到世界上80%到85%的文化的偏爱，它在亚洲的部分地区和非洲撒哈拉以南地区普遍存在（Lloyd，2005）。

虽然一夫多妻制在这些地方是受偏爱的婚姻形式，但是一夫一妻制实际上超过了它，其个中原因是经济的，而非道德的。在许多一夫多妻制的社会中，新郎常常需要用现金或实物来补偿新娘家，因而，新郎必须相当富有才能供养得起多个妻子。近期对25个普遍实行一夫多妻制的撒哈拉以南非洲国家所进行的多项调查表明，在20世纪70年代到2001年这段时间里，它的比例下降了将近一半。造成这种明显下降的原因有很多，其中一点是家庭的经济转型，即从传统农业耕种和放牧转变为城市中的雇佣劳动。尽管如此，一夫多妻制在该地区仍然非常重要，平均有25%的已婚妇女处于一夫多妻制中（图19.4）（Lloyd，2005）。

一夫多妻制在传统的自产自足的社会中特别常见，在这些社会里，人们蓄养食草动物或种植玉米来

图19.4　一夫多妻制婚姻

一夫多妻制婚姻在世界许多地方都很常见，包括许多非洲国家。图中，我们可以看到一个塞内加尔商人正与他的三个妻子和一些孩子共进晚餐。在塞内加尔和西非其他地区，一夫多妻制仍然很普遍，这与西方的影响和城市化将逐渐废除多元婚姻的预期背道而驰。

养活自己，而女人则要干大量农活。在这些条件下，妇女既是劳动者，又是生育者。因为在一夫多妻制的家户中，妇女的劳动能生成财富，而且她们几乎不需要得到丈夫的帮助，妻子们在家户内具有很强的讨价还价的地位。她们通常有相当大的行动自由，并通过出售手工艺品或农作物获得经济上的独立。产生财富的一夫多妻制，在非洲撒哈拉以南和东南亚部分地区发挥了最大作用，尽管它在其他一些地区也为人所熟知（White，1988）。

在实行创造财富的一夫多妻制的社会中，大部分男人和女人确实会加入一夫多妻制的婚姻，尽管某些人可能比别人更早地进入这种婚姻。这一点之所以成为可能，是因为存在偏向女性的性别比例和/或女性的平均结婚年龄明显低于男性。实际上，这种婚姻模式常见于充满了战争等暴力的社会，在这些社会中，有很多年轻男子在战斗中丧生。战斗中的高死亡率，导致人口结构中女人的数量超过男人。

相比之下，在男人更多地参加生产劳动的社会里，一般只有一小部分婚姻是一夫多妻制的。在这种情况下，妇女更多地依靠男人供养，因此她们的重要性在于生儿育女，做工则在其次。在游牧社会中，通常情况下，男人是牲畜的主要主人和照料者。这使得妇女特别容易受到伤害，如果她们被证明不能怀孕的话，就会成为一个男子寻找另一个妻子的理由之一。

男人娶第二个妻子的另一个理由是为了证明他们在社会中的地位。但是，在男人从事大部分生产性工作的地方，他们必须特别勤奋地工作以供养多个妻子，而实际上很少有人供养得起。一般来说，觅食社会中出色的猎手或男性萨满教巫医（“医师”）以及农业或游牧社会中特别富裕的人，最容易实行一夫多妻制。当他们娶多个妻子时，经常是姐妹型共夫，即妻子是姐妹关系。婚前她们就生活在一起了，婚后继续与其丈夫一起生活，而不拥有各自独立的住宅。

一夫多妻制也出现在欧洲的一些地区。例如，1972年，英国对涉及婚姻的法律进行了修改，以适应那些传统上实行一夫多妻制的移民。从那个时候开始，一些特殊的少数宗教族群所实行的一夫多妻制婚姻在英国变得合法了。根据一位家庭法专家所述，这次法律修改背后的真正动力是人们越来越担心“被丈夫遗弃的穷困的移民妻子成为这个福利国家的负担”（Cretney，2003，pp. 72~73）。

美国目前大约有10万人生活在由一个男子与多个妻子组成的家庭之中。其中，约有2万人是基督教激进派的摩门教徒，他们大多居住在犹他州与亚利桑那州交界处的希尔达尔（Hildale）和科罗拉多城。他们信奉19世纪摩门教的教义——多偶婚姻者可以信奉天堂——尽管这在1862年被官方宣布为不合法，而且，1890年，盐湖城主流摩门教总部耶稣会宣布放弃这种婚姻形式。

在美国，有大约8万实行一夫多妻的人是来自亚非国家的移民，在他们的原籍国，这种行为是传统的且合法的。在美国的几个大城市中生活的正统移民家庭中，实行一夫多妻制的家庭也在增加（McDermott，2011；Schilling，2012）。规避禁止一夫多妻制的法律的方式包括一方根据民法结婚，另一方仅在宗教仪式中结婚。个人，通常是男性，也可能在不同的国家与其他配偶结婚（Hagerty，2008）。

尽管一夫多妻是非法的，并可能危害年轻妇女的权利和福祉，执法人员对该地区基于宗教的一夫多妻制采取“和平宽容”的态度。参与这一行为的妇女有时候会直言不讳地为之辩护。一位妇女——一名律师，其丈夫有九位妻子——对一夫多妻制表达了以下的态度：

> 我认为这对于拥有职业和小孩的女性而言是一种理想的方式。在我们家，妇女可以互相帮忙照看孩子。一夫一妻制中的妇女就不可能有这样的享受了。在我看来，如果这种生活方式不能存在，那就必须发明一种适合职业女性的生活方式（Johnson，1991，p. A22）。

在某些一夫多妻的社会中，如果一个男人去世了，留下妻子和儿女，按照惯例，他的一个兄弟要娶寡居的嫂子。但这种义务并不会阻止这个兄弟在当时或以后再娶一个妻子。这种风俗被称为转房婚（Levirate，源自拉丁文中的levir，意为“丈夫的兄弟”），它为寡妇（及其儿女）提供了保障。与一夫多妻制相关的婚姻传统是填房婚（Sororate，拉丁文soror指的是“姐妹”），在这种传统中，一个男人有权娶其亡妻的一个姐妹（常常是更年轻的）。在一些社会中，填房婚也适用于娶了不能生育的妻子的男人。这一风俗赋予一个男人从姻亲中获得续弦的权利。在那些实行转房婚和填房婚的社会里——常见于许多传统的觅食、农业和游牧文化中——两个家庭的姻亲关系即便在一方配偶去世后依然可维持下去，并能巩固两个群体之间已建立的联盟。

虽然一夫一妻制和一夫多妻制是当代世界上最普遍的婚姻形式，但也存在着其他婚姻形式。一妻多夫制是一个女人同时与两个或多个男人结婚，只存在于个别社会中。一妻多夫制之所以比较罕见，或许是男人的预期寿命比女人短，而且女婴的死亡率稍低，因而，社会中妇女过剩就变得有可能了。

已知只有不超过12个社会偏爱这一婚姻形式，包括相隔很远的民族，比如波利尼西亚的马克萨斯岛民和亚洲的尼巴人（图19.5）。在这些地区，传统的父系继承制和有限的耕地，使得几个兄弟通过共娶一个女子为妻（兄弟共妻）保证土地的完整性，从而阻止土地在儿子手中代代相传时被反复分割。与一夫一妻制不同，一妻多夫制会降低人口增长的速率，从而避免人口增长对资源施加的压力。最后，在喜马拉雅山地从事农牧和贸易等混合经济的少数民族中，兄弟共妻可以为家庭提供这三种生计模式所需的充裕的男性劳动力（Levine & Silk，1997）。

图19.5　一妻多夫制婚姻

一妻多夫制——一个妇女与两个或两个以上的男子结婚——只存在于不到12个社会中，包括图中生活在尼泊尔西北部尼巴（Nyinba）山谷洪拉（Humla）地区的尼巴人。图中从右到左依次是：更年长的丈夫Chhonchanab与大女儿Dralma、妻子Shilangma、更年轻的丈夫KaliBahadur和小女儿Tsering。

其他婚姻形式

在其他几种现存的婚姻形式中，较为出名的是群婚。它也被称为共婚，是一种多个男人与多个女人相互拥有性接触权的罕见的社会设置。例如，直到近几十年前，阿拉斯加北部的伊努皮亚特因纽特人还在非直系亲属之间“交换配偶”，即两对已婚夫妇通过共享性接触权而联结在一起。基于高度制度化的社会设置，这些亲密关系意味着互助的纽带和在领土边界上的相互支持，并被认为会在参与者的一生中持续下去（Chance，1990）。这些夫妇之间的关系纽带非常坚固，以至于他们的孩子彼此之间也保持着兄弟姐妹关系（Spencer，1984）。

还有一种婚姻形式被人类学家分类为代理婚——通过代理人与某人的象征物而非本人结婚，这是为了给配偶及其后嗣建立一种社会地位。缔造这种婚姻的一个主要原因是为了控制下一代的财产权。各种各样的代理婚姻可见于世界不同的地方。比如，在美国，代理婚适用于分居的伴侣，比如海员、囚犯和派驻海外的军事人员。

在一些传统的非洲社会——最为著名的是在苏丹南部牧牛的努尔人——一个女人可以和一个没有后嗣的已去世男人结婚。在这种情况下，死者的兄弟可能会成为他的替身或者代理人，并和那个女人结婚。就像前面所讨论的填房婚那样，生物学意义上的后代将会被认为是由死者的灵魂所生的，并被认可为他的合法子女，他们就是他的合法继承人。由于这些配偶在肉体上是不存在的，但被认为以灵魂形态存在，人类学家倾向于把这些假想的结合称为冥婚（Evans-Pritchard，1951）。

印度的包办婚姻

塞丽娜·南达（Serena Nanda）

我在第一次印度田野旅行结束六年后，回到了孟买这座现代且高度发达的城市，开始研究中产阶级。我计划将对包办婚姻的研究纳入项目之内，我甚至想参与到包办婚姻之中。机会很快就来了。我上次印度之旅结识的一个朋友正在安排其大儿子的婚事。我朋友的家族显赫尊贵，男孩本人又讨人喜欢，受过良好教育，相貌堂堂，所以我确信，在我为期一年的田野调查工作结束时，我们肯定能为他找到一个中意的结婚对象。

家族声誉至上似乎是基本原则。人们明白，配偶只能在同一种姓和一般社会阶级内部加以撮合，如果新娘与新郎家族的阶级地位相似，种姓分支间稍有交叉是会被允许的。虽然印度现在的法律禁止赠送嫁妆，但每桩婚姻都会涉及大量的礼物交换。即便男方家庭没有"提出要求"，每个姑娘的家庭仍感到有义务送出一些传统的礼物——给姑娘、男青年和男青年的家庭。尤其是夫妻两人将要住在联合家庭中时——也就是说，该夫妻要与男青年的父母、已婚的兄弟及其家人，以及未婚的同胞兄弟姐妹住在一起，这类家庭在印度都市的中上层阶级中仍是相当普遍的——姑娘的家庭渴望在其家庭与男青年的家庭间建立和谐的关系。不一定是"嫁妆"，适当的礼物也通常是影响新娘与新郎两家关系的重要因素，或许也会影响新娘在其新家的待遇。

在离婚仍是丑闻且离婚率十分低的社会里，包办婚姻是终身关系的开端，而且不只是新娘与新郎之间的关系，也是两家之间关系的开端。因此，姑娘的外貌很重要，但她的性格更重要，因为人们同时从两方面评价她：未来的新娘和未来的媳妇……

我的朋友是一位极受尊重的妻子、母亲和儿媳妇。她笃信家教、言语温和、举止文雅、性情和顺。她难得闲言碎语，从不吵架，这是女人悦人心意所需的两种品质。因家里的女人们的闲言碎语和纠纷闻名的家庭不容易为儿子找到佳偶……

我朋友的家庭来自印度北部。他们在孟买已经生活了40年，她的丈夫在孟买有一家商行。这个家庭搁置为他们大儿子寻找配偶之事，因为数年来他一直是空军飞行员，驻扎在偏远的地方，因此要找一个愿意与他相伴的姑娘似乎是徒劳的事。就他们的社会阶层来看，军人尽管有经济保障，但声望不高，在寻觅相配新娘时这会被看作一种缺点……

她的大儿子现已退役并参与父亲的生意。他是大学毕业生，出生于这么好的家庭，而且，在我看来，他非常英俊，确切地说，是他的家庭处在可以挑挑拣拣的位置上。我也多次向我朋友谈起这些。尽管她同意他们这一方有许多优点，但她又说："我们必须记住，我儿子既矮又黑，这是找如意配偶时的缺点……"

孟买的社交俱乐部是我朋友设法为儿子安排婚事的一个重要的情报来源。其中许多妇女有当嫁年龄的女儿，而且有人已经对我朋友的儿子表现出了兴趣。一个有5个女儿的家庭，女儿们个个漂亮、娴静，又有良好的教养，我认为其中肯定会有合适的人选。她们的母亲曾告诉我朋友："你可以在我的女儿中为你儿子挑一个中意的。"我看到姻缘在望，对朋友说："肯定能在那家挑出一个来，我们去看看，选一下吧。"但我的朋友似乎没有我那般热情。

当我再三要求她解释为什么不情愿时，她坦白道："瞧，塞丽娜，难题摆在那里。这个家庭女儿太多了，他们如何能够把好的生活提供给她们每一个人呢？……这是我的大儿子，我们最好让他与一个独生女结婚，这样婚礼才真会是一件欢天喜地的事。"我争辩道，姑娘本身的品质想必可弥补婚礼不周详等缺憾。我朋友承认这一点，但似乎仍不愿前往。

"还有其他原因吗？"我问她，"还有我没想到的某些因素吗？"她终于说道："还有一件事。他们有一个女儿已经结婚了，住在孟买。她母亲老是抱怨，女婿让女儿回娘家的次数太少。因此，这令我怀疑，她是否是那种想让女儿待在自己家中的母亲。这会妨碍姑娘适应我们的家庭。这可不是好事。"因而，有5个女儿的这一家就被排除了。

尽管有点失望，但我还是尊重我朋友的想法，焦急地等待下一个合适人选。下一个也是社交俱乐部一个妇女的女儿。我朋友明显对这一家有兴趣，我可以猜到理由：其家族声望显赫。事实上，他们属于稍高于我朋友家的一个种姓分支。这个姑娘是独女，相貌标致，受过良好教育，还有一个兄弟在美国留学。然而，在向我表达了对这一家的兴趣后，朋友却突然不再提起了，之后又开始在其他地方寻觅。

有一天我问道："那个姑娘不是你期望的人选吗？她怎么了？你怎么不再提起她了，她那么漂亮，又那么有教养，难道你发现什么问题了吗？"

"她受的教育太多，我们已决定不考虑她了。我公公那天在公交车上看到那姑娘，考虑了她的前程。一个单独在城市里'四处奔走'的女孩不适合我们家。"这次，我就更失望了，因为我想，她的大儿子可能会非常喜欢那个姑娘……我了解到，如果女方家的社会地位比男方高，女孩可能会认为男方配不上自己，这也会带来问题……

之后又有下一个候选人出现了，但是我朋友认为对她儿子来说不够有吸引力，差不多6个月后，我开始变得不耐烦了。我的朋友笑我没有耐心，"你们美国人干什么事情都快。结婚快，离婚也快。我们会更认真地对待婚姻。如果犯了错，我们不仅会毁了儿子或女儿的一生，而且会玷污家族的声誉。那会使其他兄弟姐妹更难结婚。所以我们得小心谨慎。"

她说得对，我向自己保证要更有耐心。我真心希望并期待在我为期一年的田野调查结束之前，能够替她儿子觅得佳偶。但事实并非如此，当我离开印度时，我的朋友看来不像我刚到那阵子那样，有为她儿子四处寻觅合适配偶的热情了。

两年后我返回印度时，我朋友还没有为儿子找到一个满意的姑娘。那时，她儿子已接近30岁，我想她有一点担忧了。她知道我的朋友遍及印度，而且我将在那里生活一年，于是，她请我"在这份工作上帮助她"，千万留意合适的人选……

在我逗留印度的那一年快结束时，我遇到了一个家庭，他们家有一个适婚的女儿，我觉得她挺合适我朋友的儿子……这个新家族在印度一个中等规模大小的城市有一家生意兴隆的公司，而且种姓分支与我朋友的相同。她女儿漂亮时髦，实际上，她在大学里学的是时装设计。虽然她的父母不想让她独自一人去印度的某个大城市谋生，但还是对她的工作愿望做了让步，让她管理他们家的一个小型成衣时装店。虽然女儿向往的是拥有一份职业，但她既孝顺爱家，又有传统的贞操教养。

我谈起我朋友的儿子可能是合适的配偶人选。姑娘的父母表现出极大的兴趣。虽然他们的女儿还不急着出嫁，但可以生活在孟买这一想法对他们来说是个巨大的诱惑——孟买是一个高度发达、具有时尚气息的城市，她可以在那里继续学习时装设计。我把朋友的地址给了姑娘的父亲。

在去纽约的行程中，我返回孟买，告诉我朋友这一新发现的可能人选。她似乎觉得有可能，尽管我再三催促，她还是不采取任何行动。她选择等待姑娘的父母前来拜访他们。

一年过后，我收到我朋友的来信。那个家庭真的去孟买了，他们的女儿与我朋友的女儿年龄相近，已成为相当要好的朋友。那一年里，两个孩子经常相互走访，我觉得事情看来有希望了。

上周我接到了一份婚礼请柬。我朋友的儿子与那个姑娘准备结婚了。因为是我做的媒，所以他们特邀我出席婚礼。我感到兴奋不已。终于成功了！在我准备前往印度时，我开始想："我朋友还有个小儿子，我能帮他找到一个好姑娘吗……"

男性身份，不育的或无子的妇女在很大程度上提高了自己的地位，甚至几乎与男子平等，在南迪人社会中，男子的地位比妇女更加有利。与女性丈夫结婚的女子一般无法结成美满的婚姻，通常是因为她（女性丈夫的妻子）未婚先孕，因而丢了面子。通过与女性丈夫结婚，她也提高了地位，同时还确保其孩子的合法性。另外，与男性丈夫相比女性丈夫往往不那么严厉和苛刻，会花更多的时间与她在一起，并允许她在决策时有更大的发言权。她不能做的事是与其婚姻配偶行房事。其实，人们期望女性丈夫完全放弃性活动，包括与其男性丈夫的性活动，尽管这些妇女现在有了自己的妻子，但她们与自己的男性丈夫仍是夫妇。

当今世界的同性婚姻

与南迪人的女-女婚姻相反的是，同性婚姻包括伴侣之间的性行为。在过去的几十年里，在世界上的一些地方，对于这种结合的法律认可已经引发了激烈的辩论。近20个国家——阿根廷、比利时、巴西、加拿大、丹麦、冰岛、卢森堡、荷兰、新西兰、挪威、葡萄牙、南非、西班牙、瑞典、英国、美国和乌拉圭——已经将同性婚姻合法化，许多其他国家也正在朝着这样的方向发展（图19.7）。

尽管发生了这些重大的变化，在世界上的许多地方，同性婚姻仍然是禁忌、争议话题或悬而未决的问题，而官方政策不时地反复摇摆，这种情况表明文化是动态的，是可以改变的。

婚姻和经济交换

在许多人类社会中，婚姻是通过某种类型的经济交换而形式化的。它可能采取聘礼（有时候也被称为彩礼）这一礼物交换形式，包括支付现金或赠送其他贵重的物品给新娘父母或其他近亲。

图19.7　美国的同性婚姻

托里（Tory）和她的新配偶莫妮卡（Monica）在美国康奈迪克州结婚时，收到了父亲的庆祝之吻，这个州于2008年将同性婚姻合法化。

这通常出现在父系社会中，在这种社会，新娘要成为丈夫所在家户中的一员，男方家庭将获益于她的劳动以及她生育的子女。因此，她的家人必须就其损失得到补偿。

聘礼并不仅仅是简单的妇女“买卖”，相反，它有助于新娘父母的家庭生计（例如，可以用钱去购买家具），或者可以资助一场精心策划的、豪华的婚礼仪式。它还可以增强婚姻的稳定性，因为夫妻离婚时，必须退还聘礼。其他补偿形式是两家之间的妇女交换——“如果你的儿子娶我的女儿，那么我的儿子也会娶你的女儿”。然而，还有一种形式是婚姻劳役（bride service），即新郎为新娘家劳动一段时间（有时是几年，如在古代以色列人中）。

在许多社会中，尤其是那些以农业为基础的社会，女子结婚时往往会带着嫁妆。嫁妆是父母财产中女子的那一份，但不是在父母去世时传给她，而是在她结婚时分给她（图19.8）。这并不意味着，她婚后仍能控制这份财产。例如，在欧洲与亚洲的一些国家，女子的财产传统上完全由其丈夫控制。然而，因已得益于婚姻，丈夫也就有义务为妻子的未来谋求福利，甚至还要顾及自己死后妻子的安全保障。在当今北美，嫁妆的一种形式仍然存在于新娘家支付婚礼费用的习俗中。

嫁妆的功能之一是确保妇女寡居期（或离婚后）的供养，在男子进行大量生产性劳动，而女子的价值在于其生育能力而不在于其所做工作的社会，这是一笔重要的补偿费。在这样的社会里，不能生孩子的妇女特别容易受到伤害，但结婚时随身带来的嫁妆有助

图19.8　传统农业社会的嫁妆

一位年轻的吉尔吉斯新娘坐在一堆五颜六色的织物和带有刺绣的毛毯以及其他纺织品前，这些都是她带进新家的嫁妆中的一部分。嫁妆还包括餐具、盘子、衣服、枕头、壁挂和漂亮的毛毡地毯。注意左边雕刻、彩绘着精美图案的木制嫁妆箱，这表明她父母家的社会地位很高。

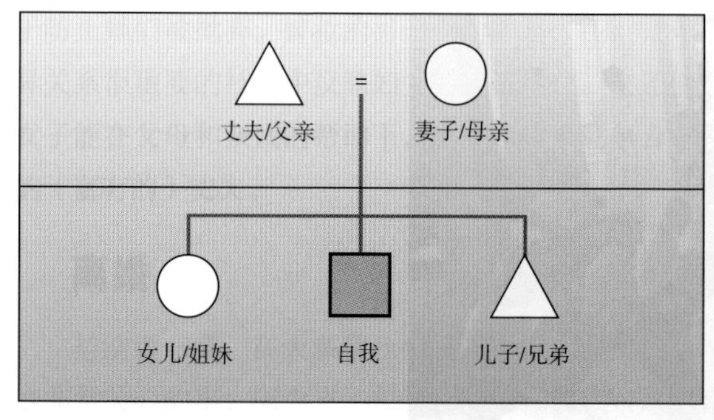

图19.10 核心家庭

这幅图表明了传统核心家庭的成员关系，这种形式在北美和欧洲大部分国家很普遍，但正在减少。

们，把这种家庭形式看作更大的家庭单位的一般或者自然的核心。

在美国，由父亲、母亲、孩子（们）组成的传统核心家庭或家户占比在1950年左右达到了最高值，那时所有家户中的60%都符合这一模式（Stacey，1990）。如今，这些家庭约占美国家户总数的20%，核心家庭这一术语被用于涵盖几种类型的小型家长-子女单位，包括带着孩子的单亲父亲以及带着孩子的同性伴侣（Babay，2013；U.S. Census Bureau，2012）。

工业化和市场资本主义在形塑我们如今的核心家庭方面发挥了历史性作用。其中一个原因是，工厂、采矿业、运输公司、仓库、商店以及其他的企业一般只付工资给受雇的个人。对于职工是单身还是已婚，离婚还是有兄弟姐妹，抑或是有孩子，确实都不是以盈利为目的的公司所关心的问题。由于工作来去自由，挣取工资的个体必须保持流动性以适应劳动力市场。此外，由于很少有雇用劳动者拥有足够的资金来帮助大量没有收入的亲属，工业化或后工业化的社会并不偏爱更大的扩大家庭的延续（下文会进行讨论），扩大家庭大多数是传统上基于游牧、农业或园艺业社会的标准家庭模式。

有趣的是，核心家庭也可能在传统的觅食社会中占据主导位置，例如生活在北极恶劣环境中的因纽特人，他们居住于西伯利亚东部（俄罗斯）、阿拉斯加、格陵兰和加拿大。冬天，传统的因纽特人夫妇会带着他们的小孩，在广阔无垠的北冰洋野地上漫游，搜寻食物。丈夫打猎并建造房屋。妻子则烹饪，负责照看孩子，织补衣物。她还有一份家务活：用牙咬她丈夫的靴子，以使皮革变软，便于他第二天继续打猎。没有丈夫，妻子及其小孩就不能生存；同样，没有妻子，男人的生活也是无法想象的。

同工业社会中的核心家庭一样，生活在特别恶劣的环境中的家庭必须随时准备自我防护。在这两种情况中，各有其一系列的挑战，包括没有几代人一起养育孩子，以及缺乏对年老者的家庭照顾。然而，这种家庭形式非常适合需要高度地理流动性的生计模式。例如，对加拿大的因纽特人来说，流动性使得猎取食物成为可能（图19.11）；对于其他北美人来说，找工作和对更高社会地位的追求也需要具有流动性的家庭单位。

扩大家庭

当两个或者更多的联系紧密的核心家庭聚集在一起时，就组成了所谓的扩大家庭。这种较大的家庭单位，在世界上的传统园艺业、农业和游牧社会中很普遍，通常由兄弟姐妹及其配偶和后代组成，而且常常还包括他们的父母。在所有的这些亲属中，有的由血缘联系起来，有的由婚姻联系起来，他们为了共同的利益而在一起劳动和生活，并作为一个独立的单位与外人打交道。扩大家庭这一家户模式存在于全球很多地方，包括墨西哥和中美洲的玛雅人，以及阿富汗和邻国巴基斯坦的普什图（Pashtun）部落。

因为年轻一代的家庭成员把自己的丈夫或妻子带回家来生活，扩大家庭也就具有时间上的延续性。较老的家庭成员相继去世，新的成员被生出来进入这个

图 19.11　加拿大极地的核心家庭

在仍以狩猎为生的加拿大因纽特人中，核心家庭是典型的家庭模式（如图所示）。他们与其他亲属的隔离通常是暂时的。在多数时间里，他们会和少数一些有亲属关系的家庭形成一个群体。

家庭。然而，扩大家庭确实面临着特殊的挑战，包括未婚者在适应配偶家庭方面可能会遇到的困难。

非传统家庭和非家庭的家户

在北美和欧洲的一些地区，越来越多的人生活在非家庭的家户中，他们要么独自生活，要么和并非自己亲属的人生活在一起。事实上，美国有将近三分之一的家户属于这一类别（图 19.12）。其他很多人则是所谓非传统家庭里的成员。

由未婚情侣组成的同居家户日益普遍。从1960开始，这种家户的数量显著增长，特别是在北美和欧洲一些地区那些处于20岁至30岁以及30岁至40岁早期的年轻情侣中。例如，在挪威，如今超过一半的新生儿是婚外出生的。其中一个原因是，挪威拥有孩子或同居达两年以上的同居情侣，拥有许多与已婚夫妇相同的权利和义务（Noack，2001）。然而，对许多其他地区来说，同居代表着一种相对较短的家庭设置，因为绝大多数的同居情侣都会在两年内结婚或是分手（Forste，2008）。

同居关系的解体使得单亲家庭的数量大幅增加——正如离婚和婚外性行为的增加降低了育龄妇女的结婚率，而且很多妇女更倾向于做一个单身母亲。在美国，超过三分之一的生育发生在婚外（Stein & St. George，2009）。美国单亲家庭所占的比率已经超过13%，而由已婚夫妇及其子女组成的家户数量约占25%。尽管单亲家庭约占所有美国家户数量的13%，它

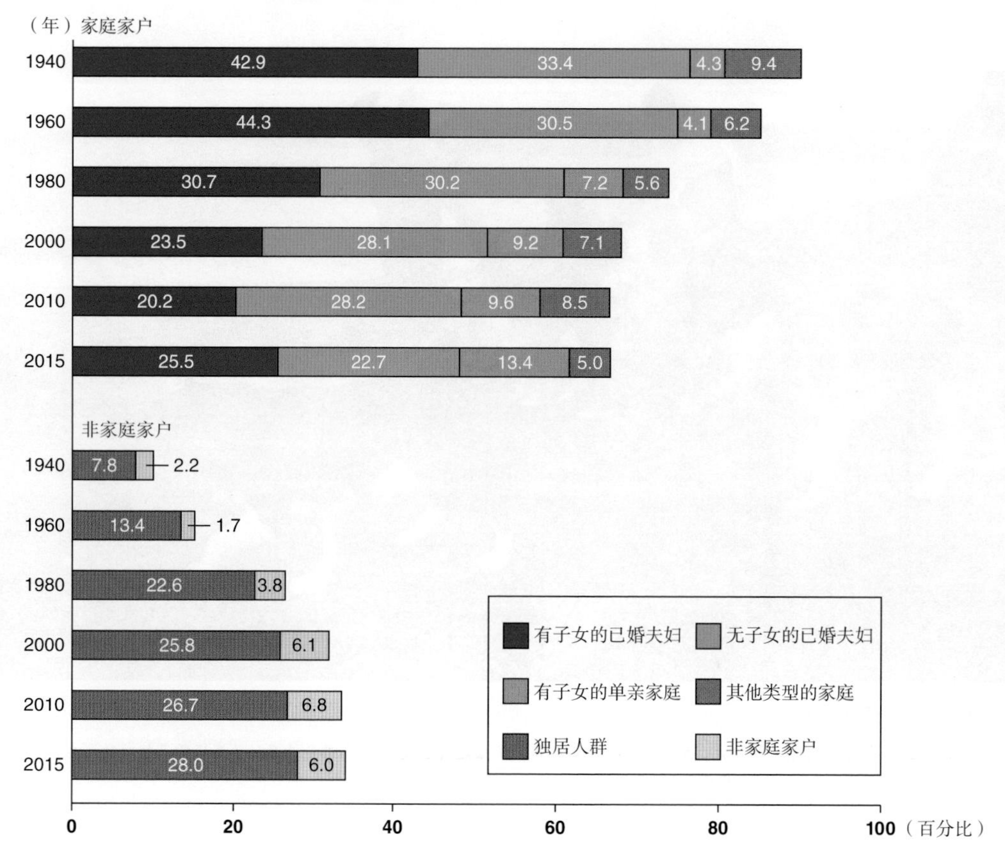

图19.12　美国的家户变迁

一个家户由所有居住在同一个住房单元的人组成，例如一个家庭、一群室友或一对未婚夫妇。过去75年来，美国的家庭结构发生了巨大变化。1940年，有子女的已婚夫妇约占所有家户的43%，而无子女的已婚夫妇约占33%、单亲家庭约占4%，其他类型的家庭约占9%。非家庭家户只占全国家户的10%，其中大多数是独居者。如今，只有约25%的美国家庭由已婚夫妇和孩子组成，单亲家庭的数量现在超过13%（其中四分之三是单亲母亲家庭）。现在独居的人数超过了所有其他类别。请注意，由于四舍五入，子类别的百分比总和可能不等于类别总数（Jacobsen, Mather, & Dupuis, 2012; U.S. Census, 2015）。

们却是这个国家30%的儿童（18岁以下）的家（U.S. Census Bureau，2015）。

在大多数情况下，生活在单亲家庭中的孩子是与其母亲住在一起的。妇女当家的单亲家庭既非新事物，也不局限于工业或后工业社会。在加勒比海周围的国家中，男人向来被当作生产糖、咖啡或香蕉的廉价劳动力加以剥削，妇女当家的单亲家庭长期以来一直被人们研究。在最近几十年里，许多男人也作为临时移民劳工到外国工作，主要是到美国——他们常常住在由劳工同事组成的临时家户中。

如今，同样值得注意的是大量的混合家庭——由一对已婚夫妇和他们所抚养的来自之前婚姻的孩子所组成的家庭。

居处模式

人类学家区分了不同文化背景下新婚夫妇所采用的几种居处模式。这些安排是文化系统适应生态或劳动力市场环境及其他各种因素的一部分。

从父居（Patrilocal Residence）指的是已婚夫妇住在男方父系亲属的共同居住地。男人在维持生计方面起主导作用的地区偏爱这种设置，尤其是如果他们拥有可以积累的财产，还包括一夫多妻制是一种习俗的地区、战事让男性之间的合作变得特别重要的地区、存在由男人掌权的复杂政治组织的地区。这些条件在那些依靠畜牧业和/或集约农业为生的社会中最为常见。在以从父居为习俗的地方，新娘常常必须搬迁到另一群人或另一个社区中去。在这种情况下，她父母家不仅失去了一个有用的家庭成员所能提供的劳动，并且也失去了她可能生产的后代。因此，她的家庭通常会收到某种补偿，最常见的是聘礼。

从母居（Matrilocal Residence）指的是一对已婚夫妇与女方的母系亲属共同居住的居处模式，在生态环境使得女人在维持生计中占据主导地位的地区，这种居处模式更为常见。它在园艺农业社会中最常见，园艺农业社会的政治组织相对来说比较松散，而且妇女之间的合作也很重要。霍皮印第安人提供了一个实例。虽然从事农耕的是男人，但控制土地使用权、“拥有”收获物的却是女人。男人甚至不被允许进入谷仓。在从母居的情况下，男人们通常不用远离生养他们的家庭，所以他们时不时地可以回去帮忙。因此，婚姻通常不涉及对新郎家庭的补偿。在母系社会中，比较少见但也能看到的居处模式是从舅居，即夫妇和丈夫母亲的兄弟住在一起。

在新居制（Neolocal Residence）中，一对已婚夫妇会在另一个地方独立门户。这种情况会出现在核心家庭的独立性受到重视的地方。在美国这样的工业社会中——大部分经济活动都发生在家庭以外而非其内部，而且对个体来说，搬迁到能找到工作的地方很重要——新居制是最合适的。

另外，同样值得注意的是两可居（Ambilocal Residence，ambi在拉丁文中表示“二者皆可”）。在这种安排下，一对已婚夫妇既可以选择从母居，也可以选择从父居，他们可以生活在拥有最优质资源的地方，或是需要他们、欢迎他们的地方。这种灵活的居处模式在靠觅食为生的民族中特别普遍——如果丈夫家庭群体的疆域内资源稀缺，他俩就可以加入妻子方的亲戚团体中，以便在其范围内获得更多容易得到的食物供应。

全球化与技术世界中的婚姻、家庭和家户

全球大规模的移民、现代科技和许多其他因素，也影响到了婚姻、家庭和家户的跨文化镶嵌。例如，通过光缆和卫星实现的数字通信方式已经改变了个人在浪漫恋爱中表达性吸引和性占有的方式。

如今，地方的、跨文化和跨国的爱情关系通过互联网而开花结果。许多在线公司提供约会和相亲服务，允许个人在安全的网络环境下发布个人资料、寻找恋爱的对象或未来的配偶。这项服务亦吸引了在族群或宗教方面离散的个体，他们会寻找与其个人、族群或宗教背景相匹配的人。例如，当今印度的婚恋网站也被用于包办婚姻，父母们可以上传孩子的视频资料，在屏幕上筛选潜在的追求者，并安排合适的相亲。

社交媒体也允许人们通过私密的短信表达被禁止的欲望和亲密关系，追求传统上被禁止的关系——比如，印度某些传统社区内，年轻未婚男女之间跨越种姓等级的交往。

领养和新的生殖技术

尽管在人类历史上的许多文化中，没有孩子的夫妇领养孩子并不少见，包括领养孤儿甚至俘虏，如

今，对于来自工业和后工业国家的成年人来说，领养孩子可以是跨国的，他们到世界各处旅行，寻找可以被领养的孩子，他们不在意孩子的民族传统（参见“全球视野”专题）。公开领养变得越来越普遍，这使得孩子可以与生育及领养他的父母同时保持着联系。

影响如今家庭、家户的多样性的其他因素之一是新生殖技术（NRT），包括使卵子在实验室受精在内的各种形式的体外受精。之后，胚胎会被转移进子宫中开始妊娠，或者被冷冻起来以供将来使用。使用捐赠人的卵子和精子进行体外受精的代孕母亲所生育的新生儿基本上会有五位父母：提供卵子和精子的亲生父母、孕育孩子的代孕母亲以及抚养孩子的父母。

流动务工者

在新的居处模式方面同样值得注意的是，日益增长的由临时流动务工者组成的家户。如今，中国有2.6亿流动务工人员，其中大部分是年轻人，他们离开农村，进入迅速发展的城市，并在工厂、商店、饭馆和其他地方工作。有些人和他们的朋友或工友挤在公寓中，有的人则居住在工厂宿舍中——只包括一代人的新的家户，这与生养他们的多代大家庭大相径庭（图19.13）。许多国家已经通过立法为移民提供保护，涉及住房、工作条件和薪水等（比如美国1983年的移民和季节性农业工人保护法案）（Chang，2005）。

正如本章阐明的几种民族志案例那样，人类创造了各种形式的婚姻、家庭和家户，其中的每种都与其在社会结构中的相关特征相一致，并且符合更大的文化系统。面对新的挑战，我们在寻找解决方案的过程中不断探索、修改，有时会找到全新的形式，有时又会回复到久经考验的、更为传统的形式中去。

图19.13 中国工厂的宿舍

中国的流动务工人员中有很多在工厂工作，他们居住在图中这样的集体宿舍中。图为广东省深圳市的一个工厂，工人们在宿舍外面吃午餐。

全球视野

跨国的儿童交易

在飞往波士顿的航班上，凯瑟琳（Kathryn）抚摸着熟睡的新领养的儿子梅塞（Mesay）的脑袋。当飞机从非洲的土地上起飞，埃塞俄比亚的首都一览无余时，眼泪却从她的脸颊上滑落。她是为埃塞俄比亚损失了一个男孩，还是为男孩失去了他的埃塞俄比亚而流泪，抑或是为这次领养之旅的“礼物”感到异常快乐而流泪？

儿童交易是一个普遍现象，它发生在世界各地，贯穿人类历史。就像婚姻和亲属关系在不同文化中意味着不同的事物，儿童交易也是一样，它在英语中被称为“领养”。在一些文化中，领养是非常罕见的，但是在其他一些文化中，比如在太平洋岛屿波利尼西亚人社区中，它是非常普遍的。例如，在塔希提岛的一个小村庄中，有超过25%的儿童是由养父母抚养长大的。

现在，对领养的跨文化理解变得至关重要，因为儿童交易已经成为全球流动的一部分，特别是从非洲、拉丁美洲、东南亚和东欧的贫穷国家流动到北美和西欧的富裕国家中。全球儿童交易最初涉及的是第二次世界大战后的战争孤儿。在最近几十年，极端贫困成为一个主要原因，因为母亲面对严重的物质缺乏会将她们的孩子丢弃、送人或者有时候还会卖掉。由政府或者非政府代理机构作为中间人，基于营利或者非营利的买入价，全球儿童交易已成为一笔大生意——合法的与非法的、道德的与非道德的、令人幸福的与令人恐惧的。这在那些大多数工人每天只能赚取不到1美元，而通过国外领养收取的经纪费能达到1.2 万至3.5万美元的贫困国家尤其如此。

20世纪70年代初以来，单单在美国，就有约50万的外国儿童被收养。几乎等于其他富裕国家的移民人数。朝向美国的全球流动在2004年达到顶峰，当时有将近2.3万个儿童到达美国——大多来自中国（30%）、俄罗斯（25%）、危地马拉（14%）和韩国（7%），其中5500人来自印度、菲律宾、乌克兰和越南等贫穷国家。统计数据根据领养规则而变化。

由于关于出口甚至是贩卖儿童的控告频发，一些国家已经不再允许跨国领养。其他限制或禁令则来自宗教。例如，苏丹禁止收养外国穆斯林儿童，并自动将宗教身份不明的孤儿分类为穆斯林。其邻国埃塞俄比亚不基于宗教进行区别，这是一个婴儿出生率高的国家。在6个获得从埃塞俄比亚进行跨国领养的正式批准的美国代理机构中，其中一个是位于马萨诸塞州沃尔瑟姆市的儿童视野（Wide Horizon for Children）公司，它已经把许多埃塞俄比亚的儿童和美国家庭组合到了一起。梅塞就在这些儿童之中（上图的家庭照片），他现在将进入新生活，与凯瑟琳、她的丈夫和他们的另外4个孩子（包括一个和他年龄相仿的妹妹）生活在一起。

全球难题

欧洲或北美的妇女承接代孕的工作，为别人生小孩，可以获得11.5万至15万美元的报酬，而生活在第三世界贫穷国家的母亲，为了小孩可以被人收养，却要放弃孩子，你如何比较这两者？

思考题

1. 按照南亚和北非地区的传统，新娘的曼海蒂之夜是一个充满活力的女性聚会，她们会一起享用特别的食物，聚在一起唱歌、进行性爱指导和手工彩绘。你的文化中有没有类似的男女分开的婚前活动呢？如果有，这种活动的目的何在？

2. 在那些政府很弱或缺失政府的国家中，传统社区成员依赖于血亲或血缘关系来应对生存的基本挑战。在这些传统社会中，完全按照恋爱基础去选择结婚对象，为何是一件冒险的事情？如果你所在社区的长期生存受到威胁，你能想到其他发挥作用的因素吗？

3. 虽然欧洲和北美大部分妇女可能认为一夫多妻制是一种只对男性有利的婚姻行为，但在传统上实行这种婚姻的文化里，妇女可能会强调与几位女子共享一个丈夫时的积极方面。你认为一夫多妻制在哪些条件下有利于女性？

4. 在欧洲和北美，很多小孩在单亲家庭中长大。美国大部分孩子与未婚妈妈居住在经济条件较差的家庭中，而挪威的未婚妈妈养育的小孩几乎不需要面对贫困。你认为原因何在？

深入研究人类学

性规则?

每种文化都有关于性关系的规则。然而，这些规则在不同的文化中是不同的，它并不总是拥有明确的定义和应用。挖掘你自己的文化，把你在媒体上观察到的六组不同的性关系做成一个清单，注意涉及个体的数量，以及他们的年龄（包括未成年人和老年人）、性别偏好（包括同性和第三性别），还有遗传学（家庭关系程度）、婚姻（包括婚前，婚外恋和离婚后）、宗教、种族或民族认同（包括宗教间、民族间、种族间和国际认同）。接下来，分析你的家庭和更广泛的社区是如何看待这些关系的。哪些是被社会认可的，哪些是被法律或信仰禁止的，对那些无视或违反规则的人有什么惩罚？提出三个问题，关于你所在社区的处置方式、禁令和惩罚的社会原因和道德理由，并将这些问题提交给可能有不同意见的三个人。比较他们的答案，注意哪些答案相似，哪些不相似，并试图解释原因。最后，总结一下你的发现。

挑战话题

所有人都面临着一个挑战——在亲属和家户关系之外建立并维持一个社交网络，以获取额外的安全保障和支持。最基本的社会网络是由亲属关系促成的，它通常会延伸到拥有同一祖先的较远的个体。对于世界各地的许多传统民族来说，包括苏格兰高地人，被称为氏族的大型亲属团体一直很重要。苏格兰有几十个氏族，氏族成员经常使用同一个姓氏。图为苏格兰斯佩（Spey）谷的夏季国际氏族运动会开幕式游行。和其他氏族成员一样，格兰特人通过穿着氏族特有的格纹呢短裙和披肩来公开展示他们的集体身份。在过去的几个世纪里，成千上万的苏格兰人被驱逐、逃离或移民到海外，定居在澳大利亚、加拿大和美国。许多人，包括格兰特氏族的人，与北美印第安部落通婚。如今，他们的后代遍布全球各地，其中包括切罗基族和马斯科基（Muskogee）印第安人。在互联网的帮助下，许多人试图重新建立同一血统的社会联系，他们为了参加氏族聚会长途跋涉，用传统的舞蹈、音乐、游戏和食物来庆祝他们的文化遗产。

亲属和继嗣

第二十章

学习目标

1. 解释亲属关系为何在每种文化里都是社会组织的基础。

2. 应用亲属称谓作为分析社会网络的跨文化代码。

3. 比较那些通过男性祖先、女性祖先或两者来追溯血统的文化。

4. 区分世系群和氏族以及亲属关系中的它们。

5. 辨别三种亲属称谓系统，以及近亲属的不同分类对家庭成员态度和行为的意义。

6. 将图腾崇拜解释为一种文化现象。

7. 讨论在新生殖技术和收养背景下，亲属关系的重要性。

所有的社会都要依靠某种形式的家庭或家户组织，以解决人类的基本需求：稳定的食物、燃料供给和住所，预防危险的发生，进行协作，管制性活动，以及共同抚养孩子。虽然在应对这些挑战时，家庭或家户组织可能是有效且灵活的，但其实人们面临的挑战和机遇超出了家庭或家户组织的应对能力。例如，一个独立的本地群体成员通常需要通过某些途径，与另一个群体的人进行互助，以防御洪水等自然灾害及外来侵略。在促成劳动力合作以完成某些任务时，也需要一个更大的群体，因为这些任务所需要的参与者多于单个近亲属群体能提供的。

人类已经想出了很多方法来扩大他们的群体。一种方法是利用正式的政治系统，由专人制定和执行法律、维护和平、分配稀缺资源，并协调其他文化职能。但是，在那些——尤其在觅食、园艺农业社会和游牧社会中——并不像政治国家那样组织起来的社会中，主要的组织方式是亲属关系，在这种社会网络中，出生并在其中结婚的个人具有某些共同的权利和义务。个体越是陷入在政治组织这类更大的网络中，他们对亲属的依赖就越少。尽管如此，正如本章所要解释的那样，无论是过去还是未来，亲属关系都是所有社会组织的基础。

继嗣群体

根据亲属关系来组织社会的一种普遍方式是创造继嗣群体。我们在许多社会中都可以看到继嗣群体，它是依照亲族形成秩序的社会群体，其成员是从某一特定的真实或传说的祖先繁衍下来的直系后代。因此，继嗣群体中的成员可以通过一连串的亲子关系来追溯他们共同的祖先。另外，还有一些带有文化意义的义务和禁忌，它们促使结构化的社会群体凝聚在一起。

社会在政治上被组织为国家后，这种依照亲族形成秩序的群体的基本功能可能还会延续下去。可以看出，许多传统的原住民社会已经成为更大的国家社会的一部分，但它们仍作为独特的民族团体存在。新西兰的毛利人（Maor）正是如此，可见本章“生物文化关联”专题的描述。他们保留了自己传统社会结构中的关键元素，约30个被称为iwi（“部落”）的大继嗣群体被组织起来，而这些群体是更大的社会与区域单位——waka（“独木舟”）的一部分。

为了在亲族秩序社会里能够有效地运作，必须严格界定继嗣群体中的成员资格。如果允许成员资格互相重叠，那么就会使成员最初的归属变得模糊不清，特别是当不同的继嗣群体之间存在着利益冲突时。有若干种方式可以限制成员资格，其中最常见的是人类学家所说的单系继嗣。

单系继嗣

单系继嗣（有时也叫单边继嗣）建立了基于父系或母系血统的群体成员关系。传统上，单系继嗣群

生物文化关联

毛利人的起源：祖先的基因与神话中的独木舟

新西兰毛利人的口头传说与一些科学发现非常吻合，人类学家被这一发现深深地吸引。新西兰是一个位于太平洋角落的岛国，距离澳大利亚东南方1900千米（约1200英里）处，其险峻的地貌曾是电影《指环王》三部曲的拍摄背景。新西兰是由1642年登陆其海岸的荷兰航海家命名的，大约150年后，它成为英国的殖民地。这个国家的原住民——毛利人，选择了抵抗，但由于武器和人员相差悬殊，最终在19世纪70年代早期放弃武装抵抗。如今，在410万的新西兰市民中，约60万人是毛利人的后代。

关于自己如何来到奥特亚罗瓦（Aotearoa，“长白云之乡”）这一问题——他们赋予新西兰的名字，毛利人有一个古老的传说：在早于25代以前，他们的波利尼西亚祖先乘坐一支庞大的附帆独木舟船队从哈瓦基（Hawaiki）来到这里，他们传说中的故乡有时会被认为是塔希提岛，因为当地原住民的语言与毛利人的语言非常相似。根据世代相传的圣歌和族谱，毛利人祖先的船队至少由7条（最多可能有13条）航海独木舟组成。这种大型的独木舟大约有5吨重，挂有一面爪形帆，能承载50～120人，以及食物、植物和动物。

正如毛利人类学家特·让依·海洛（Te Rangi Hiroa）或者彼得·巴克（Peter Buck）描述的那样，这些航海者穿越浩瀚的海洋时，航海技术使得他们可以充分利用水流、风和星星。也许是为了躲避哈瓦基的战争和捐税，他们很可能在公元1350年左右进行了一次长达5个星期的航行，尽管在此之前和之后也有过这种航行。

传统的毛利人社会由大约30个被称为iwi（氏族）的大继嗣群体组成，这些群体构成了13个所谓waka（独木舟）的更大社会，每一个都有自己的传统领地。如今，在进行正式交谈前，毛利人仍旧会通过他们的iwi、waka和他们祖先领土中主要的圣地来介绍自己。他们的族谱将他们和部落创始祖先联系在一起，后者可能曾是一名航海者，甚至可能是“伟大舰队”这一传说中提到的某条巨型独木舟上的一位首领。

关于毛利人起源的口头传说，与基于人类学及更为晚近的基因研究的科学数据非常吻合。局外人的研究则存在争议，因为毛利人将个体的基因等同于其从属于iwi或祖先社区的族谱。族谱被认为是神圣的，并被委托给部落长者保管，传统上，它被tapu（神圣禁忌）包围。毛利语称族谱为whakapapa（系谱），这个词也表示“基因”。这个毛利词涵盖了希腊语genous（产生后代）一词中的某些含义。另一个表示“基因”的毛利词是ira tangata（人类的生命精神），对他们来说，基因里有mauri（生

体在全球很多地方都很普遍。个体一出生就是一个特定继嗣群体的一部分，该群体通过女性血统（母系继嗣）或者通过男性血统（父系继嗣）向上溯源。在母系社会里，女性在文化上被认为具有重大的社会意义，因为她们要为群体的延续负责。而在父系社会里，这项责任落到了群体中的男性成员身上，他们的社会重要性也因此得以强化。

单系继嗣群体（成为父系的或是母系的）的两种主要形式是世系群和氏族。世系群指的是继嗣于一位生活在4代至6代前的共同祖先或创始人的单边亲属群体，在这一群体中，成员完全遵循族谱上的称谓互相称呼彼此。氏族则是一个扩大了的单系亲属群体，通常由若干个世系群组成，其成员一般是继嗣于一位遥远的祖先的后裔，该祖先通常是传说或神话中的。

父系继嗣与组织

父系继嗣是上述两种单系继嗣体系中更为普遍的一种。父系继嗣群体中的男性成员通过一个共同的男

古代毛利人使用的独木舟可能与当代毛利人的海上独木舟很相似。

命的力量）。考虑到这些精神上的关联，除非毛利人自己主动地参与到基因研究中来，否则，将无法研究毛利人的基因。

与其他研究者一道，毛利基因学家阿黛尔·怀特（Adele Whyte）研究了伴性基因遗传标记，女性的线粒体DNA和男性的Y染色体。她最近计算出，在当时到达新西兰的毛利人中波利尼西亚妇女的数量在170～230人之间。如果当时到达奥特亚罗瓦的船队由7条大独木舟组成，那么其所承载的总人数大约为600人（男人、妇女和孩子）。

将从波利尼西亚出发并穿越太平洋的毛利人的DNA与东南亚人的DNA进行比较后，揭示了毛利人祖先移民路线的基因地图。线粒体DNA在从母体向婴儿传递的过程中几乎没有发生任何变化，它提供了一个联系当今波利尼西亚人与中国台湾南部海岸原住民的基因时钟，并显示了那些女性祖先是在约6000年前从这个与中国大陆东南海岸隔海相望的岛屿出发的。在接下来的几千年中，她们迁徙的途中会经过菲律宾，之后，向东、向南越过一个又一个岛屿。在后代的生命过程中，他们的基因库得到了丰富，在达到奥特亚罗瓦前，来自新几内亚和其他地区的美拉尼西亚男性加入迁移大军中。

总之，新西兰毛利人的文化传统基本已被人类学和分子生物学的数据证实。

生物文化问题

毛利人将族谱视为圣物并把某些禁例附加于其上，你怎么看待这种做法?

性祖先追溯他们的后代（图20.1）。兄弟姐妹属于他们祖父、父亲、父亲的兄弟姐妹和他们父亲的兄弟的孩子所属的继嗣群体。一个男人的儿女同样也可以通过祖先来追溯他们的血统。在典型的父系群体中，父亲或其长兄拥有对孩子们的权威。一个女人的孩子与其父亲属于同一个继嗣群体，但她却仍然属于自己父亲的继嗣群体。

传统上，父系亲属组织嵌入在全球很多文化之中，而且即使政治和经济发生了根本性的变化，这种组织也能持续存在。中国最大的族群——汉族就是如此。尽管1949年中华人民共和国成立后改变了中国的社会面貌，但父系亲属制度依然存在——尤其是在农村地区和邻近的台湾岛上。

汉族社会的父系继嗣

数千年来，中国汉族社会经济合作的基本单位一直是大的扩大家庭，通常包括年老的父母及其儿子、儿媳和孙子、孙女。历史上，从父居（定义见上一章）是一种常态，汉族的孩子们在一个由其父亲和男性亲属主导的家户中长大。孩子会与他保持一定的社会距离以示尊敬。

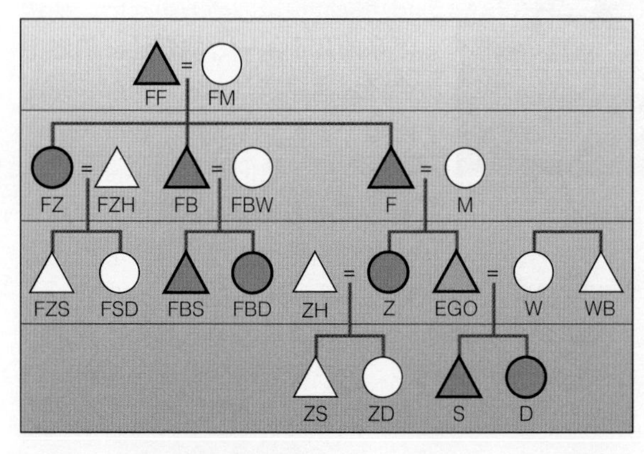

图20.1 父系继嗣传承

只有蓝色圆圈和三角形所代表的个体是和自我（追溯各亲属关系程度的核心个人）在同一个继嗣群体内的。缩写F代表父亲，B代表兄弟，H代表丈夫，S代表儿子，M代表母亲，Z代表姐妹，W代表妻子，D代表女儿。在英语中，cousin（同辈亲属）一词既包括FZS也包括FSD。

由于父亲的兄弟及其儿子也是同一家户的成员，汉族小孩的叔伯就像其第二个父亲，也会得到他的顺从和尊敬，而叔伯的儿子就像他自己的兄弟一样。因此，汉族将同辈亲属分为父亲兄弟的孩子——堂兄弟姐妹（Tahng-shoong）和父亲的姐妹、母亲的兄弟姐妹的孩子——表兄弟姐妹（Beo-shoong）（这种区分在汉语中——甚至在那些不再生活在传统的父权家庭中的群体中仍然很明显）。当家户变得过于庞大并因此运作不灵时，一个或几个儿子便会搬到别的地方去独立门户——但他们与生育他们的家户间的纽带依然很牢固。

虽然家庭成员的身份对每一个个体都很重要，但被视为首要的社会单元的却是世系，汉族对其的称谓是宗族（Tsu）。每个宗族一般由约五代以内拥有共同祖先的男人组成，他们经由男性一系来追溯其血统。虽然女人属于她父亲所在的宗族，但传统上，她婚后会到夫家与丈夫共同生活，丈夫的宗族会接纳她。

宗族可以在经济上帮助其成员，并通过审判行为不轨的成员来履行法律机构的职能。在诸如婚礼和葬礼这样的礼仪场合，宗族会召集成员或组织后代祭祀祖先。对于大约三代以内去世的先辈，人们会在他们的生忌和死忌为他们供奉食物、焚烧纸钱，对于更远的祖先，人们则每年集体为其祭祀五次。每个宗族都有自己的祠堂用来存放祖先牌位，上面记录着本宗族内所有男性成员的名字（图20.2）。

就像家庭会定期分裂成新的家庭一样，较大的继嗣群体也会定期顺着其主要宗族分支发生分裂。分裂的原因包括兄弟之间就土地占有而发生的争执，以及对利益分配不公平的怀疑。在这种分裂发生之后，新诞生的宗族仍会承认与其原来所属的宗族之间的联系。因此，数代之后，就会发展出一个完整的继嗣群体，其中所有人都拥有同样的姓氏，并把自己看作这

图20.2 中国浙江省的一座祠堂

占中国人口多数的民族是汉族，汉族几乎所有的祠堂或宗祠都被用来供奉男性祖先，这反映了中国长期形成的父系继嗣规则和文化价值观。宗族成员通过在祠堂里向祖先提供祭祀用品确定他们的地位，比如图中的宗族祠堂。这类祠堂通常被设立在家庭的住宅中。

一庞大父系氏族的成员。因此，随之又诞生了同姓不能结婚这一规则。时至今日，这种规则仍被广泛地实践着。

在传统的汉族社会里，由于要对其父亲和年长的父系亲属表示尊敬和服从，子女会与父母为自己选定的人结婚。儿子有责任在父母年迈力衰时照顾他们，并在他们死后履行礼仪方面的义务。反过来，遗产由父亲传给儿子，其中有额外的一份分给长子，因为一般来说，他对整个家户的贡献最大。

相比之下，传统上，汉族的妇女无权要求继承其家庭的遗产。一旦嫁人，女人实际上就被她自己的父系亲属"泼"了出去，以便为她的丈夫及其家庭和宗族生育后代。然而，她出生的宗族在她离开本族之后还会为她保留一些利益。例如，她的母亲会在她生小孩时提供援助，如果她的丈夫或其他家庭成员虐待她，她的兄弟或其他男性亲属可能也会进行干预。

尽管传统宗族在现代中国逐渐被削弱，但传统制度中的一些义务和思想仍然存在，包括台湾地区。至少，现代汉族人还保持着子女尊敬和服从父亲及年长的父系亲属这一传统。

正如汉族宗族社会的实例所表明的那样，父系社会完全是男人的世界。无论女人受到多大重视，她们还是难免会发现自己处于一个困难的境地。然而，女人决绝不会让自己屈居于从属的地位，她们积极地利用这个体系为自己谋福利。

母系继嗣与组织

母系继嗣是经由女性一系来追溯的（图20.3）。在母系系统中，兄弟姐妹属于他们的母亲、母亲的母亲、母亲的兄弟姐妹，以及母亲姐妹的子女所属的继

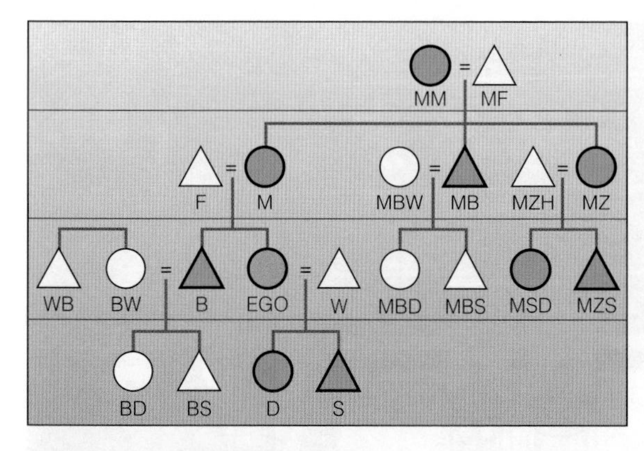

图 20.3　母系继嗣追溯图

可以将这张图与表现父系继嗣的图（图 20.1）进行对比。这两种模式实际上互为反像。值得注意的是，男人不能将继嗣传给他自己的孩子。

嗣群体。因此，男子的孩子只属于他妻子而非他的继嗣群体。

在这样的社会设置中，女性拥有相当大的权力，但她们并非继嗣群体中唯一的权力持有者。通常，与她们共享权力的人并非她们的丈夫，而是她们的兄弟。例如，在中国摩梭人的母系社会中，女性通常是她们家户中的领导者，而且她们通常是重大事务的决策者，财产也由女性传承。不过，政治权力往往在男性手里（Mathieu，2003）（图 20.4）。

母系继嗣通常存在于园艺农业社会中，在园艺农业社会中，女性承担大部分家内和附近园地的生产性劳动。因为女性种植谷物的劳动对社会非常重要，

图 20.4　摩梭人的母系家庭

中国的汉族实行父系制，与之相反，中国西南部的一些少数民族实行母系继嗣，如摩梭人。图中，摩梭家庭的妇女彼此之间是血亲，这些男人则是她们的兄弟。摩梭人的丈夫和妻子分开生活，他们与他们的姐妹住在一起。

所以母系继嗣占优势地位。母系继嗣的一个主要功能是，在女性工作群体内保持女性内部的持续团结。

母系继嗣的一个普遍特征是：丈夫和妻子之间的社会联系相对较为脆弱。一个女子的丈夫在他们共同的家中缺乏权威。相反，她的兄弟负责分配物品、组织工作、解决争端、主持仪式、管理遗产继承和家规的延续。同时，她的丈夫在他姐妹的家户中也扮演着相同的角色。此外，他的财产和地位是由他姐妹的儿子来继承的，而不是由他的儿子继承。这样，兄弟和姐妹之间就会维持牢固的联系，而婚姻关系在文化上不那么重要。比起父系社会，不美满的婚姻在母系社会里更容易终止。

霍皮印第安人的母系继嗣

霍皮印第安人是一个农耕民族，他们已经在亚利桑那州东北部沙漠地带的普韦布洛（Pueblos，“村落”的意思）生活了许多个世纪。他们的社会严格按照母系继嗣被分成了若干个氏族（Connelly，1979）。每个霍皮人从出生起就归属于其母亲所属的氏族。这种归属非常重要，以至于如果一个人没有它，就会没有社会身份。两个或更多的氏族会构成一个更大的超氏族单元，人类学家称之为胞族（phratries），本章稍后部分会对此进行讨论。

在霍皮人的文化中，虽然胞族和氏族是主要的亲属单位，但其真正的功能单位却由世系群组成，在每个村子里都有几个世系群。霍皮人世系群的首领是一名老年妇女（通常是最年长的），尽管她的兄弟或母亲的兄弟掌管着神圣的“药束”（被认为是对人的健康幸福起着关键作用的具有精神力量的物件），并积极管理世系群中的事务。年长的女性能作为协调者去帮助解决群体成员之间的争端。另外，尽管她的兄弟以及她母亲的兄弟有权对她提出建议和批评，但他们同样也有义务倾听她所说的话，不过她不会对他们发号施令。

然而，女性权威大多是在一个家户内部发挥着作用，男人显然居于次要地位。这些家户由世系群中的女人和她们的丈夫、女儿以及未结婚的儿子共同组成，他们过去常常生活在一幢大住宅里的相邻房间中。如今，核心家庭经常分开居住（通常会加上一两个母系亲属），但是他们的轻型货车使有亲属关系的家户保持密切的联系与合作。

霍皮人的世系群就如同拥有土地的团体，其功能是分配土地以支持成员家庭。这些土地由作为“外人”的丈夫耕种，而女人所属的世系群拥有土地，土地上的收获也归女人所有。因此，霍皮人中的男人们一辈子都在为他们妻子的世系群劳作，作为回报，他们会得到食物和住所。

虽然儿子从父亲那里学习如何耕作，但一个男人对他的儿子并没有真正的权威。当父母拿一个顽皮的孩子没办法时，他们会请母亲的兄弟来对其施加管教。所以，男人的忠诚就被分成两个方面：一方面是对他们妻子家户的忠诚，另一方面是对他们姐妹所在家中的忠诚。根据这一传统，如果一个女人对自己的丈夫不满意，她只需要把他的东西扔出门外，代表着这段婚姻已经告终。

除了经济和法律功能，世系群还在霍皮人的礼仪活动中发挥着作用。一个世系群有一栋专门的房子，里面存放着氏族的宗教用品，这些宗教用品由“族母”（clan mother）看管。她和她的哥哥，即该氏族的“大舅”（Big uncle）一起管理礼仪活动。

其他继嗣形式

无论何种继嗣形式占主导地位，母亲和父亲的亲属都是社会结构的重要组成部分。仅仅因为血统可以通过母系追溯，并不意味着父系亲属一定不重要。例如，如前几章所述，在南太平洋特罗布里恩岛的母系居民中，儿童属于母亲的世系群，而父亲在他们的成长过程中起着重要的作用。结婚后，新娘和新郎的父系亲属会为交换礼物做出贡献，在一生中，一个男人可能会希望他的父系亲属能帮助自己提高在社会中的经济和政治地位。最终，儿子们可能会从父亲那里继承个人财产。

在全球范围内的文化发展过程中，还形成了其他几种形式的世系群。例如，在萨摩亚岛民（还有许多东南亚及太平洋上的其他文化）中，个体可以被母亲或父亲的继嗣群体接纳。这被称为两可继嗣（ambilineal descent），它是一种灵活的方式。然而，由于单系继嗣群体会为了争夺成员而进行竞争，这种灵活性也可能引发分歧和冲突。这个问题并未在双重继嗣（double descent）或双重单边继嗣（double unilineal descent）中出现，这是一种非常罕见的继嗣系统，某些情况下，继嗣是母系的，另一些情况下，继嗣又是父系的。

一般而言，在采取这种继嗣方式的地方，母系群体和父系群体在社会的不同领域发挥作用。例如，在尼日利亚东部的雅克人（Yakö）中，财产被分成父系财产和母系财产（Forde，1968）。父系拥有永久性的生产资源，比如土地；母系则拥有消耗性的财产，比如牲口。在法律上较弱的母系，在宗教事务方面却在某种程度上比父系更加重要。通过双重继嗣，一个雅克人可以从他父亲的父系群体那里继承牧场，并从他母亲的母系群体那里继承某些仪式特权。

最后，对于继嗣均等地从母亲及父亲的家庭往下代代相传这一情况，人类学家会使用双边继嗣（bilateral descent）这一术语。在这种系统中，人们从父母的祖先那里追溯他们的继嗣。当个体使用相同的家谱称谓来界定与两边的相似联系时，我们可能会将其界定为双边继嗣。例如，当他们说“祖母”或“祖父”时，没有迹象表明这些亲属是属于家庭的父系或是母系。

双边继嗣存在于各种觅食文化中，同时在农业、工业或后工业经济的现代国家社会中也很普遍。例如，在欧洲、澳大利亚和北美社会中，虽然大多数人通常会继承他们父亲的姓（这反映了一种以父系继嗣为规范的文化的历史），但是他们一般会认为自己既是母亲家庭的成员，也是父亲家庭的成员。

更大文化系统中的继嗣

在继嗣系统和文化系统的基础结构之间，存在着一种密切的关系。一般来说，在男性劳动力被看重的地区，父系继嗣占主导地位，如游牧社会和农业社会。母系继嗣则在女性的工作对于生计来说至关重要的地区占据主导地位，比如园艺社会。南亚有许多母系社会，那里是世界上最早的食品生产的发源地之一。母系社会在北美原住民居住地、南美热带低地以及非洲的一些地区也很突出。

一个世系群会在其原有成员去世和新成员出生的过程中持续存留下来，这使它可以像团体一样运转——拥有财产、组织生产活动、分配物资与劳动力、设定地位以及调节与其他群体的关系等。作为宗教传统的智库，继嗣群体能够增强社会凝聚力。例如，祖先崇拜是一种加强群体团结的强大力量。因此，世系群是一个强大的、有影响力的社会组织的基础。

继嗣群体在那些政治制度效率低或低程度发展的国家社会中，常被保留下来，正如当今世界上许多国家的情况所显示的那样，特别是在偏远山区或荒漠村落等国家权力难以触及的地方。在这些社会中，除了世系群的成员，个体没有任何法律上或政治上的地位。公民资格来源于世系群的成员资格，且法律地位也以其为根据，政治权力亦源自于此。

由于文化理念、价值和实践深深嵌在传统继嗣群体中，这种文化模式常常在离散的社区中保留下来，那些离开了祖籍地的移民保持着独特的文化认同，成为现居住国中的少数族群。在这种情况下，人们会寻找熟悉的、亲族秩序的文化措施，来应对其在不熟悉的国家社会环境中所面临的挑战，这并不罕见。我们在下文关于“荣誉处决”的“原著学习”专题中会看到这样的案例。

荷兰的荣誉处决

克莱门特·瓦·内克

当我第一次告诉我的人类学导师，我想要写一篇关于生活在荷兰的土耳其移民的荣誉处决的论文时，他们告诉我这不可能。那是20世纪90年代中期，每个人似乎都觉得写一些关于艰苦奋斗的移民们的负面东西是一种歧视。更合适的应该是选择一个可以帮助他们应对在荷兰社会中所面对的挑战的课题，如他们作为外国人在学校和工作中遇到的困难。但我非常坚决地想要研究这一问题，并最终找到了一位与我有同样兴趣的教授——安东·勃克（Anton Blok）博士。他是研究意大利黑手党方面的专家，所以非常精通关于文化暴力的研究。

在进入研究中的细节部分之前，我需要做一些准备工作。一直到20世纪60年代，荷兰都是一个相对同质的社会（尽管它有着殖民史）。其人民之间的主要差异并非种族，而在于宗教，也就是他们与天主教或新教（包括各种形式）的独特关系。20世纪60年代的经济腾飞催生了对廉价劳动力的需求，这导致地中海国家贫困地区谋生的移民大量涌入，在此之后，这个国家的人口构成开始发生显著的变化。

这些新来的人不被看作移民，而被当作“客居的劳动者”（客籍工人），人们希望他们将来返回到他们原来的国家去，包括意大利、南斯拉夫、土耳其和摩洛哥。虽然其中有很多人返回了故乡，但还有很多人并没有。与大多数来自欧洲南部国家的客籍工人不同，那些来自土耳其和摩洛哥的工人基本都是穆斯林。与那些最后作为移民并成功融入荷兰社会的南欧务工者不同，很多穆斯林新移民组成了离散的社区。

在过去的几十年间，这些社区的规模迅速扩大，成倍增加并集中在不同城市的特定区域中。如今，荷兰的土耳其人大约有45万。他们中的大多数人已经成为荷兰公民，但他们还是保留着其“光荣与羞耻”的历史传统中的一些关键的文化特征。这就是当我们处理荣誉处决的问题时所面临的风险。

人类学家已经在世界上的许多地区中找到了光荣与羞耻的传统，特别是在偏远的传统游牧与农耕社会中，在这些社会中，政治国家的权力是缺位或无效的。我的导师勃克教授解释道：“那些地区的人民无法依靠稳定的政治控制中心来保卫生命和财产。在缺失有效的国家控制的情况下，他们只能依靠自己的力量——各种自助的形式。这些情况……使得人们维护自身利益的行为得到高度重视，这涉及使用身体力量的准备和能力，人们以此来保证生命和财产不受威胁，其中包括男人的财产中最为珍贵且脆弱的部分——妇女。仅仅是看一眼妇女，都会被认为是一种冒犯、一种对男性领域的侵犯，并招致暴力回应，在这种时候，荣誉感会达到极端。”

光荣与羞耻的传统不只是在与世隔绝的地区被作为一种社会控制的手段，在那些国家机制与特定群体相左的情况下，它也可能会被运用，如在荷兰的一些土耳其和摩洛哥移民中。我专注于后者，并试图理解某些特定的文化实践，它们经常妨碍荷兰原住民适应高度组织化的官僚国家，在这种国家中，个人的安全和司法由社会工作者、警察、法庭等进行有效管理。最重要的是，我想要理解荣誉处决。

荣誉处决是一种以仪式形式进行的谋杀，是为了净化被玷污的荣誉——特别是被土耳其人称为那木斯的荣誉。男人和女人都持有那木斯。对于妇女和女孩而言，那木斯指的是贞洁；对于男人而言，它指的是拥有纯洁的家庭成员。于是，男人的那木斯取决于他对家中女性的管束。这实际上意味着，妇女和女孩不能与异性有不正当的接触，并且要避免成为流言蜚语中的主角，因为流言蜚语本身就能损害那木斯。荣誉处决的牺牲品可以是玷污了自身荣誉的女孩或妇女，或是对她做了这种事的男人（常常是她的男友）。女孩或妇女会被其家庭成员处死，男人则会被他所侵犯的女孩/女人所在的家庭处死。

2000年，在我即将获得博士学位时，荷兰社会似乎仍然没有准备好承认荣誉处决这一现象。那一年，一个双亲出生于土耳其的库尔德男孩试图射杀他姐姐的男友。该事件发生在一所高中，导致几位学生和一位教师受伤，当局只关注学校的安全问题，而非这次谋杀企图背后的文化因素。

2004年，政府和公众对荣誉处决的认识发生了转变。那一年，3名土耳其妇女在街上被她们的前夫杀害。这些事件连续发生，一个接着一个，3个凶手都没有逃过政府官员或媒体的关注。最后，荣誉处决被提上了国家议程。同年11月，我被任命为海牙地区荷兰警方的文化人类学家，开始与执法人员一起研究那里的荣誉处决案件（很快又转到这个国家的其他地区）。

2004年11月2日，即我对新同事们做有关荣誉处决的公开演说那天，一名来自摩洛哥的激进移民，射杀了著名的荷兰作家和电影导演提奥·梵高（Theo van Gogh），后者因批评伊斯兰教（常常是嘲讽）而出名。虽然这次谋杀不是荣誉处决，但是它包含了净化仪式的关键元素：发生在公共区域（街上），被害者必须死（光受伤是不够的），凶手射击（或是用匕首刺）了多次，谋杀是有计划的（不是突发的），而且凶手毫无悔意。

让我来告诉你们一个近期的、相当典型的案例。在一个星期五晚上，荷兰东部一个社区的地方警局向我们所在的警队请求支援。一个17岁的土耳其女孩，离家出走到了与她同岁的荷兰男友家中。她父亲发现这个男孩有前科，并打电话告诉他的父母，让他们送他女儿回来。那对父母试图让他冷静下来，并告诉他，他的女儿在他们家很安全。但这位父亲认为，他的女儿正待在这个世界上最不安全的地方，因为她正和她所爱的男孩待在一起。这只可能意味着：她的贞操、连同整个家庭的那木斯都处于危险中。

我的同事和我认为，女孩必须在那天晚上离开她男友家，她父亲知道那个地方，他不想把那个男孩当作女婿，而且他认为他的女儿还不够成熟，还不能对婚姻大事进行决断（“只作为男友”是不被允许的，你要么结婚，要么不能有男友，至少不能有一个公之于众的男友）。根据我对荣誉处决的研究，我很清楚类似的情况都会以荣誉处决告终，因而必须让女孩离开那个将会给她带来灾难的地方。

在我们说服检察官介入之后，那个女孩从男友家中被带走，并被带到一个戒备森严的避难处，以防她次日再逃去她男友那儿。这就是行动中的人类学。你不能总是等着看会发生什么（尽管我承认，对于学者来说，这是非常有吸引力的）；如果你确信某人的生命正处于危险中，你必须承担起责任并采取行动。

我开始从事文化人类学研究时，只是因为它激起了我的兴趣。我从来没想过我所学的东西将会变得真正有用。因此我想对人类学学生说的是：不要放弃你所感兴趣的课题。有朝一日，你也许会成为那个领域的专家。此时此刻，我正在分析各种各样的威胁案件，并起草所牵涉家庭的谱系——所有这一切都是为了加深我们对荣誉处决的理解，并帮助防止荣誉处决的发生。

世系群外婚制

世系群的一个共同特征是外婚制。正如在前面章节中所界定的那样，这意味着世系群成员必须在别的世系群里寻找自己的婚姻伴侣。世系群外婚制的一个优点是：群体内部的性竞争得到制止，因而促进了群体的内部团结。世系群外婚制还意味着，婚姻不只是两个个体之间的联姻，它也是世系群间的新联盟，这能使它们组成更大的社会系统。最后，世系群外婚制能够促进社会内部的开放性交流，促进知识、物品和服务在世系群间的传播与交换。

在现代北美印第安人社区中，亲属与继嗣在部落的成员资格中发挥着重要作用——正如本章“应用人类学”专题中所阐明的那样。

应用人类学

解决美国本土部落成员的身份纠纷

1998年秋季，缅因州米克马克人（Micmacs）阿鲁斯图克（Aroostook）队群的首领与我联系，请我帮忙解决一场激烈的部落成员身份之争。这一冲突主要围绕下述因素：有好几百人在没有适当证明其米克马克人血统的情况下，就成了部落成员。米克马克人中的传统主义者争辩说，他们的部落组织正在被“非印第安人”接管。由于众多成员的正式身份都有问题，部落管理机构没法决定到底谁有权从现有的医疗、住房和教育项目中获益。在经过双方的几次敌对冲突之后，部落中的一些长者要求对部落成员的资格进行一次正式的调查。因此，队群首领便给我打了电话，因为我曾经在这个队群中长期工作过，且属于中立派。

我在1981年成为他们的辩护人类学家，那是米克马克人第一次雇用我，还有我的同事邦尼·麦克布莱德（Bunny McBride），他们希望我们能帮助他们获得美国政府对他们印第安人身份的承认。那时，这些米克马克人组成了一个贫穷的、没有土地的社区，并且，还未被官方认定为一个部落。在那10年里，我们帮助这一队群制定了政治战略，包括请求联邦政府承认他们的印第安人地位，要求可以在其居住地行使打猎、设陷阱和捕鱼等传统权利，甚至包括对收回失去土地的要求。

米克马克人的扩大家庭

缅因州查普曼（Chapman）萨尼帕斯–拉福德（Sanipass-Lafford）的家庭，代表了米克马克人传统的居处亲属群体。这类扩大家庭通常包括孙辈和双边亲属成员，比如姻亲、叔伯和姑妈。这张照片取自萨尼帕斯的家庭相册，展示了20世纪80年代中期的几名家庭成员，照片上是萨尼帕斯与她的外甥及叔叔。

为了获得公众的支持，我们为这个社区制作了一部影片（《我们的生活由自己掌握》）。最重要的是，为得到联邦政府承认，要满足政府的各项必要条件，为此，我们收集了口述历史和翔实的档案文献。后者包括谱系记录，那些记录表明绝大多数的米克马克成年人至少都“有一半印第安人血统”（他们的祖父母和外祖父母中有两个被官方记载为印第安人）。

基于这些证据，我们有力地论证了阿鲁斯图克的米克马克人可以成为当地的原住民，原本就能要求他们应得的原住民权利，并共同使用该地区的土地。另外，我们还说服了华盛顿的政客，让他们提出了一项特殊议案，承认该队群的部落地位，并解决他们的土地所有权要求。1990年举行正式听证会时，我作为一名专家证人在美国参议院为米克马克人作证。第二年，《米克马克人阿鲁斯图克队群法定居留法案》成为联邦法律。这使得米克马克人可以得到经济援助（在健康、住房、教育和儿童福利方面）

以及经济发展贷款，这是所有得到联邦政府承认的部落都能得到的。此外，他们还获得了一笔特殊的资金，用以在缅因州购买一块5000英亩的土地。

由于联邦政府的大力资助以及活动的迅速扩展，这个拥有500名成员的队群很快就被复杂的官僚法规弄得不知所措，这些规章制度正在支配着他们的生存。由于没有正式制定过基础性的规章来决定究竟哪些人可以申请成为部落成员并且无视联邦政府颁布的管理条例，数以百计的新成员被随意添加进了部落名单。

到1997年为止，阿鲁斯图克队群的人口已经膨胀到将近1200人。同时，米克马克人的传统主义者开始用怀疑的眼光看待那些后来进入队群名单的人，质疑他们的合法性。双方的冲突逐渐升级，甚至威胁到该部落的存在。于是，部落首领便邀请我来严格评估该部落半数以上的成员资格诉求。1999年初，我查阅了几百个在部落成员资格上有问题的人所递交的亲族记录。几个月后，我向米克马克人社区提交了最终报告。

在进行了传统的祈祷、焚烧香草、击鼓，享用了一餐传统的三文鱼和北美麋宴后，我正式宣布了我的发现。根据官方的标准，除了原成员的约100个直系后代，只有150多名新加入者符合最低要求，剩下数百人将被从部落名单上移除。接着，人们又开始唱歌、击鼓，进行结束时的祈祷，米克马克人的这次聚会最终结束。

20年后的今天，得益于经过验证的程序和繁衍，这一队群的成员人数已经超过了1200人，并且运行良好。它已购入了约3200英亩的土地，包括靠近普雷斯克岛的一块小型保留地，它现在是大约300个米克马克人的家。同时落户于此的是一间新的部落管理办公室、一个卫生所和一个文化中心。

从世系群到氏族

随着时间的流逝，世系群代代相传，新成员不断降生，亲族群体的成员资格可能会因规模太大而难以管理，或因人数太多而导致该世系群的资源不足。每当这种情况发生时，就如我们在中国的宗族中看到的那样，裂变便发生了，也就是说，原先的世系群会分裂成新的、更小的世系群。通常，新世系群的成员会继续承认其与原来的世系群之间的联系。这一过程的结果是一种更大型的继嗣群体的出现——氏族。

正如前面已经提到的那样，氏族——通常由若干个世系群组成——是扩大了的单系继嗣群体，其成员声称他们源自同一个遥远的（常常是传说的或虚构的）祖先，但无法追溯到他们与那个祖先的清晰准确的谱系联系。这是因为氏族的谱系源远流长，其开基始祖生活的年代太过久远，以至于子孙们只能通过猜测来追根溯源，而无法了解详细情况。氏族和世系群的另一个不同之处是：世系群的核心成员经常（虽然并不总是）居住在同一个地方，而氏族一般没有这种居所上的统一性。

不过，氏族与世系群一样，继嗣也可以是父系的、母系的或双边系的。霍皮印第安人是母系氏族的一个例子，而中国汉族社会和本章开篇图画所示的苏格兰高地民族则提供了父系氏族的例子。苏格兰高地氏族只通过男性追溯一位共同的男性始祖，他们通常会通过前缀Mac或Mc（在古凯尔特语中意为某人的儿子）来确认氏族身份，比如麦克唐纳（MacDonald）、麦克雷戈（McGregor）和麦克林（Maclean）。

由于氏族成员居所分散而非集中，氏族几乎不持有有形的财产。相反，氏族往往是举行庆典和政治活动的单位。只有在某些特殊场合，氏族的成员才会为了一些特定目的而聚集在一起。

然而，氏族也可以执行一些重要的整合功能。与世系群一样，氏族也可以通过外婚制来规范成员的婚姻。由于氏族成员分散居住，所以氏族还允许个体加入除自己群体之外的其他地方群体。氏族成员通常要为同族的其他人提供保护，彼此友好地相处。由于缺少像世系群那样的统一居处，氏族常常依靠一些象征的符号——动物、植物、自然力量、颜色和特殊物品——来促进其成员的团结，并为自己提供一种现成的认同方式。这些符号被称为图腾，通常与氏族的神秘起源有关，能够强化氏族成员对共同血统的意识。

图腾这个词源自奥吉布瓦美洲印第安语单词“ototeman”，意为“他是我的亲属”。英国人类学家A.R.拉德克利夫-布朗（A.R. Radcliffe-Brown，1930）将图腾崇拜（Totemism）定义为“在社会和对社会生活中十分重要的植物、动物及其他自然物之间确立的特殊系统与关系的一整套习俗和信仰。”例如，澳大利亚中部的阿兰达人（Arunta）相信每个氏族都是神话中的灵兽的后代。

加拿大西北部的美洲原住民，比如太平洋沿岸的钦西安人（Tsimshian），也会使用图腾动物来标示他们的外婚母系氏族，但他们不会宣称这些生物是神话中的氏族祖先。在这些沿海的印第安人中，个体从其母亲那里继承他们的家族归属。同样，钦西安人组成了母系的“家族群体”，这个共同的亲属群体被称为waap（wuwaap的复数形式）。通常，每个村庄都有20来个这样的房子，它们按照重要性被排列。这些钦西安人的房屋组形成了一个更大的外婚母系氏族，共有四个这样的氏族，它们被用动物表示：黑鲸、狼、鹰和大乌鸦。她们的房屋顶上有这些动物雕饰，还有几种其他动物，通过这些，人们象征性地标示出氏族的神话和历史，并确认各自的权利要求和特权，它们被展示在母系氏族居所前的巨型不朽的红杉树图腾柱上（Anderson，2006）（图20.5）。

在现代工业及后工业社会中，我们可以看到图腾崇拜的衰退性变种，在这些社会中，运动队常常被冠以熊、狮和野猫等凶悍的野生动物的名字。在美国，这种例子还包括代表民主党的驴和共和党的象，以及“麋鹿”“狮子”和其他兄弟会组织及社会组织的动物标志。然而，这些动物标志，或者说是吉祥物，并不包含氏族这一继嗣观念和强烈的亲属意识，它们也不涉及任何与氏族图腾相关的各种传统礼仪。

胞族和半偶族

更大规模的继嗣群体是胞族和半偶族（图20.6）。胞族（Phratry，源自希腊语“brotherhood”，意为“兄弟会”）是由至少两个氏族构成的单系继嗣群体，据说这两个氏族拥有一个共同祖先，但其真实性并不被重视。与氏族中的个体一样，胞族中的成员也不能精确地将其继嗣关系追溯到一个共同祖先，尽管他们坚定地相信这样的祖先是存在的。

如果整个社会只被分成两个主要的继嗣群体，那么无论它们是氏族还是胞族，其中的某一个群体都会被称为半偶族（源自法语单词moitié，意为“一半”）。半偶族的成员相信自己拥有一个共同的祖先，但他们无法通过确切的谱系联系来证明这一点。一般说来，世系群和氏族成员之间的亲属感情要比胞族和半偶族成员之间的亲属感情更强，这可能是由于后者规模更大、更加分散。

来自不同氏族的人们彼此之间的亲属感情通常较弱，因此，半偶族制度是一种文化发明，它能将氏族凝聚进一个义务的施—授社会网络，以保持以氏族为基础的社区团结在一起。也就是说，通过氏族群体之间的制度化的互惠行为，半偶族制度会把那些可能没

图 20.5　钦西安人正在竖立图腾柱

在太平洋西北部的一些美洲原住民社区中，人们传统上会通过竖立图腾柱来纪念特定事件。这些壮观的纪念碑由高大的雪松雕刻而成，它们展示了氏族或世系群的仪式财富，并会被当作标杆醒目地放置在房屋正前方，或被当作墓地的标志，或被放置在其他一些具有重要意义的地方。这些彩绘的雕塑通常是叙述传说中的祖先和神话中的动物，它们象征性地代表了一个继嗣群体在社区中的文化地位和相关特权。图中是鹰氏族的成员、雕刻师大卫·伯克利斯（David Boxley）送给社区的图腾柱。

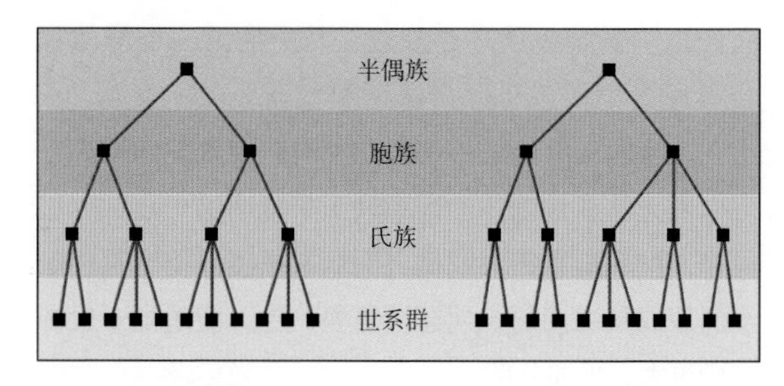

图 20.6　继嗣群体

这张图展示了组织化的层级体系中的半偶族、胞族、氏族和世系群。半偶族可以下分为若干胞族，胞族又下分为氏族，氏族又可以分为世系群。

有充分投入的家庭也团聚到一起。

与世系群及氏族一样，胞族和半偶族通常实行外婚制，通过婚姻使成员彼此联系在一起。另外，与氏族一样，它们也赋予其成员加入其他社区的权利。在一个并不包含某氏族成员的社区里，其胞族成员仍会热情地接待他。最后，半偶族之间也许会提供互惠的服务。在他们当中，如果一个半偶族中的某个成员死了，人们就会去请社区中另一个半偶族的成员来参加必要的仪式。半偶族之间的这种相互依赖性，有助于维持整个社会的凝聚力。

母系氏族群体之间制度化互惠的原则被组织进了两个相等的半偶族中，这可见于南美洲亚马孙热带雨

图20.7　半偶族的村庄生活

传统上，很多生活在南美洲热带雨林中的亚马孙印第安人居住在按社会意义被分成若干部分的环形村落中。图中，我们看到的是摄于1970年的卡内拉印第安人的艾斯卡尔维多（Escalvado）村庄。这个村子有300米（约165英尺）宽。这个社区的“上层”半偶族住在西面。卡内拉部落总共有近1800个成员，节日期间，他们几乎都住在村子中，但在其他时候他们基本上都会分散到自己较小的、围绕农田而建的环形村落中。这个大环形村落的后面是一个被遗弃的较小的村庄，在首领组织建设大环形村落前，一些部落成员曾住在那里。传教士建造了贯穿其中的道路。

林中许多传统印第安村落的环形聚落模式（图20.7）。占据村子二分之一面积的氏族住所是外婚半偶族所有的，另一边的氏族住所则为另一个半偶族所有。由于他们的氏族通常是母系的，在这种亲族秩序社区中，制度化的互惠规则传统上要求女子与一个居住在村子里、她的住所对面的房子里的男子结婚，之后男子将会搬进她的氏族祖屋。然而，他们的儿子终有一天需要从其父亲所属的半偶族里寻找妻子，并搬去其父亲的母亲所在的村庄。因此，制度化互惠中的半偶族制度就像一个社会“拉链”，它能使氏族进入一个循环往复的交换关系圈。

双边亲属关系和亲类

尽管父系或母系继嗣群体在许多文化中都很重要，但它们并非出现在所有社会中。在某些社会里，我们会碰到亲类这一扩大的亲属群体——以双边继嗣为基础构成的一群血亲。亲类不是横向的，而是直系的——包括那些与自我（追溯各关系程度的核心个人）共享父系与母系中各一个祖先的人，如他的祖父母曾祖父母，甚至是高祖父母。因此，根据上溯的年代，亲类可能会包括个体8个曾祖父母的后代，有时候甚至会包括16个高祖父母的直系后裔（图20.8）。

在那些重视小型家庭单位的社会里（通常是核心家庭或单亲家庭），双边亲属关系和亲类组织很可能会相伴而生。在现代工业及后工业社会中，在新兴市场经济所属地区，以及在全世界范围内存续至今的觅食社会中，我们都能看到这一现象。

大多数欧洲人和他们的后代都很熟悉亲类：那些属于某个亲类的人被简单地叫作“亲戚”。亲类往往包括出现在家庭婚礼、聚会和葬礼等重要场合的，与家庭双边都有血缘关系的亲属。例如，在爱尔兰、波多黎各和美国，几乎每个人都能认出自己的亲戚，从祖父母（甚至曾祖父母）到第一代堂兄弟姐妹和侄子、侄女。少数人甚至还能够辨认出远房堂表亲，但超出那个范围之后，就很少有人能够识得了。

在具有双边继嗣的传统社会中，其他“直系亲属”成员会被召唤在一起，发挥着重要作用。若亲类中的某人遭到伤害，亲类就会进行报复或寻求正义。他们会帮着筹集保释金、作证或帮助补偿受害者家庭。如果涉及抚恤金（赔偿给受害者亲属的现金），直系亲属还有权共享。在这样的社会里，强盗团伙或者贸易集团可能会由亲类组成，他们一起执行某项特定的职能，聚集起来共享成果，然后解散。亲类还能作

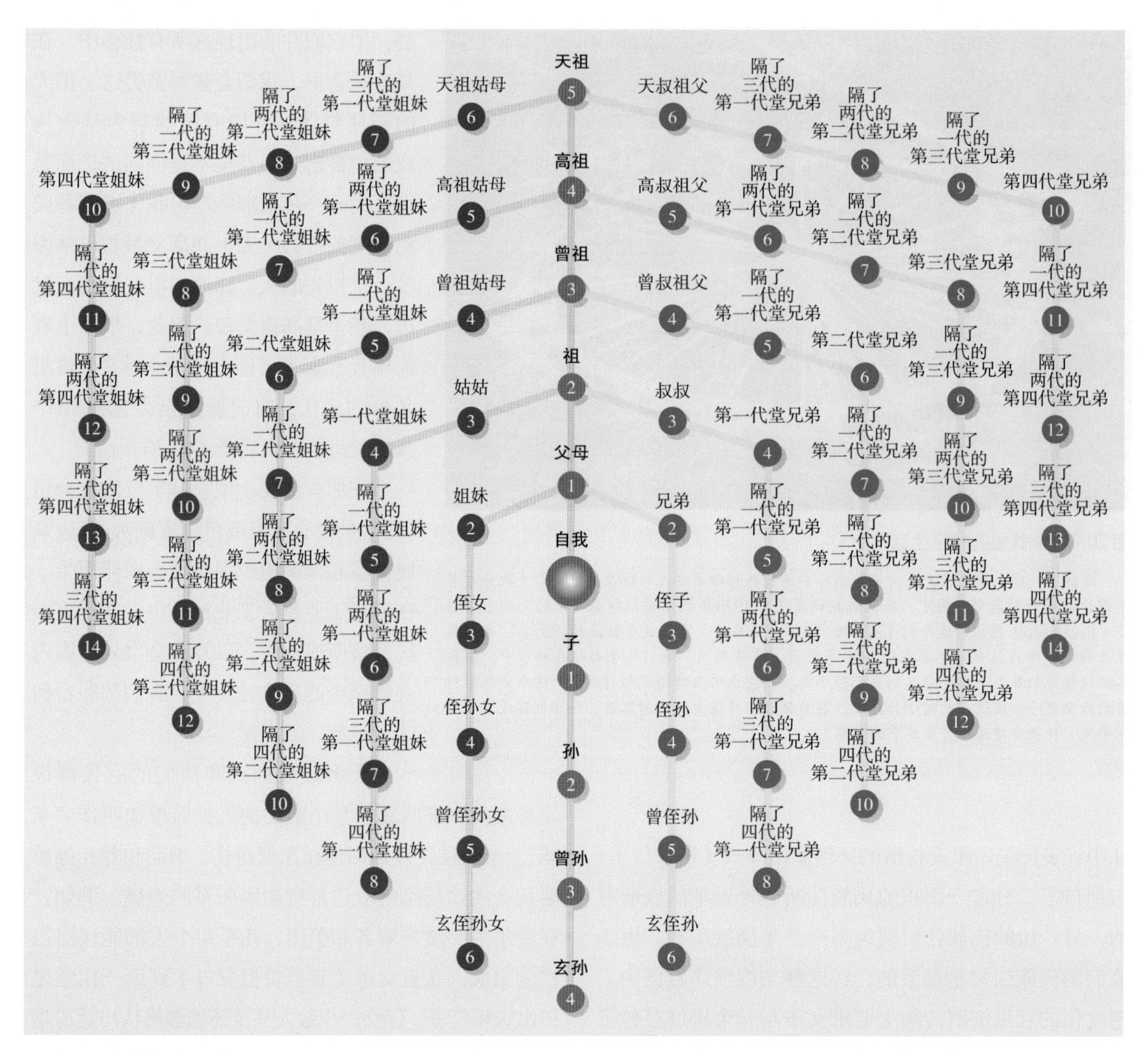

图20.8　自我及亲类

亲类指的是个体与其他家庭成员之间确切的血缘关系。这不仅决定了个体对亲属应尽的社会义务，还决定了个体拥有的权利。例如，当一个富有、寡居且无子女的妇女去世却又没有留下遗嘱时，她家族中特定的健在成员有权合法地继承她的财产。

为一个礼仪群体发挥作用，比如在某些生命仪式或其他过渡礼仪中。最后，亲类可以通过外婚制规范婚姻。

除同胞兄弟姐妹之外，亲类对于任意两个人来说都是独一无二的，并且以自身为中心。除了以自我为核心的亲类，每个人都从属于几个亲类，他们的成员身份有着不同程度上的重叠。因此，作为亲类中的一员，每个人都可以向他或她的亲类寻求援助，同时，也可能被他人寻求帮助。

亲属称谓和亲属群体

任何把有亲属关系的人组织成不同群体的制度——无论是亲类、世系群，还是氏族——都会影响到人们对亲属的称谓。亲属称谓制度在不同的文化之间具有巨大的差异，它反映了个体在其社会中的地位，还有助于使一个亲属与另一个亲属区别开来。区分因素包括性别、辈分差异或谱系差异。在各种各样的亲属称谓制度中，强调这些因素中的任何一个因素都有可能会导致忽视其他因素。

通过研究特定社会中人们称呼其亲属的称谓，人类学家可以确定亲属群体的结构、识别重要的关系，有时还可以解释对各种关系的普遍看法。例如，许多语言都使用相同的称谓来指代兄弟和堂表亲，而一些其他的语言则会用专门的词语来表示堂表亲、侄女、外甥女及侄子和外甥。一些文化认为，把最年长的兄弟与较年幼的兄弟区分开来很有用，于是，这些兄弟就有了不同的称谓。与英语不同，许多语言都会把母亲的姐妹与父亲的姐妹分开来称呼，而非笼统地称之为aunt。

撇开受到强调的因素不谈，所有的亲属称谓都完成了两项重要的任务。首先，它们把相类似的人分到了同一个具体的范畴之下；其次，它们把不同类的人分到了截然不同的范畴之下。一般而言，两个或更多的对某一个体具有相同权利和义务的亲属共用一个称谓。这个现象存在于大多数说英语的北美人中，比如，那里的人会把母亲的姐妹与父亲的姐妹一概称为aunt。就说话者所指称的两种亲属而言，她们具有同等的地位。

基于上面提到的原则，产生了若干种不同的亲属称谓制度——包括因纽特制、夏威夷制、易洛魁制、克劳（Crow）制、奥马哈（Omaha）制、苏丹制、卡列拉（Kariera）制及阿兰达制，每一种亲属称谓制度的命名都源自人类学家最早或描述得最准确的民族志范本。后面的五种因其复杂性而令人着迷，它们只存在于世界上极少数社会中。然而，为了阐明亲属称谓制度中所包含的一些基本原则，我们将把精力主要放在前面三种制度中。

因纽特制

因纽特制在全世界所有亲属称谓制中比较少见，它是当代大部分欧洲人、澳大利亚人和北美人使用的亲属称谓制度。它也被一些原住民中的觅食民族所使用，包括因纽特人和其他北极民族，这一制度因此得名（图20.9）。

这种因纽特制有时也被叫作直系制，它强调核心家庭，特别区分出对母亲、父亲、兄弟和姐妹的称谓，并把其他的所有亲属归入几个宽泛的范畴（图20.10）。例如，父亲和父亲的兄弟是得到明确区分的，但是父亲的兄弟和母亲的兄弟是不被区分的（他们都被称作uncle）。母亲的姐妹和父亲的姐妹也一样，都被称为aunt。此外，uncles和aunts的儿子和女儿都被称为cousin，这种方式造成了一种代际区别，但它并不指明他们来自家庭的哪一方，甚至也不标明性别。

与其他称谓制度不同，因纽特制为核心家庭的成员提供了单独而明确的称谓。这可能是因为因纽特制通常存在于双边亲属社会中，在双边亲属社会中，占支配地位的亲属群体是亲类，只有直系亲属成员才在日常事务中起重要作用。这特别符合现代欧洲和北美社会的特点，在这些社会中，许多家庭是独立的——除了仪式性的场合，他们总是和其他亲属分开居住，也不直接与他们交往。这样，这些民族通常只区分他们最亲密的亲属（父母和同胞兄弟姐妹），而把家庭双方的其他亲属都归到一起（称为aunt、uncle、cousin）。

图 20.9　格陵兰岛的因纽特人家庭

格陵兰岛的因纽特人是居住在阿拉斯加、加拿大、格陵兰岛和东西伯利亚等北极地区的大型因纽特群体中的一个。虽然他们讲不同的语言和方言，但他们共享一种基于狩猎和捕鱼的传统生活方式，在这些群体中，核心家庭是主要的社会单位。同样，他们的亲属称谓制度明确地区别“自我”的父亲、母亲、兄弟和姐妹，并将其他亲属归为几个宽泛的类别，这些类别并不区分他们来自家庭的哪一方。图中，一个因纽特人家庭在格陵兰岛利马纳克（Ilimanaq）村附近的一个岛上吃烤海豹。

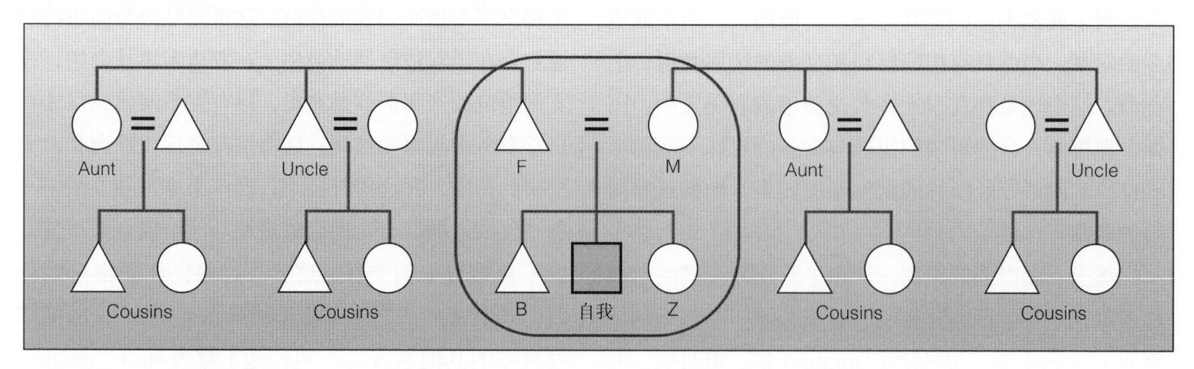

图 20.10　因纽特亲属称谓制

这一亲属称谓制度强调核心家庭（用红线圈出来的部分）。自我的父母与自我父母的兄弟姐妹是不同的，自我的同胞兄弟姐妹与表/堂兄弟姐妹也是不同的。然而，父亲的兄弟姐妹和母亲的兄弟姐妹，以及他们的后代之间是没有区别的。

夏威夷制

夏威夷制（正如其名字所暗示的那样）在夏威夷和太平洋中部的其他岛屿很普遍，它也存在于其他地方。它是最简单的亲属称谓制，因为它使用的称呼很少。夏威夷制又称世代制，因为同代同性别的亲属都被用同一称呼指称（图20.11）。例如，在某人父母那一辈，被用来称呼某人父亲的那个词也被用来称呼其父亲的兄弟和其母亲的兄弟。同样地，某人的母亲和其母亲的姐妹，以及其父亲的姐妹也都被归于同一个称呼之下。在“自我”这一辈里，堂表兄弟和堂表姐妹被通过性别来区分，而且等同于兄弟姐妹。

夏威夷制表明不存在强大的单系继嗣，父亲和母亲方的成员或多或少被视为是平等的，所以，“自我”父母亲双方的同胞兄弟姐妹之间就有一定程度的相似性，并被合并在同一个适合于他/她们性别的称呼之下。同样，“自我”父母亲的同胞兄弟姐妹的子女也以相似的方式与“自我”相联系。由于这些人属于乱伦禁忌的对象，他们也就被排除在潜在的婚姻伴侣之外。

易洛魁制

在易洛魁制里，父亲和父亲的兄弟被用同一个词来称呼，母亲和母亲的姐妹也被用同一个词来称呼；

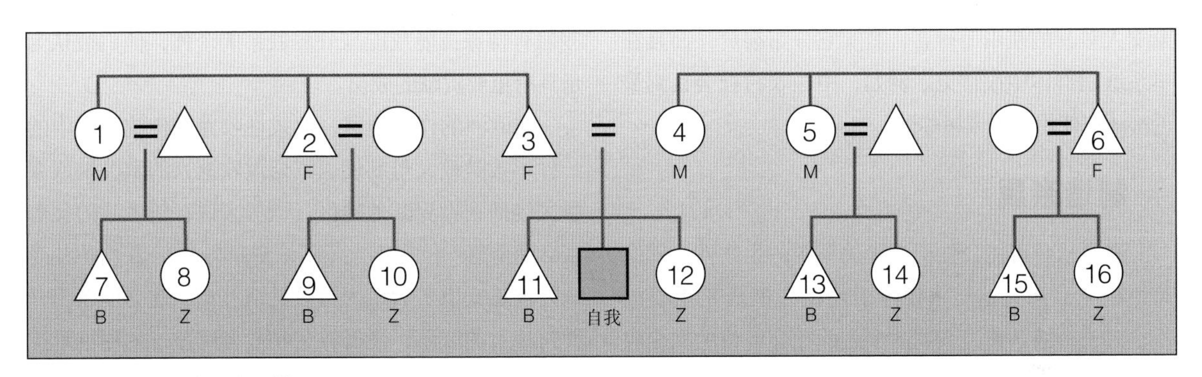

图20.11　夏威夷亲属称谓制

标有数字2和6的男人，都被自我称作父亲（和3号一样）；而标有数字1和5的女人都被自我叫作母亲（和4号一样）。自我这一辈的所有表堂兄弟姐妹（从数字7到16）都被自我视为兄弟（B）姐妹（Z）。

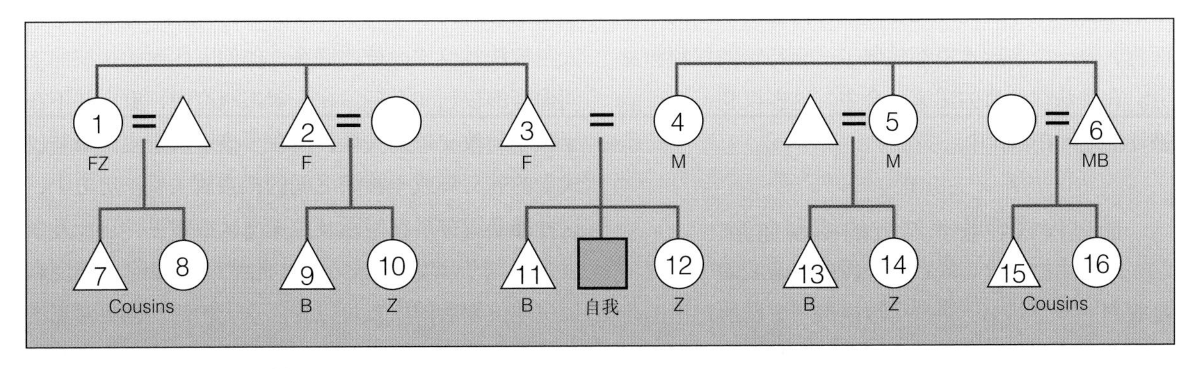

图20.12　易洛魁亲属称谓制

根据易洛魁人的亲属称谓制度，自我父亲的兄弟（2）还是会被称作父亲（3）；自我母亲的姐妹（5）还是会被称作母亲（4）；但标有数字1和6的人却拥有自己独立的称谓。那些标有数字9～14的人都被视为亲兄弟姐妹，但7、8、15和16却被认为是表兄弟姐妹。

但是，父亲的姐妹和母亲的兄弟有其单独的称谓（图 20.12）。在“自我”这一辈里，同一性别的兄弟、姐妹和平表兄弟姐妹（与父母同一性别的兄弟姐妹的子女，即母亲的姐妹或父亲的兄弟的孩子）共用同一个称谓。考虑到他们是与“自我”的亲生父亲和母亲属于同一个范畴的人的子女，这样的称谓方式是完全合乎逻辑的。用于称呼交表兄弟姐妹（与父母性别相反的兄弟姐妹的子女，即母亲的兄弟或父亲的姐妹的孩子）的词把他们和其他所有亲属区分开来。事实上，交表兄弟姐妹往往是人们偏好的配偶，因为与他（她）们联姻能再次确认相关世系群或氏族之间的联盟。

易洛魁亲属称谓制，因北美洲东北部的易洛魁印第安人对其的使用而得名，其实它分布很广，而且在单系继嗣群体中很常见。例如，中国农村社会直到最近都还在使用这种亲属称谓。

制造亲属

许多社会可能会强调血缘关系中的生物性，就像英语中“血亲”这一术语所表明的，但真正重要的是，对一个被认定为亲属的个人的社会地位的文化界定，以及他作为亲属群体中其他人的女儿、儿子、兄弟或姐妹时，所拥有的权利与义务。这就是所谓的“联系在一起”的真正含义，也是其符号意义与实践结果的来源。对于被此种文化标签进行社会识别的个体而言，每一个亲族术语都强调了一套特定的权利和义务。在受法律约束的国家社会中，这些权利甚至可能被详细地列在法律中。

通过仪式性收养结成的拟制血亲

让在生物上没有联系的个体成为亲戚的一个例子是收养——正如上一章“全球视野”专题所讨论的跨国收养那样。收养是个由来已久、广泛存在于世界许多社会中的文化实践。

从历史上看，家庭与氏族不时面临着生存挑战，有时会与其他社会发生战争，并从中获得俘虏——有时是年轻男子，但更多的是妇女和儿童。这些俘虏之后会被收养。这种情况曾发生在美洲东北部地区的易洛魁印第安人中。在17世纪和18世纪，他们经常把战俘以及其他有价值的陌生人——包括欧洲殖民者——吸收进他们的亲族群体中，以弥补战争和疾病造成的人口损失。一旦这些新来人员通过仪式被收养，他们就获得了与那些真正在这些家庭里出生的人同样的先赋地位，并在成员被替换掉后，通过同样的亲属称谓获得认同。

如今，这在传统社会里也并不罕见，尤其是在亲族社会中，氏族或家庭的首领会收养外人，特别是那些拥有特殊技能或能与外界联系的个体，他们被认为是具有重要贡献的成员。

在欧洲的许多地区，仪式性收养在传统实践中的一种形式是教父母制度，它通过欧洲人的殖民地或聚居区传播到世界其他地区。一般来说，新生儿的父母亲会邀请另一位成年人（不论亲属与否），在新生儿受洗并被正式取名后成为其教父或教母。这会创造出一种精神上的联系，使得教父和教母对孩子的福祉承担共同的责任（图20.13）。

在这一制度的诸多变种中，有一种是干爹娘制度或者说养父母制度，尤其是在拉丁美洲，干爹娘制度是指孩子的父亲和/或母亲与教父和/或教母通过罗马天主教洗礼仪式而彼此联系；他们因此而承认彼此之间确有的权利和义务。在干爹娘制度中，重点并不在于孩子与教父母的关系，而在于孩子的亲生父母与仪式上的养父母或干爹娘之间的拟亲属关系。历史上，这种准亲属关系在南欧及拉美地区很常见，它涉及亲生父母与干爹娘或养父母彼此帮助的协约。社会和经济地位相当的朋友可以签订这一协约。但更常见的是，在缔造协约的双方中，一方比另一方更为富有、拥有更高的社会地位和政治地位（Wolf & Hansen，1972，pp. 131-132）。

图20.13　婴儿洗礼仪式上的教父和教母

除了家庭内部，人们还可以通过收养获得亲戚。认教父是一种仪式性收养，教父接受了对其他人孩子的某些持久的义务。通常，这包括举办孩子的洗礼，洗礼仪式可以表明其与孩子在精神上的关系。在这一制度的诸多变种中，有一种是干爹娘制度或养父母制度，在拉丁美洲尤其常见。图中是玻利维亚的一个小教堂，一位天主教牧师正在孩子的父母和教父的陪伴下给孩子洗礼。

亲属关系与新生殖技术

当今生育技术的进步也为制造亲属带来了新的机遇。正如前一章中所定义的，新生殖技术是一种生殖的替代途径，比如体外受精。自1978年世界上第一个试管婴儿诞生以来，成千上万的孩子在没有性交的情况下于子宫外被创造出来——各种新技术成了生殖程序的组成部分。

这些技术开辟了一系列令人惊异的生殖可能和社会关系。例如，一个孩子源自某个妇女所捐赠的卵子，该卵子被植入了另一个妇女的子宫，孩子出生后被第三个妇女所抚养，那么谁才是孩子的母亲呢？使问题更加复杂的是：这枚卵子可能受精自一个没有与这些女性结婚或发生性关系的捐赠者的精子。的确，已经有人提出，在当今不断变化的社会中，约有12个不同的现代亲属类型被包含在母亲和父亲的概念中（Stone，2005）。

显然，新生殖技术改变了我们先前对父母亲身份及亲属关系的固有观念。这些技术迫使我们反思：与他人有生物上的联系意味着什么。此外，它们使我们理解了人类创造亲属的能力，它不仅令人觉得震撼、巧妙，还令人着迷。

思考题

1. 成千上万的苏格兰人和全球具有苏格兰血统的人每年都会与氏族聚在一起庆祝传统节日。你有没有留意过自己的远房亲戚或祖先，你会把自己的文化遗产传给下一代吗？

2. 在现代工业和后工业社会中，人们通常认为个人的自由、个性和隐私对幸福而言至关重要。考虑到传统非国家社会中亲属关系的社会功能，你觉得这种观点为何是非社交的，甚至是危险的自私主义？

3. 在一些北美印第安人的语言中，表示孤独的英语词汇被翻译成“我没有亲戚”。这是否告诉了你传统文化中亲属的重要性？

4. 如今，许多人利用社交媒体与亲戚、朋友、同学和同事保持联系。在你的社交媒体网络中，人们的地理位置在哪里？你在现实社会中多久见他们一次，这与线上互动有何差异？

深入研究人类学

名字里有什么？

一种文化的亲属术语系统提供了一个快速且至关重要的洞察群体社会结构的方法。这对于传统的觅食者、牧民和农民来说尤其如此，但它在全球化时代的工业社会和后工业社会中仍然很重要。通过与互联网相连的计算机和移动设备，移徙工人、难民、外国学生、流散社区成员以及其他分散在世界各地的亲属继续参与家庭事务。在你的家庭、邻居或朋友圈中，找出一位血亲和/或近亲并不都住在同一个社区、地区甚至国家的人。采访那个人（“自我”），描绘他或她的亲属群体。确定自我是如何与每个成员相关联的，并注意为什么这些人对自我来说很重要。接下来，询问他或她用以区分这些亲属的亲属术语。最后，将这些亲属术语与亲属类型（如母亲的父亲的姐姐的儿子或兄弟的妻子的女儿等）进行匹配。最后，运用本章所学习的相关人类学概念对该系统进行分析。

挑战话题

除了亲属和家户关系，人们还拓展了社会网络以应对生存方面的大量挑战。他们根据共同的身份、利益或目标组成群体，其成员身份可以是强制的，也可以是自愿的。个体一起互动合作并克服困难。集体行动会增强彼此的联结关系，并减少分裂和矛盾。体育运动等游戏项目也会带来类似的效果，运动员在团体内或群体之间展示他们出众的生理或心理技巧，同时展现了他们文化的核心价值观。许多体育运动项目源于战争，人们会向对手展示自己的技巧和耐力。图中可以看到阿富汗骑士正在进行马背叼羊比赛，有时，为了一只无头山羊的躯干，会有多达200位骑士展开激烈竞争。参与竞赛的骑士从运动场一端终点的标记处捡拾山羊残骸后，会将其扔到另一端的得分圆圈内。人们在特殊的节日里为了荣誉和奖金而竞争，这项全国性运动的所有运动员和观众都是男性，这反映了阿富汗文化中的性别隔离。

第二十一章 以性别、年龄、共同利益和社会地位划分的群体

学习目标

1. 用人类学的例子解释以年龄和性别为基础的社会群体是如何形成的。

2. 识别不同类型的共同利益群体，并注意这些群体在扩展超越亲属、朋友和邻里的个人社交网络方面的作用。

3. 区别平等社会和等级社会，并举例说明。

4. 描述社会向上和向下流动的可能性及局限性。

5. 评价阶级、宗姓、种族在等级社会中结构上的异同。

6. 认识社会流动在不同类型社会中的机会和挑战。

人类学家给予了亲属制度和婚姻制度大量关注，它们是所有社会的组织原则，并且通常是无政府社会秩序的基础。然而，由于亲属和家户纽带并不总是能够应对人类生存的所有挑战，人们还根据性别、年龄、共同利益和社会地位组成了其他群体。

以性别为基础的群体

如前面章节所述，以性别为基础的劳动分工存在于所有人类社会中。在一些文化中，有许多任务是男女共同承担的，人们可以毫不费力地完成通常会被分配给另一性别的工作。在另一些文化中则不然，男女各自要做的事情被严格区分开。例如，在许多海洋文化中，外出捕鱼、捕鲸及货船上的海员通常都是男性。例如，在西班牙沿海的巴斯克（Basque）渔民、阿拉斯加的尤皮克因纽特捕鲸者以及东非海湾的斯瓦希里商船中，我们都发现了临时的完全由男性组成的团体。这些海员通常将他们的妻子、母亲、女儿留在母港，有时出海一次就是几个月。

明确根据性别进行划分的群体也出现在很多传统园艺种植社会中，例如，在巴西亚马孙雨林中的蒙杜鲁库印第安人中，男女工作、吃饭、睡觉都是分开的。从13岁起，男性共同居住在公房中，妇女、女孩和未成年男孩则居住在男性公房周围的几间房子里，即男性和男性交往，女性则和女性交往。

在父系氏族的组织下，蒙杜鲁库人相信他们的守护神居住在由空心木柱制成的神圣喇叭（Karökö）里。人们认为这些神灵可以保护社区免受伤害，还可以保护大量野生动物。这些喇叭完全由男性控制，在形式上带有阴茎的性质，是专属于男性

崇拜的核心特征之一。作为象征男性权力的宝物，这些喇叭被小心地保护着，被藏在男人公房旁边一个神圣的小屋里。

在蒙杜鲁库人的神话中，两性的角色曾与现在相反：女性统治着男性，掌管着象征着权力的神圣喇叭，它同时也代表了女性的生产能力。但是，由于女人不能狩猎，无法供应占有着这些喇叭的神灵所需要的肉食，这使得男人从女人那里将喇叭夺取了过来，并把它藏了起来，他们通过仪式建立了自己的支配地位（Murphy，1959）（图21.1）。

年龄分组

和性别一样，以年龄分组也是基于人类生物学的分类，因此它也是一种文化通则。所有的人类社会都识别出了许多人生阶段。即使是以最简单的形式来区分未成熟人群、成年人和老年人也是很重要的。这些阶段的划分和持续时间随文化的不同而不同，但是，每一个阶段都提供特别的社会角色，并且具有特定的文化特征，例如关于活动参与、态度倾向、责任和禁忌的特殊模式。

在许多工业社会和后工业社会中，老年人常常被孤立和轻视，但在许多传统社会中，老年是一个人最受尊重的时期（对妇女来说，它可能意味着在社会上第一次与男性平等）。极少会有年长者被排挤或被抛弃。即便是以狩猎迁移著称的加拿大北极地区的因纽特人，也极少抛弃他们年老或年幼的亲属。这些迁徙群体只有在生存物资极其匮乏的绝望境况中才会这么做。在所有有口述传统的社会中，年长者是他们世代积累智慧的宝库。人们认识到了他们的作用，并不期望他们再去参与很多生计活动，老人在为他们的孙子辈传授文化知识方面起着重要作用。

在很多文化中，个体在某一年龄阶段的社会地位，是通过衣着、身体彩绘、文身、徽章或其他一些象征性特征来标识的。通常，这些人生阶段会被用以

图21.1 亚马孙人的神圣喇叭

以性别为基础的群体在蒙杜鲁库人和许多其他亚马孙印第安人社会中很常见，如图所示的亚瓦拉皮提人（Yawalapiti），他们居住在巴西兴谷河区域上端的图阿图阿里（Tuatuari）河边，性别问题在他们的神话和仪式舞蹈中象征性地得到了解决。一个共同主题是神圣喇叭的所有权，它代表着精神的力量，部落的男人们积极地守护着这些喇叭，只有男人才可以演奏它们。传统上，女人甚至不被允许看到这些喇叭。

帮助人们从一个年龄阶段过渡到另一个年龄阶段，以及获得必需技能的传授或经济方面的援助。这些人生阶段也经常被看作形成有组织团体的基础。

年龄分组制度

依据年龄确定成员关系的组织类型被称为年龄等级。进入或转出一个年龄等级可能是由个人单独完成的，有时是依据生理上的区分，如青春期；有时还会依据社会地位，如结婚与否以及是否有孩子等。

同一年龄等级的成员可能有很多相似点：参与相似的活动、有相同的目标和抱负。许多文化中都有一个特定的时间段使年龄等级较低的人能够仪式性地过渡到更高的年龄等级。例如，传统犹太教的受戒礼（bar mitzvah是希伯来语词汇，意思是戒令之子），它标志着一个13岁的小男孩已经到了履行宗教责任和义务的年龄。Bat mitzvah是戒令之女的意思，是与之相似的女孩参加的仪式。

高年级的成员通常期望得到低年级成员的尊重，并承认自己对年幼者负有一定的责任。但这并不意味着某一个年级更好或更差，或是更重要。年级之间可能会有标准化的对抗竞争，例如，大学校园里一年级与二年级学生的竞争。

除了年龄等级，有些社会以年龄组著称，一个年龄组由在某一个时间段内出生的人组成，他们会共同度过一系列的年龄阶段，同一年龄组的成员通常一生都会保持着亲密关系。这与北美广泛流行的一种非正式的年代分组方法类似，但又不同，北美将在某一时间框架内出生的一代人进行分组，例如：1946—1964年之间的婴儿潮一代，1961—1981年之间的X世代，1982—2000年的千禧一代或互联网一代。

年龄组的概念暗含着非常强的忠诚感和相互支持。因为这些群体可能拥有共同的财产、歌曲、徽章设计、仪式，并且，它是为了集体决策和领导而被组织的，年龄组不同于简单的年龄级。

东非的年龄分组

虽然在世界上许多地方，年龄都是划分群体成员的标准，但是对它最复杂最多变的运用却出现在东非的一些游牧部落中，例如生活在肯尼亚的马赛人（Maasai）、桑布鲁人（Samburu）和蒂里基人（Tiriki）（Sangree，1965）。这些群体都有标志着从一个年龄组过渡到下一个年龄组的类似仪式（图21.2）。

在蒂里基社会中，15岁以下的男孩会加入一个特定的年龄组，一共有7个被命名的年龄组，但每次

图21.2　马赛武士的年龄等级仪式

和蒂里基人、东非其他的游牧民一样，马赛人也建立了年龄组——一种由在一定时间段内出生的人建立的正式群体，他们会共同度过一系列不同的人生阶段。上图所示的公开游行，是肯尼亚西部马赛亚氏族在武士（Morans）阶段来临前举行的繁复的Eunoto典礼。在仪式结束之后，这些男性将会进入下一个年龄阶段——初级成年人，他们会开始准备结婚并组建家庭。同一年龄组的成员会在青年阶段一起加入武士年龄等级。在武士阶段，他们主要负责劫掠其他的牛群（虽然这一古老传统现在是不合法的，但人们仍在实施），保护自己居住的社区和畜圈（保护牲畜不被其他劫掠者或野生动物袭击）。Eunoto典礼包括母亲们为这些武士剃头的仪式，它标志着自由时光的结束和成人阶段的到来。

只有一个会对新成员开放。一个关闭后，下一个就会开始招收新成员，7个年龄组会一直持续105年（7×15）。当第一组的成员纷纷去世，它就会再次开放以招入新的成员。

蒂里基人的年龄组成员一生都在一个组内，他们会共同经历4个连续的年龄等级。年龄等级的提升每隔15年出现一次，恰逢最老的年龄组关闭和新年龄组的开启。

每个年龄组群体都有自己特定的职责和义务。传统上，第一个年龄等级——武士，是国家的守护者，其成员通过战斗获得名望。然而，在英国殖民统治下，随着部族之间战争和劫掠的减少，这项传统职能已经消失了。如今，这一年龄组的个体成员可以离开自己的社区去寻找就业机会或求学，不断寻求冒险和刺激。

下一个年龄等级是年长武士，他们早期很少会有特殊的任务，一般只是学习在以后越来越多的行政活动中可能需要用到的技巧。例如，他们会主持葬礼后的聚会，以处置某人死后留下的财产。传统上，年长武士也会出任不同社区之间的谈判代表。现在，他们几乎掌管着蒂里基中央集权行政官僚系统创立和发展过程中涉及的所有行政管理职务。

司法长者是第三个年龄等级，传统上，他们处理与行政管理相关的事物并解决当地纠纷。现在，他们仍然作为当地的司法机构发挥作用。

仪式长者是最高的年龄等级，他们在主持家户层面的祖先祭奠仪式、亚氏族会议、半年一度的社区控诉和不同年龄等级的入会仪式中发挥祭司的职能。人们认为他们拥有使用特殊魔法的能力。随着过去几十年中祖先崇拜的衰落，上述的许多传统功能已经消失了，也没有出现新的功能。然而，仪式长者在传统的入会仪式中仍然占据最重要的位置，他们作为巫师破除巫术的能力也还是被认可的。

图21.3　共同利益团体

在世界各地无数的共同利益团体中，有一个由中产阶级男性组成的秘密兄弟社团——圣地兄弟会，它于1870年在美国建立，致力于“乐趣、友谊和服务”，以古老阿拉伯贵族组织的秘密圣地命名。今天，它已经是一个在南北美洲、欧洲、东南亚拥有200多个分会的国际性组织。

共同利益团体

随着城市工业化社会的发展，人们往往会与自己的亲属分离，这导致了共同利益团体的激增。这些团体中的成员拥有共同的目标、价值观和信仰，并共同参与特定的活动（图21.3）。还有一些团体植根于共同的民族、宗教，或地区背景。人们由一个国家移入另一个国家后，这些团体可以帮助他们满足一系列的需求，从陪伴到安全的工作条件，再到学习一门新语言和风俗习惯。

许多传统社会中也有共同利益团体，有证据表明，它们是随着第一批园艺种植村落的产生而兴起的。值得注意的是，传统社会中的团体可能和工业社会中的团体一样复杂、高度组织化。

共同利益团体的类型

共同利益团体的多样性也是令人吃惊的，在美国，它们涵盖了运动、业余爱好、公共服务俱乐部、宗教和精神组织、政党、劳工团体、环境保护组织、城市犯罪团伙、私人武装、移民群体、学术委员会、各种各样的男女俱乐部。它们的目标也许是寻求友谊、消遣，推进某种价值理念，或是为了统治管理，或是为了维护地区或全球和平，或者是为了捍卫经济利益。

一些团体旨在保护各个少数民族的传统歌曲、历史、语言、道德信仰和其他风俗。生活在包括美国在内的世界各大城市中的许多非洲移民群体也是如此。今天，大约有25万非洲裔移民生活在纽约大都会区。纽约最大的非洲移民团体来自加纳，它曾是英国在西非的殖民地。通过电子媒介，加纳人可以和亲戚、朋友、归国的人保持定期联系。他们中的大部分是阿善堤人（Ashanti），阿善堤拥有37个最高酋长，它在17世纪70年代就成为建立政治组织的独立国家，历史上，它是一个非常有权力的族群。这个王国由一个拥有Asantehene神圣称号的统治者统治至今，他居住在祖先的王室宫殿里。国王神圣权力的象征是金凳子，人们认为它从天上飘下来后落在了国王祖先的膝上，其中含有阿善堤民族的灵魂。现任国王是一个在英国受过教育、有国际管理经验的商业专业人士。

为了相互支持并保持自己在海外的民族文化认同，阿善堤移民于1982年在纽约组建了美国阿善堤人协会，该协会现在在全美有很多分支。会员宣誓效忠于加纳国王，并在现在生活的城市选举出地方领袖（图21.4）。

犹太人作为另一个少数民族群体，有时会通过象征性的地理边界来建立一种传统的社区连接感。接下来的“原著学习”将提供一个详细的例子，讲述犹太

图21.4 一个在纽约生活的阿善堤领袖

如今，大约有25万在非洲出生的移民居住在纽约市，其中，从加纳来的人要比从非洲大陆其他国家来的人更多。他们中的很多人属于加纳的阿善堤民族，并且是美国阿善提人协会纽约分会的一员。他们宣誓效忠于加纳的传统国王（the Asantehene）并选举出地方领袖。纽约州最新的阿善堤领袖被称为Nana Okokyeredom Owoahene Acheampong Tieku。他用迈克尔（Michael）这一名字在布朗克斯区当会计师。国王派遣了一名加纳高级首领参加他2012年的宣誓典礼。

犹太人的埃鲁夫——公共空间中的象征性场所

苏珊 · 李斯（Susan Lees）

文化人类学家对于地理空间如何变成一个具有文化意义的地方这一点很感兴趣——它指的是一个可以被称作“我们的领地”的区域，或者是为了放养动物、进行体育运动、园艺或仪式崇拜而指定的区域。这些区域有一定的界线，我们可以用外行不容易理解的线或者象征物将它们标示出来。

有时，不同的文化群体可能占有着相同的地理空间，但是，每个群体会分别以本民族熟悉的、有意义的词汇去看待和划分这样的地理空间。我们在地图上可以看到，国界线横穿了传统部落或族群的领地。当然，在许多的城市社区中也能看到，当地人用只有他们自己能感知到的方式划分城市空间。

一个典型的例子是正统犹太人，他们会仪式性地划分社区边界以庆祝安息日（Sabbath observance）。人们在每周的第七天虔诚的进行礼拜和休息，被封闭起来的区域变成了一个孤立的、共享的象征领域。这个象征性的封闭空间被称为埃鲁夫（eruv），也就是私人家户和人行道、街道、公园等公共空间的“结合”，它们在安息日变成了一个大的集体家户。

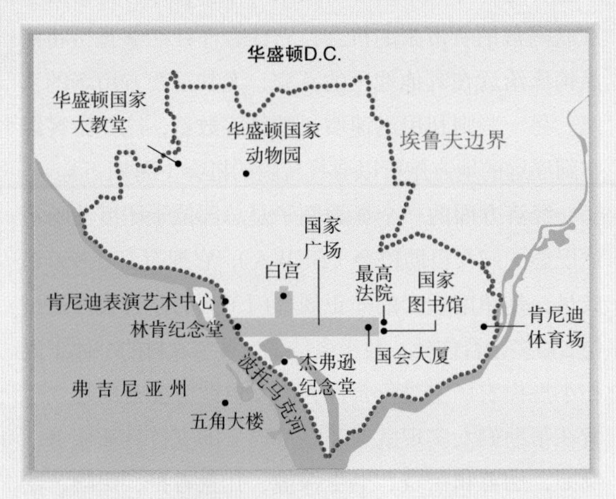

这张图显示了华盛顿地区的埃鲁夫边界，它是世界各地的正统犹太人在城市中创造的一个象征性的封闭空间。

正统犹太社区埃鲁夫的设立是为了适应宗教定义的许多安息日禁令之一的“工作”，包括将物品从私人领地“带”到公共区域，或是相反，以及在公共空间中禁止携带物品行走。在安息日的埃鲁夫中，严守教规的犹太人可以携带物品在整个封闭的埃鲁夫内移动，就像在自己家里一样。例如，他们可以推着婴儿车或轮椅在仪式上封闭的社区内移动。这使得整个家庭都能到犹太教堂参加宗教仪式，不管是小孩还是残疾人，这既保证了人与人之间的社会联系，又保证了对于传统宗教戒律的恪守。

历史上，埃鲁夫的边界是房屋和庭院的墙面，以及封闭社区的围墙。但如今，在没有围墙的地方，社区之间有时会悬起细线或电线，有时会直接用原来就在那里的电线杆上的电线来界定边界。但外人通常不会有所察觉，因为它们是城市景观的一部分。

30年前，在翻阅我母亲的《犹太法典》时，我第一次被埃鲁夫这个主题吸引了，这部法典现在在很多犹太家庭中还能看到。文本中的很大一部分都是安息日的戒律。

作为一名人类学者，我对某些行为实践的解释很感兴趣，因为在如今更大主流文化引诱很强的世界中，它增强着犹太人独特的自我认同。埃鲁夫最吸引我的一个地方在于，它似乎是在创造而不是禁止某种东西。它将一群多样复杂的城市家庭转换成了一个公共的大家庭，不仅是社区，而且是真正意义上的“私人”家庭。这一集体区域边界上的象征性的“墙”不是为了将其他人阻挡在外，而是为了凝聚内部成员，抹去了每个家户之间真实的墙。

埃鲁夫的创造仪式要求其中的一个成员拿起一条面包，并让其他成员也成为这条面包的所有者，一个家户的象征在于共有这种极具象征意味的食物（并非消费）。他们共同居住的埃鲁夫“大家庭”的边界必须是相邻的，只有在象征门道的地方会断开，他们可以像过自己家的门道一样通过它。只要存在这种连续性，他们就可以扩展埃鲁夫以容纳数百数千个房屋。大多数北美犹太人在宗教归属上是改革派的成员（其他主要群体是保守派和正统派），美国犹太教改革派在1846年正式废除属于安息日实践内容之一的埃鲁夫。在我第一次对埃鲁夫这一主题感兴趣的时候，它已经非常少见了。

但是在20世纪70年代早期，60年代美国民权运动后，犹太人的身份认同发生了转变，一些年轻犹太人开始回归到将他们与主流社会区别开来的传统实践中，越来越多地认同犹太文化。在这种背景下，城市和城郊地区出现了一波新的埃鲁夫。

大多数埃鲁夫的建立并没有引起冲突，但是，有少部分引发了激烈的争论。在我的研究过程中，一个有意思的发现是埃鲁夫冲突的两方当事人中都有犹太人，反对建立或重建埃鲁夫的人似乎害怕少数民族聚集区未被同化的人，既不遵从当地的主导思想，又不遵从主流文化，怕他们会在外在和行为上表现得像个“外国人”。2000多年前，犹太教的宗教领袖第一次制定埃鲁夫法典时，当时的迁徙部落（从他们祖先的故土迁徙）如何保持犹太人的共同身份认同这一问题曾是他们的主要考虑之一。

埃鲁夫是一种象征性的策略，它加强了社区的邻里关系，并试图在多样化的社会中为一个特殊群体建立一个有意义的空间。这样的社区认同可能会成为排他性争议的基础，但是，它有利于维护文化传统，并使城市生活更加人性化。

人在现代都市中如何保持他们的文化身份。

男人们和女人们的社团

在一些社会中，女性并没有像男性那样建立共同利益团体，因为女性在男权占主导的文化中处于从属地位，而且女性被包括育儿在内的一系列活动限制在家庭范围内。此外，男性团体的功能，例如参加军事战斗，在文化上常常被认为只适合成年男性，不合适女性。不过，跨文化研究表明，女性往往在她们自己的团体中扮演着重要角色，甚至是在男性占主导地位的团体中。值得注意的是，不断扩张的女权运动直接或间接刺激和促进了女性组织的建立。

妇女权益组织、自我意识提高组织和职业俱乐部是直接或间接受女权运动影响而发展起来的组织。这些组织几乎涵盖了所有的组织结构形式，从最简单的友谊和支持协会到关注全国乃至世界层面的政治、体育、艺术、精神信仰、慈善事业、经济事业的协会。全球女性青年运动的一个例子是世界女童军协会，它于1928年在英国建立，该协会主要支持年轻女性的发展，目前共有1000多万名来自145个国家的年轻女性会员。

在一些发展中国家，尤其是非洲，女性社会团体与男性社会团体相辅相成。这些社团传递经济信息，提供相互支持和精神慰藉。它们也关注妇女教育，以及慈善和财商活动。越来越多的女性社团致力于政治活动。

在世界各地的农村地区，妇女手工业合作协会越来越普遍，并能带来经济成果。很多合作协会得益于互联网营销所带来的机会，它让合作社能够直接将商品销售给远在其他地区的买家，尤其是西方市场的买家。另一些则利用迅速增长的游客数量，这些游客经常到遥远的地方旅行以寻找冒险的机会（图21.5）。

经济方面的一个显著例子是总部位于印度艾哈迈达巴德的妇女自助协会（SEWA），它拥有150多万名成员，是印度最大的非正规部门工人的联合会。通过与250多个合作社、数千名技工、贫穷农村的个体工匠和小规模农场主进行合作，妇女自助协会帮助建立了旨在帮助妇女实现就业和经济自立的支持性质服务，例如，储蓄和信贷、卫生保健、儿童看护、保险、法律援助、能力建设、通信服务等。妇女自助协会的贸

图21.5　秘鲁的妇女纺织合作社

秘鲁的妇女纺织合作社建立在安第斯高原的一个村庄中，在由皮萨克（Písac）通往古印加帝国首都库斯科（Cuzco）的半路上。这个合作社主要从美洲鸵和羊驼身上取羊毛驼毛进行纺纱、染色和编织，就像生活在这里的妇女世世代代所做的那样——全手工制作，使用自然的原料和染料。秘鲁卡卡库鲁（Ccaccaccollo）地区的大多数男人都在为到印加古道徒步旅行的游客充当挑夫。

易促进中心已经发展成了一个全球性的网络，它旨在使女性的声音和贡献成为全球性贸易决策的重要因素。

数字化时代的社团

尽管共同利益群体有着丰富的多样性和活力，如今全球各地的人们与他人进行面对面社交的时间越来越少，相反，大多数人把时间花在迅猛增长的电子或数码设备上，与他人交往、娱乐或购物。

个人通过电脑、手机或社交网络平台——如脸书（在世界范围内，拥有近15亿用户），Gmail（9亿用户），Instagram（4亿用户），推特（3亿用户），以及中国的微信（6.5亿用户）——持续不断地更新个人或其他信息时，还会发送信息、分享图片给“朋友们”（Statistica，2016）。

正如《语言与交流》一章所述，截止到2016年初，全球手机用户接近38亿——超过人口的一半（由于各种因素，例如有些人购买多张sim卡，还有些人拥有私人和商务电话，移动手机用户数量是这个数字的两倍）（GSMA Intelligence，2016）。也就是说，全球90%的人都在用手机（图21.6）（Ericsson，2016）。

这些技术现在也被业务经理、市长、执法者、医生和学校校长等广泛运用，因为便捷的及时沟通在很多社会团体中发挥着助益作用。在高速变动和全球联通的文化中，这些新的社交媒体使人们能够除却地理上的距离和国界线的限制，从而建立并扩展社交网络。

图21.6　即时沟通

就像世界上其他很多地区一样，富裕的日本拥有高速发展的无线网络，这使得人们能够用手提电脑或网络手机随时随地获知信息，交换消息和图像。对于乘坐地铁和通勤列车时盯着手机屏幕打发时间的日本上下班人群来说，刷微博是最合适的。

在等级社会中依据社会地位划分的群体

在全球的许多社会中，社会分层是一种常见且有力的社会建构力量。基本上，在等级社会中，人们依据等级被划分为不同的阶层，无法平等地享有支撑地位、收入和权力的基础资源。处于社会底层的人（穷人）通常拥有更少的资源、更低的声望，与上层阶级相比，他们拥有更少的权力。另外，他们经常会面对更多的限制和更沉重的义务，必须更努力地工作，以换取远远少于实际工作量的物质回报和社会认同。

简而言之，社会等级相当于文化上制度化了的不平等。在美国，某些少数民族或种族特别是西班牙人、非裔美国人、美洲印第安部落等——在历史上是被边缘化了的人群，这对于想要向上流动的出生在低阶层的人来说是一个挑战。正如本章“应用人类学”专题中描绘的，他们的需求在发展规划中经常是被忽视的。

应用人类学

人类学家和社会影响评估

人类学家经常进行一种叫作社会影响评估的政策研究，包括为一个社区或街区的发展项目规划者收集资料。这个评估试图判定一个项目的影响，包括确定谁将会受到影响，怎样受到影响，以及这些影响是好的还是坏的。

在美国，任何一个想要得到联邦许可、执照或依法使用联邦资金的项目，首先都必须进行社会影响评估，并将之作为环境评估程序的一部分，例如高速公路建设、城区改造、水利工程、土地复垦等工程项目。这些工程的选址通常是为了使它的影响最大限度地落在居住在该社区的低收入阶层身上，有时这是为了提高低收入者的生活质量，有时是因为这些穷人没有政治权力去阻止项目的实施。

例如，美国人类学家苏·爱伦·雅各布斯（Sue Ellen Jacobs）曾受雇为新墨西哥州的一项水利工程做社会影响评估，这一项目是由土地开垦局和印第安事务局共同策划的。该工程计划在格兰德河上修建一个分流水坝和一个用于灌溉的水渠系统。该工程将影响到 22 个西班牙裔美国人社区和两个印第安村庄。当地的失业率很高，该工程也被视为促进城市化的一种手段，理论上可以促进产业发展，也可以为发展集约化农业提供新的土地。

规划者没有考虑到西班牙裔美国人和印第安人都非常依赖满足家户消费的农业（剩余部分会被拿到市场上去卖），他们用的是建于300年前的灌溉水渠系统。这些水渠由熟悉社区事务、用水规则、沟渠管理和可持续粮食生产的人管理。这些人可以处理与水资源分配、土地使用有关的纠纷，以及其他一些问题。在新提议的项目规划中，这些系统将被放弃，取而代之的是由少数人掌控大面积土地，政府技术官僚掌控水资源分配。地方社会最强有力的一个管理措施将被废弃。

毫无疑问，雅各布斯发现社区普遍反对这项提案。她的报告使国会相信，消极影响远远大于积极影响。反对该建设项目的主要理由之一是，它将摧毁已有数百年历史的灌溉系统。项目规划者没有认识到这些传统灌溉设施的古老和文化意义，将其称为“临时引水设施”。事实上，与沟渠有关的旧水坝是属于当地族群的，而政府文件中根本没有承认这一事实。

除了对地方管控的侵害，这个项目还会给社区带来一系列负面影响，如与人口增长和再安置相关的问题，渔业和其他河流相关资源的损失，以及新的健康危害，包括溺水、昆虫繁殖和空气中的灰尘带来的危险。

等级社会与平权社会形成了鲜明的对比，在平权社会中，每个人都享有相同的地位和权力，拥有获取基础资源的平等机会。在这些社会中，共享的社会价值观在文化上是被赞赏和提倡的，囤积财富和自命不凡则会被贬低、轻视和嘲笑。正如我们在前面章节所看到的，觅食社会是典型的平权社会，虽然有个别例外。

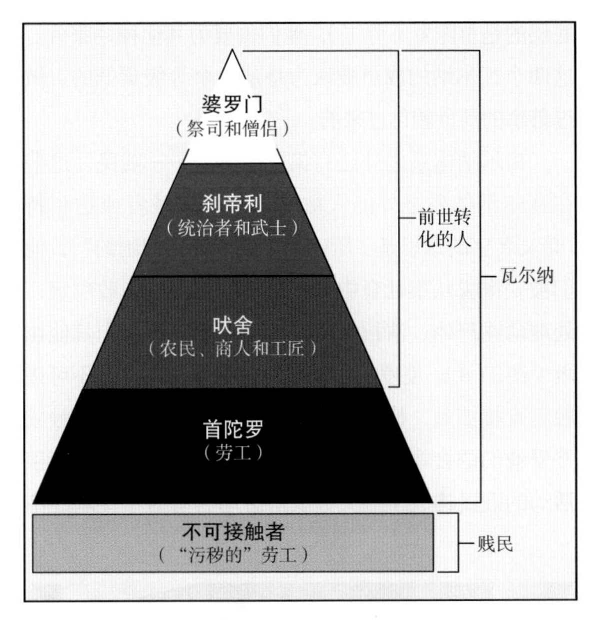

图21.7　印度的种姓制度

印度的种姓制度包括四个“等级”，即瓦尔纳（“颜色”），它决定了成员可以做什么、接触什么、吃什么；在哪里居住；怎样穿着；可以和谁结婚。最高等级的婆罗门与白色有关，刹帝利则与红色有关，吠舍与棕色有关，低于这三个阶级的首陀罗与黑色有关，他们都是劳工。再低一个等级的是“污秽的”劳工——不可接触者，他们负责打扫街道，收集并处理垃圾、动物尸体和污水。

社会阶层和种姓制度

社会阶层可以被定义为等级社会中的一类个体，他们依据社会的评价体系享有相同或相近的声望。“近乎平等”这一限定很重要，因为即使在一个给定阶层中，也会出现一些不平等。在有着广泛而持续的不同特权的社会中，阶层划分并不总是明确的和一刀切的。

种姓制度是等级社会中一个封闭的社会阶层，成员身份是依据出身决定且终生固定的。与人人生而平等的原则相对立，种姓制度的原则是人人生而不平等，而且，这种不平等一直持续到他们死去。种姓制度实施很强的内婚制，这样后代就会自动归属于父母亲所在的种姓。

传统的印度种姓制度

种姓制度的经典民族志案例是印度的传统种姓制度（也存在于亚洲其他地区），它包含了一个复杂的封闭的社会等级，从最上层的“仪式纯洁”到最下层的“污秽”。约2000个种姓中的每一个都认为自己是一个特别的共同体，区别于高于或低于自己的种姓，尽管它们的具体排名依据地理区域和时间而有所不同。

不同的种姓从事不同的职业，有不同的风俗，例如饮食习惯、穿衣风格等，他们还有与纯洁和污染观念相关的仪式。污染源于触碰低层级的人、接受他们的食物或与低层级成员性交等行为。为了保持种姓的纯洁，传统的印度教徒被教导要遵从所出生种姓的仪式责任，或印度教法则，避免被视为禁忌的任何人和事。因此，种姓制通常实行族内婚。不同种姓的排列依据宗教教义和轮回观念，这种观念认为：一个人今生的社会地位是他上辈子行为的结果。

所有的种姓被分为四个等级，或者说是瓦尔纳（字面意思是颜色），这种区分的部分依据是职业，并按宗教地位的纯洁性降序排列（图21.7）。这种等级制度的宗教是以距今已有2000多年历史的、神圣的《摩奴法典》为基础的，传统印度教徒认为《摩奴法典》在他们文化制度中具有最高的权威性。它将婆罗门定义为最纯洁也是最高的瓦尔纳。

作为祭司和僧侣，婆罗门代表着宗教和学识。接着是包含武士和统治者的刹帝利。他们之下是从事商业、农业和牧业的吠舍（农民、商人和工匠）。位于最底层的是首陀罗（劳工），他们需要为其他种姓服务。这四个瓦尔纳的成员被认为是从一个等级更低的、做过善事的前世转化过来的。

瓦尔纳体系之外还有第五个等级——贱民，这些在瓦尔纳体系之外的人被称为不可接触者或达利特（梵文名字的意思是“压碎的”或“受到抑制的”），他们被安排去从事社会中一些很脏的活，例如收垃圾、处理动物尸体、清扫街道、清理粪便、污水和其他垃圾（图21.8）。婆罗门和其他瓦尔纳避免与这些不可接触者直接接触，他们认为，如果和不可接触者接触或接受他们的食物，自己也将会被玷污。经常从事污秽活动的贱民构成了一大批廉价劳动力听命于控制经济政治事务的人。

虽然1950年颁布的印度国家宪法试图废除种姓制度，但是传统的等级制在印度文化中根深蒂固，影响遍及整个南亚地区。印度许多邦州的整个村庄仍被种姓制度完全隔离，这被称为隐蔽的种族隔离。

不可接触者占印度总人口的百分之十五——超过2亿人，他们必须忍受社会的孤立、羞辱，以及完全基于出身阶层的歧视。甚至他们的影子也被认为是一种污染，他们不可以喝公共水井里的水，不可以朝拜高级种姓朝拜的寺庙。他们的小孩经常被安排坐在教室的最后面，在一些农村地区，他们甚至被剥夺了受教育的机会，超过60%的不可接触者是文盲。然而，在

图21.8　干脏活

在印度传统的等级制度中，清理下水道是不可接触者的任务。他们还负责收集、处理垃圾和动物粪便，以及清除公厕中的人类粪便。图中，一个年轻的不可接触者正从他清理的新德里的排水沟里走出来。每天，印度各地都有成千上万的不可接触者在没有任何安全设备或保护的情况下，用手清理掉最脏的下水道和排水管。这项工作给他们带去了伤害和严重的健康问题，夺去了许多人的生命。

过去的半个世纪中，不可接触者和最低等级的首陀罗阶层一起发起了一场民权运动，本章的后半部分将对其进行描述（Kanti，2014；Thompson，2014）。

其他等级制度

世界其他地区也有类似的种姓制度，例如，在一些南美和中美洲国家，富有的上层阶级几乎全部是白人，他们极少与美洲印第安人或非洲人后裔通婚。

大多数欧洲的等级社会，历史上也是由封闭的社会阶层组成的，牧师、贵族、平民都有特定的政治权利（特权）。他们的头衔和制服标识了阶级，在公开场合，人们可以通过衣着和行为举止区别他们。与印度种姓制度中的最低阶层一样，欧洲这些等级社会的最底层有着数以百万的农奴。农奴们不能拥有土地或从事商业、不能投票、不能享有自由民的权利。他们通常非常贫穷，在精英阶层所有的大农场和房子里工作。与奴隶不同，他们不能被当作奴隶主的私人财产进行买卖，但是他们在自由运动中的权利受到限制，并且需要得到主人的同意才能结婚。

农奴制在欧洲的很多国家存在过几个世纪，1861年，俄国成为欧洲大陆上最后一个废除农奴制的国家，仅比美国早四年。又过了几十年，巴西和其他一些国家相继废除了奴隶制。

南非和美国历史上的种族隔离

在等级社会中，除了社会阶级、种姓和身份，种族出身或肤色也可能是确立等级制度的基础。例如，深色皮肤的人在文化上被定义为有色人种或黑人，他们将会遭遇到将他们排除在特定工作和社区之外的社会规则，这使得他们很难与浅肤色的人做朋友或结婚。（正如前文中所讨论过的，种族、黑人、白人这些词语纯粹是社会建构的，没有任何的生物学基础。为了方便起见，我们不对这些词汇使用双引号。）

历史上一个最广为人知的例子是南非，它是一个多元国家，有着基于种族概念划分的社会阶层。1948年到1992年，南非450万欧洲人后裔中的少数为了保护自己的权利和“种族纯洁”，通过种族隔离和种族歧视等压制性的方式统治着2.5亿非洲原住民。这种白人优越的意识形态被称为种族隔离（apartheid是南非荷兰语，意思是“隔离”或“分离”），它正式地将本土黑皮肤的非洲人归入了一个低等级的阶层。与印度种姓制度及其纯洁和污染观念相似，南非的白人也害怕与黑人直接接触会玷污他们的种族纯洁性。

直到20世纪中期，制度化的种族隔离仍在美国盛行，当时美国的统治阶层无一例外都是欧洲人（高加索人或白人）。几代以来，白人和黑人或印第安人结婚都是违法的。甚至在1865年美国废除奴隶制之后，这种种族间的通婚禁令仍然存在于从缅因州到佛罗里达州的很多地区。尽管自20世纪60年代民权法颁布以来，平等取得了重大进展，但官方禁止的种族隔离和种族歧视仍然存在（Boshara，2003；Kennickell，2003）。

社会阶层的标志

社会阶层的表现方式多种多样，包括象征性的标志。例如，在美国，特定的活动和财产是社会阶层的标识：职业（一个收垃圾的人和一个医学专家有着不同的等级地位），财富（富人往往比穷人拥有更高的社会地位），穿着（“白领”通常会高于“蓝领”），娱乐消遣的方式（上层社会的人会去打高尔夫球，而不会在台球厅打台球；但是他们也会在家或俱乐部打台球），住宅区（上层社会的人不会住在贫民窟），车的型号，等等。社会阶层并不完全与经济地位和工资相符。当地的垃圾收集者或工会中的汽车厂工人通常比一个拥有博士学位的大学教师挣得更多。

象征性标志包括生活方式中的各因素，但是生活机会的差异也可能暗示了社会地位的不同。因此，上层阶级的人往往更加强壮和健康——他们在成长过程中得到了更多营养和更多免受疾病侵害的保护。这也反映在更低的婴儿死亡率和更长的预期寿命中。“生物文化关联”专题对这种约定俗成的种族主义进行了悲剧性描述。

社会分层的持续

在所有的社会分层中，占据统治地位的人都会通过强有力的意识形态宣称他们更高的社会地位。通常他们会使用恐吓和宣传（包括谣言、媒体、宗教教义等）等手段，表明自己正常、天然、神圣指引的地位，或至少是理所当然的。在文化制度上的社会结构、宗教和其他方式的帮助下，那些有权力的阶级希望低等级的人能够“知道自己的位置”，并接受从属地位。

在印度，传统种姓制度和印度教教义将人们分为不同的等级。如果一个人能够虔诚并恰当地履行其今生种姓中的责任，那么他来世将有望出生在一个更高的种姓中。因此，在正统印度教徒的心中，一个人的种姓地位不像外来者认为的那样——缘于偶然的出生，而是一种挣来的东西。

相比之下，人类平等原则是美国在《独立宣言》中阐述的美国世界观的基本原则。《独立宣言》宣称：“人人生而平等，造物主赋予了他们一些不可被剥夺的权利，其中包括生命权、自由权和追求幸福的权利。”虽然这一基本原则非常盛行，但是美国历史上有过种族和性别不平等，而且人们在财富、地位、权力方面存在明显差异。

社会流动

大多数等级社会都会提供一些社会流动的机会，即社会等级地位向上或向下的改变。能够获取更高等级地位和财富的期望，会帮助减轻不平等制度中固有的压力。

社会流动在由独立核心家庭组成的社会中最为常见，在核心家庭中，与个体有紧密联系的人很少，尤其是当重新安置新家成为一种常态时，人们认为，个体成年以后应该离开自己出生的家庭。在这样的环境中，通过努力工作、职业成就、适当的婚姻脱离所在的低阶层家庭，个人可以更容易向更高的社会地位流动。

在以大家庭或世系群为基本形式的社会中，向上的社会流动更加困难，因为个体和很多亲戚相连（包括远亲和近亲），那些向上爬的人在文化上有义务带上所有亲戚。就像本章“全球视野”所描述的那样，那些非常成功的科特迪瓦足球运动员的亲戚，可能因为亲属关系与球员共同经历了向上的社会流动。

允许大量向上和向下流动的社会被称为开放社会，尽管它的开放程度实际上远远低于成员们所希望和相信的。尽管美国提出了人类平等这一意识形态，但大多数的社会流动是在小范围内向上或向下的，然而，如果在一个家庭中，这种流动持续数代，就可能形成一个巨大的变化。但是，美国社会倾向于大量宣传符合其文化价值观的、极少数的大范围向上流动的例子，而忽视不计其数的较少流动或不流动的例子。

封闭社会的典型是种姓社会，因为它对社会流动有着严苛的制度性限制。然而，即使是在社会阶级永恒固定的印度种姓制度中，也有着一定程度的灵活性和流动性。虽然个人不能在种姓等级中流动，但是群体可以，这取决于他们对更高地位的主张，以及他们说明或操纵他人承认自己主张的能力。

在过去的半个世纪中，激进的政治已经搅动了印度众多不可接触者的心。他们现在约有2.5亿人，分散在这个拥有12亿人口的南亚大国中。作为一股新兴的政治力量，不可接触者现在正在地方、区域和全国范围内进行自我组织。他们利用越来越便捷的互联网通信技术来开展民权运动。

近年来，印度很多地区的不可接触者妇女开始呼吁社会公正。其中最有名的是一个北方邦的团体，她们积极抗议政府的歧视政策和官员的腐败，并试图为

生物文化关联

非洲黑奴公墓计划

塔维德·宾厄姆

1991年，建筑工人在曼哈顿下城区挖到了一块6英亩的公墓，那里埋葬着17至18世纪时，从非洲被俘虏到纽约的约1.5万名非洲奴隶，他们参与建造了这座城市，并为它的经济发展提供了劳动力。这一发现引发了争议，非裔美国公众提出抗议并守夜祈祷，要求停止将会摧毁该区域的联邦大厦建设项目。在1993年，这一遗址被设计成一个国家历史性地标，为对该遗址的研究和保护打开了大门。

作为一名生物人类学家和非裔美国人，我得到了一个和非裔美国人的后代们一起设计计划的机会，它包括广泛的生物文化研究，以及如何通过重新埋葬和建立合适的纪念碑来人道地保留这一遗址的庄严性。 该研究还包括考古学和历史研究，利用非洲人广泛流散的背景来了解这些被奴役到纽约并最终埋骨在此的人的一生。

通过对该公墓中419个个体样本的研究，我们的团队运用详尽的生物骨骼方法，建立了一个数据库，包括20多万份关于基因学、形态学、年龄、性别、成长发育、肌肉发育、创伤、营养、疾病的观察数据。这些骨骼揭露了生物和文化之间的一种明确关系：奴隶制的社会制度给整个群体带来了生理上的磨损。

基于这项研究，我们现在知道，在殖民地时期的纽约，这些非洲人在营养不良的状态下从事繁重的体力劳动，这造成了肌肉劳损，并且15岁到25岁人的死亡率特别高。很多这样的年轻人在上了奴隶船不久后就死了，很少一部分非洲人能活到40岁以上，少于百分之二的人能够活到55岁以上。教堂的记录显示，纽约欧洲人的死亡率情况非同寻常。大多数英国人活到55岁以上的概率是非洲人的8倍，在青年时期和20岁出头就去世的情况在他们中是很少见的。

组约曼哈顿下城非洲黑奴墓地的发掘现场现建有一个独特的纪念馆。

骨骼研究还表明，这些在孩童时期就去世的非洲人很有可能是在纽约出生的。不同于那些出生在非洲的人（他们的牙齿存档使得他们能够被识别出来），他们表现出发育不良、生长阻断的迹象，并且长期暴露在高浓度的铅污染环境中。在纽约，被奴役妇女的生育率很低，婴儿的死亡率很高。在这些方面，这个北部殖民城市的情况与南部卡罗莱纳州以及经济上与之相连的加勒比地区情况类似，在这些地区，黑人奴隶的生活状况也非常糟糕。

深深埋葬在这块混乱墓地的个体来自冲突战乱中的非洲国家，包括卡里巴（Calibar）、阿散蒂（Asante）、贝宁（Benin）、达荷美（Dahomey）、刚果、马达加斯加和其他许多国家——这些国家的人民与欧洲人对奴隶的需求做斗争。他们通过叛乱反抗奴役，并通过小心埋葬死去的亲人抵抗非人化，尽其所能地保留自己的文化。

生物文化问题

虽然很少有人会质疑奴隶制是一种非人道的劳动剥削制度，但像上面描述的那样，在殖民地时期的纽约，非洲奴隶的健康状况很差、出生率低、死亡率高，对于奴隶主来说，虐待“奴隶”在经济上是否合理？

妇女们创造机会。她们穿着鲜艳的粉红色纱丽，拿着印度传统的被称为警棍的战斗木棒，其团体名为粉红帮派（Gulabi）（图21.9）。她们通过羞辱、恐吓那些暴虐的男性以及腐败的官员来要求公正，这些官员剥夺了她们获取水资源、农业物资和其他资源的平等权利。正如粉红帮派中一个成员所说的："我一个人是没有权力的，但是大家通过粉红帮派聚在一起后就有了力量。"（Dunbar，2008）。

印度的不可接触者妇女运动表明，即使是长期建立的、文化上根深蒂固的阶级秩序也不能够应对挑战、改革和革命。财富、权力和特权上的巨大不平等在世界的许多地区持续并增长，但是反方向的社会变革也是非常显著的。在19世纪的进程中，世界各地几乎都废除了奴隶制，并将其宣布为不合法。在20世纪，民权运动、妇女运动，以及其他人权运动导致了社会和法律的变革，关于社会等级秩序的观念和价值也在世界上的许多地方发生了改变。

图21.9 **粉红帮派**

这些贫穷的农村妇女有时被称为"粉红义警"，她们参与挑战她们国家的压制现状的运动。她们中的大多数是不可接触者。她们穿着粉红色的纱丽（在印地语中，gulabi是"粉色"的意思），通过羞辱和恐吓那些虐待她们的男人以及剥夺她们获得水、农业供应和其他资源的平等机会的腐败官员，来要求正义。

全球视野

为了薪资与和平踢足球

世界上最受欢迎的运动是足球（在美国被称为soccer，美式足球）。这项运动在每个大洲都有无数的爱好者、职业俱乐部和协会。这项运动起源于英国，在那里上学的年轻人和有闲暇时间和金钱的成年人会比赛争夺冠军，但对于劳工阶层而言，它是一项不可触及的奢侈运动。

约150年前情况发生了变化，联赛变成了一种商业盛况，俱乐部可以通过卖票和销售广告赚取费用。职业俱乐部的出现最初受到了保守上层阶级的反对，他们认为这项运动有益于业余爱好者（拉丁语中，amator是“情人”的意思）的健康和人格塑造，职业俱乐部的出现使得出身于英国下层工人的职业运动员可以为了薪酬而踢足球。

如今，大多数为世界顶级足球俱乐部效力的职业球员都是像迪迪埃·德罗巴（Didier Drogba）（如图）这样的年轻富豪。迪迪埃·德罗巴是一名前锋，曾在英格兰冠军俱乐部切尔西效力，并曾担任自己国家的国家队队长——科特迪瓦大象队。德罗巴出生于阿比让——法属西非殖民地的主要城市，他属于南方的贝特人，他们是这个国家的65个民族之一。他早年受聘于比利时俱乐部，后来被马赛的法国俱乐部以800万美元引进。2004年，他被选为法国年度最佳球员，仅仅一个赛季后，他以4200万美元的身价（不包括代言费）签约英超切尔西队。2012年德罗巴离开了切尔西队，分别在中国和土耳其的俱乐部效力了一年，但后来又回到了切尔西，继续为其效力了两年。2014年，英格兰球迷投票将他选为俱乐部史上最佳球员。他保持着切尔西外籍球员进球的纪录，并且是球队历史上进球数第四高的球员。2015年，他进入了蒙特利尔冲击俱乐部。他这些年的收入使他成为世界上收入最高的足球运动员之一。

普通科特迪瓦人每年的平均收入不到1000美元，像德罗巴这样的运动员在全球寻找名望和财富也就不足为奇了。实际上，科特迪瓦国家队的成员通常都在国外踢球，大多数是在富裕的欧洲俱乐部。同时，他们的国家也被南方族群和北方族群之间的残酷战争所破坏。

科特迪瓦百分之九十的外汇收入来自可可豆。作为一个世界闻名的球星，德罗巴开始出现在宣传科特迪瓦巧克力国际销售的广告中。他也开始促进和平：

2006年德国世界杯期间，数百万远在家乡的科特迪瓦人通过电视热切地观看着比赛，作为队长的德罗巴和他的队员（代表南部和北部科特迪瓦）希望体育场中团结的大象队能够鼓舞科特迪瓦人平息争端，建立一个统一的国家。在2007年，一纸和平协议在德罗巴将大象杯的预选赛转移到叛军大本营布瓦凯后达成，当时，战争双方的领袖发现他们都在为国家队庆祝。

在2011年的2月份，因有争议的政治选举，战争再次爆发。很快，德罗巴作为代表加入了真相和解对话委员会，他仍然想要为他的国家争取长久的和平。2014年，德罗巴退役，他在科特迪瓦大象队担任了9年队长，并在当年的世界杯上激励了队友。他在104场比赛中攻入65球，比国家队历史上的其他球员多出一倍。

全球难题

德罗巴认为一个国家的多民族球队能够帮助团结国家内部不同的对立派别，这一想法具有多少现实性？

思考题

1. 五千年前，人类驯化野马不久后，中亚的游牧民便骑在马背上放牧他们的羊群。由于具有高度的流动性，他们能够采取快速敏捷的方式攻击对手。这一传统反映在阿富汗传统的全国性运动——马背叼羊中。你认为在你们国家最流行的运动反映或表达了哪些核心价值观？

2. 当年轻人离开父母家去遥远的地方上学或工作时，他们面临着建立新的社会关系的挑战。这种新的社会关系不是基于亲属关系而是基于共同利益。你属于哪一个共同利益群体？为什么？

3. 你是否认为等级社会中的上层阶级或上层种姓在法律上比下层阶级拥有更多的既得利益？为什么是？或为什么不是？

4. 美国的奴隶制在1865年被正式废除，约一个世纪后，美国的种族隔离制度被宣布不合法，与此同时，在印度，基于种姓制度对不可接触者的歧视也被法律禁止。你认为这些法律是否终止了对历史上受压迫群体的歧视？如果不是，你认为还应该做些什么来终止这些社会不公？

深入研究人类学

顺畅的连接？

选择一个你经常使用的社交媒体平台（如Facebook，Twitter，Pinterest，LinkedIn或Instagram）。列出你与亲戚、朋友、同学或同事之间的沟通方式。然后列出你在数字社交网络中最常联系的20个人的地理位置。思考一下，你在现实生活中见到他们的频率，你们之间面对面的互动和在网上的互动有什么不同？（如果你不使用社交媒体，那就采访一个你认识的会使用社交媒体的人，找出这些问题的答案。）分析你的发现，并说明社交媒体上的自我（或受访者的）与面对面交流中的自我有何不同。

挑战话题

对于每一个社会而言，保持和平和秩序都是一项日常挑战，尤其是当不同民族和宗教群体共同生活在同一政治庇护之下的时候。多元社会，如瑞士这个拥有四种民族语言的共和国，长期以来享有和平与繁荣。但也存在因种族、宗教、语言或地区而分裂的派系之间的宗派暴力。当维系一个社会的文化结构变得脆弱或瓦解时，国家可能会崩溃，并陷入冲突和混乱。为了躲避危险，难民会逃离家园去寻找安全住所和食物。数以百万计的人最终在难民营中过着绝望的生活。1947年，英国控制的巴勒斯坦就是这样，当时联合国大会通过了一项决议，要求将该领土划分给犹太人和阿拉伯人。1948年，犹太国家以色列成立，但约70万穆斯林和基督徒被迫流亡海外。许多巴勒斯坦人最终在叙利亚首都大马士革郊外的雅尔穆克营地落脚。最终，超过16万人在那里避难，这个2平方千米（约500英亩）的地区形成了一个犹太人区。在这张照片中，我们可以看到在2013年叙利亚内战中被围困的那个街区。大多数人设法逃离，但仍有2万人留在了绝望的荒地中。这些逃难者现在是在整个中东地区流离失所的400万叙利亚难民中的一部分，他们中大约有一半逃到了约旦、黎巴嫩、土耳其等国。

第二十二章　政治、权力、战争与和平

学习目标

1. 分析权力问题在每个社会中如何产生重要作用。
2. 认识权威和胁迫的不同。
3. 区分并讨论政治组织和领导的类型。
4. 了解政治、经济和维护平等是如何联系在一起的。
5. 对比不同文化间的司法制度和冲突解决机制。
6. 确认过去和现在的暴力冲突的主要产生原因。
7. 了解意识形态在为侵略与非暴力抵抗辩护时所发挥的作用。
8. 评估外交及条约在恢复与维护和平方面的重要性。

在所有社会中，从规模最大的到规模最小的社会，人们都面临着维持社会秩序、确保安定、保护财产、解决冲突等挑战。这包括社会动员、争夺和控制权力。所有的人类关系都包含着一定程度的权力，它指的是个人或群体将自己的意志强加于他人，甚至让他人去做违背自己意愿的事情的能力。

从说服到暴力，权力来源于政治，英文politics源于希腊语polis，意为自治的“城邦”。人们提出了很多关于政治的定义，但最基本的定义之一是，政治是一个决定谁得到什么，以及在何时和如何得到的过程（Lasswell，1990）。在政治进程中，当个体或群体和外邻对抗、争斗或谈判时，他们会联合起来维护或抵制一种已确立的经济、社会或意识形态秩序。政治组织有多种形式，国家只是其中一种。

具有讽刺意义的是，促进人类共存与合作的政治联系，有时也会导致社会紧张局势，有时还会导致群体内部和群体之间的暴力冲突。我们在很多情况下都能看到这一点：从骚乱到叛乱再到革命。因此，所有社会必须具备解决社会内部冲突的途径和方法，以防止社会秩序的崩溃。此外，所有社会必须有能力处理与邻国的关系，无论是在和平时期还是战争年代。

今天，各国政府和国际政治组织在维持全球社会秩序方面发挥着核心作用。尽管国家社会占据主导地位，在很多群体中，政治组织是基于灵活的非正式的亲属关系组成的。在亲属关系和国家政治体系这两个极端之间，还有着非常广泛的多样性。

政治组织的体系

政治组织一词指的是权力在社会中积聚以及被分配和执行的方式，无论是组织一次捕鲸、安排灌溉农田、收税，还是增强军事力量。简而言之，政治组织是一个社会创造的维持社会秩序的方式。它在世界范围内呈现出各种各样的形式，但人类学家通过界定四种基本的政治组织形式将这一复杂对象简单化，分别是：队群、部落、酋邦、国家（图22.1）。前两种是非集权的体系，后两种是集权的体系。

非集权的政治组织

直到最近，许多非西方的人们仍生活在没有既定权利和义务的酋邦，也没有任何政权组织形式的状态中，正如那些生活在现代国家中的人所理解的那样。相反，婚姻和亲属关系成为他们社会组织的基本形式。这些社会的经济主要是自给自足型，人口规模也通常较小。

这种平等政治组织的权力是共享的，没有人可以对集体资源或公共事务行使排他性的控制权。重大决定通常由成年人集体表决通过。领导者并没有实质权

政治组织的类型
标志 → 表明这一属性在复杂程度不同的社会有所差异

	队群	部落	酋邦	国家
成员				
人数	几十个	上百个	千个以上	万人以上
民住模式	流动	流动或固定：一个或多个村庄	固定：两个村庄以上	固定：许多村庄和城市
关系基础	亲属	亲属，血缘群体	亲属，等级，地缘	阶层和地缘
民族和语言	1	1	1	1或多个
统治				
决策制定，领导	平权	平权或大人物	集权，世袭	集权
官僚制度	无	无	无，或有一两个层级	很多层级
权力和信息的垄断	否	否	否 → 是	是
冲突解决	非正式	非正式	集权	法律，审判
居住地的等级	否	否	否 → 最高是村庄或城镇	首都
经济				
粮食生产	否	否 → 是	是 → 集约	集约
劳动专门化	否	否	否 → 是	是
交换	互惠	互惠	再分配（货物）	再分配（税收）
土地控制	队群	血缘群体	酋长	多种形式
社会				
分层	否	否	是，依亲属关系	是，依阶层关系
奴隶制	否	否	一些，小规模	一些，大规模
精英占有奢侈品	否	否	是	是
公共建筑物	无	无	无 → 有	有
土著文化	无	无	无 → 有一些	通常有

图 22.1 四种类型的政治组织

上图大致勾勒出了队群、部落、酋邦、国家这四个政治组织类型。队群和部落是非集权的政治组织；酋邦和国家是集权形式的政治组织。

力去强迫人们遵守社会风俗或规则，但是，个体如果不遵循，就可能会成为轻蔑和流言的靶子，甚至会被驱逐或杀害。

队群

队群是一个相对小的、松散的、有血缘关系的组织，人们住在共同的领地上，并可能周期性地分散为政治经济独立的更小的家庭群。通常，队群主要出现在觅食群体和其他小规模的移民社会中。在这些社会中，人们组建政治上自主的扩大家庭，并随着气候和生存环境的变化而一起宿营迁徙。队群会定期分裂成小群体去觅食或拜访亲戚。队群是最古老的政治组织形式，因为所有人类都曾经是觅食者。这种情况一直持续到1万年前农业和畜牧业出现之前。

由于依靠觅食为生，队群的人口密度一般不超过每平方英里1人。队群是平权的并且规模较小，至多数百人，所以并不需要正式的集权的政治体系。每个人都与其他人相来往并且知根知底，所以人们很重视如何相处。如果冲突确实发生了，也大多会通过传言、直接谈判、调解等非正式途径解决。在谈判或调解的过程中，人们主要考虑的是达成一个对各方都比较公平的解决方案，而不是遵从某种抽象的法律或规章。

事关整个队群的决定由该队群的所有成年成员共同参与决策，它强调的是达成共识，即集体统一，而不是简单的大多数人的同意。个人凭借自己的能力成为头领，并必须持续获得队群的信任。头领不能强迫他人遵从自己的决定，不孚众望的头领会很快失去追随者。

揭示队群头领非正式本质的一个例子是关于卡拉哈里沙漠中的朱瓦西布须曼人的，在前面的章节中提到过。每个朱瓦西队群都由一群生活在一起的家庭组成，他们通过亲属关系与头领和其他人联系（少数情况下，头领是女性）。他们的头领被称为kxau，即“所有者”，头领代表队群宣称其迁移群体对世代活动领地的所有权（图22.2）。他或她并不真正独自占有水坑、周围的土地和自然资源，而是象征性地代表着队群成员对某个地方的祖传权利。如果头领离开领地去其他地方生活，人们就会转而投向能够领导他们的其他人。

当一个地方的资源不再足以维持一个队群的生存，头领便会协调、带领队群成员迁徙并选择新的营地。队群的头领除了可以优先选择自己的营帐，几乎没有其他特殊的回报或职责。例如，朱瓦西头领并不是法官，他不能处罚队群成员。闹事者和做错事的人会由公众舆论评判、追责，这通常通过传言起作用，传言在抑制社会不能接受的行为方面发挥着重要作用。

通过传言——在背后说某人并且散布与破坏性的、可耻的荒唐行为相关的言论——人们达成了几个目的，并且避免了可能会导致分裂的公开对抗。首

图22.2　队群的领袖

托马·桑高（Toma Tsamkxao）是一位朱瓦西队群的头领。他带着轻装武器，带领着他的狩猎采集社会成员生活在卡拉哈里沙漠，就像他们4万年来在这一自由活动区域的祖先一样。约半个世纪以前，外来者对朱瓦西队群强加了急剧的变革。一些拥有托马·桑高这样的优秀头领的队群，在急剧变革中幸存下来，现在依靠畜牧业、庄稼种植、手工业、旅游和传统采集相混合的方式为生。

先，传言强调并加强了那些没有被书写下来但却被遵守的关于如何恰当行事的文化标准。同时，传言使人们不再相信那些违反社会可接受行为标准的人。再者，传言可以败坏一个人的名声，经常添油加醋地被隐匿的嫉妒和隐秘的欲望裹挟，去报复那些被认为太有才华或太成功的人。因此，它可以被用作一种平衡机制，防止个体因太出众而受到实际的或被察觉到的威胁。

小群体社会解决纠纷的另一个主要方法，甚至在一开始就避免争端的主要方法是分裂。那些无法与他们所在群体中的其他人相处的人，会觉得自己需要迁往另一个不同的群体，而现有的亲属关系给了他们进入另一个群体的权利。

部落

第二种非集权的政治组织的体系是部落。在人类学中，部落指的是一系列基于亲属关系的群体，他们由于某些统一因素而在政治上联合起来，并且享有共同的祖先、认同、文化、语言和领土。

通常，一个部落的经济形式依赖于某种形式的庄稼种植或牲畜饲养。当一些文化上相关的队群联合起来时，部落就形成了。他们和平地处理争端、进行定期访问、共享盛宴，为了经济交流或为了联合对抗共同的敌人而通婚。因此，部落的成员规模通常比队群大。再者，部落的人口密度要远远超过迁徙的队群，有时高达每平方千米100人（约每平方英里250人）。更大的人口密度带来了一系列新的问题，例如争吵、乞讨、通奸、偷盗的显著增加，尤其发生在那些生活在固定村落中的人当中。

每个部落中有一个或多个自给自治的地方社区（包括队群），它们还可能会因各种目的和其他社区联合。和队群一样，部落的政治组织也是非正式的、临时的。当部落内全部或若干群体需要进行政治联合时——也许是为了自卫、突袭、在匮乏时筹集物资或是迅速分配一笔意外之财——各个群体会被组织起来一致行动。当问题被妥善解决后，各个群体就会恢复自治。

在很多部落社会中，政治权威的组织单位和基础是氏族，氏族是由声称自己拥有一个共同祖先的人组成的。在氏族内部，长者、男头领或女头领管理成员事务，并代表氏族与其他氏族交往。所有氏族的长者可能会组成一个委员会，在共同体内部起作用或是共同处理涉外事务。因为氏族成员通常并不在一个单一的社区内共同生活，氏族领导者在必要时会灵活地加入相邻社区成员的联合行动中。

部落社会的领导权相对是非正式的。其中一个例子是美拉尼西亚社会的大人物。大人物领导地方性的后裔群体或同一领地的群体时，会通过一系列巧妙的手段积聚社区内的财富，并使其成为他个人的财富。他的权力是个人化的，因为他没有任何正式意义上的政治职务，也不是选举产生的。他通过策略性的行动成为政治首领，并使自己比部落其他成员优越，吸引了能够在他成功后获益的忠实追随者。

新几内亚高原中西部的卡保库人就是这种政治形式的典型。在这些人当中，大人物被称为托诺微（tonowi，富有者）。要获得这样的地位，个体必须是男性，并且是富有、慷慨、雄辩的。体力强健、有能力处理超自然事件也是托诺微一般要具备的品质，但不是必需的（图22.3）。

作为村庄头领的卡保库大人物，会在多种情况下联合村庄内部和外部群体。他代表自己的群体与外来者或其他村庄的人交涉，并作为调停者或法官处理追随者的内部争端。托诺微会通过贷款获得政治权力。村民会遵从他的要求，因为他们都欠了他的债（通常是无息的），而且他们并不想偿还。那些还没有向他借债的人可能希望将来可以向他借债，所以他们也想与他好好相处。一个拒绝借钱给村民的托诺微将会遭到回避和嘲笑，在极端情况下，甚至会被一群战士杀

图22.3 巴布亚新几内亚岛上的大人物

戴着正式王冠的托诺微在卡保库人和邻近的巴布亚新几内亚高地人中特别瞩目，他是一个拥有财富和权力的人。

害。这种不利的结果确保了个人的财富能够分散在整个村庄内。

大人物从他的亲戚和他带回家的年轻男性随从那里得到了进一步的支持，他会为随从们提供商业训练和食宿。大人物会在随从的学徒期结束时，借债给他们娶亲，作为回报，他们则会充当他的信使和保镖。在他们离开后，出于情感和感激，他们仍与托诺微保持联系。

大人物的财富来自养殖生猪的成功（卡保库人财富的关键，如“生计模式”部分所描述的），由于坏运气或管理不善，托诺微迅速失去财富的情况并不少见。因此，卡保库人的政治结构经常变动：当一个人失去他的财富和相应权力时，另一个人就能取得它们并成为托诺微。这些变化能防止某个大人物长时间掌握政治权力。

超越亲属群体的政治整合

年龄组、年龄等级和共同利益团体是部落社会所使用的政治整合机制。这些组织跨越地域和血统，将来自不同血统和氏族的成员联系在一起。例如，在东非的蒂里基人中（在前一章有描述），武士保护村庄、看守牧场，而司法长者解决争端。仪式长者作为最高的年龄等级，为涉及所有蒂里基人福祉的事情提供建议。由于部落的政治事务由不同的年龄阶层和相应人员管理，这种组织类型使得很大程度上独立的亲属群体能够化解冲突，有时还可以避免不同世系群之间的争斗。

普什图人是生活在阿富汗和巴基斯坦边界上的一个大族群，他们提供了另一个分散的政治组织的例子。代表着亲属的部落的男性长者会定期聚在一起应对共同的挑战。在这样的被称为jirga的政治集会上，这些普什图的部落首领通过一致同意进行共同决策——从平息争端到制定条约，以及解决贸易问题和在他们被战争破坏的家园上建立法律和秩序。

集权的政治组织

随着人口的增加、个人的专业化、劳动分工的细化以及扩大贸易网络中剩余物品的交换，政治权威可能会集中在单一个人（酋长）或一群人（国家）身上。在集权体制中，如酋邦和国家，政治组织越来越多地依赖于制度化的权力、权威，甚至是胁迫。

酋邦

酋邦是一个有政治组织的领地，其中有一位依据声望等级被推举出的酋长领导以亲属关系为基础的社会和再分配经济体系。在这种等级化的政治制度中，一个人的地位高低取决于他（她）与酋长的关系。酋长的职位通常是终身的，而且往往是世袭的。在父系社会中，酋长的头衔由一个男性传给他的弟弟、儿子或外甥，但在某些文化中，这个头衔可能会被传给寡妇、姐妹或女儿。与队群和部落中的男头领或女头领不同，酋邦的首领通常是一个真正拥有发号施令、解决争端、奖惩的权力的人物。酋长负责在联合起来的社区之间维持和平和秩序。

酋邦有着公认的等级制，由控制主要和次要部门的领导人组成。这样的安排是一个指挥链，它将所有层级的领导联系起来，每个人都以个人名义忠于酋长。它将每个群体都统一在酋长所住的中心领地之下，它可能是一个大帐篷，或是一座木屋或石头大厅。

酋长一般管理着臣服于他的政治统治的人们的经济活动。通常，酋邦会有再分配体系，酋长控制着剩余物资，甚至是邦内的劳动力。因此，他（有时是她）可以命令农民上缴一部分收成，随后，这些物资将会在整个疆域内被重新分配。同样，劳动力也可以被抽调组成战斗群体，或是修筑防御工事、开挖水利渠道、建造典礼场地。

酋长也会积聚大量的个人财富，并将它传给后代。土地、牲畜以及巧匠生产的奢侈品将会被酋长收集起来，作为他权力地位的基础。此外，酋邦内等级高的家族也会参与到同样的活动中来，并利用财产证明他们较高的社会地位。

传统上，世界各地的酋邦都是不稳定的，地位低的酋长会试图从地位更高的酋长手中夺取权力，或者与对立的酋长们争夺作为最高统治者的最高权力。例如，在前殖民地时期的夏威夷，战争是获得土地和维持权力的手段，酋长们彼此发起征战，以夺取所有岛屿的最高统治者地位。当一个酋长打败了另一个时，失败者和他的部族的全部财产将被剥夺，幸运的话可以逃过一死。随后，新的最高酋邦的酋长会让自己的追随者担任政治要职。

最高酋邦、君主国家或王国，虽然名字不同，但是它们的政治差别并不明显。作为从部落和国家之间一个过渡的政治组织形式，大多数酋邦、最高酋邦、王国已经消失在历史进程中。然而，亚洲和非洲仍有数百个酋邦，尽管它们不再政治独立或被君主统治。在英语中，最高酋邦的酋长的头衔通常等同于“国王”一词，这一术语也用于涵盖一系列原住民王室头衔，例如，印度人称最高统治者为马哈拉加（Maharaja）、阿拉伯称统治者为埃米尔或苏丹（Sultan）、说德语的欧洲地区称之为菲尔斯特（Fürst）。

这种政治组织形式的一个例子可以在利比里亚最大的民族群体——科佩尔（Kpelle）中看到。利比里亚是一个多元的西非国家，其领土上居住着约30个民族。传统上，科佩尔在政治上分为几个独立的最高酋邦，每一个酋邦都包含着一个小的酋邦联盟。19世纪，在美国获释的奴隶殖民了这个国家。自1847年独立以来，利比里亚人的后代就统治了整个国家，但是，他们未能成功地统一政治权力。这就使科佩尔的最高酋长和他们的邻居作为领薪的政府官员，很大程度上管理着地区的政治、行政和法律事务，并在他们统治区域（传统酋邦）的原住民和中央政府之间充当调停人（图22.4）。

国家

国家是一个政治机构，其目的是管理和保卫一个复杂的、社会分层的社会，占据一片确定的领土。作为最正式的政治制度，它由政府组织领导，政府有能力和权力管理臣民和征税，制定法律和维持秩序，以及使用军事力量捍卫或扩张其领土。目前，最小的两个国家领土面积不到2.5平方千米（约1平方英里），而最大的国家占地约1700万平方千米（约660万平方

图22.4　传统审判，科佩尔的部落“法院”

西非利比里亚的一名科佩尔酋长正在解决他所在地区的一场纠纷。解决争端是传统任务之一，它落在了科佩尔的最高酋长身上。

英里）。

通常，国家由关系密切或富裕的个人和群体联合统治，他们积累并争夺权力。占有资源（包括金钱、武器和人力）的统治精英通过机构行使权力，如政府及其官僚机构，通过这些机构，他们安排、再安排社会秩序和经济秩序进行分配和再分配。

国家社会中的大量人口要求粮食产量的增加和更广阔的再分配网络。农田和灌溉梯田的修建、精细的农业轮作、明确划分的土地和道路的激烈竞争、支持市场体系和专门化的城市行业的充足的农民和其他的农村劳工，这些因素共同导致了地理环境的改变。

在这种情况下，强调排他性的法人团体迅速扩张，族群差异和民族中心主义越来越明显，潜在的社会冲突急剧增加。考虑到这些因素，国家机构——最少会有一个官僚系统、军队、正统宗教——为多种多样的群体提供作为一个整体行使权力的手段。

国家的一个重要作用是授予权力去保证境内境外的安全秩序。警察、外交部、军委及其他官僚机构的职能是管控惩处犯罪、冲突和反叛等破坏性行为。通过这些机构，国家确保权力以一致、非个人、持续可预见的方式运行。

最早的国家出现在5000多年前。国家通常是不稳固的，很多已经消失在历史长河中，有些是暂时的消失，有些是永久的消失。有些被其他国家吞并，有些崩溃分裂成更小的政治单位。现在的一些国家有着非常久远的历史，如日本，它作为一个国家已经存在了近1500年。

这里的一个关键区别是国家（State）和民族（Nation）。民族是基于共同的文化、语言、地域和历史，拥有共同民族认同的一群人（Clay，1996）。今天，世界上大约有5000个民族（包括部落和族群），其中很多在有历史记载之前就已经存在了。相比之下，目前世界范围内的独立国家约有200个，其中大多都是在“二战”之后（1945年）才建立的。

正如这些数字所暗含的，民族和国家并不总是重合，完全重合的例子有冰岛、日本、斯威士兰。事实上，世界上约75%的国家是多元社会，如同前一章所定义的，两个或多个族群或民族在政治上组成一个领土国家，但保持各自的文化差异。通常，小的民族（包括部落）和其他群体会发现自己受大的民族或族群的支配，这些大的民族或族群在政治上获得了控制权。

由于经常遭受歧视和压制，一些小的民族会通过脱离以及重建一个独立国家来提高他们的政治地位。库尔德人也是如此，库尔德人是一个讲伊朗语的逊尼派穆斯林民族，他们祖先曾拥有的20万平方千米（约7.7万平方英里）的土地，被现代国家土耳其、叙利亚、伊拉克和伊朗分割。库尔德人约有3500万人口，比澳大利亚的人口还要多。事实上，斯堪的纳维亚半岛上的丹麦、芬兰、挪威、瑞典这四个国家的总人口也没超过库尔德人的人口总数。几十年来，他们一直在为独立而战。由于内战，伊拉克和叙利亚的中央集权力量已经被削弱，库尔德人享有政治自治权的地区在国际上仍然被认为是这两个国家的一部分（图22.5）。

政治体制和权威问题

无论一个社会的政治体制是怎样的，它都必须找到某种方式来获得和维持人民的忠诚。在非集权体制中，每个成年人都会参与所有决策，忠诚与合作是自由给予的，因为每个人都是该政治体制的一部分。随着群体的扩大和组织的规范化，获取和维持民众支持也变得越来越重要。

集权政治体制会将胁迫作为一种社会控制手段，通过武力或恐吓迫使人们服从命令。但这也是很冒险的，因为需要大量的人员去执行这种强制力，而他们本身也可能变成一种政治力量。此外，强调武力往往会招致怨恨，并使合作减少。因此，这样强硬的政权，比如独裁统治，通常是很短命的，大多数社会会

图22.5 争取独立的库尔德战士

几十年来，库尔德人一直在他们的祖籍地为政治独立而战。图中，我们可以看到库尔德斯坦工人党的女游击队员，她们身处伊拉克北部伊朗边界附近的甘迪勒（Qandil）山区。

选择不那么极端的社会强制方式。在美国，这反映在对文化控制的日益重视上，这将在后面章节进行讨论。劳拉·内德（Laura Nader，见“人类学家札记”）以她关于权力问题的人类学研究而闻名，包括文化控制。

另一个政治进程中的基本概念是权威，即宣布或施行由法律或风俗习惯赋予的权力。与强制通过武力或恐吓迫使人们服从或遵从不同，权威是基于社会认可的规则、集体思想或是将人们作为一个社会联系在一起的成文法律。不管在文化上多么不同，没有这些规则、意识形态和法律，政治条例将会失去它的合法性，并且，可能会被多重解释，或被认为是不公正的错误的而遭到公开挑战，为强制迁移打开方便之门。

在君主制国家中——一个由单一统治者统治的国家——政治权威可以基于不同的合法性来源，包括神圣的意志、皇室血统与生俱来的权利以及由自由民或富有上层阶级（贵族）进行的选举。在神权政体国家中——一个由祭司精英统治的国家，精英则由一位声称神圣或神圣地位具有合法性的最高祭司领导——合法性根植于神圣教义之中。在贵族政体国家中，占据统治地位的贵族精英声称传统的合法性根植于礼制上的混合，它包括高地位的祖先、阶层内的通婚、军事力量、经济财富和仪式上的资本。

最后，在民主制国家中，统治者的合法性来源于一种理念，他们被选举出来作为自由民的代表，被授权根据以法律形式固定下来的规章行使权力。民主制国家也会有一个象征性首领——国王或女王，还会有一个名誉上的首领——由选举产生的总统。这样的国家通常被称作共和国。

政治与宗教

通常情况下，宗教给予政治秩序和领袖合法性。宗教信仰可以影响或是为传统律法和规则提供权威支持。举例来说，人们认为有罪的行为，如谋杀，常常也是违法的。

在工业化和非工业化社会中，对于超自然力量的信仰很重要，它常常反映在人们的政治制度中。在许多国家，政治和宗教是相互交织的，包括美国，新当选的美国总统会将手放在《圣经》上宣誓就职，其宣誓誓词中的“上帝庇佑的国家”是宗教赋予政治权力合法性的另一个例证。此外，美国的硬币上印着“我们信仰上帝”，以及仪式性地出现在法律程序中的“愿上帝保佑我”这样的表达。

政府的宗教合法化在以色列得到了更明确的定义，以色列将自己定义为一个犹太国家。在那里，两位首席拉比（犹太教牧师）轮流担任国家的首席拉比的主席。作为犹太教在该国的最高权威，他在犹太人生活的许多方面拥有管理权，并监督拉比法庭。首席拉比法庭由宗教部门管理，是以色列司法系统的一部分，其判决由警察执行、实施。

另一个政府在宗教上合法化的例子是位于尼日利亚北部大草原的卡诺（Kano），那里的埃米尔统治着一个豪萨族（Hausa）和富拉尼族（Fulani）聚居的传统王国。埃米尔根据伊斯兰教法（Shariah）进行统治，它是一种道德和法律准则，基于传统穆斯林所接受的上帝的、绝对正确的法律。在一年一度庆祝穆斯林斋月结束的节日中，地区首领领导骑兵团在阅兵式上展示骑术，并公开展示他们对统治者的忠诚。

自1979年伊斯兰革命推翻伊朗国王（“皇帝”）的独裁统治以来，伊朗一直是一个神权政体国家，由民主选举产生的总统和议会隶属于什叶派穆斯林中最神圣的圣人——大阿亚图拉的最高宗教权威。全球各地，还有许多政治和宗教机构错综复杂地交织在一起的例子（图22.6）。

政治与性别

历史上，不管文化形态或政治组织类型如何，女性担任重要政治领导职位的次数通常远远少于男性。

人类学家札记

劳拉·内德（生于1930年）

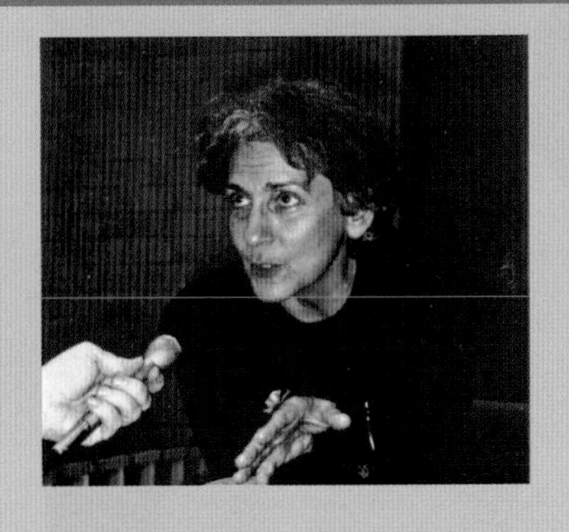

劳拉·内德在1960年开始她的职业生涯时，在同辈中就很突出，当时她是加州大学伯克利分校人类学系的第一名女教员。

内德和她的三个兄妹生长在康涅狄格州的温斯特德，他们是从黎巴嫩来的移民。她回忆道："我的父亲出于政治原因离开了黎巴嫩，当他来到这片自由的土地后，仍然很严肃地对待政治。所以我们从小就被教导要投身到公共事务中去。"他们也被教导要质疑假设。

内德和她的弟弟拉尔夫（Ralph）都致力于这样的事业。她是研究跨文化的法律、公平、社会控制与政治结构的著名的人类学家。拉尔夫是消费者权益的维护者，也是美国前总统候选人，还是公共医疗、安全和生命质量的监督者。

劳拉·内德的本科学习包括在墨西哥进行一年的海外调查。后来，她在拉德克利夫学院（Radcliffe College）攻读人类学博士学位的时候，又重返墨西哥，在瓦哈卡连绵起伏的马德尔（Madre）山中的一个萨波特克农村进行田野工作。基于这些田野工作的反思和后续的研究，她说道：

> 20世纪50年代，我去到墨西哥南部，研究萨波特克人如何安排他们的生活，怎样处理问题，当他们上法庭时会做什么。我回到美国后，开始用同样的方式研究美国人，研究他们如何处理消费者投诉和服务投诉。

内德在伯克利头10年的教学生涯恰逢越战时期，当时，学校一直处在混乱状态中，学生们要求和平和民权。作为一名学者型的活动家，内德号召同事们进行"向上研究"——研究世界的权力精英。她在1972年写道："对人类的研究正面临着一个空前的挑战，过去从未像今天这样，少数人的作为和不作为可以决定如此多人的生死。"

截至目前，内德的研究成果已经出现在100多种出版物中。其中有她的众多书籍，包括《赤裸的科学：对于边界、权力和知识的人类学考察》（1996年）、《法律的生命：人类学计划》（2002年）、《掠夺：当法治是非法的》（与乌戈·马太合著，2008年）和《文化与尊严：中东与西方的对话》（2013年）。

作为人类学领域法律研究的领袖人物，内德聘请了法律、儿童问题、核能和科学（包括她自己的专业）领域的专家，批判性地质疑专家们开展工作的基本假设（核心教条）。她要求她的学生去做同样的事情——批判性地思考、质疑权威、从权力精英的"控制过程"中挣脱出来。2000年，内德接受了美国人类学协会的最高荣誉之一，在年会上发表了著名演讲。

2015年，85岁高龄的内德仍在加州大学伯克利分校任教。在最近的一次采访中，她谈到了她多年来一直致力的学科：

> 对我来说，人类学是最自由的科学研究，因为它不可能停留在干扰大脑自我反思能力的界限上。在一个既相互联系又互不相连的世界里，在一个长期生存受到威胁的星球上，这是一个新的综合时刻。人类学家不应回避这些重大问题。我们要发挥自己的作用。

图22.6 伊朗和英国的教会与国家

与美国这种宪法上政教分离的国家不同，伊朗和英国等国家允许政治和宗教事务之间的联系更加紧密。例如，自1989年以来，一个名为阿里·哈梅内伊（Ali Khamenei）的大阿亚图拉一直担任伊朗的最高领袖，他一直是国家的最高宗教和政治权威。在英国，已故的伊丽莎白女王不仅是国家名誉上的最高统治者，而且是英国教会的最高首领，这使她有权任命英国国教的主教。

但也有很多著名的例外，包括加勒比海岸和美国东南部早期美洲印第安酋邦的一些女性酋长。传统上，在太平洋波利尼西亚的酋邦和王国中也有女性统治者，包括汤加、萨摩亚和夏威夷。此外，在过去的数千年中，亚洲、非洲和欧洲有无数个强大的女王领导着君主制国家，甚至是帝国（Linnekin，1990；Ralston & Thomas，1987；Trocolli，2006）。

也许历史上最有名的女性统治者是维多利亚女王，这个在位时间很长的女王统治着英格兰、苏格兰、威尔士和爱尔兰。维多利亚女王也被视为全世界众多殖民地的君主，甚至还获得了印度女皇的称号。她统治大英帝国将近64年（1837年到1901年），曾是世界上最富有、最有权力的领导者。2015年，她的曾孙女伊丽莎白二世的任期超过了她的任期。伊丽莎白二世是英格兰和苏格兰的加冕统治者，也是英联邦的象征性首领。英联邦是由54个独立国家（几乎都是英国的前殖民地）组成的政府间组织。

杰出的女性领导越来越普遍，在大多数现代国家中，女性已经取得了一些和男性一样的政治权利和机会。近些年，越来越多的女性被选为总统、总理或首相。另一些人领导政治在野党，也有一些领导群众运动。后者中就包括缅甸的昂山素季（Aung San Suu Kyi），本章的结尾处将对其进行介绍。

尽管在很多社会的政治领域中很少出现女性，这并不表明她们在政治事务中缺乏权力。例如，在美洲东北部，6个结盟的易洛魁印第安民族中，只有男性才能当选联盟大会的高级酋长。但是，他们完全受控于女性，因为只有“族母”才能选择担任这一高级职务

的候选人。而且，女性会积极游说委员会中的男性，族母有权利罢免代表该氏族的酋长。

女性在传统社会中发挥更重要作用的例子是西非尼日利亚伊博人（Igbo）的双性统治。在伊博人中，每个政治单位传统上都有独立的男女两性分开设置的政治机构，因此，两性在不同方面拥有自治权威，以及共同的责任（Njoku，1990；Okonjo，1976）。每个政治单位都有一个男性首领——奥比（Obi），他被认为是政府首领，尽管他的统治范围只限于男性社区；以及一个女性首领——奥姆（Omu），她是公认的整个社区中的母亲，但实际上只负责女性相关事务。与女王不同（尽管她和奥比都有王冠），奥姆既不是奥比的妻子，也不是前奥比的女儿。

奥比有一个由显贵组成的委员会为他提供建议，并防止专断的权力，奥姆也有一个由女性组成的委员会。奥姆和她的委员会的职责包括，为社区市场制定规则和条例（市场是女性的活动场所），以及审理村庄或城镇上涉及妇女的案件。如果这些事情也牵涉到男性，她和她的委员会将与奥比和他的委员会协商合作。

在伊博人的体制中，女性管理自己的事务。和男性一样，她们有权强制推行自己的决定和规则，包括罢工、联合抵制、“修理”某人（包括男性）：

> “修理”男人或向一个男人开战的行为包括：深夜聚集在他的棚屋里跳舞、唱歌，在歌词中细数女性对他的抱怨和不满，并经常质疑他的男子主义，用女人用来捣薯蓣的木杵敲打他的棚屋，也许会拆掉他的棚屋或在上面抹泥巴，有时还会打他一顿。一个男人可能会因为粗暴地对待妻子、违反女性市场的规则，或者让他的牛吃女人的庄稼而遭到上述惩罚。女人们一整天都待在他的棚屋里，有时直到深夜，一直待到他悔过并保证改正错误（Van Allen，1997，p.450）。

维持秩序的文化控制

每个社会都有文化控制——确保个人和群体以支持社会秩序的方式行事的手段。我们可以区分为内化的和外化的两种文化控制形式。

内化控制

正如前面章节所述，在特定社会中出生、长大的个人要经历一系列的文化濡化。在这个过程中，社会观念、价值观和相关情绪结构会慢慢内化，影响个体的思维、情感和行为。文化控制内化的过程导致了我们所说的自我控制——一个人成功控制自己自发的情感和抑制冲动行为的能力。

自我控制的动机可能是与积极的文化价值观相关的想法或情绪，如为了共同利益的自我牺牲。例如，很多文化推崇仁慈、自我牺牲等传统或其他的美好德行。表现出一种要去帮助那些需要帮助的人的愿望，例如友善的行为或慷慨，可能是出于精神或宗教观念——一种文化的成员普遍共享的关于他们现实的最终形态和实质的集体思想。

自我控制也可能受负面的观念和相关情绪驱动，如羞耻、内疚、对厄运或恶灵的恐惧，或对神的惩罚的恐惧——这些概念在文化上是相对的和可变的。例如，巴布亚新几内亚的wape猎人。传统上，wape猎人认为已逝祖先的灵魂游荡在森林中，他们会保护自己和后代免受敌人的入侵，也会阻止做了坏事的人找到猎物或击中目标。就像虔诚的基督徒因为害怕下地狱而避免犯罪一样，wape猎人也会避免争吵并保持社区内的平和，因为他们害怕某种超自然力量对他们的惩罚，尽管村子里面没有人知道他们做了坏事。

外化控制

由于内化控制并不完全有效，即使是在队群和部落中，每个社会都发展出了外化的社会控制手段。其

中一种控制类型被称为制裁，它是一种被设计出来的社会指令，旨在鼓励或强迫遵从社会标准认可的行为。

制裁可以是积极的，也可以是消极的。积极的制裁包括奖赏、头衔、提拔和其他公认的形式。消极的制裁包括嘲笑、羞辱、罚款、鞭打、放逐、监禁，甚至是死刑。

此外，制裁可以是正式的，也可以是非正式的，这取决于是否涉及习惯法或法律法规。在美国，一个穿短裤赤膊去教堂礼拜的人可能会受到各种非正式的制裁，从牧师不赞成的目光到教众的窃笑。如果他什么都不穿，则将会受到正式的消极制裁，即因不雅暴露的罪名被逮捕。只有在第二种情况下，他才会因触犯法律获罪，法律是行为规则，违犯它的人将被执行消极制裁。

要使制裁有效，就必须始终如一地实施，而且必须使社会中的成员普遍知晓。虽然一些人并不信服社会一致性带来的优势，但在权衡不遵从所带来的后果后，他们仍会遵循社会规则。

文化控制：巫术

在有或没有集权政治制度的社会中，巫术有时会作为文化控制的手段起作用，既可能是内化控制，也可能是外化控制。如果一个人认为邻居可能会用黑巫术报复自己，那么他在冒犯邻居之前会三思。同样地，个人也不希望被指控使用巫术，因此，他们行事非常谨慎（图22.7）。

与逆境（坏收成、疾病、死亡）相关的巫术或“黑魔法”的指控通常针对的是地位低下或边缘化的人。老年妇女和寡妇往往会成为攻击目标，特别是在迅速变化的社会中以男性为主的农村偏远地区。她们被指控使用邪恶的咒语制造不幸，被视为道德秩序的威胁。

在苏丹南部的阿赞德人中，当一个人认为自己被施了巫术时，可能会请教神谕，在进行了恰当的神秘仪式后，神谕可以指控或认出那个令人不悦的巫师（Evans-Pritchard，1937；Films Media Group，1981）。面对这一证据，被指认出的巫师常常会同意

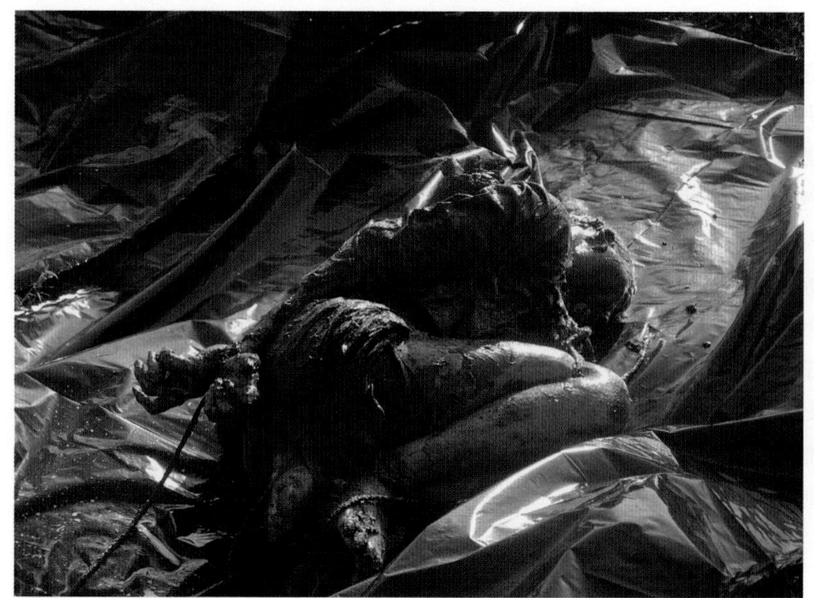

图22.7　21世纪的巫师捕杀

在当今世界的许多地区，包括非洲、南亚和美拉尼西亚，人们被指控为巫师。这一目标可以是男子，甚至是儿童，但大多数是妇女，特别是那些寡妇和穷人，或直言不讳、被视为会对男性主导的社会秩序造成威胁的妇女。他们的情况非常相似：疾病、死亡或其他不幸袭击了他们的社区，这些人受到指责、惩罚、驱逐，被迫自杀，甚至被杀害。照片中的这名妇女在被残忍地杀害后，被埋在了稻田里，她是印度阿萨姆邦女巫狩猎的受害者。这种悲剧并不罕见。自1995年以来，印度每年都有150名至200名被指控为巫师的妇女被杀害。除了紧张局势升级引发的巫师迫害，将女性标记为巫师已经成为抢夺土地、解决争端和怨恨，或对被拒绝的性行为进行惩罚的一种常用手段。很少有人向当局举报猎巫者，而在那些被举报的人中，只有2%的人被定罪（Sharma，2012）。

合作，以避免任何额外的麻烦。如果受害者死亡，死者的亲属也许会选择用巫术对抗那个巫师，最终承认一些村民的死亡是缘于双方的罪责和他们的有效巫术。

对于阿赞德人（Azande）来说，巫术不仅是对危害社会安宁行为的制裁，而且也是处理自然的敌意和死亡的手段。没有人希望被指控为巫师，当然也没有人希望成为受害者。通过将他们的情感反应制度化，阿赞德人成功地维持了社会秩序。

今天，在非洲撒哈拉以南的许多地区，以及巴布亚新几内亚、印度东北部地区、尼泊尔和世界其他地区，猎杀巫师的活动正在增多。在过去的15年里，印度大约有2500名被指控的巫师被谋杀——他们通常会被严刑逼供，然后被活活烧死或被人用刀、斧头或石头屠杀（McCoy，2014；United Nations Human Rights，2009）。

图22.8 因纽特人歌曲决斗

生活在加拿大北部的因纽特人解决社区内部纠纷的传统方式是斗歌，双方将事情的原委用歌的形式唱出来以侮辱对方。旁观者的掌声会决定谁是胜出者，然后，相应事件就被了结了，人们并不希望再生事端。

举行审判、平息争议与惩罚犯罪

国家社会明确地将针对个人的犯罪和针对国家的犯罪区分开来。然而，在非国家社会，如队群和部落，所有的犯罪行为都被视为对个人或亲属团体（家庭、氏族等）的侵犯。个人或亲属之间的纠纷可能会严重扰乱社会秩序，特别是在小社区中，产生纠纷的绝对人数虽然不多，但可能占据了总人口的很大比例。

例如，在加拿大北部的传统因纽特人中，除了家庭，没有其他有效的经济单位，两个人的争吵可能会影响不同的家庭成员在必要时的相互支援，而变成一个涉及范围更广的社会问题。通过集体评估形势、决定谁对谁错，社区成员关注如何重建社会和谐，而不是惩罚罪犯。在没有法律约束的情况下，他们通常用唱歌决斗来解决争端，在这种决斗中，个人会用为这一场合专门创作的歌曲来互相侮辱。旁观者就是陪审团，他们的掌声可以解决冲突。但是，如果不能重建社会和谐，辩论者之一将会迁去其他队群（图22.8）。

相比之下，在大多数现代国家社会中，一个攻击了他人的人可能会受到一系列复杂的法律诉讼。在犯罪案件中，首要考虑的是处置和惩罚罪犯，而不是帮助受害者摆脱困境。攻击者将会被警察逮捕，要应对法官或陪审员的审讯，而且，依据犯罪情节的严重程度，他可能会被处以罚金、关押，甚至处死。受害者很少收到赔偿金或补偿。通过这样一连串的事件，被告方需要应对警察、法官、陪审团和监狱看守，这些人通常与原告或被告没有私人关系。法官的工作是复杂而困难的，除了要在法庭审讯中呈现证据，法官还必须考虑广泛的行为规范、价值观和早先达成的被认为是公正的决议。不仅要让争议各方，还要让公众和其他法官也认为那是公正的。

在许多酋邦中，不朽的超自然力量，或者至少是非人类的力量，被认为是通过神谕法来做出判断的。例如，在本章前面讨论的利比里亚科佩尔人中，当罪责悬而未决时，一个得到许可的“神谕操作者”会把烧红的刀子放在犯罪嫌疑人的腿上，如果腿被烧伤，

那么嫌疑人就是有罪的；如果没有，那么嫌疑人就是无辜的。但操作者不仅负责烧红刀子后使用它，在按摩了嫌疑人的腿并确认刀子足够热后，操作者要用刀击打自己的大腿而不被烧伤，用以证明无辜者不会受伤。然后刀子才会被用到嫌疑人身上。

到此时为止，操作者已经有意识或无意识地从嫌疑人身上读到了非语言线索：姿势、肌肉的紧张程度、出汗量等。从这些线索中操作者能够判断出被告表现出的紧张是否能够指示出可能的罪行；事实上，关于心理压力的评判已经被完成了。当这种判断被做出后，刀是否会烧到嫌疑人是由人为控制的。操作者可以通过控制刀在火上烧的时间、按在嫌疑人腿上的力度和角度轻易地进行操作（Gibbs，1983）。

在美国，测谎仪与这种犯罪评估很相似，尽管其指导思想是有科学依据的，而不是形而上学的。人们认为它可以客观地测出一个人是否说谎，但在现实中，测谎仪操作者不能够仅仅“读”机器上的指针。他或她必须判断被试者是因为测试环境而高度紧张，还是因为有罪而紧张。因此，测谎仪的操作者和科佩尔人的神谕操作者有一些共同之处。

在国家社会中虽然执法公正，例如鞭笞或监禁，可能是国家社会中最常见的司法方式，但它并没有被证明是改变犯罪行为的有效途径。北美在过去的40年中发生了有重大意义的变化，从法庭转向法庭外的谈判和调解。例如，加拿大的本土社区已经成功迫使其联邦政府修改司法实务，以使其能够更符合本地的价值观和传统（Criminal Code of Canada，§718.2e）。特别是他们要求重建了圆圈对话这样的司法手段，卷入冲突的各方会聚在一个圈子里，并享有平等表达自己观点的权利，他们依次发言、不受打扰。通常，说话的人会拿着一个“说话棒”（一根鹰的羽毛或是其他的象征物），以表明他或她有权利在此时发言，其他的人则有义务倾听。

暴力冲突与战争

管理社会内部事务是所有政治组织的一项重要职能，但绝不是唯一的职能。另一项重要的职能是处理外部事务，不仅是不同国家之间的关系，还包括不同队群、世系群、氏族或是任何大小的政治自治单位。并且，人们可以使用威胁的或实际的武力维持或重建社会内部的秩序，也可以用它来处理外部事务。

在诉诸武力方面，人类有着糟糕的历史记录，比个人的或自发的侵犯更致命的是，战争这种有组织的暴力形式，摧毁了无数人的生命和财产。在过去的5000年里，约有1.4万场战争，共造成了数亿人的死亡。单是在20世纪，估计就有1.5亿人因人类的武力冲突而丧生。

武力冲突的范围很广，从个人争斗、地方械斗、劫掠、海盗（见“全球视野”），到叛乱、暴动、游击和有专业武装力量参与的正式宣战。

为什么打仗？

战争的动机、战略目标以及发动战争的政治或道德上的理由各不相同。一些社会在遭受严重威胁或实际打击的时候只会组织自卫战争，避免与其他社会发生武装冲突。其他社会为了追求特定的战略目的而发动侵略战争，包括争夺物质利益，如石油这种贵重资源，以及扩张领土或控制贸易路线。对稀缺资源的争夺会导向武力冲突并引发战争，但侵略战争也可能缘于意识形态，例如，传播一种世界观、宗教，以及击败其他地方的“邪恶势力”和“不法分子”。

除了这些对于战争的解释，我们的基因构成中是否有一些东西使战争变得不可避免？一些人认为，人类种群中的男性天性好斗。支持他们观点的例子，是坦桑尼亚黑猩猩的群体攻击性行为。在坦桑尼亚，研究者观察到一个黑猩猩群体有组织地攻击另一个群体

邦特兰的海盗活动？

阿布希尔·博亚（Abshir Boya）是一名身材高大的索马里海盗，他活跃在非洲之角沿岸的海域中，非洲之角深入阿拉伯海。他生活在邦特兰埃尔（Eyl）的一个古老渔港，邦特兰是索马里的一个自治区域。在2009年，埃尔成了海盗的天堂，拥有12艘打劫来的外国轮船和跨国船员。

就像博亚一样，数百个海盗中的大多数是居住在邦特兰的达鲁德（Darod）族人，他们被迫退出了传统的捕鱼业，因为外国的贸易舰队污染了他们的港口，耗尽了他们的鱼类资源。自1991年以来，索马里因叛乱、氏族争斗和外国武装力量的干涉而四分五裂。它不再拥有中央集权体系来维持法律和民众秩序，这里的居民每年的人均收入是600美元。伴随着国家经济的崩溃，博亚和他的族人们发现了阿拉伯海的财富，决定去分得一杯羹。

得到来自墨尔本、迪拜、内罗毕、伦敦、多伦多、明尼阿波利斯等地居住在城市中的索马里移民投资者的支持，海盗团伙配备了无线电台、手机和GPS导航仪，以及他们从也门买来的半自动手枪、突击步枪和火箭筒发射器。他们驾驶快艇超速行驶在公海海域，追逐来自世界各地的货船、油轮、豪华游轮，包括美国、加拿大、丹麦、法国、沙特阿拉伯、印度和中国。

包括博亚在内的一些海盗首领收获颇丰，博亚声称自己已经领导过超过25次的劫持事件。船主需要交付大量赎金，2011年的31个船主，平均每人交了500万美元。索马里海盗总共约有1000人，他们有义务回报投资者，并和包括他们氏族内的许多穷亲戚分享收获。值得注意的是，2011年，海盗向船主索要的赎金只是海盗活动花费的2%，承保船只的保险公司收入6.35亿美元，私人武装警卫力量赚取5.3亿美元，大约30个国家在武装巡航方面的花费总额达13亿美元，这些和其他数不清的打击海盗活动的总花费多达近70亿美元。

在海盗活动最猖獗的2009年，索马里海盗拥有几十条打劫来的船只和近1000位海员。由于外国武装巡航和起诉的增多，到2012年年中，这些船只的数量下降到12艘，并且只剩下数百位船员。同年早些时候，欧盟加强了打击海盗的任务，允许武装力量在印度洋巡航并攻击索马里基地，许多索马里海盗被击毙或抓获。尽管如此，海盗活动仍在继续；国际社会在处理海盗问题方面仍没有达成共识，因此，仍有一些大胆的海盗试图赚取赎金。虽然由于管辖权问题，对国际海域海盗犯罪活动的刑事起诉存在问题，但是很多海盗现在被关押在6个国家的监狱中，包括美国。

全球难题

对于被迫从事海盗活动的索马里渔民来说，正义何在？

并占领了它们的领地。而且，有充分的证据表明，渔民、猎人、牧民和粮食生产者之间的武装冲突已经持续了数千年。

然而，人类之间的战争并不是一种普遍现象，也不是一种不可避免的暴力行为遗传倾向的表现（见本章的“生物文化关联”专题）。事实上，在世界的许多地区，有一些社会并不进行我们所知道的战争。例如，非洲南部的朱瓦西布须曼人和俾格米人、新几内亚的阿拉佩什人、印度的耆那教徒（Jain），以及北美的阿米什人。此外，在确实有战争的社会中，暴力程度可能也有很大差别。

战争的演化

我们有充分的理由认为，战争——不能同劫掠这样的暴力形式相混淆——在1万年前才成为问题，因为食品生产技术的发明，尤其是5000年前集权国家形成以后，情况更甚。随着现代武器的发明和针对平民的暴力的增加，近200年来，战争变得越来越危险。

距离第一次世界大战时法德前线士兵在人类历史上首次经历化学武器，已经过去了一个世纪。虽然第一次世界大战前，有毒气体已经开始被运用，但在1917年，战壕中的军队经受了芥子气的攻击，它是一种有毒的化学气体，会导致失明、皮肤上长大水泡，（如果被吸入会引起）口腔、咽喉、肺部起泡流血。大量毁灭性武器的发展有着骇人听闻的后果。

今天，很多国家的兵工厂中储存的化学、生物和核武器足够毁灭地球上的所有生物好几次。由于致命的毒药便宜且易于制造，例如炭疽细菌、神经性毒气沙林，包括恐怖分子在内的无政府群体也会想方设法获得它们，哪怕只是为了用它们去威胁更强大的对手。

随着武器变得越来越复杂和有效，军事科技方面的新发明也继续推进战争的演化，从机枪、超音速战斗机、原子弹到高能激光束、无人机、电脑病毒。然而，在现代战争中，所谓的精准杀戮只是一种幻想，因为平民的伤亡率远远高于士兵的伤亡率（图22.9）。

侵略的意识形态

无论军事科技发展如何，把人类转化为杀戮者需要观念和动机，而这主要源于文化。正如本章前面提到的，战争的正当性根植于一个社会的世界观中。有人说战争是去人性化的，战争的意识形态过程通常起始于将对手贬低为低等级的、粗野的、邪恶的、丑陋的或毫无价值的一类人。将对手去人性化之后，人们为屠杀和劫掠、蹂躏被征服的女性、肢解敌人的尸体以换取战利品、将战俘变成奴隶找到了正当的理由。

无论面对敌人时，情绪会多么极端和负面，战士通常都进行过精神和身体上的训练，以投入战斗。在为上战场做准备的过程中，年轻男性（有时是女性）

生物文化关联

性、性别和人类暴力

从21世纪初开始，战争和武力不再完全由男性主导，这与以往的情况不同。在世界很多地区，战争已深入平民的生活，并影响到了妇女和儿童的日常生活。一些国家的女性可以加入军事武装力量，尽管她们参加实战的机会非常有限。一些美国女兵认为，性别不应该成为限制她们加入战斗的理由，她们认为自己和男性一样强健、能干、训练有素。其他人则认为，生物决定的性别差异使战争成为一个属于男性的领地。

科学家一直认为，男性更适合战斗，因为自然选择使他们平均要比女性更高大、更强壮。19世纪，达尔文首先提出了这一著名的性选择观点。当时，他论证了动物种群的体征专门化——例如角和鲜艳的羽毛，以及人类的智力和工具的使用，他强调男性身上的自然选择有利于他们竞争伴侣。在这样的情况下，男性的成功繁殖被认为是通过一种“种子传播”的策略得到优化的。换句话说，就是和尽可能多的异性交配。

另一方面，认为女性需要照顾好后代，以使她们的生产最优化。基于这种性选择理论，在雄性之间竞争激烈的种群中，雄性要比雌性大很多，攻击性也更强。在单配偶的物种中，雄性和雌性的体型可能很相似。

灵长目动物学家理查德·兰厄姆进一步阐述了性选择观点。在《男性恶魔》一书中，他探讨了这种观点：男性和父权制都有一个演化的基础。他指出，人类和我们的近亲黑猩猩一样，都是“群居”动物，强烈依附于一个主导着可扩张领土的雄性。这一特征“足以说明自然选择的邪恶遗产，当敌对的相邻者相遇时，他们会找机会杀掉对方”。相应地，武力生成了一个由男性主导的社会秩序：“父权制源于生物性，在这种意义上，男性的性情来源于演化过程中对女性的控制，并联合男性，一致对抗外来者。”兰厄姆承认演化的力量也形塑了女性，但他提出，如果不与男性合作，女性很难实现自己的演化利益。

女性学者指出，这些科学模型与科学家文化生活中的性别规范有关。达尔文最初的模型整合了维多利亚时代被动的女性与主动的男性这一性别规范，灵长目动物学家琳达·费迪甘认为，在达尔文模型中，女性向积极方向的演化仅仅是一个依附过程：凭借与男性共享的基因的进步，女性被“拉向”更加进步的生物状态。兰厄姆最近提出的男性恶魔理论同样也受到了文化的影响。它包含了占主导地位的世界秩序（军权国家）和它看重的性别准则（好斗的男性）。在这两个案例中，假定的科学理论为一系列社会常规创造了自然基础。

这并不意味着不能在自然界中研究两性之间的生物差异。相反，科学家在研究性别差异时，必须特别注意将文化信仰投身在自然上的方法。与此同时，一些女兵的态度也继续挑战着性别决定“军事专业化”这一观点。

生物文化问题

在全世界，男性比女性更有可能成为战士，因此，也更有可能在战场上丧失性命。你是否认为男性在战争中的高死亡率和很多传统文化中首选的一夫多妻制之间存在结构性关系？

被灌输一种关于正义战争的意识形态，这种意识形态可能会被巫术和其他形而上学包裹。有很多例子表明，战争的宗教和意识形态理由是如何在一个社会的世界观中根深蒂固的。所谓的圣战可能会在各个宗教派别中爆发。下面的一个东非的例子将提供详细的参考。

图22.9 无人机操作员

在纽约州一个军事指挥部的电脑控制台边，一位美国攻击联队的飞行员遥控无人机以配合美国地面部队，军事打击正在阿富汗和巴基斯坦边境的恐怖分子。配备着导弹的无人机可以通过卫星传来的高清画质图片侦察地形。无人机可以被现代的眼光看作由看不见的战争之神主宰的邪恶精灵。自1995年以来，美国军队一直在使用捕食者无人机，主要是对西亚和北非的穆斯林暴动进行镇压。同时，娱乐业也为世界各地的“童子兵”提供了在游戏厅或家中玩战争游戏的机会。

个例研究：乌干达的基督教圣战

曾经被誉为非洲明珠的乌干达，是一个有着 3400 万居民的多元国家，其中有十多个民族，包括阿乔利族（Acholi）。在殖民统治时期，英国的传教士将一大部分乌干达人转变成了基督徒。

1962年取得独立后，乌干达经历了数不清的地区叛乱、内战和族际冲突，这带来了数百万伤亡者和无家可归者。在1981—1986年的乌干达丛林战争中，阿乔利士兵与失败的派别一起作战，承受了巨大的损失和羞辱。

到1986年，很多阿乔利基督徒认为，《圣经·启示录》中所描述的毁灭世界的大动乱发生在了他们身上。爱丽丝·阿乌玛（Alice Auma）就是这样的一个阿乔利人。她是一名30岁的妇女，已经结过两次婚，但均因无法生育而离婚。爱丽丝受《圣经》中关于没有苦难和死亡的“新世界”的启发，结合一个她认为的神圣异象，觉得自己已被神圣的信使选为灵媒。有时，这个强大的灵魂会完全占据爱丽丝。她将它叫作拉奎那——阿乔利语中“使徒”或“上帝的使者”的意思，并宣称拉奎那指挥着《启示录》中描述的由得到救赎的人组成的14.4万圣灵军。

1986年，得到拉奎那精神授权的爱丽丝成为奈比（“圣经预言者”的阿乔利译语）。在神降会，她将自己托付于马莱卡（斯瓦希里语中的“天使”），他们赋予了她力量，以治愈那些被恶灵侵袭的人。作为一个巫医获得名望后，她成了著名的爱丽丝·拉奎那。她的病人中有很多阿乔利士兵，他们认为自己被森（cen）附身，森是被杀的敌人寻求复仇的邪恶灵魂。为了保持身体和灵魂的洁净，爱丽丝要求他们戒酒禁欲。

爱丽丝感受到圣灵的指引，试图将她的故土从邪恶中解放出来，并建立一个以十诫为基础的基督教神权国家，她征召了8000名阿乔利人和其他北部战士，发起了将乌干达从上帝的敌人手中解放出来的圣战。她称自己的武装力量为圣灵游击队。1987年末，在拉奎那和他的14.4万圣灵军队的超自然力量的支持下，爱丽丝领导着她的7000名战士向南进发，目标是占领乌干达的首都坎帕拉。

爱丽丝的军队拿着《圣经》，高唱颂歌，以十字阵形前进。他们用从非洲酪脂树中提取的圣油涂抹全身，因为他们认为圣油能保护他们免受子弹的伤害。他们配有步枪，以及有法力的棍子和被认为投到敌人身上就会爆炸的石头。在头几场战斗中，他们取得了胜利，政府军都被吓跑了。但是在距离坎帕拉东部80千米的地方，圣灵游击队被击溃了，他们被一连串的迫击炮和机枪扫射打倒了。由于确信子弹无法穿透圣油，爱丽丝将这次失败解释为恶灵控制了她军队中的大多数人。将战场抛在身后，爱丽丝逃到了肯尼亚，20年后，她死在了一个难民营中。

数百名从磨难中幸存下来的圣灵战士加入了其他反叛组织，包括一个由阿乔利巫医约瑟夫·科尼（Joseph Kony）组建的圣主抵抗军（LRA）。科尼是前罗马天主教祭坛男孩，与爱丽丝有亲缘关系，他采用了爱丽丝基于一种混合了本土基督教和穆斯林的信仰和实践来组建军事团体的一些精神技能。在拥有了4000名战士之后，他的叛乱演变成了一场以恐怖手段为基础的残酷运动。圣主抵抗军还绑架了无数的儿童，并试图将他们训练成残忍的杀手（图22.10）。

图22.10　圣主抵抗军中的年轻阿乔利士兵

在爱丽丝·拉奎那的圣灵游击队被击溃之后，她的追随者约瑟夫·科尼借用了一些她的观念，组建了圣主抵抗军。与爱丽丝不同的是，他常常强迫小孩加入。在2006年，他和他的战士们，包括图中持枪的少年，撤退到了刚果民主共和国的加兰巴国家公园内，并定期策划突袭。科尼因战争罪被通缉，并被指控为恶魔，现在仍然在逃。

到2006年，圣主抵抗军的队伍已经减少到约600人，乌干达军队将他们驱赶到了刚果共和国。这些叛军藏匿在加兰巴（Garamba）国家公园，该公园是一大片荒野，栖居着大象、长颈鹿、河马、稀有白犀牛以及许多其他动物。

从那时起，除了进行和平谈判，科尼的士兵还持续发动间歇的突击。例如，在 2008年6月对苏丹南部的突袭中，他们强制征召了约1000名新兵，其中包括数百个被劫持的小孩。在接下来6个月里，乌干达士兵发动了空中和地面武力进攻，袭击了在加兰巴国家公园中的叛军总部，杀掉了150多名 LRA士兵，另外还俘虏了50个士兵（包括几名低级指挥官），并营救了很多被绑架的小孩和其他被强制征召的士兵。LRA则通过谋杀、抓获包括更多小孩在内的替代兵员，进行了报复。

在过去的几年中，约50万人由于害怕被袭击，逃离了他们的村庄，这不仅发生在刚果共和国，还包括临近的南苏丹、中非共和国。作为基督教狂热叛军有魅力的领袖，科尼仍然逍遥法外，仍然信奉他的圣灵所指导的叛乱（Allen，2006；Behrend，1999；Finnström，2008）。

种族灭绝

正如这些关于武装冲突的跨文化例子所表明的，战争往往与复杂的经济、政治、意识形态利益交织在一起。当武力升级到种族灭绝时——一个民族被其他民族消灭，或是蓄意的行动，或是一个种族实施活动时未考虑到对他人的影响而造成的意外后果——情况更是如此。所有的种族灭绝都包括8个可识别的阶段：分类、象征化、非人化、组织化、两极分化、准备、灭绝和否认（Stanton，1998）。

在近代史上最广为人知的种族灭绝的例子是二战期间，纳粹以种族优越论和提高种族质量的名义，试图消灭犹太人和吉卜赛人。这次大规模的屠杀被称作大屠杀——似乎表明它是独一无二的——这往往会使我们忽略这样一个事实：种族灭绝是长久存在的持续现象，在全球各地和人类历史上有很多这样的例子。鲜为人知的是，大约150万亚美尼亚人被大规模杀害。历史上，这个有着自己语言的大民族在西亚高地上形成了一个王国，现在被划分为亚美尼亚、伊朗和土耳其共和国。作为一个基督教少数民族，亚美尼亚人被纳入奥斯曼帝国数个世纪，但在1915年被驱逐出境。在后来的土耳其大屠杀中幸存下来的许多人逃到了国外，这使得“亚美尼亚人成为世界上最大的散居民族之一——估计多达1000万人，是亚美尼亚共和国人口的三倍多”（Herszenhorn，2015）。

在众多当代种族灭绝的例子中，政府支持的针对危地马拉原住民社区的恐怖主义，在20世纪80年代达到了顶峰，同一时期，萨达姆·侯赛因（Saddam Hussein）的政府对伊拉克北部的库尔德少数民族使用了有毒气体。1994年，南非卢旺达的胡图人屠杀了80万与他们相邻的图西人（Human Rights Watch Report，1990）。虽然估算的数字各不相同，但是在整个20世纪，可能有8300万人死于大屠杀（White，2003）。这种恐怖事件在21世纪仍然继续存在，特别是在非洲和亚洲，世界其他地区也是如此。

当今的武装冲突

自20世纪最后十年以来，全世界范围内爆发了几十场战争。战争不仅发生在国家之间，它们还发生在有着多元文化的国家内部，这些国家或是族际冲突多发，或是政治领导人和政府机构腐败、无效，或是丧失了民众的支持。当代的一个例子是叙利亚，本章开篇就提到了它。这个西亚国家的人口中约有60%是阿拉伯人，10%是库尔德人，2%是土库曼人，他们都是逊尼派穆斯林。阿拉维派和伊斯梅利派代表了16%的什叶派穆斯林少数民族，而其余的则是德鲁塞派（2%）或其他各种基督教教派（10%，低于20世纪20年代的30%）。据估计，有50万人是巴勒斯坦难民，另有200万是逃离家园战火的伊拉克人。自2011年叙利亚内战爆发以来，约有25万居民丧生（其中40%是妇女和儿童）。现在有400多万叙利亚人是难民，其中许多人在欧洲西北部寻求新生活。

在具有战略意义的地区或自然资源丰富的地区，外国军事干预是许多长期战争的标志，包括刚果民主共和国——一个矿产资源丰富的非洲国家。1998年，那里爆发了一场暴力战争，涉及8个邻国和25支武装力量，夺走了600万人的性命，迫使数百万人逃离家乡，这场充斥着屠杀和强奸的可怕战争被称为非洲的世界大战。除了大屠杀，它还导致道路、桥梁和建筑遭到大规模破坏，使幸存者的日常生活不再安全。

值得注意的是，世界各地的许多军队还招募儿童。专家估计，约有25万名儿童兵，其中许多儿童只有12岁，正在参与世界各地的武装冲突，特别是在非洲（“Child soldiers global report 2008，”2009；“5th report on children and armed conflict in the DR Congo，”2014；see also UN News Centre，2014）。

除了这些战争，还有许多所谓的低强度战争，涉及游击队、反政府武装、抵抗运动、恐怖分子，以及一系列与国家正规武装力量相抗衡的其他武装组织。每年，对抗事件会带来数百个热点地区和武力开火地区，但是大多数并没有被主要媒体报道。

缔造和平

纵观历史，人们一直在努力阻止冲突升级为暴乱，正如他们努力去结束现有的暴乱并重建和平一样。因此，外交和非暴力手段是本章要讨论的核心。

外交和平

大多数社会都建立了用来解决冲突的外交程序，有些社会在执行这些程序以维护和平方面比其他社会更加成功。通常，政治上有组织的团体会指定可信的高层个人来讨论一项双方都能接受的协议，以确保和平。作为部落长老、首领、国王或其他主权首脑的代表，这些人通常携带着证明他们特使或外交官的官方身份和使命的证据。

两个或多个独立的政治自治的团体间（例如部落、酋邦、国家）达成的正式的、有约束力的合约，被称为协议。协议关系到战争与和平，涉及众多人的生死和福祉，它的签订通常会以一个仪式典礼结束。

在全球的不同文化中，各种仪式圣物都会被用在外交协定的签订中，例如代表着易洛魁酋长的贝壳串珠，以及拉科塔领导人和许多其他平原印第安人吸烟用的长柄烟斗。代表们带上这些物品参加正式的协议商讨制定仪式，包括相互约束的规定，以防止或结束冲突并保持友好和平的关系。这些协定可能是为了确保对于有争议的土地、水域，或者其他自然资源的所有权或使用权，也可能是为了平安地通过邻国的土地去进行贸易或到圣地去朝圣，以及其他一系列旨在维护秩序、避免冲突的规则。今天，很多原住民民族没有能力对抗占有并控制自己土地的强有力的外国政府，因此，这些弱小群体会呼吁国际组织支持他们的反压迫抵抗运动，尊重他们的人权和文化自由，重建他们在自己土地上的政治自决权。

非暴力抵制的政治

除了用致命的武器和国际外交手段解决主要的政治冲突，还有其他途径。1947年，印度和巴基斯坦在英国的殖民统治下赢得了政治独立，其部分原因是圣雄甘地领导的非暴力抵抗运动。

甘地1869年出生于古吉拉特邦的一个吠舍阶层的家庭，他是一名高级地区官员的儿子。1888年，他到英国求学，并完成了法律专业的学习。由于没能在印度成为一名律师，他在23岁时接受了南非约翰内斯堡的一份工作。在那里，他和其他黑皮肤的印度同胞一样，也经受了种族歧视。

甘地决心要反抗殖民压迫并为正义而战，他发起了一场基于非暴力不合作主义（satyagraha）的运动，这是1906年他充当在英属南非工作的印度商人和劳工的法律顾问时萌生的想法，satyagraha一词基于梵语中的satya（真理）和 agraha（坚定）。就像他在1908年所说的，将非暴力抵抗应用于对真理的追求，需要让对手从错误或不公正的行为中醒悟过来。

> 用慈悲和忍耐……忍耐意味着自我磨砺。所以这一教义的意思是为正义申辩，不是在敌人身上强加苦难，而是在自己身上……一个非暴力不合作者享有他人无法享有的自由，因为他成了一个真正无所畏惧的人。一旦他不再有畏惧，他也就再也不会成为别人的奴隶（Gandhi，1999，vol. 19，p.220 & vol. 8，p.151）。

在 1915 年回到印度后，甘地组织了第一波对抗殖民政府的大规模抗议活动，他将“在任何情况下都不运用暴力”的非暴力不合作当作一个“强者的武器”（Gandhi，1999）。

对甘地和他的非暴力不合作运动者来说，这一争取独立的过程是漫长且充满挫折失败的，但是，他们最终在1947年取得了胜利。不幸的是，6个月后，在甘地努力维持宗教团体间的和平时，一个极端印度教徒刺杀了这位79岁的英雄。

甘地的胜利将会永垂不朽。当今有很多非暴力抵抗运动的例子，包括全国民主联盟（NLD），它是一场为结束缅甸军政府统治而发起的大众运动。它的创始人和领导人是昂山素季，她和她的大多数追随者一样，生长于佛教传统家庭，是一个在牛津大学接受过教育的政治领导人。她的父亲是一个领导了对抗英国殖民统治运动的自由战士，1947年，缅甸实现了独立。

1988年，昂山素季组建了全国民主联盟，它是非暴力抵抗运动的协调机构。两年后，在赢得全国多数选票以及81%的缅甸议会席位后，她被软禁在家中，与公众、丈夫、两个孩子隔离开来。她拒绝向自己的原则妥协，并接受被流放，她忍受着孤独，不时地进行绝食抗议。昂山素季成为世界上最著名的政治犯之一，她领导的英勇的人权活动使她获得了诺贝尔和平奖和其他许多国际荣誉。

2011年，在过去的20年中被监禁了15年并且丧偶的昂山素季最终重获自由，并重新担任反对运动领袖这一公共角色。6个月后，她领导的全国民主联盟赢得了众议院的大部分空缺席位，昂山素季则取得了她长久被剥夺的国会席位。2015年，全国民主联盟赢得了议会两院的绝对多数，这进一步加强了其创始人、主席昂山素季的民主影响力（图22.11）。

在全世界，解放运动、民权运动和民主运动都成功地将非暴力的政治手段用于反对政治压迫、种族歧视和独裁统治（Sharp，1973，2010；Stolberg，2011）。一些人类学家在和平解决冲突方面做出了重大贡献，正如本章“应用人类学”专题所述。

本章的跨文化案例表明，维持秩序、解决冲突的政治挑战是复杂的，它涉及经济、政治和意识形态因素。军事科技带来了更加有效的杀伤性武器。消除人类暴力的挑战从未像今天这般严峻，找不到解决方法的代价也从未像今天这般巨大。纵观历史和全世界，个人和群体已经创造、采用和运用了一些非暴力手段，去避免和解决冲突。我们也将在下一章中看到，人们对和平与和谐的追求超越了政治和时代的边界，它也是人们在宗教和精神领域要面对的挑战之一。

图22.11　缅甸新议会

2016年2月1日是新一届议会会议的第一天，民主派领袖昂山素季出席在缅甸内比都举行的该会议。昂山素季领导的全国民主联盟（National League for Democracy）在2015年11月的选举中获得了压倒性胜利，目前拥有多数席位。上一届议会由军方支持的候选人主导，该国经历了近50年的军事统治。

应用人类学

威廉·尤里：人类学家与争议处理

在一个争端会很快升级为暴力冲突的时代，处理冲突变得日益重要。美国人类学家威廉·尤里（William Ury）是这一领域的世界级领袖人物——他是一个独立的谈判专家，在解决冲突方面经验广泛，从家族世仇到董事会争斗以及种族战争。

在读研究生的第一年，尤里试图将人类学应用到实际问题，包括各种规模的冲突。他写了一篇文章，关于人类学家在缔造和平方面的作用，并突发奇想把它发给了罗杰·费舍尔（Roger Fisher）——一个因研究协商和国际事务而著名的法学教授。随后，费舍尔邀请这个年轻的研究生合著了一本关于国际调停的书。他们一起探讨和写作的那本书，最后成了拥有广泛读者的畅销书，因为它描述了可以应用到家庭纠纷、管理者和雇工冲突、国际危机等问题的谈判的基本原则。书名是《毫不退让地赢得谈判——哈佛谈判法》（*Getting to Yes: Negoting Agreement Without Giving In*），这本书的销量高达数百万册，已经被译成了21种语言，并获得了“谈判圣经”的称号。

尤里和费舍尔在写作的同时，还在哈佛法律学院共同创建了谈判项目（PON），旨在建立一个对新的谈判途径和应用感兴趣的跨学科的学术群体。目前这个应用研究中心是一个由多所高校结成的联盟，旨在教授调停人、商人、政府官员谈判技巧。它有四个核心目标：（1）设计、实行、评估更好的争议处理方案；（2）促进实践者与学者的协作；（3）开发关于谈判和争议处理的教育计划和教材；（4）提高公众对成功解决冲突的认识和理解。

1982年，尤里在哈佛获得了人类学博士学位，他博士论文的题目是《详谈或罢工：肯塔基煤矿中的冲突和控制》。之后，他教过几年书，并同时在PON担任领导职务，特别是，他投身于PON的国际谈判项目。他与美国前总统吉米·卡特（Jimmy Carter）共同创立了国际谈判网络（International Negotiation Network），它是一个致力于结束世界各地内战的非政府组织。

尤里利用数年间用于人类学研究的跨文化视角，专门处理族群问题和分离争论，包括南非的白人与黑人，塞尔维亚人与克罗地亚人，土耳其人与库尔德人，北爱尔兰的天主教徒与新教徒，苏联时期的车臣人与俄罗斯人之间的冲突。俄罗斯议会授予了他一枚杰出服务勋章，以表彰他在解决民族冲突方面做出的贡献。

在尤里的应用人类学工作中，最有效的工具之一是他写的关于解决争端的书，从1993年的《无法说不》到2007年的《积极说“不”》。在1999年出版的《争取和平：改变家庭内、工作中和世界上的冲突》一书中，他提到了所谓的“第三方”，即社区周边可以起到阻止、解决、遏制破坏性冲突作用的人。他的书已被翻译成30多种语言。

就像这个领域中的其他人一样，尤里旨在创造一种协商的文化，在这个世界上，对立的双方、对成功－失败的态度与人们之间日益相互依存的关系不合拍。在书面的以及实际的行动中，他挑战了暴力和战争是不可避免的这一根深蒂固的观念，并提供了具有信服力的证据，证明人类天性中也有合作和共存方面的内容，而不只是暴力和冲突。诚然，暴力是一种选择，尤里说：“冲突不会结束，但是暴力可以结束。”

思考题

1. 叙利亚是一个多元社会，其中有许多种族和宗教团体，内战已经演变成了宗派暴力，许多派系和分裂团体相互争斗。你能想象自己的国家变成一个神权国家、独裁国家，甚至是一个失败的国家吗？怎样才能维持宽容与和平秩序？

2. 你认为在有利可图的军火工业、促进军事主导地位以及将战争作为解决冲突的手段之间存在联系吗？如果有的话，一个主张民族或宗教正义的意识形态扮演着怎样的角色？

3. 当贵国政府将军事力量投入到外国领土上作战时，它会以什么理由派遣士兵与公开的敌方对手进行致命的战斗？

4. 你认为非暴力抵抗作为一种挑战社会或政治不公的策略是否有效？你能想出这种抗议不仅有效而且合法的情况吗？如果能，依据是什么？

深入研究人类学

政治和钱包

在许多国家，政治权力都集中在拥有或控制大公司的富裕的精英手中。假设你生活在一个民主国家，请你在你所在的州、省或地区选出三位成功当选高级公职的政治家。查看报纸、网站和其他有关竞选资金来源的信息，重点关注主要的个人、公司或机构捐助者。联系这三位当选官员，请他们或他们的工作人员解释一下，这些捐赠者希望从他们的支持中得到什么回报。因为行动胜于雄辩，所以要检查哪些决定直接或间接地有利于这些捐赠者。

挑战话题

所有文化中的人类都面临着创造性地表达对于自己和周围世界的想法和情感的挑战。在全球范围内，人们已经发展出了音乐、视觉、语言、动作等象征性地表达意义和信息的艺术形式。艺术通常是个人的，但也可以交流、激发和强化集体文化认同的体验和感受。这些穿着传统节日盛装绘着彩绘的亚马孙印第安人就是这样，他们是居住在巴西兴谷河地区的卡雅布部落的成员。他们的头上插满了代表宇宙的五颜六色的羽毛。脸和身体则涂上了黑色和红色的图案，以传递力量——黑色染料是用木炭和格尼帕果（genipap）制成的，红色染料是用碾碎的乌鲁库（urucu）种子制成的。他们携带着古老的部落武器——棍棒、长矛、弓和箭。在这次事件中，他们全副武装，装扮好自己，在巴西主要城市之一的圣保罗街头举行政治抗议。他们用舞蹈、歌曲、演讲和身体装饰来反对一项耗资185亿美元的世界第三大水电站项目。20多年来，他们一直试图阻止这座威胁他们健康和生活方式的大坝的修建。他们巧妙的抗议方式引起了全世界的关注，但未能阻止这个旨在为数百万人提供廉价电力的大规模水电站项目。

第二十三章 艺术

学习目标

1. 给艺术下定义，并检视它如何与文化系统的其他部分相互交织。

2. 总结人类对艺术的跨文化对比和相对历史观。

3. 识别不同的艺术类型，以及相应的人类学案例。

4. 了解艺术表达世界观的方法，并分析它在宗教和萨满背景下的作用。

5. 解释艺术和文化认同的关系，并举例说明。

6. 分析艺术如何在市场经济中变成了一种商品，批判性地评价这一变化在急剧变化的全球环境中意味着什么。

纵观历史，各个文化中的人们都会用艺术表达他们对自我和周遭世界的感受，艺术是创造性地运用人类的想象力来美学化地阐释、表达和参与生活，并在这一过程中调整经验现实。艺术有多种形式，包括视觉的、口头的、音乐的、行动的，有时它会是几种形式的结合，特别是随着新科技的不断涌现，其形式也在不断增多。过往和现今的大多数社会用艺术表达着包括宗教、亲属关系、民族认同在内的文化的几乎每一部分。

以人类学的观点来看，本章开头的那张图片不仅仅是绘着彩绘、插着羽毛、带着武器的卡雅布印第安人的古怪图像。它是行为艺术的一个例子，行为艺术是指用巧妙的手段创造性地表达对某种观点的倡导，通过戏剧性的夸张效果去挑战人们的观念或讽刺某些行为的行动。在卡雅布文化中，结合战士颂歌的舞蹈是这一艺术形式的传统版本。图中，现代城市圣保罗的战士们正在抗议一座巨大水电站大坝的建造。通过这种特殊的表演——以艺术的、戏剧的形式在电子传媒背景下上演的这一公共盛景，他们希望能够触动全球数百万的观众，并在政治抗争中得到他们的支持（Conklin，1997；Prins，2002）。但行为艺术并不总是有效的。虽然卡雅布人和兴古河附近部落的示威抗议吸引了国际社会的注意，但是现在大坝已接近完工，很快，它将淹没400平方千米（约150平方英里）的热带雨林，并破坏他们的栖居地。

除了每天被用于政治（或商业）的艺术事件，生活在工业社会中的人们无一例外会将艺术看作个人的或共享的美学愉悦。从这种“为艺术而艺术”的角度来看，艺术会被定义为一个独特的文化领域，独立于政治、经济、宗教，以及其他实用主义或意识形态活动。但是，在很多传统社会中，艺术深深植根于生活的各个方面，以至于没有一个特别的词汇用于形容它。

例如，在评论艾维里克（Aivilik）因纽特人（加拿大北极地区的原住民）制造的精美象牙雕刻品时，人类学家埃德蒙·卡彭特（Edmund Carpenter）描写道：

> “艾维里克社会中没有用于表示‘艺术’的词汇，也没有‘艺术家’这一词，对于艾维里克人来说，艺术是一种行动，而不是一个物品、一种仪式、一种占有物……他们对这种创造性的活动更感兴趣，而不是这种活动所产生的艺术的或实用的物品。但是两者经常是结合在一起的（Carpenter，1959，n.p.）。”

这些艺术与生活其他方面的相互交织很常见。例如，艺术已经融入日常生活用品中，从餐具、陶器，用来携带、储存食物的篮子，到游牧民族放在帐篷内的地毯。这些物品上画着的或编织的图案或雕刻的形状，通常表达着对整个共同体有意义的观念、价值和物品（图23.1）。

艺术的表达对于人类是一种像说话一样自然的基本能力，而且不仅仅局限于被称为艺术家的这类特殊人群。例如，所有文化中的人类都会用某种方式装饰自己的身体，并通过这种方式表明他们是谁，包括作为个人和作为社会成员的情况。同样，在所有文化中，人们会通过说故事表达他们的价值观、希望和关注点，并在这一过程中揭示他们自身，以及他们看到的世界的本质。

简而言之，所有人都以某种方式进行了艺术的表达。并且，在过去的4万多年里他们以无数种方式表现了艺术，从在岩石上画动物到用手机播放数码音乐。

无论一种特殊的艺术作品纯粹是为了美学的欣赏还是出于某种实用目的，它都需要将象征性的表现形式与构成创造性想象力的情感表达结合起来。人类的创造力和象征表达能力是普遍存在的，因此，艺术是人类学的一个重要研究主题。

图23.1 **功能艺术**

在巴拉圭和玻利维亚边境的大查科荒野地带，阿约雷奥族印第安妇女用手工编织的传统袋子来运送她们狩猎或采集的食物（如乌龟）。这些袋子是用野生菠萝叶纤维制成的，妇女们把这些纤维拉成结实的细丝，然后用天然色素染色。每个人都会编织自己家族的特有图案。图片中的阿约雷奥人一直远离现代世界，直到2004年，外人对他们传统领土的侵犯迫使他们与现实世界进行接触。他们继续制造和使用这些袋子，现在，可以看到这些袋子挂在博物馆的墙上，以及从纽约到巴黎的时尚女性的肩膀上。

艺术的人类学研究

人类学家发现，艺术常常反映着一个社会的集体观念、价值和关注点。实际上，通过跨文化的艺术研究，我们可以发现不同的世界观、宗教信仰，以及政治观念、社会价值观、亲属结构、经济关系和历史记忆。

人类学家将艺术视为一种文化现象，进行着令人愉悦的任务，如编目、拍照、记录、描述、分析出现在任何文化中的富有创造力的艺术形式。世界上有无数种艺术表现方式和形式，因为世界各地的人们不断地创造和发展着新的形式，收集和描述世界上的装饰品、仪式面具、身体装饰、服装样式、地毯、篮子和陶器样式、纪念物、建筑装饰、传说、劳动歌曲、舞蹈和其他富有宗教象征意义的艺术形式的过程是没有止境的。

为了研究和分析艺术，人类学家运用了美学、叙述和阐释性的方法。这些方法之间的区别可以通过西方艺术中的一个著名作品来说明——达·芬奇的画作《最后的晚餐》。它描述了基督在被逮捕、受刑前与门徒们度过的最后一晚。如果从一个非基督徒的视角来看这幅15世纪晚期的意大利壁画，可以看到13个人围坐在桌子旁，正在愉悦地享受晚餐。虽然其中一个人抓着一袋钱，画中还有一碟打翻的盐，但并没有什么非同寻常的地方。

从美学上来讲，非基督教观赏者可能会欣赏画作的空间布局、被描画出来的每个人的姿态、艺术家传达动感的方式。而对于描述者，这幅画是对风俗、餐桌礼仪、衣着和建筑风格的记录。但是，要阐释这幅画、洞察它的真实意图，观察者必须意识到：在基督教象征文化中，金钱往往是万恶之源，而打翻盐意味着将有祸事发生。但是，这还不够，要完全理解这幅艺术作品，还必须对基督教信仰有一些了解。而且，如果想要了解世界其他地区的艺术家对于《最后的晚餐》的演绎，就有必要对他们的文化做同样的考察（图23.2）。换句话说，如果想要阐释艺术作品，就需要知道人们用以理解该艺术品的符号象征和信仰（Lewis-Williams，1990）。

深化我们对艺术和文化其他方面关系见解的一个方法是，批判性地检视那些对于特定艺术形式的一般看法。由于一章的内容无法涵盖所有艺术形式，我们将会依次集中讨论视觉艺术、口头艺术、音乐艺术这几个方面。

视觉艺术

对于很多人来说，一提到艺术这个词，脑海中首先浮现的是一些视觉图像，比如一幅画。视觉艺术主要是为了以视觉形式被感知而创作的，从画在各种材质表面（包括人体）的绘画，到雕塑和用一系列材料制成的编织物。

在世界上的很多地区，人们在很长一段时期内，以各种方式进行了绘画，如蚀刻骨头，雕刻岩石，在木头、葫芦和陶罐上雕刻或作画，在洞穴墙壁、纺织品、动物皮毛，甚至是人体上作画。有些视觉艺术形式是已知的人类历史文化的一部分，在距今4万年前的史前遗迹中发现了非同寻常的例子。

视觉艺术中的象征

作为一种象征表达类型，视觉艺术可以是具象的（严格模仿自然的形式），也可以是抽象的（源于自然形式，但只表现其基本的模式）。以北美西北海岸的一些印第安艺术为例，其中的动物画像高度风格化，以至于外来者很难辨清它们。虽然艺术看起来很抽象，但艺术家是根据自然创作的，尽管他或她有意地夸大或改变了多种形状以表达自己对动物的感受。由于艺术家基于当地印第安文化的审美原则来进行夸张或变形，它们的意义不仅为艺术家所明了，也能被该共同体的成员理解。

图23.2　马科斯·萨帕塔（Marcos Zapata，约1710—1773）所画的《最后的晚餐》

要理解这幅画，必须了解基督教精神和作者的文化背景。它描绘了一位精神导师在被处刑的前一晚与12个门徒享用的最后一顿饭——一件被基督徒纪念了2000多年的大事。几个世纪以来，很多社会的艺术家都以绘画的形式描绘了这件事，他们也常常抄袭前人的作品。萨帕塔是一位生活在库斯科的本土画家，库斯科曾是印加帝国的首都，长期被西班牙人殖民。萨帕塔受洗成为基督徒，受到欧洲意象派的影响，但他做出了文化上的调整，使得前来教堂的安第斯印第安人能够理解它的重要意义。直视着我们的是圣徒彼得，他向我们展示了通往天堂的神圣钥匙。桌子的中心是耶稣，他正在预言自己的死亡将是一场献祭，并保证自己将会复活并作为弥赛亚回归。然而，萨帕特没有画小羊羔，而是画了一只烤好的天竺鼠在盘子里。这种驯养的天竺鼠是安第斯高地人的传统食物，常常被用来献祭或占卜。它在文化上等同于献祭的羔羊——一种以色列犹太人的传统象征，代表了他们从埃及奴隶制中获救。他还将红酒换成了chicha——一种当地人用玉米酿造的酒。

这种集体共知的象征符号是传统艺术的特征。现代的西方艺术很大程度上取决于作品的原创性和个体艺术家的独特视角，但是，传统艺术与共同体共享的象征主义有关。例如，与亲属关系相关的符号。正如前面章节所讨论的，小规模的传统社会——狩猎采集社会、游牧群体、刀耕火种的园艺种植社会——特别重视亲属关系。在这些社会中，亲属关系会以刻在或画在身上、兽骨、兽皮、陶罐、木头、石头，以及任何其他的物体表面的象征性的、风格化的图案来呈现出来。对于外来者而言，这些图案似乎纯粹是装饰性的、观赏性的或抽象的。但是，它们的确可以被作为表明姻亲关系和继承的谱系图案被解读（Prins，1998；Schuster & Carpenter，1996）（图23.3）。

共享的象征符号也是文身这一传统视觉艺术的基础，尽管世界的一些地区已经发生了改变，我们将会在接下来的“原著学习”中继续讨论。

非洲南部的岩画

岩画是刻画在岩壁表面的画作，它是世界上最古老的艺术传统之一，至少可以追溯到4万年前。非洲南部的布须曼人从2.7万年前（也可能更早）到20世纪初欧洲殖民者消解他们的社会时，一直在践行着这项艺术。他们的艺术以复杂的方式描绘人和动物，通常是在活泼生动的场景中。其中也有一些抽象的符号

图23.3　艺术中的亲属关系象征

在左边的图形中，上面一排显示了风格化的人物形象，它们是组成谱系图案的基本模块。下面一排显示了这些基本图形如何以斜对角形式手腿相连，并描绘出了血统世系。在数千年的时间中，世界各地的人们将这些图形联系起来，创造了我们在无数艺术样式中——从陶器到雕塑到编织——看到的熟悉的几何图形，这些图形被肉眼辨识为谱系。右图是西巴布亚的阿斯马特人（Asmat）制作的带有表示亲属关系图案的传统木盾牌。

现代的文身社区

马戈·德梅洛

20世纪90年代，作为一名人类学研究生，我完全不知道自己的田野调查要研究什么（或者更准确地说，研究谁）。作为一名动物保护者，我有一屋子的动物需要照顾，这使我没法去一个很远的田野点从事长期的调查。

后来，我的一个导师建议了一个就在我眼皮子底下的题目——文身。我自己有一些文身，也花了相当多的时间和其他有文身的人在一起，包括我的丈夫，他刚刚成为一名职业文身师。

在研究早期，我和我的丈夫试图“进入”所谓的“文身社区”，但发现它并不像我们设想的那样友好和开放。作为一名人类学者，我开始意识到，我们所感受到的排斥感反映了我们处在一个高度等级化的社会群体的低端，在这个群体中，艺术家的地位根植于一些特征，例如阶层、地缘、专业程度和艺术信誉。人们会根据文身的类型、范围、创作者，以及媒体对其的报道范围来判断一个文身“迷”。这一发现引导我将研究的重点落脚在：阶层和地位怎样进一步地定义出这种曾经属于工人阶层的艺术形式。

最终，我花了将近5年时间研究和撰写关于文身的文章，我发现我的“社区”无处不在，比如文身杂志和主流报纸的文身篇章、网络上的讨论组，以及全国范围内与文身有关的事件。我花了很多时间在文身店看艺术家们干活，收集了许多被我称为“文身叙述”的材料，包括人们谈到的关于文身的详尽的或者是精神性的故事，我也追踪了有创意的艺术家的职业生涯。我甚至还学会了一些文身技巧，并在我那耐心的丈夫身上文了几个特别丑的图案。

文身就是用针将墨水或其他颜料自表皮（外层皮肤）插入真皮层（第二层皮肤）。它们可以是被设计出来的精美的图案，也可以是关于文身者及其在社会群体中地位的内容。无论是被用作一种公开的惩罚方式（例如奴隶和犯人的文身），还是被用于标明氏族成员的关系、宗教的或部落的从属关系、社会地位、婚姻状况，文身在历史上一直是一种社会标识。长久以来，它们一直是表明人类是社会动物的最简单方式之一。事实上，文身是最持久、最普遍的身体艺术之一，可以追溯到旧石器时代晚期（1万到4万年前）。

文身作为一种符号，它的交流能力不仅局限于简单的标记与意义的对应关系。它还通过颜色、风格、被实行的方式、在身体上位置来传递信息。传统上，文身被刻在身体上容易被看到的部位，被设计成他人能够阅读的样式，是为集体所理解的铭文体系的一部分。但是，对于今天的北美中产阶级来说，文身更多的是一种个人的声明，而不是公共符号，这些个人，尤其是女性，喜欢在私密部位文小的文身。

文身在美国由一种劳工阶层的民俗艺术，拓展成了一种广泛流行的、常常被认为是一种精细的美学实践，这一过程与20世纪七八十年代北美文化的一系列转变有关。这一时期，很多经过良好训练的艺术家进入文身行业，并将他们非常不同的个人背景、美学品位一同带入这一行业，越来越多的中产阶级男性和女性开始文身，被这种扩大的美学选择、新的精神性身体装饰吸引。

文身也通过重新定义，框定正规特质（这包括艺术家的技术、文身的图像内容、文身的风格等）和思想特征（关于美学化的文身所形成的一套话语，这些话语指出文身得以存在的更高现实），成为一项纯艺术。当文身被认为拥有某种特定艺术特质，同时也表达着更高的精神性现实时，它就会被视为艺术。

虽然文身似乎并不适合被界定为艺术，因为它并不能长久存在（身体会老会死亡），也不可能在画廊里展出。现代文身艺术通过拍照，将其陈列展出来解决这些问题，将身体因素最小化。人们在博物馆或画廊中正式地或象征性地将其展出，因此，文身脱离了社会功能，并成为一种艺术。

劳工阶层的基本文身样式（例如文在心脏旁边的“母亲”“唐娜”）在当今美国文身等级中已经处于最低端。这些文身在中产阶级艺术家和文身爱好者看来，太过文字化和浅显，太过根植于日常经验和社会生活，与艺术的标准相去甚远。

现代越来越受到追捧的艺术文身是那些“很难读懂的”、不具有具体功能的样式。它们通常来自外国（异域）文化（例如波利尼西亚），图案由顾客决定，它们倾向于剔除社会的影响，以形成高度的个人风格。有些纯粹是装饰性的，那些用来表明意义的，通常仅仅适用于个人，或是他或她的亲密圈中的人。

如今美国的文身已与最早的文身有很大不同，18世纪，在太平洋探险的詹姆斯·库克（James Cook）船长将文身带到美国，经历岁月的流转，它从一个表明隶属关系的标记，演变成今天高度个人化的自我标识，并在这个过程中丢失、获得了某些功能、意义和内容。在日益全球化的世界里，文身设计和图案可以轻松跨越文化边界。当这样的情况发生时，它最初的公共意义常常会丢失，但它们也并不是毫无意义的。一北美西北海湾的印第安人用来表明氏族成员关系的传统的动物文身，现在可能被非原住民的波士顿人当作一种非常个人的艺术形式，以反抗西方“西装领带”这一服装文化。

国际南方墨水Xposure文身大会上的文身艺术家和顾客。

特征，例如圆点、之字形、巢状波纹等。直到不久以前，非洲的布须曼人还对这些抽象符号特征的意义以及通常直接在现有图画上创建新图画这一事实感到困惑。

布须曼人的祖先从木炭和赤铁矿中提取黑色，从二氧化硅、白陶土和石膏中提取白色，从氧化铁中提取红色和红褐色，他们用油脂、血或水来混合颜料。他们使用高超的技法利用线条和阴影勾勒出动物身体的轮廓和细节，如羚羊角的弯曲以及它背部流动的黑色线条。

这幅艺术作品展示了布须曼人的狩猎场景，他们猎杀各种动物，尤其是羚羊，人们认为羚羊具有超自然力量（图23.4）。通常，男人们佩带着矛、弓箭、箙矢和箭袋。一些场景中描绘着捕网和渔具。女人们也会被描画在上面，这可以通过她们的外在性别特征和石制采掘棒进行辨识。

研究者根据对当代布须曼社区的民族志研究，对非洲南部的岩画进行阐释学上的理解，研究者发现，特定图案与萨满的通灵舞蹈有关。其中包括拂尘（常常被用来取出看不见的疾病之箭）和一群围着跳舞的男人们拍手的女人，由于这些男性在进入通灵状态时腹部肌肉收缩，他们的身体呈现向前倾斜的姿势。这

图23.4　非洲南部布须曼人的岩画

布须曼人创作岩画，并刻画了他们认为拥有强大超自然力量的动物，尤其是羚羊。这些画作中的大部分描绘了进入恍惚状态时的舞蹈，有些还展示了萨满变成鸟的神奇场面，他们变得瘦长，看起来像飞在空中或漂在水上，这些图像基于恍惚状态中意识感知到的现实。

些图案还显示，舞者的手臂向后伸展，在布须曼文化中，这代表着他们正在吸收nlum（超自然力量）。

为了更全面地解释这种艺术，人类学家还探索了一种与意识状态改变有关的联系。大脑研究表明，人类在进入恍惚状态前，一般会经历三个阶段：在第一个阶段，神经系统生成发光的、颤动的、旋转的图像，它们时常转变为几何图形，这被称为内视现象。这些几何图形常常包括点状、之字形、网格状、巢状曲线和呈螺旋状的平行线。接下来的阶段，大脑会试图去搞清楚这些抽象的图案。在这一阶段，文化的影响开始起作用，因此，一个生活在卡拉哈里沙漠的布须曼人可能会将网格状认作长颈鹿皮肤上的纹路，将巢状当作蜂巢（蜂蜜在该地区是一种佳肴），等等。一名加拿大的麦农或一名中国的鞋匠很有可能会对这些图案做出非常不同的解释。

最后一个阶段，在深层的恍惚状态，人们会觉得自己与视觉融为一体，正在通过一个旋转的通道或漩涡。通常，通道有着花格的内壁，人类、动物还有怪物的图标化形象也会出现在其上，与第一个阶段的内视图形融合在一起。进入恍惚状态的个人看到的常常是在他们文化中具有重要意义的图像。因此，布须曼人常常会看到羚羊，他们认为羚羊具有兴风造雨的超自然力量。萨满进入通灵状态的目的之一也是为了"捕捉"这些想象中的羚羊以求得降雨。

所有这些都有助于我们理解羚羊为什么在布须曼岩画中占有突出位置。此外，这还揭示了大量出现在岩画中的之字形、圆形、网格状图形的意义。阐释学方法表明，这些非洲南部的岩画可能与当地的萨满实践和信仰有密切的关联。当萨满从恍惚状态中恢复过来，回忆看到的幻象后，就会将自己的回忆刻画在岩石表面。在充分理解生活在墨西哥的维乔（Huichol）印第安人的艺术时，也可以使用同样的解释分析方法，本章的"生物文化关联"中将会有所描述。

口头艺术

口头艺术是一种创造性的、用词句进行表演的艺术，包括故事、神话、传说、寓言、诗歌、比喻、韵文、颂歌、戏剧、行话、谚语、笑话、双关语、谜语和绕口令。

自19世纪欧洲传统乡村文化因城市化和现代化而发生变化以来，社区和地区的历史遗产一直处于被遗忘或以其他方式消失的危险之中。警觉到这些传统——包括传说、歌曲、舞蹈、衣着、手工艺正在消失，一些业余爱好者和专业学者开始收集乡下这些非书面的流行故事（以及其他传统艺术）。他们创造了"民俗"（Folklore，folk指的是"种族"，lore指的是"传统知识"）这个词，以区别"民间艺术"和精英阶层的"高雅艺术"。

一般来说，口头艺术可以被划分为几个基本的、反复出现的类别，包括神话、传说和故事。

神话

如前所述，神话一词源于希腊词汇mythos，意为"言语"或"故事"。它解释了关于人类存在的基本问题——我们和世界万物从哪里来，我们为什么在这里，我们将要到哪里去。神话为宗教信仰和实践提供了一个基本的阐释，为人们的恰当行为设定了文化准则。

在新英格兰西北部和魁北克南部的阿贝内基（Abenaki）印第安人的传统中，一个典型的创世或起源神话是这样的：

> 最初，造物主塔巴尔达克（Tabaldak）创造了所有的生物，但是有一个最终转化为大地的精灵却没有被创造出来。塔巴尔达克用石头块创造了男人和女人，但是他并不喜欢这样的结果，因为他们的心又冷又硬。所以，他把他们都打碎了，在阿贝内基人的故乡可以看到胡乱放着的很多石头，那是他们

生物文化关联

佩奥特掌艺术：维乔人的神圣幻象

世代居住在墨西哥马德雷山区的维乔印第安人创造了一种非凡的、颜色鲜艳的艺术，它们尤其以精细的小珠装饰和刺绣而闻名。尽管很多远道而来的人们都很欣赏维乔艺术的这种复杂之美，但大部分人可能都没有意识到，这些不同的颜色设计表达着一种与神圣植物——一种被称为佩奥特掌的小型仙人掌（Lophophora williamsii）的化学物质有关的宗教世界观。

维乔人的所有神灵都是用亲属称谓来表达的，其中一个是我们的祖父火。他的主要精灵助手是我们的长兄鹿，鹿是神和人之间的信使，作为维乔人的精神向导，这只神鹿就是佩奥特掌本身。维乔印第安人将佩奥特掌称为 yawéi hikuri，意思是“长兄鹿的肉”。他们由萨满带领前往祖灵居住的高原沙漠 Wirikúta 朝圣，他们到这里的目的是为了收获佩奥特掌，“狩猎”这种“鹿”。在发现并用箭射中第一个仙人掌后，他们会收集更多的仙人掌，然后以新鲜的、风干的或液体的形式食用它。

在与创世神进行神圣沟通的过程中，维乔人的萨满会将佩奥特掌（圣肉）当作圣餐食用。这样能使他们进入一种狂乱的恍惚状态，在精神向导佩奥特掌的帮助下，他们能够变成老鹰高高盘旋在天空。他们能够看到遥远的世界，与神灵沟通，寻求能够提供给那些需要应对疾病或不幸的人的帮助或建议。

艺术家奥利维亚·卡里洛

维乔艺术家奥利维亚·卡里洛居住在墨西哥中部山区的一个小镇 Real de Catorce，她从佩奥特掌中获得灵感，并创作了艺术品。从圣山 Wirikúta 大约骑行一个小时可以到达该镇，它是佩奥特掌生长的中心地带。

从化学角度来看，佩奥特掌含有被科学家称为生物碱的、能够影响神经的物质。维乔人可以通过少量食用这种含有毒性成分的物质，进入意识恍惚状态。在这种梦境般的精神状态中，他们会获得宗教启发，并在精神世界中看到色彩明亮的景象。

这些会反映在维乔人的艺术中，如图所示，维乔艺术家奥利维亚·卡里洛（Olivia Carrillo）拿着用彩虹色珠子装饰的仙人掌鹿，奥利维亚·卡里洛生活在佩奥特掌生长的中心地带，在墨西哥的中心。这种神圣仙人掌的花朵及其星形外观，是维乔艺术最主要的象征图案，它们会被装饰在纺织物和各种物体上，也会被绣在衣服上。

生物文化问题

在维乔印第安人的艺术中，我们常常可以发现颜色鲜艳的佩奥特掌元素，这反映了萨满食用这种影响神经的仙人掌后看到的幻象。那么，在欧洲传统艺术中，启发画家在基督教男性或女性神灵头上画一个金色或银色光圈的源头又是什么？

的遗骸。然后，塔巴尔达克又试了一次，这次他用的是有生命的木材，这也就成了后来的阿贝内基人。就像木材是从树中来的一样，这些人扎根在土地中，可以像随风摇曳的树木一样优雅地跳舞。

唯一没有被塔巴尔达克创造的生物是奥齐霍佐（Odzihózo），"他用其他东西创造了自己"。这个变化者用尘土创造了自己，但是他并不是一次完成的。最先，他只有头、身体和手臂；然后才有了腿，就像小蝌蚪慢慢长出腿那样。没有等到腿完全长出来，他就已经开始变成地球的形状，他用自己的手挖着自己的身体，凿出的渠道变成了河流。为了造山，他用双手堆起泥土。等腿长出来之后，奥齐霍佐的任务就变轻松了，他只需要伸展腿，就可以让河流的主干分出支流……

他最后的作品是尚普兰湖，他非常喜欢它，最后爬到了伯灵顿湾的一个岩石上，将自己变成了一块石头，这样他就可以坐在那里欣赏自己历经沧桑创造的杰作。他现在仍然在那里，阿贝内基人经过这里时，还会向他供奉烟草。阿贝内基人称那块岩石为奥齐霍佐，因为它就是变化者本尊（Haviland & Power，1994）。

这样的神话，如果还在某一文化中被相信、接受和保存，它就表达了人们传统世界观的一部分。这个阿贝内基神话解释了河流、山、湖泊和其他地貌特征的形成（例如图23.5中的奥齐霍佐岩石），以及人类和其他生物的起源。它还批评了特定的态度和行为。神话是创造性想象力的产物，是一种艺术产品，也是一种宗教宣言。

从这个特殊的阿贝内基神话的细节进行推断，我

图23.5 佛蒙特州伯灵顿尚普兰湖的奥齐霍佐岩石

这个小的花岗岩岛屿出现在阿贝内基印第安人的传世神话中，他们是这一带最早的原住民。无数代人将其称为奥齐霍佐，这位变化者创造出了美国东北部地区的河流和湖泊。

们可以得出这样的结论：这些印第安人传统上承认自己与动植物、岩石、河流等有着密切的关系。这种认为自己与所有生物都很亲密的观念导致他们对自己为了维持生活而猎杀的动物特别尊敬。例如，在吃肉前，他们要在火上放一块供奉的油脂，以感谢塔巴尔达克。

诸如此类的神话的一个特征是，用一个被社区接受的基本故事来解释复杂的或未知的内容。神话的创造是人类创造力的一种突出表现形式，研究神话的创造过程及其结果可以帮助我们更好地理解人们感知和思考世界的方式。

传说

传说是传统上流传下来的、关于纪念性的事件或人物的故事，它被作为真实的事件或故事讲述，但没有实际的历史证据。传说通常由虚构的历史叙述组成，包括对英雄事迹、人民运动、地方风俗的建立的描述，通常混合着现实、超自然力量和非凡的事迹。作为故事，传说并不一定被人相信或不信，但是它们经常被用于娱乐，同时起到引导、激发人们对家族、社区、国家的自豪感的作用。世界上的传说多少都说出了它们根源于其中的文化。

一个有名的民间传说的例子，是科德角的美洲印第安人欢迎到新大陆来寻求宗教自由的英国移民。这些印第安人慷慨地与他们分享食物，并帮助这些新来者度过他们的第一个寒冬。在19世纪，这个传说被广为接受，这个浪漫的、关于第一批到达者的故事经常在美国的全国性节日——感恩节上被人提起。对于美洲印第安人来说，这是对400年前发生的真实事件的虚假表述，最初的外来者侵入并强占了他们祖先留下的土地。因此，很多美洲原住民并不过感恩节。

在有文字的社会中，传说的功能在某种程度上已被历史所取代。问题是，历史并不总是讲人们想要听的内容，相反，它也会说人们并不愿听的那些事。人们在过去的记述中突出对文化的希望和期许，他们甚至还会夸大某些事件，并忽视或不在意另一些事件。尽管通常是无意识的，但将历史改变为传说的动机通却是如此强烈，以至于各国有时甚至会故意重写历史。

叙事诗是彰显历史上或传说中的英雄事迹而创作的戏剧性长篇叙事，通常会被人们用诗性的语言吟唱或诵读。在非洲西部和中部的一些地区，人们拥有大量详尽的、被正式传唱的长篇传说，人们能够持续讲数小时或数天。这些长篇叙事被称赞为包含了一种文化各个方面的大百科全书，直接或间接地叙述了历史、制度、关系、价值、观念。叙事诗常常出现在一些有国家政治组织的无文字社会中，它能够传递一种文化法律和政治方面的先例和实践。

传说有时会与神话的细节相混合，尤其是在涉及超自然力量的时候，因此传说和神话并不总是有着清晰的区分。传说还会涉及谚语和附带的小故事，因此也与其他形式的口头艺术形式有关。

对于人类学家来说，无论长短，传说的现实和世俗部分都有着特别重要的意义，因为从它所提供的线索中，可以发现一种文化倡导的理想的道德行为。传说本质上的主要目的是为了解决问题或做劝导，可能包括身体和心灵两方面的各类尝试。某些问题可以被明确或含蓄地回答：在什么样的情形下，文化会允许杀人行为？什么样的行为会被认为是英雄的或怯懦的？文化是否强调原谅是一种比报复更高尚的品质？

故事

第三种创造性的叙述是故事，故事被认为是人们为了娱乐而编造的，但也会涉及道德或具有教育意义。这是一个西非加纳人的故事，被称为“父亲、儿子和驴”（图23.6）。

> 一位父亲和他的儿子种植谷物，然后出售，并将一部分盈利花在驴子身上。当盛夏来临的时候，他们收获了甘薯，并准备用驴

图23.6 父亲、儿子和驴

一对贝都因（Bedouin）父子正在约旦佩特拉等待游客租用他们的驴。这样的情景很容易让人联想到在世界各地流行的"父亲、儿子和驴"的故事。尽管有不同的版本，这些故事有着基本的母题或故事情节——父亲和儿子徒劳无功地试图取悦所有人。

子把它们运到仓库去。父亲骑着驴子，他们三个在回去的路上遇到了一些人："唉，你这个懒汉！"人们对父亲说，"你让年幼的儿子光脚走在滚烫的地面上，自己却骑着驴子，真是丢脸！"父亲和儿子换了位置，然后继续赶路，直到他们遇到了一位老妇人。"你这个没用的孩子！你骑在驴上，却让你可怜的老父亲光脚走在滚烫的地面上，真丢人！"儿子下了驴子，和父亲一起走在路上，驴子则跟在他们身后，后来他们遇见一个老汉。"唉，傻瓜！"这个老汉说，"你们有驴不骑，却光脚走在滚烫的地面上。"就是这样：当你在做某件事，但其他人质疑时，按你自己的想法做就对了。

这是一个在传统民俗研究中特别有趣的故事类型，是在世界各地广泛流传的"傻子"故事中的一个版本，印度、亚洲西南部、欧洲南部和西部、北美，以及西非流行着不同的版本。人们依据母题或故事情景将其归类，在世界上的数千个此类故事中，都展现了父亲和儿子想要取悦所有人的情节。除了细节上的不同，不同版本的故事都遵循着相同的基本结构，这有时被称为故事法则：一对农民父子共同劳作，买了一个驮兽，并一起去短途旅行，父亲骑行受到批评，儿子骑行受到批评，两人步行受到批评，得出了一个结论。

这类故事（更不用说神话和传说）分布广泛，这就引发了一些提问：它们从哪里发源？这个故事是否只出现了一次，并从一种文化传到了另一种文化（传播）？或者，这些故事是否有着各自独立的起源？因为相似的设定和原因，又或者因为进化过程中人类大脑有着相同的构造，继承着相似的心智优先性和图像。又或者受到故事逻辑的限制，因此，在偶然情况下，不同的文化必然会产生出相似的母题和构成法则（Gould，2000）。

对于人类学家来说，故事的意义一部分源于它们的分布。它们为文化接触或文化孤立，影响力的限制因素和文化凝聚力提供了证明。

但是，人类学家感兴趣的不仅仅是这些分布问题。和传说一样，故事常常说明了一个地方对于特殊道德问题的解决方法，在某种意义上，它们阐明了一种道德哲学。不管"父亲、儿子和驴"的故事起源于哪里，它能在西非得以流传的事实表明，它说明了某种对于该文化有用的道理。这个故事告诉我们，面对武断的社会批评时，要有一定程度的自信，这是能够在一种文化的价值和信仰中看到的东西。

其他口头艺术

神话、传说、故事在人类学研究中占据主要位置，但在很多其他文化中，它们并不比其他口头艺术

更重要。例如，在埃及西部沙漠地区的阿瓦德艾里（Awlad 'Ali）贝都因文化中，诗歌是一种生动活泼的口头艺术，特别是作为一种表达个人情感和私下交流的工具。这些贝都因人使用两种诗歌形式。一种是有着精巧结构的英雄诗歌，人们只在仪式场合或特别的公共场合才会朗读、颂唱。另一种被称为 ghinnáwas 或小歌曲，经常出现在日常谈话中，在女人中尤其流行。这些小歌曲结构简单，被用于在非正式社会情境中处理个人事务和情感，年长的男性将它们视为妇女和年轻人创造的不重要的作品（图23.7）。

尽管在男权占主导的贝都因社会中，小歌曲遭到了这种正式的贬低，但它们是人们日常生活中非常重要的一部分。在这些诗歌中，人们可以免于承担因陈述触犯社会道德体系的敏感表达而造成的后果。自相矛盾的是，人们只能和密友分享这些“不道德”的情绪，并将它们用传统的非个人的规则进行掩饰，那些背诵它们的人强调自己有一定的控制力，这实际上提高了他们的道德水平。和一般的民俗一样，阿瓦德艾里人的小歌曲为禁忌思想和观点提供了文化上合适的发泄口（Abu-Lughod，1986）。在许多当代社会中，讽刺喜剧和灾难笑话也是如此。

在所有文化中，歌曲中的言辞组成了诗歌。诵读诗歌和故事，并配以一定的姿态、动作和道具，它们就成了戏剧。戏剧与舞蹈、音乐和盛景结合就变成公共庆典。越仔细地观察单一艺术，我们就越能发现它们常常是相互交织、相互依存的。事实上，口头艺术只是创造音乐和其他艺术的创造性想象力的不同表现形式。

图23.7 贝都因妇女边做面包边唱歌

在埃及的阿瓦德艾里贝都因人中，“小歌曲 ghinnáwas”是人们做家务劳动时唱的歌曲。人们可以用其谈论一些被认为是禁忌的话题。

音乐艺术

人类演奏音乐的证据可以追溯到很久以前。考古学家发现了4.2万年前用猛犸象和鸟类的骨头制作的笛子和口哨（类似于今天的笛子）（Higham et al.，2012）。历史上著名的狩猎采集人群并非没有音乐。例如，生活在卡拉哈里沙漠的朱瓦西猎人会用他的弓演奏曲调，仅仅是为了打发时间。（在还没有人想到铸箭为犁之前，一些天才就发现弓不仅可以用来杀伐，还可以用来弹奏音乐。）在新英格兰北部，阿贝内基萨满用雪松木制成的笛子召唤猎物、引诱敌人、吸引女性。另外，萨满还会用鼓和精神世界沟通，鼓上有两个绷紧的皮绳可以发出嗡嗡声，代表着歌声。

研究特定文化中的音乐的学科被称为音乐民族学，音乐民族学起始于19世纪的民歌收集，它现在已经发展成为人类学的一个专门分支学科。音乐民族学家将音乐放在它的文化语境中进行考察，并且从比较的和相对的视角对其进行观察（Nettl，2005）。早期的音乐民族学家主要研究非西方部落社会的音乐传统。今天，有一些音乐民族学家研究民间音乐或工业社会中的不同族群共同体所演奏和欣赏的音乐。

音乐是一种包含非语言成分的交流方式，它传达的信息是抽象的、情感的，而非具体的、客观的，不同的听众会有非常不同的感受。因为这些因素，很难构建一个令人满意的跨文化定义。音乐可以被定义为依靠声音和沉默传达的一种艺术形式；一种依靠音调、节奏、音高、音色等非语言因素进行交流的艺术。

一般来说，人类的音乐与自然的声音是有区别的，例如鸟、狼和鲸鱼的叫声。音乐具有固定的、有规律的音调变化，或者说有音阶变化。音阶体系及其变化构成了音乐中的所谓音调。它们在不同文化中有着非常大的区别，也就无怪乎对一个群体来说是音乐的东西，在一些人听起来则完全是噪音。

人类依据一种曲调和从第一个泛音到共鸣（其振动次数恰好是基本音调的两倍）的距离，将一系列无规则的可能声响划分成一系列设定好的音阶。在西方或欧洲系统中，基调到第一个泛音的距离被称为八度。八度包括7个音——5个全音和2个半音。全音又可以被进一步分为两个半音，合起来就是一个有着12个音的音阶。有趣的是，一些鸟的鸣叫与西方的音乐有着相同的音阶（Gray et al.，2001），也许人们发明音阶是受了这些鸟儿的启发。

半音系统最常见的替代是五音阶系统，五音阶将八度分为5个几乎等距的音调。世界各地都有五音阶，包括欧洲的民间音乐。阿拉伯和波斯音乐有着相似的单位，属于第三种，一个八度中有17个音调，24个音。南亚、北非和中东的大部分地区甚至还使用四分之一音阶，大多数西方人几乎察觉不到其中的微妙变化。因此，在这些系统中，西方人听起来似乎一样的旋律和节奏，大多数整体效果是很特别的，或是“走调的”。

音高是由震动频率决定的另一个声音特质，简而言之，就是音调的高和低。音质是音乐的另一个元素，它是由发出声音的特定乐器或声音的特质决定的，也被称为音色。音色将一个个声音区别开来，尽管它们有着相同的音高和音量。例如，小提琴和笛子可以演奏同样响亮的音符，但它们有着非常不同的音色。

音乐的另一个组织因素是节奏，包括拍子、轻重和有规律的重复，它也许比音调更重要。其中一个可能原因是，我们常常暴露在自然的脉动中，比如我们的心跳、呼吸和行走的节拍。甚至在我们还没出生之前，就已经接触了母亲的心跳和她移动的规律。作为婴儿，我们能感受到有韵律的触摸、拍打、抚摸和摇摆（Dissanayake，2000）。

传统欧洲音乐的节奏经常被测定为二、三、四拍的模式，并通过节拍的强弱做出区分，形成风格。非欧洲的音乐可能会用五、七拍，甚至十一拍，节奏之间有着复杂的安排，有时甚至是多重旋律的：例如，一个乐器或歌手用三拍的模式，其他则用五拍或七拍的模式。多旋律经常被运用在西非的击鼓音乐中，西非的鼓乐展示了精密的多重韵律线的重叠（图23.8）。非欧洲的音乐常常会变换韵律，例如，一个三拍的小节后是一个两拍或五拍的小节，很少或者不再重复任何一个小节，尽管这些节奏是固定的，可以被识别为一个单位。

旋律包括音调和节奏。它是由独特连续的小节组织起来的一种有节奏的音调序列。节奏、旋律、诗

图23.8 塞内加尔音乐家扎莱·塞克（Zale Seck）

和许多其他的文化元素一样，乐器和演奏风格以及唱法在全球范围内传播，相关的音乐家也广为人知。西非的音乐家扎莱·塞克就是一个例子，他以“节奏强的交叉旋律”著称。扎莱是Lébou部落的成员，他出生于一个以捕鱼为生的小镇Yoff，这个小镇位于塞内加尔首都达喀尔的北部。他用传统的非洲手鼓和沙巴（用一只手和一个棍子演奏）演奏沃洛夫人的打击乐。他出身于格里奥特家族，将民族的记忆以爱和仁慈的歌词唱了出来。扎莱能说一口流利的法语（他的国家曾经是法国的殖民地），他在欧洲巡回演出，并在法国的电视和广播中演奏音乐。最近，扎莱迁居到了说法语的加拿大城市魁北克，进一步追寻他的音乐事业。

歌、押韵歌词和语言之间的区别并不总是明确的。例如，说唱（吟唱或形成节拍的口头诗歌）就是如此。此外，虽然乐器通常伴随发声，但它们也可能被模仿，如口技（用嘴、声音、舌头和嘴唇模仿鼓、咔嗒声、口哨声等）。说唱和口技都是与嘻哈文化相关联的流行音乐形式，现在通过互联网传播到了世界各地。

艺术的功能

除了为日常生活增添美感、提供娱乐，以各种形式呈现的艺术还有着不计其数的功能，从社会、经济、政治到情感、宗教和心理等方面。人类学家和其他想要了解本民族之外其他文化的人，可以从艺术中洞见一种文化的世界观，艺术还能为性别、亲属关系、宗教信仰、政治观念、历史记忆等各个方面提供线索。

对于社会中的人来说，艺术能够显示出财富、社会地位、宗教信仰和政治权力。北美西北海岸印第安人的图腾柱就是一个例子。图腾柱由高大的雪松树雕刻而成，上面有动物和人的脸或身体，象征着一个家庭或氏族的威望和社会地位。同样，艺术还可以被用于标明亲属关系，苏格兰的格子呢花纹就被用于标明氏族归属关系。它还可以加强超越地方或亲属关系群体的团结感和认同感，如体育比赛中的吉祥物。同样，艺术也描绘了国家的政治象征，例如，秃鹰（美国）、枫叶（加拿大）、新月（土耳其）、雪松（黎巴嫩），这些图案还常常会出现在硬币、国旗和政府建筑物上。

劳动号子在体力劳动中发挥着重要作用，能够使人们在做沉重或危险的工作时协调一致（例如在船上起锚或收帆时），使锤子和斧子的节奏同步，打发时间，减轻疲乏等（图23.9）。另外，音乐、舞蹈和其他艺术可以像巫术一样被运用，以它独特的情感或心理性特质“迷惑”个人或群体，以符合施蛊者利益的方式感知现实。实际上，艺术还可以被用来操纵一系列

图 23.9 **西非马里随着鼓点劳动的劳工**

击鼓可以协调劳动的节奏、统一动作、缓解疲倦。

看似无穷无尽的人类情感，包括喜悦、悲伤、愤怒、感激、骄傲、嫉妒、爱、激情和欲望。营销专家对这些很了解，他们通常会在广告中运用特定的音乐和图像——就像政治的、意识形态的、慈善的或其他事业的支持者一样。

艺术作为一种有益于社会福祉、帮助形塑和影响社会生活的活动或行为，通常与宗教精神生活交织在一起。事实上，在包括装饰品、面具、歌曲、舞蹈、雕像在内的精美仪式典礼中，很难准确地说出哪些是艺术，哪些是宗教。艺术创作通常是为了尊敬神、圣徒或守护者灵魂，或为了祈求他们（如天使、祖先或动物助手）的帮助。萨满打鼓可以通过创造一种意识恍惚状态，使自己进入精神世界；僧侣通过诵经进入冥想；基督徒则唱赞美诗来歌颂主。同样，从远古时代起，关于死亡的仪式和象征符号就充满着艺术性，从葬礼仪式上演奏的音乐到古埃及和木乃伊一起埋葬的精美神圣物。今天，在一些地区，艺术家制作的棺材非常有创意，甚至还被当作艺术品收藏在博物馆中（见“全球视野”专题）。

有时，艺术被用来传达具有文化意义的思想，世界的起源或奥秘、古代的斗争和胜利，或者杰出的祖先，就像世代相传的史诗一样。神话是一种语言艺术形式，可以提供关于世界的基本解释，并为正确的行为设定文化标准。有的时候，艺术被用来表达政治抗议和政治影响事件，比如在建筑物上张贴海报或涂鸦，在大规模示威游行中唱游行歌曲，以及其他一些公共表演。

用自己的艺术吸引人们关注社会不公、种族主义、政治压迫或环境威胁的歌手，可能会在某些圈子里获得追随者。他们也可能招致商业抵制、人身威

全球视野

棺材可以飞吗?

在加纳Nugua的工作坊里，大木匠帕·乔（Paa Joe）为加纳和其他地区的顾客制作带有独特彩绘的木棺材。有些棺材特别壮观，有像彩色热带鱼的，有像奔驰等奢华跑车的。为了纪念亡者一生的成就，这些精心设计的棺材展示着家族的显赫地位和财富。

作为一种对于死后世界的共享的集体表达，加纳的葬礼强调哀悼的重要意义在于体现逝者的精神。在送亡者前往来世时，悼念者会赞扬死者，有些人甚至还会把松子酒洒在棺材上。之后，死者会作为祖先仪式性地被后代供奉。

图中展示的这个747大型喷气式客机棺材，能够为死者提供神秘的空中旅行。它蓝白相间，蓝白是荷兰皇家航空公司的代表色，这家公司长期提供往返于西非国家和世界其他地区的航班。这个飞机棺材的创造者帕·乔15岁时就开始为他的表哥凯恩·夸耶（Kane Quaye）工作，后者是一个以设计棺材闻名的木匠。后来，乔自己开了店铺，开始接受世界各地的订单，不仅有私人的，还有博物馆的订单。1997年，乔使用木材、搪瓷颜料、绸缎和圣诞包装纸为位于华盛顿的史密森国家博物馆制作了这架荷兰航空飞机棺材。现在，来自世界各地的参观者都可以在那里欣赏这件加纳葬礼中的仪式物品。

全球难题

当史密森博物馆为了公共展出而购买了帕·乔的特色棺材时，这件西非的葬礼物品是否变成了一件艺术品?

胁，甚至被监禁。世界上有很多这样的例子。其中一个来自俄罗斯，女性朋克摇滚抗议团体Pussy Riot从2011年开始上演挑衅性表演，以女权主义、女同性恋以及其他抒情主题挑战该国男性主导的政治体制。她们的节目被编辑成音乐视频上传到互联网上，这激起了当局的不满，并促使教会领袖谴责她们是魔鬼的女仆。2012年，该乐队的三名成员被捕，因“出于宗教仇恨”而被判有罪，并入狱。由于害怕遭受同样的命运，另外两人离开了这个国家。

很多边缘群体用音乐表达自我认同，将音乐作为增强群体凝聚力、区分主流文化的手段，有时还会将其作为直接社会政治评论的途径。音乐用吸引人的、令人难忘的旋律和节奏赋予人类思想以具体的形式。无论歌曲的内容是说教的、讽刺的、鼓舞人心的，还是宗教的、政治的或激进的，很难用语言表达的经历和情感会以象征性的方式被交流，它可以被反复表演和共享。它反过来又形塑着共同体，并赋予其意义。

美国有无数社会边缘化和族群边缘化的例子，人们通过歌曲分享他们的集体情感，表达自己的骄傲、抗议或希望。最突出的例子是非裔美国人，他们的祖先被俘获，并被带过大西洋贩卖为奴隶。他们的经历塑造出的精神生活最终转换成了赞美诗、爵士、蓝调、摇滚乐、嘻哈和饶舌音乐。这些音乐形式被美国主流文化接受，并传播到世界其他地区。

世界各地都能找到音乐家为社会问题发声的例子。在澳大利亚，原住民的某些仪式歌曲有了新的法律功能，它们被引入法庭，作为原住民土地所有权的证明。这些歌曲描述了神话中远古祖先的英雄事迹，他们居住在“梦幻时代”，创造了水洼、高山、山谷，以及其他显著的地形。祖先的踪迹被称为史“歌”，一代代原住民一直在“歌颂国家”，传递着神圣的生态知识。这一口述传统帮助原住民主张对广袤土地的所有权，使他们能够拥有更多的权利去使用土地并协商从销售自然资源中获益（Koch，2013）。

艺术、全球化和文化延续

作为具有高度创造力的物种，人类在数千年的过程中发展并分享了多种艺术形式，表达了个人或集体的情感、想法、记忆、希望及其他重要或具有娱乐性的东西。在这一章中，我们调查了不同时代和文化的艺术传统，展现了创造性表达的广阔范围。几千年来，艺术风格可能发生了变化，但古代艺术与现代艺术之间有着显著的关联。在公共空间创作的艺术是无数的例子之一，如在中国河道两侧的巨大悬崖上绘制的2000年前的岩画，以及在全球城市中心街道两侧高耸的建筑物上绘制的当代涂鸦（图23.10）。

今天，现代电信技术促进了艺术形式在全球的迅速传播，为全球艺术合作打开了大门，并使人们能够以前所未有的方式跨越时空分享艺术。在这个全球化的时代，世界偏远角落的原住民可以在网上推销他们的艺术作品，互联网巨头可以创建一个国际交响乐团：在YouTube举办的公开海选中，来自世界各地的音乐家发布了自己演奏中国作曲家谭盾谱写的《第一交响曲》（Eroica）的视频。获奖者前往纽约市参加了卡内基音乐厅的演出，演出内容包括现场短片和试镜视频。

很明显，艺术的目的并不仅仅在于满足眼睛和耳朵（更不用说鼻子和舌头，思考一下燃烧熏香或烟草如何成了神圣仪式的一部分，想象一下跨文化烹饪艺术中的气味和口味）。事实上，艺术是文化中非常重要的一部分，因此，在世界范围内，那些首先受到殖民威胁，后来又受到全球化影响的原住民群体，正将美学表达作为文化复兴策略的一部分（见“人类学应用”专题）。

然而，全球化也给传统艺术带来了一些威胁。例如，正如“语言与交流”一章所讨论的那样，全球化加快了语言的消失。随着语言的消失，它们所承载的特定神话和传说不再被讲述，它们所承载的歌曲也不

图23.10　古代岩画与现代涂鸦

人类创造性地改变了他们的视觉空间——通过绘画、雕刻或抓取各种各样的传达了各种信息的图像，但并不是所有的信息都能够被认可或理解。这些图片或字母是什么意思？我们需要了解一些文化，在这种文化中，符号表征产生于解码的意义和信息。涂鸦也是如此。涂鸦是意大利语中用来表示抓痕或潦草的画的词。几千年来，人们在公共场所的墙壁上——如洞穴墙壁、悬崖墙壁、房屋墙壁和几乎任何其他平面上——刮擦或绘制图画和铭文。涂鸦会被用来恐吓或表达愤怒或仇恨（如敌对帮派之间）。文字和图像也可以表达美、分享快乐和美好的感情。在左边，我们可以看到一幅壁画，一只巨蜥爬上了葡萄牙里斯本市中心一座废弃建筑的墙，这是瑞典视觉人类学家克里斯特·林德伯格（Christer Lindberg）拍摄的，他对城市景观中的街头艺术感兴趣。右侧是2000多年前人们在左江上方的花山山顶上刻成的中国古代岩画。这些花山岩画位于广西的左江流域，上面约有1600个人物和动物，还有圆形符号、鼓、剑和船。

再被传唱。还有一种风险是，当传统上植根于文化中的艺术形式被商品化时，它们就失去了深层意义。此外，随着混搭等新艺术形式在世界范围内迅速传播，传统歌舞可能会失去吸引力并被遗忘。事实上，在全世界，成千上万个社区的文化遗产仍然处于危险之中，大量传统艺术——故事、歌曲、舞蹈、服装、绘画、雕塑等都已经消失，而且往往不留痕迹。

应用人类学

回到过去

詹妮弗·尼普顿

在20世纪初，一名年轻的佩诺布斯科特（Penobscot）女性坐下来照了一张照片，她戴着非常古老的精致的穿着珠饰的首领在典礼上佩戴的项圈。她是约瑟夫·尼古拉（Joseph Nicola）和伊丽莎白·尼古拉（Elizabeth Nicola）的女儿，是有着悠久血统的部落首领的后代。她的名字是佛洛伦斯·尼古拉（Florence Nicola），她度过了漫长的一生，嫁给了利奥·谢伊（Leo Shay），组建了家庭，作为一名编篮子的高手被人们铭记在心，她致力于谋求整个部落的利益。她所做的努力带来了更多的教育机会、缅因州原住民在国家和地方选举中的权利，以及佩诺布斯科特河上连接印第安岛屿上的一个小村庄与大陆的第一座桥梁。

佩诺布斯科特的艺术家、文化人类学家詹妮弗·尼普顿将部落老人查尔斯·谢伊委托自己制作的传统项圈交给他后拥抱了他。这个项圈的原件现在保存在史密森学会的美洲印第安人博物馆中，而尼普顿花了300多个小时来制作它。

现在，100多年过去了，这张照片重新出现，并回到了她的儿子查尔斯·谢伊（Charles Shay）的手中。查尔斯将母亲的照片带给了我们部落的历史学家，他发现自己曾在弗兰克·G.斯派克（Frank G. Speck）写的《佩诺布斯科特人》一书中看到过这个项圈，追踪到这件物品现在收藏在史密森学会的美洲印第安人博物馆中。

在19世纪晚期，“正在消失的印第安人”这一观念在人类学中占据主导地位，并产生了一个被称为“野蛮人类学”的专门领域，它的目的是为了抢救传统知识、生活方式和物质文化。收集物质文化的例证，并将其卖给博物馆，对一些人来说变成了一门生意，这也就是为什么照片中佛洛伦斯戴的项圈会在1905年之前的某个时间被乔治·海耶（George Heye）买走，然后被收进博物馆的藏品中。我一直觉得讽刺的是，我们作为一个民族和文化并没有消失，反倒是在这个过程中，我们部落的许多最珍贵的物品却消失了。

青年时期，我花了大量时间在缅因大学的图书馆中寻找关于佩诺布斯科特人的串珠饰品、贴布作品、篮子、雕刻作品的照片，它们现在出现在世界各地的博物馆中。我梦想着能够去参观这些物品，仔细地研究它们，并能够将它们带回我们的世界。正是出于这个原因，我读了人类学，学习如何研究和书写我自己的文化。我开始试着复制古老的串珠工艺，学习编篮子，参观博物馆的展览，出售自己的艺术作品，与缅因印第安编篮者联盟合作，以推广缅因州四个部落的编篮工和艺术家的作品。

2006年春天，查尔斯向我展示了他母亲的照片，并问我是否可以为他复制一个项圈。

在我制作项圈的过程中，我惊讶于18世纪晚期殖民者到来之后所发生的巨大变化。那时，它的制作者需要用到的羊毛、绸缎、小珠依据协定被船、马和劳工运过来，我的材料是在网上订购后，由UPS（美国联合包裹）和联邦快递送来的。她在日光下和火堆边工作，我主要在晚上靠电灯工作。在她的世界里，北部的森林还没有被砍伐，里面满是驯鹿和狼；我的世界则有飞机、汽车和摩托艇。

当我完成了一部分后，我开始思考什么是没有改变的。我们都生活在我们祖先已经生活了7000多年的小岛上，看着日出日落。我幻想，我们是否曾为我们的工作做过同样的祈祷；一天的工作结束时，我们是否用同样的草药去减轻手部的疼痛和肩部的酸痛。

当我将完工的项圈交到查尔斯手中，并在他、他的家庭和我们部落历史的部分回归中发挥了作用

时，没有语言可以形容我是多么的高兴。

100年前这个项圈离开我们的社区时，人类学似乎只是把物品、故事和信息带走了。作为一个人类学者和一个艺术家，我相信我有义务用自己的所学回报自己的社区。我很幸运曾经花时间参观了博物馆中的藏品，而我的民族中的很多人可能永远不会有机会看到它们。我从这个项圈中学到了：过去留下的物品与今天的我们仍有着联系，它们是有故事要说的，它们在静静地等待人们去聆听。

思考题

1. 在这一章的开篇图片中可以看到：绘着彩绘，戴着羽毛头饰的原住民激进分子，正在进行一场重要的抗议集合。如果你的生活受到严重威胁，而你又想避免暴力对抗，你是否会考虑将行为艺术作为一种政治行动的手段？如果是，你又会采取何种的艺术形式？

2. 在新西兰的毛利人中，文身是一种传统的身体修饰艺术，文身的图案通常来自社区成员都能理解的文化符号。在你所在的文化中，文身图案是否是基于具有共同象征意义的传统图案？

3. 由于亲属关系在小的传统社会中非常重要，它通常会象征性地表现在艺术设计和主题中。你所在社会的主要关注点是什么，这些关注点是否被表现在艺术形式中？

4. 欧洲和北美的很多博物馆和私人收藏家都对所谓的部落艺术感兴趣。例如非洲的木雕、美洲印第安人在神圣仪式中用到的面具。你所在的文化中，画像、雕刻品这些圣物是否被当作艺术品收藏、购买或贩卖？

深入研究人类学

热爱艺术的心

在世界各地，人们创造性地表达思想和情感，包括喜与怒、希望与绝望、梦想与恐惧。他们通过故事、歌曲、戏剧、绘画、舞蹈和其他艺术形式来实现这一点。记住本章开篇所描绘的卡雅布印第安人的表演艺术，选择一种在你所在社区中公开表演的艺术形式。对其进行描述，并注明表演的地点、时间和原因。选择其中一个表演者（或与之密切相关的人），了解其创作来源、指导思想、目的或其他信息。接下来，联系至少四个人（性别、年龄、种族、宗教或阶级不同的人），询问他们认为这门艺术代表着什么。询问他们认为这对公众意味着什么，是谁下令、允许、支付或以其他方式使这一演出在公共场所上演。收集和整理好这些信息后，就公共艺术在你的社区中发挥的作用这一主题，发表你的观察结果和意见。

挑战话题

环境、人口、科技，以及其他方面的变化要求文化以前所未有的速度适应调整。有些人主动迎接改变，拥抱新的观念、产品和实践，并将它当作一种改进。然而，通常情况下，变化是由局外人带来的。这些人可能是得到银行支持、渴望利用经济机遇的商人，也可能是努力提高生活水平、增加税收的政府。例如，19世纪中期，外国资本家在印度引进铁路，而英国统治、利用这个幅员辽阔的国家，并将其作为生产棉花的殖民地。这发生在工业革命的鼎盛时期，工业革命始于蒸汽机的发明。蒸汽动力首先被用来驱动纺织机械。此后不久，蒸汽船和火车头的发明彻底改变了运输方式，并从根本上降低了原材料和商品的运输成本。铁路也提供客运服务，提高了劳动力的流动性。今天，印度拥有世界上最大的铁路网之一，长约6.6万千米（约4.1万英里），每年运送80多亿名乘客和10多亿吨货物。然而，平稳运行这一大众运输网络是一个日常挑战，它经常会出现故障和延误。图中，我们可以看到旅客被困在了印度北部的阿拉哈巴德站，他们正在等待晚点的火车。今天，几乎每个人都知道，当我们所依赖的现代技术出现故障时，我们会多么束手无策——不管它是像火车这样大的东西，还是小到可以放在我们手中的东西。

第二十四章　文化变迁的过程

学习目标

1. 分析文化系统变化的原因和方式。
2. 确定文化变迁的主要机制，并举出例子。
3. 解释文化接触中的权力不平等所造成的影响。
4. 对比定向和非定向的变迁。
5. 识别并讨论对于压制变迁的回应。
6. 评估自决在成功的文化变迁中的作用。
7. 将现代化的思想与国际资源开发和全球市场相联系。

人类学家不仅对描述文化和解释文化如何构成适应系统感兴趣，他们也对理解文化为何及如何变迁感兴趣。因为系统一般倾向于保持稳定，所以文化通常非常稳固，并且会保持原样，除非有一个或多个重要的因素，如技术、人口、市场、自然环境，或人们对依存条件的看法发生重大变化，文化才会发生变迁。

考古研究揭示了一种文化的元素是如何长期存在的。例如，在澳大利亚，原住民的文化在数千年的时间里保持相对不变，因为它很好地适应了社会条件和自然环境的相对小幅度的变动，并随着时间推移，在工具、器具和其他物质资源上做出变动。

尽管稳固性是许多传统文化的一个显著特征，但所有文化都能适应不断变化的气候、经济、政治或意识形态条件。然而，并不是所有变化都是积极的、具有适应性的；也并不是所有文化都具备及时做出必要调整的能力。在一个稳定的社会里，变迁可能是缓慢而渐进的，不会从根本上改变文化的基本结构。不过，有时变迁的步伐会急剧加速。始于英国的工业革命就是如此，从18世纪70年代开始，在短短几代人的时间里，英国就从以农业为基础的社会转变为了以机器制造业为主的社会。这样的变化可能会造成社会混乱，甚至破坏文化系统。现代世界充斥着这样的急速变迁，从苏联的政治经济解体到中国的市场转型，以及全球公司对从寒冷北极冻原到炎热亚马孙丛林这一广大区域的原住民栖居地的破坏。

文化变迁和进步的相对性

文化变迁所涉及的动态过程是多方面的，包括意外的发现、有意的发明，借鉴那些介绍或强制推行新的商品、技术、实践的人的经验。在文化接触加剧了社会权力不平等的今天，由一个群体强加给另一个群体的变迁在当今世界随处可见。对于那些能够依他们的喜好来推动或引导社会变迁的人来说，变迁常常是“进步”的，字面意思就是“向前”的，也就是向着一个积极的方向前进。但进步是一个相对概念，因为并不是每个人都能从变迁中受益。事实上，无数人（包括世界许多地区的传统采集、放牧、农民社区）已经成为国家资助或外国强制推行的经济发展计划的受害者，他们的社区遭到了严重的破坏。

近几十年来，越来越多的人类学家关注国际市场扩张对全球农村和城镇社区的历史影响，这从根本上挑战、改变甚至毁坏了他们的传统文化。埃里克·沃尔夫（Eric Wolf）是其中最有名的一位先驱学者，他是一名在奥地利出生的美国人类学家，亲身经历了20世纪的全球浩劫和剧变（见“人类学家札记”专题）。

变迁的机制

一些主要的文化变迁机制包括创新、传播和文化遗失。这些类型的变迁通常是自愿的，没有外来的强制力量。

创新

创新是文化变迁的一个主要因素，指的是所有被社会广泛传播和接受的新观念、新方法和新装置。初级创新是创造、发明或偶然发现一个全新的观念、方法或装置。次级创新是对现有的观念、方法或装置进行有意的应用或改进。

是什么促使人们想出并接受创新的？一个最明显的动因隐藏在古老的谚语“需要是发明之母”中。我们可以在史前时期的一项原始发明——投矛器（阿兹特克印第安人将它称为atlatl）中看到这一点。投矛器至少在1.5万年前被狩猎者发明出来，大型捕猎需要更有效的技术来确保安全和成功，这个装置可以以更大的推力发射飞镖或标枪。它可以增加100%甚至更多的射程，并能增大效力。有了这项技术，猎人可以扩大射杀范围，获得相对优势。之后，初级创新的例子包括：弓箭、轮子、字母体系、零的概念、望远镜和蒸汽机（18世纪引发工业革命的一项发明），这里提到的只是一些主要的发明。

尽管很多创新源于创造性的设计和经验，还有一些源于意外的发现。这些创新可能会获得广泛的接受度，并在独特的文化语境中产生出其他的创新。创新必须与社会的需求、价值、目标相一致，才能被接受。以轮轴技术的发明为例，约1500年前，中美洲的原住民提出了这个概念。但是，他们并没有发明用驯化的狗或其他动物拉动的车辆，而是创造了大量有轮子的动物肖像，最具代表性的是狗，还有美洲虎、猴子和其他哺乳类动物，然后就止步于此了。在大西洋的另一端，这一技术的发明时间要早几千年，它还导致了次级创新的产生，引起了交通运输技术的一系列巨大文化变革，最终导致了火车、汽车、飞机等机动运输工具的出现。

一种文化内部的动力可能会鼓励某些特定的创新，尽管它们可能压制或阻碍着其他的创新。习惯这一力量往往会阻碍人们对新的或不熟悉的事物的接受，因为人们常常会依赖他们已经熟悉的事物，而不愿意去适应那些需要他们做出调整的事物。

阻碍变革的意识形态常常根植于宗教传统。例如，人们对于地球在宇宙中的位置的科学见解。波兰的数学家、天文学家尼古拉·哥白尼（Nicolaus Copernicus）发现地球围绕太阳旋转，并于1534年去世前发表了日心说理论。17世纪早期，意大利物理学家、数学家伽利略·伽利雷（Galileo Galilei），用改良过的望远镜证实了这一富有争议的理论。1633年，在他公布自己的发现后不久，他就因天文观测与罗马教廷的教义相矛盾而被斥为异端。罗马教廷的教义完全建立在宗教文本所提的地心说世界观之上。面对死亡判决，伽利略宣布放弃日心说，并被判终身监禁。1758年，后继的科学突破挑战了天主教教义，日心说的书籍也被从这一强有力的国际机构的禁书名单中去除。

人类学家札记

埃里克·沃尔夫（1923—1999）

埃里克·沃尔夫出生于奥地利，他是一名美国人类学家，以对农民社会的开创性研究而闻名。

就像他笔下的数百万农民一样，埃里克·沃尔夫的个人经历也因为外部的政治力量而充满曲折。少年时期，他在纳粹占领的欧洲战场和大屠杀中幸存下来。由于在二战中亲眼见证了不公和暴行，他转向人类学，研究权力问题。沃尔夫将人类学视作最科学的人文学科和最具人道关怀的科学，并以对农民、权力，以及资本主义对传统国家的转变影响的历史比较研究而闻名。

沃尔夫出生于一战后的奥地利，在那场残酷的战争中，他的奥地利籍父亲在西伯利亚被俘，并在那里遇见了他的母亲——一名俄罗斯流亡者。和平时期到来后，他们在维也纳结婚并定居下来。1923年，埃里克出生了，他在奥地利的首都长大，然后移居到（因为父亲的工作原因）苏台德区，也就是现在的捷克共和国。年轻的埃里克享受了一段相对安逸的生活，他在阿尔卑斯山与穿着异装的当地农民一起度过夏季，沉醉于母亲讲的父亲与西伯利亚流亡者一起冒险的故事。

1938年，埃里克的生活发生了变化，当时，阿道夫·希特勒在德国掌权，吞并了奥地利和苏台德区，威胁着像沃尔夫这样的犹太人。为了保护15岁的儿子，父母将埃里克送到了英国的高中读书。1940年，也就是二战爆发一年后，英国当局认为入侵迫在眉睫，要求包括埃里克在内的外国人进入俘虏收容所。在那里，他见到了很多从纳粹占领的欧洲逃难过来的难民，并第一次接触到了马克思主义理论。很快，他离开英国前往纽约，并进入皇后学院学习。在那里，霍顿斯·鲍德梅克（Hortense Powdermaker）教授——马林诺夫斯基的一个学生，向他介绍了人类学。

1943年，这位20岁的难民应征加入美国陆军第10山地师，在意大利托斯卡纳的山地作战。他因作战英勇获得了银质勋章。战争结束后，沃尔夫回到纽约，并在哥伦比亚大学的朱丽安·斯图尔德（Julian Steward）和鲁思·本尼迪克特门下学习人类学。1951年，他通过波多黎各的田野调查拿到了博士学位，并开始对墨西哥农民进行深入研究。

他于1961年成为密歇根大学的教授。作为一名多产的作家，沃尔夫因他的第四本书《20世纪的农民战争》获得广泛认可，这本书在越战的高潮时期首次出版。为了反对越战，他牵头组建了美国人类学学会的民族委员会，揭露了人类学研究在镇压东南亚暴动方面发挥的作用。

从1971年起，沃尔夫就在纽约州立大学的雷曼学院担任教授，他的班级里有许多拥有不同族群背景的工人阶层的学生，其中许多人还选修了他用西班牙语教授的人类学课程。同时，沃尔夫还在纽约市区州立大学的研究生院任教。他的众多出版物中包括《欧洲与没有历史的人》（1982年）这一获奖作品。1990年，沃尔夫获得了麦克阿瑟“天才奖”。在最新出版的书中，他探讨了思想和权力是如何通过文化媒介联系在一起的。

传播

特定观念、习俗、实践从一种文化传到另一种文化的过程被称为传播。文化采借是如此普遍，以至于美国人类学家拉尔夫·林顿（Ralph Linton）认为，任一文化中的采借可能都会多达90%。

但是，从多种多样的可能性和资源中进行选择的过程仍然是非常具有创造性的。通常，他们的选择仅限于那些可以与已有文化兼容的部分。其中一个例子是不丹皇家军乐队对风笛的引用。传统上，在苏格兰高地行军和在参加战斗及正式仪式时会演奏这一乐器，它包括一个用手指按压的双簧笛管和另外三个笛管。所有笛管的声音都是从由演奏者左臂控制的气囊中发出的。风笛低沉的声音很像不丹传统的神圣喇叭的声音，这种喇叭是这个喜马拉雅小王国在古代佛教典礼上演奏的一种乐器（图24.1）。

文化采借的范围是非常惊人的，例如，纸、罗盘和火药的传播。早在欧洲人意识到这三项发明之前的700年前，它们就在中国被发明出来了。接受这些外来工艺的欧洲人和其他国家的人，根据自己的需要分析和改进了这些发明。例如，中国人用硫黄、木炭、钾硝酸盐的混合物制造了鞭炮和便携式手炮。随后，欧洲人、韩国人、阿拉伯人学会了这项技术，并改造了最初的火炮和枪炮，引发了14世纪以后的传统战争中的变革。两个世纪后，欧洲人将火器带到了美洲。几十年后，生活在缅因州海湾地区的原住民群体将它用于突袭，改变了他们数代人熟知的战争。

美洲的原住民不但采用了武器和其他外国贸易货物，还分享了他们的祖先在数世纪以来的发明和发现。特别值得注意的是，印第安人培育（“发明”）的本土植物——马铃薯、豆角、西红柿、花生、鳄梨、

图24.1 不丹皇家军乐队的风笛手

不像临近的印度，不丹不受英国殖民统治的影响。这个喜马拉雅小国被不丹人称为“雷龙之域”（Drukyul），它通常反对外来文化的影响。然而，龙的子民（Drukpa）也选择性地接受了一些创新，包括在印度殖民时期传播过来的风笛。不丹皇家军乐队的风笛手穿着传统长袍演奏着外来传入的风笛，它的声音与这一地区佛教僧侣演奏的神圣喇叭的声音很像。风笛手和其他的不丹音乐家共同演奏国家的圣歌“雷龙之国”（Druk Tsendhen），以纪念第五代传统的“龙国王”（Druk Gyalpo），他是这个佛教国家的首领。

木薯、辣椒、南瓜、巧克力、甘薯、玉米等——如今是世界粮食供应的主要部分。实际上，美洲印第安人被认为是世界上各种美食的主要贡献者，并因开发出了最丰富的营养食物而受到赞誉（Weatherford，1988）。

世界主要粮食作物的传播：玉米

从美洲传播出去的驯化作物中，特别重要的一种是玉米，也被称为maize（源于加勒比印第安词汇maíz）。英国人最初把这种印第安本土谷物称为“印第安玉米”。在7000年前，它由墨西哥高地的原住民首先培植起来，并在接下来的几千年内传播到了北美、中美、南美的大部分地区。1493年，探险家哥伦布从美洲回到西班牙，并带回了一些玉米样品。玉米从西班牙扩散到了南欧的意大利（图24.2）。葡萄牙商人随后将玉米引入了西非和南亚，16世纪中期，它又从南亚传到了中国。

传播到世界各地后，玉米已经成为一种主要的粮食作物，并以不同的名字融入当地文化。如今，每年玉米的产量多达8亿吨，其中超过一半的产量来自美国和中国，玉米的产量远远大于大米、小麦和其他谷物的产量。

图24.2　在意大利制作玉米粥

玉米从墨西哥高原传播到北美和南美的大部分地区，在意大利探险家克里斯托弗·哥伦布（Christopher Columbus）1492年横跨大西洋后，它迅速传播到了世界其他地区。一道长久以来深受人们喜爱的意大利菜就是波伦塔（一种用玉米粉制作的浓粥）。我们在图中可以看到它的传统制作方法：在热煤火烧的铜锅里将其煮好，然后在木板或石板上冷却。最近几年，波伦塔已经成为很多美国精致餐厅中最受欢迎的一道菜品。

目前，大量玉米被用作生物燃料，例如被作为不可再生的化石燃料替代品的乙醇。此外，（使用了除草剂或抗旱基因的）转基因玉米的产量大幅度提高，特别是在美国和许多发展中国家，但是这项实践却遭到了欧洲农民和消费者的抵制。

全球度量体系的传播：公制

另一个突破多种语言限制和长期的地方传统进行传播的典型例子是公制，它被用来测量长度、重量、容量、货币流速和温度。这种合理的计量系统用标准的度量单位乘以或除以10，以得到更大或更小的单位，大大简化了运算。

一个荷兰的工程师首先提出用十进制来进行日常生活中的测量、称重和货币流速计算。三个世纪后的1795年，法国政府将公制作为正式的度量系统。很快，这项创新被引入邻国，将欧洲大陆上各区域和地方的度量系统标准化。这套体系继续传播，尽管在一些国家遭到了抵抗，例如英国。自20世纪70年代早期以来，英国和它的大多数前殖民地已经完全过渡到了公制。今天，至少在官方层面，公制是通用的，除了缅甸、利比里亚和美国（Cardarelli，2003；Vera，2011）。

文化遗失

人们通常会将文化变迁看成创新的积累。然而，通常情况下，接受新事物往往会招致文化的遗失，即放弃已有的实践或特征。例如，在古代，战车和手推车曾在北非和西南亚被广泛应用，但是1500年前有轮子的交通工具在从摩洛哥到阿富汗的地区消失了。骆驼取代了它们，不是因为要回到以前，而是因为骆驼更适合于驮运东西。古罗马的道路已经破败不堪，而这些健壮的动物可以在有路或没有路的地方行进。驮运骆驼的耐力、寿命、跨越浅滩和穿过粗粝路面的能力，使得它们能够更好地适应该地区。另外，它们也能够节约劳动力：一辆货车需要一个驾驶者和两只动物，但是一个人就能管六头骆驼。时至今日，在许多偏远、炎热的沙漠地区，骆驼仍然是许多游客喜爱的、最可靠的交通工具（图24.3）。

受到压制的变迁

创新、传播和文化遗失都会发生在那些能够自己决定改变什么、不改变什么的人群中。然而，人们有时被迫做出并非自己所愿的改变，这通常发生在征服和殖民的过程中。很多时候，文化变迁是受到压制的，这被人类学家称为同化，最激进的受到压制的变迁形式是种族灭绝。

文化适应和种族灭绝

文化适应是一个社会与另一个更强大的社会密切接触后，该社会中发生的大规模的急剧变迁。它总是包含武力因素，要么是直接的，如征服，要么是间接的，如含蓄或明确的威胁，如果人们拒绝做出被要求的改变，就会动用武力（图24.4）。

在文化接触的过程中可能会发生很多事情。当两

图24.3 骆驼流动图书馆

肯尼亚国家图书馆协会向生活在偏远的加里萨和位于其东北部的瓦吉尔地区的说索马里语的游牧民提供书籍和其他阅读材料，想要改变这一地区高达85%的文盲率。这项计划由三支队伍组成，每队有三头骆驼，它们能够到达四轮交通工具不能到达的地方。其中一头骆驼驮运两个箱子，箱子里装了两百本书，一头驮运图书馆的帐篷，另一头则运输该项目所需的各式各样的其他物资。

图24.4　抗议同化

直到几十年前，这些阿切（Aché）印第安人仍以传统猎人和采集者的身份，生活在巴拉圭东部的热带雨林深处。与非洲南部的朱瓦西印第安人不同，他们是小规模的迁移队群，很少与外界接触。他们用矛和弓箭守卫自己的家园，但难以抵抗大批拥有链锯、推土机和枪炮的外来入侵者。杀戮和外来疾病，以及对他们作为狩猎领地的大规模砍伐，使得这些印第安人在20世纪五六十年代几近灭绝。从那时开始，他们被迫进行文化适应。图中可以看到一个位于巴拉圭首都亚松森的阿切人营地正在被毁坏，他们曾在这里居住数周以抗议政府的政策。

个文化失去了各自的特性而形成单一文化时，融合或合并就发生了，正如历史上说英语的欧洲裔美国人文化大熔炉思想所表现的那样。有时，尽管其中一种文化丧失了自主性，仍以亚文化的形式保持着自己的认同，以阶层、阶级或族群的形式存在。这在被征服者和奴隶中很常见。

文化适应也可以是军事征服、政治经济扩张，或对自己试图控制的人的传统信仰和习俗知之甚少或根本不关心的占主导地位的新来者的大规模入侵，以及文化结构被破坏的结果。在强势外来力量的冲击下，从属群体无法有效抵抗强制的变迁，并在进行自己的社会、宗教、经济活动时受到阻碍，他们被迫采取新的社会和文化习俗，这些习俗往往会孤立个人，并破坏其传统社区的完整性。事实上，世界各地的人们都面临着被迫搬离传统家园的悲剧，因为整个社区都会被连根铲除，为水电项目、牧场、采矿作业或公路建设让路。

种族灭绝指的是用武力消除一个族群作为一个特殊群体的集体文化认同，它发生在当一个主流社会蓄意破坏另一个社会的文化遗产时。当强国武力扩张领土，控制邻国的人口和土地，试图将其征服的群体合并为臣民时，这种“文化死亡”就可能会出现。文化灭绝的政策通常包括：禁止说从属国以前的语言、将他们的传统风俗定为违法、禁毁他们的宗教、破坏神圣场所和习俗、瓦解他们的社会组织、将幸存者从他们的故土驱逐出去——本质上是从物质上根除一种文化，并去除它作为一种独特文化的所有痕迹。

种族灭绝也可能发生在一种文化的传承者去世后，那些作为难民生活在不同文化中的幸存者中。这样的例子在当今世界随处可见。

亚马孙的种族灭绝：亚诺玛米人

在过去的几个世纪里，北美和南美的许多原住民社区都面临着种族灭绝。即使那些生活在偏远的亚马孙河流域广阔热带雨林地区的人，也面临着生存的危险，因为他们的领地离木材、金矿和石油钻探公司很近。

亚马孙河流域的森林正在遭到破坏，仅是巴西每年的平均损失就多达1.8万平方千米（约7000平方英里）。由于国际上对豪华家具、门、平台木板和地板的需求日益增长，为了收获珍贵且价格高昂的硬木，如桃花心木、巴西胡桃木和巴西樱桃木，许多道路被推平。由于腐败和监督的缺失，许多珍贵的木材被非法采伐和大规模非法转移。企业家为了将利润最大化不惜破坏生态，将他们的劳工队伍推向森林深处，在那里，他们遇到了原住民群体，如卡雅布人（在前一章中提到过）。开发者雇来的杀手用砒霜、炸药和轻型飞机上的机关枪，清除了几个印第安群体。

亚马孙地区种族灭绝的例子中，有着特别完整的档案记录的是生活在巴西和委内瑞拉边境地区的亚诺玛米印第安人。他们目前的人口数是2.4万人，这些猎人和园艺种植者拥有18万平方千米（约7万平方英里）的土地。他们居住在125个自治村中，每个村庄居住着30到300个人不等，人们集体居住在被称为萨博诺（Shabonos）的特殊大屋子中。直到两代人之前，他们还几乎完全与世隔绝，当与外来商人和传教士第一次接触后，亚诺玛米人的确经历了有限的文化变迁。证据可以在他们的园艺中找到，他们种植着非本土的粮食作物——车前草和香蕉，两者都发源于非洲——它们是传播而来的。这种应用增加了园地的产量，带动了人口的增加，同时也带来了更多的突袭和村庄间的冲突。

通过贸易和突袭，亚诺玛米人还获得了铁制工具，尤其是砍刀和斧子。尽管他们有着凶悍的名声，但亚诺玛米人很快就成为金矿主、大牧场经营者和其他试图将当地自然资源资本化的人的攻击对象。20世纪60年代后期，麻疹在当地流行，使得数百名亚诺玛米人死亡。到20世纪80年代，威胁亚诺玛米人生存的因素开始多样化。当时，数千名巴西伐木工和金矿工入侵他们的领地，攻击保卫自己领土的村民（Tuner，1991）。矿工们还非法越境到委内瑞拉，扩大暴力活动范围。巴西政府考虑将原住民领地内的大规模伐木和采矿合法化，并加强了对边境地区的军事控制，派遣军队、修建军营，甚至在亚诺玛米人的中心腹地扩建了简易的机场。大量的雨林被烧毁后用来建造矿工的营地，每天数十架飞机都有起飞，运送人员、设备和燃料。

矿工、伐木工和士兵用商品引诱亚诺玛米妇女，将性病传播给了她们，这些疾病迅速扩散到原住民社区。除了卖淫，入侵者还将酒引入当地。在加工矿石的过程中，矿工用的水银污染了河流，毒害了鱼类和其他生物，也包括亚诺玛米人。在数十年间，20%的亚诺玛米人死亡，他们在巴西境内70%的土地也被非法征用。

为了反对这种种族灭绝，由亚诺玛米公园创建委员会和国际生存组织发起的抵抗运动迫使巴西政府保护原住民领地、驱逐矿工。但是破坏仍在继续，因为金矿主跨越边境到达委内瑞拉后，在那里继续屠杀亚诺玛米男性、妇女、儿童。

到20世纪90年代中期，迫于泛美洲人权委员会的压力，委内瑞拉政府最终同意保护处于边境的亚诺玛米人，给他们提供基本的医疗卫生，以降低惊人的死亡率。直到今天，亚诺玛米人这样的亚马孙印第安人还是被迫生活在担惊受怕的状态中，他们受到武力威胁，还会被偶然杀害，而糟糕的医疗状况、较低的预期寿命和歧视更是加剧了目前的状况，挑战着原住民的生存。

在这样的艰难时期，精神领袖尤为重要。来自亚诺玛米瓦托利卡里（Watoriketheri）村庄的萨满——大卫·科皮纳瓦（Davi Kopenawa）就是其中一个

（图24.5）。他和其他萨满，传统上与邪恶精灵接触，以治愈疾病，或向敌人复仇，现在却要面对文化灭绝和种族灭绝的致命力量。作为巴西地区亚诺玛米人的代言人，科皮纳瓦还是一位有着国际知名度的政治活动家。他用他非凡的能力捍卫着亚马孙的家园。与强权的外雇组织、公司和非政府组织协商谈判，英勇地阻止对巴西印第安人和他们文化、环境的无情破坏。

定向变迁

尽管文化适应的过程通常在没有计划的情况下展开，有权力的精英有时会设计和强制推行文化变迁的计划，引导移民或从属群体学习、接受主流社会的文化信仰和实践。在前几章讨论过的生活在非洲南部的朱瓦西人就是这样。这些朱瓦西人在20世纪60年代被政府官员集中起来，限制在纳米比亚特桑克威的一个保护区，在那里，他们并不能够自给自足。政府为他们提供配给，但是并不足以满足基本的生存所需。

由于健康状况不佳，并被限制开展有意义的传统活动，朱瓦西人感到非常难受和压抑，他们的死亡率超过了出生率。然而，在接下来的几年里，幸存下来的朱瓦西人开始自己掌握主动权。他们返回了以前居住的水洼地区，在人类学家和关心他们利益的其他人的帮助下，开始养殖牲畜以维持生存。这是否能够成功还未可知，因为仍有很多阻碍需要克服。

殖民当局处理原住民事务的一个副产品是应用人类学的发展。它最初是为了向政府指导的变迁提供建议，并用人类学的知识和技能解决实际问题。今天，应用人类学家在国际发展领域中的需求越来越大，因为他们拥有关于社会结构、价值体系和文化发展目标间相互关系与作用的专业知识。

他们也面临着特殊的挑战：作为人类学家，他们要尊重其他民族的尊严和文化整体性，然而他们又被要求就改变文化的某一方面提供建议。如果当地人要求这种变革，那当然没有什么困难，但通常情况下，变化是由外来者要求的。被提议的变化可能会对目标人群有利，然而，该社区的居民并不总是这样认为。

图24.5　身兼亚诺玛米萨满和政治活动家的大卫·科皮纳瓦

传统上，亚诺玛米萨满通过与精灵世界沟通来治愈疾病，如图中站在萨博诺前面的、被妇女和儿童包围起来的大卫·科皮纳瓦。他们被称为shabori，用自己的能力与超自然的邪恶精灵（Hekura）所实施的非凡挑战进行协商。今天，这些挑战还包括种族灭绝和生态灭绝。亚诺玛米人仰赖科皮纳瓦这样的萨满，他们用非凡的能力与代表着强大的外国机构、公司和非政府组织的陌生人进行协商，试图阻止对他们社区的进一步伤害。

应用人类学应该在多大程度上向外来者提供建议，告诉他们如何才能让人们接受改变——这仍然是一个严肃的道德问题，尤其是当它涉及那些没有能力反抗的人们时。

为了回应这些关于人类学研究的应用和益处等关键性问题，应用人类学的另一种类型在20世纪后半叶出现了，并有着各种各样的名字，如行动人类学和守承诺的、有担当的、卷入的、辩护的人类学。它涉及基于社区的研究和与原住民社会、少数族群和其他被压制群体的联合行动。

我们可以保持乐观，但是，国家和其他权力结构会直接干预不同族群和其他社会的事务，并不从拥有相关跨文化研究经验和更深刻洞见的人类学家那里寻求专业建议。在生存受到威胁、文化遗产濒临灭绝的人们所居住的地区，这样的失误会在政策制定和实施过程中带来一系列本可避免的错误。总之，人类学的实践应用不仅是必要的，而且对于许多受威胁群体的生存来说至关重要。

对变迁的回应

原住民对于外界强加给他们的变化做出的反应非常多样。有些人选择搬到更偏远的地方，但由于采矿业、森林砍伐和农业经营的不断发展，他们已经没有了地理选择。另一些人选择武力反抗，但是最终还是被迫交出了祖先的大量土地，在这之后，他们在自己的领土上沦为了贫穷的下层阶级，或被迫迁移到经济价值较低的地区。今天，他们继续以非暴力的方式进行抗争，试图保持他们作为独特人群的民族认同，恢复对自然资源的控制权。

为了抵制同化——主流社会吸收少数民族文化的过程——人们常常会在传统中寻找精神慰藉。代代相传的传统观念和实践，在现代社会可能会阻碍新的做事方式。传统在被称为文化适应的过程中扮演着重要角色。在人类学中，这指的是一个适应过程，在这一过程中，人们调整其传统文化，以回应主流社会带来的压力，并保持独特的民族认同、反对同化（Prins，1996）。为了达成这样的适应策略，族群会通过保留传统的语言、仪式庆典、民族服装、仪式歌舞、独特的食品等来保持文化边界，以维持他们的独特认同。随后，我们将会讨论两个文化适应的民族志案例。

融合

当人们能够在强有力的外界力量面前保持自己的某些传统时，融合就产生了，融合在前面的章节被定义为创造性地将本土的和外来的信仰、实践混合成新的文化形式。与动物或植物的杂交不同，这些新的形式是在文化适应的动态过程中产生的，在这个过程中，群体逐渐在自己的社会环境中达成对于新挑战的共同回应。前面章节中描述的海地的伏都教，就是宗教融合的一个例子。但是融合也会发生在文化的其他领域，包括艺术、时尚、建筑、婚礼、战争，甚至体育。

对于这种现象的一个有趣例证是南太平洋特罗布里恩的岛民，他们的文化实践我们在前面的章节中也有介绍。甘薯是他们主要的生活物资、经济财富，也是他们文化的核心。这些可食用的块茎被收获后，人们会开始庆祝。在七八月份举行的传统丰收节上，最重要的活动是卡亚萨（Kayasa），它是一个仪式性的比赛，在比赛中，双方村落的酋长要展示他们的kuvi，kuvi是长度超过3.5米的巨大甘薯。以甘薯为中心，卡亚萨仪式还包括临近村庄间的舞蹈和仪式性争斗，举办活动的酋长会宣布获胜者。

特罗布里恩岛民受到殖民统治时，英国的行政人员和新教传教士以及牧师注意到了卡亚萨仪式。他们发现典礼上“狂野的”舞蹈是可耻的，过程中伴有念咒和大喊大叫，还有对性交和人体部位的暗示。一个卫理公会的传教士决心要在教会学校教这些热带岛民打板球，以此将他们“文明化”。他希望这项绅士的运动可以取代特罗布里恩岛上的对抗和争斗，鼓励衣

着、运动精神，甚至是宗教上的改变。

但是事情并不是这样的。虽然特罗布里恩岛民接受了这项运动，但是他们将英国的规则当“垃圾”。他们把板球变成了自己的游戏，穿着传统的服装打球，并将战斗巫术和性爱舞蹈融入其中。他们改变了英国人的投球方式，将特罗布里恩岛民掷矛的动作融入其中。比赛结束后，他们还会举办宴会，他们会展示财富以提高声望（图24.6）。

改造过的板球服务于传统的声望和交换体系。参与运动的每个人都可以展示健康和自豪，选手们非常关心得分，也非常关心自己是谁。从比赛的服装，到念着充满性爱隐喻的咒语和比赛间隙的充满性爱隐喻的舞蹈，很明显，每个参与者都在为了显示自己的重要性、为了队伍的名誉、为了观看盛景的数百人而进行比赛。

复兴运动

不同于人们自发引起的文化变迁，那些被强迫的文化变迁可能会被反抗或拒绝。这些回应会引起改革运动或者更极端的复兴运动。如宗教和精神生活一章所述，这些激进运动是为了应对迅速扩大的社会混乱和集体焦虑、绝望而出现的。它们旨在重新点燃火焰，恢复活力，恢复丢失的或被遗弃的文化习俗，它们常常，但并不总是，基于宗教或精神。有时，一些复兴运动会演变成武装革命。

人类学家总结出了复兴过程的几个共同顺序。首先是正常的社会状况，在这种情况下，压力不大，有充足的文化途径去满足所需。接下来是外来入侵、被控制和攫取资源带来的文化剧变阶段，这导致挫败感和压力急剧增多。第三个阶段是危机进一步加剧，用正常手段解决社会和精神压力是不充足的或失败的。这样的衰退会引发激烈的反应，即共同恢复或复兴文化。在这一阶段，被超自然力量启示或指引的先知和其他精神领袖会出现，并吸引一些追随者，带来一种狂热的崇拜，有时还会发展成宗教运动（Wallace，1970）。

船货崇拜

历史上特别有名的复兴运动的例子是船货崇拜——一种为了回应西方资本主义带来的破坏而被发

图24.6　融合：特罗布里恩岛的板球

原住民以多种多样的方式回应殖民主义。当英国传教士试图强行以“文明”的板球运动取代美拉尼西亚特罗布里恩岛民在庆祝甘薯丰收的传统节日上展示的“狂野”的性爱舞蹈时，特罗布里恩岛民将这项沉闷的英国运动变成了在中场休息时表演的暗示着性爱的舞蹈和歌曲。这是融合的一个例子，融合指的是创造性地将本土的和外来的信仰和实践混合成新的文化形式。

起的精神运动（在太平洋西南部的美拉尼西亚特别有名），船货崇拜许诺已故的亲属将会复活，白皮肤的外国人将沦为奴隶或遭到毁灭，乌托邦的财富将会以魔法的形式到来。

美拉尼西亚的原住民将白人的财富称为“船货”（洋泾浜英语，指用船或飞机运输的欧洲货物）。在有着巨大社会压力的时期，本土先知出现，并预言现在所受的苦难将会结束，一个新的人间天堂即将到来。已故的祖先将会复活，富有的白人将会神奇消失——被地震吞噬或被巨浪卷走。然而，这些有价值的西方货物将会被留给先知和他的信徒们，他们会举行仪式加速这种超自然力量对于财富的重新分配（Lindstrom，1993；Worsley，1957）。

当代的原住民复兴运动：科利亚苏尤

与美拉尼西亚短暂却强烈的船货崇拜不同，复兴运动也可能会获得政权国家的支持，并改变一个社会的文化制度。一个这样的例子现在正出现在玻利维亚。在这个多元的南美国家，大多数居民有着原住民血统，仍然说着传统的地方方言，而不是西班牙语。最常用的两种语言是艾马拉语和克丘亚语，说这两种语言的是世代居住在科利亚苏尤（Qullasuyu）地区的原住民。科利亚苏尤（Qullasuyu）坐落在塔尤苏万廷（Tawantinsuyu）（在克丘亚语中，意为“四个地区的联合”）的东南部地区，是古印加帝国的原住民名字。

在2005年12月当选的总统埃沃·莫拉莱斯（Evo Morales）的指导下，玻利维亚的原住民复兴运动得到了政府的支持。莫拉莱斯的父亲是艾马拉人，母亲是克丘亚人，这个社会主义领袖以前是一个激进的农民领袖，代表着在亚热带低地种古柯的众多迁移农民的利益。在20世纪80年代，他作为一个维护本土农民权益的耕地贸易联合会的领袖而声名鹊起。在2006年1月举行总统就职典礼的前一天，他以这个国家第一个原住民总统的特殊身份，在著名的考古遗迹蒂瓦纳科（Tiwanaku）举行的特殊典礼上得到公众认可。莫拉莱斯站在那里，侧面是amautas（精神领袖），被授予科利亚苏尤的apu mallku（鹰王）荣誉头衔。类似的场景也发生在他的第二届和第三届总统就职典礼上。

蒂瓦纳科坐落在拉巴斯和的的喀喀（Titicaca）湖之间，作为玻利维亚本土复兴运动的仪式中心，它有着特别的文化意义。蒂瓦纳科曾经是一个古老文明的首都，它的巨大庙宇和阿卡帕纳（Akapana）金字塔长久被遗忘，那个古老文明延续了数个世纪，在1000年前神秘地消失。其原住民没有文字记录，他们的语言也是未知的，这也就意味着艾马拉人和克丘亚人可以共享这个象征他们引以为傲的文化遗产的考古遗迹。他们将这些废墟视作神圣的纪念碑，赋予其政治和精神意义，这鼓舞其恢复本土自治，拒绝近500年的殖民统治和资本掠夺强加给他们的外来文化。

2007年，为了推行自己的复兴议程，莫拉莱斯总统选择在蒂瓦纳科举行官方活动庆典，以庆祝《联合国原住民权利宣言》的正式通过。两年后，代表着科利亚苏尤的七色wiphala旗成为玻利维亚的官方旗帜。它现在飘扬在这个国家长期存在的红色、黄色、绿色国旗旁边（Van Cott，2008；Yates，2011）。

除了恢复、保存和保护原住民文化遗迹、风俗等，玻利维亚的复兴运动还包括重新利用前殖民时代的神圣仪式，例如崇拜本土的大地之神和天空之神，特别是太阳和月亮（图24.7）。受万物有灵世界观的影响，复兴运动试图恢复人类、动物、植物，以及其他自然环境间的和谐关系，它认为所有事物都是大的生态系统的一部分，存在一个传统上被称为帕查玛玛（Pachamama）的“大地母亲”。为了将之正式固定下来，2010年，玻利维亚的多民族立法委员会通过了《大地母亲权益法》（*Ley de Derechos de la Madre Tierra*），赋予所有生物与人类平等的权利（Estado Pluri-nacional de Bolivia，2010）。

图24.7 庆祝玻利维亚的印第安新年

玻利维亚印第安人会参与科利亚苏尤的复兴运动，包括恢复前殖民时代的信仰和实践，例如对于最高天神太阳的崇拜。在玻利维亚的安第斯高地，许多印第安人通过参加一种新传统的日出仪式来庆祝新年，这种仪式在克丘亚语中被称为Inti Raymi（“太阳盛宴”）。图中，我们可以看到一群正位于因卡瓦西岛的克丘亚人和艾马拉印第安人，因卡瓦西岛上有海拔3656米（约11995英尺）的乌尤尼盐沼（世界上最大的盐沼）。他们在6月中旬黎明时分聚集在那里，迎接北至日，接受塔塔印提（“太阳之父”）的第一缕阳光。

暴动和革命

当一个社会的不满程度达到一个临界水平时，很有可能就会引发暴力性质的回应，例如暴动或由一伙暴动分子组织的对一个已建立的政府或当局的武装反抗。例如，在历史进程中，世界各地发生了很多农民暴动。历史上，这些暴动是由集权政府引发的，它们试图在已经挣扎为生的农民身上征收新税，这使得人们在被盘剥状态下很难养活自己的家人（Wolf，1999b）。

一个最近发生的例子是墨西哥南部玛雅印第安人的萨帕塔运动，它起于90年代中期，直到现在也没有平息。这场暴动涉及数千贫穷的印第安农民，强加于他们身上的破坏性变迁已经威胁到了他们的生计。他们根据墨西哥宪法享有的人权从未得到充分落实（图24.8）。

与目的有限的暴动相比，革命是一种更剧烈的社会或文化变革。革命发生在一个社会的不满程度非常高的时候。在政治舞台上，革命还包括武力推翻现有政府，并建立一个全新的政权。

革命为什么会爆发，为什么常常达不到发动革命的人民的期望？这些问题的答案是不确定的。但是显而易见的是，英国、法国、西班牙、葡萄牙和美国于19世纪和20世纪早期在世界范围内建立的殖民统治，使得革命几乎是不可避免的。尽管二战后大多数殖民地都取得了政治独立，但强权国家继续剥削着这些“不发达”国家的自然资源和廉价劳动力，导致人们对于依附外国势力的统治者更加不满。而新独立国家的政府精英试图控制生活在领土内的人们的生活时，进一步引发了不满。由于拥有共同的祖先、享有独特的文化、有着对于领土的所有权和自决的传统，殖民者和政府精英想要控制的人将自己认定为一个独特的民族，拒绝承认他们所认为的外国政府的合法性。

因此，在许多前殖民地，很多人拿起武器反抗被其他民族控制的政府，政府试图将他们吞并或吸收进国家统治中。当他们试图将多民族政权组建成一个统一的国家时，一个民族的统治精英会剥夺其他民族的土地、资源，特别是文化认同。

我们这个时代的一个重要事实是，世界上大多数

图24.8 萨帕塔主义运动

1994年元旦，北美自由贸易协定生效，3000名萨帕塔主义运动的武装农民进入了墨西哥南部的小镇。其中大多数是玛雅印第安人，他们向墨西哥政府宣战，声称全球化正在毁坏他们的村庄。强大的互联网帮助他们建立了一个国际政治支持网络。他们现在以非暴力的形式反抗墨西哥政府的控制，萨帕塔主义者已经创建了32个自治市，它们组成了5个被称为caracoles（海螺壳）的宗教区域，caracoles在玛雅的神圣宇宙观中被认为是支撑天空的支柱。图中，我们看到萨帕塔民族解放军的指挥官正在参加原住民大会的闭幕式。他们身后是一面旗帜，致敬的是萨帕塔主义者中鼓舞人心的人物——墨西哥最著名的农民革命者之一埃米利亚诺·萨帕塔（Emiliano Zapata）。

的独特民族从未同意由他们所生活的国家的政府来进行统治（Nietschmann，1987）。在很多新兴国家中，这些人发现自己除了拿起武器反抗和战斗，并没有其他选择。

除了法国和俄罗斯发生的反抗权威统治的革命，现代的很多暴动是为了对抗外国的权力统治。这样的反抗常常以民族独立运动的形式出现，发动反对殖民统治或帝国统治的武装斗争。19世纪初墨西哥发动的反对西班牙的自由战争，20世纪50年代阿尔及利亚争取摆脱法国统治的独立运动就是相关的例子。

当今世界上的数百场武装斗争，几乎都发生在非洲、亚洲、拉丁美洲的经济贫困的国家，其中很多国家曾经是欧洲的殖民地。这些战争中的大多数是政府与疆域内一个或多个民族或族群间的战争。这些群体面对着外来强权的压制和征服，想要寻求保持或恢复对于个人生计、社区、土地和资源的控制权的方法。

革命是一个相对较新的现象，只发生在过去的5000年中，原因是革命的对象需要是一个集权的政治权威，而国家在5000前是不存在的。依亲属关系组织起来的部落和队群中没有集权政府，也就不会有暴动和政治革命。

现代化

最常被用来描述社会和文化变迁的词汇之一是现代化。现代化被界定为包含所有方面的全球化的政治、社会经济变化过程，在现代化进程中，发展中国家获得了一些西方工业社会的普遍的文化特征。

现代化这个词汇源于拉丁语modo（现在）一词，其字面意思是“处于现在”。这个词背后的主导观念是“变得现代”，即变得与欧洲、北美和其他富裕工业社会、后工业社会一样，这清晰地暗示着如果不这样做，就会陷在落后的、低等级的、有待改进的过去中。不幸的是，现代化一词继续被广泛应用，我们需要意识到它的片面性，即使我们继续使用这个概念。

现代化的过程可以被理解为由5个亚过程组成，它们相互关联，没有固定的出现顺序。

科技发展：在现代化的过程中，传统知识和科技让步于从西方工业社会传来的科学知识和技术。

农业发展：重点表现为由自给农业转向商品农业。人们不再为了家户的需要种植庄稼、饲养牲畜，而是转向种植经济作物，越来越依赖现金经济和出售农产品、购买商品的全球市场。

城市化：城市化的突出特征是大量人口从农村定居点转移到城市。

工业化：人力和畜力变得不那么重要，更加依赖物质能源——尤其是化石燃料，驱动机器。

远程通信的发展：第五个也是最近的亚过程，涉及电子和数字传媒的发展，以及信息、商品价格、时尚、娱乐、政治和宗教观点的共享。信息可以跨越国界被广泛传播。

随着现代化进程的推进，其他的变化也会随之而来。在政治领域，政党和选举制度出现，行政官僚制度随之发展。在正规教育领域，制度性学习机会增多，识字率提高，本国受过教育的精英群体得到发展。与亲属关系有关的许多长期享有的权利和义务，即使没有被消除，也会被改变，特别是在涉及远亲的情况下。如果社会分层是一个因素的话，社会流动增多，先赋地位变得不那么重要，个人的成就变得更加重要。

最终，因为传统信仰和实践被破坏，形式化的宗教在很多思想和行为领域变得不再重要。正如在宗教一章中所讨论的，人们开始忽视、拒绝制度化的信仰和仪式，转向非宗教世界观。这个过程被称为世俗化，在像德国这样高度组织化的资本主义国家尤其显著，数世纪以来，在德国占主导的是路德教和罗马天主教。现在，有40%的德国人认为自己是无宗教信仰的人，这个数字在40年前还不到4%。

世俗化也发生在其他西欧国家和世界其他地区。然而，在那些国家衰微和不受管制的地区，资本主义极大增加了被剥削的贫穷大众的不安定感，这可能会导致一种倾向于精神或宗教世界观的趋势。在很多东欧、亚洲、非洲国家中可以看到这种情况，在前面关于宗教的章节中对其有所讨论。

本土对于现代化的适应

仔细检视受到现代化影响的传统文化，将有助于我们分析这些文化所遇到的一些问题。在本章的前半部分，我们提到，无法抵制变迁、又不愿意丢弃自己独特的文化遗产和认同的族群，会采取文化适应策略。很多族群这样做了，但成功率参差不齐。接下来，我们将会介绍生活在俄罗斯西北部和斯堪的纳维亚半岛的北极、亚北极苔原地带的萨米人，以及生活在厄瓜多尔的舒阿尔印第安人。

萨米牧民：机动雪橇革命及其意想不到的后果

直到约半个世纪前，生活在斯堪的纳维亚半岛北极苔原的萨米驯鹿牧民还保留着传统的生活方式，并以此谋生。然而，在20世纪60年代，他们购买了机动雪橇，期望机动运输工具可以让放牧变得更加便利，带来更多的经济优势，但事实并非如此。

由于购买机器、燃料，对其进行保养的成本高昂，萨米牧民对金钱的需求急剧上升。为了获得现金，男人开始走出社区做劳工，而不像以前那样只是偶尔出去。此外，自从机动雪橇被引入后，牧民和牲畜之间长期维持而来的和平关系变得乱糟糟，并且充满创伤。驯鹿遇到的人类骑着嘈杂、散发着汽油味的机器从树林里疾驰而出，它们总是在追赶驯鹿，并且往往会坚持很长一段路程。这些人并没有为驯鹿寻找过冬的食物、帮助它们照顾幼崽、保护它们不被食肉动物捕获，他们只是定期出现——不是去屠杀驯鹿，就是去阉割驯鹿（图24.9）。

驯鹿开始变得很警惕人类，变得很难驯化，四散分开逃到很难被追到的地方。另外，机动雪橇的噪声似乎干扰了幼崽的出生和存活。例如，在10年间，芬兰萨米人的平均家畜数量从50头降到了12头，这很难

图24.9　萨米驯鹿饲养

20世纪60年代，生活在斯堪的纳维亚半岛北极苔原地带的萨米驯鹿牧民采用了新发明的机动雪橇，他们深信这些机器能使传统的放牧更节省体力，取得更高的经济效益。但结果适得其反，机械化放牧的经济花销和家畜数量的减少使得很多萨米人放弃了放牧。

获得经济收益。机动雪橇的花费和家畜饲养数量的降低导致许多萨米人一致放弃了放牧（Pelto，1973）。如今，芬兰的萨米人中只有10%的人还是全职牧民，他们还要和企图获取土地使用权的林业和旅游业竞争（Williams，2003）。斯堪的纳维亚半岛的萨米人也是如此（Wheelersburg，1987）。

牧牛的舒阿尔农民：亚马孙热带雨林中的原住民试验

与北欧的萨米人相反，生活在厄瓜多尔热带雨林中的舒阿尔印第安人有意避免现代化，直到它变得不可避免。舒阿尔印第安人历史上被称为希瓦罗人，他们以捕猎野生动物和园艺种植为生，用刀耕火种的方式清理出小块土地。在1964年，随着越来越多厄瓜多尔殖民者的入侵，他们面临着失去土地的威胁，广泛分散的舒阿尔社区的领袖团结在一起，建立了一个完全独立的族群组织——舒阿尔联盟——来掌控自己的未来。

得到厄瓜多尔政府的认可后，这个联盟正式致力于促进越来越多舒阿尔人的社会、经济和文化进步。通过他们的协会，舒阿尔人控制了自己的教育，用自己的语言进行教学，并雇用了大量舒阿尔教师，建立了双语电台，办了双语报纸，还和政府组织合作一起致力于自身社区的经济发展事业。也许最重要的是，联盟为解决迫切的土地控制权问题提供了一个方法。

厄瓜多尔政府将亚马孙河上游地区的大多数热带林地归为空地（tierra baldia），因为虽然原住民居住在广泛分散的社区，但是他们祖先的狩猎场大多是未开发的荒地，缺乏能够证明土地归属的法律文件。由于厄瓜多尔高地山谷中的数千名年轻梅斯蒂索（印第安和欧洲血统的混血儿）农民无法供养他们逐渐扩大的家庭，政府鼓励他们在厄瓜多尔“荒凉的东部”——奥连特重新定居。20世纪60年代，它几乎占该国土地面积的二分之一，但其人口只占全国总人口的2.5%。随后，这里建起了道路和桥梁，这使这些梅斯蒂索人能够宣称对这些“自由”土地的所有权，也为他们提供了进入全国市场和出口业的机会。为了进一步利用“空地”，国家开始向国内和国外到这里开发自然资源的伐木工、矿业公司出售开发许可证。

由于处于开发的包围圈中，并且缺乏对祖先土地的经法律认可的所有权，舒阿尔联盟通过国外援助机构寻求经济援助和专家建议，将大面积的林地转变成饲养牛的牧场。到20世纪70年代早期，当地拥有着1000平方千米（约39平方英里）的土地，建立了一个喂养着超过1.5万头牛的牧场，除了为舒阿尔人提供日常食物供应，牛群还能为他们提供一些可以售卖的物资，这也为支付商品和卫生保健等项开支提供了一个挣钱的渠道。

舒阿尔人最初转向养牛是为了确保对他们土地的法律所有权，因此，当将他们与全国其他地区连接起来的道路提供了其他可选择的挣钱渠道时，很多人也就转向了其他途径。在最近几十年，很多舒阿尔人放弃了牧牛，甚至允许在草地牧场上重新造林。不同的是，现在他们的土地所有权有官方文件记录下来，舒阿尔人开始种植劳动密集型的经济作物，不仅有水果、车前草、树薯，还有销向城市和国外的咖啡和可可（Rudel，Bates，& Machinguiashi，2002）。

舒阿尔人寻求的适应策略表明，即使面对着巨大的外界压力，当原住民有权力决定自己命运的时候，有时也会产生好的结果。可悲的是，直到最近，很少有人可以做出选择。不过，和舒阿尔人一样，一些群体成功抵制了外界对他们的破坏。有些人得到了人类学家的帮助，这在本章的“应用人类学”专题中有所提及。

“欠发达”世界的全球化

纵观处于经济发展时期的非洲、亚洲、拉丁美洲和世界其他地区，多数国家都在经历剧烈的政治、经济变迁之痛，以及全面的文化变革。事实上，在工业生产、大众运输、通信和信息科技方面的创新和主要发明，也在引发着欧洲和北美的社会变革。正如第一章所言，世界范围内加速的现代化过程将地球的各个角落连接成了一个巨大的、相互联系的系统，这个过程又被称为全球化。自然资源、贸易物资、劳动力、金融资本、信息、传染病的全球流动证明了这一点。

在世界各地，我们都能看到经济活动——至少是经济活动的控制——从家庭和社区环境中消失。在当今很多社会中，现代化的进程很快，常常没有足够的时间去适应。欧美需要数代人去完成的变化，在发展中国家只花费了一代人的时间。在这个过程中，文化常常面临不可预见的破坏，并遭受日常观念无意识的侵蚀。在世界各地偏远社区做田野研究的人类学家目睹了这些传统文化是如何被强势的全球力量影响，甚至被破坏的。

一般情况下，发展中国家现代化的负担常常落在女性的肩上。例如，农业的商业化常常涉及土地改革，而这些改革常常忽视女性的传统土地权益。这减少了她们控制和获得资源的机会，同时，粮食生产和加工的机械化过程大大减少了她们的就业机会。因此，女性更多地被局限在传统的家务劳动中，由于商品成为主要关注点，家务劳动越来越不受重视。

再者，家务劳动的工作量也趋向增多，因为不可能得到男性的帮助。在公共土地和资源变成私人所有，林地被保留起来用于商业开发的情况下，收集燃料和水变得更加困难。此外，面向世界市场的非粮食作物——例如棉花、剑麻，或像茶叶、咖啡、可可（巧克力的原材料）这样的奢侈作物——使家户更容易受到价格大幅波动的影响。结果，人们支付不起基础农业提供的高质量的饮食，变得营养不良。简而言之，随着现代化的发展，女性发现自己处在越来越不利的位置。虽然她们的工作量在增多，工作相应的价值却在减少，她们的相对教育状况也是如此，更不用提她们的营养和健康状况了。

基于田野工作经验，大多数人类学家意识到，新的道路、港湾、铁路、飞机跑道的修建会影响地球上现存的荒地，如热带雨林、干旱沙漠和北极冻原。这些发展是有代价的。我们将一张印度火车站的图片作为本章的开头。在印度，铁路最早是在19世纪中期建

应用人类学

发展人类学和大坝

迈克尔·M.霍罗威茨（Michael M. Horowitz）有着40年的学术和应用研究经历，是发展人类学学会的会长和执行理事，还是宾厄姆顿纽约州立大学的著名人类学教授，为应用人类学做出了突出贡献。他致力于在前殖民地世界实现经济增长、环境维持、冲突解决、合作管理的和谐。

1976年，霍罗威茨与他人合作建立发展人类学学会，成为协会的主要领导者之一。在世界银行、联合国妇女基金会、美国国家开发署以及牛津饥荒救济委员会等非政府组织中推动人类学发展为一门应用学科方面，他发挥了关键作用。他指导了数代关注发展中国家问题的年轻学者和专家——尤其关注那些来自发展中国家的学者，鼓励将人类学的比较研究和整体论的方法和理论应用于所谓的不发达国家中的低收入群体。

霍罗威茨关于农村和河水泛滥平原居民的研究对不发达国家的小生产者和土地所有者的利益有着积极的影响。其中一个例子就是，他的工作对生活在西非水力发电站下游的人们的生活所产生的影响。从20世纪80年代开始，他和发展人类学学会的团队在塞内加尔河进行了严谨的人类学研究。他们的研究显示，与灌溉农业相比，大坝建成前，洪水退却后的土地能够产出更多粮食，而且对环境也更好。

这一发现影响了这些国家和附属非政府组织的决策，他们解除了对马里马纳塔里大坝的控制，期望尽可能恢复大坝建成前的汛期系统。霍罗威茨的长期田野研究表明，季节性的洪水可以为将近100万小生产者提供经济、环境和社会文化效益。

霍罗威茨和他的应用人类学同事开展的塞内加尔河流域检测活动，在移民安置和河流治理方面是一个新的突破，并会继续影响着非洲以及东南亚的发展政策。为了表彰霍洛维茨的贡献，应用人类学学会于2006年授予他享有盛誉的布罗尼斯拉夫·马林诺夫斯基奖。

三峡大坝卫星地图

从空中鸟瞰，中国的三峡大坝是世界上规模最大、发电功率最大的水力发电坝。它长约2300米（7700英尺），高185米（330英尺），扼住了世界第三大河流——长江。经过15年的建设，耗资220亿，它于2009年被启用。三峡大坝可以提供取代煤炭的清洁能源，并调节长江的洪汛。

生物文化关联

研究新兴疾病

从新石器时代以来，人类不得不一直应对一系列的新兴疾病，这些疾病是随着人类行为方式的改变而出现的。最近几十年，随着传染疾病的重新流行，以及一大波新型致命疾病的传播，疾病又重新成为人们关心的主要问题。

在过去35年里，出现了30多种新疾病。其中最有名的也许是艾滋病，它已经成为众多传染病中的头号杀手。自1981年以来，有超过4000万人死于艾滋病，今天全世界范围约有3700万人患有艾滋病或是HIV病毒携带者。但是，也有像埃博拉出血热这样使人流血致死的疾病。其他的出血病症还有登革热、拉沙热、汉坦病毒、消耗病人身体的侵略性链球菌A、莱金奈尔病、莱姆关节炎等。

尽管还不清楚什么导致了这些新型疾病的爆发和传播，一个理论认为，一些疾病是人类活动的结果。特别是，道路的修建使人们能够进入偏远的生态系统中，如热带雨林，随着世界范围内船运和航空运输的发展，病毒和传染性细菌能够迅速传播到大范围的人群中。人们普遍认为，HIV病毒是刚果民主共和国的热带雨林中的黑猩猩传染给人类的，这是人类捕猎、杀害和食用这些动物的结果。在最初的30年里，很少有人被感染，直到人们开始聚集到金沙萨等快速发展的城市中，这为病毒的迅速传播创造了条件。

大多数突然袭击人类的“新型”病毒，事实上曾经存在于动物身上，例如猴子（猴痘）、啮齿动物（汉坦病毒）、鹿（莱姆病毒）、昆虫（西尼罗病毒）。不同的是，在有些条件下，它们能够从动物宿主转到人类身上。

造的，目的是把棉花运到海港，然后运到英国的纺织厂。轮船、火车、卡车、飞机，还有现在的无人机、报纸、杂志、收音机、电视和手机，都带来了一些根本性的变化，这些变化通常是当地人民不想要的，但他们无法阻止，因为他们面临的挑战超过了他们的应对能力。同时，对将廉价的自然资源和人力资源资本化感兴趣的强势群体会将他们的无情扩张合理化，声称现代化是不可避免的，对所有人都是有利的，特别是对“原始的”“欠发达的”地区的人有利，他们应该被给予机会以变得富有。要想了解这些变化的影响，请参阅“生物文化关联”专题。

这种世界观忽视了一个事实：富裕或工业化国家中上层阶级的生活水平是建立在对不可再生资源的高消费基础之上的，一小部分的世界人口使用着大部分的自然资源。不幸的是，尽管人们对更美好的未来做出了乐观的预测，世界上还有数十亿人陷在悲惨的现实中，与贫穷、饥饿、疾病和其他危险做斗争。在下一章也就是本书的最后一个章节中，我们将会进一步探索这些问题的潜在结构和导致其出现的深层原因，并讨论人类学在帮助应对这些挑战方面扮演着怎样的角色。

思考题

1. 当社会进入现代化进程后——无论是交通、农业、工业化还是通信——其文化系统的所有层面都会受到影响。你如何看待人类对这些变化所提供的便利的依赖所带来的长期后果？

在刚果民主共和国，内战使中部地区的村民面临饥荒。这使他们开始加剧捕猎动物，包括猴子、松鼠、老鼠等携带着猴痘的动物。这种疾病与天花有关，天花很容易传染给人类，曾导致前所未有的大面积爆发。但这种疾病的爆发更为严重，因为它使猴痘病毒能在人与人之间传播，而不只是动物宿主与人之间的传播。

大范围栖居地被破坏是这类疾病传播的一个显而易见的原因。在世界的另一端，美国医学人类学家卡罗尔·詹金斯（Carol Jenkins）（1945—2008），从1982年到1995年在巴布亚新几内亚的很多族群中从事了与健康相关的研究。为了了解生态破坏与新型疾病出现之间的关系，她追踪了在大规模采伐后的当地人的健康状况。她的研究提出了有价值的洞见，例如，说明了疾病如何从动物宿主传播到人类身上。

詹金斯在巴布亚新几内亚的研究是独一无二的，因为当地人的基本健康数据是在环境被破坏之前收集起来的。詹金斯培养的很多研究者仍然在她的成果之上进行新的研究。

这些研究的重要性是显而易见的：在全球化的时代，航空运输使疾病能够在全世界范围内传播，如果我们想要更好地实行预防措施和治疗方案，就需要更深入、全面地了解病原体是如何与它们的宿主相互作用的。

生物文化问题

新型病毒和细菌常常能够快速传播，那么，你如何看待政府资助的对致命疾病的研究和开发，其成果将被用于生物战？

2. 你是否认为在全球经济发展和现代化进程中，生态灭绝和种族屠杀是不可避免的？如果是，为什么？如果不是，你为什么这么想？

3. 全球化要求我们大多数人以空前速度适应日益复杂的国际环境。你是否认为这些变化对所有人都有利？

4. 当在新闻中听到或读到暴动或武装起义时，你有没有想过为什么他们愿意冒着生命危险寻求改变？你认为这种奉献出于什么目的？

深入研究人类学

没有进口商品的生活

在这一章中，我们讨论了传播和所有文化中多达90%的内容都是借来的这一事实。想象一下，在一场政治革命中，新政府禁止消费任何进口商品，并将观看外国电影、阅读外国文学或从国外的信息来源获取信息定为犯罪。列出你家庭的生活习惯，找出你吃的、喝的、穿的或用的东西中，有多少是在你自己的国家种植或生产的。接下来，将该列表与进口的类似物品清单进行比较。确定国内外商品的比例，并估计文化变迁的程度。

挑战话题

千百年来，人类通过适应自然环境并改造自然环境来满足自身需求，应对生存挑战。他们把沙漠、森林、沼泽和山坡变成了牧场、农田和工业中心，为不断增长的人口创造了机遇（和意想不到的挑战）。自大约两个世纪前的工业革命——现在所说的人类世的开端以来，人类人口已经从10亿增加到了大约74亿，其中超过一半的人现在在城市中生活和工作。紧接着，在20世纪50年代通信卫星发射，60年代互联网被发明出来，然后是70年代个人计算机的发明以及90年代万维网的出现，可以看出，数字革命加速了全球化进程。互联网络之间相互交错，世界各地的人们都在适应新的媒体环境。每天有几十亿人利用社交媒体穿梭于网络空间，从事工作、获取新闻、娱乐自己、进行政治和社交活动。人口爆炸和技术创新从根本上影响了全球社会文化的各个方面——从基础设施到社会结构再到世界观。中国的大多数城市都有网吧。图为首都北京数百间网吧中的其中之一。

第二十五章

全球挑战、地方回应与人类学的角色

学习目标

1. 认识人类世这一概念的重要性。
2. 说明发展出单一的全球文明为什么是不可能的。
3. 认识种族中心主义与仇外心理的关系。
4. 评估权力在构建社会及其文化时发挥的基本作用。
5. 对比软实力和硬实力，并分别举例说明。
6. 解释为什么肥胖、营养不良、贫穷、环境破坏是结构性暴力的证据。
7. 将基尼系数作为衡量收入差距的工具进行评估。
8. 分析为什么全球化会破坏和重组全球各地的文化，并带来积极和消极的双重影响。

如今，由于电子、光纤、数字通信技术的发展，数十亿人理所当然地认为，他们可以进入网络空间与他人交流，而不受地理距离的限制。有超过1300颗卫星在距海平面160千米至35786千米（99英里至22236英里）的高空围绕地球运行（图25.1）。其中大约一半是专为通信服务的卫星，而另一半是被用作军事、科研和气象观测的卫星。其中还包括100多个全球定位卫星，位于地球上空1.6万千米（约9940英里）处（Union of Concerned Scientists，2015）。无线通信设备结合大批量生产的移动通信设备——从笔记本电脑到智能手机，以30年前大多数人无法想象的方式推动了全球化。

工业化和全球化似乎势不可挡，那么我们不得不问：存在了几个世纪，甚至几千年的数千个各不相同的社会能否保持其独特的文化特征，并成功地应对自己所面临的多重挑战？此外，我们人类能否成功地适应人类世——一个由自工业革命以来人类带来的巨大环境变化所定义的地质时代——充满活力的全球生态系统？

文化变革：从未知之地到谷歌地球

就在500多年前，地球上的很多地方还是没有被绘制成地图的未知区域。这并不意味着人们对于外国文化一无所知：数千年来，商人、强盗、朝圣者的远距离迁移和旅行一直是人类历史的一部分。但是这些探索没有准确的文字记载和综合形式的总结。因此，即使1000多年前挪威航海者航行到了加拿大的东北部海湾，14世纪初中国远洋航海队伍（带着指南针）到达了非洲东部，这些航行对于我们的世界

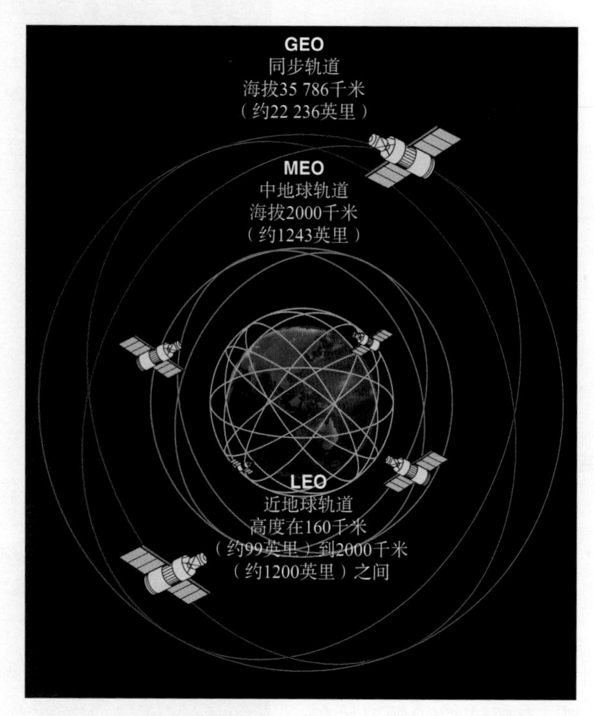

图25.1　地球上方有多拥挤？

有超过1300颗卫星在距海面160至35786千米（99至22236英里）的高空围绕地球运行。其中大约一半是专门用于通信的卫星，另一半则用于军事、科研和气象观测。其中还包括50个全球定位卫星（GPS）。

地理知识并没有产生太大的影响。

1492年克里斯托弗·哥伦布首次横跨大西洋，1522年斐迪南·麦哲伦完成第一次环球航海后，情况发生了变化。他们发现新大陆、其他民族和自然资源的消息借助最新发明的印刷术传播得很快。地理知识的增长使制图师能够绘制出更精确的地图，于是，1570年，第一本世界地图册得以出版。不久后，天文观测证实了地球不是宇宙的中心。

就在200多年前，蒸汽机和其他机器的发明引发了工业革命，随之出现了大规模的机器生产和不断扩大的蒸汽火车、蒸汽轮船运输网络。19世纪中期发明的发电机和白炽灯在几十年的时间内彻底改变了人们的生活方式。19世纪70年代，内燃机的发明使变革加速进行，汽车由此诞生，数十年后，又出现了飞机——20世纪大众旅行和运输革命的一部分。那段时期还带来了通信技术的重大发明：从印刷媒体到电报、照相机、电话、收音机、电视、通信卫星和互联网，这使人们能够更快地与更远地区的人交换更多的信息。

在这个剧烈文化变迁的快速发展过程中，值得一提的是20世纪30年代晚期核裂变的发现。二战期间，美国提取了浓缩铀，建立了第一个核反应堆以生成钚，并制造了第一批核武器。1945年，美国战机在广岛、长崎投下了原子弹，迫使日本无条件投降。

今天，30多个国家运行着数百个用于供热和发电的核反应堆。其中9个国家拥有核武器，总共拥有约1万枚核弹头，可以将人类文明毁灭好几次（Arms Control Association，2015）。核能可能会造福社会，但一旦发生意外，结果将是灾难性的。所有这些科技发明都改变了人类的自然环境，改变了人类的生活方式，以及人类对自己在宇宙中的位置和命运的看法。1969年，美国宇航员登陆月球。三年后，在一次未成功的探月旅行中，他们拍摄了第一张地球的全景照片（图25.2）。这张照片深刻影响了人类，引发了环境运动和“一个地球，一个世界”的观念。

在这张照片被拍摄的12年前，美国秘密发射了第一颗战略侦察卫星，对地球表面进行摄影监视。在与苏联和共产国际对抗的冷战时期（1947—1989），科技进步导致了一个被称为天空之眼的调查系统的出现。一个由美国中央情报局资助的、专注于地理数据可视应用的公司在2001年开发出了全球三维观测仪（3D Earth Viewer）。三年后，提供互联网相关产品和服务的谷歌公司——一家美国的大型企业，获得了这项技术，将这种可视的全球地图和地理信息开放给公众。

今天，我们栖居的地球一直受到卫星的监视，这些卫星在我们的上空盘旋。我们现在可以自由地下载

图25.2　第一张地球全景图片

这张著名的"蓝色弹珠"照片是第一张地球全景照片。这张照片摄于1972年12月7日，当时阿波罗17号离开地球轨道飞往月球。由于太阳在他们的背后，宇航员们看到了蓝色星球的全景。

地球表面任何一个地点的详细图片，这些图片使我们能够追踪到世界自然环境的根本变化，从大规模的毁林到垃圾倾倒、空气污染和城市化。

文化全球化？

全球范围内人员、产品和观念的流通证明了人类之间日益密切的相互接触，现代的大众运输和通信传媒使之成为可能。这还导致了文化间很多外在的一致性，从而引发了这样的猜测：人类未来将会发展出单一、同质的全球文化。

这确实是令人震惊的，例如西方的快餐、软饮料、服装、音乐、电影，某种程度上已经传播到了地球上的所有地方。其中一个例子是美国的全球连锁企业——麦当劳，它也是世界上最大的快餐连锁店。麦当劳在100多个国家拥有3.6万家餐厅，每天接待近7000万顾客（McDonald's，2015）（图25.3）。以巨无霸汉堡著称的麦当劳已经成为全球化时代世界不同

图25.3　沙特阿拉伯利雅得的麦当劳

作为一家1955年创建的美国公司，麦当劳在全球饮食服务零售商中居领先地位，它在100多个国家开设了3.6万家餐厅。它的金色拱门已经成为提供薯条、鸡块、汉堡、沙拉和奶昔的快餐服务的标志。这些餐厅中很多是特许当地商人所有和经营的，他们和大多数顾客是同一社会的成员。它的成功不仅在于高品质的快餐和服务，还在于对当地文化中饮食禁忌的尊重。在印度，有近10亿印度教徒遵循不吃牛肉这一禁忌，因此，巨无霸是用羊肉和鸡肉做成的，被称为王公堡。在沙特阿拉伯，牛肉汉堡不是问题，当地的第一家麦当劳特许店于1993年开业。该国现在有100多个由阿拉伯穆斯林经营的麦当劳店面，包括图中位于首都利雅得的这家店，男性和女性依据性别在不同的点餐区域排队。

文化同质化的象征，这种现象有时被称为社会的“麦当劳化”（Ritzer，1983）。

然而，当我们审视在世界范围内兴起的宗教激进主义、民族主义、族群政治认同等运动时，对单一全球文化的预测似乎是不现实的。如果单一、同质的全球文化并没有在生成，那么正在形成的又是什么呢？

全球一体化进程

一个多世纪以来，一体化进程在全球范围内推进，尽管成败参半。红十字会是最早的国际组织之一，接下来，国际奥林匹克委员会也成为国际组织（图25.4）。二战后，全球一体化变得空前紧迫，以原子弹爆炸结束的二战使数百座城市成为废墟，造成了5500万人的死亡。考虑到国际合作的紧迫性，世界上最强的几个国家于1944年成立了世界银行和国际货币基金组织。为了防止无休止的战争，它们还在1945年建立了联合国（UN），以及一系列全球非政府组织（NGOs），如世界卫生组织（WHO）。同样地，全球人道主义援助组织也相继成立，如国际特赦组织和无国界医生组织。

另外，世界各国开始发展大众旅游产业，用其他方式将人们联系起来。旅游业是一个价值1.25万亿美元

图25.4　2014年俄罗斯索契冬奥会

奥运会在当今的全球网络中是独一无二的。奥运会源于2000年前在奥林匹亚举行的古希腊体育赛事，现已成为一项全球性的盛会，每四年都会有数千名来自不同国家的运动员在不同的国家参加比赛。在强权国家征服、破坏了很多小国，千百万人丧生于战争的当今世界，这项全球性的体育盛会是一个重要的仪式——以和平争夺奖牌和荣誉的方式庆祝国际和平。

的产业，每年都有超过10亿的国际游客在世界各地旅游（United Nations World Tourism Organization，2015）。

这些全球一体化机制将世界各地的人联系起来，为维持护世界体系发挥了建设性作用。然而，值得注意的是，它们并不能够创造出一种全球性的跨国文化。

多元社会和多元文化主义

就像政治的那一章所描述的，族群或民族已经作为独立的国家存在了约5000年，它们通过武力征服扩张成了共和国、王国或帝国，并推进国家建设项目，强迫臣民和被联合的群众接受文化同化。其他邻近的民族也参与进来，联合起来形成了一个政治单位或领土国家。在这样的多元社会中，每个成员群体都保持着自己独特的语言和文化遗产。

今天，相邻族群间还有很多其他形式的政治整合，例如共同组成欧盟的27个成员国。这些国家越过了语言的障碍、不同的文化传统、官僚习气和经济发展差距，结成了同盟。

消除多元社会固有的分裂压力的一个途径是，官方采用互相尊重和接受彼此文化差异的多元文化主义公共政策。与主导族群强行将自己的文化作为准则推行的同化国家政策相比，多元文化主义政策承认一个国家中共同存在的其他文化的价值，强调所有民众应该相互尊重，接受其他人自由表达观点和价值的权利。一个长久坚持多元文化主义政策的国家是瑞士，在那里，德语、法语、意大利语、罗曼什语共存。

文化多元化要比多元文化主义更加流行，但是，一些多民族国家正在重新评估他们的文化同化政策。一个正在倾向多元文化主义的国家是美国，美国领土内现在有120多个不同的族群，还有数百个得到联邦认可的美洲印第安群体。另一个例子是澳大利亚，其领土内有100多个族群和80多种语言。很多欧洲国家也在经历着这样的变化，因为过去数十年间，有数百万外国移民搬到这些国家定居。

多元社会和分裂

我们在世界各地都能看到多元社会显示出的分裂倾向，这常常伴随着主要语言、宗教或民族主义的分裂。因此，有些人预测族群将会变得更加重视民族主义，而不是为了应对全球化团结起来，每个族群都强调自己的独特文化遗产，强调与相邻群体的不同。这种退化倾向在当今的许多民族独立运动中都有体现，包括土耳其、叙利亚、伊拉克的库尔德人及缅甸的克伦人的分离主义运动。在墨西哥，玛雅人继续在他们的部落领土上寻求更强大的政治自决权。其他许多国家，包括美国和加拿大，也发生了原住民反对其作为国内殖民地的从属地位的运动。

当一个国家有着广阔的领土，却缺乏充足的交通运输和通信网络，或是主导的文化力量（例如统一的宗教或民族语言）时，分裂主义者的目的很有可能会实现。最近的一个例子是1991年苏联政治解体，分裂成了12个独立国家：俄罗斯、亚美尼亚、白俄罗斯、爱沙尼亚、乌克兰、摩尔多瓦、格鲁吉亚等。那之后，这些共和国中的几个甚至开始进一步分裂。例如，在2008年，格鲁吉亚的两个独立民族区域（南奥赛梯和阿布哈兹）经历了数年的分裂压力后正式分离。2013年，乌克兰以俄罗斯人为主的克里米亚半岛地区脱离了乌克兰，被俄罗斯吞并。

2011年7月，非洲北部的苏丹分裂出了南苏丹共和国，有着单一的族群、宗教、地理边界，并成为联合国的第193个成员方。之后，当地两个族群（丁卡族和努尔族）之间战斗激烈，表明这里可能继续分裂。

国际移民：移民、跨国界人民和难民

纵观历史，面对饥荒、贫穷和可怕的邻人带来的武力威胁，人们不得不进行迁徙，受威胁族群中的成员也很有可能在迁徙过程中分散。人们还会因为其

他原因移民，包括为了获得经济机会或政治、宗教自由。不管是强迫的还是自愿的，移民——地理空间上的移动，包括居住地的临时或永久的改变——深刻影响了世界的社会地理，带来了文化的变迁和发展，传播了观念和新发明，融合了当今世界的民族和文化。

内部移民是发生在本国疆域内的迁移，人们将自己的常住地从一个地区迁往另一个地区。通常，移民离开处于偏远地区的农场、村庄和小城镇，到大城市寻找更多的经济机会，逃离贫穷和饥荒，尽可能避免家乡地区的武装冲突。外部移民指的是从一个国家移民到另一个国家。这种移民可能是自愿的（人们要在海外寻找更好的条件和机会），但往往是非自愿的。被当作奴隶和囚犯的人，会因家乡的战乱、政治动荡、宗教迫害、环境灾害等进行非自愿的迁移。

每年都有数百万人移民到富裕国家，为了获得更高的薪水、为自己以及家人寻找更好的未来。尽管大多数跨越国境者都是合法的移民，在新家园寻找获得工作，并最终定居下来，但是很多非法移民不能够享有基本的权利和保障。移民还包括跨国界人员，他们在一个国家生活但还保留着另一个国家的国籍。

今天，除了为工作而移徙的群众，还有大约6000万人是难民或因战争而逃离家园的国内流离失所者。难民是那些逃往外国的人，而国内流离失所者是在本国寻求庇护的人。大多数人在临时搭建的营地里挣扎，无法谋生。根据联合国难民署的数据，“在全球范围内，每122人中就有一人要么是难民，要么是国内流离失所者，要么是寻求庇护的人。如果这是一个国家的人口，它将是世界上第24大国”（UNHCR，2015b）（图25.5）。

图25.5　世界上最大的难民营

在非洲国家索马里，长期的干旱和多年的内战造成了长期的饥荒，大量的人被赶出了这个国家。大约35万人被困在靠近索马里边境的肯尼亚达达布的庞大难民营里，有时，人口数会膨胀到近50万。它成立于1991年，目的是为逃避战争的多达9万名难民提供食物和住所，但索马里持续20年的冲突和自然灾害导致索马里人不断涌入难民营，这需要建立许多扩建工程，包括这个5000人的住所。达达布难民营现在的住房数量几乎是原来的5倍，拥挤不堪，且资源不足。此外，由于那里地处洪泛平原，在雨季，很长一段时间都无法进入营地，无法提供救生食品、水和医疗服务。

移民和排外心理

在过去的几十年里，大规模的跨国移民极大地影响了澳大利亚、西欧、北美等富裕国家的民族构成。例如，今天，居住在美国的外国人接近4200万，约占总人口的13%。其中，超过一半的人来自拉丁美洲，仅墨西哥移民就有1200万（Pew Research Center，2015）。作为美国最大且增长速度最快的移民群体，拉丁美洲移民最初定居在加利福尼亚州和得克萨斯州——那里有很多说西班牙语的民族聚居区。

另外，美国现在还是来自亚洲国家（例如中国和印度）和撒哈拉以南非洲国家（例如尼日利亚和埃塞俄比亚）的超过2500万移民的家园。在过去的30年中，自我认同为“黑人”的非洲移民人数从6.5万迅速增长到了110多万，而且这个数字还在继续增长。从加勒比海过来的黑人移民现在有170万，但是他们的增长率正在放缓。总体来说，这些数以百万计的新移民改变了美国社会多元的百衲衣（Capps，McCabe，& Fix，2011）。

同时，在大西洋的另一边，如今生活在法国的移民中，有20%（约1200万人）是从法国的前殖民地西非和东南亚地区来的外国移民及其后代。伊斯兰教现在是法国的第二大宗教，约有600万信众。

目前约有350万土耳其裔人生活在德国西部，其中并不包括数百万其他国籍的移民及其后代。最初，因为对廉价的非技术性劳动力的需求，土耳其人在高度工业化的城市地区被雇用为“客籍工人”。由于他们中很多人留了下来，当局出台了家庭团聚政策，导致数十万土耳其亲属涌入德国。即使很多土耳其裔德国人在德国生活了数十年，也没能取得德国国籍，没有在文化上融入德国社会。被德国最大的少数民族使用的土耳其语成为德国的第二语言。受2012年开始的叙利亚内战影响，预计约有100万来自西亚冲突地区的难民也将在德国定居，这将会加剧该国日益增长的种族复杂性。

面对数百万外来移民，在欧洲出生的本地人（Autochthonous，源于希腊语auto，意为“自己”，khthon，意为“土地”）要在急剧的变化中努力维持自己的民族认同。他们的担忧加上经济不稳定，导致社会紧张加剧，针对没有被同化的外籍穆斯林的种族主义和排外情绪也在增加。

散居（源自希腊语daspeirein，意为“分散”）在外，移民和难民常常面临更严峻的挑战，因为对于东道国来说，他们是贫穷的新来者。进入其他族群传统聚居区的移民将会遭受到敌意，尤其是在稀有资源需要竞争的时候，或者对当地人的安全造成威胁的时候，或因其他因素被当作不受欢迎的新来者。因此，他们会成为仇恨运动攻击的目标。这种讨厌、害怕陌生人或任何外来者的排外情绪，在经济不景气造成的社会紧张状况中，最容易被煽动，影响着全体人员的健康和福祉。在这样的情形下，文化间相互容忍的空间就会变得狭隘，社会边界变得更加清晰，族群的差异性会被强调，而不是强调人类的共同性。

有时，人们对待外国劳工和新移民的态度非常消极，很快就会引发暴力冲突。在许多国家，包括南非和印度，这种情况十分常见。例如，2012年夏天，排外情绪引发了印度北部阿萨姆邦的族群冲突，当地信仰佛教的山地居民波多人为了争夺稀缺的农田，与说孟加拉语的穆斯林移民爆发了冲突，仇外情绪演变成了种族间的暴力冲突。在几个星期内，双方都有数十人被杀害，很多人受伤。冲突地区近400个定居点被抛弃，约40万孟加拉人打包了他们能带走的一切逃离。这些人现在分散在270个难民营中（图25.6）。

尽管移民常常会在新移民国遭受敌意，经历艰难和沮丧或失败，那些仍然被困在动乱土地上的人往往面临着更严峻的挑战：营养不良、饥饿、慢性疾病和暴力。为了获得安慰和支持，许多移民会组成社区或加入来自同一地区人们的社区。此外，现代交通、通信技术和电子现金转账使世界各地的外来移民能够与

图25.6　逃难途中的难民

新来到印度东北部阿萨姆邦村庄的孟加拉国穆斯林，在与原住民波多人发生族群冲突后离开了自己的家园，这场冲突造成很多人死亡，数十家房屋被烧成平地。政府派遣军队平息因土地权益而发生的公共冲突，他们接到的命令是射杀可疑的暴徒。

定居在其他地方的亲戚朋友和祖国保持联系。今天，大多数移民跨越千里来到亲人身边，分享消息，以及情感上和资金上的支持。在世界范围内，每年汇向发展中国家的电子汇款总计约4400亿美元（World Bank，2015a）。

移民、城市化和贫民窟

大多数移民都是贫困的，他们在不断扩张的城市地区开始新的生活。在过去的50年中，世界城市人口增加了三倍多。现如今，世界历史上首次有近一半的人类生活在城市地区——超过35亿。在两个世纪以前，工业革命开始的时候，仅仅有3%的世界人口居住在城市。

1950年，世界上最大的城市是伦敦。尽管其地位很快被纽约取代，但目前人口较多的城市是东京，东京现在有3800万居民。事实上，世界上最大的10个城市都在亚洲，除了纽约（现在下降到第八位）。城市不仅在规模上扩大，还在数量上有所增加。如今，世界上人口超过100万的城市有近500个。其中有25个人口超过1000万的特大城市。城市地区每年增加约6700万人口——每周约增长130万人。随着全球人口的增加，大城市的数量也在稳定增加，其中大多数是位于发展中国家的沿海城市。

从历史上看，城市的增长最初是为了脱离贫困的农村，到城市寻找经济机会的大量人口迁移的结果。这些移民中的大多数几乎或者根本没有受过教育，缺乏专业技能，他们只有一种谋生方式：在经济梯级的最底层出卖体力。严酷的现实粉碎了移民的期望，他们远离了自己的家乡，不得不居住在肮脏拥挤的棚户区或贫民窟，几乎用不到干净的水、废物处理设施和电。

当今世界城市贫民的主要聚集点之一是尼日利亚的商业首都拉各斯，它也是非洲最大的城市。在短短40年的时间内，拉各斯的人口从1970年的低于140万，激增到今天的2100万。由于无法管理涌入的大量移民和他们的后代，拉各斯现在有着巨大而拥挤的贫民窟，约三分之二的城市人口居住在那里。拉各斯并不是唯一一个这样的城市：未经规划的、临时的城市棚户正在全球迅速发展。例如，菲律宾的首都马尼拉居住着1100万人口，其中半数的居民生活在贫民窟（图25.7）。

世界范围内，目前约有10亿人生活在贫民窟，这个数字还在迅速增加。有60%的贫民窟居民生活在亚洲，20%生活在非洲，13%生活在拉丁美洲和加勒比海地区，只有6%生活在欧洲。在非洲撒哈拉以南地区，72%的城市人口居住在贫民窟，这一比例高于世

图25.7　马尼拉的贫民窟

在菲律宾首都马尼拉，约半数的居民生活在这样的贫民窟中。

界任何其他地区（Birch & Wachter，2011；United Nations Human Settlements Program，2003）。

全球化时代的结构性权力

人类是如何成功地建构出这样的世界——相互连接，有着如此不公平的安排：数百万人拥有太多，而数十亿人一无所有？大多数学者认为，其中一部分原因在于从20世纪中期开始出现的资本主义全球扩张。它在全球化的名义下运作，建立在世界贸易网络早期的文化结构之上，它是殖民体系的继任者。在殖民体系下，少数强大的资本主义国家——主要是欧洲国家，统治和剥削着居住在遥远领土上的外国人民。

全球化是一个非常复杂混乱的动态建构过程，在这个过程中，个人、商业公司、政治机构为了自己的竞争优势积极重组、再建构政治和经济领域，以争夺日益稀缺的资源、廉价劳动力、新的商品市场和更大的利益。这种重构发生在一个包罗万象的世界舞台上，需要大量权力作为支持。就像在政治一章中讨论的那样，权力是个人或群体将自己的意愿强加给其他人，让他们做甚至有悖于自己意愿的事情的能力。

在这里，我们关注的是结构性权力——宏观层面的权力，它管理或重组社会内部和社会之间的政治和经济关系，同时塑造或改变人们的意识形态（观念、价值观和信仰）（Wolf，1999a）；它是硬实力和软实力的综合体。与使用经济和军事力量进行胁迫的硬实力不同，软实力通过吸引和劝说巧妙地改变人们的观念、信仰和价值观。宣传就是软实力的一种形式，尽管意识形态影响力的行使（争取人心的全球斗争）会以更微妙的途径运作，例如国外援助、国际外交、新闻媒体、体育、娱乐、博物展览和学术交流（Nye，2002）。

军事硬实力

今天，美国比它在世界范围内的任何同盟或对手都拥有更多硬实力。它是全球军费开支的领头羊，2014年，美国的军费开支为6100亿美元，其次是中国（2160亿美元）。作为在世界上仍占主导地位的超级大国，美国的军费开支占全球共1.78万亿美元的军费开支的34%以上（图25.8）。

全世界有9个国家拥有核武器：中国、法国、俄罗斯、英国、美国、以色列、印度、巴基斯坦和朝鲜。其中，俄罗斯和美国拥有迄今为止最大的核武库。美国拥有4700多枚可操作型核弹头，俄罗斯则拥有4500枚。此外，这两个国家分别拥有3200枚和2340枚已退役等待拆卸的核弹头，它们仍然完好无损（Arms Control Association，2015）。

除了军事力量，硬实力还包括在全球结构化过程中用于进行政治强制和威慑的经济力量，这让弱国更没有能力去保护自己的工人、自然资源和当地市场。世界上最富有和最强大的国家——包括美国、俄罗斯、日本、德国、英国和法国——一再威胁或实际利用结构性力量的杠杆，通过贸易禁运、武装干预或全面入侵等手段，改变外国政治格局。

与其他国家相比，美国拥有很多跨国公司，它试图通过投资所谓的"自由贸易"和"全球安全环境"来保护自身利益。然而，随着这一战略目标的实施，美国这个拥有核武器的大国常常会遭到俄罗斯、中国等（潜在）对手的反对，其称霸全球的野心也会受到挑战。再者，其他许多国家无力承担庞大的军备系统开支，缺少获得或开发军事武器的经费，已经开始投资生物和化学武器。还有一些国家，包括相对弱小的政治群体，开始诉诸暴动、游击战和恐怖主义。

经济硬实力

直到20世纪下半叶，全球公司还是很少见的，但是它们现在已经成为能够对世界的经济和政治产生深远影响的力量。现代的商业巨头，如壳牌、丰田和通用电气，实际上是通过共同所有权和责任经营制联系在一起的公司群。跨国大公司通常由位于某个国家

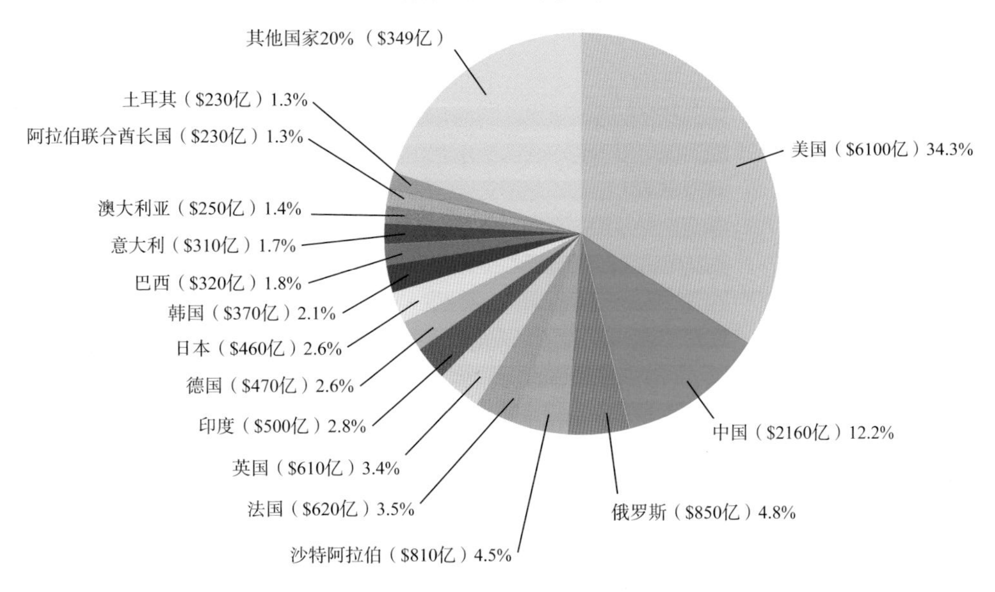

图25.8　世界各国的军费开支

在2014年，世界军费开支达到1.78万亿美元，美国的军费开支占总额的34%以上。

的总公司严格控制，为了获得公司董事会预计的利益，它们跨越不同国家的国际边界组织和整合生产，不管这些举措是否符合其经营所在国的人民的利益。目前，全球前十大商业巨头的年收入均超过2000亿美元，其中有四家公司的年收入超过4000亿美元（Fortune，2015）（图25.9）。

在全球范围内经营的大公司的力量是如此之大，以至于它们越来越多地违背各国政府或联合国、国际法院等国际组织的愿望。由于特大企业限制发布其运营信息，政府也就很难做出明智的政策决定。例如，监管当今全球制药行业几乎是不可能的，这不仅因为存在复杂的跨境业务安排，还因为存在欺诈行为，包括销售假冒处方药，其中一些是有害的，甚至是致命的。每年约有20万人死于假冒和不达标的疟疾药物（Goldacre，2013；Moran，2013）。

除了这些信息问题，跨国公司还频繁显现出它们影响外国政治决策的能力。这也就引发了一个问题：全球舞台是否应该由只关心经济利益的强大的私营公司来管理。根据一项调查了4.3万家企业之间的相互关系的研究，147家公司控制着所有跨国公司将近40%的货币价值。这些企业中的前五十名，大多涉及银行、金融服务和保险（Ehrenberg，2011；Vitali，Glattfelder，& Battiston，2011）。

随着全球范围内生产、贸易、银行业务的展开，系统中任何一环发生故障都会引发全球性的连锁反应。2008年的全球金融危机就是这样的，几家经营不善的华尔街公司的破产引发了这场至今都还没有完全恢复的危机。

全球化不仅创造了一个让大公司获得巨额利润的世界竞技场，还使很多传统文化遭遇浩劫，破坏了它们的自然环境，扰乱了建立很久的社会组织。

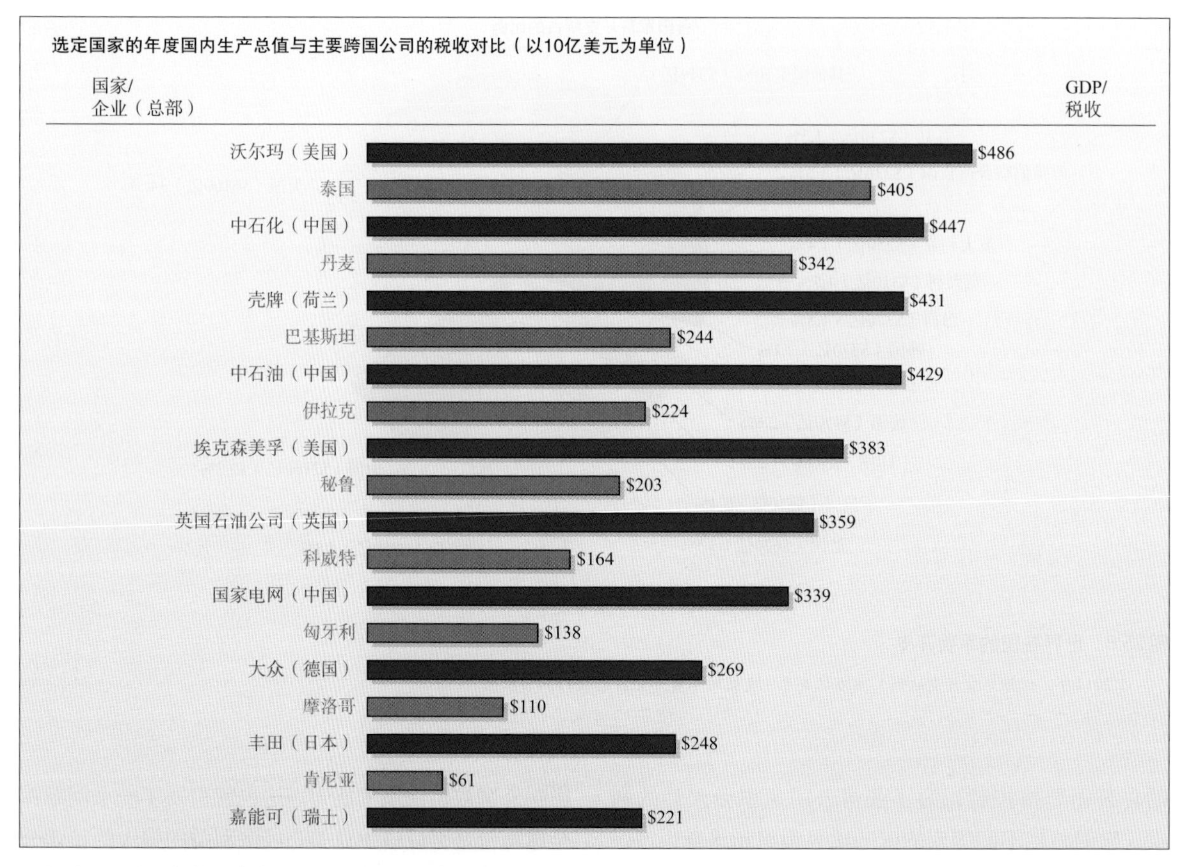

图25.9 一些国家的国内生产总值和跨国公司的税收

在当今消费主导的世界中，跨国公司每年缴纳的税收，几乎等于甚至超过很多国家一年生产的所有商品和服务的价值的总和，也就是国民生产总值（GDP），这是很寻常的。这张图表显示，一些国家每年的GDP和主要跨国公司每年的税收。值得一提的是，排名前四的跨国公司的税收已经超过了全球195个国家中162个国家的GDP。图中没有显示拥有最高和最低GDP的国家。其中近半数国家的GPD低于200亿美元，20%的国家低于10亿美元。只有14个国家的GDP超过了1万亿美元，其中，美国的GDP超过了15万亿美元，中国位居第二，达6万亿美元。注意，GDP并不能说明一个国家财富分配的不平等。

软实力：全球媒体环境

除了依赖军事和经济硬实力在全球寻求霸权和利益，相互竞争的国家和企业还会利用信息技术传播的意识形态这一软实力。软实力的一项重要任务就是将全球化的一般观念当作一种积极的、进步的（像“自由”“自由贸易”“自由市场”）观点进行宣传，给所有对抗资本主义的事物贴上负面的标签。

例如，全球大众传媒公司拥有很强的软实力。它们通过跨国电缆、卫星网络和网站，生产、传播新闻和其他信息。这些传媒巨头不仅报道新闻，还会挑选可视的图片，决定要强调什么，或压制什么。借助强大的软实力，这些公司影响着大众的认知和行动（“心与智”）。

现代电子和数字科技的深远影响力创造了一个全球性传媒环境，这种环境极大地影响了个体和社会对自己在世界中的位置的感知。通过光纤、信号塔、绕

地通信卫星使信息的全球流通变得可能，它几乎完全是数字化的，并发生在一个被称为“全球媒介景观”的新的无限的文化空间中（Appadurai，1990）。

近些年，企业的力量因传媒的扩张变得更加强大。在过去的20年中，一个全球性的商业传媒体系已经形成，由少数几家美国大企业控制（例如康卡斯特、迪斯尼、脸书和谷歌）。这些跨国公司控制了电视、互联网和其他媒体，还有广告产业，深刻影响着世界范围内上亿普通人的观念和行为（图25.10）。

社交媒体由大型公司拥有并控制，其用途很广泛，从产品广告到宣传，从筹款到大众娱乐，从与朋友和家人联系到为政治活动争取支持。但它们并不是免费的。对于企业、银行和政府来说，社交媒体工具是一种利用软实力影响公众舆论、转移资本、出售音乐或获得声望的手段。因此，这些工具可以（并且正在）被用于宣传、制造公众舆论、政府监视、个人数据的挖掘以及出于政治和军事目的的欺骗。这就引出了结构性暴力这一话题。

图25.10　品牌国际化

世界上最穷的人常常穿着那些被富人丢弃的衣服，各行各业的人都穿着印有企业标志的衣服，就像图中这位生活在巴拉圭的马卡印第安妇女。大企业（如迪斯尼）能够促使消费者购买广告公司宣传的衣服和其他商品。

结构性暴力问题

结构性权力，以及与其相关的软实力和硬实力概念能使我们更好地理解各社区在地区的、国家的、全球领域中面临的挑战，以及当今世界财富、健康和权力的不平等分配。当结构性权力损害了个人或群体的利益时，我们称之为结构性暴力——由不近人情的、剥削性的、不公正的社会、政治、经济体系造成的身体或精神伤害（包括压制、环境破坏、贫穷、饥饿、疾病和早夭）(Farmer，1996）。

一般来说，结构性暴力指的是对享有健康、平和、有尊严的生活的个人和社区的残酷的系统性侵犯。虽然侵犯人权已经不是新鲜的话题，但是，由于人口过剩、环境被破坏和人类世日益增长的不平等结构性暴力及其无数的表现形式已经变得更加严重。

贫穷

前面我们提到，人口在短短八代的时间内增长了7倍多，这带来了人口过剩的问题，特别是在亚洲和非洲的部分地区。这个问题在结构上与世界范围内财富和健康的差异有关。在1960年，前二十个最富有国家的人均收入是20个最贫穷的国家的15倍，如今，这个数字大约膨胀了30倍（World Bank，2015b；Davies et al.，2008）。然而，这个数据没有显示的是，在世界上一些最贫穷的国家里也有一小部分富人，一些最富有的国家中也存在着一部分贫穷的居民。

事实上，近年来，穷人和富人之间的收入差距一直在扩大，可以从联合国每年发布的基尼收入不平等系数中看出。基尼系数的范围在0和100之间，0代表着绝对平等（每个人都有着一样的收入），100代表着绝对的不平等（一个人占有所有收入，其他人零收入）。收入分配在欧洲很多国家更均衡，世界上贫富差距最小的国家是挪威（25.8）。有着巨大收入差距的国家主要集中在非洲南部和拉丁美洲，那些国家的基尼系数多为50多或60多。

综观全球，富人和穷人之间的巨大鸿沟已经非常显著（Oxfam，2016；World Bank，2015c）：

其一，世界上最富有的62个人拥有近1.8万亿美元的财富——这与36亿收入最低的人所拥有的财富相当。

其二，自2000年以来，世界上最贫穷的一半人口只获得了全球财富增长总额的1%，而增长的一半流向了1%的最富有的人。

其三，地球上有近10%的人每天仅靠1.9美元过活。

统计数据所显示的严重的不平等状况对于全球安全和福祉来说是巨大的挑战。如果缺乏献身于缩小不

应用人类学

人类学家安·邓纳姆，美国总统的母亲

南希·I. 库珀

当我们的飞机降落在爪哇岛上时，我此生见过的最壮观的景象映入眼帘：默拉皮火山的全面喷发，由火山灰形成的波状云直冲云霄。在这个爆发的“火山”的缓坡地带，数十万人将不得不逃离家园和农场。我的心和他们在一起，也和我的朋友安·邓纳姆在一起。她曾经调查过当地的农民，并作为应用人类学家在该地区与他们一起做研究，直到她于1995年，52岁时去世。我在印度尼西亚污染最严重的岛上做研究时认识了她。当时，我正要回去见她认识的一些人。

斯坦利·安·邓纳姆（Stanley Ann Dunham）的一生起始于堪萨斯州的一个普遍的美国工人阶级家庭。他们在夏威夷定居之前，曾在多个州居住过。青少年时期的安在夏威夷茁壮成长，在文化差异中拥抱共同的人性。她在檀香山的夏威夷大学，遇见并嫁给了一个来自东非肯尼亚的学经济学的学生。1961年，她的儿子巴拉克·奥巴马出生，他后来成为美国第44届总统。她的婚姻很短暂，安随后成了单身母亲。

1987年，安·邓纳姆在巴基斯坦转动农业机械的轮子。

安在做人类学研究的过程中，邂逅并嫁给了罗洛·苏托罗（Lolo Soetoro），他是来自爪哇的地理专业的学生。1967年，她和年幼的儿子在印度尼西亚的首都雅加达与苏托罗组建了家庭。“巴里”（奥巴马的昵称）和当地的男孩交上了朋友，在附近的农田高兴地漫步，周围有山羊和水牛群。后来，生下了女儿马雅后，安开始对篮筐、陶瓷、皮革制品等手工艺品感兴趣，并试着亲自动手编织、做蜡染。这种兴趣逐渐变成了对嵌在更大、更强的经济体系中的小型企业的福利的关注。

随后，安开始作为顾问在很多

可承受的世界上最贫穷和最富有者收入差距的个人、组织和机构，情况可能会更糟。这些个人中包括美国人类学家安·邓纳姆（Ann Dunham），她是美国第44届总统巴拉克·奥巴马（Barack Obama）的母亲，在本章的“应用人类学”专题中会有所提及。

饥饿、肥胖和营养不良

今天，世界上超过四分之一的国家生产的粮食不足以养活本国人民，而且它们也无力进口所需的粮食。全世界约有8亿人长期挨饿——大约每9个人中就有1人。每年，饥荒会夺去300多万5岁及以下儿童的生命，幸存下来的儿童往往身心受损（Food and Agriculture Organization of the United Nations，2013；World Food Programme，2015）。

世界上大多数挨饿的人是结构性暴力的受害者。这是因为饥荒的增多不仅是环境退化的结果，它还受到战争、大面积裁员、贫困率增加、因外来进口而崩溃的地方市场的影响。例如，在几个饱受长期内乱困扰的撒哈拉以南非洲国家，由于成群的饥饿难民、游荡的民兵和工资过低的士兵不断袭击农田，几乎不可

对外援助和经济发展组织中供职。例如，在福特基金会位于雅加达的东南亚地区办事处，她负责监督与妇女和雇用相关的津贴，并与印度尼西亚边远岛屿上的农村妇女合作进行了一项研究。20世纪80年代，她作为巴基斯坦农业发展银行的家庭手工业发展顾问，为旁遮普地区包括铁匠在内的低收入手艺人提供了贷款。

之后，安成为印尼人民银行的研究协调员（由美国国际开发署和世界银行资助），向自主经营的小农经济提供小额信贷。今天，这个银行拥有世界上最大的小额信贷项目之一，并且，小额信贷作为一项重要的减轻贫困的途径已经得到广泛的认可。在任命期间，安回到夏威夷，让孩子在学校安顿下来，并继续自己的研究。她甚至还在位于纽约的世界妇女银行短暂供职。

安和她的研究团队这些年收集的资料，还有她的人类学研究调查，在1992年由杜克大学出版社出版的她的关于农民手工锻造的博士论文中有所体现。在著书和行动中，安反对西方现代化理论中所有发展经济必须经历西方资本主义经济阶段，才能在全球市场环境中生存的论调。考虑到急速的现代化往往会对有被殖民历史的原住民施加不利影响，她反对这些具有危害性的观点，并以敏锐的方法分析能力寻求解决新兴经济体面临挑战的方法。

在她去世15年后，安的贡献得到了官方的认可，获得了印尼的最高市民荣誉，奥巴马总统从总统苏西洛·班邦·尤多约诺（Susilo Bambang Yudhoyono）手中接过这项他母亲的荣誉，说道：“向她致敬，就是向引领她进入全国各地村庄的精神致敬。”

穿行于我们早年研究过的爪哇石灰岩山丘中时，我感受到了那种精神。安的朋友将要到访的消息很快在卡亚居民中传开了，我受到了热情的招待。我坐在安的书中提到的手工锻造合作企业后来的所有者家中，交换着关于她的故事，看着她为村民照的照片。我花了很长时间看他们如何把烧红的废金属锻造成有用的工具。

很快就到离开的时候了，火山灰导致我来时降落的飞机场关闭了，所以我乘火车离开了这里。火车驶离车站时，加工铁器的画面和新朋友的身影浮现在我眼前，同时，重新唤起了我对一位敬业的人类学家的记忆，她的研究让人们的生活变得更加美好。

能种植和收割庄稼。

除了暴力的政治、族群、宗教冲突使家庭远离传统的粮食来源，世界强国需要的全球粮食生产和分配体系也加剧了饥荒问题。例如，在非洲、亚洲和拉丁美洲，曾用于自给农业的数百万英亩土地现在被用来种植用于出口的经济作物。这让这一地区的精英阶层变得富裕，同时也满足着发达国家人们对咖啡、茶、巧克力、香蕉和牛肉的需求。曾经固守在农田上自给自足的小规模自耕农已经迁移——或者到城市地区，那里常常没有合适的就业机会；或者到生态上不适合耕作的地区。

讽刺的是，尽管在世界上一些地区有数百万人在挨饿，另一些地区的数百万人却在暴饮暴食，甚至因为吃得太多而死亡。事实上，现在吃得过多的人口已经超过了没有食物可吃的人口。根据世界卫生组织的数据，目前全世界18岁及以上的成年人中有近20亿人超重，其中约有6亿人肥胖，但他们也常常因为饮食中缺少特定营养而营养不良（World Health Organization，2015b）（图25.11）。

导致肥胖的一个主要的因素是糖、脂肪含量高的大众食品。例如，日本的饮食习惯与美国的很不同，日本的肥胖人口只占总人口的3%，而美国的肥胖率在成

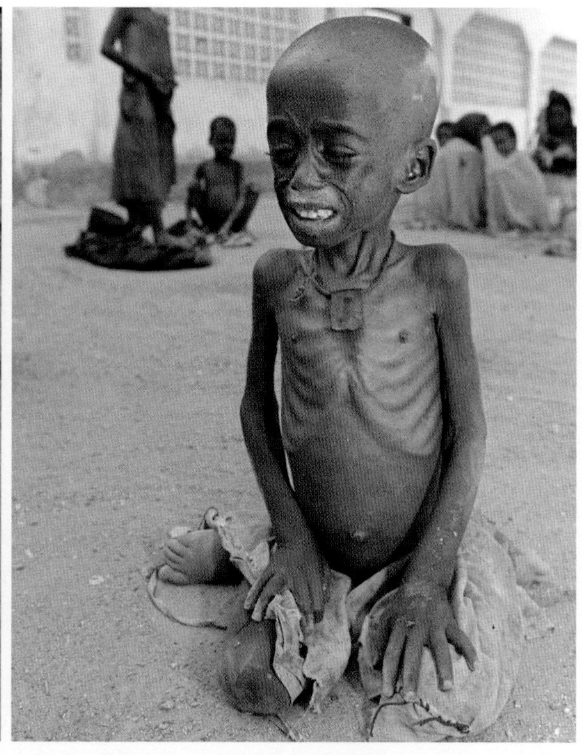

图25.11　结构性暴力与营养不良

今天，世界上约有8亿人长期面临着饥饿。与此同时，近20亿18岁及以上的成年人超重。但约有6亿超重的人仍然营养不良，因为他们的饮食中缺乏某些必要的营养。左图是南太平洋瑙鲁岛上的一名妇女，该岛1.4万名居民中有80%的人过于肥胖。他们小小的热带天堂被磷矿开采公司剥得光秃秃的，这些原住民开始依赖进口的垃圾食品。许多人现在因糖尿病和其他在大洋洲民族历史上罕见的疾病而感到不适或死亡。在右边的图中，我们可以看到非洲国家索马里的一名饥饿儿童。贫困（通常因政治冲突而加剧）是儿童饥饿的主要原因。发展中国家的数亿儿童，特别是撒哈拉以南非洲的儿童，得不到足够的蛋白质或卡路里，因此，他们极有可能发育不良、患病和早逝。

人中高达36%，在2岁至19岁的人群中则达到17%。实际上，美国的肥胖人数在过去的30年中翻了一番，这使美国成为富裕的工业化国家中肥胖人数最多的国家。肥胖率在男性和女性、高收入者和低收入者，以及不同族群中是不同的。美国肥胖率最高的人群是非洲裔美国女性，她们中有一半患有肥胖症（Centers for Disease Control and Prevention，2015）。

肥胖问题甚至在一些发展中国家也变得很严峻，尤其是那些依赖加工食品和罐装快餐的地区。世界上肥胖率比较高的国家是太平洋上的岛屿国家，例如，瑙鲁、斐济、萨摩亚和汤加。瑙鲁以最宜人的小岛著称，它的肥胖率是最高的。

污染和全球变暖

污染是由世界上最强大的国家带来的结构性暴力的另一个重要方面，这些大国也是最大的能源生产和消费国。在过去的200年里，自人类世开始以来，全球文化的发展依赖于大量化石燃料（煤炭、石油、天然气），这带来了可怕的后果：大面积的毁林和沙漠化，以及严重的空气、水和土壤污染，这些现在威胁着地球上的所有生命。

此外，化石燃料的使用导致二氧化碳急剧增加，使得地球大气的温度上升。很多大气科学家认为大气层保持温度的效率——温室效应——正因工业和农业活动产生的二氧化碳、甲烷以及其他气体的增多而加强。其结果是全球变暖，这会极大地改变世界各地的气候。

气温上升会造成更多、更大的风暴、干旱和热浪，侵害环境脆弱地区人们的生活。如果北极冰川继续大面积融化下去，将会导致海平面上升，淹没低海拔地区。岛屿可能会很快消失，其中包括数千个村庄，甚至大城市。专家预测，全球变暖将会导致热地疾病的地理范围扩张，因气温升高而产生的烟雾会增加呼吸道疾病的发病率。他们还预测，热浪造成的死亡人数会增加，这确实已经发生在了欧洲（2003年7万人死亡）、俄罗斯（2010年5.5万人死亡）和印度（2015年2500人死亡）（IPCC，2014；Samenow，2015）。

值得注意的是，少数几个富有的国家（主要是西欧和北美的国家）在早期的工业化和全球贸易中获得了经济利益，据估计，大气层内三分之二的二氧化碳是这些国家排出的，而二氧化碳是全球变暖的主要元凶。相反，所有的非洲国家在过去的100年中所产生的二氧化碳仅占全球的3%，非洲大陆的面积相当于加拿大、欧洲、美国领土面积的总和。

然而，生活在非洲（以及亚洲和拉丁美洲）的数百万农民、牧民、渔民和其他民众发现他们正在为享受着进步成果的社会买单，这些社会的数代人已经从工业化中获益。他们现在遭受着全球引发的干旱和洪涝，但是他们缺少资本去应对这些问题。

如今，全球二氧化碳的排放量约为355亿吨/年。中国已经成为最大的排放国，这主要是因为经济快速增长，以及它拥有世界上20%的人口。自2002年以来，中国的二氧化碳排放量已经跃升了150%，达到103亿吨（占世界总量的29%）。而占全球人口不到5%的美国每年排放53亿吨二氧化碳（占全球总量的15%）。欧盟的排放量占排放总量的10.5%——37亿吨。平均而言，世界上每个人每年向大气中排放4.5吨二氧化碳。然而，这一数字在全球范围内差异很大，从非洲大陆的不足2吨到欧盟的7.3吨、中国的7.4吨和美国的16.6吨（Olivier et al.，2014；Sivak & Shoettle，2012）。

自工业革命以来，环境恶化呈指数级加剧。其中大部分是由大量增加的不可降解垃圾和排放到土壤、水和空气中的有毒物质造成的。直到最近，这些污染还被寻求最大利益的个人、群体和政府容忍。今天，世界上许多地区的工厂在以前所未有的速度生产着剧毒废物。例如，多种氮氧化物或硫酸会导致酸性沉淀，从而侵害土壤，破坏植被，伤害野生动物。以烟尘形式出现的空气污染对人类健康也是有害的。

有毒物质能够流向海洋，还会对海产品的消费者造成危害。例如，加拿大的因纽特人，因食用被工业化学污水污染的鱼类和海洋生物面临着健康问题，这些鱼类和海洋生物多生活在被多氯联苯（PCBs，见“生物文化关联”专题）等工业化学废物污染的水域。同样值得关注的有害化学物质是用于制作水瓶、奶瓶和罐头衬里的塑料。环境污染影响着全球人类。

结构性暴力还表现为制造业有害垃圾的处理从发达国家到发展中国家的转移。20世纪80年代后期，工业化国家强化环境管理，导致处理有毒垃圾的费用急剧增加。为了寻找更廉价的处理垃圾的方式，“有毒质贸易商”开始将有毒垃圾运往东欧，以及贫穷、不发达的西非国家——将有毒物质的健康危害转嫁给了世界上最贫穷的人（见“全球视野”专题）。

对全球化的回应

无论强权国家或企业如何有效地将硬实力和软实力结合在一起，全球化还是遭到了反对。反对的声音不仅存在于富有的工业、后工业国家，也存在于世界其他地区。这种反对可能会表现在上升的传统主义和复兴运动中，这些运动试图恢复原来的生活（或人们认为的那种生活）——社会变得混乱、人们变得不安定之前的生活。其中一些运动以复苏的民族主义和宗教激进主义的形式出现。大量的草根运动——从激进的环保组织到和平组织，以及最近形成的环保饮食运动，该运动关注食物在生产和运输中的生态影响。

一个在文化上对全球化做出回应的显著例子是塔利班，一个阿富汗的宗教激进主义群体。塔利班（在普什图语中是“学生”的意思）将俄罗斯军队驱逐出自己的国家，结束了持续的内战。20世纪90年代，塔利班掌权后，推行了严格的伊斯兰教法，试图建立一个基于严格宗教价值观的伊斯兰国。

美国也有一个并不激进的对现代化的回应运动。“再生”运动和其他激进主义市民，试图通过选举致力于融合全国文化的政治家，形塑或改变他们的城镇、州，甚至整个国家，建立一种基于他们所认为的美国爱国主义、英文立法、传统基督教价值观之上的民族文化（Harding，2001）。

少数民族和原住民的人权斗争

在本书中，我们讨论了世界各地的文化：一些文化很“大”，如中国的汉族文化；还有一些文化很“小”，如巴布亚新几内亚西部的卡保库文化。本书中的很多例子涉及那些根据出生、文化和继承领土，自我认同为独特民族成员的人，在这些民族中，也有其他族群的人试图确保自身的政治控制权。据估计，当今世界上存在着约5000个民族群体，而得到国际社会认可的民族国家不到200个。

几乎所有原住民群体都是相对较小的民族，但有些民族的人口超过了世界上许多国家的人口。例如，生活在缅甸的克伦族的人数在450万到500万之间，而生活在土耳其、伊朗、伊拉克、叙利亚的库尔德人约有3500万人。无论人数多少，大多数少数民族都遭受了更强大的群体的压制和歧视，这些群体剥夺了他们的权利，或控制、统治着他们。20世纪70年代早期，原住民开始组织自决运动，抗议强加给他们的文化变革，挑战侵犯他们人权的行为。许多人跨越国际边界加入了1975年创建的世界原住民理事会。

2007年，在大众传媒运动、政治游说、数百位原住民领袖和世界其他活动家的外交压力下，联合国大会最终通过了《原住民权利宣言》（图25.12）。这是国际人权斗争的一项重要文件，它包含150项条款，敦促尊重原住民文化遗产，号召正式承认原住民的土地所有权和自决权，要求将终结一切形式的压制和歧视作为国际法的一项原则。

生物文化关联

有毒的乳汁威胁着北极文化

这个因纽特妇女还能相信自己的乳汁吗?

试问一下对生活在加拿大、格陵兰岛和拉布拉多北极海湾地区的因纽特人的印象，你很可能会想到他们穿着毛皮大衣，坐着狗拉的雪橇穿行在一片原始的、冰雪覆盖的土地上，也许正捕猎了海豹、海象或鲸鱼往家赶。

除了原始的部分，这样的想象仍然是真实的。虽然因纽特人生活在比任何城市、工厂、农田都要靠近北极点的地方，但是他们还是受到了现代社会的污染。源于北美、欧洲、亚洲的城市和农场中的化学物质，通过风、河流和洋流穿行几千千米到达因纽特人生活的区域。由于北极地区寒冷的气候和较少的光照，这些有毒物质能够存活很长时间。被浮游生物摄取后，化学物质沿着海洋生物链，从一个物种传到另一个物种中，结果，北极动物和以捕鱼狩猎为生的因纽特人体内的农药、水银、化学物质的含量很高。

特别值得注意的是，PCBs（多氯联苯）这种有毒的化学物质，它在过去的数十年间被广泛用于制造工业润滑油、绝缘材料和油漆稳定剂等多种材料。研究显示，PCBs出现在了全球各地女性的乳汁中。但是它在因纽特女性乳汁中的含量最高，是加拿大最大城市中哺乳期女性的7倍。

PCBs与多种健康问题有关，从肝脏损伤到免疫系统的减弱，再到癌症。对在子宫内和母乳中接触PCBs的胎儿的研究表明，他们的学习和记忆功能会受到损害。

除了对人类（和其他动物）健康的破坏性影响，PCBs还会对北极地区人们的经济、社会组织、心理健康造成损害。这一情况对于加拿大巴芬岛附近布劳顿岛上的450个因纽特人来说是最现实的问题。在这一地区，快速增长的PCBs含量让社区失去了其最有价值的北极鲶鱼市场。其他因纽特人称他们为“PCBs人”，据说其他的因纽特男性避免与这个岛上的女性结婚。

因纽特人实际上没有其他能够支付得起的可替代食物，他们坚定地拒绝了要求改变有问题的食物的建议。如果不再食用传统的海产品，将会毁灭有着4000多年渔猎历史的文化。因纽特人传统文化的很多方面——从世界观到社会组织、词汇和神话——都与北极动物，以及依赖它们获取食物和其他许多东西的技能有关。就像一个因纽特人所说的：“我们的食物不仅为身体提供营养，它们还滋养着我们的灵魂。当我吃着因纽特食物时，我知道自己是谁。”

很多西方国家（包括美国在内）现在已经禁止生产PCBs，世界范围内PCBs的含量已经在逐步降低。然而，由于它们的持久性（出现在日光灯和电气用具等残余工业产品中），PCBs仍然是乳汁中含量最高的有毒物质，在禁令颁布之后，也是如此。

再者，就算PCBs的含量有所降低，其他化学物品也会继续北上。数据显示，约200种源于工业地区的有害化合物已经在北极地区人们的体内被检测出来。全球变暖加剧了这一问题，因为随着冰川和积雪的融化，长久积存下来的毒素将会被释放出来。

生物文化问题

因为企业能够从大规模的、长距离的贸易活动中获利，我们不必惊讶于它们的运作会给生活在遥远地区的自然环境中的人们带去危害。你如何看待结构性暴力带来的暴利?

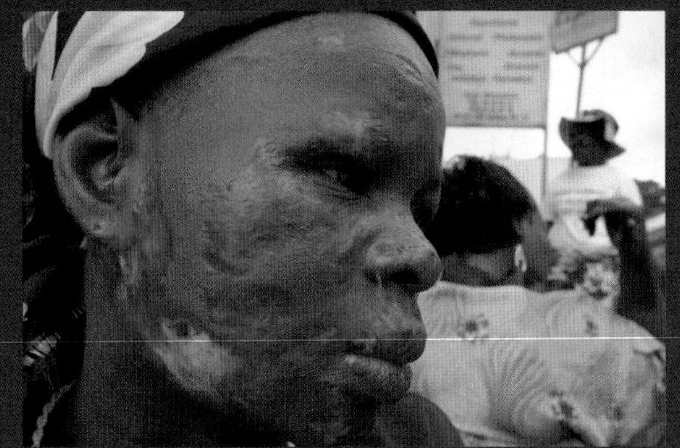

科拉号的肮脏秘密

2006年的一天，科拉号在西非的尼日利亚卸下了一船加工过的燃料。然后，货轮出发前往阿姆斯特丹，在那里一家荷兰的处理厂将会处理剩余的400吨有毒油污。这艘船在巴拿马旗帜的掩护下航行，船上的全体俄罗斯船员听命于一位希腊船长。这艘船由希腊海运公司经营和管理，注册在挪威人名下。这趟旅行是荷兰托克公司发起的，托克公司是一个价值数十亿美元的瑞典跨国公司，专门运输石油和矿产品。

阿姆斯特港务局发现科拉号的船只少报了货物中的毒物含量后，处理污水的成本跃升至60万美元。由于不愿意支付这么高的费用，船长命令他的船回到西非，寻找廉价的污水处理场地。他在科特迪瓦找到了无良的商人和腐败的官员，通过谈判将费用降到了1.8万美元。这种物质存放在阿比让（拥有500万人口）附近的露天储存场中，废料散发出的有毒气体会烧灼皮肤和肺部，造成严重的头痛和呕吐，并造成了17人死亡，至少3万人受伤。

科拉号是利用工业社会每年产生的超过3.5万吨的有害污水获利的全球资本网络中的一个组成部分。尽管这些污水中的大部分现在已经得到了妥善处理，还是有一些企业会为了逃避欧洲、北美的环保规定和高昂的处理费用，寻找廉价的（可能是非法的）处理方式包括将它们倒入海中。数百万吨的危险废物通过海洋被运往不发达国家。

在2009年的庭外和解中，托克公司同意支付总额达4.3万美元的经费去平息争议。很多人认为解决方案与它犯下的重罪并不相符。考虑到托克公司知道非法倾倒有毒物质的危害性，绿色和平组织和国际特赦组织开展了对此事件的为期3年的调查。报告结果在2012年秋天公布，报告要求托克公司在英国接受刑事审判，批评缺乏预防和处理有毒物质倾倒行为的国际法规。

同时，托克公司已经支付了将近5亿美元的法律和赔偿费用，但有证据显示，科特迪瓦当局并没有妥善分配属于倾倒事件受害者的赔偿金。绿色和平组织和国际特赦组织呼吁将不倾倒有毒废物作为一项人权，这将使受到小规模或大规模倾倒影响的群体更容易在国内和国家法庭中寻求法律补偿。

2011年，科拉号被当作废品出售，被运往孟加拉国臭名昭著的吉大港拆船海滩。听到这个消息后——也意识到在那里拆除有毒船只的危险——环保主义者和劳工权利组织说服孟加拉国的政府拒绝这艘船。

全球难题

科拉号倾倒有毒物质导致几名非洲商人在科特迪瓦被逮捕，但是，这项跨国犯罪的其他参与者是否也应该受到审判和处罚？如果是，应该依据哪条法律？

图25.12 世界原住民大会

1982年，联合国促进和保护人权小组委员会设立了一个原住民问题工作组（WGIP）。11年后，原住民问题工作组起草了《原住民权利宣言》，并在2007年通过。图中是2014年在纽约参加联合国总部举行的世界原住民大会的代表们。许多人身着传统服装前来，包括图中的特立尼达和多巴哥代表。

人类学在应对全球化挑战中扮演的角色

全球化引发了世界范围内的变革，但是不同的民族和文化并不一定会以相同的方式或朝着相同的方向变化。世界范围内，全球化使一些个人、群体和地区处于有利的位置，让他们可以利用这些新的机会，但是也会使另一些人遭遇痛苦且一无所获。就像本书中反复提到的那样，全球化是一个复杂的动态过程，伴随着许多民族、宗教，甚至地方文化的回应和调整。

今天，人类学家在一个世纪前研究过的很多文化，在强大的外部影响和内部动力的作用下产生了深刻的变化。还有一些因致命的流行病、暴力冲突、同化和种族灭绝而消失。我们目前拥有的关于这些已经改变和消失的文化的详细记录，往往是由一些到访过的人类学家记录下来的。

但是人类学家为过去和现在的独特人群与文化所做的事情远远不止于对珍贵信息的保存。就像本书中所编纂的，他们还试图解释为什么我们的身体和文化是相似的或不同的，变迁为什么、是怎样发生的，以及为什么没有发生变迁。而且，他们还要界定每种文化拥有的关于人类状况的特殊知识和洞见，包括对人类在世界上位置的不同观点，自然资源怎样被对待和运用，应该怎样处理与其他人、其他物种的关系。

而且，重要的是，除了研究不同文化，人类学家还致力于帮助被围困在当今快速变迁的世界中挣扎求生的群体。在此过程中，他们将自己获得的关于人类的知识应用到实践中——他们通过人类学的比较视角深化了知识，这些知识是跨文化、历史和生物的。这些应用人类学家包括前面提到的安·邓纳姆，以及保罗·法默——一位世界知名的医生、人类学家、人权活动家（见“人类学家札记”专题）。

人类学是一个跨艺术、科学和人文的学科专业，为人类及其复杂性和令人惊叹的多样性贡献着重要知识。人类学独特的整体研究方法为解决地方和全球的实际问题提供了帮助，并且，今天仍然如此。更重要的是，它为跨文化理解全球化和多种形式的地方回应提供了有价值的洞见。

大多数投身于人类学的人都受到了古老但仍然有效的观念的启发，即人类学必须致力于实现成为最具解放性的学科的长期理想。正如著名人类学家玛格丽特·米德说：“从来不要怀疑那些有决心的小群体改变世界的能力，事实上，改变世界的恰恰就是这样的人。”

思考题

1. 第一颗绕地卫星进入轨道和互联网出现后，电信革命已经深刻改变了我们交往、娱乐、工作，甚至是交朋友和维持友谊的方式。你能想象一个拥有由政府监督、审查的网络空间和社交媒体的世界吗？你和你的朋友会怎样适应这种新的媒体环境？如果你觉得有必要帮助阻止或扭转这种控制，你会采取什么措施？

2. 回顾两个世纪前由工业革命开启的人类世前后的人类状况，我们人类所面临的前人类世挑战与今天的挑战相比如何？

3. 考虑一下结构性权力和结构性暴力之间的关系，你自己的生活方式——比如你买的衣服和食品、你使用的交通工具——是否反映或影响了全球化进程中的结构性暴力？

4. 世界卫生组织、教科文组织、乐施会和国际特赦组织是关注结构性暴力和侵犯人权行为的全球性机构。面对种族灭绝冲突、饥荒、流行病和对政治犯的酷刑，这些组织中的积极分子试图改善人类的状况。你认为人类学的观点对于解决这样的世界性问题有实际用处吗？你能举个例子吗？

人类学家札记

保罗·法默（生于1959年）

美国医学人类学家保罗·法默（Paul Farmer）是哈佛大学的教授，国际知名的传染病研究专家，获得了麦克阿瑟“天才奖”。保罗·法默生长在佛罗里达一个没有自来水的拖车公园中。他获得了杜克大学的奖学金，主修人类学，并与北卡罗来纳州烟草种植场中的贫穷的海地农场工人一起劳作。在1982年取得硕士研究生学位后，他在海地待了一年，并寻找到了终生职业：关注世界上最贫穷社区的传染病诊断和治疗，改善全球卫生状况。回到美国后，法默于1990年在哈佛大学拿到了医学博士学位和人类学博士学位。

在硕士研究生期间，法默频繁地前往海地，更多地参与解决位于中部高原地区的Cange村庄的健康问题。在那里，他组建了一个名为赞米拉桑特（Zanmi Lasante）的小组（在海地克里奥尔语中是“健康伙伴”的意思）。很多其他的美国活动家也加入了他的事业，其中包括他在哈佛医学院的朋友、人类学家金墉，金墉30年后成为世界银行的行长。

1985年，赞米拉桑特在一名波士顿慈善家的资助下，建立了一家诊所。两年后，他们建立了总部位于波士顿的健康伙伴基金会（PIH），以支持他们更多地帮助最贫穷的穷人应对传染疾病，尤其是艾滋病和肺结核。

这项事业包括，以清晰的视野推进工作所需的研究（民族学还有医学）。作为一名致力于减轻人们苦难的应用人类学家，法默将他的行动主义建立在整体的、阐释性的民族志分析之上，包括“从历史角度引发痛苦的大规模的社会和经济结构”。结构性暴力问题在他的研究和实践中是基础。考虑到社会和经济的不平等“不仅决定了传染疾病的（地理）分布，还影响着患者的健康状况”，他总结道“不平等本身就是我们今天的灾厄”。

自建立以来，赞米拉桑特已经从一个小诊所扩展到一个提供多种服务的综合保健中心，包括一所小学、一个医务室、一个急救中心、一个为卫生人员提供培训的项目，一个拥有104个床位的医院、一个女性诊所和一个婴儿看护机构。此外，它还率先在海地治疗多药耐药肺结核和艾滋病。目前由各种组织资助的“健康伙伴”已经在非洲的莱索托、马拉维、卢旺达建立了机构，它在秘鲁、墨西哥、俄罗斯、美国等地也建有分支机构。法默坚信健康是一项人权，因此，基金会的影响力范围也在继续扩大。

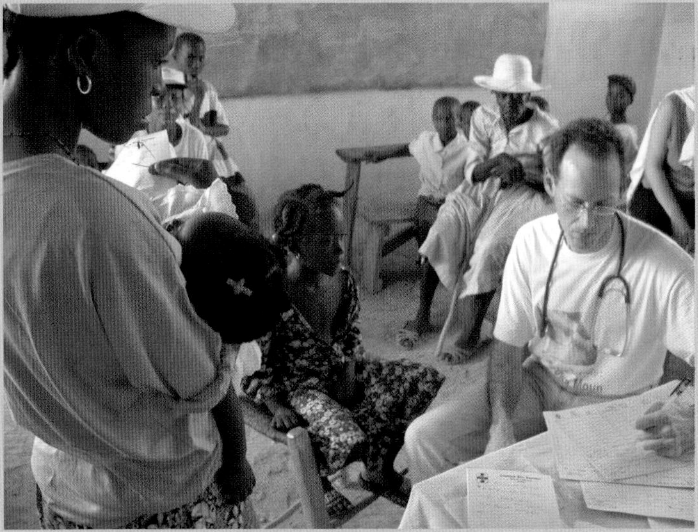

他和PIH在全球积极开展活动，并成为哈佛大学的医学人类学教授，他还是哈佛大学全球健康与社会医学系的系主任。法默积极从事传染病研究，是伯明翰社会医疗和健康不平等部门的主任和波士顿妇女医院的院长。他的众多荣誉包括美国人类学学会颁发的玛格丽特·米德奖，他还是特雷西·基德尔（Tracy Kidder）获得普利策奖的书中描述的对象。

医学人类学家保罗·法默在海地治疗病人。

深入研究人类学

你是怎么接线的？

自20世纪末以来，人类已经变得“有线”。我们现在通过一个由光纤线路组成的洲际网络和数十颗环绕地球运行的通信卫星进行远距离通信。这项技术改变了所有的文化，包括你的文化。记住这一点，并从你自己的家庭或社区中选择三个不同世代的个体，列出他们每个人使用的电信设备以及你自己使用的设备。

通过访谈和观察，区分这些设备是否在随机的一天被共享，或是被单独使用。请注意每种设备的使用频率、使用时间和用途，以及用户是单独使用还是与其他人（除了你自己）一起使用。最后，比较分析并总结你的发现。

译后记

这本最新修订的《人类学——人类的挑战》，除了讨论人类学的定义和范围、文化与文化变迁以及理解和解释文化，还关注当今全球的人类问题以及人类学的实践与应用。哈维兰教授专注于文化人类学教材的编写，在他较早的同类著作中，我们可以看到他始终坚持两个目标，一是让学生知晓文化人类学的原理和过程，二是让学生理解人类行为的复杂性和广泛性。他将重点放在人类面临的生存挑战问题之上，采用经典的案例和新鲜的材料激发学生的学习兴趣和批判性反思。翻阅本书最近的两个版本，哈维兰教授突出人类学的四个分支学科的研究范式更为明晰。新修订的教材大规模扩充篇幅，不但囊括了前面提到的多个汉译版本的全部内容，还新增加了大量的案例。全书共有25个篇章，涵盖了传统人类学的四个分支学科，为读者全面阐述了人类学的研究对象、定位和方法。

尽管文化人类学家的发现经常形成对社会学、心理学和经济学的挑战，但在某种意义上，人类学之于这些学科，就如实验室之于物理学和化学理论必不可少的检验根据。人类作为最高等的灵长目动物，不仅具有其他动物难以企及的语言和思维，更为重要的是基于特定的生态创造出各具特色的文化，并进而形成社会组织和制度。在人类创造的文化中，尤以族群认同最能影响当代人类的生活。文化人类学的每个分支学科都收集和分析有助于说明人类文化相似性和差异性的数据，以及不同文化发展、调适和持续变迁的方式。

人类文化必须有效处理不同阶段面对的基本挑战才能够存在，这要求我们不但要完成物的生产和人的繁衍，还需要提供支持这两种生产的社会机制。当前，人类面临自然生态和社会环境的多重挑战，而以恐怖主义、种族主义和霸权主义等问题带来的挑战尤为明显。

随着互联网技术的飞速发展，地球村的出现正在改变传统人类学的研究范式，全球化促进了跨文化沟通，由于人们掌握着多种不同的自我标签和认同，所以才有异彩纷呈的文化多样性。面对2020年初全球陆续暴发的新冠病毒疫情，各国抗疫的表现给现代人类学上了深刻的一课，公共卫生及政府应急管理的话题，必将是今后人类学关注的重点议题。

随着全球一体化进程的加快，作为全球化本质术语的文化认同日益得到人们的重视。人类学作为以人类为研究对象的学科，看似包罗万象，实乃有章可循。时至今日，仍有很多人对这门学科要解答的问题不甚了解。按照挪威人类学家埃里克森的说法，人类学擅长以自下而上、自内而外的视角分析问题，其独特的立场包括文化相对主义和理解他者的文化差异，以及诸如社会、文化互惠、馈赠、交换和变迁之类的核心概念，是深入认识每一个社会的基础。

在本书付梓之际，译者首先要感谢电子工业出版社的张昭老师，在本书外文版权引进和书稿修订及统筹等诸多方面，张老师付出了辛勤的劳动。其次，本书精彩的译序得益于中国人民大学人类学研究所博士生导师赵旭东所长的鼎力支持，赵教授在西方人类学理论译介方面卓有建树，对中国人类学研究范式和理论建构也总有新作，更重要的是其对后学不遗余力地帮助和提携！最后，我要感谢嘉应学院客家研究院周云水博士的统筹安排和四川外国语大学的黄贻女士利用假期全身心投入翻译工作，他们热情的付出为本书

中文版的顺利面世奠定了基础，借此机会向他们致以诚挚的谢意！

本书初稿完成于农历辛丑牛年新春，正是全国上下提倡坚持务实奋斗之时，我们以“老黄牛”的精神，兢兢业业完成了两轮校稿工作，最后关头才忐忑地交出这份自认为满意的译稿。本书由几位译者共同尽心尽力完成，但总归碍于学识难免错漏，恳请读者提出善意的批评，我们愿意虚心接受并表达无限的感激！

何小荣

2021年盛夏

于广东梅州嘉应学院